Alberti · Hauk · Köhler · Storch (Hrsg.)

Dekomposition

Qualitative und quantitative Aspekte
und deren Beeinflussung durch
geogene und anthropogene Belastungsfaktoren

ecomed Umweltinformation

Das vorliegende Werk besteht aus umweltfreundlichen und ressourcenschonenden Materialien. Da diese Begriffe im Zusammenhang mit den Qualitätsstandarts zu sehen sind, die für den Gebrauch unserer Verlagsprodukte notwendig sind, wird im folgenden auf einzelne Datails hingewiesen:

Einband/Ordner
Der innere Kern von Loseblatt-Ordnern und Hardcover-Einbänden besteht aus 100% Recycling-Pappe. Neue Bezugsmaterialien und Paperback-Einbände bestehen alternativ aus langfaserigem Naturkarton oder aus Acetat-Taftgewebe.
Der Kartoneinband beruht auf Sulfat-Zellstoff-Basis, ist nicht absolut säurefrei und hat einen alkalisch eingestellten Pigmentstrich (Offsetstrich). Der AOX-Wert (Absorbierbare Organische Halogene) für das Abwasser der Fabrikation beträgt 1,7 kg/t Zellulose und 0,0113 kg/t Zellstoff. Der Einband wird mit oxidativ trocknenden Farben (Offsetfarben) und einem scheuerfesten Drucklack bedruckt, dessen Lösemittel Wasser ist.
Das Acetat-Gewebe wird aus Acetat-Cellulose hergestellt. Die Kaschiermaterialien Papier und Dispersionskleber sind frei von Lösemitteln (insbesondere chlorierte Kohlenwasserstoffe) sowie hautreizenden Stoffen. Die Fertigung geschieht ohne Formaldehyd, und die Produkte sind biologisch abbaubar.
Im Vergleich zu den früher verwendeten Kunststoff-Einbänden mit Siebdruck-Aufschriften besteht die Umweltfreundlichkeit und Ressourcenschonung in einer wesentlich umweltverträglicheren Entsorgung (Deponie und Verbrennung) sowie einer umweltverträglicheren Verfahrenstechnik bei der Herstellung der Grundmaterialien. Bei dem wesentlichen Grundbestandteil "Zellstoff" handelt es sich um nachwachsendes Rohmaterial, das einer industriellen Nutzung zugeführt wird.

Papier
Die in unseren Werken verwendeten Offsetpapiere werden zumeist aus Sulfit-Zellstoff, einem industriell verwerteten, nachwachsenden Rohstoff, hergestellt. Dieser wird chlorfrei (Verfahren mit Wasserstoffperoxid) gebleicht, wodurch die im früher angewendeten Sulfatprozeß übliche Abwasserbelastung durch Organochlorverbindungen, die potentielle Vorstufen für die sehr giftigen polychlorierten Dibenzodioxine (PCDD) und Dibenzofurane (PCDF) darstellen, vermieden wird. Die Oberflächenverleimung geschieht mit enzymatisch abgebauter Kartoffelstärke. Bei gestrichenen Papieren dient Calciumcarbonat als Füllstoff.
Alle Papiere werden mit den derzeit üblichen Offsetfarben bedruckt.

Verpackung
Kartonagen bestehen zu 100% aus Recycling-Pappe. Pergamin-Einschlagpapier entsteht aus ungebleichten Sulfit- und Sulfatzellstoffen.
Folienverschweißungen bestehen aus recyclingfähiger Polypropylenfolie.

Hinweis: Die ecomed verlagsgesellschaft ist bemüht, die Umweltfreundlichkeit ihrer Produkte im Sinne wenig belastender Herstellverfahren der Ausgangsmaterialien sowie Verwendung ressourcenschonender Rohstoffe und einer umweltverträglichen Entsorgung ständig zu verbessern. Dabei ist der Verlag bestrebt, die Qualität beizubehalten oder zu verbessern. Schreiben Sie uns, wenn Sie hierzu Anregungen oder Fragen haben.

Alberti · Hauk · Köhler · Storch (Hrsg.)

Dekomposition

Qualitative und quantitative Aspekte und deren Beeinflussung durch geogene und anthropogene Belastungsfaktoren

Umweltforschung in Baden-Württemberg

Die Reihe Umweltforschung in Baden-Württemberg besteht aus Forschungsberichten über vom Ministerium für Umwelt und Verkehr Baden-Württemberg geförderte Projekte. Die Reihe wird von der Landesanstalt für Umweltschutz Baden-Württemberg betreut.

Eine Übersicht über derzeit lieferbare Titel finden Sie am Ende des Buches.

Die Deutsche Bibliothek - CIP-Einheitsaufnahme

Dekomposition : qualitative und quantitative Aspekte und deren Beeinflussung durch geogene und anthropogene Belastungsfaktoren / Alberti ... - Landsberg : ecomed, 1996
(Umweltforschung in Baden-Württemberg)
ISBN 3-609-69440-8
NE: Alberti, Gerd

Dekomposition
Qualitative und quantitative Aspekte und deren Beeinflussung durch geogene und anthropogene Belastungsfaktoren

Herausgeber: Prof. Dr. Gerd Alberti, Bärbel Hauk, Dr. Heinz-R. Köhler, Prof. Dr. Volker Storch

Verfasser: Prof. Dr. Gerd Alberti, Bärbel Hauk, Ulrich Kammerer, Dr. Heinz-R. Köhler, Dr. Markus Kratzmann, Dr. Mario Ludwig, David J. Russell, Ute Scheckeler, Michael Scheurig, Prof. Dr. Volker Storch, Dr. Bernd Ullrich, Claudia Wein, Johannes E. Wolf
- Zoologisches Institut I (Morphologie/Ökologie) der Universität Heidelberg -

Titelbild: Waldboden mit Laubstreu und Altholz

Rudolf-Diesel-Straße 3, 86899 Landsberg
Tel.: (0 81 91) 125-0; Telefax: (0 81 91) 125-492; Telex: 527 114

Druck und Bindung: Kessler Verlagsdruckerei, 86399 Bobingen
Printed in Germany: 690440 / 696105
ISBN: 3-609-69440-8

Vorwort

Die vorliegende Studie wurde im wesentlichen in einem Zeitraum von zwei Jahren (1991 - 1993) im Rahmen des Projektes Wasser-Abfall-Boden (PWAB), welches durch Mittel des Landes Baden-Württemberg sowie der Europäischen Gemeinschaft gefördert wird, erstellt.

Sie hat zum Ziel, einen möglichst umfassenden Einblick in die die Lebensgemeinschaft im Boden beeinflussende Wirkung von Schwermetallen zu geben. Als Hauptuntersuchungsgegenstand dienten zunächst zwei naturnahe Standorte, wovon einer geogen langzeitbelastet ist, während der andere als minder belastet gelten kann und als Kontrolle diente. An diesen Standorten wurden Freilanduntersuchungen durchgeführt. Natürlich ist es uns bewußt, daß Vergleiche im Freiland von zahlreichen Unwägbarkeiten begleitet werden, zumal wenn der Untersuchungszeitraum so kurz ist wie in diesem Teilprojekt. So mußten aus Zeitgründen Teilaspekte für vertiefende Untersuchungen ausgewählt werden. Ferner wurden zahlreiche Fragestellungen im Labor mit verschiedenen Methoden und auf verschiedenen Ebenen untersucht. Auf diese Weise wurde der Anspruch, einen möglichst umfassenden Einblick zu gewinnen, weitgehend erreicht. Sicher wird der Leser merken, daß die einzelnen Beiträge ihre jeweilige Thematik mit unterschiedlicher Intensität und Tiefe behandeln. In vielen Fällen wäre es natürlich wünschenswert gewesen, während der Untersuchung auftretende Probleme durch weitere Experimente oder auch einfach durch Wiederholung abzuklären.

Trotz dieser Einschränkungen denken wir jedoch, daß unsere Untersuchung die Vielfalt der Wechselbeziehungen auf den verschiedenen Ebenen der Lebensgemeinschaft Boden erkennen läßt, und hoffen, daß der Leser zu einer differenzierteren Betrachtung dieses so wichtigen Lebensbereiches angeregt wird.

Angesichts der Vielzahl von Untersuchungsansätzen, die in bodenökologischen Arbeiten in dieser Form wohl noch nie unter einer gemeinsamen Thematik verfolgt wurden, haben wir ein besonderes Gewicht auch auf eine möglichst umfassende Methodendarstellung gelegt. Wir hoffen, daß dadurch der Zugang zu dieser Art wissenschaftlicher Arbeit anschaulicher und vielleicht auch leichter wird.

Diese umfassende Arbeit konnte trotz der erwähnten Reduktion auf exemplarische Aspekte auch nur aufgrund des Umstandes, daß sich eine Gruppe von bodenzoologisch Interessierten und bereits Kundigen in einer Umgebung, dem Zoologischen Institut I der Universität Heidelberg, zusammenfand, in der umfangreiche und vielseitige Kenntnisse auch über ökotoxikologische Arbeitsmethoden verfügbar waren, geleistet werden. Hier konnte im Rahmen von Staatsexamens-, Diplom- und Doktorarbeiten die Basis für die hier vorgelegte Zusammenstellung geliefert werden. Ein weiterer glücklicher Umstand war es schließlich, daß es gleichzeitig gelang, für diese Gruppenarbeit eine ensprechende finanzielle Unterstützung zu erlangen.

Wir hoffen, mit diesem Beitrag weitere ähnliche Untersuchungen im Bereich der Bodenökologie anzustoßen.

Heidelberg, im März 1996
Die Autoren

Danksagung

Folgenden Damen und Herren danken wir herzlich für vielfältige Unterstützung:

Herrn Prof. Dr. C. Błaszak (Zoologisches Institut, Universität Poznań; Determination von Gamasiden), Frau Dr. M. Elger (Institut für Anatomie und Zellbiologie, Univers. Heidelberg; Immunfluoreszenz), Herrn Forstdirektor W. Erb (Staatl. Forstamt Heidelberg; Untersuchungsflächen), Herrn Prof. Dr. N.A. Fernandez (Universität Mar del Plata; Determination von Oribatiden), Herrn Dr. K.-H. Harms (LfU, Karlsruhe; Determination von Spinnen), Herrn Dr. K.-H. Körtje (Zoologisches Institut, Univers. Stuttgart-Hohenheim; EELS, ESI), Herrn G. Lamprecht (Fa. Zeiss, Oberkochen; EELS, ESI), Herrn Prof. Dr. G. Müller (Institut f. Sedimentforschung, Universität Heidelberg; C/N-Bestimmung), Herrn Dr. L. D. Nährig (GefaÖ, Nußloch; Determination von Spinnen), Herrn Prof. Dr. N. Paweletz (Deutsches Krebsforschungszentrum, Heidelberg; Rasterelektronenmikroskopie), Herrn Dr. F. Prosi (Philipsburg; AAS-Beratung), Herrn Prof. Dr. H. Rahmann (Zoologisches Institut, Univers. Stuttgart-Hohenheim; EELS, ESI), Herrn Forstamtsinspektor B. Reichenbächer (Forstabtlg. der Gemeinde Nußloch; Untersuchungsflächen), Herrn Prof. Dr. H. U. Schairer (Institut f. Mikrobiologie, Zentrum für Molekulare Biologie Heidelberg; Mikrobiologie), Herrn Dr. V. Seybold (Fa. Zeiss, Oberkochen; EELS, ESI), Herrn Dr. U. Thielemann (GefaÖ, Nußloch; Determination von Lumbricidae), Herrn Prof. Dr. G. Weigmann (Institut f. Angewandte Zoologie/Bodenzoologie, FU Berlin; Determination von Oribatiden), Herrn Dipl. Biol. A. Wolf (BNL, Karlsruhe; Determination von Spinnen).

Teile der bodenkundlichen Untersuchungen wurden dankenswerterweise von der Staatl. Landwirtschaftl. Untersuchungs- und Forschungsanstalt Augustenberg (LUFA), Karlsruhe übernommen.

Für die tatkräftige Mitarbeit danken wir ebenfalls unseren studentischen Hilfskräften bzw. Laborpraktikanten Herrn B. Junginger, Frau U. Pintschovius, Frau S. Reiß und Herrn M. Zanger.

Technische und administrative Hilfestellung gaben mit gewohnter Sorgfalt und dankenswertem Engagement Frau G. Adam, Frau C. Kempendorf, Frau R. Mummert, Frau I. Ranker und Frau G. van der Linden.

Nicht zuletzt möchten wir dem Leiter des Projektes Wasser - Abfall - Boden (PWAB), Herrn Prof. Dr. S. H. Eberle und seinem Mitarbeiter Herrn Dr. P. Laudenklos für die reibungslose und verständnisvolle Betreuung unseres Vorhabens danken.

Inhaltsverzeichnis

1. Einführung

1.1 Böden

Böden sind komplexe, vielleicht die komplexesten Wirkgefüge der Biosphäre. Sie sind je nach Ausgangsmaterial (unterschiedlichen anorganischen und organischen Komponenten), geographischer und topographischer Lage, klimatischen Bedingungen (unter denen sie entstanden sind) unterschieden und zeigen entsprechend ihrem unterschiedlichen, oft hohen Alter einen sehr verschiedenen Aufbau (Bodentypen). Böden sind als Subsysteme integrale Bestandteile aller terrestrischen Ökosysteme. Diese sind ohne intakte Böden nicht funktionsfähig. Dies wird ersichtlich bei Aufzählung einiger Aufgaben, die Böden in terrestrischen Ökosystemen wahrnehmen:

- Sie sind Standorte und Nährstofflieferanten für die Primärproduzenten (grüne Pflanzen).
- Sie sind Senke für (natürliche und anthropogene) Schadstoffe aus Luft und Wasser.
- Sie sind Wasserfilter, Wasserspeicher und Wasserquelle für Grundwasser.
- Sie sind Durchgangsort für viele biogeochemische Zyklen (Wasser- , Sauerstoff-, Kohlendioxid-, Phosphor-, Stickstoffkreislauf usw.).
- Sie sind Lebensraum für Bodenorganismen.
- Sie sind Ort des Nährstoffrecyclings (Dekomposition incl. Mineralisierung), das durch Bodenorganismen ermöglicht wird.

(REHFUESS 1981, TOPP 1981, SCHEFFER & SCHACHTSCHABEL 1989, GISI 1990, BMI 1985, MELUF - B.-W. 1986, BLUME 1990, EHRNSBERGER 1993, UMWELTMINISTERIUM BADEN-WÜRTTEMBERG 1993).

Alle genannten Aufgaben sind letztlich von einem standortgerechten Ablauf der Dekomposition abhängig, da dieser essentielle Prozeß die Bodeneigenschaften maßgeblich beeinflußt.

Die ernste Gefährdung der Böden als Grundlage terrestrischen Lebens schlechthin durch die direkte Nutzung von Böden durch den Menschen (Nahrungsmittelproduktion, Baugrund, Straßenbau, Deponien), aber auch durch die indirekte Einflußnahme (Immissionen aus Straßenverkehr, Industrieabgasen, Hausbrand, Pestizideinsatz) (JAENICKE et al. 1985, BLUME 1990, GISI 1990, UMWELTMIN. B.-W. 1992) wird mehr und mehr deutlich und hat zu politischen/gesetzgeberischen Entscheidungen geführt (z.B. BMI: Bodenschutzkonzeption der Bundesregierung vom 7.3.85; MELUF - B.-W.: Bodenschutzprogramm Baden Württemberg vom 1.2.1986, Bodenschutzgesetz Baden-Württemberg 1991).

Dabei sind neben dem direkten Verbrauch von Böden (durch z.B. Überbauung, Abräumung im Tagebau, Zerstörung durch Deponien) die Belastungen mit verschiedenen, anthropogenen Schadstoffen (Schwermetalle, organische Schadstoffe: PAK, PCB usw.) von zunehmender Bedeutung.

Angesichts des damit wohl offensichtlichen Bedarfes an gesicherten Kenntnissen über Prozesse im Boden besteht nach einhelliger Auffassung aller an der Problematik interesssierter Kreise (aus Wissenschaft, Politik, Wirtschaft usw.) nach wie vor ein erheblicher Wissensrückstand gegenüber anderen umweltrelevanten Gebieten (z.B. Gewässer, Luft; DUNGER 1982, FUNKE 1986, BECK 1987, 1993, BMU 1987 a, b).

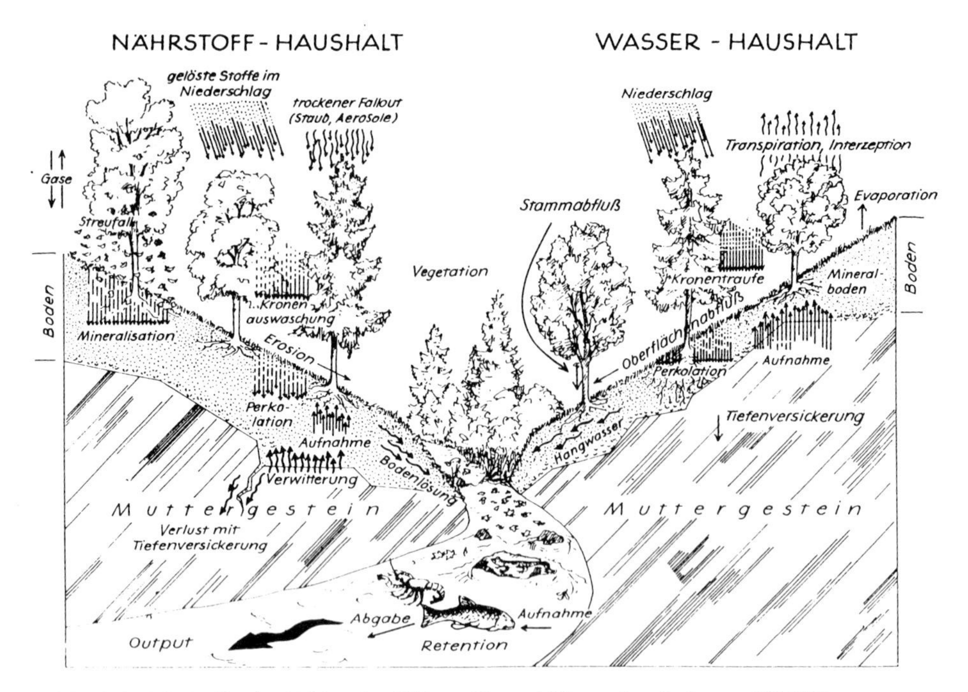

Abb. 1.1: Die Rolle der Böden im Nährstoff- und Wasserhaushalt von Waldökosystemen. Aus REHFUESS 1981.

Dies ist damit zu erklären, daß Böden samt ihren Organismen viel komplizierter strukturiert sind als Luft und Wasser und ihre oft kryptischen Bewohner in der Regel schwieriger zu beobachten sind. Hinzu kommt, daß Schäden in den Böden und deren Konsequenzen oft erst mit großer Verzögerung deutlich werden, so daß die Erforschung dieser Teilsysteme lange vernachlässigt wurde. Da jedoch mit abnehmender Wirksamkeit bodeneigener Puffersysteme ein exponentieller Anstieg der Schadwirkung angenommen wird (BRÜMMER 1987) und da Therapie- und Sanierungsmöglichkeiten in Böden enge Grenzen gesetzt sind, kommt der Belastung von Böden eine besondere Bedeutung zu. Gerade wegen dieser beschränkten Möglichkeiten in der technischen Einflußnahme ist die Kenntnis der natürlichen Prozesse, die es möglichst zu schonen gilt, von so besonderer Bedeutung.

Die Bodenbelastung stellt (auch in unserem Gebiet/Mitteleuropa) nach wie vor ein wachsendes Gefahrenpotential dar, das im Extremfall zu Gefährdungen des Menschen durch Eintrag der Schadstoffe in das Grundwasser und in das Nahrungsnetz führen kann (MÜLLER et al. 1987, BRECHTEL 1988, BLUME 1990, GISI 1990, UMWELTM. B.-W. 1992, GRÜN et al. 1993). Die Sicherung der ökosystemaren Funktionstüchtigkeit unserer Böden ist eine brennend aktuelle Aufgabe, die nachhaltige und wachsende Anstrengung bzw. Forschung nicht nur im anwendungsorientierten Bereich, sondern auch besonders im Grundlagenbereich (wegen der Komplexität; des Nachholbedarfes) erfordert.

Wie akut das Problem der Bodenbelastung ist, kann bisher nur abgeschätzt werden, wenn auch für einzelne Teilbereiche umfangreiche Untersuchungen durchgeführt wurden (z.B. HUTCHINSON & HAVAS 1980, VETTER et al. 1973). Dabei ist die maximale Belastbarkeit von Böden unbekannt oder nur über Extremstandorte (z.B. natürliche Schwermetallböden) abschätzbar. Vergleichsdaten von abiotischen Bodenparametern (z.B. bezüglich der Bodenazidität, die wesentlichen Einfluß auf die Freisetzung von Metallen hat) aus vergangenen Jahrzehnten sind oft nicht gegeben (HALLBÄCKEN & TAMM 1986). Schwermetall-Grenzwerte für Böden sind hinsichtlich Höhe und Allgemeingültigkeit sehr umstritten (ERNST & JOOSSE VAN DAMME 1983, MERIAN 1984, KLOKE 1986, GRÜN et al. 1993).

Ein anderer Aspekt, der in diesem Zusammenhang angesprochen werden soll, stellt die mögliche Reaktion von Organismen auf die sich ändernden abiotischen Anforderungen dar. So gibt es aus der Literatur Hinweise auf Verschiebungen in Flora und Fauna als Reaktion auf z.B. Schwermetallimmissionen. Eine spezifische Schwermetallflora auf natürlichen Schwermetallböden ist lange bekannt. Wie leistungsfähig sind derartig veränderte Biocönosen? Wie schnell stellen sich solche Verschiebungen ein?

1.2 Dekomposition

Die Dekomposition, der Abbau (Zersetzung) des organischen Bestandesabfalls, ist einer der wichtigsten - wenn nicht der wichtigste - ökophysiologische Prozeß im Boden. Er beschreibt den Zerfall der Laubstreu von den ersten Stadien nach dem Laubfall bis hin zur vollständigen Mineralisation des organischen Materials in niedermolekulare Bestandteile, die ihrerseits dem Pflanzenbewuchs wieder als Nährstoffe dienen (s. z.B. TOPP 1981, GISI 1990, EISENBEIS 1993).

In einem mitteleuropäischen Laubwald wird der ganz wesentliche Anteil an Phytomasse als Ergebnis der Primärproduktion durch Photosynthese natürlich von den Bäumen gestellt. Dabei ist jedoch zu bedenken, daß die Hauptmasse hiervon aus Stammholz besteht (ca. 270t/ha). Von den Bäumen entfallen nur 1-2% des Gewichtes auf die Blätter.

In der Hauptsache (von einigen Spezialisten wie Borkenkäfern etc. abgesehen) ist jedoch nur die Blattkomponente für die weidenden Konsumenten (Tiere der "Weidekette") direkt nutzbar (TISCHLER 1984). Diese nutzen jedoch nur einen relativ geringen Prozentsatz des anfallenden Laubes (Insekten: höchstens 5-8%, meist nicht mehr als 1-2%; Ausnahme: Massenentfaltungen von Blattfressern, z.B. Schwammspinner im Sommer 1993; Hirschwild im Unterwuchs: 8%) (s.a. BECK 1983, TISCHLER 1984, 1990). Die Masse des Blattmaterials geht mit dem herbstlichen Laubfall (in einem geringeren Maße auch durch den Kot von Laubfressern s.o.) ein in die organische Komponente des Bodens (Humus i.w.S.), welche sich durch die Tätigkeit der Bodenorganismen (u.a. Tiere der "Detrituskette") in einem ständigen Prozeß des mechanischen und chemischen Ab- und Umbaus befindet. Dabei können einzelne Komponenten durchaus ein sehr hohes Alter erreichen (SCHEFFER & SCHACHTSCHABEL 1989).

Der Hauptanteil dieser Pflanzenmasse, das stehende Holz, ist für die Mehrzahl der Tiere erst nach dem Absterben der Bäume bzw. Teilen davon (Äste) nutzbar. Unter natürlichen Verhältnissen (Urwald) wird hier ebenfalls die Bedeutung der Dekomponenten sichtbar, da diese den wesentlichen Prozeß der Wiedereingliederung dieses enormen Depots an Biomasse in den Nährstoffkreislauf leisten (in einem Wirtschaftswald wird es durch den Menschen weitgehend genutzt bzw. beseitigt).

Nach neueren Erkenntnissen, wonach in die entstehenden, sehr komplexen Humusstoffe Metaboliten von anthropogenen Substanzen eingebaut werden können, ist mit einer langfristigen Anreicherung dieser Stoffe zu rechnen, deren ökosystemare Konsequenz z.Zt. schwer abschätzbar ist (KAUFMANN et al. 1976, KHAN 1982, SPILLNER et al. 1979).

In einem mitteleuropäischen, sommergrünen Laubwald fallen jedes Jahr ca. 3-4t/ha organisches Material zu Boden, die in den Bodenkörper eingearbeitet werden. Dabei ist das Herbstlaub gegenüber dem funktionstüchtigen Pflanzenorgan "grünes Blatt" bereits stark verändert, da sich die Pflanze auf den Laubfall einstellt und eine Vielzahl von Komponenten dem Blatt bereits entzogen hat, bevor es durch die Ausbildung eines Trenngewebes den Blattfall ermöglicht (s. z.B. BRAUNS 1968, GISI 1990, REMMERT 1990).

Zu diesem oberirdischen Zustrom an pflanzlichem Detritus muß eine etwa gleiche Menge an unterirdisch gebildetem Material gerechnet werden (absterbende Pflanzenwurzeln usw.), die ebenfalls zu verarbeiten ist, soll es durch Anreicherung nicht zu einer Verschlechterung der Bodeneigenschaften kommen (TOPP 1981).

Die Dekomposition wird (schematisch) in verschiedene Abschnitte gegliedert (TOPP 1981, GISI 1990, EISENBEIS 1993):

1) Abiotische Zersetzung (ohne Zutun von Organismen)
- Absterbephase
- Auswaschphase

2) Biotische Zersetzung (unter Beteiligung von Organismen)
- Zerkleinerungsphase (mechanische Zerkleinerung, Umwandlung, Durchmischung)
- Mikrobielle Phase (Mineralisierung, Humifizierung).

Der Ablauf der Dekomposition ist abhängig von einer Vielzahl von Faktoren, die sowohl abiotische (z.B. Klima/Mikroklima, Bodentyp, mechanische, chemische Angreifbarkeit) als auch biotische (Blattart, vorhandene Bodenorganismen) umfassen. Der Abbau eines Buchenblattes bis zur Unkenntlichkeit umfaßt in einem Laubwaldboden in unserem Gebiet etwa einen Zeitraum von 2-6 Jahren. Leichter zu verarbeitendes Laub wie z.B. Holunder- oder Hainbuchenblätter sind schon im Laufe weniger Monate "verschwunden" (BECK 1983).

Eine funktionierende Dekomposition setzt jedoch ein intaktes Ökosystem voraus, das gerade im Bereich des Bodens -wie erwähnt- als äußerst kompliziert angesehen werden muß (BECK 1983, 1993, SCHAEFER 1986).

1.3 Waldbiocönose

Aus dem vorhergehend Dargestellten ergibt sich, daß die Ausgangsmaterialien, anorganischer Untergrund und organischer Bestandesabfall (im wesentlichen Laub und Wurzeln), durch die Tätigkeit der als Dekomponenten wirkenden Bodenorganismen den Boden bilden.

Dieser ist Grundlage für die Etablierung komplizierter Cönosen sowohl über dem Boden als auch im Boden selbst, der ja nicht nur Dekomponenten Lebensraum gibt (s.u.a. BECK 1983, 1993, DUNGER 1983).

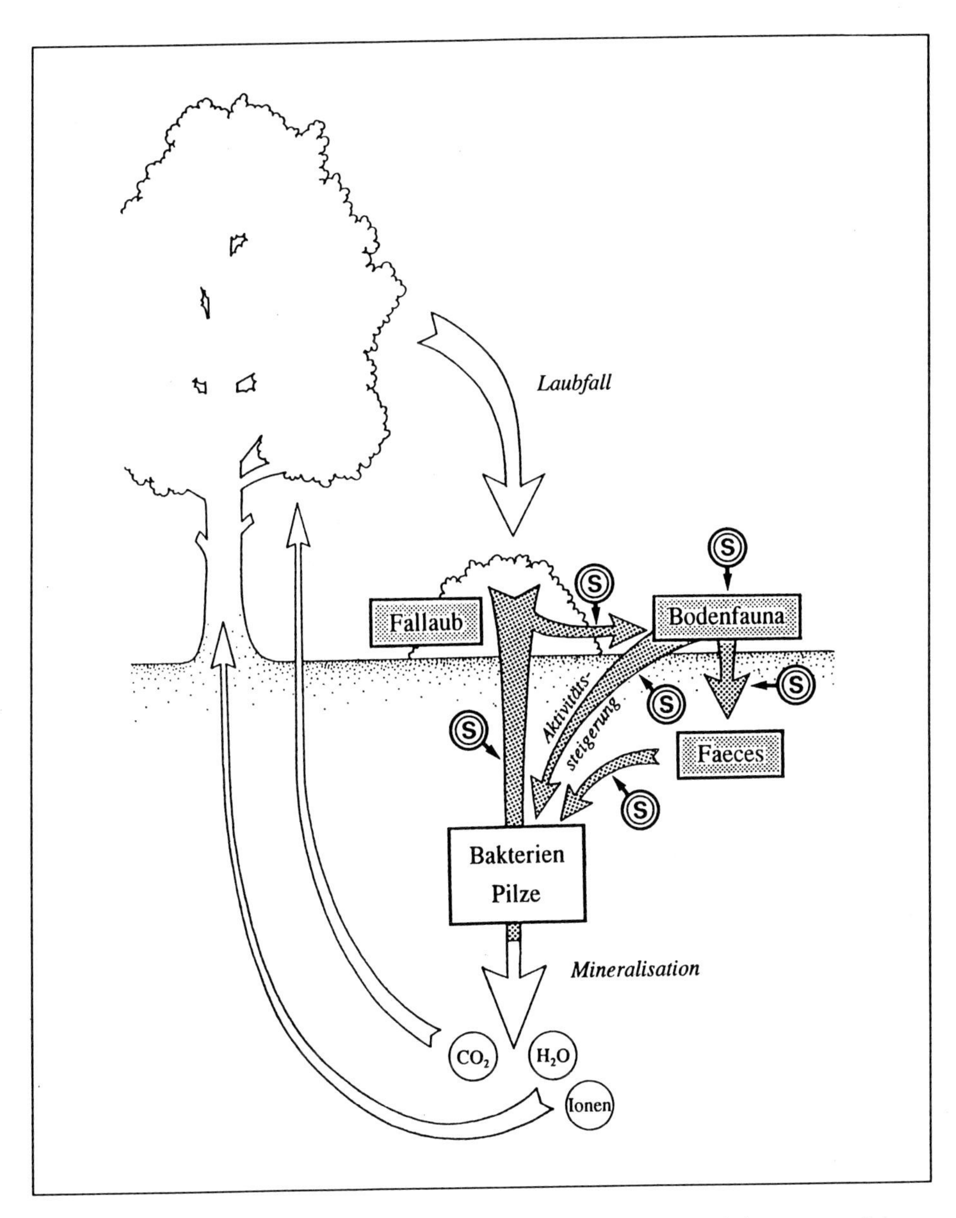

Abb. 1.2: Stark vereinfachte Darstellung des Laubabbaues. Die Einflüsse von Schwermetallen (S) auf die dunkel unterlegten Bereiche (Populationsstruktur der Bodenfauna, mikrobieller Abbau des Fallaubes, Ingestion durch saprophage Bodentiere, Defaekation, Faecesabbau, ausgewählte Vertreter der Bodenfauna, indirekte Steigerung der mikrobiellen Aktivität durch die Fauna) sind Gegenstand dieser Untersuchung.

Der bei uns standorttypische Buchenwald besteht eben nicht nur (wie oft im Vordergrund des allgemeinen Bewußtseins z.B. in der Waldschadensdiskussion) aus Bäumen (der Art Rotbuche - *Fagus sylvatica* L.) sondern stellt ein Ökosystem dar, in dem etwa 20% aller einheimischen Tier- und Pflanzenarten leben (TISCHLER 1984, 1990). Darunter finden sich nur ca. 200 Samenpflanzenarten (neben 130 Bakterien, 160 Algen, 50 Myxomyceten, 3000 Pilzen, 280 Flechten, 190 Moosen und 15 Farnen) (Pflanzenarten gesamt: ca. 4000). Bei den Tieren finden wir 109 Landwirbeltiere (davon allein ca. 70 Vogelarten), der Rest umfaßt wirbellose Tiere (mehr als 380 "Würmer", mehr als 70 Landschnecken, mehr als 560 Spinnentiere und Tardigraden, 26 Asseln, 60 Myriapoden, 5200 Insekten) und mehr als 350 Einzeller (Tierarten gesamt: ca. 7000). In einem m^2 Laubwaldboden kann man bei uns mit ca. 1000 Tierarten rechnen (BECK 1983, s.a. Tab. 1.1).

Tab. 1.1: Artenzahlen wichtiger Bodentiergruppen aus mitteleuropäischen Buchenwäldern. + geschätzte Zahlen, ++ Oribatiden wahrscheinlich zu hoch geschätzt. Nicht sämtliche, in den Zahlen enthaltene Arten der Käfer und Dipteren sind zur eigentlichen Bodenfauna zu rechnen, insbesondere als Imagines. Aus BECK 1983.

	Sauerhumus-Buchenwald		Kalkbuchenwald	vorwiegende Trophiestufe
	Solling	Ettlingen	Göttingen	
Rhizopoda	40			saprophag (bacteriophag), zoophag, parasitisch
übrige Protozoa	> 20			saprophag (bacteriophag), zoophag, parasitisch
Nematoda	80^{+}	> 80		saprophag (mikrophytophag), zoophag
Enchytraeidae	15	11		saprophag
Lumbricidae	4	4	10	saprophag (makrophytophag)
Isopoda	0	0	5	saprophag (makrophytophag)
Pseudoscorpiones	1	3		zoophag
Opiliones	4	4		zoophag
Araneae	94	> 100		zoophag
Oribatei	110^{++}	> 60		saprophag
übrige Acari	66^{+}	> 150		saprophag, zoophag, parasitisch
Chilopoda	8	6		zoophag
Diplopoda	1	5	5	saprophag (makrophytophag)
Collembola	> 11	> 43	44	saprophag
Dermaptera	1	1		omnivor
Carabidae	25	22		zoophag
Staphylinidae	117	91		zoophag
Curculionidae	12	17		phytophag, saprophag
Diptera	270^{+}	> 15 Fam.	42 Fam.	saprophag (Larven)
Gastropoda	4	9	30	saprophag (makrophytophag)

Von der Biomasse her betrachtet entfällt der größte Teil natürlich auf die Pflanzen, wobei, wie wir gesehen haben, die Hauptmasse, das Stammholz, im wesentlichen jedoch "totes Kapital" darstellt.

Bei den Tieren findet sich der weitaus größte Anteil an Biomasse im Boden (TISCHLER 1984).

Alle lebenden Organismen im Boden (excl. Pflanzenwurzeln) werden unter dem Begriff Edaphon zusammengefaßt (Abb. 1.3). Im Gegensatz zu dem geringen Masseanteil an dem gesamten Bodenkörper umfaßt diese Komponente jedoch eine Vielzahl von Organismentypen (Arten) und eine riesige Menge von Individuen, die in ihrer Gesamtheit ganz offensichtlich von hoher ökosystemarer Bedeutung sind. Es ist nicht abschätzbar, ob überhaupt und, wenn ja, wie weit, diese Vielfalt reduzierbar ist (z.B. als Folge der Bodenbelastung), ohne die Systemeigenschaften zu gefährden (s. REMMERT 1990).

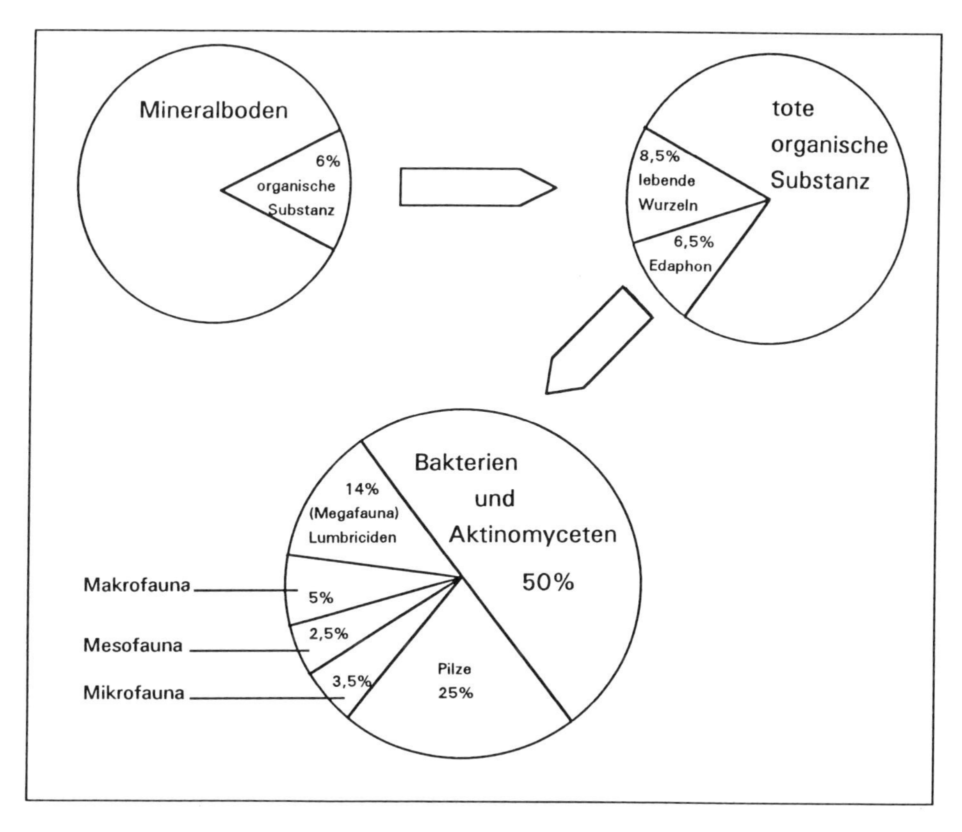

Abb. 1.3: Gewichtsverteilung der Bodenlebewesen in der oberen, belebten Bodenschicht eines frischen Laub-Mischwaldes mit Mullhumus. Nach Angaben verschiedener Autoren, kombiniert (aus DUNGER 1983).

2. Problemstellung

2.1 Generelle Schwermetallproblematik

Das hier vorgestellte Projekt behandelt einen Teilaspekt der Bodenbiologie: Die Auswirkung der Belastung von Böden durch Schwermetalle auf die Bodenbiocönose unter besonderer Berücksichtigung der Leistungsfähigkeit bei der für terrestrische Ökosysteme essentiellen Dekomposition organischen Materials im Boden. Eine solche Belastung kann direkt erfolgen durch die Aufbringung schwermetallhaltiger "Abfälle" (Baggergut, Klärschlamm, Bergwerksabraum usw.) auf intakte Böden bzw. als Halden, die mehr oder weniger aufwendig rekultiviert werden. Schwermetalle können ebenfalls durch Immission (Straßenverkehr, Industrieabgase) in vormals unbelastete Gebiete eingebracht werden (ERNST & JOOSSE VAN DAMME 1983, MERIAN 1984, UMWELTMIN. B.-W. 1992). Ein in seiner ökosystemaren Bedeutung seit etwa 20 Jahren erkannter Mechanismus ist auch die Freisetzung von Schwermetallen und anderen Elementen (z.B. Mg, Al) in "natürlichen" Böden durch die pH-Absenkung in Böden (saurer Regen) (ULRICH et al. 1979, HUTCHINSON & HAVAS 1980, BLUME 1990).

Seit einiger Zeit ist bekannt, daß Schwermetalle die Zersetzung organischen Materials im Boden beeinträchtigen. So wurden verminderte Dekomposotionsraten, bedingt durch überhöhte Schwermetallpräsenz, vielerorts nachgewiesen (RÜHLING & TYLER 1973, WILLIAMS et al. 1977, STROJAN 1978, COUGHTREY et al. 1979, KRATZ et al. 1983, MCNEILLY et al. 1984, WEIGMANN et al. 1985, HOPKIN 1989). Da es hierbei zu gestörten Stoffkreisläufen und zu einer verzögerten Mineralisation von nutzbaren Pflanzennährstoffen kommen kann, ist längerfristig mit einem Rückgang der Primärproduktion zu rechnen.

Für eine ungestörte Dekomposition sind die mannigfachen Interaktionen, die zwischen den Mikroorganismen des Bodens und den Bodenwirbellosen bestehen, Voraussetzung. Ein wesentlicher Aspekt des Projektes behandelt daher auch die Erfassung von wesentlichen biocönotischen Teilkomponenten der untersuchten Flächen, um Einblick in etwaige Störungen auf Populationsebene zu bekommen.

Die Komplexität der Wechselwirkungen zwischen den am Zersetzungsgeschehen beteiligten Teilgliedern erschwert jedoch die Abschätzung des Einflusses von Belastungsfaktoren auf den Dekompositionsprozeß. Aus diesem Grund wurden in dem hier behandelten Projekt die das System aufbauenden Einzelkomponenten (z.T.) quantitativ beurteilt. Das Ziel dieses Forschungsvorhabens war eine analytische Erfassung der die Dekomposition betreffenden Zusammenhänge im Boden eines Buchenwaldes (als dem in unserem Gebiet natürlicherweise dominierenden Ökosystem) und der direkt von Schwermetallen beeinflußten Parameter sowie ein Vergleich der Leistungsfähigkeit schwermetallbelasteter und -unbelasteter Dekomponenten.

2.2 Anwendung auf Probengebiete

Während unser Kenntnisstand über Schwermetallbelastungen bis vor kurzem v.a. auf Einzeluntersuchungen basierte oder auf gezielten Untersuchungen mit bereits bekannter hoher Schwermetallbelastung, wurde im Rhein-Neckar-Kreis, dem Gebiet, in dem unsere Untersuchung im wesentlichen stattfand, erstmals eine flächenhafte und systematische Untersuchung eines größeren, zusammenhängenden Gebietes vorgenommen (MÜLLER et al. 1987). Unser Projekt konnte daher in einem Raum stattfinden, der hinsichtlich der Schwermetallverhältnisse besser untersucht war als irgendein anderes Gebiet in der (damaligen) Bundesrepublik.

Die danach in den Jahren 1990/91 erhobenen Daten im Oberboden von 60 Dauerbeobachtungsflächen in Baden-Württemberg ergaben, daß 50% dieser Flächen in bezug auf mobile Gehalte an Blei und 100% der Fälle in Bezug auf Cadmium als belastet eingestuft werden müssen (siehe LFU B.-W. 1993 a, b). Diese Befunde unterstreichen die auch regionale Aktualität der in unserem Projekt untersuchten Problematik.

Für unsere Untersuchungen standen zwei Versuchsflächen in geringer Entfernung voneinander zur Verfügung, die hinsichtlich des Schwermetallgehaltes im Rahmen dieses Projektes charakterisiert wurden. Das eine Gebiet, eine ehemalige Erzabbaustätte (bei Wiesloch) weist gegenüber dem Vergleichsgebiet (bei Nußloch) stark erhöhte geogen bedingte Schwermetallwerte auf. Beide Gebiete liegen etwa 7 km südlich Heidelberg. Einige Einzeluntersuchungen wurden auch mit Tieren aus anderen unbelasteten (Mauer bei Heidelberg) bzw. noch stärker (anthropogen bedingt) schwermetallbelasteten Gebieten (Braubach bei Koblenz) durchgeführt. Weitere Standorte, von denen gelegentlich Material bzw. Vergleichsdaten erhoben wurden, lagen auf dem Heiligenberg bei Heidelberg bzw. am Speyerer Hof, beides stark saure Buchenwälder auf Buntsandstein (Kap. 4).
Der Schwerpunkt der Untersuchung erfolgte im Rahmen der Förderung durch das Projekt Wasser, Abfall, Boden (PWAB) in den Zeiträumen von Januar 1991 bis Dezember 1992.

3. Vorgehensweise zur Beurteilung der Toxizität von Schwermetallen

Während allgemein die Toxizität zahlreicher Schwermetalle anerkannt ist (ERNST und JOOSSE-VAN DAMME 1983, MERIAN 1984, BLUME 1990), sind die Auswirkungen in Böden und deren Biocönosen noch unzureichend verstanden. So ist verhältnismäßig wenig über die Reaktion von Bodentieren auf Schwermetallanreicherungen bekannt.

Eine besonders große Verständnislücke besteht in der Wirkungsweise von Metallen auf Organismen. Die Schwermetallproblematik (gemeint sind z.B. die für Tiere essentiellen Metalle Cu, Zn, und As und die nicht essentiellen Elemente Cd und Pb) hat zwar ihren Niederschlag in sehr vielen Publikationen (s. ERNST u. JOOSSE-VAN DAMME 1983, MERIAN 1984, BEYER et al. 1987) gefunden, in denen meist akkumulierte Gesamtmengen angegeben werden, der genaue Weg durch die Tiere ist jedoch nur an wenigen Bodenorganismen hinreichend untersucht worden (z.B. Oligochaeta: IRELAND 1988; ausgewählte Pulmonaten: IRELAND 1988; Isopoda: HOPKIN & MARTIN 1982a, b, PROSI et al. 1983, PROSI & DALLINGER 1988, DALLINGER & PROSI 1988), Wirkungsmechanismen sind dagegen kaum bekannt (HOPKIN 1989, STORCH 1988, 1993). Hier kann nur das gezielte Laborexperiment in Verbindung mit Freilanduntersuchungen Auskunft erteilen.

Durch die Freisetzung von diesen und weiteren Metallen (Al) durch saure Niederschläge bekommt das Problem eine noch größere Dringlichkeit: Die Schwermetallmobilität und Remobilisierung - selbst liganden- und pH-abhängig (s. BERNHARD et al. 1986) - ist für die Festsetzung von Grenzwerten wichtig, wird aber in den Richtlinien und gesetzlich verankerten Schwermetallgrenzwerten nicht berücksichtigt. In der Tat sind etwa 90% der in der Luft vorhandenen Säurebildner anthropogen (ULRICH 1984).

Hohe Konzentrationen von Metallen in bestimmten Tieren und deren Organen sagen andererseits noch wenig über die tatsächliche Auswirkung auf die Funktionsfähigkeit des Ökosystems aus. Sicher ist, daß Bodentiere unterschiedlich empfindlich reagieren (DINDAL 1980, HÅGVAR 1984b, FUNKE 1986, BEYER et al. 1987, WALLWORK 1987, WEIGMANN 1991). Wie wirkt sich das auf die Biocönose und die biologischen Vorgänge im Subsystem Boden aus? Inwieweit und in welcher Form Populationen von Bodenorganismen auf metallbelasteten Flächen mit subakut toxischen Konzentrationen überhaupt betroffen sind und sich in ihrem Bestand und ihrer Leistung bezüglich ihrer ökologischen Einnischung von Organismen unbelasteter Vergleichsflächen unterscheiden, ist bisher nicht umfassend untersucht worden.

Wie eingangs erwähnt, ist der Bedarf an bodenzoologischer Forschung - auch Grundlagenforschung - allgemein anerkannt. Unter den mehr oder weniger aktuellen Gegebenheiten drängt jedoch besonders die Beantwortung von Fragen zum Bodenschutz (BLUME 1990).

Hierzu ist einerseits eine flächendeckende Bodenbeobachtung angebracht, die die Wirkungen anthropogener Einflüsse kontrolliert, nötigenfalls Grundlage für Gegenmaßnahmen darstellt und wie sie z.B. durch die LFU, B.-W. geleistet wird (WIRKUNGSKATASTER). Da aber die Wirkungen in Böden in der Regel wie gesagt verzögert einsetzen, besteht hier die Gefahr, daß ein Gegensteuern (wenn es überhaupt kurzfristig möglich ist) zu spät einsetzt; - eine Gefahr, die ja bereits eingetreten ist (z.B. Schwermetallakkumulation in Böden; Erschöpfung der Pufferkapazität bestimmter Böden; Herabsetzung der Vitalität/Standfestigkeit von Waldbäumen mit der Konsequenz katastrophaler Windbrüche); (z.B. BMELF 1993, BMU 1993). Hier macht sich auch die Vernachlässigung einer langfristigen, vorsorgenden bodenzoologischen Forschung in der Vergangenheit nachteilig bemerkbar, da Referenzdaten aus früheren Zeiten kaum vorliegen. Aus flächendeckenden Beobachtungen zur quantitativen Schadstoffbelastung allein (s. MÜLLER et al. 1987; s. auch LFU B.-W. 1993) - so wertvoll sie als erste Orientierung sind - können keine ausreichenden Einblicke in komplexe Systeme erwachsen. Diese müssen an tiefer gehenden Einzeluntersuchungen, die dann auch Kriterien für die vorgenannten Flächen liefern, erarbeitet werden.

Ökosysteme haben Individualcharakter, und ihre etwaige Pflege erfordert dementsprechend differenzierte Therapiemaßnahmen. Die modellhaft - detaillierte Untersuchung von Einzelökosystemen ist jedoch unbedingt erforderlich und muß auf die Untersuchung von Arten (wenigstens von "Schlüsselarten") ausgedehnt werden. Diese stellen ja die Akteure im Zusammenspiel der ökosysteminternen Kräfte dar (VAN CAPELLEVEEN et al. 1986).

Wegen der Vielfalt der den Charakter eines Ökosystems beeinflussenden Komponenten besteht jedoch die Gefahr, daß derartigen Untersuchungen eine kasuistische Beschränkung anhaftet (der Weinberg bei Freiburg, die Bauschuttdeponie bei Bremen usw.). Derartige Modelle müssen demnach an Vergleichssystemen überprüft und gegebenenfalls fortgeschrieben werden (ein Aspekt, der hier wegen der zeitlichen Beschränkung des Projektes ebenfalls nur äußerst begrenzt berücksichtigt werden konnte).

Zur Zeit gibt es keine allgemein anerkannten Kriterien für die Beurteilung von Ökosystemen. Dieser Mangel ist sicher z.T. auf die meist angewendeten klassisch-ökologischen Methoden zurückzuführen (Sammeln, Zählen, Rechnen), die ihre Grenzen in der großen Flexibilität der Systemkomponenten finden.

Laborexperimenten oder Freilandexperimenten (z.B. Begiftung mit hohen Dosen von Umweltgiften, Düngungsversuche) haften die Mängel des artifiziellen Eingriffes, der Überdosierung und der Kurzfristigkeit an. Ihre Ergebnisse sind nur mit Vorbehalt auf das "ungestörte" System zu übertragen und am besten noch für die Beurteilung des geochemischen Verhaltens von Schadstoffen einsetzbar oder kommen einem erweiterten Biotest zur Erfassung der akuten Nebenwirkung auf "Non-Target-Organismen" gleich. Die Probleme der Langzeitbelastung mit subakut-toxischen Schadstoffmengen in Form von langfristig erfolgenden Veränderungen in den Biocönosen und deren Leistungsfähigkeit können so nicht erfaßt werden.

Das hier dargestellte Projekt (Abb. 3.1) hatte das Ziel, diese Probleme wie folgt zu überwinden:

Ein extrem langzeitbelasteter Standort (quasi als natürliches Langzeitexperiment ohne zusätzliche Eingriffe) wird modellhaft im Vergleich zu einem weitgehend unbelasteten Standort bezüglich seiner Schwermetallproblematik untersucht hinsichtlich:

- seiner abiotischen und biotischen Parameter (ökologische Charakterisierung des Gebietes; dabei konnte in einigen Fällen auf Voruntersuchungen aufgebaut werden: Spinnen, Diplopoden),
- der Belastung der Einzelkomponenten mit Schwermetallen (quantitative Schwermetallanalyse in pflanzlicher Biomasse, Boden und ausgewählten Tieren),
- seiner allgemeinen Leistungsfähigkeit bezüglich eines zentralen Prozesses in terrestrischen Ökosystemen: Dekomposition (Freilanduntersuchungen: Streuabbau),

- der Wirkung der Belastungsform (teilweise kombinierte Belastung: Schwermetalle, erhöhte Bodenacidität) auf Einzelorganismen bzw. Organismengruppen (Mikroflora, ausgewählte Dekomponenten und Prädatoren): bionomische Untersuchungen (Aktivität, Verhalten, Massenumsatz, Energieumsatz; z.T. Halbfreilandexperimente/Mikrokosmen),
- der Wirkung der Belastungsform auf Organ- bis Zellebene an ausgewählten Arten (Elektronenmikroskopie, Histochemie, Cytochemie usw.),
- der möglichen Anpassung an die langfristige Belastung durch die Organismen (Selektion/Resistenz von Populationen, mögliche Entgiftungsmechanismen, Vermeidestrategien).

In den letzten Jahren hat sich herausgestellt, daß das zelluläre Niveau in besonders ausgeprägtem Maße Umweltveränderungen von Tieren widerspiegelt (STORCH 1988, 1993). Chronische und subletale Einwirkungen von Noxen können hier sehr viel früher erkannt werden als auf dem Individual- und Populationsniveau.

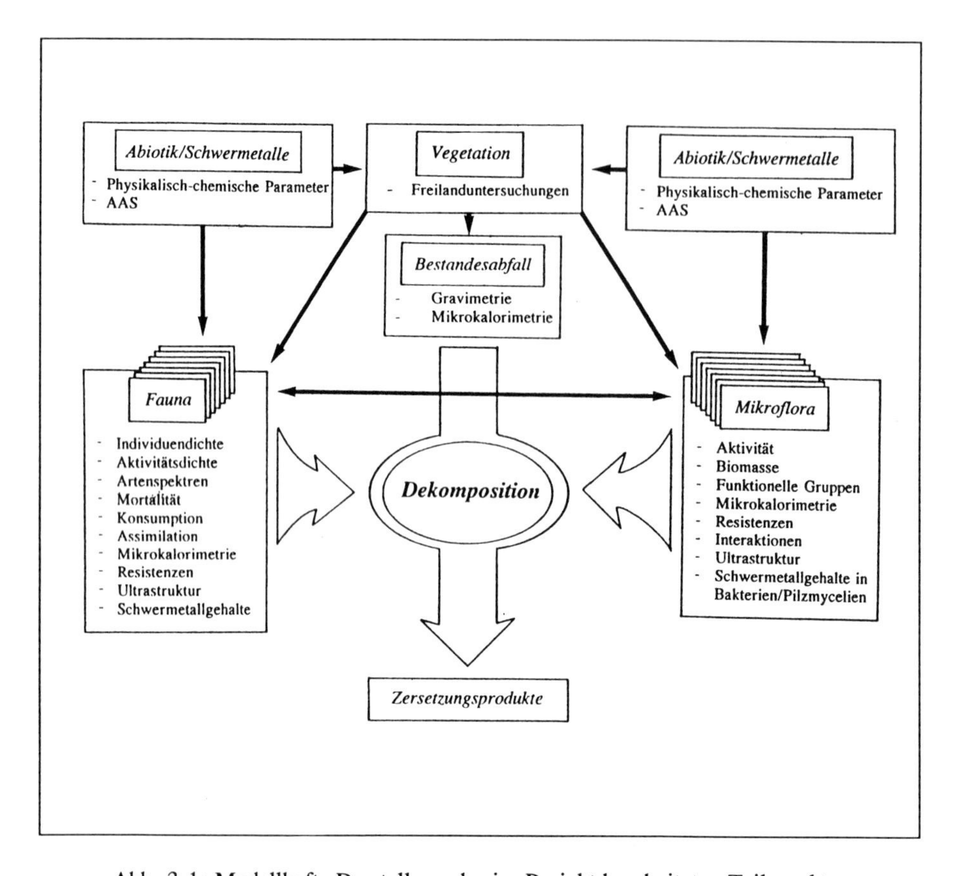

Abb. 3.1: Modellhafte Darstellung der im Projekt bearbeiteten Teilaspekte.

Mit dieser umfassenden Untersuchung werden damit erstmals am Abbauprozeß beteiligte Organismen sowohl auf Zell-, Organ-, Individual- als auch auf Populationsebene in einen kausalen Zusammenhang mit dem spezifischen Belastungsfaktor gebracht. Dabei werden die das System aufbauenden Einzelkomponenten quantitativ beurteilt - und neben den unerläßlichen Methoden der etablierten Ökologie - Verfahren eingesetzt, die bislang im Bereich dieser Thematik kaum oder nur wenig Anwendung fanden (cytologisch-histologische, physiologische, biophysikalische Techniken).

Mit Hilfe der Untersuchung an diesen Modellstandorten sollen Erkenntnisse (auch Methoden) gewonnen werden, die sich in ihrer grundsätzlichen Aussage auch auf Standorte mit einer anders gelagerten Belastungssituation anwenden lassen.

4. Charakterisierung der Probengebiete

4.1 Lage und Beschreibung des Untersuchungsgebietes

Das Untersuchungsgebiet liegt etwa 7 km südlich von Heidelberg zwischen der Gemeinde Nußloch und der Stadt Wiesloch bei ca. 49°19'N und 8°42'O. Es liegt am nordöstlichen Rand des Kraichgaus auf der Schulter der westlichen Hauptrandverwerfung zur Oberrheinischen Tiefebene, ca. 100 bis 150 m oberhalb der Niederterrasse der Rheinebene. **Geologisch** gesehen liegt das Gebiet am westlichsten Ende eines schmalen Streifens Muschelkalk zwischen dem Buntsandstein des südlichsten Odenwalds im Norden und dem ungegliederten Keuper des Kraichgaus im Süden. Das oberste Grundgestein besteht hauptsächlich aus dem Übergangsbereich des Oberen und Mittleren Muschelkalks, wird aber rasch vom Unteren Muschelkalk gefolgt (SCHWEIZER & KRAATZ 1982). Direkt östlich des Untersuchungsgebietes wird der Muschelkalk im Steinbruchbetrieb abgebaut.

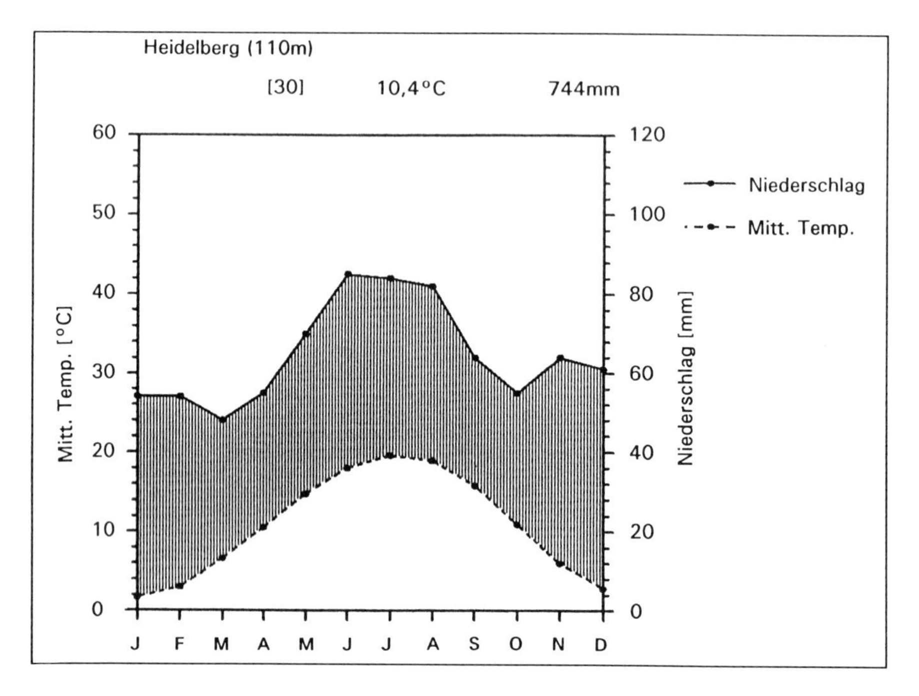

Abb. 4.1: Klimadiagramm des Untersuchungsgebietes (langjähriges Mittel nach Witterungsberichten des Deutschen Wetterdienstes).

Die **Böden** des Gebietes sind stark durch Lößablagerungen aus dem Pleistozän geprägt. Diese erreichen jedoch nicht das Ausmaß wie sie für die südliche Bergstraße sowie den Kraichgau bekannt sind. Die Böden sind deshalb sehr flachgründig (z.T. nur 30 bis 50 cm tief, s.u.), hauptsächlich Parabraunerden (Kalkparabraunerden) und teilweise noch den Kalksteinverwitterungsböden zuzuordnen (stellenweise zu Rendzinen tendierend) (BLESZ & KERN 1991).

Die vorherrschende **Vegetation** ist im Untersuchungsgebiet Buchenmischwald (Fagion) mit dominierender Rotbuche (*Fagus sylvatica*) und meist eingestreuten Eichen (*Quercus petraea*, *Q. robur*) und Hainbuchen (*Carpinus betulus*) (BLESZ & KERN 1991). Die Untersuchungsflächen befinden sich im ca. 60 ha großen Nußlocher Wald, der überwiegend aus über 100-jährigen Buchenbeständen besteht.

Das **Klima** des Gebietes wird zum einen beeinflußt durch die Oberrheinebene, in der eine warme Witterung vorherrscht, und zum anderen durch seine Lage am Westhang der Rheinebene, der reichlich Hangregen erhält. Somit ist das Gebiet durch ein mildes, humides Klima gekennzeichnet, mit langjährigen Jahresmittelwerten von 10,4°C Temperatur und 744 mm Niederschlag (Abb. 4.1). Die Untersuchungsjahre waren jedoch besonders im Sommer durch einen ausgeprägten Wechsel zwischen feuchten und trockenen Monaten gekennzeichnet. Insbesondere im ersten Jahr war der Sommer sehr trocken, mit starken Regenfällen lediglich im Juni (Abb. 4.2).

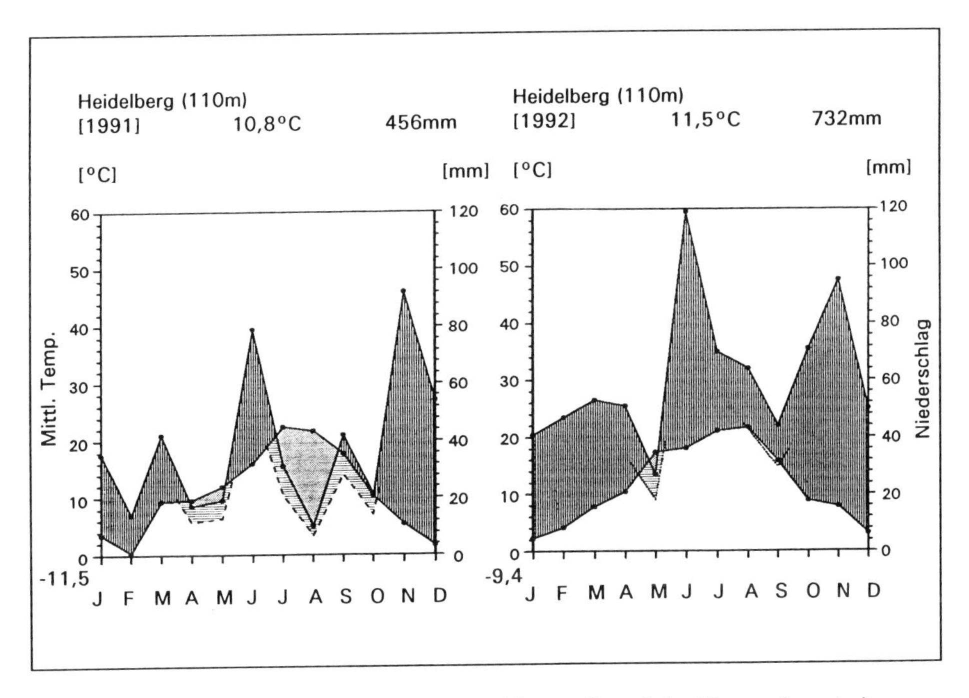

Abb. 4.2: Klimadiagramm des Untersuchungsgebietes während des Untersuchungszeitraumes (nach Witterungsberichten des Deutschen Wetterdienstes).

Im Untersuchungsgebiet wurden **2 Untersuchungsflächen** (Abb. 4.3) ausgewählt. Die eine, hier Belastungsstandort "Wiesloch" (WIE) genannt, war bereits vor der Untersuchung als hoch schwermetallbelastet bekannt (MÜLLER et al. 1987).

Besonders im Gelände um Wiesloch und südlich Nußloch treten im Unteren Muschelkalk verstärkte Pb-Zn-Vererzungen auf (SCHWEIZER & KRATZ 1982). Die Ausbeutung der Erzvorkommen begann schon sehr früh. Bereits vor ca. 2 000 Jahren wurde von den Römern im Gebiet Bergbau betrieben (AMTLICHE KREISBESCHREIBUNG 1968).

Besonders im 15. und im 18. Jahrhundert wurde verstärkt abgebaut, vor allem als Tagebau und später auch z.T. im Stollenbetrieb. Hauptsächlich wurden Galmei und Bleierze abgebaut, zum geringen Teil auch noch Silber. Nach einer Pause kam es in der zweiten Hälfte des 19. Jh. zu einer nochmaligen Blüte des Wieslocher Bergbaus. Das Erzvorkommen im Gebiet um die Untersuchungsfläche Wiesloch war aber um die Jahrhundertwende weitgehend erschöpft.

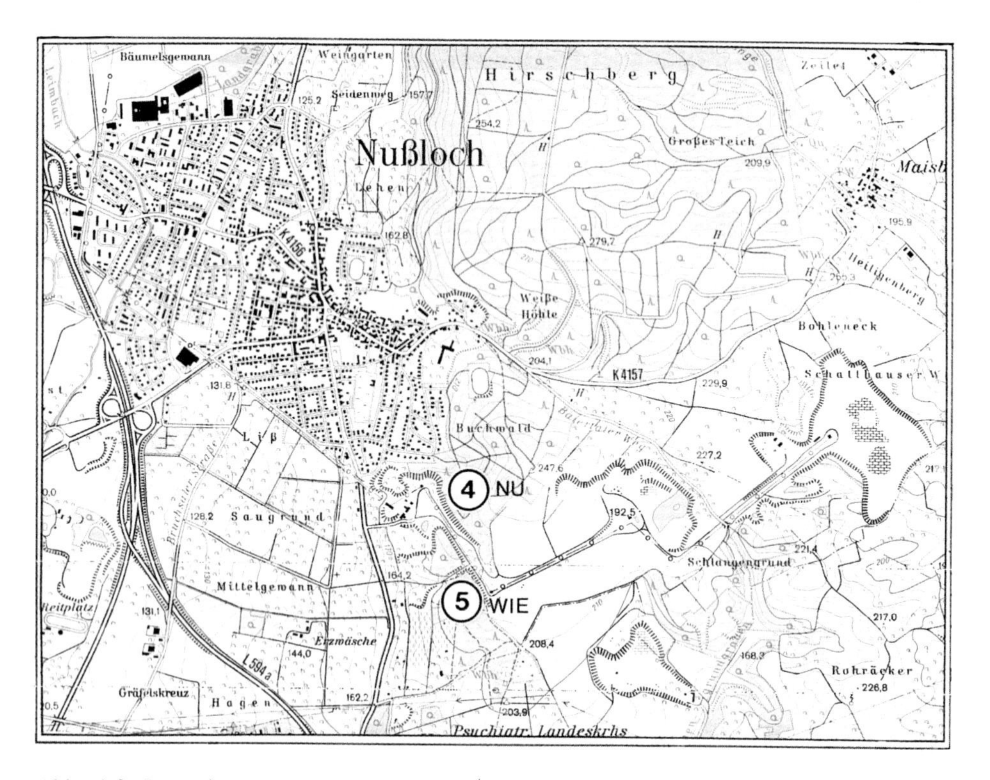

Abb. 4.3: Lage der Untersuchungsflächen Wiesloch (WIE) und Nußloch (NU). (Darstellung auf der Grundlage der Topogr. Karte 1: 25 000, Ausschnitt aus dem Blatt 6618 mit Erlaubnis des Landesvermessungsamts Baden-Württemberg vom 15.08.1995, Az.: 5.11/1139).

Für die Untersuchungsfläche selber bedeutet dies, daß seit ca. 90 Jahren kein Bergbau mehr betrieben wurde. Weitere Abbauaktivitäten fanden sich jedoch sporadisch in den Gegenden südlich und südöstlich des Untersuchungsgebiets, wo der Abbau von Erzen endgültig Mitte der fünfziger Jahre beendet wurde.

Durch den Tagebau und z.T. noch durch den Einsturz alter Grubenbaue ist das Gebiet um die Untersuchungsfläche WIE heute von trichterförmigen Vertiefungen (Pingen) geprägt.

Diese nehmen sogar bis zu 30% der Untersuchungsfläche ein. Die Untersuchungsfläche befindet sich am nördlichsten Rand der Gemarkung Wiesloch ca. 200-210 m üNN auf einem leichten Südwesthang (6,3%).

Bei der Pflanzenassoziation handelt es sich um einen frischen Kalkbuchenwald (Fagetum sylvaticae) mit einer starken Neigung zum Trockenhangbuchenwald (Carici-Fagetum) (BLESZ & KERN 1991). Die Baumschicht wird hier besonders stark von der Rotbuche (*Fagus sylvatica*) dominiert, mit nur geringen Anteilen an Steineiche (*Quercus petraea*) und Waldkiefer (*Pinus sylvestris*). Die Krautschicht ist besonders durch die üppig entwickelten Frühlingsgeophyten gekennzeichnet (z.B. *Anemone nemorosa, Galium odoratum* und *Convallaria majalis*). Im Sommer ist die Krautschicht weniger gut entwickelt und besteht v.a. aus Arten wie z.B. *Hedera helix, Geranium robertianum, Sanicula europaea, Mycelis muralis, Viola riviniana* und *V. reichenbachiana,* u.a. Eine Strauchschicht ist im Vergleich nur spärlich entwickelt (siehe Fototafel I).

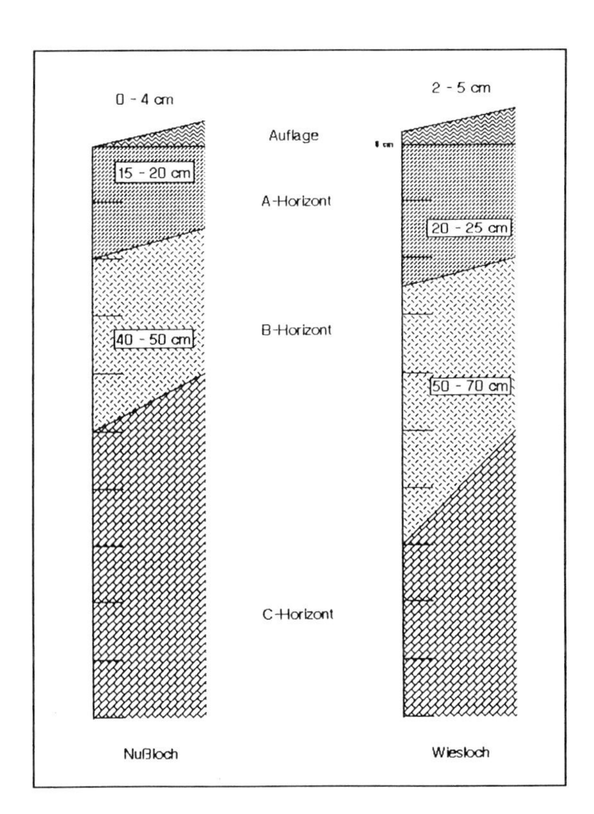

Abb. 4.4: Bodenprofil der beiden Untersuchungsflächen.

Als Vergleichsfläche, hier "Nußloch" (NU) genannt, wurde ein Gebiet ca. 750 m Luftlinie von der Untersuchungsfläche WIE entfernt gewählt. Hier wurde Bergbau nie betrieben und somit eventuell vorhandene Schwermetallerze nicht an die Oberfläche gefördert. Die Geländeoberfläche ist fast eben und zeigt deshalb eine wesentlich geringere Heterogenität als das stark anthropogen beeinflußte Gebiet WIE. Die Fläche befindet sich am südlichen Rand der Gemarkung Nußlochs bei ca. 220 m üNN. Sie zeigt ebenfalls nur eine geringe Hangneigung (4,2%, nach Westen abfallend). Die Pflanzenassoziation ist ein fast reiner Kalkbuchenwald mit wesentlich stärkeren Anteilen an Eiche (*Quercus petraea*) und Ahorn (*Acer campestre, A. pseudoplatanus*) als am Belastungsstandort WIE.

Fototafel I: Standort Wiesloch. a) Blick aus einer für das Gebiet kennzeichnenden "Pinge". b) Blütenstand von *Orchis purpurea*. c) Kleines Immergrün (*Vinca minor*). Einzelblüte von *Orchis purpurea*. (Aus ULLRICH 1993).

Fototafel II: Standort Nußloch im Frühjahrsaspekt. a) Ansicht des Probengebietes. b) Buchenkeimlinge. c) Unterwuchs des Gebiets mit *Viola reichenbachiana*. d) Kleiner Fuchs (*Aglais urticae*) auf Scharbockskraut (*Ranunculus ficaria*). (Aus ULLRICH 1993).

Die Strauchschicht ist auch viel stärker entwickelt und enthält außer Jungbäumen insbesondere erhöhte Anteile an *Crataegus laevigata, Ligustrum vulgare* und *Cornus mas*. Die Krautschicht bleibt hier auch im Sommer üppig entwickelt. Nach den Frühjahrsgeophyten entwickeln sich auf dieser Fläche außer den Arten, die auch in WIE vorkommen, v.a. *Fragaria vesca, Mycelis muralis, Melica uniflora, Rubus fruticosus* u.a. (siehe Fototafel II). Die beiden Untersuchungsflächen zeigen nach den Zeigerwerten der Pflanzen (Anhang, Tab. A1 und A2) große Übereinstimmungen, was den Stickstoffgehalt, die Kontinentalitätszahl und die Feuchtezahl angeht. Die Temperaturzahl und Reaktionszahl ist in Wiesloch etwas kleiner. Die Lichtzahl läßt in Nußloch ein etwas besser beleuchtetes Habitat vermuten, was durch die nach Westen offene Abbruchkante des Steinbruchs erklärt werden kann.

Insbesondere die Böden der Untersuchungsflächen WIE sind durch den Bergbau z.T. stark gestört; v.a. ist der Oberboden stark umgewälzt worden. Obwohl die Böden inzwischen ein ausgeprägtes Profil zeigen (siehe Abb. 4.4), haben sie sich erst im Laufe der letzten 90 Jahre entwickelt und zeigen deshalb teilweise noch schwächer entwickelte Profilmerkmale. Die Bodenauflage besteht hauptsächlich aus mullartigem Moder mit einem starken Einbau von organischem Material im oberen Mineralboden. Das Fallaub (L-Schicht) ist z.T. stark in die Pingen eingeweht, und die gesamte Bodenauflage ist in der ebenen Fläche des Geländes nur zwischen 0 und 5 cm mächtig. Der Boden in NU ist hier sehr deutlich profiliert mit einer Humusauflage von durchschnittlich 5 cm Mächtigkeit. Die Humusform kann als modriger Mull bezeichnet werden.

4.2 Voruntersuchungen

Um die nötige Hintergrundinformationen für das Projekt genau zu quantifizieren, wurden einige Voruntersuchungen vorgenommen. Diese betrafen zum einen Ausmaß und Verteilung der Schwermetallbelastung sowohl im Belastungsstandort Wiesloch als auch in der Vergleichsfläche Nußloch. Zum anderen ist bekannt, daß langjährige Umweltbelastungen in Waldökosystemen zu Veränderungen von Bodenprozessen im allgemeinen und der Dekomposition im besonderen führen (z.B. COUGHTREY et al. 1979, HÅGVAR 1988, HÅGVAR & KJØNDAL 1981, SCHÄFER 1986, WOLTERS 1991). Deshalb wurden bodenkundliche Untersuchungen vorgenommen, um einen Eindruck über die Struktur des Bodens und über das Dekompositionsgeschehen im Untersuchungsgebiet zu gewinnen und Vergleiche zwischen den zwei Untersuchungsflächen zu ermöglichen.

4.2.1 Schwermetallbelastung

4.2.1.1 Material und Methoden

Am Standort Wiesloch sowie in Nußloch wurden in einem kleinen Gebiet (zukünftige Entnahmefläche für Proben zur Untersuchung der Mesofauna und der Mikrobiologie: "Mesofaunagebiet") mit Hilfe eines Stechzylinders jeweils 15 Bodenproben gezogen. Ebenso wurden in beiden Untersuchungsgebieten in größeren Arealen (zukünftiger Standort für Barberfallen usw.: "Barberfallengebiet") weitere Bodenproben gezogen (3 Proben um je 15 Punkte = 45 Probestellen). Die Proben wurden in organische Auflage (L- und O-Horizonte) und Mineralboden (A_h-Horizont) getrennt. Zusätzlich wurde frisches Laub und Holz von Buchen (*Fagus sylvatica*) gesammelt, die sich jeweils als Hauptbaumart auf den beiden Gebieten ("Mesofauna-" und "Barberfallengebiet") befanden.

Die Bodenproben wurden dann im Labor gefriergetrocket (24 h) und anschließend mit 65% HNO_3 suprapur aufgeschlossen (Bodenproben: 3 h im Sandbad bei 300°C; pflanzliches Material: 24 h Vorreaktionszeit bei Zimmertemperatur, danach 12 h bei 90°C). Nach dem Aufschluß wurden die Proben 1:10 mit aqua bidest. verdünnt.

Die Messungen erfolgten an einem flammenlosen Atomabsorptionsspektrophotometer (AAS) der Firma Perkin Elmer. Es wurde die L'vov Plattformtechnik nach HINDERBERGER et al. (1981) benutzt. Geeicht wurde mit entsprechend verdünnten Eichlösungen der Firma Merck mit Ausgangskonzentrationen von 1 000 µg/l des jeweiligen Metalls. Pro Probe wurden drei Wiederholungen durchgeführt und der Mittelwert errechnet. Die Ergebnisse wurden mittels t-test und Duncan's multiple range test überprüft.

4.2.1.2 Ergebnisse und Diskussion

Die gemessenen Schwermetallkonzentrationen sowohl in den Barberfallen- wie in den Mesofaunagebieten wiesen den Standort Wiesloch als stark belastet aus (Abb. 4.5 und 4.6a, b). Die Schwankungsbreite der Obergrenzen der Belastungsbereiche, die als Normalgehalte in Böden angesehen werden, sind für die jeweiligen Metalle in Abb. 4.5 angegeben (MÜLLER et al. 1987, SCHEFFER & SCHACHTSCHABEL 1989, BLUME 1990, GISI 1990). Diese starke Belastung gilt für alle untersuchten Metalle und im besonderen für den Mineralboden. Während von der organischen Auflage von Wiesloch der O-Horizont im Mesofaunagebiet immer noch stark erhöhte Werte von allen Metallen und im Barberfallengebiet deutlich erhöhte Werte aufweist, sind vom L-Horizont nur leicht erhöhte oder "Normalwerte" gemessen worden.

Obwohl in Nußloch die gleiche Tendenz einer zunehmenden Belastung von der organischen Auflage zum Mineralboden hin gezeigt werden kann, sind die Schwermetallgehalte (Cd, Pb und Zn) der O- und A_h-Horizonte sowohl des Mesofauna- sowie des Barberfallengebietes gegenüber Wiesloch hoch signifikant geringer. Die Werte der A_h-Horizonte in Nußloch sind trotzdem gegenüber dem Normalzustand erhöht, der O-Horizont erhöht (Cd) bis leicht erhöht (Pb, Zn). Vom L-Horizont sind die Werte von Pb und Zn unbelasteten Böden entsprechend, von Cd nur sehr leicht erhöht. Die Werte aller Metalle des L-Horizontes im Mesofaunagebiet sowie von Cd im Barberfallengebiet unterscheiden sich nicht signifikant von Wiesloch, die Werte von Pb und Zn des Barberfallengebietes sind, obwohl niedrig, hoch signifikant verschieden. Der Standort Nußloch ist somit insgesamt als minderbelastet einzustufen.

Die Abbildungen 4.6a und b zeigen die Mittelwerte von allen 15 Einzelmeßpunkten des Barberfallengebietes. Diese Darstellung zeigt deutlich die starke Zunahme der Schwermetallkonzentrationen insbesondere von Wiesloch von der organischen Auflage bis in den Mineralboden hinein. Außerdem wird die relative Heterogenität insbesondere der Mineralböden bezüglich der Schwermetallkonzentration deutlich, mit sehr hohen Spitzenwerten und einzelnen niedrigeren Werten.

Es erhebt sich die Frage, wie dieser starke Gradient der Schwermetallkonzentrationen in zunehmender Tiefe zustande gekommen ist. Daß die Metalle von der Pflanzendecke über die Wurzeln aus der Tiefe aufgenommen werden und wieder mit dem Fallaub auf die Oberfläche gelangen, woraus eine Anreicherung im Oberboden während des Dekompositionsvorgangs stattfindet, läßt sich durch die Messung des Pflanzenmaterials weitgehend ausschließen (Abb. 4.7 u. Anhang, Tab. A3).

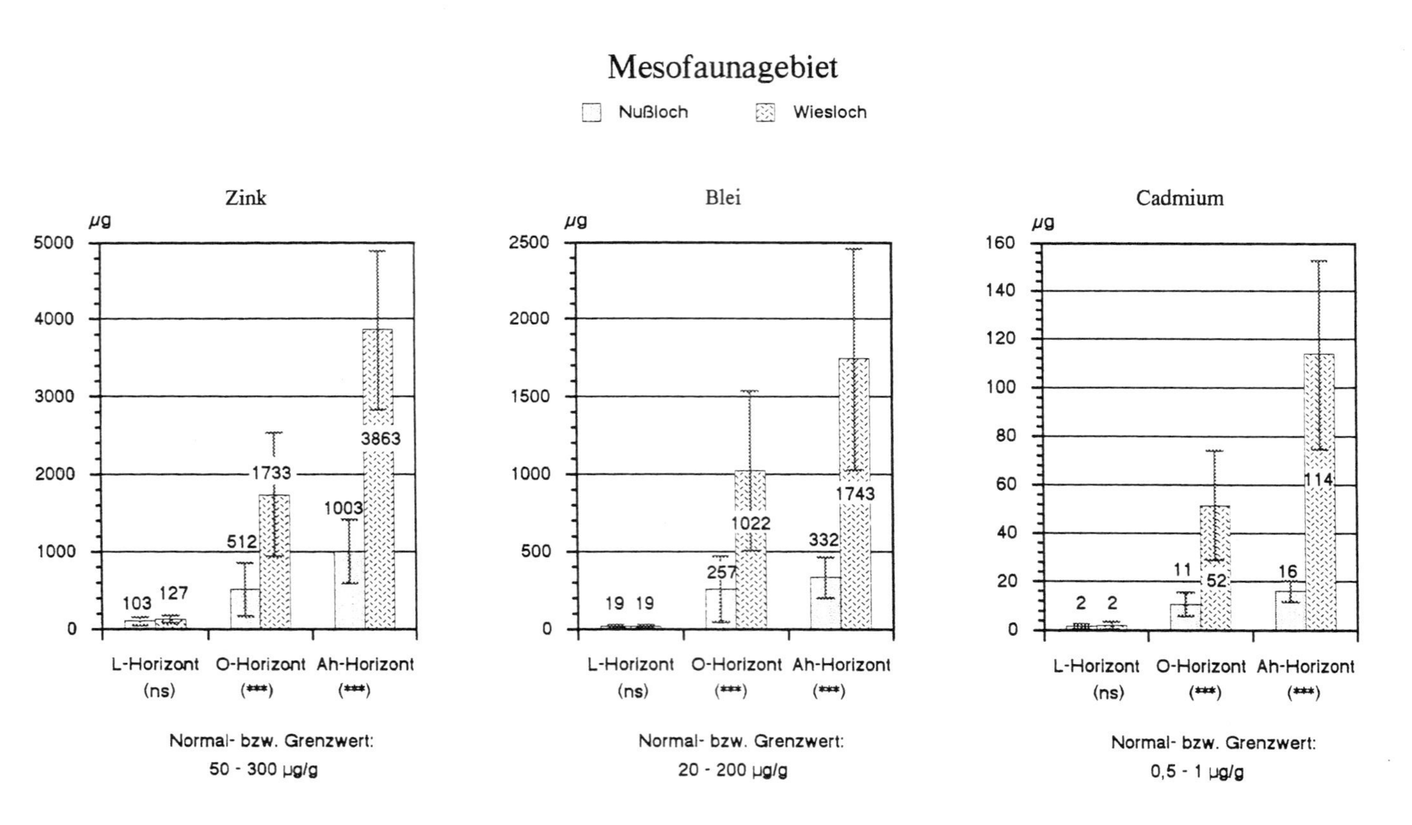

Abb. 4.5: Metallgehalte im Oberboden der Untersuchungsstandorte.

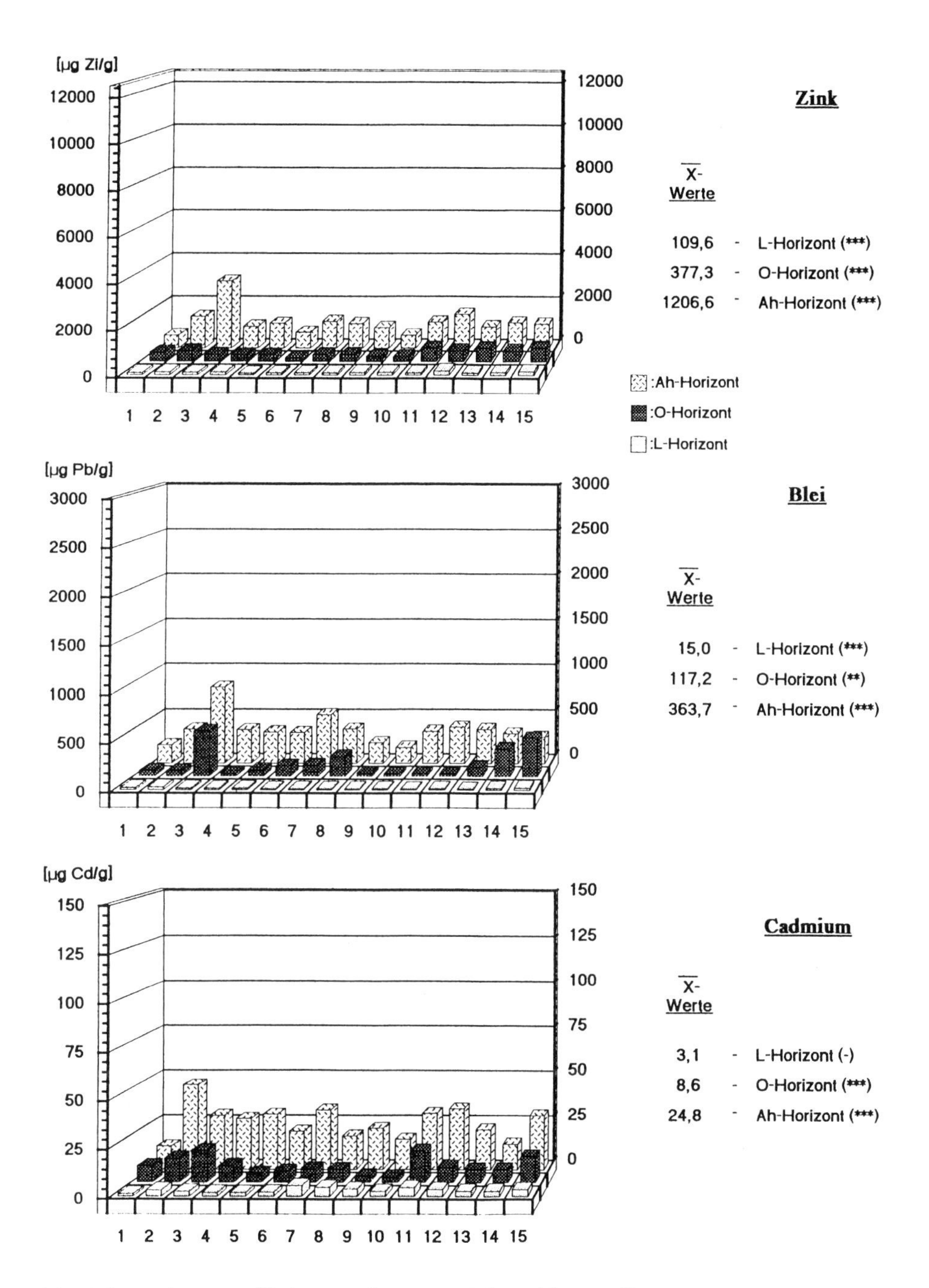

Abb. 4.6a: Schwermetallbelastung des Barberfallengebiets Nußloch. Man beachte die großräumige Variabilität.

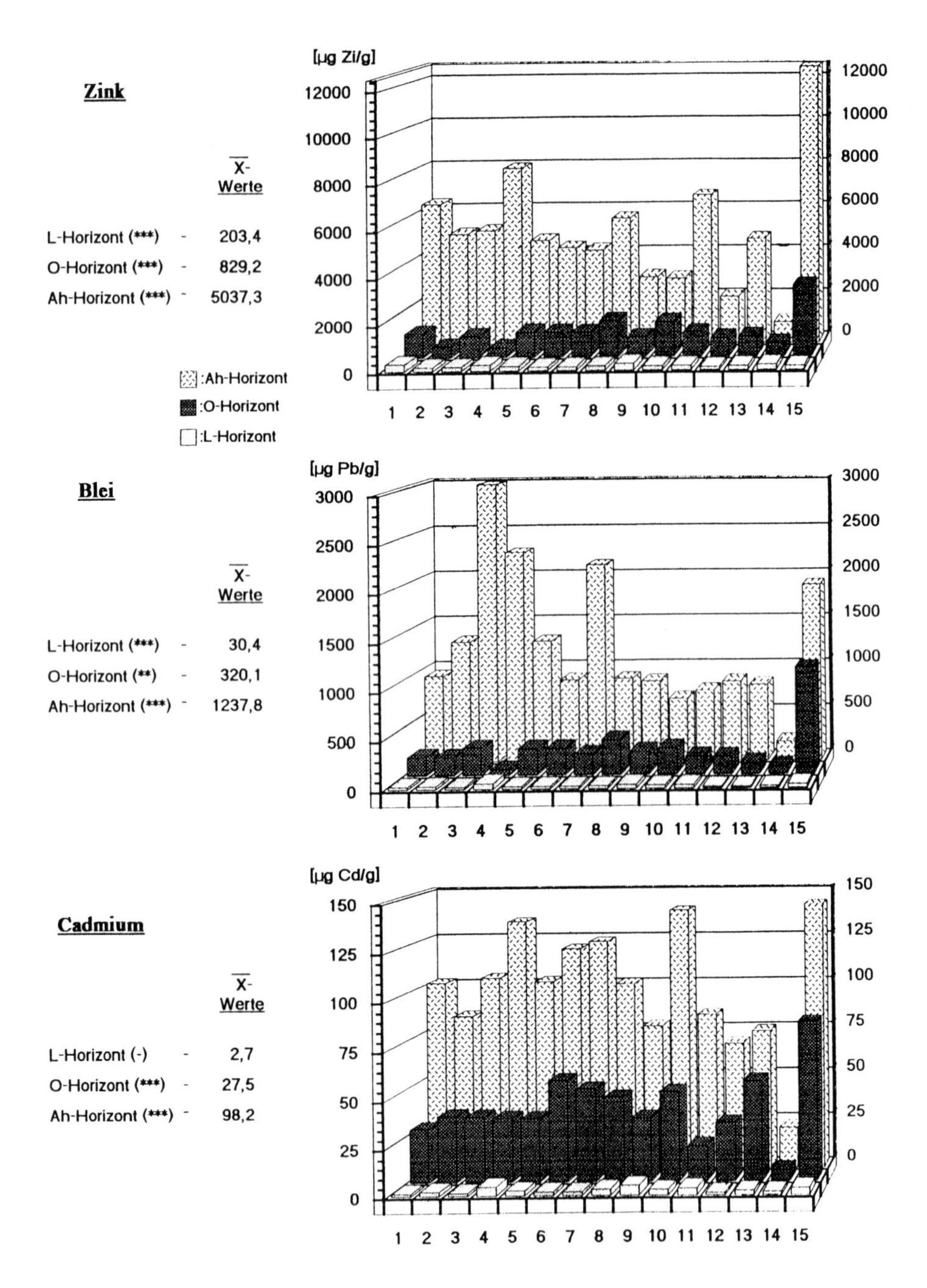

Abb. 4.6b: Schwermetallbelastung des Barberfallengebiets Wiesloch. Man beachte die großräumige Variabilität.

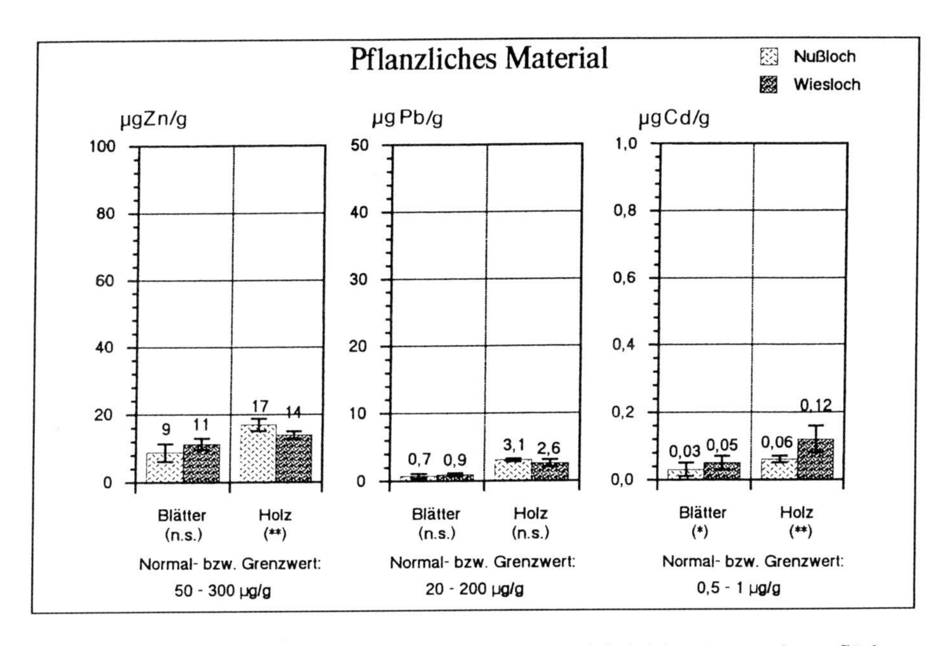

Abb. 4.7: Schwermetallbelastung des pflanzlichen Materials beider Untersuchungsflächen.

Die Schwermetallgehalte in Blättern und Holz sind für beide Untersuchungsgebiete als normal einzustufen. Für Blätter sind überhaupt keine oder lediglich schwach (Cd) signifikante Unterschiede festgestellt worden, beim Holz keine (Pb) bzw. signifikante Unterschiede (Cd, Zn). Mit solchen schwachen Unterschieden des pflanzlichen Materials können die hoch signifikanten Unterschiede der Bodenwerte nicht erklärt werden. Insofern ist die vermutliche Ursache ein dochtartiger Transport der geogenen Schwermetalle, insbesondere des gestörten Oberbodens von Wiesloch, aus der Tiefe in die organische Auflage (z.B. durch Pilzmycelien).

4.2.2 Bodenuntersuchungen

4.2.2.1 Material und Methoden

Die Schwerpunkte dieser Untersuchungen wurden so gesetzt, daß sowohl die wichtigsten Parameter des Dekompositionsgeschehen als auch die wesentlichen Habitatsbedingungen der bearbeiteten endogäischen Tiere erfaßt wurden. Damit die tatsächlichen Habitatsbedingungen für die Tiere möglichst wirklichkeitsgetreu erfaßt werden konnten, wurden die Proben aus denselben Probeflächen und Horizonten gezogen, aus denen die Mesofauna-Proben stammten. Für die chemisch/organischen Untersuchungen wurden fünf abiotische Proben pro Standort und Probetermin (24. Mai, 14. Aug., 21. Nov. 1991, 21. Feb. 1992: s. Kap. 5) genommen und als Vorbereitung nach dem Trocknen bei 105°C die grobe Streu entfernt und die Erde fein gemahlen. Alle angegebenen Werte sind Jahresmittelwerte, die aus 4 Probeterminen gewonnen wurden. Die Probenahme für die Porengrößenverteilung (s.u.) erfolgte aufgrund der eventuell damit verbundenen Störung am Standort erst nach Abschluß der zoologischen Probenahmen (29.5.1992).

Die Untersuchungen wurden weitgehend selbst durchgeführt; mit Ausnahme von Messungen, für die die erforderlichen Gerätschaften entweder gar nicht oder nicht mit ausreichender Meßgenauigkeit zur Verfügung standen. In diesem Fall wurde die Staatliche Landwirtschaftliche Untersuchungs- und Forschungsanstalt Augustenberg in Karlsruhe (LUFA) beauftragt. Dies betraf das **C/N-Verhältnis** der Mineralböden, die **Kationaustauschkapazität** (sowie der Gehalt an Na^+, K^+, Ca^+ und Mg^{2+}) und den **Kalkgehalt** des oberen Mineralbodens. Hierzu wurde pro Probenahmetermin die Erde der Macfadyen-Proben aller vier ausgewerteten Proben (s. Kap. 5) zu einer Mischprobe zusammengefaßt und zur LUFA geschickt. Aus den von der LUFA ermittelte Daten zu den vier Terminen des Jahres wurde ein Mittelwert gebildet.

Organisches Material

Der Gehalt an organischem Material wurde über den Glühverlust ermittelt. Aus jeder Probe wurde für drei Replikate jeweils 5 g Erde eingewogen (auf 0,001 g genau: G_{org}) und in einem Muffelofen der Firma Ströhlein bei 500°C mindestens 2 Stunden unter Luftatmosphäre verglüht. Nach Abkühlen wurden die Behälter samt den verglühten Proben ($G_{glüh}$) und dann die gereinigten Behälter allein (Taragewicht, G_{tara}) gewogen. Die Umrechnung des Glühverlustes (in % Trockengewicht der frischen Erde) erfolgte nach der folgenden Formel:

$$\text{Glühverlust} = \frac{(G_{org} - G_{glüh})}{(G_{org} - G_{tara})} \cdot 100$$

Aus den drei Replikaten beider Horizonte jedes Standortes wurde der Mittelwert gebildet. Der Glühverlust wurde dann dem organischen Material gleichgesetzt, was für Waldböden nur als gute Annäherung angesehen werden darf (MÜCKENHAUSEN 1985).

C-Gehalt und Huminstoffe

Durch eine Huminstoffanalyse wurde der Anteil der schwer zersetzbaren Substanzen (v.a. die Produkte der fortgeschrittenen Dekomposition bzw. deren Um- und Aufbauprodukte: Humus i.e.S.) am organischen Material bestimmt. Voraussetzung für die Ermittlung der Menge an Humus i.e.S. ist jedoch eine genauere Bestimmung des C-Gehaltes des Bodens. Dazu diente die nasse Oxidation des vorhandenen Kohlenstoffs durch schwefelsaures Kaliumdichromat zu CO_2 und anschließende kolorimetrische Messung der dabei entstandenen Cr^{++}-Ionen (= Lichterfeld Methode: RIEHM & ULRICH 1954).

Wie für die gesamte Huminstoffanalyse wurden für jeden Probetermin Mischproben aus den fünf abiotischen Proben des Horizontes 0-4 cm hergestellt, aus denen jeweils drei Replikate gemessen wurden. Bei jedem Replikat wurde 1g lufttrockene Erde in einem 200 ml-Erlenmeyerkolben mit 40 ml konzentrierter H_2SO_4 (98%) versetzt. Nach 10 min wurde dann unter Abkühlung im Eisbad 25 ml schwefelsaures 2n $K_2Cr_2O_7$ dazugegeben und anschließend die Proben für 90 min in einen 120°C heißen Trockenschrank gestellt, wobei alle 20 min umgeschwenkt wurde. Nach Beendigung der Oxidationszeit wurde das Reaktionsgemisch mit aqua dem. verdünnt und in einen 250 ml-Meßkolben überführt. Jeweils 6 x 10 ml dieser Lösung wurden in Zentrifugengläsern bei 3000 U/min 15min lang abzentrifugiert und das Aliquot der 6 Zentrifugengläser wieder vereinigt, um wieder drei Replikate pro Probe zu erhalten. Als Kontrolle dienten Blindproben ohne Bodenanteil. Die Extinktionen wurden mit Hilfe eines Photometers der Firma Pharmacia (Ultrospec III) bei 578 nm gemessen, eine Wellenlänge, die von den Cr^{3+} Ionen absorbiert wird, die bei der Oxidation von Kohlenstoff entstehen.

Die Umrechnung der Extinktion in den Kohlenstoffgehalt der Probe geschieht mittels einer Eichkurve, die mit Natriumoxalat (= $Na_2(COO)_2$) erstellt wurde:

$$\text{mg C} = 2{,}483 + (0{,}130 \cdot \text{Extinktion})$$

Nachdem der C-Gehalt genauer bestimmt war, konnte die eigentliche Humusanalyse erfolgen. Zuerst wurde die Gesamtmenge an Humusstoffen bestimmt, die als **Humifizierungsgrad** definiert ist, wenn sie in Prozent organisches Material angegeben wird. Die Humusstoffe wurden aus dem Boden extrahiert, indem für jedes Replikat eine entsprechende Menge Erde, die 0,2 g organische Substanz enthält (für Wiesloch 0,75 g; für Nußloch 1,2 g) entnommen, in 100 ml eines Na-Oxalat- und NaOH-Lösungsgemisches (jeweils 0,5%ig) gegeben und 1h bei 95°C im Trockenschrank inkubiert wurde. Nach dem Abkühlen wurde pro Replikat ein Aliquot für 5 min bei 3000 U/min abzentrifugiert. Die Extinktion des jeweiligen Zentrifugenaliquots wurde bei 530 nm gemessen - ein gemeinsames Absorptionsmaximum aller Huminsäuren und -stoffe. Die Umrechnung der Extinktion erfolgte anhand einer Polynom-Regressionsgleichung einer Eichkurve, die mittels Standard-Humussäure (Fluka-Chemika 53686) erstellt worden war:

$$\text{mg Huminsäuren} = 0{,}002 + (3{,}466 \cdot 10 \cdot \text{Extinktion}).$$

Als Prozentanteil am organischen Material angegeben, werden die errechneten Humusstoffmengen als Humifizierungszahl (HZ) ausgedrückt. Diese ist umso größer, je mehr organisches Material humifiziert ist.

Die Humifizierungszahl erlaubt jedoch nur eine partielle Aussage über den Humifizierungsgrad. Sie sagt nichts über den Reifegrad (= Ausmaß der Polymerisation und Vernetzung beim Humusaufbau) aus. Um ein genaueres Bild des Humifizierungsgrades zu erzielen, wurden Unterschiede in den Absorptionsmaxima der verschiedenen Huminsäuren (Flavo-, Braun- und Grauhuminsäuren, Huminstoffe) ausgenutzt, und der Farbquotient (Q 4/6-Wert) ermittelt (KUMADA 1987). Dabei wird der Quotient aus der Extinktion bei 472 nm und der Extinktion bei 664 nm gebildet (WELTE 1955). Je fortgeschrittener der Aufbau der Huminsäuren ist, umso niedriger ist der Q 4/6-Wert (SPRINGER 1948).

Boden-pH

Bei der Ermittlung des pH-Werts wurden pro Probe zwei Replikate gemessen. Jeweils 10 g der feingemahlenen Erde wurde mit 25 ml einer 1n $CaCl_2$-Lösung suspendiert, 2 Stunden auf einem Schüttler geschwenkt und anschließend elektrometrisch mit einem pH-Meter mit Glaselektrode der Firma Knick (pH-Meter 761 Calimatic) gemessen (SCHLICHTING & BLUME 1966).

Porosität

Das Hohlraumsystem im Boden, als eigentlicher Lebensraum der endogäischen Fauna ("Porosphäre": DUNGER 1976), spielt für die Verteilung der grabunfähigen Tiere eine stark determinierende Rolle. Um diese zu quantifizieren, wurde die Menge an Großporen (= Poren mit äquivalentem Durchmesser 30 μm) gravimetrisch über die Porengrößenverteilung (pF-Messung) ermittelt.

Die Messung der Porengrößenverteilung fand mit 6 ungestörten Bodenproben pro Probefläche und Horizont statt. Vor der Messung wurden vorbereitend die Fehlvolumina mittels gereinigtem Seesand gemessen und die Unterseite mit einem entfetteten 50 μm Stoffilter abgedeckt.

Die Messung selbst erfolgte gravimetrisch in einer mit Sand gefüllten, auf Unterdruck basierenden pF-Apparatur der Firma Eijkelkamp (Modell 8.01). Das Gerät kann einen Unterdruck auf die Proben von mindestens 0,1 bar (entspricht 100 cm WS oder pF 2) ausüben. Dadurch können alle Poren mit einem kontinuierlichen minimalen Äquivalentdurchmesser von größer als 30 μm erfaßt werden, was auch als unterer Grenzwert des gesamten besiedelbaren Porenraums der in dieser Untersuchung erfaßten endogäischen Arthropoden angesehen werden kann (ELLIOT et al. 1980, FRIEBE 1988).

Der Gesamtporenraum wurde durch Sättigung der Proben von unten her mit Wasser und Wägung nach Erreichen der Gewichtskonstanz (nach 5-10 Tagen) ermittelt. Die Proben wurden dann bei verschiedenen Unterdrucken drainiert (Tab. 4.1).

Tab. 4.1: Unterdrucke, bei der die Proben drainiert wurden.

eingestellter Höhenunterschied (= cm WS)	Unterdruck	Durchmesser der drainierten Poren (≥)
2,5 cm	pF 0,4 (= 0,0025 bar)	ca. 1,2 mm
10,0 cm	pF 1,0 (= 0,01 bar)	ca. 300 μm
32,0 cm	pF 1,5 (= 0,032 bar)	ca. 100 μm
63,0 cm	pF 1,8 (= 0,063 bar)	ca. 50 μm
100,0 cm	pF 2,0 (= 0,1 bar)	ca. 30 μm

Die Wägung der Proben nach der Drainage führte über die Berechnung des Gewichtsunterschiedes in g gegenüber dem gesättigten Zustand direkt zur Ermittlung des Volumens der drainierten Poren in ml (bei Standardbedingungen wiegt 1 ml reines Wasser 1 g).

Alle nicht erfaßten, d.h. nach Beendigung der Messung noch mit Wasser gefüllten Poren, haben somit einen Durchmesser von $<30\ \mu m$ (hier als Kleinporen bezeichnet).

Nach Beendigung der Unterdruckdrainage wurden die Proben bei 105 °C bis zur Gewichtskonstanz getrocknet, gewogen und anschließend das Taragewicht der Gefäße ermittelt. Die Volumenverteilung der verschiedenen Großporengrößenklassen wurde berechnet, wobei das hier interessierende Volumen der Gesamtgroßporen nach der folgenden Gleichung berechnet wurde:

$$\text{Gesamtporenvolumen in \% Bodenvolumen} = \frac{(Pr_{ges} - Pr_{tr})}{(100\ ml - Vol_{fehl})}$$

Volumen der Poren $< 30\ \mu m$ (= Restporenvolumen): $1\text{-}P_{vol\ \geq 30\ \mu m}$

Hierbei ist

Pr_{ges} = Gewicht der gesättigten Probe - Naßtara (in Gramm),

Pr_{tr} = Gewicht der getrockneten Probe - Trockentara (in g),

Vol_{fehl} = Fehlvolumen der Probe (in ml),

Lagerungsdichte

Die Lagerungsdichte wird berechnet aus dem Gewicht des bei 105 °C getrockneten Bodens (im natürlichen Zustand) und dem Frischvolumen der ungestörten Probe (hier 100 cm^3):

$$dL = \frac{Pr_{tr}}{100} \left[g \cdot ml^{-3}\right]$$

Bodenfeuchten

Die Bodenfeuchten wurden gravimetrisch anhand der fünf abiotischen Proben pro Standort und Termin direkt nach deren Entnahme gemessen. Hierbei wurde das Frischgewicht ermittelt, die Proben bei 105 °C bis zur Gewichtskonstanz getrocknet, nochmals gewogen und nach Ermittlung des Taragewichts der Gefäße nach folgender Formel die Bodenfeuchte errechnet:

$$\text{Bodenfeuchte (als \% Frischgewicht)} = \frac{(G_{frisch} - G_{trock})}{(G_{frisch} - G_{tara})} \cdot 100$$

Anschließend wurde diese Erde durch ein 2 mm Sieb gesiebt und für die oben beschriebenen Messungen (organisches Material, Huminstoffe, pH-Wert) aufgehoben.

4.2.2.2 Ergebnisse und Diskussion

Während die allgemeinen Charakteristika der Böden beider Vergleichsstandorte annähernd gleich sind (s.o.), gibt es große Unterschiede insbesondere bezüglich der Menge und des Zustands des bodenbürtigen organischen Materials. Nach den Glühverlustmessungen enthält der Mineralboden des Wieslocher Standortes in beiden Horizonten des Oberbodens mehr als zweimal soviel organisches Material wie in Nußloch (Abb. 4.8). Diese Unterschiede sind jedoch nicht mit einem stärkeren Eintrag von organischem Material in Wiesloch zu erklären. In Messungen des Laubfalles beider Standorte konnte kein signifikanter Unterschied in der Masse des herbstlichen Fallaubes festgestellt werden. In Nußloch wurde dabei sogar geringfügig mehr registriert (WIE: durchschnittlich 862 g/m^2; NU: 913 g/m^2; WEIN 1991). In Langzeitbeobachtungen an z.B. durch sauren Regen belasteten europäischen Waldstandorten wurden

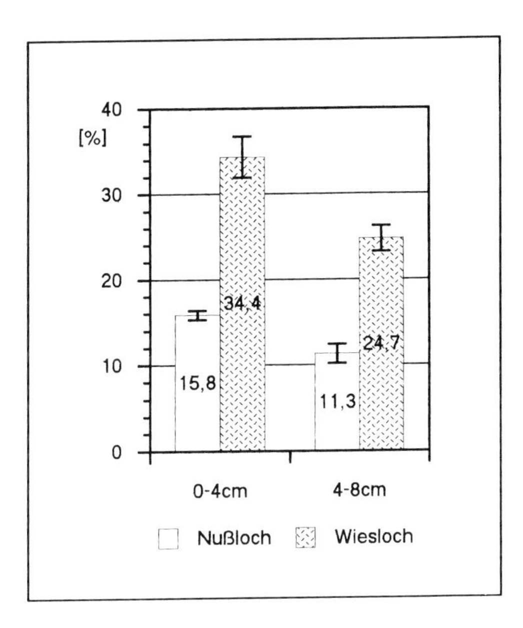

Abb. 4.8: Glühverlust (als Prozent Bodentrockengewicht).

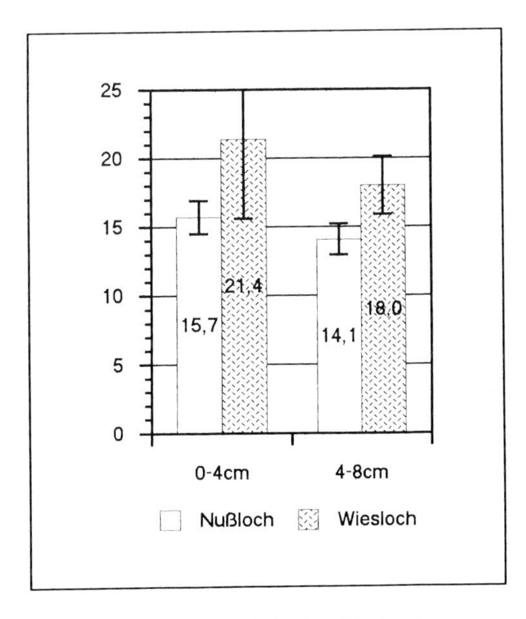

Abb. 4.9: C/N-Verhältnis des Oberbodens.

ähnliche Zunahmen von organischem Material im Mineralboden festgestellt (z.B. HÅGVAR 1986, WOLTERS 1991). Auch hier ist anzunehmen, daß die gemessene höhere Menge an organischem Material durch Veränderungen der Dekompositionsprozesse aufgrund der Schwermetallbelastung verursacht wurde. Es gilt dann im folgenden Richtung und Art der Dekompositionsveränderungen festzustellen.

Zunächst konnte der Zustand des organischen Materials analysiert werden, um einen Einblick darüber zu bekommen, wo im Verlauf des Dekompositionsgeschehens die Verzögerungen stattfinden. In dem Projekt vorausgegangenen Netzbeutel-Untersuchungen konnte kein signifikanter Unterschied in dem Erstabbau des Fallaubs festgestellt werden. Auch bei diesen Messungen waren die Werte aus Nußloch im Durchschnitt geringfügig höher als in Wiesloch (WIE: 18%; NU: 20%; WEIN 1991; s.a. Kap. 7.3.5). Insofern sind die Veränderungen im Mineralboden selbst zu suchen.

Als erstes Indiz des Zersetzungszustandes dienen die C/N-Verhältnisse im Mineralboden. Hier lagen die Werte in Wiesloch um 30% höher als diejenigen in Nußloch (Abb. 4.9), so daß im allgemeinen ein weniger fortgeschrittener Zersetzungszustand des organischen Materials in Wiesloch vermutet werden kann. Die Unterschiede der Werte für das erste Halbjahr der Untersuchung sind noch krasser (für den Horizont 0-4 cm: WIE: 27,0; NU: 16,7). Eine Annäherung der Werte im zweiten Halbjahr liegt an einer viel stärkeren Zunahme der Stickstoffgehalte im Mineralboden in Wiesloch nach Einsetzen der jährlichen Stickstoff-Akkumulationsphase (BERG & STAAF 1981) bei ähnlichem

Verlauf der Veränderung des Kohlenstoffgehaltes an beiden Standorten. Das durchschnittliche C/N-Verhältnis lag bei beiden Standorten über denen, die für Braunerden und Parabraunerden unter Wald üblich sind (10-12), und erreichen in Nußloch diejenigen, die für Podsole oder z.B. Chernozeme der Steppe (11-14) gelten, während in Wiesloch die Werte eher denen von Niedermooren ähneln (20-30: alle Werte nach KONONOVA 1975 aus SCHEFFER & SCHACHTSCHABEL 1989). Insofern läßt sich auch eine leichte Verzögerung der Dekomposition auch an dem minderbelasteten Standort Nußloch feststellen, obwohl diese bei weitem nicht die von Wiesloch erreicht.

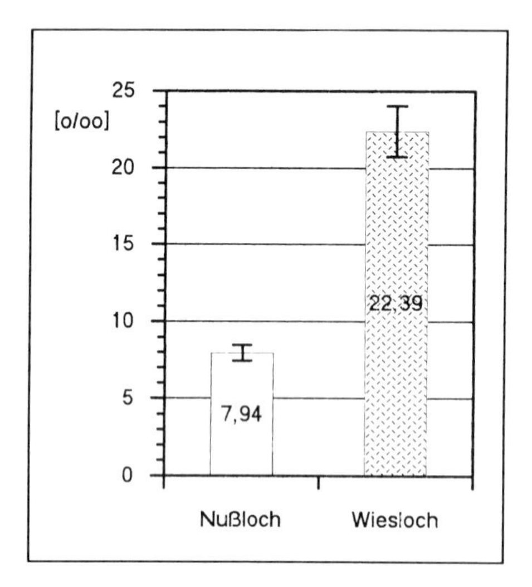

Abb. 4.10: Humusgehalt der oberen 4 cm (als Promille Trockengewicht).

Die Netzbeutelversuche von WEIN (1991) zeigen, daß dieser Unterschied auch nicht in der Ausgangssituation des organischen Materials zu suchen ist. Bei frischem Fallaub wurden keine signifikanten Unterschiede der C/N-Verhältnisse zwischen Nußloch (55) und Wiesloch (52) gemessen. Diese Werte sind charakteristisch für das Fallaub von *Fagus sylvatica* (SCHEFFER & SCHACHTSCHABEL 1989), der dominanten Baumart hier. Auch nach der Zersetzung im Laufe einer Vegetationsaison zeigten die beiden Standorte nur schwach signifikante Unterschiede (WIE: 34, NU: 42). Die schwach ausgebildete Streuauflage (mit Ausnahme der Ansammlungen in den Pingen in Wiesloch) und die Humusform beider Standorte (s.o.) lassen stark vermuten, daß das jährliche Fallaub nach diesem Zeitraum weitgehend im oberen Mineralboden eingearbeit ist. Dieser Vergleich der C/N-Verhältnisse des Mineralbodens mit denjenigen des Falllaubes zeigt deutlich, daß die Dekompositionsverzögerung eher später im Verlauf der Zersetzung stattfindet und vermutlich während Prozessen, die im Mineralboden ablaufen.

Weitere Indizien für diese Annahme können in der Huminsäure-Analyse gefunden werden. In der Gesamtmenge an Huminsäuren sind die Unterschiede zwischen den zwei Versuchsstandorten extrem (Abb. 4.10); so weist Wiesloch fast die dreifache Menge von Nußloch auf. Während Nußloch fast normale Werte z.B. für Braunerden zeigt, ist der Gehalt an Huminsäuren in Wiesloch eher typisch für Böden mit schwachen Abbauleistungen wie z.B. Rendzinen unter Nadelwald oder anmoorigen Böden (SCHEFFER & ULRICH 1960). Auch die Humifizierungszahlen und Q 4/6-Werte der beiden Flächen zeigen diesen Zustand an (Tab. 4.2). Hier ist die Humifizierungszahl von Wiesloch fast doppelt so hoch wie die von Nußloch, was noch deutlicher zeigt, daß hier ein wesentlich größerer Anteil des organischen Materials humifiziert ist. Der Q 4/6-Wert von Wiesloch ist jedoch deutlich größer als derjenige vom Nußlocher Boden. Obwohl beide Werte sich in dem Bereich befinden, der z.B. für Fulvosäuren, als der weniger polymerisierten und vernetzten Fraktion der Humusstoffe, charakteristisch ist (KUMADA

1987), tendieren die Werte von Wiesloch eher zu Humusvorstufen, was teilweise auch mit den höheren C/N-Verhältnissen korreliert.

Tab. 4.2: Kennwerte der Huminsäuren des Oberbodens.

	HZ (=% org. Material)	Q 4/6
Nußloch	4,76 ± 0,30	6,09 ± 0,02
Wiesloch	8,40 ± 0,62	6,85 ± 0,14

Die verschiedenen Werte der gesamten Meßparameter des organischen Materials ergeben für Wiesloch ein Bild, das eine Verzögerung in späteren Abbaustadien zeigt. Wie die Untersuchungen von WEIN (1991) zeigten, wird die Streuschicht jährlich jedenfalls so weit zersetzt, daß der Bestandesabfall mengenmäßig abnimmt, und der restliche Teil des organischen Materials im Boden eingearbeitet wird. In Wiesloch jedoch stockt danach der Abbau. Die weitere Remineralisation scheint also durch die Schwermetallbelastung gestört zu sein. Die dreifache Menge an Huminsäuren und -stoffen in Wiesloch gegenüber Nußloch bzw. die unterschiedlichen Humifizierungszahlen deuten an, daß das angereicherte Material in Wiesloch stärker in Humus i.e.S. überführt wird. Da die Huminstoffe und -säuren im Boden relativ stabil gegen weiteren Abbau und Remineralisierung sind (KONONOVA 1958), wird dieses Material durch die Überführung des organischen Materials im Humus i.e.S. in Wiesloch zumindestens mittelfristig den Stoffzyklen entzogen. Es kann jedoch nicht gesagt werden, daß am Wieslocher Standort die Humifizierungsprozesse gegenüber der Remineralisierung gefördert werden, da die Q 4/6-Werte in Wiesloch nur Anfangsstadien anzeigen. In anderen Worten wird in Wiesloch erheblich mehr organisches Material humifiziert, dieses jedoch weniger weit. Da das Humifizierungsgeschehen bei weitem nicht rein biologisch abläuft, sondern die Polymerisation und Vernetzungen der Abbauprodukte des Streuabbaus zum erstaunlich großen Teil abiotisch erfolgen (PAUL & CLARK 1989, SCHEFFER & ULRICH 1960, TATE 1987), liegt die Vermutung nahe, daß sowohl Remineralisierung als auch Humifizierung in Wiesloch stark gestört sind und somit die mengenmäßig stärkere, jedoch qualitativ schwächere Humifizierung dort vorwiegend abiotisch abläuft.

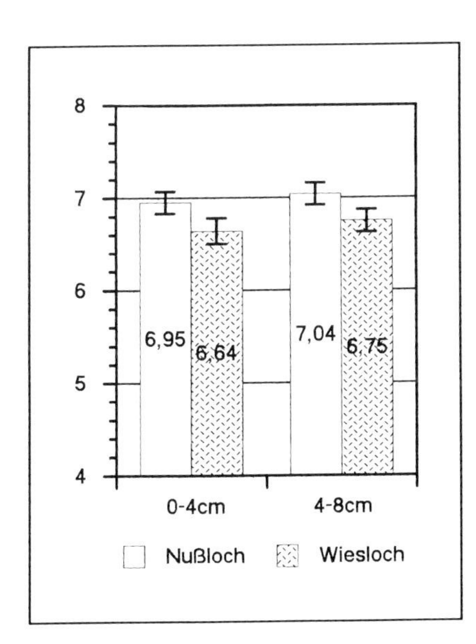

Abb. 4.11: pH-Wert des Bodens.

Die Ergebnisse der restlichen chemischen Bo-

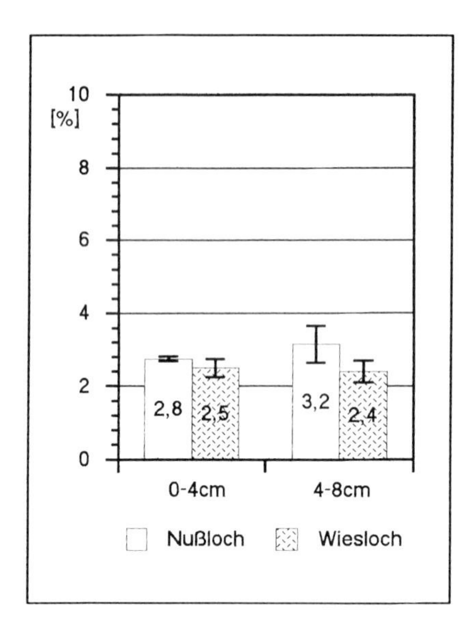

Abb. 4.12: Kalk-Gehalt des Bodens.

denmessungen spiegeln im allgemeinen die Verhältnisse des organischen Materials an den zwei Standorten wider. Die pH-Werte beider Standorte liegen in Bereichen, die für Böden über Muschelkalk zu erwarten wären (Abb. 4.11). Ähnlich wie die geringfügigen pH-Unterschiede zwischen den oberen 4 cm und dem darunterliegenden 4-8 cm-Horizont bei beiden Standorten zeugt auch der deutlich größere Unterschied insgesamt zwischen Wiesloch und Nußloch von dem Einfluß des organischen Materials auf das pH. Aus den Bodenhorizonten, wo die Mengen an organischem Material erhöht waren, senken sich die pH-Werte, vermutlich aufgrund des Vorhandenseins von Huminsäuren i.w.S. Diese Unterschiede können kaum auf Unterschieden im Kalkgehalt der Böden beruhen, da die Unterschiede zwischen den Horizonten bzw. Standorten zu gering sind, um eine solche Veränderung zu bewirken (Abb. 4.12).

Überhaupt sind die Carbonatgehalte erstaunlich gering für Böden, die auf Muschelkalk gründen. Beide Standorte gelten als "gering carbonathaltig" (ARBEITSGRUPPE BODENKUNDE 1982). Wahrscheinlich sind diese Verhältnisse mit der Lößauflage zu begründen, die eher als der Muschelkalk als das Bodenausgangsgestein anzusehen ist.

Interessant in diesem Zusammenhang sind auch die Messungen der Kationaustauschkapazität (Abb. 4.13 und Tab. 4.3). In Nußloch sind die allgemeinen KAK-Werte repräsentiv für nährstoffreiche Böden unter Wäldern auf Kalkgestein bzw. Löß (SCHEFFER & SCHACHTSCHABEL 1989). Die Basensättigung um die 100% in Nußloch wie auch in Wiesloch deutet auf nährstoffreiche Böden hin. In Wiesloch sind die KAK-Werte jedoch noch deutlich höher. Wie die Tab. 4.3 zeigt, liegt dieser Unterschied hauptsächlich an dem Gehalt an Ca^{2+}-Ionen. Während die Gehalte an anderen kationischen Nährstoffen an beiden Standorten alle sehr ähnlich sind, liegt derjenige von Ca^{2+} im Wiesloch etwa doppelt so hoch wie in Nußloch. Wie gerade beschrieben, können diese Unterschiede eben nicht auf unterschiedlichen Kalkgehalten beruhen. Da diese kationischen Nährstoffe meist mit Tonmineralien oder mit Humusstoffen i.e.S. komplexiert vorkommen, sind die Unterschiede hier zu suchen. Die Böden in Wiesloch sind jedoch deutlich sandiger als in Nußloch, so daß die Unterschiede eigentlich nur im organischen Material basieren können. KRATZ (1991) z.B. hat in Freilandversuchen gezeigt, daß, während die Elemente K und Mg im Laufe der Dekomposition der Streuschicht ausgewaschen werden (leaching), Ca akkumuliert. Die wesentlich stärkere Akkumulation von Ca^{2+} in Wiesloch ist somit auch im Zusammenhang mit der gestörten Dekomposition in Wiesloch zu deuten (Pilze). Es muß nochmals ausdrücklich darauf hingewiesen werden, daß alle diese bodenkundlichen Messungen in den oberen 10 cm des Mineralbodens vorgenommen wurden und nicht die organischen Auflagen betreffen. Die Hinweise auf eine Störung der Dekomposition

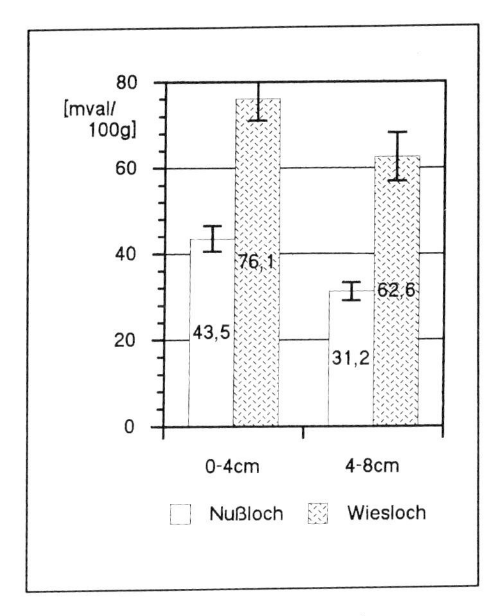

Abb. 4.13: Kationaustauschkapazität.

durch die Schwermetallbelastung in diesem Bodenbereich zeugt somit für Störungen in späteren Vorgängen des Zersetzungs- und Remineralisierungsgeschehens.

Wie die Untersuchungen von WEIN (1991) zeigten, läuft die Erstzersetzung des Fallaubs eigentlich erwartungsgemäß ohne Verzögerung. Da die Schwermetallgehalte in der Streuschicht bei weitem nicht so erhöht sind wie im oberen Mineralboden (s.o.), ist die Annahme der Störungen in den Endzersetzungsprozessen im A_h-Horizont durchaus erklärlich.

Die Messungen der Porengrößenverteilung diente hauptsächlich der Habitatsbeschreibung der erfaßten Taxa der Bodenmesofauna. Es interessierte vor allem der Anteil der Poren mit einem Äquivalentdurchmesser $\geq 30\mu m$, als der Anteil des Bodenlückensystems, der durch diese Bodenarthropoden aktiv besiedelt werden kann. Hier zeigten sich wieder deutliche Unterschiede zwischen den beiden Vergleichsstandorten (Abb. 4.14).

Tab. 4.3: Gehalt der wichtigsten basischen Mineralstoffe (in mVal/100g Boden).

	Na^+	K^+	Mg^{2+}	Ca^{2+}	**Basensättigung**
Nußloch 0-4 cm	Spuren	0,8 ±0,1	3,6 ±0,6	38,5 ±2,8	98,8%
Wiesloch 0-4 cm	Spuren	0,9 ±0,2	3,7 ±0,3	71,3 ±4,8	100%
Nußloch 4-8 cm	Spuren	0,6 ±0,1	2,7 ±0,5	28,0 ±1,8	99,9%
Wiesloch 4-8 cm	Spuren	0,5 ±0,0	2,6 ±0,2	62,6 ±5,6	100%

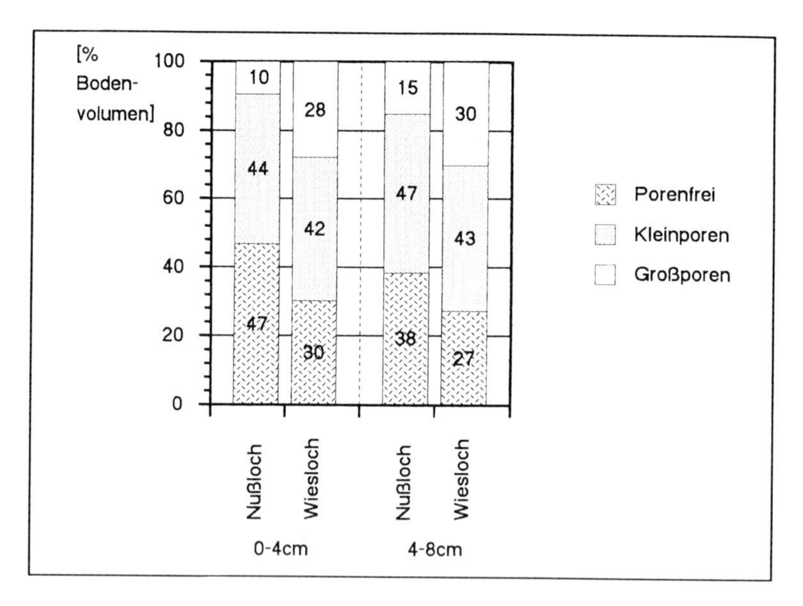

Abb. 4.14: Verteilung der Porengrößenklassen des Oberbodens.

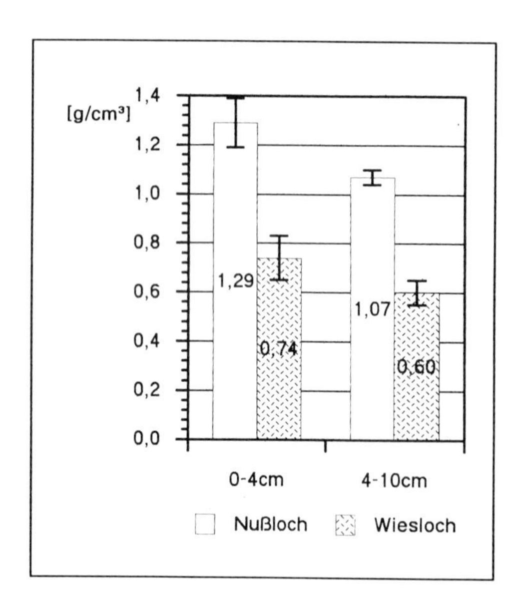

Abb. 4.15: Lagerungsdichte.

Während die Anteile an Kleinporen (< 30 μm) an beiden Standorten ähnlich waren, ist der Anteil an Großporen in dem obersten 4 cm- bzw. in dem darunter liegenden 4-8 cm-Horizont in Wiesloch fast 3-mal bzw. 2-mal höher als derjenige in Nußloch.

Hier zeigt sich vor allem die Störung des Oberbodens in Wiesloch durch die frühere Tagebautätigkeit. Obwohl die gleichen bodenbildenden Faktoren standortsbedingt herrschen müßten, ist der Boden in Wiesloch dadurch deutlich sandiger und lockerer geworden als in Nußloch. Das weitgehende Fehlen von Lumbriciden (s.u. Kap. 5.2.1, 6.1.2 u. 6.1.3), als Hauptelement der Bioturbation im Boden, verhinderte, daß diese Störung im Laufe der letzten 90 Jahre seit der Einstellung der Bergbauaktivitäten auf der Versuchsfläche schnell wie-

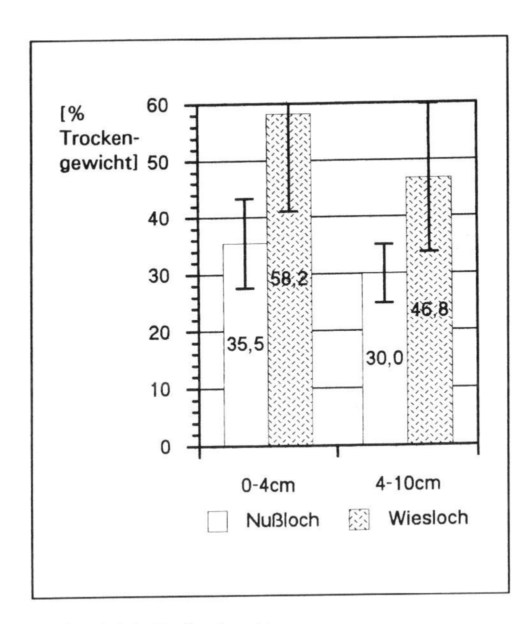

Abb. 4.16: Bodenfeuchte.

der ausgeglichen wurde. Auch muß die Anreicherung von unvollkommen zersetztem organischen Material in dem A_h-Horizont von Wiesloch als Grund der Auflockerung dieses Horizontes deutlich hervorgehoben werden.

Die Messungen der Lagerungsdichte (Abb. 4.15) bestätigen diese Ergebnisse. Hier zeigte sich bei der Nußlocher Fläche ein wesentlich dichter gelagerter Boden. Auch der erhöhte Sandanteil (s.o.) und Gehalt an organischem Material im Mineralboden Wieslochs trägt zu dieser Lockerung bei.

Angesichts der lockereren Böden Wieslochs sind die dort gemessenen höheren Bodenfeuchten erstaunlich (Abb. 4.16). Aufgrund dieser Lockerung wäre ein gut drainierter und somit trockenerer Boden zu erwarten. Die Bodenfeuchten waren in Wiesloch jedoch im Durchschnitt 50 - 60% höher. Hierbei spielt der erhöhte Gehalt an organischem Material wieder vermutlich die entscheidende Rolle, wobei die Quellfähigkeit des organischen Materials den Böden ein deutlich gestiegenes Wasserhaltevermögen verleiht. Nichtsdestoweniger sind die Standardabweichungen in Wiesloch auch wesentlich stärker, was eine größere Variabilität in den Wieslocher Böden zeigt. Das heißt, daß die Böden zwar schneller Feuchtigkeit aufnehmen und somit kurzfristig feuchter werden, aufgrund ihrer lockeren Struktur jedoch auch stärker austrocknen können. Die Bodenfeuchten in Nußloch sind demgegenüber wesentlich konstanter.

4.2.2.3 Zusätzliche Probenahmegebiete (Abb. 4.17):

Für die experimentellen Untersuchungen wurden zusätzlich zu dem in Nußloch und Wiesloch gewonnenen Material Proben aus folgenden Gebieten genommen:

Speyerer Hof: Von den beiden oben beschriebenen Flächen (Nu, Wie) ca. 9,5 km entferntes Gebiet östlich Heidelbergs. Buchenmischwald. Neigung 20,5% SO, Grundgestein: Mittlerer Buntsandstein (Sm), Acidität (A_h-Horizont): pH 4,6.

Weitere abiotische Daten zur Charakterisierung der drei Gebiete finden sich bei PETERSEN (1991) und WEIN (1991). Untersuchungen zur Schwermetallbelastung dieses Gebietes ergaben folgende Werte: Pb (157,35 μg/g), Cd (< 2 μg/g), Zn (140 μg/g) (KÖHLER 1992).

Braubach: Fläche auf dem Gebiet einer Abraumhalde einer Blei-Silber-Hütte bei Koblenz.

Dieses Gebiet wurde hinsichtlich seiner Schwemetallkontamination bereits untersucht (DALLINGER & PROSI 1988). Es weist stark erhöhte Werte an Pb (1658 μg/g), Cd (41,9 μg/g) und Cu (628,4 μg/g) auf. Da es kaum von Wald bestanden ist und größtenteils aus Geröllfeldern mit nur geringer Vegetation besteht, kann es mit den übrigen Probeflächen nicht verglichen werden und wurde demnach auch nicht weiter abiotisch charakterisiert. Aus diesem Gebiet wurden lediglich schwermetallbelastete Diplopoden und Asseln für Laborversuche entnommen.

Heiligenberg: Zuweilen wurden für Laborversuche auch minderbelastete Tiere dieses Gebietes bei Heidelberg verwendet. Buchenmischwald. Schwermetallgehalt des A_h-Horizontes: Pb (55,5 μg/g), Cd (1,6 μg/g) und Zn (293,5 μg/g) (KÖHLER, unveröffentlicht).

Mauer: Dieses Gebiet, im Rückraum des westlichen Odenwaldabhanges gelegen, galt als nahezu unbelastet. Buchenmischwald auf Muschelkalk mit Lößauflage. Schwermetallgehalte im A_h-Horizont: Pb (78 μg/g) und Cd (0,1 μg/g) (SCHEURIG 1993). Weitere Daten finden sich bei KRATZMANN (1993).

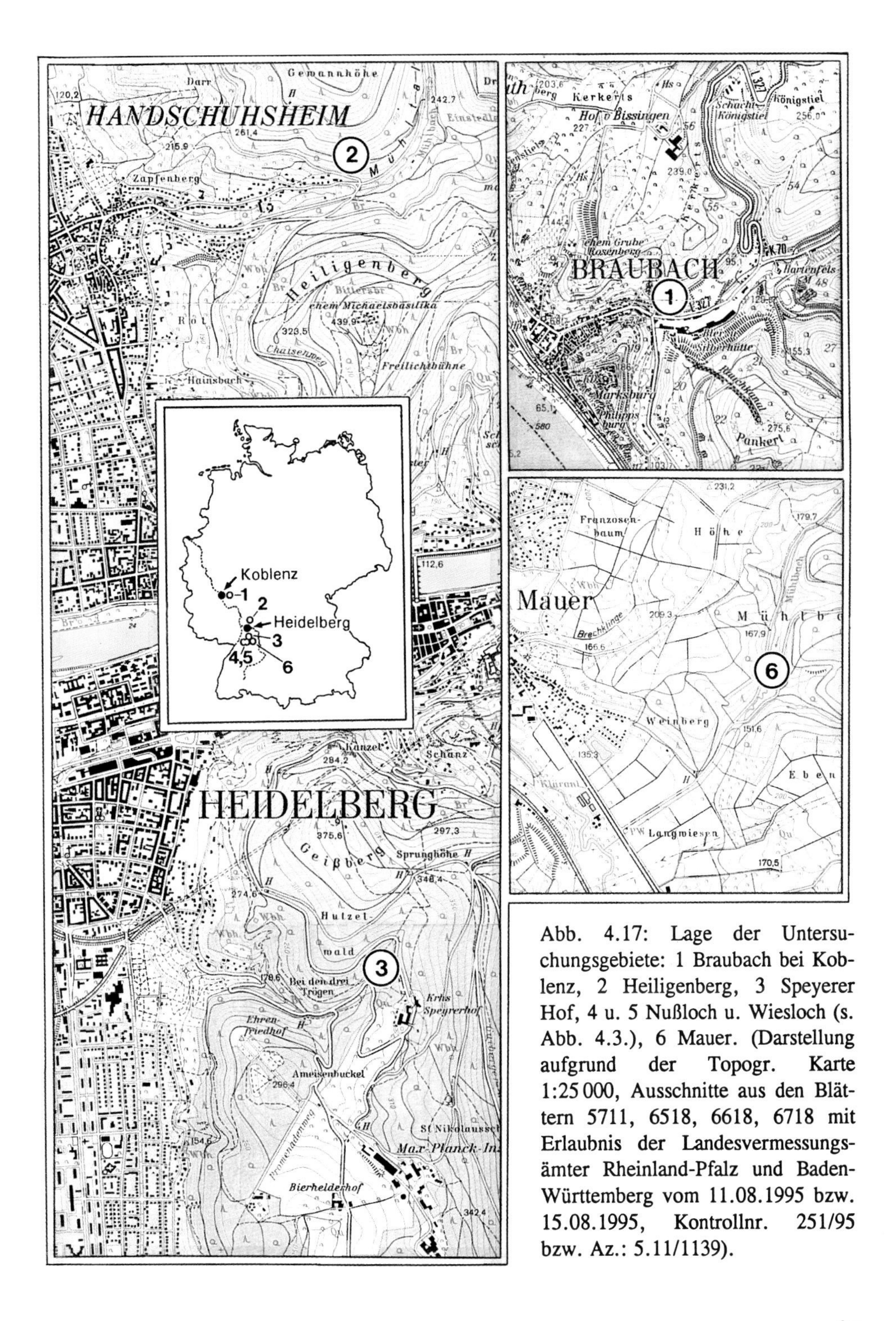

Abb. 4.17: Lage der Untersuchungsgebiete: 1 Braubach bei Koblenz, 2 Heiligenberg, 3 Speyerer Hof, 4 u. 5 Nußloch u. Wiesloch (s. Abb. 4.3.), 6 Mauer. (Darstellung aufgrund der Topogr. Karte 1:25 000, Ausschnitte aus den Blättern 5711, 6518, 6618, 6718 mit Erlaubnis der Landesvermessungsämter Rheinland-Pfalz und Baden-Württemberg vom 11.08.1995 bzw. 15.08.1995, Kontrollnr. 251/95 bzw. Az.: 5.11/1139).

5. Faunistischer Vergleich der Gebiete anhand ausgewählter Tiergruppen

In diesem Kapitel werden anhand klassisch-ökologischer Methoden die Untersuchungsgebiete biocönotisch charakterisiert und analysiert. Hierzu war es aus Gründen des für derartige Untersuchungen sehr hohen Arbeitsaufwandes notwendig, sich auf Teilaspekte zu beschränken. Ein weiterer Grund, der den Umfang der Untersuchung zwangsläufig begrenzte, war, daß für den Großteil der Taxa ein sehr fundiertes Spezialwissen Voraussetzung ist, das nur für einen Teil der Gruppen verfügbar war. Die bearbeiteten Tiergruppen wurden daher nach funktionellen Gesichtspunkten ausgewählt.

Im Zentrum der Untersuchung stand naturgemäß die echte Bodenfauna. Hier wurde versucht, epigäische und endogäische Gruppen zu erfassen, wobei verschiedene Größen und verschiedene Ernährungsweisen eine ökologische Differenzierung widerspiegeln sollten. Daneben wurde in einer Begleitstudie versucht, einen Bereich zu erfassen, der die echte, permanente Bodenfauna mit dem Atmobios verbindet. Hierzu zählen Organismen, die nur einen Teil ihres Lebens im Boden verbringen und durch Emergenzfallen (Bodenphotoeklektoren) erfaßt werden können, bzw. solche, die mehr oder weniger regelmäßig zwischen den Strata wandern und dabei Baumstämme als Durchgangsstationen benutzen. Letztere werden mit Baumphotoeklektoren erfaßt (natürlich auch die eigentlichen Baumstammbewohner). Mit diesem Ansatz sollte versucht werden darzustellen, ob auch außerhalb des Subsystems Boden sich noch Auswirkungen der unterschiedlichen Belastung abzeichnen (wichtig z.B. im Hinblick auf das Angebot an Nahrungstieren für höhere Taxa, z.B. Vögel).

a. Bodenfauna

Saprophages, fodentes (grabendes) Edaphon:
Lumbriciden (Regenwürmer) gelten seit DARWIN (1881) als die klassischen Dekomponenten. Sie wurden zu einer ersten Analyse der Schwermetallauswirkungen an den gewählten Standorten mit herangezogen. Wegen ihres geringen Auftretens auf den Flächen und der relativ schwierigen Haltung hatten sie für unsere Untersuchung nur eine untergeordnete Bedeutung.

Saprophage Makroarthropoden:
Isopoda (Asseln) und Diplopoda (Doppelfüßer) (z.B. Abb. 5.1 a, b) stellen in unserem Gebiet mit die wichtigsten Dekomponenten dar. Sie repräsentieren zwei systematisch relativ weit getrennte Taxa (Crustacea bzw. Antennata) von begrenztem taxonomischen Umfang. Sie sind permanente Bodentiere und von einer Größe, die sie auch für die nachfolgenden, experimentellen Untersuchungen geeignet machen.

Saprophage Mikroarthropoden:
Oribatida (Moos-, Hornmilben) (z.B. Abb. 5.2 a) sind neben (meist vor) den Collembolen (Springschwänzen), die hier nicht untersucht wurden, vor allem in Waldböden die häufigsten Arthropoden. Sie können wegen ihrer Kleinheit auch in tiefere Bodenschichten vordringen und erschließen vermutlich auch ein etwas anderes Nahrungsspektrum als die genannten Makroar-

thropoden. Sie eignen sich wegen der Artenfülle und den hohen Abundanzen, mit denen sie auftreten, besonders gut für eine Faunenanalyse (Statistik) (BECK 1983, EHRNSBERGER 1993) und gelten als zur Bodendiagnose gut verwendbare Indikatororganismen (VANEK 1973, DUNGER 1982, WEIGMANN & KRATZ 1987).

Räuberische Makroarthropoden:
Hier wurden Araneae (Webspinnen) ausgewählt (z.B. Abb. 5.2c). Sie kommen in verschiedenen Größenklassen vor, was der Gruppe ein breites Beutespektrum erschließt, das aus anderen Arthropoden (wie z.B. bes. Insekten, aber auch Asseln, Diplopoden) besteht. Araneen sind hinsichtlich ihrer ökologischen Ansprüche z.T. recht gut charakterisiert. Ihre Eignung zur Charakterisierung und Bewertung von Biotopen hinsichtlich verschiedener Belastungsfaktoren ist vielfach belegt (z.B. HÄNGGI 1987, 1989, BAEHR 1988, KIECHLE 1992, WOLF, A. 1993).

Räuberische Mikroarthropoden:
Gamasida (z.B. Abb. 5.2b) (Raubmilben und sogen. Schildkrötenmilben sowie einige weitere kleine Gruppen) sind zwar nicht ganz so häufig wie die Oribatiden, für sie gilt aber hinsichtlich der Auswertungsmöglichkeiten das dort gesagte gleichermaßen. Ihr Indikationswert ist ebenfalls vielfach belegt (KARG 1993, EHRNSBERGER 1993). Die Mehrzahl der Vertreter dieser Gruppe lebt räuberisch von kleinen Insekten (z.B. Collembolen) oder anderen Milben. Viele erbeuten aber auch die bodenzoologisch bedeutsamen Nematoden und Enchytraeiden. Gamasiden sind wenigstens z.T. sehr auf bestimmte Beute spezialisiert.

b. Eklektorfauna

Es wurden auf hohem taxonomischen Niveau (meist Bestimmung nur bis zur Familie) alle erfaßten Gruppen registriert. So ergab sich wenigstens eine grobe "Hintergrundinformation", vor der dann die genauer analysierten Taxa bewertet werden konnten. Für beide Eklektortypen wurden die Araneen bis zum Artniveau ausgewertet. Diese Gruppe, die in allen Straten des Laubwaldes vertreten ist, integriert als räuberische Gruppe die auf ein Ökosystem wirkenden (belastenden) Parameter vermutlich besonders gut. Mit diesem Fallentyp wurden natürlich auch Taxa erfaßt, die schon unter der Rubrik "Bodenfauna" behandelt wurden, so daß es Überlappungen gibt.

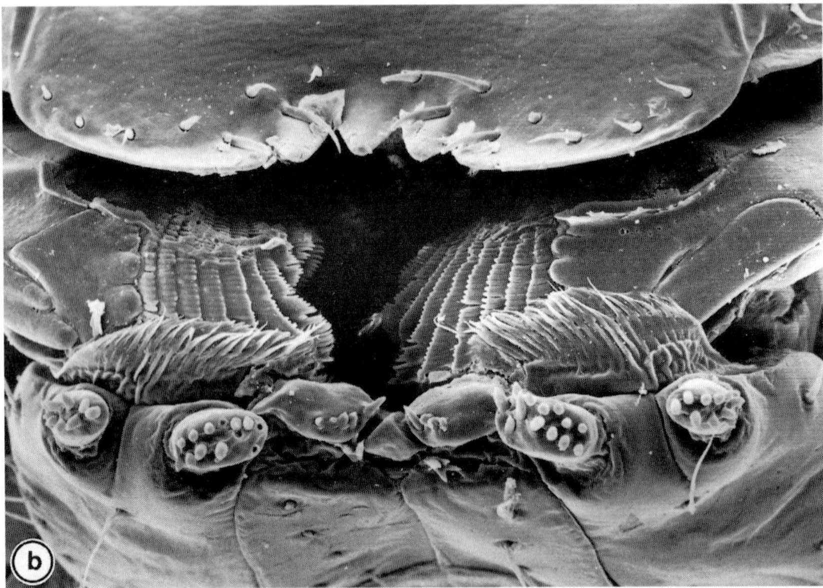

Abb. 5.1: a) Die Assel *Oniscus asellus* ist ein wichtiger Primärzersetzer im Boden. Vergr. 30x. b) Blick in die Mundregion eines Diplopoden (*Craspedosoma alemannicum*), der die komplizierten Mundwerkzeuge zeigt, die die Zerkleinerung der Blattstücke besorgen. Vergr. 200x.

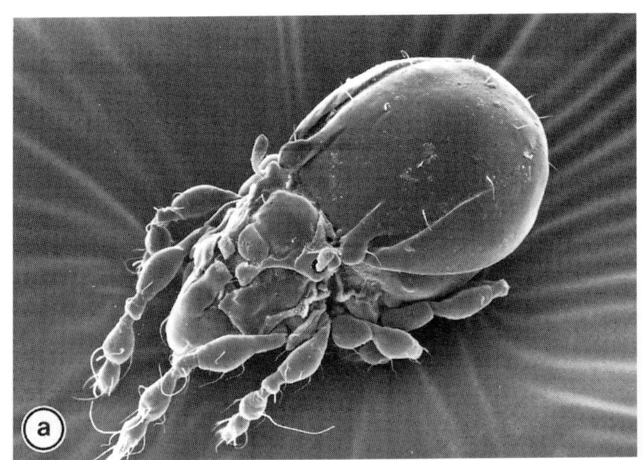

Abb. 5.2 a: *Quadroppia paolii,* eine besonders am belasteten Standort Wiesloch häufige Oribatide (vgl. 5.2.2.1), Vergr. 280x.

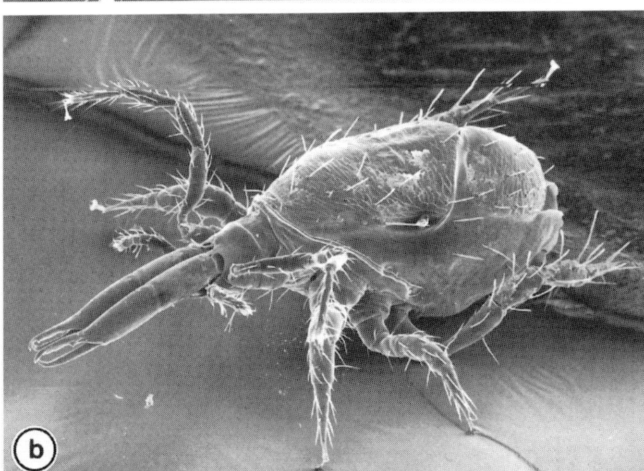

Abb. 5.2 b: *Veigaia nemorensis,* eine räuberische Gamaside, wurde an beiden Standorten mit etwa gleicher Dominanz gefunden. Diese Art hat unter der langandauernden Belastung offenbar eine besonders schwermetall-tolerante Population entwickelt (vgl. 5.2.2.2., 6.1.5.). Vergr. 50x.

Abb. 5.2 c: Kleine Bodenspinnen stellen wichtige Räuber in der Laubstreu dar. Hier eine selten gefundene Art, *Walckenaeria furcillata*, bei der die Männchen durch einen bizarren Rückenfortsatz ausgezeichnet sind. Vergr. 20x.

Faunistischer Vergleich der Gebiete anhand ausgewählter Tiergruppen

5.1 Material und Methoden

5.1.1 Erfassung

Es wurden verschiedene Methoden zur Gewinnung der zu untersuchenden Tiere angewendet.

Neben Hand- und Kescherfängen, die nur gelegentlich durchgeführt wurden, kamen im wesentlichen folgende Fangmethoden zum Einsatz:

Käfersieb:
Das Käfersieb nach REITTER (1908) (Abb. 5.3) findet bei der Untersuchung der (Makro-)Fauna der Laubstreu Verwendung. Es wurde hier ein Sieb mit einer Maschenweite von 1,5 cm eingesetzt. Im Labor erfolgte eine weitere Auftrennung mit einem Sieb der Maschenweite 0,5 cm. Beide Fraktionen wurden mit der Hand ausgelesen. Die Probengröße betrug 10x die Fläche des Käfersiebes (Durchm. 30 cm). Die Probenahme erfolgte zufällig, mit der Einschränkung auf Streudicken zwischen 1 cm und 7 cm. Diese Einschränkung ist wichtig, da z.B. die Anzahl der Spinnenarten von der Dicke der Streuschicht abhängt (UETZ 1979) .

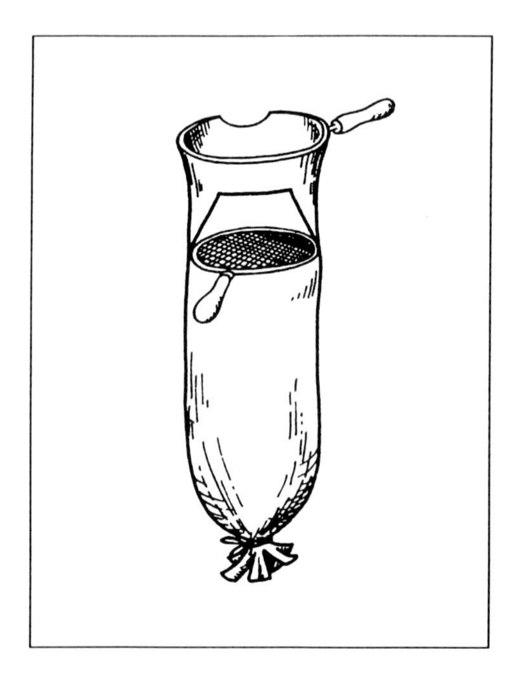

Abb. 5.3: Käfersieb (aus DUNGER & FIEDLER 1989).

Kescher:
Spinnen der Krautschicht wurden mit einem Kescher (Durchm. 33 cm, Fangsacktiefe 42 cm, Maschenweite 1 mm) erbeutet.

Bodenfallen nach BARBER (1931):
Zur Erfassung der epigäischen, laufaktiven Bodenfauna wurden Bodenfallen nach BARBER (1931), verwendet, kurz Barberfallen (Abb. 5.4). Dieser Fallentyp wird in bodenzoologischen Untersuchungen zur Erfassung der Makrofauna häufig und in vielfach modifizierter Form eingesetzt (STAMMER 1948, TRETZEL 1955, HEYDEMANN 1956, DUNGER & FIEDLER 1989). Als Fanggefäße dienten hier Plastik-Joghurtbecher aus Polyethylen (Inhalt 150 ml; Durchm. oben 68 mm, unten 52 mm; Höhe 70 mm), die in fest installierte Führungsrohre aus PVC eingehängt wurden. Zur Abdeckung wurde ein quadratisches Blechdach (Kantenlänge 15 cm) verwendet, dessen Abstand zum Boden ca. 2,5 cm betrug. In die Becher wurde Ethylenglykol als Fangflüssigkeit gegeben. Es wurde ein Mindestabstand von 2 m zwischen den Fallen gewählt, um die Gefahr einer gegenseitigen Beeinflussung möglichst gering zu halten (FRANKE et al. 1988).

Mit diesem Fallentyp werden nur lokomotorisch aktive Tiere gefangen, so daß diese Methode keinen vollständigen Aufschluß über die Besatzdichten der Bodenfauna eines Gebietes geben kann. Vielmehr wird mit diesem Fallentyp die sogenannte Aktivitätsdichte ermittelt (HEYDEMANN 1956, DUNGER & FIEDLER 1989).

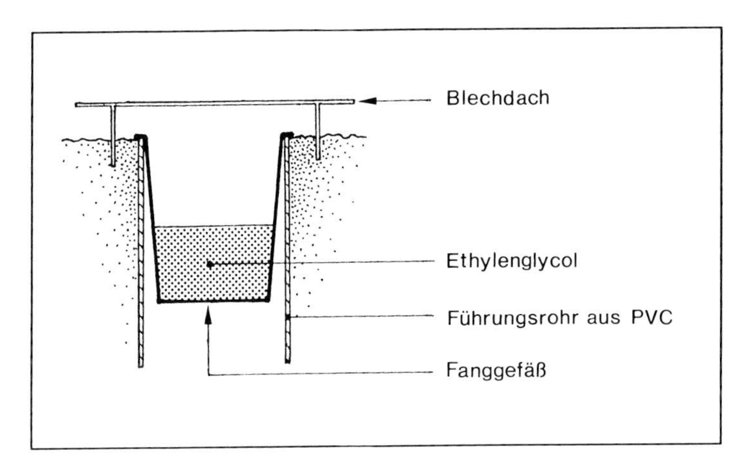

Abb. 5.4: Bodenfalle nach BARBER (1931).

Hitzeextraktion nach MACFADYEN (1953, 1961):
Bei dieser Methode zum flächenbezogenen Fang von Mikroarthropoden (hier Oribatiden, Gamasiden) befinden sich die Bodenproben in mit einem Drahtsieb ausgestatteten Extraktionsgefäßen, die in einer Platte aufgehängt sind. Diese trennt einen oberen Heiz- (elektrisches Heizgebläse) von einem unteren Kühlraum (Luftzufuhr und -befeuchtung aus einem Kühlschrank) (Abb. 5.5). Dadurch wird die zu extrahierende Bodenprobe einem relativ hohen Temperatur- und Feuchtigkeitsgradienten ausgesetzt, entlang welchem die Bodentiere nach unten wandern. Unterhalb der Extraktionsgefäße befinden sich die Sammeltrichter, die das extrahierte Tiermaterial in Auffanggefäße leiten. Nur die Temperatur im Heizraum ist regelbar und wird im Verlauf der Extraktion erhöht, wodurch auch die Temperatur im Kühlraum eine langsame Steigerung erfährt.

Der Extraktionsverlauf (Abb. 5.6) begann am Tag O mit einer eingestellten Ausgangstemperatur von 20°C. Es wurde jeweils nach 24 h um 5°C erhöht. Nach Einstellung von 45°C im Heizraum (Tag 5) herrschte am Extraktionstag 6 ein für günstig gehaltener Temperaturgradient von ca. 45°C/30°C und die bis dahin zur Vermeidung zu schneller Austrocknung oben zugedeckelten Extraktionsgefäße (vgl. KOEHLER 1984, 1993) wurden geöffnet. Beginnend mit Tag 6 wurde im Heizraum eine stationäre Phase von 45°C eingeschoben, im Verlauf derer die Kühlung unterhalb der Trennplatte abgestellt wurde (Tag 8), um allmählich auch eine starke Erwärmung und Austrocknung der Probenunterseite und damit das Verlassen der Probe durch die Bodentiere zu gewährleisten. Vom Tag 9 an wurde zunächst wiederum täglich um 5°C erhöht. Um an der Probenunterseite eine Temperatur von ca. 40°C zu erhalten, mußte nach Einstellung von 55°C im Heizraum (Tag 10) in der Regel am Tag 11 noch eine Erhöhung um 2-4°C vorgenommen werden. Diese Maßnahme ist notwendig, um z.B. für Oribatiden eine optimale Extraktionseffizienz zu erzielen. In diesem Zustand verblieb die Apparatur bis zum Tag 13, an dem die Extraktion beendet wurde.

Um den vorhandenen Porenraum der Bodenproben möglichst intakt zu lassen und eine gerichtete Austrocknung von oben her zu fördern, wurden sie während des Extraktionsvorganges in den zuerst nur unten geöffneten Transportdosen belassen. Die Probenoberseite wurde in den Extraktionsgefäßen nach unten orientiert. Intakte, invertierte Proben erbrachten bei den meisten Bodentiergruppen in Vergleichsuntersuchungen die höchste Extraktionseffizienz (EDWARDS & FLETCHER 1971).

Als Auffangflüssigkeit hat sich nach DUNGER & FIEDLER (1989) Isopropanol bewährt, es wurde in einer Formulierung von 50% mit einigen Tropfen Nystatin-Lösung zur Vermeidung von Pilzbefall eingesetzt.

Die verwendeten Macfadyen-Apparate wurden von der Fa. Ecotech, Bonn bezogen.

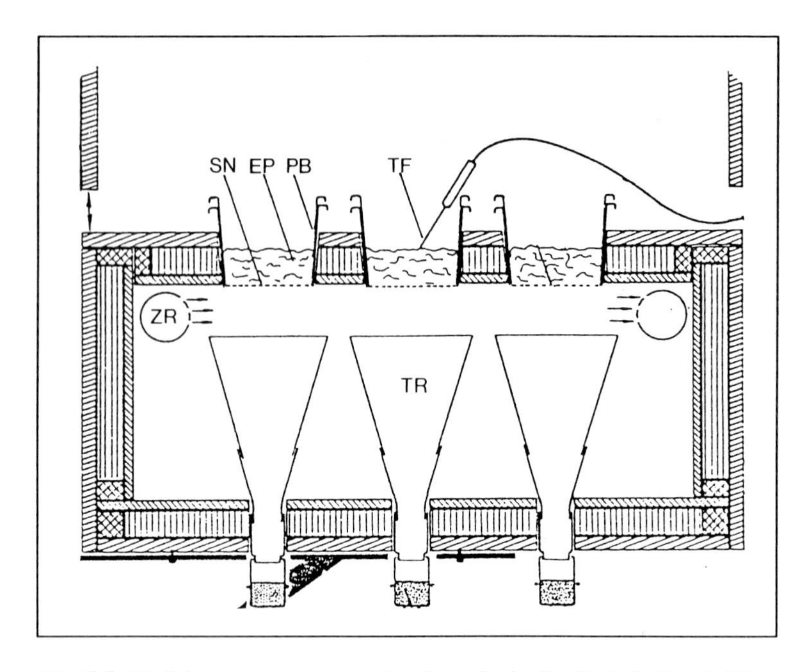

Abb. 5.5: Macfadyen - Apparatur, aus dem Prospekt der Fa. Ecotech (Bonn). EP = Erdprobe; PB = Probenbehälter; SN = Siebnetz; TF = Temperaturfühler für Heizungssteuerung; TR = Trichter mit Auffangbehälter; ZR = Zuführrohr der kalten, feuchten Luft aus dem Kühlaggregat.

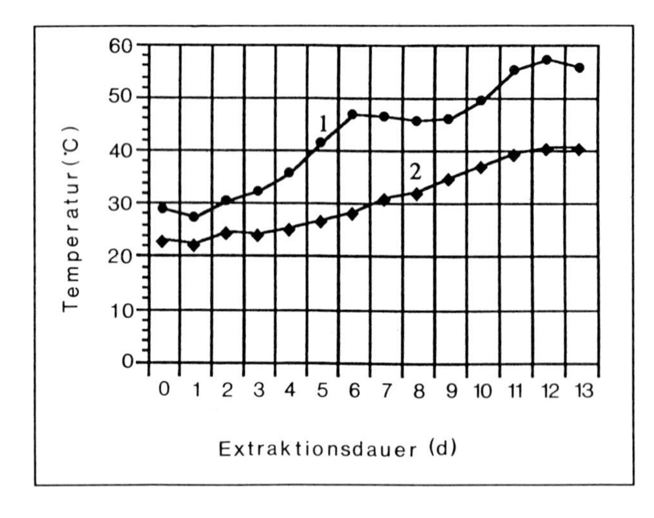

Abb. 5.6: Macfadyenextraktion. Temperaturverlauf (aus WOLF, J.E. 1993). 1 = Temperatur im oberen Bereich; 2 = Temperatur im unteren Bereich.

Die Probenahme im Gelände erfolgte nach dem Zufallsprinzip aus repräsentativen Flächen von 400 x 540 cm mit einem Bodenstecher, der weitgehend dem von ENGELMANN entworfenen Klappstecher entsprach (DUNGER & FIEDLER 1989). Der an seiner Einstichkante von außen geschärfte Edelstahlhohlzylinder besitzt eine seitlich abnehmbare Klappe. Dadurch kann die nach dem Einstich gewonnene Bodensäule mit einem Messer beliebig unterteilt und anschließend zur Seite entnommen werden. Es wurde jeweils ein 8 cm tiefer Einstich vorgenommen, der in Fraktionen von 0-4 cm und 4-8 cm Bodentiefe getrennt wurde. Der Innendurchmesser des Bohrers beträgt 6,6 cm. Bei einer beprobten Fläche von 34,21 cm^2 ergibt sich der Hochrechnungsfaktor auf 1 m^2 von 292,3. Die erhaltenen Bodenfraktionen wurden möglichst intakt in an Ober- und Unterseite zu öffnende Kunststoffdosen mit einem der Bodensäule angepaßten Durchmesser überführt, zusätzlich in Plastikbeutel verpackt und zum Transport in einer Kühlbox gelagert.

Hitzeextraktion nach KEMPSON et al. (1963):
Diese Methode wurde hier zum flächenbezogenen Fang von Makroarthropoden (Webspinnen, Doppelfüßer) eingesetzt. Sie ähnelt stark der Macfadyen-Methode.

Die von KEMPSON et al. (1963) entwickelte Extraktionsapparatur (Abb. 5.7) ermöglicht das Austreiben selbst von temperatur- und trockenheitsempfindlichen Tieren wie Larven und wenig sklerotisierten Jungtieren. Die besseren Ergebnisse gegenüber anderen Methoden werden durch die Möglichkeit der Regelung der Extraktionstemperatur erreicht. Durch den allmählichen Temperaturanstieg wird auch die Feuchtigkeitsabnahme verzögert, so daß langsamere und empfindliche Tiere eine "Chance" haben, in die Fangflüssigkeit zu gelangen.

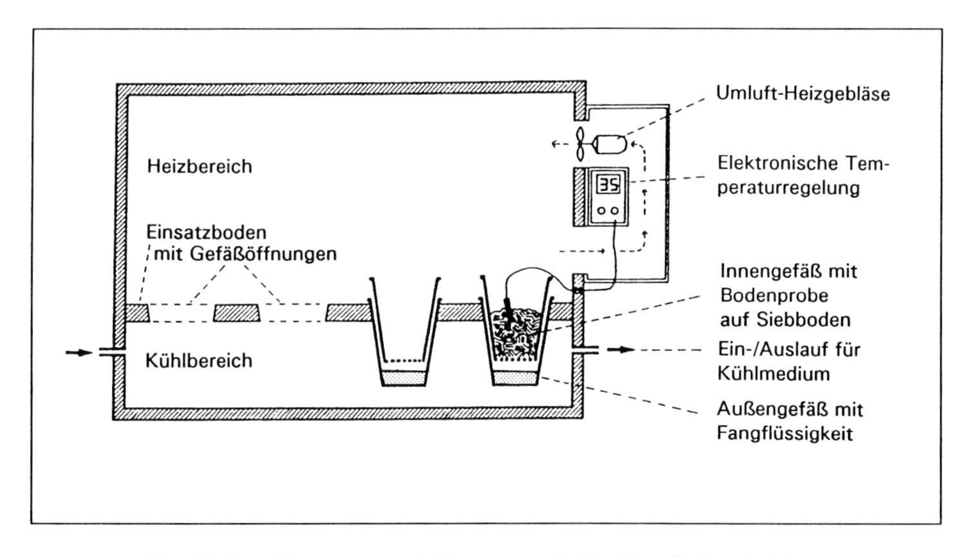

Abb. 5.7: Extraktionsapparat nach KEMPSON et al. (Fa. Ecotech, Bonn). Schema.

Bei den hier verwendeten Geräten (Fa. Ecotech, Bonn) wird zur Wärmeerzeugung ein Heißluftgebläse benutzt. Jedes Gerät weist 24 Probestellen auf, in die die Auffanggefäße eingehängt werden. Hierbei handelt es sich um Plastikeimer von 13 cm Höhe (Durchm. oben: 16,0 cm; unten: 14,2 cm). Die für die Probenahme verwendeten Gefäße haben die gleiche Größe. Bei ihnen ist jedoch der Boden durch ein herausnehmbares Metallgitter (Maschenweite 8 x 8 mm) ersetzt. Darüber wird ein Stoffnetz (Maschenweite 5 x 7 mm) gelegt, um eine zu starke Verunreinigung der Fangflüssigkeit durch herabfallende Bodenpartikel zu verhindern. Die Probegefäße werden in die Auffanggefäße so gestellt, daß ein Abstand von 5,5 cm zwischen Probegefäß- und Auffanggefäßboden erhalten bleibt. Als Fangflüssigkeit wurde Ethylenglykol (200 ml je Gefäß) eingesetzt.

Die Probenahme im Gelände erfolgte nach dem Zufallsprinzip im Bereich von Flächen von jeweils 70 x 30 m in den beiden Untersuchungsgebieten. Als Probenehmer diente ein Stechzylinder der Fa. Ecotech (Durchm. 14,5 cm, Höhe 25 cm).

Bis zum Beladen der Kempson-Apparate wurden die Proben kühl gehalten. Die Proben wurden invers in die Probegefäße überführt.

Die Extraktion erfolgte nach folgendem Schema (Abb. 5.8):

Vom 1. - 6. Extraktionstag wurde die Temperatur tägl. um 5°C von 20°C auf 45°C im Heizraum erhöht. Nach ADIS (1987) werden dabei bereits die meisten Spinnen ausgetrieben. Zwischen dem 6. und 10. Tag wurde jeden 2. Tag um 5°C hochgeregelt. Am 11. Tag wurde um weitere 5°C auf 60°C hochgefahren. Diese Temperatur wurde bis zum 23. Tag beibehalten. Zusätzlich wurde am 15. Tag die Kühlung ausgeschaltet, um eine höhere Temperatur am Boden der Proben zu erhalten. Am 23. Tag wurde die Temperatur noch einmal auf 65°C erhöht. Bei dieser Temperatur lief die Extraktion bis zum 29. Tag, an dem die Extraktion beendet wurde. Der Temperaturverlauf wurde über Meßfühler (an einer Probe, Kühlwasser) kontrolliert. Die Temperatur im Heizraum wurde über das Regelthermometer registriert.

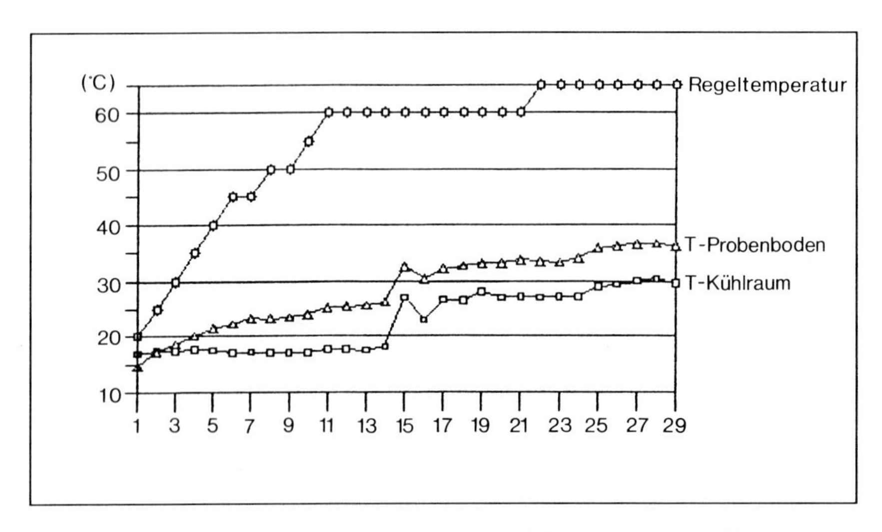

Abb. 5.8: Temperaturverlauf der Kempsonextraktion (aus PETERSEN 1991).

Elektrofang mit der Oktettmethode nach THIELEMANN (1986 a):
Diese Methode wurde zum Regenwurmfang eingesetzt (neben Handfang durch Aufgrabungen).

Bei dieser Methode wird die Erscheinung genutzt, daß Regenwürmer sich den Wirkungen des elektrischen Stromes durch Flucht (nach oben) entziehen.

In der von THIELEMANN (1986 a) entwickelten Methode werden 8 einzeln steuerbare Stabelektroden von 65 cm Länge so in den Boden eingestochen, daß sie eine Fläche von 1/8 m^2 umschließen. Der von einer Batterie (Abb. 5.9) gelieferte Strom wird zur Aufladung eines Kondensators genutzt, der seine Ladung in Form von Stromimpulsen in wählbarer Häufigkeit an den Boden abgibt. Dabei werden die Stabelektroden so gesteuert, daß nacheinander verschiedene Stromrichtungen erzeugt werden, so daß die unterschiedlich im Boden orientierten Würmer effektiv gereizt und ausgetrieben werden.

Der Vorteil dieser Methode gegenüber z.B. Austreibungen mit Chemikalien besteht darin, daß auf der Probefläche keine nachwirkenden Schäden verbleiben (DUNGER & FIEDLER 1989).

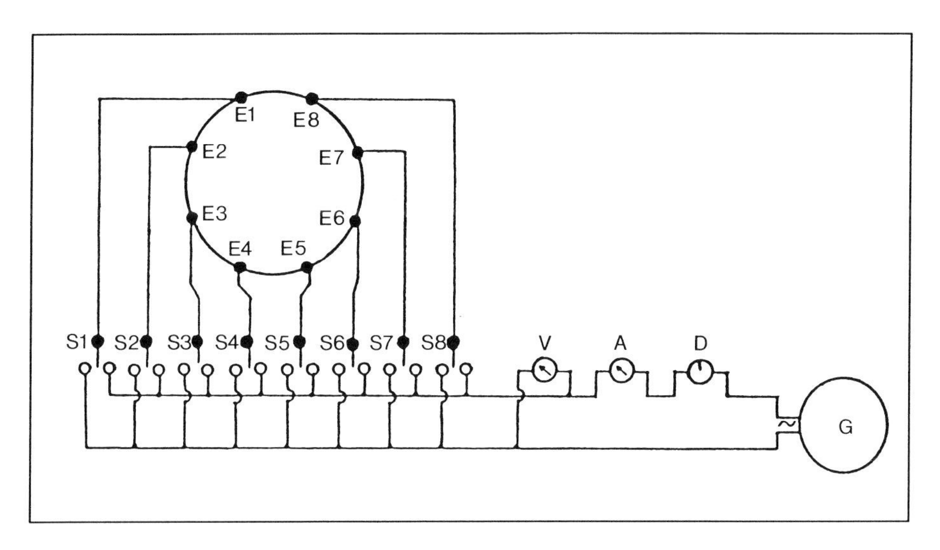

Abb. 5.9: Schaltbild der separaten Stromzuführung zu den einzelnen Elektroden. E_1-E_8 = Elektroden 1-8; S_1-S_8 = Schalter 1-8; V = Voltmeter; A = Ampèremeter; D = Dimmer; G = Generator bzw. Batterie und Kondensator (aus THIELEMANN 1984, 1986b; DUNGER & FIEDLER 1989).

Bodenphotoeklektoren:

Bei Bodenphotoeklektoren (Abb. 5.10) ist ein kegel- oder pyramidenförmiges Tuchzelt mit Kopfdose auf einem Kunststoffzylinder- oder kasten aufgespannt, der zur Arealbegrenzung zum Teil in den Boden eingegraben wird (einige cm). Die Eklektorkopfdose, wird mit einem durchsichtigen Deckel abgedeckt, so daß Licht in das Zelt einfallen kann. Sie besitzt zwei Lumina: ein Außenlumen, auf welches der durchsichtige Plastikdeckel gesetzt wird, und ein Innenlumen, dessen Wandung weniger hoch ist und auf den PVC-Stutzen des Stoffzeltes paßt. In dem von beiden Wandungen begrenzten Raum befindet sich die Fang- und/oder Konservierungsflüssigkeit, im vorliegenden Fall Ethylenglykol. Die Füllhöhe beträgt etwa 1/3 der Höhe der Innenwandung. Der PVC-Stutzen entspricht einem Hohlzylinder und verbindet das Innere des Zeltes mit der Kopfdose, so daß die sich am Licht orientierenden Tiere in die Kopfdose gelangen können.

Üblicherweise wird in Bodenphotoeklektoren zum Abfangen epigäischer Räuber eine Barberfalle hinzugefügt, die möglichst in der Nähe der Innenwand des Kunststoffzylinders eingegraben werden soll.

Bei der vorliegenden Untersuchung wurden Bodenphotoeklektoren der Firma Ecotech (Bonn) verwendet, die eine Gesamthöhe von ca. 1 m aufweisen und deren Kunststoffzylinder (Höhe 23,5 cm), die das Stoffzelt (Höhe ca. 76 cm) tragen, einen Durchmesser von 60 cm und damit eine Grundfläche von 0,28 m^2 besitzen. Die Kopfdose besitzt eine Höhe von 11 cm und einen Durchmesser von 15 cm (Innenlumen 8 cm). Das Tuch des Stoffzeltes war, entsprechend den Standorten im Wald und der damit geringeren Aufheizungsgefahr, dunkel (MÜHLENBERG 1993).

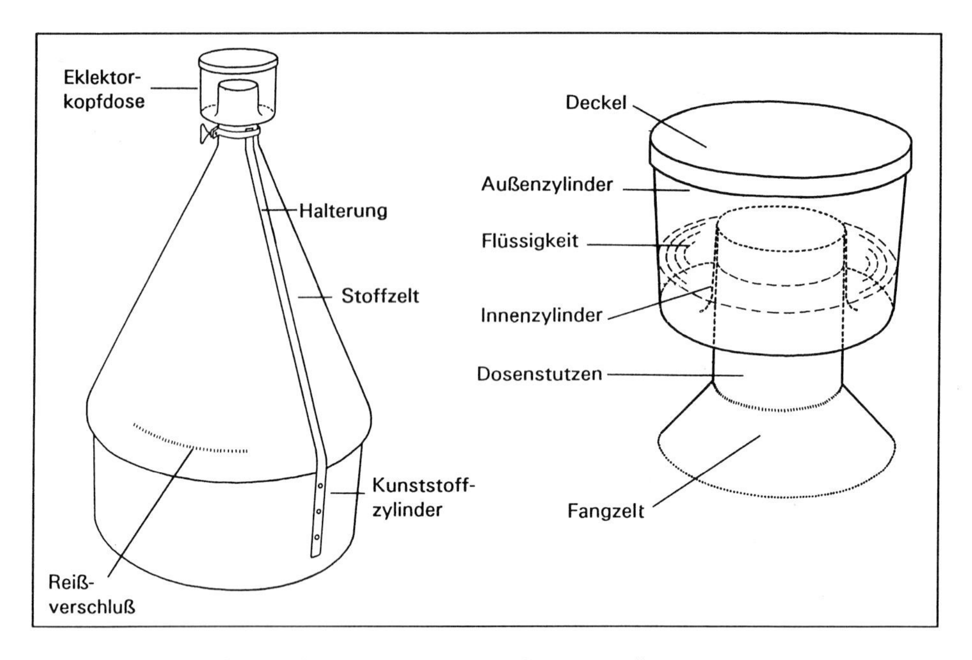

Abb. 5.10: Bodenphotoeklektor und Kopfdose (aus MÜHLENBERG 1993).

Baumphotoeklektoren:
Ein Baumphotoeklektor besteht zunächst aus 2 oder 4 kegel- oder pyramidenförmigen Zelten, meist aus Stoff, welche an ihrer Basis zusammenhängen und an einem Metallgestell um einen geeigneten Baumstamm montiert sind. Die Baumstämme sollten ± gleichen Umfang aufweisen, um die Vergleichbarkeit der Ergebnisse zu gewähren (GRIMM et al. 1974) und unterhalb der Fangapparatur keine Äste haben, da die Tiere sonst "abbiegen" könnten (BRAUN 1992). An der Spitze einer jeden Zeltpyramide aus dunklem Tuch befindet sich eine Eklektorkopfdose, die eine lichtdurchlässige Abdeckung besitzt. Nach Licht strebende Arthropoden, die sich innerhalb der Zelte befinden, werden, entsprechend dem Prinzip der Bodenphotoeklektoren, in den Kopfdosen mit geeigneter Fang- und/oder Konservierungsflüssigkeit gesammelt (FUNKE 1971, 1976).

Die verwendeten Baumphotoeklektoren der Firma Ecotech (Bonn) zeichnen sich gegenüber den geschilderten Modellen durch eine Plexiglasplatte (Kunststoff-Klarsichtscheibe) aus, die die 4 Stoffzelte nach unten abschließt, wobei noch ein kastenförmiger Teil hinzugefügt wurde, der ebenfalls aus aufgespannten Stoffteilen besteht. In die Plexiglasplatte integriert sind 4 Öffnungen mit daran angefügten Trichtern, die in Plastikfangflaschen führen, welche ebenfalls Fang- und/oder Konservierungsflüssigkeit enthalten. Die Plexiglasplatte schließt am Stamm nicht dicht ab, sondern läßt einen je nach Montage 4 - 5 cm breiten Spalt, durch den die am Baumstamm von unten nach oben laufenden Arthropoden in die Falle geraten. Zudem ist die Klarsichtscheibe zum Stamm hin mit einem Rand versehen. Dieser "unvollständige Abschluß" hat den Vorteil gegenüber unten offenen Stoffzelten, daß Tiere, die durch Einflug auch zufällig in die Falle geraten könnten, obwohl nicht der Baum ihr Lebensraum ist, durch die Plexiglasplatte weitgehend zurückgehalten werden (NÄHRIG 1987). Oben am Stoffteil ist der Eklektor eng mit einem Metallband am Stamm befestigt, damit die Tiere dort nicht entweichen können und von oben nach unten laufende Tiere nicht in die Falle geraten. Letzteres ist nicht auszuschließen, kann aber als geringfügig angenommen werden (BRAUN 1992).

Die Höhe beträgt ohne Fangflaschen und Kopfdosen ca. 80 cm, die Höhe des Kastens alleine ca. 32 cm und dessen Kantenlänge 75 cm (quadratische Grundfläche). Der Durchmesser der Stammöffnung in der Plexiglasplatte mißt 47,5 cm. Die Kopfdosen entsprechen denen der Bodenphotoeklektoren. Auch hier wurde Ethylenglykol als Fangmittel verwendet.

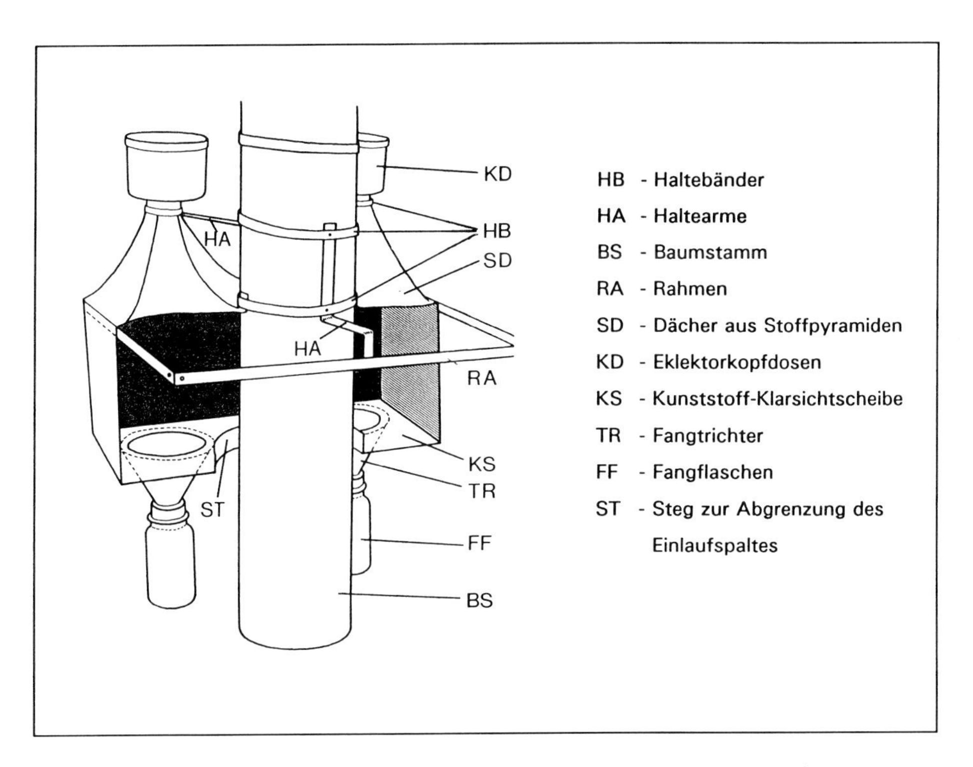

Abb. 5.11: Baumphotoeklektor ("unten offen"), aus einem Prospekt der Fa. Ecotech (Bonn).

5.1.2 Präparation

Die Mehrzahl der ausgewählten Organismengruppen erforderten eine zeitaufwendige Präparation zur exakten Bestimmung.

Vertreter der Mesofauna (Milben) wurden generell in konzentrierter Milchsäure (bzw. bei wenig sklerotisierten Formen in dem entsprechend wirkenden Einschlußmittel) aufgehellt und zu mikroskopierbaren Halboffen- bzw. Dauerpräparaten (s.u.) verarbeitet. Als Einschlußmittel der Dauerpräparate wurden Abwandlungen des Berlese-Gemisches (s. KRANTZ 1978) verwendet.

Bei den Makroarthropoden war wenigstens bei den schwierigeren Taxa eine Präparation von für die Determination wichtigen Strukturen nötig (meist Genitalstrukturen z.B. von Diplopoden und Araneen). Auch hier war vielfach Aufhellung (1M KOH) und die Anfertigung mikroskopierbarer Präparate erforderlich.

Regenwürmer wurden mit Hilfe der Glasröhrchenmethode von THIELEMANN (1986 b) lebend bestimmt.

5.1.3 Determination

Die Determination erfolgte mit Hilfe der folgenden Standardwerke unter Hinzuziehung einer umfangreichen Spezialliteratur, die hier nicht näher aufgeführt werden kann.

Oribatiden:	SELLNICK (1929, 1960), WILLMANN (1931), BALOGH (1972) und BALOGH & MAHUNKA (1983).
Gamasiden:	Gamasina: KARG (1993), EVANS & TILL (1979), BREGETOVA (1956); Uropodina: KARG (1989 a).
Araneen:	LOCKET & MILLIDGE (1951, 1953), LOCKET et al. (1974), ROBERTS (1985 a, b, c), HEIMER & NENTWIG (1991) (Nomenklatur nach PLATNICK 1989).
Isopoden:	WÄCHTLER (1956), STRESEMANN (1961).
Diplopoden:	VERHOEFF (1928, 1932).
Lumbriciden:	GRAFF (1953).

5.1.4 Dokumentation

Zur Dokumentation bemerkenswerter Taxa standen aus der Fotoausrüstung des Zoologischen Institutes zur Verfügung:

- Makrophotographiereinrichtungen:
  - Photobinokular (Wild, Heerbrugg, Makroskop M 420 x 1,25)
  - Leitz-Aristophot
  - Spiegelreflexkamera mit Balgengerät (Freilandaufnahmen)
- Photomikroskop:
  - Leitz-Aristoplan

Des weiteren konnte das Rasterelektronenmikroskop (SEM 505, Fa. Philips) des Institutes für Zellforschung des DKFZ in Heidelberg (Prof. Dr. N. Paweletz) eingesetzt werden. Während für die Makro- und Mikrophotographie die vorbereiteten Objekte (s. einzelne Kapitel) direkt verwertet werden konnten, mußten die Tiere für die Rasterelektronenmikroskopie zunächst von Verunreinigungen gesäubert und anschließend in einer aufsteigenden Alkoholreihe (70%, 80%, 96%, abs. Äthanol) getrocknet werden. Die folgende Lufttrocknung überstanden stark sklerotisierte Arten ohne nennenswerte Schrumpfungen des Integuments. Weichhäutigere Tiere mußten dagegen mit dem Critical Point Dryer der Fa. Balzers Union getrocknet werden. Nach der Montage der Objekte auf den für die Rasterelektronenmikroskopie vorgesehenen Präparatetellern wurden die Tiere abschließend in einer Kathodenzerstäuberanlage mit Gold besputtert.

5.1.5 Statistik

Die im folgenden dargestellten Methoden zur rechnerischen Auswertung basieren mit Ausnahme der Abundanzberechnung auf der Grundlage der Differenzierung verschiedener Taxa innerhalb einer übergeordneten Einheit. Die wenigen adulten Formen, bei denen die Bestimmung nur bis zu einem übergeordneten taxonomischen Niveau erfolgte, wurden als ein Taxon, im Prinzip also als eine "Art", in die Auswertung miteinbezogen.

5.1.5.1 Abundanz

Die Abundanz beschreibt die Individuendichte bezogen auf eine Flächen- oder Raumeinheit. Die Individuendichte wird hier bezogen auf 1 m^2, sie errechnet sich aus dem Mittelwert der untersuchten Probenmenge, der mit dem auf 1m^2 bezogenen Hochrechnungsfaktor des jeweils eingesetzten Bodenbohrers multipliziert wird.

5.1.5.2 Aktivitätsdichte (AD)

Die Aktivitätsdichte (HEYDEMANN 1956) bzw. Aktivitätsabundanz (TRETZEL 1955) ist eine relative Häufigkeitsangabe, die von verschiedenen Faktoren, wie der Laufaktivität von Bodentieren, abhängt. Sie gibt die Summe der Individuen an, die in einer bestimmten Anzahl von Bodefallen pro Zeiteinheit gefangen werden (Ind./ Fallen x Expositionszeit). Dabei gehen nur intakte Fallen in die Auswertung mit ein (NICKEL 1987).

$$AD = \frac{N}{F \cdot E}$$

N = pro Expositionszeit gefangene Individuen
F = Anzahl intakter Fallen
E = Expositionszeit in Tagen

5.1.5.2 Dominanz

Die Dominanz beschreibt den prozentualen Anteil (Dominanzgrad oder Dominanzwert) einer Art bzw. eines Taxons an der Gesamtpopulation bzw. -individuenmenge einer Artengesellschaft. Die Benennung der Dominanzklassen wird hier z.T. nach WEIGMANN (1973) vorgenommen (>30% = eudominant, 10-30% = dominant, 5-10% = subdominant, 1-5% = rezedent, <1% = subrezedent).

Eine weitere Methode ist die logarithmische Einteilung nach ENGELMANN (1978), deren Klassifizierung etwas von der obigen, hauptsächlich bei Milben angewandten, Version abweicht: >32% = eudominant, 10-31,9% = dominant, 3,2-9,9% = subdominant, 1-3,1% = rezedent, 0,32-0,99% = subrezedent, <0,32% = sporadisch. Als "Hauptart" werden diejenigen Arten bezeichnet, die einen prozentualen Anteil von mindestens 3,2% vom Gesamtfang aufweisen. Dementsprechend besitzen "Nebenarten" einen geringeren prozentualen Anteil am Gesamtfang. Der Dominanzwert (D_i) wird auch in Ausnahmefällen als Dominanzindex d_i angegeben, wobei es sich um den Dominanzwert $D_i/100$ handelt.

Auf die von den einzelnen Autoren verwendete Klassifizierung wird an gegebener Stelle entsprechend hingewiesen.

5.1.5.3 Konstanz

Die Konstanz einer Art beschreibt den prozentualen Anteil (Konstanzgrad oder Konstanzwert) an Proben aus einer Gesamtprobenmenge, in dem die betreffende Art, ungeachtet ihrer jeweiligen Individuendichte, auftritt, d.h. die Stetigkeit ihres Vorkommens. Nach BALOGH (1958) werden vier Konstanzklassen unterschieden (>75% = eukonstant, 50-75% = konstant, 25-50% = akzessorisch, <25% = akzidentell).

5.1.5.4 Shannon-Weaver-Index

Der Shannon-Weaver-Index (Hs) ist der am häufigsten benutzte Index, um die Diversität einer Lebensgemeinschaft darzustellen. Er wird nach folgender Formel (SCHAEFER & TISCHLER 1983, MÜHLENBERG 1989, 1993; REMMERT 1992) berechnet:

$$Hs = -\sum_{i=1}^{s} p_i \cdot \ln p_i$$

Hs = Gesamtartenzahl
p_i = Anteil der Art i an der Gesamtindividuenmenge

Die Diversität, d.h. in diesem Falle Hs steigt mit der Anzahl der Arten und mit dem Grad der Gleichverteilung der einzelnen Arten auf die Gesamtindividuenmenge.

5.1.5.5 Simpsons-Index

Wie bei der Shannon-Weaver Funktion verwendet auch der Diversitätsindex von SIMPSON (1949) als Grundlage zur Berechnung die relativen Abundanzen der Arten in den Proben (DICKMANN 1968). Die von SIMPSON entwickelte Formel gilt strenggenommen nur für unendlich große Populationen und wurde später zur Berechnung begrenzter Populationen modifiziert. Der Index reicht von 0 (geringe Diversität) bis fast 1.

$$1-\overline{D} = 1-\sum_{i=1}^{s}\left[\frac{n_i(n_i-1)}{N(N-1)}\right]$$

$1-\overline{D}$ = Simpson's Index der Artendiversität
n_i = Individuenzahl der Art i
N = Gesamtindividuenzahl
s = Anzahl der Arten

5.1.5.6. Evenness

Die Evenness bezeichnet das Verhältnis eines ermittelten Diversitätsindexes zu dem bei der vorgegebenen Artenzahl maximal möglichen Diversitätswert. Sie dient als Maß für die Gleichverteilung der Arten und wird für den Shannon-Weaver-Index folgendermaßen berechnet (SCHAEFER & TISCHLER 1983, MÜHLENBERG 1989, 1993):

$$E = \frac{Hs}{Hs_{\text{max.}}} = \frac{Hs}{\ln s}$$

E kann Werte zwischen 0 und 1 annehmen, wobei 1 einer maximalen Gleichverteilung entspricht.

5.1.5.7. Jaccard-Index

Mit dem Jaccard-Index wird der Grad der Übereinstimmung der Artenspektren zweier Artengesellschaften, d.h. ihre Artenidentität berechnet (SCHWERDTFEGER 1975, MÜHLENBERG 1989, 1993):

$$Ja = \frac{100 \cdot c}{a+b+c}\,\%$$

a = Anzahl der Arten von Gebiet a
b = Anzahl der Arten von Gebiet b
c = Anzahl der gemeinsamen Arten der Gebiete a und b

Der erwartete maximale Wert eines Index kann vom theoretischen Wert abweichen, und es kann eine positive Korrelation zwischen dem Wert und der Anzahl der Individuen in den Proben herrschen (WOLDA 1981). Die Größe der Abweichung hängt entscheidend vom Probenumfang und der Artendiversität ab. Als von diesen beiden Faktoren relativ unbeeinflußte Berechnungsmethoden haben sich der Ähnlichkeitsindex von MORISITA (1962) und der Index von HORN (1966) erwiesen.

5.1.5.8. Morisita Index (1962)

Wie der Jaccard-Index reicht der Morisita Index C_λ von 0 (keine Ähnlichkeit) bis 1 (identisch). Dieser Index wurde speziell zur Anwendung auf Individuenzahlen entwickelt.

$$C_\lambda = \frac{2\sum n(X_{ij}X_{ik})}{(\lambda_1+\lambda_2)N_jN_k}$$

$$\lambda_1 = \frac{\Sigma n \left[X_{ij}\,(X_{ij} - 1)\right]}{N_j\,(N_j - 1)}$$

$$\lambda_2 = \frac{\Sigma n \left[X_{ik}\,(X_{ik} - 1)\right]}{N_k(N_k - 1)}$$

C_λ = Morisita's Index der Ähnlichkeit zwischen Probe j und Probe k
n = Anzahl der Arten in Probe j und Probe k
X_j, X_{ik} = Individuenzahl der Art i in der Probe j und Probe k
$N_j = \Sigma X_{ij}$ = Gesamtindividuenzahl in Probe j
$N_k = \Sigma X_{ik}$ = Gesamtindividuenzahl in Probe k

5.1.5.9 Horns-Index

HORN (1966) entwickelte einen weiteren Ähnlichkeitsindex. Er besitzt den Vorteil, daß er direkt mit den Rohdaten der Untersuchung (Individuenzahlen oder relative Artenabundanz) berechnet werden kann. Das Endergebnis der Berechnung ist unabhängig davon, ob man absolute Zahlen oder relative Häufigkeiten in die Gleichung einsetzt. Horns-Index ist jedoch nicht völlig unbeeinflußt von der Probengröße.

$$R_o = \frac{\Sigma\left[(X_{ij} + X_{ik})\log(X_{ij} + X_{ik})\right] - \Sigma(X_{ij}\log X_{ij}) - \Sigma(X_{ik}\log X_{ik})}{\left[(N_j + N_k)\log(N_j + N_k)\right] - (N_j \log N_j) - (N_k \log N_k)}$$

R_o = Horn's Ähnlichkeitsindex zwischen Probe j und Probe k
X_{ij}, X_{ik} = Individuenanzahl der Art i in Probe j und Probe k
$N_j = \Sigma\, X_{ij}$ = Gesamtindividuenzahl der Probe j
$N_k = \Sigma\, X_{ik}$ = Gesamtindividuenzahl der Probe k

5.1.5.10 Renkonen-Index

Der Renkonen-Index untersucht die Dominanzidentität zweier Artengesellschaften (SCHWERDTFEGER 1975, MÜHLENBERG 1989):

$$\text{Re} = d_1 + d_2 + d_3 + \ldots + d_s\ \%$$

d_1, d_2, d_3, ..., d_s = der jeweils niedrigere Dominanzwert der Arten 1, 2, 3, ..., s aus den Gebieten a und b

5.1.5.11 Bray-Curtis Distanzkoeffizient

Anstatt die Ähnlichkeit zwischen zwei Artengemeinschaften zu erfassen, kann man auch die Distanz zwischen ihnen bzw. ihre Unähnlichkeit messen. Distanzkoeffizienten rangieren zwischen O und 1. Ist der Distanzkoeffizient 0, so sind die Artengemeinschaften identisch (PIELOU 1984). Der Distanzkoeffizient B nach BRAY-CURTIS (1957) kann direkt mit den Rohdaten der Individuenzahlen der einzelnen Arten der zu vergleichenden Gemeinschaften berechnet werden. Durch den komplementären Wert 1 - B erhält man aus dem Distanzkoeffizienten gleichfalls ein Maß für die Ähnlichkeit.

$$B = \frac{\Sigma\left|X_{ij} - X_{ik}\right|}{\Sigma(X_{ij} + X_{ik})}$$

B = Bray-Curtis Distanzkoeffizient
X_{ij}, X_{ik} = Individuenzahlen der Art i in Probe j und Probe k

5.1.5.12 Kulczynski-Index

Der Kulczynski-Index vergleicht zwei Artengesellschaften hinsichtlich ihrer Konstanzidentität (BALOGH 1958, SCHWERDTFEGER 1975):

$$Ku = \frac{k_1 + k_2 + k_3 + \ldots + k_s}{|k_{1a} - k_{1b}| + |k_{2a} - k_{2b}| + |k_{3a} - k_{3b}| + \ldots + |k_{sa} - k_{sb}|}$$

$k_1, k_2, k_3, \ldots, k_s$ = der jeweils niedrigere Konstanzwert der Arten 1, 2, 3, ..., s aus den Gebieten a und b
$k_{1a}, k_{2a}, k_{3a}, \ldots, k_{sa}$ = Konstanzwert der Arten 1, 2, 3, ..., s von Gebiet a
$k_{1b}, k_{2b}, k_{3b}, \ldots, k_{sb}$ = Konstanzwert der Arten 1, 2, 3, ..., s von Gebiet b

Höhere Ku-Werte belegen eine höhere Konstanzidentität.

5.1.5.13 Wainstein-Index

Der Wainstein-Index kombiniert Artenidentität (Jaccard-Index) und Dominanzidentität (Renkonen-Index), d.h. qualitative und quantitative Aspekte nach folgender Formel in einem Wert (TISCHLER 1984, MÜHLENBERG 1989, 1993):

$$Wa = \frac{Ja \cdot \mathrm{Re}}{100} \%$$

Mit steigender Arten- und Dominanzidentität steigt folglich auch Wa.

5.1.5.14 Clusteranalyse

Die Grundlage einer jeden Clusterberechnung ist eine Datenmatrix aus Reihen und Spalten. Diese Matrix wird meist so angeordnet, daß jede Reihe eine andere Art s und jede Spalte eine andere Untersuchungseinheit n (z.B. Quadratprobe, Standort, Probetermin etc.) repräsentiert.

Jede einzelne Spalte besitzt bei dieser Anordnung eine definierte Anzahl von Komponenten (i.e. die Arten), die durch die Absolutwerte (oder auch binäre Daten) der Taxa dargestellt werden. Die Spalten der Summenmatrix beinhalten die sog. biotischen Merkmalsvektoren der zu gruppierenden Objekte (i.e. die Probetermine). Die Gruppierung erfolgt anhand eines numerischen Klassifikationsverfahrens, das die Rohdaten in einer hierarchischen Methode zu Ähnlichkeitsgruppen = Clustern zusammenfaßt. Die ursprünglich ungeordneten Objekte werden sukzessive in Cluster von zunehmender Ähnlichkeit gruppiert. Die Clusteranalyse versucht nun, anhand von einer mehrdimensionalen Entfernungsberechnung Ähnlichkeitsgruppen zu erstellen und in einem Dendrogramm zu veranschaulichen. Die hier angewandte Clusterberechnung beruht auf dem *unweighted average linkage* Verfahren, das allen Datenpunkten gleiches Gewicht zuordnet und somit die einzelnen Cluster nach ihrem realen Umfang gruppiert (SOKAL & ROHLF 1981, PIELOU 1984).

5.2. Resultate

Die für die einzelnen Tiergruppen erarbeiteten **Resultate** werden in den folgenden Kapiteln dargestellt.

A. Bodenfauna

5.2.1 Regenwürmer (Lumbricidae)

Schon bei den Voruntersuchung fiel das geringe Vorkommen von Regenwürmern in den Untersuchungsgebieten auf. Diese bodenbiologisch so wichtige Gruppe wurde daher nicht in die engere Wahl für dieses Projekt genommen. Mit einer Erfassung der Regenwürmer sollte aber ihre Rolle in den Gebieten wenigstens angedeutet werden. Ebenso sollte dokumentiert werden, wie die Lumbriciden sich hier mit der Schwermetallbelastung auseinandersetzen. Auf eine quantitative Faunenanalyse mußte aber verzichtet werden.

Die bei mehreren Aufsammlungen erfaßten Arten sind nachstehend aufgeführt. In Klammern sind die gefundenen Indivduenzahlen angegeben. Sie sind nicht vergleichbar, da unterschiedlich lange gesammelt wurde. Ebenso sind die Gesamt-Artenzahlen beider Standorte nicht vergleichbar, da Nußloch nicht mit gleicher Häufigkeit wie Wiesloch beprobt wurde.

In Wiesloch wurden bei 4 Beprobungen folgende Arten gefunden:
Lumbricus terrestris L., 1758 (3)
Lumbricus rubellus HOFFMEISTER, 1843 (4)
Aporrectodea caliginosa (SAVIGNY, 1826) (9)
Aporrectodea rosea (SAVIGNY, 1826) (8)
Allolobophora chlorotica (SAVIGNY, 1826) (1)
unbestimmbar (34)

In Nußloch wurden bei 2 Beprobungen folgende Arten gefunden:
Lumbricus terrestris L., 1758 (1)
Aporrectodea caliginosa (SAVIGNY, 1826) (3)
Octolasium lacteum OERLEY, 1885 (6)
unbestimmbar (3)

Während die Artenzahl im Bereich des zu Erwartenden lag (vgl. Tab.1.1, aus BECK 1983), muß aufgrund der wenigen Individuen, die gefangen wurden, von einer abnormal geringen Individuendichte ausgegangen werden. So werden in der Literatur bis über 300 Individuen/m^2 in Laubwäldern angegeben (DUNGER 1983). Besonders bemerkenswert ist das weitgehende Fehlen an Laubstreubewohnern, von denen nur *Lumbricus rubellus* gefunden wurde.

5.2.2 Milben (Acari)

Milben stellen generell Kleinformen von großem Artenreichtum dar. In unserem Gebiet sind fünf Großgruppen vertreten: Gamasida (= Mesostigmata), Ixodida (= Metastigmata: Zekken), Actinedida (= Prostigmata + Endeostigmata + Heterostigmata), Oribatida (= Cryptostigmata) und Acaridida (= Astigmata). Alle Gruppen können in Bodenproben gefunden werden. Zecken sind jedoch als reine Wirbeltierparasiten für die vorliegende Untersuchung nicht relevant. Actinedida und Acaridida konnten aus Zeitgründen bzw. wegen der mangelhaften taxonomischen Bearbeitung dieser Gruppen (bes. Actinedida) nicht berücksichtigt werden.

Bodenbiologisch sind zweifellos Oribatiden (als saprophage Dekomponenten) und Gamasiden (als Prädatoren) am wichtigsten (Abb. 5.2 a, b). Innerhalb der Gamasida lassen sich die Uropodina (sogenannte Schildkrötenmilben) leicht abgrenzen. Die übrigen Gamasiden werden hier KARG (1989, 1993) folgend als Gamasina zusammengefaßt.

5.2.2.1 Hornmilben (Oribatida)

5.2.2.1.1 Material und Methoden

Probenahmeschema und Untersuchungszeitraum:
Die Untersuchung erfolgte an zwei Einzelstandorten (vgl. Kap. 4) auf je einer repräsentativen Probefläche von 400 x 540 cm. Die zu bearbeitenden Bodenproben wurden an zufällig ermittelten Koordinaten dieser Flächen entnommen. In vierteljährlichem Abstand wurden, beginnend im Mai 1991, eine Frühjahrs-, Sommer- (Aug. 91), Herbst- (Nov. 91) und Winterbeprobung (Feb. 92) durchgeführt. Pro Entnahmetermin und Fläche wurden vier, in obere und untere Bodenfraktionen getrennte Bodenproben ausgewertet.

Extraktion der Bodenfauna:
Der Austreibungsvorgang wurde in einem "high-gradient funnel-type extractor" nach dem Prinzip von MACFADYEN (1953, 1961) durchgeführt (s. 5.1.1).

Handauslese und Bestimmung:
Das in 70% Ethanol konservierte Extraktionsgut wurde unter der Binokular-Lupe bei bis zu 50-facher Vergrößerung durchgemustert und das Tiermaterial von den noch vorhandenen Bodenpartikeln mit fein ausgezogenen Pipetten bzw. zu Ösen gebogenen Minutiennadeln manuell abgetrennt.

Zur Bestimmung wurden die Oribatiden in 90% Milchsäure mazeriert. Die Dauer der Milchsäurebehandlung richtete sich dabei nach der Dunkelheit der Färbung und dem Sklerotisierungsgrad der jeweils bearbeiteten Arten. Zur Beschleunigung des Mazerationsprozesses wurden die in der Milchsäure befindlichen Tiere z.T. vorübergehend auf Temperaturen bis zu 90°C erhitzt.

Die Bestimmung der Tiere wurde in Halboffenpräparaten (vgl. VAN DER HAMMEN 1972, DUNGER & FIEDLER 1989) vorgenommen, die eine Drehung der Tiere und das Entnehmen aus dem Präparat nach der Bestimmung erlauben. Dazu wird ein quadratisches Deckglas zur Hälfte über die Mulde eines Hohlschliffobjektträgers gelegt. Der freie Raum zwischen Deckglas und Objektträger wird mit 90% Milchsäure ausgefüllt, in welche die zu bestimmenden Tiere überführt werden. Die Vorbereitung der Objektträger erfolgte unter der Binokular-Lupe, die eigentliche Bestimmung unter dem Lichtmikroskop. Nach der Bestimmung wurden die Tiere in einem Milchsäure-Ethanolgemisch (Verhältnis ca. 1:4) aufbewahrt, aus dem sie jederzeit zu einer etwaigen Nachkontrolle wieder auf einen Objektträger gebracht werden konnten.

Die zur Vorbestimmung verwendete Literatur ist in Kapitel 5.1.3 angegeben. Bei sehr vielen Arten der Oribatiden ist das Hinzuziehen von Originalbeschreibungen oder sonstiger Spezialliteratur unumgänglich; in diesem Rahmen kann jedoch nicht näher darauf eingegangen werden.

Bis auf wenige Ausnahmen erfolgte bei den adulten Formen eine Bestimmung bis zum Artniveau. Da eine exakte Determination der Larven und Nymphen bei der Mehrzahl der Arten nicht durchzuführen ist, wurden diese nur in ihrer Gesamtheit als juvenile Oribatiden in jeder Probe erfaßt.

5.2.2.1.2 Ergebnisse

Die Probenahmen erbrachten 5375 Individuen aus 65 Taxa. Eine nach systematischen Gesichtspunkten geordnete Artenliste findet sich im Anhang, Tab. A4.

Einen Überblick über die Abundanzen, Dominanzen und Konstanzen aller aufgetretenen Arten geben Abb. 5.15 - 5.18 und Anhang, Tab. A5.

Die über den gesamten Beobachtungszeitraum mittlere Abundanz der Oribatiden lag am Kontrollstandort Nußloch bei ca. 40 000 Ind./m². Mit beinahe 60 000 Ind./m² zeigte sich die mittlere Abundanz am hochbelasteten Standort Wiesloch ca. um den Faktor 1,5 deutlich erhöht. Der Anteil der juvenilen Oribatiden lag mit ca. 30% am Belastungsstandort Wiesloch etwas höher als mit ca. 20% am Kontrollstandort Nußloch (vgl. Abb. 5.12 und Anhang, Tab. A5).

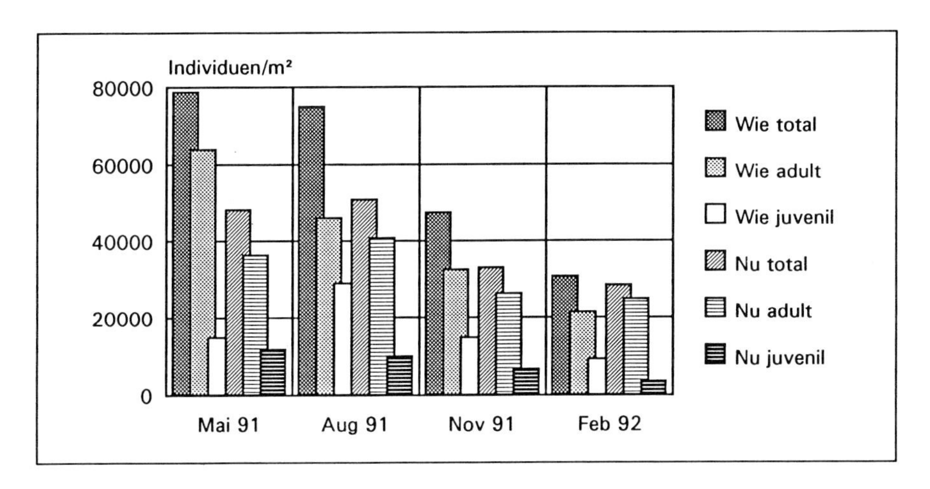

Abb. 5.12: Individuendichte der Oribatiden an den vier Beprobungsterminen im Gebiet Wiesloch-Nußloch.

Sowohl die Gesamtindividuendichte als auch die Dichte der adulten und juvenilen Tiere für sich betrachtet lag zu allen Probenahmezeitpunkten bis auf eine einzige Ausnahme (Adulti Feb. 92) am Standort Wiesloch oberhalb derer des Kontrollstandortes Nußloch (Abb. 5.12).

Besonders deutlich ausgeprägt fand sich die erhöhte Abundanz am Standort Wiesloch in den Frühjahrs- und Sommerproben. Im Vergleich dazu war die Individuendichte in den Herbst- und Winterproben auf beiden Flächen reduziert, so daß aufgrund der verhältnismäßig stärkeren Abnahme am Belastungsstandort Wiesloch besonders im Winter der Unterschied in der Individuendichte zugunsten von Wiesloch nur geringfügig ausfiel.

Die Ergebnisse bezüglich der Siedlungsdichte der Oribatiden sind im wesentlichen durch die Verhältnisse in 0-4 cm Bodentiefe repräsentiert (Abb. 5.13). Sowohl auf der Kontroll- als auch auf der hochbelasteten Fläche machte die mittlere Individuendichte in 4-8 cm Bodentiefe lediglich rund 20% der Gesamtpopulation aus.

Am Kontrollstandort Nußloch fanden sich 54 Arten bzw. Taxa gegenüber 45 am Belastungsstandort Wiesloch (vgl. Abb. 5.15-5.18 und Anhang, Tab. A5). Etwas weniger deutlich fällt der Unterschied nach Abzug der Arten, die nur in einer der jeweils 16 Einzelproben auftraten (hier 6,3% Konstanz) oder auch der akzidentellen Arten (bis 25% Konstanz) aus. Dennoch zeigt auch danach Standort Nußloch 4-5 Arten mehr als der Belastungsstandort Wiesloch (vgl. Abb. 5.17 und 5.18).

34 Arten bzw. Taxa traten auf den beiden Flächen des Untersuchungsgebietes gemeinsam auf (vgl. Anhang, Tab. A5). Der überwiegende Teil der nur auf einen Standort beschränkten Arten findet sich in den unteren Dominanz- bzw. Konstanzklassen (vgl. Abb. 5.15-5.18).

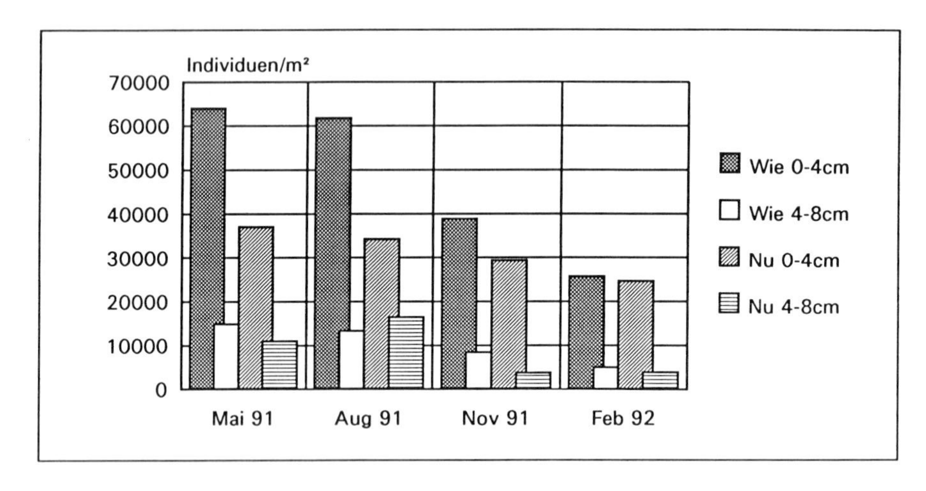

Abb. 5.13: Tiefenverteilung der Oribatida an den vier Beprobungsterminen im Gebiet Wiesloch-Nußloch.

Neben den nicht näher determinierten *Phthiracarus*- und *Suctobelba*-Arten und Brachychthoniidae sind als besonders charakteristische Arten des gesamten Gebiets folgende, auf beiden Flächen zumindest konstant (>50%) auftretende Arten zu nennen (vgl. Abb. 5.17 und 5.18): *Steganacarus magnus*, *Hermanniella punctulata*, *Metabelba pulverosa*, *Xenillus tegeocranus*, *Tectocepheus minor*, *Quadroppia paolii*, *Oppiella falcata*, *Oppiella subpectinata*, *Oribatula tibialis* und *Achipteria coleoptrata*.

Das Dominanzgefüge der beiden Standorte ist, bedingt durch das Fehlen eudominanter Taxa, ähnlich ausgeglichen (Abb. 5.15 und 5.16).

Die im Gebiet an beiden Standorten mit um 60% Dominanz vorherrschende Oribatidenfamilie sind die Oppiidae; aus ihr rekrutieren sich die dominanten Arten der Standorte (Abb. 5.15 und 5.16): *Q. paolii* (Abb. 5.2a) und *Oppiella nova* am Belastungsstandort Wiesloch, *Oppiella ornata*, *O. falcata* und *O. subpectinata* am Kontrollstandort Nußloch sowie als einziges gemeinsames dominantes Taxon die Arten der Gattung *Suctobelba*, die am Belastungsstandort Wiesloch mit 22,0% den höchsten Dominanzgrad im Gebiet erreichen. Gerade unter diesen Arten treten jedoch einige an einem der beiden Standorte auffällig stark zurück. Besonders zu nennen sind hier *O. ornata* am Standort Wiesloch sowie *Q. paolii* und *O. nova* am Standort Nußloch (Abb. 5.14a, b, c).

Die beiden letztgenannten Arten bedingen zusammen mit den in der Abundanz bei Wiesloch ebenfalls stark überwiegenden *Suctobelba*-Arten (Abb. 5.14c) im wesentlichen die dort erhöhte Gesamtabundanz (Anhang, Tab. A5).

Tab. 5.1: Diversität und Evenness der Standorte Wiesloch und Nußloch.

	Wiesloch	**Nußloch**
Diversität (Hs)	2,82	2,97
Evenness (E)	0,74	0,74

Tab. 5.2: Faunenidentität der Standorte Wiesloch und Nußloch.

Jaccard-Index (Artenidentität)	**Renkonen-Index (Dominanzidentität)**	**Kulczynski-Index (Konstanzidentität)**	**Wainstein-Index**
52,3	46,0	0,85	24,1

Neben den o.g. dominanten Taxa finden sich noch weitere Arten, die am einen oder anderen Standort auffällig überwiegen bzw. ausschließlich auftreten. Als wichtige den Belastungsstandort Wiesloch charakterisierende Arten sind z.B. *Eniochthonius minutissimus*, *Gymnodamaeus bicostatus* und *Tectocepheus sarekensis* zu nennen.

Am Kontrollstandort Nußloch finden sich mit *Oppia insculpta*, *Chamobates cuspidatus* und *Minunthozetes semirufus* drei Arten mit vergleichsweise hohen Dominanz- bzw. Konstanzgraden, die am Belastungsstandort nicht auftreten (Abb. 5.15-5.18, Anhang Tab. A5) und zusammen mit *O. ornata* wesentlich zu der teilweisen Kompensation der durch die o.g. Oppiiden-Arten erhöhten Gesamtabundanz am Standort Wiesloch beitragen.

Die Diversität (Tab. 5.1) der Oribatidengesellschaft ist am Kontrollstandort Nußloch nur geringfügig höher als am Belastungsstandort Wiesloch. Da beide Standorte relativ ausgeglichene Dominanzgefüge zeigen, die in gleich hohen Evenness-Werten (Tab. 5.1) sichtbar werden, beruht der Unterschied in der Diversität im wesentlichen auf der größeren Artenzahl des Kontrollstandortes.

Die vergleichenden Berechnungen der Arten- und Dominanzidentität ergeben mit jeweils ca. 50% und dem daraus resultierenden Wainstein-Index von etwas weniger als 25% eine mittlere Übereinstimmung (Tab. 5.2). Auch die Konstanzidentität (Tab. 5.2) von etwas unter 1 belegt, daß sich die Übereinstimmung und die Differenz zwischen der Artenkonstanz in etwa die Waage halten.

5.2.2.1.3 Diskussion

Die mittleren Individuendichten um ca. 40000 bzw. 60000 Ind./m² der Untersuchungsstandorte Nußloch und Wiesloch können für Laubwälder gemäßigter Zonen als durchschnittlich gelten (PETERSEN & LUXTON 1982). Sie bewegen sich in einer vergleichbaren Größenordnung wie im allerdings relativ sauren, ca. 60-70 km von Wiesloch-Nußloch entfernten Moderbuchenwald bei Ettlingen/Karlsruhe (vgl. MITTMANN 1989, WOAS et al. 1989, BECK & WOAS 1991, WUNDERLE 1992). Die Konzentration der meisten Individuen in den oberen Bodenschichten deckt sich im Gebiet Wiesloch-Nußloch mit den allgemein bekannten Verhältnissen (PANDE & BERTHET 1975, LUXTON 1981).

Auch der hohe Anteil von ca. 60% der Familie Oppiidae mit in der Bodenstreu dominierenden Arten wie *Oppiella nova* (WIE), *Oppiella ornata* (NU), *Oppiella subpectinata* oder den *Suctobelba*-Arten entspricht in etwa den Verhältnissen im o.g. Moderbuchenwald. Weitere Gemeinsamkeiten zeigen sich im Vorkommen von z.B. *Oribatula tibialis*, *Chamobates cuspidatus* (nur NU), oder *Achipteria coleoptrata,* die für beide Gebiete charakteristisch sind. Aber auch bei den untergeordneteren Arten, wie z.B. *Eulohmannia ribagai*, *Amerus polonicus*, *Oppiella confinis,* ergeben sich zusätzliche Übereinstimmungen (vgl. BECK & WOAS 1991, WUNDERLE 1992). Typische, im sauren Moderbuchenwald (BECK & WOAS 1991, WUNDERLE 1992) und auch in sauren Fichtenwäldern (KRATZMANN 1993, KRATZMANN et al. 1993 a) auftretende Arten wie z.B. *Rhysotritia duplicata*, *Nothrus silvestris*, *Chamobates borealis* fehlen im eher pH-neutralen Gebiet Wiesloch-Nußloch.

Auffallend ist sowohl am Standort Wiesloch als auch am Standort Nußloch das Auftreten von Arten mit südlichem Verbreitungsschwerpunkt (z.B. *Epilohmannia cylindrica minima*, *Oppia insculpta* NU; *Licnodamaeus pulcherrimus*, *Machuella* sp. WIE), was das Gebiet als klimatisch bevorzugt erscheinen läßt.

Trotz der feststellbaren Verwandtschaft beider Standorte zu dem von BECK & WOAS (1991) bzw. WUNDERLE (1992) bearbeiteten Buchenwaldgebiet unterscheiden sich die Oribatidengesellschaften der beiden Standorte Nußloch und Wiesloch relativ deutlich, obwohl sie geographisch nur wenig voneinander entfernt sind und gut vergleichbare Standortbedingungen aufweisen (vgl. Kap. 4). Dies äußert sich auch in einer nur mittleren Übereinstimmung in den verschiedenen Faunenähnlichkeitsindices (Jaccard-Index, Renkonen-Index, Kulczynski-Index, Wainstein-Index). Der bedeutend höhere Schwermetallbelastungsgrad der Fläche Wiesloch, der sich auch in erhöhten Schwermetallgehalten in von der Wieslocher Fläche stammenden Tieren der Art *Steganacarus magnus* niederschlägt (LUDWIG et al. 1993, Kap. 6.1.2), erscheint als wesentliche Ursache für den unterschiedlichen Zustand der beiden Oribatidencönosen.

Der zunächst augenfälligste Unterschied zwischen den beiden Untersuchungsflächen liegt in der am hochbelasteten Standort Wiesloch an allen Sammelterminen gegenüber Nußloch erhöhten Individuendichte der Oribatida.

Eine Beeinflussung der Abundanzverhältnisse unter Schwermetallstreß im Freiland ist bei vielen Bodenwirbellosengruppen, z.B. Enchytraeiden (BENGTSSON & RUNDGREN 1982), Lumbriciden (BENGTSSON et al. 1983 b), verschiedenen Elementen der laufaktiven Makrofauna (BENGTSSON & RUNDGREN 1984), Gamasiden (GEORGESCU 1984, GLOCKEMANN & LARINK 1989), Diplopoden (HOPKIN et al. 1985) und Nematoden (WEISS & LARINK 1991) nachgewiesen.

Die wenigen diesbezüglichen Angaben zu Oribatiden oder zur Gesamtmilbenzahl, die in vielen Böden durch die Anzahl der Oribatida repräsentiert ist (PETERSEN & LUXTON 1982, DUNGER 1983), liefern z.T. recht widersprüchliche Vergleichsdaten.

WILLIAMSON & EVANS (1973) konnten in künstlich mit Blei angereicherten Böden gegenüber den Kontrollen keine Unterschiede in der Individuendichte von Milben feststellen. Allerdings lagen auch in den von WILLIAMSON & EVANS (1973) als belastet angesehenen Böden die Bleikonzentrationen etwa im Bereich der hier in Nußloch vorgefundenen Verhältnisse. Einzig die extrem belasteten Bereiche in der Nähe einer Bleimine zeigten einen Abundanzanstieg der Milbendichte. Auch KINNEAR (1991) fand nach ihrer Interpretation keine wesentlichen Differenzen in der Milbendichte zwischen metallhaltigen und relativ wenig belasteten Böden. In den von KINNEAR (1991) untersuchten semiariden Böden sind die Individuendichten insgesamt aber so gering, daß eventuelle Unterschiede in der Besatzdichte vermutlich nicht sehr deutlich ausfallen. Bei genauerer Betrachtung zeigen bei KINNEAR (1991) dennoch nur die stark mit Nickel belasteten Böden überhaupt erwähnenswerte Individuendichten bei den wenigen näher spezifizierten Oribatidenarten.

STROJAN (1978 b) sowie HÅGVAR & ABRAHAMSEN (1990) fanden unter hohen Schwermetallbelastungen reduzierte Individuendichten von Oribatiden. In beiden Fällen wiesen aber die hochbelasteten Bereiche der Untersuchungsgebiete eine stark reduzierte Vegetationsdecke auf, was den Abundanzrückgang der Oribatiden als Sekundärursache der Belastungssituation, aber auch den Gegensatz zu den hier erhaltenen Ergebnissen erklären könnte.

In der näheren Umgebung eines Metallhüttenkomplexes bei Avonmouth, Südengland, einer der bestuntersuchten stark von Schwermetallemissionen betroffenen Regionen Europas, fand sich gegenüber unkontaminierten Kontrollgebieten in einem hochbelasteten Bereich die Milbendichte, den Verhältnissen am Standort Wiesloch entsprechend, deutlich erhöht (HOPKIN et al. 1985, Hopkin 1989).

Relativ schwer zu deuten ist die Angleichung der Abundanz der beiden Standorte im Winter. Eine Depression im Januar/Februar ist zwar z.B. auch in Buchenwäldern die Norm (LUXTON 1982b, SCHAEFER & SCHAUERMANN 1990, WUNDERLE 1992), ungewöhnlich ist aber der vergleichsweise stärkere Abundanzeinbruch am Standort Wiesloch. Die ungünstigen Witterungsbedingungen führen möglicherweise durch das Zusammentreffen mit der hohen Schwermetallbelastung am Standort Wiesloch zu einer stärkeren Reduzierung der Oribatidenpopulation als am minderbelasteten Kontrollstandort Nußloch.

Neben Veränderungen auf der rein quantitativen Ebene ist auf Belastungsflächen häufig ein Einfluß auf die qualitative Zusammensetzung von Wirbellosencönosen im Sinne von Arten- oder Diversitätsverlusten oder auch in der übermäßigen Entwicklung einzelner Arten beobachtbar (z.B. BENGTSSON & RUNDGREN 1982, 1984, 1988, HÅGVAR & ABRAHAMSEN 1990, SCHICK 1990, KRATZMANN et al. 1993 b). Auch im vorliegenden Fall zeigte sich die Artenzahl der Oribatida und dadurch bedingt die Diversität der Oribatidencönose am Kontrollstandort Nußloch höher als am hochbelasteten Standort Wiesloch. Der Diversitätsunterschied ist aber relativ geringfügig. Der Belastungsstandort bietet einer ebenso vielfältigen, sich in ihren charakteristischen Arten aber durchaus unterscheidenden Oribatidengesellschaft ähnlich günstige Bedingungen wie der Kontrollstandort Nußloch.

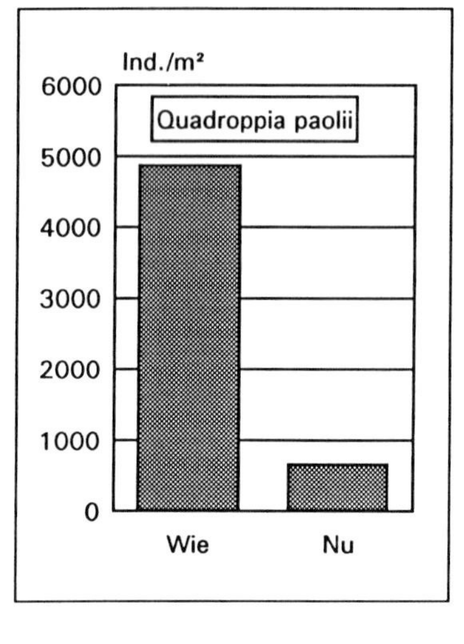

a)

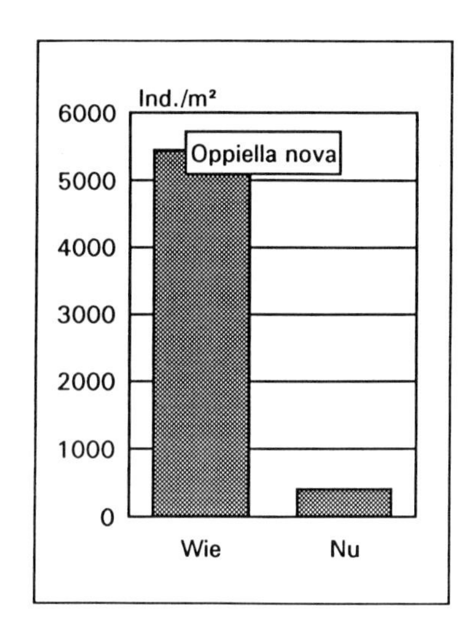

b)

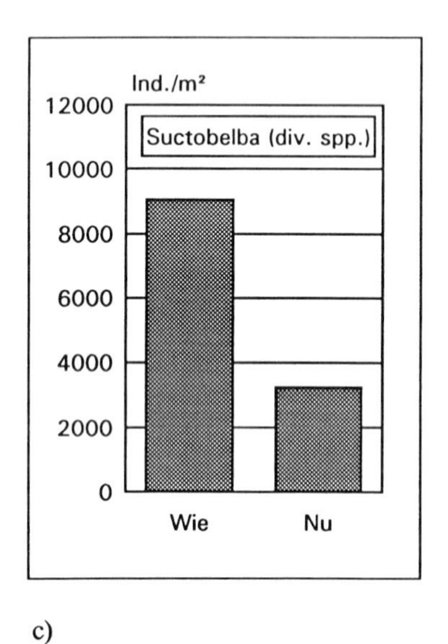

c)

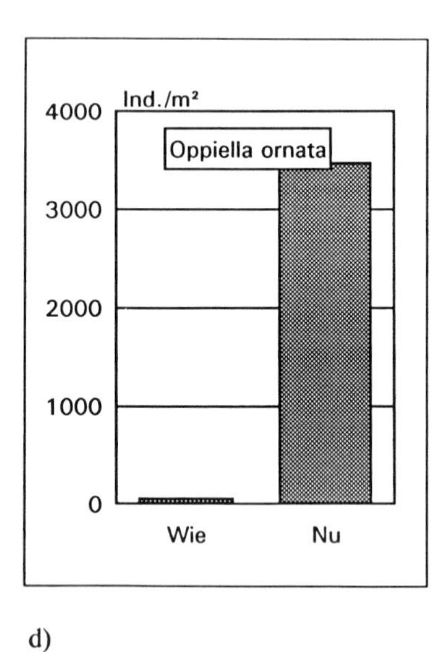

d)

Abb. 5.14: Individuendichten verschiedener Oribatiden auf den Untersuchungsflächen Wiesloch (WIE) und Nußloch (NU). a) *Quadroppia paolii*. b) *Oppiella nova*. c) *Suctobelba* (div. spp.). d) *Opiella ornata*.

Offenbar reagieren die einzelnen Oribatidenarten sehr differenziert, wobei die Gesamttendenz der erhöhten Individuendichte am Belastungsstandort im wesentlichen von einigen wenigen dort vorherrschenden Arten geprägt ist (s.u.).

Daran schließt sich die Frage nach Arten an, die entweder positiv oder negativ von der Präsenz von Metallen im Bodensubstrat beeinflußt werden. Prinzipiell kommen hier alle nur auf einen der beiden Standorte beschränkten Arten in Frage. Oft treten diese Arten aber nur in sehr geringen Dichten auf, was ihre Einstufung als Arten mit indikatorischen Eigenschaften nicht generell erlaubt. Als solche können eher Arten mit einer eindeutigeren Verteilung zugunsten eines der beiden Standorte gelten, bei denen sich z.T. noch zusätzliche Hinweise auf eine etwaige Reaktion aus der Literatur ergeben.

Als besonders schwermetalltolerante Arten bzw. Arten, die unter der Belastung am Standort Wiesloch eher günstige Bedingungen finden, sind z.B. *Eniochthonius minutissimus*, *Tectocepheus sarekensis*, *Quadroppia paolii*, *O. nova*, *Suctobelba* (div. spp.) oder auch *Gymnodamaeus bicostatus* und *Fosseremus quadripertitus* zu nennen. Arten, die gegenüber dem Kontrollstandort Nußloch unter der Belastungssituation bei Wiesloch zurücktreten und somit eher schwermetallsensitiv erscheinen, sind z.B. *O. insculpta*, *O. ornata*, *Ch. cuspidatus* und *Minunthozetes semirufus*.

Umfangreichere Freilandvergleichsdaten von Schwermetallflächen sind von Oribatiden auf der Artebene leider kaum vorhanden. Erstaunlich sind aber die Parallelen im Spektrum der charakteristischen Arten zu Untersuchungen von VASILIU & MIHAILESCU (1989). Hier wie da finden sich *Quadroppia*- und *Suctobelba*-Arten bevorzugt auf der hochbelasteten Fläche bzw. *Oppiella falcata*, *O. ornata*, *Ch. cuspidatus* und *M. semirufus* unter den dominierenden Arten der Kontrollfläche.

Die in vielen Bodenarthropodengruppen verbreitete Fähigkeit zur Immobilisierung von Metallen in sogenannten Sphäriten in Zellen des Intestinaltraktes und zur anschließenden Ausschleusung aus dem Körperinneren (z.B. HUMBERT 1977, PROSI et al. 1983, LUDWIG & ALBERTI 1988, HOPKIN 1989, KÖHLER & ALBERTI 1992) scheint bei Oribatiden als sehr effizienter Detoxifikationsmechanismus zu wirken (LUDWIG et al. 1991, 1992, 1993, TRIEBSKORN et al. 1991, ALBERTI et al. 1992, KRATZMANN et al. 1993b). Entsprechend konnten direkte toxische, an erhöhten Mortalitätsraten abzulesende Effekte von mit Metallen kontaminierter Nahrung auf einzelne Oribatidenarten im Labor entweder nur unter sehr hohen Konzentrationen (VAN STRAALEN et al. 1989, LUDWIG et al. 1993) oder überhaupt nicht nachgewiesen werden (DENNEMANN & VAN STRAALEN 1991, LUDWIG et al. 1991; s.a. Kap.6). Allerdings kann aufgrund solcher, unter artifiziellen Bedingungen durchgeführten Laboruntersuchungen nicht unbedingt von einer völligen Unempfindlichkeit von Oribatiden gegenüber toxischen Metallen ausgegangen werden. Zumindest für die als sensitiv bezeichneten, d.h. in diesem Fall am Kontrollstandort Nußloch stärker dominierenden Arten ist eine Beeinträchtigung unter dauerhaftem Schwermetallstreß im Freiland nicht auszuschließen.

Sehr wenig wahrscheinlich ist eine auf direktem physiologischen Wege erfolgende Förderung von Arten durch die prinzipiell eher toxischen Metalle.

Wie z.T. bei Collembolen (BENGTSSON et al. 1985) wurde speziell für die Oribatidenart *Platynothrus peltifer* unter dem Einfluß hoher Konzentrationen von toxischen Metallen (VAN STRAALEN et al. 1989, DENNEMANN & VAN STRAALEN 1991) eine Beeinträchtigung des Reproduktionserfolges festgestellt. STREIT (1984) beobachtete unter Einwirkung von hohen Kupferkonzentrationen eine geringere Dichte von juvenilen Oribatiden als in entsprechenden Kontrollen. Die hier erhaltenen Freilanddaten erbrachten keine entsprechenden Ergebnisse. Der Anteil der Juveniltiere zeigte sich am Belastungsstandort Wiesloch gegenüber der Nußlocher Kontrolle sogar leicht erhöht.

Aufgrund dieser Überlegungen scheinen die hier festgestellten Abweichungen in der Bestandesstruktur der Oribatidencönose am Belastungsstandort Wiesloch gegenüber dem Kontrollstandort Nußloch eher auf indirektem Wege erklärbar.

Einer der wesentlichen, durch die hohe Schwermetallbelastung induzierten Effekte ist am Standort Wiesloch die im Zuge der gehemmten Dekompositionsleistung erfolgende Akkumulation von organischem Material (vgl. Kap. 4). Damit korreliert ist am Standort Wiesloch auch eine erhöhte mikrobielle Biomasse (ULLRICH 1993, ULLRICH & STORCH 1993; s.a. Kap. 7.2.1). Wie in stark versauerten Böden (vgl. 6.1, HÅGVAR & AMUNDSEN 1981, ALBERTI et al. 1989, 1991, KRATZMANN et al. 1993a) wirkt sich das gehemmte Dekompositionsgeschehen offenbar positiv auf die Dichte der überwiegend sapro- bzw. mikrophytophagen Oribatiden (SCHUSTER 1956b, LUXTON 1972) aus. Entsprechende Überlegungen werden auch von HOPKIN (1989) im Bezug auf die erhöhte Milbendichte bei Avonmouth'(s.o.) angestellt. Als weiterer fördernder Effekt im Zuge der Akkumulation von organischem Material zeigt sich am Standort Wiesloch ein höheres Großporenvolumen, im Prinzip also ein reichhaltigeres der Mesofauna zur Verfügung stehendes Lückensystem im Boden, welches gut angepaßten Arten ein hohes Ausbreitungspotential bietet (vgl. Kap. 4).

Neben der rein quantitativen Erhöhung der mikrobiellen Biomasse am Belastungsstandort Wiesloch (ULLRICH 1993, ULLRICH & STORCH 1993; s. auch Kap. 7.2.1) sind aufgrund unterschiedlich hoher Toleranzen gegenüber Schwermetallen (vgl. z.B. WILLIAMS et al. 1977, BABICH & STOTZKY 1978, DUXBURY & BICKNELL 1983) auch qualitative Unterschiede im Mikrophytenbestand der beiden Standorte und damit des Nahrungsangebotes für bestimmte Oribatidenarten durchaus wahrscheinlich. Für die als mikrophytophag beschriebenen *Suctobelba*-Arten (MITTMANN 1980) bietet sich aufgrund ihrer speziellen Chelicerenmorphologie z.B. der Gedanke an eine gewisse Nahrungsspezialisierung an, die möglicherweise den Grund für das stärkere Auftreten am Belastungsstandort darstellen könnte. Bei fungivoren Collembolen konnte in metallhaltigen Böden z.B. eine Benachteiligung von Arten, die sich weniger bevorzugt als andere von Pilzarten mit hoher Schwermetalltoleranz ernähren, belegt werden (TRANVIK & EIJSACKERS 1989).

Möglicherweise sind bei verschiedenen Oribatidenarten Vermeidungsstrategien gegenüber belasteter Nahrung unterschiedlich ausgeprägt, wie beispielsweise von Collembolen (JOOSSE & VERHOEF 1983) oder auch Isopoden (VAN CAPELLEVEEN 1985, ULLRICH et al. 1993; s. auch Kap. 6) bekannt ist. So zeichnete sich z.B. mit Cadmium belastete Streu von *Solidago gigantea* in Netzbeuteln durch eine stark verminderte Wiederbesiedlung mit Oribatiden aus (WEIGMANN et al. 1985), was allerdings wiederum auch auf ein verändertes Nahrungsangebot infolge der Metallbelastung zurückzuführen sein könnte.

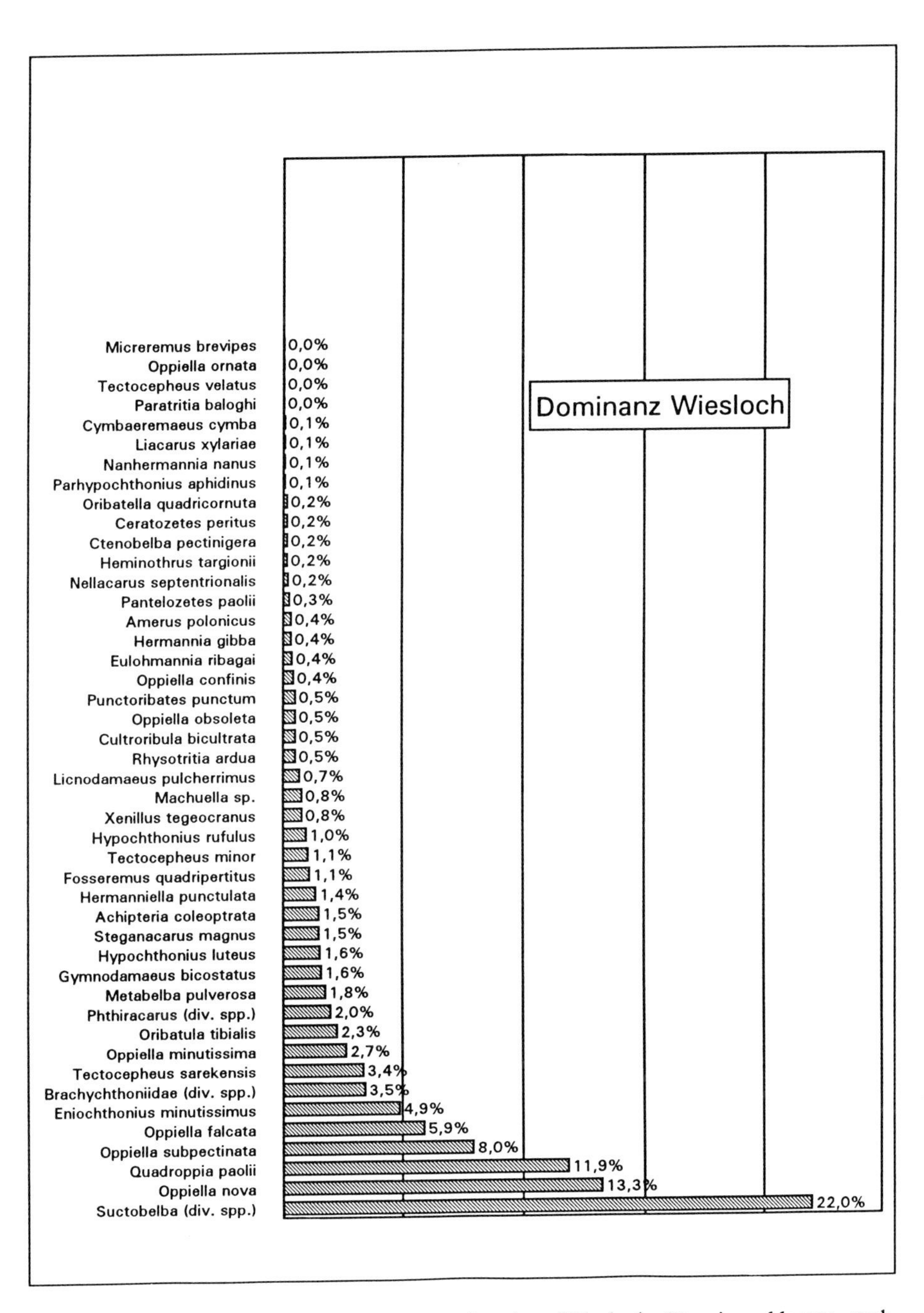

Abb. 5.15: Dominanz der Oribatida am Standort Wiesloch (Dominanzklassen nach WEIGMANN 1973).

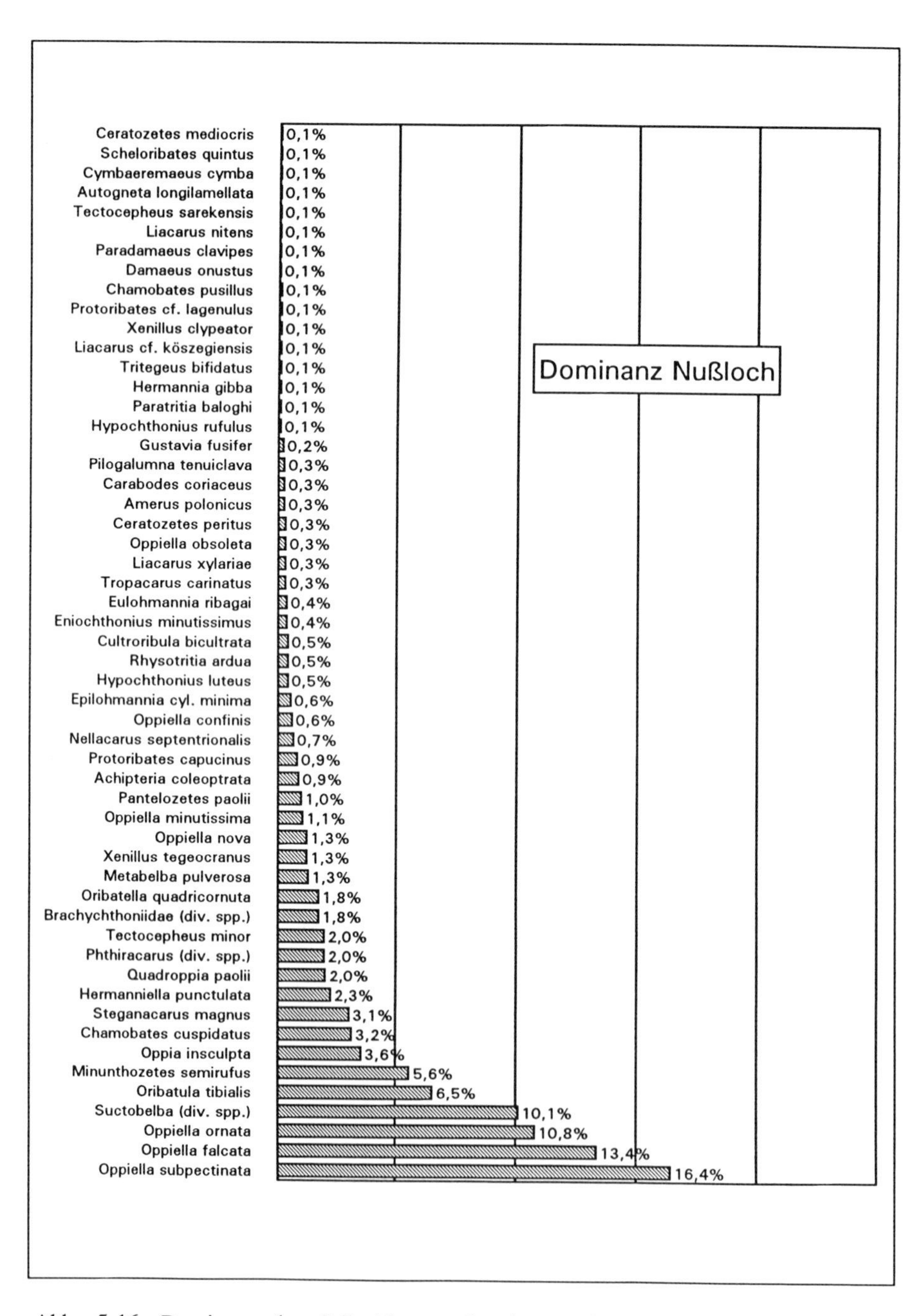

Abb. 5.16: Dominanz der Oribatida am Standort Nußloch (Dominanzklassen nach WEIGMANN 1973)

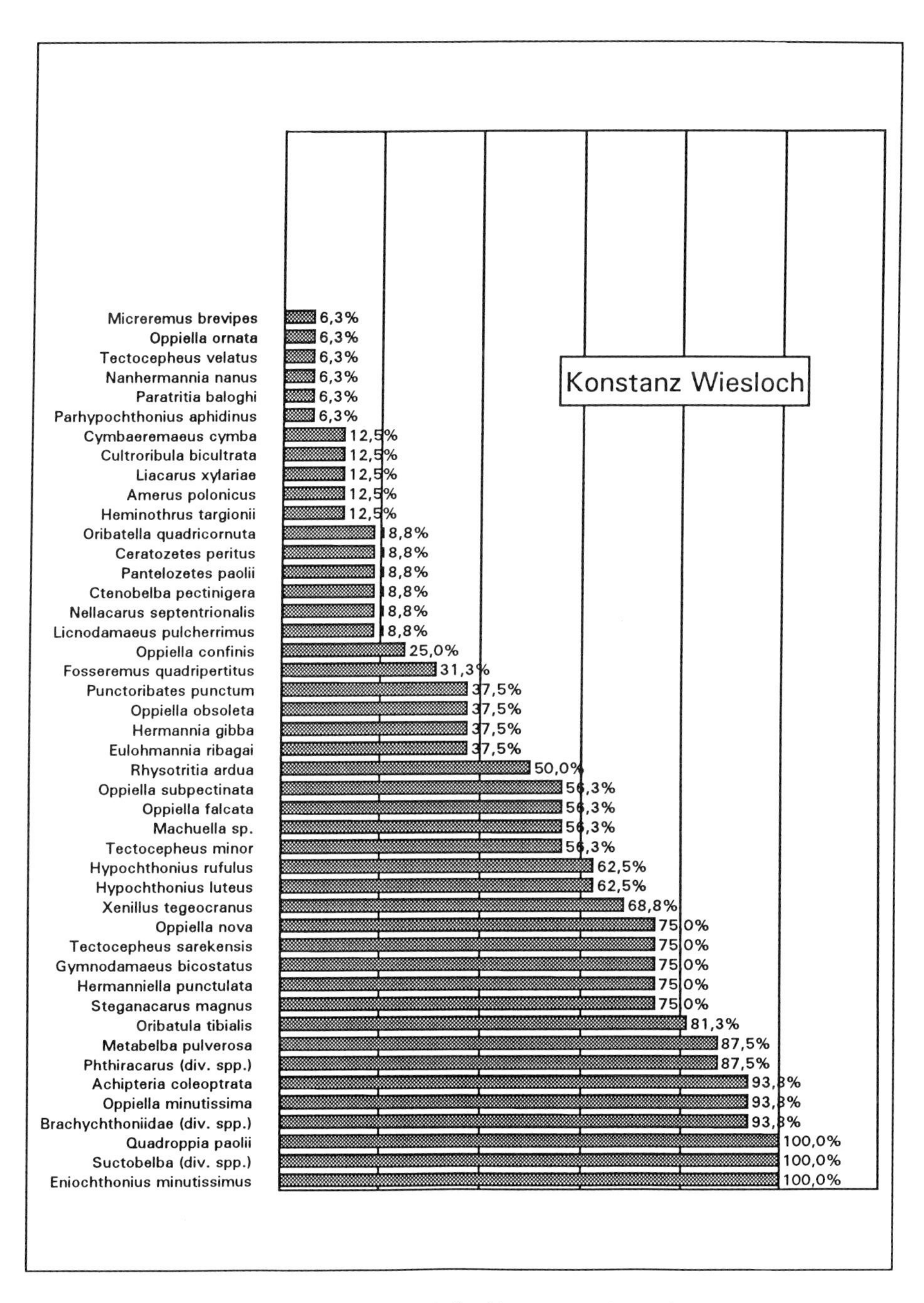

Abb. 5.17: Konstanz der Oribatida am Standort Wiesloch.

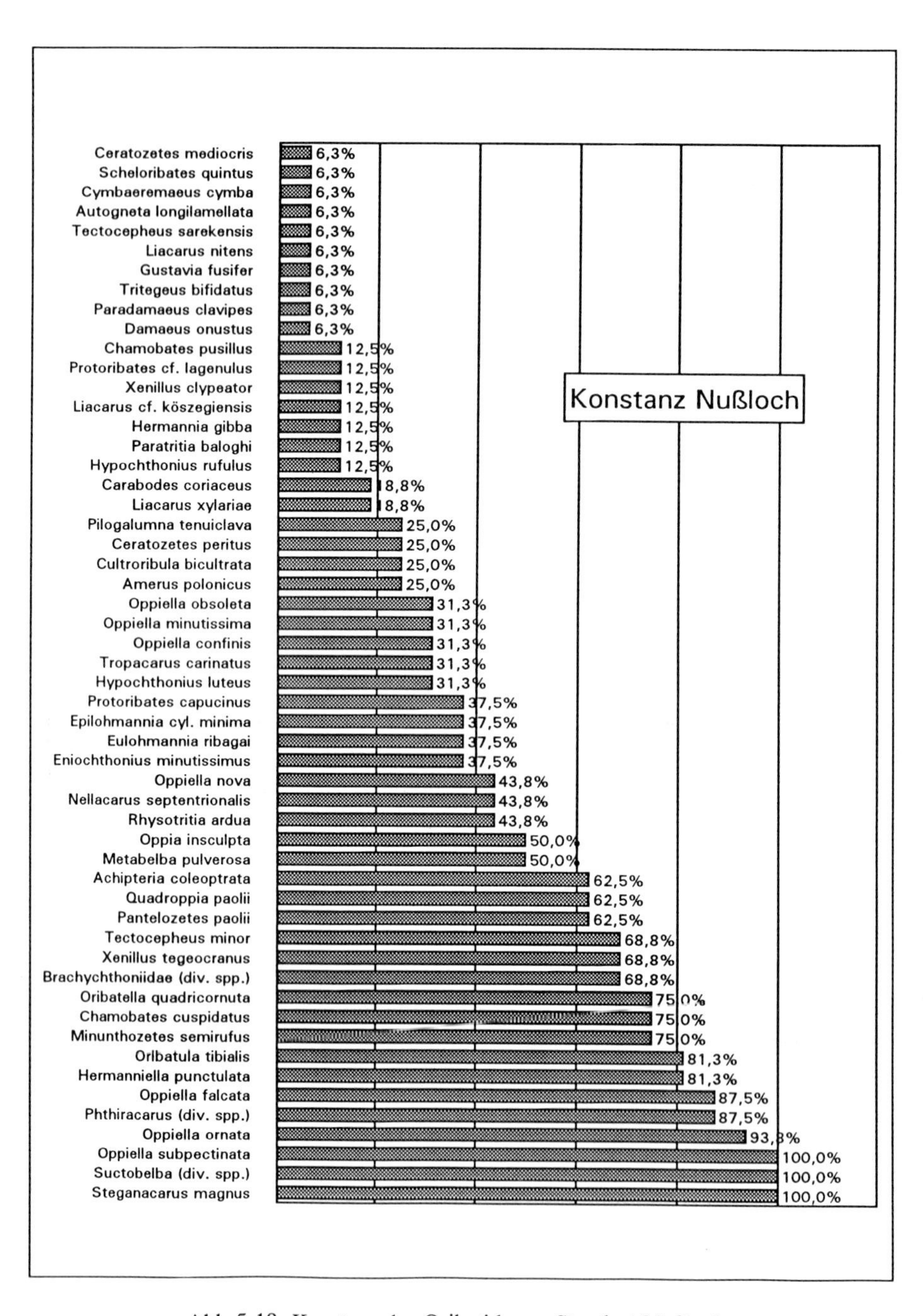

Abb.5.18: Konstanz der Oribatida am Standort Nußloch.

Ein wesentlicher Mechanismus, der zur Förderung von Arten unter Belastungsbedingungen führen kann, ist das Freiwerden von Nischen, die von weniger resistenten Arten nicht mehr ausgefüllt werden können und somit toleranten Arten in einem höheren Maße zur Verfügung stehen. Bezeichnenderweise befinden sich unter den Arten, die am Standort Nußloch gegenüber dem Belastungsstandort zurücktreten, mit z.B. *T. sarekensis* und *O. nova* ausgesprochen euryöke Arten, deren wenig spezialisierte Ansprüche eine Ausbreitung beispielsweise auch unter dem Einfluß anthropogener Belastungsfaktoren ermöglichen (vgl. HECK et al. 1989).

Anhand von Freilanduntersuchungen wie der hier durchgeführten ist höchstens im Einzelfall zu ermitteln, welche der dargestellten möglichen Ursachen für die Abweichungen im Oribatidenbestand des hochbelasteten Standortes Wiesloch gegenüber dem Kontrollstandort wesentlich sind. Die starke Beeinflussung der Oribatidencönose durch die Belastungssituation konnte jedoch sehr deutlich gemacht werden.

5.2.2.2 Raubmilben (Gamasida)

5.2.2.2.1 Material und Methoden

Probenahmeschema und Untersuchungszeitraum, Entnahme der Bodenproben, Extraktion der Bodenfauna: s. Kapitel 5.2.2.1.1.

Auslese, Präparation und Konservierung:
Die Trennung der Gamasinen und Uropodinen von herabgerieselter Erde und anderen Mikroarthropoden erfolgte wie bei den Oribatiden unter dem Binokular. Zur mikroskopischen Untersuchung müssen die Objekte aufgehellt werden. Sehr stark sklerotisierte Milben wurden zunächst in einer auf ca 50°C erhitzten 90% - igen Milchsäurelösung mazeriert. Schwach oder nur wenig gepanzerte Tiere wurden direkt auf den Objektträger überführt. Als Einbettungsflüssigkeit dienten Abwandlungen des BERLESE-Gemisches (s. KRANTZ 1978). Die Präparate verblieben 3 Tage bis zur Aushärtung des Einbettungsmittels bei ca. 35°C im Trockenschrank.

Bestimmung:
Die zur Bestimmung verwendeten Hauptwerke sind im Kapitel 5.1.3 angeben. Auf spezielle Bestimmungsliteratur für einzelne Familien oder Gattungen kann hier im einzelnen nicht eingegangen werden.

5.2.2.2.2 Resultate

Saisonale Bestandsentwicklung und Verteilungsmuster der Gamasida (Mesostigmata)

a. Individuendichte
Die Individuendichte der Gamasinen lag in WIE bei 7500 Ind/m^2. Sie stieg von 7100 Ind/m^2 im Frühjahr 1991 auf über 9100 Ind/m^2 im Hochsommer an und fiel im Februar 1992 auf 5000 Ind/m^2 (Abb. 5.19). Die Entwicklung der Gamasinen-Besiedlungsdichte in NU nahm einen vergleichbaren Verlauf. Nach einem leichten Anstieg zur Jahresmitte hin, mit einem Maximum von 5500 Ind/m^2 im August, wurde die niedrigste Dichte im Monat Februar mit 3000 Ind/m^2 erreicht. Die durchschnittliche Individuendichte der Gamasina lag in NU bei 4200 Ind/m^2 und betrug damit 56% des Mittelwertes in WIE (Tab.5.3).

Tab. 5.3: Durchschnittliche sowie maximale und minimale Individuendichten der Gamasina und Uropodina der beiden Untersuchungsstandorte.

	Wiesloch		Nußloch	
	Gamasina	Uropodina	Gamasina	Uropodina
Ø Individuendichte/m²	7500	4400	4200	2500
Maximum	9100	5600	5500	3300
Minimum	5000	3000	3000	1500

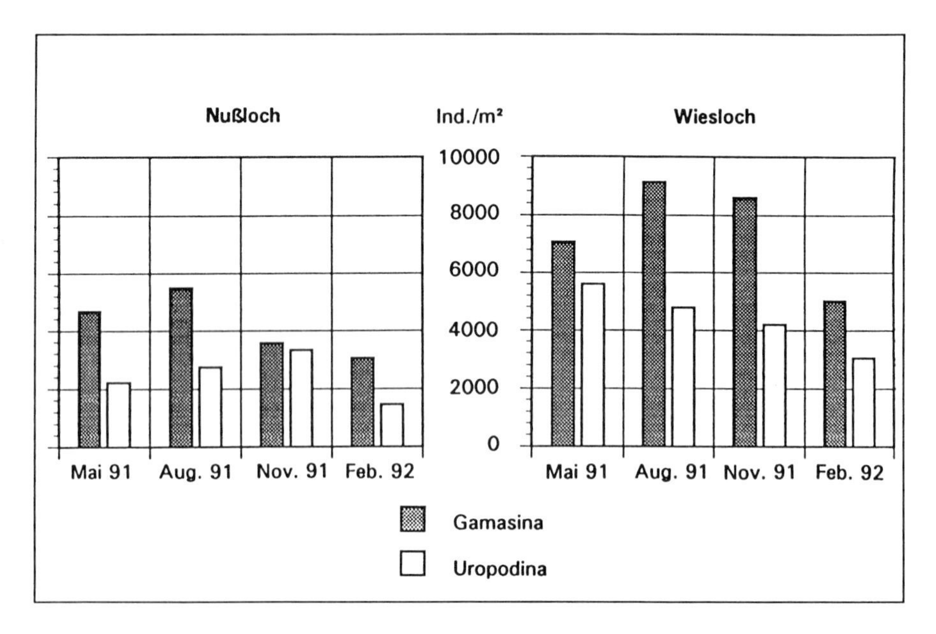

Abb. 5.19: Entwicklung der Individuendichte der Gamasina und Uropodina zwischen Mai 1991 und Februar 1992.

Die Uropodinen erreichten in WIE eine durchschnittliche Individuendichte von 4400 Ind/m^2, in NU von 2500 Ind/m^2.

Betrachtet man die Gesamtentwicklung der Individuendichte der Mesostigmata (Gamasina u. Uropodina) an beiden Standorten, so zeigt die Populationsentwicklung ein einheitliches Bild (Abb. 5.20). Die Besiedlungsdichte stieg vom Frühjahr bis zum Hochsommer leicht an und erreichte im August 1991 sowohl in WIE als auch in NU ihr Maximum. Im Herbst ging die Besatzdichte wieder zurück und erreichte im Winter ihren niedrigsten Wert. An dem mit Schwermetallen belasteten Standort WIE lag die durchschnittliche Populationsdichte der Gamasida bei 11900 Individuen/m^2. Am weniger stark kontaminierten Vergleichstandort NU erreichte die durchschnittliche Besatzdichte der Gamasida 6600 Individuen/m^2. Das Verhältnis der Abundanzen zwischen den Gamasina und Uropodina war in den Gebieten mit 1,79 : 1

(WIE) bzw. 1,76 : 1 (NU) nahezu gleich.

b. Saisonales Verteilungsmuster

Der Stechzylinder besitzt bei einer Einstichtiefe von 8 cm ein Probenvolumen von ca. 280 cm^3. Durchschnittlich wurden bei einer Probenahme 31,65 Gamasida/Volumeneinheit erfaßt. Die Anzahl der Individuen pro Probe schwankte zwischen 2 und 92 Tieren. In den Abbildungen 5.21 und 5.22 sind die Individuenzahlen der Proben piktographisch in 5 Größenklassen dargestellt (Klasse I: 1-10 Individuen/ 280 cm^3, Kl. II: 11-25 Ind./ 280 cm^3, Kl. III: 26-40 Ind./ 280 cm^3, Kl. IV: 41-60 Ind./ 280 cm^3, Kl. V: > 60 Ind./ 280 cm^3). Der Zahlenindex steht für den Probetermin. Die Lage der Klassen auf dem Raster der Untersuchungsfläche entsprechen den jeweiligen Koordinaten der zufällig ausgewählten Probestellen.

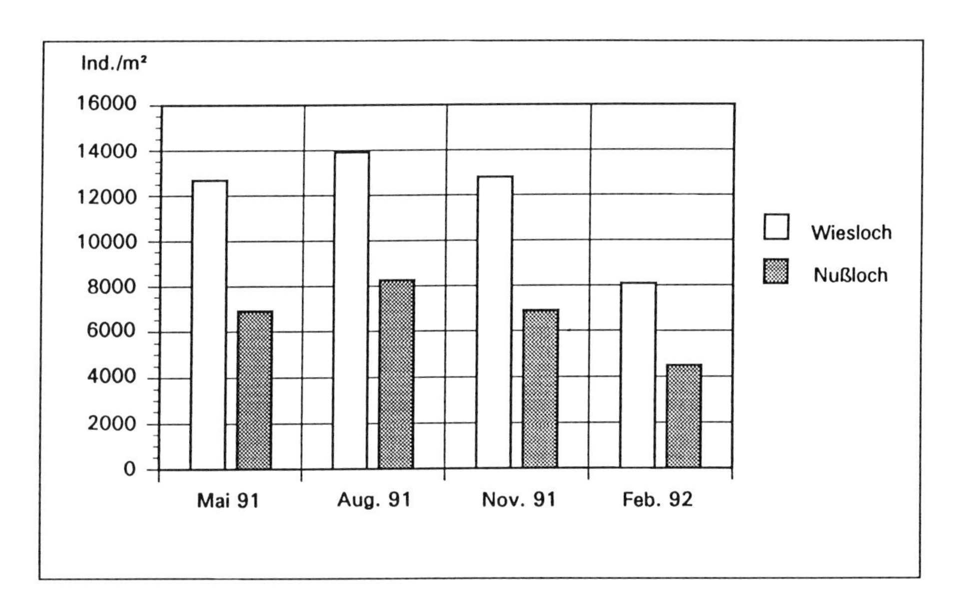

Abb. 5.20: Entwicklung der Individuendichte der Gamasida in Wiesloch und Nußloch zwischen Mai 1991 und Februar 1992.

Die Piktogramme veranschaulichen die "Ergiebigkeit" der Proben und zeigen, daß selbst nahe beieinander liegende Einstichstellen desselben Beprobungstages stark unterschiedliche Individuenzahlen erreichten.

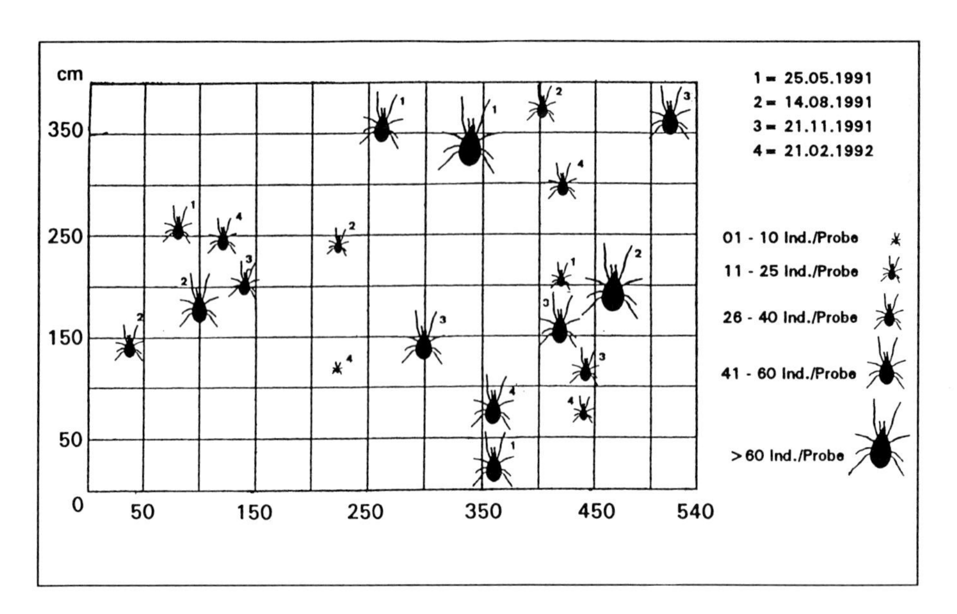

Abb. 5.21: Verteilungsmuster der Gamasida in Wiesloch.

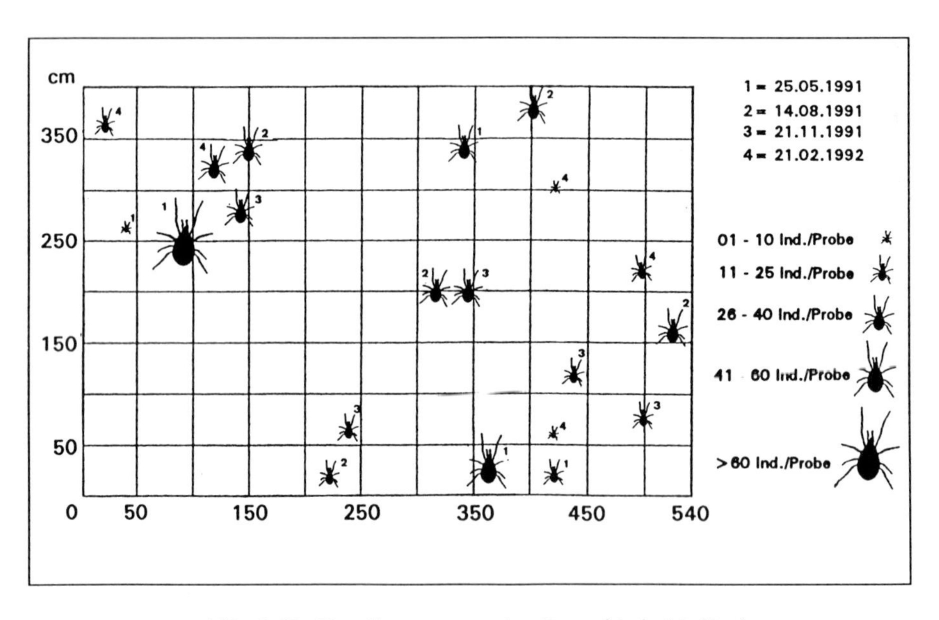

Abb. 5.22: Verteilungsmuster der Gamasida in Nußloch.

Arten- und Dominanzspektren der Gamasida

Die Untersuchung der Buchenwaldstandorte WIE und NU erbrachte den Nachweis von insgesamt 38 Arten aus der Gruppe der Gamasida. Davon entfielen auf die Gamasina 30 Arten aus 13 Familien bzw. Unterfamilien und auf die Uropodina 8 Arten aus 4 Familien. 22 der 38 Arten kamen sowohl in WIE als auch in NU vor (Tab. 5.4).

Aus praktischen Erwägungen lehnt sich die hier dargestellte Artenliste an die von KARG vorgeschlagene systematische Gliederung der Gamasina (KARG 1993) und Uropodina (KARG 1989 a) an, da die meisten Tiere mit den o.g. Bestimmungswerken determiniert wurden. Diese systematische Gliederung ist jedoch umstritten (siehe z.B. EVANS & TILL 1979, KRANTZ & AINSCOUGH 1990, EVANS 1992). Eine nach systematischen Gesichtspunkten gegliederte Artenliste findet sich im Anhang, Tab. A4.

Tab. 5.4: Anzahl der Arten in Wiesloch und Nußloch.

	Wiesloch	Nußloch	gemeinsame Arten
Gamasina	23	23	16
Uropodina	7	7	6
Summe	30	30	22

a. Dominanzspektren der Gamasina und Uropodina

Die Gamasinencönose in WIE setzt sich aus 23 Arten zusammen. Als dominierende Spezies erreicht *Pergamasus suecicus* 32,06% aller Arten (Abb. 5.23). *Veigaia nemorensis* (Abb.5.2 b) und cf. *Rhodacarellus apophyseus* gehören mit 20,08% bzw. 16,43% in die Kategorie der dominanten Arten. Die Stufe der Subdominanten wird von 3 Arten aus der Familie der Parasitidae (*Pergamasus crassipes, P. homopodoides, P. lapponicus*) und einem Vertreter der Hypoaspididae (*Hypoaspis aculeifer*) gebildet. In die Klasse der Rezedenten fallen 6 Spezies. 10 weitere Arten mit einem prozentualen Anteil zwischen 0,2% und 0,81% werden als subrezedent eingestuft.

Die Uropodinencönose in WIE setzt sich aus 7 Arten zusammen. Absolut vorherrschend mit über 50% aller Individuen ist *Discourella cordieri* (Abb. 5.24). Die zweithäufigste Art ist *Uropoda erlangensis* mit 23,84%. Sie liegt im dominanten Bereich. In die Kategorie der Subdominanten fallen zwei Vertreter aus der Familie der Uropodidae (*Uropoda cassidea, U. minima)* und eine Art aus der Familie der Trachytidae (*Trachytes aegrota*). *Uroobovella jerzyi* tritt mit 2,33% rezedent, *Urodiaspis tecta* mit 0,99% nur subrezedent auf.

Die Nußlocher Gamasinenfauna setzt sich - wie in WIE - ebenfalls aus 23 Arten zusammen. Keine der Arten fällt jedoch in die Kategorie der Eudominanten mit über 30% Dominanzanteil (Abb. 5.25). Die häufigste Art mit 22,97% ist die Veigaiaidae *Veigaia nemorensis*. Sie bildet mit drei Vertretern aus der Familie der Parasitidae (*Pergamasus lapponicus, P. homopodoides, P. crassipes*) die Klasse der dominanten Arten. Dieselben Parasitidae-Arten befanden sich in WIE im subdominanten Bereich. Die Klasse zwischen 3,2% - 9,9% wird aus 4 Vertretern gänzlich unterschiedlicher Familien gebildet. In diese Kategorie fällt cf. *Rhodacarellus apophyseus* (Rhodacaridae), *Pergamasus suecicus* (Parasitidae), *Veigaia exigua* (Veigaiaidae) und *Pseudolaelaps doderoi* (Pseudolaelapidae).
Als rezedent (1,0 - 3,1%) sind ebenfalls 4 Spezies einzustufen, während sich die Klasse der Subrezedenten aus 11 Arten zusammensetzt.

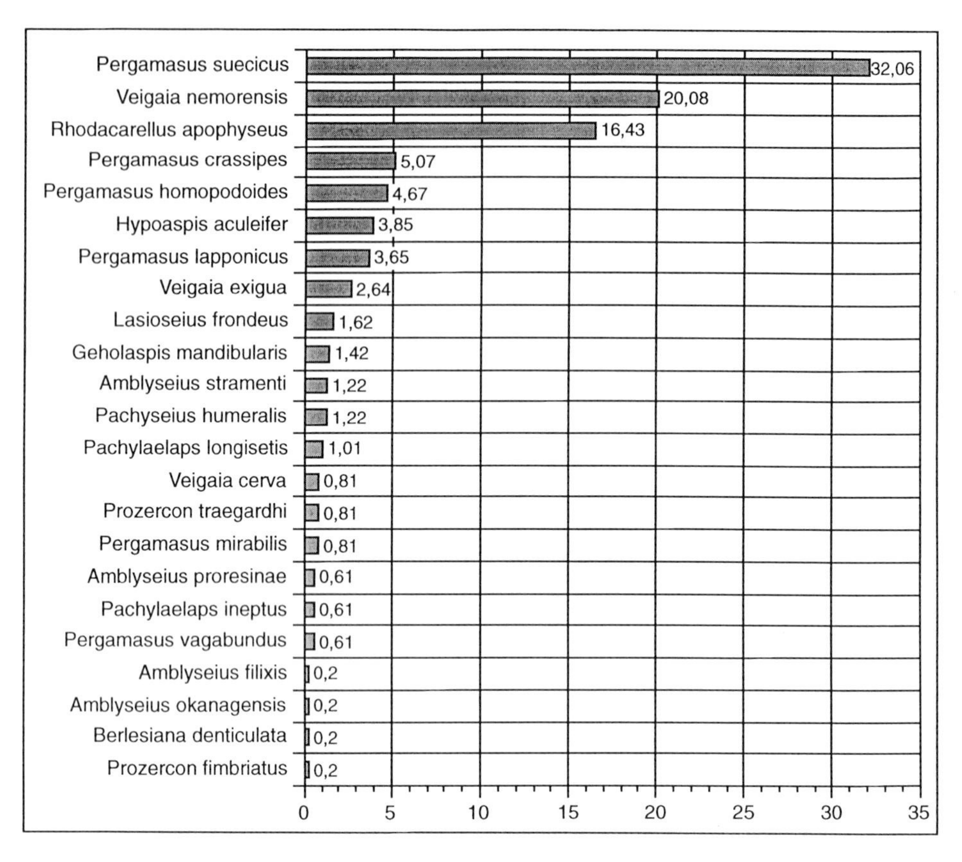

Abb. 5.23: Dominanzstruktur der Gamasina aus Wiesloch (Dominanzklassen nach ENGELMANN 1978).

Die Dominanzstruktur der Nußlocher Uropodinen zeigt ein starkes Ungleichgewicht zwischen den einzelnen Arten. Die Milbencönose wird von einer einzigen Art, *Uropoda erlangensis*, sehr stark dominiert. Sie repräsentiert 84,42% aller in NU gefundenen Schildkrötenmilben (Abb. 5.26). Mit weitem Abstand folgt *Trachytes aegrota* mit 10,18% als zweithäufigste Art. In die rezedente Kategorie fällt *Urodiaspis tecta* mit 1,8%. Die restlichen 4 Uropodinenarten liegen zwischen 0,6% und 1,2% und sind damit als subrezedent einzustufen.

Sowohl in WIE als auch in NU setzt sich die Gamasinencönose aus jeweils 23 Arten zusammen. Das Artenspektrum ist jedoch verschoben. 16 Arten kommen in beiden Gebieten gemeinsam vor. 7 Arten werden ausschließlich in WIE, weitere 7 nur in NU gefunden. In den meisten Fällen handelt es sich bei diesen jeweils nur an einem Standort vorkommenden Spezies um Arten im rezedenten bis subrezedenten Bereich.

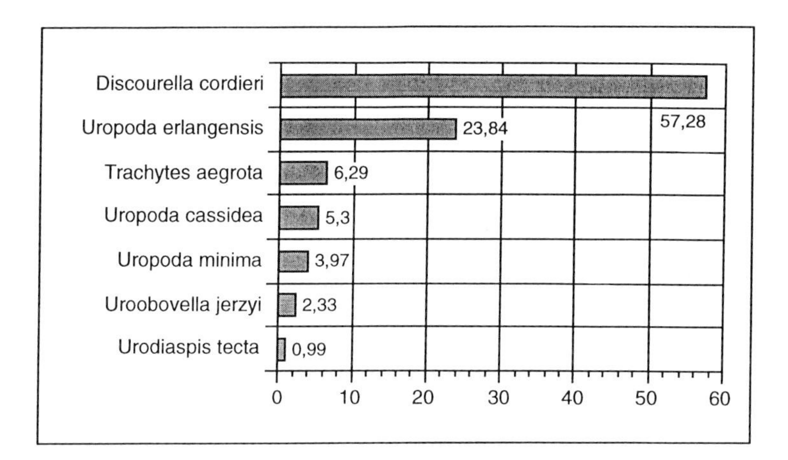

Abb. 5.24: Dominanzstruktur der Uropodina aus Wiesloch (Dominanzklassen nach ENGELMANN 1978).

Nur *Pseudolaelaps doderoi* ist mit 3,89% in NU die 8. -häufigste Art und fällt damit in die subdominante Kategorie (Tab. 5.5).

Tab. 5.5: Dominanzanteile der jeweils nur an einem Standort aufgetretenen Gamasinen.

Gamasina, nur Wiesloch	Dominanzanteil (in %)	Gamasina, nur Nußloch	Dominanzanteil (in %)
Amblyseius okanagensis	0,20	*Epicriopsis rivus*	0,35
A. proresinae	0,61	*Leioseius bicolor*	0,35
A. stramenti	1,22	*Proctolaelaps jüradeus*	0,71
Pergamasus mirabilis	0,81	*Pergamasus cornutus*	0,71
Pachylaelaps ineptus	0,61	*P. germanicus*	2,12
P. longisetis	1,01	*Pseudolaelaps doderoi*	3,89
Veigaia cerva	0,81	*Rhodacarus agrestis*	2,83

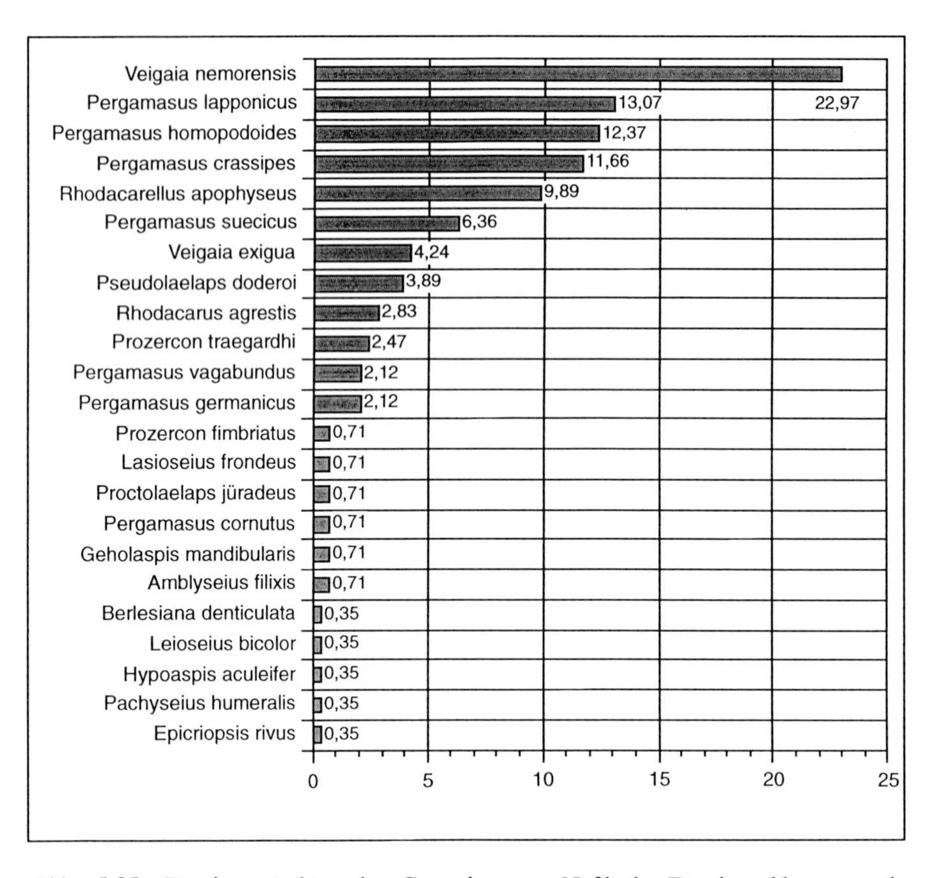

Abb. 5.25: Dominanzstruktur der Gamasina aus Nußloch (Dominanzklassen nach ENGELMANN 1978).

Die 8 häufigsten Wieslocher Gamasinen sind in Abbildung 5.27 dargestellt. Zusammen repräsentieren sie 88,45% aller Gamasinen in WIE. *Pergamasus suecicus, Veigaia nemorensis* und cf. *Rhodacarellus apophyseus* sind die dominierenden Arten und stellen dort zusammen fast 70% aller Gamasinen.

Deutlich tritt die exponierte Stellung von *P. suecicus* im Schaubild zutage. Dieselben drei Arten erreichen am Vergleichstandort NU nur knapp 40% aller Gamasinen. In NU sind nach *V. nemorensis, Pergamasus lapponicus* und *P. homopodoides* die dominierenden Spezies (Abb. 5.28). So erreicht z.B. *P. lapponicus* in NU 13,07%, in WIE dagegen nur 3,65%. Zur besseren Vergleichbarkeit der beiden Spinnennetzgrafiken mußte allerdings für die Nußlocher Grafik statt der 8. - häufigsten Art *Pseudolaelaps doderoi* (3,89%) die nur subrezedent auftretende Art *Hypoaspis aculeifer* (0,35%) gewählt werden. Dadurch ist eine identische Anordnung der Arten auf demselben Skalenniveau gegeben.

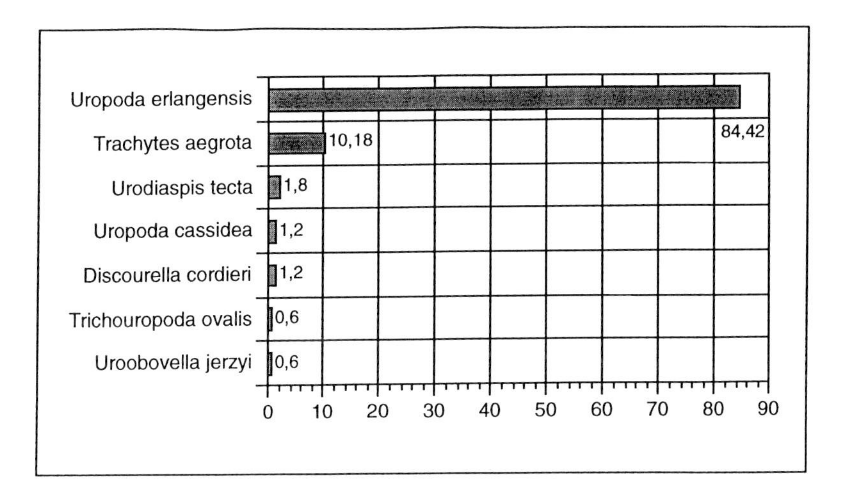

Abb. 5.26: Dominanzstruktur der Uropodina in Nußloch (Dominanzklassen nach ENGELMANN 1978).

b. Dominanzspektren der Gamasida

Die häufigste mesostigmate Milbe in WIE ist die Uropodine *Discourella cordieri*. Sie erreicht einen Dominanzanteil von 21,76% (Abb. 5.29). Sie ist, zusammen mit *Pergamasus suecicus* und *Veigaia nemorensis*, als dominant zu bezeichnen.

Die Klasse der Subdominanten besteht nur aus einer einzigen Spezies (*Uropoda erlangensis*). Als rezedent werden 10, als subrezedent weitere 12 Arten klassifiziert. Aufgrund des umfangreicheren Datenmaterials ist es sinnvoll, die Klasse der subrezedenten nochmals zu unterteilen. In die zusätzlich gebildete Kategorie fallen 4 sporadisch auftretende Arten.

Am Vergleichsstandort NU ist die häufigste mesostigmate Milbe ebenfalls eine Uropodine (Abb. 5.30). *U. erlangensis* fällt strenggenommen mit 31,33% in die Kategorie der dominanten Arten. Die Klasse der eudominanten Arten umfaßt nach dem angelegten Maßstab den Bereich zwischen 32% und 100%. Man könnte *U. erlangensis* dennoch als eudominant bezeichnen, da sie mehr als zweimal so häufig ist wie die an zweiter Stelle aufgeführte Art *Veigaia nemorensis* (14,44%). Die Dominanzstruktur in NU erweckt den Eindruck, ein wenig ausgeglichener zu sein als in WIE. In die Klasse der Subdominanten und der Rezedenten fallen je 6 Arten, während dieselben Klassen in WIE aus 1 bzw. 10 Spezies gebildet werden (Tab. 5.6).

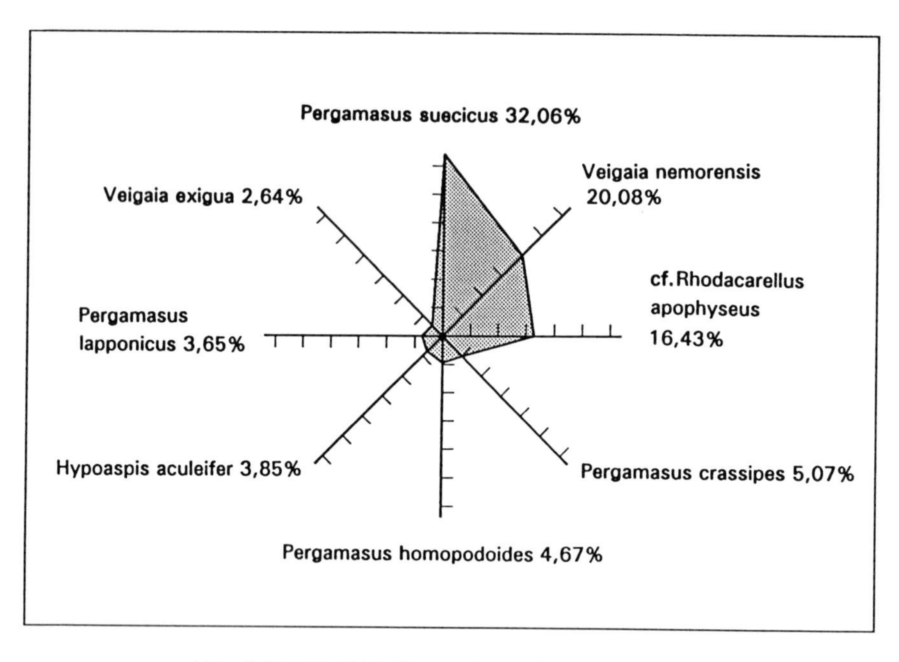

Abb. 5.27: Die 8 häufigsten Gamasinen in Wiesloch.

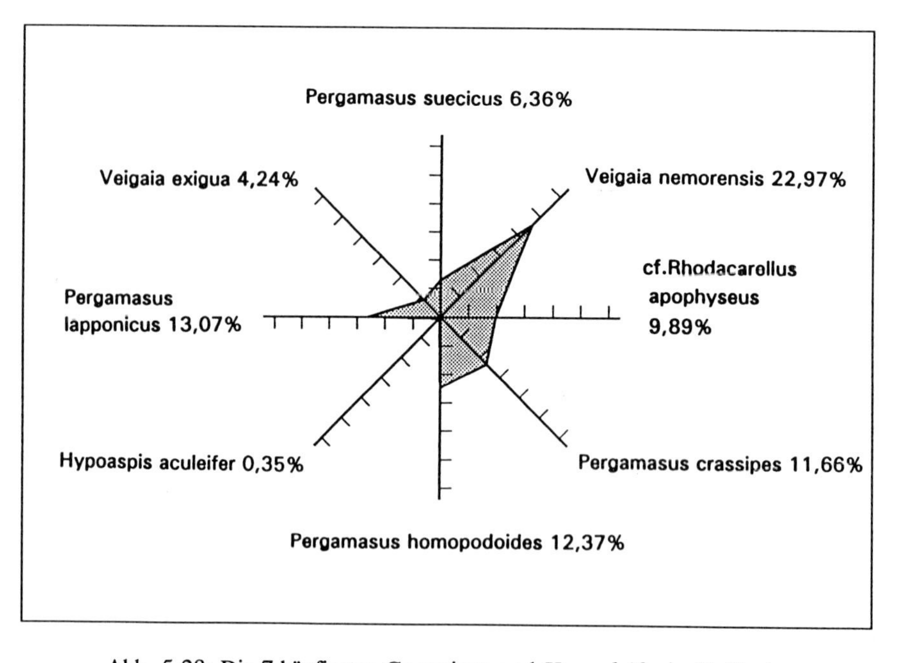

Abb. 5.28: Die 7 häufigsten Gamasinen und *H. aculeifer* in Nußloch.

Tab. 5.6: Anzahl der Arten in den jeweiligen Dominanzklassen.

Klasse	Wiesloch	Nußloch
eudominant (100 - 32%)	0	(1)
dominant (10 - 31,9%)	3	1
subdominant (3,2 - 9,9%)	1	6
rezedent (1,0 - 3,1%)	10	6
subrezedent (0,32 - 0,99%)	12	9
sporadisch (<0,32%)	4	7

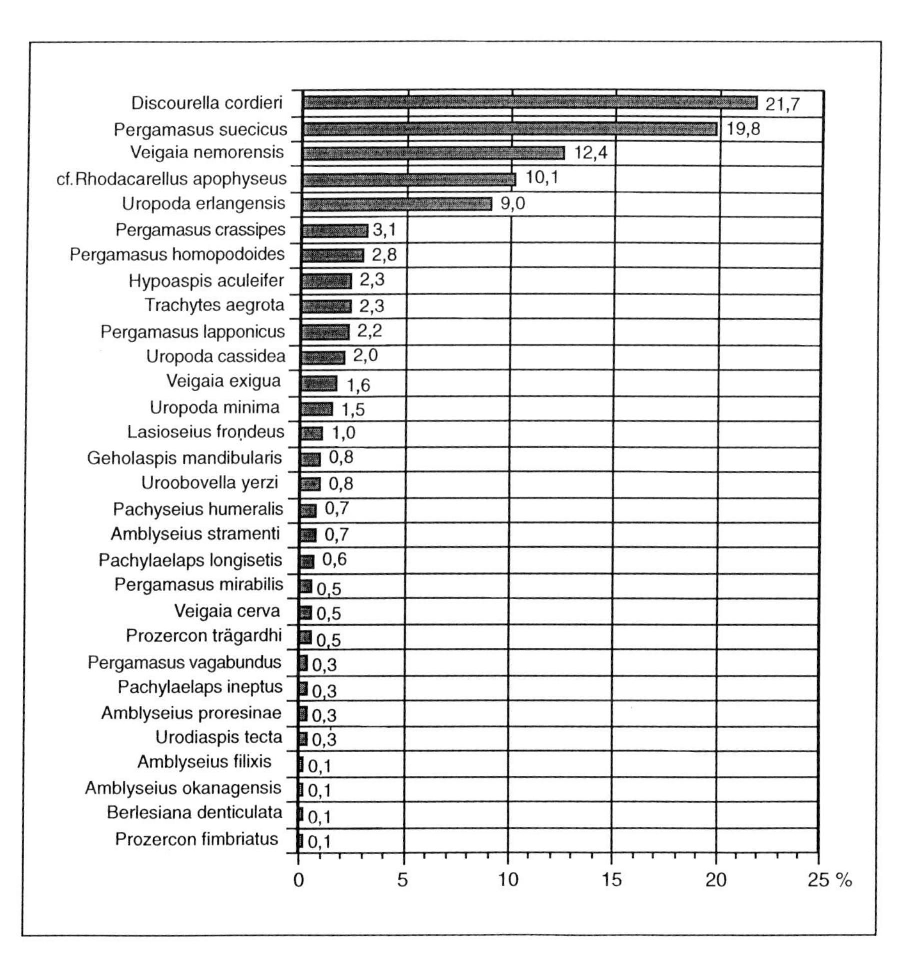

Abb. 5.29: Dominanzspektrum der Gamasida in Wiesloch (Dominanzklassen nach ENGELMANN 1978).

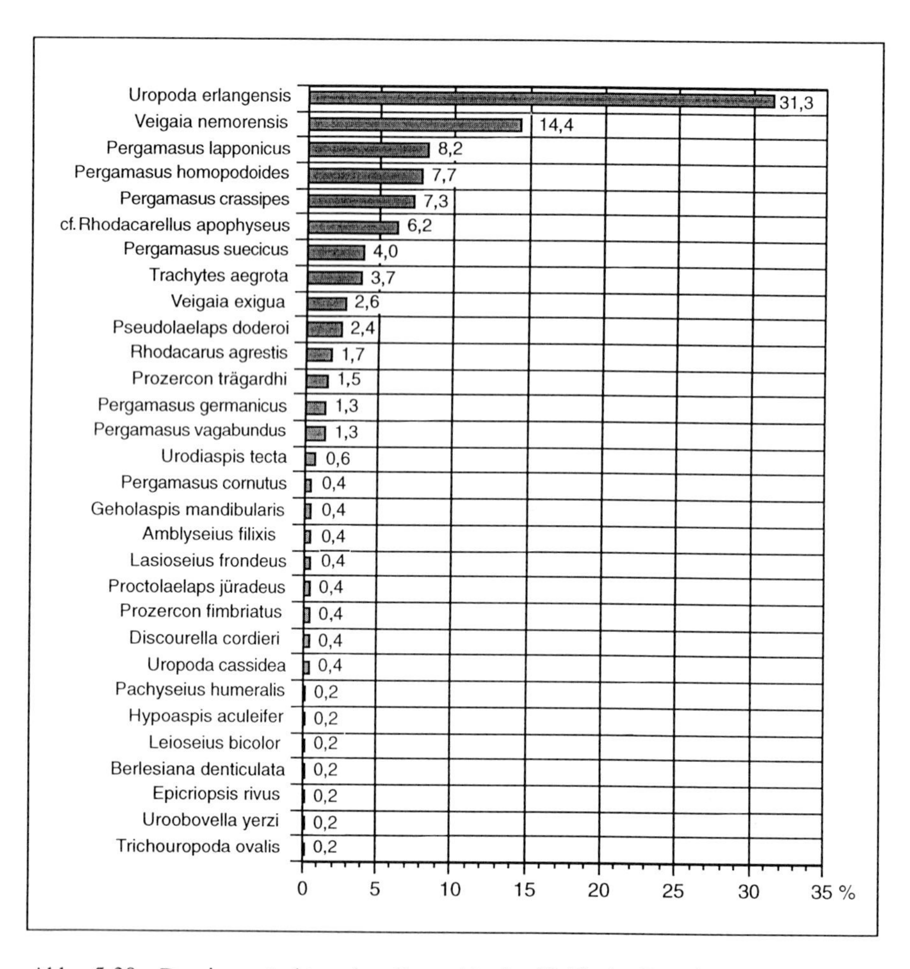

Abb. 5.30. Dominanzstruktur der Gamasida in Nußloch (Dominanzklassen nach ENGELMANN 1978).

Beim Vergleich der beiden Untersuchungsstandorte tritt eine Verschiebung des Artenspektrums deutlich hervor. In WIE stellen die 8 häufigsten Arten (*Discourella cordieri*, *Pergamasus suecicus*, *Veigaia nemorensis*, cf. *Rhodacarellus apophyseus*, *Uropoda erlangensis*, *P. crassipes*, *P. homopodoides* und *P. lapponicus*) zusammen knapp 82% aller Individuen (Abb. 5.31 a). Die Spinnennetzgrafik erweckt den Eindruck eines nach "West bis Südwest" verlagerten Schwerpunktes des Artenspektrums.

In NU repräsentieren die 7 häufigsten Arten 79% aller Individuen. Die 8.-häufigste Spezies ist *Trachytes aegrota* mit 3,87%. Um die Vergleichbarkeit der Spinnennetzgrafiken zu gewährleisten, mußte statt dieser Art die subrezedent auftretende Uropodine *Discourella cordieri* (0,44%) mit in das Schaubild aufgenommen werden (Abb. 5.31 b).

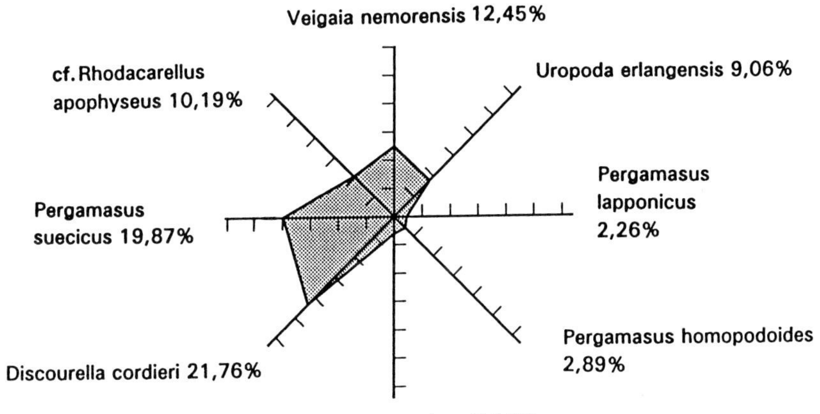

a)

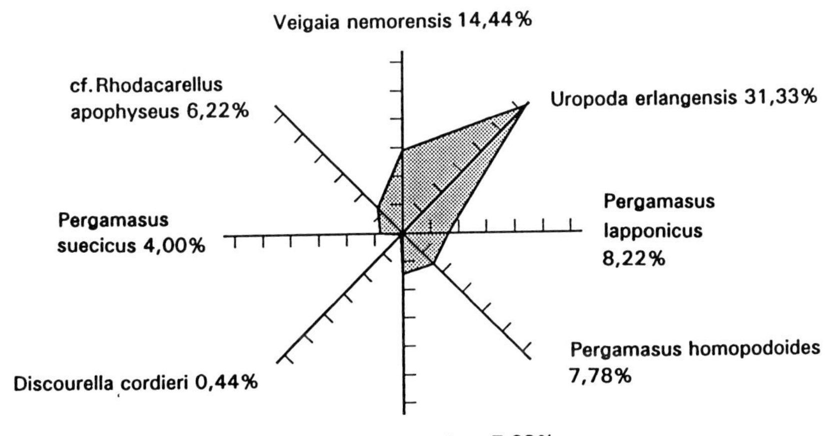

b)

Abb. 5.31: a) Die 8 häufigsten Gamasiden in Wiesloch. b) Die 7 häufigsten Gamasiden in Nußloch (+ *Discourella cordieri*). In beiden Gebieten stellen Uropodinen die häufigsten Arten. Die Diagramme machen jedoch deutlich, daß die beiden Uropodinenarten gegensätzlich gelagerte Präferenzen haben.

Die dominierenden Arten in NU sind - nach fallendem prozentualen Anteil - *Uropoda erlangensis, Veigaia nemorensis, P. lapponicus, P. homopodoides, P. crassipes,* cf. *R. apophyseus* und *P. suecicus*. Der Schwerpunkt der Grafik ist in diesem Fall nach "Nordosten" ausgerichtet.

Faunenstruktur und Faunenähnlichkeit

Diversität und Evenness

Der modifizierte Diversitätsindex 1 - D nach Simpson liegt für WIE bei einem Gesamtwert von 0,875. Bei einem theoretisch maximalen Index D_{max} von 0,968 erreicht der Koeffizient damit einen ziemlich hohen Wert (Tab. 5.7).

Die Evenness beträgt für die Wieslocher Artengemeinschaft nach Simpson 0,896. Da die Evenness sich in den Grenzen von 0 - 1 bewegt, ist dieser Index ebenfalls relativ hoch.

Tab. 5.7: Eckdaten der Diversität nach Simpson.

Simpson´s Index 1-D		24.5.91	14.8.91	21.11.91	21.2.92	Gesamtwert
Wiesloch	**1-D**	0,834	0,905	0,853	0,852	**0,875**
	D max	0,961	0,952	0,966	0,957	**0,968**
	D min	0,202	0,158	0,216	0,257	**0,072**
	Evenness	0,833	0,938	0,849	0,850	**0,896**
	1/d [= N2]	6,02	10,53	6,80	6,78	**8,00**
Nußloch	**1-D**	0,869	0,875	0,701	0,859	**0,855**
	D max	0,953	0,947	0,949	0,949	**0,969**
	D min	0,271	0,218	0,256	0,354	**0,125**
	Evenness	0,877	0,900	0,642	0,847	**0,865**
	1/d [= N2]	7,63	10,00	2,80	7,09	**6,90**

Tab. 5.8: Kenndaten der Diversität nach Shannon-Weaver.

Shannon-Weaver H´		24.5.91	14.8.91	21.11.91	21.2.92	Gesamtwert
Wiesloch	**H´**	2,18	2,53	2,30	2,23	**2,48**
	H´ max	3,14	3,00	3,26	3,00	**3,40**
	Evenness J´	0,694	0,843	0,706	0,743	**0,729**
	e (H´) [= N1]	8,85	12,56	9,97	9,30	**11,94**
Nußloch	**H´**	2,35	2,33	1,96	2,24	**2,42**
	H´ max	2,89	2,83	2,83	2,77	**3,40**
	Evenness J´	0,813	0,822	0,692	0,809	**0,712**
	e (H´) [= N1]	10,49	10,28	7,01	9,40	**11,25**

Der Simpson-Index errechnet für NU mit 0,855 Einheiten eine etwas geringere Diversität als für WIE (Tab. 5.7). Dieses Resultat wird auch durch den kleineren Äquivalenzwert N_2 von

6,90 "gleich häufigen Arten" und die verminderte Evenness mit einem Wert von 0,865 bestätigt.

Der Diversitätsindex H' nach Shannon-Weaver liegt in WIE mit 2,48 leicht über dem H' - Index für NU, der dort den Wert von 2,42 erreicht (Tab. 5.8). Der Shannon-Index H' errechnet damit für WIE eine etwas größere Diversität als für NU. In diesem Ergebnis stimmt er mit dem Simpson-Index überein.

Wie bereits im Kapitel "Material und Methoden" erläutert wurde, steht der Äquivalenzwert N_1 (abgeleitet von der Shannon-Weaver Funktion) für die Anzahl von gleichhäufigen Arten, die theoretisch dieselbe Diversität reproduzieren würden wie im berechneten Fall. N_1 beträgt für WIE 11,94, für NU 11,25 Äquivalenzeinheiten (Tab. 5.8). D.h., in WIE würden statt der real 30 ungleichmäßig verteilten Arten theoretisch 11,94 absolut gleichverteilte Spezies dieselbe Diversität reproduzieren.

Ein ähnliches Resultat wie der Shannon-Index H' und der Äquivalenzwert N_1 liefert auch die Berechnung der Evenness J'. Sie liegt für WIE bei 0,729 und für NU bei 0,712. Auffallend ist der Unterschied in der Höhe des Wertes im Vergleich zu den Evennesswerten, die mit dem Simpson-Index ermittelt wurden. Dieser liegt für WIE um 16,7%, für NU immerhin noch um 15,3% höher als der Evenness - Wert J'.

Clusteranalyse

Die Clusteranalyse trennt die beiden Untersuchungsgebiete klar in zwei Hauptgruppen (Abb. 5.32). Cluster A repräsentiert die 4 Beprobungstermine in WIE, Cluster B entsprechend die des Vergleichsstandortes NU. Der Aufbau des Dendrogramms erfolgt nach abnehmender Ähnlichkeit der zu gruppierenden Objekte, i.e. der Beprobungstermine. Die auf der Ordinate aufgetragene Einheit ist ein Maß für die Distanz der Objekte innerhalb eines Clusters und für die Distanz zur nächst ähnlichen Gruppe. Die Distanz zwischen den beiden Hauptgruppen A und B symbolisiert demnach die Differenzen in der Faunenstruktur dieser beiden Gruppen, die ja letztlich auf den relativen Häufigkeiten der einzelnen Arten basiert.

Cluster der Faunenähnlichkeit zwischen Wiesloch und Nußloch

Die Ähnlichkeitsstruktur der Faunengesellschaften an den einzelnen Beprobungsterminen in Wiesloch (WIE_1 - WIE_4) und Nußloch (NU_1 - NU_4) wurde mit einer Clusteranalyse herausgearbeitet.

Innerhalb des Nußlocher Clusters (= B) haben die Objekte NU_1 (= 1. Beprobungstermin in NU am 24.05.91) und NU_2 (= 2. Beprobungstermin in NU am 14.08.91) die geringste Distanz und sind folglich am ähnlichsten. Sie ergeben zusammen mit NU_4 die nächst höhere Einheit (bestehend aus 3 Objekten) und bilden schließlich mit dem ebenfalls isoliert stehenden Objekt NU_3 die Untergruppe B. Dieser Ähnlichkeitsstammbaum von Cluster B korrespondiert exakt mit den Ergebnissen der Diversitätsanalyse! Der Vergleich der beiden Untersuchungstermine NU_1 und NU_2 mit den Werten von Simpsons 1-D (Tab. 5.7) und Shannons H' (Tab. 5.8) zeigt, daß die Diversität an diesen beiden Terminen am ähnlichsten war.

Analog zum Aufbau von Cluster B verläuft die Stammbaumbildung in Cluster A. Das erste Cluster mit der geringsten relativen Distanz bilden die Objekte WIE_3 und WIE_4. Diesem schließt sich als nächst ähnliche Einheit WIE_1 an. Diese 3 Objekte bilden letztlich zusammen mit WIE_2 das Wieslocher Cluster A. Auch bei diesem Subdendrogramm ergibt sich eine eindeutige Korrelation zwischen den Diversitätsindices und der Struktur des Clusters.

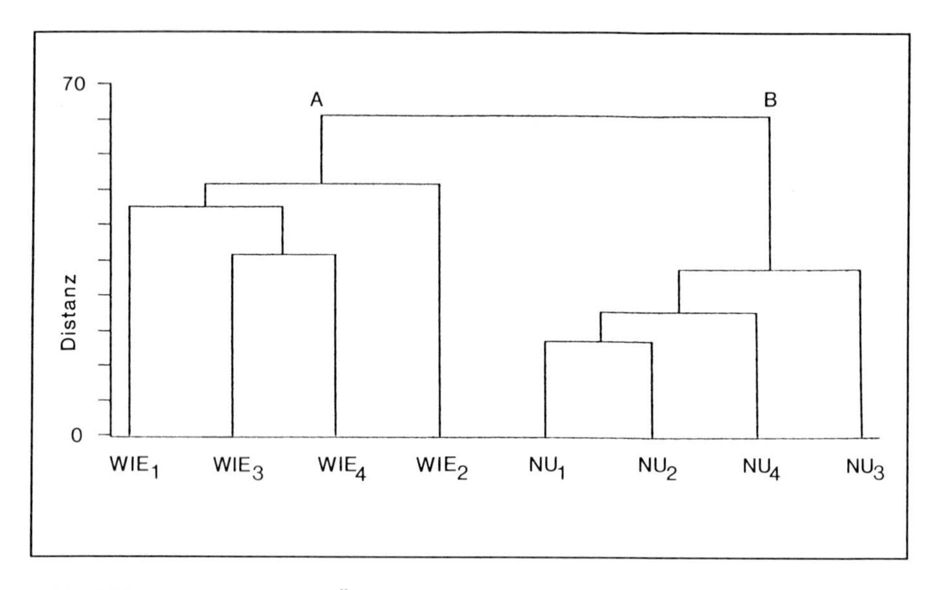

Abb. 5.32: Clusteranalyse zur Ähnlichkeitsstruktur der Faunengesellschaften an den einzelnen Beprobungsterminen.

Faunenähnlichkeit

Von den 4 ausgewählten Indices erreicht Horn's Index R_0 mit 0,714 den höchsten Wert. Die geringste Ähnlichkeit zwischen den beiden Untersuchungsgebieten konstatiert der Renkonen-Index mit 45,12% (Tab. 5.9). Das komplementäre Distanzmaß 1 - B von Bray-Curtis und der Morisita-Index C_λ liegen mit ihren Ergebnissen zwischen diesen Bereichen.

Tab. 5.9. Vergleich der Ähnlichkeitskoeffizienten.

	24.5.91	14.8.91	21.11.91	21.2.92	**Gesamtwert**
Morisita-Index C_λ	0,556	0,763	0,273	0,363	**0,518**
Horn's Index R_0	0,675	0,766	0,558	0,547	**0,714**
Renkonen-Index	44,17	58,94	32,50	35,77	**45,12**
Bray-Curtis 1-B	0,475	0,573	0,309	0,372	**0,485**

Die einzelnen Indices gewichten modellbedingt verschiedene Parameter wie Individuenzahlen und relative Häufigkeiten der Arten unterschiedlich und werden auch von den Faktoren Diversität und Probengröße mehr oder minder stark beeinflußt. Zur Analyse dieser systemimmanenten Differenzen ist eine Betrachtung der einzelnen Koeffizienten entlang des zeitlichen

Gradienten hilfreich. Hier sei betont, daß dieser Vergleich lediglich zur Beurteilung der mathematischen Eigenschaften der Berechnungsmethoden dienen kann und keinen ökologischen Aussagewert besitzt.

Bei dem direkten Vergleich der Indices für die einzelnen Beprobungstermine errechnen der Renkonen-Index, der Morisita-Index C_λ und das Bray-Curtis Measure 1 - B die gleiche Anordnung der relativen Faunenähnlichkeiten: 2 > 1 > 4 > 3 (Tab. 5.9). Diese Abfolge bedeutet, daß zum 2. Termin die größte, zum 3. Termin die geringste Faunenähnlichkeit vorherrschte. Nur Horn's-Index R_0 zeigt eine leicht modifizierte Anordnung: 2 > 1 > 3 > 4. Trägt man diese "Rangfolge" gegen den zeitlichen Gradienten auf, so ist die starke Abnahme des Morisita-Index C_λ vom 2. zum 3. Untersuchungstermin augenfällig (Abb. 5.33). Interessanterweise zeigen die Diversitätsindices nach Simpson und Shannon-Weaver für den 3. Beprobungstermin in NU die geringste Diversität an. Da zu diesem Zeitpunkt die Diversität in WIE relativ hoch ist, schlägt sich beim Vergleich die (rein rechnerische) Differenz zu den Diversitätswerten in NU deutlich nieder.

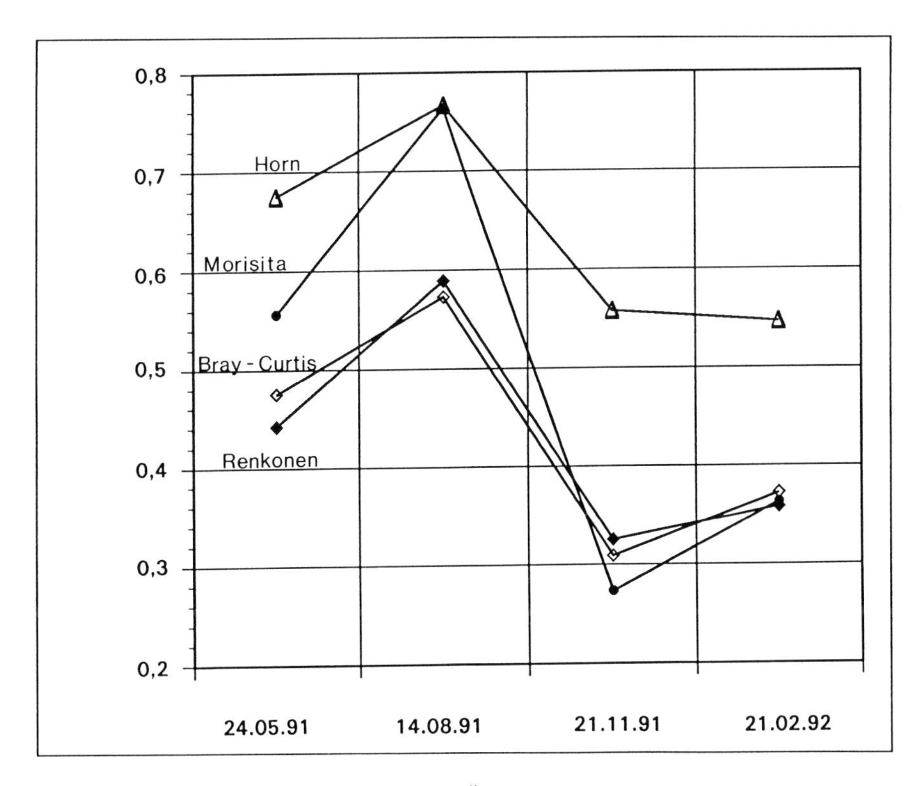

Abb. 5.33: Vergleich der Ähnlichkeitskoeffizienten.

Die Betrachtung der Verhältnisse bzgl. der Individuen- und Artenzahlen ist ebenfalls aufschlußreich. Sie bilden ja die mathematische Grundlage aller Indices. Am dritten Beprobungstermin wurden in WIE 9 Arten mehr als in NU festgestellt (WIE: 26 Arten; NU: 17 Arten, s. Anhang, Tab. A6). Die Anzahl der Individuen war am belasteten Standort dabei fast doppelt so hoch. Zu keinem Zeitpunkt wichen diese Einflußgrößen stärker voneinander ab. Horn's Index R_0 z.B. trägt dieser Tatsache nur im geringen Umfang Rechnung, während der Renkonen-Index und das Bray-Curtis Measure diese Verhältnisse annähernd gleich gewichten. Von allen Ähnlichkeitskoeffizienten reagiert der Morisita-Index C_λ offensichtlich am empfindlichsten auf Veränderungen in den Faunengesellschaften. Er arbeitet die gravierenden Unterschiede zwischen dem 2. und 3. Termin genauer heraus. Der Renkonen-Index und das komplementäre Distanzmaß von Bray-Curtis verlaufen im Prinzip parallel, wenn auch leicht veränderte Schwerpunkte gesetzt werden.

5.2.2.2.3. Diskussion

Die Populationsdichten der Acari sind in feuchten Waldböden (mit Ausnahme von Komposten) am höchsten. Im Durchschnitt treten ca. 100 000 bis 400 000 Milben/m² auf. In Grünlandböden ist mit 50 000 bis 150 000 Individuen/m² zu rechnen (DUNGER 1983).

Die Oribatiden stellen in humosen Waldböden den größten Anteil an der Acarofauna (70 - 90%). Die Populationsdichten der Gamasida liegen durchschnittlich bei 10 000 bis 15 000 Individuen/m². Die Uropodinen erreichen dabei im Jahresmittel Dichten von 3 300 Individuen/m² (DUNGER 1983, KARG 1986a, b). Nach KARG (1983c) wurden bei der Untersuchung von nematophagen Gamasinen je nach Bodenbeschaffenheit zwischen 370 000 Individuen/m² (Komposterde) und 37 000 Individuen/m² (humoser Sandboden, Winterroggen) gefunden (Probenahme bis 15 cm Tiefe). MITTMANN (1989) stellte während einer mehrjährigen Untersuchung der Acarocönose in einem Moderbuchenwald eine durchschnittliche Besiedlungsdichte der Gamasina von 6 600 Individuen/m² und der Uropodina von 6 400 Individuen/m² fest. Mit 13 000 Gamasida/m² liegen diese Angaben damit leicht über den für WIE ermittelten Werten. In WIE lag die durchschnittliche Populationsdichte der Gamasida bei 11 900 Individuen/m², am weniger stark kontaminierten Vergleichsstandort NU bei 6 600 Individuen/m².

Die jahreszeitliche Entwicklung der Populationsdichte der Gamasida war in WIE und in NU durch einen einheitlichen Verlauf gekennzeichnet. Die Abundanzmaxima wurden an beiden Standorten im Hochsommer 1991 erreicht (Abb. 5.20). Eine getrennte Betrachtung der beiden Gruppen zeigt allerdings, daß die Uropodina ihr Maximum in WIE bereits im Mai 1991, in NU dagegen erst im Spätherbst 1991 erlangten. MITTMANN (1989) fand für die Siedlungsdichte von Gamasina und Uropodina sowie von Actinedida und Acaridida im Gegensatz dazu zwei Abundanzmaxima, eines im Frühsommer und ein zweites, oft höheres, im Spätherbst. Das Abundanzverhältnis von Gamasina zu Uropodina betrug dabei annähernd 1 : 1, während in WIE und in NU das Verhältnis zugunsten der Gamasina verschoben war (Abundanzverhältnis Gamasina : Uropodina WIE: 1,79 : 1; NU: 1,76:1).

In WIE kommen fast doppelt soviele mesostigmate Milben vor wie in NU. Eine mögliche Erklärung hierfür läge in einem erhöhten Nahrungsangebot und damit in einem potentiell weiteren Nahrungsspektrum für die Wieslocher Milben. Die Beute der räuberischen Gamasinen besteht aus Nematoden, Enchyträen, Collembolen und weichhäutigen Acarinen (Actinedida, Acaridida und iuvenile Oribatida) sowie aus Eiern und Larven von Insekten (BHATA-

CHARYYA 1962, SINGH & RODRIGUEZ 1966, SINGER & KRANTZ 1967, KARG 1961b, 1962, 1971a, 1978, KRANTZ 1978, SCHLIESSKE 1981, WALTER et al. 1987). Die Uropodinen sind ebenfalls überwiegend carnivor (KARG 1986b). Die wichtigste Beute bilden Nematoden. Außerdem werden auch kleine Insektenlarven, besonders Dipterenlarven, sowie Enchyträen vertilgt (KARG 1989a, b). Die Uropodinen sind in ihrer ökologischen Valenz jedoch nicht in dem Maße eingeengt wie die Gamasina, da manche Arten auch tote organische Substanz aufnehmen oder sich mycophag ernähren können (FAASCH 1967, HUTU 1982).

Der quantitative Vergleich der Mikroflora in beiden Gebieten erbrachte für den kontaminierten Standort WIE die höhere mikrobielle Biomasse (ULLRICH et al. 1992). Die höhere Biomasse der Bakterien und Pilze ließ sich direkt mit dem höheren Humusgehalt in WIE korrelieren. Auch MARTIN et al. (1985) stellte keine Abnahme der Abundanzen von Mikroorganismen und Pilzen als Folge einer Schwermetallbelastung fest. Diese biotischen Komponenten können nun entweder direkt die Nahrungsquelle für mycophage Uropodinen darstellen, oder sie fördern ihrerseits Prozesse, die die Vermehrung der für die Räuber in Frage kommenden Nahrungsquellen ermöglichen. Viele Collembolen ernähren sich von Bakterienschleim, Algen oder von Pilzsporen und Pilzhyphen (DUNGER 1983). Für andere Collembolen ist die Bedeutung abgestorbener Pflanzenteile als wichtiger Bestandteil der Nahrung nachgewiesen. Eine ausreichende Menge an organischer Substanz ist einer der wichtigsten Standortfaktoren für die Besiedlung des Bodens duch Collembolen (SHEALS 1957, WALLWORK 1976). Die höhere mikrobielle Biomasse und die Akkumulation der Laubstreu in WIE fördern und erhöhen daher sehr wahrscheinlich die Populationsdichte der Collembolen in WIE. Für die sich vor allem mikro- und makrophytophag ernährenden Oribatida ist eine höhere Populationsdichte für WIE nachgewiesen (KRATZMANN 1993). GLOCKEMANN & LARINK (1989) berichten von einer Zunahme der Individuendichte bei Gamasinen nach einer Klärschlammdüngung. Der Klärschlamm war mit 4500 μg Pb/g und 14200 μg Zn/g belastet. Die erhöhte Individuendichte der Gamasina wird in Verbindung mit einem erhöhten Nematodenbesatz gebracht. Da neben den Nematoden die Collembolen zu den wichtigsten Beutetieren der Gamasinen gehören, sind die anzunehmenden hohen Populationsdichten der Collembolen und das daraus resultierende breitere Nahrungsangebot wohl eine der Ursachen für die höheren Abundanzen der Gamasida in WIE.

Es ist durchaus denkbar, daß die höhere Schadstoffbelastung in WIE zumindest auf die Abundanzen einiger Collembolenarten nur geringe Auswirkungen besitzt. Collembolen können auch bei hohen Bleikonzentrationen in großen Populationsdichten - wenn auch mit einem veränderten Artenspektrum - angetroffen werden (TYLER et al. 1984). Bei einzelnen Arten, wie z.B. *Tullbergia* spp. und *Onychiurus armatus*, nehmen die Abundanzen an Standorten mit hohen Schwermetallkonzentrationen sogar zu (BENGTSSON & RUNDGREN 1987).

Die Nahrung ist zwar ein wichtiger, doch nicht der einzige Faktor, der Formenzahl und Dichte einer Tiergruppe bestimmt. Eine wichtige Rolle spielen auch Einflußgrößen wie Bodenart, Bodenstreu, Lagerungsdichte sowie Verrottungs- und Feuchtigkeitsgrad des Substrates (KARG 1968). Weiterhin ist die Ausbildung des Porenvolumens als Maß für den für die Mesofauna räumlich nutzbaren Lebensraum von praktischem Interesse.

Uropodinen z.B. finden optimale Entwicklungsbedingungen in Substraten, in denen ein intensiver Abbau von organischer Substanz abläuft. Untersuchungen von Ackerböden ergaben, daß der Anteil der organischen Substanz im Boden positiv mit der Individuendichte der Uropodinen korrelierte (HÖLLER 1959). Notwendige Voraussetzungen für ihre Existenz sind allerdings eine isolierende Bodenbedeckung, die für eine ausgeglichene Feuchte sorgt, sowie ein locker gelagerter Boden (KARG 1989 a).

In Kapitel 4.2.2 wurde bereits darauf hingewiesen, daß die Grobporen u.a. Auskunft über die Größe des für die Mesofauna nutzbaren Lückensystems geben. Dieses vergleichsweise ausgedehnte Raumangebot bietet mit seiner Vielzahl von verschiedenen Kleinsthabitaten ein größeres Entwicklungs- und Diversifizierungspotential sowohl für die Gamasiden selbst als auch für die zahlreichen anderen Gruppen von Mikroarthropoden. Die infolge der Schwermetallbelastung dickere Schicht der Streuauflage trägt ebenfalls wesentlich zur Bildung eines stabilen Habitats für Collembolen und Milben bei (MARTIN & COUGHTREY 1975, 1976).

Die Milben sind nicht gleichmäßig in den Böden verteilt, sondern treten oft nestartig gehäuft auf. Eine gleichmäßige Verteilung von Individuen ist nur denkbar, wenn ein Siedlungsraum den Individuen überall gleiche Lebensbedingungen bietet oder in einem homogenen Gebiet sich ein Minimumfaktor derart auswirkt, daß gleiche Abstände durch intraspezifische Konkurrenz hervorgerufen werden (ODUM 1983). Aggregationen von Individuen werden aber nicht nur durch Umweltfaktoren wie Nahrungsangebot und geeignete Feuchtigkeitsbedingungen beeinflußt, sondern können auch durch besondere Verhaltensweisen hervorgerufen werden. So können z.B. durch Attraktantien potentielle Geschlechtspartner angezogen werden und so das geklumpte Auftreten einzelner Arten fördern. Auch die Besiedlung spezieller Biochorien wie Exkremente oder Dunghaufen trägt zur Ausbildung der Aggregation bei (SMITH 1966, KARG 1993, TOPP 1981, DUNGER 1983, RICKLEFS 1990).

Die piktographische Darstellung des Verteilungsmusters der Gamasida (Abb. 5.21 und 5.22) demonstriert, daß die Individuenzahlen der Milben auch auf engem Raum stark schwanken können. Die Arthropoden sind nicht gleichmäßig im Boden verteilt. Zahlreiche Arbeiten haben dieses aggregierte Auftreten der Mikroarthropoden beschrieben (z.B. HARTENSTEIN 1961, USHER 1969, 1971, 1975).

Um die strukturelle Organisation einer Artengemeinschaft verstehen zu können, müssen die numerische Abundanz und die räumliche Verteilung aller Arten berücksichtigt werden. Dabei ist die wichtigste strukturelle Eigenschaft der Cönose das definitive quantitative Verhältnis zwischen häufigen und seltenen Arten (HAIRSTON 1959). Die Diversität beschreibt dieses Verhältnis. Sie beinhaltet gewöhnlich neben der Komponente der *Species Richness* die Verteilung der Individuen auf die einzelnen Arten (MCINTOSH 1967). Die Berechnung der Diversität bedarf vor allem einer klaren taxonomischen Klassifizierung. Der Zweck, die Diversität mittels eines numerischen Index auszudrücken, liegt darin, die Möglichkeit zum Vergleich von Faunengesellschaften zu geben (HILL 1973).

Die Diversität der Gamasidencönose ist in WIE im Vergleich zum Standort NU nach der Shannon-Weaver Funktion H' und dem Diversitätsindex 1-D nach Simpson leicht erhöht (WIE: H' = 2,48; 1-D = 0,875. NU: H' = 2,42; 1-D = 0,855). Die Evenness ist am belasteten Standort WIE ebenfalls geringfügig größer (Tab. 5.7 und Tab. 5.8). Es ist bemerkenswert, daß die Werte der Evenness, die mit dem Simpson-Index berechnet wurden, an beiden Standorten relativ hoch sind. Bei einem theoretisch maximalen Wert von 1, d.h. einer hypothetisch absolut gleichen Verteilung der Individuen auf die Arten, beträgt die Evenness nach Simpson in WIE 0,896, in NU immerhin noch 0,865. Sowohl die Shannon-Weaver Funktion als auch der Simpson-Index werden von der Gleichmäßigkeit der Artenverteilung beeinflußt. Beide tendieren dazu, die Evenness zu überschätzen (KREBS 1989). Dabei reagiert der Shannon-Index eher sensitiv gegenüber seltenen Arten, d.h. ihrem Anteil an der Cönose wird im vollen Umfang Rechnung getragen (FAGER 1972, PEET 1974). Im Gegensatz dazu verleiht der Simpson-Index den häufigen Arten größeres Gewicht (HILL 1973). Dieser Index wird daher auch als Index der Dominanzkonzentration bezeichnet (WHITTAKER 1965). Die stärkere Gewichtung dominanter Arten ist der Grund für die hohen Evennesswerte des Simpson-Index.

Der Shannon-Weaver-Index H' nimmt sowohl mit der Anzahl der Arten als auch mit der Anzahl der Proben zu (FAGER 1972, WOLDA 1981). Er wird von diesen Faktoren nur noch wenig beeinflußt, wenn die Gesamtzahl der Individuen in der Endprobe größer als 400 ist (SANDERS 1968) und die Zahl der Arten mehr als 20 beträgt (SHELDON 1969). Diese beiden unteren Grenzen für die Unabhängigkeit des Shannon-Weaver-Index H' werden sowohl in WIE (795 Individuen; 38 Arten) als auch in NU (450 Individuen; 38 Arten) überschritten. Die etwas plastischeren Äquivalenzwerte der Diversitätsindices (BUZAS & GIBSON 1969) ergeben, daß in WIE 11,94 (N_1) bzw. 8,00 (N_2) gleichverteilte Arten eine identische Diversität reproduzieren würden, in NU 11,25 (N_1) bzw. 6,90 (N_2). Es zeigen also auch hier die Äquivalenten eine etwas höhere Diversität für WIE an. Es sei betont, daß die Unterschiede in der Diversität zwischen dem kontaminierten Standort WIE und dem minderbelasteten Vergleichsgebiet NU nicht signifikant sind (Anhang, Tab. A7.).

Die Artendiversität reflektiert teilweise die Diversität der physikalischen Umwelt. Je größer die Variation der Umwelt, umso zahlreicher sind die Arten, da mehr Mikrohabitate zur Verfügung stehen, und es mehr auszufüllende ökologische Nischen gibt (ODUM 1983). Die Variation der Mikrohabitate ist in WIE offensichtlich größer. Wesentliche Faktoren hierfür sind der hohe organische Gehalt des Bodens, die Streuakkumulation und das ausgedehnte Lückensystem. Die Diversität ist in WIE gegenüber NU zwar leicht erhöht, der Unterschied ist aber keinesfalls signifikant. Es stellt sich die Frage, warum sich dieses Mehrangebot an ökologischen Nischen nicht in einer erhöhten Diversität in WIE niederschlägt. Zwei Theorien bieten sich als Erklärungen an:

1) Die strukturgebenden abiotischen Faktoren (Porenvolumen, Lagerungsdichte, organisches Material) werden in ihrer Auswirkung auf ein Mehrangebot an ökologischen Nischen und der Schaffung eines größeren Diversifizierungspotentials überschätzt und können zu keinem signifikanten Unterschied in der Diversität der beiden Standorte beitragen.

2) Es existiert durchaus ein größeres Angebot an ökologischen Nischen. Dieser präsumptive Vorteil einer differenzierteren physikalischen Umwelt in WIE wird durch die Schwermetallbelastung und dem sich daraus ergebenden Anpassungsdruck auf die Mesofauna kompensiert.

Man kann diese Problematik auch von der entgegengesetzten Seite beleuchten: Zahlreiche Untersuchungen an geogen oder anthropogen mit Schwermetallen belasteten Standorten belegen, daß sich eine Schwermetallbelastung negativ auf die Vielfalt von terrestrischen Invertebraten im Sinne von Diversität und Evenness auswirkt (z.B. STROJAN 1978a, 1978b, BENGTSSON & RUNDGREN 1982, 1984, 1987, GLOCKEMANN & LARINK 1989). Die Diversität der Gamasidencönose ist in WIE jedoch nicht vermindert. Der Vergleichsstandort NU gilt zwar als minderbelastet, die Unterschiede in der Konzentration wichtiger Schwermetalle wie Blei, Cadmium und Zink sind jedoch ausreichend groß, um eine merkliche Minderung in der Diversität der Gemeinschaft erwarten zu dürfen. Collembolen, Oribatiden und Gamasiden reagieren auf eine Belastung mit Blei entlang eines natürlich ausgebildeten Konzentrationsgradienten in einem Bereich von 1000 - 5000 µg/g mit einer deutlichen Abnahme der Artenzahl (HÅGVAR & ABRAHAMSEN 1990). An beiden Untersuchungsstandorten war die Artenzahl der Gamasiden jedoch identisch (38 Arten). Als Ursache dieses Sachverhaltes bietet sich die These an, daß sich in WIE die Vorteile einer differenzierteren physikalischen Umwelt mit den Nachteilen einer deutlichen Schwermetallbelastung gerade die Waage halten. Die Kompensation dieser beiden gegensätzlich wirkenden Faktoren resultiert folglich weder in einer erhöhten noch in einer verminderten Diversität der Milbencönose in WIE.

In der Diversität der Gamasidencönose existieren zwischen den beiden Gebieten praktisch keine Unterschiede. Das Artenspektrum ist jedoch verschieden. Einen ersten Hinweis auf die unterschiedliche Zusammensetzung der Gemeinschaften liefert die Clusteranalyse mit der Einteilung der beiden Standorte in zwei klar getrennte Subcluster (Abb. 5.32). Die auf der Ordinate aufgetragene Distanz zwischen diesen Untereinheiten symbolisiert die Größe des Unterschiedes. Die Subcluster sind in sich homogen: Es werden keine Ähnlichkeitsgruppen gebildet, die sich aus Wieslocher und Nußlocher Komponenten gleichzeitig zusammensetzen. Dies ist ein deutlicher Hinweis darauf, daß sich die Standorte in ihrem Artenspektrum unterscheiden.

Die Indices zur Berechnung der Faunenähnlichkeit rangieren bei einem theoretischen Minimum von 0 (= keine Ähnlichkeit) und einem Maximum von 1 (= identisch) in den Grenzen von 0,451 bis 0,714 (Tab. 5.9). Der wegen seiner Empfindlichkeit hier bevorzugte Morisita-Index erreicht mit einem Wert von 0,518 einen mittleren Rang und belegt damit die herrschenden Unterschiede in der Zusammensetzungen der beiden Milbencönosen.

Nur 16 von 30 Gamasinen- und 6 von 8 Uropodinenarten kommen sowohl in WIE als auch in NU vor. Zu 50% handelt es sich bei diesen beiden Gebieten gemeinsamen Arten um euryöke Spezies in hohen Abundanzen. Die 8 häufigsten Arten in WIE sind - mit einer Ausnahme - auch die häufigsten Arten in NU. In dieser Gruppe der dominanten und subdominanten Arten ist die Uropodine *Discourella cordieri* die interessante Ausnahme. Sie ist in WIE die häufigste mesostigmate Milbe und stellt über ein Fünftel aller dort gefundenen Gamasida. In NU dagegen erreicht sie einen Dominanzanteil von gerade 0,44%. *D. cordieri* trägt entscheidend zur Verschiebung des Artenspektrums bei (Abb. 5.31 a, b). Über die ökologischen Ansprüche von *D. cordieri* ist sehr wenig bekannt. Sie scheint sich jedoch bevorzugt in der oberen Bodenschicht aufzuhalten. Der Bau ihrer Cheliceren läßt eine räuberische Ernährung vermuten. KARG (1989 a) nennt als typische Habitate Acker- und Grünlandböden. Die hohen Abundanzen von *D. cordieri* am kontaminierten Standort WIE legen die Vermutung nahe, daß es sich um eine schwermetalltolerante Art handeln könnte.

Uropoda erlangensis ist am minderbelasteten Standort NU mit 31,33% die mit Abstand häufigste mesostigmate Milbe. In WIE tritt sie subdominant auf (9,06%). Neben *D. cordieri* prägt sie am meisten die optische Verschiebung des Spektrums der dominanten und subdominanten Arten auf der Skala der Spinnennetzgrafiken (Abb. 5.31 a, b.). Die Arten dieser Gattung vertilgen vor allem Nematoden (KARG 1989 b), verschmähen aber auch geschwächte oder kranke Tiere anderer Arthropodengruppen nicht, sofern sie leicht zu überwältigen sind. Nekrophagie wurde beobachtet (KARG 1989 a). *U. erlangensis* ist eine weitverbreitete Streuschichtart in Laubwäldern (HUTU 1982).

Allgemein gelten Uropodinen als Indikatoren für einen wenig gestörten Boden. Sie zeigen ein ausreichendes Porenvolumen und einen hohen Anteil an organischer Substanz an (KARG 1986 b).

Veigaia nemorensis zählt sowohl in WIE (12,45%) als auch in NU (14,44%) zu den dominanten Arten. HÅGVAR & ABRAHAMSEN (1990) berichten von einer sehr hohen Sensitivität von *V. nemorensis* gegenüber einer Bleibelastung. Sie reagierte neben *Parazercon sarekensis* und Arten der Gattung *Pergamasus* am empfindlichsten auf die Bleikontamination der Umwelt. Die Autoren führen dies auf die Akkumulation der Metalle in der Nahrungskette zurück. *V. nemorensis* reichert Blei in hohen Konzentrationen an. In WIE wurden neben eitragenden Weibchen auch Deuto- und Protonymphen gefunden. Der Reproduktionszyklus ist offensichtlich trotz der Schwermetallbelastung nicht gestört. Zieht man die räumliche Ausdehnung der Kontamination in WIE und die im Vergleich zu anderen Invertebraten wie Asseln oder Diplopoden doch geringe Mobilität von *V. nemorensis* in Betracht, kann man mit einiger Wahrscheinlichkeit annehmen, daß es sich um eine autochthone Population handelt.

Eine allgemeine Sensibilität der Arten der Gattung *Pergamasus* gegenüber einer Belastung mit Schwermetallen, wie sie von HÅGVAR & ABRAHAMSEN (1990) beschrieben wurde, konnte nicht festgestellt werden. Bis auf zwei Ausnahmen (*P. cornutus, P. germanicus*) konnten alle Parasitidae, die am minderbelasteten Standort nachgewiesen wurden, auch in WIE gefunden werden. *Pergamasus lapponicus*, *P. homopodoides* und *P. crassipes* traten in WIE rezedent, in NU subdominant auf. Bemerkenswert sind die Dominanzverhältnisse der relativ kleinen Milbe *Pergamasus suecicus*. Die in NU mit 4% subdominant auftretende Parasitide ist in WIE knapp fünfmal häufiger. Sie ist dort nach *D. cordieri* die zweithäufigste mesostigmate Milbe (Dominanzanteil 19,87%). Die hohe Abundanz läßt eine gewisse Toleranz gegenüber einer Schwermetallbelastung vermuten. *P. suecicus* tritt sowohl in landwirtschaftlich genutzten Böden als auch in Forsten auf. Sie lebt bevorzugt in mäßig feuchten, humusreichen Waldböden (KARG 1968). Ihr dominantes Auftreten in WIE mag als ein Hinweis auf den hohen Gehalt an organischer Substanz interpretiert werden.

Für differentialdiagnostische Untersuchungen besitzen Arten mit einer breiten ökologischen Valenz keine optimalen Eigenschaften. Die konstanten dominierenden Arten mit hohen Präsenzwerten erweisen sich oft als uncharakteristisch, da sie in unterschiedlichen Habitattypen angetroffen werden können. Für diagnostische Zwecke sind sie oft nur bedingt geeignet (KARG 1968, 1986b). Stenotherme, stenotone usw. Arten sind für die Bodendiagnostik zumindest theoretisch von größerer Bedeutung als euryöke Arten. GHILAROV (1978, 1980) spricht vom ökologischen Standard einer Art bezüglich der tolerierten Umweltbedingungen. Ist dieser Standard eng, so eignet sich das Tier sehr gut als Indikatorart. KARG (1982b) untersuchte, inwieweit die Arten einer Gattung gemeinsame Habitatsansprüche haben, und ob sie als Zeigerarten für bestimmte bodenbildende Prozesse gelten können. Für eine Reihe von Gattungen zeigten die Arten eine gemeinsame Beziehung zu bestimmten Substrattypen. Zu beachten sind in diesem Zusammenhang die 14 Gamasinen- und 2 Uropodinenarten, die entweder nur in WIE oder nur in NU gefunden wurden. Es sind allerdings überwiegend Arten, die in geringen Abundanzen vorkommen (Tab. 5.5).

3 von 4 Arten der Gattung *Amblyseius* BERLESE kommen ausschließlich in WIE vor (*Amblyseius okanagensis*, *A. proresinae*, *A. stramenti*). Die Arten der Gattung *Amblyseius* zeigen eine deutliche Präferenz für lebendes Pflanzenmaterial und finden sich vornehmlich in Böden mit hohem organischen Gehalt. Ihre ökologische Potenz hinsichtlich des Feuchtegrades des Bodens reicht von naß bis trocken (KARG 1982a, b, 1989c). Der höhere Anteil der Phytoseiinae in WIE korrespondiert demnach mit dem dort festgestellten höheren Gehalt an organischer Substanz.

Die Gattung *Rhodacarus* OUDEMANS kann als Indikator für einen fortgeschrittenen Verrottungsgrad angesehen werden. Der Begriff des "fortgeschrittenen Verrottungsgrades" ist bei KARG (1982 b) leider nicht näher definiert, bezieht sich jedoch wahrscheinlich auf einen weiter fortgeschrittenen Abbau der organischen Substanz mit einem engen C/N-Verhältnis. Nur in NU wurde eine Art der Gattung *Rhodacarus* (*Rhodacarus agrestis*; Dominanzanteil: 1,78%) nachgewiesen. In NU ist die Dekomposition der Streu im Vergleich zu WIE nicht oder nur geringfügig gestört. Der Humusgehalt des Bodens ist geringer, das C/N-Verhältnis enger. Das engere C/N-Verhältis weist auf einen weiter fortgeschrittenen Abbau der organischen Substanz hin. Das Vorkommen von *R. agrestis* in NU kann man als Bestätigung dieser Verhältnisse werten.

Die Uropodine *Uropoda minima* konnte nur für WIE nachgewiesen werden (Dominanzanteil: 1,51%). HUTU (1982) bezeichnet *U. minima* als eine stenopotente Art, die bevorzugt dort zu finden ist, wo reiche und verschiedenartige Nahrungsquellen mit günstigen Standortfaktoren einhergehen. Einige für die Qualität des Standortes relevante Faktoren werden für WIE als günstiger erachtet (Anzahl der ökologischen Nischen, quantitatives Nahrungsangebot, etwas höhere Bodenfeuchte). Das auf WIE beschränkte Vorkommen dieser Milbe untermauert die These, daß in WIE die standortrelevanten Rahmenbedingungen - natürlich abgesehen von der Schwermetallkontamination - für die Gamasinen und Uropodinen etwas besser sind.

Die Gamasinen und Uropodinen sind systematisch zwar gut untersucht, über die speziellen ökologischen Ansprüche der einzelnen Arten ist aber in den meisten Fällen nur wenig bekannt. Es ist daher schwierig, mit der geringen Zahl von autökologischer Literatur gesicherte Aussagen über die Konsequenzen des Vorhandenseins oder Fehlens einer Art für ein untersuchtes Areal zu treffen. Die synökologische Betrachtungsweise untersucht Faktoren wie Individuendichte, relative Artenabundanzen, Diversität, Faunenähnlichkeit und Evenness. Diese Parameter tragen zweifelsohne erheblich zur Verbesserung der Qualität von vergleichend - faunistischen Untersuchungen bei; sie können das beträchtliche Informationsdefizit auf der Artebene jedoch nicht überdecken. Es ist weiterhin wichtig, die aut- und synökologischen Erkenntnisse in einen engen Zusammenhang zu den biotischen und abiotischen Standortfaktoren zu setzen. Wie wir gesehen haben, konnte z.B. die Erfassung des Porenvolumens und die daraus abgeleiteten Schlußfolgerungen einen nicht unwesentlichen Beitrag zur Beurteilung der Habitatsstruktur und ihrer Bedeutung für die Mesofauna leisten. Durch die kombinierte Erfassung dieser drei Faktoren ist die primäre Voraussetzung zum Verständnis der strukturellen Organisation einer Artengemeinschaft gegeben.

Unterschiede in der Abundanz und der Diversität von Invertebraten zwischen kontaminierten und nicht bzw. leicht kontaminierten Gebieten kann man allerdings nur sehr schwer als direkte Folge der Schwermetallbelastung interpretieren, da die natürliche Variation von Faunengesellschaften sehr groß ist. Das kann man nur in den Fällen, in denen ganze taxonomische Gruppen ausfallen (HOPKIN 1989). Die ermittelten Unterschiede im Artenspektrum stellen jedoch eine sehr gute Grundlage für weitergehende Untersuchungen dar.

Ausblick

Zur Klärung des Schwermetalleinflusses auf die einzelnen, in dieser Untersuchung als schwermetalltolerant (*V. nemorensis, Discourella cordieri, Pergamasus suecicus,* cf. *Rhodacarellus apophyseus*) resp. schwermetallsensitiv (*U. erlangensis*) erachteten Arten wären histologische Untersuchungen notwendig, die über eine mögliche Aufnahme, Anreicherung oder Ausscheidung der Schwermetalle durch die Tiere Auskunft geben könnten. Während für Collembolen bekannt und für Oribatiden wenigstens wahrscheinlich ist, daß sie über Mechanismen verfügen, Schwermetalle zu eliminieren (JOOSSE & VERHOEF 1983, LUDWIG et al. 1991, ALBERTI et al. 1992, LUDWIG et al. 1992, 1993, KRATZMANN et al. 1993 a), sind die mesostigmaten Milben diesbezüglich noch nicht untersucht.

Um den Einfluß bestimmter Metalle auf die einzelnen Arten der Gamasida zu quantifizieren, wäre die Bestimmung des Konzentrationsfaktors und des Transferpotentials von Schwermetallen durch eine bekannte, am natürlichen Standort nachgewiesene Nahrungskette von großer Bedeutung (z.B. Laub/Detritus → *Folsomia* → *V. nemorensis*).

Laboruntersuchungen unter Schwermetallbelastung zur Bionomie (Reproduktionsrate, Mortalität, Natalität usw.) vermeintlich schwermetalltoleranter und schwermetallsensitiver Arten könnten dann mit den im Freiland erhaltenen Daten verglichen werden.

Untersuchungen an weiteren geogen mit Schwermetallen belasteten Standorten könnten zur Klärung der Frage beitragen, ob sich die am kontaminierten Standort WIE in hohen Abundanzen vorkommenden mesostigmaten Milben (*P. suecicus*, *D. cordierei*) als Wirkungsindikatoren (BICK 1982) zum Erkennen von schadstoffspezifischen Wirkungen auf ein terrestrisches Ökosystem eignen könnten.

5.2.3. Spinnen (Araneae)

Spinnen stellen als räuberische Lauerer und Fallensteller (Netze) sowie als umherschweifende Jäger ihrer Beute in allen Straten des Waldes nach (Abb. 5.2 c). Sie gehören zu den wichtigsten Regulatoren der Insektenfauna in allen terrestrischen Biotopen. Sie sind in verschiedenen Größenklassen vertreten, so daß sie entsprechend in der Lage sind, ein breites Beutespektrum abzudecken. In ihren ökologischen Ansprüchen sind Spinnen gut definiert (TRETZEL 1952, ALBERT 1982, BAEHR 1983).

Aufgrund dieser Eigenschaften integrieren sie abiotische und biotische Parameter des Lebensraumes gut bzw. spiegeln besonders auch die Einflüsse auf die Insektenfauna wider.

5.2.3.1 Material und Methoden

5.2.3.1.1 Bodenfallen nach BARBER (1931)

Es wurden jeweils 7 Barberfallen für diese Untersuchung eingesetzt (s. Kap. 5.1). Die Beprobung erfolgte vom 29. 1. - 5. 12. 1991 und schloß sich direkt an eine 1990 durchgeführte Voruntersuchung an (PETERSEN 1991). Die Fallen wurden vom 29. 1. - 27. 2. in 4-wöchigem, vom 13. 3. - 5. 12. in 14-tägigem Rhythmus geleert.

Bei Vergleichen mit den Ergebnissen der Voruntersuchung (PETERSEN 1991) wurden Fänge aus entsprechenden Zeiträumen gegenübergestellt.

5.2.3.1.2 Hitzeextraktion nach KEMPSON et al. (1963)

Die Probenahmen und die Extraktionen wurden entsprechend dem durch Voruntersuchungen erarbeiteten Schema (PETERSEN 1991, WEIN 1991) durchgeführt (vgl. Kap. 5.1). Es wurde ein Probenehmer der Fa. Ecotech (Durchmesser 14,5 cm; Einstichtiefe 5 cm) verwendet. Pro Standort wurden 24 Proben genommen. Die Extraktionszeit belief sich auf 3 Wochen.

Die Probenahme erfolgte in 7-wöchigem Abstand während der Vegetationsperiode an folgenden Terminen: 24.5., 15.7., 11.9., 28.10.91.

5.2.3.2 Resultate

5.2.3.2.1 Statistische Auswertung der Barberfallen 1991

Die Auflistung der Fangdaten befindet sich im Anhang (Anhang, Tab. A8 a).

Einen Überblick über die 1991 in Barberfallen gefangenen Spinnen geben folgende Tabellen:

Tabelle 5.10: Araneae: Gesamtzahlen.

1991 gesamt	Wiesloch	Nußloch
Individuen	402	693
Männchen	145	332
Weibchen	131	222
Juvenile	126	139
Arten	27	44
Diversität	2,49	2,83
Evenness	0,76	0,75

Tabelle 5.11: Araneae, Vergleich Wiesloch/Nußloch.

Gemeinsame Arten	21
Jaccard-Index	30,0
Renkonen-Index	58,6
Wainstein-Index	17,58

Die Gesamtartenliste im Anhang (Anhang,Tab. A8 b) gibt eine Übersicht über das Arteninventar.

Aus diesem Vergleich geht hervor:

1. Die **Aktivitätsdichte** für adulte Spinnen liegt in Nußloch erheblich über der von Wiesloch. Bei juvenilen Spinnen besteht dieser Unterschied nicht.

2. Die Anzahl der erfaßten **Arten** liegt für Nußloch deutlich über der für Wiesloch.
3. Wegen der hohen Aktivitätsdichte und Artenzahl in Nußloch ist auch der geringe Wert (30,9) für die **Jaccard'sche-Zahl** nicht verwunderlich. Aus der Literatur sind nur viel höhere Werte bei Vergleichen von Buchenwaldstandorten bekannt (BAEHR 1983, ALBERT 1982).
4. Auch der **Renkonen-Index** (58,6) und die **Wainstein'sche-Zahl** (17,58) liegen im unteren Bereich von aus der Literatur bekannten Werten (BAEHR 1983, ALBERT 1982).
5. Die **Diversität** für die Aktivitätsdichte ergab für Wiesloch einen geringeren Wert als für Nußloch, beide Werte befinden sich im unteren Bereich der Literaturwerte (BAEHR 1983, DUMPERT & PLATEN 1985).
6. Die **Evenness** zeigt sowohl zwischen Wiesloch und Nußloch als auch im Vergleich zu den Literaturwerten keine nennenswerten Unterschiede (BAEHR 1983, DUMPERT & PLATEN 1985).

Der Verlauf der Aktivitätsdichte vom 13.3. - 5.12.1991 (14-tägige Probenahme) ist in Abb. 5.34 dargestellt. Auch hier zeigt Nußloch meist eine wesentlich höhere Aktivitätsdichte als Wiesloch. Nur in der Zeit vom 18.7. - 12.9. nähern sich die Werte an. Als eine Ursache kann die höhere und besser gehaltene Bodenfeuchte in Wiesloch, die in dieser sehr trockenen Zeit besonders zum Tragen kommt, genannt werden.

Beim Vergleich der Anteile von Männchen, Weibchen und Juvenilen an den Barberfallenfängen (Abb.5.35) fällt auf, daß in Nußloch die von der Literatur bekannte Verteilung mit einem sehr hohen Anteil an Männchen (aktive Weibchensuche) vorliegt, in Wiesloch jedoch alle drei Gruppen etwa gleich stark vertreten sind.

Hierfür kommen mehrere Ursachen in Betracht:

- die Männchen zeigen sich im Belastungsgebiet weniger aktiv,
- es gibt weniger Männchen im Belastungsgebiet,
- es findet eine Verschiebung im Artenspektrum hin zu Arten mit weniger aktiven Männchen statt.

Eine geringere Aktivität ist auch für die Weibchen von Wiesloch erkennbar, nur in schwächerer Ausprägung.

Im folgenden soll geklärt werden, welche der oben genannten Faktoren zutreffen.

5.2.3.2.2 Vergleich der Barberfallenfänge 1991 mit denen aus der Voruntersuchung von 1990:

Zur Gewährleistung der Vergleichbarkeit wurden die berücksichtigten Expositionszeiträume der 7 Fallen für 1990 (13.3. - 14.12.) und 1991 (13.3. - 5.12.) entsprechend gewählt.
Hieraus ergaben sich folgende Fangzahlen:

Die Werte für 1990 und 1991 zeigen eine hohe Übereinstimmung. Besonders die 1991 in Wiesloch auffallende Gleichverteilung von Männchen-Weibchen-Juvenilen war schon 1990 zu erkennen. Die Anzahl an Jungtieren war sogar noch höher als in Nußloch.

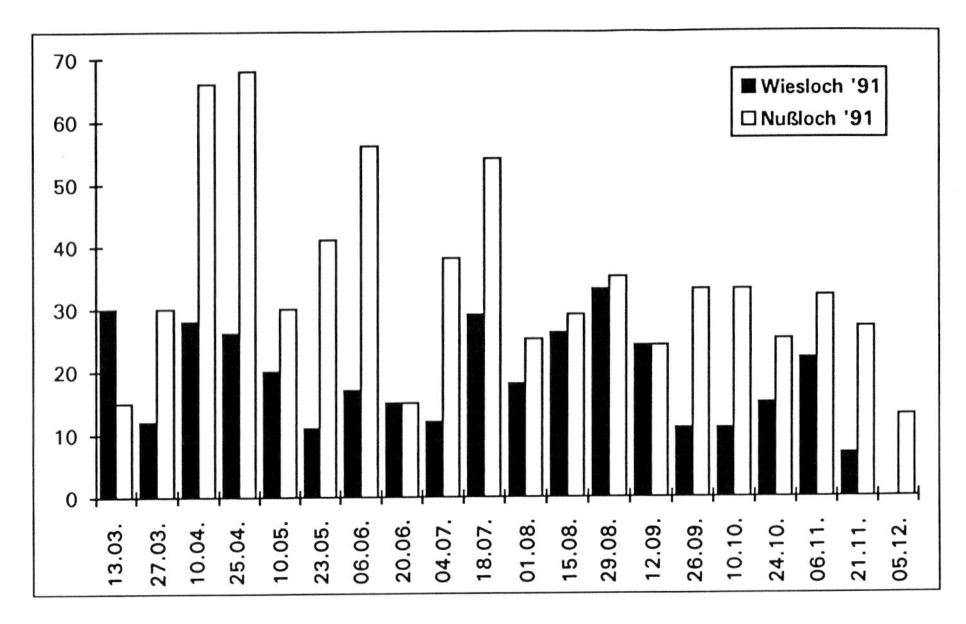

Abb. 5.34: Verlauf der Aktivitätsdichte.

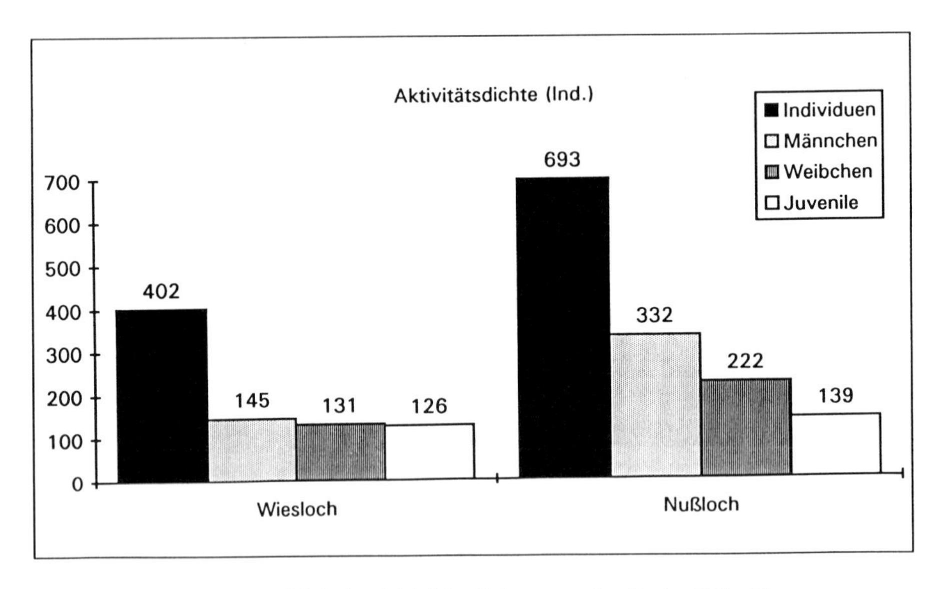

Abb. 5.35: Vergleich der Aktivitätsdichten aus den Barberfallenfängen.

Wegen der höheren Zahl von Fallen konnten 1990 mehr Arten in Wiesloch gefangen werden. Dabei handelte es sich jedoch um Einzelfunde, die auf das gesamte Gefüge wenig Einfluß haben. Die etwas höheren Werte für Wiesloch bezüglich der Diversität, Jaccard'schen Zahl und Wainstein-Index sind auf diese höhere Artenzahl zurückzuführen.

Tab.5.12. und 5.13: (*diese Werte beziehen sich auf die gesamten Fänge, d.h.:1990: 10 Fallen, Zeitraum 13.3.-28.1. 1991: 7 Fallen, Zeitraum 29.1.- 5.12.)

	Wiesloch 1990	Wiesloch 1991	Nußloch 1990	Nußloch 1991
Individuen	447	351	742	660
Männchen	139	123	365	313
Weibchen	123	109	214	212
Juvenile	185	119	163	135
Arten*	31	26	38	43
Diversität*	2,71	2,49	2,70	2,83
Evenness*	0,75	0,76	0,72	0,75

Vergleich: Nußloch-Wiesloch	1990	1991
gemeinsame Arten	23	21
Jaccard-Index	42,5	30,0
Renkonen-Index	52,2	58,6
Wainstein-Index	22,2	17,6

Es erhärten sich somit die oben getroffenen Feststellungen.

1. Die **Aktivitätsdichte** der adulten Tiere ist in Wiesloch wesentlich niedriger als in Nußloch. In Wiesloch wurden bei den Männchen 38-39%, bei den Weibchen 51-57% der in Nußloch festgestellten Aktivitätsdichten erreicht.
2. **Diversität** und **Evenness** liegen für beide Gebiete relativ niedrig. Es sind kaum bedeutende Unterschiede zwischen den Werten für Nußloch und Wiesloch festzustellen.
3. Die **Artenzahl** bleibt in Wiesloch hinter der von Nußloch zurück.
4. Die Vergleiche der beiden Gebiete über **Jaccard'scher Zahl**, **Renkonen-Index** und **Wainstein-Index** ergeben für so ähnliche Gebiete erstaunlich niedrige Werte.

5.2.3.2.3 Kempson-Extraktion 1991

Die Fangdaten sind im Anhang (Anhang, Tab. A8a) aufgelistet. Die im folgenden dargestellten Fangzahlen beziehen sich immer auf Individuen pro m^2. Die folgenden Tabellen und Abb. 5.36 geben die Werte für die Individuendichte 1991 wieder:

Tabelle 5.14: Individuendichten der einzelnen Probetermine

Ind/m²	24.5.1991		15.7.1991		11.9.1991		28.10.1991	
	WIE	NU	WIE	NU	WIE	NU	WIE	NU
Individuen	146,6	315,0	138,6	315,0	252,0	350,3	166,3	425,9
Männchen	5,0	17,6	2,5	25,2	5,0	20,2	7,6	17,6
Weibchen	20,2	75,6	20,2	40,3	32,8	40,3	20,2	68,0
Juvenile	121,0	221,8	116,0	249,5	214,2	284,8	138,6	340,2
Arten	6	14	6	10	11	9	6	8

Für 1991 ergeben sich folgende durchschnittlichen Individuendichten:

Tabelle 5.15: Durchschnittliche Werte ($\overline{x}$: Durchschnitt, σ: Standardabweichung)

Ind/m²	Wiesloch		Nußloch	
	$\overline{x}$	σ	$\overline{x}$	σ
Individuen	175,8	52,14	351,6	52,29
Männchen	5,0	2,08	20,2	3,58
Weibchen	23,4	6,30	56,1	18,45
Juvenile	147,5	45,5	274,1	51,07
Arten	20		22	
Diversität	2,33		2,6	
Evenness	0,78		0,84	

Tabelle 5.16: Vergleich Wiesloch-Nußloch

Gemeinsame Arten	14
Jaccard-Index	33,3%
Renkonen-Index	58,0%
Wainstein-Index	19,3%

Dieser Vergleich zeigt:

1. Die **Individuendichte** in Nußloch ist etwa doppelt so hoch wie in Wiesloch. Für die Männchen ergibt sich sogar ein Verhältnis von 4:1.
2. Die **Artenzahl** liegt für Nußloch insgesamt nur wenig höher. Allerdings ist der Unterschied zwischen den Gebieten bei den einzelnen Probenahmen meist größer. In Nußloch sind mehr Arten regelmäßig zu finden.
3. Die **Diversität** liegt für Wiesloch etwas niedriger als für Nußloch, jedoch sind beide Werte relativ niedrig.

4. Die **Evenness** erreicht für Nußloch einen relativ hohen, für Wiesloch einen normalen Wert.
5. Die relativ geringe Übereinstimmung im **Artenspektrum** findet ihren Niederschlag in dem niedrigen Wert für die Artenidentität (Jaccard'sche Zahl 33,3%).
6. Die **Dominanzidentität** weist ebenfalls nur eine mittlere Übereinstimmung (Renkonen-Index 58%) auf. Daraus erklärt sich auch der nicht so hohe Wainstein-Index von 19,3%.

5.2.3.2.4 Vergleich Kempsonproben 1990-1991

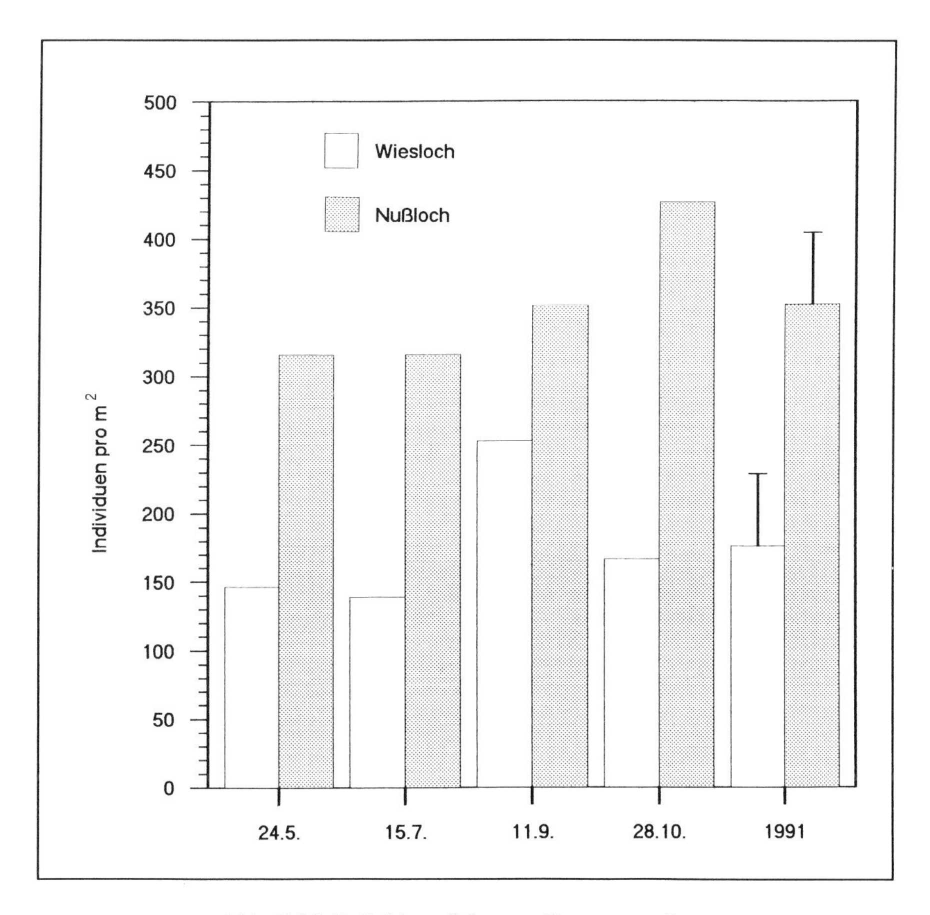

Abb. 5.36: Individuendichte aus Kempsonproben.

Im folgenden sind die Mittelwerte ($\overline{x}$) und ihre Standardabweichungen (σ) für die Jahre 1990 und 1991 aufgeführt (Tab. 5.17). Die Individuendichten sind in Abb. 5.37 und 5.38 wiedergegeben.

Tabelle 5.17:

	Wiesloch				**Nußloch**			
	90		**91**		**90**		**91**	
Ind/m²	$\overline{x}$	σ	$\overline{x}$	σ	$\overline{x}$	σ	$\overline{x}$	σ
Individuen	160,4	64,17	175,8	52,14	296,4	144,49	351,6	52,29
Männchen	7,6	5,20	5,0	2,08	28,6	18,71	20,2	3,58
Weibchen	20,4	12,39	23,4	6,60	50,5	23,84	56,1	18,45
Juvenile	132,4	67,84	147,5	45,5	215,8	123,60	274,1	51,07
Arten	11		20		21		22	
Diversität	2,12		2,33		2,54		2,60	
Evenness	0,85		0,78		0,83		0,84	

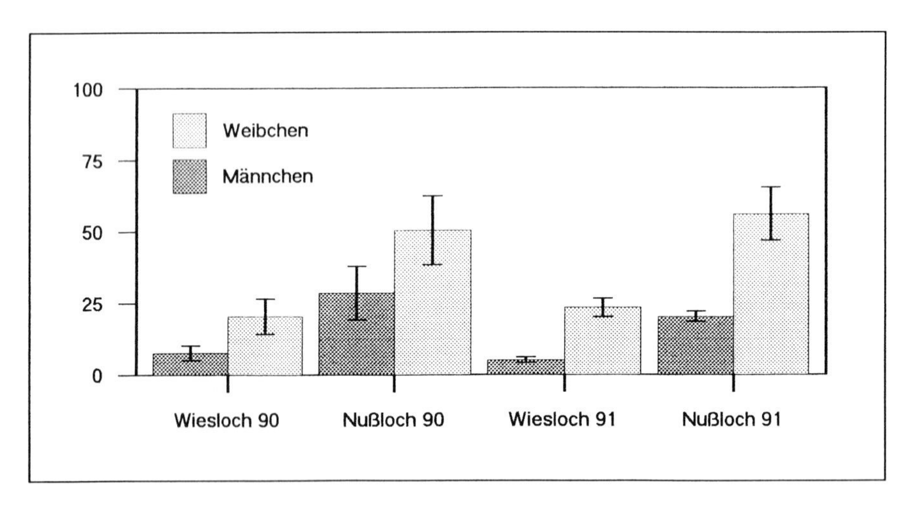

Abb. 5.37: Individuendichten der Adulti.

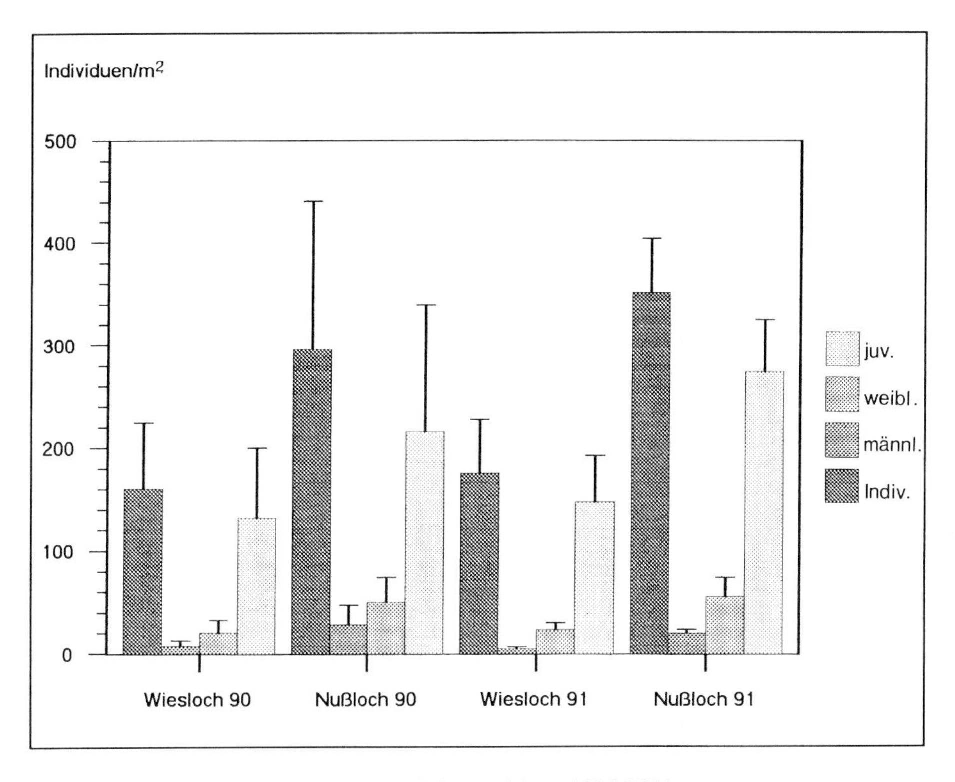

Abb. 5.38: Individuendichten 1990/1991.

5.2.3.2.5 Vergleich Wiesloch-Nußloch

Tab. 5.18: Vergleich Wiesloch-Nußloch.

	1990	1991
Gemeinsame Arten	6	14
Jaccard-Index	22,2	33,3
Renkonen-Index	32,9	58,0
Wainstein-Index	7,3	19,3

Die Befunde für 1990 und 1991 entsprechen einander. Die 1990 niedrigere Artenzahl in Wiesloch und die relativ hohen Standardabweichungen sind durch anfängliche Schwierigkeiten bei der Extraktion bedingt. Bei den wenigen adulten Tieren wirken sich Einzelfunde - diese fielen 1990 z.T. der Extraktion zum Opfer - sehr stark aus, gerade bei der geringen Individuendichte in Wiesloch. Ähnliches gilt für die 1990 niedrigeren Vergleichszahlen (Jaccard-, Renkonen- und Wainstein-Indices).

Folgendes wurde festgestellt:
1. Die **Individuendichte** liegt in Wiesloch mit 50-54% wesentlich unter der von Nußloch. Vor allem die Männchen (25-26%) sind in Wiesloch unterrepräsentiert, aber auch Weibchen (40-42%) und Juvenile (54-61%) weisen in Wiesloch eine erheblich geringere Individuendichte auf.
2. Die **Diversität** am Standort Wiesloch ist niedriger als am Standort Nußloch; beide Werte sind im Vergleich zu Literaturdaten relativ niedrig.
3. Für die **Evenness** entsprechen sich die Werte; beide liegen im Normalbereich.
4. Bei den **Vergleichsberechnungen** ergeben sich erstaunlich geringe Übereinstimmungen wie auch schon bei den Barberfallenvergleichen.

Die geringere Individuendichte in Wiesloch kann durch die Schwermetallbelastung des Gebietes bedingt sein. Es kann durch verschiedene Mechanismen zu diesem Ergebnis kommen:
- Juvenile Tiere sind weniger anfällig als Weibchen oder gar Männchen.
- Es kommt zu einer Verschiebung im Artenspektrum zu Arten mit geringerer Individuendichte und anderem Geschlechterverhältnis.

Zusammenfassung:
1. Die Individuendichte ist in Wiesloch viel niedriger als in Nußloch. Männchen erreichen ca. 25%, Weibchen ca. 40%, Juvenile ca. 55% der für Nußloch bestimmten Individuendichte.
2. Die Aktivitätsdichte ist ebenfalls am Standort Wiesloch niedriger als am Standort Nußloch. In Wiesloch erreichten die Männchen ca. 39% und die Weibchen ca. 55% der Aktivitätsdichte von Nußloch. Bei den Juvenilen entsprachen die Aktivitätsdichten einander in etwa.
3. Die Diversität liegt für beide Gebiete relativ niedrig.
4. Die Evenness zeigt keine Auffälligkeit.
5. Die Vergleichswerte (Ja, Re, Wa) sind zu niedrig. Bei abiotisch und vegetationsmäßig so ähnlichen Gebieten müßten Arten- und Dominanzidentität wesentlich höher sein.

5.2.3.2.6 Dominanzen

Die im letzten Abschnitt ermittelten Unterschiede sind im wesentlichen auf eine Verschiebung der Dominanzstruktur und des Artenspektrums, möglicherweise verursacht durch die Schwermetallbelastung, zurückzuführen.

Die Dominanzstrukturen (s. Anhang Abb. A1 u. A2) machen deutlich, daß die geringe Dominanz-identität ($Re_{[Barber]}$ = 58,6; $Re_{[Kempson]}$ = 58,0) auf die niedrige Artenzahl und die stärkere Betonung der dominanten Arten in Wiesloch zurückzuführen ist.

5.2.3.2.6.1 Dominanzstruktur nach Größenklassen

Unterschiede im Artenspektrum führen oft zu einer Verschiebung der Verteilung der Größenklassen (BAEHR 1983).

Tab 5.19: Einteilung der Größenklassen.

1	1-2 mm
2	2-3 mm
3	3-4 mm
4	4-8 mm
5	>8 mm

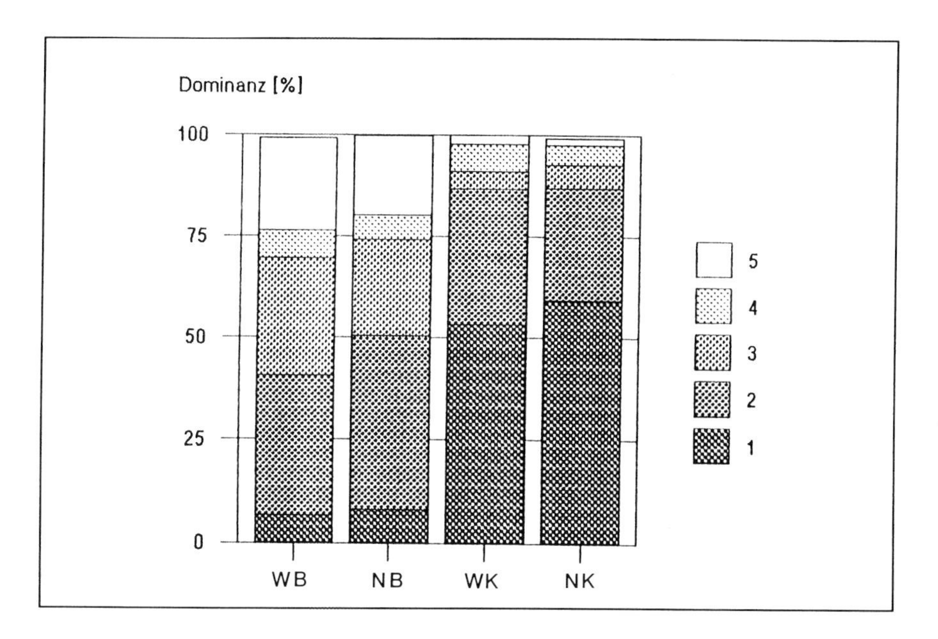

Abb. 5.39: Verteilung der Größenklassen. W = Wiesloch; N = Nußloch; B = Barberfalle; K = Kempsonprobe.

Beim Vergleich der Dominanzwerte der einzelnen Größenklassen (Abb. 5.39) zeigen beide Gebiete für Buchenwälder relativ typische Verteilungen. In den Kempsonproben überwiegen die kleinen Größenklassen 1-3 mm (STIPPICH 1986). Bei Barberfallenfängen ergeben sich zwei Maxima bei kleinen (2-4 mm) und bei großen Spinnen (über 8 mm) (BAEHR 1983).

Bei Betrachtung der Verteilung der unteren Größenklassen fällt auf, daß sowohl bei den Kempson- als auch bei den Barberfallenspinnen in Wiesloch der Schwerpunkt bei etwas größeren Tieren liegt als in Nußloch.

Die Individuenzahlen der einzelnen Größenklassen (Abb. 5.40) verdeutlichen diese Tendenz. Die stärksten Einbrüche in Wiesloch sind bei der Individuendichte für 1-2 mm große Spinnen und bei der Aktivitätsdichte für 2-3 mm große Tiere zu verzeichnen.

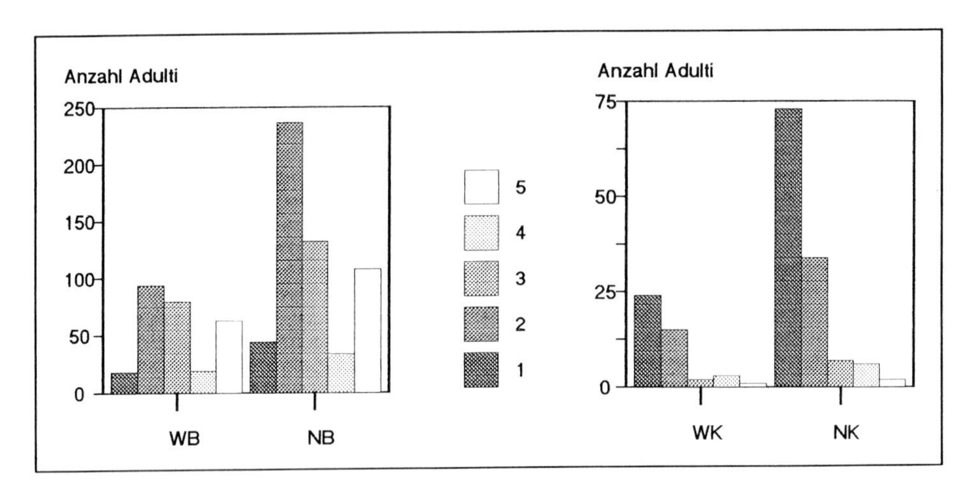

Abb. 5.40: Verteilung der Größenklassen bei Barberfallenfängen (B) bzw. Kempsonproben (K).

Mögliche Ursachen sind:

1. der direkte Einfluß der Schwermetalle durch höhere Mortalität sehr kleiner Spinnen und verminderte Aktivität,
2. der indirekte Einfluß der Schwermetalle durch ein geringeres Angebot kleiner Beutetiere oder die Veränderung der Struktur der Laubschicht (s. aber Kap. 5.2.2). Zusammengeklebte Blätter verringern die Möglichkeiten Verstecke und Netze zu errichten (DUFFEY 1966).

Im folgenden soll geprüft werden, ob die beschriebenen Einbrüche auf bestimmte Arten zurückzuführen sind.

5.2.3.2.6.2 Vergleich der Dominanzen einzelner Arten

Ein Vergleich der Dominanzen der einzelnen Arten offenbart einige Unterschiede in der Artenzusammensetzung (Abb. 5.41 a, b).

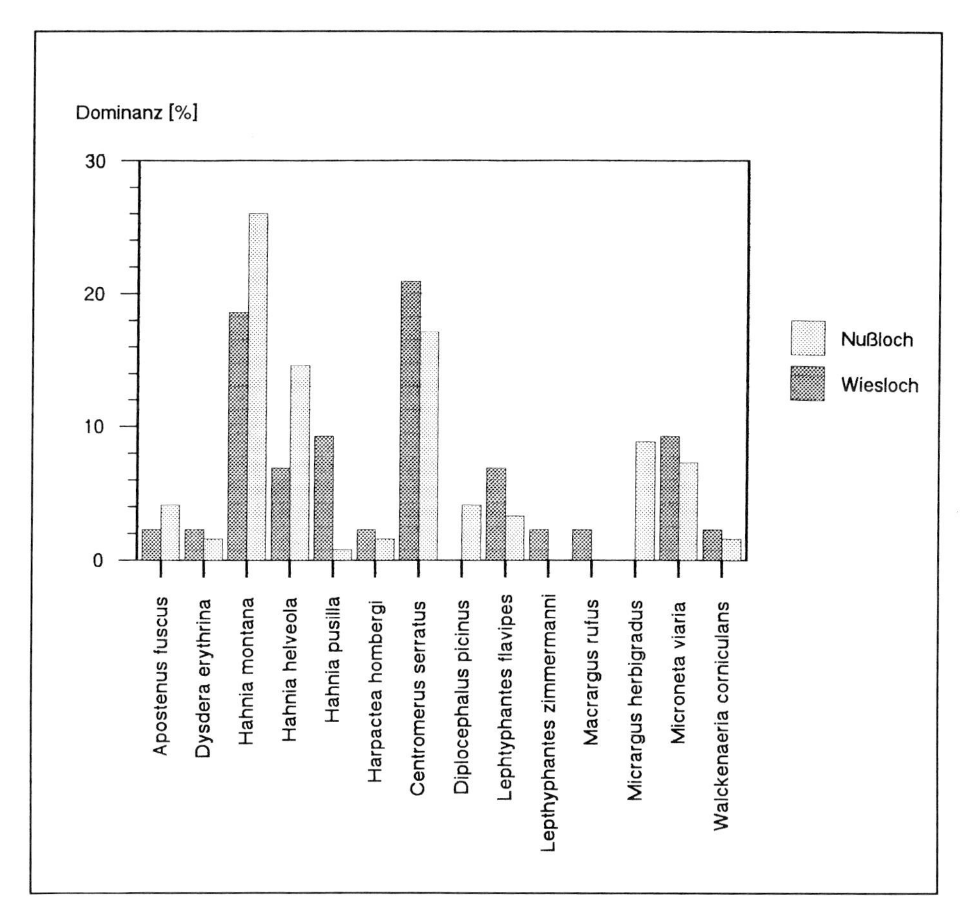

Abb. 5.41 a: Dominanzvergleich Kempsonproben (Dominanzklassen nach ENGELMANN 1978).

Von besonderem Interesse sind Arten, die
- nur in Wiesloch,
- nur in Nußloch,
- verstärkt in Wiesloch,
- verstärkt in Nußloch

gefunden wurden.

Wiesloch-Arten:
Ausschließlich in Wiesloch wurden 9 Arten nachgewiesen, davon 3 in mehreren Exemplaren:

Amaurobius fenestralis,
Haplodrassus silvestris,
Histopona torpida.

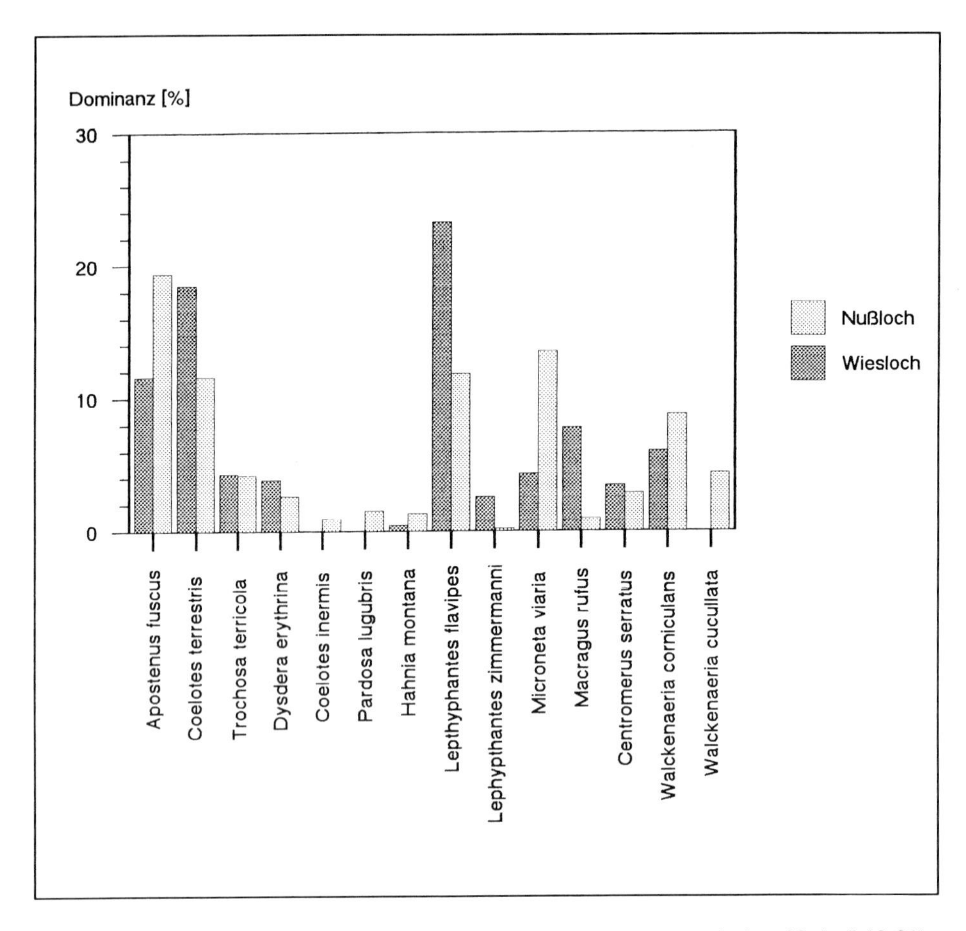

Abb. 5.41 b: Dominanzvergleich Barberfallen (komplette Fangperiode: 29.1.-5.12.91), Dominanzklassen nach ENGELMANN 1978.

6 Arten traten als Einzelfunde auf (Anhang: Tab. A9 a). Ihr auf Wiesloch beschränktes Auftreten ist evtl. rein zufallsbedingt. Deshalb lassen sie keine näheren Aussagen zu.

Ökologisch lassen sich diese Arten als mesök ombrophil, mesök hygrophil bezeichnen. Sie werden überwiegend in Wäldern gefunden (TRETZEL 1952, MAURER & HÄNGGI 1990).

Nußloch-Arten:
Nur in Nußloch wurden 14 Arten in mehreren Exemplaren und 7 Arten als Einzelfunde nachgewiesen (Anhang Tab. A9 b).
Von diesen 21 Arten waren subdominant:

Diplocephalus picinus,
Micrargus herbigradus
Walckenaeria cucullata.

Rezedent waren:

Agroeca brunnea,
Diplostyla concolor,
Euryopis flavomaculata,
Pardosa lugubris,
Scotina celans.

Auch bei diesen Arten handelt es sich um überwiegende Waldtiere mit mesök ombrophilen und mesök hygrophilen Ansprüchen.

Die ökologischen Rahmenbedingungen in Wiesloch entsprechen demnach den Anforderungen der oben genannten Arten. Ihr Fehlen in Wiesloch kann mit der dort herrschenden hohen Schwermetallbelastung in Zusammenhang stehen.

Arten beider Gebiete:
Von den 24 in beiden Gebieten gemeinsam auftretenden Arten erreichten 11 in Wiesloch niedrigere Individuen- und Aktivitätsdichten (Tab. 5.20).

Tab. 5.20: Ind. Q = Individuendichte N / Individuendichte W; Akt. Q = Aktivitätsdichte N / Aktivitätsdichte W; () = Werte in Klammern auf sehr geringer Datenbasis; - = Keine Tiere in Kempsonproben.

	Ind Q	**Akt. Q**
Apostenus fuscus	5,0	3,8
Centromerus serratus	2,3	1,9
Coelotes inermis	-	7,0
Coelotes terrestris	-	1,4
Dysdera erythrina	(2,0)	1,6
Hahnia helviola	6,0	7,0
Hahnia montana	4,0	10,0
Harpactea hombergi	(2,0)	1,3
Microneta viaria	2,25	6,5
Trochosa terricola	-	2,4
Walckenaeria corniculans	(2,0)	3,4

Ökologisch sind diese Arten als mesophil-mesök ombrophil und mesophil-mesök hygrophil einzustufen. Es handelt sich um Waldarten. Nur die beiden *Coelotes*-Arten sind stenök ombrophil. *Trochosa terricola* wird als mesök xerophil gewertet.

3 Arten zeigen etwa gleiche Individuen- bzw. Aktivitätsdichten. Auch diese Arten sind Waldarten mit mesöken Ansprüchen an Licht und Feuchtigkeit (Tab. 5.21).

Tab. 5.21:

	Ind. Q	**Akt. Q**
Cicurina cicur	-	1,0
Gonatium rubellum	-	1,0
Lepthyphantes flavipes	1,3	1,1

Für 3 Arten war die Aktivitätsdichte in Wiesloch höher als in Nußloch (Tab. 5.22).

Tab. 5.22:

	Ind. Q	**Akt. Q**
Centromerus leruthi	(2)	0,6
Lepthyphantes zimmermanni	(0)	0,2
Macrargus rufus	(1)	0,3

Hier handelt es sich um Arten mit stenök ombrophil - mesök hygrophilem Verhalten. *Centromerus leruthi* wird als thermophil beschrieben.

Eine geringere Aktivitätsdichte und eine höhere Individuendichte in Wiesloch erreichte eine Art (Tab. 5.23).

Tab. 5.23:

	Ind. Q	**Akt. Q**
Hahnia pusilla	0,25	1,5

Es handelt sich um eine mesök ombrophil-xerophile Waldart.

4 Arten konnten in einem Exemplar in Wiesloch und in zwei Exemplaren in Nußloch gefunden werden. Eine Art verhielt sich entgegengesetzt. Eine Art trat in beiden Gebieten in einem Exemplar auf.

Generell sind keine großen Unterschiede in den ökologischen Ansprüchen der gefundenen Arten zu sehen.

Trotzdem kommt es z.T. zu erheblichen Differenzen zwischen den Fangergebnissen in Wiesloch und Nußloch. Von besonderem Interesse sind engverwandte Arten, deren Quotienten aus Individuen- bzw. Aktivitätsdichte NU / Individuen- bzw. Aktivitätsdichte WIE stark differieren, obwohl sie in den ökologischen Ansprüchen und der Größe übereinstimmen. Hier sind die folgenden Arten zu nennen:

Coelotes inermis - Coelotes terrestris

Hahnia helveola - Hahnia montana - Hahnia pusilla
Lepthyphantes flavipes - Lepthyphantes zimmermanni
Walckenaeria cucullata - Walckenaeria corniculans

Die in den Aufzählungen jeweils zuletzt genannten Arten scheinen die Schwermetallbelastung in Wiesloch besser zu ertragen als die davor genannten verwandten Arten.

Lepthyphantes flavipes zeigt sich kaum beeinträchtigt, *Lepthyphantes zimmermanni* kommt aber besser in Wiesloch als in Nußloch zurecht.

Amaurobius fenestralis, *Haplodrassus silvestris*, *Histopona torpida*, *Lepthyphantes zimmermanni* und *Macrargus rufus* sind in Wiesloch gegenüber Nußloch gefördert. In weiteren Untersuchungen kann festgestellt werden, ob dies auf eine höhere Toleranz gegenüber Schwermetallen zurückzuführen ist.

5.2.3.3 Diskussion der Artenzusammensetzung

Es lassen sich einige überlappende Effekte feststellen:
1. Die Mehrzahl der Arten aus Wiesloch kommt auch in Nußloch vor. Für Wiesloch ist jedoch eine deutlich geringere Artenzahl zu verzeichnen (Abb. 5.42).
2. Die Gesamtindividuendichte in Wiesloch liegt bei ca. 50% der in Nußloch festgestellten. Dieser Individuenrückgang ist auch auf Artniveau feststellbar. Nur eine Art zeigt in Wiesloch eine erhöhte Individuendichte: *Hahnia pusilla.*
   Eventuell kann sie sich durch die extrem verminderte Aktivität vor schwerwiegenden Folgen schützen (s. Kap. 7.3).

Für weitere Untersuchungen scheinen vor allem folgende Arten interessant zu sein:
zu 1. *Micrargus herbigradus* und *Diplocephalus picinus* scheinen sehr empfindlich auf Schwermetalle zu reagieren.
zu 2. *Apostenus fuscus*, *Hahnia helveola*, *Hahnia montana* und *Microneta viaria* zeigen in Wiesloch starke Bestandseinbußen. *Hahnia pusilla* reagiert mit einem Bestandsanstieg.

Abschließende Diskussion der Ergebnisse der Untersuchungen zur Bodenspinnenfauna:

In Wiesloch wurden weniger Arten nachgewiesen als in Nußloch. Auch WILLIAMSON & EVANS (1973) fanden in ihren mit Blei angereicherten Proben weniger Arten.

Sowohl die Individuendichte als auch die Aktivitätsdichte sind in Wiesloch wesentlich niedriger als in Nußloch (um 50% bzw. 42%).

Niedrige Werte für die Vergleichsberechnungen (Jaccard'sche Zahl, Renkonen-Index, Wainstein'sche Zahl) belegen die unterschiedliche Zusammensetzung der Spinnenfauna in den Vergleichsgebieten (BAEHR 1983).

Besonders interessant ist der Anteil der Männchen und Weibchen an den Barberfallenfängen. In Wiesloch wurden fast genau soviele Weibchen wie Männchen gefangen, obwohl in Barberfallen normalerweise mit einem höheren Anteil an Männchen zu rechnen ist (ALBERT 1976).

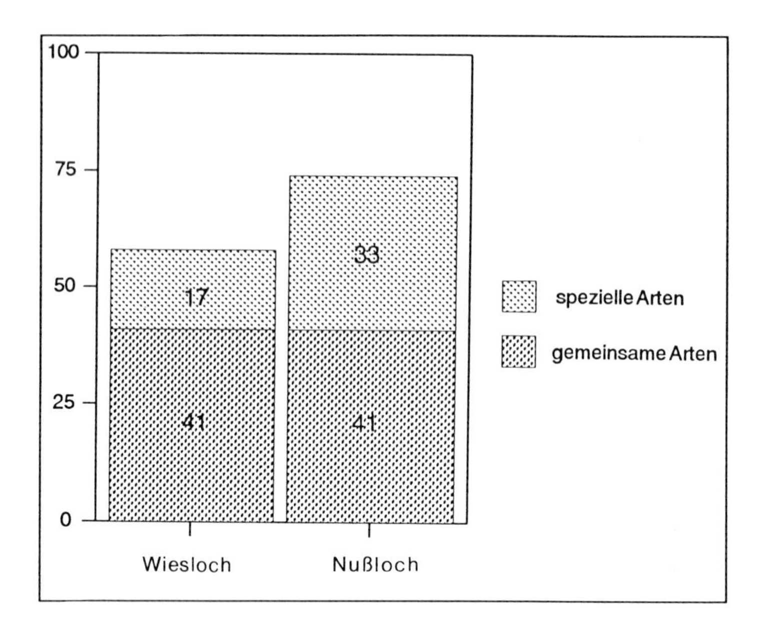

Abb. 5.42: Artenvergleich für alle Fangdaten 1990/91.

Schon die Individuendichte offenbart geschlechtsspezifische Unterschiede. Die Abundanz in Wiesloch lag für die Weibchen um 58%, für die Juvenilen um 46%, für die Männchen sogar um 76% niedriger als in Nußloch. Bei der Aktivitätsdichte ergaben sich 41% weniger Weibchen, 8,6% weniger Juvenile und 56% weniger Männchen.

Diese Unterschiede hängen wahrscheinlich direkt oder indirekt mit der Schwermetallbelastung zusammen.

Dabei sind folgende Zusammenhänge denkbar:
- durch die Anreicherung oder Verarbeitung von Schwermetallen im Tier können Verhaltensänderungen hervorgerufen werden. Generell ist bei starker Bleibelastung auch eine erhöhte Bleikonzentration in Arachnida feststellbar (WADE et al. 1980, HOPKIN 1989). Verschiedene Spinnenarten reagieren sehr unterschiedlich auf Schwermetalle (CLAUSEN 1984, 1986, LUDWIG 1990 a, b).
- indirekt kann sich die Schwermetallbelastung durch Änderung des Substrates (z.B. verklebte Blattstreu) (ALBERT 1982, STIPPICH 1986) und des Beutespektrums (BAEHR 1986, UETZ 1979) auswirken.

Diese Einflüsse können sich in verschiedener Weise auf die Spinnenfauna auswirken:
- als Verschiebung des Artenspektrums durch die Schädigung empfindlicher und die Förderung unempfindlicher Arten,
- als Verschiebung der Geschlechterverhältnisse innerhalb der Arten durch unterschiedliche Empfindlichkeit z.B. durch unterschiedliche Größe oder Laufaktivität (HEUBLEIN 1983).

Wie diese Faktoren zusammenspielen, muß noch geklärt werden. Die Untersuchung macht aber deutlich, daß es sich um viele, sich überlagernde Effekte handelt.

Interessant ist, daß letztlich eine recht einfach zu ermittelnde Gesamtveränderung auftritt. Neben der geringen Individuen- und Aktivitätsdichte ist dies vor allem das Verhältnis von Männchen zu Weibchen in den Barberfallen von fast 1:1 in Wiesloch. Im Normalfall, an unbelasteten Standorten, ist ein erheblich höherer Anteil an Männchen zu erwarten.

Zur Beschreibung des belasteten Gebietes lassen sich Negativlisten heranziehen. Diese enthalten besonders empfindliche Arten, die im Belastungsfall ganz ausfallen oder deutliche Bestandseinbußen aufweisen. Für unser Untersuchungsgebiet sind dies *Apostenus fuscus*, *Coelotes inermis*, *Hahnia helveola*, *Hahnia montana*, *Micrargus herbigradus*, *Microneta viaria* und *Walckenaeria cucullata*.

Noch besser als Fehlarten lassen sich Arten, die im Belastungsfall besonders häufig auftreten, als Bioindikatoren nutzen. An dem untersuchten Schwermetall-Standort waren dies *Lepthyphantes zimmermanni* und *Macrargus rufus*.

5.2.4 Doppelfüßer (Diplopoda)

Mit ihren spezialisierten Mundwerkzeugen zerkleinern Diplopoden das angerottete Pflanzenmaterial, wobei sie je nach Art unterschiedlich effektiv zu Werke gehen (KÖHLER & ALBERTI, 1990) (Abb. 5.1 b). Diplopoden können sich durch das lockere Substrat hindurch stemmen und sind z.T. auch zu einer gewissen Grabaktivität fähig. In regenwurmarmen Gebieten stellen sie zusammen mit anderen Bodenarthropoden (z.B. Asseln) die wichtigsten Primärzersetzer (DUNGER 1958, 1983).

5.2.4.1 Material und Methoden

Die Diplopoden wurden zusammen mit den Spinnen (Araneae) bearbeitet und, wie dort beschrieben (s. 5.2.3), mit Bodenfallen nach BARBER (1931) sowie durch Hitzeextraktion nach KEMPSON et al. (1963) erbeutet. Auch hier konnte der Vergleich zu einer Voruntersuchung (WEIN 1990) gezogen werden.

Die Auswertung erfolgte entsprechend Kap 5.1.5.

5.2.4.2 Resultate

Auswertung der Fangmethoden:
- Artenzusammensetzung, Artenzahlen

Zur Erstellung der folgenden Tabellen (Tab. 5.24, Tab. 5.25) wurde der gesamte Untersuchungszeitraum vom 29.1.-5.12.1991 berücksichtigt. Zur Systematik der Diplopoden vgl. im Anhang, Tab. A10.

Tab. 5.24 zeigt, daß die Anzahl der durch wenigstens ein Adulttier nachgewiesenen Arten entsprechend den Untersuchungsergebnissen aus der Voruntersuchung von 1990 in WIE und

NU nahezu gleich ist (WEIN 1991). Ein Nachweis des Vorkommens von *Craspedosoma rawlinsii* und *Polydesmus angustus* im Untersuchungsgebiet WIE konnte 1991 im Gegensatz zu 1990 nicht erbracht werden. *C. rawlinsii* wurde 1990 mit dem Käfersieb gefangen, während *P. angustus* als Einzelexemplar in Barberfallenfängen vom 31.12.1990 auftrat. Im Untersuchungsgebiet NU war im Gegensatz zu 1990 *Polydesmus testaceus* in den Bodenfallen vorhanden. *Polydesmus denticulatus*, der 1990 in Nußloch mit Hilfe des Käfersiebes gefangen wurde, konnte 1991 in diesem Gebiet nicht entdeckt werden.

Entsprechend den Ergebnissen von 1990 traten *Cylindroiulus caeruleocinctus* und *Unciger foetidus* ausschließlich im Gebiet NU auf, während *Chordeuma silvestre* nur in WIE nachgewiesen wurde.Bei der Hitzeextraktion konnte im Gebiet WIE ein juveniler Diplopode der Familie Craspedosomidae nachgewiesen werden (Tab. 5.25). Hierbei könnte es sich um *C. rawlinsii* gehandelt haben.

Tab. 5.24: Arten- und Individuenzahl der adulten Diplopoden in WIE und NU nach Methoden getrennt.

	Wiesloch		**Nußloch**	
Methode	**Barberfalle**	**Kempsonex.**	**Barberfalle**	**Kempsonex.**
P. lagurus	3	116	0	10
G. conspersa	2	0	3	0
G. undulata	4	0	35	11
C. silvestre	2	0	0	0
M. voigti	4	9	0	1
M. germanica	7	1	3	0
C. rawlinsii	0	0	1	0
P. angustus	0	0	0	0
P. denticulatus	38	0	0	0
P. testaceus	4	0	0	0
A. nitidus	13	13	2	15
C. caeruleocinctus	0	0	1	0
J. scandinavius	75	1	80	4
T. niger	32	1	122	1
U. foetidus	0	0	1	1
Artenzahl	11	6	10	7
Σ Adulte	184	141	250	43
Nachgewiesene Arten	11		12	

Tab. 5.25: Individuenzahl der juvenilen Diplopoden in WIE und NU nach Methoden getrennt.

	Wiesloch		Nußloch	
Methode	**Barber**	**Kempsonex.**	**Barber**	**Kempsonex.**
Polyxenidae	5	66	0	0
Glomeridae	6	1	41	17
Chordeumidae	18	147	4	111
Craspedosomidae	0	1	1	1
Polydesmidae	51	29	2	1
Julidae	146	77	231	242
Σ Juvenile	226	321	279	372

Diskussion:
Die Ergebnisse bestätigen wiederum die Erfahrung, daß die Diplopoden-Arten eines Untersuchungsgebietes nicht vollständig mit einer Methode allein erfaßt werden können (vgl. WEIN 1991). Unter anderem sind dabei die Stichprobengröße, die Probenahmefrequenz sowie der Zeitpunkt der Probenahme wichtig. Die Barberfallen-Methode war in bezug auf die Artenzahl auch im Jahre 1991 ergiebiger als die Hitzeextraktion, wobei die Laufaktivität der einzelnen Spezies bei den Bodenfallen ausschlaggebend ist.

- Individuenzahlen

Für die einzelnen Methoden sehen die Ergebnisse folgendermaßen aus:

In Wiesloch konnten 1991 mit den Bodenfallen 226 Individuen und mit dem Kempson-Apparat 462 Individuen ausgelesen werden. Für Nußloch lauten die entsprechenden Zahlen 279 bzw. 415. Dabei wurden mit Hilfe der Barberfallen im Verhältnis mehr adulte Tiere gefangen, während juvenile Diplopoden einen höheren Anteil bei der Hitzeextraktion ausmachten (Tab. 5.24, Tab. 5.25).

Entsprechend den Untersuchungsergebnissen von 1990 (WEIN 1991) zeigt Wiesloch bei der Betrachtung einer flächenbezogenen Fangmethode (Kempson) einen größeren Individuenreichtum als Nußloch. Dabei ist der hohe Anteil an Adulttieren von *Polyxenus lagurus* in den Kempson-Proben des Gebietes WIE besonders auffällig. Ein höherer Anteil an juvenilen Tieren ist bei der Hitzeextraktion von Bodenproben aus dem Untersuchungsgebiet NU festzustellen, was im Gegensatz zu den Ergebnissen von 1990 steht (WEIN 1991).

Die geringe Fängigkeit der Bodenfallen in Wiesloch könnte wiederum eine Bestätigung für die eingeschränkte Aktivität der Tiere unter Schwermetallbelastung sein (STROJAN 1978 b). Adulte Tiere von *T. niger* zeigen entsprechend den Ergebnissen von 1990 (WEIN 1991) in Nußloch eine besonders hohe Aktivität (s. auch Kap. 7.3).

- Dominanzindizes (Dominanzklassen nach ENGELMANN 1978)

In der folgenden Tabelle (Tab. 5.26) sind die häufigsten Diplopoden-Arten der beiden Untersuchungsgebiete sowie die zugehörigen Dominanzindizes d_i nach Fangmethoden getrennt aufgeführt. Die gesamte Fangperiode vom 29.1. - 5.12.91 wurde dabei berücksichtigt. Die Ergbnisse betreffen ausschließlich adulte Tiere.

Tab. 5.26: Dominanzindices d_i. $d_i = D_i /100$ (nach ENGELMANN 1978).

Gebiet	Methode	häufigste Art	d_i
Wiesloch	Barberfallen	*J. scandinavius*	0,40
	Kempsonextraktion	*P. lagurus*	0,82
	alle Methoden	*P. lagurus*	0,36
Nußloch	Barberfallen	*T. niger*	0,48
	Kempsonextraktion	*A. niditus*	0,34
	alle Methoden	*T. niger*	0,41

Beim Vergleich der in Tab. 5.26 aufgeführten Ergebnisse mit den Untersuchungsergebnissen von 1990 (WEIN 1991) fallen Unterschiede auf. So stellte *J. scandinavius* 1991 die häufigste Diplopodenart in den Wieslocher Bodenfallen dar, während 1990 *T. niger* und *P. denticulatus* häufiger als *J. scandinavius* vorkamen. Der Dominanzindex wird bei *J. scandinavius* u.a. von den hohen Individuenzahlen am 13.3.91 und 25.4.91 geprägt (Anhang, Tab. A11). Das sind im Gegensatz zu 1990 zwei große Maxima im Auftreten dieser Art, wobei das erste Maximum in einem Zeitraum liegt, der 1990 nicht beprobt werden konnte. Somit ist anzunehmen, daß das Frühjahrsmaximum dieses Juliden 1990 nicht vollkommen erfaßt wurde. *Polydesmus denticulatus* stellt sowohl 1990 als auch 1991 die zweithäufigste Art in den Bodenfallen von Wiesloch dar. Das Maximum ihres Auftretens ist Ende Juli/Anfang August 1991 jedoch deutlich geringer als im Vergleichszeitraum 1990. *Polyxenus lagurus* erhält im Gebiet Wiesloch im Rahmen der Hitzeextraktion und bei der Zusammenfassung aller angewandter Methoden sowohl 1990 als auch 1991 den höchsten Dominanzindex (Tab. 5.26: 0,36).

In beiden Jahren stellt *T. niger* in den Bodenfallen und bei Berücksichtigung aller angewandten Methoden die häufigste Diplopodenart im Probenahmegebiet Nußloch dar. Auch bei dieser Art ist zu berücksichtigen, daß schon am 13.3.91 eine hohe Individuenzahl auftritt (Anhang, Tab. A13). Das Maximum im Mai ist 1991 deutlich geringer als 1990. *P. lagurus* wird 1991 von *A. nitidus* als häufigste Art der mit der Hitzeextraktion gewonnen Tiere des Gebietes NU abgelöst. *P. lagurus* stellt dabei nur noch die dritthäufigste Art in diesem Jahr dar (Tab. 5.24).

Die Unterschiede in der Häufigkeit der einzelnen Diplopodenarten könnten z.B. auf klimatische bzw. mikroklimatische Änderungungen zurückzuführen sein, auf natürlichen Populationsschwankungen beruhen oder in der Durchführung der Fangmethoden begründet sein. So könnte die Reduzierung der Fallenzahl auf nur 7 Bodenfallen zu den abweichenden Ergebnissen beigetragen haben, da möglicherweise von bestimmten Spezies bevorzugte Regionen am Boden dadurch nicht mehr erfaßt wurden. Dies könnte vor allem im Untersuchungsgebiet WIE bedeutsam sein, das bekanntlich eine große Strukturheterogenität besitzt.

- Dominanzwerte, -klassen und -struktur (Dominanzklassen nach ENGELMANN 1978):

Im folgenden werden die Dominanzwerte (d_i bzw. D_i) der mit Hilfe der Barberfallen (Ba) und der Hitzextraktion (Ke) im gesamten Untersuchungszeitraum 1991 ermittelten Diplopodenarten und ihre Einordnung in Dominanzklassen (Tab. 5.27 a, b), sowie die Dominanzstruktur der Hauptarten bei den einzelnen Methoden (Tab. 5.28 a, b) dargestellt.

Diskussion:
Im Vergleich zu den entsprechenden Werten von 1990 (WEIN 1991) ergeben sich Gemeinsamkeiten aber auch Unterschiede:

a) Wiesloch/Barberfallen:

Während 1990 im Gebiet WIE mit dieser Methode 7 Hauptarten ermittelt werden konnten, traten 1990 nur 5 Hauptarten auf. Dabei ist auch die Dominanzstruktur verschieden. So stellte die euryöke, sehr laufaktive Art *T. niger* 1990 in den Bodenfallen in WIE die häufigste Art dar, während 1991 der ebenfalls euryöke, sehr laufaktive *J. scandinavius* deutlich häufiger auftrat und eudominanten Status erreichte. Mögliche Gründe hierfür wurden bereits oben genannt.

Tab. 5.27 a: Dominanzwerte (D_i = d_i in %) der Diplopodenarten in Wiesloch und ihre Dominanzklassen: (******) = eudominant, (*****) = dominant, (****) = subdominant, (***) = rezedent, (**) = subrezedent und (*) = sporadisch (Dominanzklassen nach ENGELMANN 1978).

	Barberfallen	**Kempsonex.**	**alle Methoden**
P. lagurus	1,63 (***)	82,26 (******)	36,61 (******)
G. conspersa	1,08 (***)	-	0,61 (**)
G. undulata	2,17 (***)	-	1,23 (***)
C. silvestre	1,08 (***)	-	0,61 (**)
M. voigti	2,17 (***)	6,38 (****)	4,00 (****)
M. germanica	3,80 (****)	0,70 (**)	2,46 (***)
P. denticulatus	20,65 (*****)	-	11,69 (*****)
P. testaceus	2,17 (***)	-	1,23 (***)
A. nitidus	7,06 (****)	9,21 (****)	8,00 (****)
J. scandinavius	40,76(******)	0,70 (**)	23,38 (*****)
T. niger	17,39 (*****)	0,70 (**)	10,15 (*****)

Tab. 5.27 b: Dominanzwerte (D_i = d_i in %) der Diplopoden-Arten in Nußloch und ihre Dominanzklassen: (******) = eudominant, (*****) = dominant, (****) = subdominant, (***) = rezedent, (**) = subrezedent, (*) = sporadisch (Dominanzklassen nach ENGELMANN 1978).

	Barberfallen	**Kempsonex.**	**alle Methoden**
P. lagurus	-	23,25 (*****)	3,41 (****)
G. conspersa	1,20 (***)	-	1,02 (***)
G. undulata	14,00 (*****)	25,58 (*****)	15,69 (*****)
M. voigti	-	2,30 (***)	0,34 (**)
M. germanica	1,20 (***)	-	1,02 (***)
C. rawlinsii	0,40 (**)	-	0,34 (**)
P. testaceus	0,80 (**)	-	0,68 (**)
A. nitidus	0,80 (**)	34,88 (******)	5,80 (****)
C. caeruleocinctus	0,40 (**)	-	0,34 (**)
J. scandinavius	32,00 (******)	9,30 (****)	28,66 (*****)
T. niger	48,80 (******)	2,32 (***)	41,97 (******)
U. foetidus	0,40 (**)	2,32 (***)	0,68 (**)

Tab. 5.28 a: Dominanzwerte [in %] der Hauptarten in den Barberfallen (Dominanzklassen nach ENGELMANN 1978).

Wiesloch		**Nußloch**	
J scandinavius	40,76	*T. niger*	48,80
P. denticulatus	20,65	*J. scandinavius*	32,00
T. niger	17,39	*G. undulata*	14,00
A. nitidus	7,06		
M. germanica	3,80		

Tab. 5.28 b: Dominanzwerte [in %] der Hauptarten in den Kempsonproben (Dominanzklassen nach ENGELMANN 1978).

Wiesloch		**Nußloch**	
P. lagurus	82,26	*A. nitidus*	34,88
A. nitidus	9,21	*G. undulata*	25,58
M. voigti	6,38	*P. lagurus*	23,25
		J. scandinavius	9,30

In beiden Jahren waren *T. niger* und der euryöke Laubbewohner *P. denticulatus* in den

Bodenfallen von WIE dominant vertreten. Der stenöke *A. nitidus*, der 1990 in WIE ebenfalls dominant auftrat, war 1991 hier nur subdominant vorhanden. Die stenöke, laufaktive Art *M. germanica* zeigte subdominanten Charakter. *G. undulata*, eine Art, die 1990 dominant war, und *P. lagurus* traten 1991 nur als Begleitarten auf. Für *P. lagurus* ist der Status einer Begleitart in Bodenfallen realistisch, da diese Kleinform wenig mobil ist. Die Schwankung im Auftreten von *G. undulata* ist schwer zu erklären, da nur wenig über die Autökologie dieser Art bekannt ist.

b) Nußloch/Barberfallen:

Die in NU ermittelten Ergebnisse stimmen in den Jahren 1990 und 1991 weitgehend überein. Von den 3 festgestellten Hauptarten besaß *T. niger* in beiden Jahren die größte Häufigkeit im Auftreten sowie Eudominanz. *G. undulata* war sowohl 1990 als auch 1991 in den Bodenfallen von NU dominant vertreten, während *J. scandinavius* 1990 dominanten und 1991 eudominanten Charakter zeigte. Hier könnte wiederum das Auftreten Ende Februar/Anfang März (1990 nicht erfaßt) ausschlaggebend sein.

c) Wiesloch/Kempson:

Die mit der Hitzeextraktion ermittelte Dominanzstruktur stimmt im Vergleich der beiden Jahre nahezu überein. Von den 3 ermittelten Hauptarten zeigte *P. lagurus* in beiden Jahren eindeutig eudominanten Charakter. Das Auftreten des euryöken *M. voigti* und des stenöken *A. nitidus* erreichte hierbei im Gegensatz zu 1990 nur noch Subdominanz. Auffällig ist, daß *M. voigti* 1990 nur bei der Hitzextraktion vom 10.10.90 vorhanden war, während diese Art 1991 in 3 von 4 Extraktionen gewonnen wurde.

d) Nußloch/Kempson:

Der Vergleich der Werte von NU zeigt stärkere Unterschiede zwischen 1990 und 1991. So konten 1990 7 Hauptarten festgestellt werden, während 1991 nur 4 Hauptarten gefunden wurden. *A. nitidus* war 1991 im Gegensatz zu 1990 eudominant und damit der häufigste Diplopode in den Bodenproben. *G. undulata* und *P. lagurus*, letzterer war 1990 die häufigste Art, behielten ihren dominanten Charakter bei. *M. voigti,* ein Diplopode der 1990 dominant in den Kempson-Proben auftrat, gehörte 1991 wie auch *T. niger* und *U. foetidus* nicht mehr zu den Hauptarten. Der Hauptarten-Charakter von *M. voigti* beruhte 1990 auf nur einer Kempson-Probe, was das Problem der Vergleichbarkeit der Probenahmezeitpunkte aufwirft. Diese ist u.a. von klimatischen und mikroklimatischen Faktoren abhängig und ist bei wenigen Probenahmen, die in relativ großen Abständen über das Jahr verteilt erfolgen, schwer zu realisieren.

- Abundanz

Die Abundanz wurde mit Hilfe der Ergebnisse der Hitzeextraktion bestimmt. Der Multiplikationsfaktor für den Bodenstecher beträgt bei 24 Proben 3,689. In Tab. 5.29 werden die durchschnittlichen Individuenzahlen pro Kempson-Probe aufgelistet. Abb. 5.43 und 5.44 geben die im Rahmen der Hitzeextraktion ermittelten, durch Hochrechnung erhaltenen Individuenzahlen pro m² an.

Tab. 5.29: Durchschnittliche Individuenzahl der Diplopoden pro Kempson-Probe. Die Standardabweichung beträgt dabei meist über 100%.

	Wiesloch	Nußloch
25.5.	3,8	7,5
15.7.	5,1	4,8
11.9.	5,2	1,8
28.10.	4,7	3,2

Diskussion:

Die Individuenzahlen der Diplopoden pro m^2 erreichte wie 1990 wiederum in Wiesloch im Durchschnitt einen höheren Wert als in Nußloch (vgl. WEIN 1991). Der Anteil der Jungtiere an der durchschnittlichen Abundanz beträgt dabei in WIE 68,7% und in NU 89,7%. In WIE konnten also wie 1990 deutlich mehr Adulttiere als in NU mit dieser Methode erfaßt werden. Dabei handelt es sich vor allem um *P. lagurus*, der 1991 ca. 82% aller mit der Kempson-Methode ermittelten Adulti vertritt. *A. nitidus* und *M. voigti* sind hierbei mit 9% bzw. 6% vertreten. *A. nitidus* ist mit einem Anteil von ca. 35% der häufigste Diplopode in NU, gefolgt von *G. undulata* (ca. 26%) und *P. lagurus* (ca. 23%).

Im Gegensatz zu 1990 traten im Gebiet NU durchschnittlich mehr juvenile Tiere als in WIE auf (Abb. 5.43 u. 5.44, vgl. WEIN 1991). In NU handelt es sich dabei wie im Jahr 1990 überwiegend um Jungtiere der Familien Julidae und Chordeumidae, die 1991 ca. 65% bzw. ca. 30% aller in NU extrahierten Jungtiere repräsentieren. Juvenile Glomeriden sind in diesem Gebiet mit einem Anteil von 4-5% vertreten. Die Jungtiere in Wiesloch setzen sich vor allem aus Vertretern der Familien Chordeumidae (ca. 46%), Julidae (ca. 24%) und Polyxenidae (ca. 21%) zusammen. Juvenile Polydesmiden, die in Nußloch auch 1991 mit dem Kempson-Apparat nicht nachgewiesen werden konnten, besitzen in WIE einen Anteil von ca. 9%.

Im Untersuchungsgebiet WIE wurden 1991 die höchsten Abundanzen am 15.7. sowie am 11.9. erreicht (Abb. 5.43). Geringfügig niedriger ist die Individuenzahl am 28.10., während die niedrigste Abundanz im Mai zu beobachten ist. Der Anteil der Adulti an der Abundanz ist dabei bei den Terminen im Frühjahr und im Sommer sehr gering (Abb. 5.44), steigt aber im Herbst auf ca. 50% an, was vor allem auf *P. lagurus* zurückzuführen ist (Abb. 5.43, Abb. 5.44).

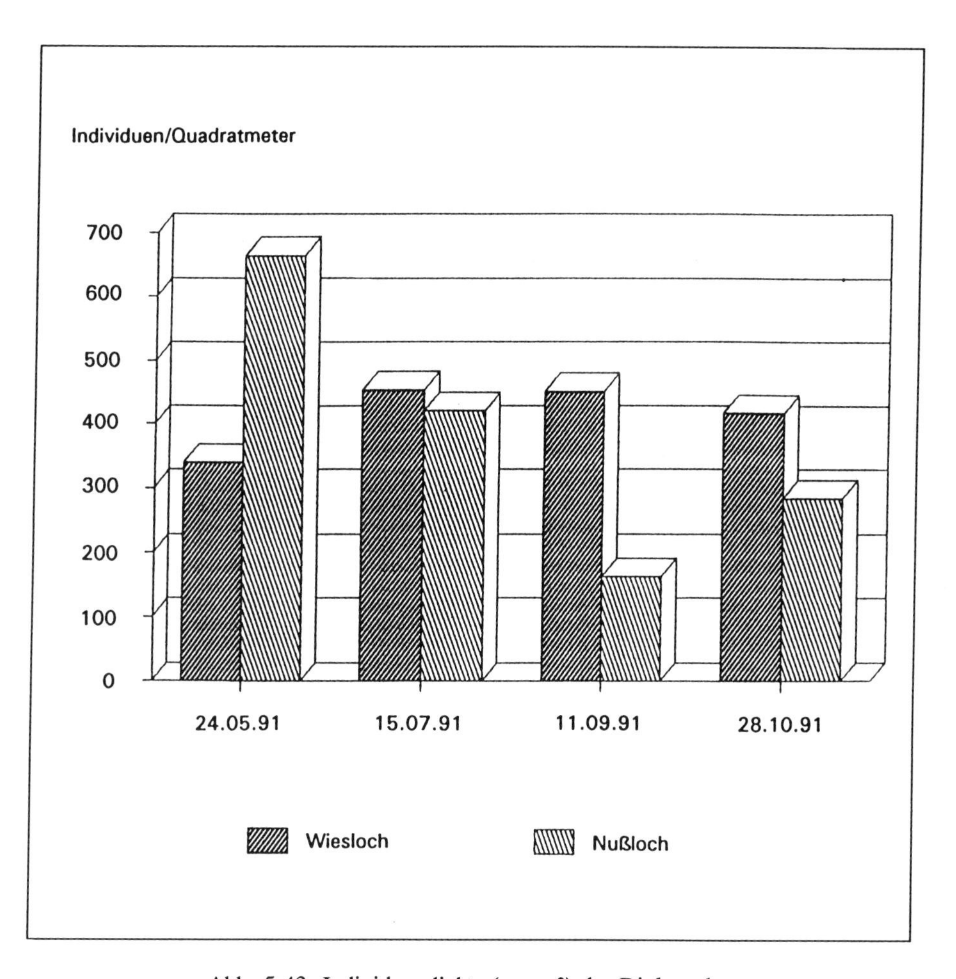

Abb. 5.43: Individuendichte (pro m²) der Diplopoda.

1991 ist im Untersuchungsgebiet NU die Individuendichte am 24.5. am höchsten, was auf einen sehr hohen Anteil an Juvenilen der Familie Julidae zurückzuführen ist (ca. 94%) und wiederum in krassem Gegensatz zu den Ergebnissen von 1990 steht (Abb. 5.43, Abb. 5.44, vgl. WEIN 1991). Die niedrigste Abundanz wurde 1991 im September ermittelt. Zu diesem Zeitpunkt erreichte sowohl die Dichte der adulten Diplopoden als auch das Vorkommen der juvenilen Tiere ein Minimum (Abb. 5.43, Abb. 5.44).

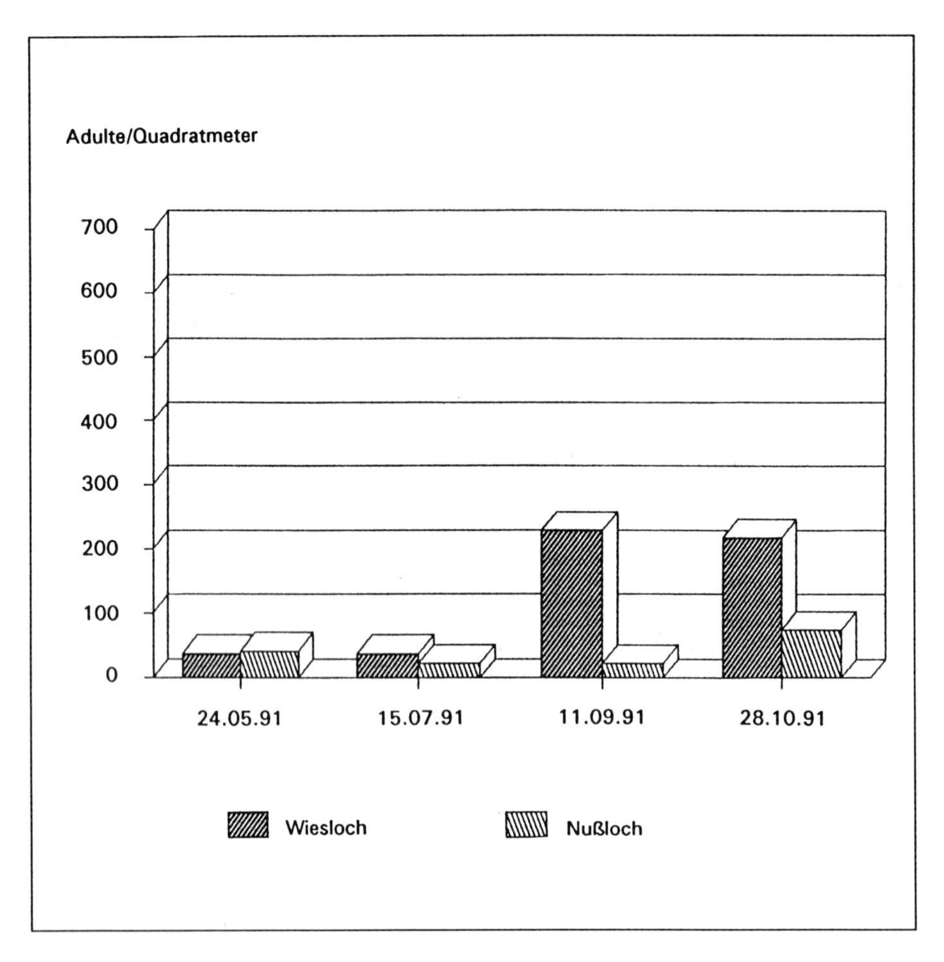

Abb. 5.44: Individuendichte (pro m²) der adulten Diplopoda.

- Aktivitätsdichte: Bodenfallen

In Abb. 5.45 wird die Anzahl der im Laufe des Jahres 1991 in jeweils 7 Bodenfallen pro Untersuchungsgebiet bei einer Expositionszeit von 14 Tagen gefangenen Diplopoden aufgezeigt. Die Fallenleerungen vom 29.1. und 27.2.1991 sind in der Grafik nicht enthalten und gehen nicht in die Berechnung der Aktivitätsdichte mit ein, da die Expositionszeit in den Wintermonaten 4 Wochen betrug. Zur Ergänzung siehe im Anhang Tab. A11 und A13.

Abb. 5.45 zeigt wie im Jahr 1990 in beiden Untersuchungsgebieten einen periodischen Verlauf mit Maxima im Frühjahr und Herbst und einem Minimum in den Sommermonaten. Im Gegensatz zu 1990 sind 1991 zwei Maxima im Frühjahr zu beobachten. Eines dieser Maxima liegt im zeitigen Frühjahr (13.3.), welches 1990 nicht erfaßt wurde. Am Standort WIE ist dieses Maximum vor allem auf die hohe Aktivität von *J. scandinavius*-Männchen zurückzuführen, während in NU die männlichen Tiere von *T. niger* dafür verantwortlich sind. Ein zweites Maximum tritt in WIE am 10.5. auf, was größtenteils wieder *J. scandinavius* zuzuschreiben ist (Anhang, Tab. A11 und A13). Das 2. Frühjahrsmaximum der Barberfallenfänge von NU wurde am 23.5. beobachtet (Abb. 5.45) und kann erneut auf *T. niger*-Männchen zurückgeführt werden (Anhang, Tab. A13). Im Vergleich zu den Barberfallenergebnissen von 1990 (WEIN 1991) tritt somit das Frühjahrsmaximum in NU etwas später im Mai auf, während der Zeitpunkt der höchsten Individuenzahl Anfang Mai erhalten bleibt (Abb. 5.45). Gründe für die Verschiebung in NU könnten klimatischer Natur sein oder auf natürlichen Populationsschwankungen beruhen. Die Erhöhung der Individuenzahl im Gebiet WIE am 1.8. ist auf die hohe Aktivität von *P. denticulatus* zurückzuführen (Anhang, Tab. A11). Das verstärkte Auftreten dieses Polydesmiden konnte auch 1990 zu einem ähnlichen Zeitpunkt beobachtete werden (WEIN 1991).

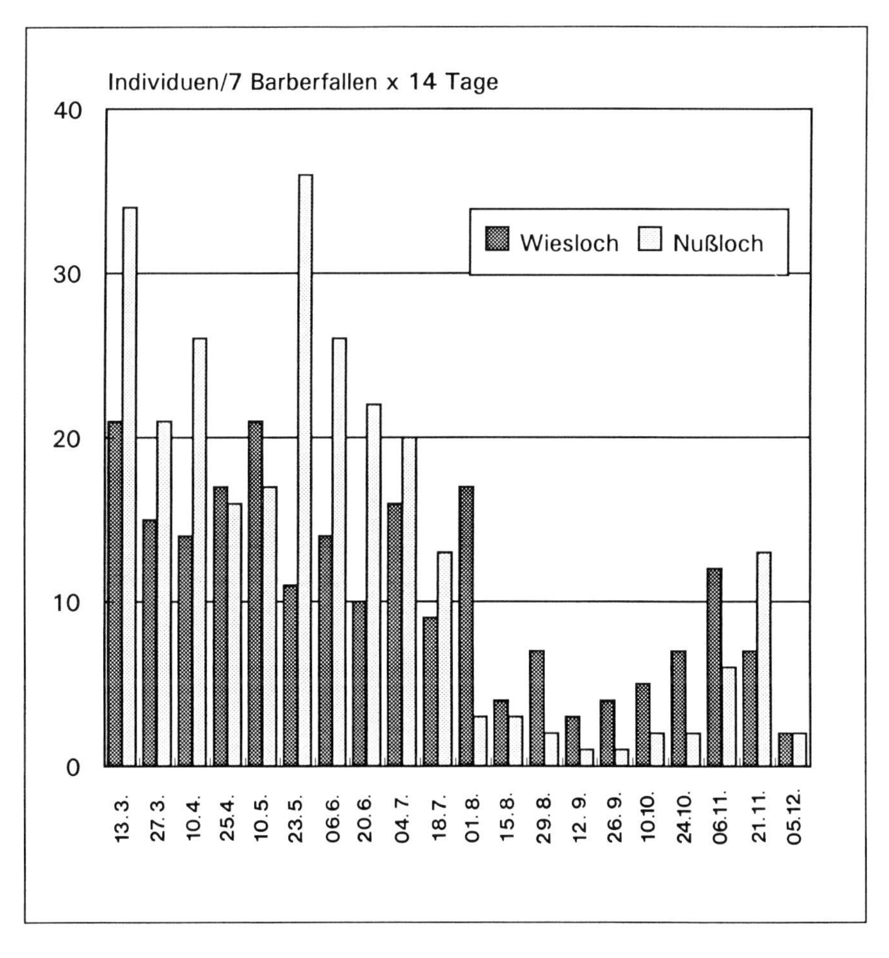

Abb. 5.45: Aktivitätsdichte der Diplopoda 1991.

Die im Vergleich zu den Frühjahrsmaxima niedrigeren Werte im Herbst beruhen am 6.11. in WIE auf der Aktivität der beiden Juliden *J. scandinavius* und *T. niger*, in NU am 21.11. ausschließlich auf dem Auftreten von *T. niger* (Abb. 5.45, Anhang, Tab. A11 und A13). Im Vergleich zu den Ergebnissen von 1990 ist der Anstieg der Individuenzahlen im Herbst zu einem etwas späteren Zeitpunkt zu beobachten. Klimatische bzw. mikroklimatische Gründe könnten hierfür verantwortlich sein. Die Aktivitätszeiten der Hauptarten beider Untersuchungsgebiete stimmen größtenteils mit den Ergebnissen von 1990 überein (Anhang, Tab. A11 und A12, vgl. WEIN 1991). Auffällig ist 1991 eine höhere Frühjahrsaktivität von *J. scandinavius* in WIE.

Die berechnete Aktivitätsdichte (AD) beträgt für WIE 0,005 und für NU 0,007. Die Ergebnisse stimmen weitgehend mit den Berechnungen von 1990 überein, wobei AD in Wiesloch 1991 um 0,001 höher liegt als 1990. Die etwas erhöhte Aktivitätsdichte könnte aus dem erweiterten Untersuchungszeitraum 1991 resultieren.

Insgesamt ist also die Aktivitätsdichte der Diplopoden am Standort NU sowohl 1990 als auch 1991 höher als am Standort WIE. Dabei treten in WIE 1991 nur 5 Hauptarten in den Barberfallen auf, während 1990 7 Hauptarten gefunden wurden. In Nußloch setzen sich die mit den Bodenfallen ermittelten Individuenzahlen erneut aus 3 Hauptarten zusammen. Im Gegensatz zu 1990 konnten auch Individuen der Familie Chordeumidae und Polydesmidae in geringer Zahl in den Barberfallen von Nußloch nachgewiesen werden.

- Faunenähnlichkeit

Artenidentität:
Jaccard'sche Zahl (Ja)
Die Berechnung von Ja wurde für die Barberfallen- und Kempson-Methode getrennt und zusammengefaßt durchgeführt. Hierbei wurden Adulti des gesamten Untersuchungszeitraumes vom 29.1.- 5.12.91 berücksichtigt (Tab. 5.30).

Tab. 5.30: Artenidentität (Ja in %) zwischen Wiesloch und Nußloch.

Barberfallen	Kempsonextraktion	beide Methoden
50,00	62,50	64,28

Im Vergleich zu den Ergebnissen des Jahres 1990 liegt Ja sowohl bei der Barberfallen-Methode als auch bei der Hitzeextraktion 1991 etwas höher als 1990 (vgl. WEIN 1991).

Dominanzidentität:
Renkonen-Index (Re)
Re wird für Barberfallen und Kempsonproben getrennt angegeben und bezieht sich auf Adulti des gesamten Untersuchungszeitraumes 1991 (Tab. 5.31).

Tab. 5.31: Dominanzidentität (Re in %) zwischen Wiesloch und Nußloch.

Barberfallen	**Kempsonextraktion**
56,25	36,23

Die Dominanzidentität zwischen WIE und NU ist 1991 bei Anwendung der Barberfallen-Methode im Vergleich zu 1990 etwas größer, bei Durchführung der Hitzeextraktion jedoch geringer.

Wainstein'sche Zahl (Wa)
Wa wurde für beide angewandten Methoden getrennt berechnet (Tab. 5.32).

Tab. 5.32: Wainstein-Index (Wa in %) zwischen Wiesloch und Nußloch.

Barberfallen	**Kempsonextraktion**
28,13	22,64

Wie aus Tab. 5.32 ersichtlich wird, erreicht der Wainstein-Index bezüglich der Diplopoden zwischen den beiden Gebieten keine sehr hohe Übereinstimmung. Wa liegt 1991 sowohl bei den Barberfallen als auch bei den Kempson-Proben unter den Werten von 1990 (WEIN 1991).
Diversität:
Shannon-Weaver-Index (Hs) (Tab. 5.33):

Tab. 5.33: Diversität (Hs) bei der Kempson-Methode.

Wiesloch	**Nußloch**
0,69	1,51

Im Untersuchungszeitraum 1991 erreicht Hs wie im Jahr 1990 für WIE einen niedrigeren Wert als für NU. Die geringere Diversität bezüglich der Diplopodenfauna im Gebiet WIE wird also bestätigt. Beide Werte liegen etwas unter den Hs-Werten von 1990, sind aber aufgrund der technisch besseren Durchführung der Extraktion 1991 als wahrscheinlicher anzusehen. Dabei liegt der Hs-Wert von NU gerade noch im Rahmen der Angaben von MÜHLENBERG (1989), wohingegen der Hs-Wert von WIE erneut deutlich unter den Werten liegt, die durchschnittlich in Biocönosen erreicht werden (1,5 - 3,5).

Evenness (Tab. 5.34):

Tab. 5.34: Evenness (E) bei der Kempson-Methode.

Wiesloch	Nußloch
0,39	0,77

Auch die Evenness nimmt in WIE im Vergleich zu NU einen deutlich niedrigeren Wert an. Die Ergebnisse von 1991 bestätigen die Resultate von 1990, wobei die Werte von 1991 niedriger liegen (vgl. WEIN 1991).

Zusammenfassender Vergleich der faunistischen Ergebnisse 1990 und 1991: Diplopoden.

Die Ergebnisse der Barberfallen- und Kempson-Methode zeigen in beiden Jahren größtenteils Übereinstimmungen.

Die Anzahl der nachgewiesenen Arten war 1991 in WIE und NU mit 11 bzw. 12 Spezies nahezu gleich. Im Gegensatz zu 1990 konnte das Vorkommen von *C. rawlinsi* und *P. angustus* im Gebiet WIE nicht bestätigt werden. Hinzu kommt das Auftreten von *P. testaceus* an Stelle des Polydesmiden *P. denticulatus* in NU. Die Unterschiede in der Artenzusammensetzung könnten darauf zurückzuführen sein, daß das Spektrum der angewandten Methoden 1991 eingeschränkt wurde, und somit eine mechanische Extraktion von Fallaubproben mit dem Käfersieb, sowie der Handfang nicht zur Anwendung kamen. Gleichzeitig wurde 1991 die Anzahl der Barberfallen von 10 auf 7 reduziert, was die Wahrscheinlichkeit der Erfassung aller in einem Gebiet vorkommenden laufaktiven Diplopoden-Arten verringert. Dies ist besonders im Hinblick auf die große Strukturheterogenität im Gebiet WIE wichtig. Diese Einschränkungen im Sammelaufwand waren wegen der notwendigen Zeitersparnis zugunsten anderer Arbeiten im Projekt unumgänglich.

Insgesamt sind die im Untersuchungszeitraum 1991 erzielten Ergebnisse der Kempson-Methode für die Gebiete zutreffender als die Resultate von 1990, da alle 4 Extraktionen technisch korrekt durchgeführt werden konnten (1990 gab es Probleme mit den neuinstallierten Geräten) und zudem mit jeweils 24 Proben eine größere Probenzahl erreicht wurde. Die Erscheinungszeiten der einzelnen Diplopoden-Spezies stimmen in beiden Jahren mit Literaturangaben überein.

Die mit Hilfe der Kempson-Ergebnisse errechnete Abundanz der untersuchten Tiergruppe erreichte sowohl 1990 als auch 1991 höhere Werte in Wiesloch als in Nußloch. Die durchschnittlichen Individuenzahlen pro Quadratmeter betrugen 1991 im Gebiet WIE 415,3 und im Gebiet NU 382,7. Dabei konnten wiederum am Standort WIE mehr Adulttiere als in NU gefangen werden, was vor allem auf die hohen Individuenzahlen von *P. lagurus* zurückzuführen ist. Im Gegensatz zu 1990 traten im Gebiet NU im Verhältnis durchschnittlich mehr juvenile Diplopoden auf. Die Ergebnisse der Abundanz weichen bei den einzelnen Probenahmen im Jahresverlauf 1991 von den Resultaten 1990 ab. Dies könnte u.a. auf die unterschiedliche Verläßlichkeit der Extraktionsdurchführung (s.o.), die unterschiedliche Gesamtstichprobenzahl

(1991 mit 1/4 m² pro Probennahme an der unteren Grenze für Diplopoden) sowie den Zeitpunkt der einzelnen Probenahmen zurückgeführt werden. Die Probenahmefrequenz ist dabei in beiden Jahren relativ gering. Natürliche Populationsschwankungen sowie klimatische und mikroklimatische Faktoren müssen bei allen angewandten Fangmethoden ebenfalls in Erwägung gezogen werden. Die aggregierte Dispersion einiger Diplopodenspezies ist bei der Betrachtung der Ergebnisse der Hitzeextraktion zu beachten. Eine Übertragung der Daten auf die gesamte Untersuchungsfläche ist aus genannten Gründen auch 1991 nur unter Vorbehalt möglich, wobei die Untersuchungsergebnisse im Vergleich zu 1990 jedoch eher als wahrscheinlich zu erachten sind.

Die mit Hilfe der Bodenfallen ermittelte Aktivitätsdichte der Diplopoden war im Probenahmegebiet WIE auch 1991 wiederum geringer als am Standort NU, wobei die Aktivitätszeiten der einzelnen Diplopodenarten in beiden Jahren nahezu übereinstimmten.

Die Wainstein'sche Zahl belegt auch 1991, daß Arten- und Dominanzidentität bezüglich der Diplopoden zwischen den beiden Gebieten nicht sehr hoch sind und damit die Zusammensetzung der Diplopodenfauna recht verschieden ist. Sowohl die Diversität als auch die Evenness sind im Gebietsvergleich in Wiesloch auch 1991 geringer als in Nußloch. Dabei liegt der Hs-Wert von WIE erneut deutlich unter Werten, die normalerweise in Biocönosen erreicht werden (vgl. MÜHLENBERG 1989).

Die Parameter, die auf einen Einfluß der Schwermetallbelastung auf die Diplopodenfauna in Wiesloch hindeuten, können somit nach den Untersuchungen in 1990 und 1991 wie folgt beschrieben werden:

1) Individuenreichtum bzw. hohe Abundanz bei gleichzeitig geringer Aktivität, wobei dieser Effekt durch das Überwiegen besonders einer Art, *Polyxenus lagurus* bedingt ist.
2) Einseitige Dominanzstruktur bei der Kempson-Methode.
3) Niedrige Diversität und Evenness.

B. Eklektorfauna

5.2.5 Asseln (Isopoda), Doppelfüßer (Diplopoda) und Insekten (Insecta)

Im Rahmen dieses Arbeitsteiles wurden auch mit Hilfe von Boden- und Baumphotoeklektoren die zwei bei unterschiedlicher Schwermetallbelastung sonst relativ ähnlichen Buchenwaldstandorte Wiesloch und Nußloch faunistisch untersucht. Dabei konnten zum Teil wiederum deutliche Bestandesunterschiede für die Eklektorfauna der beiden nur etwa 750 m Luftlinie voneinander entfernten Untersuchungsgebiete aufgezeigt werden.

5.2.5.1 Material und Methoden

Bodenphotoeklektoren
Die Bodenphotoeklektoren entsprechen den in Kap. 5.1 beschriebenen Fangapparaten der Firma Ecotech (Bonn) mit einem Durchmesser von 0,6 m und einer Grundfläche von 0,28 m². Die Kopfdose des Eklektors befand sich in etwa 1 m Höhe.

Als Fangflüssigkeit in der Kopfdose und im Becher der integrierten Barberfalle diente Ethylenglykol.

Auf jeder Probenahmefläche wurden 5 Bodenphotoeklektoren mit wenigstens 3 m Abstand zueinander aufgebaut.

Der Beprobungszeitraum erstreckte sich vom 17.05.1992 bis 12.12.1992. Die Leerung der Kopfdosen und Barberfallen erfolgte in 3-wöchigem Rhythmus.

Baumphotoeklektoren
Die Baumphotoeklektoren entsprechen ebenfalls den in Kap. 5.1 aufgeführten Modellen.
An jedem Standort wurden jeweils 3 Eklektoren in etwa 2 m Höhe an den Stämmen von Buchen (in Nußloch 2 Buchen und eine Eiche) befestigt. Der Stammumfang der gewählten Bäume betrug ca. 1 m.

In den Kopfdosen und Fangflaschen befand sich die Fangflüssigkeit Ethylenglykol. Auch Beprobungszeitraum und Leerungsrhythmus waren mit den Bodenphotoeklektoren identisch.
Die Bestimmungsliteratur entspricht im wesentlichen den Angaben in Kap. 5.1.3.

Die Atomabsorptionsspektrometrie wurde analog den Ausführungen in Kap. 6.1.1 durchgeführt.

5.2.5.2 Resultate und Diskussion

- Am belasteten Standort Wiesloch wurden insgesamt knapp 500 Individuen mehr als in Nußloch nachgewiesen (Tab. 5.35).

Tab. 5.35: Summe aller Fänge der Boden- und Baumphotoeklektoren für die Fänge vom 17.05.92 bis 12.12.92.

Gruppe	Nußloch		Wiesloch	
	gesamt	Dominanz	gesamt	Dominanz
Blattodea	444	5,95%	250	3,14%
Coleoptera	946	12,67%	1568	19,71%
Dermaptera	1749	23,42%	3301	41,50%
Lepidoptera	962	12,88%	1031	12,96%
Rhynchota	1883	25,22%	1219	15,33%
Saltatoria	961	12,87%	237	2,98%
Diplopoda	271	3,63%	161	2,02%
Isopoda	251	3,36%	187	2,35%
Summe	7467	100%	7954	100%

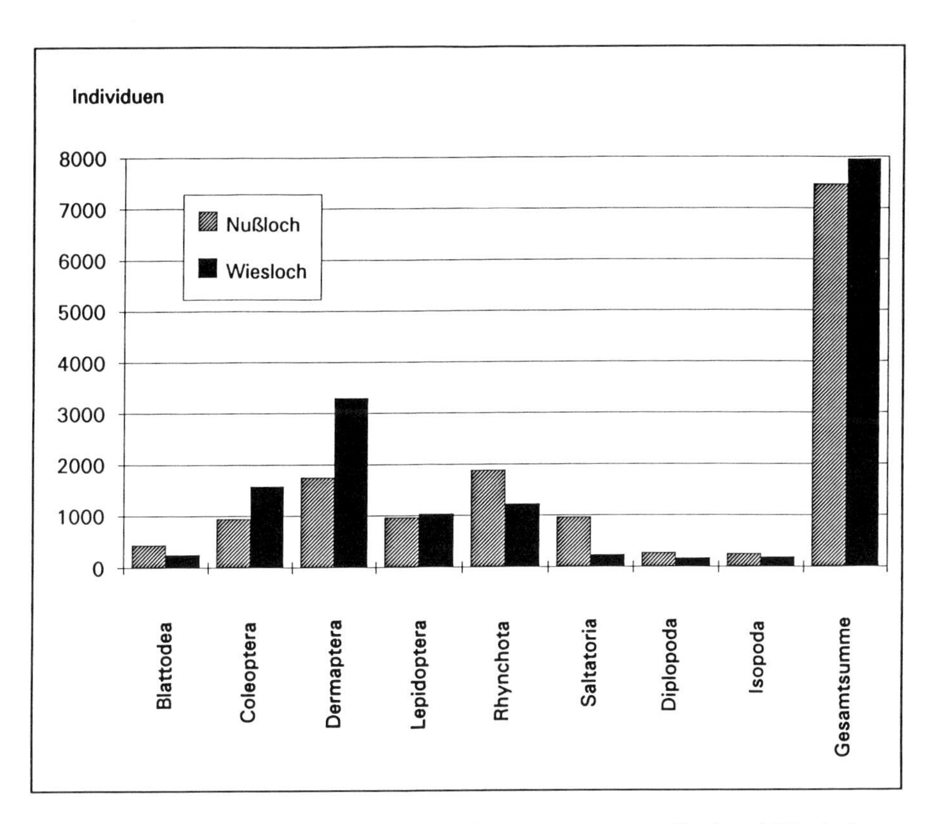

Abb. 5.46: Gegenüberstellung der Gesamtfangsummen von Nußloch und Wiesloch.

- Besonders die Coleopteren und Dermapteren erreichten in Wiesloch gegenüber Nußloch deutlich erhöhte Individuenzahlen. Auch für die Lepidopteren ergaben sich in Wiesloch leicht erhöhte Fangsummen (Abb. 5.46).

- Alle anderen ausgezählten Gruppen (Blattodea, Rhynchota, Saltatoria, Diplopoda und Isopoda) erreichten am Standort Nußloch die höheren Individuenzahlen. Dabei ergaben vor allem die Rhynchota und Saltatoria im Vergleich zu Wiesloch erheblich höhere Fangergebnisse.

- Insgesamt wurden an beiden Standorten zusammen 41 Käferfamilien nachgewiesen (Nußloch 35, Wiesloch 37 Familien). Für zahlreiche Familien konnten nur wenige Individuen gefangen werden (Tab. 5.36).

- Die Käferpopulationen wurden auf beiden Untersuchungsflächen nach Individuenzahlen von den Staphyliniden (sie erreichten in Nußloch Anteile von 23,57% und in Wiesloch 35,78% aller Käferfänge) und Scolytiden (Nußloch 28,86%, Wiesloch 24,11%) dominiert (Abb. 5.47a, b).

Tab. 5. 36: Übersicht über die mit den Boden- und Baumphotoeklektoren ermittelten Gesamtfangsummen der Käferfamilien an beiden Standorten.

Familie	Nußloch		Wiesloch	
	gesamt	Dominanz	gesamt	Dominanz
Alleculidae	1	0,11%	2	0,13%
Anobiidae	7	0,74%	4	0,26%
Anthribidae	1	0,11%	2	0,13%
Cantharidae	0	0,00%	1	0,06%
Carabidae	25	2,64%	39	2,49%
Catopidae	11	1,16%	6	0,38%
Cerambycidae	0	0,00%	1	0,06%
Chrysomelidae	7	0,74%	6	0,38%
Cisidae	1	0,11%	1	0,06%
Cleridae	39	4,12%	100	6,38%
Coccinellidae	29	3,07%	102	6,51%
Cryptophagidae	20	2,11%	31	1,98%
Cucujidae	16	1,69%	22	1,40%
Curculionidae	44	4,65%	12	0,77%
Dermestidae	2	0,21%	2	0,13%
Elateridae	5	0,53%	21	1,34%
Endomychidae	4	0,42%	2	0,13%
Erotylidae	4	0,42%	2	0,13%
Histeridae	1	0,11%	0	0,00%
Lagriidae	11	1,16%	7	0,45%
Lathridiidae	25	2,64%	16	1,02%
Liodidae	1	0,11%	8	0,51%
Lucanidae	1	0,11%	0	0,00%
Lymexylonidae	10	1,06%	2	0,13%
Melyridae	2	0,21%	0	0,00%
Mordellidae	3	0,32%	0	0,00%
Mycetophagidae	10	1,06%	15	0,96%
Oedemeridae	4	0,42%	1	0,06%
Phalacridae	0	0,00%	1	0,06%
Pselaphidae	0	0,00%	1	0,06%
Ptiliidae	13	1,37%	45	2,87%
Ptinidae	21	2,22%	52	3,32%
Rhizophagidae	4	0,42%	8	0,51%
Salpingidae	7	0,74%	17	1,08%
Scolytidae	273	28,86%	378	24,11%
Scydmaenidae	0	0,00%	1	0,06%
Silphidae	0	0,00%	1	0,06%
Silvanidae	1	0,11%	5	0,32%
Staphylinidae	223	23,57%	561	35,78%
Tenebrionidae	37	3,91%	10	0,64%
Throscidae	7	0,74%	6	0,38%
Larven	76	8,03%	77	4,91%
Summe	946	100%	1568	100%
Familienanzahl	35		37	

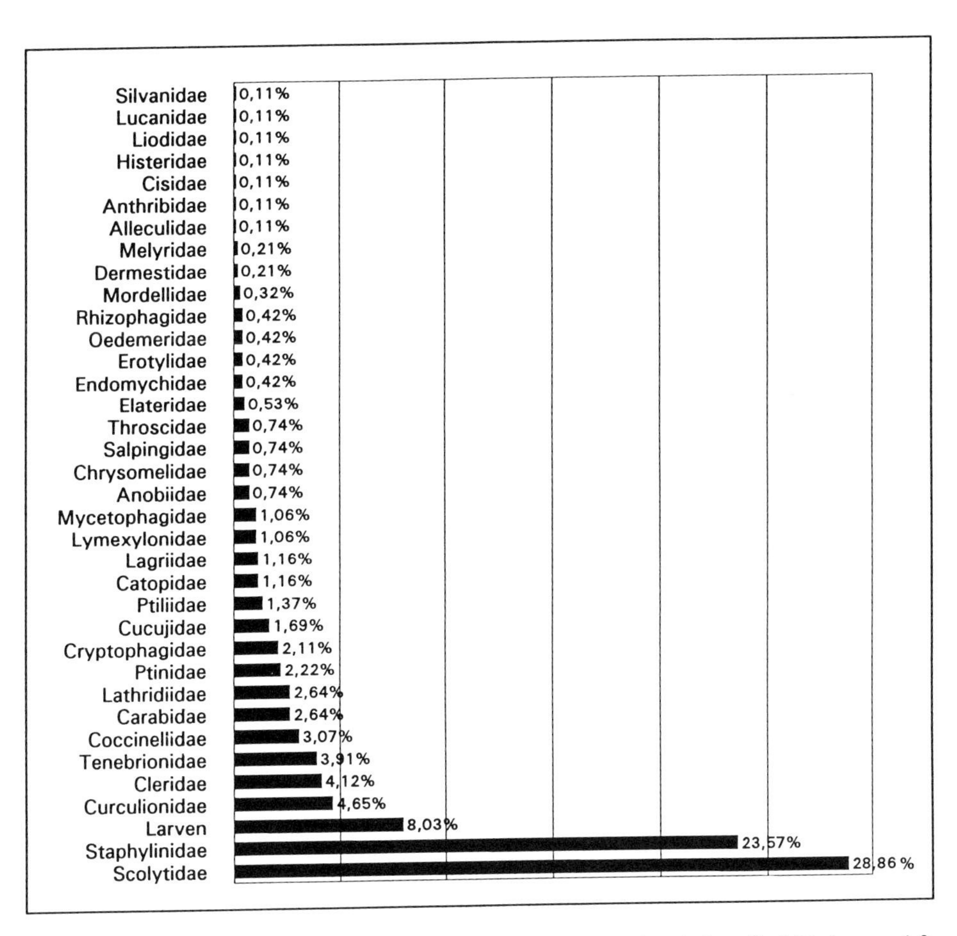

Abb. 5.47 a: Dominanzstruktur der Käfer in Nußloch (ermittelt mit jeweils 5 Boden- und 3 Baumphotoeklektoren, Dominanzklassen nach WEIGMANN 1973).

- Am Stamm erreichten vor allem die Coccinelliden, Cleriden, Ptiniden und Tenebrioniden sehr hohe Aktivitätsdichten. Am Boden dominierten dagegen in erster Linie die Ptiliiden (Abb. 5.48 u. 5.49).

- Besonders für die Staphyliniden, Scolytiden, Cleriden, Coccinelliden, Ptiniden und Ptiliiden wurden am belasteten Standort Wiesloch deutlich höhere Individuenzahlen erreicht.

- In Nußloch konnten lediglich für die Curculioniden und die Tenebrioniden im Vergeich zu Wiesloch deutlich höhere Fangergebnisse erzielt werden (Tab. 5.36).

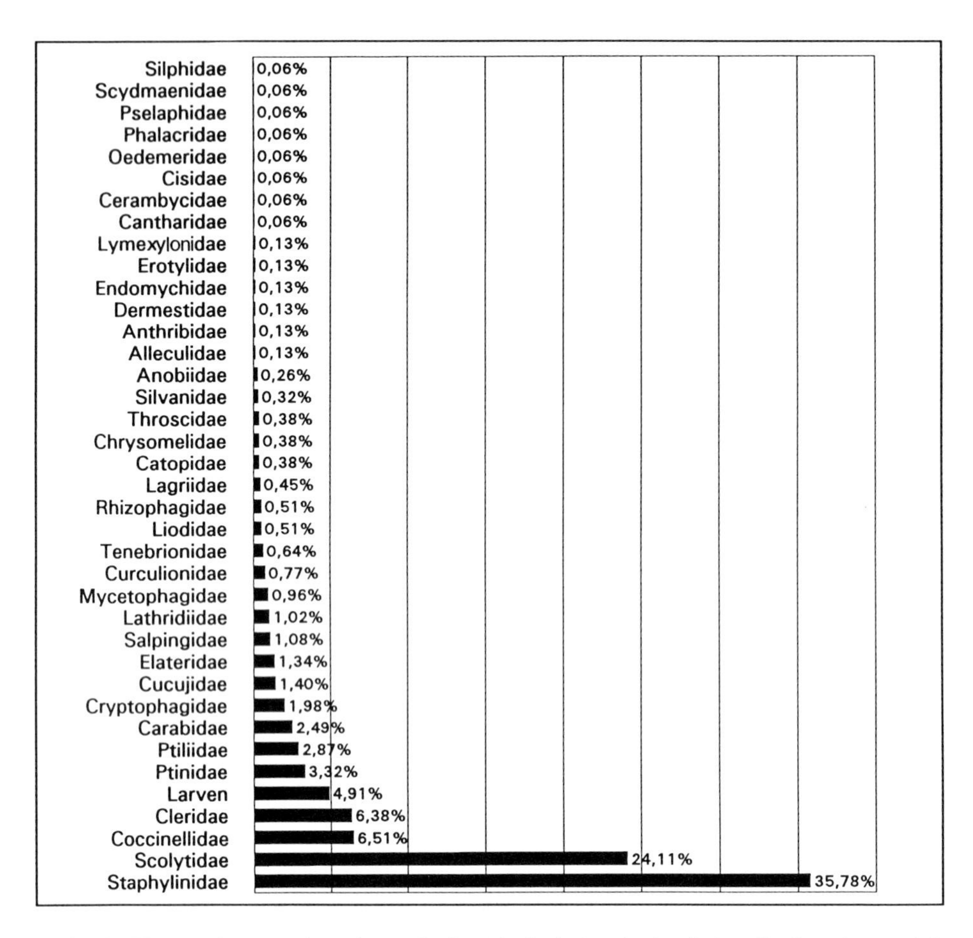

Abb. 5.47b: Dominanzstruktur der Käfer in Wiesloch (ermittelt mit jeweils 5 Boden- und 3 Baumphotoeklektoren, Dominanzklassen nach WEIGMANN 1973).

Mit dieser Arbeit sollte ein Beitrag zur Darstellung der Arthropodengesellschaften beider Buchenwaldstandorte geliefert werden. Eine weiterführende Interpretation der dargestellten Ergebnisse, zum Beispiel hinsichtlich des Schwermetalleinflusses auf die Zoocönosen, ist z. Zt. jedoch kaum möglich.

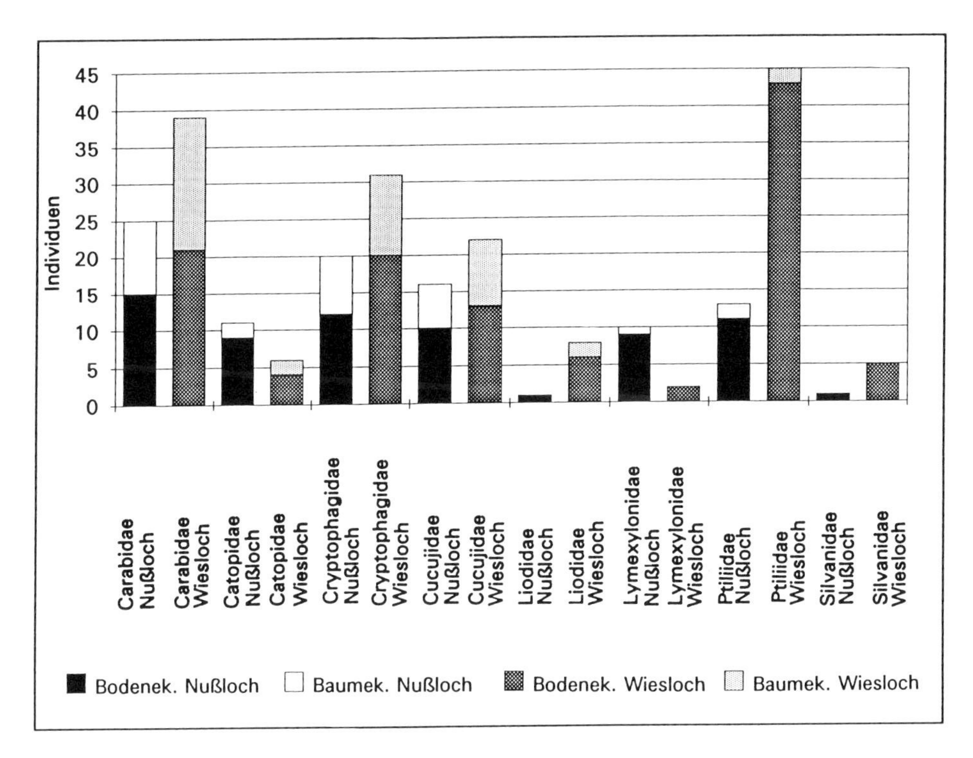

Abb. 5.48: Gegenüberstellung der Boden- und Baumphotoeklektorfänge an beiden Standorten. Es sind nur die Familien aufgeführt, für die mit den Bodenphotoeklektoren im Vergleich zu den Baumphotoeklektoren höhere Fangergebnisse erzielt werden konnten.

Weiterhin lassen sich auf dem im Rahmen dieser Arbeit betrachteten Gruppen-und Familienniveau kaum vereinheitlichende Aussagen zur Ökologie, zu den Ernährungsgewohnheiten, sowie zum Verhalten der Tiere gegenüber toxischen Einflüssen machen. Damit können auch die Bestandesunterschiede der beiden Buchenwaldstandorte nicht eindeutig auf die Belastungssituation in Wiesloch zurückgeführt werden. Durch unterschiedliche mikroklimatische Verhältnisse könnten an dem einen Standort Gruppen und Familien bevorzugt auftreten, die am anderen Standort nur eine untergeordnete Rolle spielen.

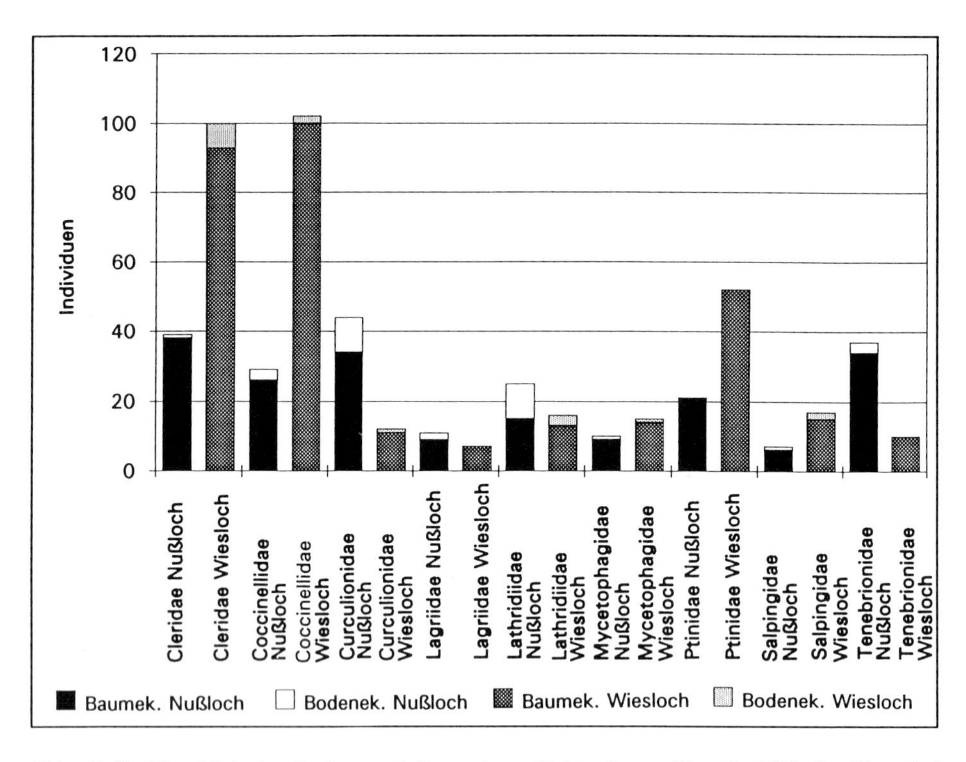

Abb. 5.49: Vergleich der Boden- und Baumphotoeklektorfänge. Nur die Käferfamilien sind aufgeführt, die gegenüber den Bodenphotoeklektoren in den Baumphotoeklektoren die höheren Fangergebnisse einbrachten. Um Verzerrungen in der Grafik zu vermeiden, sind Käferfamilien mit besonders hohen bzw. niedrigen Individuenzahlen nicht in der Abbildung enthalten.

Auch geringe Unterschiede in der Raumstruktur sowie in der Durchlichtung beider Untersuchungsgebiete könnten für die ungleiche Faunenzusammensetzung verantwortlich gewesen sein. Von entscheidender Bedeutung dürfte hier die in Wiesloch im Vergleich zum Standort Nußloch erheblich schwächer ausgebildete Strauchschicht gewesen sein, was möglicherweise eine Folge der höheren Schwermetallbelastung ist (vgl. HÅGVAR & ABRAHAMSEN 1990, STROJAN 1978b). So wurden Gruppen, die einen Großteil ihres Lebenszyklus in der Strauch- und Baumschicht verbringen (z.B. Rhynchota und Saltatoria) in Wiesloch mit sehr viel niedrigeren Fangsummen als in Nußloch nachgewiesen. Umgekehrt lassen sich die in Wiesloch erhöhten Fangergebnisse der Borkenkäfer eventuell durch vermehrt an diesem Standort umherliegende Holzabfälle (Windbruch) erklären. Von den erhöhten Borkenkäferzahlen profitieren schließlich verschiedene Borkenkäferjäger, wie beispielsweise Vertreter der Salpingiden und Cleriden, für die in Wiesloch ebenfalls höhere Fangsummen nachgewiesen werden konnten.

Damit wird deutlich, daß sich trotz ähnlicher Charakteristik der beiden Buchenwaldstandorte bei näherer Betrachtung einige Unterschiede bezüglich der Raumstruktur der Untersuchungsflächen ergaben. Hieraus resultierten vermutlich auch die Bestandesunterschiede der Arthropodenpopulationen in Nußloch und Wiesloch. Um mögliche Konsequenzen der Schwermetallbelastung in Wiesloch auf die Zoocönose ableiten zu können, müssen tiefgreifendere und vollständigere Aufschlüsselungen des mit den Eklektoren erbeuteten Tiermaterials erfolgen. So wäre neben einer weiteren Aufgliederung nach systematischen und trophischen Gruppen auch eine Messung des Schwermetallgehalts der Tiere wünschenswert gewesen. Eine umfangreiche taxonomische Analyse war jedoch in Anbetracht der zur Verfügung stehenden Zeit nur bei einer ausgewählten Tiergruppe, den Spinnen, möglich (s.u.).

Obwohl die im Rahmen dieses Arbeitsteiles erhaltenen Ergebnisse nur einen großzügigen Vergleich der beiden Untersuchungflächen zugelassen haben, konnten dennoch einige interessante Teilaspekte für die Arthropodencönosen in Nußloch und Wiesloch dargestellt werden. Besonders das verstärkte Auftreten der omnivoren Dermapteren in Wiesloch verlangt nach weiteren Untersuchungen.

5.2.6 Spinnen (Araneae)

5.2.6.1 Einleitung

Etwa die Hälfte aller Spinnenarten, die in unseren Breiten vorkommen, sind fakultative oder obligate Waldbewohner (BRAUN 1992). Da dieses Habitat grob in vier vertikale Formationstypen untergliedert werden kann (DUFFEY 1966) - in eine Bodenzone (bis 15 cm), eine Feldzone (von 15 cm bis 1,80 m), eine Gebüschzone (von 1,80 m bis 4,50 m) und eine Waldzone (über 4,50 m) - wurde eine Untersuchung der höheren Straten der Probenahmegebiete Wiesloch und Nußloch (entsprechend zu der Bearbeitung der Bodenfauna, s. Kap. 5.1) durchgeführt.

Spinnen sind ausschließlich räuberische Organismen, die als Sekundärkonsumenten die in den Beutetieren vorkommenden Schadstoffe, wie z.B. die an dem Standort Wiesloch (geogen) vorkommenden Schwermetalle, u.U. akkumulieren und damit in erhöhter Dosis wiederum den im Nahrungsnetz über ihnen stehenden Räubern weitergeben (CLAUSEN 1988). Inwieweit die Schwermetallbelastung auf die Zusammensetzung der Spinnenpopulation höherliegender Habitate (Baum- und Strauchzone) Einfluß nimmt, ist Gegenstand des Teilaspektes Eklektorfauna.

5.2.6.2 Material und Methoden

Siehe Kap. 5.2.5.

5.2.6.3 Resultate und Diskussion

Die benutzten Fangmethoden erfassen in erster Linie Aktivitätsabundanzen; quantitative Aussagen, wie z.B. zur absoluten Bestandsdichte, sind damit kaum möglich. Zunächst wurde ein Vergleich der Anzahl der insgesamt gefangenen Individuen, Arten und Familien auf beiden Probenahmeflächen dargestellt. Dabei zeigten sich in Nußloch mehr adulte Individuen, als am belasteten Standort Wiesloch, an dem die Anzahl an Jungtieren sehr hoch war (Abb. 5.50,

Tab. 5.37).

Zudem ergab sich eine jahreszeitliche Schwankung der Fänge mit einem zweiten Maximum im Herbst, was mit den Angaben über die Frühjahrs- bzw. Herbstaktivität der meisten einheimischen Spinnen in Einklang gebracht werden kann. Die extrem hohe Individuendichte im Dezember ist auf wenige winteraktive Arten (z.B. die Linyphiide *Centromerus serratus*) zurückzuführen. Sowohl Artenreichtum als auch die Familienanzahl waren am Standort Nußloch größer als am Standort Wiesloch, der sich bis auf wenige Familien stets artenärmer zeigte (Abb. 5.51).

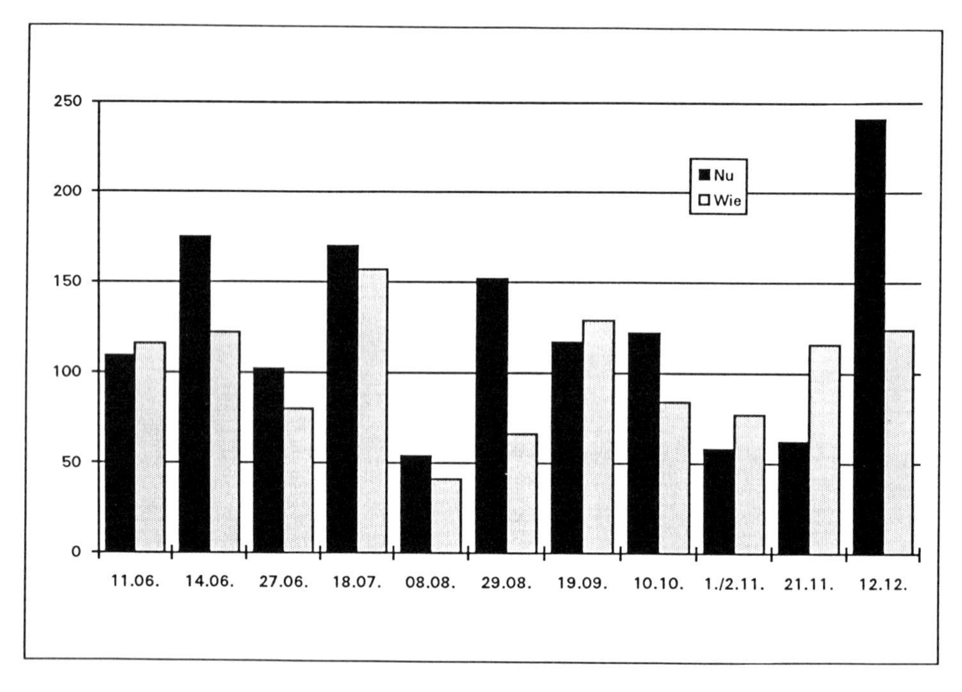

Abb. 5.50: Die Gesamtfänge aller Fallenarten im Jahresverlauf 1992; NU = Nußloch, WIE = Wiesloch.

Diese Unterschiede könnten auf die eventuell die Aktivität beeinflussenden Schwermetalle zurückzuführen sein, vermutlich eher aber auf die in der Kraut- und Strauchschicht der beiden Probenahmegebiete vorhandenen Differenzen (die Strauchschicht in Nußloch ist stärker ausgeprägt).

Tab. 5.37: Gesamtzahlen der bestimmten Tiere beider Standorte.

	Nußloch	Anteil %	Wiesloch	Anteil %
Gesamtsumme:	3 199	49,36	3 280	50,61
Summe an einem Standort:	3 199	100,00	3 280	100,00
Adulti:	1 362	42,58	1 112	33,90
Juvenile:	1 661	51,92	1 887	57,53
unbestimmte Adulte:	1(w)	0,03	-	-
unbestimmte Juvenile:	175	5,47	281	8,57
Adulti:	1 362	100,00	1 112	100,00
männlich:	710	52,13	648	58,27
weiblich:	652	47,87	464	41,73

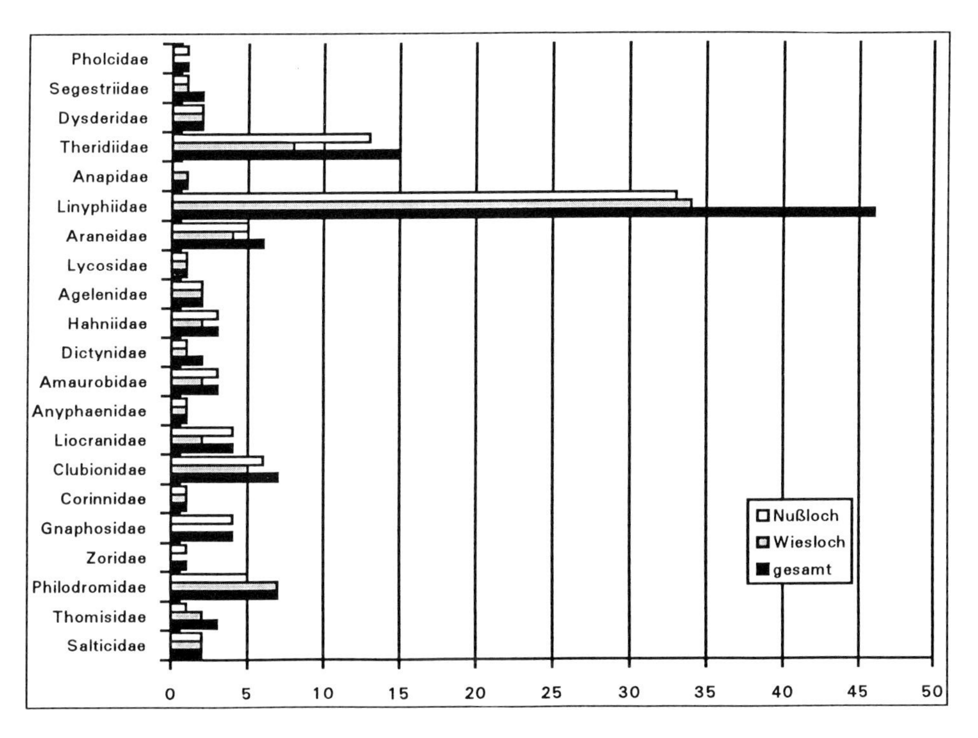

Abb. 5.51: Artenzahlen der einzelnen Familien. Die Familie der Linyphiidae war nicht nur die arten- sondern auch mit die individuenreichste der Untersuchung (457 Adulti in Nußloch, 282 Adulti in Wiesloch). Nur in Wiesloch wurden sie durch die Dysderidae in der Individuenzahl knapp übertroffen (291 Adulti in nur zwei Arten).

Für einen Vergleich der Standorte waren die Dominanzstrukturen von Interesse (Dominanzklassen nach ENGELMANN 1978). Die graphische Darstellung der Dominanzstrukturen der verschiedenen Fallenarten von den Standorten Nußloch und Wiesloch finden sich im Anhang (Abb. A3-A10).

Der statistische Vergleich der Gesamtfänge aller Falllenarten (Tab. 5.38) zeigt eine Dominanzidentität (Re) der beiden Probeflächen von fast 60%. Die Werte der Diversität und Evenness waren für beide Standorte ähnlich hoch, auffallend geringe Gleichverteilung im Vergleich zum jeweils anderen Standort konnte nicht gefunden werden.

Tab. 5.38: Vergleich der statistischen Parameter beider Standorte (Gesamtfänge aus allen Fallenarten).

	Nußloch	**Wiesloch**
Gesamtfangzahl (adult)	1362	1112
Familienanzahl	20	18
Artenanzahl	91	78
männlich	710	648
weiblich	652	464
juvenil	1836	2168
gemeinsame Arten	54	
Renkonen-Index (Re)	59,9%	
Jaccard'sche Zahl (Ja)	44,83%	
Wainstein-Index (Wa)	26,85%	
Diversität H_S	3,022	3,024
maximale Diversität H_{max}	4,511	4,357
Evenness E_S	0,670	0,696

Tab. 5.39: Die statistischen Parameter des Vergleichs der Baumphotoeklektoren.

	Nußloch	**Wiesloch**
Gesamtfangzahl (adult)	991	810
Familienanzahl	17	15
Artenanzahl	63	57
männlich	479	470
weiblich	512	340
juvenil	1244	1780
gemeinsame Arten	41	
Renkonen-Index (Re)	57,91%	
Jaccard'sche Zahl (Ja)	51,90%	
Wainstein-Index (Wa)	30,06%	
Diversität H_S	2,812	2,804
maximale Diversität H_{max}	4,143	4,043
Evenness E_S	0,679	0,694

Am größten war die Übereinstimmung der Arten (Ja)- und Dominanzidentität (Re) der Baumphotoeklektoren, vgl. auch den Wainstein-Index (Wa, Tab. 5.39). Es kann angenommen werden, daß sich die Unterschiede der Habitate (strukturell oder im Schwermetallgehalt) etwas weniger auf die Artenzusammensetzung des Stamm- und Kronenbereichs der Bäume auswirken, als am Boden (vgl. Kap. 5.2.3). Auch das Beutespektrum der hier gefundenen Tiere, welches verstärkt auch Fluginsekten enthält, könnte eine Rolle spielen.

Die Bodenphotoeklektoren zeigten die größten Unterschiede in der Dominanz (Re)- und Artenidentität (Ja), gefolgt von den Barberfallen, die zwar eine hohe Dominanzidentität (Re), aber eine geringe Artenidentität (Ja) zeigten (Tab. 5.40 und 5.41).

Bei dem Vergleich der unterschiedlichen Fallenarten eines Standortes miteinander konnte festgestellt werden, daß sich mit zunehmender Höhe des Stratums die Zusammensetzung der Arten änderte. Die Anzahl der Arten erhöhte sich von Barberfalle zu Bodenphotoeklektor zu Baumphotoeklektor (Tab. 5.42). Die Übereinstimmung der Dominanzstrukturen nahm in derselben Richtung dagegen ab.

Tab. 5.40: Vergleich der Barberfallen beider Standorte.

	Nußloch	**Wiesloch**
Gesamtfangzahl (adult)	115	83
Familienanzahl	10	10
Artenanzahl	25	19
männlich	70	30
weiblich	45	53
juvenil	43	95
gemeinsame Arten	12	
Renkonen-Index (Re)	63,91%	
Jaccard'sche Zahl (Ja)	37,50%	
Wainstein-Index (Wa)	23,97%	
Diversität H_S	2,591	2,515
maximale Diversität H_{max}	3,219	2,944
Evenness E_S	0,805	0,854

Autökologische Betrachtungen zu den häufig in den Fallen gefangenen Arten, also Arten mit hoher Aktivität, ergänzen die Betrachtung der Dominanzstrukturen. So konnten Faktoren dargestellt werden, die, neben der Schwermetallbelastung, unter Umständen auch ein Fehlen im einen oder anderen Habitat verursacht haben könnten, wie z.B. die Ansprüche einzelner Arten an Feuchtigkeit, Raumstruktur, Wärme und Lichteinstrahlung (vgl. Tab. A1 und A2 bzw. Abb. A3 bis A10 im Anhang). Für einige wenige Arten (z.B. *Drassodes lapidosus, Euryopis flavomaculata* und *Ceto laticeps*) ließ sich eine extreme Bevorzugung des Standortes Nußloch nachweisen.

Tab. 5.41: Vergleich der Bodenphotoeklektoren an beiden Standorten.

	Nußloch	Wiesloch
Gesamtfangzahl (adult)	256	219
Familienanzahl	13	12
Artenanzahl	34	30
männlich	163	148
weiblich	93	71
juvenil	549	293
gemeinsame Arten	14	
Renkonen-Index (Re)	54,29%	
Jaccard'sche Zahl (Ja)	28,00%	
Wainstein-Index (Wa)	15,20%	
Diversität H_S	2,089	2,154
maximale Diversität H_{max}	3,526	3,401
Evenness E_S	0,592	0,633

Tab. 5.42.: Vergleich der Arten- und Familienanzahl in unterschiedlichen Fallenarten (und damit auch Straten).

	Nußloch		Wiesloch	
	Artenanzahl	Familienanzahl	Artenanzahl	Familienanzahl
Barberfallen	25	10	19	10
Bodenphotoeklektoren	34	13	30	12
Baumphotoeklektoren	63 (Eiche 37)	17 (Eiche 16)	57	15

Insbesondere ist dies die Art *Drassodes lapidosus*, eine Gnaphoside, die am Standort Nußloch subdominant (an Bäumen, besonders Eiche), in Wiesloch dagegen nicht aufgefunden werden konnte. Da diese Art an die Habitatstruktur keine besonderen Bedingungen stellt (nach Literaturangaben, zB. TRETZEL 1952, BRAUN 1955, 1957) könnte ihr Fehlen eventuell auf direkte oder indirekte Schwermetallbelastung des Bodens zurückzuführen sein. Ob die ganze Familie der Gnaphosiden ähnlich reagiert, ist fraglich, da nur wenige andere Vertreter in Nußloch gefunden wurden, in Wiesloch war sie mit nur zwei Jungtieren vorhanden. Für die meisten anderen vorwiegend an einem Standort häufiger vorkommenden Arten war die Gesamtfangzahl relativ gering oder zeigte sich in der Habitatbeschreibung eine Bevorzugung von einem der Standorte.

Zusammenfassend sind nach der Auswertung der Boden- und Baumphotoeklektoren für das Jahr 1992 zwischen den untersuchten Gebieten NU und WIE bezüglich der Spinnenfauna der Baum- und Strauchschicht Unterschiede festzustellen, die sich vermutlich auf Strukturdifferenzen zwischen diesen Habitaten zurückführen lassen. Die Habitatdifferenzen (Lichteinfall, Raumstruktur, Feuchtigkeit usw.) könnten jedoch zum Teil direkte oder indirekte Folge der Schwermetallbelastung sein (vgl. Kap. 4) und dadurch eventuell sekundär die Zusammensetzung der Spinnenfauna im belasteten Gebiet Wiesloch beeinflußt haben.

6. Toxische Wirkungen von Schwermetallen auf Bodenorganismen

In dem vorangegangenen Kapitel 5 wurde die Fauna auf zwei unterschiedlich schwermetallbelasteten, sonst recht ähnlichen Flächen (Kap. 4) mit klassisch-ökologischen Methoden untersucht und in Teilen näher analysiert. Es zeigten sich vielfach recht auffällige Unterschiede in der Faunenzusammensetzung besonders bei den Gruppen, die in hoher Zahl auftraten und bis auf Artniveau determiniert werden konnten. Einerseits waren in mehreren Gruppen die Artenspektren auf der belasteten Fläche stark verringert. Andererseits waren manche Taxa dort mit sehr hohen Individuendichten vertreten. Im folgenden soll versucht werden, mit Hilfe experimenteller Ansätze kausale Zusammenhänge, die diese Unterschiede begründen könnten, aufzudecken. Dabei wird auf verschiedenen Ebenen vorgegangen, wobei aus Zeitgründen bzw. wegen der unterschiedlichen Eignung der ausgewählten Tiergruppen z.T. verschiedene Aspekte verfolgt wurden.

Schwermetallgehalte von Ganztieren wurden von Vertretern der Regenwürmer, beider Milbengruppen (Oribatiden, Gamasiden), Asseln und Doppelfüßern bestimmt (AAS). Diese Untersuchungen wurden z.T. verbunden mit Beobachtungen zum An- und Abreicherungsverhalten der Metalle in Tieren bei unterschiedlicher Metallexposition.

Der Verbleib der Schwermetalle im Tierkörper wurde auf Organebene mit der AAS bei Regenwürmern untersucht. Bei Milben (Oribatiden) und Diplopoden wurde dies auch auf zellulärer Ebene versucht, wobei die Wirkung der Belastung an Veränderungen der Zellstrukturen beobachtet werden konnte (TEM).

Auf der Individualebene wurden bei Regenwürmern, Oribatiden, Asseln und Diplopoden das Verhalten in belasteten Böden beobachtet und die Mortalität festgestellt.

Die Untersuchungen an Asseln und Diplopoden ergaben Befunde über Wachstums- und Ingestionsraten sowie Daten zur Assimilation der aufgenommenen Nahrung.

Des weiteren wurde an Asseln die Kombinationswirkung von sauren Niederschlägen und schwermetallbelasteten Bodensubstraten auf die Metallakkumulation und den Biomassezuwachs ermittelt.

6.1 Schwermetallgehalte und -lokalisation im Tierkörper

6.1.1 Material und Methoden (allgemein):

Die Tiere wurden hinsichtlich des Verbleibs der Schwermetalle im Körper atomabsorptionsspektrophotometrisch sowie mit Hilfe licht- und elektronenmikroskopischer Methoden untersucht.

Atomabsorptionspektrophotometrie (AAS):
Gewebeproben oder Ganztiere wurden gefriergetrocknet (Gefriertrockner: Breda Scientific), gewogen und in Eppendorf- Reaktionsgefäßen durch Zugabe von 200 μl HNO_3 suprapur aufgeschlossen (12 h Vorreaktion bei Raumtemperatur, danach 12 h bei 90°C). Nach Verdünnen mit aqua bidest. konnten diese Proben analysiert werden. Die quantitative Messung der Konzentration der Metalle Cd (Absorption bei λ = 228,8 nm), Pb (261,4 bzw. 283,3 nm) und Zn (213,9 bzw. 307,8 nm) erfolgte nach Atomisierung der einge-

spritzten Probe bei 2 500 °C (Cd) bzw. 2 700 °C (Pb, Zn) in einer Graphitküvette. Als Trägergas diente Argon. Atomabsorptionsspektrophotometer: Perkin-Elmer 5 000, HGA-500. Die Konzentrationsangaben erfolgen in μg Metall/g Trockensubstanz.

Transmissionselektronenmikroskopie (TEM):
Die Präparation der Tiere erfolgte in dem den entsprechenden Arten angepaßten Fixierungsgemisch. Für Diplopoden wurde z.B. folgendes Verfahren ermittelt: Stücke des Mitteldarmes wurden in 2% Glutaraldehyd (in 0,01 M Cacodylatpuffer pH 7,4) 2 h fixiert, 3 x 5 min. in Cacodylatpuffer gespült und 2 h in einer 1%igen Lösung reduzierten Osmiums postfixiert (KARNOVSKY 1971). Nach Spülen (3 x 5 min. Cacodylatpuffer, 3 x 5 min. 0,05 M Maleatpuffer pH 5,2) wurden die Proben in Uranylacetat (1% in Maleatpuffer) über Nacht en bloc kontrastiert. Die Entwässerung der Proben fand nach Spülen (3 x 5 min. in Maleatpuffer) in einer aufsteigenden Ethanolreihe (75%, 85%, 95% in aqua bidest., je 3 x 5 min., 100% 3 x 15 min.) statt. Anschließend wurden die Proben entweder in SPURR'S Medium (SPURR 1969) oder nach Infiltration mit Epoxipropan (2 x 15 min.) in Araldit eingebettet.
TEM: Zeiss EM 9 S2, EM 10 CR.

Silber-Sulfid-Methode nach TIMM (1958):
Für den unspezifischen Nachweis von Schwermetallen am elektronenmikroskopischen Schnitt wurden Gewebsstücke in 2% Glutaraldehyd (in 0,01 M Cacodylatpuffer pH 7,4), der H_2S gesättigt wurde (5 min. Einleitung), für 2 h fixiert. Anschließend wurden sie in Tris-Maleatpuffer (0,1 M; pH 7,4) gespült, solange bis eine 10% $AgNO_3$-Lösung (in aqua bidest.) nicht mehr gebräunt wurde. Die Sulfidpräzipitate wurden durch $AgNO_3$ enthaltende Entwicklerlösung entwickelt (75 min. bei Dunkelheit); das auf dem Schnitt entstehende AgS erscheint im TEM elektronendicht. Nach wiederholtem Spülen mit 0,1 M Tris-Maleatpuffer (2 x 10 min.) und 0,01 M Cacodylatpuffer (1 x 10 min.) erfolgte die Nachfixierung mit 1% reduziertem Osmiumtetroxid (2 h). Anschließend wurden die Proben wieder gewaschen (Cacodylatpuffer, 2 x 10 min.), entwässert und eingebettet. Die Auswertung erfolgte am unkontrastierten Schnitt.

Na-rhodizonat-Methode nach PEARSE (1961):
Für den lichtmikroskopischen Nachweis von Blei im histologischen Schnitt wurde das Tiermaterial in 4% Formaldehyd fixiert und in 0,2% Natriumrhodizonat-Lösung in 0,1% Essigsäure 1 h inkubiert. Nach der Entwässerung folgte die Einbettung in Historesin. Die Schnitte (1 μm) wurden mit Azur-II-Methylenblau gegengefärbt.

Ca-Bestimmung nach CARASSO & FAVARD (1966):
Calciumsalze können mit der Bleisalzmethode von CARASSO und FAVARD (1966) am Ultradünnschnitt (TEM) nachgewiesen werden. Das Tiermaterial wird 45 min. in der für TEM beschriebenen Weise bei pH 8,0 fixiert. Nach 3 x 3 min. Spülung mit aqua bidest. (mit NaOH auf pH 8,0 eingestellt) erfolgt die Inkubation in 5% Bleiacetatlösung (20 min.). Nach erneutem Spülen in aqua bidest. wird bei pH 7,2 mit 2% OsO_4 in 0,1 M Veronalacetatpuffer nachfixiert (1,5 - 2 h).

Elektronenenergieverlustspektroskopie (EELS) und Elektronenspektroskopische Bildverarbeitung (ESI):
Diese Methoden dienen dem direkten Nachweis von Elementen am elektronenmikroskopischen Schnitt. Sie wurden bei der Untersuchung von Oribatiden und Diplopoden eingesetzt.

Beide Methoden nutzen den Effekt, daß monoenergetische Elektronen des Elektronenstrahles durch Interaktionen mit den Elektronen der das Objekt aufbauenden Atome inelastisch gestreut werden und hierdurch einen elementspezifischen Energieverlust erfahren. Nach Durchdringen des Objektes werden die Elektronen des Elektronenstrahles mit Hilfe eines "elektromagnetischen Prismas" entspechend ihres Energieverlustes aufgespalten.

Bei der EELS wird für eine bestimmte Stelle im Gewebe der Energieverlust jedes den Schnitt an dieser Stelle durchdringenden Elektrons mittels eines Detektors registriert und die Energieverlustwerte gegen die Anzahl der Elektronen (relative Intensität) mit dem gleichen Energieverlust aufgetragen.

Weisen sehr viele Elektronen den gleichen Energieverlust auf, so zeigt die Energieverlustkurve an dieser elementspezifischen Stelle einen Peak. Durch EELS erhält man somit für eine bestimmte Stelle im Objekt ein Energieverlustspektrum für alle detektierbaren Elemente.

Im Gegensatz dazu dient ESI dazu, die Verteilung eines ausgewählten Elementes in einem elektronenmikropischen Bild darzustellen. Mit Hilfe eines integrierten Spektrometers werden für den Aufbau dieses Bildes ausschließlich Elektronen einer Energieverluststufe (die im EELS einen für das betrachtete Element spezifischen Peak aufwies) benutzt. Dieses Bild weist an denjenigen Stellen, an denen sehr viele Elektronen mit dem betrachteten Energieverlust auftreten, hellere Regionen auf als ein zusätzlich aufgenommenes Referenzbild für die Energieverluststufe direkt an der Basis des Peaks. Dieses Referenzbild dient zur Beurteilung der Hintergrundinformation, die durch Mehrfachstreuung des Elektronenstrahles entsteht. In digitaler Bildverarbeitung entsteht durch die Subtraktion der Grauwerte der beiden Bilder ein Nettobild der Verteilung des betrachteten Elementes. Dies Verteilungsmuster kann durch digitale Bildverarbeitung farbig gestaltet und auf ein normales elektronenmikroskopisches Bild projiziert werden.

6.1.2 Regenwürmer (Lumbricidae): Schwermetallgehalte

Obwohl Regenwürmer nicht im Mittelpunkt der Projektarbeit standen, wurden sie doch in einer begleitenden Untersuchung mit erfaßt. Hier war von Interesse, wie diese grabenden und substratfressenden Tiere in dem hochkontaminierten Boden zurechtkommen. Entsprechend der faunistischen Befunde war bekannt, daß die Regenwurmfauna auf beiden Flächen bemerkenswert gering entwickelt ist (Kap. 5.2.1).

Unter den Bodentieren sind die Lumbriciden vermutlich am besten hinsichtlich der Schwermetallbelastung untersucht (HOPKIN 1989).

6.1.2.1 Material und Methoden

Freilandtiere:
Auf beiden Flächen wurden am 18.5.1992 mit Hilfe des Elektrofanggerätes (Oktett-Methode n. THIELEMANN 1986 a, siehe auch Kap. 5.1) Tiere entnommen. Nach einer Lebendbestimmung mittels der Glasröhrchen-Methode (THIELEMANN 1986 b) wurden die Tiere entkotet und danach eingefroren.

Kontaminationsversuch im Labor:
Die für diese Untersuchung verwendeten Tiere wurden auch hinsichtlich ihres Verhaltens beobachtet (s. 6.1.3)

Versuchsansatz:
Als Gefäße für diesen Versuch wurden Plastiktonnen (Abb. 6.1) verwendet. Zur Regulation des Wasserhaushaltes wurde eine Schicht von 3-5 cm Dicke aus Blähton in jede Tonne gegeben. Das Eindringen der Würmer in diese primär unkontaminierte Schicht wurde durch ein Fliegengitter, das mit Klebeband an der Tonnenwand dicht verbunden war, verhindert. Hierauf wurde die vorbereitete, künstlich kontaminierte Erde (Ansatz mit unkontaminierter Erde vom Standort Mauer, s.u. Tab. 6.1) bis 5-10 cm unter den Tonnenrand eingefüllt. Die Tonnen wurden mit Fliegengaze, die mit einem Gummiband befestigt wurde, verschlossen.

Bereitstellung der Würmer:
Die Würmer (*Lumbricus terrestris*) wurden von einem kommerziellen Betrieb (Mosella Angelköder/Platten) bezogen und in Aquarien bei 15 °C entkotet. Die Aquarien waren gegen Lichteinfall geschützt und wurden über Sprudelsteine belüftet. Bei Trübung des Wassers wurde ein Wasserwechsel durchgeführt.

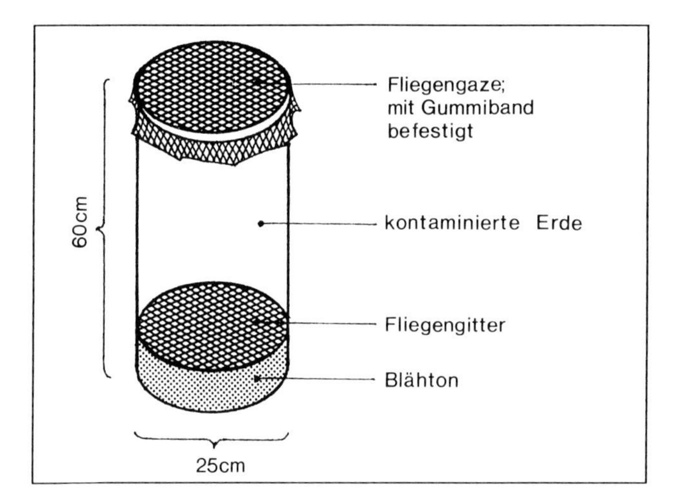

Abb. 6.1: Tonnen zur Regenwurmhälterung.

Tab. 6.1: Kontamination der Erde

Bezeichnung	Herkunft der Erde	Gewünschte Kontamination
Kontrolle	Mauer	keine
Nußloch	Versuchsfläche Nußloch	Cd/Pb/Zn gering anstehend
Wiesloch	Versuchsfläche Wiesloch	Cd/Pb/Zn hoch anstehend
100 Pb	Mauer	100 µg Pb/g
1000 Pb	Mauer	1000 µg Pb/g

Einsetzen der Würmer:
Am 7. 11. 91 wurden in jede der Tonnen 45 Regenwürmer (adulte und subadulte Tiere) eingesetzt. Die Tiere wurden bei 15°C gehältert. Die Erde wurde in regelmäßigen Abständen ausreichend bewässert.

Entnahme der Tiere für die AAS-Messungen:
7 Regenwürmer wurden zu Versuchsbeginn direkt nach dem Entkoten mit dem AAS gemessen.

Nach 7, 14, 21, 28 und 35 Tagen wurden jeweils 7 Regenwürmer aus folgenden Tonnen entnommen: Kontrolle, Nußloch und Wiesloch.

Aus den mit 100 µg Pb/g bzw. 1 000 µg Pb/g kontaminierten Tonnen wurden nach 35 Tagen 28 bzw. 30 Würmer entnommen.

Jeweils 4 Regenwürmer wurden zu Versuchsbeginn (Ausgangstiere) und nach 28 Tagen Exposition in Mauererde, Wieslocherde und der mit 1 000 µg Pb/g künstlich kontaminierten Mauererde direkt nach dem Entkoten zerteilt und die Organe der Würmer einzeln mit dem AAS gemessen.

Alle Tiere wurden direkt anschließend an die Entnahme 7 Tage lang entkotet, um eine Kontamination mit dem belasteten Erdreich zu verhindern. Dazu wurden die Tiere in Plastikboxen mit feuchtem Filterpapier bei 5°C gehalten. Das Papier wurde alle 1-2 Tage gewechselt, so daß sichergestellt war, daß die Tiere nach dieser Zeit vollständig entkotet waren.

Abiotische Messungen:
pH-Wert der Erde: Die Messungen wurden nach Versuchsende durchgeführt. Die Ergebnisse sind in Tab. 6.7 aufgeführt.

6.1.2.2 Resultate und Diskussion

Freilandtiere:
Die wenigen gewonnenen Tiere wurden als Ganztiere hinsichtlich ihres Blei-, Cadmium- und Zinkgehaltes untersucht. Wegen der geringen Zahl an Messungen können die Werte (Tab. 6.2) nur einen ungefähren Eindruck von der Belastungssituation vermitteln.

Die Messungen ergaben keine signifikanten Unterschiede zwischen den Würmern aus Nußloch und Wiesloch hinsichtlich ihrer Schwermetallbelastung. Auch wurden innerhalb einer Art am gleichen Standort beträchtliche Unterschiede in der Bleibelastung festgestellt.

Daß im Freiland einerseits sehr viel höhere Kontaminationen ertragen werden und andererseits das Anreicherungsverhalten von Art zu Art sehr verschieden sein kann, ist aus der Literatur bekannt (IRELAND 1988, HOPKIN 1989, JANSSEN 1989, WEIGMANN 1991).

Eine Belastung von Böden mit Schwermetallen scheint einen negativen Einfluß auf die Häufigkeit und Artenvielfalt von Regenwürmern zu haben.

So fand HOPKIN (1989) in mit Blei, Cadmium und Zink belasteten Böden in der Nähe einer metallverarbeitenden Fabrik in Südwestengland als einzigen Oligochaeten *Lumbricus rubellus*. BENGTSSON et al. (1983) konnten nachweisen, daß Abundanz und Diversität von Enchytraeiden und Lumbriciden in Nadelwäldern in Schweden durch industriell bedingte Schwermetallbelastung abnehmen.

Tab. 6.2: Schwermetallbelastung von Freilandtieren aus Nußloch (NU) und Wiesloch (WIE). Angegeben sind Mittelwerte ± Standardabweichung.

Art/Fundort	Pb (µg/g)	Cd (µg/g)	Zn (µg/g)
Lumbricus terrestris/WIE	224,4 ± 196,8	16,4 ± 4,8	254,4 ± 87,8
Aporrectodea rosea/WIE	40,9	40,9	90
Aporrectodea caliginosa/NU	134,5 ± 198,5	28,3 ± 21,7	225,7 ± 137,0
Octolasium lacteum/NU	60,7	63,4	183,3

Kontaminationsversuch im Labor:

Blei (Abb.6.2,Tab.6.3)
Mit Ausnahme der Kontrolle kommt es in allen Ansätzen zu einer Erhöhung des Bleigehaltes in den Tieren, wobei der Ansatz Nußloch auch noch nach 35 Tagen relativ niedrig bleibt. Wiesloch-Tiere liegen nach diesem Zeitraum über den Regenwürmern aus dem 100 µg Pb/g Ansatz. Dies entspricht der höheren Pb-Belastung in diesem Boden (vgl. Meßwerte Wiesloch-

Boden, Kap. 4.2.1). In beiden Ansätzen (Nußloch, Wiesloch) steigt die Bleibelastung der Tiere erst zwischen der 4. und 5. Woche signifikant an.

Tab. 6.3: Bleibelastung (μg/g) von *Lumbricus terrestris* nach Hälterung in künstlich mit Blei angereichertem Boden (Mittelwerte ± Standardabweichung).

Bodenkontamination	**0 Tage**	**35 Tage**
100 μg Pb/g	3,0 ± 0,7	71,5 ± 31,0
1 000 μg Pb/g	3,0 ± 0,7	321,6 ± 121,3

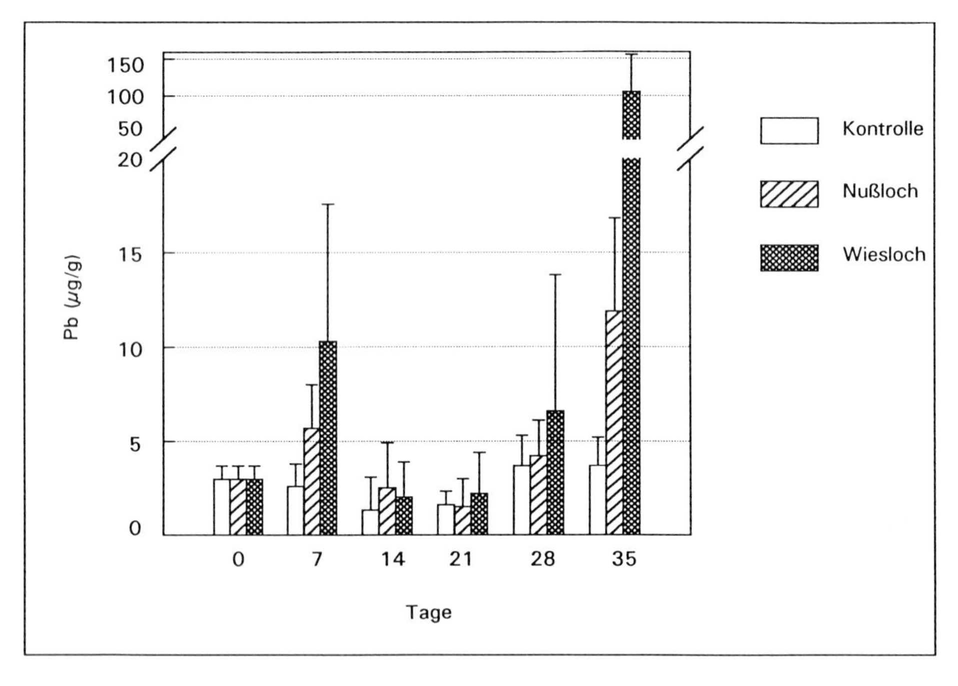

Abb. 6.2: Bleibelastung (μg/g) von *Lumbricus terrestris* nach Hälterung in Substraten verschiedener Herkunft (Mittelwerte ± Standardabbweichung)

Der mit 1 000 μg Pb/g belastete Boden führt zu deutlich höheren Werten in den Würmern. Die Bleibelastung dieser Tiere liegt im Bereich der in Wiesloch gefundenen Freilandtiere. Manche Regenwurmarten können offensichtlich noch weit höhere Bleibelastungen ertragen. So berichtet HOPKIN (1989) von in der Nähe von Bleiminen gefundenen Exemplaren von *Lumbricus rubellus* mit einem Bleigehalt von bis zu 3 500 μg Pb/g.

gen). Die in den beiden Gruppen ermittelten Werte unterscheiden sich nicht signifikant. Die Werte liegen im Bereich der in den Freilandtieren gemessenen. Auch bezüglich des Cadmiums sind bei Freilandtieren um den Faktor 10 höhere Werte bekannt (HOPKIN 1989).

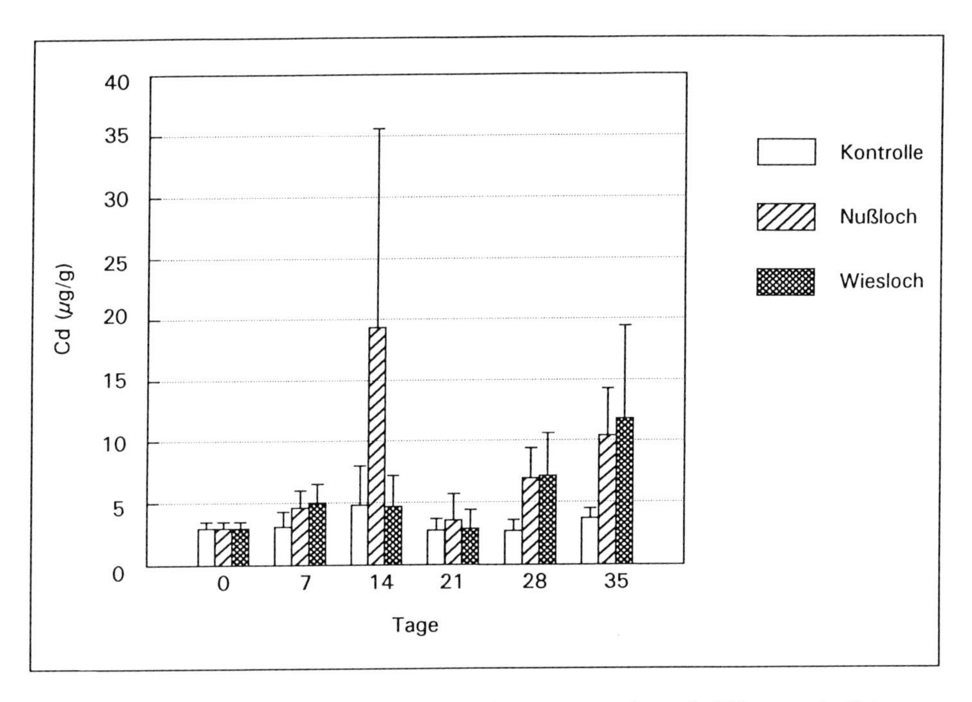

Abb. 6.3: Cadmiumbelastung (µg/g) von *Lumbricus terrestris* nach Hälterung in Substraten verschiedener Herkunft (Mittelwerte ± Standardabweichung).

Zink (Abb. 6.4)
In den Kontroll- und Wieslochproben kam es nach 35 Tagen zu einer deutlichen Abnahme der Zinkkonzentration, wohingegen der Zinkgehalt der Würmer aus der Wieslocherde nur geringfügig abnahm. Da die Vorgeschichte der Tiere nicht näher bekannt ist, konnte diese Tatsache nicht interpretiert werden.

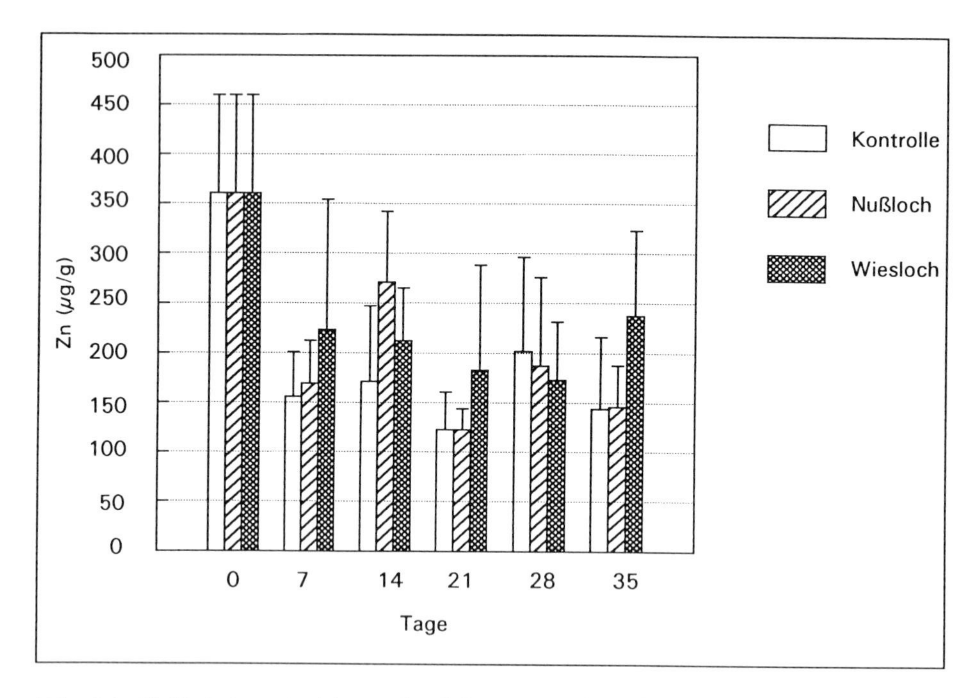

Abb. 6.4: Zinkbelastung (µg/g) von *Lumbricus terrestris* nach Hälterung in Substraten verschiedener Herkunft (Mittelwerte ± Standardabweichung)

Verteilung der Metalle auf Organebene:

In den Tabellen 6.4 - 6.6 ist die Schwermetallbelastung der einzelnen Organe von *Lumbricus terrestris* nach 4 Wochen Verweildauer in unterschiedlichem Substrat dargestellt.

Beim Vergleich der Tiere (Ausgangstiere, Kontrolle, Wieslocherde, 1 000 µg Pb/g) ergibt sich eine Anreicherung von Pb besonders in Oesophagus, Kropf, Kalksäckchen und ganz besonders in dem als Speicher- und Entgiftungsgewebe bekannten Chloragoggewebe. Während die Kontrolltiere im Vergleich zu den Ausgangstieren einen deutlich geringeren Bleigehalt aufweisen, zeigten die in Wieslocherde gehälterten Tiere vor allem in Kropf, Chloragoggewebe und Darm eine signifikant höhere Bleibelastung. Die mit 1 000 µg Pb/g kontaminierten Regenwürmer wiesen im Chloragoggewebe immerhin einen Bleigehalt von über 2 000 µg Pb/g auf. Aus der Literatur ist bekannt (HOPKIN 1989), daß Darmzellen, Kalksäckchen und Chloragoggewebe eine wichtige Rolle bei Speicherung und Elimination von Blei und Cadmium spielen. So ist *Lumbricus terrestris* besonders für seine Bleiausscheidung mittels der Kalksäckchen bekannt. Andere Arten akkumulieren mehr Blei als die genannte Art und speichern Metalle, wie Blei und Cadmium in den sogenannten Chloragosomen der Chloragocyten des Chloragoggewebes. Diese Chloragosomen können über die Nephridien ausgeschieden oder permanent in sogenannten "Abfallknötchen" gespeichert werden.

Tab. 6.4: Pb-Belastung verschiedener Organe von *Lumbricus terrestris* nach 4 Wochen Exposition in verschiedenen Substraten (Mittelwerte ± Standardabweichung).

Pb	Ausgangstiere	4 Wochen in Mauererde (Kontrolle)	4 Wochen in Wieslocherde	4 Wochen in Erde mit 1 000 µg Pb/g)
Pharynx	8,2 ± 1,7	1,0 ± 0,4	4,1 ± 0,7	156,4 ± 71,5
Oesophagus	25,1 ± 12,7	16,7 ± 3,0	3,6 ± 0,2	1824,4 ± 1224,2
Samenblasen	3,2 ± 2,1	0,8 ± 0,5	4,3 ± 1,5	139,5 ± 84,4
Kalksäckchen	18,2 ± 8,7	4,0 ± 3,1	3,5 ± 0,4	1 086,4 ± 492,8
Kropf	19,9 ± 15,5	6,0 ± 6,6	124,7 ± 31,5	710,6 ± 432,0
Kaumagen	5,5 ± 3,5	0,8 ± 0,6	8,2 ± 0,6	116,2 ± 54,8
Chloragog	58,6 ± 27,5	9,0 ± 5,3	298,1 ± 134,3	2178,3 ± 830,0
Darm	7,2 ± 2,5	30,8 ± 7,3	161,8 ± 138,8	1415,9 ± 330,0
Rest	2,4 ± 1,7	2,9 ± 0,1	5,7 ± 0,8	256,8 ± 32,4

Bei den Ausgangstieren ist der Cadmiumgehalt in Kalksäckchen, Kropf, Chloragoggewebe und Darm am höchsten. Bei den in Mauererde gehaltenen Würmern liegt die Cadmiumkonzentration im Bereich der Werte der Ausgangstiere. Die Organe der in Wiesloch gehälterten Tiere weisen deutlich höhere Konzentrationen auf, wobei besonders der hohe Bleigehalt des Darmes ins Auge fällt.

Tab. 6.5: Cd-Belastung verschiedener Organe von *Lumbricus terrestris* nach 4 Wochen Exposition in verschiedenen Substraten (Mittelwerte ± Standardabweichung).

Cd	Ausgangstiere	4 Wochen in Mauererde (Kontrolle)	4 Wochen in Wieslocherde
Pharynx	5,8 ± 1,4	4,7 ± 1,6	24,9 ± 2,3
Oesophagus	8,3 ± 2,9	10,8 ± 10,3	14,9 ± 3,4
Samenblasen	3,1 ± 1,5	4,1 ± 1,5	31,0 ± 10,5
Kalksäckchen	11,2 ± 10,6	5,0 ± 1,3	17,1 ± 1,0
Kropf	28,5 ± 25,6	8,6 ± 4,2	49,4 ± 20,4
Kaumagen	9,4 ± 1,5	4,8 ± 0,6	22,8 ± 6,5
Chloragog	46,8 ± 22,9	25,4 ± 2,8	73,2 ± 7,7
Darm	10,5 ± 4,7	17,4 ± 5,7	62,3 ± 17,5
Rest	1,0 ± 0,4	2,0 ± 0,2	12,0 ± 1,7

Die höchsten Zinkkonzentrationen finden sich in Chloragog- und Darmgewebe. Auffällig sind die sehr hohen Konzentrationen der Wieslochtiere im Chloragoggewebe sowie im Kaumagen.

Tab. 6.6: Zn-Belastung verschiedener Organe von *Lumbricus terrestris* nach 4 Wochen Exposition in verschiedenen Substraten (Mittelwerte ± Standardabweichung).

Zn	Ausgangstiere	4 Wochen in Mauererde (Kontrolle)	4 Wochen in Wieslocherde
Pharynx	741,0 ± 185,4	319,8 ± 166,6	388,4 ± 14,4
Oesophagus	883,9 ± 281,6	271,4 ± 50,0	265,1 ± 168,2
Samenblasen	471,9 ± 150,1	203,5 ± 9,8	357,9 ± 85,7
Kalksäckchen	388,2 ± 208,8	215,7 ± 129,8	186,5 ± 43,8
Kropf	180,7 ± 28,5	326,7 ± 216,0	674,7 ± 32,9
Kaumagen	346,7 ± 162,7	304,4 ± 136,7	1988,0 ± 440,5
Chloragog	8535 ± 1559,2	11713,0 ± 148,6	30568,0 ± 6912,0
Darm	2604,4 ± 790,5	1171,2 ± 148,7	2131,4 ± 1638,5
Rest	157,9 ± 38,2	273,3 ± 79,3	366,1 ± 25,9

Es wird an dieser Untersuchung deutlich, daß die Böden von Nußloch und Wiesloch die Schwermetallfracht (abgesehen von Zink) in den Würmern gegenüber den Ausgangstieren eindeutig erhöhen und daß dies auch organspezifisch erfolgt.

Dies kann bedeuten, daß die Regenwürmer auf den Untersuchungsflächen unter suboptimalen Bedingungen leben, wenn auch höhere Anreicherungswerte in Freilandtieren gemessen wurden als in unseren Tieren (JANSSEN 1989).

6.1.3 Regenwürmer (Lumbricidae): Verhalten unter Schwermetallbelastung

In Kapitel 5.2.1 wurde dargestellt, daß die Untersuchungsflächen nur eine sehr schwach ausgebildete Regenwurmfauna aufwiesen. Es war fraglich, ob dies auf z.B. Besonderheiten des Untergrundes (geringe Mächtigkeit des Oberbodens) oder auf die Belastung durch die Schwermetalle zurückzuführen sei. Im folgenden soll daher gezeigt werden, wie die Belastung durch die Metalle Pb und Cd sich auf Regenwürmer auswirkt. Es wurde ein Mortalitätsversuch durchgeführt, bei dem auch das Verhalten der Tiere in den kontaminierten Böden protokolliert wurde. Des weiteren wurden die Tiere aus den Ansätzen für die AAS-Messungen (s. 6.1.2) mit beobachtet.

6.1.3.1 Material und Methoden

Es wurden 2 Versuchsserien gefahren; bei der einen wurden für die reine Beobachtung Wannen (Abb. 6.8) verwendet, bei der anderen wurden Tonnen (Abb. 6.1) benutzt. Aus diesem Ansatz wurden Tiere für die AAS-Untersuchung (s. Kap. 6.1.2) entnommen.

Zur Regulation des Wasserhaushaltes in den Wannen wurde deren Boden mit Blähton (3-5 cm) bedeckt. Um ein Eindringen der Würmer in diese unkontaminierte Schicht zu verhindern, wurde sie mit Fliegengitter abgedeckt. Dieses wurde mit Plastikklebeband am Gefäß befestigt. Auf diese Unterlage wurde die schon kontaminierte Erde bis 5-10 cm unter den Rand aufgetragen. Die Gefäße wurden durch mit Klettband befestigte Fliegengaze verschlossen.

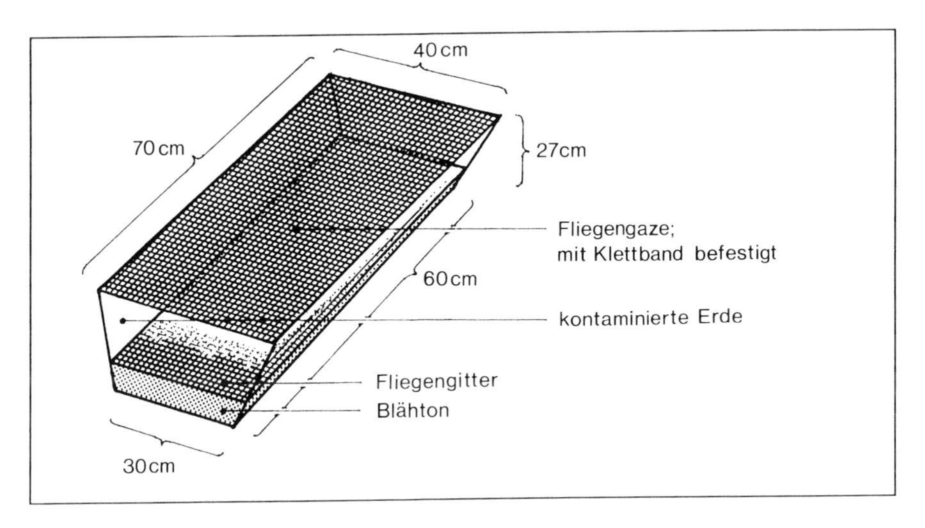

Abb. 6.8: Wannen zur Hälterung der Regenwürmer während des Mortalitätsversuches.

Kontamination mit Pb $(NO_3)_2$:
Die Erde stammte aus einem unkontaminierten Gebiet bei Mauer (=Kontrolle). Sie wurde entsprechend der folgenden Tabelle (Tab. 6.7) mit Bleinitrat versetzt (Wannen und Tonnen).

Tab. 6.7: Anreicherung der Erde mit Bleinitrat und pH-Werte der Erde.

	Gewünschte Kontamination [µg/g]	pH-Wert
Wannen	0 (Kontrolle)	4,09
	0 (Kontrolle)	4,38
	0 (Kontrolle)	4,38
	100	4,28
	100	4,54
	100	4,27
	1 000	4,13
	1 000	4,27
	1 000	3,82
	5 000	3,50
	5 000	3,68
	5 000	4,13
	10 000	3,74
	10 000	3,63
	10 000	3,44
Tonnen	0 (Kontrolle)	4,41
	Nußloch	6,75
	Wiesloch	6,46
	1 000 µg Cd/g	3,96
	5 000 µg Pb/g	-

Zusätzlich wurde jede Wanne mit 2 l H_2O befeuchtet. Ein Tag (am 6.11.91) vor dem Einsetzen der Würmer wurden jeweils 6 l H_2O zugesetzt.

Abiotische Messungen:
pH-Wert: Die Messung wurde nach Versuchsende durchgeführt (21.12.91). Es wurden jeweils 10 g trockene (80°C Trockenschrank), gemahlene Erde aus den Versuchsgefäßen entnommen, mit je 25 ml $CaCl_2$ versetzt und eine Stunde geschüttelt, um den pH-Wert zu messen. Die Ergebnisse sind in Tab. 6.7 aufgeführt.

Bereitstellung der Würmer:
Vom 5.11.-7.11.91 wurden die aus einem kommerziellen Betrieb (Mosella Angelköder/Platten) bezogenen Würmer (*Lumbricus terrestris)* in Aquarien bei 15°C entkotet, um keine verfälschten Werte durch das Eintragen des Darminhaltes zu erhalten bzw. die Tiere möglichst auf einen gleichen Ausgangsstand zu bringen. Die Aquarien waren gegen Lichteinfall abgedeckt, die Becken wurden über Sprudelsteine belüftet. Bei Trübung des Wassers wurde ein Wasserwechsel vorgenommen.

Einsetzen der Würmer:
Am 7.11.91 wurden jeweils 40 Tiere (adult und subadult) in die vorbereiteten Wannen eingesetzt. Die Wannen waren während des Versuches in einer Klimakammer bei 15°C aufgestellt.

Bewässerung: 11.11., 14.11., 27.11.91 jeweils 1 l H_2O pro Wanne, 18.11. jeweils 2 l H_2O pro Wanne, 7.12. jeweils 0,5 l H_2O pro Wanne. Durch unterschiedliche Standorte im Kühlraum trocknete die Erde verschieden stark aus. Deshalb wurde am 3.12. die Wanne Nr. 3 zusätzlich mit 1 l H_2O befeuchtet.

Ansatz für die AAS-Messungen:
Nach einer Expositionszeit von 35 Tagen (7.11.-12.12.91) wurden die Wannen nach überlebenden Würmern durchsucht. Diese wurden vom 12. bis zum 19.12. in Plastikboxen mit feuchtem Küchenpapier bei 5° C gehalten. Da das Papier alle 1-2 Tage gewechselt wurde, waren die Würmer nach dieser Zeit vollständig entkotet. Sie wurden einzeln eingefroren und ihr Schwermetallgehalt mittels AAS bestimmt (s. Kap. 6.2.4).

Zusätzlich zu den in Kap. 6.1.2 ausgewerteten Ansätzen (Tonnen) wurden hier noch Würmer einer Belastung von 1000 μg Cd/g bzw. 5000 μg Pb/g ausgesetzt und mitbeobachtet (Tab. 6.7). Am 14.11., 21.11., 28.11. und 5.12. wurden je 7 Tiere pro Tonne für die AAS-Messungen (s. Kap. 6.1.2) entnommen. Diese Tiere wurden im Beobachtungsprotokoll 2 mit e gekennzeichnet.

Verhalten der Würmer:
Die Wannen und Tonnen wurden regelmäßig kontrolliert und der Zustand der Würmer protokolliert (Beobachtungsprotokolle 1 und 2, s.a. Anhang Tab. A14 und A15). Hierbei fand folgende Bewertung der Würmer statt.

1: Normal wirkende Tiere mit hohem Körperdruck, schneller Reaktion und sauberer Haut.
2: Relativ normal wirkende Tiere mit relativ hohem Körperdruck, schneller Reaktion und Erde an der Körperoberfläche
3: Schlaffe Tiere mit erniedrigtem Körperdruck, verlangsamter Reaktion und relativ stark verschmutzter Körperoberfläche
4: Tiere, die nur schwach aktiv waren und auf mechanische Reizung kaum noch Reaktion zeigten
5: Fast tote Tiere, die erst nach wiederholter Reizung schwache Reaktion zeigten.
6: Tote Tiere.

Die Tiere der Gruppe 5 und 6 wurden aus den Ansätzen entfernt.

Zusätzliche Beobachtungen wurden wie folgt gekennzeichnet:

a: aggregiert
w: Tiere mit weißem Schleim am Clitellum
vw:Tiere zeigten sehr viel Schleim, vorwiegend am Clitellum

o: Tiere befanden sich auf der Erde, nicht oder kaum eingegraben
au:Tiere waren ausgetrocknet
k: Tiere waren stark kontrahiert
O: verschollene Tiere bei Versuchsabbruch
l: schon länger tote Tiere
z: bei Kontrolle verletzte Tiere, deshalb entfernt.

6.1.3.2 Auffällige Beobachtungen

Die Versuchsbedingungen wurden ohne Kontamination gut ertragen. 1 000 μg/g Pb ertrugen einige Tiere bis zum Versuchsende in guter Kondition. Ab 5 000 μg/g Pb waren die Regenwürmer unmittelbar nach dem Einsetzen bereits deutlich überaktiv. Ab 10 000 μg/g Pb gruben die Tiere sich immer wieder aus.

In den sehr hoch kontaminierten Gefäßen kam es meist schon nach wenigen Tagen zum Absterben der Tiere bzw. der Versuch wurde abgebrochen (10 000 μg/g Pb).

Bei dem Ansatz für die AAS-Messung ergab sich ein sehr schnelles Ausfallen der Tiere unter der hohen Cd-Belastung (1 000 μg/g), während 5 000 μg/g Pb besser vertragen wurden.

In den Böden von Wiesloch und Nußloch zeigten die Tiere gegenüber der Kontrolle keine auffallenden Verhaltensabweichungen.

Die kurz nach Versuchsbeginn gestorbenen Tiere fielen durch starke, weiße Schleimabsonderung besonders am Clitellum auf. Die später im Versuchsverlauf gestorbenen Tiere erschienen ausgetrocknet, waren aber kontrahiert.

Bei den Versuchsgefäßen "Tonne 5 000 μg/g Pb" und "Wanne 6" (ebenfalls 5 000 μg/g Pb) wurde die Belastung etwas besser ertragen als bei den übrigen Ansätzen mit 5 000 μg/g Pb. Es fiel auf, daß die Tiere hier aggregierten. Eventuell waren die Aggregationsstellen geringer belastet (inhomogene Verteilung im Substrat?). Vor allem bei der "Tonne 5 000 μg/g Pb" war die hohe Aufenthaltswahrscheinlichkeit am Rand auffällig. Auch hier ist wohl mit einer geringeren Belastung zu rechnen.

Die vorliegenden Beobachtungen belegen, daß die Tiere durch Erhöhung der Aktivität und Fluchtreaktionen der Kontamination auszuweichen im Stande sind (vgl. Kap. 6.1.6).

Zusammen mit den Ergebnissen aus 6.1.2 und in anbetracht der relativ kurzen Versuchsdauer, erscheint die Annahme berechtigt, daß das weitgehende Fehlen von Regenwürmern auf beiden Flächen auf die relativ hohe Schwermetallbelastung zurückzuführen ist.

6.1.4 Hornmilben (Oribatida): Quantifizierung der Schwermetallbelastung und zellulärer Nachweis

Milben und Collembolen stellen die Hauptmasse an Mikroarthropoden in Böden (s. Kap. 5.1). Dabei bilden Oribatiden in der Regel die größere Gruppe (DUNGER 1983). In einer Reihe von Untersuchungen, z.B. an durch Straßenverkehr oder Industrieabgase schwermetallbelasteten Standorten, wurden bereits Daten über die Auswirkungen der genannten Faktoren auf diese Milbengruppe zusammengetragen (HECK et al. 1989, HOPKIN 1989).

Jedoch ist noch wenig über die Toleranz, Speicherung und mögliche Eliminierung von Schwermetallen in dieser Gruppe bekannt. Im Rahmen des Projektes wurden daher entsprechende Belastungsversuche vorgenommen sowie der Verbleib der Schwermetalle im Tierkörper an ausgewählten Arten untersucht (vgl. KRATZMANN et al. 1993, LUDWIG et al. 1991, 1992, 1993).

6.1.4.1 Material und Methoden

Folgende Arten wurden bearbeitet:
Nothrus silvestris NICOLET, 1855
Rhysotritia duplicata (GRANDJEAN, 1953)
Steganacarus magnus (NICOLET, 1855)
Chamobates borealis (TRÄGARDH, 1902)

Akkumulationsversuch:
N. silvestris und *R. duplicata* aus unkontaminiertem Boden wurden in kleinen Plastiktöpfen gehalten, die mit einem Gipsboden versehen waren. Die Tiere wurden mit einer Mischung aus gemahlener Blattstreu und Agar (2:1) gefüttert. Diese Mischung wurde mit den entsprechenden Mengen $CdCl_2$ bzw. $Pb(NO_3)_2$ in 100 ml aqua dest. erhitzt und anschließend gefriergetrocknet. Das Futter wurde vor der Verwendung mit aqua bidest. befeuchtet.

Folgende Konzentrationen wurden für das Futter verwendet:

1) 1 000 μgPb/g, 2) 10 000 μgPb/g, 3) 100 μgCd/g, 4) 1 000 μgCd/g und 5) unkontaminiertes Futter (24,2 ± 4,3 μgPb/g; 1,0 ± 0,1 μgCd/g).

In jedem Experiment wurden 300 Tiere der jeweiligen Art gehalten. Nach 0, 14, 28, 42 und 56 Tagen wurden 20 Tiere jeder Art entnommen. Um die mögliche Eliminierung der Schwermetalle zu beobachten, wurden die restlichen Milben für weitere 42 Tage mit unkontaminiertem Futter ernährt. Hiervon wurden wiederum jeweils 20 Tiere pro Spezies nach 14, 28 und 42 Tagen entnommen. Bevor die Tiere für die Analyse getötet wurden, wurden sie für 48 h ohne Nahrung belassen, so daß sie danach entkotet waren. Für die AAS wurden die Tiere gewaschen (1x1% HNO_3, 2 x aqua bidest.), gefriergetrocknet und in Fünfergruppen aufgeschlossen (heiße HNO_3 suprapur 65%; Eppendorf- Reaktionsgefäße; Inkubation über Nacht).

AAS s.o. Kap. 6.1.1.

Zusätzlich wurden Proben des A-Horizontes des Probenahmeortes gemessen (s. Kap. 4.2).

Als unspezifischer Schwermetallnachweis im Gewebe wurde die Silbersulfid-Methode nach TIMM (1958) eingesetzt. Elektronenmikroskop: Zeiss EM 9 S2.

Weiter wurden 20 Tiere aus jedem Experiment wie oben gehalten und nach 14, 28, 42 und 56 Tagen sowie nach weiteren 14, 28 und 42 Tagen auf unkontaminiertem Futter untersucht, um die Überlebensrate zu bestimmen. 20 weitere Tiere jeder Art, die mit unkontaminiertem Futter gehalten wurden, wurden als Kontrolle verwendet. Die Ergebnisse wurden mit Duncan's multiple range-Test geprüft. Ebenso wurden eine Korrelations- und Regressionsanalyse durchgeführt.

Tiere von den Untersuchungsflächen:
Tiere der Art *S. magnus* wurden in dem hochbelasteten Standort Wiesloch sowie in dem minderbelasteten Untersuchungsgebiet Nußloch gesammelt. Die Tiere wurden in der gleichen Weise gehalten wie die beiden anderen Arten (s.o.). Auch das Futter war entsprechend zubereitet.

Das unkontaminierte Futter enthielt nur geringe Mengen an Schwermetallen (1,1 ± 0,3 μg Cd/g; 14,6 ± 5,2 μg Pb/g; 92,2 ± 33,2 μg Zn/g).

Zur Beobachtung einer möglichen Eliminierung von Schwermetallen wurden 100 Tiere von Wiesloch 28

Tage lang mit unkontaminiertem Futter gehalten. Nach 0, 4, 8 und 28 Tagen wurden jeweils 10 Tiere entnommen und mit der AAS gemessen.

Zusätzlich wurden 20 Milben über 28 Tage mit unterschiedlich konzentrierter Nahrung gefüttert (1 000, 5 000, 10 000 μg Pb/g bzw. Cd/g). Nach 14 und 28 Tagen wurden je 5 Tiere pro Ansatz entnommen. Vorbereitung und Durchführung der AAS-Analyse s. Kap. 6.1.1.
Die Belastung der Böden von Wiesloch und Nußloch ist Kap. 4.2 zu entnehmen.

Für die Elektronenmikroskopie wurde ebenfalls wie oben verfahren. Zum histochemischen Nachweis von Blei wurden Semidünnschnitte (1μm) nach der Natriumrhodizonat-Methode (PEARSE 1961) behandelt. Gegenfärbung erfolgte mit Azur-II-Methylenblau (s. Kap. 6.1.1).

Der Cadmiumgehalt wurde mit ESI und EELS an einem Zeiss CEM 902 untersucht (vgl. Kap. 6.1.8).

Weitere 40 Tiere pro Ansatz wurden wie oben auf Futter mit 1 000, 10 000, 50 000 und 100 000 μg Pb/g bzw. 1 000, 5 000, 25 000 und 50 000 μg Cd/g gehalten und nach 7, 14, 21 und 28 Tagen untersucht, um die Überlebensrate festzustellen. 40 weitere Tiere, die unkontaminiertes Futter erhielten, wurden als Kontrolle gehalten.

Die erhaltenen Ergebnisse wurden mit Student's t-Test und Duncan's multiple range-Test geprüft.

Folgende Konzentrationen wurde verwendet:

Tabelle 6.8: Konzentrationen an Metallen in den verwendeten Futtermischungen.

	Ansatz	Messung [mg/g]
Pb	1 000	983 ± 117
	5 000	4 622 ± 428
	10 000	12 384 ± 860
	50 000	48 211 ± 3 017
	100 000	92 405 ± 17 286
Cd	1 000	1 125 ± 215
	5 000	5 222 ± 338
	10 000	13 817 ± 1 346
	25 000	22 446 ± 2 104
	50 000	44 517 ± 9 411

Mögliche Entgiftungsorgane: Proventrikuläre Drüsen oder racemiforme Organe:

Bei lebenden Tieren von *C. borealis* können die racemiformen Organe durch die Kutikula hindurch erkannt werden. Vertreter dieser Art wurden von Untersuchungsflächen nahe Heidelberg im Rahmen einer anderen Studie (ALBERTI et al. 1989, 1991) gesammelt. Diese Flächen waren durch ein unterschiedliches Boden-pH gekennzeichnet (pH 3,0; pH 4,4: Waldkalkung). Die Freilandtiere wurden hinsichtlich des Vorhandenseins der racemiformen Organe ausgewertet. Für die Laboruntersuchung wurden weitere Tiere aus einem Waldgebiet nahe Heidelberg gesammelt. Diese Tiere wurden nach Prüfung unter dem Stereomikroskop in 2 Gruppen geteilt:

Gruppe 1: Racemiforme Organe (d.h. Granula in den proventrikulären Drüsen) erkennbar.
Gruppe 2: Racemiforme Organe nicht erkennbar.

Diese Milben wurden in kleinen Plastiktöpfen mit Gazeboden 14 Tage lang gehalten. Die Töpfe wurden auf feuchten Sand gesetzt. Sand wie auch Futter (gemahlene *Picea abies*-Nadeln und Agar im Verh. 2:1) wurden mit HCl, NaOH, $CaCO_3$ bzw. $Pb(NO_3)_2$ auf folgende Versuchsbedingungen eingestellt, denen die Tiere der gebildeten Gruppen wie folgt ausgesetzt wurden:

1) pH 3 (Gruppe 1), 2) pH 6 (Gruppe 1), 3) pH 6 (Gruppe 2), 4) 10% $CaCO_3$ (Gruppe 1), 5) 10% $CaCO_3$ (Gruppe 2), 6) 1 000 μg Pb/g (Tiere ohne spezielle Gruppenzugehörigkeit).

In jedem Experiment wurden 20 Milben eingesetzt. Nach 7 und 14 Tagen wurden die Milben entnommen und auf die Ausbildung von Granula in den proventrikulären Drüsen (Ausprägung der racemiformen Organe) hin geprüft. Zusätzlich wurde die Ultrastruktur der Drüsen unter den unterschiedlichen Bedingungen untersucht. Schwermetalle wurden mit der Silbersulfid-Methode nach TIMM (1958), Calcium-Salze nach der Methode von CARASSO & FAVARD (1966) histochemisch nachgewiesen (s. Kap. 6.1.1).

6.1.4.2 Resultate

Akkumulationsversuch:
Die Tiere vom Probenahmeort zeigten bereits eine hohe Belastung durch die geprüften Schwermetalle (Abb. 6.9) im Gegensatz zu den geringen Konzentrationen an Cadmium (0,3± 0,1 μgCd/g) und Blei (21,0 ± 4,5μg Pb/g) im A-Horizont. Besonders die hohen Konzentrationen von Blei (255,1 ± 67,5μg Pb/g) in *R. duplicata* sind bemerkenswert. Diese Art zeigte Cadmium- und Blei- Konzentrationen, die die in der anderen Art, *N. silvestris*, 7 bzw. 3 mal übertrafen. Abb. 6.10 zeigt, daß die unterschiedliche Kontamination des Futters keinen Einfluß auf die Überlebensrate hatte. Selbst Futter, das mit 1% Blei bzw. 0,1% Cadmium belastet war und über 56 Tage gefüttert wurde, erbrachte bei beiden Arten keine letalen Effekte. Die Cadmiumbelastung in beiden Arten stieg in beiden Ansätzen (100 μg Cd/g; 1 000 μg Cd/g) während der Untersuchungsperiode an. Dabei ist die nur geringe Erhöhung der Konzentration an Cadmium in den Oribatiden, die mit dem höher belasteten Futter kontaminiert wurden, bemerkenswert (*N. silvestris:* 412,5 ± 106,7 gegenüber 297,2 ± 22,2 μg Cd/g; *R. duplicata*: 502,8 ± 54,9 gegenüber 373,5 ± 13,8 μg Cd/g).

Der Verlauf der Konzentrationserhöhung im Kontaminationszeitraum folgt einer logarithmischen Kurve (Abb. 6.11), d.h. der stärkste Cadmiumanstieg erfolgte in den ersten 28 Tagen und verlief dann schwächer bis zum Ende der Kontaminationsdauer. Bei der Bleibelastung verhielt es sich etwas anders.

Während die Bleikonzentrationen der mit 1000 μg Pb/g-Futter gefütterten Tiere von 92,9 ± 13,4 auf 421,2 ± 62,9μg Pb/g (*N. silvestris*) und von 255,1 ± 67,5 auf 614,9 ± 77,0μg Pb/g (*R. duplicata*) anstieg, waren die Konzentrationen in den Milben, die mit 10 000μg Pb/g-Futter gefüttert wurden deutlich höher (*N. silvestris*: 992,1 ± 8,8μg Pb/g; *R. duplicata:* 1 233,7 ± 128,1μg Pb/g). Der zeitliche Verlauf des Konzentrationsanstieges war jedoch dem von Cadmium ähnlich (logarithmisch) (Abb. 6.11).

Nach dem Wechsel zu unkontaminiertem Futter fielen die Konzentrationen von Blei und Cadmium in den Tieren erheblich. Die mit 100 μg Cd/g kontaminierten Oribatiden zeigten nach einer Periode von 42 Tagen auf unkontaminiertem Futter geringere Konzentrationen als die Tiere, die mit 1 000 μg Cd/g-Futter gehalten worden waren. Jedoch wurden die Werte der unkontaminierten Ausgangstiere von den Probenahmeorten nicht erreicht. Bei allen Cd-Experimenten gab es keine weitere Abnahme nach 14 Tagen, was zeigt, daß nach diesem Zeitraum keine weitere Cd-Eliminierung erfolgt.

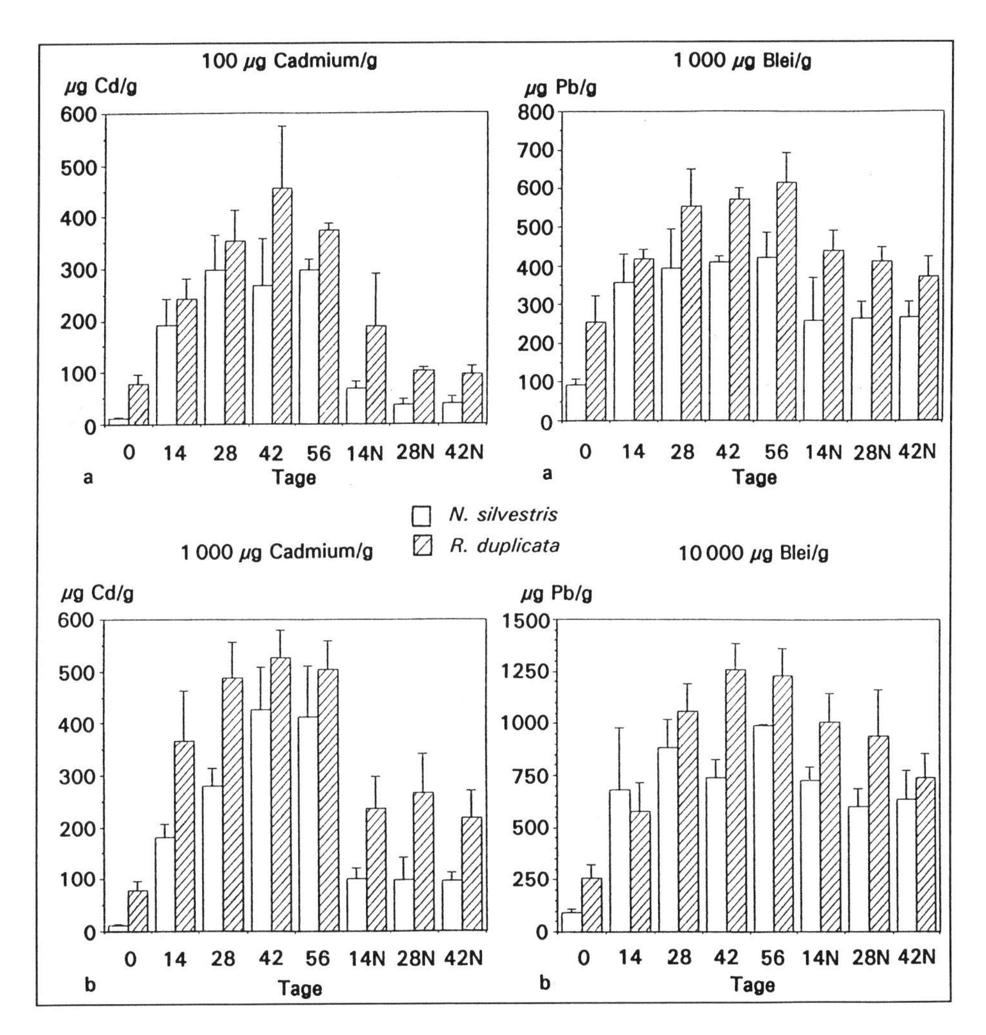

Abb. 6.9: Durchschnittliche Konzentrationen an Cd bzw. Pb (µg/g) in *N. silvestris* und *R. duplicata* während eines 98 Tage andauernden Experimentes mit kontaminiertem Futter. Vom 56. Tag an wurde unkontaminiertes Futter (N) gegeben.

Die Abnahme der Bleikonzentration ist nach 42 Tagen auf unkontaminierter Nahrung nicht so deutlich wie bei den Cd-kontaminierten Tieren. Die Werte der unkontaminierten Ausgangstiere wurden ebenfalls nicht erreicht. Ebenso wie beim Cadmium war die Eliminierung nach 14 Tagen nur noch gering bzw. beendet.

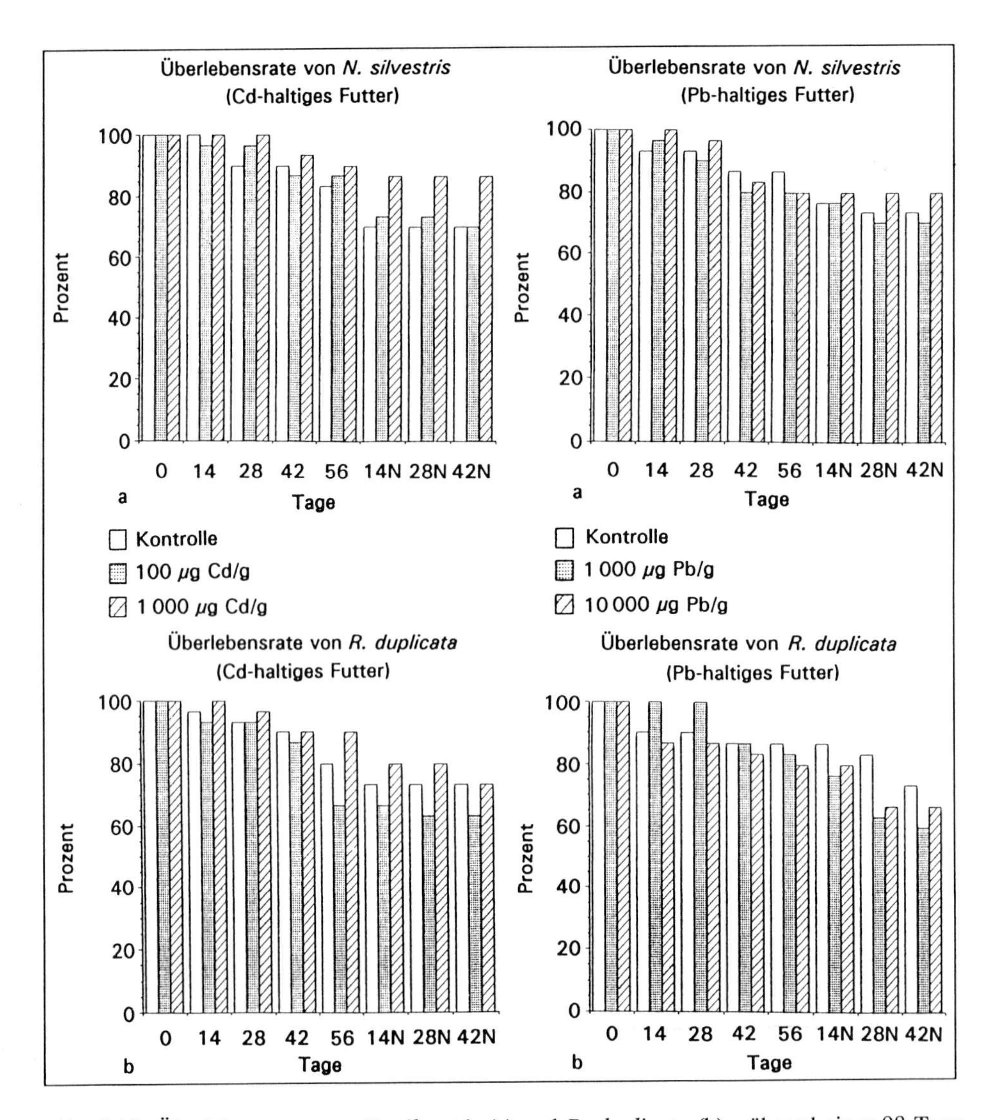

Abb. 6.10: Überlebensraten von *N. silvestris* (a) und *R. duplicata* (b) während eines 98 Tage andauernden Fütterungsexperimentes mit kontaminiertem Futter (Cd, Pb). Vom 56. Tag an wurde unkontaminiertes Futter (N) gegeben.

Der Mitteldarm der Oribatiden ist generell in drei Abschnitte unterteilt: Ventrikel, Colon, Postcolon (früher Rektum) (EVANS 1992). Vom Ventrikel gehen 2 große Blindsäcke (Caeca) aus. Die Zellen des Ventrikels und der Caecen besitzen zahlreiche Mineralgranula, die sogenannten Sphäriten.

Die Sphäriten sind runde bis ovale Körper mit einem Durchmesser von 0,5-4 μm. Sie sind durch alternierende elektronendichte und -helle Schichten gekennzeichnet und enthalten als Hauptkomponenten Calciumphosphat und Calciumcarbonat (LUDWIG & ALBERTI 1988, HOPKIN 1989). Der histochemische Nachweis (Silbersulfid-Methode n. TIMM 1958) zeigt, daß Sphärite einen Speicherort für Schwermetalle darstellen. Milben, die von dem unkontaminierten Standort stammten, hatten schwächere Niederschläge als die artifiziell kontaminierten.

In den Caeca, in denen nur sehr wenige Sphärite des mineralischen Typs gefunden wurden, war ein anderer Typ dominierend. Es handelte sich um größere, kristalline Körper, die im polarisierten Licht doppelbrechend waren. Dieser Sphärittyp enthielt nur geringe Mengen von Calcium (Abb. 6.15 b). Das EELS- Spektrum zeigte hohen Cadmium-Gehalt bei den kontaminierten Tieren. Der histochemische Nachweis zeigte dagegen, daß kein Blei enthalten ist. Mit EELS und der Natriumrhodizonat-Methode konnten (unter den gegebenen Präparationsbedingungen) keine Cadmium- und Blei-Depositionen in der Kutikula gefunden werden.

Tiere von den Untersuchungsflächen (*Steganacarus magnus*):
Entsprechend der unterschiedlichen Belastung auf den Untersuchungsflächen (vgl. Kap. 4.2) waren die durchschnittlichen Schwermetallgehalte der Wiesloch-Tiere signifikant höher als die der Nußloch-Tiere (Tab. 6.9). Blei- und Zinkkonzentrationen der Wiesloch-Milben waren fast zweimal höher. Beim Cadmium war der Faktor sogar 3,5.

Tab. 6.9. Konzentrationen von Pb, Cd und Zn in *Steganacarus magnus* von den beiden Untersuchungsflächen. Werte in μg/g TS (Mittelwerte ± S.D.), n = 18.

Fundort	Pb	Cd	Zn
Nußloch	134,4 ± 39,7	32,4 ± 11,1	1 102,9 ± 315,7
Signifikanz	***	***	***
Wiesloch	248,0 ± 111,7	114,9 ± 33,6	2 064 ± 644,1

Tab. 6.10 zeigt die Effekte der Haltung mit unkontaminiertem Futter auf die Konzentrationen an Pb, Zn, Cd von kontaminierten Tieren. Innerhalb der ersten Woche kommt es zu einer rapiden Eliminierung der Metalle, während in den drei folgenden Wochen kein weiterer signifikanter Rückgang zu beobachten ist. So fiel der Cd-Gehalt innerhalb der ersten vier Tage von 100 auf 30,8%, aber nach 28 Tagen war er nur bei 27,2% der Ausgangskonzentration angelangt. Blei (46,8%) und Zink (62,2%) zeigten eine noch geringere Abnahme nach 28 Tagen.

Tab. 6.10: Mittlere Konzentrationen (μg/g TS ± S.D.) von Pb, Cd und Zn in *Steganacarus magnus* zum Zeitpunkt des Fanges und nach Hälterung mit unkontaminierter Nahrung (4-28 Tage). Werte, denen der selbe Buchstabe folgt, sind nicht signifikant verschieden ($p \leq 0{,}1$).

Tage	Pb	Cd	Zn
0	248,0 ± 111,7a	114,9 ± 33,6a	2064,8 ± 644,1a
4	203,5 ± 50,8a	35,4 ± 12,4b	1849,3 ± 628,5a
8	110,4 ± 39,5b	35,8 ± 9,1b	1444,2 ± 428,5b
28	116,2 ± 25,3b	31,2 ± 13,8b	1285,7 ± 243,7b

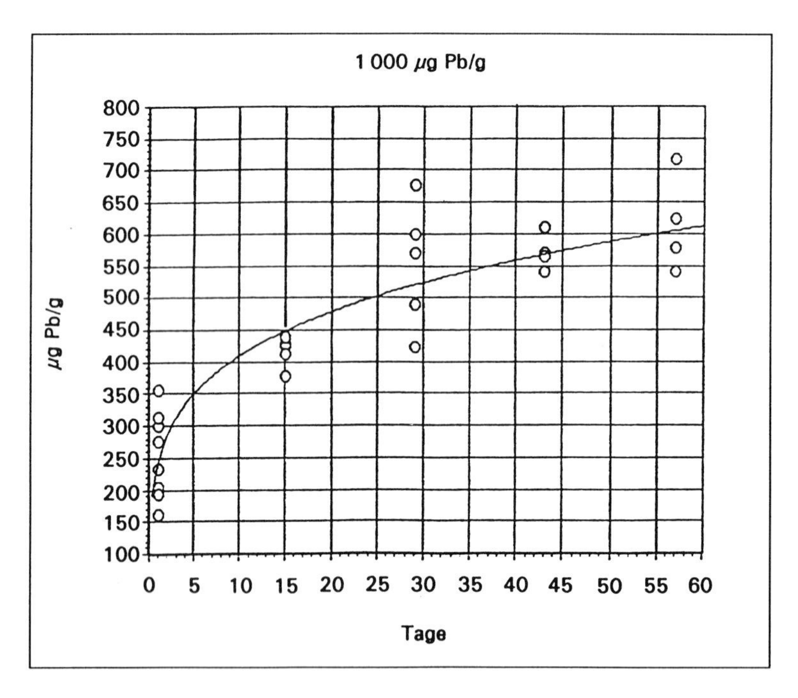

Abb. 6.11: Zunahme der Pb-Konzentration (μg/g) in *R. duplicata* während der Kontamination mit einem Pb-kontaminierten Futter (1 000 μg Pb/g).

Abb. 6.12a, b ist der Einfluß von Cadmium und Blei auf die Überlebensrate von *S. magnus* bei Fütterung mit verschiedenen Konzentrationen dieser Metalle zu entnehmen. Während Cd-Konzentrationen von über 1 000 μg Cd/g toxische Effekte nach 4 Wochen erkennen ließen, ist dieser Befund erst bei sehr viel höheren Werten von Blei zu machen. So überlebten z.B. 40% der Milben eine Exposition gegenüber 50 000 μg Pb/g von 4 Wochen.

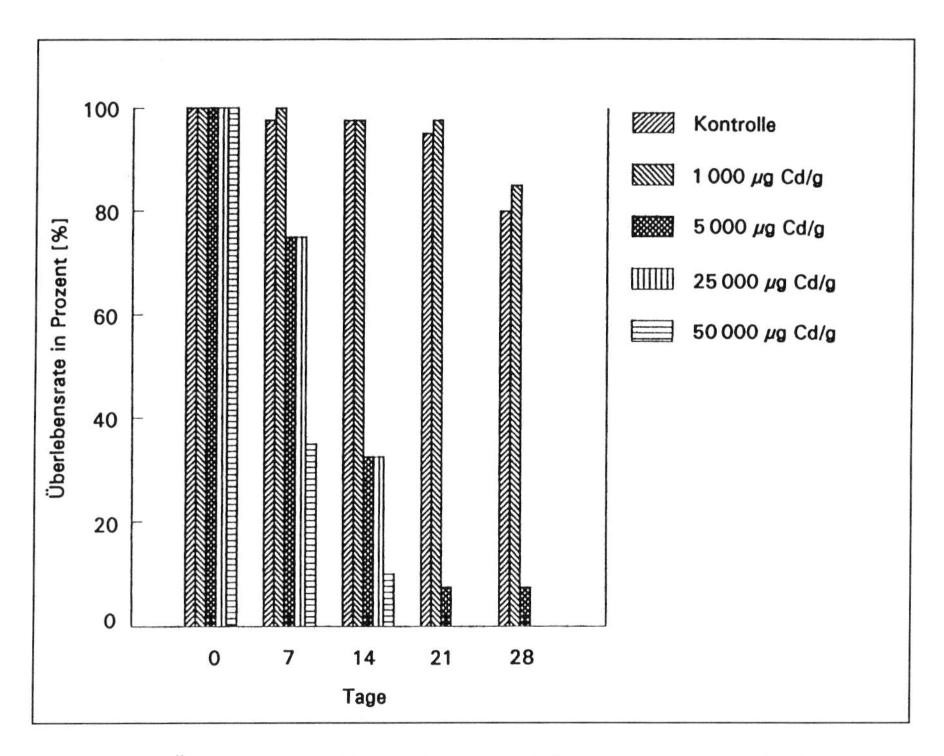

Abb. 6.12 a: Überlebensrate (%) von *S. magnus* bei Fütterung mit verschiedenen Konzentrationen von Cd über einen Zeitraum von 28 Tagen.

In Abb. 6.13 a ist die Cd-Konzentration in den Milben gegen die Konzentration im Futter aufgetragen. Es wird deutlich, daß die Cd-Konzentration in den Tieren signifikant mit der steigenden Futterkonzentration steigt. Es konnten keine Unterschiede zwischen den Expositionszeiten von 14 bzw. 28 Tagen beobachtet werden. Im Gegensatz zu Cadmium wurden keine Unterschiede zwischen den mit 5 000 bzw. 10 000 µg Pb/g belasteten Tiere beobachtet (Abb. 6.13 b). Wie beim Cadmium wurden keine signifikanten Unterschiede zwischen den Expositionszeiten (14, 28 Tage beobachtet).

Licht- und elektronenmikroskopische Untersuchungen zeigten, daß im Ventrikel und Postcolon zahlreiche Sphärite angetroffen werden (Abb. 6.14 a).

Diese Sphärite sind rund und haben einen Durchmesser von ca. 2µm. Sie besitzen die charakteristische Schichtung aus hellem und dunklem Material. Abb. 6.15 a zeigt den EELS-Befund, wonach diese Sphärite zur Hautpsache Ca, P und O enthalten.

Der histochemische Nachweis mit der Natriumrhodizonat-Methode ergibt, daß diese Sphärite einen Speicherort für Blei darstellen. Mit EELS konnte weiter gezeigt werden, daß diese Sphärite (Wiesloch-Tiere untersucht) kein oder nur wenig Cadmium enthielten (Abb. 6.15 a).

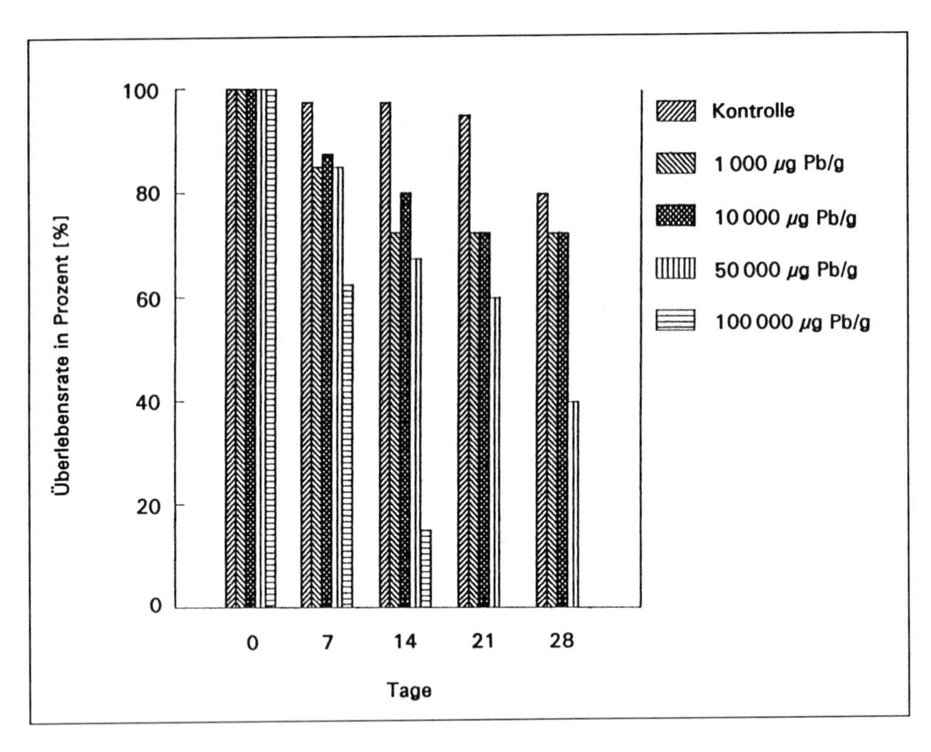

Abb. 6.12b: Überlebensrate (%) von *S. magnus* bei Fütterung mit verschiedenen Konzentrationen von Pb über einen Zeitraum von 28 Tagen.

Mögliche Entgiftungsorgane: Proventrikuläre Drüsen oder racemiforme Organe: Proventrikuläre Drüsen, ein Paar kleiner Ausstülpungen des Ventrikels, wurden bereits von MICHAEL (1884) aufgrund anatomischer Studien beschrieben. Sie wurden danach in verschiedenen Oribatidenarten beobachtet. Bei manchen Arten sind am lebenden Tier durch die Kutikula hindurch auffällige Granulaanhäufungen zu erkennen. Wegen ihrer Anordnung wurde der Begriff "racemiforme Organe" eingeführt (GRANDJEAN 1962, 1965, 1966). Die Granula sind sehr widerstandsfähig gegen mazerierende Agentien und so sind diese Granulaanhäufungen auch bei vielen anderen Oribatiden im Zuge z.B. taxonomischer Studien gefunden worden. Ihre Bedeutung ist umstritten und erst spät wurde erkannt, daß die Begriffe proventrikuläre Drüsen und racemiforme Organe im Prinzip ein und dieselbe Struktur meinen (BERNINI 1984).

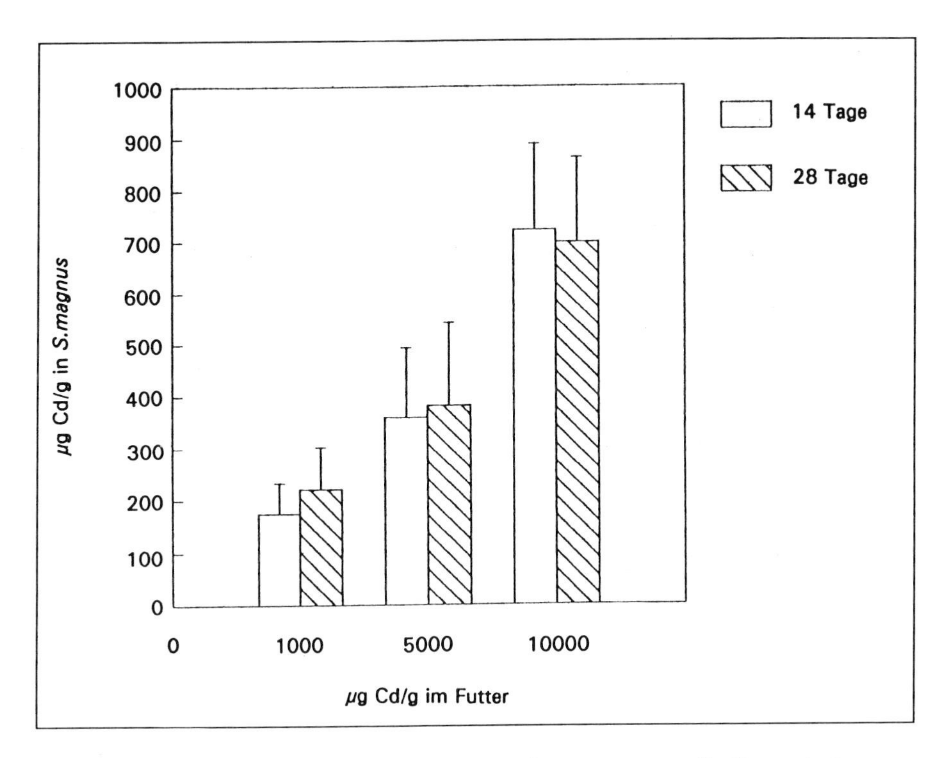

Abb. 6.13a: Cd-Konzentration in *S. magnus*, aufgetragen gegen die Konzentration von Cd im Futter nach 14 Tagen und 28 Tagen Kontamination.

Schon früh war aufgefallen, daß die Organe in einem Individuum oft verschieden aussehen, d.h. die Granula sind oft ungleich verteilt, so daß die racemiformen Organe im Extremfall sogar als nur auf einer Seite ausgebildet erscheinen. In manchen Individuen einer Population können sie sogar gänzlich fehlen.

Als mögliche Funktionen wurden von den verschiedenen Autoren (s. LUDWIG et al. 1992) genannt: Enzymsekretion, Exkretion, pH-Regulation, Beteiligung an der Photorezeption.

Im Rahmen des Projektes wurden diese bei einer großen Zahl von Oribatidentaxa zu beobachtenden Organe elektronenmikroskopisch untersucht und hinsichtlich ihrer möglichen Funktion geprüft, da wir in den Granula sphäritenähnliche Bildungen vermuteten und diese aus den früheren Untersuchungen (s.o.) als am Calcium- bzw. Schwermetallmetabolismus beteiligt angesehen werden konnten.

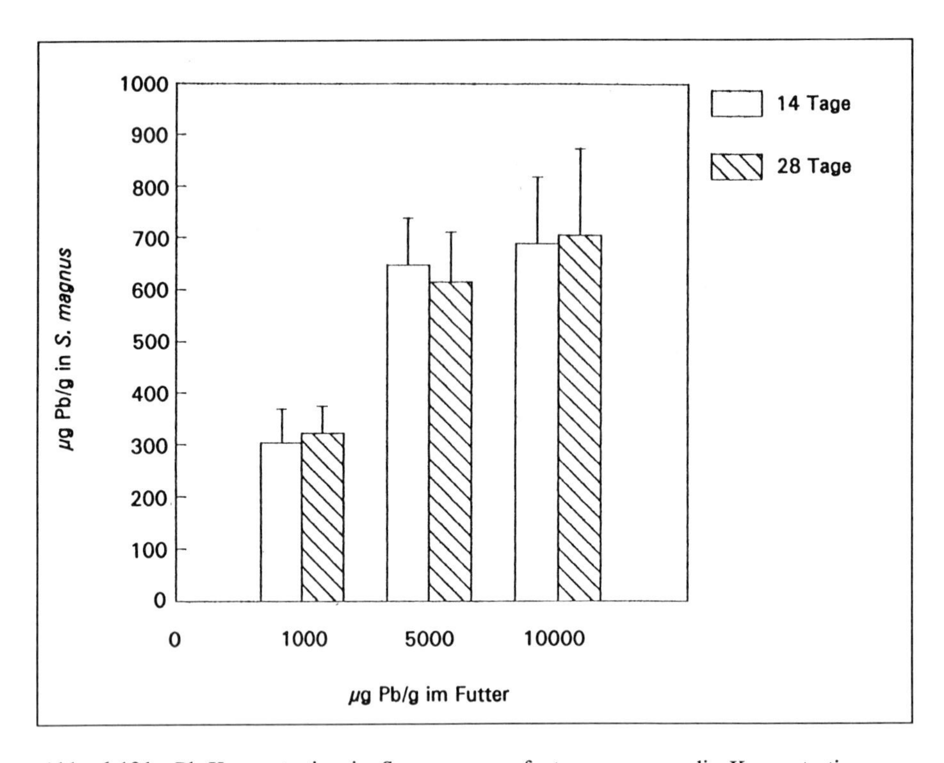

Abb. 6.13 b: Pb-Konzentration in *S. magnus*, aufgetragen gegen die Konzentration von Pb im Futter nach 14 Tagen und 28 Tagen Kontamination.

An lebenden Tieren von *Chamobates borealis* können die Granulaanhäufungen meist gut erkannt werden (Abb. 6.16 a). Bei einigen Individuen fehlen sie jedoch (Abb. 6.16 b).

Die proventrikulären Drüsen von *Chamobates borealis* sind schlauchförmige Gebilde, die sich vom Ventrikel aus nach vorn erstrecken (70µm lang, 20µm weit). Das Epithel der Drüsen besteht aus einem einzigen Zelltyp mit meist basal gelegenem Zellkern und einem unregelmäßigen Mikrovillibesatz am Zellapex. Unter dem Zellapex sind viele Mitochondrien lokalisiert. Mehr basal findet man umfangreiches rauhes ER. Auffällig ist meist die Vielzahl von mineralischen Sphäriten. Diese können jedoch auch weitgehend fehlen, was erklärt, daß bei manchen Tieren die Granula von außen nicht erkennbar sind. Die Drüsen sind immer in Paaren ausgebildet.

Es konnten zwei Typen von Granula erkannt werden:

1) Sphäriten, die durch ihre alterniernden dunklen bzw. hellen Schichten gekennzeichnet sind. Diese Sphäriten haben einen Durchmesser von 0,5 bis 2 µm (Abb. 6.16 c).
2) Sphäriten, die homogen elektronendicht erscheinen. Diese sind im Durchschnitt kleiner als der erste Typ aber in den Drüsen häufiger (Abb. 6.16 c).

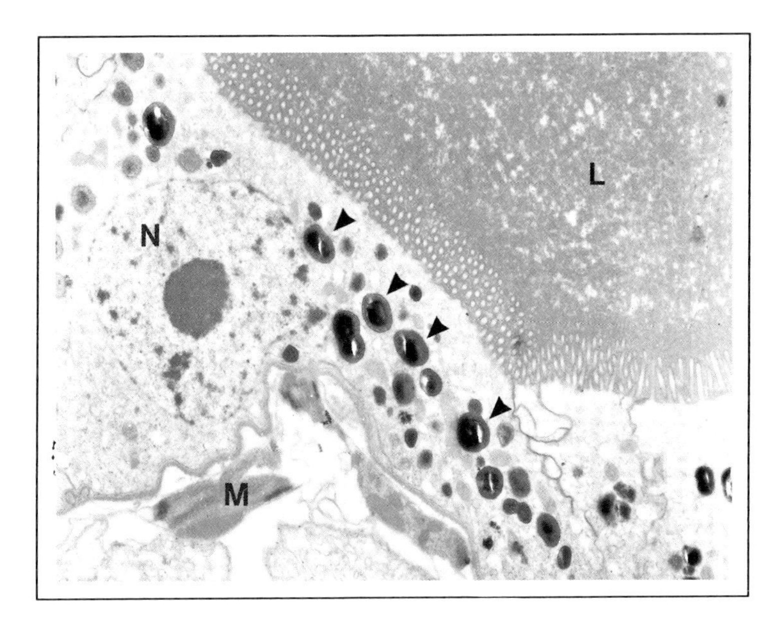

Abb. 6.14a: Mineralische Sphärite (Pfeilköpfe) in einer Zelle des Ventrikels (L = Lumen, M = Muskelzelle, N = Zellkern). TEM x 3750.

Beide Typen kommen in der ganzen Zelle vor und sind primär durch ihren Ca-Gehalt gekennzeichnet.

In Abb. 6.17a wird gezeigt, daß die Zahl der Sphäriten in den Milben, die auf einem pH 6- oder 10% Ca-Substrat gehalten wurden, schon nach 7 Tagen angestiegen ist.

Von den 20 Tieren, die auf pH 3-Medium über 14 Tage gehalten wurden, zeigten 30% keine Granula mehr unter dem Stereomikroskop (Abb. 6.17b). Auch die Freilandtiere, die unter vergleichbaren Bedingungen lebten, zeigten die gleiche Tendenz (Abb. 6.17c). Im Elektronenmikroskop waren nur wenige Sphärite bei diesen Tieren zu erkennen, die darüberhinaus aufgrund ihrer unregelmäßigen Gestalt möglicherweise einen Abbauzustand anzeigten.

Dagegen besaßen Milben, die auf 10% Ca-Substrat gehalten wurden, große Mengen der Sphärite beider Typen.

In Milben, die mit Futter, das artifiziell mit Blei angereichert war, gehalten wurden, konnte in beiden Sphäritentypen Blei nachgewiesen werden. Dagegen fiel der Nachweis bei den Kontrolltieren negativ aus.

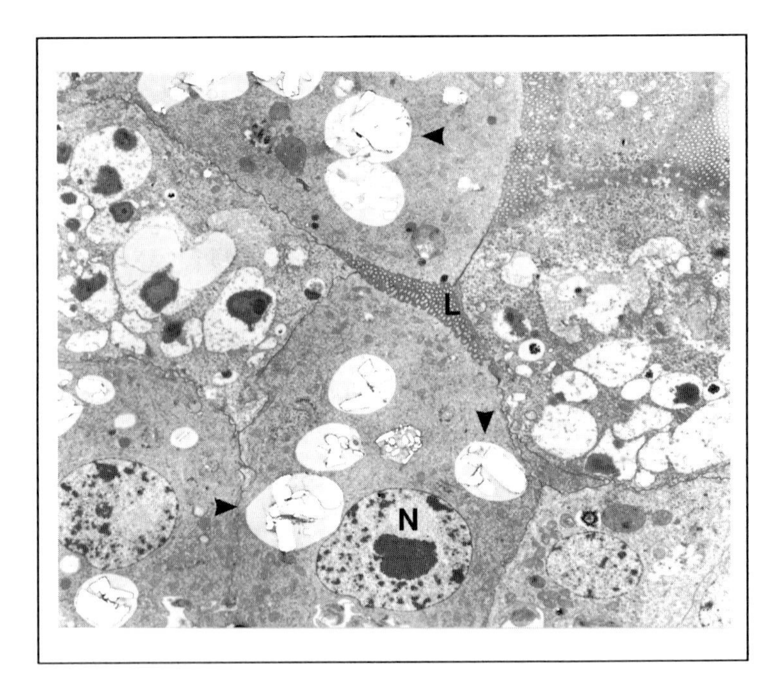

Abb. 6.14b: Zellen aus einem Caecum von *S. magnus* sind angefüllt mit Sphäriten des kristallinen Typs (Pfeilköpfe) (L = Lumen, N = Zellkern). TEM x 1500.

6.2.3.3 Diskussion

Während andere Invertebratentaxa meist eine hohe Sensitivität gegenüber Schwermetallkontamination zeigen (HOPKIN 1989), belegen die vorgelegten Ergebnisse, daß die untersuchten Oribatiden eine hohe Resistenz gegenüber sowohl natürlicher als auch artifizieller Cadmium- und Blei-Belastung besitzen. Selbst Konzentrationen, die weit über natürlich auftretende Belastungen reichen, beeinträchtigten die Überlebensraten von *N. silvestris, R. duplicata* und *S. magnus* nicht. Diese Befunde stehen im Einklang mit den Berichten anderer Autoren (z.B. DENNEMAN & VAN STRAALEN 1991 an *Platynothrus peltifer*). WILLIAMSON & EVANS (1973) fanden keine toxischen Einflüsse von Blei auf Abundanz und Verteilung verschiedener Milbengruppen. STREIT (1984) berichtete, daß Oribatiden (mit Ausnahme von *Platynothrus peltifer*) gegenüber hohen Kupferkonzentrationen im Boden nicht empfindlich reagierten.

Oribatiden nehmen offensichtlich Schwermetalle über die Nahrung auf und speichern sie in den Zellen von Ventrikel und Caecen, wo sie in Sphäriten abgelagert werden.

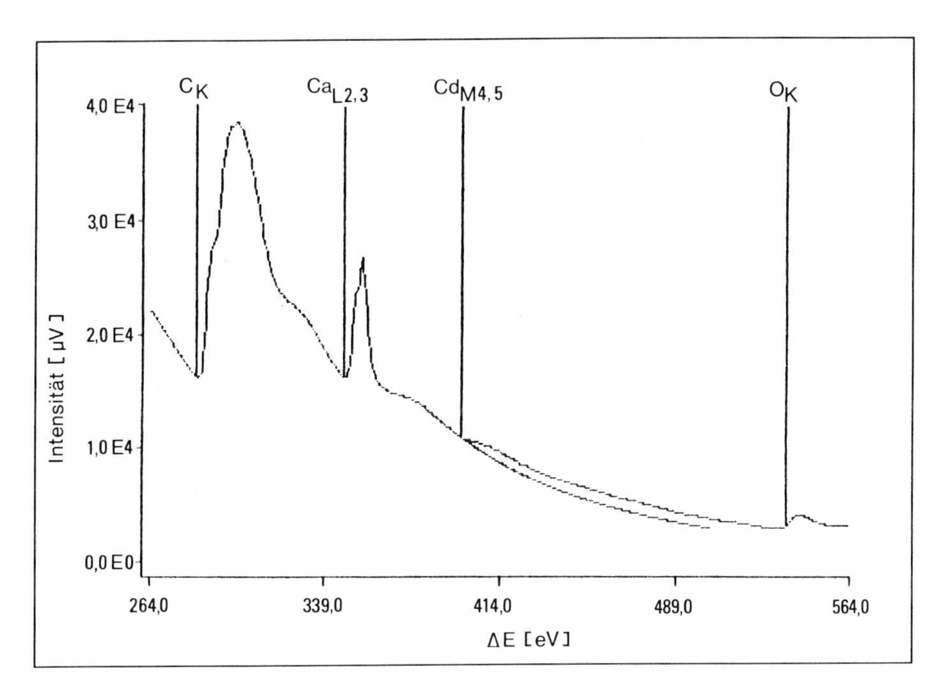

Abb. 6.15 a: Energieverlustspektrum eines mineralischen Sphäriten. Das Spektrum zeigt die Werte von Cd, Ca, C und O. Das Tier wurde in Wiesloch gesammelt.

Dieses Prinzip der Immobilisierung von Schwermetallen in speziellen Zellen bzw. Organellen des Mitteldarmes ist bei Invertebraten weitverbreitet (WIESER 1979, WILLIAMSON 1980, HOPKIN 1989, LUDWIG 1990). Bei den Oribatiden kann wie bei Spinnen (LUDWIG & ALBERTI 1988, LUDWIG et al. 1991) davon ausgegangen werden, daß die Sphäriten in das Darmlumen ausgestoßen werden können und damit letzlich aus dem Körper ausgeschleust werden.

Die unterschiedlichen Sphäriten können vielleicht den von HOPKIN (1989) unterschiedenen Typen entsprechen. So beschreibt HOPKIN den Typ A, der durch konzentrische Schichten aus Ca- und Mg- Phosphat aufgebaut wird und in dem Zink und Blei auftreten könnnen. Der Typ B ist dagegen heterogener, enthält aber immer große Mengen von Schwefel in Verbindung mit Cadmium und Kupfer. Typ A entspricht vermutlich dem mineralischen Typ, Typ B dem kristallinen (s. *Steganacarus magnus*).

Die hohe Belastung der von den kontaminierten Standorten gesammelten Tiere, ebenso wie die Tatsache, daß bei den artifiziell kontaminierten Tieren auf unbelastetem Substrat keine Abnahme bis zu den Werten von unbelasteten Tieren gefunden wurde, zeigt jedoch, daß noch andere Speicherorte für Schwermetalle existieren müssen. Als eine Möglichkeit muß die Ablagerung von Metallen in der Kutikula angenommen werden. Dies könnte z.B. die im Vergleich zu *N. silvestris* höheren Konzentrationen in *R. duplicata* erklären, die mit einer sehr starken, mineralisierten Kutikula versehen ist.

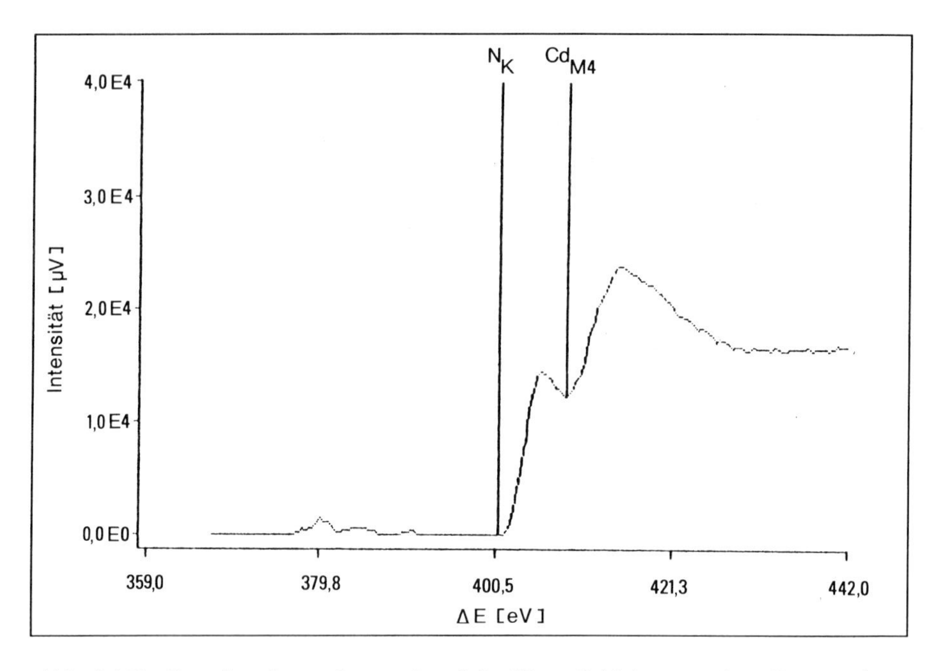

Abb. 6.15 b: Energieverlustspektrum eines kristallinen Sphäriten aus dem Caecum eines Tieres, das künstlich mit 1000 μg Cd/g über einen Zeitraum von 28 Tagen kontaminiert worden war. Das Tier stammte ebenfalls von Wiesloch.

In einer verwandten Art *S. magnus* konnte unter den gegebenen Präparationsbedingungen allerdings kein Cd oder Pb nachgewiesen werden. Mineralisierte Kutikulae sind von verschiedenen Oribatiden bekannt (NORTON & BEHAN-PELLETIER 1991 a, b).

Sulfidionen oder Metallothioneine könnten ebenfalls eine Rolle spielen (HOPKIN 1989). Diese Möglichkeiten konnten wir bisher nicht prüfen.

Der Verlauf der Konzentrationszunahme auf belastetem Futter läßt den Schluß zu, daß nach einer gewissen Zeit die Speicher gefüllt waren und danach keine Schwermetallakkumulation mehr möglich war.

Von besonderem Interesse sind hier auch die proventrikulären Drüsen, die ganz offensichtlich eine besondere Fähigkeit zur Sphäritbildung besitzen. Unsere Untersuchung hat gezeigt, daß die Zahl der Granula abhängig ist von der Substratbeschaffenheit (pH-Wert, Ca-Gehalt). Weiter kann auch in diese Granula Schwermetall eingelagert werden. Es ist daher sehr wahrscheinlich, daß diese Organe eine bedeutende Rolle bei der Regulation vom pH-Wert der Nahrung, dem Ca-Haushalt, aber auch bei der Entgiftung von Schwermetallen spielen (ALBERTI et al. 1992, LUDWIG et al. 1992, KRATZMANN et al. 1993). Das weitverbreitete Auftreten dieser spezialisierten Organe bei dieser Milbengruppe könnte damit einen Schlüssel zur Erklärung des so auffälligen Dominierens von Oribatiden in sauren Böden bieten.

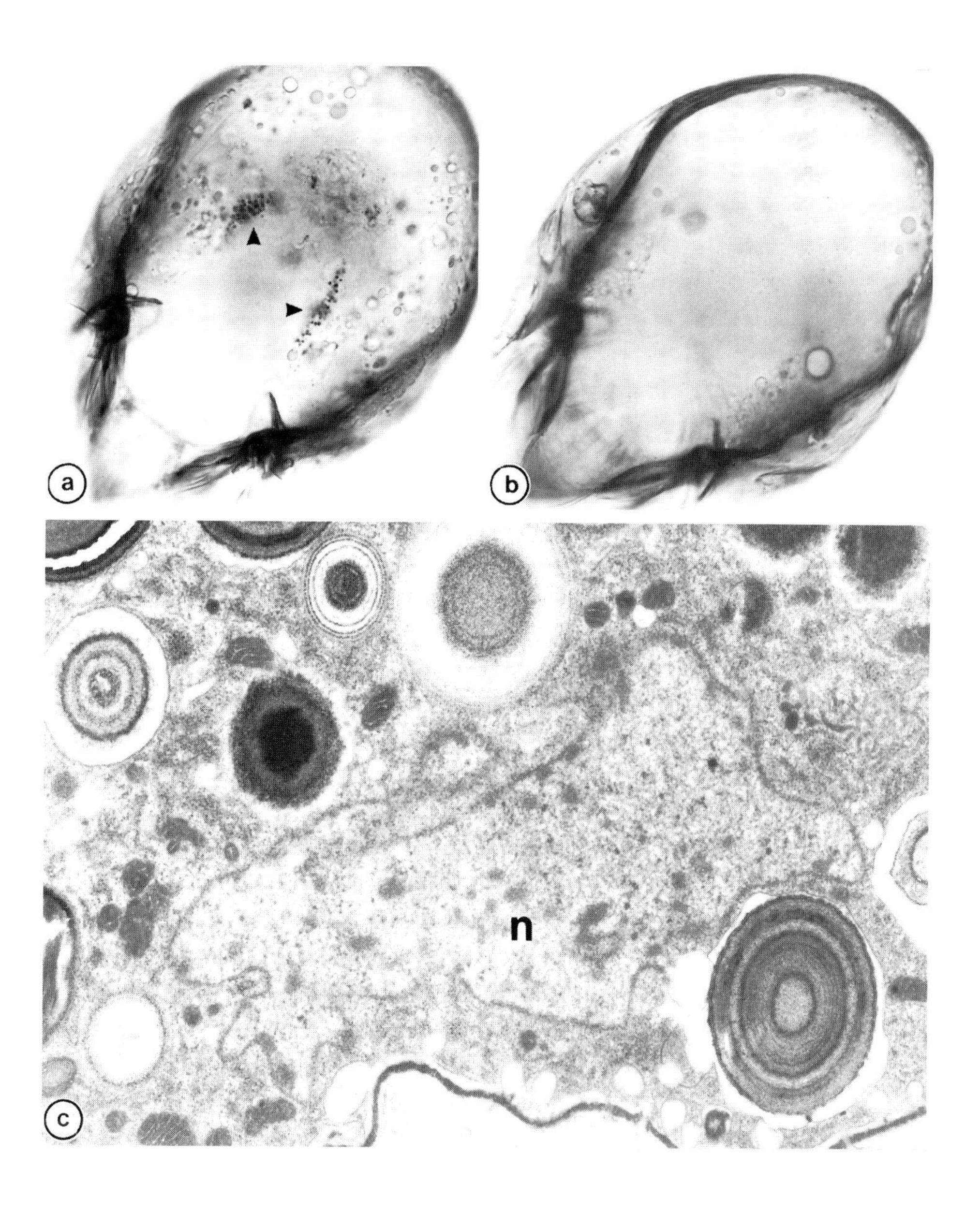

Abb. 6.16: Proventrikuläre Drüsen von *Chamobates borealis* (Oribatida). a) Aufsicht auf ein Tier, bei dem die beiden Drüsen granula- (d.h. sphärit-) gefüllt durch die Kutikula hindurchschimmern. Vergr. 300x. b) Aufsicht auf ein Tier, bei dem keine Granula in den Drüsen liegen, so daß diese von außen nicht erkennbar sind. Vergr. 300x. c) Elektronenmikroskopisches Detail aus dem Mitteldarm von *Chamobates borealis* mit den geschichteten und homogenen Sphäriten. Vergr. 18 750x. n = Nucleus.

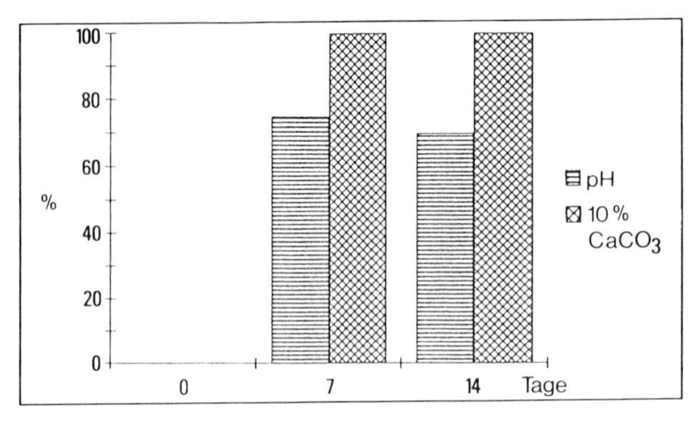

Abb. 6. 17a: Präsenz von Granula (in %) in den proventrikulären Drüsen von Individuen der Art *Chamobates borealis* bei Hälterung unter verschiedenen pH- und $CaCO_3$-Bedingungen.
Am Tage 0 waren keine Granula von außen erkennbar.

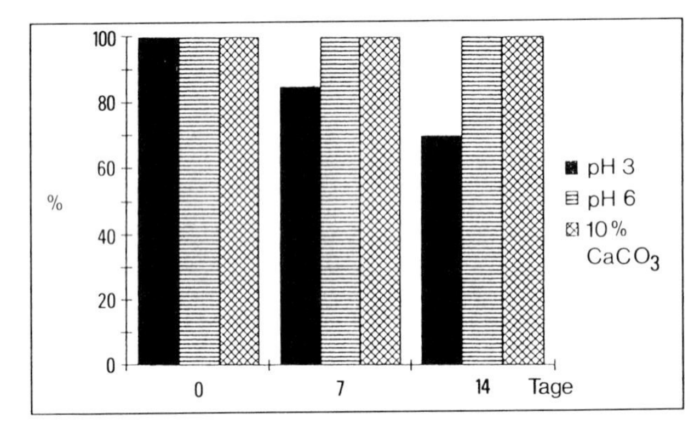

Abb. 6.17b: Präsenz von Granula (in %) in *Ch. borealis* - Individuen bei Hälterung unter verschiedenen pH- und $CaCO_3$-Bedingungen.
Am Tage 0 waren 2 proventrikuläre Drüsen aufgrund ihrer Granulafüllung von außen erkennbar.

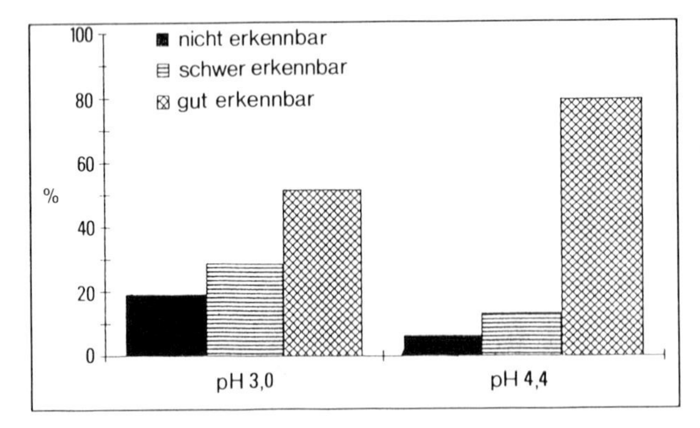

Abb. 6.17c: Erkennbarkeit der proventrikulären Drüsen (in %) in Individuen der Art *Ch. borealis* von 2 verschiedenen Fichtenstandorten. Der pH 4,4-Standort wurde mit Kalkdünger behandelt.

6.1.5 Raubmilben (Gamasida): Schwermetallbelastung von *Veigaia nemorensis*

6.1.5.1 Einleitung

Die Menge der von Invertebraten in terrestrischen Ökosystemen assimilierten Metalle wird von zwei Faktoren kontrolliert (HOPKIN 1989): 1. Der Konzentration der verfügbaren Metalle in der Umwelt und 2. den physiologischen Mechanismen der Aufnahme, Speicherung und Elimination der Schwermetalle (BENGTSSON et al. 1983a, 1985; STREIT 1984). Für Sekundärkonsumenten hängt der Grad der Assimilation von der Schwere der Kontamination ihrer Beutetiere ab (ROBERTS & JOHNSON 1978).

Faunistisch - ökologische Untersuchungen über Bodenorganismen aus schwermetallbelasteten Freilandgebieten sind in der Literatur weit verbreitet. Die aus ihnen resultierenden Ergebnisse unterscheiden sich z.T. stark voneinander, so daß generalisierende Aussagen über die Schwermetallwirkung auf Bodenorganismen heute kaum machbar sind.

So fanden WILLIAMSON & EVANS (1973) bei der Untersuchung von Halden in der Nähe von verlassenen Bleiminen keine toxischen Effekte von Blei auf die Verteilung und Abundanz von verschiedenen Tiergruppen. Dieses wird von READ et al. (1987) bei Carabiden bestätigt. Die Autoren stellten jedoch eine negative Korrelation zwischen der Schwermetallkonzentration und der Artendiversität nach SHANNON - WEAVER fest. Dagegen berichten STROJAN (1978b) und HÅGVAR & ABRAHAMSEN (1990) von einer signifikanten Abnahme der Abundanzen von Mikroarthropoden mit zunehmender Schwermetallbelastung.

Die Gamasinen stehen als Räuber am Ende einer Nahrungskette. Obwohl ihnen nach KARG (1968) für bodenbiologische Standortanalysen die Bedeutung von Indikatororganismen zukommt, gibt es über die Auswirkungen von Schwermetallbelastungen speziell auf diese Tiergruppe nur wenige Freilanduntersuchungen (z.B. HÖLLER 1959, GLOCKEMANN & LARINK 1989, JANSSEN et al. 1990).

6.1.5.2 Methoden

6.1.5.2.1 Tiermaterial

Für eine vergleichende Untersuchung der Schwermetallbelastung von Gamasinen aus WIE und NU wurde *Veigaia nemorensis* (C. L. KOCH, 1839) ausgewählt. Diese Raubmilbe konnte an beiden Standorten beständig nachgewiesen werden. Die Raubmilben der Gattung *Veigaia* sind auf Collembolen als Nahrung spezialisiert. *V. nemorensis* ist eine der häufigsten Milbenarten der oberen Bodenschicht (KARG 1993). Sie ist ausgesprochen euryök und kann in Böden von Wiesen, Äckern, Laub- und Nadelwäldern gefunden werden.

Um ausreichend Tiermaterial für die AAS-Messungen bereitzustellen, wurden zwischen Oktober und Dezember 1992 insgesamt viermal die Bodenarthropoden der oberen Streuschicht beider Standorte mit einem einfachen BERLESE - Apparat extrahiert. Die Veigaiainae wurden in mit Wasser gefüllten Glasschälchen aufgefangen, mit einer Metallöse in ein Gipstöpfchen gegeben und mehrere Tage zum Entkoten darin gehalten. Nach 3 bis 5 Tagen wurden die Tiere mit flüssigem Stickstoff abgetötet und bis zur Weiterbearbeitung bei -70 °C in einer Tiefkühltruhe aufbewahrt. Vor dem Säureaufschluß wurden die Milben in Pools von 6 Individuen (5 Replika) auf einer Ultrafeinwaage der Fa. Mettler gewogen. Milben gelten i.a. als von zu geringer Körpermasse, um auf individueller Basis den Gehalt an Schwermetallen per AAS zu erfassen (HOPKIN 1989). Es wurden ausschließlich Weibchen für die Untersuchung verwendet.

6.1.5.2.2 Meßvorgang

Die Gamasinen wurden in Eppendorf - Reaktionsgefäßen mit 200 µl HNO_3 suprapur aufgeschlossen und für 24 h im Wärmeschrank bei 90°C inkubiert. Das aufgeschlossene Material wurde in den Eppendorfgefäßen mit aqua bidest. verdünnt. Die Messungen erfolgten an einem flammenlosen Atomabsorptionsspektrophotometer der Fa. Perkin Elmer Modell 5000 mit HGA 500 Küvetteneinheit (s. Kap. 6.1.1).

6.1.5.3 Ergebnisse

Es ist bei Invertebraten schwierig, unter natürlichen Bedingungen die exakte Zusammensetzung der Nahrung zu bestimmen. Als Beurteilungsgrundlage für die Schadstoffwirkung auf die Bodenfauna und insbesondere auf die Sekundärkonsumenten kann man die Belastungsdaten der Streuauflage oder der oberen Bodenhorizonte heranziehen (ROBERTS & JOHNSON 1978). Ein Vergleich der Schwermetallgehalte unbelasteter Böden mit den Werten der Untersuchungsstandorte dokumentieren den hohen Grad der Anreicherung von Blei, Cadmium und Zink im 0 Horizont/Grenze A_h - Horizont (s. Kap. 4; Tab. 6.11).

Die Schwermetallbelastung von *V. nemorensis* aus Wiesloch ist außerordentlich hoch. Für die gepoolten Proben aus je 6 Individuen liegt die durchschnittliche Bleibelastung bei 4454,5 µg Pb/g Trockensubstanz TS (Standardfehler 1259,15).

Tab. 6.11: Schwermetallgehalte der Untersuchungsstandorte (+- S. D.)
*KÖHLER 1992 (O - Horizont/ Grenze A_h - Horizont)
** SCHEFFER & SCHACHTSCHABEL 1984

	Wiesloch*	**Nußloch***	**Unbelastete Gebiete****
Blei (µg/g)	1240,01 ± 656,39	240,12 ± 43,3	2 - 60
Cadmium (µg/g)	91,01 ± 41,07	11,40 ± 4,51	0,5
Zink (µg/g)	1969,80 ± 1270,46	658,48 ± 114,74	10 - 300

Die Cadmiumbelastung der Veigaiainae ist in Relation zu den Bleigehalten deutlich geringer. Die Cadmiumkonzentration liegt bei 187,29 µg Cd/g TS (Standardfehler 44,85).

Die Schwermetallbelastung mit Blei ist bei den Nußlocher Veigaiainae sehr viel geringer. Die Schadstoffhöhe erreicht teilweise nur 1/40 der in WIE festgestellten Werte. Die Tiere sind durchschnittlich mit 971,5 µg Pb/g TS (Standardfehler 284,84) belastet (Tab. 6.12).

Tab. 6.12: Blei - und Cadmiumkonzentrationen in *V. nemorensis*.

	Wiesloch		**Nußloch**	
	Mittel	Standardfehler	Mittel	Standardfehler
Blei	4454,5 µg/g	1259,15 µg/g	971,5 µg/g	284,84 µg/g
Cadmium	187,2 µg/g	44,85 µg/g	178,4 µg/g	42,14 µg/g

Es ist bemerkenswert, daß die Cadmiumkonzentrationen von *V. nemorensis* vom Standort NU denen von WIE ähnelt, obwohl für WIE eine weitaus stärkere Kontamination des 0/Ah - Horizontes mit Cadmium gegeben ist (Kap. 4). Die Cadmiumgehalte der Gamasinen aus NU liegen bei 178,4 μg Cd/g TS.

Trägt man die Gesamtbelastung an Blei und Cadmium gegen das Körpergewicht (TS von je 6 gepoolten Gamasiden) in einem linearen Regressionsmodell auf, so ergeben sich auffällige Unterschiede in dem Akkumulationsverhalten der beiden Metalle. Die Bleikonzentrationen der Pools steigen in WIE (r^2 = 0,63) und in NU (r^2 = 0,69) proportional zu dem zunehmenden Poolgewicht an.

Das Verhältnis der Cadmiumkonzentration zum Körpergewicht zeigt dagegen eine negative Beziehung. Während diese Beziehung in WIE deutlich ausgeprägt ist (r^2 = 0,67), ist die Korrelation in NU nur sehr schwach (r^2 = 0,09). Die Cadmiumkonzentration sinkt mit steigender Körpermasse (Abb.6.18 und 6.19).

6.1.5.4 Diskussion

Cadmium zeichnet sich durch ein sehr hohes Transferpotential durch die trophischen Ebenen terrestrischer Nahrungsketten aus und besitzt ein beträchtliches Akkumulationspotential in pedozönotischen Gemeinschaften (HUNTER & JOHNSON 1982, HOPKIN & MARTIN 1985). Dieses Anreicherungsvermögen dokumentiert sich in dem hohen Cadmiumgehalt vor allem der Nußlocher Raubmilben. Im Verhältnis zur Kontamination des O/A_h - Horizontes (11,40 μg Cd/g TS) ist die Endkonzentration in V. *nemorensis* um den Faktor 16 höher. Die Belastungswerte des Bodens müssen als Beurteilungsgrundlage herangezogen werden, da von beiden Standorten keine Daten bezüglich Metallkonzentrationen in Beutetieren (vornehmlich Collembolen) zur Verfügung stehen. Erstaunlich ist die Tatsache, daß die Beziehung zwischen dem Belastungsgrad des O/A_h - Horizontes und der Endkonzentration im Organismus in WIE sehr viel schwächer ausgeprägt ist. Die Cadmiumkonzentration von V. *nemorensis* ist nur 2-fach höher als die des Bodens. Die Belastungssituation der Wieslocher Gamasinen erreicht im Endeffekt damit bei diesem Metall trotz einer gänzlich unterschiedlichen Ausgangssituation dieselbe Größenordnung wie die der Raubmilben in NU.

Cadmium, Kupfer und Zink scheinen bei der Aufnahme in die Invertebratenzelle denselben Aufnahmemechanismus bzw. dieselbe Aufnahmeroute zu benutzen (HOPKIN 1989). Intrazellulär werden sie dann an spezielle Proteine, die Metallothioneine, gebunden. Als sogenannte Antagonisten konkurrieren diese drei Metalle um dieselbe Bindungsstelle am Aufnahmeort der Zellmembran. Liegt ein Element in hohen Konzentrationen vor, kann es alleine die Bindungsstelle saturieren und die Aufnahme der anderen Metalle erschweren bzw. verhindern. Bei Fütterungsexperimenten mit der Schnecke *Helix aspera* war der Anteil von assimiliertem Cadmium und künstlich belasteter Nahrung bei einer Konzentration von 25 μg Cd/g Futter 59%, bei einer Konzentration von 1000 μg Cd/g Futter jedoch nur 7% (RUSSELL et al. 1981). In Nahrungsexperimenten wurde an die Oribatiden *Rhysotritia duplicata* und *Nothrus silvestris* mit Cadmium kontaminiertes Laub unterschiedlicher Konzentrationen verfüttert. Nach 56 Tagen unterschieden sich die Schwermetallkonzentrationen in den mit 100 μg Cd/g Laub und den mit 1000 μg Cd/g Laub gefütterten Milben nur geringfügig (LUDWIG et al. 1991, s.a. Abb. 6.9).

Aufgrund technischer Probleme konnte die Konzentration von Zink in *V. nemorensis* nicht ermittelt werden. Der O/A_h - Horizont ist jedoch sowohl in WIE als auch in NU hochgradig mit Zink angereichert. Die Werte liegen für WIE bei 1969,80 μg Zn/g TS und für NU bei 658,48 mg Zn/g TS. Da dieses Metall mit Cadmium um die Aufnahmestelle an der Zellmembran konkurriert (HOPKIN 1989), ist es theoretisch möglich, daß dadurch die Cadmiumaufnahme von *V. nemorensis* begrenzt wird.

Trotz der fast 9- mal höheren Cadmiumwerte des Bodens in WIE ließe sich so die an beiden Standorten annähernd gleiche Größenordnung der Cadmiumbelastung von V. *nemorensis* erklären.

Die Cadmiumkonzentration des Bodens ist in WIE gut 10 mal höher als in NU. In anbetracht des hohen Transferpotentials von Cadmium ist mit großer Wahrscheinlichkeit anzunehmen, daß in den detritivoren und herbivoren Collembolen als Beutetiere der Veigaiainae dieses Metall weiter akkumuliert wird und sich schließlich in hoher Konzentration in den Milben als Endkonsumenten wiederfindet. HUNTER et al. (1987) konnten zwischen der Metallbelastung der Streu und der Anreicherung von Kupfer und Cadmium in Collembolen einen Konzentrationsfaktor von 3,5 für Kupfer und einen Konzentrationsfaktor von 5 für Cadmium ermitteln. JANSSEN et al. (1991) fanden für Cadmium bei räuberischen Arthropoden eine hohe Assimilationsrate, bei saprophagen Collembolen und Oribatiden hingegen war sie relativ gering. Die Cadmiumkonzentration ist bei den Nußlocher Raubmilben bis zu 16 mal höher als in dem als Bemessungsgrundlage dienenden O/A_h - Horizont. In WIE ist die Konzentration im Organismus im Verhältnis zum Boden nur 2 mal so hoch. Es ist möglich, daß ähnlich wie bei den Fütterungsversuchen von RUSSELL et al. (1981) ab einer bestimmten Konzentrationshöhe von Cadmium sich die Aufnahmekapazität der Zellen im Organismus nicht mehr beliebig steigern läßt. Einen Hinweis darauf liefert auch die negative Korrelation zwischen dem Gewicht der Poolproben und der Cadmiumkonzentration (Abb. 6.18, Abb. 6.19). Die Konzentration sinkt mit wachsender Körpermasse. Dies könnte ein Indiz für eine limitierte Aufnahmekapazität oder womöglich für einen vorhandenen Eliminationsmechanismus für Cadmium sein. Diese zweite These könnte - diesmal ungeachtet der Zinkbelastung - ebenfalls die an beiden Standorten vergleichbaren Cadmiumwerte von *V. nemorensis* erklären.

Die Cadmiumkonzentrationen in Bodenarthropoden unterliegen saisonalen Schwankungen. Die aktuelle Konzentration spiegelt einen Gleichgewichtszustand zwischen der Aufnahme und der Elimination von Metallen wider. Die Lage dieses Gleichgewichtes ist artspezifisch verschieden (JANSSEN et al. 1990). Beispielsweise können Oribatiden Schwermetalle in Sphäriten immobilisieren (LUDWIG et al. 1991, 1992). Bei Spinnen wurde beobachtet, daß nach dem Zerfall der Sphäritenzellen die Metalle über das Darmlumen wieder ausgeschieden werden können (HOPKIN 1989). Ob bei Gamasinen ein vergleichbarer Mechanismus existiert, ist nicht bekannt.

Die Gamasinen stehen als Räuber am Ende einer Nahrungskette. Dennoch ist über das Ausmaß der Schadstoffakkumulation unter hoher Schwermetallbelastung speziell in dieser Tiergruppe sehr wenig bekannt. Bei den etwas besser untersuchten und den Gamasinen systematisch, morphologisch wie ernährungsphysiologisch relativ nahestehenden Araneae ist ein hohes Akkumulationspotential nachgewiesen (z.B. WILLIAMSON & EVANS 1973, PRICE et al. 1974, HUNTER et al. 1987, LUDWIG et al. 1990).

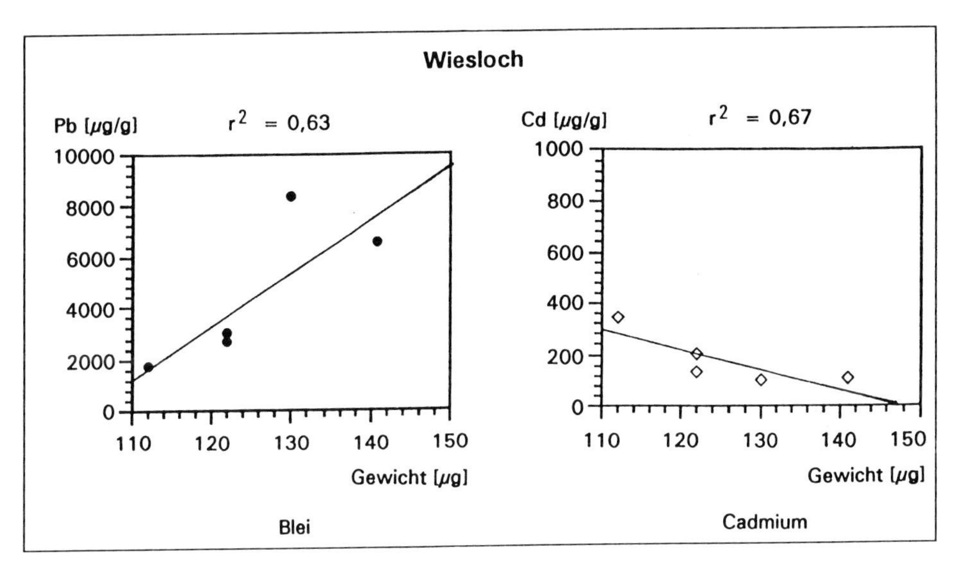

Abb. 6.18: Verhältnis von Schwermetallkonzentrationen zu Körpergewicht bei *V. nemorensis* aus Wiesloch.

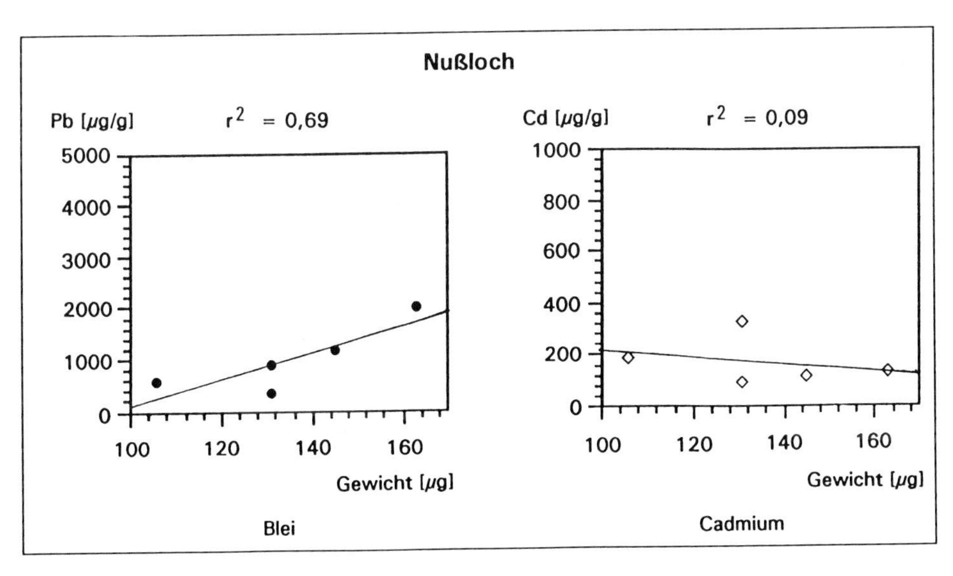

Abb. 6.19: Verhältnis von Schwermetallkonzentrationen zu Körpergewicht bei *V. nemorensis* aus Nußloch.

Blei wird von V. *nemorensis* im hohen Maße akkumuliert. Die Bleikonzentrationen der Wieslocher Gamasinen sind, bezogen auf die "Referenzbelastung" des O/A_h - Horizontes, 3 1/2-fach erhöht, die der Nußlocher Milben 4-fach. Die wichtigsten Beutetiere von *V. nemorensis* sind, wie bereits erwähnt, Collembolen. Blei wird aber z.B. von *Orchesella cincta* nur sehr ineffizient assimiliert (VAN STRAALEN & VAN MEERENDONK 1987). Das Akkumulationspotential einzelner Arten von Collembolen scheint jedoch stark zu differieren (JOOSSE & VERHOEF 1987), so daß dieses Ergebnis nicht ohne weiteres auf andere Collembolenspezies übertragbar ist.

Bei den in der Nähe einer Bleimine bei Wrexham/England von ROBERTS et al. (1978) untersuchten Laufkäfern *Carabus violaceus* und *Pterostichus melanarius* waren 63 - 82% des Gesamtbleigehaltes im Exoskelett lokalisiert. Bei Collembolen kann das mit der Nahrung aufgenommene Blei wenigstens zum Teil mit den Exuvien wieder abgegeben werden (JOOSSE & BUKER 1979). Auch die Spinne *Tegenaria atrica* weist in ihren Exuvien hohe Bleigehalte auf. Die Häutung ist offenbar ein wichtiger Prozess zur Elimination dieses Metalles (LUDWIG 1990).

Die extrem hohen Bleiwerte von V. *nemorensis* sowohl in WIE als auch in NU lassen vermuten, daß dieses Metall nicht oder nur schwer ausgeschieden werden kann und im Körper deponiert werden muß. Die positive Korrelation zwischen Poolgewicht und Bleikonzentration weist auf diese Möglichkeit hin.

GLOCKEMANN & LARINK (1989) fanden bei der Untersuchung von klärschlammgedüngten Ackerflächen bei Braunschweig eine hohe Sensitivitität von *V. nemorensis* gegenüber Schwermetallen. Schon bei einer Konzentration von 31 μg Pb/g Boden zeigte diese Spezies eine deutliche Abnahme der Abundanzen. Die Klärschlammdüngung hatte einen kurzfristigen Anstieg des Schadstoffgehaltes im Boden zur Folge. Da es sich bei den untersuchten Arealen um Ackerflächen handelte, ist ein Vergleich mit den Buchenwaldstandorten WIE und NU nur unter starkem Vorbehalt möglich. HÅGVAR & ABRAHAMSEN (1990) untersuchten die Mesofauna eines geogen mit Blei belasteten Fichtenstandortes in Südnorwegen. Dieser ca. 10 000 Jahre alte Standort besitzt einem geologisch bedingten Bleigradienten. Diese natürliche Langzeitkontamination verbessert die Vergleichbarkeit zu dem ebenfalls geogen bedingten Schwermetallvorkommen in WIE. Die Autoren fanden große Unterschiede zwischen den einzelnen Arten in ihrer Toleranz gegenüber dem allmählichen Anstieg der Bleikonzentration. Unter den am empfindlichsten reagierenden Mikroarthropoden waren neben der Gamasine *Parazercon sarekensis* auch *V. nemorensis*! Schon bei einer Konzentration von < 1 000 μg Pb/g Boden waren ihre Abundanzen sehr stark reduziert.

Diese hohe Sensitivität von *V. nemorensis* gegenüber einer Bleibelastung wird in unserer Untersuchung nicht bestätigt. In Wie ist *V. nemorensis* mit 20,08% nach *Pergamasus suecicus* bei den Gamasinen die zweithäufigste Art, in Nu mit 22,97% sogar die dominierende Spezies (Abb. 5.27 und 5.28).

Es wurden mehrfach eitragende Weibchen sowie Deuto- und Protonymphen an beiden Standorten gefunden. Der Reproduktionserfolg scheint durch die hohe Schadstofffracht nicht gefährdet. Eine Einwanderung aus umliegenden Arealen wird aufgrund der räumlichen Ausdehnung der Kontaminaton in WIE und der vergleichsweise geringen Lokomotionsfähigkeit der Raubmilben als unwahrscheinlich erachtet. Bei den wenigen bisher erfolgten Untersuchungen wurde das Resistenzpotential von *V. nemorensis* offenbar unterschätzt.

Die hohen Schwermetallwerte in den Tieren von Wiesloch, aber auch derer von Nußloch, erfordern weitere Untersuchungen hinsichtlich des Akkumulationsweges und -verhaltens wie auch der Detoxifikationsmechanismen.

6.1.6 Asseln (Isopoda): Intra- und interspezifische Unterschiede der Reaktionsmuster terrestrischer Isopoda auf Schwermetallbelastung mit Pb und Cd

6.1.6.1 Einleitung

Die Toleranz der Bodenmikroflora, gegenüber Schwermetallbelastungen zu reagieren, übertrifft die von Bodentieren oft bei weitem (BABICH & STOTZKY 1982, COLE 1977). Trotz stark schwankender Unterschiede im Resistenzverhalten von Bodentiergruppen erreicht doch keine die Toleranzen von Bakterien und Pilzen (HOPKIN & MARTIN 1982b, PROSI & DALLINGER 1988). Innerhalb der Vertreter der Meso- und Makrofauna des Bodens stellen Landasseln die widerstandsfähigsten Faunenelemente unter den Saprophagen dar (HOPKIN 1989) und sind imstande, auch an stark kontaminierten Standorten zu existieren. Unter extremen Belastungen zeigen allerdings auch sie deutliche Beeinträchtigungen. Durch die herabgesetzte Aktivität oder fehlende Präsenz von Bodentieren in kontaminierten Gebieten verringert sich deren fördernder Effekt auf die Mikroflora und damit auf das Dekompositionsgeschehen (KILHAM & WAINWRIGHT 1981).

Das Ziel der vorliegenden Untersuchungen bestand darin, die Leistungsfähigkeit von Landasseln beim Abbau kontaminierten Blattmaterials zu ermitteln und die energetischen Defekte bei der Ingestion schwermetallkontaminierter oder versauerter Nahrung durch verschiedene Arten von Landasseln mit und ohne Vorbelastung zu dokumentieren. Art- oder populationsspezifische Unterschiede in den Reaktionsmustern und im Resistenzverhalten der verwendeten Arten sollten Hinweise auf deren potentielle Bedeutung als Förderer des Dekompositionsgeschehens und der bodeninternen Stoffkreisläufe an spezifisch belasteten Orten geben, die unter verzögerter Dekomposition des Bestandesabfalles leiden.

6.1.6.2 Material und Methoden

6.1.6.2.1 Tiere und Hälterung

Für die Versuche zum Verhalten von Landasseln unter Schwermetallbelastung dienten Tiere der Arten *Oniscus asellus* (Mauerassel) und *Porcellio scaber* (Kellerassel) beiderlei Geschlechts. Es wurden sowohl juvenile als auch adulte Exemplare aus einer eigenen etablierten Zucht (*Oniscus asellus* juvenil und adult, *Porcellio scaber* adult) als auch vorbelastete Tiere (*Oniscus asellus* adult, *Porcellio scaber* adult) vom stark belasteten Gelände einer ehemaligen Erzabbaustätte bei Braubach in der Nähe von Koblenz verwendet. Vor Beginn der Fütterungsversuche erhielten die Tiere für die Dauer von einer Woche kein Futter, bis alle Nahrungsreste aus dem Intestinaltrakt von den Tieren ausgeschieden worden waren. Die nun ausgekoteten Asseln wurden für die Versuche in Sixwellplatten, die mit einer stets feucht gehaltenen Bodenschicht aus Gips versehen waren, überführt.

Zur Versorgung der Tiere stand teildekompostiertes Bergahornlaub (*Acer pseudoplatanus*) mit einer geringen natürlichen Schwermetallast an Pb und Cd zur Verfügung, das im Übergangsgebiet Odenwald-Kraichgau in der Nähe von Epfenbach in einem straßenfernen Erlenbruch gesammelt wurde. Nach dem Trocknen des Laubes diente ein Messingstanzrohr zum Ausstechen der ca. 2 cm^2 großen Blattstücke, die unter Vermeidung der holzigen Haupt- und Seitennerven aus dem eigentlichen Blattgewebe entnommen wurden. Folgende Parameter des unbelasteten Laubes wurden bestimmt:

1. Natürlicher Schwermetallgehalt an Pb und Cd
2. Energiegehalt für Assimilationsmessungen
3. Mikrobielle Dekomposition

Die künstliche Kontamination der trockenen Blattstücke erfolgte in mit $Pb(NO_3)_2$ oder $CdCl_2$ bereiteten Schwermetallösungen der folgenden Belastungsstufen bzw. in unbelasteter Kontrollflüssigkeit mit den angeführten Zahlen von Versuchstieren (Tab. 6.13):

Tab. 6.13: Konzentrationen der Kontaminationslösungen sowie Anzahl der pro Versuchsansatz eingesetzten Tiere aus den verschiedenen Gruppen.

	Oniscus asellus adult (Zucht)	*Oniscus asellus* juvenil (Zucht)	*Oniscus asellus* (Braubach)	*Porcellio scaber* (Zucht)	*Porcellio scaber* (Braubach)
Aqua dest	18	18	9	18	-
1 000 µg/g Pb	18	18	-	-	-
5 000 µg/g Pb	18	18	17	18	9
100 µg/g Cd	18	18	-	-	-
1 000 µg/g Cd	18	18	17	18	9

Die im pH-Bereich von pH 6,0-7,0 (aqua dest.) bis hinunter zu pH 2,4 (1 000 µg/g Cd) sich erstreckenden Werte hatten auch im Falle der sauersten Lösung keine ingestionshemmenden Einflüsse, wie nachfolgende Untersuchungen zeigten.

Das für ca. 20 min in den Blei- bzw. Cadmiumlösungen getränkte Blattmaterial wurde auf folgende Eigenschaften überprüft:

1. Realer Schwermetallgehalt der Blattstücke
2. Mikrobielle Dekomposition

Von den in dieser Versuchsreihe eingesetzten Tieren wurden die nachfolgenden Daten erhoben:

Vor Versuchsbeginn:

1. Schwermetallgehalt absolut (Pb/Cd) von Referenztieren
2. Eingangsgewicht

Nach Versuchsende:

1. Mortalitätsraten
2. Wachstumsraten
3. Reale Ingestion
4. Relative Ingestion
5. Masseassimilation des Intestinaltraktes (Kap. 7.2.2)
6. Energieassimilation
7. Energiegewinn
8. Metallakkumulation
9. Mikrobielle Besiedlung

Aufgrund der eingeschränkten Verfügbarkeit der Tiere aus Braubach wurden diese nur in den höheren Belastungsstufen getestet.

Die vorher abgewogenen Blattstücke wurden den Asseln in ihre Hälterungsgefäße gegeben. In einem Abstand von zwei bis drei Tagen wurden die für die Ermittlung der Massen- und Energieassimilation benötigten Faeces aus den Kammern entfernt und bis zu ihrer Verwendung bei 35°C im Wärmeschrank getrocknet. Wenn notwendig, erhielten die Tiere zu diesem Zeitpunkt frisches Futter unter Entfernung und Aufbewahrung der Futterreste.

Zur Messung des rein mikrobiellen Abbaues der Blattstücke mit und ohne Kontamination wurden je 12 Blattchips analog zu den Asseln in Sixwellplatten mit einem feuchtigkeitsspeichernden Gipsbelag exponiert und Anfangs- sowie Endwert der Blattmasse zur Ermittlung der Abbaurate dokumentiert.

Sowohl die Fütterungsversuche als auch die Versuche zur rein mikrobiellen Blattdekomposition wurden in einem Klimaraum bei konstant 15°C durchgeführt. Die Versuche erstreckten sich über einen Zeitraum von 35 Tagen.

6.1.6.2.2 Erfassung der gravimetrischen Daten

Die Masse des eingesetzten Futterlaubes, das Gewicht der abgesetzten Faeces sowie die Anfangs- und Endgewichte der Versuchstiere wurden mit Hilfe einer Ultra-Feinwaage Mettler ME 30 mit einer Genauigkeit von 0,01mg ermittelt.

6.1.6.2.3 Messungen der Schwermetallgehalte an Pb und Cd

Die Messungen zu den Mengen an Schwermetallen in der Nahrung und in den Tieren zu Anfang und Ende des Versuches erfolgten mit Hilfe der Atomabsorptionsspektrophotometrie (AAS) und werden in µg/g Trockengewicht angegeben. Die für Meßzwecke vorgesehenen Tiere wurden erst nach Entleerung des Intestinaltraktes sowie äußerlicher Reinigung mit aqua bidest. für die AAS verwendet. Zur Erfassung der aktuellen Metallmengen diente ein Atomabsorptionsspektrophotometer 5000 der Firma Perkin Elmer. Die Belastungswerte im Pflanzen- und Tiermaterial wurden im Rahmen des Projektes ermittelt (s. Kap. 6.1.1). Die Messungen der Schwermetallgehalte im Futterlaub und den Tieren beruhten, soweit nicht gesondert angesprochen, auf jeweils 5 Einzelproben, wobei jede Messung dreifach ausgeführt wurde. Ausnahmen bildeten u. a. lediglich die Exemplare von *Porcellio scaber* aus Braubach, bei denen aufgrund der begrenzten Zahl für die Belastung unter mit 5000 µg/g Pb behandelten Blättern nur 4 Tiere und mit 1000 µg/g Cd am Ende nur noch 3 Tiere für die AAS zur Verfügung standen.

Die Kalkulation der Metallassimilationsraten erfolgte mit Hilfe der Daten zur Ingestion an belastetem Material, dessen gemessenem Schwermetallgehalt und der Veränderung der Schwermetallfracht in den Tieren über die Dauer des Versuches im Vergleich zu weniger belasteten Referenztieren. Hierdurch ließen sich mutmaßliche Unterschiede im Akkumulationsverhalten von Pb und Cd überprüfen.

6.1.6.2.4 Berechnung der Masseassimilation

Die Masseassimilationsrate in % stellt den Anteil der Nahrung dar, dessen Masse in den Organismus des Tieres eingeht und dort verwertet wird. Zu seiner exakten Erfassung müssen folgende Grunddaten erhoben werden.

Der absolute Masseverlust der Nahrung gibt die Differenz zwischen der Anfangsmasse M_A[mg] und der Endmasse M_E[mg] des Nahrungssubstrates an und beinhaltet neben dem durch den Fraß des Tieres bedingten Substanzverlust auch die Verluste durch mikrobielle Dekomposition, da beide Prozesse parallel laufen. Der absolute Substanzverlust S_A[mg] ergibt sich durch die Subtraktion der Endmasse M_E[mg] von der Anfangsmasse M_A[mg]:

$$S_A[mg] = M_A[mg] - M_E[mg]$$

Der prozentuale Anteil des Substanzverlustes S_A[mg] an der Anfangsmasse M_A[mg] berechnet sich wie folgt:

$$S_A[\%] = \frac{S_A[mg] \cdot 100}{M_A[mg]}$$

Die Prozentangabe von $S_A[\%]$ beinhaltet noch den durch die rein mikrobielle Aktivität bedingten Masseverlust. Dieser muß von dem eigentlichen, durch den Fraß des Tieres bedingten Masseverlust subtrahiert werden. Die spezifischen Werte für den mikrobiell bedingten Masseverlust $S_M[\%]$ der verschieden stark belasteten Blätter über die Versuchsdauer von 35 Tagen gingen in die Berechnung der realen Ingestion $I_R[mg]$ der Tiere einer bestimmten Belastungsstufe ein.

$$I_R[mg] = \frac{[S_A(\%) - S_M(\%)] \cdot M_A[mg]}{100}$$

Die real aufgenommene Nahrungsmenge kann zu Vergleichszwecken zwischen einzelnen Individuen verschiedener Arten und Populationen in Beziehung zum Körpergewicht der Tiere gesetzt werden. Die relative Ingestion $I_{REL}[mg\ N/mg\ LG]$ gibt die Nahrungsmenge an, die ein Tier pro mg Lebendgewicht $T_{TLG}[mg]$ über die Versuchsdauer aufgenommen hatte.

$$I_{REL}[mg\ N / mg\ LG] = \frac{I_R[mg]}{T_{TLG}[mg]}$$

Der ermittelte Wert der realen Ingestion $I_R[mg]$ dient als Basis, von dem die Menge der daraus resultierenden Faecesmasse $F[mg]$ in % angegeben wird. Das Ergebnis dieser Berechnung umfaßt den relativen Masseanteil der Nahrung, der das Tier wieder verläßt. Dieser Parameter erhält die Bezeichnung Massendurchfluß $D_M[\%]$.

$$D_M[\%] = \frac{F[mg] \cdot 100}{I_R[mg]}$$

Derjenige Anteil der realen Ingestion $I_R[mg]$, der sich nicht mehr in den Faeces findet, wurde vom Tier assimiliert und ergibt sich aus der Differenz zwischen $I_R[mg] = 100\%$ und dem Massedurchfluß $D_M[\%]$. Der resultierende Wert stellt die gesuchte relative Masseassimilationsrate $A_M[\%]$ dar.

$$A_M[\%] = 100\% - D_M[\%]$$

Die Werte für den Massefluß werden bei der späteren Berechnung der Energieassimilation benötigt.

6.1.6.2.5 Mikrokalorimetrische Messungen

Historische Messungen des Energieinhaltes von Stoffen sind seit Einführung der Verbrennungskalorimetrie durch LAVOISIER & LAPLACE um 1780 bekannt. Weitergehende Ausführungen zur Anwendung dieser Methodik in der Praxis und der Auswertung der Ergebnisse sind bei SKINNER (1962) zu finden.

Zur Erfassung der aus den jeweiligen Nahrungssubstraten assimilierten Energiebeträge diente eine Mikrokalorimeter-Anlage (Bjeske, Berlin) (Abb. 6.20).

a. Meßvorgang

Für den eigentlichen Meßvorgang wurden die bei 45°C getrockneten Blätter und Faeces mit Hilfe einer manuellen Pillenpresse der Firma Peters (Berlin) zu Pellets mit einem Durchmesser von ca. 5 mm gepreßt. Die Einwaage des Materials wurde so bemessen, daß die Pillengewichte idealerweise im Bereich um 25 mg lagen. Nach eigenen Erhebungen kommt es bei einem solchen Gewicht seltener zu unvollständigen Verbrennungsvorgängen oder einem Herabfallen der Pille von dem Probenteller der Verbrennungsbombe. Der Preßling wurde nun auf dem Probenteller mit einem ca. 2 cm langen Stück Nickelzünddraht leitend festgeklemmt und die Probe nach Zugabe von reinem Sauerstoff (8 bar) durch Entladung des Kondensators des Zündgerätes verbrannt. Der kontinuierliche Übergang der Reaktionswärme von der Verbrennungsbombe auf einen Aluminium-Referenzblock wird von der Meßeinheit registriert. Diese transformiert den Vorgang der Wärmeübertragung mit Hilfe einer Spannungsmodulation in ein adäquates Signal für einen Analogpotentiometerschreiber Metrawatt RE 571, der das Geschehen als Kurve aufzeichnet.

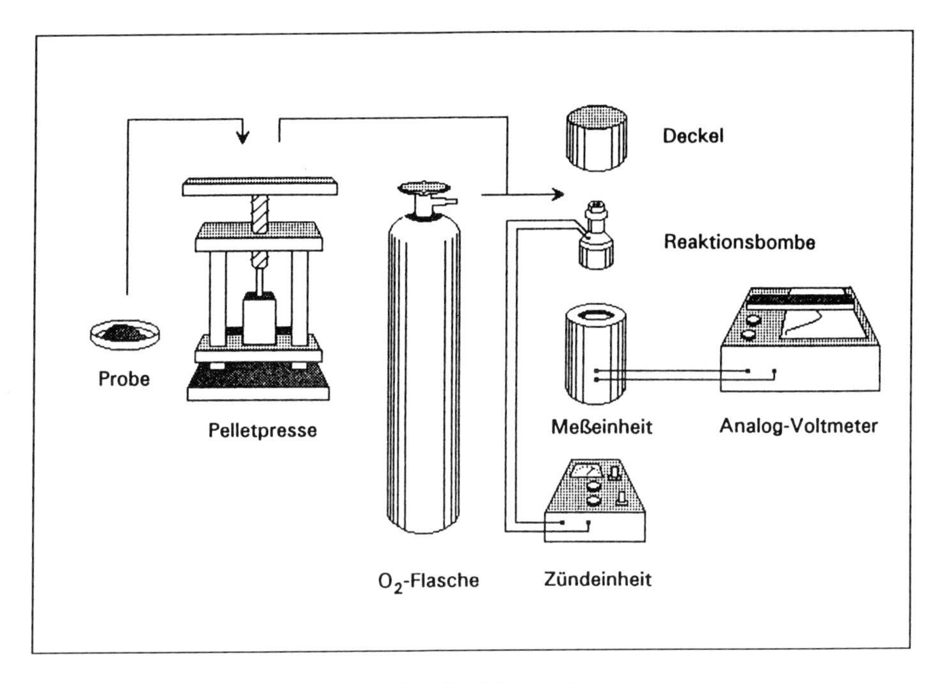

Abb. 6.20: Aufbau der Kalorimetrieapparatur.

b. Kurvenauswertung (Abb. 6.21)

Die bei den Messungen entstehenden Kurven sind durch einen steilen Anstieg bis zu einem Maximalwert mit einem danach flacher abfallenden Verlauf gekennzeichnet und repräsentieren den kontinuierlichen Wärmeübergang beim Verbrennen der Probe. Da die gesamte von der Kurve umschlossene Fläche für die Auswertung herangezogen werden muß, erfolgt die Auswertung und Umrechnung der Spannungswerte auf die folgende Art und Weise (KÖHLER 1989): Durch den aufsteigenden Ast der Kurve wird bei 81% des maximalen Anstieges eine Senkrechte auf die Grundlinie gefällt. Diese bildet mit einer sie schneidenden Tangenten, die an den abfallenden Kurventeil angelegt wird, eine Fläche. Diese Fläche zwischen Tangente, Gerade und oberem Kurvenbogen entspricht in ihrer Größe der eingeschlossenen Fläche zwischen Gerade, aufsteigendem Kurvenast und Grundlinie.

Die Gesamtspannung, die dem Energieinhalt der Probe proportional ist, entspricht der Strecke zwischen der Nullinie und dem Schnittpunkt der Geraden durch 81% des Anstieges und der Tangente des abfallenden Kurventeiles.

Nach Einsetzen des Spannungswertes U[mV] in folgende Formel, die den zusätzlichen Energiegehalt des Zünddrahtes schon in die Berechnungen miteinbezieht, ergibt sich der absolute Energiegehalt E[J] der Probe in Joule.

$$E[J] = 69{,}809\ U[mV] + 54{,}948$$

Der relative Energiegehalt E_{REL} einer Probe in Joule/mg [J/mg] läßt sich durch die Division des absoluten Energiegehaltes E[J] durch die Masse der Probe M_P[mg] ermitteln.

$$E_{REL}[J / mg] = \frac{E[J]}{M_P[mg]}$$

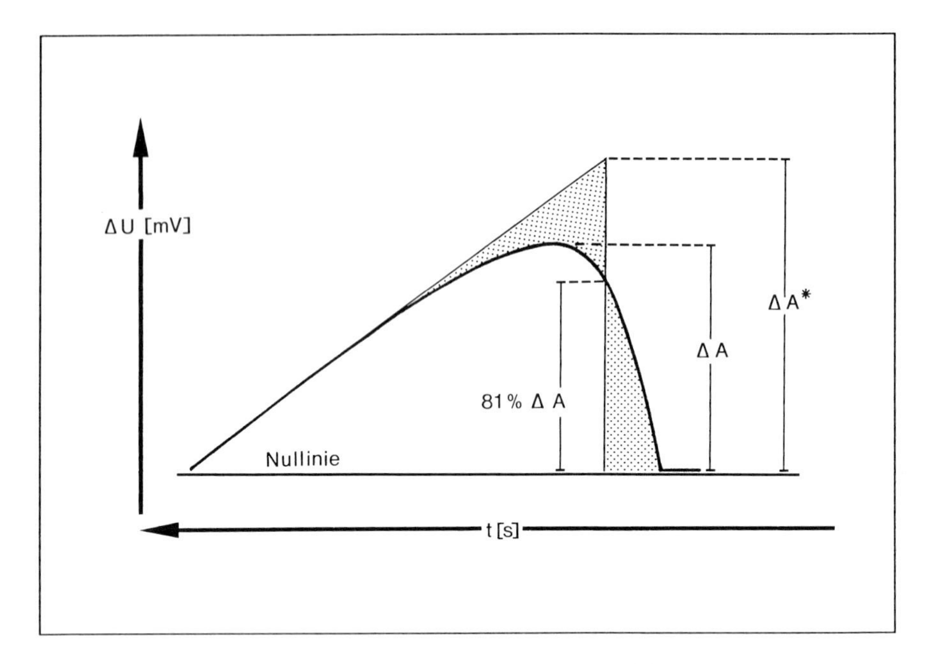

Abb. 6.21: Auswertung der Kurve. Erläuterung siehe Text.

6.1.6.2.6 Energieassimilation

Der relative Energiegehalt der Faeces E_F[J/mg] wird unter Einbeziehung des Wertes für den Massedurchfluß D_M[%] für die Berechnung des ungenutzt aus 1 mg Laub herrührenden und mit den Faeces ausgeschiedenen Energiebetrages $E_{F \cdot}$[J/mg] verwendet. Diese Berechnung muß daher angestellt werden, da 1 mg ingestierten Laubes nicht 1mg Faeces entspricht und ebenso wie die Masse auch die Energie nur zum Teil wieder nach außen abgegeben wird.

$$E_F \cdot [J / mg] = \frac{E_F[J / mg] \cdot D_M[\%]}{100}$$

Mit den bekannten Daten zum Energiegehalt von 1mg Laub E_L[J/mg] und der Energie der daraus resultierenden Faeces $E_{F \cdot}$[J/mg] läßt sich der relative Energiebetrag, der ungenutzt in Form der Faeces das Tier wieder verläßt, ermitteln. Dieser erhält die Bezeichnung Energiedurchfluß D_E[%].

$$D_E[\%] = \frac{E_F \cdot [J / mg] \cdot 100}{E_L[J / mg]}$$

Derjenige Anteil der Energie, der nicht wieder ungenutzt nach außen abgegeben wurde, verbleibt im Tier und stellt die assimilierte Energie dar. Die Energieassimilation A_E[%] ist als die Differenz zwischen 100% Gesamtenergie abzüglich der Rate des Energiedurchflusses D_E[%] definiert.

$$A_E[\%] = 100\% - D_E[\%]$$

Die Energieassimilationsrate gibt in ihrer Höhe Aufschluß über die effiziente Verwertung eines Nahrungssubstrates durch einen Organismus.

6.1.6.2.7 Energiegewinn

Der Energiegewinn E_G[J] bezeichnet den Mittelwert des absoluten Energiebetrages in Joule, der über die gesamte Versuchsdauer von den Tieren einer Versuchsgruppe assimiliert wurde. Dieser Parameter vermag besser als die Energieassimilation die erfolgreiche Nutzung eines Nahrungssubstrates zu beschreiben, da hierbei der Gesamtbetrag der ingestierten Masse mit eingeht und auf diese Weise hohe Assimilationsraten bei nur geringer Ingestion entsprechend relativiert werden. Dieser Energiegewinn wird auf folgende Art und Weise berechnet.

$$E_G[J] = \frac{I_R[mg] \cdot E_L[J/mg] \cdot A_E[\%]}{100}$$

Das Produkt aus der durchschnittlichen realen Ingestion I_R[mg] und dem mittleren Energiegehalt des Futterlaubes E_L[J/mg] ergibt den absolut aufgenommenen Energiebetrag. Von diesem wird durch Multiplikation mit der Energieassimilationsrate A_E[%] derjenige Anteil berechnet, der über den Untersuchungszeitraum von 35 Tagen von einem Durchschnittstier der untersuchten Gruppe assimiliert wurde.

6.1.6.2.8 Statistische Auswertung

Die Unterschiede der durchschnittlichen Ingestionsraten bei verschiedenem Belastungsgrad des Futters sowie die Metallakkumulationsraten innerhalb der Ansätze als Hinweis auf Resistenzen wurden mit Hilfe eines multiple-range Testes nach Duncan auf signifikante Unterschiede überprüft.

6.1.6.3 Ergebnisse

6.1.6.3.1 Mortalität

Die Überlebensraten der einzelnen Gruppen zeigten starke Unterschiede zwischen Tieren einer Art und verschiedener Vorbelastung als auch deutliche Differenzen zwischen Arten, die an einem belasteten Standort vorkommen (Abb. 6.22). Die adulten Tiere von *Oniscus asellus* aus der Zucht erwiesen sich als relativ tolerant gegenüber den eingesetzten Mengen an Schwermetallen und zeigten auch bei den höchsten Belastungswerten von 5 000 μg Pb/g und 1 000 μg Cd/g noch Überlebensraten von annähernd 90%. Nur wenig schlechter waren die Werte für die juvenilen *Oniscus asellus*, die sowohl in der Kontrolle als auch unter Bleibelastung entsprechende Werte wie die Adulti aufwiesen. Zu deutlichen Einbrüchen unter Schwermetallbelastung kam es allerdings bei den schon vorbelasteten Tieren der Art *Oniscus asellus* aus Braubach (Abb. 6.22).

Bewegten sich die Überlebensraten unter Kontrollbedingungen in einer Größenordnung wie jene der Zuchttiere, sanken diese unter einer weiteren Schwermetallgabe mit Pb auf knapp 30% und mit Cd auf lediglich einen Restbestand von noch ca. 10% lebenden Versuchstieren. Diese Zahlen belegten eindrucksvoll die Sensibilität der vorbelasteten und offenbar auch vorgeschädigten Exemplare von *Oniscus asellus* aus Braubach gegenüber weiteren Schwermetallgaben.

Ein gänzlich anderes Bild bot sich beim Vergleich der Überlebensraten von *Porcellio scaber* aus der Zucht und aus Braubach. Die Zuchttiere entsprachen in ihrem Reaktionsmuster weitgehend *Oniscus asellus* aus Zuchtbeständen, wenn auch bei 5 000 μg Pb/g die Überlebensrate von *Porcellio scaber* um ca. 30% geringer war (Abb. 6.24). Bei 1 000 μg Cd/g lagen die

Werte wieder gleichauf. Während jedoch, wie bereits angeführt, die Versuchtstiere von *Oniscus asellus* aus Braubach unter Belastung eine äußerst hohe Mortalität im Vergleich zu den artgleichen Zuchttieren entwickelten, war die Gruppe von *Porcellio scaber* aus Braubach gegenüber den Vergleichstieren nur wenig beeinträchtigt.

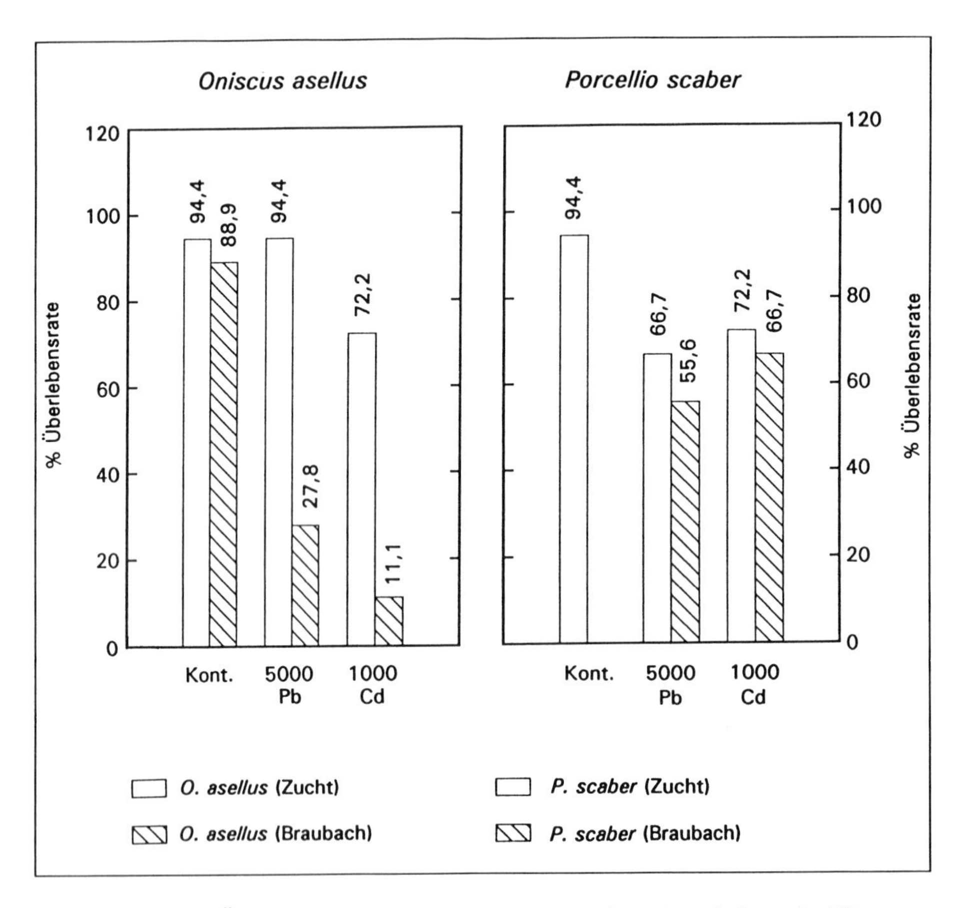

Abb. 6.22: Überlebensraten der eingesetzten Arten bzw. Populationen in (%).

Die Überlebensraten waren im Vergleich zu den am selben Standort gesammelten *Oniscus asellus* bei 5 000 μg Pb/g doppelt, bei 1 000 μg Cd/g sogar sechsmal so hoch. In diesen Zahlen wird das höhere Resistenzpotential von *Porcellio scaber* aus Braubach deutlich.

6.1.6.3.2 Zunahme- bzw. Abnahmeraten

Auch in der Gewichtsentwicklung bestätigte sich der Eindruck einer deutlich verminderten Vitalität von *Oniscus asellus* aus Braubach im Vergleich zu allen anderen Gruppen. Die höchsten Zunahmeraten zeigten erwartungsgemäß die Jungtiere von *Oniscus asellus*. Mit zunehmender Belastung des Substrates über Pb zum offensichtlich toxikologisch noch bedenklicheren Cd korrelierte eine Abnahme der Zuwachsrate von ursprünglich ca. 20% unter Kontrollbedingungen auf nahe Null bei 1 000 μg Cd/g. Die adulten Tiere von *Oniscus asellus* aus der Zucht hielten unter Kontrollbedingungen ihr Eingangsgewicht, nahmen aber unter Belastung ab. Da die Exemplare von *Oniscus asellus* aus Braubach in ihrer Alters- und Gewichtsstruktur zwischen den adulten und den juvenilen Artgenossen der Zucht angesiedelt waren, hätte man intermediäre Zuwachs- bzw. Abnahmeraten erwarten können. Dem standen allerdings in der Realität Werte gegenüber, die im Schnitt noch unter denen der erwachsenen Zuchttiere von *Oniscus asellus* lagen und somit eine starke Beeinträchtigung der Exemplare aus Braubach belegten.

Wie schon bei den Überlebensraten so wurde auch hier beim Gewichtszuwachs die Sonderstellung von *Porcellio scaber* aus Braubach deutlich. Auch mit dem kontaminierten Nahrungssubstrat vermochten sie noch bessere Daten bezüglich der Gewichtsentwicklung zu erreichen als ihre Artgenossen aus der Zucht und sich damit im Vergleichsfeld weit vor *Oniscus asellus* aus Braubach zu setzen.

6.1.6.3.3 Reale und relative Ingestion

Zur Berechnung der realen Ingestion mußten die Daten zum rein mikrobiellen Abbau des Futterlaubes über den Versuchszeitraum ermittelt werden, da eine Nichtberücksichtigung des durch mikrobielle Aktivität bedingten Substanzverlustes zu erhöhten Ingestionsraten bei den Asseln führt, die einer realen Basis entbehren. In der Tab. 6.14 sind die prozentualen Abbauraten durch mikrobielle Dekompositon aufgeführt.

Tab. 6.14: Mittelwerte des rein mikrobiellen Abbaues in Prozent mit Standardabweichungen über den gesamten Versuchszeitraum.

Kontrolle	**Pb 1 000 μg/g**	**Pb 5 000 μg/g**	**Cd 100 μg/g**	**Cd 1 000 μg/g**
8,95 ± 5,00	5,28 ± 2,04	8,48 ± 4,21	12,40 ± 3,24	9,63 ± 1,05

Zwischen der Höhe der Metallbelastung und der mikrobiellen Dekomposition ließ sich kein Zusammenhang erkennen. Die Werte der realen Ingestion dienten als Grundlage für den zu berechnenden Energiegewinn, der sich aus den Daten zur Gesamtingestion, dem Energiegehalt der Nahrung und der Energieassimilationsrate berechnen läßt sowie zur Kalkulation der dabei ingestierten Metallmengen.

Für einen direkten Vergleich der Ingestion ist die relative Ingestion an mg Nahrung pro mg Körpergewicht I_{REL} [mg N/mg KG] über den gesamten Versuchszeitraum als Indikator für die Sensibilität der Tiere gegen Belastungen besser geeignet (Abb. 6.23).

Wiederum waren es die Jungtiere von *Oniscus asellus*, die eine deutliche Abhängigkeit ihrer schon dargestellten Gewichtsentwicklung von der relativen Ingestion zeigten. Mit zunehmendem Belastungsgrad des Futters verringerte sich über Pb zu Cd die Ingestion auf gerade noch 3,37% des Ausgangswertes (Abb. 6.23). Die Reaktion adulter *Oniscus asellus* aus der Zucht verhielt sich entsprechend. Auch sie schränkten in Übereinstimmung mit den Jungtieren die Nahrungsaufnahme bei 1 000 µg Cd/g auf 4,45% des Kontrollwertes ein.

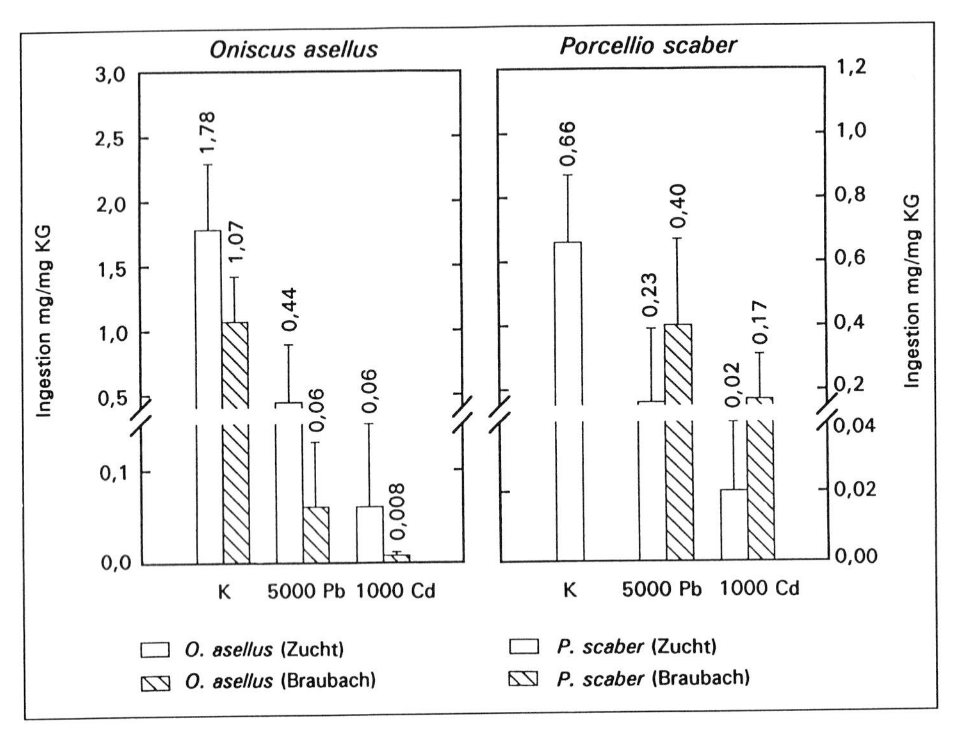

Abb. 6.23: Mittelwerte mit Standardabweichungen der relativen Ingestion I_{REL} [mg N/mg LG] der einzelnen Gruppen über die Versuchsdauer.

Deutliche Vermeidungsstrategien gegenüber der kontaminierten Nahrung traten wieder bei *Oniscus asellus* aus Braubach zutage (Abb. 6.23). Im Gegensatz zum Ingestionsverhalten unter Kontrollbedingungen, unter denen die genannte Gruppe aufgrund ihrer Altersstruktur ein entsprechend intermediäres Verhalten zwischen der quantitativen Nahrungsaufnahme von adulten und juvenilen Zuchttieren von *Oniscus asellus* zeigte, sank die Ingestion unter der höheren Cadmiumbelastung auf einen absoluten Tiefpunkt von 0,75% der Eingangsingestion. Im direkten Vergleich zu den Mittelwerten der höchsten Belastungsstufen an Pb und Cd der I_{REL} [mg N/mg LG] von Jungtieren der Art *Oniscus asellus* (Zucht) nahmen Exemplare von *Oniscus asellus* aus Braubach sowohl von dem Laub, das mit 5 000 µg Pb/g, als auch von den Blattstückchen, die mit 1 000 µg Cd/g getränkt worden waren, nur ca. 20% der von den leicht- bis mittelbelasteten Artgenossen verzehrten Menge auf. Dieses Verhalten stand im deutlichen Kontrast zur Reaktion der ebenfalls vom Standort Braubach stammenden Exemplare von *Porcellio scaber* (Abb. 6.23). Ganz im Gegensatz zu *Oniscus asellus* aus dem gleichen Gebiet schränkten diese die Aufnahme des Pb- bzw. Cd-belasteten Futtersubstrates gegenüber den Kontrolltieren von *Porcellio scaber* aus der Zucht nicht etwa ein, sondern nahmen von den 5 000 μg Pb/g Blattchips das doppelte und von den 1 000 μg Cd/g Blattstückchen gar das achtfache der Kontrolltiere auf. Erstaunlicherweise beruhte die hohe Sterblichkeit von *Oniscus asellus* aus Braubach nicht auf einer erhöhten Aufnahme der mit Metallösungen versetzten Blätter. Auch die Annahme, daß die hohe Überlebensrate von *Porcellio scaber* aus Braubach von einer verminderten Ingestion des toxischen Blattmaterials herrührte, entsprach nicht der Realität, wie die Abb. 6.23 zeigt.

In dieser Graphik werden die unterschiedlichen Reaktionsmuster der beiden Arten deutlich. Während die vorbelasteten Tiere von *Oniscus asellus* versuchten, das kontaminierte Material zu vermeiden und ihre Ingestion stark gegenüber den leicht- bis mittelbelasteten Tieren herabsetzten, waren vorbelastete Tiere der Art *Porcellio scaber* aus Braubach in der Lage, stark kontaminierte Nahrungsstoffe in deutlich größerem Umfange als die Zuchttiere aufzunehmen, ohne deutlich davon geschädigt zu werden.

6.1.6.3.4 Statistische Auswertung der Ingestionsraten

In der nachfolgenden Tab. 6.15 sind die Signifikanzunterschiede der Ingestion spezifisch belasteter Nahrungsstoffe bei adulten und juvenilen Exemplaren von *Oniscus asellus* aus der Zucht beispielhaft dargestellt.

Tab. 6.15: Signifikanzniveaus der Ingestionsraten von *Oniscus asellus* (adult und juvenil). O.a. = *Oniscus asellus*, ad. = adult, jv. = juvenil, Kont. = Kontrolle. *** = hoch signifikant, ** = signifikant, * = schwach signifikant, ns = nicht signifikant.

	O.a. jv. Kont.	**O.a. ad. Kont.**	**O.a. jv. Pb 5 000**	**O.a. ad. Pb 5 000**	**O.a. jv. Cd 100**
O.a. jv. Kont.					
O.a. ad. Kont.	***				
O.a. jv. Pb 5 000	***	ns			
O.a. ad. Pb 5 000	***	*	*		
O.a. jv. Cd 100	***	**	**	ns	
O.a. ad. Cd 1 000	***	***	***	ns	ns

Die Ingestionsraten von juvenilen *Oniscus asellus* verminderten sich gegenüber der Kontrolle hochsignifikant ($p \leq 0,1\%$) bei zunehmender Belastung des Futtersubstrates. Eine weitere signifikante Abnahme ($p \leq 1\%$) der Nahrungsaufnahme war bei Blattstücken behandelt mit 1 000 µg Cd/g gegenüber mit 5 000 µg/g getränkten Stücken nachzuweisen. Im Gegensatz zu den deutlichen Reaktionen der Jungtiere konnte bei den adulten *Oniscus asellus* nur eine schwach signifikante ($p \leq 5\%$) Zurücknahme im Ingestionsverhalten (im Vergleich zur Kontrolle) bei 5 000 µg/g Pb-Belastung der Nahrung festgestellt werden (Tab. 6.15). Die Differenzen, die sich für diese Gruppe bei der Aufnahme von 5 000 µg/g Pb- bzw. 1 000 µg/g Cd-belasteten Blattstücken ergaben, wiesen im Gegensatz zu den Ergebnissen bei Jungtieren keine signifikanten Unterschiede auf.

Der Signifikanzvergleich der quantitativen relativen Nahrungsaufnahme fast aller Gruppen (bis auf *Porcellio scaber* aus Braubach) unter Fütterung mit unbelastetem Laub ist in der Tab. 6.16 dargestellt.

Bis auf *Oniscus asellus* (adult) und *Porcellio scaber* aus Zuchtbeständen, deren Ingestionsraten keine signifikanten Differenzen aufwiesen, konnte für die übrigen Gruppen der Nachweis von hochsignifikanten ($p \leq 0,1\%$) bis signifikanten Unterschieden der Ingestionsleistung bei Fütterung mit dem unbelasteten Laub erbracht werden.

Tab. 6.16: Signifikanzniveaus der Ingestionsraten der untersuchten Gruppen unter Kontrollbedingungen. O.a. = *Oniscus asellus*, ad. = adult, jv. = juvenil, (Z) = Zucht, (B) = Braubach. *** = hoch signifikant, ** = signifikant, * = schwach signifikant, ns = nicht signifikant.

	O.a. jv. (Z)	**O.a. ad. (Z)**	**O.a. (B)**
O.a. jv. (Z)			
O.a. ad. (Z)	***		
O.a. (B)	***	***	
P.s. (Z)	***	ns	**

Die Signifikanzuntersuchungen zur Ermittlung spezifischer Unterschiede der Ingestion mit Pb und Cd belasteten Futters erbrachten keine nachweislich signifikanten Unterschiede zwischen den Gruppen, da die geringe Gruppengröße aufgrund hoher Mortalität (*Oniscus asellus* Braubach) oder weniger eingesetzter Tiere (*Porcellio scaber* Braubach) die Datenbasis massiv einengte. Die in den übrigen Gruppen stets sehr hohen Standardabweichungen sowie offensichtliche Übereinstimmungen im Ingestionsverhalten (*Oniscus asellus* adult, *Porcellio scaber* Zucht) auch unter Belastung boten keine Voraussetzungen zur Ermittlung differierender Signifikanzniveaus. Dennoch sind unterschiedliche Trends deutlich zu erkennen, auch wenn sich diese unter den genannten Prämissen nicht statistisch absichern ließen.

6.1.6.3.5 Masseassimilation

Die Werte der Masseassimilation in den verschiedenen Gruppen mit bei einzelnen Belastungswerten auftretenden negativen Zahlen boten auf den ersten Blick ein etwas verwirrendes Bild. Eine genauere Analyse der Daten zeigte jedoch Parallelen zwischen den Gruppen auf, die sich schon bei Parametern wie der Ingestion feststellen ließen.

Unter Kontrollbedingungen lagen alle Gruppen bezüglich ihrer Masseassimilation im Bereich um 10%. Schon bei 1 000 μg Pb/g zeigten sich leichte Beeinträchtigungen für juvenile *Oniscus asellus* aus der Zucht und massive Einschränkungen (unter allerdings sehr hohen Werten für die Standardabweichung) für die Adulti. Bei Fütterung mit 5 000 μg Pb/g versehenen Blattstücken waren bis auf *Oniscus asellus* aus Braubach mit einer Masseassimilationsrate von 25,81% (S.D. ± 25,94) alle anderen Gruppen im Bereich von -2,96% (S.D. ± 11,7) im Falle von *Oniscus asellus* adult aus der Zucht bis zu 3,55% (S.D. ± 10,83) angesiedelt. Die weitgehende Übereinstimmung der negativen Masseassimilationswerte von adulten *Oniscus asellus* und von *Porcellio scaber* aus der Zucht fand ihre Entsprechung sowohl in den Werten der realen als auch in der relativen Ingestion der genannten Gruppen unter sämtlichen Belastungssituationen und belegte die hohe Übereinstimmung im Reaktionsmuster der beiden Arten, wenn keine Vorbelastung erfolgte. Die hohen Assimilationswerte von *Oniscus asellus* aus Braubach beruhten auf der geringen aufgenommenen Nahrungsmenge der Tiere, die zu einer gesteigerten Ausnutzung des Futtersubstrates führte. Die Belastung der Blattchips mit 100 μg Cd/g entsprach in ihren Auswirkungen auf die Masseassimilation der beiden Gruppen von *Oniscus asellus* aus der Zucht denen mit 5 000 μg Pb/g, führte aber zu einer weiteren Halbierung der Ingestionsraten dieser Gruppen. Der Repellenzeffekt dieser im Vergleich zu Pb niedrigen Dosierung von Cd spricht für eine deutlich ausgeprägte Abneigung von terrestrischen Isopoda für derartig belastete Futterstoffe, während Pb auch in weit höheren Dosen noch toleriert wird.

In der höchsten Belastungsstufe mit 1 000 μg Cd/g kam es zu einer Zweiteilung des Testfeldes. Auf der einen Seite standen juvenile *Oniscus asellus* sowie die artgleichen Tiere aus Braubach, die Masseassimilationsraten von annähernd 80% aufwiesen, den restlichen Gruppen gegenüber, die Werte zwischen 10,65% (S.D. ± 47,24) wie *Porcellio scaber* aus der Zucht und 20,56% (S.D. ± 42,22) im Falle von *Porcellio scaber* aus Braubach erreichten. Die absolut niedrigste Ingestionsrate im gesamten Testfeld dürfte für den hohen Wert der Gruppe *Oniscus asellus* aus Braubach verantwortlich sein. Die entsprechenden ca. 80% Masseassimilation der juvenilen *Oniscus asellus* bei einer deutlich höheren Rate der Nahrungsaufnahme sprechen allerdings für deren effizientere Ressourcennutzung auch unter Belastung. Das ausgeprägte Resistenzpotential von *Porcellio scaber* aus Braubach im Vergleich zu *Oniscus asellus* identischer Herkunft wurde auch in dieser Versuchsreihe deutlich. Mit der höchsten realen und relativen Ingestion innerhalb dieser extremen Cadmiumbelastungsstufe verbunden mit einer Masseassimilationsrate von ca. 21% übertrafen sie dabei noch deutlich die Kontrollgruppe von *Porcellio scaber* aus den Zuchtbeständen.

6.1.6.3.6 Energieassimilation

Die Energieassimilationsrate gibt die erfolgreiche Ausnutzung eines gegebenen Futtersubstrates wieder. Allerdings muß auch dieser Parameter im Zusammenhang mit der Gesamtingestion und dem spezifischen Energiebearf von verschiedenen Arten sowie deren Lebensstadien gesehen werden.

Unter Fütterung mit unbelastetem Laub vermochten alle drei Testgruppen von *Oniscus asellus* Energieassimilationswerte von ca. 15% bis 18% zu erreichen. Diese Werte waren im Vergleich zu *Porcellio scaber* aus der Zucht mit einer Energieassimilation von lediglich ca. 8% doppelt so hoch und belegten die unter Kontrollbedingungen und Berücksichtigung der relativen Ingestion höhere Energieausbeute von *Oniscus asellus*. Eine Belastung der Blätter mit einer Lösung von 1 000 μg Pb/g hatte im Gegensatz zur Masseassimilation keinen solch durchgreifenden Einfluß auf die Energieassimilation. Einem leichten Rückgang der durchschnittlichen Energieassimilation der adulten Zuchttiere der Art *Oniscus asellus* von 14,89% (S.D. ± 16,26) auf 12,43% (S.D. ± 20,47) stand eine Steigerung bei den Juvenilen von 17,63% (S.D. ± 20,62) auf 25,54% (S.D. ± 10,59) gegenüber.

Die Energieassimilation mit Blattstücken der Stufe 5 000 μg/g bot ein ähnliches Bild wie die Masseassimilation. Die Gruppe mit der geringsten Nahrungsaufnahme, *Oniscus asellus* aus Braubach, erreichte wiederum die höchste Assimilationsrate, *Porcellio scaber* vom identischen Standort die niedrigste mit einer negativen Energiebilanz. *Oniscus asellus* (adult) und *Porcellio scaber* aus der Zucht bestätigten ihre unter dieser Belastung fast deckungsgleichen physiologischen Fähigkeiten zur energetischen Verwertung des kontaminierten Futtersubstrates mit Werten um 5% bis 6%. Die juvenilen Zuchttiere von *Oniscus asellus* stellten mit Verwertungsraten von 10,22% (S.D. ± 12,07) bei den höchsten relativen Ingestionsraten aller Gruppen dieser Belastungsstufe ihr den übrigen Teilnehmern überlegenes Potential bei der Akquisition von Energie unter Beweis.

Die gegenüber der höchsten Pb-Belastungsstufe um noch ca. die Hälfte reduzierte Aufnahme an mit 100 μg Cd/g behandelten Blättern hatte für die Zuchttiere von *Oniscus asellus* gesteigerte Energieassimilationsraten auf ca. 25% (Adulte) bzw. ca. 28% (Juvenile) zur Folge. Zu einer mit der Masseassimilation in ihrer Höhe annähernd übereinstimmenden Energieassimilation kam es bei den juvenilen *Oniscus asellus* aus der Zucht und aus Braubach bei Verfütterung der 1 000 μg Cd/g Blattstückchen, wobei die Energieassimilationswerte unter denen der Masseassimilation blieben. Deutliche Veränderungen ergaben sich bei den drei restlichen Gruppen. Die adulten Zuchttiere von *Oniscus asellus* und die ebenfalls den Zuchten entnommenen Exemplare von *Porcellio scaber* boten sich für einen direkten Vergleich geradezu an, da sie bezüglich der relativen Ingestion unter dieser Belastung exakt identische Werte auch bezüglich der Standardabweichung aufwiesen. Wie schon in der Kontrolle erwies sich *Oniscus asellus* aus der Zucht hierbei den ebenfalls nicht vorbelasteten Exemplaren von *Porcellio scaber* überlegen und erreichte eine doppelt so hohe Energieassimilationsrate, die noch über jener der adaptierten *Porcellio scaber* aus Braubach lag. Dieser Sachverhalt muß allerdings relativiert werden, da auch eine hohe Energieassimilationsrate in Verbindung mit einer geringen Ingestion einen ebenfalls geringen Energiegewinn sichert. In diesem Zusammenhang stellte *Porcellio scaber* aus Braubach die erfolgreichste Gruppe unter dieser Belastungsstufe dar, die mit einer Aufnahmerate an den Blättern, die das 21,25-fache (!) von *Oniscus asellus* aus Braubach betrug und mehr als achtfach höher war als die Ingestion von *Porcellio scaber* aus der Zucht, ihre Adaptionsfähigkeit an Schwermetallbelastungen eindrucksvoll bewies.

6.1.6.3.7 Energiegewinn der Gruppen mit und ohne Belastung

Sowohl der über den gesamten Versuchszeitraum assimilierte absolute als auch der relative

Energiebetrag der einzelnen Gruppen mit verschieden hoch kontaminiertem Nahrungssubstrat ist in der Tab. 6.17 dargestellt.

Die absolut höchsten Energiebeträge wurden unter Kontrollbedingungen von *Oniscus asellus* aus Braubach assimiliert, während die relativ höchsten Werte für den Energiegewinn pro mg Körpersubstanz von juvenilen Zuchtexemplaren der Art *Oniscus asellus* erzielt wurden. Diese waren sogar in der Lage, mit dem bleibehandelten Laub der Stufe 1 000 μg/g sowohl den absoluten als auch den relativen Energiegewinn noch zu steigern. Diese Leistung unter einer für Landasseln offensichtlich unter Kurzzeitbedingungen noch tolerablen Belastungssituation wurde durch die Fähigkeit der schwermetalladaptierten Tiere der Art *Porcellio scaber* noch weit übertroffen, die unter Belastung mit real 509,30 μg Cd/g in der Nahrung einen relativen Energiegewinn erreichten, der höher lag als jener von *Porcellio scaber* aus Zuchtbeständen (Tab. 6.17). Ein Vergleich des relativen Energiegewinnes auf der Basis des Wertes für *Porcellio scaber* aus der Zucht mit 100% belegte die deutliche Überlegenheit der Braubachpopulation unter Schwermetallbelastung. Dagegen war für *Oniscus asellus* aus Braubach lediglich unter Belastung von mit 5 000 μg Pb/g behandelten Blättern ein relativ hoher Energiegewinn zu verzeichnen, während unter der hohen Cadmiumbelastung der Energiegewinn aller anderer Gruppen (bis auf *Porcellio scaber* aus der Zucht) deutlich höher lag (Tab. 6.17). Die Darstellung des relativen Energiegewinnes in der Tab. 6.18 erlaubt einen schnellen Vergleich der energetischen Einbußen unter Belastung.

Tab. 6.17: Absoluter Energiegewinn der einzelnen Gruppen in Joule sowie (in Klammern) der relative Energiegewinn in Joule pro mg Lebendgewicht. J = Joule, LW = Lebendgewicht, n.w. = nicht gewertet.

Energiegewinn in J [J/mg LW]	***Oniscus asellus* adult (Zucht)**	***Oniscus asellus* juvenil (Zucht)**	***Oniscus asellus* (Braubach)**	***Porcellio scaber* (Zucht)**	***Porcellio scaber* (Braubach)**
aqua dest.	77,55 [0,94]	61,36 [4,09]	104,93 [2,61]	50,89 [0,76]	-
1 000 μg/g Pb	51,65 [0,60]	62,04 [4,50]	-	-	-
5 000 μg/g Pb	12,69 [0,15]	10,08 [0,71]	31,26 [0,68]	13,67 [0,20]	n.w.
100 μg/g Cd	46,29 [0,51]	14,42 [0,93]	-	-	-
1 000 μg/g Cd	13,63 [0,16]	7,36 [0,50]	5,10 [0,08]	4,84 [0,07]	33,85 [0,98]

Die höheren Konzentrationen an Cd schränkten vor allem den Energiegewinn der juvenilen im Vergleich zu den adulten Asseln von *Oniscus asellus* aus der Zucht ein, die somit sensibler auf die höheren Belastungsstufen reagierten.

Tab. 6.18: Darstellung des relativen Energiegewinnes auf Prozentbasis innerhalb der Gruppen mit einem Kontrollwert bei Fütterung mit unbelastetem Laub von 100%.

Vergleich rel. Energiegewinn in %	***Oniscus asellus* adult (Zucht)**	***Oniscus asellus* juvenil (Zucht)**	***Oniscus asellus* (Braubach)**	***Porcellio scaber* (Zucht)**
Aqua dest.	100%	100%	100%	100%
1000 µg/g Pb	64%	110%	-	-
5000 µg/g Pb	16%	17%	26%	26%
100 µg/g Cd	54%	23%	-	-
1000 µg/g Cd	17%	12%	4%	9%

6.1.6.3.8 Reaktionsmuster und Energiegewinn bei juvenilen *Oniscus asellus*

In der Abb. 6.24 ist die Reaktion von fünf gleichwertigen Gruppen von juvenilen Exemplaren der Mauerassel *Oniscus asellus* auf künstlich kontaminiertes Ahornlaub dargestellt. In der linken Spalte sind die mit den Lösungen von $Pb(NO_3)_2$ und $CdCl_2$ behandelten Blätter aufgeführt. In der zweiten Spalte ist die durchschnittliche, vom Tier über den Versuchszeitraum von vier Wochen aufgenommene Futtermenge dargestellt.

Hierbei wird deutlich, daß die Tiere sehr wohl in der Lage sind, Nahrungsstoffe verschiedenen Belastungsgrades zu unterscheiden und auch noch erstaunlicherweise zwischen dem weniger toxischen Blei und dem zwar geringer konzentrierten, aber deutlich toxischeren Cadmium zu differenzieren vermögen. Mit zunehmendem Schwermetallgehalt sinkt die Rate der Masseassimilation, also des Anteils der Nahrung, der in den Organismus eingeht.

Der hohe Wert bei extrem niedriger Ingestion rührt von der langen Aufenthaltszeit geringer Nahrungsmengen im Darm des Tieres her, wobei es zu einer intensiven Ausnutzung des Nahrungssubstrates kommt. Allerdings ist der hierbei erzielte Gewinn an Energie absolut viel zu niedrig, um auf Dauer ein Überleben des Tieres zu ermöglichen.

Der Massenfluß schließlich kennzeichnet den Anteil der Nahrung, der in Form der Faeces wieder ausgeschieden wird. Die mit Hilfe mikrokalorimetrischer Messungen ermittelten Werte für den durchschnittlichen, von der Assel über die Versuchsdauer assimilierten Energiebetrag in Joule zeigten die mit zunehmender Kontamination des Futtersubstrates einhergehende Energieeinbuße deutlich auf (Abb. 6.24).

6.1.6.3.9 Schwermetallgehalte und Metallakkumulation

Als Voraussetzung für die Kalkulation von Metallassimilationsraten war es notwendig, den genauen Metallgehalt der mit den entsprechenden Schwermetallösungen behandelten Blätter zu ermitteln (Tab. 6.19).

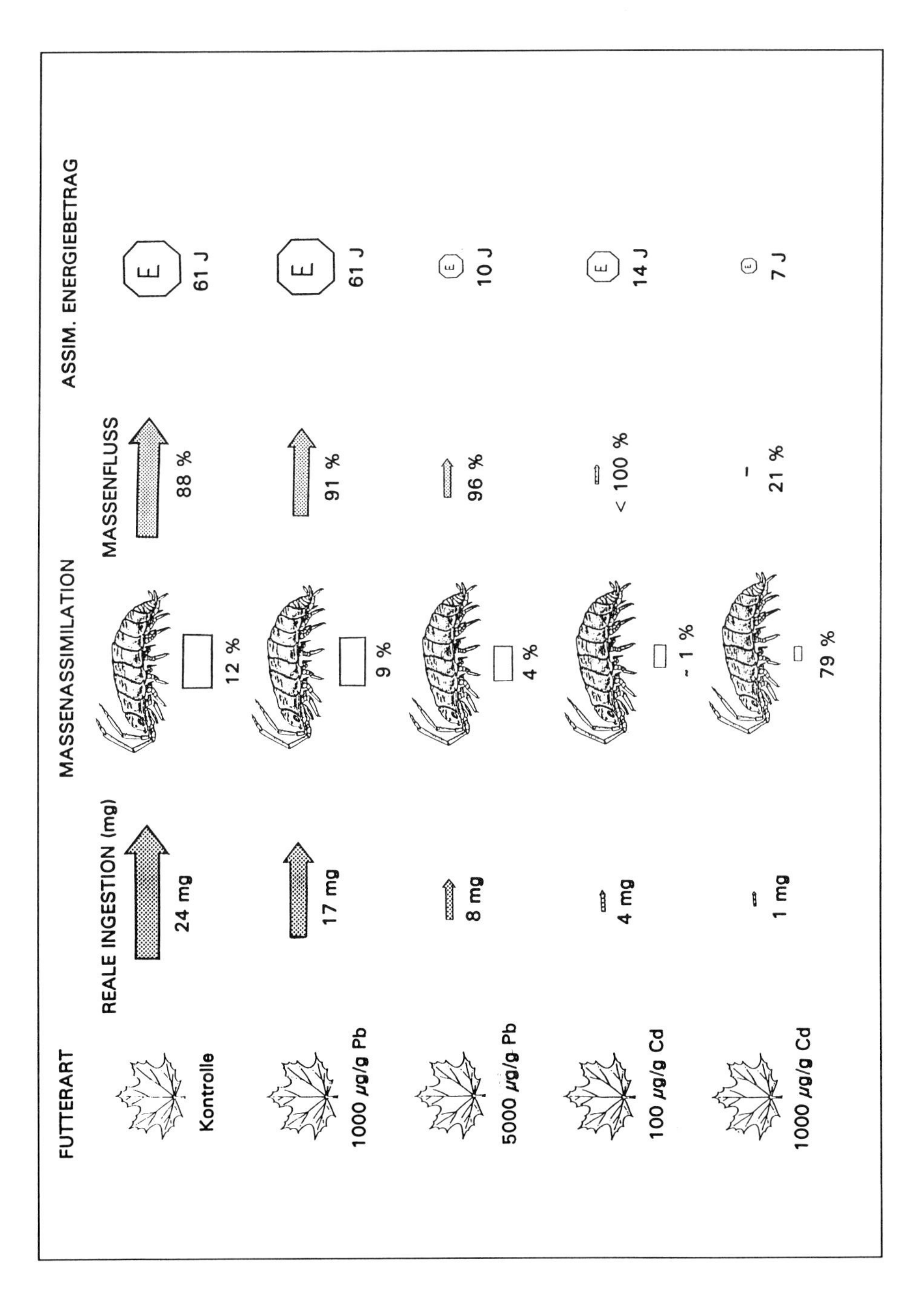

Abb. 6.24: Energetische und massespezifische Aspekte der Bleibelastung bei juvenilen *Oniscus asellus*. (Die Kästchen in der dritten Spalte stellen die tatsächlich assimilierte Masse dar.)

Tab. 6.19: Schwermetallgehalte der Kontrollblätter und der mit den angeführten Schwermetallösungen behandelten Blattstücke.

Lösung	**Pb in µg/g**	**Lösung**	**Cd in µg/g**
aqua dest.	15,70 ± 3,10	**aqua dest.**	2,10 ± 0,40
1 000 µg/g Pb	7 592,80 ± 2 665,00	**100 µg/g Cd**	154,50 ± 21,70
5 000 µg/g Pb	24 892,60 ± 5 254,90	**1 000 µg/g Cd**	509,30 ± 123,60

Bis auf einen Fall (1 000 µg Cd/g) kam es zu einer deutlichen Konzentrierung der Schwermetalle auf ein Mehrfaches des eingesetzten Wertes durch die Aufnahme in die trockenen Blätter.

Die hieraus resultierenden, auch im Vergleich zu Belastungssituationen im Freiland als äußerst hoch einzustufenden Werte boten andererseits den Vorteil, schon nach kurzer Zeit Hinweise auf Resistenz- und Toleranzpotential von Asselpopulationen zu erhalten, da der auch im kontaminierten Freiland sich vollziehende Vorgang der Metallakkumulation im Labor lediglich beschleunigt wurde.

Zur Beurteilung der Grundbelastung der Tiere wurde neben Pb und Cd auch der Gehalt an Zn im Gesamtkörper der Tiere ermittelt, der in Tab. 6.20 dargestellt ist.

Die Eigenschaft verschiedener umweltrelevanter Metalle, unter bestimmten Bedingungen mobil zu werden und so in die Nahrungskette zu gelangen und dort angereichert zu werden, wurde anhand der Aufnahme- und Konzentrationsraten von Blei und Cadmium bei Asseln untersucht.

Tab. 6.20: Durchschnittswerte und Standardabweichungen des Zinkgehaltes der Versuchstiere im Gesamtkörper sowie Anzahl der gemessenen Tiere in [ ]. ♦ Werte nach PROSI et al. (1983) aufgrund begrenzten eigenen Tiermaterials.

Zn in µg/g	***Oniscus asellus* adult (Zucht)**	***Oniscus asellus* juvenil (Zucht)**	***Oniscus asellus* (Braubach)**	***Porcellio scaber* (Zucht)**	***Porcellio scaber* (Braubach)**
Kontrolle	139,70 ± 36,90 [5]	311,80 ± 229,00 [4]	292,20 ± 202,10 [5]	405,90 ± 157,60 [5]	386,40 bis 764,80 ♦

Die Determination des Bleigehaltes im Körper von *Oniscus asellus* aus Braubach war aufgrund der hohen Mortalität der Tiere zu Ende des Versuches nicht möglich.

Die höchste Zunahme des Bleigehaltes bei Belastung mit nominell 5 000 µg Pb/g-Blattstücken (tatsächlicher Gehalt siehe Tab. 6.19) war bei *Porcellio scaber* aus der Zucht mit einem durchschnittlichen Anstieg um 2 699,10 µg/g festzustellen.

Tab. 6.21: Durchschnittswerte und Standardabweichungen des Bleigehaltes der Versuchstiere im Gesamtkörper sowie Anzahl der gemessenen Tiere in [ ]. ♦ Werte nach PROSI et al. (1983) aufgrund begrenzten eigenen Tiermaterials.

Pb in µg/g	***Oniscus asellus*** **adult (Zucht)**	***Oniscus asellus*** **juvenil (Zucht)**	***Oniscus asellus*** **(Braubach)**	***Porcellio scaber*** **(Zucht)**	***Porcellio scaber*** **(Braubach)**
Kontrolle	27,20 ± 5,10 [5]	87,80 ± 25,80 [4]	1 615,60 ± 1 470,50 [4]	2,20 ± 1,00 [5]	346,30 bis 1 466,00 ♦
1 000 µg/g Pb	516,70 ± 149,60 [5]	894,10 ± 194,70 [5]	-	-	-
5 000 µg/g Pb	936,20 ± 331,40 [5]	1 845,60 ± 1 727,30 [5]	-	2 701,30 ± 785,60 [5]	1 736,60 ± 511,60 [4]

Entsprechend ihren hohen Ingestionsraten wiesen auch die Jungtiere von *Oniscus asellus* aus der Zucht sehr hohe Einlagerungswerte auf, die mit einem Nettozuwachs von 1 757,80 µg/g allerdings deutlich unter den Werten für Exemplare von *Porcellio scaber* aus Zuchtbeständen blieben (Tab. 6.21). Angesichts der weitgehenden Übereinstimmungen, die *Porcellio scaber* und *Oniscus asellus* (adult) im Hinblick auf Ingestion und Masseassimilation aufwiesen, deuteten diese deutlich geringeren Werte für *Oniscus asellus* auf eine verminderte Assimilation der ingestierten Bleimengen hin. Für *Porcellio scaber* aus Braubach ließ sich die Situation schwerer beurteilen, da aufgrund der begrenzten Verfügbarkeit der Tiere keine Messungen der Ausgangsbelastung vorgenommen werden konnten. Allerdings erstaunt die unabhängig von der Vorbelastung im Vergleich zu *Porcellio scaber* aus der Zucht relativ niedrige Bleiakkumulation. Die folgende Tab. 6.22 gibt die Belastungswerte der Versuchstiere mit Cadmium unter Kontroll- und Kontaminationsbedingungen an.

Die ähnliche Größenordnung des Cadmiumgehaltes im Körper aller Versuchstiergruppen zu Beginn des Versuches erlaubte einen qualifizierten Vergleich der finalen Belastungswerte, die deutlich differierten. Von besonderem Interesse waren hierbei die Werte von *Oniscus asellus* (juvenil, adult), die sowohl mit 100 als auch mit 1 000 µg Cd/g nur wenig differierende Endwerte zeigten (Tab. 6.22). Die Tiere waren also in der Lage, die Aufnahme des Metalls durch Variation der Ingestion zu kontrollieren und einen bestimmten internen "Grenzwert" nicht zu überschreiten.

Während die Werte für *Porcellio scaber* aus Braubach gegenüber den Cadmiumgehalten von *Oniscus asellus* aus der Zucht ca. doppelt so hoch ausfielen, standen die extrem hohen Werte für die Cadmiumassimilation bei *Porcellio scaber* aus der Zucht ohne Beispiel da. Ein Rückgriff auf die relativen Ingestionsraten von *Porcellio scaber* (Zucht) und *Oniscus asellus* adult (Zucht) belegte deren fast identische Höhe, die im Zusammenhang mit den in Tab. 6.22 dargestellten Unterschieden der dabei assimilierten Cadmiummenge auf grundlegende Eigenheiten des Assimilationsprozesses bei den beiden Arten hinweist.

Tab. 6.22: Durchschnittswerte und Standardabweichungen des Cadmiumgehaltes der Versuchstiere im Gesamtkörper sowie Anzahl der gemessenen Tiere in [ ]. ♦ Werte nach PROSI et al. (1983) aufgrund begrenzten Tiermaterials.

	***Oniscus asellus* adult (Zucht)**	***Oniscus asellus* juvenil (Zucht)**	***Oniscus asellus* (Braubach)**	***Porcellio scaber* (Zucht)**	***Porcellio scaber* (Braubach)**
Kontrolle	24,90 ± 12,20 [5]	37,90 ± 12,30 [4]	116,50 ± 46,60 [5]	18,70 ± 9,00 [5]	48,50 bis 94,80 ♦
100 μg Cd/g	184,40 ± 86,60 [5]	474,40 ± 183,60 [5]	-	-	-
1000 μg Cd/g	272,70 ± 173,90 [4]	358,70 ± 110,70 [5]	-	1 594,50 ± 492,90 [5]	592,20 ± 85,00 [3]

6.1.6.3.10 Statistische Auswertung der finalen Schwermetallbelastung

Die Ausgangssituation mit nicht signifikant verschieden hohen Bleiwerten (bis auf eine Ausnahme) ermöglichte einen guten Vergleich der Akkumulationsraten in den Ansätzen. Die genannte Ausnahme bestand in *Oniscus asellus* aus Braubach, dessen Grundbelastung an Pb sich aufgrund seiner Höhe signifikant ($p \leq 1\%$) von den anderen Gruppen unterschied. Die Fütterung mit 5 000 μg Pb/g belasteten Blättern führte bei *Oniscus asellus* (juvenil) sowie bei beiden Populationen von *Porcellio scaber* im Vergleich zur Kontrolle zu hoch signifikant ($p \leq 0,1\%$) erhöhten Bleiwerten, wobei für *Porcellio scaber* (Braubach) allerdings kein Eigenkontrollwert existierte. Ein Vergleich der Endwerte der Bleibelastung ergab keine signifikanten Unterschiede zwischen *Oniscus asellus* (juvenil) und *Porcellio scaber* aus Braubach und der Zucht. In der statistischen Analyse der Grundbelastungswerte an Cadmium in den eingesetzten Tieren ergaben sich keine signifikanten Unterschiede zwischen den Gruppen. Die Signifikanzwerte für die akkumulierten Cadmiummengen bei mit 1 000 μg Cd/g behandelten Blättern sind der Tab. 6.23 zu entnehmen.

Sowohl die juvenilen als auch die adulten Exemplare von *Oniscus asellus* aus der Zucht wiesen weitgehend übereinstimmende, nicht signifikant differierende Einlagerungswerte für Cd auf. Diese standen mit ihrer geringen Höhe im Gegensatz zu jenen von *Porcellio scaber* aus der Zucht, die schwach signifikant ($p \leq 5\%$) bis signifikant ($p \leq 1\%$) höher waren als die entsprechenden Metallgehalte in *Oniscus asellus*. Eine vermittelnde Stellung bezüglich der durchschnittlichen Höhe des Cadmiumgehaltes nahmen die Exemplare von *Porcellio scaber* aus Braubach ein. Deren Cadmiumwerte waren zum einen hoch signifikant ($p \leq 0,1\%$) höher als jene der beiden Gruppen von *Oniscus asellus* (Tab. 6.23), andererseits aber ebenfalls hoch signifikant ($p \leq 0,1\%$) niedriger als die von *Porcellio scaber* aus der Zucht eingelagerten Cadmiummengen.

Tab. 6.23: Signifikanzniveaus der Cadmiumassimilation der untersuchten Gruppen unter Fütterung mit 1000 μg Cd/g. O.a. = *Oniscus asellus*, ad. = adult, jv. = juvenil, (Z) = Zucht, (B) = Braubach. *** = hoch signifikant, ** = signifikant, * = schwach signifikant, ns = nicht signifikant.

1000 μg/g Cd	**O.a. jv. (Z)**	**O.a. ad. (Z)**	**P.s. (Z)**
O.a. jv. (Z)			
O.a. ad. (Z)	ns		
P.s. (Z)	*	**	
P.s. (B)	***	***	***

6.1.6.3.11 Assimilationsraten von Blei und Cadmium

Die Fähigkeit von Tieren, aufgenommene Schwermetalle entweder zu immobilisieren oder wieder auszuscheiden, trägt maßgeblich zu deren Toleranzverhalten gegenüber diesen Noxen bei. Aus den bekannten Daten zum Schwermetallgehalt der Nahrung, der Ingestion, der Grundbelastung sowie der Endbelastung der Tiere lassen sich unter Heranziehung der Mittelwerte der Datenreihen die Assimilations- und Durchflußraten bei bestimmten Konzentrationen von Schwermetallen im Futter hochrechnen.

Die Aufnahme von mit 1000 μg Pb/g behandelten Blättern führte dazu, daß von *Oniscus asellus* juvenil 3,23% des ingestierten Schwermetalles im Körper verblieb, während 96,77% den Organismus wieder verließen. Für die adulten Tiere von *Oniscus asellus* aus der Zucht beliefen sich die entsprechenden Wertepaare für Assimilation und Durchfluß 5,53% bzw. 94,47% (Abb. 6.25) Auch bei höherer Bleibelastung unter Verwendung von Blättern getränkt mit 5000 μg Pb/g bot sich ein entsprechendes Bild. Sowohl die juvenilen (J.) als auch die adulten (A.) Exemplare von *Oniscus asellus* erreichten mit Assimilationsraten von 3,80% (J.) bzw. 4,66% (A.) Werte, die denen bei 1000 μg/g entsprachen (Abb. 6.25). Ein grundsätzlich anderes Bild bot sich bei der Analyse der Bleiassimilationsraten von *Porcellio scaber* aus der Zucht (5000 μg Pb/g). Diese Tiere assimilierten bis zu 13,74% des aufgenommenen Bleis (Abb. 6.25.) und übertrafen damit *Oniscus asellus* deutlich.

Unter den Werten der beiden Altersstadien von *Oniscus asellus* aus der Zucht lagen die mit Hilfe der Daten von Prosi et al. (1983) zur Grundbelastung von *Porcellio scaber* aus Braubach berechneten Daten. Mit einer Assimilationsrate von (je nach angenommener Grundbelastung) von 2,38% bis 0,46% an assimiliertem Blei stellte diese Population die erfolgreichste in Bezug auf die Elimination von Pb aus dem Körper dar (Abb. 6.25).

Mit Metallassimilationsraten, die rechnerisch oft weit über dem lagen, was bei einer hundertprozentigen Assimilation des Metalls aus dem Futtersubstrat erreichbar wäre, fielen die Untersuchungen zur Aufnahme von Cadmium aus dem Rahmen. So erreichten die Cadmiumbelastungswerte in *Oniscus asellus* (adult) 195,81%, die der Juvenilen gar 370,03% dessen, was nach Ingestion eines homogen durch eine Lösung von 100 μg Cd/g belasteten Blattsubstrates zu erwarten gewesen wäre (Abb. 6.25). Dieser Trend setzte sich auch bei einer Fütterung mit 1000 μg Cd/g als Inkubationslösung für das Blattsubstrat fort. Die Einlagerungswerte für Cadmium beliefen sich für *Oniscus asellus* (J.) bei dieser Belastungsstufe auf 324,80% und erreichten für *Oniscus asellus* (A.) einen deutlich höheren Wert von 547,77% gegenüber dem Cadmiumgehalt des ingestierten Blattsubstrates.

Entsprechend der Belastung mit Blei fanden sich auch bei der Ingestion von Cd die höchsten Assimilationswerte wiederum bei *Porcellio scaber* aus der Zucht. Diese erreichten mit 3339,55% (!) einen Wert, der sich auch durch die mutmaßliche Existenz und bevorzugte Ingestion von "hot spots" höherer Kontamination auf dem Blattmaterial nur schwerlich erklären läßt (Abb. 6.25). Das andere Extrem bildeten wiederum die Tiere der Population von *Porcellio scaber* aus Braubach. Wie auch unter Bleibelastung vermochten sie die niedrigsten Metallassimilationswerte zu erreichen, die mit 131,24% bis 143,32% deutlich unter denen für *Oniscus asellus* als auch um Größenordnungen niedriger als die Werte für *Porcellio scaber* aus der Zucht lagen (Abb. 6.25).

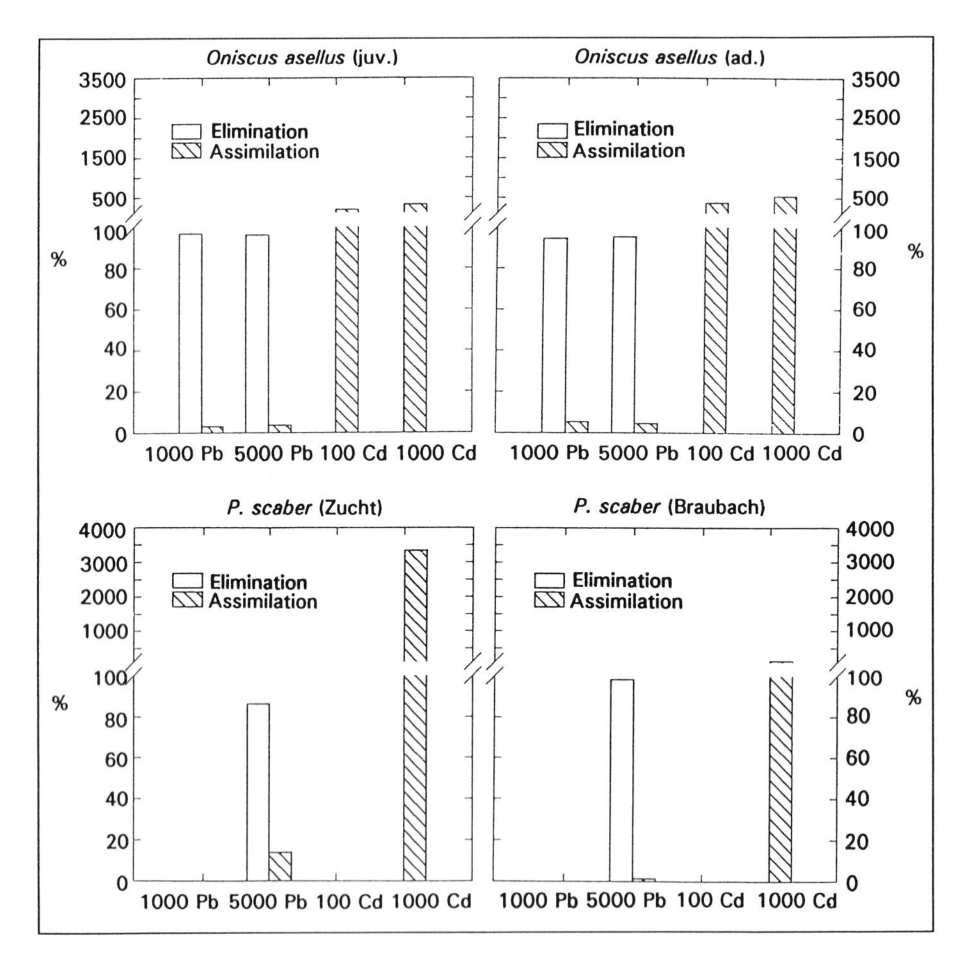

Abb. 6.25: Prozentualer Anteil an assimilierten und ausgeschiedenen Schwermetallmengen unter verschiedener Belastung.

Die adaptierten Exemplare von *Porcellio scaber* aus Braubach waren am besten an eine zusätzliche Belastung durch Blei und Cadmium angepaßt, da sie auf effektive Weise in der Lage waren, aufgenommene Schwermetallmengen wieder aus dem Organismus zu schleusen.

6.1.6.3.12 Relative Metallassimilation pro mg Trockengewicht

Die Kalkulation dieses Parameteres erlaubt einen direkten Vergleich der assimilierten Metallmengen im Zusammenhang mit dem Körpergewicht der Tiere und der sich daraus ergebenden Belastung für das Tier. Zusätzlich zur Angabe der Belastung in µg/g, die eine schon vorhandene Grundbelastung mit einschließt, ermöglicht dieser Wert Aussagen über die Toleranz gegenüber Zusatzbelastungen, die sich im Reaktionsmuster der Versuchsasseln äußern. Bei *Oniscus asellus* aus der Zucht (juvenil und adult) war bei einem Vergleich der relativen Metallassimilation ein Anstieg von der Stufe mit 1 000 µg Pb/g auf 5 000 µg Pb/g zu verzeichnen, der allerdings nicht der Relation der realen Metallgehalte im Futterlaub entsprach. Durch verminderte Ingestion verhinderten die Exemplare der beiden Altersstufen von *Oniscus asellus* einen entsprechenden Anstieg der relativen Metallbelastung auf möglicherweise schon toxische Werte.

Der beobachtete Anstieg der relativen Metallassimilation bei erhöhtem Schwermetallgehalt des Substrates blieb beim Übergang von 100 µg/g Cadmium auf 1 000 µg/g bei *Oniscus asellus* (J.) aus bzw. war mit einer Steigerung von 0,164 µg/g TG (= Trockengewicht des Tieres) auf 0,250 µg/g TG für die adulten Tiere immer noch absolut gering. Die gegenüber dem Pb toxischere Wirkung des Cadmiums erreicht offensichtlich schon in der niedrigeren Belastung eine pathologische Grenze, die die Tiere durch kompensatorische Minderingestion nicht zu überschreiten trachteten. Für *Porcellio scaber* aus der Zucht lagen die Werte zur relativen Metallassimilation von Pb und Cd erwartungsgemäß höher als bei allen anderen Gruppen. Die Daten zur relativen Metallassimilation bezüglich Pb und Cd von *Porcellio scaber* aus Braubach nahmen eine Mittelstellung zwischen *Oniscus asellus* und *Porcellio scaber* aus der Zucht ein. Allerdings war hierbei zu bedenken, daß im Falle von Blei die assimilierten Metallmengen eine schon vorhandene deutliche Bürde an dem Schwermetall Blei noch erhöhten, während z.B. *Porcellio scaber* aus der Zucht fast unbelastet war.

6.1.7 Asseln (Isopoda): Die Auswirkungen saurer Luftdepositionen auf das Assimilationsverhalten von Landasseln

6.1.7.1 Einleitung

Saure Niederschläge beeinflussen durch den Eintrag von Schadstoffen über große Entfernungen auch ballungsraumferne Gebiete. Besonders betroffen sind hiervon bekanntermaßen Waldökosysteme. Im Zuge des ansteigenden Säureeintrages können Effekte wie eine Verminderung der biologischen Aktivität des Bodens sowie eine Beeinträchtigung der Dekompositionsleistung (Kilham & Wainwright 1981) die Folge sein. Auch Störungen der Stickstoffmineralisation durch saure Niederschläge wurden schon Anfang unseres Jahrhunderts (Crowther & Ruston 1911) dokumentiert.

Die direkten Auswirkungen einer zunehmenden Versauerung auf die Bodenbiocönosen sind in ihrer Konsequenz nicht von den indirekten Folgen, die vor allem in einer gesteigerten Mobilisierung von Schwermetallen begründet sind (SCHÄFER 1986), zu trennen.

In Ergänzung der Versuche zur Reaktion von Landasseln auf schwermetallbelastete Futtersubstrate (siehe Kapitel 6.1.6), die aufgrund Applikation von metallsalzhaltigen Lösungen mit einem minimalen pH-Wert von 2,4 auch einer Säurebelastung ausgesetzt waren, stand die Frage nach dem spezifischen repressiven Potential einer Azidifizierung des Futtersubstrates (getrennt von einer Schwermetallbelastung) im Vordergrund. Wenn auch die Verwendung eines Futtersubstrates mit einem pH-Wert unter 3 mit der Situation unter natürlichen Verhältnissen nur bedingt vergleichbar erscheint, so existieren doch auch an Freilandstandorten Kleinhabitate, die durch extreme Versauerung gekennzeichnet sind. Hierbei handelt es sich um den Stammfußbereich von Bäumen, in dem pH-Werte bis hinunter zu 2,4 vorgefunden werden können (NEITE 1987). In Folge dieser deutlichen Säureeinwirkung durch den Stammablauf entsteht in den sogenannten "Baumfußtaschen" ein mehrere cm mächtiger Laubhorizont (O_h-Horizont), der durch unzersetztes Laubmaterial gekennzeichnet ist (SCHÄFER 1986).

Mit diesem Versuchsansatz sollte der Frage nachgegangen werden, ob diese Akkumulation von Bestandesabfall aufgrund verminderter Aktivität von Bodentieren auf einem direkten Repellenzeffekt des versauerten Futtersubstrates beruht oder der Sekundäreffekt einer erhöhten Schwermetallmobilisierung letztlich den Ausschlag gibt.

6.1.7.2 Material und Methoden

6.1.7.2.1 Tiere und Tierhälterung

Zur Untersuchung des Einflusses der artifiziellen Azidifizierung der Nahrung auf verschiedene Landasselarten dienten Tiere der Arten *Oniscus asellus*, *Porcellio scaber* sowie *Trachelipus ratzeburgi*. Die Tiere entstammten den etablierten Zuchten, die im Falle von *Oniscus asellus* und *Porcellio scaber* hauptsächlich auf Tiere vom Heiligenberg in der Nähe von Heidelberg zurückgingen, während die Stammexemplare der Art *Trachelipus ratzeburgi* ausschließlich von einem Standort am Rande des "Kleinen Odenwaldes" in einem auf Buntsandstein gründenden Buchenwald erbeutet wurden. Bei der Auswahl dieser drei Arten stand das Interesse im Vordergrund, häufig und verbreitet vorkommende Arten auf spezifische Unterschiede ihrer Reaktionsmuster gegen Versauerung zu überprüfen.

Insgesamt wurden 5 pH-Stufen untersucht und jeder pH-Stufe ein Ansatz von 18 Tieren jeder der drei Arten zugeordnet. Hiermit beliefen sich die Versuchstiere jeder Art auf 90 Stück und das gesamte Testfeld auf insgesamt 270 Tiere. Es fanden vor allem jüngere Tiere der Größenklasse von 20-30 mg Verwendung, die aufgrund hoher stoffwechselphysiologischer Aktivität und Ingestion besonders geeignet zur Folgenabschätzung der Gabe versauerter Nahrungsstoffe schienen. Um die Vergleichbarkeit der drei Spezies zu erhöhen, wurden jeweils Tiere ähnlichen Gewichtes in den Parallelansätzen verwendet. Das Durchschnittsgewicht der Tiere ist zusammen mit den pH-Stufen des versauerten Laubes in der Tab. 6.24 zusammengestellt.

Vor Versuchsbeginn wurden die Asseln einer zehntägigen Hungerphase unterzogen, um bei der Messung des Ausgangsgewichtes Fehler aufgrund eines nicht vollständig entleerten Intestinaltraktes zu vermeiden und die Voraussetzungen für eine exakte Erhebung der Massen- und Energieassimilationsraten zu gewährleisten. Die Behälter der Tiere wurden alle zwei bis drei Tage von den abgesetzten Faeces gereinigt, um Koprophagie zu unterbinden.

Tab. 6.24: Durchschnittsgewichte der Testgruppen in den einzelnen Ansätzen in mg mit Standardabweichung in ( ) in den jeweiligen pH-Stufen.

	1,00	1,30	1,70	2,00	Kont.
T. ratzeb.	26,25 (5,31)	24,05 (6,01)	26,40 (5,57)	26,50 (6,28)	25,85 (6,22)
O. asellus	28,98 (5,14)	30,01 (5,54)	28,47 (6,75)	25,68 (4,27)	28,53 (5,51)
P. scaber	20,87 (7,55)	20,98 (8,02)	20,83 (5,15)	20,41 (5,85)	21,14 (6,61)

Die eigentlichen Fütterungsversuche mit versauertem Laubsubstrat wurden in Sixwellplatten durchgeführt, die in jeder Kammer eine Gipsschicht zur Gewährleistung einer ausreichenden Feuchtigkeitsversorgung enthielten. Die Tiere wurden individuell gehältert und gefüttert, so daß die folgenden Daten auf Einzelmessungen von Individuen beruhen.

1. Absolute Ingestion
2. Relative Ingestion
3. Gewichtsveränderung
4. Masseassimilation

Die Messungen zur Energieassimilation bedurften aufgrund der Mindestmengen des für einen Meßvorgang notwendigen Faecesmaterials z.T. der vereinigten Proben mehrerer Tiere.

Die Dauer des Fütterungsversuches belief sich auf drei Wochen. Innerhalb dieses Zeitraumes wurden im Abstand von zwei bis drei Tagen die einzelnen Hälterungskammern kontrolliert, wobei die Faeces entfernt sowie nicht mehr ingestiertes Blattmaterial gegen frisches, abgewogenes Blattsubstrat definierten Gewichtes ausgetauscht wurde. Die Faeces sowie die Blattreste wurden bei 40°C getrocknet, um einen mikrobiellen Abbau und somit eine Verfälschung des Ergebnisses zu vermeiden.

Nach Versuchsende erfolgte die Entfernung der Blatt- sowie der Kotreste. Während die Reste des Blattmaterials nach einer Trocknung von wenigen Stunden gewogen werden konnten und so die Daten zur absoluten Ingestion lieferten, war eine Erhebung der Daten zum Endgewicht der Tiere sowie zur abgesetzten Faecesmenge erst nach einer Defäkationsphase von einer guten Woche möglich. Die Versuchsreihe wurde in einem Klimaraum mit 15°C bei einer Hell/Dunkelphase von 16/8 h durchgeführt.

6.1.7.2.2 Herstellung des versauerten Blattsubstrates

Als Ausgangsmaterial diente Laub vom Bergahorn *(Acer pseudoplatanus)*, das 3-5 Monate nach dem Laubfall gesammelt wurde und die ersten Phasen einer beginnenden Dekomposition zeigte. Messungen ergaben keine weiteren Belastungen der Blätter mit Schwermetallen. Im Labor diente ein Messingrundbohrer mit einer lichten Weite von 1 cm zum Ausstanzen von Blattstücken aus den naturfeuchten Blättern. Die erhaltenen Blattchips wurden zur Aufrechterhaltung der blattbewohnenden Mikroflora schonend über Nacht gefriergetrocknet und in verschlossenen Klarsichtdosen bei Zimmertemperatur aufbewahrt.

Zur Versauerung der Blattchips diente aqua dest., das mit Schwefelsäure auf den gewünschten Wert eingestellt wurde. Zur Ermittlung des pH-Relevanzbereiches der verwendeten Lösungen, der einen meßbaren Effekt auf die Azidität des damit behandelten Blattmaterials ausübt, dienten zwei Versuchsreihen. Die Ergebnisse des ersten Versuches mit pH-Werten von 1 bis 5 sowie aqua dest. als Kontrolle (pH 7,5) und die daraus resultierenden pH-Werte im Laub sind der Tab. 6.25 zu entnehmen.

Das pH des mit den verschiedenen Lösungen für ca. eine Stunde getränkten Laubes wurde nach dessen Trocknung mit der Calciumchloridmethode (SCHINNER et al. 1991) ermittelt. Hierbei erfolgt die Mischung von Blattmaterial und $CaCl_2$ im Gewichtsverhältnis 1,00 zu 2,50, woran sich eine Inkubationszeit von mindestens 2 h bei Raumtemperatur anschließt. Vor der Messung muß erneut gemischt werden.

Tab. 6.25: Auswirkungen von sauren Lösungen auf das pH von Blattstücken. (K) = Kontrolle aqua dest.

pH Lösung	1,00	2,00	3,00	4,00	5,00	7,50 (K)
pH Laub	1,53	3,73	4,20	3,90	4,20	4,16

Da pH-Werte ≥ 3,00 die Azidität des Laubes nicht mehr beeinflußten und sich somit kein Unterschied zum natürlichen pH von Laub mit ca. 4,20 ergab, fanden in einer zweiten Versuchsreihe nur noch Lösungen zwischen pH 1 und 2 (plus Kontrolle) Verwendung. Die daraus resultierenden Blattaziditäten finden sich in der Tab. 6.26.

Tab. 6.26: Einfluß von sauren Lösungen auf den pH-Wert von Blättern. (K) = Kontrolle aqua dest.

pH Lösung	1,00	1,30	1,70	2,00	7,50 (K)
pH Laub	1,56	2,71	2,66	4,05	4,70

Trotz der fehlenden Differenzierung im pH-Bereich 1,30 bis 1,70 boten die erzielten pH-Werte doch eine ausreichende Abstufung der Azidität. Die in der Tab. 6.26 genannten Lösungen wurden letztlich im Versuch verwendet, um die Blattstücke der entsprechenden Ansätze spezifisch zu belasten.

6.1.7.2.3 Mikrobieller Abbau des Futterlaubes

Um den mikrobiell bedingten Masseverlust von dem Fehlbetrag zu trennen, der an dem eingesetzten Laub durch den Fraß der Asseln entsteht, wurden parallel zu den Fütterungsversuchen jeweils 10 Blattstücke der in Tab. 6.26 genannten pH-Stufen in Sixwellplatten unter den identischen Temperatur- und Feuchtigkeitsbedingungen wie das Futterlaub in den mit Asseln besetzten Kammern inkubiert. Nach Ablauf der Versuchszeit wurde deren Masseverlust gravimetrisch dokumentiert und in die Berechnung der realen Ingestion als eine der Faktoren zur Berechnung der Masseassimilationsrate einbezogen.

6.1.7.2.4 Berechnung der Masse- und Energieassimilation

Die Ermittlung dieser Parameter sowie die Technik der Verbrennungsmikrokalorimetrie sind dem Kap. 6.1.6 zu entnehmen.

6.1.7.2.5 Statistische Methoden

Zur Überprüfung der Gruppenmittelwerte der Ingestion auf Signifikanz diente ein multiple-range Test nach Duncan.

6.1.7.3 Ergebnisse

6.1.7.3.1 Mikrobieller Abbau des Futterlaubes

Der prozentuale Masseverlust des versauerten sowie des Kontrollaubes wies nur zwischen den extremen pH-Stufen 1 und der Kontrolle mit einem pH von 7,5 deutliche Unterschiede auf (Tab. 6.27). Im mittleren Aziditätsbereich von 1,3 bis 2 stimmten die Abbauraten weitgehend überein.

Tab. 6.27: Mittelwerte mit Standardabweichungen des prozentualen Masseverlustes des Futterlaubes im Versuchszeitraum. (K) = Kontrolle.

pH-Wert	1,00	1,30	1,70	2,00	7,50 (K)
Abbau in %	8,83 ± 1,37	4,85 ± 1,33	4,25 ± 2,28	4,89 ± 2,15	2,64 ± 2,50

Die Daten zum spezifischen Masseverlust in der entsprechenden pH-Stufe gingen in die Berechnung der realen Ingestion ein.

6.1.7.3.2 Mortalität

Die hohen Überlebensraten in fast allen Ansätzen machten deutlich, daß die Versauerung des Nahrungssubstrates keine akut toxischen Effekte auf die Asseln ausübte (Tab. 6.28). Die verminderte Anzahl an lebenden Tieren im Kontrollansatz von *Porcellio scaber* dürfte auf eine unsachgemäße Hälterung der Tiere zurückzuführen sein.

Tab. 6.28: Anzahl der überlebenden Individuen in den einzelnen Ansätzen (zu Anfang eingesetzte Tiere: 18).

	1,00	**1,30**	**1,70**	**2,00**	**Kont.**
T. ratzeb.	17	16	17	17	18
O. asellus	18	16	18	18	18
P. scaber	16	17	17	17	13

Der Verlust von ein bis zwei Tieren über die Gesamtversuchsdauer entspricht einem Schwund von ca. 5 bis 10%, der noch in die natürliche Mortalitätsrate fällt und keinen ursächlichen Zusammenhang mit der angebotenen Nahrung indiziert.

6.1.7.3.3 Absolute und relative Ingestion

Aufgrund der weitgehenden Übereinstimmungen im Durchschnittsgewicht der Tiere ergaben sich in der graphischen Darstellung der beiden Parameter kaum Unterschiede, so daß an dieser

Stelle lediglich die relative Ingestion behandelt wird, die Aussagen zur Ingestion in mg pro mg Körpergewicht zuläßt und so einen direkten Vergleich von Gruppen mit differierendem Durchschnittsgewicht erlaubt. In der Abb. 6.26 finden sich die Daten zur spezifischen relativen Ingestion der Arten bei verschiedenen pH-Stufen. Von der Belastungsstufe 1 bis 1,7 zeigen alle Arten eine weitgehend gleichförmige Ingestion mit kaum voneinander abweichenden Werten. Ab pH-Stufe 2 weisen jedoch *Oniscus asellus* und *Porcellio scaber* deutlich erhöhte Ingestionsraten auf, die im Falle von *Porcellio scaber* fast und für *Oniscus asellus* exakt das Niveau der relativen Ingestion unter Kontrollbedingungen erreichen.

Ein gänzlich anderes Reaktionsmuster fand sich jedoch bei *Trachelipus ratzeburgi*. Die Exemplare dieser Art erreichten ihre maximale Ingestion innerhalb der pH-Stufe 1,7, die sich allerdings nur unwesentlich von der Ingestion unter Kontrollbedingungen unterschied (Abb. 6.26).

Die statistische Analyse der relativen Ingestionsraten belegte, daß in der pH-Stufe 1 keine signifikanten Unterschiede ($p>5\%$) im Ingestionsverhalten der einzelnen Arten festzustellen waren. Unter Kontrollbedingungen bot sich allerdings ein anderes Bild. Die starke Steigerung der Nahrungsaufnahme von *Porcellio scaber* in der Kontrolle gegenüber pH 1 mit 116,42% bedingte signifikante Unterschiede der Kontrollingestion ($p<1\%$) gegenüber *Oniscus asellus* (Steigerungrate 65,71%) und hoch signifikante Unterschiede ($p<0,1\%$) in bezug auf die Ingestion von *Trachelipus ratzeburgi*, die lediglich eine Zunahme von pH 1 zur Kontrolle von 15,63% zeigte. Als einzige der drei untersuchten Arten zeigte *Trachelipus ratzeburgi* keine signifikante ($p>5\%$) Zunahme der Ingestion von pH 1 auf den Kontrollwert von pH 7,5 und unterschied sich damit deutlich von den beiden anderen Arten.

6.1.7.3.4 Prozentuale Gewichtsveränderungen

Innerhalb der dreiwöchigen Versuchszeit war in keinem Falle eine Gewichtszunahme der Versuchstiere festzustellen. Die Asseln hielten annährend ihr Eingangsgewicht (*Oniscus asellus*/Kontrolle/99,09 $\pm$ 4,89%) oder zeigten eine leichte Gewichtsabnahme (*Trachelipus ratzeburgi*/pH 1,00/94,11 $\pm$ 2,52%), womit auch schon die Extrema in der Gewichtsentwicklung genannt wären. Ein statistisch belegbarer Anstieg des Gewichtsverlustes bei zunehmender Azidität konnte nicht festgestellt werden. So betrug der Gewichtsverlust bei Fütterung mit pH 1 getränktem Laub gegenüber der Kontrolle bei *Trachelipus ratzeburgi* 3,84%, für *Porcellio scaber* 2,01% und bei *Oniscus asellus* 0,72%.

6.1.7.3.5 Masseassimilationsraten

Wie im Falle der relativen Ingestion lag auch bezüglich dieses Parameters eine Zweiteilung des Feldes in *Oniscus asellus* und *Porcellio scaber* einerseits sowie *Trachelipus ratzeburgi* andererseits vor (Abb. 6.26). Während *Oniscus asellus* und *Porcellio scaber* mit steigendem pH-Wert die Rate der prozentualen Masseassimilation fast kontinuierlich steigerten, fiel *Trachelipus ratzeburgi* durch einen sehr uneinheitlichen Kurvenverlauf auf, der durch ein stetes Auf und Ab gekennzeichnet war (Abb. 6.26). Besonders der Höchstwert der Masseassimilation bei der pH-Stufe 1 fiel aus dem Rahmen und lag damit weit über den Ergebnissen der Vergleichsarten. Allerdings wird der Mittelwert von 8,42% Masseassimilation durch die hohe Standardabweichung von 15,58 etwas relativiert. In einem direkten Vergleich der prozentualen Masseassimilation in der Kontrolle vermochte *Oniscus asellus* mit 8,49% (S.D. 9,51) vor *Trachelipus ratzeburgi* mit 6,49% (S.D. 8,43) und *Porcellio scaber* mit 4,65% (S.D. 3,29) den höchsten Wert zu erzielen. Die hohe Masseassimilationsrate von *Oniscus asellus* in der Kontrolle beruhte auf einer Steigerung gegenüber pH 1 um 732,35% und fiel damit deutlich höher aus als bei *Porcellio scaber* (129,06%) oder gar *Trachelipus ratzeburgi*, die als einzige Art in der Kontrolle eine Verminderung (22,92%) der Masseassimilation gegenüber pH 1 aufwies.

6.1.7.3.6 Energieassimilationsraten

Die Energieassimilationsraten förderten erstmalig Unterschiede im bisher weitgehend übereinstimmenden Reaktionsablauf von *Oniscus asellus* und *Porcellio scaber* zu Tage. Während *Porcellio scaber* in der Lage war, auch innerhalb der pH-Stufe 1 mit 30,28% (S.D. 9,02) eine Energieassimilation zu erzielen, die sich in der Größenordnung mit jener bei 2 deckte (30,44%, S.D. 12,83), war *Oniscus asellus* unter Belastung mit pH 1 nicht in der Lage, eine positive Energieassimilationsrate zu erreichen (Abb. 6.26). Der negative Meßwert von -11,70% zeigte allerdings durch die hohe Standardabweichung von 18,27 das sehr uneinheitliche Reaktionsbild mit starken individuellen Schwankungen deutlich auf. Bis zur pH-Stufe von 2 lagen die Werte von *Oniscus asellus* meist unter den Vergleichswerten der beiden anderen Arten, während in der Kontrolle mit 33,70% (S.D. 11,45) ein der Leistung von *Trachelipus ratzeburgi* (33,40%, S.D. 22,20) entsprechender Wert erreicht werden konnte. Das spezifische Vermögen von *Trachelipus ratzeburgi*, auch unter starker Versauerung des Nahrungssubstrates noch hohe Assimilationsleistungen zu erbringen, wurde wie im Falle der Masseassimilation auch bei der Energieassimilation deutlich. Die höchste Energieassimilationsrate (39,81%, S.D. 10,31) fand sich wiederum in der niedrigsten eingesetzten pH-Stufe von 1.

Ein Vergleich der durchschnittlichen Masse- und Energieassimilationsraten aus allen pH-Stufen zeigte in Bezug auf die Masseassimilation keine deutlichen Unterschiede zwischen den drei Arten. Die Analyse der Energieassimilationsraten bot jedoch ein differenziertes Bild der eingesetzten Species.

Die in der Gesamtschau niedrige Energieassimilation von *Oniscus asellus* beruhte in erster Linie auf den niedrigen und z.T. sogar negativen Werten bei hoher Azidität, die nicht durch eine massiv gesteigerte Energieassimilationsleistung in höheren pH-Bereichen kompensiert werden konnten. Demgegenüber nahm *Trachelipus ratzeburgi* eine vermittelnde Position zwischen den Leistungsdaten von *Oniscus asellus* und *Porcellio scaber* ein, ohne aber (außer bei extrem saurem pH) Spitzenwerte zu erreichen.

Die hohe durchschnittliche Gesamtenergieassimilation von *Porcellio scaber* fand ihren Ursprung zum einen im dem im Gegensatz zu *Oniscus asellus* ausbleibenden Einbruch um pH 1 sowie in den hohen Energieassimilationswerten bei pH 1,7 bzw. 7,5 (Kontrolle), die eine Höhe von 44,53% (S.D. 6,61) bzw. 44,23% (S.D. 12,41) erreichten.

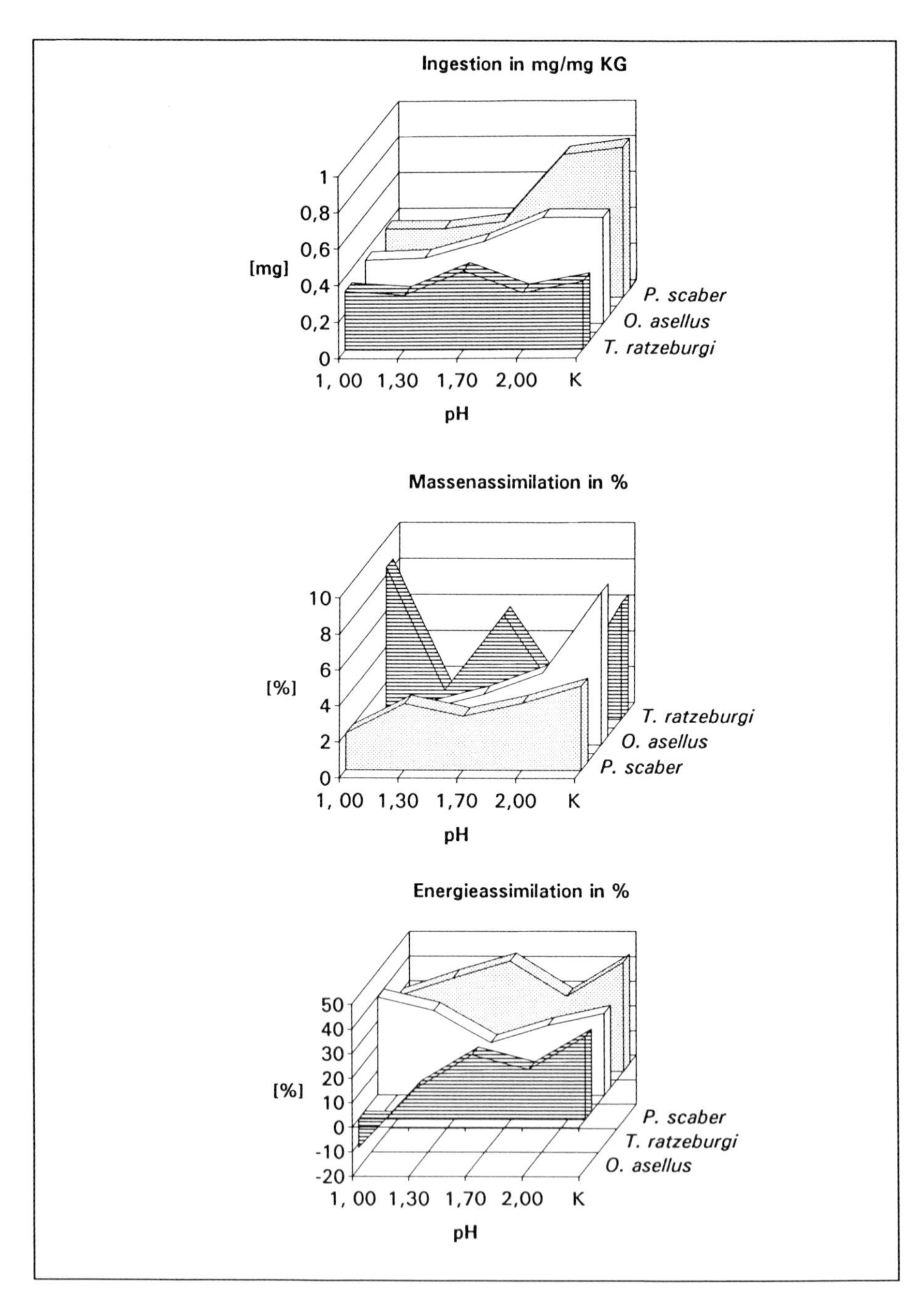

Abb. 6.26: Zusammenstellung verschiedener Leistungsparameter von Landasseln bei Fütterung mit versauertem Nahrungssubstrat. KG = Körpergewicht.

6.1.7.3.7 Vergleichende Leistungsindizes

Die folgende Tab. 6.29 ermöglicht anhand eines Punktesystems eine schnelle Orientierung über das Leistungsvermögen der einzelnen Arten in allen pH-Stufen (Spalte "Index") oder der Leistungsfähigkeit in einer bestimmten pH-Stufe (Tabellenteil "Leistung"). Die Punkteverteilung wurde derart vorgenommen, daß die Art mit der höchsten Leistung an z.B. Ingestion 3 Punkte erhielt, die nächstplazierte 2 und die drittplazierte 1 Punkt. Die höchsten Punktzahlen wurden jeweils durch doppelte Umrandung und Fettdruck hervorgehoben.

Sowohl in der Ingestion als auch in der Energieassimilation ergaben sich bei einer Gesamtschau über alle pH-Stufen hohe Leistungswerte für die Art *Porcellio scaber*, die somit ihre Leistungsfähigkeit deutlich unter Beweis stellte.

Die spezifische Betrachtung der einzelnen pH-Stufen höherer Azidität wies auf die hohe Leistungsfähigkeit von *Trachelipus ratzeburgi* bei pH 1 hin, die dort mit *Porcellio scaber* die erste Stelle teilte.

Erst bei höheren pH-Werten konnte sich *Oniscus asellus* wieder auf die vorderen Ränge schieben und mit *Porcellio scaber* unter Kontrollbedingungen annähernd gleichziehen. In einem abschließenden Fazit läßt sich sagen, daß unter extremer Versauerung der Nahrung bei pH 1 *Trachelipus ratzeburgi* die wenigsten Beeinträchtigungen zeigte und als einzige Art keine deutliche Verminderung der Ingestionsleistung sowie der Masse- und Energieassimilation aufwies.

Tab. 6.29: Leistungsindizes der drei untersuchten Arten im Vergleich. Nähere Erläuterungen siehe Text.

	Art	**1,00**	**1,30**	**1,70**	**2,00**	**(K)**	**Index**
Ingestion	O.a.	2	2	3	2	2	11
	P.s.	3	3	1	3	3	**13**
	T.r.	1	1	2	1	1	6
Masseass.	O.a.	1	2	1	3	3	**10**
	P.s.	2	3	2	2	1	**10**
	T.r.	3	1	3	1	2	**10**
Energieass.	O.a.	1	1	2	1	2	7
	P.s.	2	3	3	3	3	**14**
	T.r.	3	2	1	2	1	9
Leistung							
O. asellus		4	5	5	6	**7**	
P. scaber		**7**	**9**	**6**	**8**	**7**	
T.ratzeb.		**7**	4	**6**	4	4	

Als universell erfolgreiche Art kann *Porcellio scaber* bezeichnet werden, die zwar reprimierend in ihrer Ingestion von versauerter Nahrung betroffen wurde, aber die im Vergleich zur

Kontrolle verminderten Mengen effizient verwertete. Am sensibelsten reagierte *Oniscus asellus* auf die zunehmende Azidität des Futtersubstrates. Dies wurde vor allem in der von pH-Stufe 1 bis 1,3 gegenüber den Vergleichsarten deutlich niedrigeren Energieassimilationrate manifest.

6.1.7.4 Diskussion

Während zu den Auswirkungen von sauren Niederschlägen auf Bodentiere zahlreiche Untersuchungen auf Populationsebene vorliegen (HÅGVAR 1984a, HÅGVAR 1984b, HÅGVAR 1988, HÅGVAR & ABRAHAMSEN 1984, HÅGVAR & KJØNDAL 1981), finden sich kaum Arbeiten zu den spezifischen Auswirkungen von sauren Depositionen auf Aspekte der Ernährung und des Energiestoffwechsels einzelner Arten, durch deren Kenntnis in Kombination mit weiteren Daten kausale Zusammenhänge in der Reaktion einzelner Glieder von Bodenbiocönosen auf Belastungen erst erkannt werden können.

Die vorliegenden Untersuchungen machten deutlich, daß zwei der drei untersuchten Arten bei einem effektiven pH des Futterlaubes unter 3 ihre Ingestion deutlich gegenüber der Kontrolle einschränkten. Derart niedrige pH-Werte wurden allerdings bei der Kontamination der Futtersubstrate im Schwermetallversuch nach den Erfahrungswerten aus der vorliegenden Versuchsreihe in keinem Falle erreicht, so daß die verminderte Ingestion im Schwermetallversuch so gut wie ausschließlich auf der Anwesenheit der applizierten Schwermetallverbindungen beruht. Eine derart hohe Azidifizierung des Laubes mit resultierenden Werten von unter 3 kann auch durch die direkte Einwirkung von sauren Niederschlägen mit einem pH geringfügig unter 3 (nicht verunreinigte Niederschläge ca. pH 5,65), wie sie schon Anfang des Jahrhunderts in hochindustrialisierten Bezirken Englands festgestellt wurden (GLASS et al. 1979), nicht vonstatten gehen. Erst durch die im Stammablauf konzentrierten Schadstoffe (neben Schwefel- und Stickstoffverbindungen auch Schwermetalle) kommt es am Stammfuß zu sogenannten "Todeskreisen" (GLATZEL & KAZDA 1985) im Stammbereich, die mit ganzjährigen pH-Werten zwischen 2,5 und 3 (KOPESZKI 1992) die Situation repräsentieren, die derjenigen im Labor bei Applikation von sauren Lösungen der pH-Stufen 1,3 und 1,7 in einem resultierenden pH des Laubes um 2,7 entsprach. Selbst geringe Versauerungstendenzen in der Nahrung führten bei den sensitiven Arten *Oniscus asellus* und *Porcellio scaber* zu einem leichten Rückgang der Ingestion im Vergleich zur Kontrolle. Diese Vermeidungsstrategie gegenüber dem versauerten Laub durch die beiden Asselarten hätte im Freiland zur Konsequenz, daß die im Bereich zwischen den hochversauerten "Todeskreisen" bei pH-Werten von 4 bis 5 (KOPESZKI 1992) durchaus existenzfähigen Isopodenpopulationen der genannten Arten nicht an der Zersetzung des dort akkumulierten Laubes teilhätten.

Ähnliches gilt offensichtlich auch für andere Mitglieder der Bodenfauna. So finden sich bei KOPESZKI (1992) Hinweise für einen drastischen Abundanzrückgang der Mesofauna auf lediglich 25% ihrer Häufigkeit innerhalb dieser massiv unter dem Säureeinfluß stehenden Lebensräume. Die Gründe für diese starke Faunenverminderung aufgrund der Versauerung stehen allerdings wohl z.T. auch mit der Mobilisierung von Metallionen bei derart tiefen pH-Werten in Verbindung. Für den Regenwurm *Lumbricus rubellus* konnte eine lineare Beziehung zwischen der Höhe der Belastung mit Blei, Zink und Cadmium und dem pH des Bodens gefunden werden, wobei die beiden Parameter eine umgekehrte Proportionalität zueinander zeigten

(MORGAN 1985). In den "Todeskreisen" um den Stammfuß ist daher mit einer hohen Intoxikation der dortigen Organismen mit allen Konsequenzen für deren Aktivität beim Dekompositionsprozeß zu rechnen.

Neben der direkten Ingestion von versauertem Nahrungssubstrat kommt auch der Aufnahme von sauren Bodenlösungen durch die Körperoberfläche von Tieren eine Rolle bei der Schadwirkung azider Luftdepositionen zu. In den Hälterungsexperimenten von HUANG (1985) mit dem Springschwanz *Isotoma tigrina* vermochten nur 37% der Tiere auf einem Bodensubstrat mit einem pH von 1,73 länger als eine Woche zu überleben. Dagegen kann die Art *Mesaphorura hylophila* als zumindest azidotolerant bezeichnet werden, da sie als einzige der von KOPESZKI (1992) untersuchten Arten im sauren Stammfuß eine Populationssteigerung erzielen konnte. In diesen artspezifischen Unterschieden finden sich gewisse Parallelen zu den Ergebnissen mit den drei untersuchten Asselarten, die eine ausgeprägte Säuretoleranz gegenüber einer Belastung der Nahrung bei *Trachelipus ratzeburgi* sowie eine mehr (*Oniscus asellus*) oder weniger (*Porcellio scaber*) ausgeprägte Sensibilität gegenüber versauerten Futtersubstraten belegten. Die direkte toxische Wirkung der für das Versauerungsphänomen hauptsächlich verantwortlichen Schwefelverbindungen für Landasseln scheint relativ gering zu sein (WHITE 1983), wodurch auch die gegenüber den z.T. extremen Auswirkungen hoher Schwermetallgaben nur moderaten Beeinträchtigungen und Vermeidungsmuster sprechen.

Die Verminderung der Ingestion durch die Versauerung des Außenmilieus (zur pH-Belastung der Nahrung finden sich keine Angaben) kennzeichnet auch die Reaktion von Regenwürmern in Böden erhöhter Azidität der pH-Werte 4,5 und 5,5 (BENGTSSON et al. 1986), die mit einer retardierten Entwicklung der Jungtiere einhergeht.

Einen unerwarteten Verlauf nahm die Gewichtsentwicklung der Tiere aller drei Arten innerhalb des Versuchszeitraumes. Keine der Gruppen konnte mit dem angebotenen Futter selbst unter Kontrollbedingungen einen Gewichtszuwachs erreichen. Ein Vergleich mit den Daten zu Ingestion von *Oniscus asellus* im Schwermetallversuch unter Kontrollbedingungen weist offensichtlich auf die mangelnde Attraktivität des angebotenen Ahornlaubes hin, da die Ingestion von Exemplaren der identischen Art im Versuch unter Säurebelastung in der Kontrolle nur ca. die Hälfte der Ingestionsleistung des Schwermetallversuches erreichte. Die Gründe könnten vor allem im mangelnden Zersetzungsgrad des Laubes zu suchen sein, da in der Zeit vom herbstlichen Laubfall bis zur Nutzung des Laubes im Winter offensichtlich keine ausreichende Dekomposition und mikrobielle Kolonisierung des Blattmaterials stattgefunden hat.

Allerdings können langfristige negative Auswirkungen von pH-verminderten Nahrungssubstraten auf die Enzymaktivitäten von Eigen- oder mikrobiellen Fremdenzymen im Intestinaltrakt von Bodentieren (SCHAEFER 1985) nicht ohne weiteres von der Hand gewiesen werden. Gerade die für den Abbau von pflanzlichem Bestandesmaterial existentiell wichtigen Cellulasen zeigen bei tieferen pH-Werten schon ab pH 3,5 deutlich verminderte Aktivitäten (HOVLAND 1981). Mit Schwefelsäurelösungen von pH 1 behandelte Kiefernadeln wiesen nach 105 Tagen überhaupt keine meßbare Dekomposition auf (ABRAHAMSEN et al. 1980).

Die Gründe für die verminderten Aktivitäten liegen wohl zum einen in der Unterschreitung des für ein Enzym optimalen pH-Bereiches, in dem es seine volle Aktivität entfaltet. Ein anderer Grund besteht in der direkten Schädigung von Mikroorganismen, wie z.B. cellulolytischen Formen, die nach Behandlung von Bodenparzellen mit artifiziellem sauren Regenwasser von pH 3 (KYTÖVIITA et al. 1990) auf 40% ihrer Eingangsmenge zurückgingen.

Für terrestrische Isopoda, in deren Eigenenzymausstattung die für den Abbau dieses schwer angreifbaren Naturstoffpolymers notwendigen Enzyme nicht vorhanden sind, spielt die Nutzung von mikrobiellen Cellulosezersetzern im Intestinaltrakt eine entscheidende Rolle (HARTENSTEIN 1964, HASSALL & JENNINGS 1975) bei der Nutzung ihrer natürlichen Nahrung. Die ausgeprägte Sensibilität der streubesiedelnden cellulolytischen Mikroflora kann auch für die mit dem Intestinaltrakt von Landasseln assoziierten Formen bestehen, wenn es das Wirtstier nicht vermag, das pH von massiv versauertem Futtersubstrat durch kompensierende Maßnahmen auf einen der cellulolytischen Intestinalflora genehmen Wert zu regulieren.

Die Schädigungen mikrobieller Systeme betreffen noch andere Leistungsträger der Bodenmikroflora. Durch eine pH-Absenkung auf 3,2 vermindern sich die Knöllchenbildung und die symbiotische Stickstoff-Fixierung bei Leguminosen (GLASS et al. 1979), während die nichtsymbiotische N-Fixierung durch freilebende Mikroorganismen in der Streu schon durch die Behandlung mit Wasser mäßiger Azidität von pH 5 deutlich zurückging (ALEXANDER 1980). Die Existenz von säureresistenten, freilebenden N-Fixierern zeigt allerdings, daß es auch in dieser funktionellen Gruppe durchaus deutliche Unterschiede in der Sensibilität gibt (KLEIN 1984).

Diese Befunde sind im Zusammenhang mit den Ergebnissen zur Mikroflora der Mitteldarmdrüsen von *Oniscus asellus* und *Porcellio scaber* von Interesse, da diese die potentiell N-fixierenden Bakteriengattungen *Klebsiella* und *Citrobacter* als Mitteldarmdrüsensymbionten beherbergen. Eine Verminderung ihrer potentiellen Aktivität durch azide Futterstoffe, wie sie freilebende N-Fixierer schon bei Behandlung des Laubes mit lediglich pH 3,6 bzw. 4,7 (FRANCIS 1982) zeigen und damit bei weit höheren Werten, als sie das versauerte Laub in der eigenen Versuchsreihe aufwies, könnte auch im Freiland Nachteile für terrestrische Isopoda erbringen. Diese durchaus spekulativen Szenarien setzen allerdings die Existenz einer aktiven Stickstoff-Fixierung in der Mitteldarmdrüse von terrestrischen Isopoda voraus, für die bislang nur Hinweise, jedoch keine definitiven Nachweise vorliegen. Die eigenen, nur auf Kurzzeitexperimenten fußenden Beobachtungen können nur Fingerzeige für eventuell auftretende Langzeiteffekte sein.

Die allgemein hemmende Wirkung von Blattextrakten nach Säurebehandlung auf Bakterien (SKIBA & CRESSER 1986) betrifft vor allem die exponierte epiphytische Mikroflora auf der Blattoberfläche (NEUVONEN et al. 1990). Wird diese durch Säureeinwirkung geschädigt und verändert, leiden darunter auch der Nährstoffstatus und die Attraktivität des Futtersubstrates (HENDREY et al. 1976). Diese indirekten Effekte bedingen offensichtlich Populationsverschiebungen von Collembolen in versauerten Böden, da aufgrund der hydrophoben Körperoberfläche eine direkte Schadwirkung wenig plausibel erscheint (HÅGVAR & ABRAHAMSEN 1984). Da auch Asseln sensibel auf den mikrobiellen Aufwuchs auf Blattmaterial reagieren und eine gezielte Auswahl treffen (GUNNARSSON 1987, STÖCKLI 1990), könnten ähnliche Mechanismen auch für die Repellenzeffekte tiefer pH-Stufen auf *Oniscus asellus* und *Porcellio scaber* sowie der indifferenten Reaktion von *Trachelipus ratzeburgi* verantwortlich sein. Gerade letztere Art fiel durch die fehlende Korrelation von tiefem pH und deutlicher Leistungsbeeinträchtigung auf. Möglicherweise zeigen diese Tiere, die aus bodensauren Buchenwäldern des Odenwaldes stammen, eine Präadaption (oder schon Adaption) an ein vergleichsweise saures Umweltmilieu.

Zieht man ein Resümee der Experimente zum Einfluß von versauerten Nahrungsstoffen auf Landasseln, so kommt man unter Einschätzung des realen Gefährdungspotentials im Freiland zu dem Ergebnis, daß die indirekten Effekte von sauren Luftdepositionen, wie eine Mobilisierung von Schwermetallen oder Schwierigkeiten im Calcifizierungsprozeß gepanzerter Tiere (wie Asseln), durch eine hohe Azidität des Bodensubstrates das größere Gefahrenpotential für Landasseln und andere Bodentiere bergen.

6.1.8 Asseln (Isopoda): Kombinationswirkungen von sauren Niederschlägen und schwermetallbelasteten Bodensubstraten auf die Metallakkumulation und den Biomassezuwachs von Laborpopulationen im Vergleich mit Freilandpopulationen

6.1.8.1 Einleitung

Im Gegensatz zu den direkten Auswirkungen von Schwermetallkontaminationen auf Bodenbiocönosen sind die Kombinationseffekte von sauren Niederschlägen und einer Belastung durch Schwermetalle auf die Bodenlebewelt weit weniger bekannt (BENGTSSON et al. 1986). Nur eine begrenzte Anzahl von Untersuchungen trägt der Tatsache Rechnung, daß die Bindung und Festlegung von Schwermetallen an Humuskomplexen für ökotoxikologisch relevante Metalle wie Zink und Cadmium recht locker ist (KÖNIG et al. 1985) und durch pH-Verschiebungen in den sauren Bereich leicht gelöst werden kann (BENGTSSON et al. 1986). Im Gegensatz zu den genannten lockeren Komplexen zwischen der organischen Substanz im Humus und den Metallen Zink und Cadmium bestehen für andere Metalle wie Blei und Kupfer stabilere Komplexe (BENGTSSON et al. 1986), die sich hemmend auf die Bioverfügbarkeit der genannten Stoffe auswirken. Die Untersuchungen zur Kombinationswirkung von sauren Niederschlägen und einer Bodenkontamination durch Schwermetalle dienten zur Ermittlung des Effekts artifizieller Belastung des Bodens durch das wenig mobile Blei bei gleichzeitiger Anwesenheit geringer Mengen des mobilen Cadmiums auf die Versuchstiere in einem Langzeitversuch. Diese waren als Ergänzung zu den Fütterungsexperimenten mit schwermetallbelasteter Nahrung gedacht, die sich nur über kurze Zeit erstreckten. Diese akuten Toxizitätstests leiden unter dem Manko, keine ausreichenden Daten zur Abschätzung des Langzeiteffektes sublethaler Dosen von Schadstoffen auf Ökosysteme liefern zu können (DA NICOLA GIUDICI & GUARINO 1989). Die Verwendung von Landasseln, die als Bioindikatoren für Schwermetallbelastungen die höchste Eignung aller terrestrischen Invertebraten besitzen (HOPKIN et al. 1986), in diesem Kombinationsexperiment sollte die Langzeiteffekte auf Fertilität und Biomassezuwachs bei einer Tiergruppe überprüfen, die zwar als robust gegenüber Schwermetallen gilt, dennoch durch ihr Fehlen an kontaminierten Standorten (HUNTER et al. 1987) auch eine hinreichende Sensibilität gegenüber den eingesetzten Schadstoffen zeigt. Die Frage nach der Verfügbarkeit des in erster Linie untersuchten Bleis, die mehr noch als die direkte Konzentration die letztlich im Organismus zu konstatierende Menge beeinflußt (HOPKIN & MARTIN 1984), war eines der zentralen Anliegen sowohl der Laborversuche als auch der Analyse der aus dem Freiland erhobenen Daten, die weitreichende Unterschiede zur Bioverfügbarkeit von bodenbürtigen Schwermetalldepots an verschiedenen Standorten erbrachten.

6.1.8.2 Material und Methoden

6.1.8.2.1 Kulturversuch: Tiere und deren Hälterung

Für die Versuche unter der Kombinationsbelastung wurden zum überwiegenden Teil adulte Tiere der Art *Oniscus asellus* verwendet, die den Zuchtbeständen entstammten. Aufgrund der großen Zahl an benötigten Tieren (450 Stück) mußte gelegentlich auch auf etwas jüngere Exemplare zurückgegriffen werden. Diese kurz vor der Reproduktionsfähigkeit stehenden Tiere wurden gleichmäßig auf die Ansätze mit adulten Asseln verteilt, um Unterschiede im Reproduktionspotential der einzelnen Gruppen nicht a priori zu provozieren. Pro Versuchsbehälter fanden insgesamt 30 Tiere, je 10 Männchen und 20 Weibchen in einem Ansatz, Verwendung. Der Ansatz der einzelnen Gruppen fand in Kunststoffbehältern mit den Maßen 70 cm x 40 cm statt, in die eine ca. 15 cm hohe Bodenschicht eingebracht wurde. Bei diesem Boden handelte es sich um Erde vom Standort Nußloch, die außer in den Kontrollansätzen mit verschieden hoch konzentrierten Lösungen von $Pb(NO_3)_2$ behandelt wurde. Zur Kontamination dienten folgende Konzentrationen:

1. 100 µg Pb/g
2. 1 000 µg Pb/g
3. 5 000 µg Pb/g
4. 10 000 µg Pb/g

Pro Belastungsstufe (Kontrolle sowie Kontaminationsstufen) wurden je drei Parallelansätze gefahren, so daß sich eine Gesamtanzahl von 15 Versuchsbehältern mit 5 mal 3 Populationen von Asseln ergab. Die Erdschicht in den Behältern wurde mit teildekompostierten, aber noch formstabilen Blättern vom Bergahorn *(Acer pseudoplatanus)* bedeckt, die in einem Erlenbruch am Übergangsgebiet Kraichgau-Odenwald gesammelt wurden. Pro Versuchsbehälter dienten jeweils 60 g getrocknetes Laub als Futterquelle für die Exemplare von *Oniscus asellus*, die in dem Laubsubstrat auch Schutz vor Austrocknung fanden.

Zweimal wöchentlich wurden die Behälter mit Hilfe eines Zerstäubers mit simuliertem sauren Regen befeuchtet, der aus aqua dest., das mit Hilfe von H_2SO_4 auf einen pH von 3,00 eingestellt war, bestand. Bei einer Menge von insgesamt 3 l pro Befeuchtungsgang ergab sich so eine wöchentliche Beregnung pro Behälter von 0,4 l simuliertem Regenwasser. Diese regelmäßige Befeuchtung führte dazu, daß'das Blattsubstrat in den Intervallen zwischen den Beregnungen wie in der Natur auch zwar oberflächlich trocknete, die tieferen Lagen aber feuchte Rückzugsgebiete für die Asseln boten. Verschlämmungen des Bodens ließen sich durch die eher maßvolle Befeuchtung verhindern. Ein Entweichen der Tiere aus den Behältern wurde durch mit Klettband befestigtes Insektenschutzgewebe verhindert.

Die Versuche wurden über einen Zeitraum von Anfang April 1992 bis Anfang November 1992 (7 Monate) in einem Klimaraum mit 15°C und einer Hell/Dunkelphase von 12/12 Stunden durchgeführt. Nach Versuchsende wurden folgende Parameter erhoben:

1. Ingestion
2. Biomasse (gesamt, männl. Tiere, weibl. Tiere)
3. Bleibelastung Boden, Laub
4. Bleibelastung Tiere

Zur Erfassung der gravimetrischen Daten diente eine Feinwaage des Typs Mettler ME 30.

6.1.8.2.2 Freilanduntersuchungen: Standorte und untersuchte Arten

Vergleichend zu den auf künstlich kontaminierten Böden gehaltenene Tieren innerhalb des Kulturversuches wurden Untersuchungen der Schwermetallbelastung von Asseln auf Standorten bekannter Belastungssituation durchgeführt. Die Tiere wurden hierbei mittels Handfang gesammelt und nach Entleerung des Intestinaltraktes für Messungen der individuellen Schwermetallast mit Hilfe der AAS verwendet. Folgende Standorte dienten als Fanggebiete für terrestrische Isopoda (vgl. Kap. 4).

1. Heiligenberg
2. Nußloch
3. Wiesloch
4. Braubach

Die Metallgehalte in den Böden der einzelnen Standorte sind der Tab. 6.30 zu entnehmen.

Tab: 6.30: Durchschnittswerte der Metallbelastung in den Böden. * = Messungen im A_h-Horizont. Zahlen in eckigen Klammern geben die Einstufung der Belastung nach HOPKIN et al. (1986) für Böden an, wobei [1] unkontaminiert, [2] leicht, [3] mittel, [4] hoch und [5] sehr hoch kontaminiert entspricht.

Standort	Pb µg/g	Cd µg/g	Zn µg/g	Literatur
Heiligenberg *	55,50 [1]	1,60 [1]	293,50 [1]	KÖHLER (1992)
Nußloch *	364,00 [2]	25,00 [4]	1 207,00 [3]	KRATZMANN et al. (1992)
Wiesloch *	1 238,00 [3]	98,00 [4]	5 037,00 [3]	"
Braubach	1 658,00 [3]	41,90 [4]	keine Messung	DALLINGER & PROSI (1988)

Die Belastung des Laubes im L-Horizont der Böden von Nußloch und Wiesloch ergab für Blei und Cadmium die folgenden Werte der Tab. 6.31.

Tab. 6.31: Schwermetallgehalte im Laub aus dem L-Horizont der angeführten Standorte. Zahlen in eckigen Klammern geben die Einstufung der Belastung nach HOPKIN et al. (1986) für Laubstreu an, wobei [1] unkontaminiert, [2] leicht, [3] mittel, [4] hoch und [5] sehr hoch kontaminiert entspricht.

Standort	Pb (µg/g)	Cd (µg/g)	Zn (µg/g)	Literatur
Nußloch	15.00 [1]	3.10 [3]	109.60 [1]	KRATZMANN et al. (1992)
Wiesloch	30.40 [1]	2.70 [2]	203.40 [1]	

Die Schwermetallbelastung der folgenden Arten mit [n] Exemplaren von den angeführten Standorten wurde mit Hilfe der AAS ermittelt:

1. Heiligenberg — *Oniscus asellus* (L.) [7]
2. Nußloch — *Oniscus asellus* (L.) [4], *Porcellio montanus* BUDDE-LUND [1], *Armadillidium vulgare* (LATR.) [5]
3. Wiesloch — *Oniscus asellus* (L.) [6], *Porcellio montanus* BUDDE-LUND [3], *Armadillidium vulgare* (LATR.) [1]
4. Braubach — *Oniscus asellus* (L.) [10]

Aufgrund der Messungen zum Schwermetallgehalt der Zuchttiere von *Oniscus asellus*, die der Population vom Heiligenberg entstammen, beschränkten sich die Messungen der "fangfrischen Tiere" auf sieben Exemplare. Die geringe Menge an Asseln aus den Gebieten Nußloch und Wiesloch für die Erhebung der Belastung beruhte auf deren äußerst spärlichem Vorkommen in den genannten Gebieten. Sämtliche Tiere, die während einer oft mehrstündigen (und nicht immer erfolgreichen Suche) gesammelt wurden, mußten daher ausschließlich für die AAS-Metallbestimmungen verwendet werden.

6.1.8.2.3 Metallgehalte in Tieren, Laub und Boden

Die Belastungswerte innerhalb des Kulturversuches sowie die Schwermetallgehalte der Asseln aus Wiesloch und Nußloch wurden mit Hilfe der Atomabsorptionsspektrophotometrie (AAS) ermittelt. Für die Messung der realen Bleibelastung in den Kulturbehältern wurden aus jedem der drei Parallelansätze pro Belastungsstufe mit einem Spatel jeweils 10 Einzelproben entnommen, die zu einer Mischprobe vereinigt wurden. Die auf diese Weise gewonnenen 15 Mischproben dienten als Basis für die Erfassung der Blei- sowie Cadmiumkonzentration in den Kulturbehältern. Die interne Blei- und Cadmiumbelastung der Asseln in den einzelnen Ansätzen wurde durch die Verwendung von minimal 13 und maximal 16 Exemplaren der Art *Oniscus asellus* pro Belastungsstufe bei den AAS-Messungen auf eine sichere Basis gestellt. Die Belastung des Futterlaubes wurde anhand von drei Parallelmessungen überprüft.

Die Erfassung der Daten zum Schwermetallgehalt in *Oniscus asellus* aus Braubach und vom Heiligenberg erfolgte wie in Kap. 6.1.1 beschrieben.

6.1.8.2.4 Berechnung der Konzentrationsfaktoren

Konzentrationsfaktoren geben Hinweise darauf, in welchem Maße eine Kontamination von Organismen durch Schwermetalle in der Nahrung oder in der Umgebung der Tiere erfolgt. Die Berechnung des Konzentrationsfaktors erfolgt nach folgender Formel, wobei CF den Konzentrationsfaktor darstellt (HOPKIN 1989):

$$CF = \frac{\text{Konzentration Metall im Tier}(\mu g\ Pb/g)}{\text{Konzentration Metall im Substrat}(\mu g\ Pb/g)}$$

6.1.8.2.5 Statistische Auswertung

Die Daten wurden unter Verwendung des mutliple-range Testes nach Duncan auf signifikante Unterschiede der Gruppenmittelwerte überprüft.

6.1.8.3 Ergebnisse

6.1.8.3.1 Höhe der Schwermetallgehalte in den Böden und im Futterlaub

Die Höhe der realen Schwermetallbelastung in den Kulturbehältern entsprach nur in den Belastungsstufen 100 bzw. 1 000 μg Pb/g den Erwartungen, die von einer Konzentrierung der eingesetzten Metallmengen in der Bodentrockenmasse ausgingen. Bei 5 000 bzw. 10 000 μg/g Bleibelastung kam es zu fast identischen Endwerten der Bleikonzentration in den Böden, die stets unter der Konzentration der eingesetzten Kontaminationslösung blieb (Tab. 6.32).

Die Endwerte der Bleikonzentration bei einer Kontamination des Kontrollbodens mit 5 000 bzw. 10 000 μg Pb/g wiesen keine signifikanten ($p > 5\%$) Unterschiede auf.

Nach den von HOPKIN et al. (1986) aufgestellten Kriterien entspricht die Belastung der Böden mit Cadmium einer nicht nachzuweisenden bzw. niedrigen Kontamination, während die Werte des Laubes für Cadmium eine mittlere Belastungsstufe repräsentieren, deren Ursachen aufgrund der Abgelegenheit des Sammelortes unbekannt sind. Für Blei entsprechen die ermittelten Werte für das Laub und den Kontrollboden einer unbelasteten Situation, während die Behandlung des Bodens mit 100 μg Pb/g zu einer niedrigen, mit den restlichen Lösungen zu einer mittleren Kontamination der Böden führte.

Tab. 6.32: Belastungswerte an Blei und Cadmium im Hälterungssubstrat (mit und ohne Kontamination durch die angeführten Lösungen) sowie in der Nahrung von *Oniscus asellus* im Kulturversuch. (d.w.)= Trockengewicht.

	Endkonzentration Pb μg/g (d.w.)	**Endkonzentration Cd μg/g (d.w.)**
Kontrolle (Laub)	6,80	6,47
Kontrolle (Boden)	38,43 ± 4,93	2,44 ± 0,86
100 μg Pb/g	360,61 ± 1,64	1,21 ± 1,39
1 000 μg Pb/g	2 193,08 ± 337,25	1,27 ± 0,45
5 000 μg Pb/g	4 286,95 ± 787,04	1,34 ± 1,61
10 000 μg Pb/g	4 591,10 ± 169,11	2,31 ± 0,61

Die reale Bleibelastung entsprach somit nominell (für den Ansatz mit 100 μg Pb/g) der Situation in Nußloch mit ebenfalls ca. 360 μg Pb/g, während die Höhe der Bleibelastung im Ansatz 1 000 μg Pb/g mit ca. 2200 μg/g finaler Bleikonzentration sowohl die Werte von Wiesloch als auch von Braubach (siehe Tab. 6.30) noch übertraf.

6.1.8.3.2 Mortalität

Die Mortalität der Versuchstiere in den einzelnen Ansätzen zeigte keine signifikanten Unterschiede auf. Die Überlebensraten von 21,67 (S.D. ± 7,09) Tieren als Mittelwert aus den drei Parallelansätzen der Kontrolle sowie 20,00 (S.D. ± 4,58) Exemplaren der Art *Oniscus asellus* bei einer realen Belastung des Bodens von ca. 5 000 μg Pb/g in der höchsten Kontaminationsstufe wiesen keine augenfälligen Unterschiede auf.

Eine gewisse divergierende Tendenz beim Resistenzverhalten der beiden Geschlechter gegenüber der Belastung war jedoch bei einer getrennten Analyse der männlichen und weiblichen Tiere zu entdecken. Fast stets erreichten die Weibchen in den Ansätzen (unter identischen Bedingungen) die im Vergleich zu den Männchen höheren Überlebensraten.

6.1.8.3.3 Biomasse und Ingestion

Die Biomasseentwicklung, für die nach ursprünglicher Planung vor allem der Reproduktionserfolg entscheidend sein sollte, beschränkte sich aufgrund der Tatsache, daß es lediglich in einem der drei Parallelansätze einer Belastungsstufe (100 μg Pb/g) zur erfolgreichen Fortpflanzung kam, auf die Gewichtsentwicklung der eingesetzten Adulttiere. Im Gegensatz zur Mortalität stand die Biomasseentwicklung in einem umgekehrt proportionalen Verhältnis zur Bleibelastung des Bodens in den Hälterungsgefäßen.

Während sich die Biomasse bei Belastungswerten von der Kontrolle bis zu 1 000 μg Pb/g im Bereich des Ausgangswertes bewegte oder um ca. 10 % zunahm, kam es bei den beiden höheren Belastungsstufen mit realen Bodenwerten um ca. 4 500 μg Pb/g zu einem Absinken der Biomasse auf ca. 87% des Ausgangswertes (Abb. 6.27).

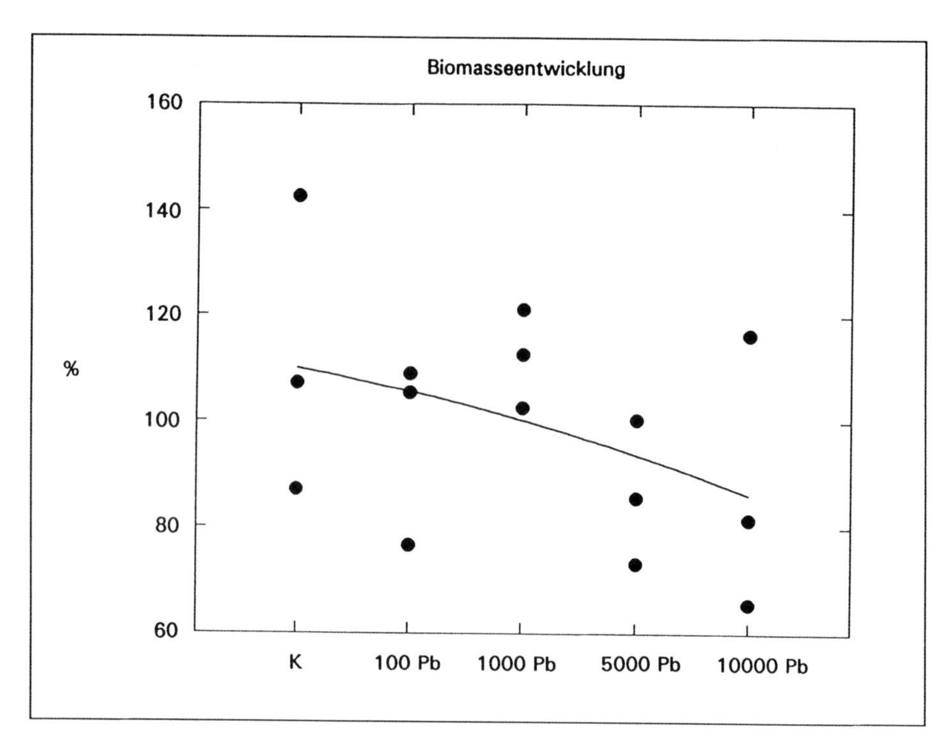

Abb. 6.27: Regressionsgerade durch die prozentualen Biomassewerte in den einzelnen Belastungsstufen.

Eine separate Betrachtung der geschlechtsspezifischen Unterschiede in der individuellen Gewichtsentwicklung der Männchen und Weibchen von *Oniscus asellus* belegte die deutlich höhere prozentuale Zunahme der weiblichen Tiere im Vergleich zu den männlichen Exemplaren von *Oniscus asellus*. Allerdings war die Reaktion der beiden Geschlechter auf die Höhe der bodenbürtigen Bleikontamination, erkenntlich an einem größtenteils übereinstimmenden Verlauf der Regressionsgeraden, durch weitgehende Deckungsgleichheit geprägt (Abb. 6.28).

In beiden Geschlechtern fand eine Beeinträchigung des Massezuwachses statt, der sich in einer Verminderung des Gewichtszuwachses unter den höchsten Belastungsstufen auf ca. 75% des Kontrollwertes manifestierte.

6.1.8.3.4 Metallakkumulation und Konzentrationsfaktoren (Labor)

Mit einer zunehmenden Belastung des Bodensubstrates in den Kulturbehältern mit Blei ging ein Anstieg des Bleigehaltes der Versuchstiere einher, der jedoch keine lineare Beziehung zur Bleikonzentration im Bodensubstrat zeigte.

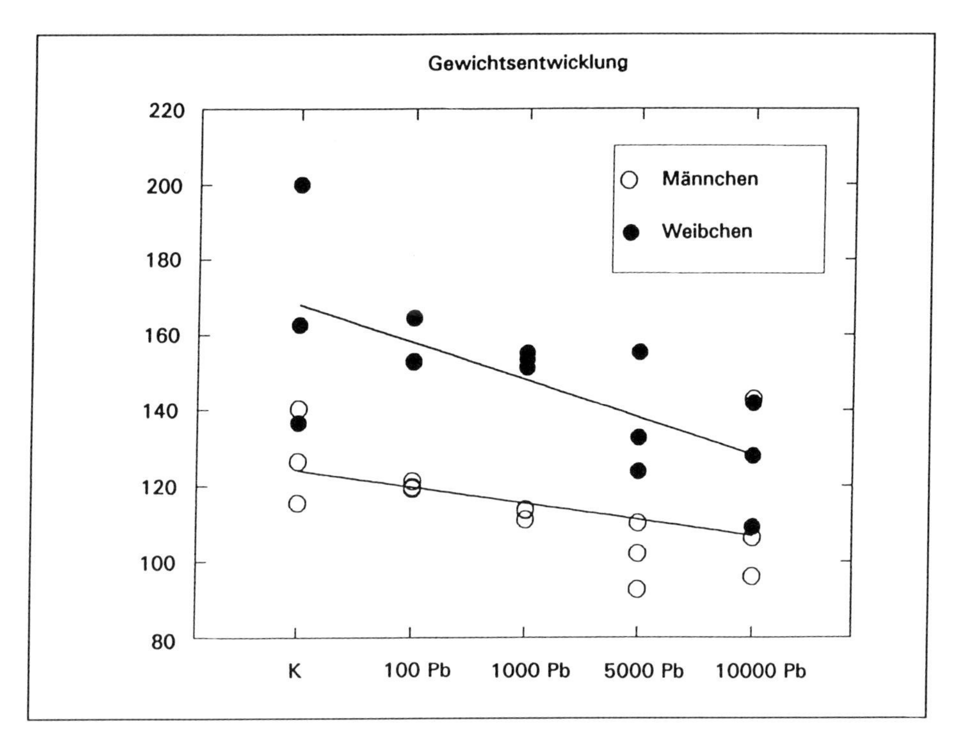

Abb. 6.28: Rückgang des individuellen prozentualen Gewichtszuwachses von Männchen und Weibchen der Art *Oniscus asellus* auf kontaminierten Böden.

In der Tab. 6.33 sind die durchschnittlichen Belastungswerte der Asseln pro Belastungsstufe im Vergleich zu den realen Bleiwerten der Böden angeführt.

Tab. 6.33: Bleibelastungwerte des Bodens und der Tiere innerhalb des Kulturversuches. Zahlen in eckigen Klammern geben die Einstufung der Belastung nach HOPKIN et al. (1986) für Böden und die Asselart *Porcellio scaber* an, wobei [1] unkontaminiert, [2] leicht, [3] mittel, [4] hoch und [5] sehr hoch kontaminiert entspricht.

	Endkonzentration Pb µg/g (Boden)	**Endkonzentration Pb µg/g (Tiere)**
Kontrolle	38,43 ± 4,93 [1]	4,65 ± 1,68 [1]
100 µg/g Pb	360,61 ± 1,64 [2]	9,89 ± 7,32 [1]
1 000 µg/g Pb	2 193,08 ± 337,25 [3]	46,09 ± 26,03 [3]
5 000 µg/g Pb	4 286,95 ± 787,04 [3]	443,79 ± 148,24 [5]
10 000 µg/g Pb	4 591,10 ± 169,11 [3]	646,38 ± 371,34 [5]

Die vergleichende graphische Darstellung der durchschnittlichen Bleibelastung gegen die Mittelwerte des Bleigehaltes der untersuchten Tiere aus den insgesamt 15 Ansätzen zeigte einen kurvenförmigen Verlauf. Nach anfänglich flachem Anstieg der Kurve (Abb. 6.29) wies diese im Bereich der höheren Bleikonzentrationen in den Böden eine zunehmende Steigung auf. In der Praxis kennzeichnet ein Ansteigen des Kurvenverlaufes eine relativ höhere Aufnahme von Blei in den Organismus des Tieres als unter geringerer Belastung. Der flache Kurventeil repräsentiert den Kontaminationsbereich, in dem die Bleiassimilation nur relativ gering ausgeprägt in Erscheinung tritt.

Die Form der Regressionskurve in Abb. 6.29 zeigt einen logarithmischen Verlauf der Bleilast in den Tieren gegenüber der entsprechenden Bodenkonzentration. Durch die Verwendung einer logarithmischen Einteilung der x-Achse (Bleigehalt im Tier) in der Abb. 6.30 a ergibt sich eine lineare Beziehung zwischen den beiden Systemkomponenten, die deutlich die überproportionale Bleieinlagerung bei einer hohen Bodenkontamination belegt.

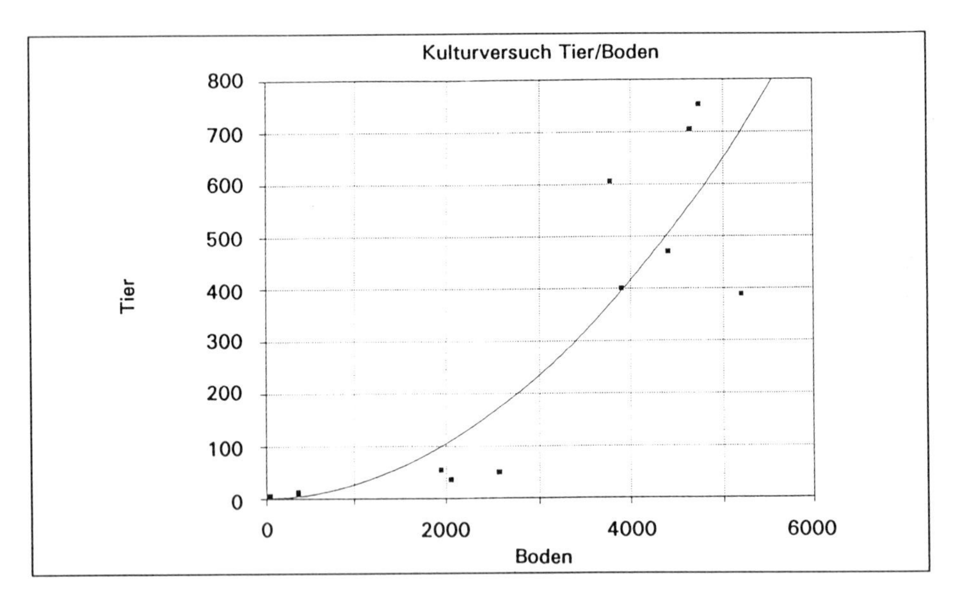

Abb. 6.29: Regressionskurve der Beziehung zwischen Bleigehalt der Tiere und des Bodensubstrates im Kulturversuch.

Ein Vergleich der durchschnittlichen Konzentrationsfaktoren für Blei in den untersuchten Belastungstufen zeigte die höchsten Werte bei ganz geringer Belastung (Kontrolle) sowie unter hoher Belastung bei einer Hälterung auf Boden der Belastungsstufe 10 000 μg Pb/g auf (Abb. 6.30 b). Demgegenüber fielen die Belastungsstufen 100 bzw. 1 000 μg Pb/g in einen Bereich, in dem die Konzentrationsfaktoren lediglich ca. 20% bzw. 15% des Wertes erreichten, der unter der höchsten nominellen und realen Bleibelastung erzielt wurde.

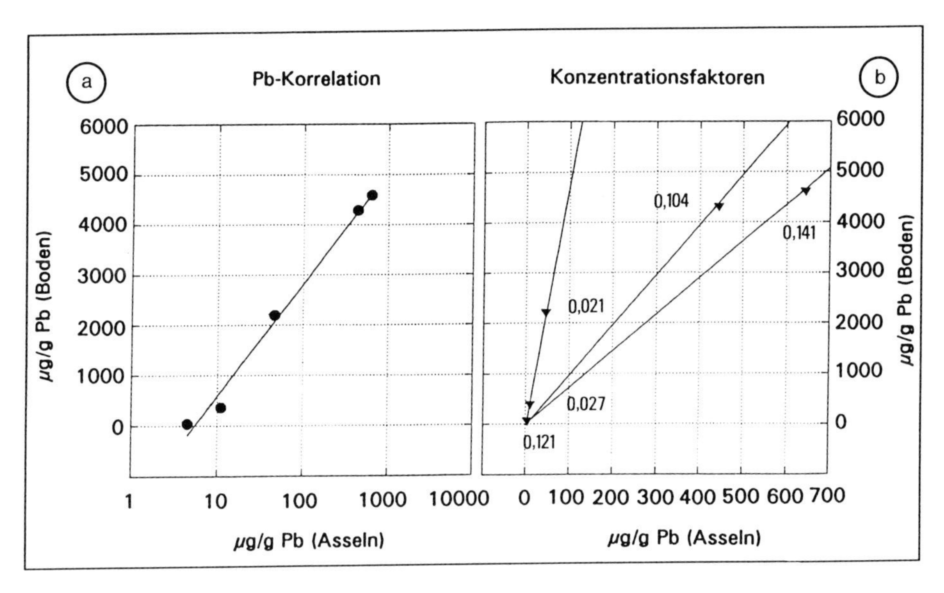

Abb. 6.30: Mathematische Beziehung zwischen Boden- und Tierbelastung durch Blei sowie Konzentrationsfaktoren. a) Halblogarithmische Darstellung der Korrelation zwischen den Bleikonzentrationen des Bodensubstrates und der durchschnittlichen Belastung von *Oniscus asellus* in den einzelnen Belastungsstufen. b) Konzentrationsfaktoren der Bleibelastung in den fünf Belastungsstufen (siehe Tab. 6.33).

Der Konzentrationsfaktor für die Belastungsstufe mit 5 000 µg Pb/g, die sich bezüglich der daraus resultierenden realen Belastung nicht signifikant von dem Ansatz mit 10 000 µg Pb/g unterschied, fiel ebenfalls in den Bereich der hohen Bleieinlagerung. In einer zusammenfassenden Analyse des Kurvenverlaufes der korrespondierenden Beziehungen zwischen Blei im Bodensubstrat und den Tieren (Abb. 6.30 a) sowie der sich dabei verändernden Konzentrationsfaktoren (Abb. 6.30 b) wurde deutlich, daß es unter den gegebenen Versuchsbedingungen ab einer Bodenbelastung von über 3 500 µg Pb/g zu einem starken Anstieg der Bleibelastung in den Tieren kam.

Die Konzentrationsfaktoren für das Verhältnis Cadmium im Tier zu Cadmium im Boden beliefen sich in allen Ansätzen auf nicht signifikant verschiedene Werte, so daß der Durchschnittswert von 3,35 recht gut die Situation in allen Ansätzen widerspiegelt.

Die Beziehung zwischen dem Körpergewicht (als Trockengewicht) und der Bleibelastung der Tiere wies in allen Ansätzen außer der Kontrolle einen Trend zu einer höheren relativen Belastung der Tiere geringerer Körpermasse auf (Abb. 6.31 a-e).

Besonders ausgeprägt war dieses Verhalten bei der höchsten Belastungsstufe von 10 000 µg Pb/g, während bei den anderen Ansätzen der Korrelationskoeffizient z.T. deutlich niedriger ausfiel.

6.1.8.3.5 Metallakkumulation und Konzentrationsfaktoren (Freiland)

Die vergleichende Untersuchung von Asselpopulationen an den Standorten Heiligenberg, Nußloch, Wiesloch und Braubach bezüglich deren Belastung mit Blei und Cadmium förderte grundlegende Unterschiede im aktuellen Belastungsstatus der Asseln aus Wiesloch und Nußloch einerseits sowie vom Heiligenberg und Braubach andererseits zutage.

Die Bleibelastung von Tieren der Art *Oniscus asellus* vom bleikontaminierten Standort Braubach entsprach in ihrer Höhe (Abb. 6.32 a) einer sehr hohen Belastung, die sich auch in verminderter Vitalität der Tiere bei der Laborhälterung äußerte. Im Gegensatz dazu standen die Bleikonzentrationen von *Oniscus asellus*, die am Standort Wiesloch gesammelt wurden. Während die Bleibelastung der Böden beider Standorte eine vergleichbare Höhe erreicht (Abb. 6.32 c), lag die Bleibelastung von Asseln aus Wiesloch so niedrig, daß diese Situation eher an einem unbelasteten Standort wie Heiligenberg zu erwarten gewesen wäre. Die Exemplare von *Oniscus asellus* vom Heiligenberg wiesen dagegen eine interne Bleibelastung auf, die im Schnitt die dreifache Höhe (Abb. 6.32 b) jener von Exemplaren der Art *Oniscus asellus* aus Wiesloch erreichte! Auch die gegenüber dem Standort Heiligenberg siebenfach höhere Konzentration vom Blei im Boden (Abb. 6.32 d) vom Sammelort Nußloch hatte keine konkreten Auswirkungen auf die interne Bleikonzentration der von dort stammenden Asseln, die sich mit den Werten von Wiesloch weitgehend deckte und somit ebenfalls um ca. 60% niedriger war als am "unbelasteten" Standort Heiligenberg.

Während die Tiere der Art *Oniscus asellus* aus Braubach als extrem hoch belastet eingestuft werden müssen und die Tiere vom Heiligenberg eine niedrige bis mittlere Belastung aufweisen, gelten die Tiere aus Nußloch und Wiesloch trotz der Belastung der Standorte als nicht bis nur leicht kontaminiert. Für Cadmium bestand offensichtlich eine für Blei entsprechende Situation in bezug auf die Belastung der Art *Oniscus asellus* auf den Gebieten Wiesloch/Nußloch und Heiligenberg/Braubach. Lediglich der Standort Heiligenberg kann aufgrund seiner Cadmiumkonzentration im Boden als unbelastet angesehen werden, während die restlichen Gebiete als hochbelastet gelten (HOPKIN et al. 1986). Dennoch fanden sich die niedrigsten Cadmiumwerte in Asseln der hochbelasteten Standorte Wiesloch und Nußloch (Abb. 6.33 c, d) mit einer mäßigen Kontamination. Die Cadmiumbelastung am "unbelasteten" Probeort Heiligenberg führte dennoch zu einer ca. dreimal so hohen Cadmiumfracht in *Oniscus asellus* (Abb. 6.33 b) im Vergleich zu Wiesloch/Nußloch, was einer mittleren Kontamination entspricht. Das Gebiet Braubach mit einer Bodenbelastung von ca. 40% des Cadmiumgehaltes in Wiesloch beherbergt eine Population von *Oniscus asellus*, deren Cadmiumkonzentration im Körper nahe an die Grenze zur sehr hohen Belastung heranreicht (Abb. 6.33 a). Wie schon beim Vergleich der absoluten Belastungswerte wurde auch bei der Kalkulation der Konzentrationsfaktoren die Ausnahmestellung von Wiesloch und Nußloch gegenüber den anderen beiden Gebieten, die eine innerhalb der Norm liegende Beziehung zwischen dem Schwermetallgehalt des Bodens und der Belastung von *Oniscus asellus* zeigten, überdeutlich.

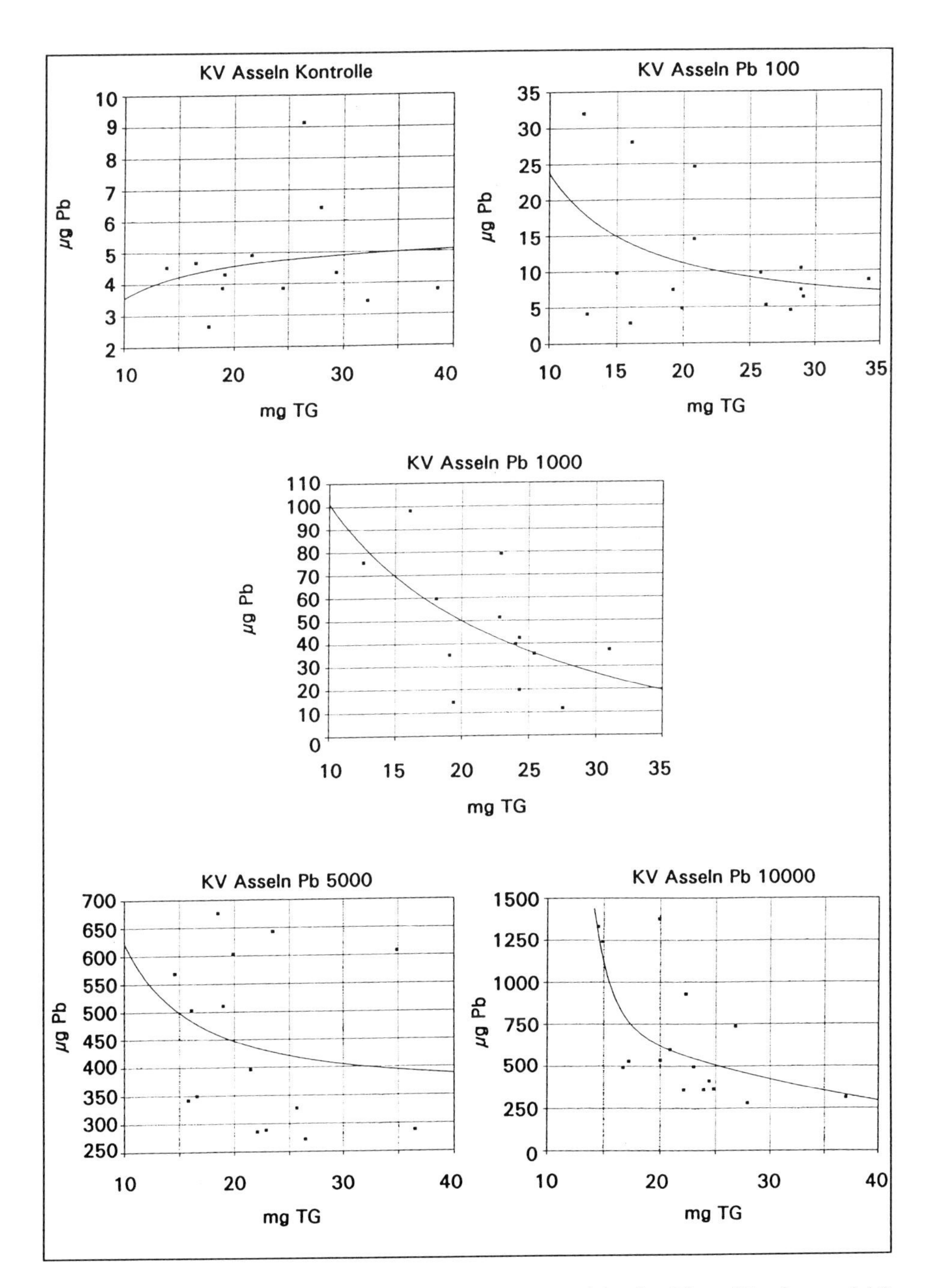

Abb. 6.31: a-e: Korrelationen zwischen dem Körpergewicht der Tiere (Trockengewicht) und deren Bleigehalt in den Belastungsstufen.

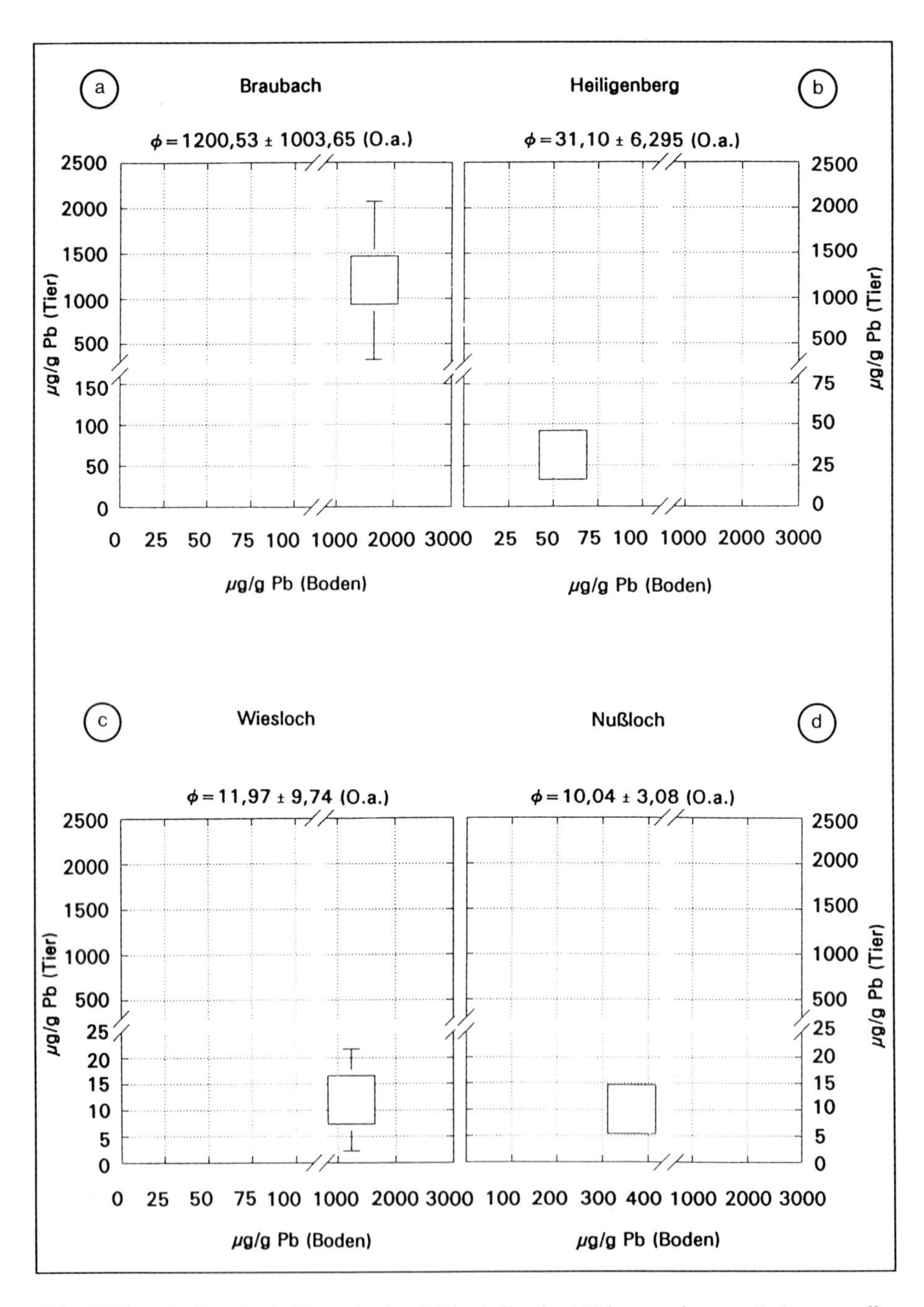

Abb. 6.32: a-d: Durchschnittswerte der Bleigehalte der Böden sowie von *Oniscus asellus* (Mittelwerte und Standardabweichungen) von den entsprechenden Standorten.

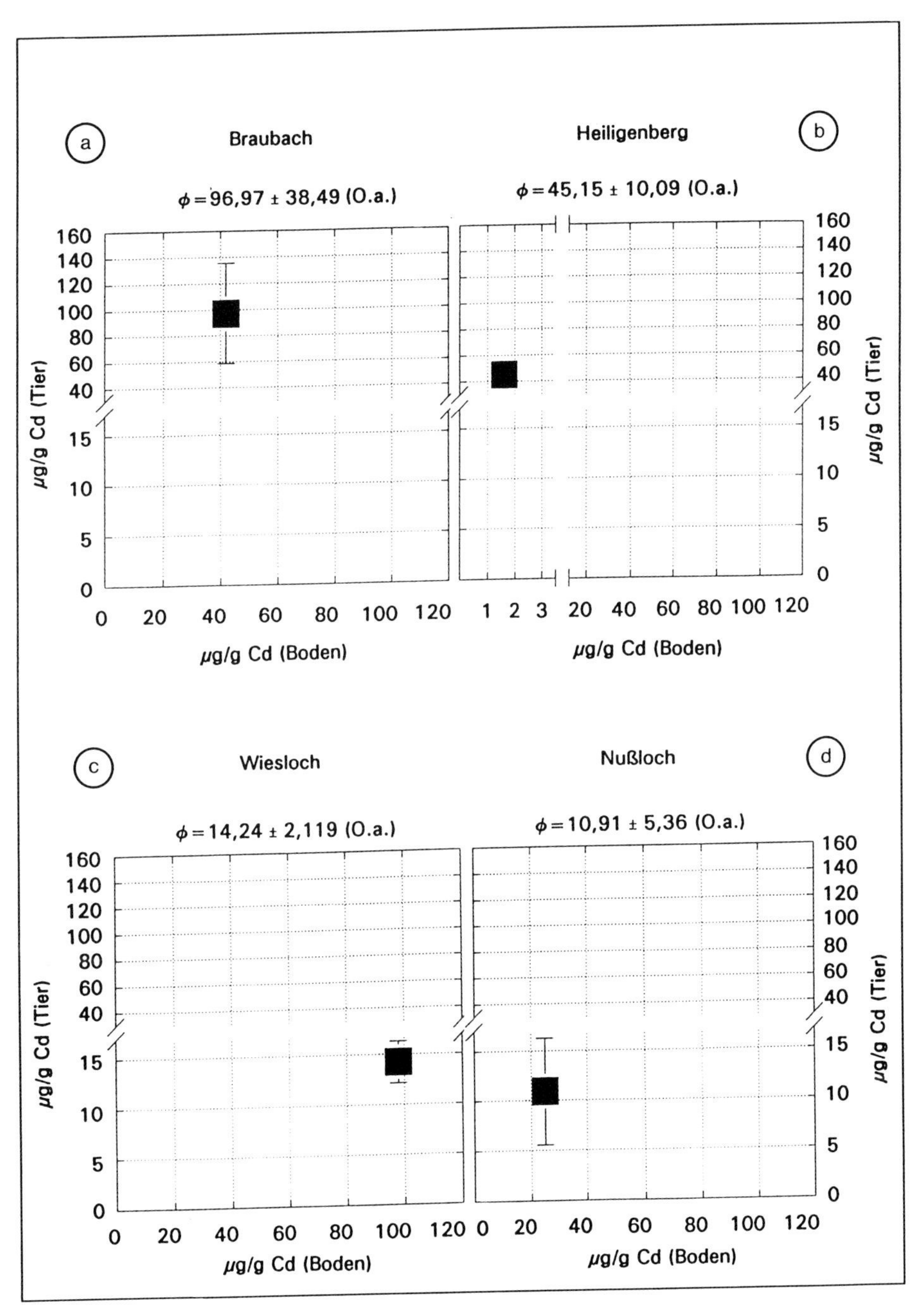

Abb. 6.33: a-d: Durchschnittswerte der Cadmiumgehalte der Böden sowie von *Oniscus asellus* (Mittelwerte und Standardabweichungen) von den entsprechenden Standorten.

Zusätzlich zu der Spezies *Oniscus asellus* dienten noch die Blei- und Cadmiumwerte der Arten *Porcellio montanus* und *Armadillidium vulgare* von den Gebieten bei Nußloch und Wiesloch zur Berechnung der Konzentrationsfaktoren.

Die Höhe der Konzentrationsfaktoren (Tier/Boden) für *Oniscus asellus* aus Braubach und vom Heiligenberg bewegten sich erwartungsgemäß für Blei bei Werten unter 1,00 (Abb. 6.34), während das in weit höherem Maße assimilierbare Cadmium Konzentrationsfaktoren bis fast 30 erreichte (Abb. 6.34). Demgegenüber erschienen die Konzentrationsfaktoren für *Oniscus asellus* (Abb. 6.34) und die anderen Arten aus Wiesloch und Nußloch derart verschwindend gering, daß sich die Frage stellte, ob die geringfügige Belastung der Tiere der beiden genannten Standorte überhaupt in einem originären Zusammenhang mit der spezifischen Bodenbelastung der Gebiete steht.

Die Konzentrationsfaktoren (Tier/Laub), die das Verhältnis von Metallen in den untersuchten Asselarten und in der Laubstreu der Standorte Wiesloch und Nußloch beschreiben, fielen aufgrund der für Blei und Zink kaum vorliegenden, für Cadmium lediglich geringen bis mittleren Belastungssituation des Laubes (vgl. Tab. 6.31) deutlich höher aus als die entsprechenden Konzentrationsfaktoren Tier/Boden. Die Tab. 6.34 zeigt die entsprechenden Werte für die beiden Standorte auf.

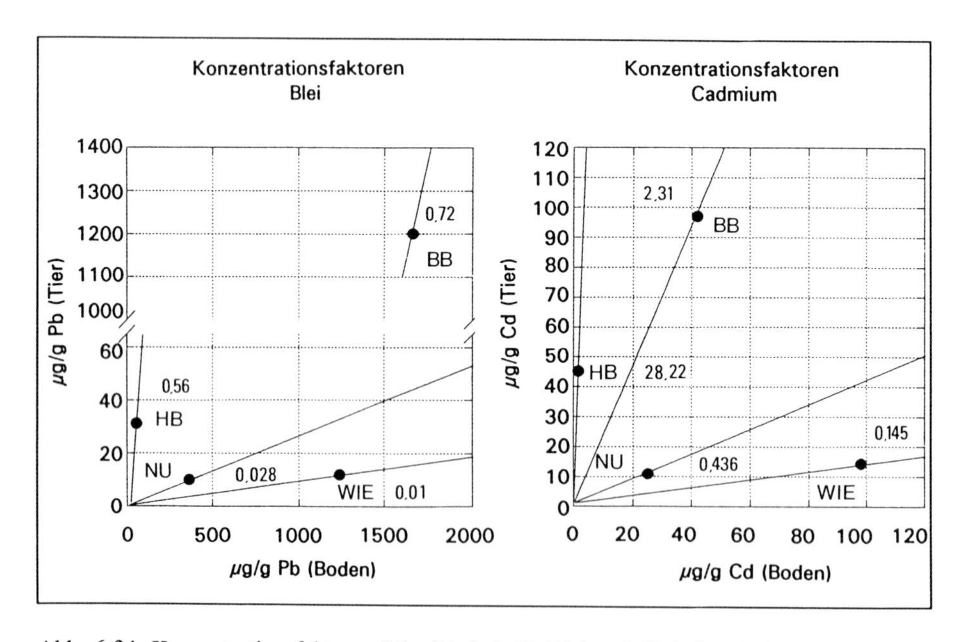

Abb. 6.34: Konzentrationsfaktoren (Tier/Boden) für Blei und Cadmium bei *Oniscus asellus*, *Porcellio montanus* und *Armadillidium vulgare* von den Standorten Heiligenberg (HB), Nußloch (NU), Wiesloch (WIE) und Braubach (BB).

Bis auf eine Ausnahme (Wiesloch Pb) wies die Art *Oniscus asellus* stets die höchsten Konzentrationsfaktoren aller drei untersuchten Arten auf. Da der hohe Wert für *Armadillidium vulgare* für Blei (Wiesloch) nur auf einer Einzelmessung beruht, ist die Aussagekraft dieses Konzentrationsfaktors entsprechend zu relativieren.

Die realistischen Werte der Konzentrationsfaktoren von Tieren und dem standortspezifischen Laub wiesen auf den geringen Einfluß hin, den die dort vorhandene Bodenkontamination für die letztlich in den Tieren auftretende Schwermetallbelastung hat. Artspezifische Unterschiede im Akkumulationsverhalten bei identischem Futterlaub traten vor allem zwischen *Oniscus asellus* und *Porcellio montanus* auf, wobei die letztere Spezies die stets deutlich geringeren Konzentrationsfaktoren aufwies.

Tab. 6.34: Konzentrationsfaktoren (Tier/Laub) für Blei und Cadmium bei *Oniscus asellus* (O.a.), *Porcellio montanus* (P.m.) und *Armadillidium vulgare* (A.v.) von den Standorten Nußloch und Wiesloch.

	Pb		**Cd**	
Standort	Nußloch	Wiesloch	Nußloch	Wiesloch
O. a.	0,669	0,394	3,519	5,270
P. m.	0,137	0,130	1,239	2,26
A. v.	0,249	0,437	0,716	2,76

6.1.8.4. Diskussion

Von den Belastungen, die im kombinierten Laborversuch auf die Asseln einwirkten, könnte auch die Schwefelsäure als direkt toxisches Agens neben ihrer azidifizierenden Wirkung in Betracht kommen. Untersuchungen zur Wirkung von gasförmigem Schwefeldioxid, das vor allem nach Lösung in Wasser Tiere und Pflanzen massiv beeinträchtigt, auf die Landassel *Tracheoniscus rathkei* (WHITE 1983) belegen offensichtlich das geringe Schadpotential von schwefelhaltigen Verbindungen für terrestrische Isopoda. Der individuelle Gewichtszuwachs in den Kontrollansätzen, die neben der geringen Bodenbelastung in erster Linie der sauren Beregnung als möglichem Störfaktor ausgesetzt waren, entsprach mit Werten von ca. 150% individueller Gewichtszunahme fast exakt den Wachstumsdaten, die HORNUNG (1981) für den Massezuwachs adulter *Trachelipus nodulosus* (hochgerechnet auf den gesamten Versuchszeitraum) angibt. Die Situation in den Kontrollansätzen wies, was die Gewichtszunahme der Tiere anging, keine Anzeichen einer Beeinträchtigung auf. Dennoch konnte in den Kontrollen kein Reproduktionserfolg festgestellt werden. Die in denselben Räumlichkeiten untergebrachten Exemplare von *Oniscus asellus* aus der regulären Zucht lieferten bei Fütterung mit identischem Laub wie die Versuchstiere unter weit beengteren Verhältnissen durchaus regelmäßig Nachkommen. Da auch in den Kontrollen mit ihren geringen bodenbürtigen Belastungen an Blei und Cadmium kein Zuchterfolg zu verzeichnen war, könnte die ausbleibende Reproduktion mit der sauren Beregnung in direkter oder indirekter Beziehung stehen.

Eine hohe Bleibelastung schränkt offensichtlich die Fertilität von Landasseln nicht ein. So konnten bei Aufsammlungen von *Oniscus asellus* im Bereich des Standortes Braubach mit extrem hoher Bleibelastung der Tiere durchaus häufig gravide Weibchen mit vollem Marsupium erbeutet werden. Die Aufzucht der Jungtiere im Labor auf natürlichem Substrat vom Standort mißglückte allerdings regelmäßig. Auch BEEBY (1980) kommt für *Porcellio scaber* zu dem Ergebnis, daß eine interne Bleibelastung der Weibchen (solange diese keine die allgemeine Vitalität stark schädigende Dimension erreicht) deren Fruchtbarkeit nicht schmälert. Im Gegensatz zu Asseln reagieren andere Bodentiere wie die Hornmilbe *Platynothrus peltifer* schon ab einer Futterbelastung von mehr als 2,08 μmol Pb/g mit einer Beeinträchtigung ihrer Reproduktion (DENNEMAN & VAN STRAALEN 1991). Die genannte Oribatide reagierte sensibler auf eine Bleibelastung als Springschwänze (Collembolen) der Art *Onychiurus armatus*, die erst ab einer internen Bleikonzentration von 400-500 μg Pb/g sowohl Einbußen in ihrer Vitalität als auch in der Fertilität zeigten (BENGTSSON et al. 1985; s. aber auch Kap. 6.1.4).

Auch wichtige Bodenbildner wie der Regenwurm *Dendrobaena rubida* reagierten auf die Kombinationsbelastung von Versauerung und Schwermetallbelastung mit einer verkürzten Lebensspanne und einer verminderten Lebensfähigkeit der Embryonen (BENGTSSON et al. 1986). Ähnliche Auswirkungen bei *Oniscus asellus* aus den Versuchsreihen können nicht ausgeschlossen werden. Da die Tiere möglichst ungestört gehalten wurden und keine regelmäßige Durchsicht der Laubauflage nach Jungtieren vorgenommen wurde, könnte eine etwaiger Reproduktionserfolg mit allerdings nicht über längere Zeit überlebenden Jungtieren verborgen geblieben sein. Der einzige Ansatz, in dem definitiv Reproduktion stattfand und überlebende Jungasseln existierten, wurde durch einen der drei Parallelansätze von 100 μg Pb/g mit einem realen Bleigehalt im Boden von 358,00 μg Pb/g repräsentiert. Das Phänomen, daß es ausgerechnet unter der leichten Schadstoffbelastung zu einem Reproduktionserfolg kam und so von einer "fördernden Wirkung" geringer Schwermetallgaben auf Organismen wie im Falle von *Oniscus asellus* gesprochen werden kann, wird als Hormesis bezeichnet (HOPKIN 1989). Diese durchaus geläufige Erscheinung trat z.B. auch bei der Hornmilbe *Platynothrus peltifer* auf, deren Reproduktion durch geringe Mengen von Kupfer und Blei zunahm (DENNEMAN & VAN STRAALEN 1991). Trotz der Kontaminationsgefahren, die sich für juvenile Asseln auf Substraten mit z.T. hoher Schwermetallbelastung (wie in den Versuchsansätzen) aufgrund ihrer hohen relativen Ingestion und der positiv korrelierten Aufnahme von Calcium mit Blei (BEEBY 1980) ergaben, zeichneten sich die juvenilen Asseln aus dem Versuchsansatz nicht durch verminderte Vitalität aus. Offenbar kam es in den anderen Ansätzen erst gar nicht zum Absetzen von Jungtieren. Die additive Wirkung von Versauerung und Bleibelastung führte möglicherweise zu einer verminderten Fertilität.

Die durch saure Beregnung ausgelöste Mobilisierung des Bleis mit einer Steigerung seiner Bioverfügbarkeit (MORGAN 1985) führte bei den Asseln in den belasteten Ansätzen mit ca. 360 μg Pb/g im Boden zu Konzentrationsfaktoren im Gewebe, die Freilandtiere vom Standort Nußloch mit einer Bodenbelastung von 364 μg/g erst innerhalb ihrer gesamten Lebenszeit erreichten, die ca. das vierfache der Versuchsdauer von sieben Monaten beträgt.

Die Belastung der Asseln pro mg Körpergewicht in den Kontrollansätzen deckte sich mit den Befunden von HOPKIN & MARTIN (1984), die eine dem Wachstum proportionale Metallaufnahme in nicht oder nur leicht kontaminierten Gebieten als Standardsituation ansehen. Im Gegensatz zu den Aussagen der genannten Autoren, die für hochbelastete Gebiete eine das Wachstum übertreffende Metallakkumulationsrate postulieren, die bei größeren Tieren zu den höchsten Belastungswerten führt, konnte in den eigenen Versuchen in vielen Fällen der entgegengesetzte Trend einer überproportionalen Bleieinlagerung der körperlich leichteren Exemplare von *Oniscus asellus* nachgewiesen werden. Dieser Sachverhalt "gegen den Trend" einer mit dem Gewicht zunehmenden Bleibelastung bei Asseln erhält durch Freilanduntersuchungen weiteres Gewicht. Bei dem Vergleich der Bleibelastung von juvenilen und adulten *Oniscus asellus* in der Nähe einer Straße konnte in verschiedenen Fällen der Nachweis von signifikant höheren Belastungswerten in den juvenilen Asseln erbracht werden (WILLIAMSON 1979), der die von HOPKIN & MARTIN (1984) postulierte Beziehung von Körpergewicht und Schwermetallkonzentration für höher belastete Gebiete als Regel mit Ausnahmen erscheinen läßt.

Die nach Versuchsende dokumentierte Populationsstruktur mit lediglich adulten Tieren in 14 von 15 Ansätzen ähnelt dem Bild, das Populationen im Freiland nach Applikation toxischer Stoffe zeigen. So fielen einer Behandlung von Bodenparzellen in einem Apfelbaubetrieb mit Guthion (Azinphosmethyl) vor allem die Jungtiere von *Trachelipus rathkei* zum Opfer, während die adulten Tiere teilweise überlebten (SNIDER 1979). Allerdings zeigten auch die adulten Tiere in den eigenen Experimenten geschlechtspezifische Unterschiede in ihrem Resistenzverhalten. Die verminderte Anzahl der Männchen von *Oniscus asellus* im Verhältnis zu den offenbar weniger sensiblen Weibchen entspricht dem Reaktionsmuster, das sich auch bei der marinen Assel *Idotea baltica* in akuten Toxizitätstests mit Kupfer und Cadmium zeigte. Beide Arten wiesen im weiblichen Geschlecht die höhere Toleranz gegen die Belastung auf und können so auch unter kurzzeitig eintretenden Belastungsspitzen ein Überleben der Population sichern (DA NICOLA GIUDICI & GUARINO 1989).

Die Belastung für Bodentiere mit Schwermetallen, wie z.B. Cadmium und Blei, findet ihren überwiegenden Ursprung (solange keine bodenbürtige Kontamination vorliegt) in atmosphärischen Depositionen (85-90%), die sich zu annähernd gleichen Teilen auf Interzeptionsdepositionen und Niederschlagsdepositionen aufteilen (SCHULTZ et al. 1987). Befinden sich die Schwermetalle durch Auswaschungsprozesse und andere Vorgänge dann im Boden, kommt es vor allem im Falle von Cadmium zu einer effizienten Aufnahme in pflanzliche Gewebe, die bezüglich der Konzentrationsfaktoren jene für Blei deutlich übersteigt (HARRISON & CHIRGAWI 1985).

Erfolgt die Einlagerung von Blei in pflanzliche Gewebe auch nicht in dem Maße wie im Falle des Cadmiums, stellt doch der beim Dekompositionsprozeß festzustellende Anstieg des Bleigehaltes in dem vielen saprophagen Bodentieren als Nahrungsgrundlage dienenden Streumaterial einen "pool" steter potentieller Belastung dar (LYNGBY & BRIX 1985, WILLIAMSON 1979). Das Ausmaß, in dem die derart konzentrierten Metalle in die Organismen eingelagert werden, hängt jedoch von vielen Faktoren ab, die einen Vergleich der in dem Kulturversuch ermittelten Konzentrationsfaktoren mit der Dynamik der Schwermetallakkumulation an natürlich belasteten Standorten erschweren. Neben der verminderten Verfügbarkeit von in pflanzlichem Material deponierten Schwermetallen für Organismen spielen auch die Art und das pH des Bodens, akkumulierende und lysierende Mikroorganismen auf dem Blattmaterial sowie Interaktionen von Metallen und artspezifisch differierende Akkumulationsraten neben einer Vielzahl anderer Faktoren eine entscheidende Rolle (siehe HOPKIN et al. 1986). Trotz einer gewissen Unabwägbarkeit im Zusammenspiel dieser Determinanten lassen sich doch Korrelationen zwischen dem Metallgehalt des Bodensubstrates und/oder der Nahrung finden und die hierbei auftretenden Konzentrationsfaktoren mit Vergleichsdaten anderer Populationen auswerten. Die für die Praxis der Bioindikation wichtigen, (in gewissen Bereichen) konstanten Wechselbeziehungen terrestrischer Isopoda mit Metallen in ihrer Unwelt werden in einer linearen Beziehung von Cadmiumgehalt und Körpergewicht bei *Oniscus asellus* (COUGHTREY et al. 1977) deutlich und äußern sich auch in Korrelationen des Kupfergehaltes der Streu und der internen Kupferfracht von *Trachelipus rathkei* (WIESER et al. 1976). Diese bioindikative Potenz beschränkt sich nicht nur auf Metalle, sondern bestätigt sich auch in den hoch korrelativen Wertepaaren des Fluoridgehaltes im Laub und Boden und der akkumulierten Verbindung im Organismus von *O. asellus*, *Porcellio scaber* und *Armadillidium vulgare* (WALTON 1987).

Trotz dieser unbestrittenen Eignung terrestrischer Isopoda zur Bioindikation treten gelegentlich Belastungswerte an Schwermetallen auf, die sich nur bedingt mit bekannten Metallgehalten in Laub und Boden erklären lassen. Dies trifft in der vorliegenden Untersuchung vor allem auf den hohen Cadmiumgehalt von *Oniscus asellus* vom Standort Heiligenberg zu, der bezüglich seiner Bodenfracht an diesem Schwermetall als unbelastet gilt, aber Exemplare von *Oniscus asellus* mit einer mittleren bis hohen Cadmiumbelastung beherbergt. Die Aussagekraft dieser Befunde wird noch dadurch bestärkt, daß LUDWIG et al. (1991) bei der Untersuchung der Blei- und Cadmiumbelastung von Hornmilben (Oribatiden) von einem ähnlichen Standort ebenfalls unerwartet hohe Konzentrationen der beiden Metalle in den Hornmilben fanden, die in einem deutlichen Mißverhältnis zur Bodenbelastung standen. Unerwartet hohe Akkumulationsraten für Kupfer und Zink in *Porcellio scaber* von einem unkontaminierten Standort stellten auch HOPKIN et al. (1986) fest und wiesen auf die möglichen negativen Folgen derartiger Kontamination der Asseln auf deren Praedatoren hin.

Im Gegensatz zur Belastung von *Oniscus asellus* auf dem Heiligenberg entsprachen die hohen Werte für die Blei- und Cadmiumkontamination dieser Art in Braubach den dort vorliegenden Metallkonzentrationen und führten auch bei den dort vorkommenden Arten *Porcellio scaber* (PROSI et al. 1983) sowie den Diplopoden *Leptoiulus belgicus* und *Glomeris marginata* (KÖHLER 1992) zu stark erhöhten Werten. Da an diesem Standort aufgrund seines Bewuchses mit Robinie, Brombeere, Brennessel sowie weiteren, in erster Linie krautigen Pflanzen eine isolierende Laubschicht als Puffer zwischen dem kontaminierten Boden und dem Lebensraum von Asseln und Diplopoden kaum existiert, kommen diese permanent mit dem blei- und cadmiumhaltigen Bodensubstrat in Berührung - mit allen Konsequenzen einer hohen Schwermetallakkumulation.

Die unerwartet niedrige Belastung an Blei und Cadmium von Asseln verschiedener Spezies der Standorte Wiesloch und Nußloch gab zu Anfang Anlaß, Zweifel bezüglich der exakten Erfassung der Metallgehalte zu hegen. Auch die Möglichkeit, daß es sich bei den an den besagten Standorten gesammelten Tieren nicht um Vertreter einer dort bestehenden Population, sondern um immigrierte Exemplare aus angrenzenden, nicht kontaminierten Bereichen handeln könnte, wurde in Kenntnis der hohen Agilität von Asseln in Erwägung gezogen. Derartige Fälle von extrem geringer Belastung von Asseln in Relation zur Konzentration der Schwermetalle im Boden sind (wie übrigens auch die gegensätzliche Situation) jedoch auch von anderen Autoren in deren Arbeiten angeführt worden. Bei der Analyse der Bleibelastung von Bodentieren auf dem Gelände einer aufgelassenen Blei-Zinkmine mit einer Bleikonzentration im Boden von 8 740 μg/g konnten MORGAN et al. (1986) für die Art *Oniscus asellus* eine Bleibelastung von 813 μg/g nachweisen, die somit um ca. das 35-fache höher war als die Bleibelastung von *Porcellio scaber* mit 22,00 μg Pb/g, die ebenfalls von diesem Gebiet stammten.

Diese gewaltigen artspezifischen Unterschiede waren in den Gebieten Nußloch und Wiesloch nicht auszumachen. Alle drei untersuchten Arten wiesen in Anbetracht der Bodenbelastung niedrige Blei- und Cadmiumwerte auf. Ein noch extremerer Fall wird von HOPKIN et al. (1986) angeführt. An einem Standort, dessen Boden mehr als 1% (= > 10 000 μg/g) Pb enthielt, konnten sowohl im Laub als auch in Asseln der Art *Porcellio scaber* keine über die Werte von Vergleichstieren an nicht kontaminierten Standorten hinausgehende Werte festgestellt werden. In Anbetracht derartiger Extremfälle erscheinen die niedrigen Belastungswerte in Nußloch und Wiesloch angesichts der dort vorliegenden vergleichsweise moderaten Belastung durchaus in einem realistischen Licht. So geben auch HOPKIN & MARTIN (1984) Konzentrationsfaktoren für das Verhältnis Tier (*Oniscus asellus*)/Laub von 0,45-0,88 (Pb) sowie 24,21-26,17 für Cadmium an, wobei die Werte für Cadmium deutlich über denen für Nußloch und Wiesloch liegen. Eher mit der Situation in den genannten Gebieten übereinstimmende Faktoren führen MARTIN et al. (1976) für *Oniscus asellus* in einem Gebiet an, das bezüglich der Belastung des Laubes mit den Untersuchungsgebieten Nußloch und Wiesloch vergleichbar ist. Konzentrationsfaktoren von 0,60 (Pb) und 4,10 (Cd) befinden sich in einer Größenordnung, die denen von *Oniscus asellus* auf den eigenen Untersuchungsflächen nahekommen. In welch weiten Grenzen sich die Konzentrationsfaktoren für *Porcellio scaber* und somit die Verfügbarkeit der Metalle Blei und Cadmium im Laubsubstrat bewegen können, zeigen die an einer Vielzahl von Standorten vorgenommenen Messungen von HOPKIN et al. (1986); so schwanken die Konzentrationsfaktoren für Blei im Bereich zwischen etwas über 1,00 und 0,01 mit einem mittleren Wert um 0,1 und erreichen auch für Cadmium eine ähnlich weite Spanne von ca. 1,00 bis 100 mit einem Schwerpunkt zwischen 5,00 und 25,00.

Offenbar vermindert die Laubauflage besonders in Wiesloch den direkten Kontakt zwischen den Asseln und dem schwermetallbelasteten Untergrund und beugt auf diese Weise einer höheren Kontamination der dort lebenden Isopoden vor. Diese Schutzfunktion des Laubpolsters nimmt dann ab, wenn Tiere aufgrund ihrer geringen Größe auch in tiefere Bodenschichten vordringen können und so direkt in den Einflußbereich der höher kontaminierten Bodenhorizonte gelangen und/oder sich über schwermetallbelastete Beutetiere den Schadstoffen aussetzen. Für die Gruppe der Gamasinen (Raubmilben) scheint diese Vermutung zuzutreffen. Messungen von J.E. WOLF (1993) belegten eine sehr hohe Belastung von Vertretern dieser Milbengruppe von den Standorten Wiesloch und Nußloch (s. Kap. 6.1.5).

Aufgrund der Resistenzen von Asseln gegenüber Schwermetallen, wie z.B. Blei, die ihnen Selektionsvorteile an solchen Orten verschaffen, die aufgrund von permanenten Schadstoffimissionen (Straßenrändern) für Konkurrenten sowie für Praedatoren weniger geeignete Lebensbedingungen bieten (MUSKETT & JONES 1980), verwunderte in den konkreten Fällen Nußloch und vor allem Wiesloch die geringe Anzahl der dort erbeuteten Tiere, die vor allem in Wiesloch die Existenz einer stabilen, sich selbst tragenden Population in Frage stellt. Die relativ geringen Konzentrationsfaktoren für Blei und Cadmium der mit hohem zeitlichen Aufwand gesammelten Tiere sowie deren geringe Populationsdichte lassen vor allem für Wiesloch auf eine Beeinträchtigung der Lebensbedingungen schließen.

Ein naheliegender Grund könnte in den hohen Bodenkonzentrationen an Zink (ca. 5 000 µg Zn/g) bestehen. Bei *Porcellio scaber* führte die Ingestion von Laubstreu mit der genannten Zinkkonzentration zu einer signifikant erhöhten Mortalität (BEYER et al. 1984). Die Toxizität von Zink könnte, trotz der geringen dokumentierten Laubbelastung von ca. 200 µg/g Zink in Wiesloch, bei einer zunehmenden Kontamination von Laubmaterial beim Eingang in tiefere Streuschichten einer der Gründe für die schwache Präsenz von Asseln im Gebiet Wiesloch sein. Die im Rahmen eines anderen Projektes dokumentierten hohen Arsenwerte in Wiesloch (PUCHELT, mündl. Mittlg.), die in Fahlerzen Werte von 800 µg/g erreichen und in angrenzenden Ackergebieten auf Stellen besonders hoher Kontamination (erkenntlich an geschädigter

Vegetation) Spitzenwerte von > 3 000 $\mu g/g$ zeigen, dürfen bei der Beurteilung des Gebietes Wiesloch sowie des angrenzenden Standortes Nußloch nicht außer acht gelassen werden. Die sichtbare Beeinträchtigung der Stoffkreisläufe besonders am Standort Wiesloch mit einer akkumulierten Laubstreu aufgrund verminderter Dekomposition sowie die geringe Populationsstärke (bei nicht zu rekonstruierender genauer Herkunft der Tiere) von Asseln spiegeln die multiple Belastung des Gebietes durch verschiedene toxischen Metalle wider, deren spezifische ökotoxikologische Relevanz sich im Freiland einer direkten Beurteilung entzieht.

6.1.9 Doppelfüßer (Diplopoda): Wirkung und Verbleib von Schwermetallen

6.1.9.1 Einleitung

Erhöhte Schwermetallgehalte im Futter können massive Auswirkungen auf Funktion und Zellstruktur des Diplopodenmitteldarmes haben. Generell fungiert das Darmepithel als Barriere zwischen dem Nahrungsbrei und dem Haemocoel des Tieres. In der Regel werden Substanzen -auch toxische Stoffe- aus dem Darmlumen über das Epithel (v.a. des Mitteldarmes) an die Haemolymphe abgegeben und über diese im Körper verteilt. Im Vergleich zur Resorption essentieller Metalle ist die Aufnahme nicht essentieller Metalle im Bereich des Mitteldarmes gering (HOPKIN 1989). Zusätzlich existieren in den Mitteldarmzellen effiziente Mechanismen, Metalle zu binden und potentiell toxische Metalle zu entgiften (z.B. SIMKISS & MASON 1984, TAYLOR & SIMKISS 1984, HOPKIN 1986). In vielen Fällen speichern Bodentiere Metalle in physiologisch inaktiver Form temporär in unterschiedlichen Geweben.

Im folgenden werden die Resorption, der Ort der Speicherung und die auftretenden Konzentrationen von Schwermetallen in Diplopoden exemplarisch an den drei Metallen Blei, Zink und Cadmium untersucht (zur Systematik der Tiere sei auf die Tab. A10 im Anhang verwiesen).

6.1.9.2 Material und Methodik

6.1.9.2.1 Atomabsorptionsspektrophotometrie (AAS)

Schwermetalle in Freilandtieren

Für atomabsorptionsspektrophotometrische Messungen wurden fünf Tiere von *Leptoiulus belgicus* und zehn Individuen von *Glomeris marginata*, die einer stark schwermetallbelasteten Abraumhalde in Braubach bei Koblenz entstammten, präpariert, wobei jeweils der Darminhalt entfernt wurde. Die Konzentrationen an Blei, Zink und Cadmium im Intestinaltrakt sowie im Restkörper (der zum großen Teil aus Kutikula besteht) wurden individuell bestimmt.

Schwermetalle in Futter und Faeces

Zur Quantifizierung der Schwermetallaufnahme erfolgte überdies eine Bestimmung der Konzentration der drei Metalle im Futter bzw. in den Faeces der in den Assimilationsversuchen eingesetzten überlebenden Tiere. Die unter 6.1.11 ausführlich beschriebenen Laborversuche zur Bestimmung der Abhängigkeit von Assimilationsraten vom Schwermetallgehalt wurden - lediglich zum Absammeln der produzierten Faeces - fortgesetzt. Eine artspezifische Betrachtung der Metallresorption war jedoch durch die geringe Faecesmenge nicht möglich. So wurden die Faeces von *Glomeris conspersa, Julus scandinavius, Allaiulus nitidus* und *Tachypodoiulus niger* vereinigt und lediglich nach der Herkunft der Tiere unterschieden:

0 → 0:	primär unbelastete Diplopoden, nicht kontaminiertes Futterlaub
0 → Pb:	primär unbelastete Diplopoden, Futterlaub mit 1 000 µg Pb/g belastet
Sm → Pb:	Diplopoden von der schwermetallbelasteten Fläche Wiesloch, Futterlaub mit 1 000 µg Pb/g kontaminiert.

Diese Faeces wurden auf je zehn Parallelproben verteilt und auf ihren Gehalt an Blei, Zink und Cadmium hin per AAS untersucht. Die Metallkonzentrationen im unbelasteten bzw. künstlich kontaminierten Futterlaub wurden in der gleichen Weise bestimmt. Anhand der Mittelwerte der Metallkonzentrationen von Futter und Faeces sowie der durchschnittlichen Ingestions- und Assimilationsraten der vier Arten wurden die durchschnittliche Menge ingestierten sowie durch Defaekation abgegebenen Bleis, Zinks und Cadmiums pro Tag berechnet. Die Differenz zwischen beiden Werten stellt die im Tierkörper verbliebene Metallmenge pro Tag dar.

Zuweilen erfolgt innerhalb der gesamten Lebenszeit der Tiere überhaupt keine Abgabe der gespeicherten Metalle in die Umwelt, so daß unter Umständen in alten Individuen sehr hohe Schwermetallkonzentrationen auftreten können (HOPKIN 1989).

6.1.9.2.2 Transmissionselektronenmikroskopie (TEM), Elektronenenergieverlustspektroskopie (EELS) und Elektronenspektroskopische Bildverarbeitung (ESI)

Für einen unspezifischen Nachweis von Schwermetallen im Elektronenmikroskop wurde Mitteldarmgewebe der Diplopoden *L. belgicus* und *T. niger* aus Braubach fixiert. Die im Gewebe vorhandenen Schwermetalle wurden nach der Methode von TIMM (1958) präzipitiert. Zum spezifischen Nachweis einzelner Elemente wurde bei den gleichen Arten von einigen Sphäriten im Mitteldarmbereich ein Energieverlustspektrum durch EELS erstellt, sowie die Verteilung von Zink, Kupfer und Calcium (letzteres zur Charakterisierung der Sphäriten) im elektronenmikroskopischen Schnitt durch ESI untersucht (s. Kap. 6.1.1).

6.1.9.3 Resultate und Diskussion

6.1.9.3.1 Atomabsorptionsspektrophotometrie (AAS)

Schwermetallgehalte in Freilandtieren

Die der schwermetallbelasteten Abraumhalde in Braubach entnommenen Diplopoden weisen stark erhöhte Metallgehalte, vor allem für Blei und Cadmium auf. Diese beiden Schwermetalle wurden in hohen Konzentrationen vor allem im Intestinaltrakt nachgewiesen, der Restkörper enthält vergleichsweise geringe Mengen an Blei und Cadmium. Zink wurde außerhalb des Intestinaltraktes im Tierkörper in hohen Konzentrationen gefunden. Allerdings konnten bei *G. marginata* auch im Darmtrakt durchschnittlich über 150 µg/g Zink gemessen werden. *G. marginata* aus Braubach akkumuliert in beiden Körperfraktionen alle betrachteten Metalle in höheren Mengen als *L. belgicus* (Abb. 6.35).

Schwermetallgehalte in Futter und Faeces

Sowohl bei unbelasteten als auch bei schwermetallkontaminierten Diplopoden sind die Mengen ingestierten bzw. in den Faeces enthaltenen Bleis und Cadmiums ähnlich. Dies ist unabhängig von der Metallkonzentration in der Nahrung. Höhere Meßwerte der Metallgehalte von Faeces im Vergleich zur Nahrung (vor allem bei Cadmium) sind wohl auf die äußerst geringen Substanzmengen im Nanogrammbereich und die in diesem Bereich deutlich werdenden Meßungenauigkeiten zurückzuführen.

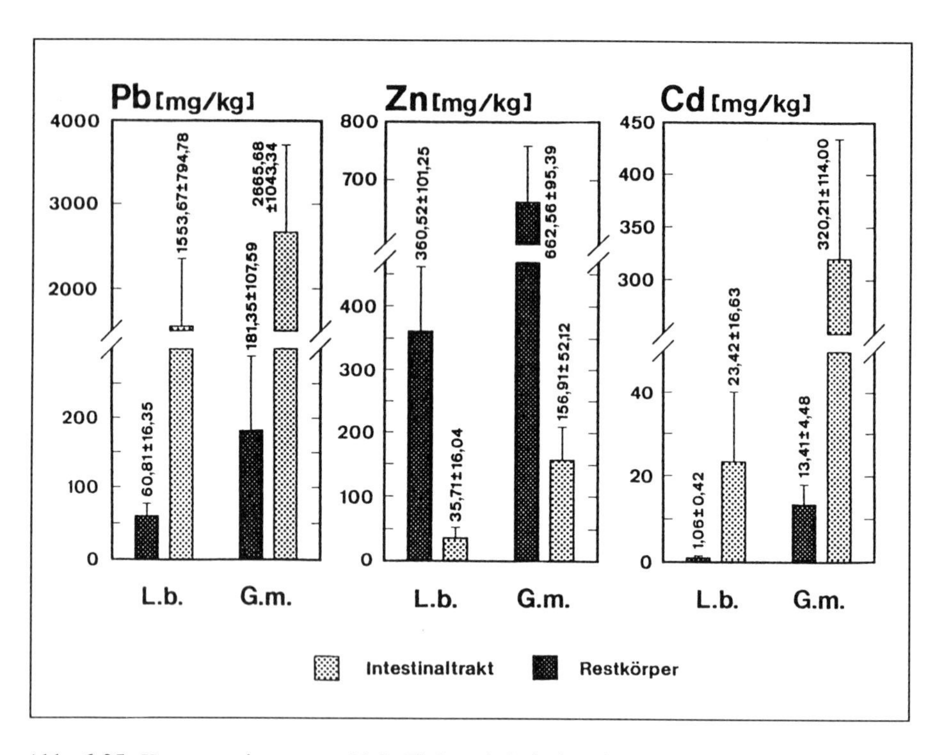

Abb. 6.35: Konzentrationen von Blei, Zink und Cadmium im Gewebe des Intestinaltraktes bzw. im Restkörper von *L. belgicus* (L.b.) und *G. marginata* (G.m.). Angegeben sind die arithmetischen Mittelwerte ± Standardabweichungen.

Im Gegensatz zu den Verhältnissen bei Blei und Cadmium verbleiben -netto- ungefähr 30% des essentiellen Metalles Zink im Körper primär unbelasteter Diplopoden. Für Tiere aus Wiesloch (Sm → Pb) sind jedoch (wie bei Blei und Cadmium) auch die Mengen an Zink in Nahrung und Faeces nahezu gleich (Abb. 6.36).

6.1.9.3.2 Elektronenmikroskopische Nachweise

Mit dem unspezifischen Schwermetallnachweis nach TIMM (1958) wurden Sulfidpräzipitate ausschließlich in den Sphäriten des Mitteldarmes nachgewiesen (Abb. 6.38). Im Elektronenenergieverlustspektrum dieser Sphärite konnten Kohlenstoff und Stickstoff sowie die Metalle Calcium und Zink, nicht jedoch Kupfer detektiert werden (Abb. 6.37). ESI-Bilder zeigen die Lokalisation von Calcium und Zink in Sphäriten sowohl von *T. niger* als auch von *L. belgicus*, wohingegen Kupfer im Epithel des Mitteldarmes der betrachteten Diplopoden nicht in den untersuchten Sphäriten gespeichert wird (Abb. 6.38).

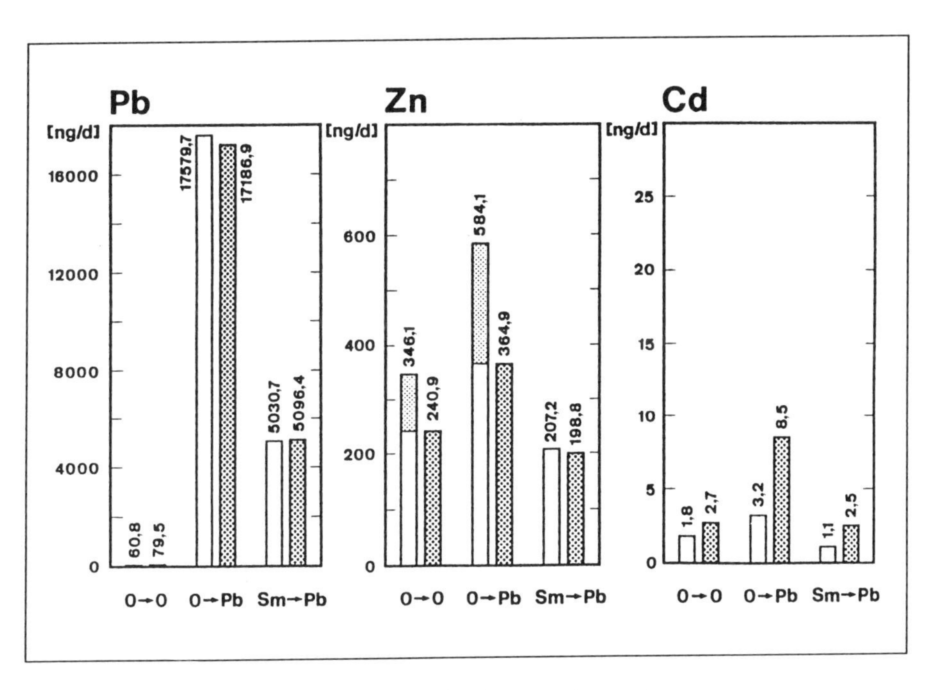

Abb. 6.36: Täglich ingestierte (weiße Balken) und mit den Faeces wieder abgegebene (dunkel unterlegte Balken) Mengen an Blei, Zink und Cadmium bei Diplopoden. 0 → 0: primär unbelastete Diplopoden, nicht zusätzlich mit Blei kontaminiertes Futterlaub. 0 → Pb: primär unbelastete Diplopoden, Futterlaub mit Blei angereichert. Sm → Pb: Diplopoden aus dem Gebiet Wiesloch, Futterlaub mit Blei angereichert. Die schwach gerasterten Teile der weißen Balken stellen die Menge an Zink dar, die -netto- im Tierkörper verbleibt.

Von den verschiedenen, im Intestinaltrakt von Diplopoden vorhandenen Metallen werden lediglich bestimmte vom resorbierenden Epithel des Darmes bevorzugt aufgenommen, obgleich durch saure Verhältnisse im Lumen des Mitteldarmes (bis pH 5,6) (NUÑEZ 1975, SHUKLA & SHUKLA 1981) große Anteile aller Schwermetalle in gelöster Form vorliegen. Den hier dargestellten Ergebnissen entsprechend schätzt HOPKIN (1989) den Anteil resorbierten Zinks durch *G. marginata* auf 38,4%, wohingegen Cadmium (8,2%) und Blei (<0,1%) nur zu weitaus geringeren Teilen aufgenommen werden. Tiere aus schwermetallkontaminierten Gebieten, in welchen große Mengen an Zink nachzuweisen sind, scheinen dieses Metall in ähnlicher Menge, in der es resorbiert wurde, auch wieder auszuscheiden. Insofern kann der Zinkgehalt im Körper mehr oder weniger konstant gehalten werden. Ähnliche Regulationsmechanismen treten auch bei Chilopoden unterschiedlicher Vorbelastung auf (HOPKIN 1989). Trotz der äußerst eingeschränkten Aufnahme nicht essentieller Metalle in die Darmzellen können nach längerer Belastungszeit zuweilen höhere Konzentrationen auch dieser Elemente im Körper von Diplopoden auftreten. So wurden bei *P. angustus* 47 µg/g Blei und 406 µg/g Zink (MORGAN et al. 1986), bei *T. niger* und *Oxidus* sp. 511-786 µg/g Kupfer sowie 14,2-18,9 µg/g Cadmium (HUNTER et al. 1987) gemessen. READ & MARTIN (1988) fanden bei *G. marginata* Konzentrationen von bis zu 32,4 µg/g Blei, 714,8 µg/g Zink, 71,5 µg/g Kupfer und 26,49 µg/g Cadmium. Diese Angaben sind mit den vorliegenden Messungen nur bedingt zu vergleichen, da sie nicht zwischen verschiedenen Körperteilen unterscheiden.

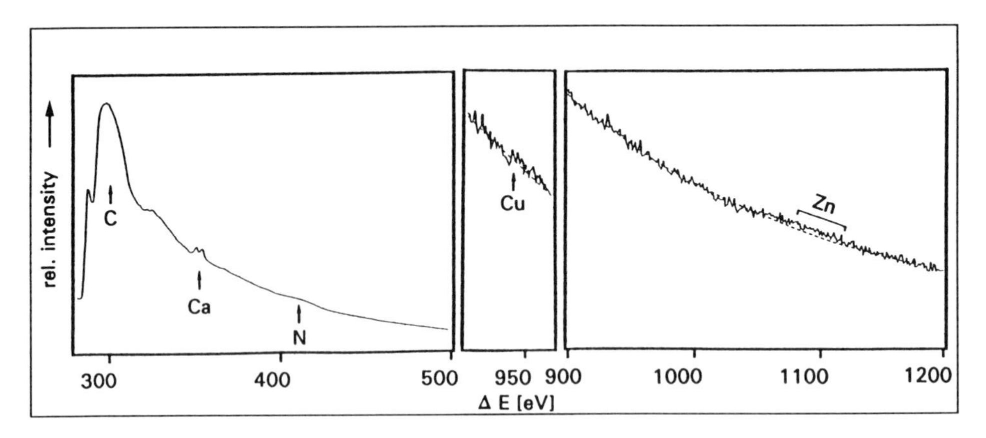

Abb. 6.37: Elektronenenergieverlustspektroskopischer Nachweis von Elementen in den Sphäriten des Mitteldarmepithels von *L. belgicus* aus einem stark schwermetallbelasteten Gebiet (Braubach). Die Spektren zeigen die Präsenz von Kohlenstoff, Calcium, Stickstoff und Zink. Kupfer kann nicht definitiv nachgewiesen werden (vgl. KÖHLER et al. 1995 a).

Die in den Diplopoden dieser Untersuchungen vorhandenen Metallmengen liegen allerdings vermutlich in ähnlichen Bereichen, da die zwar erheblich höheren Metallkonzentrationen im Verdauungstrakt aufgrund des geringen prozentualen Anteiles dieses Organs am Gesamttrockengewicht des Tieres nur wenig ins Gewicht fallen.

Nicht essentielle, potentiell toxische Metalle sind vorwiegend im Intestinaltrakt von Bodentieren lokalisiert, wohingegen essentielle Metalle auch in verschiedenen anderen Organen zu finden sind. So ist bei der Schnecke *Arianta arbustorum* Cadmium vorwiegend im Hepatopancreas, das für die Haemocyaninbildung essentielle Kupfer jedoch im gesamten Körper, bevorzugt im Fuß- und Mantelgewebe lokalisiert (BERGER & DALLINGER 1989). Chilopoden speichern im Mitteldarm Blei, Cadmium und Kupfer, wohingegen Zink im Fettkörper auftritt (HOPKIN & MARTIN 1983). Bei Diplopoden ist -was die dargestellten Ergebnisse bestätigen- Cadmium und Blei vorwiegend im Mitteldarm nachzuweisen (HOPKIN 1989). Eisen wurde in den Malpighischen Gefäßen, Silicium im Enddarm gefunden (HUBERT 1978). Laut HOPKIN (1989) soll Zink vorwiegend in der Zellschicht direkt unterhalb der Cuticula lokalisiert sein, weil es zwar in präparierten Teilen der Cuticula incl. anhaftender Epidermis, nicht aber in Exuvien nachgewiesen werden kann. Da jedoch vor der Häutung Anteile der Endocuticula resorbiert werden, ist dieser Schluß nicht unbedingt zwingend. Für HOPKINS These spricht jedoch die Tatsache, daß Zink essentieller Bestandteil des Enzyms Carboanhydrase ist.

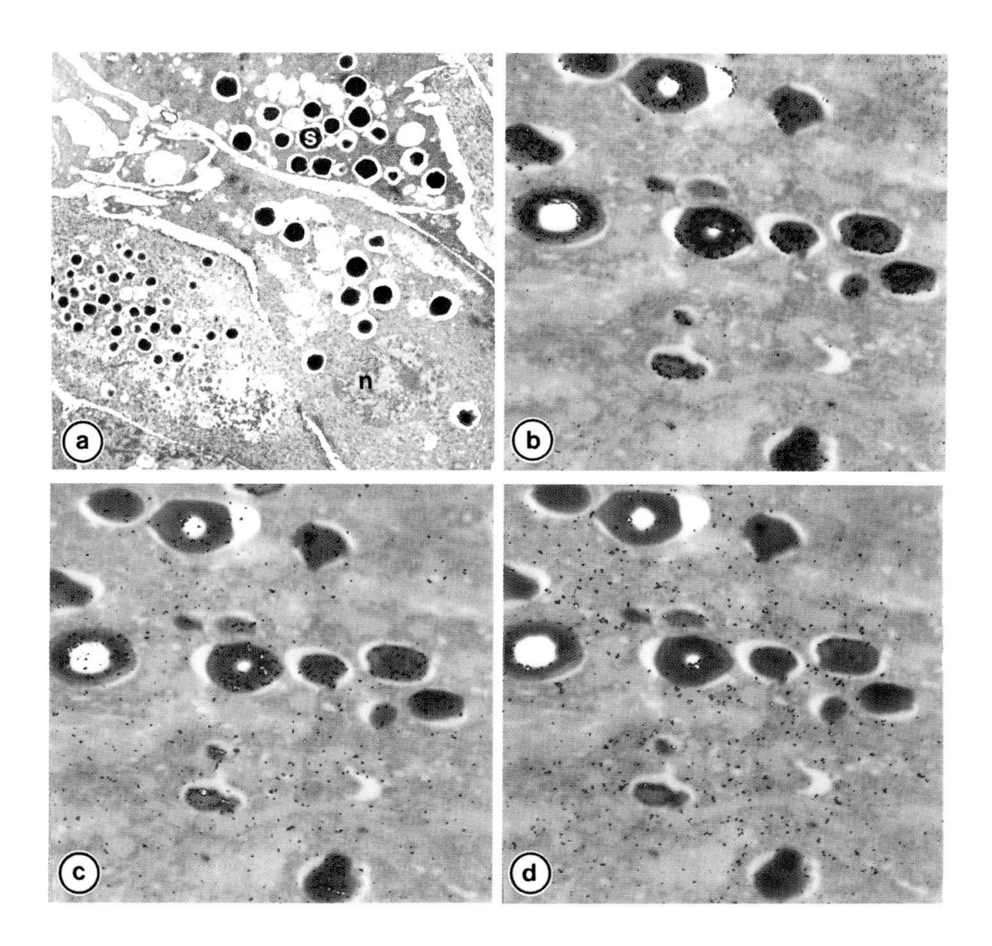

Abb. 6.38: Lokalisation von Metallen in den Resorptionszellen des Mitteldarmes von Diplopoden.

a: *T. niger*, unspezifischer Schwermetallnachweis nach TIMM (1958). Schwermetalle sind vor allem in den Sphäriten lokalisiert (elektronendichtes Präzipitat). TEM, Vergr. 1 870x

b: *L. belgicus*, Lokalisation von Calcium (rote, bzw. in höheren Konzentrationen gelbe Färbung) in den Sphäriten der Resorptionszellen. TEM und ESI, Vergr. 11 600x

c: *L. belgicus*, Lokalisation von Zink (rot bzw. gelb) in den Sphäriten der Resorptionszellen. TEM und ESI, Vergr. 11 600x

d: *L. belgicus*, Lokalisation von Kupfer. Dieses Metall wird nicht in den untersuchten Sphäriten gespeichert. TEM und ESI, Vergr. 11 600x

n: Nucleus, *s:* Sphärit

Dieses Enzym ist an der biogenen Bildung von $CaCO_3$ beteiligt und von besonderer Bedeutung für Organismen mit calcifizierter Cuticula oder Schale, wie Diplopoden, Asseln und Schnecken (MAREN 1967).

Die Aufnahme von Schwermetallen in die Mitteldarmzellen kann auf mehreren Wegen geschehen: Über Ionenkanäle, wie z.B. Mangan (ANDERSON 1979), durch Pinocytosevesikel oder, nach Ausbildung lipidlöslicher Komplexe, direkt durch die Zellmembran (Kupfer, Zink, Cadmim, Quecksilber) (SIMKISS 1983, HOPKIN 1989). Intrazellulär können Metalle an Proteine (Metallothioneine und -ähnliche Proteine, Ferritin) gebunden werden (z.B. HUNZIGER & KÄGI 1985, KÄGI 1987, HARRISON 1977, CRICHTON 1982). Zusätzlich kann eine Deposition in Sphäriten erfolgen. Mit dieser Form der Speicherung ist es der Zelle möglich, eventuell toxisch wirkende Metalle dem zellulären Metabolismus zu entziehen.

In Sphäriten von Diplopoden wurden zahlreiche Elemente nachgewiesen. So bestehen sie vorwiegend aus Calcium und Phosphor (als Phosphat), enthalten aber auch Zink, Mangan, Kupfer, Magnesium, Eisen, Kalium und Silicium (HUBERT 1978, 1979). Darüberhinaus ist auch die Speicherung weiterer Metalle (z.B. Blei, Nickel, Strontium, Barium) in Sphäriten des Intestinaltraktes (oder seiner Anhänge) bei Invertebraten möglich (GOURANTON 1968, PROSI et al. 1983, LUDWIG & ALBERTI 1988, HOPKIN 1989). Aufgrund ihrer Zusammensetzung und optischen Erscheinung im Elektronenmikroskop unterscheiden HOPKIN (1989, 1990) bzw. HOPKIN et al. (1989) drei Typen intrazellulär lokalisierter Sphäriten:

Typ A: Die Sphäriten sind aus konzentrischen Schichten aufgebaut und enthalten vorwiegend Calcium- bzw. Magnesiumortho- und -pyrophosphat. Weiterhin treten Zink, Mangan und Kalium (zuweilen Blei) in ihnen auf. Cadmium, Kupfer und Quecksilber wurden bisher nicht nachgewiesen (MASON & SIMKISS 1982, HOPKIN 1989, 1990). Aufgrund der Ergebnisse der vorliegenden Untersuchung müssen die betrachteten Sphäriten in den Resorptionszellen des Diplopodenmitteldarmes diesem Typ zugerechnet werden (KÖHLER et al. 1995 a).

Typ B: Die Sphäriten dieses Types bestehen aus elektronendichtem Material und sind heterogen strukturiert. Sie sind größtenteils aus organischem Material aufgebaut und enthalten stets Schwefel in Kombination mit Cadmium, Kupfer, Quecksilber, Zink, Blei und Eisen. In Zellen ohne Sphäriten des Types A (z.B. in S-Zellen der Mitteldarmdrüse von Asseln) können auch kleine Mengen Calcium in diesen Sphäriten enthalten sein (HOPKIN & MARTIN 1982, HOPKIN 1989).

Typ C: Sphäriten dieses Types sind kristallin oder aus flockiger Substanz aufgebaut. In ihnen wird vorwiegend Eisen gespeichert. Bei Belastung mit hohen Eisenkonzentrationen kann die Grenze zwischen Typ B und C verwischen, da auch Sphäriten des Types B hohe Mengen an Eisen enthalten können (HOPKIN 1989). Eisenreiche Konkretionen sollen auch in den hepatischen Zellen von Diplopoden auftreten (HUBERT 1979).

Da durch die Bindung toxischer Metalle an Sphäriten diese dem Metabolismus entzogen werden, können Sphäriten bis zum Tod des Tieres in verschiedenen Geweben verbleiben. Dies soll z.B. in den S-Zellen der Mitteldarmdrüse von Asseln stattfinden (HAMES 1989). Sie können jedoch auch im Zuge der Regeneration von Sphäriten-enthaltenden Epithelien ins Lumen des Darmes gelangen und ausgeschieden werden. Dies trifft in besonderem Maße auf Diplopoden zu, die ihr Mitteldarmepithel bei jeder Häutung ersetzen (HUBERT 1979). Auch für B-Zellen der Mitteldarmdrüse von Asseln und hepatopankreatische Zellen von Spinnen ist diese Form der Schwermetallausscheidung bekannt (HAMES 1989, HOPKIN 1989).

Aus quantitativen Unterschieden in der Metallaufnahme und -exkretion können unterschiedliche Schwermetallgehalte in Organen auch bei verwandten Species -wie im vorliegenden Fall bei den Diplopoden *G. marginata* und *L. belgicus*- resultieren (HAMES & HOPKIN 1991). Unterschiedliche Zinkgehalte der Asseln *Oniscus asellus* und *Porcellio scaber*, wie sie von HOPKIN et al. (1989 a) in Freilandfängen gemessen wurden, können demnach möglicherweise durch die erheblich höhere Exkretionsrate dieses Metalles bei *O. asellus* erklärt werden.

6.1.10 Doppelfüßer (Diplopoda): Ultrastrukturelle Reaktionen auf den Schadstoff

6.1.10.1 Einführung

Der Intestinaltrakt der Diplopoden ist verhältnismäßig einfach gestaltet. Er erstreckt sich gewöhnlich als langes Rohr durch den Tierkörper und ist lediglich bei Glomeriden S-förmig gewunden. Sein Aufbau ist lichtmikroskopisch seit Anfang dieses Jahrhunderts bekannt (RANDOW 1924, VERHOEFF 1932). Er gliedert sich im wesentlichen in die drei Hauptabschnitte Vorder-, Mittel- und Enddarm, wobei zuweilen Pylorus und Rectum vom eigentlichen Enddarmbereich unterschieden werden (VERHOEFF 1932, KAESTNER 1963, NUÑEZ & CRAWFORD 1977). Innerhalb der vorliegenden Studie soll ausschließlich der Mitteldarmbereich betrachtet werden, der den längsten Abschnitt des Intestinaltraktes darstellt. Hier findet der bei weitem größte Teil der extrazellulären Verdauung, der Nährstoffresorption und wohl auch der intrazellulären Verdauung statt, was annehmen läßt, daß dieser Darmabschnitt in besonderem Maße oral aufgenommenen Schadstoffen ausgesetzt ist. Da überdies, wie später noch dargestellt wird, die Funktion dieses Organs durch Schwermetalle in der Nahrung beeinträchtigt werden kann, ist ein Einfluß dieser Substanzen auf die zellulären Strukturen des Mitteldarmes zu erwarten. Aus diesem Grund werden in diesem Kapitel die Reaktionen verschiedener Zelltypen im Mitteldarmbereich von Diplopoden auf erhöhte Schwermetallgehalte im Futter behandelt. Da der ultrastrukturelle Aufbau des Mitteldarmes bereits früher ausführlich beschrieben wurde (KÖHLER 1989, KÖHLER & ALBERTI 1992), wird er hier nur kurz dargestellt.

6.1.10.2 Material und Methodik

Elektronenmikroskopie

Adulte Individuen der Arten *Glomeris marginata, Craspedosoma alemannicum, Mycogona germanica, Polydesmus angustus, Julus scandinavius, Cylindrioulus silvarum* und *Tachypodoiulus niger* von der nahezu unbelasteten Freilandfläche Heiligenberg wurden sowohl direkt nach der Entnahme aus dem Gelände als auch nach mehrwöchiger Laborhälterung unter unbelasteten Bedingungen für die Transmissionselektronenmikroskopie fixiert. (Zur Systematik s. auch Tab. A10 im Anhang.)

Weiterhin wurden Diplopoden der Arten *C. alemannicum* (für 16 d), *G. marginata, J. scandinavius, C. silvarum* und *T. niger* (jeweils für 30 d) im Labor mit 1 000 μg Pb/g über das Futter belastet und nach dieser Zeit ebenfalls fixiert.

Zum Vergleich mit der Situation auf einer schwermetallbelasteten Freilandfläche wurden Adulti von *G. marginata, T. niger* und *L. belgicus* aus dem Gebiet einer Abraumhalde bei Braubach direkt nach der Entnahme aus dem Gelände in der gleichen Weise fixiert.

Mit einigen Individuen von *T. niger* wurde eine niederosmolare Fixierung mit 1% Glutaraldehyd in 0,005%

Cacodylatpuffer (zum Vergleich: Normale Fixierung 2% Glutaraldehyd in 0,01 M Cacodylatpuffer) durchgeführt. Dies geschah sowohl mit Tieren, die für 30 d unter unbelasteten Bedingungen im Labor gehalten wurden, als auch mit solchen, die 30 d lang mit 1 000 µg Pb/g belastet wurden. Zusätzlich zu diesen Experimenten wurde der Mitteldarm von *T. niger* rasterelektronenmikroskopisch untersucht. Nach Fixierung und Methacrylateinbettung wurden Mitteldarmstücke von unbelasteten Tieren im Rasterelektronenmikroskop ausgewertet.

Immunhistochemie

Die intrazelluläre Verteilung der Cytoskeletelemente α-Actin und Vimentin wurde bei Adulti von *T. niger* untersucht. Die schwermetallbelasteten Tiere stammten aus Wiesloch und wurden zusätzlich 30 d im Labor bei 1 000 µg Pb/g gehalten, die nahezu unbelasteten Individuen stammten aus dem Untersuchungsgebiet Speyerer Hof und wurden ebenfalls nach 30 d Laborhälterung (jedoch ohne Bleiapplikation) eingefroren. Die Nachweise von α-Actin bzw. Vimentin erfolgten mit einem fluoreszierenden Phalloidin-Konjugat (α-Actin) bzw. mit einem Antikörper gegen Vimentin. Die Negativkontrollen wurden nur mit dem sekundären Antikörper (Kontrolle zum Vimentin-Nachweis) bzw. ohne Phalloidin (Kontrolle zum α-Actin-Nachweis) inkubiert.

6.1.10.3 Resultate

Ultrastruktur des Mitteldarmepithels und der hepatischen Zellen bei unbelasteten Tieren

Zum besseren Verständnis der nachfolgend beschriebenen Effekte der Schwermetallbelastung soll an dieser Stelle eine kurze Einführung in die Cytologie des Diplopodenmitteldarmes erfolgen:

Abb. 6.39: Ultrastruktur des Mitteldarmepithels und der hepatischen Zellen unbelasteter Diplopoden

a: *C. silvarum*, Mitteldarm quer, Übersicht über das Epithel, die Muscularis und die hepatischen Zellen. TEM, Vergr. 2 800x

b: *M. germanica*, Mitteldarm quer, apikaler Teil der Resorptionszellen. TEM, Vergr. 3 450x

c: *J. scandinavius*, Mitteldarm quer, Resorptionszelle. Microvillisaum und apikal lokalisierte Mitochondrien. TEM, Vergr. 6 200x

d: *T. niger*, niederosmolare Fixierung. Mitteldarm quer, Resorptionszelle. Microvillisaum und apikal lokalisierte Mitochondrien. TEM, Vergr. 8 300x

e: *C. silvarum*, Mitteldarm quer, basaler Teil des Epithels und hepatische Zellen. TEM, Vergr. 1 800x

f: *J. scandinavius*, Mitteldarm quer, Resorptionszellen median. TEM, Vergr. 3 450x

Bl: Basallamina, *er:* Endoplasmatisches Reticulum, *G:* Dictyosom, *hZ:* Hepatische Zelle, *Lm:* Längsmuskulatur, *m:* Mitochondrien, *mv:* Microvilli, *n:* Nucleus, *Rez:* Resorptionszelle, *Rm:* Ringmuskulatur, *Rz:* Regenerationszelle, *s:* Sphärit, *T:* Trachee

---

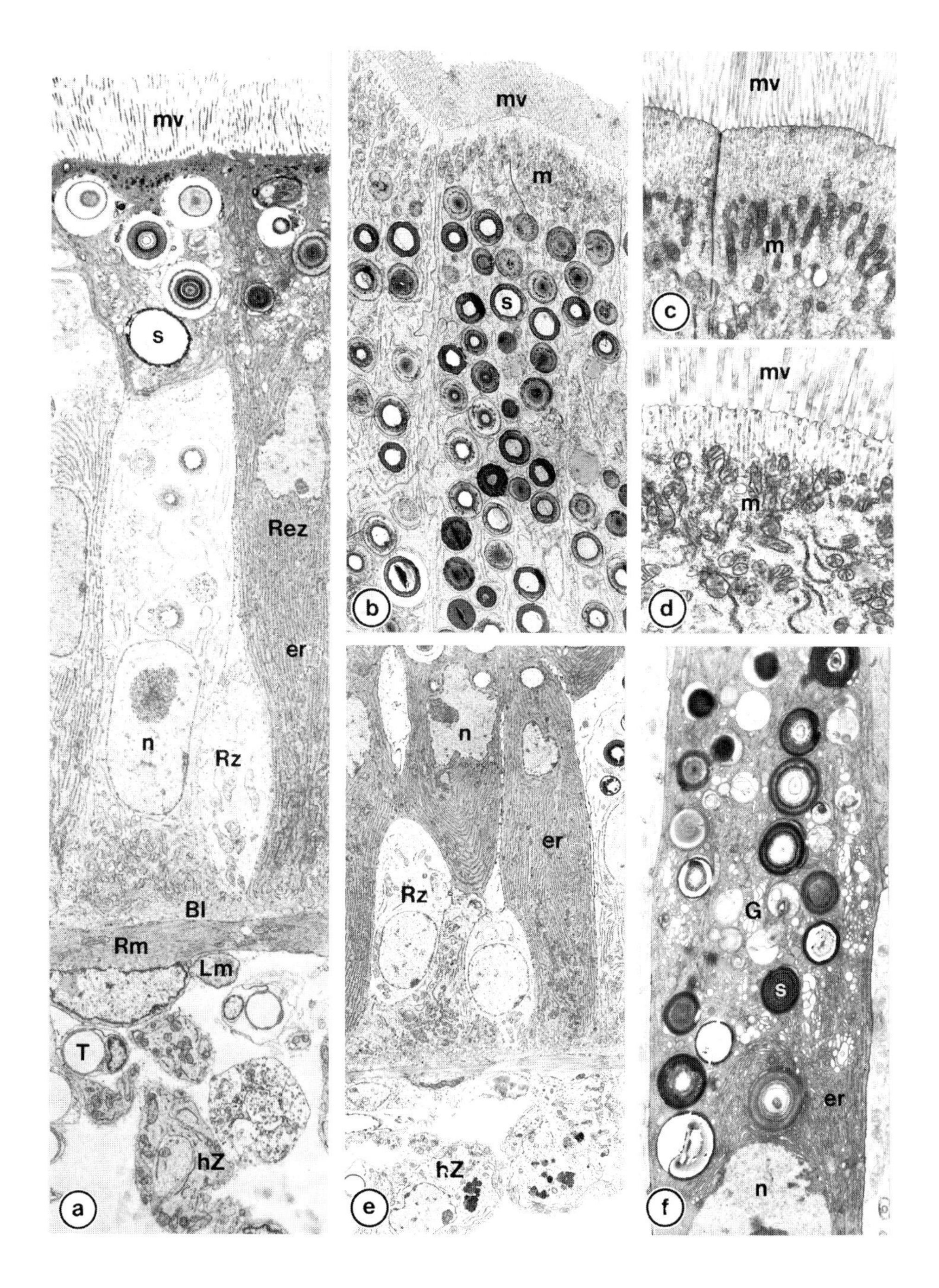

Abb. 6.39.

Im Bereich des Mitteldarmes sind bei Diplopoden vier Zelltypen zu unterscheiden: Resorptionszellen und Regenerationszellen bilden zusammen das einschichtige Epithel, das einer stark ausgeprägten Basallamina aufsitzt. Unter dieser Basallamina bilden Muskelzellen die Ring- und Längsmuskulatur des Darmes. Nach außen hin schließen sich die hepatischen Zellen an, die kein Epithel bilden sondern sich isoliert in das Haemocoel erstrecken (Abb. 6.39 a). Das resorbierende Epithel des Mitteldarmes wird größtenteils von Resorptionszellen eingenommen, die einen streng strukturierten Aufbau besitzen. Vom Apex bis zur Basis dieser Zellen sind mehrere "Zonen" zu unterscheiden. Unterhalb des Mikrovillisaumes sind ausschließlich Mikrotubuli und Pinocytosevesikel sichtbar. Darauf folgt eine Schicht, die durch ein gehäuftes Auftreten von Mitochondrien gekennzeichnet ist. In diesem apikalen Bereich sind die Epithelzellen miteinander durch septierte Desmosomen verbunden (Abb. 6.39 b, c, d).

Abb. 6.40: Ultrastruktur des Mitteldarmepithels und der hepatischen Zellen unbelasteter Diplopoden.

a: *T. niger*, Methacrylateinbettung, Aufsicht auf einen Queranschnitt und die Oberfläche des Mitteldarmepithels. Apikaler Teil der Resorptionszellen. REM, Vergr. 2 000x

b: *T. niger*, Methacrylateinbettung, Aufsicht auf den Queranschnitt einer Resorptionszelle. Die Zellgrenze und die Sphäriten sind deutlich zu erkennen. REM, Vergr. 2 250x

c: *T. niger*, Mitteldarm quer, Medianer Teil der Resorptionszellen. Auffällig sind die parallel liegenden Zisternen des ER. TEM, Vergr. 2 250x

d: *T. niger*, niederosmolare Fixierung, Mitteldarm quer. Medianer Teil der Resorptionszellen. Auch hier sind die ER-Zisternen parallel in Längsrichtung der Zelle arrangiert. TEM, Vergr. 2 400x

e: *P. angustus*, Mitteldarm quer, Zone der Interdigitationen von Resorptionszellen und hepatischen Zellen. Einzelne Ausläufer der hepatischen Zellen, die sich in die basalen Einstülpungen der Resorptionszellen erstrecken, sind durch Pfeile gekennzeichnet. TEM, Vergr. 2 850x

f: *M. germanica*, Mitteldarm quer, Muscularis und hepatische Zellen. TEM, Vergr. 3 500x

g: *C. silvarum*, Mitteldarm quer, hepatische Zellen. Die Pfeile weisen auf Stellen, an denen Ausläufer der hepatischen Zellen die Basallamina durchdringen. TEM, Vergr. 1 650x

h: *T. niger*, niederosmolare Fixierung, Mitteldarm quer. Teil einer hepatischen Zelle. TEM, Vergr. 7 100x

i: *T. niger*, Methacrylateinbettung, Aufsicht auf die hepatischen Zellen (*) und die Längsmuskulatur. REM, Vergr. 300x

Bl: Basallamina, *er:* Endoplasmatisches Reticulum, *g:* Glycogen, *hZ:* Hepatische Zelle, *Lm:* Längsmuskulatur, *ly:* Lysosom, *m:* Mitochondrien, *mv:* Microvilli, *n:* Nucleus, *Rez:* Resorptionszelle, *Rm:* Ringmuskulatur, *s:* Sphärit, *T:* Trachee

---

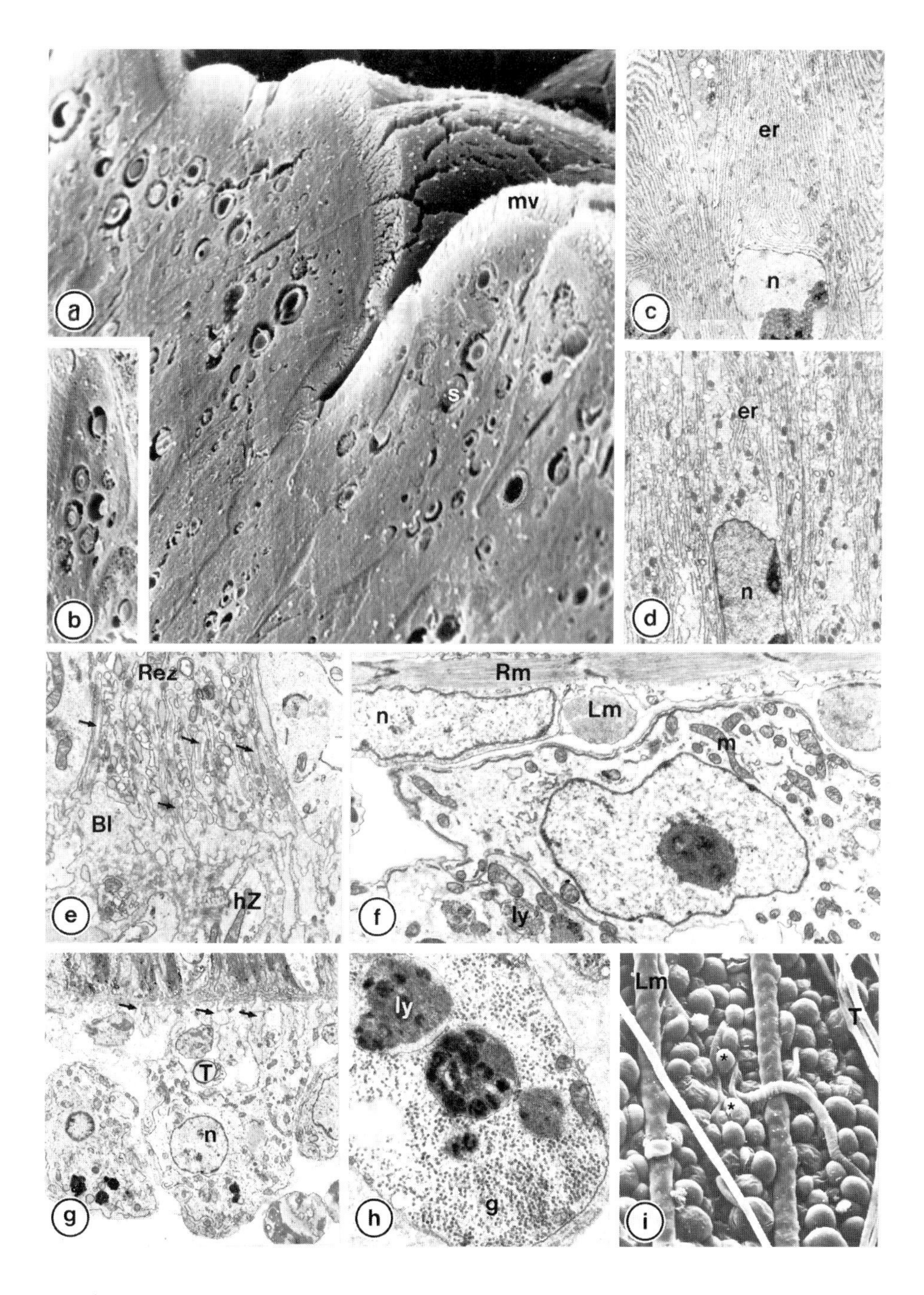

Abb. 6.40.

Im mittleren Teil der Zelle dominiert rauhes ER, dessen Zisternen streng in Längsrichtung der Zelle arrangiert sind. Weiterhin treten dort zahlreiche Sphäriten, einige Dictyosomen sowie wenige Mitochondrien und Vesikel auf (Abb 6.41 e, f, Abb. 6.42 a-d.). In dieser Zone liegt, meist relativ weit basal, auch der Nucleus. Um diesen herum finden sich in einigen Fällen Lipidtropfen. Basal sind die Resorptionszellen durch zahlreiche fingerförmige Einstülpungen charakterisiert, in die sich jeweils ein Ausläufer der hepatischen Zellen erstreckt (Abb. 6.42 e, g).

Im Gegensatz zu diesen ausdifferenzierten Zellen besitzen die Regenerationszellen embryonalen Charakter. Sie liegen zwischen den Resorptionszellen im Epithel, sitzen der gleichen Basallamina auf, erreichen aber mit ihren Apices das Darmlumen nicht. Sie sind durch einen zentral liegenden Kern gekennzeichnet. Die übrigen Organellen (ER, Dictyosomen, Mitochondrien, wenige freie Ribosomen) liegen verstreut im Cytoplasma. Sphäriten treten nicht auf, ebenso zeigen diese Zellen keinen Kontakt zu den hepatischen Zellen (Abb. 6.39 a, e).

Die sich der Basallamina nach außen anschließende Muscularis bildet im Bereich des Mitteldarmes einen inneren geschlossenen Ring. Die Stränge der Längsmuskulatur liegen auf der Seite des Haemocoels (Abb. 6.40 f).

In diesem Bereich sind auch die hepatischen Zellen lokalisiert. Sie sitzen in großer Anzahl, jedoch isoliert voneinander, dem Mitteldarmepithel auf der dem Haemocoel zugewandten Seite auf (Abb. 6.40 f-i). Bei *G. marginata* existieren sehr viele solcher Zellen, die in mehreren Lagen übereinander liegen und den Eindruck eines mehrschichtigen Epithels erwecken. Jedoch auch in diesem Fall sind die hepatischen Zellen nicht epithelbildend.

Abb. 6.41: Ultrastruktur des Mitteldarmepithels und der hepatischen Zellen von Diplopoden aus dem schwermetallbelasteten Gebiet Braubach bei Koblenz.

a: *L. belgicus*, Mitteldarm quer, Übersicht über das Epithel, die Muscularis und die hepatischen Zellen. Es treten interzelluläre Räume auf. TEM, Vergr. 3 450x

b: *L. belgicus*, Mitteldarm quer, Apex einer Resorptionszelle. Die Mitochondrien liegen zwar im apikalen Teil der Zelle, sind jedoch nicht mehr in einer schmalen Zone lokalisiert (siehe auch Abb. 8.3 a). TEM, Vergr. 5 300x

c: *L. belgicus*, Mitteldarm quer, Resorptionszelle median. Die Zisternen des ER verlaufen nicht mehr streng parallel (Pfeile). TEM, Vergr. 10 050x

d: *G. marginata*, Mitteldarm quer, hepatische Zelle. Die Zelloberfläche ist durch blasige Strukturen gekennzeichnet (Pfeile). TEM, Vergr. 1 650x

e: *L. belgicus*, Mitteldarm quer, hepatische Zelle. Auch hier sind die blasigen Strukturen der Oberfäche deutlich zu erkennen (Pfeile). Die fingerförmigen Fortsätze (*) sind verlängert. TEM, Vergr. 4 350x

f: *T. niger*, Mitteldarm quer, hepatische Zelle, Glycogen. TEM, Vergr. 37 000x

Bl: Basallamina, *g:* Glycogen, *hZ:* Hepatische Zelle, *iR:* interzellulärer Raum, *li:* Lipid, *m:* Mitochondrien, *mv:* Microvilli, *n:* Nucleus, *Rez:* Resorptionszelle, *Rm:* Ringmuskulatur, *s:* Sphärit, *T:* Trachee.

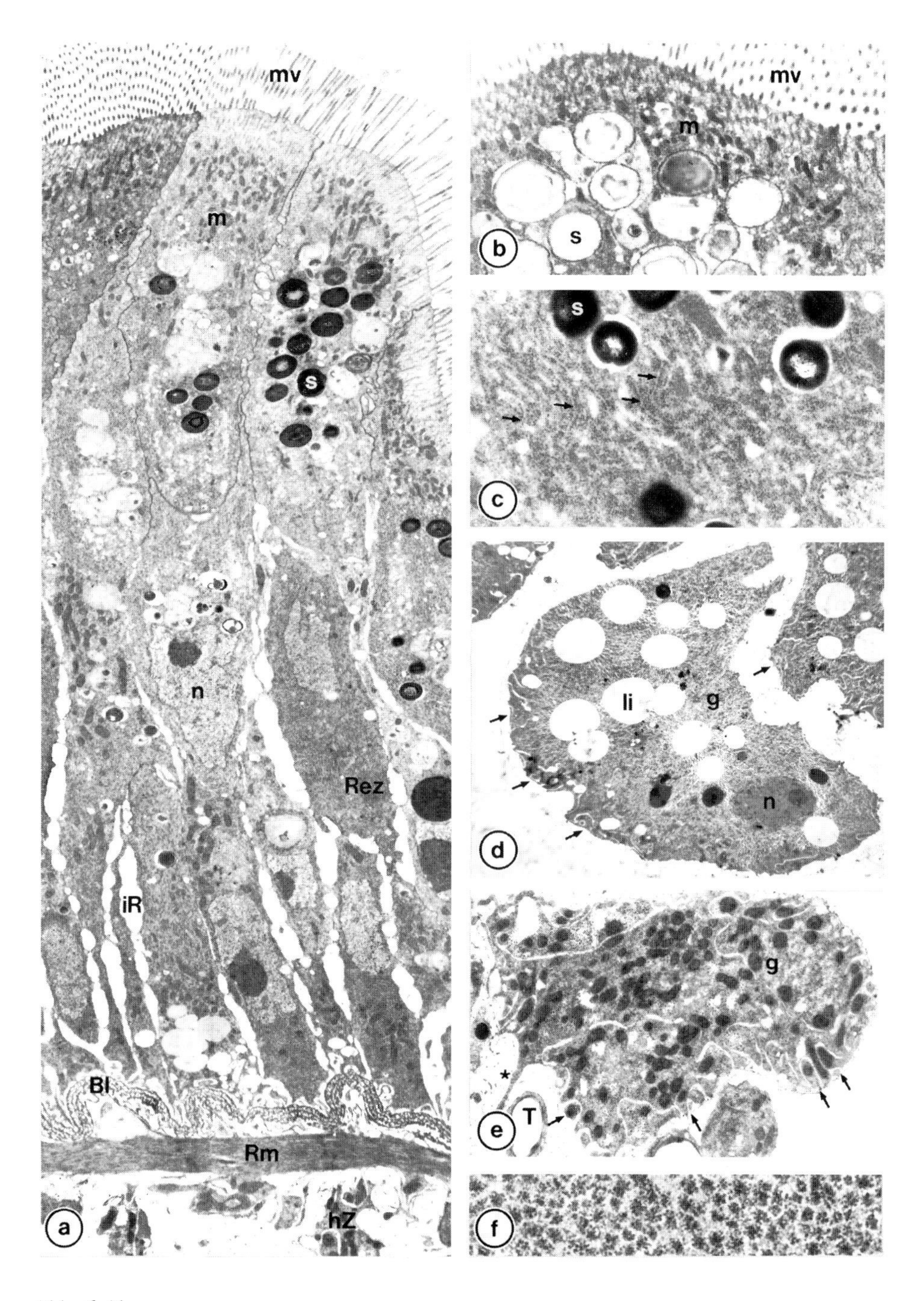

Abb. 6.41.

Wie schon erwähnt, bilden die ansonsten mehr oder weniger runden hepatischen Zellen zahlreiche dünne, sich verzweigende Ausläufer, die sich durch die Basallamina hindurch erstrecken und mit den basalen Einstülpungen der Resorptionszellen interdigitieren (Abb. 6.40 e, g). Abgesehen von diesen Strukturen sind die hepatischen Zellen jedoch relativ undifferenziert. Der Kern liegt zentral, die Mitochondrien und Lysosomen sowie die wenigen Zisternen des ER liegen im Cytoplasma verstreut. Zuweilen ist die Speicherung von Lipid und/oder Glycogen auch in den hepatischen Zellen zu beobachten (Abb. 6.40 h, Abb.6.41 d).

Eine detailliertere Beschreibung der Ultrastruktur des Diplopodendarmes ist KÖHLER (1989) zu entnehmen.

Reaktionen auf Bleiapplikation

Der obigen Beschreibung der ultrastrukturellen Verhältnisse im Mitteldarmbereich unter unkontaminierten Bedingungen liegen Untersuchungen an mit 2% Glutaraldehyd in 0.01 M Cacodylatpuffer fixiertem Material zugrunde. Unter den gleichen Fixierungsbedingungen zeigen die Zellen von Tieren aller untersuchten Arten aus der schwermetallbelasteten Fläche Braubach deutliche elektronenmikroskopisch sichtbare Veränderungen. Besonders auffällig ist eine Verdichtung des Cytoplasmas der Resorptionszellen (Abb. 6.41 a-c, Abb. 6.42). Die Zellverbindungen im Epithel reißen oft sowohl basal als auch apikal auf und hinterlassen große interzelluläre Räume (Abb. 6.41 a). Die Sphäriten erscheinen fast völlig elektronendicht.

Die festgelegte Zonierung der Resorptionszellen existiert nicht mehr. Die Mitochondrien sind nicht mehr apikal lokalisiert, sondern über die Zelle verteilt, und die Zisternen des rER sind nicht mehr, wie ursprünglich, longitudinal orientiert (Abb. 6.43 b, c). Die Basallamina erscheint verdickt, aufgefaltet und granulär (Abb. 6.43 a). Mikrovilli und Golgi-Apparat der Resorptionszellen sowie die Muskulatur werden durch die Schwermetallbelastung nicht beeinflußt.

Bei den hepatischen Zellen der Diplopoden aus Braubach treten blasige Strukturen an der Oberfläche auf. Die fingerförmigen Fortsätze, die in Kontakt mit den Resorptionszellen stehen, erscheinen verlängert (Abb. 6.43 d, e, Abb. 6.44). Eine Steigerung der Glycogenspeicherung in den hepatischen Zellen im Vergleich zur Kontrolle konnte zwar in einigen Fällen beobachtet werden (Abb. 6.43 f), der Bezug zur Schwermetallbelastung ist jedoch fraglich.

Abb. 6.42: Schematische Darstellung der durch Schwermetalle bedingten zellulären Veränderungen im Mitteldarm von Diplopoden bei gleichbleibender Fixierung.

Links: unbelasteter Zustand. Mitte: Kontamination im Freiland (Braubach). Rechts: Kontamination im Labor. Erklärung im Text.

bl: Basallamina, *cm:* Ringmuskulatur, *er:* Endoplasmatisches Reticulum, *g:* Glycogen, *Ga:* Golgi-Apparat, *is:* interzellulärer Raum, *lc:* Hepatische Zelle, *li:* Lipid, *lm:* Längsmuskulatur, *ly:* Lysosom, mv: Microvilli, *n:* Nucleus, *nc:* Nucleolus, *rec:* Resorptionszelle, *rc:* Regenerationszelle, *s:* Sphäriten, *sj:* septiertes Desmosom. Pfeil: Zone der Interdigitationen zwischen hepatischer Zelle und Resorptionszelle.

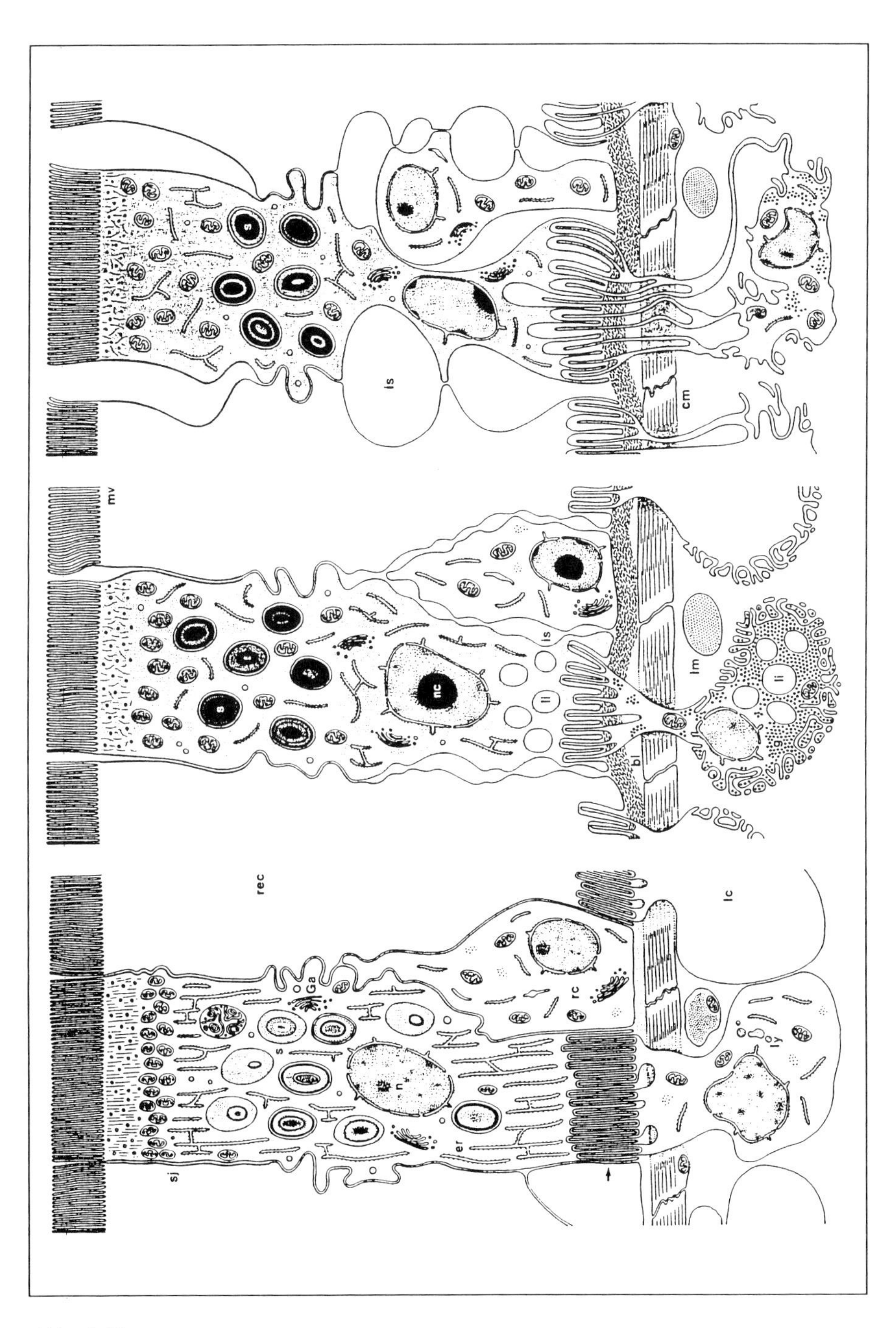

Abb. 6.42.

Bei Kontamination von Diplopoden mit 1 000 (bzw. 625,6) μg Pb/g im Labor wurden nach Fixierung mit ebenfalls 2% Glutaraldehyd in 0,01 M Cacodylatpuffer die gleichen Effekte wie im Freiland, allerdings stärker ausgeprägt, beobachtet (Abb. 6.44, Abb. 6.45 a, d).

Die Interzellularräume sind wesentlich deutlicher erweitert und das Cytoplasma aller Zelltypen (mit Ausnahme der Muscularis) sehr stark kondensiert. Wie bei den Tieren aus Braubach ist auch hier eine Verlagerung von Mitochondrien und ER in den Resorptionszellen zu beobachten.

Ebenso weisen auch die Sphäriten und die Basallamina das oben beschriebene Erscheinungsbild auf. Die fingerförmigen Ausläufer der hepatischen Zellen sind nach Laborkontamination noch stärker verlängert als unter Schwermetallbelastung im Freiland. Die Zellkörper der hepatischen Zellen verlieren ihre runde Form und bilden auf ihrer gesamten Oberfläche Fortsätze (Abb. 6.43 a, d).

Durch die niederosmolare Fixierung (1% Glutaraldehyd in 0,005 M Cacodylatpuffer) der Mitteldarmzellen war es möglich, die Kondensation des Cytoplasmas und das Auftreten interzellulärer Räume besonders nach Bleikontamination im Labor auf ein Minimum zu begrenzen (Abb. 6.43 b, c, f). Die erwähnten Delokalisationen der Mitochondrien und des ER in den Resorptionszellen jedoch treten bei schwermetallbelasteten Diplopoden auch nach dieser Fixierung auf (Abb. 6.43 b, c, e).

Abb. 6.43: Ultrastruktur des Mitteldarmepithels und der hepatischen Zellen von Diplopoden nach Bleiapplikation im Labor.

a: *J. scandinavius*, Mitteldarm quer, Übersicht über das Epithel, die Muscularis und die hepatischen Zellen. Die interzellulären Räume sind auch im Bereich der Interdigitationen (Pfeile) stark erweitert. TEM, Vergr. 2 400x

b: *T. niger*, niederosmolare Fixierung, Mitteldarm quer. Apikaler Teil der Resorptionszellen. Die Mitochondrien (Pfeile) sind nicht mehr in einer apikalen Zone lokalisiert, sondern liegen verstreut im Zellkörper. TEM, Vergr. 5 800x

c: *T. niger*, niederosmolare Fixierung, Mitteldarm quer. Apex der Resorptionszellen. Nur noch wenige Mitochondrien (Pfeile) treten in diesem Bereich auf. TEM, Vergr. 11 250x

d: *J. scandinavius*, Mitteldarm quer, hepatische Zelle. Die Ausläufer dieses Zelltypes erscheinen stark verlängert (Pfeile). TEM, Vergr. 2 700x

e: *T. niger*, niederosmolare Fixierung, Mitteldarm quer. Resorptionszelle, median. Die Zisternen des ER sind nicht mehr parallel in Längsrichtung der Zelle lokalisiert. TEM, Vergr. 6 450x

f: *T. niger*, niederosmolare Fixierung, Mitteldarm quer. Hepatische Zellen. Bei dieser Form der Fixierung erscheinen die hepatischen Zellen auch nach Schwermetallbelastung nicht deformiert. TEM, Vergr. 2 250x

Bl: Basallamina, *er:* Endoplasmatisches Reticulum, *g:* Glycogen, *hZ:* Hepatische Zelle, *iR:* interzellulärer Raum, *ly:* Lysosom, *mv:* Microvilli, *n:* Nucleus, *Rez:* Resorptionszelle, *Rz:* Regenerationszelle, *s:* Sphärit, *T:* Trachee.

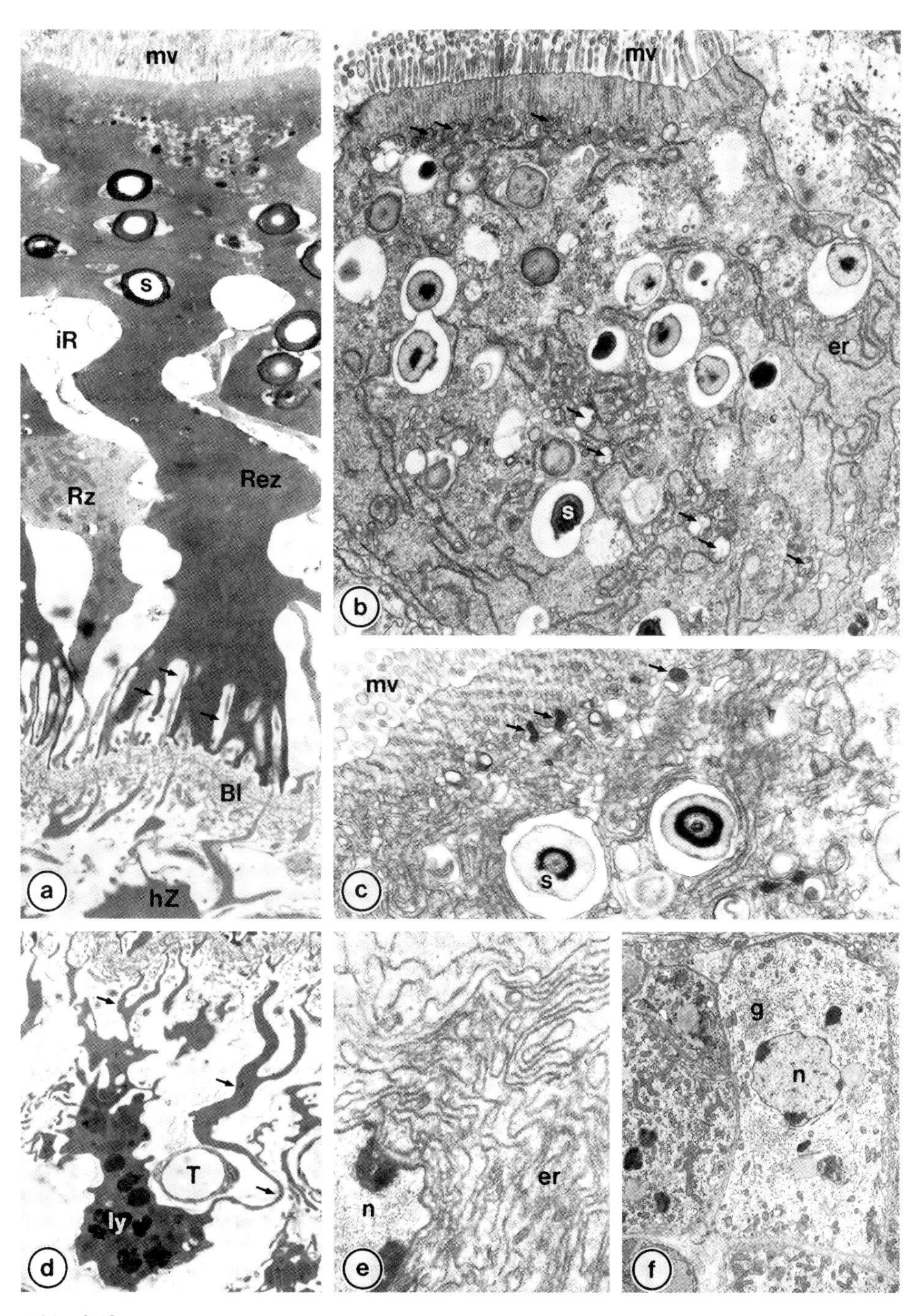

Abb. 6.43.

Die Mitteldarmzellen unbelasteter Tiere zeigen nach der niederosmolaren Fixierung das gleiche Erscheinungsbild wie nach der höherosmolaren Fixierung (vgl. Abb. 6.39 c und d, bzw. Abb. 6.40 c und d). Erweiterte Interzellularräume im Epithel treten nicht auf.

Bestandteile des Cytoskelets

Der Nachweis von α-Actin im Mitteldarmbereich von *T. niger* zeigt eine deutliche Fluoreszenz in den Zellen der Ring- und Längsmuskulatur. Ausschließlich in diesen Muskelzellen verläuft der Nachweis sowohl bei unbelasteten als auch bei belasteten Tieren positiv (Abb. 6.44 a). Im Gegensatz dazu ist Vimentin außer in den Zellen der Muscularis auch im Epithel des Mitteldarmes vorhanden. Bei unbelasteten Individuen tritt es vorwiegend im apikalen Bereich der Resorptionszellen auf (Abb. 6.44 c, d). Der mediane und basale Teil des Epithels weist nur geringe Fluoreszenz auf, wobei die Zellkerne keine Bindung des Antikörpers zeigen. Nach Belastung mit 1000 μg Pb/g ist innerhalb von Längs- und Ringmukulatur kein Unterschied in der Vimentinverteilung im Vergleich zu unbelasteten Individuen zu erkennen. Im Epithel jedoch tritt eine starke Abnahme der Fluoreszenz in den apikalen Regionen der Resorptionszellen auf.

Gleichzeitig ist eine stärkere Fluoreszenz im medianen und basalen Bereich des Epithels (Abb. 6.44 e, f), in dem die Zellkerne liegen (Abb. 6.44 b), erkennbar.

6.1.10.4 Diskussion

Aufbau und Funktion des Mitteldarmes

Ultrastrukturell wurde der Intestinaltrakt von Diplopoden bereits ausführlich beschrieben (SEIFERT & ROSENBERG 1977, SCHLÜTER 1979 a, b, 1980 a, b, c, NEUMANN 1985, SCHLÜTER & SEIFERT 1985, KÖHLER 1989, KÖHLER & ALBERTI 1992). Den Resorptionszellen des Mitteldarmes, welcher im Rahmen dieser Untersuchung ausschließlich betrachtet wurde, werden vorwiegend die Aufgabe der Nährstoffresorption sowie metabolische Funktionen zugeschrieben. Darüberhinaus findet in ihnen die Speicherung mineralischer Substanzen in Sphäriten statt (zusammengefaßt in HOPKIN 1989). Diese Strukturen werden jedoch erst im folgenden Kapitel weitergehend betrachtet. Da das Resorptionsepithel des Mitteldarmes bei Diplopoden während der Ecdysis vollständig in das Darmlumen abgegeben wird, muß es durch die Regenerationszellen ersetzt werden. Schon vor der Häutung bilden die Regenerationszellen durch fortgesetzte Zellteilungen ein geschlossenes neues Epithel, dessen Zellen sich in der Folge größtenteils zu Resorptionszellen differenzieren. Nur wenige Zellen bleiben juvenil (NEUMANN 1985). Die hepatischen Zellen scheinen über die zahlreichen, die Basallamina durchdringenden Ausläufer in engem physiologischen Kontakt mit den Resorptionszellen zu stehen (SEIFERT & ROSENBERG 1977). Ähnliche Zellstrukturen, jedoch in geringerer Zahl, wurden im Mitteldarmbereich verschiedener Arachniden gefunden (LUDWIG & ALBERTI 1990). Vor der Ecdysis verlieren die hepatischen Zellen diese Ausläufer und bilden sie erst während der Häutung wieder aus (NEUMANN 1985). SEIFERT & ROSENBERG (1977) vermuten für die hepatischen Zellen der Diplopoden vorwiegend Synthese- und Speicherfunktionen und vergleichen sie mit den Zellen des Chloragog-Gewebes der Anneliden und mit den Leberzellen der Vertebraten.

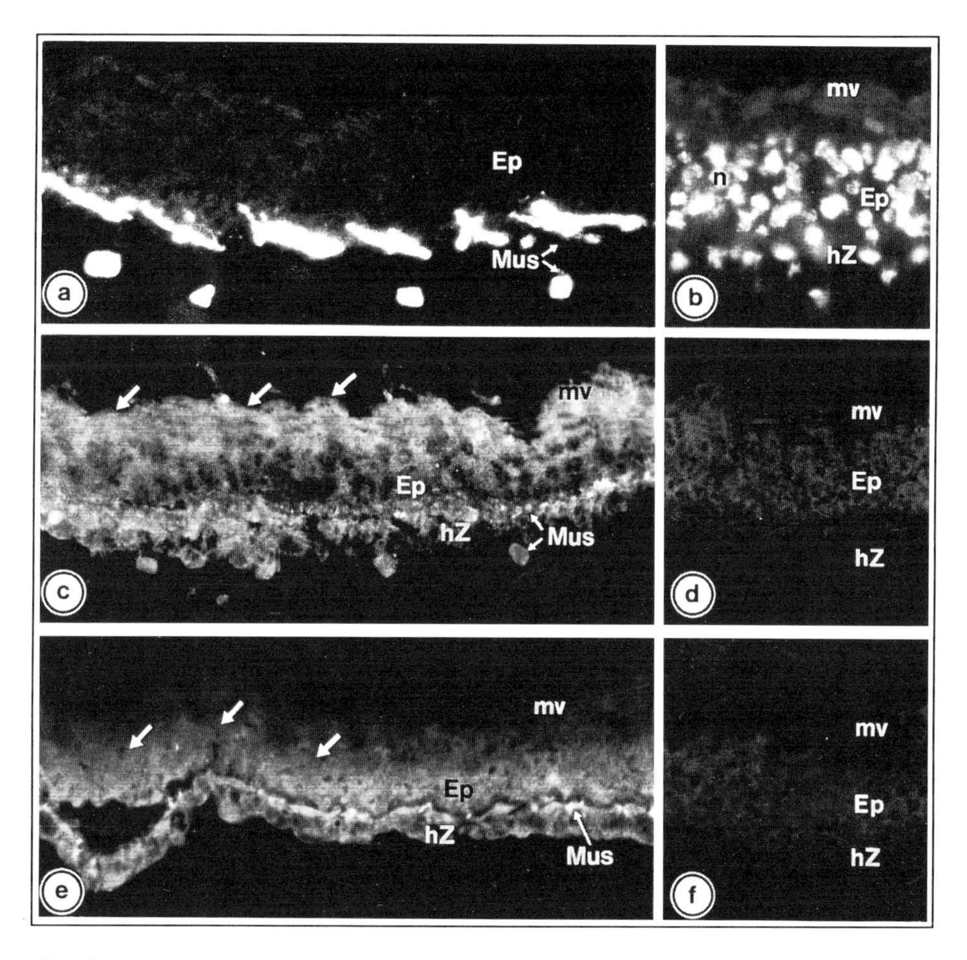

Abb. 6.44: Immunhistochemische Nachweise von α-Actin und Vimentin im Gewebe des Mitteldarmes von *T. niger*.

a: Nahezu unbelastetes Tier, Nachweis von α-Actin in der Muscularis. Vergr. 640x
b: Nahezu unbelastetes Tier, Lokalisation der Nuclei durch DAPI. Die Nuclei des Epithels liegen ausschließlich im medianen und basalen Teil der Zellen. Vergr. 640x
c: Nahezu unbelastetes Tier, Nachweis von Vimentin in der Muscularis und vorwiegend im apikalen Teil des Epithels (Pfeile). Vergr. 640x
d: Nahezu unbelastetes Tier, Negativkontrolle zu c. Vergr. 640x
e: Schwermetallbelastetes Tier, Nachweis von Vimentin in der Muscularis und vorwiegend im basalen Teil des Epithels (Pfeile). Vergr. 640x
f: Schwermetallbelastetes Tier, Negativkontrolle zu e. Vergr. 640x

Ep: Epithel, *hZ:* Hepatische Zellen, *Mus:* Muscularis, *mv:*Microvilli, *n:* Nucleus.

In der vorliegenden Untersuchung konnte gezeigt werden, daß vor allem die metabolisch aktiven Zellen (Resorptionszellen und hepatische Zellen) auf Schwermetalle in der Nahrung sensitiv reagieren. Die dargestellten Ergebnisse weisen darauf hin, daß in erster Linie zwei Zellkompartimente durch den ausgeübten Schwermetallstreß beeinflußt werden: Das Plasmalemma und das Cytoskelet.

Plasmalemma

Möglicherweise finden bei den Resorptionszellen nach der Intoxikation mit Schwermetallen während des Fixierungsprozesses mit einem Fixans von 2% Glutaraldehyd in 0,01 M Cacodylatpuffer osmotische Vorgänge statt. Durch die Hyperosmolarität des Fixans kommt es vermutlich zu einem Wasserausstrom und dadurch zu einer Volumenverringerung der Epithelzellen, was die beobachtete Verdichtung des Cytoplasmas und die großen Interzellularräume erklären kann. Nach Verringerung der Osmolarität des Fixans (1% Glutaraldehyd in 0,005 M Cacodylatpuffer) treten diese Effekte nicht auf. Die Osmolarität dieser Lösung scheint eher der des Binnenmediums zu entsprechen und zieht keine osmotischen Effekte in den Zellen nach sich. In unbelasteten Zellen hingegen scheint es möglich zu sein, unterschiedliche Osmolaritäten von Zellinnenmedium und Fixans auch während des Fixierungsprozesses auszugleichen, so daß es in beiden Fällen zu keiner Volumenveränderung kommt. Allerdings weist das Mitteldarmgewebe von Diplopoden auch unter unkontaminierten Bedingungen einen starken Volumenverlust und große Interzellularräume auf, wenn stark hyperosmotische Bedingungen bei der Fixierung herrschen (SEIFERT & ROSENBERG 1977: Konzentration des Puffers 0,1 M; NEUMANN 1985: 0,2 M).

Reaktionen des Plasmalemmas, wie sie bei den Resorptionszellen festgestellt wurden, äußern sich oft in Veränderungen des Zellvolumens nach Behandlungen mit toxischen Chemikalien (RÉZ 1986). Auch andere ultrastrukturelle Effekte, wie z.B. Dilatationen der Mitochondrien oder Veränderungen der ER-Zisternen sollen auf Permeabilitätsänderungen von Membranen zurückzuführen sein (GOYER & RHYNE 1975, GAS & NOAILLAC-DEPEYRE 1976, TRIEBSKORN 1989). Bezüglich der Beeinflussung von Membranaktivitäten durch Schwermetalle wurde bereits von PETERS (1966) vermutet, daß die Aktivität der membrangebundenen Na^{+}/K^{+}-ATPase beeinträchtigt und hierdurch der Ionentransport über die Membran behindert werden kann. Eine Inhibition von Ionenpumpen führt generell zu Veränderungen in der Regulation der osmotischen Verhältnisse, was Schwellungen oder Schrumpfungen der Zelle zur Folge haben kann (OSCHMAN et al. 1974). BUBEL (1976) beobachtete solche Anschwellungen bei Kiemenzellen von Estuarien besiedelnden Asseln nach Belastung mit Cadmium.

Cytoskelet

Für eine definierte Anordnung bzw. Lokalisation von Organellen in der Zelle (wie im vorliegenden Fall des ER und der Mitochondrien in den Resorptionszellen) spielt das Cytoskelet eine maßgebliche Rolle (RÉZ 1986). Für die Störung dieser Anordnung könnte ein Einfluß von Schwermetallen auf cytoskeletbildende Bestandteile verantwortlich sein. Weiterhin scheint es nach Bleibelastung zu einer Umverteilung des Vimentins im resorbierenden Epithel zu kommen. Es ist wahrscheinlich, daß aus der Verlagerung von Vimentin auch eine Änderung im Aufbau des Cytoskelets resultiert, da Vimentin zwar nicht ausschließlich, wohl aber zum großen Teil in intermediären Filamenten gebunden ist (FRANKE et al. 1982).

Überdies stehen zahlreiche Vertreter aus der Gruppe der Hitzeschockproteine (Hsc und Hsp) mit dem Cytoskelet in enger Verbindung. Hsc sind konstitutiv kontrollierte Proteine, während Hsp unter verschiedensten Streßbedingungen (auch nach Schwermetallbelastung) bevorzugt gebildet werden (zusammengefaßt in NOVER 1984). Wie die konstitutiv regulierten Hsc-Proteine, so binden auch diese streßinduzierbaren Proteine an Bestandteile des Cytoskelets und beeinflussen vermutlich dessen Gestalt (LEICHT et al. 1986, OHTSUKA et al. 1986). SCHLESINGER et al. (1982 a) postulieren, daß die Hauptvertreter der Hitzeschockproteine das nucleare und cytoplasmatische Cytoskelet modifizieren, um es gegen eine Streßeinwirkung zu schützen. In der Tat verhindert eine Präinduktion von Hsp den Zusammenbruch des Cytoskelets nach z.B. starker Erwärmung (WIEGANT et al. 1987). Beschrieben wurde weiterhin eine Bindung verschiedener Hitzeschockproteine (Hsp 100, Hsp 90) an Actin (z.B. KOYASU et al. 1986, YAHARA et al. 1986), sowie mögliche Abhängigkeiten von Hsp- und Actinsynthese (Hsp 68-70, Hsp 23) (FINDLEY & PEDERSON 1981, HIROMI et al. 1986, COURGEON et al. 1988). Da in der vorliegenden Untersuchung allerdings lediglich α-Actin nachgewiesen wurde, welches exklusiv in Muskelzellen lokalisiert ist (KLEINIG & SITTE 1984), in denen keine Veränderungen beobachtet werden konnten, kann über ein Zusammenwirken von Hsp und Actin in diesem Fall nichts näheres ausgesagt werden.

Hitzeschockproteine binden jedoch nicht nur an Actin, sondern auch an Tubulin (Hsp 90, Hsp 68) (NAPOLITANO et al. 1987, REDMOND et al. 1989) sowie an Proteine der intermediären Filamente (Hsp 46). Mit Vimentin und Desmin zusammen im Cytoskelet soll ein kleines Hitzeschockprotein (Hsp 46) assoziiert sein (FALKNER et al. 1981). Das untersuchte Vimentin ist Bestandteil der intermediären Filamente (FRANKE et al. 1982, OSBORN & WEBER 1982). Es ist phylogenetisch hoch konserviert und tritt nicht nur in Muskelzellen, sondern u.a. auch in Epithelzellen auf (LAZARIDES 1980). Nach Streßeinwirkung (Hitzeschock bzw. Behandlung mit Entkopplern der oxidativen Phosphorylierung) wurde von MARO & BORNENS (1982) sowie von BIESSMANN et al. (1982) eine Verlagerung des Vimentins und eine Aggregation dieses Proteins um den Nucleus herum nachgewiesen. Auch im Fall der Resorptionszellen im Diplopodenmitteldarm ist Vimentin nach Schwermetalleinwirkung im basalen Teil der Zellen nahe der Kerne zu finden. Durch diese Veränderungen in der Anordnung der intermediären Filamente -und eventuell des gesamten Cytoskelets- könnte möglicherweise die elektronenmikroskopisch beobachtete Delokalisation des ER und der Mitochondrien erklärt werden, zumal eine Interaktion von intermediären Filamenten mit Mitochondrien nachgewiesen wurde (HEGGENESS et al. 1978).

Sowohl Hsc als auch Hsp sind darüberhinaus auch an der Verbindung von Cytoskelet und Plasmamembran beteiligt (HUGHES & AUGUST 1982, TOMASOVIC et al. 1989). So sind Hsp direkt am Plasmalemma bzw. an Membranproteinen lokalisiert. TOMASOVIC et al. (1989) vermuten eine Beteiligung von nach Streßeinwirkung zusätzlich an dieser Stelle auftretenden Hsp an Prozessen, die Membranveränderungen verursachen. Weiterhin sollen Hsp die Aktivität der Na^+/K^+-ATPase negativ beeinflussen (BURDON & CUTMORE 1982). Es ist möglich, daß Cytoskeletveränderungen, Hsp-Präsenz und Veränderungen der Plasmalemmafunktion in engem Zusamenhang stehen. Eine Erhöhung der Konzentration von Streßproteinen der Hsp 70-Gruppe bei Diplopoden nach Bleibelastung konnte parallel zu der Bearbeitung des vorliegenden Projektes nachgewiesen werden (KÖHLER et al. 1992 b). Es ist also davon auszugehen, daß die Belastung dieser Tiere mit Schwermetallen einen Streßzustand nach sich zieht, der nicht nur direkt auf den Organismus des Individuums sondern, wie noch gezeigt werden wird, auf den Ablauf von ökosystemaren Prozessen beeinträchtigend wirkt.

6.1.11 Doppelfüßer (Diplopoda): Assimilationsraten und Mortalität

6.1.11.1 Einleitung

Aufgrund ihrer hohen Fraßaktivität an zerfallenden Blättern werden Diplopoden zu den wichtigsten an der Dekomposition beteiligten Tiere der Bodenmakrofauna gezählt (SWIFT et al. 1979, DUNGER 1983). Eine schwermetallbedingte Beeinträchtigung von Nahrungsaufnahme und -verwertung bei Diplopoden hätte somit nicht nur massive Auswirkungen auf die betreffenden Individuen, sondern auch auf den gesamten Dekompositionsvorgang. Aus diesem Grund sollte mit den in diesem Kapitel dargestellten Laborversuchen der Effekt von bleikontaminiertem Futter auf die Konsumptions- und Assimilationsraten verschiedener Diplopodenarten und die Abhängigkeit dieses Einflusses von der unterschiedlichen Vorbelastung der Versuchstiere (durch die Verhältnisse in den Gebieten Wiesloch, Nußloch und Speyerer Hof) untersucht werden. Folgende Fragen standen dabei im Mittelpunkt:

(1) Existiert ein Einfluß der Bleikontamination auf Konsumption- und Assimilationsraten der betrachteten Diplopodenarten?

(2) Weisen bestimmte Arten Adaptionsmechanismen nach chronischer Belastung mit Schwermetallen in Wiesloch auf?

(3) Reicht die assimilierte Energiemenge auch unter akutem Schwermetallstreß noch für ein Überleben aus?

6.1.11.2 Material und Methodik

Adulti der Arten *Glomeris conspersa*, *Polydesmus denticulatus*, *Julus scandinavius*, *Allaiulus nitidus* und *Tachypodoiulus niger* wurden im Labor unter konstanten Bedingungen gehalten bzw. Bleikontaminationen ausgesetzt (zur Systematik s. auch Tab. A10 im Anhang). Die Tiere selbst entstammten unterschiedlichen Versuchsgebieten: zum einen der ehemaligen Bergbaufläche Wiesloch, zum anderen aus zwei Vergleichsgebieten in räumlicher Nähe. Die Diplopoden wurden im allgemeinen individuell untersucht, aufgrund ihrer geringen Körpergröße wurden jedoch oft zwei bis drei Tiere der Art *P. denticulatus* zusammen in einem Versuchsansatz untersucht und als eine Probe behandelt. Allen Tieren wurde eine Mischung ca. einjährigen Laubes von *F. sylvatica*, *C. sativa*, *Q. petraea* und *Q. rubra* gefüttert. Je nach Bleikontamination und Vorbelastung der Individuen wurde jedoch zwischen drei Versuchsreihen unterschieden (Die Zahlen hinter den Artnamen bezeichnen jeweils die Anzahl der ausgewerteten Versuchstiere, die Anzahl der Überlebenden, die Anzahl der zu Versuchsbeginn eingesetzten Individuen sowie die Anzahl der nicht überlebenden Tiere, für die dennoch Daten erhoben werden konnten):

(1) Gering kontaminierte Tiere mit nahezu unbelastetem Mischlaub: *G. conspersa* (2, 2, 2, 0), *P. denticulatus* (5, 12, 14, 2), *J. scandinavius* (9, 8, 10, 2), *A. nitidus* (5, 5, 5, 0), *T. niger* (9, 9, 9, 0).

(2) Gering kontaminierte Tiere mit obigem Mischlaub, welches mit einer Lösung von 1 000 µg Pb/g getränkt wurde: *G. conspersa* (19, 19, 19, 0), *P. denticulatus* (2, 1, 5, 2), *J. scandinavius* (9, 12, 14, 0), *A. nitidus* (8, 8, 8, 0), *T. niger* (10, 16, 18, 0).

(3) Stark kontaminierte Tiere von der Fläche Wiesloch unter den gleichen Bedingungen wie Versuchsreihe (2): *P. denticulatus* (21, 40, 48, 0), *J. scandinavius* (2, 2, 2, 0), *A. nitidus* (15, 15, 15, 0), *T. niger* (5, 6, 7, 0). Von *G. conspersa* lagen keine Versuchstiere aus Wiesloch vor.

Die niedrige Anzahl ermittelter Daten für *P. denticulatus* (Gruppe 2) ist durch hohe Sterblichkeit der ohnehin nur wenigen Versuchstiere, die für *J. scandinavius* (Gruppe 3) durch die Seltenheit dieser Art in Wiesloch begründet. Obwohl auch nur zwei Individuen von *G. conspersa* (Gruppe 1) ausgewertet wurden, zeigen die Daten große Übereinstimmung mit denen der nahe verwandten Art *Glomeris marginata* (KÖHLER et al. 1989, KÖHLER unveröffentlicht). Aufgrund der geringen Probenanzahl sind dennoch die in diesen Fällen erhobenen Daten unter Vorbehalt zu sehen. Die Auswertung dieser Versuchsansätze erfolgte lediglich aus Gründen der Vollständigkeit.

Folgende Parameter wurden gemessen bzw. berechnet: Der tägliche Konsum an Laubmaterial (M_n), die Masseassimilationsrate (A_m), die täglich assimilierte Laubmasse (M_a), der Energiegehalt von Futterlaub (E_l) und Faeces (E_f), die täglich konsumierte Energiemenge (E_n), die Energieassimilationsrate (A_e), die täglich assimilierte Energiemenge (E_a) sowie die Mortalität.

Zur Betrachtung energetischer Parameter wurde die Methode der Mikrokalorimetrie angewendet. Der kalorische Energiegehalt (d.h. die bei einer vollständigen Oxidation frei werdende Energiemenge) von Proben mit kleiner Masse (Blattmaterial und Faeces) kann mit Hilfe eines Mikrokalorimeters (Bjeske, Berlin) ermittelt werden. Dazu war es nötig, die Proben zu trocknen (30°C bzw 60°C, je nach Volumen und Feuchtigkeit, mehrere Stunden). Nach der Trocknung konnten die Laubproben direkt gewogen und kalorisch gemessen werden, die Faecesproben mußten jedoch (wegen ihrer geringen Partikelgröße) zuvor in Pellets gepreßt werden (Pelletpresse: Peters, Berlin) (s. 6.1.6.2.5 a).

Nach Kalibrierung des Gerätes mit Benzoesäure (99,97%) und Erstellung einer Eichkurve wurden die gewogenen Proben in einer Reaktionsbombe in einer Sauerstoffatmosphäre (10 bar) mittels eines Nickelzünddrahtes elektrisch gezündet und vollständig oxidiert. Die endstandene Wärmemenge wurde auf einen Aluminium-Referenzblock übertragen und graphisch dargestellt.

Die Fütterungsexperimente dauerten - je nach Konsum der Tiere - 5-31 Tage. Statistische Signifikanz wurde mit Duncan's multiple range Test (der Vergleich der Extremwerte für den Energiegehalt der Faeces mit Student's t-Test) ermittelt.

Einige Parameter (M_a, E_n, A_e, E_a) werden ohne Standardabweichungen angegeben, da sie nicht direkt gemessen werden konnten, sondern aus anderen Werten berechnet wurden. Dies rührte daher, weil zum einen der individuelle Konsum bzw. die individuelle Faecesproduktion in einigen Fällen sehr gering war und zum anderen zur mikrokalorimetrischen Auswertung ein gewisses Minimum an Substanz notwendig ist. Aus diesem Grund wurden die Faeces von Parallelproben für die Mikrokalorimetrie (jedoch nicht für M_f) vereinigt.

6.1.11.3 Resultate

Täglich konsumierte Laubmasse (M_n)(Abb. 6.45)

Schwermetallhaltiges Futter scheint auf die Menge ingestierten Laubmaterials pro Tag in einigen Fällen Einfluß zu nehmen. Konsumiert *G. marginata* unter Schwermetallbelastung wesentlich mehr Futterlaub als unbelastet, so wurde für die Arten *P. denticulatus* und *T. niger* unter kontaminierten Bedingungen eine Verringerung der Konsumption gemessen. Für *J. scandinavius* und *A. nitidus* konnten keine Unterschiede im Futterkonsum zwischen unbelasteten und belasteten Ansätzen nachgewiesen werden. Für alle betrachteten Arten scheint die Vorbelastung in bezug auf die Ingestion von Laubmaterial (Vergleich der Gruppen 2 und 3) keine Rolle zu spielen.

Masseassimilationsrate (A_m)(Abb. 6.46)

Die Assimilationsrate der nahezu unkontaminierten Tiere der fünf Arten variiert interspezifisch zwischen ca. 10% und 30%. Wurde dem Futter Blei zugegeben, so verringerten sich die Assimilationsraten aller betrachteten Arten. Es traten jedoch Unterschiede zwischen den beiden bleibelasteten Versuchsreihen auf. Obwohl die Tiere aus Wiesloch die Assimilationswerte der nahezu unkontaminierten Kontrollgruppe bei allen Arten nicht erreichten, assimilierten sie jedoch wesentlich mehr Laubmasse (bis zu 16%) als die bleikontaminierten Tiere der Kontrollstandorte (höchstens 6%).

Täglich assimilierte Laubmasse (M_a)(Abb. 6.47)

Die nahezu unbelasteten Tiere der Gruppe (1) assimilieren im Durchschnitt zwischen ca. 0,07 mg/d (*J. scandinavius*) und 0,35 mg/d (*A. nitidus*) des Futters. Mit Ausnahme von *G. conspersa* verringert sich die Menge assimilierten Materials pro Tag in der akut schwermetallbelasteten Gruppe (2) drastisch. Obwohl ebenfalls auf bleikontaminiertem Substrat gehalten, sind die Diplopoden aus Wiesloch (Gruppe 3) dagegen in der Lage, 25-70% der von der Kontrollgruppe assimilierten Laubmenge zu verwerten.

Täglich konsumierte kalorische Energiemenge (E_n)(Abb. 6.49)

Der kalorische Wert des Futterlaubes beträgt ca. 10,4 J/mg (Abb. 6.48). Die daraus berechneten Werte für den täglichen Energiekonsum der Arten *J. scandinavius* und - vor allem - *G. conspersa* liegen nach Fütterung mit kontaminiertem Laubmaterial höher als unter unbelasteten Bedingungen. Dieser Effekt hängt dabei (bei *J. scandinavius*) nicht von der Vorbelastung der Individuen ab. Wie bei M_n zeigen auch hier die drei Ansätze für *A. nitidus* kaum Unterschiede. Für *T. niger* und *P. denticulatus* wurden hingegen unter Bleibelastung niedrigere Werte als unter unkontaminierten Bedingungen ermittelt.

Energieassimilationsrate (A_e)(Abb. 6.50)

Die Berechnung dieses Parameters erforderte zunächst die Messung des kalorischen Energiegehaltes der Faeces. Obwohl die Faeces in den verschiedenen Ansätzen ähnliche Werte aufweisen (Abb. 6.48), differieren Maximal- und Minimalwert signifikant (t-Test). Unter unkontaminierten Bedingungen assimilieren *P. denticulatus* und *A. nitidus* ca. ein Drittel der gesamten in der Nahrung enthaltenen Energie. Die Energieverwertung von *G. conspersa* (ca. 18%) und der großen Juliden *J. scandinavius* und *T. niger* (unter 8%) ist ineffektiver.

Abb. 6.45-6.48: Schwarze Säulen: Minder belastete Tiere mit nahezu unbelastetem Mischlaub (Ansatz 1), Säulen mit weißen Kreisen: Minder belastete Tiere mit bleikontaminiertem Mischlaub (Ansatz 2), Säulen mit weißen Punkten: Diplopoden aus Wiesloch mit bleikontaminiertem Mischlaub (Ansatz 3). Die angegebenen Werte stellen das arithmetrische Mittel der jeweiligen Versuchsreihe (bzw. ± Standardabweichung) dar. A.n.: *A. nitidus,* G.c.: *G. conspersa,* J.s.: *J. scandinavius*, l.: Mischlaub, P.d.: P. denticulatus, T.n.: *T. niger.* * (in Abb. 6.46, J.s.): Wert aus KÖHLER et al. (1991). Die übrigen Sterne bezeichnen die statistische Signifikanz (siehe 5.1.5).

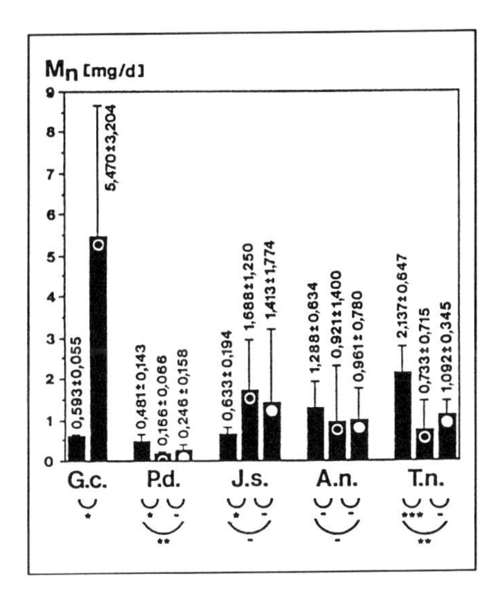

Abb. 6.45: Täglich konsumierte Laubmasse (M_n).

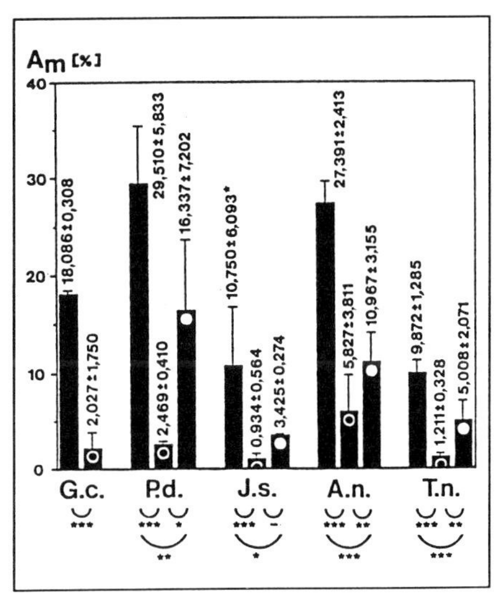

Abb. 6.46: Masseassimilationsrate (A_m).

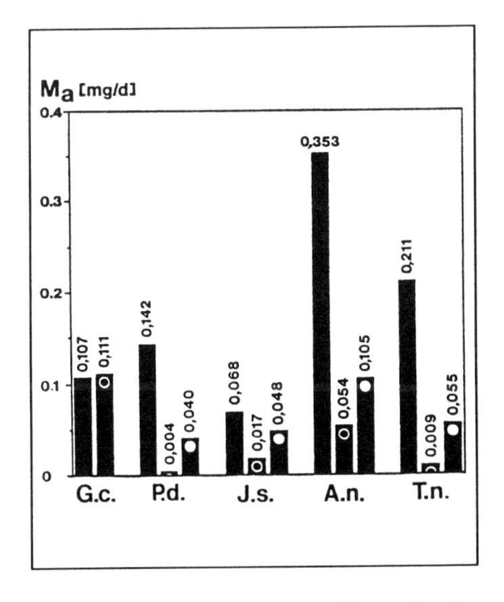

Abb. 6.47: Täglich assimilierte Laubmasse (M_a).

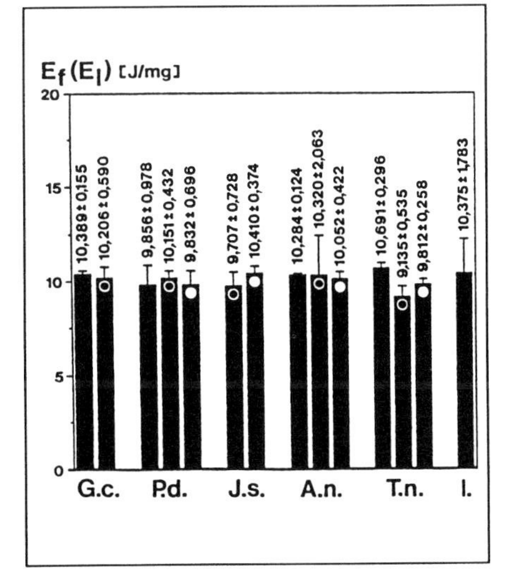

Abb. 6.48: Kalorischer Energiegehalt von Faeces (E_f) und Mischlaub (E_l).

Da der Energiegehalt der Faeces zwischen den einzelnen Ansätzen zuweilen differiert, sind nur in einigen Fällen Ähnlichkeiten zwischen Energie- und Masseassimilationsraten zu beobachten. Mit Ausnahme der großen Juliden *T. niger* und *J. scandinavius* wurden für A_e in den bleibelasteten Ansätzen wesentlich geringere Werte als in den unbelasteten Proben ermittelt, wobei die niedrigsten Assimilationsraten bei den primär nahezu unbelasteten Tieren unter akutem Bleistreß auftraten. Die Energieassimilationsrate scheint bei *J. scandinavius* und *T. niger* nicht durch Bleiapplikation beeinflußt zu werden.

Täglich assimilierte kalorische Energiemenge (E_a)(Abb. 6.51)

Die Berechnung der Werte für diesen Parameter ergaben ein uneinheitliches Bild. Während die Arten *G. conspersa* und *J. scandinavius* in der Lage sind, unter Bleibelastung die Menge assimilierter Energie pro Tag im Vergleich zu unbelasteten Tieren zu erhöhen, weisen die anderen Diplopoden die höchsten Werte unter nicht kontaminierten Bedingungen auf. Für die aus Wiesloch stammenden Tiere mit bleibelastetem Futter wurden im Vergleich zu Gruppe (2) höhere (*P. denticulatus, A. nitidus*), etwa gleiche (*T. niger*) oder niedrigere (*J. scandinavius*) Werte berechnet. Die Menge an assimilierter Energie pro Tag scheint - zumindest bezüglich der Gruppe (3) - ein Überleben auch nach Bleikontamination zu gewährleisten. Es scheint jedoch möglicherweise - unter Berücksichtigung der geringen Probenanzahl - eine Korrelation zwischen der sehr geringen assimilierten Energiemenge pro Tag durch Individuen der Art *P. denticulatus* unter akuter Bleibelastung und der im gleichen Ansatz beobachteten hohen Mortalität zu bestehen (Abb. 6.52).

Wie die vorliegenden Daten zeigen, hat ein erhöhter Bleigehalt der Laubschicht - und damit auch des Futters - massive Auswirkungen auf die Ernährungsphysiologie von Diplopoden. Kurz nach dem Laubfall jedoch ist das Blattmaterial (zumindest in nicht durch Flugaschen belasteten Gebieten wie der Untersuchungsfläche Wiesloch) auch bei stark erhöhten Schwermetallgehalten der tieferen Bodenschichten nicht zwangsläufig ebenfalls kontaminiert, sondern weist vergleichsweise geringe Konzentrationen an Schwermetallen auf (KRATZMANN et al. 1992). Dieses frische Fallaub wird jedoch von Diplopoden - wie auch von anderen Saprophagen - in der Regel nicht als Nahrung akzeptiert. Wie von zahlreichen Autoren dargestellt, bevorzugen die saprophagen Tiere des Bodens älteres Laubmaterial stärkeren Dekompositionsgrades (niedrigeren C/N-Verhältnisses) nach Verlust attraktivitätshemmender Substanzen wie Tanninen, Gerbstoffen etc. (z.B. CAMERON & LAPOINT 1978, SCHNEIDER & TSCHAKAROFF-SCHUSTER 1978, KHEIRALLAH 1979, BECK & BRESTOWSKI 1980, SOMA & SAITO 1983, DAVID 1986, COLEMAN et al. 1990). Mit zunehmendem Alter steigt jedoch auch der Schwermetallgehalt dieses Laubes einerseits wohl durch den Transport in die Tiefe, andererseits durch die fortschreitende Besiedlung mit Bakterien und Pilzen, die, wie bereits dargestellt, Schwermetalle stark akkumulieren können (UCHIDA et al. 1973, BORDONS 1985, MCCARVIL & MACHAM 1985, BENGTSSON 1986).

Von diesen Bakterien und Pilzhyphen werden ca. die Hälfte bei der Passage durch den Diplopodendarm verdaut (ANDERSON & BIGNELL 1982). Aus diesem Grund können Diplopoden wesentlich höheren Schwermetallkonzentrationen ausgesetzt sein als eine Betrachtung lediglich der Metallgehalte in den Blättern es vermuten ließe (HOPKIN 1989). Die Masseassimilationsrate jeder der in dieser Studie untersuchten Arten sinkt nach Kontamination mit 1000 μg/g Blei auf wenige Prozent. *G. conspersa* allerdings vermag diese erniedrigte Assimilationsfähigkeit mit einem gesteigerten Nahrungskonsum zu kompensieren, was dieser Art eine ausreichende Energieversorgung ermöglicht. Im Gegensatz dazu beobachteten HOPKIN et al. (1985) eine verminderte Nahrungsaufnahme von *Glomeris marginata* nach Schwermetallbelastung. Die im Rahmen der vorliegenden Untersuchung betrachteten Juliden (*J. scandinavius*, *A. nitidus*, *T. niger*) zeigen zwar nicht die erwähnte Kompensation, jedoch scheinen die ermittelten Konsumptions- und Assimilationsleistungen auch nach akuter Bleikontamination ihr Überleben zu gewährleisten. Alle untersuchten großen Julidenarten gehören einem bestimmten Ernährungstypus an, der sich durch den Konsum großer Mengen an Laubmaterial und durch die Assimilation nur geringer Anteile dieses Futters auszeichnet (KÖHLER 1989, KÖHLER et al. 1992a). Im Gegensatz dazu zeigen kleinere Arthropoden generell die Tendenz zu geringer Konsumption und hohen Assimilationsraten (BERTHET 1971). Diese Tendenz wurde auch für Diplopoden bestätigt (STRIGANOVA 1972, KONDEVA 1980, KÖHLER et al. 1989). So ist es zu vermuten, daß kleinere Diplopodenarten (wie z.B. *P. denticulatus*), deren Überleben hauptsächlich auf einer effektiven Ausnutzung des Futtermaterials beruht, dem schädigenden Einfluß einer akuten Schwermetallintoxikation besonders ausgesetzt sein können. Dies müßte jedoch durch Mortalitätsuntersuchungen größeren Ausmaßes erst bestätigt werden.

Masseassimilationsraten diverser Diplopodenarten sind in der Vergangenheit mehrfach ermittelt worden (GERE 1956, KAYED 1978, STRIGANOVA & RACHMANOV 1972, WOOTEN 1974, WOOTEN & CRAWFORD 1975, STRIGANOVA & VALIACHMEDOV 1976, EHLERT 1980, KONDEVA 1980, POKARZHEVSKII 1981, SOMASUNDARAM & CHOCKALINGAM 1981, ANDERSON & BIGNELL 1982, KÖHLER et al. 1991), basieren jedoch auf in den meisten Fällen stark differierenden Ernährungsbedingungen und sind somit nur beschränkt vergleichbar. Die erwähnten Arbeiten beinhalten jedoch alle ausschließlich Untersuchungen unter unbelasteten Bedingungen, so daß bis heute kaum Daten bezüglich des Einflusses von Schwermetallen auf die Assimilationsrate bei Diplopoden vorhanden sind. Lediglich ZHULIDOV & DUBOVA (1988) beschreiben - den vorliegenden Ergebnisse entsprechend - eine verminderte Assimilation bei hohen Cadmium- und Quecksilberkonzentrationen in der Nahrung und interpretieren diesen Effekt als mögliche Strategie zur Vermeidung der Schwermetallaufnahme.

Diese Strategie erscheint jedoch nur dann sinnvoll, wenn die Reduktion der assimilierten Nahrungssubstanz nicht zu einer ungenügenden Energieversorgung führt. Untersuchungen zum Energiehaushalt bei Diplopoden sind ebenfalls selten. Energieassimilationsraten einiger Arten wurden gemessen und Werte zwischen einigen Prozent und über 60% ermittelt (berechnet nach Werten von O'NEILL (1968), SHAW (1970) sowie DOWDY (1975); KÖHLER et al. 1989).

Jedoch auch diese Untersuchungen wurden ausschließlich mit unbelasteten Individuen durchgeführt. Die vorliegende Arbeit zeigt, daß neben den Masseassimilationswerten durch Schwermetalle in den meisten Fällen auch die Energieassimilationsrate reduziert wird.

Der Einfluß von Metallen auf Assimilatonswerte bei Tieren der saprophagen Bodenfauna wurde ebenfalls am Beispiel von Asseln untersucht. Bei diesen Tieren wiesen DALLINGER & WIESER (1977) konträr zu den vorliegenden Ergebnissen eine Steigerung der Assimilationsrate bei gleichzeitigem Absinken des Konsums nach Anreicherung des Futters mit Kupfer nach. Es ist jedoch in diesem Fall zu beachten, daß Kupfer für Asseln (aufgrund des Blutfarbstoffes Hämocyanin) ein ausgesprochen essentielles Metall darstellt. Eine Steigerung des Konsums bei - allerdings vorbelasteten - Asseln wurde durch geringe Zugaben von Eisen zum Futter erzielt. Mit steigendem Eisengehalt der Nahrung sinkt jedoch die Konsumptionsrate wieder (VAN CAPELLEVEEN 1983). Eine Toleranz gegenüber hohen Metallkonzentrationen durch längere

Vorbelastungen kann durch (1) frühere und effektivere Aktivierung von Detoxifikationsmechanismen (bzw. von anderen den Streßfaktor tolerierbar machenden Vorgängen) und (2) die Selektion bestimmter Genotypen in belasteten Biotopen erfolgen. So stellte FRASER (1980) eine gesteigerte Toleranz der Assel *Asellus aquaticus* gegenüber bis zu 800 μg/g Blei nach Vorbelastung sowohl im kontaminierten Freiland als auch im Laborversuch fest. Diese "erworbene Toleranz" blieb auch nach längerer Zeit unkontaminierter Hälterung bestehen. Bei der gleichen Art soll die höhere Toleranz von Individuen aus kontaminierten Gewässern gegenüber Eisen, Kupfer und Blei genetisch determiniert sein (BROWN 1976, MALTBY et al. 1987). Im vorliegenden Fall spricht die (bis zu sechsfach) erhöhte Masseassimilationsrate der bleibelasteten Tiere aus Wiesloch im Vergleich zu den akut kontaminierten Individuen ohne Vorbelastung für eine gewisse Schwermetalltoleranz der Diplopoden dieses ehemaligen Bergbaugebietes.

Es ist sehr wahrscheinlich, daß Langzeitexpositionen gegenüber einem subletalen Streßfaktor über eine Generation oder - wie in Wiesloch - über mehrere Generationen physiologische oder genetische Anpassungen verursachen, die es den betreffenden Tieren ermöglichen, auch auf akute Belastungen mit den gleichen oder ähnlichen Streßfaktoren zu reagieren. Obwohl die Bodenbiocönosen in der Nähe schwermetallemittierender Quellen stark duch den Wegfall von Arten verändert sind (z.B. BEYER et al. 1985, HOPKIN et al. 1985), vermögen doch einige ausgewählte Arten die Intoxikationen durch intrazelluläre Ausfällung der Metalle (zusammengefaßt in HOPKIN 1989), Produktion von Metallothioneinen oder Metallothionein-ähnlichen Proteinen (z.B. KÄGI 1987) oder Expression von Hitzeschockproteinen (z.B. SCHLESINGER et al. 1982b, NOVER 1984, KÖHLER et al. 1992b) zu ertragen. Jedoch scheint für die Bewältigung eines plötzlichen Schocks nicht ausschließlich die Praeinduktion biotransformatorischer Prozesse Voraussetzung zu sein, sondern es ist ebenso denkbar, daß in langzeitbelasteten Gebieten Individuen selektiert werden, die Detoxifikationsprozesse schneller bzw. effektiver aktivieren können, oder in denen an diesen Prozessen beteiligte Proteine permanent präsent sind. Aus diesem Grund erscheinen toxikologische Studien an bestimmten Populationen wesentlich sinnvoller als Untersuchungen auf Artniveau, bei denen die Herkunft der Individuen nicht berücksichtigt wird.

Abb. 6.49-6.52: Schwarze Säulen: Minder belastete Tiere mit nahezu unbelastetem Mischlaub (Ansatz 1), Säulen mit weißen Kreisen: Minder belastete Tiere mit bleikontaminiertem Mischlaub (Ansatz 2), Säulen mit weißen Punkten: Diplopoden aus Wiesloch mit bleikontaminiertem Mischlaub (Ansatz 3). Die angegebenen Werte stellen das arithmetrische Mittel der jeweiligen Versuchsreihe dar. A.n.: *A. nitidus*, G.c.: *G. conspersa*, J.s.: *J. scandinavius*, P.d.: *P. denticulatus*, T.n.: *T. niger*. * (in Abb. 6.52, J.s.): Wert aus KÖHLER et al. (1991). Zu beachten ist die äußerst geringe assimilierte Energiemenge bei akut belasteten Tieren von *P. denticulatus* (Pfeil).

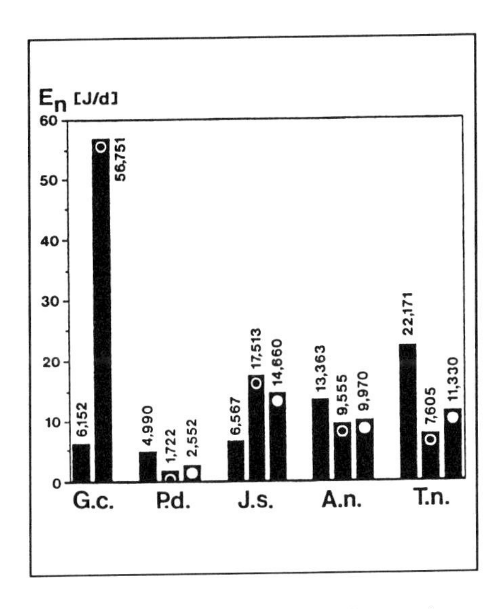

Abb. 6.49: Täglich konsumierte kalorische Energiemenge (E_n).

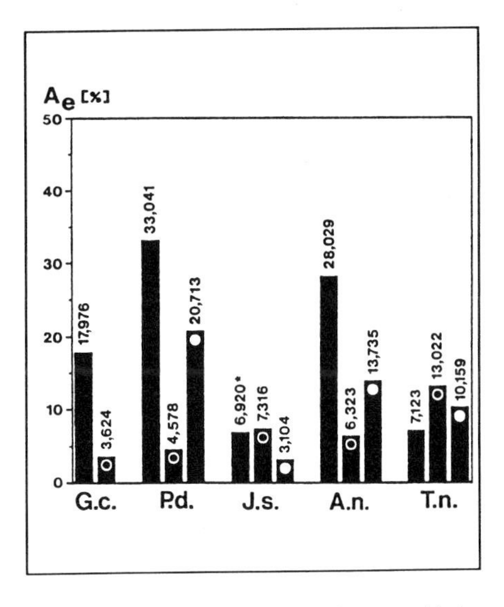

Abb. 6. 50: Energieassimilationsrate (A_e).

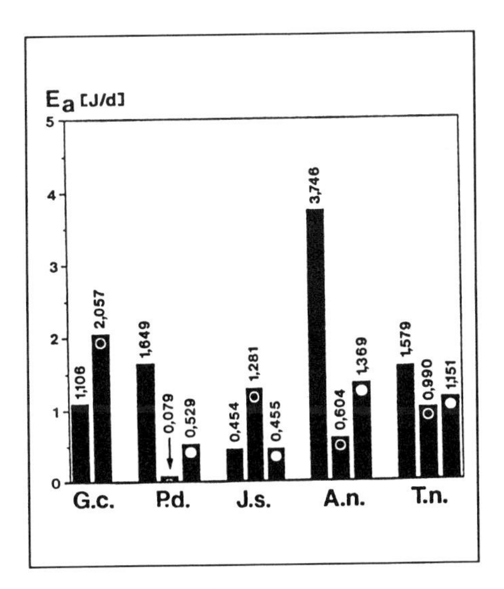

Abb. 6.51: Täglich assimilierte kalorische Energiemenge (E_a).

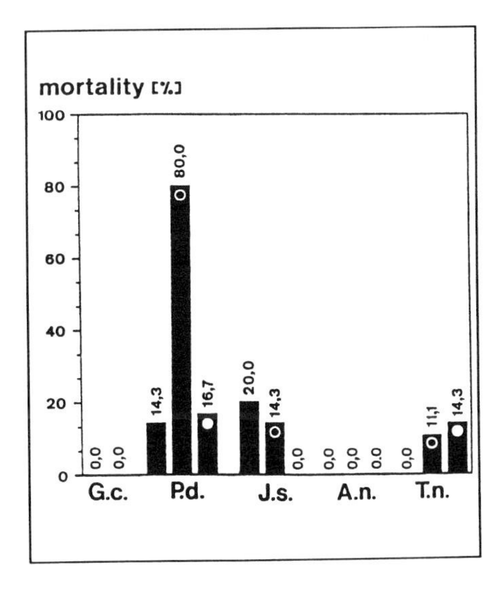

Abb. 6.52: Mortalität.

7. Einflüsse von Schwermetallen auf den Dekompositionsprozeß

Während wir im Kapitel 6 die Auseinandersetzung ausgewählter Bodentiere mit den Schwermetallen auf Zell-, Organ- und Individualebene betrachtet haben, soll im folgenden Kapitel die Wirkung auf den Dekompositionsprozeß im Mittelpunkt stehen. Letztlich bewirken die Mikroorganismen des Bodens den finalen Abbau des von den Bodentieren mechanisch (und chemisch s.u.) bearbeiteten pflanzlichen Bestandesabfalls, die Mineralisation. Ihre Interaktion mit den Bodentieren hat sicher Auswirkungen auf den Dekompositionsprozeß. Möglichkeiten der gegenseitigen Beeinflussung bestehen einmal in der Bereitstellung von Substratflächen durch die Fraß- und Wühltätigkeit der Bodentiere für das Wachstum von Mikroorganismen sowie durch Abweiden derselben durch die saprophagen Bodentiere. Des weiteren ist daran zu denken, daß das Körperinnere (der Darmatrakt) der Bodentiere einen Lebensraum für (symbiotische) Mikroorganismen darstellt, der möglicherweise eine Mikroflora begünstigt, die von der im umgebenden Bodensubstrat lebenden abweicht. So kann durch unterschiedliche Förderung von Mikroorganismengruppen eine Steuerung der Bodenmikroflora erfolgen.

Diese Aspekte werden wiederum vor dem Hintergrund der Schwermetallbelastung betrachtet. Da die zerkleinerten Streupartikel letzlich mit Hilfe von Enzymen abgebaut werden, wird im folgenden auch eine Darstellung der Verteilung wichtiger Leitenzyme des Cellulose-, Lignin-, Chitinabbaus und anderer, die Aktivität von Bodenorganismen kennzeichnender, Enzyme im Boden und im Intestinaltrakt (Diplopoden) gegeben.

Der auf die verschiedenen Teilglieder der vernetzten Bodenbiocönose wirkende Einfluß der Schwermetalle führt letzlich insgesamt zu Konsequenzen auf Individual- (Verhaltens-, Aktivitätsänderungen) bzw. ökosystemarer Ebene (Änderungen in der Dekompositionsrate). Diese werden in den letzten Abschnitten dieses Kapitels ausblickhaft behandelt.

7.1 Dokumentation der Beeinträchtigung des Dekompositionsgeschehens auf einer langzeitkontaminierten Fläche (Wiesloch)

7.1.1 Vorgehensweise

Um die Masse des jährlich fallenden Laubes zu ermitteln, wurden im Herbst kurz vor Beginn des Laubfalls sowohl auf der stark mit Schwermetallen kontaminierten Fläche bei Wiesloch als auch auf zwei minder belasteten Vergleichsflächen jeweils 6 Netze mit einer Fläche von je 1 m² auf dem Waldboden befestigt. Diese Netze verblieben bis zum Ende der Laubfallperiode (insgesamt 3 Monate) auf den Böden der Untersuchungsflächen. Nach dieser Zeit wurden diese Netze zusammen mit dem in ihnen befindlichen Laub ins Labor gebracht, das Laub bei 20°C getrocknet und gewogen.

Um die Anreicherung unvollständig dekompostierten Laubmaterials auf der Wieslocher Fläche zu dokumentieren, wurden L- und O-Horizont des Bodens auf jeweils 5 Arealen von je 1 m² auf der Wieslocher Fläche und den beiden Kontrollflächen entnommen, ebenfalls im Labor getrocknet (20°C) und gewogen.

Die Probennahme erfolgte stratifiziert zufällig an vier verschiedenen Zeitpunkten im Jahr (Februar, April, Juli, Oktober).

7.1.2 Resultate

Wie schon die Bestandsdichte an Laubbäumen in den drei Vergleichsgebieten, die ja bewußt nach möglichst guter Übereinstimmung aller Parameter (mit Ausnahme des Schwermetallgehaltes im Boden) ausgesucht wurden, vermuten ließ, unterschied sich die ermittelte Trockenmasse des gefallenen Laubes einer Laubfallperiode in den Vergleichsgebieten nicht wesentlich von der der kontaminierten Fläche bei Wiesloch. Die berechneten Mittelwerte bewegten sich zwischen 125 und 182 g/m², wobei die Wieslocher Fläche eine Mittelposition einnahm (Abb. 7.1).

Im Gegensatz dazu konnte auf der Fläche Wiesloch eine deutliche Akkumulation von unvollständig zersetztem Laubmaterial im Bereich von L- und O-Horizont nachgewiesen werden. Die Trockenmasse dieses Materials betrug am Standort Wiesloch das zwei- bis vierfache des Wertes für beide Kontrollstandorte. Die exakten Daten sind Abb. 7.1 zu entnehmen. In den durch die Bergbautätigkeit entstandenen Trichtern im Boden der Wieslocher Fläche (sog. "Pingen") wurden sogar Werte von über 3,7 kg/m² organischer Trockenmasse in den beiden Bodenhorizonten gemessen, dies entspricht einer 5- bis 15-fachen Steigerung gegenüber den Verhältnissen in den Kontrollgebieten.

7.2 Auswirkungen auf die Mikrobiologie des Bodens

7.2.1 Mikrokosmosexperimente und Simulation der Freilandbedingungen

Für den Abbau des organischen Bestandesabfalles, die Dekomposition, sind die mannigfachen Interaktionen, die zwischen den Mikroorganismen des Bodens und den Bodenwirbellosen bestehen, Voraussetzung. Diese Komplexität erschwert jedoch die Abschätzung des Einflusses erhöhter Schwermetallgehalte auf den Dekompositionsprozeß im Freiland. Aus diesem Grund sollten im Rahmen der vorliegenden Untersuchung an dem Prozeß der Dekomposition beteiligte Einzelkomponenten sowie deren wichtigste Interaktionen in Laborversuchen quantifiziert und ihre (möglicherweise vorhandene) Beeinflußbarkeit durch Schwermetalle dokumentiert werden. Die Betrachtung der Mikroflora ist bei einer solchen Untersuchung aus mehreren Gründen unumgänglich:

(1) Der Hauptteil der Zersetzung organischen Materials sowie die vollständige Mineralisation der Zersetzungsprodukte geschieht durch die Aktivität der Bodenmikroflora, die sich aus ca. 2 000-2 500 Arten von Bakterien und Pilzen zusammensetzt (DOMSCH 1972). Die Individuendichte von Bakterien und Pilzen im Boden ist außerordentlich hoch, und ihr Anteil an der gesamten Biomasse wird auf 75-90% geschätzt (SWIFT et al. 1979, DUNGER 1983).

(2) Die Erstbesiedlung frischen Fallaubes wird von der Mikroflora durchgeführt (JENSEN 1974, HASSALL et al. 1987). In der Regel ist dieses Laub erst einige Zeit nach Beginn des mikrobiellen Abbaus für saprophage Bodentiere zugänglich.

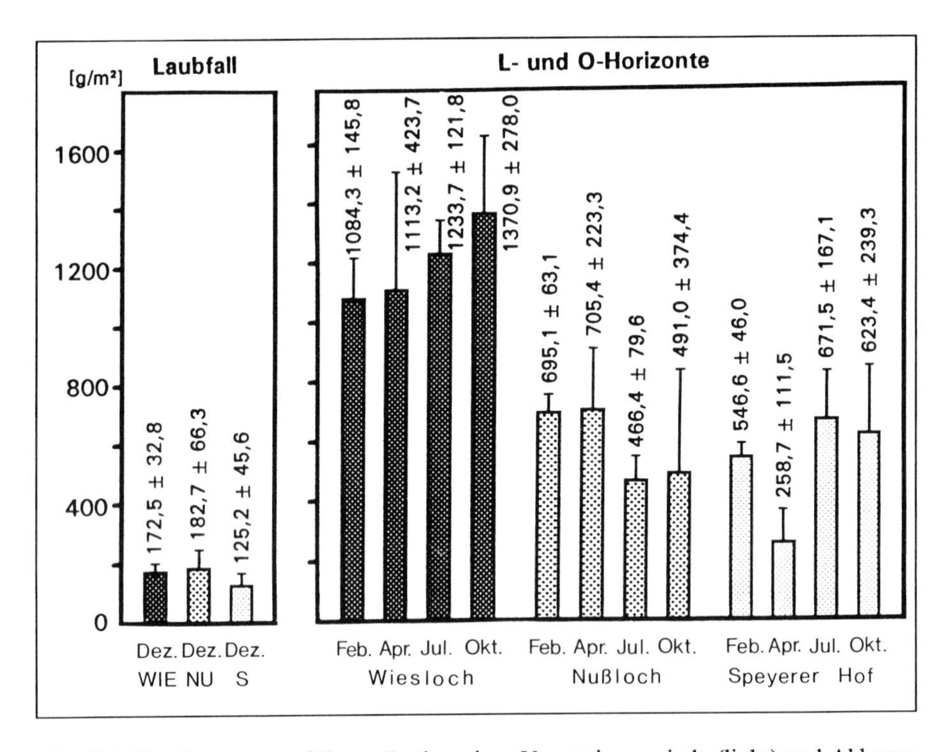

Abb. 7.1: Trockenmasse gefallenen Laubes einer Vegetationsperiode (links) und Akkumulation von unvollständig dekompostiertem organischem Material, symbolisiert durch die Trockenmasse von L- und O-Horizont auf der schwemetallkontaminierten Fläche (Wiesloch, WIE) und den beiden Kontrollflächen (Nußloch, NU; Speyerer Hof, S).

(3) Bakterien- und Pilzpopulationen auf Blättern oder im Boden stellen - zumindest für einige Bodenorganismen - eine notwendige, wenn nicht ausschließliche Nahrungsgrundlage dar. Insofern ist eine intakte Mikroflora Voraussetzung für die Ausbildung stabiler Bodenbiocönosen.

(4) Bei den bereits in Kapitel 6.1.11 beschriebenen Konsumptions- und Assimilationsuntersuchungen von Bodentieren muß zunächst die Aktivität der Mikroflora ermittelt und - gewissermaßen als "Nullwert" - berücksichtigt werden.

Publikationen zu Einflüssen von Schwermetallkontaminationen auf Enzymaktivitäten, Resistenzen, Respiration und Artenzusammensetzung von Bodenbakterien und -pilzen sind zahlreich vorhanden (zusammengefaßt in BABICH & STOTZKY 1982, PRITCHARD & BOURQUIN 1984, SEASTEDT 1984, BABICH & STOTZKY 1985, DUXBURY 1985). Durch die außerordentlich hohe Plastizität und die daraus resultierende Anpassungsfähigkeit mikrobieller Populationen lassen sich jedoch Literaturdaten nicht verallgemeinern und nur beschränkt auf eine konkrete Situation im Freiland anwenden, zumal die meisten Untersuchungen an isolierten Reinkulturen auf künstlichen Nährböden durchgeführt wurden. Es war somit nötig, die Wirkung der Schwermetallkontamination auf den rein mikrobiellen Abbau der Laubstreu anhand von Blattmaterial der in den Probegebieten bestandsbildenden Baumarten unter adäquater Belastung und unter den während der gesamten Untersuchung konstant gehaltenen Laborbedingungen zu studieren.

7.2.1.1 Material und Methodik

Kleine Blattstücke frischen Fallaubes der vier in dem schwermetallbelasteten Probegebiet Wiesloch sowie in den Kontrollgebieten Nußloch und Speyerer Hof bestandsbildenden Baumarten *Fagus sylvatica*, *Castanea sativa*, *Quercus petraea* und *Quercus rubra* sowie stärker zersetztes Mischlaub unbekannten Dekompositionsgrades wurden sowohl unbelastet als auch nach Kontamination mit 1 000 μg Pb/g in Mikrokosmosversuchen über ein halbes Jahr hinweg im Labor kultiviert. Alle 30 d wurden der Masseverlust gravimetrisch, der relative Energiegehalt des Laubes sowie der Energieverlust mikrokalorimetrisch quantifiziert. Für alle Versuchsreihen wurden Regressionsfunktionen erstellt.

Zur Simulation der Dekomposition eines Gemisches frischen Fallaubes für die betrachteten Gebiete wurden die gravimetrisch und mikrokalorimetrisch ermittelten Daten analog der prozentualen Verteilung der einzelnen Blattarten an der Fallaubschicht in den drei Gebieten berücksichtigt. Zusätzlich zu den Laborversuchen wurden Messungen im Freiland durchgeführt. Im Rahmen dieser Messungen wurde der relative Energiegehalt von dekompostierendem Fallaub in auf den drei Freilandflächen ausgelegten Netzbeuteln über ein Jahr hinweg bestimmt und mit dem parallel dazu ermittelten C/N-Verhältnis der gleichen Proben verglichen. Nachdem es sich gezeigt hatte, daß es möglich war, den Dekompositionszustand einer Laubprobe durch seinen relativen Energiegehalt auszudrücken (was in diesem Kapitel an späterer Stelle noch ausführlich dargestellt wird), konnte eine Altersbestimmung des kultivierten Mischlaubes und eine Simulation des mikrobiellen Abbaues über 400 d durchgeführt werden.

Die mikrokalorimetrischen Messungen wurden nach der gleichen Methodik, wie schon in Kapitel 6.1.6.2.5 beschrieben, durchgeführt

Die Untersuchungen zum C/N-Verhältnis organischer Proben erfolgten in Zusammenarbeit mit dem Institut für Sedimentforschung der Universität Heidelberg. Hierbei wurden aus den oben erwähnten Netzbeuteln zu 7 Zeitpunkten zwischen April und Oktober je 5 Parallelproben entnommen und für die Elementanalyse vorbereitet. Nach Trocknung, Zermahlen und Wiegen der Proben wurden diese in einem CHN-Elementanalysator gaschromatographisch analysiert (Carlo Erba 1106).

7.2.1.2 Resultate

7.2.1.2.1 Mikrokosmosversuche

Der mikrobiell bedingte Masseverlust der kultivierten Proben frischen Fallaubes folgt in allen untersuchten Fällen einer stetig ansteigenden Kurve, die mit fortschreitender Versuchszeit zunehmend abflacht. Vergleicht man die verschiedenen Laubarten miteinander, lassen sich zwar keine prinzipiellen Unterschiede im Verlauf der mikrobiellen Dekomposition, wohl aber quantitative Differenzen in der Höhe des Masseverlustes erkennen. So beträgt der Verlust an Blattsubstanz bei jeweils nicht schwermetallbelasteten Kulturbedingungen für *F. sylvatica* nach 180 d im Durchschnitt 11,39%, wohingegen *Q. petraea* nach der gleichen Zeit 17,30%, *Q. rubra* 22,03% und *C. sativa* sogar 24,00% Substanzverlust aufweisen (Abb. 7.2 bzw. 7.3). Werden jedoch die einzelnen Ansätze jeweils mit ihren bleikontaminierten Parallelproben verglichen, so verlaufen die mikrobiellen Abbauraten (bei ausschließlicher Betrachtung des Verlustes an Masse) nahezu gleich. Sind hierbei nur geringfügige Abweichungen im Kurvenverlauf zwischen den beiden (unbelasteten bzw. bleikontaminierten) Versuchsansätzen der jeweils gleichen Blattart zu erkennen, so entsprechen sich auch weitgehend die Meßwerte für den Substanzverlust nach Abschluß des Versuches (180 d). So wurden für *F. sylvatica* 11,64%, für *Q. petraea* 16,78%, für *Q.rubra* 22,16% und für *C. sativa* 23,74% Masseverlust nach 180 d Kultur gemessen (Abb. 7.2 bzw. 7.3).

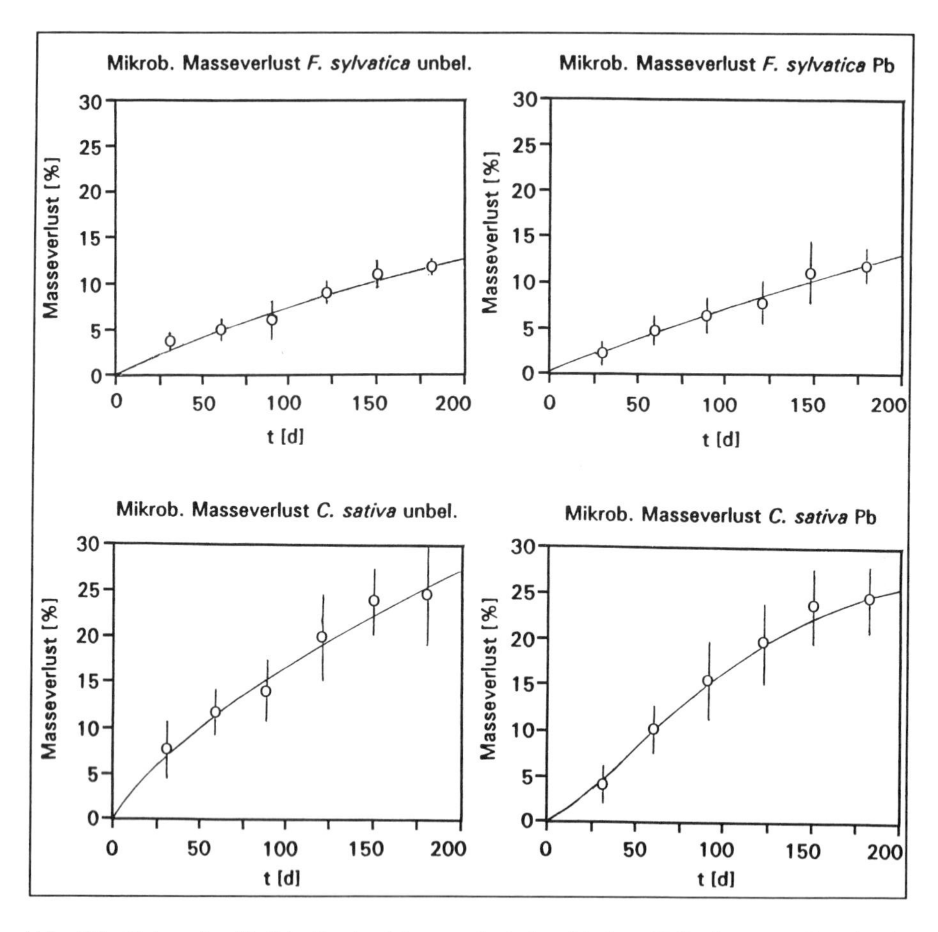

Abb. 7.2: Rein mikrobiell bedingter Masseverlust des frischen Fallaubes von *F. sylvatica* (oben) und *C. sativa* (unten) unter unbelasteten Laborbedingungen (links) und nach Kontamination mit 1 000 μg Pb/g (rechts). Die Regressionsfunktionen und das Quadrat der Korrelationskoeffizienten werden jeweils über den betreffenden Schaubildern angegeben.

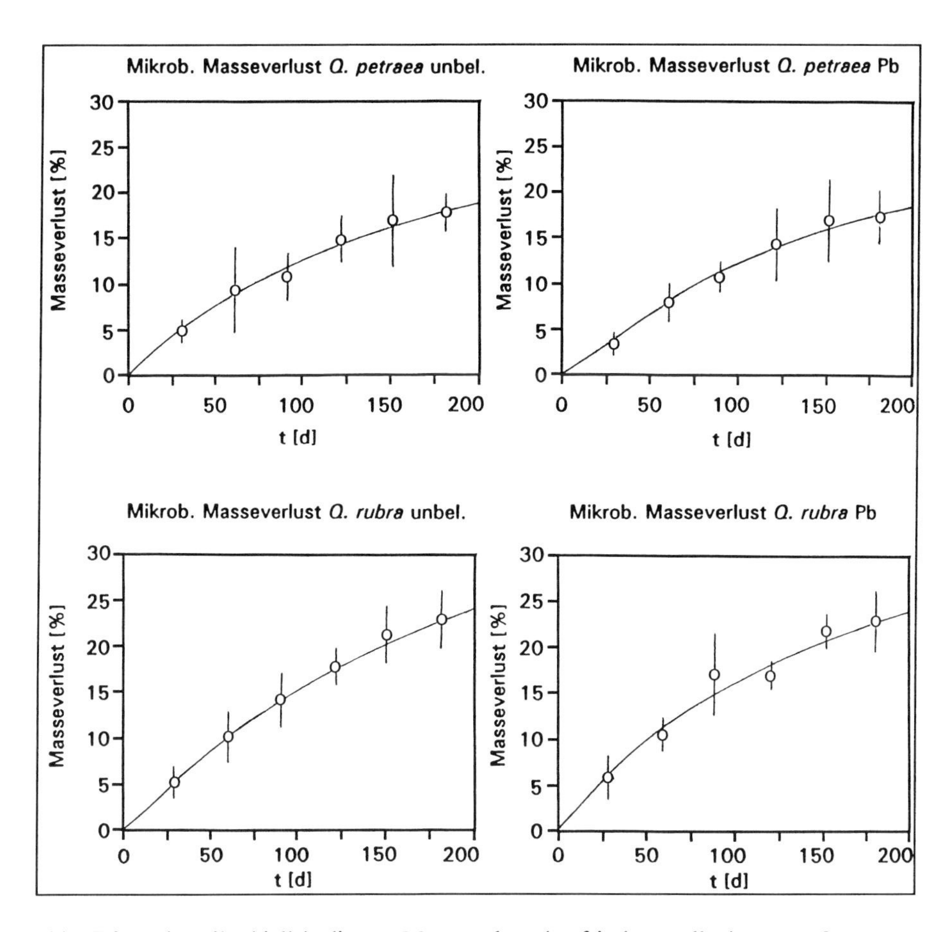

Abb. 7.3: Rein mikrobiell bedingter Masseverlust des frischen Fallaubes von *Q. petraea* (oben) und *Q. rubra* (unten) unter unbelasteten Laborbedingungen (links) und nach Kontamination mit 1 000 μg Pb/g (rechts).

Im Rahmen dieser Experimente wurde in allen Einzelproben beobachtet, daß die schwermetallkontaminierten Ansätze wesentlich schneller und sichtbar stärker verpilzen als die Kontrollen. Dieser Effekt hat vermutlich Auswirkungen auf die Energetik des Dekompositionsprozesses und ist anschließend zu diskutieren. Zwei Parameter der angesprochenen Energetik der Dekomposition wurden untersucht: (1) Der relative Energiegehalt pro mg Laubmasse und (2) der Energieverlust des Laubes.

Es soll nun zunächst der relative Energiegehalt betrachtet werden, der einerseits Voraussetzung für die Ermittlung des Energieverlustes ist, andererseits sich zudem sehr gut für eine Altersbestimmung von Laubproben (zumindest der hier betrachteten Arten) eignet. Die Funktionen des relativen Energiegehaltes verlaufen für die unbelasteten Mikrokosmosansätze aller Arten ähnlich. Demnach liegt der Energiegehalt frischen Fallaubes zwischen 17,40 (*Q.petraea*) und 19,50 J/mg (*F.sylvatica*) und nimmt im Laufe von 180 d bei unkontaminierter Kultur auf

Werte zwischen 11,16 J/mg (*C. sativa*) und 12,32 J/mg (*F. sylvatica*) ab. Im Gegensatz dazu zeigen die Kurven für die bleikontaminierten Kulturen einen anderen Verlauf. Obwohl sie untereinander nicht stark variieren, weisen jedoch alle Funktionen im Vergleich zu ihren Kontrollen eine auffällig starke Abnahme des relativen Energiegehaltes in den ersten 30 d nach Ansatz der Kultur auf.

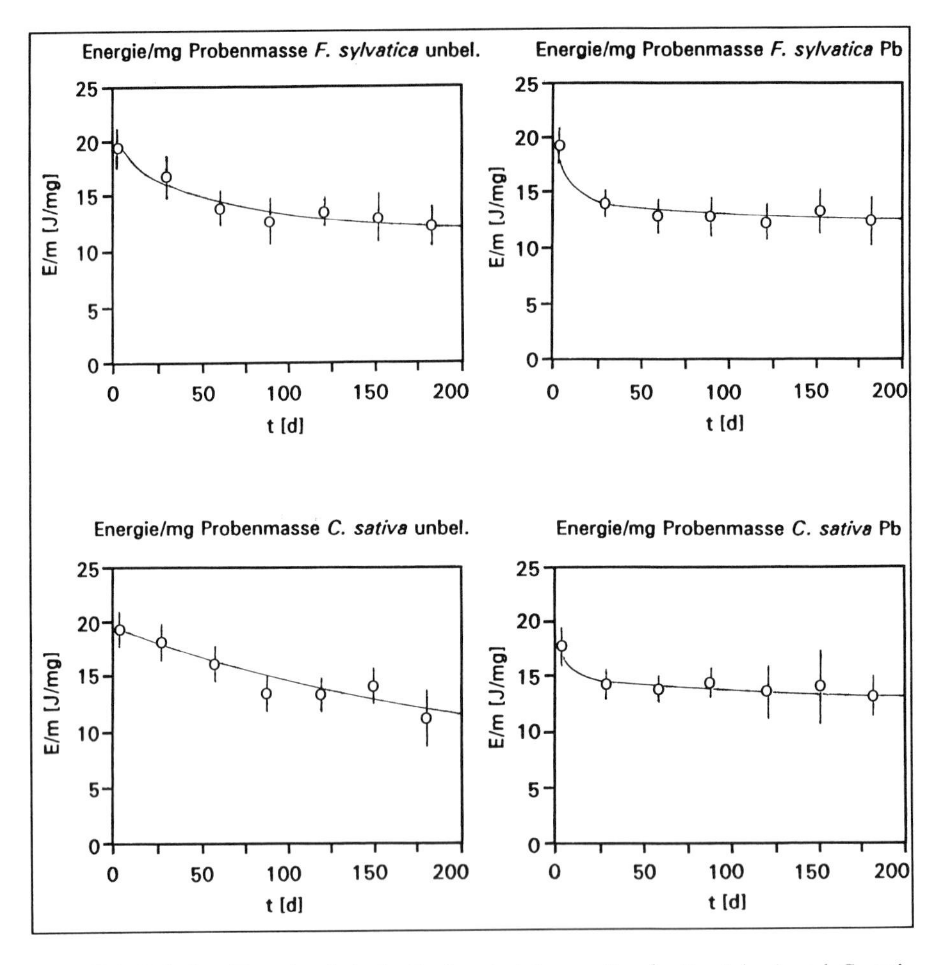

Abb. 7.4: Relativer Energiegehalt des Laubmaterials von *F. sylvatica* (oben) und *C. sativa* (unten) zu verschiedenen Zeitpunkten des mikrobiellen Abbaues unter unbelasteten Laborbedingungen (links) und nach Kontamination mit 1 000 μg Pb/g (rechts).

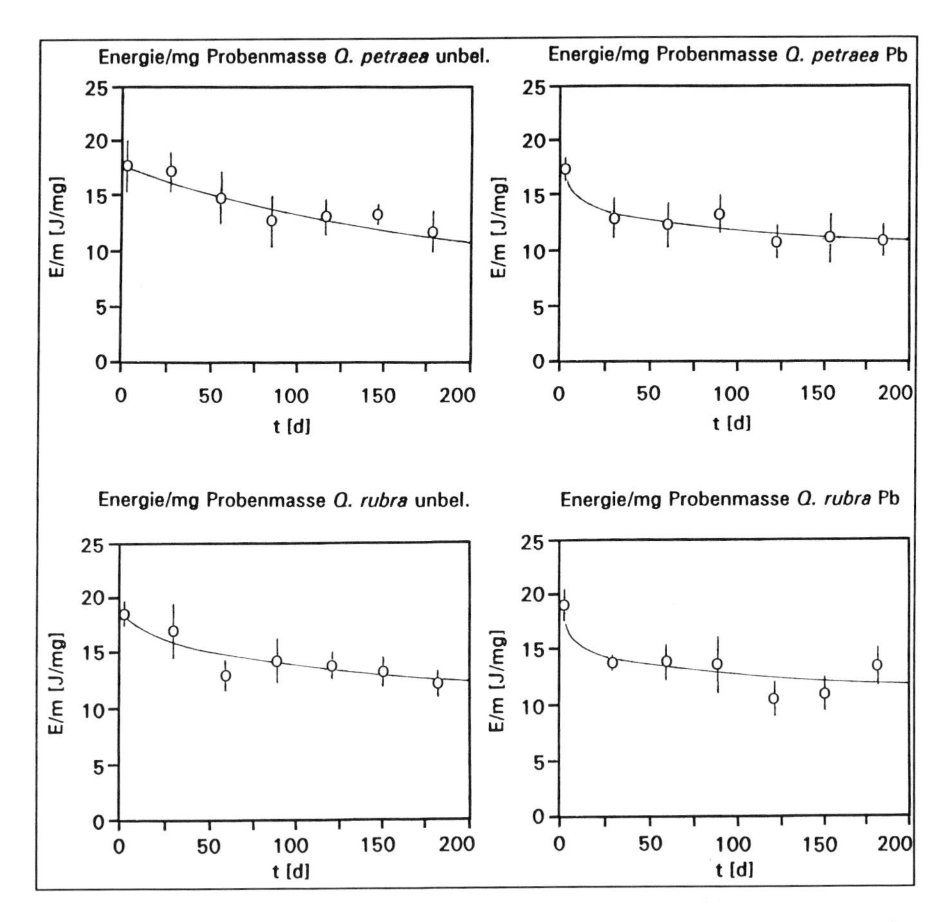

Abb. 7.5: Relativer Energiegehalt des Laubmaterials von *Q. petraea* (oben) und *Q. rubra* (unten) zu verschiedenen Zeitpunkten des mikrobiellen Abbaues unter unbelasteten Laborbedingungen (links) und nach Kontamination mit 1 000 μg Pb/g (rechts).

So sinkt der Energiegehalt der Blätter nach einem Monat der Dekomposition unter Bleibelastung auf Werte, die unbelastet erst nach 2-3 Monaten zu beobachten sind. Nach ca. dreimonatiger Kultur verhalten sich die kontaminierten Proben in der Folge ähnlich wie ihre Kontrollen und erreichen nach 180 d mikrobiellen Abbaues relative Energiegehaltswerte von 10,78 J/mg (*Q. petraea*) bis 13,22 J/mg (*Q. rubra*) (Abb. 7.4 und 7.5).

Die für den mikrobiell bedingten Energieverlust erstellten Regressionskurven ähneln in puncto Verlauf denen des Masseverlustes, nur liegen die prozentualen Energieverlustwerte erheblich höher als die des Substanzverlustes. Unbelastete Proben verlieren nach 180 d mikrobieller Dekomposition 43,99% (*F. sylvatica*), 46,83% (*Q. petraea*), 48,87% (*Q. rubra*) bzw. 54,79% (*C. sativa*) ihrer Energie.

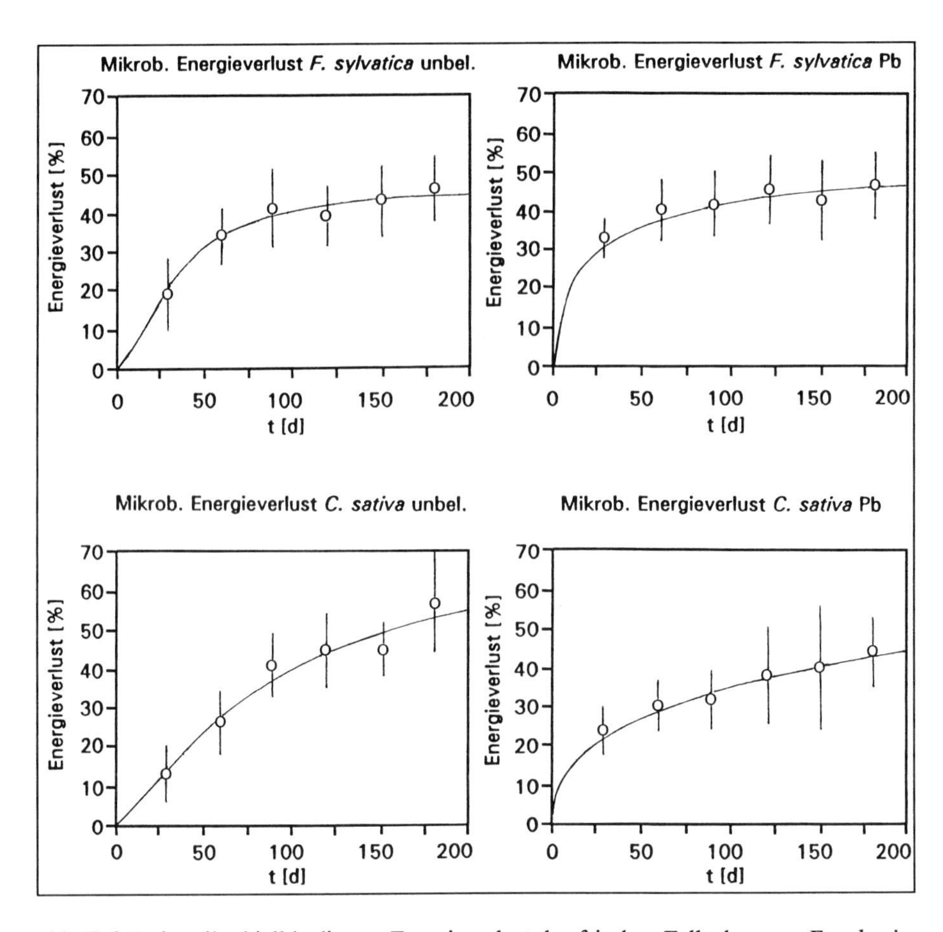

Abb. 7.6: Rein mikrobiell bedingter Energieverlust des frischen Fallaubes von *F. sylvatica* (oben) und *C. sativa* (unten) unter unbelasteten Laborbedingungen (links) und nach Kontamination mit 1 000 μg Pb/g (rechts).

Nach der gleichen Zeit wurden für die schwermetallbelasteten Parallelproben ähnliche Energieverlustraten ermittelt: 44,66% (*F. sylvatica*), 46,57% (*Q. petraea*), 44,19% (*Q. rubra*), bzw. 42,51% (*C. sativa*). Analog zum Abfall der Kurve des relativen Energiegehaltes (und sich notwendigerweise auch gegenseitig bedingend) erfolgt ein rapider Anstieg des Energieverlustes nach Schwermetallbelastung bei allen betrachteten Blattsorten in den ersten 30 Kulturtagen (Abb. 7.6 und 7.7).

Die in einigen Fällen auftretenden Unterschiede zwischen vergleichbaren Meßwerten der Versuchsreihen konnten - aufgrund ihrer (naturgemäß) hohen Standardabweichungen - nicht als maßgeblich betrachtet werden, gingen jedoch in die weiteren Berechnungen mit ein.

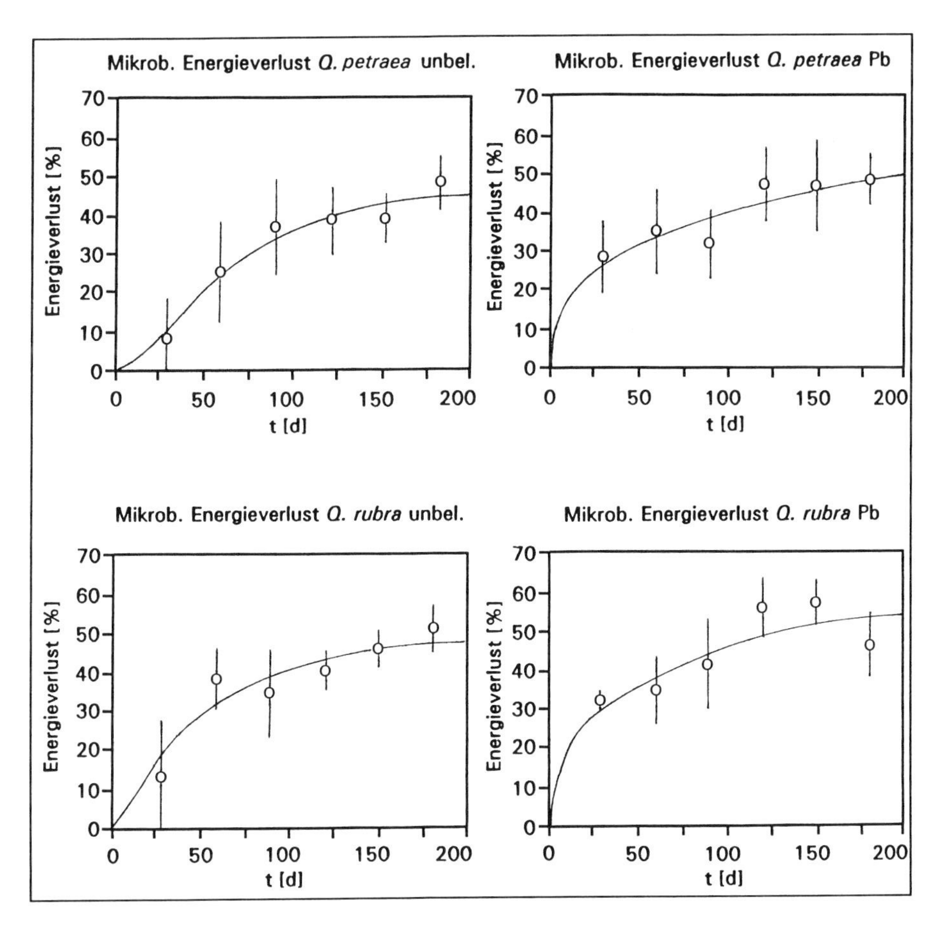

Abb. 7.7: Rein mikrobiell bedingter Energieverlust des frischen Fallaubes von *Q. petraea* (oben) und *Q. rubra* (unten) unter unbelasteten Laborbedingungen (links) und nach Kontamination mit 1 000 μg Pb/g (rechts).

7.2.1.2.2 Mathematische Simulation

Zur Simulation der Verhältnisse in den drei Untersuchungsgebieten wurden - die Anteile der Laubarten am gesamten Fallaub berücksichtigend - vorläufige Regressionsfunktionen berechnet. Diese erfaßten jedoch lediglich einen Zeitraum von 180 d. Um den Verlauf der mikrobiell bedingten Dekomposition über einen längeren Zeitraum simulieren zu können, wurden die zusätzlich durchgeführten Laborexperimente, in denen Mischungen teildekompostierten Laubes unbekannten Alters (und Dekompositionsgrades) eingesetzt worden waren, in die Berechnungen miteinbezogen. Dazu mußte jedoch zunächst der "Grad der Dekomposition" dieses Mischlaubes bestimmt werden. Hierbei erwies es sich von Vorteil, daß sich der in den drei Freilandgebieten über eine Vegetationsperiode hinweg ermittelte Parameter des relativen

Energiegehaltes sehr gut für eine Beurteilung des Dekompositionsgrades eignet. Er zeigte starke Übereinstimmung im Kurvenverlauf mit dem parallel dazu ermittelten C/N-Verhältnis (WEIN 1991) der einzelnen Proben, einem Parameter, der üblicherweise zu einer Beurteilung des Zersetzungsgrades benutzt wird (SWIFT et al. 1979, SEASTEDT 1984) (Abb. 7.8).

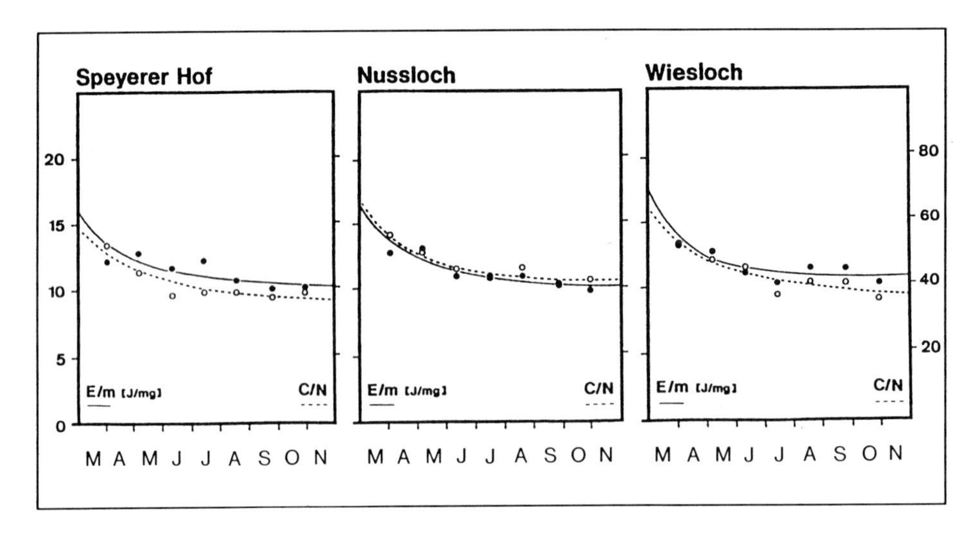

Abb. 7.8: Relativer Energiegehalt (E/m, durchgezogene Linie, linke Skala) und C/N-Verhältnis (C/N, gestrichelte Linie, rechte Skala) von in Netzbeuteln exponiertem Mischlaub in den Untersuchungsgebieten Speyerer Hof, Nußloch (beides Kontrollgebiete) und Wiesloch (belastete Fläche) zu verschiedenen Zeitpunkten im ersten Jahr der Dekomposition.

Mit Hilfe des relativen Energiegehaltes als Maß für den Grad der Dekomposition konnte eine Einbindung der Versuche zum Abbau teildekompostierten Mischlaubes erfolgen. Der Verlauf der rein mikrobiellen Dekomposition über 400 d unter konstanten Laborbedingungen wurde für das Fallaubgemisch jedes Probengebietes bezüglich der Parameter Masseverlust, relativer Energiegehalt und Energieverlust mathematisch simuliert (Abb. 7.9 - 7.11).

Der so für die Probengebiete simulierte Verlauf des mikrobiellen Laubabbaues erwies sich -im Vergleich der Regressionsfunktionen aller drei betrachteten Parameter untereinander- als sehr ähnlich (mit Ausnahme des Energieverlustes in Wiesloch in den ersten Wochen). Ein quantitativer Einfluß der Schwermetallbelastung auf die rein mikrobielle Zersetzung von Fallaub unter Laborbedingungen konnte also auch nach Simulation längerer Zeiträume nicht nachgewiesen werden. Die in Abb. 7.9 bis 7.11 dargestellten Funktionen werden nochmals als Grundlage zur Beurteilung der tierischen Aktivität auf den Dekompositionsprozeß in Kapitel 7.3.3 aufgegriffen werden.

7.2.1.3 Diskussion

Die dargestellten Ergebnisse zum mikrobiellen Abbau unkontaminierten Fallaubes bestätigen frühere quantitative Untersuchungen der gleichen Laubarten unter den gleichen Laborbedingungen (KÖHLER 1989), obwohl jene Experimente an mehrmals getrockneten und wiederbefeuchteten Blättern durchgeführt wurden, was zu einem - möglicherweise jedoch geringen - Verlust von Mineralien (v.a. mineralischem Stickstoff) führen soll (HUISH et al. 1985).

In der Regel beginnt die Dekomposition frischen Fallaubes ohnehin sowohl mit einer rein physikalischen Auswaschung (*"leaching"*) gut wasserlöslicher Substanzen, wie z.B. Kalium- und Magnesiumsalzen (KRATZ 1991) als auch mit der Erstbesiedlung durch Vertreter der Mikroflora. Nach der Erstinfektion erreicht die bakterielle Besiedlung bereits nach 8-15 d ihren Höhepunkt (JENSEN 1974, HANLON 1981 a, HASSALL et al 1987), was den raschen Anstieg des Substanzabbaues und Energieverlustes kurz nach Versuchsbeginn erklären kann. Unter natürlichen Bedingungen treten nach ca. 30 d pilzliche Destruenten, nach ca. 40 d Actinomyceten auf (MINDERMAN & DANIELS 1967). Der weitere Verlauf des mikrobiell bedingten Laubabbaues ist jedoch von vielen weiteren, z.T. unbekannten Faktoren abhängig. So spielt höchstwahrscheinlich das C/N-Verhältnis eine bedeutende Rolle. Wie beobachtet, flachen Funktionen des mikrobiellen Substratabbaues (unter den hier dargestellten Bedingungen) mit der Zeit ab. Durch die mikrobielle Aktivität werden vorwiegend Kohlenhydrate veratmet, was zu einer Reduktion des Kohlenstoffgehaltes führt. Hingegen bleibt der Stickstoffanteil in zerfallenden Blättern größtenteils konstant (ANDERSON 1973, SEASTEDT 1984). Daraus resultiert eine stetige Verminderung des C/N-Verhältnisses, die -möglicherweise durch die zunehmende Verknappung mikrobiell gut abbaubarer Kohlenhydrate- mit der erwähnten Abflachung der Funktion für die Abbaurate einhergeht. Allerdings kann das C/N-Verhältnis bereits bei frischem Fallaub je nach Pflanzenart differieren (SCHMIDT 1952). Hieraus folgen aber nicht zwangsläufig Unterschiede in den Dekompositionsraten, genauso wenig, wie aus dem nahezu identischen C/N-Verhältnis frischen Fallaubes von *Q. rubra* und *F. sylvatica* (SCHMIDT 1952) ein quantitativ ähnlich verlaufender mikrobieller Abbau resultieren muß. Letzteres konnte mit den vorliegenden Experimenten bewiesen werden.

Die mikrobielle Aktivität ist zudem stark von der Zusammensetzung des Blattmaterials abhängig. Als Beispiele für dekompositionshemmende Komponenten seien an dieser Stelle lediglich Phenole (IVARSON 1977), hohe Ligningehalte (SCHMIDT 1952), und Tannine (als Exoenzymhemmer; BASARABA & STARKEY 1966, BENOIT & STARKEY 1968) genannt. Hohe pH-Werte sollen die mikrobielle Besiedlung fördern (JENSEN 1974). Inwieweit der Schwermetallgehalt des Substrates Besiedlung und Aktivität von Bakterien und Pilzen beeinflußt, soll jedoch im weiteren genauer diskutiert werden.

Die potentielle Schädigung mikrobieller Populationen sowie deren Aktivitäten durch Schwermetallapplikation im Labor oder auf kontaminierten Freilandflächen ist Gegenstand verschiedener, zuweilen widersprüchlicher Publikationen. Die Toxizität von Schwermetallen für Mikroben in hohen Konzentrationen scheint gesichert zu sein. So hemmen 1 000 μg/g Quecksilber, Cadmium, Nickel, Zink oder Kupfer bakterielle Respiration, 1 000 μg/g Quecksilber oder Cadmium die Cellulaseaktivität (SPALDING 1979). Cadmium in einer Konzentration von 350-6 000 μg/g reduziert die mikrobielle Dekomposition (WEIGMANN et al 1985). Pilzbiomasse und Bodenrespiration sinken bei einer Kupferkontamination von über 1 000 μg/g, bei geringeren Konzentrationen fanden NORDGREN et al. (1983) jedoch keinen Effekt. Ebenso reduzierten 1 000 µg/g $FeCl_2$, $K_2Cr_2O_7$, $ZnSO_4$, $CdCl_2$ oder $CuCl_2$ in Experimenten von CAPONE et al. (1983) die mikrobielle Biomasse, die gleichen Konzentrationen von $PbCl_2$, $HgCl_2$ oder $NiCl_2$ zeigten keine Wirkung. Eine ausführliche Zusammenfassung toxischer Schwermetallwirkungen auf isolierte Mikroorganismen wurde von BABICH & STOTZKY (1982) erstellt.

Bei geringeren Dosierungen oder kombinierten Belastungen mit mehreren Metallen scheinen verschiedene Bakterien- und Pilzpopulationen zuweilen sehr unterschiedlich zu reagieren. RÜHLING & TYLER (1973) stellten auf mehreren durch metallverarbeitende Industrie mit Kupfer, Zink, Cadmium und Nickel bzw. Blei, Nickel und Cadmium belasteten Flächen einen Rückgang der mikrobiellen CO_2-Produktion fest. FREEDMAN & HUTCHINSON (1980) fanden die Populationen von Bodenpilzen in der Nähe von Metallschmelzen reduziert. Nach CARPENTER et al. (1983) jedoch beeinträchtigt ein saurer Minenausfluß die Bakterienzahl im Boden nicht.

Für eine gewisse Toleranz der mikrobiellen Biomasse gegenüber Schwermetallen existieren weitere Beispiele. MIKKELSEN (1974) fand nach Applikation von 1 000 µg/g Blei, der gleichen Konzentration wie in der vorliegenden Untersuchung, keine nennenswerte Beeinträchtigung der mikrobiellen Respiration. Sogar bei Kontaminationen mit 5 000 µg/g Blei wurde die Respiration nur für 10-14 d erniedrigt und erreichte im weiteren Verlauf ähnliche Werte wie der Kontrollansatz. Nach CRIST et al. (1985) sollen die ersten Stadien der Dekomposition sowohl von Blei in Konzentrationen von bis zu 1 000 µg/g als auch vom pH-Wert (pH 3-5) unbeeinflußbar sein. Ein Unterschied des mikrobiell bedingten Masseverlustes im Vergleich zwischen bleikontaminiertem Ansatz und Kontrolle sei laut CRIST et al. (1985) -was auch durch Ergebnisse der vorliegenden Experimente bestätigt werden kann- nicht feststellbar. Ebenfalls keine signifikanten Unterschiede zwischen Pilzpopulationen in kontaminierten und unbelasteten Gebieten fanden INMAN & PARKER (1976).

Die außerordentlich hohe Plastizität der mikrobiellen Biomasse scheint der Grund für solch widersprüchliche Ergebnisse zu sein. Es ist dabei von äußerster Wichtigkeit, die Herkunft der Bakterien bzw. Pilze zu berücksichtigen. So stellten JORDAN & LECHEVALIER (1975) nach Zinkapplikation in vergleichsweise geringen Konzentrationen Schädigungen der meisten Bakterien und Actinomyceten (100-200 µM = ca. 6,5-13 µg/g Zink) sowie der meisten Pilze (100-1 000 µM = ca. 6,5-65 µg/g Zink) fest. AMIN & AL-HAQUE (1989) fanden ebenfalls Reduktionen der mikrobiellen Population und der Dekompositionsrate nach Kontamination mit 800-1 000 µg/g Zink. Allerdings benutzten beide Studien mikrobielle Populationen aus unbelasteten Gebieten, in denen kein Selektionsdruck in Richtung Schwermetallresistenz vorlag. Die Berücksichtigung von Toleranz- und Resistenzbildung mikrobieller Organismen muß wohl bei einer Beurteilung toxischer Wirkungen in jedem Fall beachtet werden.

In dauerhaft schwermetallbelasteten Gebieten treten nämlich bevorzugt tolerante oder resistente Formen auf (WILLIAMS et al. 1977, JENSEN 1977, TIMONEY et al. 1978, DOELMAN & HAANSTRA 1979 b, BEWLEY & STOTZKY 1983 a, SCHÄFER 1987). So wurden quantitativ mehr resistente Bakterien und Pilze auf kontaminierten Blättern (GINGELL et al. 1976, BEWLEY 1981) oder belasteten Böden (WILLIAMS et al. 1977) isoliert. Obwohl oft eine geringere Mikrobiomasse in der Nähe von Emittenten vorliegt, ist die absolute Anzahl an Bakterien und Pilzen nicht immer erniedrigt (BABICH & STOTZKY 1985).

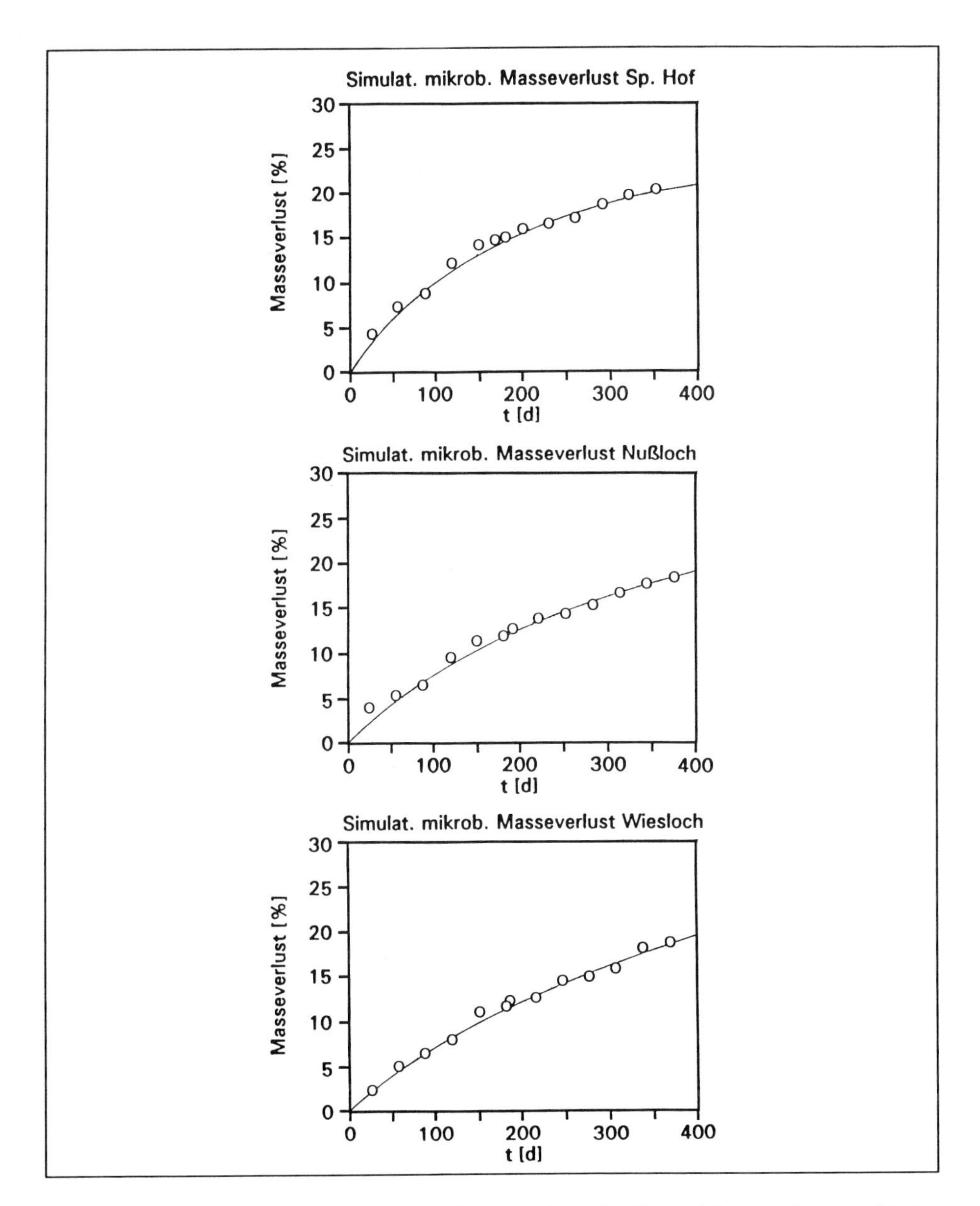

Abb. 7.9: Für Mischlaub der drei Untersuchungsflächen simulierter Masseverlust von frischer Blattsubstanz durch rein mikrobiellen Abbau unter konstanten Laborbedingungen. Jahres- und tageszeitliche Schwankungen abiotischer Parameter im Freiland sind nicht berücksichtigt.

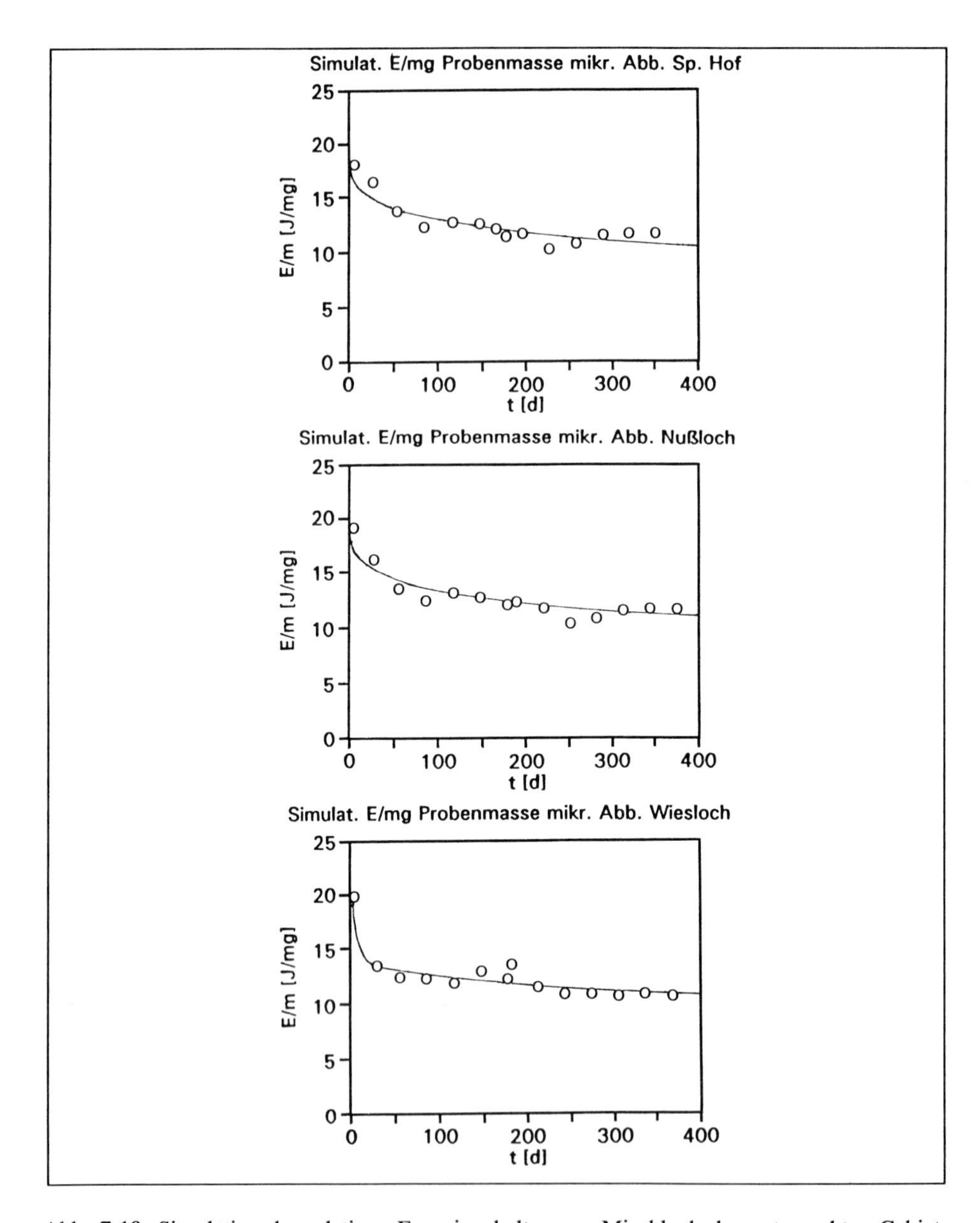

Abb. 7.10: Simulation des relativen Energiegehaltes von Mischlaub der untersuchten Gebiete zu verschiedenen Zeitpunkten des unter Laborbedingungen rein mikrobiell bedingten Dekompositionsvorganges.

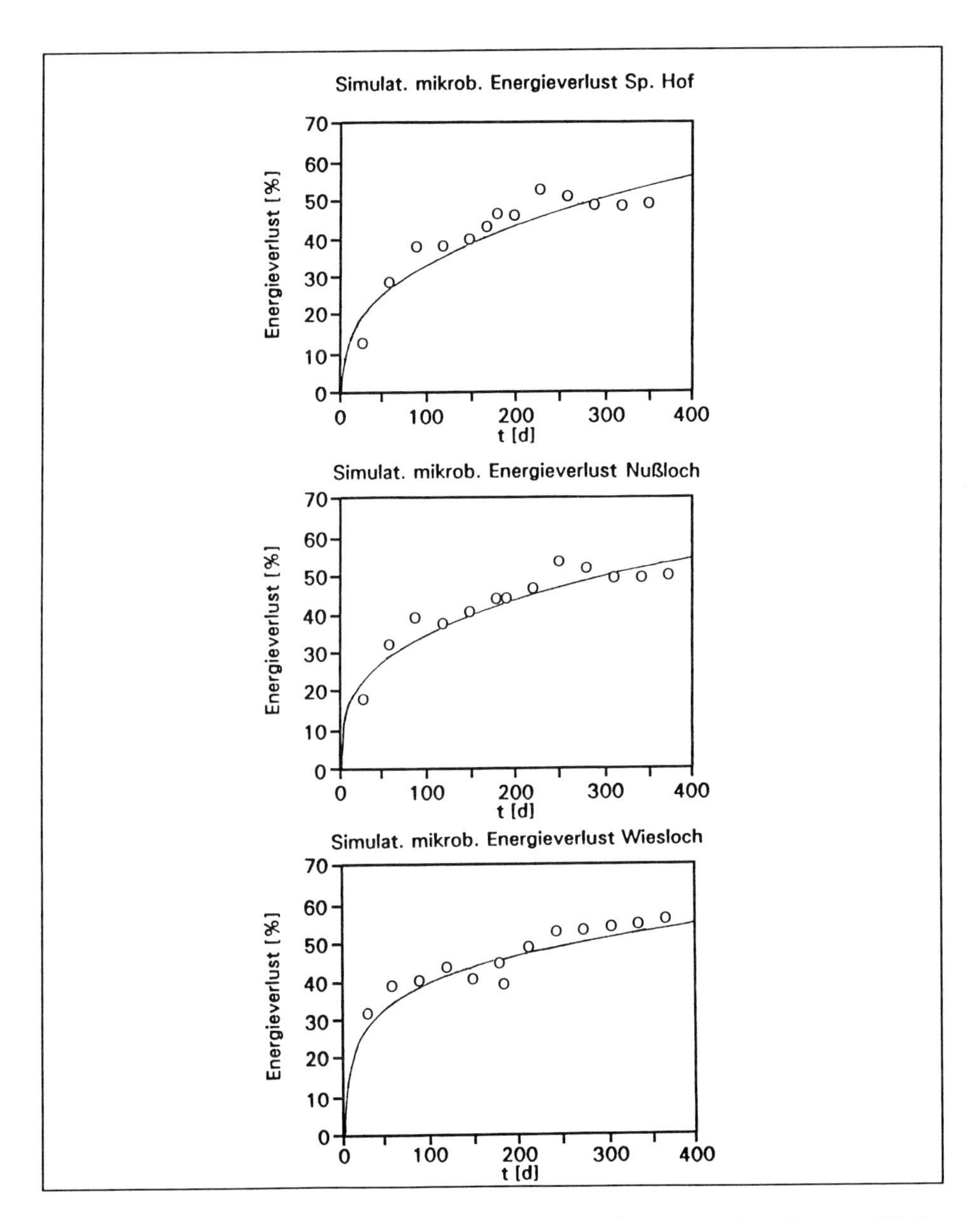

Abb. 7.11.: Für Mischlaub der drei Probengebiete simulierter Energieverlust von frischer Blattsubstanz durch rein mikrobiellen Abbau unter konstanten Laborbedingungen. Auch hier werden die Jahres- und tageszeitlichen Schwankungen abiotischer Parameter im Freiland nicht berücksichtigt.

In einigen Fällen scheinen die toleranten oder resistenten Formen derart zu dominieren, daß oft ökophysiologische Leistungen des Bodens auch unter hohen Schwermetallkonzentrationen aufrechterhalten werden können. So wurde zum Beispiel in einem mit 8000 µg/g Blei, 26000 µg/g Zink und 200 µg/g Cadmium belasteten Boden keine Einschränkung der mikrobiellen Stickstoffixierung und Acetylenreduktion festgestellt (ROTHER et al. 1982). In einem anderen Fall waren Pilze aus einem Bergbaugebiet gegenüber 10000 µg/g Cadmium tolerant (TATSUYAMA et al. 1975). Es ist einsichtig, daß ein solch hoher einseitiger Selektionsdruck zu einer Verschiebung des mikrobiellen Artenspektrums führt. Übereinstimmend mit den Ergebnissen der vorliegenden Untersuchung stellten BEWLEY (1980) sowie DUXBURY (1985) eine Förderung pilzlicher Destruenten auf schwermetallbelasteten Blättern fest. Möglicherweise resultiert dieser Effekt aus der direkten Konkurrenz toleranter Bakterien und Pilze nach dem Zusammenbruch der nicht-toleranten mikrobiellen Populationen um ungenutztes Substrat. Nach Abtöten der gesamten Mikrobiomasse durch Sterilisation wurde ebenfalls eine verstärkte Verpilzung von Fallaub beobachtet (LOCKWOOD 1968). Es ist jedoch möglich, daß diese Förderung der Pilzflora auf frisches und nur wenig dekompostiertes Laub beschränkt bleibt, da in schwermetallkontaminierten Bodenproben der umgekehrte Effekt (Förderung der Bakterien auf Kosten der Pilze) nachgewiesen wurde (WILLIAMS et al. 1977, AUSMUS et al. 1978).

Der innerhalb der vorliegenden Untersuchung aufgetretene Effekt, daß in den ersten Tagen der Dekomposition ein erhöhter Energieverlust unter Schwermetallbelastung verglichen mit der Kontrolle zu verzeichnen war, hängt eventuell mit der erwähnten Förderung der Pilze zusammen, die für den Aufbau ihres Thallus möglicherweise mehr Energie benötigen, als Bakterien in der gleichen Zeit veratmen. Da sowohl bakterielle als auch pilzliche Organismen auf den Blättern verbleiben, hat dieser Unterschied auf den Masseverlust der Laubstücke keinen Einfluß.

Es scheint gesichert zu sein, daß bestimmte Taxa - möglicherweise Arten (LIGHTHART 1980) - der Mikroflora erheblich schneller als andere Resistenzen entwickeln und deshalb in kontaminierten Substraten bevorzugt auftreten. So sollen Actinomyceten gegenüber Cadmium toleranter reagieren als Eubacteria (BABICH & STOTZKY 1977). Innerhalb der Eubacteria gehört jedoch die Mehrheit der Isolate aus schwermetallbelasteten Böden zur Gruppe der gramnegativen, wobei die Gattung *Pseudomonas* dominiert (BABICH & STOTZKY 1977, MARQUES et al. 1979, DUXBURY & BICKNELL 1983). Unter den grampositiven Bakterien scheint die Gruppe der coryneformen Bakterien eine Ausnahmeerscheinung zu sein und ebenfalls leicht Schwermetallresistenzen zu entwickeln (DUXBURY & BICKNELL 1983), obwohl DOELMAN & HAANSTRA (1979b) in bleibelasteten Böden einen Rückgang der coryneformen bei gleichzeitiger Förderung der gramnegativen Bakterien nachwiesen.

Die Toleranz von Bakterien gegenüber zuweilen hohen Konzentrationen von Metallen ist wohl auf die Fähigkeit zur intrazellulären Deposition dieser Metalle zurückzuführen. Es ist bekannt, daß schwermetallresistente Bakterien Schwermetalle anreichern können (BORDONS 1985, MCCARVIL & MACHAM 1985), wobei der Mechanismus der intrazellulären Ausfällung durch Sulfide und Phosphate diskutiert wird (AIKING et al. 1985).

Eine Anreicherung von Cadmium bis zu 8% des Trockengewichtes ist dabei in Einzelfällen (*Pseudomonas*) möglich (UCHIDA et al. 1973). Solche und ähnliche Entgiftungsmechanismen sind auch bei höheren Bodenorganismen weit verbreitet (zusammengestellt in HOPKIN 1989) und für ein Überleben in kontaminierten Gebieten wohl auch notwendig.

7.2.2 Respirometrische und bodenenzymatische Ermittlung der Leistungsparameter und des Resistenzverhaltens der mikrobiellen Biomasse im Boden an zwei geogen mit Schwermetallen belasteten Standorten

7.2.2.1 Einleitung

Die mikrobielle Biomasse im Boden spielt die zentrale Rolle beim Abbau von organischem Bestandesabfall (DOMSCH 1972). Die quantitative Erfassung der aktiven mikrobiellen Biomasse läßt Rückschlüsse auf die Funktionsfähigkeit eines Bodens zu und bietet zudem die Möglichkeit, auf das bodeneigene Reservoir an verwertbaren Pflanzennährstoffen zu schließen, da diese eine enge Korrelation mit der mikrobiellen Biomasse zeigen (BECK 1986). Aufgrund der großen Formenvielfalt an Mikroorganismen im Boden und deren zahlreichen synergistischen und antagonistischen Effekten haben Schadstoffapplikationen oft komplexe und schwer vorhersehbare Auswirkungen (SCHINNER 1986).

Durch ihre kurzen Generationszeiten und ihre große Anpassungsfähigkeit gegenüber toxischen Stoffen ist die Mikroflora in der Lage, auch massiven Einwirkungen zu widerstehen. Die sich daraus ergebenden qualitativen Veränderungen in der Artenzusammensetzung gestörter Standorte zugunsten resistenter Formen spiegeln sich allerdings nicht quantitativ in Unterschieden der mikrobiellen Biomassen im Vergleich zu unbelasteten Kontrollflächen wider.

Durch die verminderte Aktivität oder das Fehlen von ganzen Bodentiergruppen in hochbelasteten Gebieten verringert sich deren fördernder Effekt auf die Mikroflora und damit auf die Umsetzung von organischem Bestandesabfall. Die Auswirkungen dieser gestörten Stoffkreisläufe haben gerade in Waldökosystemen deutliche negative Konsequenzen, die sich indirekt wieder sowohl auf Atmosphäre als auch Hydrosphäre auswirken (BLUME 1990).

Die Untersuchung der mikrobiellen Leistungsparameter an den beiden unterschiedlich stark schwermetallbelasteten Standorten Wiesloch und Nußloch sollte über das Resistenzpotential der standorttypischen Mikroflora Auskunft geben und so die Daten zur Leistungsbeschränkung von Bodentieren unter Schwermetallkontamination ergänzen.

7.2.2.2 Material und Methoden

7.2.2.2.1 Standorte und Probenahme

Die Untersuchungen wurden hauptsächlich auf zwei unterschiedlich belasteten Buchenwaldstandorten auf oberem Muschelkalk im Übergangsbereich Odenwald-Kraichgau in der Nähe Heidelbergs durchgeführt. Zur Messung der potentiellen mikrobiellen Biomasse wurden Proben in der Tiefe von 0-10 cm in einem stärker mit Pb, Cd und Zn belasteten Waldgebiet (Wiesloch) sowie einem minder belasteten (Nußloch) gezogen und zu einer Mischprobe vereinigt. Weitere Angaben zur Standortbeschreibung finden sich in Kapitel 4.

7.2.2.2.2 Respirometrische Messung der mikrobiellen Biomasse

Die Bestimmung der potentiellen mikrobiellen Aktivität und Biomasse erfolgte durch respirometrische Messungen im Sapromat B6 (Fa. Voith, Heidenheim) nach der Methode von ANDERSON & DOMSCH (1978) modifiziert nach BECK (1984) bei 22°C. Hierbei wird der Sauerstoffverbrauch einer definierten Menge Bodensubstrat nach Zugabe von Glucose unter kontinuierlicher Nachlieferung von verbrauchtem Sauerstoff gemessen. Es handelt sich um die "Substrat-Induzierte-Respiration" (SIR) und die daraus zu kalkulierende "Potentielle Mikrobielle Biomasse". Zu Kontrollzwecken wurde jeweils gleichzeitig die Basalatmung der Bodenproben ohne den Zusatz von organischer Substanz bestimmt.

a. Funktionsprinzip des SAPROMAT B6

Der Sapromat B6 setzt sich aus vier verschiedenen technischen Bauteilen zusammen. Von diesen nimmt das temperaturgeregelte **Wasserbad** die sechs verschiedenen **Meßeinheiten** auf. Die Daten zu dem Verbrauch an Sauerstoff in den Proben werden an ein **Registriergerät** weitergeleitet und dort von einem Kurvenschreiber in Form einer Verbrauchskurve dargestellt. Des weiteren besteht die Möglichkeit der direkten Ermittlung der Verbrauchswerte durch Ablesen der am Registriergerät angezeigten Daten.

Eine **Meßeinheit** besteht aus folgenden Komponenten (Abb. 7.12). In das Reaktionsgefäß (A) wird die Probe eingebracht und vor der Messung das CO_2-Absorbergefäß mit Natronkalk gefüllt, um bei der Respiration entstehendes CO_2 zu binden. In dem Sauerstofferzeuger (B) erfolgt die Bildung von Sauerstoff aus einer $CuSO_4$-Lösung auf elektrochemischem Wege nach folgender Formel:

Anodenreaktion : $2\ H_2O \rightarrow O_2\uparrow + 4\ e^- + 4\ H^+$
Kathodenreaktion: $Cu^{2+} + 2\ e^- \rightarrow Cu$

Der Druckindikator (C) ist über Schlauchverbindungen mit dem Sauerstofferzeuger (B) verbunden, so daß keine äußeren Luftdruckschwankungen Eingang in die Meßeinheit finden können. Ensteht durch den Sauerstoffverbrauch in der Meßeinheit ein Unterdruck, so schließt sich durch den Kontakt einer Platinelektrode mit der Schwefelsäurelösung im Kopf des Druckindikators der Stromkreis und es kommt zur Produktion von Sauerstoff im Sauerstofferzeuger (B). Gleichzeitig wird über den Zeitraum der Sauerstoffproduktion am Registriergerät die Menge des dabei gebildeten O_2 an den Digitaldrehknöpfen kumulativ aufgezeigt und als Kurvenabschnitt vom Kurvenschreiber graphisch dargestellt.

b. Praxis der Messung

Für die Messungen diente eine Menge von 100 g naturfeuchtem Boden, der durch ein Sieb mit der Maschenweite 2 mm von gröberen Bestandteilen befreit und mit 800 mg Glucose versetzt wurde, als Probe. Die Menge von 800 mg Glucose auf 100 g Boden hatte sich in Vorversuchen als optimal geeignet zur Aktivierung der Bodenmikroorganismen erwiesen. Für die Ermittlung der Trockensubstanz der Bodenprobe wurden 100 g für zwei Tage bei 80°C im Wärmeschrank getrocknet und gewogen.

Aus dem ermittelten Sauerstoffverbrauch pro Zeiteinheit in den ersten 6 Stunden lassen sich die Biomassewerte, dargestellt als mg mikrobiell fixierter Kohlenstoff pro 100 g Trockensubstanz (TS) Boden, nach folgender Formel berechnen:

$$mgC_{MIKR} / 100mgTS = \frac{mgO_2 / h}{4} \cdot \frac{28}{1} \cdot \frac{100}{\%TS}$$

c. Durchführung

Die Werte für die mikrobielle Biomasse an den Standorten Wiesloch und Nußloch wurden monatlich erhoben und erstreckten sich über den Zeitraum eines Jahres (September 1991 bis September 1992). Pro Standort dienten eine Kontrollprobe sowie 5 glucoseversetzte Bodenproben zur Ermittlung der mikrobiellen Parameter.

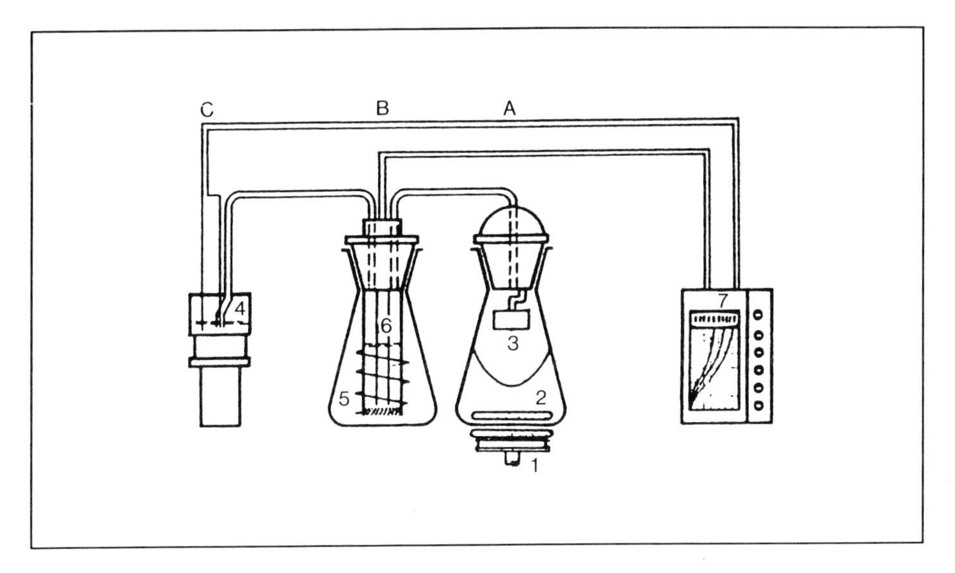

Abb. 7.12: Aufbau einer Meßeinheit im Sapromat B6. A: Reaktionsgefäß, B: Sauerstofferzeuger, C: Druckindikator. 1: Magnetrührer, 2: Probe, 3: Kohlendioxidabsorber, 4: Druckindikatorkopf, 5: Elektrolyt, 6: Elektroden, 7: Registriergerät (aus ALEF 1991).

7.2.2.2.3 Celluloseabbau im Labor

Entsprechend den Untersuchungen zur mikrobiellen Biomasse wurde mit den Messungen zum Celluloseabbau im Sapromat verfahren. Zur Aktivierung der Mikroflora diente allerdings nicht die leicht verwertbare Glucose, sondern die schwer aufschließbare Cellulose. Als Einwaage fanden 2 g Cellulose/100g Boden Verwendung, die intensiv mit dem Erdreich vermengt wurden. Aufgrund der langen Anlaufzeit bei der Cellulosedekomposition erstreckte sich der Meßvorgang über die Dauer von einer Woche. Die ermittelten Werte in Relation zur Basalatmung der Proben lassen einen qualifizierten Vergleich der unterschiedlichen Standorte zu.

7.2.2.2.4 Celluloseabbau im Freiland

Die Freilandversuche zur Cellulosedekomposition erfolgten an den Standorten Wiesloch und Nußloch in Netzbeuteln mit einer Maschenweite von 20 μm. Diese verhindert ein Eindringen auch kleiner Bodentiere weitestgehend. Die Beutel wurden mit abgewogenen Streifen von Whatman-Filterpapier gefüllt. Pro Standort kamen 30 Beutel (beschickt jeweils mit 2 Celluloseproben) zum Einsatz. Bei den im Abstand von ein oder zwei Monaten durchgeführten Überprüfungen des Masseverlustes der eingesetzten Cellulose, die nach einer eintägigen Trocknung bei 60°C rückgewogen wurde, fanden jeweils 5 Probebeutel pro Standort Verwendung, so daß die Abbauwerte auf der Messung von jeweils 10 Einzelproben beruhten. Die Celluloseproben wurden in einer Tiefe von ca. 5 cm in die Streuschicht eingebracht. Zwischen den Probebeuteln wurden zur Kontrolle des Feuchtezustandes des Cellulosematerials und der Streuschicht Bodenhygrometer eingebracht, die aufgrund Widerstandsunterschieden in einem Gipselement die Feuchtigkeitsversorgung einer Probestelle mit einem Meßgerät direkt digital anzeigten. Die als Relativwerte anzusehenden Daten ermöglichten einen direkten Vergleich der beiden Standorte über einen Zeitraum von 2 Monaten. Parallel zu den Daten der Feuchtigkeitsversorgung wurde die Temperaturverteilung in unmittelbarer Nähe der Proben in 2, 4 und 6 cm Tiefe ebenfalls über die Dauer von 2 Monaten gemessen.

7.2.2.2.5 Aktivitäten von Leitenzymen im Boden

Die Messungen der Aktivitäten wichtiger Leitenzyme im Boden (Cellulase, Xylanase, Saccharase, ß-Glucosidase, Urease, Chitinase, Sulphatase, Phosphatase) wurden nach Anweisungen in den aktuellen Methodenbüchern zur Bodenmikrobiologie von ALEF (1991) sowie SCHINNER et al. (1991) durchgeführt. Detaillierte Angabe zur Theorie und Praxis sind diesen Werken zu entnehmen. Im folgenden sollen die den Nachweisen zugrundeliegenden Reaktionsprinzipien kurz dargestellt werden.

a. CM-Cellulase (SCHINNER & VON MERSI 1990)
b. Xylanase (SCHINNER & VON MERSI 1990)
c. Saccharase (SCHINNER & VON MERSI 1990)
Prinzip:
Unter Verwendung von Carboxymethylcellulose oder Xylan als Substrat werden Bodenproben 24 h bei einer Temperatur von 50°C und pH 5,50 inkubiert. Bei einem Ansatz von Saccharose als Substrat beschränkt sich die Inkubationszeit bei sonst identischer Vorgehensweise auf 3 h. Die bei der Reaktion freiwerdenden Zukker reduzieren Kaliumhexacyanoferrat-II in alkalischer Lösung. Bei einer Zugabe des reduzierten Kaliumhexacyanoferrat-II zu Eisen-III-Ammoniumsulfat in saurer Lösung bildet sich ein Eisen-III-Hexacyanoferrat-II-Komplex ("Berliner Blau"). Die Intensität der Färbung gibt im Vergleich mit einer erstellten Eichkurve Auskunft über die freigesetzten Glucoseäquivalente.

d. ß-Glucosidase (EIVAZI & TABATABAI 1988)
Prinzip:
Das als Substrat dienende p-Nitrophenol-ß-D-Glucosid wird zusammen mit Toluol mit den Bodenproben versetzt und für 1 h bei 37°C auf dem Schüttler inkubiert. Das abgespaltene p-Nitrophenol wird photometrisch bei einer Wellenlänge von 430 nm quantitativ erfaßt.

e. Chitinase (RÖßNER 1990 in SCHINNER et al. 1991)
Prinzip:
Bodenmaterial wird nach Zugabe einer Chitinsuspension für die Dauer von 16 h bei 37°C inkubiert. Das enzymatisch freigesetzte N-Acetylglucosamin läßt sich mit Kaliumchlorid extrahieren. Nach Färbung mit 4-(Dimethylamino)benzaldehyd wird dessen Konzentration photometrisch bestimmt.

f. Urease, ungepufferte Methode (KANDELER & GERBER 1988)
Prinzip:
Bodenproben werden für 2 h mit einer ungepufferten Harnstofflösung inkubiert. Das während dieser Zeit gebildete Ammonium wird mit einer 1 M Kaliumchloridlösung extrahiert und kolorimetrisch ausgewertet. Die Farbstoffbildung geht auf die Reaktion des durch aktives Chlor zu Chloramin oxidierten Ammomiums zurück, das sich in Anwesenheit von phenolischen Verbindungen zu Chinonchloramin umbildet. Die kennzeichnende Bildung des grünen Indophenols findet im alkalischen Milieu statt.

g. Arylsulfatase (TABATABAI & BREMNER 1970 [modifiziert])
Prinzip:
Nach Zusatz einer p-Nitrophenylsulfatlösung werden die Bodenproben für 1 h bei 37°C inkubiert. Das freigesetzte Nitrophenol wird durch die Zugabe von NaOH angefärbt und die Extinktion bei 420 nm gemessen.

h. Alkalische Phosphatase (HOFFMANN 1968 [modifiziert])
Prinzip:
Zu Bodenproben werden eine Phenylphosphat-Dinatriumsalzlösung gegeben und bei 37° C für 3 h bebrütet. Freigesetztes Phenol läßt sich nach Färbung mit 2,6-Dibromchinon-Chlorimid bei 614 nm im Photometer quantitativ auswerten.

Die Aktivität der genannten Enzyme wurde für die Standorte Wiesloch und Nußloch während der Vegetationsperiode im März, Juni und September 1992 gemessen.

7.2.2.2.6 Statistische Auswertung

Die Überprüfung der Daten zur mikrobiellen Biomasse sowie zum Wassergehalt der Proben wurde mit Hilfe des Multiple-Range-Test nach Duncan auf signifikante Unterschiede hin durchgeführt.

7.2.2.3 Ergebnisse

7.2.2.3.1 Mikrobielle Biomasse

Die Werte für die mikrobielle Biomasse lagen in Wiesloch, dem Gebiet mit der deutlich höheren Grundbelastung an den Metallen Pb, Cd und Zn, im Jahresmittel ca. 80% höher als am Vergleichsstandort Nußloch. Die statistische Auswertung belegte die hochsignifikanten Unterschiede ($p \leq 0,1\%$) in der Höhe der mikrobiellen Biomasse an den Standorten.

In der Zeit von September 1991 bis August 1992 (Abb. 7.13) ergaben sich für den Standort Wiesloch (WIE) Durchschnittswerte von 236,20 mg C/100 g Bodentrockensubstanz (SD ± 39,693) und entsprechende Durchschnittswerte für Nußloch (NU) von 148,40 mg C/100 g Bodentrockensubstanz (SD ± 18,404). Die Maxima mit 311 mg C/100 g (WIE) bzw. 170 mg C/100 g (NU) wurden in Wiesloch im März und in Nußloch in den Monaten September (1991) und Januar erreicht. Die Minimalwerte lagen für (WIE) mit 120 mg C/100 g im Monat August und für den Standort (NU) mit 119 mg C/100 g im Dezember.

Beide Standorte zeigten leichte Übereinstimmungen im Verlauf der Biomasseentwicklung im Jahresverlauf. Trotz der hohen (WIE) bzw. minderen Schwermetallfracht (NU) an den Standorten folgen beide Gebiete der Reaktionsnorm ungestörter Böden. Diese zeigen eine enge Korrelation des Humusgehaltes mit der mikrobiellen Biomasse (BECK 1986). Der annähernd doppelt so hohe Humusgehalt am Standort Wiesloch drückt sich erwartungsgemäß in entsprechend höheren Biomassewerten gegenüber dem Vergleichsstandort Nußloch aus.

Um sicherzustellen, daß Unterschiede in den mikrobiellen Biomassen beider Gebiete nicht auf grundsätzlich verschiedenen abiotischen Parametern beruhen, wurde neben anderen Faktoren auch der jeweils aktuelle Stand der Feuchtigkeitsversorgung der beiden Böden dokumentiert.

Die in Abb. 7.14 dargestellten Ergebnisse zeigen, daß in Wiesloch die Wassergehalte der Bodenproben sowohl absolut als auch in % der maximalen Wasserkapazität (max. WK), die bei ca. 75% liegt, die höheren Werte zeigen. Dennoch kann die Feuchtigkeitsversorgung des trockeneren Standortes Nußloch mit einer durchschnittlichen Feuchte von 41% der max. WK noch als durchaus ohne negativen Einfluß auf die mikrobielle Biomasse angesehen werden. Auch die statistische Auswertung der Daten zur Feuchtigkeitsversorgung der Gebiete erbrachte keine signifikanten ($p > 5\%$) Unterschiede zwischen den Probegebieten.

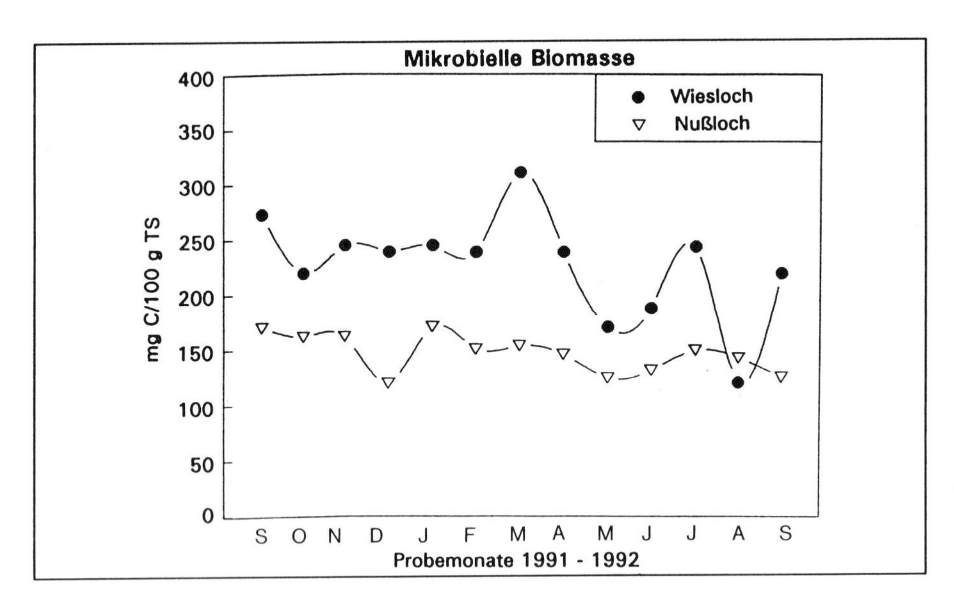

Abb. 7.13: Mikrobielle Biomasse an den Standorten Wiesloch und Nußloch.

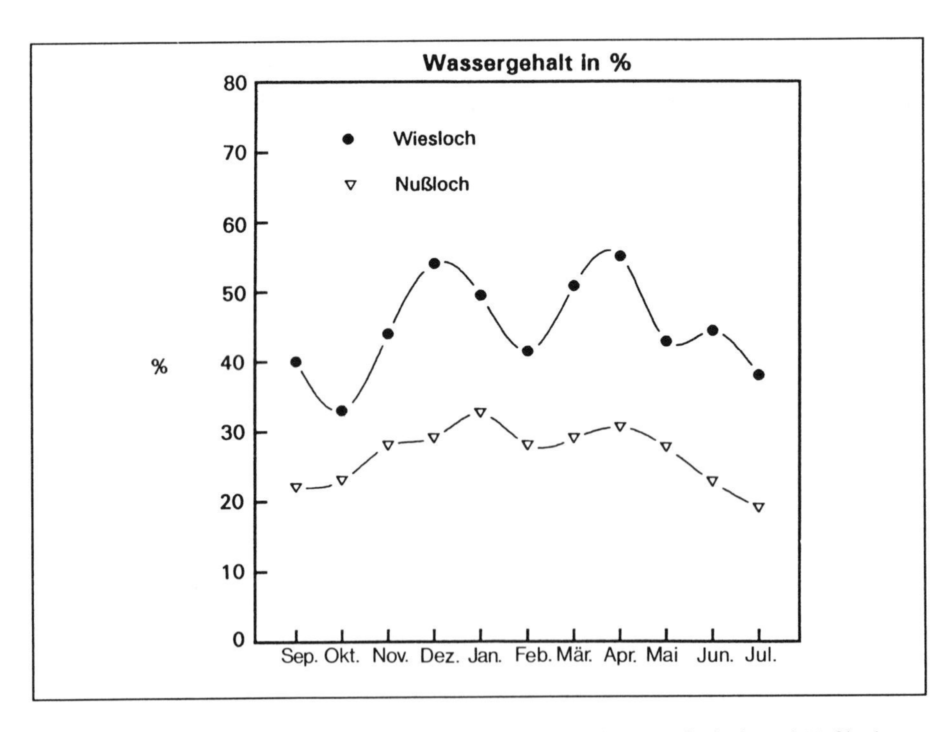

Abb. 7.14: Wassergehalt von Bodenproben an den Standorten Wiesloch und Nußloch.

7.2.2.3.2 Bodenenzymatik

a. Absolute Enzymaktivitäten

In der Abb. 7.15 finden sich zusammengefaßt die absoluten Enzymaktivitäten an den Standorten Wiesloch und Nußloch für die dreimalige Probenahme innerhalb der Vegetationsperiode im Jahre 1993. In der überwiegenden Mehrzahl der Fälle wies der stärker mit Schwermetallen belastete Standort Wiesloch die höhere Enzymaktivität auf. Für Enzyme wie Cellulase und Chitinase (Abb. 7.15) ergab sich ein deutlicher Anstieg der Aktivität innerhalb der Vegetationsperiode. Die höchsten Werte konnten für beide Enzyme während der Septembermessung nachgewiesen werden. Ein gerade gegensätzliches Verhalten konnte bei der Sulfatase-Aktivität (Abb. 7.15) festgestellt werden. Über die hohen Frühlingswerte im März fielen die Aktivitätskurven an beiden Standorten bis zur Herbstmessung deutlich ab. Frühsommerliche Maxima im Juni kennzeichneten das Verhalten von alkalischer Phosphatase und von Urease (Abb. 7.15). Die Aktivität von ß-Glucosidase und Xylanase war durch die im März stark differierenden Werte von Wiesloch (hoher Wert) und Nußloch (tiefer Wert) geprägt, die sich jedoch im Laufe der Vegetationsperioden einander annäherten und gegen den Herbst eine fallende Tendenz zeigten (Abb. 7.15). Im Falle von Saccharase ergab sich für das Gebiet Wiesloch ein sommerliches Minimum, der bei dem Standort Nußloch in dieser Form nicht festzustellen war.

In vielen Fällen (Cellulase, Sulfatase, Phosphatase, Urease, Chitinase) konnte ein annähernd paralleler Verlauf der Aktivitätskurven in den beiden Gebieten beobachtet werden. In den Fällen minderer Übereinstimmung (ß-Glucosidase, Xylanase, Saccharase) waren dennoch ab der Junimessung tendenziell gleiche Aktivitätsmuster mit einer herbstlichen Verminderung der Aktivität (ß-Glucosidase, Xylanase) bzw. einer Aktivitätssteigerung (Saccharase) zu erkennen (siehe Abb. 7.15).

Der übereinstimmende Verlauf der Aktivitätskurven in den beiden Gebieten spricht für vergleichbare Sukkzessionsabläufe der Mikroflora mit einer zeitgleichen Förderung funktioneller Gruppen zu bestimmten Zeiten der Vegetationsperiode. Auffallende Diskrepanzen, die mit der Existenz der höheren Schwermetallbelastung in Wiesloch in originären Zusammenhang stehen könnten, waren nicht festzustellen.

b. Relative Enzymaktivitäten

Die Untersuchung verschiedener Bodenenzyme im Juni 1992 an den beiden Untersuchungsstandorten erbrachte für Sulphatase und Phosphatase eine enge Korrelation ihrer Aktivität mit der Höhe der mikrobiellen Biomasse am jeweiligen Standort (Abb. 7.16).

Im Gegensatz zu diesen direkten quantitativen Beziehungen wiesen andere Enzyme wie Cellulase zumindest noch eine gewisse Bindung an die Biomasse auf. Für andere Enzymaktivitäten ergaben sich deutliche Diskrepanzen. Besonders ß-Glucosidase und Saccharase zeigten eindeutig höhere Werte am minderbelasteten Standort (Abb. 7.16). Diese Werte weisen in ihrer Beziehung zu korrespondierenden Daten (Höhe der org. Substanz) möglicherweise auf die verminderten Umsetzungsraten am stärker belasteten Standort Wiesloch hin.

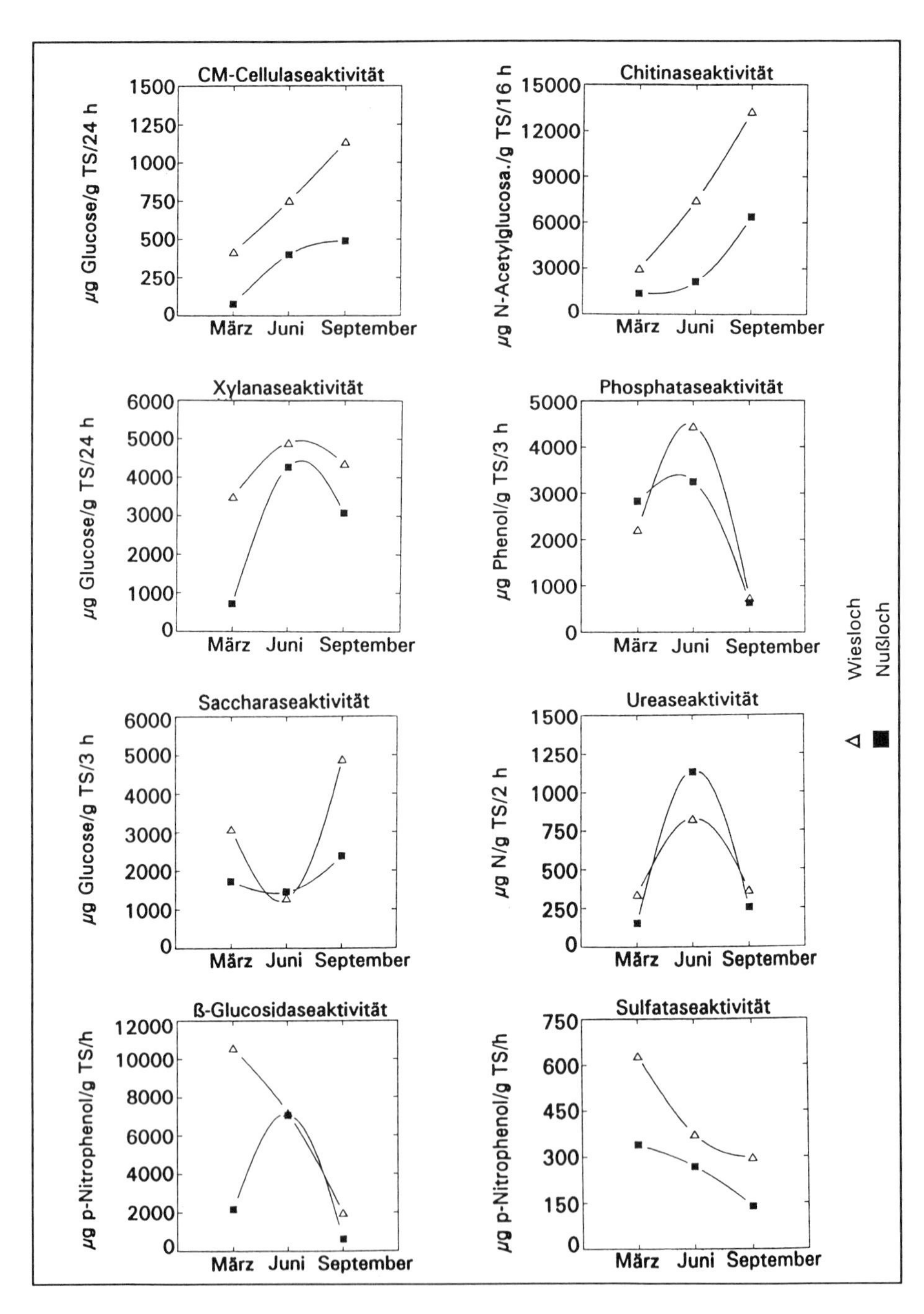

Abb. 7.15: Absolute Enzymaktivitäten an den Standorten Wiesloch (WIE) und Nußloch (NU). TS: Trockensubstanz Boden.

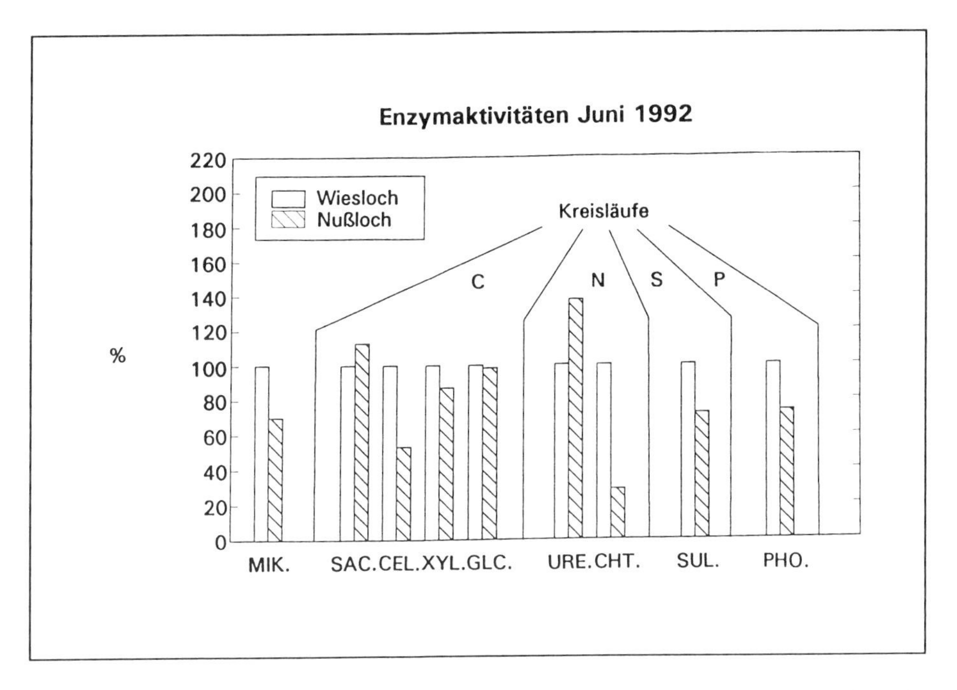

Abb. 7.16: Relative Enzymaktivitäten im Juni 1992 bezogen auf den Standort Wiesloch mit 100%. MIK: mikrobielle Biomasse, SAC: Saccharase, CEL: Cellulase, XYL: Xylanase, GLC: ß-Glucosidase, URE: Urease, CHT: Chitinase, SUL: Sulfatase, PHO: Phosphatase.

Am unbelasteten Standort (NU) erreichten die Enzymaktivitäten in Relation zur mikrobiellen Biomasse durchweg annähernd gleichhohe oder höhere Werte als am belasteten Standort Wie, wobei als einzige Ausnahme die Chitinaseaktivität in Wiesloch deutlich höher lag als in Nußloch (Abb. 7.16).

7.2.2.3.3 Celluloseabbau

Die nach Zugabe von gepulverter Cellulose zu Böden der Untersuchungsstandorte gemessenen Respirationswerte (Abb. 7.17) zeigten die deutlich höheren Aktivitätswerte für den stärker belasteten Standort WIE. Diese Beobachtungen korrelierten mit den absolut höheren Werten, die für die Cellulaseaktivität in WIE dokumentiert wurden.

Der bodenbürtige Anteil an Schwermetallen schränkt offensichtlich die Fähigkeiten der cellulolytischen Mikroflora zum Celluloseabbau kaum ein. Vielmehr wird auch in diesem Gebiet die Intensität des Celluloseabbaues durch den Gehalt an verfügbarem mineralischen Stickstoff bestimmt.

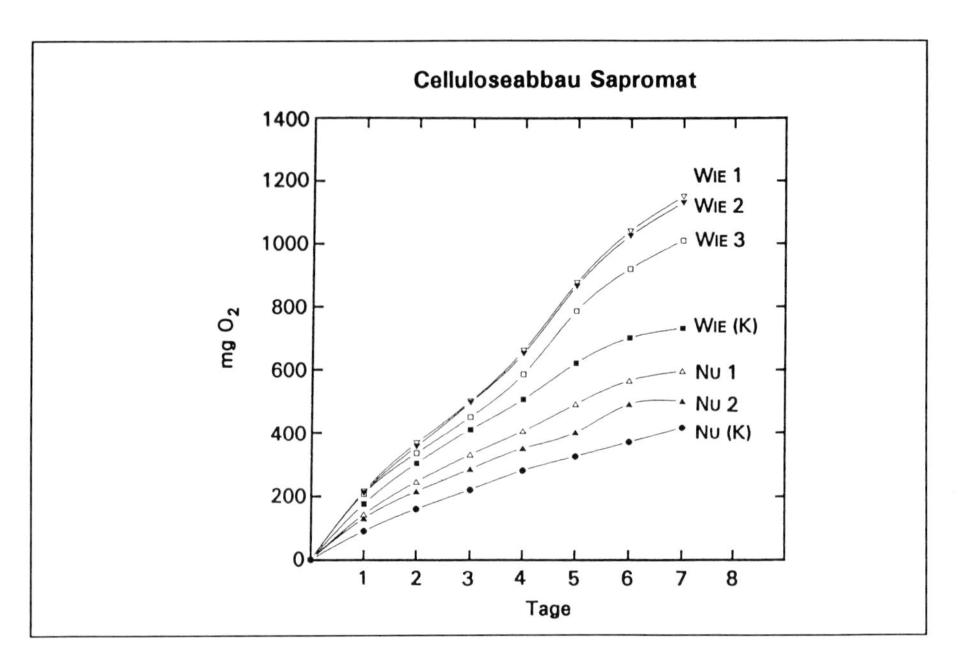

Abb. 7.17: Aktivität des Celluloseabbaus im Sapromat mit Boden aus Wiesloch (WIE 1-3) und Nußloch (NU 1-2) im Vergleich zur Kontrolle WIE (K) bzw. NU (K).

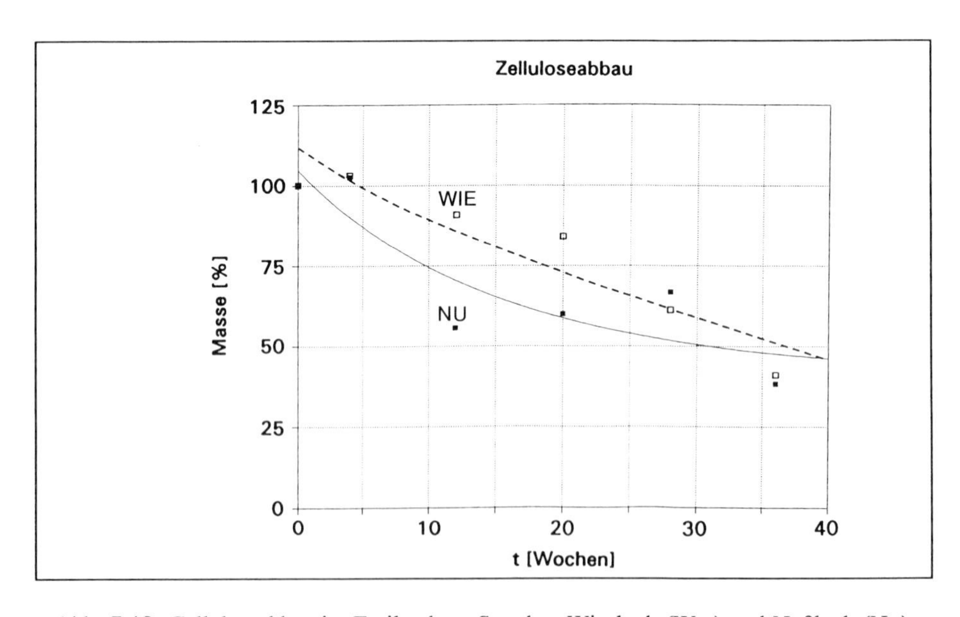

Abb. 7.18: Celluloseabbau im Freiland am Standort Wiesloch (WIE) und Nußloch (NU)

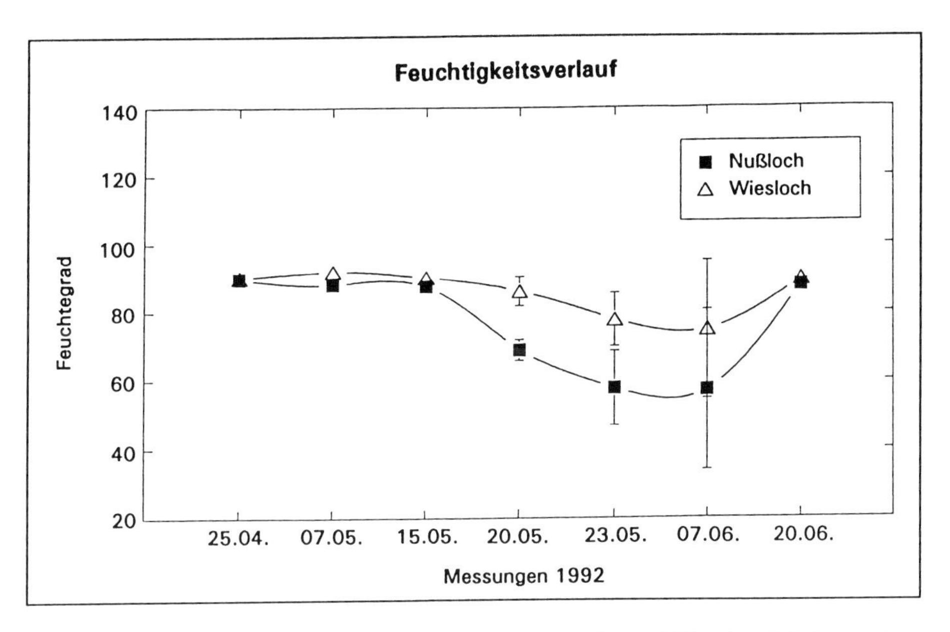

Abb. 7.19: Feuchtigkeitsversorgung der Streu in unmittelbarer Nähe der Celluloseproben in arbiträren Einheiten.

Im Gegensatz zu den enzymatischen und respirometrischen Messungen zeigten die mit Hilfe von Streubeuteln durchgeführten Dekompositionsmessungen im Freiland die zu Anfang höheren Abbauraten im Gebiet NU. Nach ca. 40 Wochen näherten sich die Kurven jedoch einander an (Abb. 7.18) und zeigten einen gleichsinnigen Verlauf.

Der weitgehend übereinstimmende Temperaturverlauf im Expositionsraum der Proben sowie die sich nur wenig voneinander unterscheidenden Eckwerte für die Feuchtigkeitsversorgung in der unmittelbaren Umgebung der in die Streuschicht eingebrachten Celluloseproben (Abb. 7.19) schließen die genannten Faktoren im Sinne einer Förderung oder Hemmung des Dekompositionsvorganges aus.

7.2.2.4 Diskussion

Zur Abschätzung des Effektes von Schadstoffen auf die Lebensgemeinschaften von Bodenmikroorganismen wird bevorzugt die Bodenatmung als Parameter zur Ermittlung der Auswirkungen von Störfaktoren eingesetzt (SCHINNER et al. 1991). Der Anteil der nach dem Sieben noch verbleibenden aktiven Reste der Mikro- und Mesofauna trägt nur noch in vernächlässigbar geringen Mengen zur Gesamtrespiration der Bodenproben bei (SCHÄFER 1987). Saisonale Einflüsse bewirken besonders im Frühjahr und Herbst starke Schwankungen in der Höhe der mikrobiellen Biomasse (PARKINSON et al. 1978), die in den genannten Jahreszeiten auch für Nußloch und Wiesloch nachzuweisen waren. Die absolute Höhe der mikrobiellen Biomasse in beiden Probegebieten bewegte sich auf einem Niveau, wie sie auch PARKINSON et al. (1978)

für den Boden eines unbelasteten Fichtenstandortes angeben. Hinweise auf eine quantitative Beeinträchtigung der Bodenmikroorganismen durch die mindere (Nußloch) bzw. höhere (Wiesloch) Schwermetallfracht der genannten Gebiete konnten nicht gefunden werden.

Dies verwundert in Anbetracht der geogenen Belastung der Gebiete (Nußloch 25 µg Cd/ 364 µg Pb/g; Wiesloch 98 µg Cd/ 1 238 µg Pb/g) nur wenig. Trotz der vergleichsweise hohen Cadmiumbelastung der eigenen Gebiete ließ sich bei der Messung der Glucosedekomposition (diese stellt das Substrat bei der substratinduzierten Respirationsmessung dar) an Standorten mit einer Belastung von 1 000 µg/g Cadmium nur eine leichte Verminderung der Aktivität der Bodenmikroflora feststellen (BEWLEY & STOTZKY 1983 a). Auch die Zugabe von 750 bzw. 1 500 µg Pb/g zu mit Glucose versetzten Bodenproben verzögerte lediglich den Abbau der Glucose ein wenig, während die Gesamtrespiration sowohl in der Kontrolle als auch in den bleikontaminierten Proben keine signifikanten Unterschiede zeigte (DOELMANN & HAANSTRA 1979 a). Andererseits belegten die Messungen auf Feldern, deren letzte Düngung mit schwermetallhaltigem Klärschlamm ca. 20 Jahre zurücklag, den persistierenden negativen Einfluß auf die Höhe der mikrobiellen Biomasse (BROOKES & MCGRATH 1984).

Von Pilzen oder Bakterien gebildete Enzyme spielen die Schlüsselrolle im Ablauf grundlegender Stoffkreisläufe im Boden. Erst durch die Zerlegung komplexer Verbindungen in einfachere Bausteine werden diese für die Pflanzen wieder verfügbar. Ergeben sich Einschränkungen von bestimmten Enzymaktivitäten durch direkte Schädigung des Enzymes durch die Schadstoffe, durch eine Beeinträchtigung der Produktion im Organismus oder fällt der entsprechende Funktionsträger ganz aus, verlangsamen sich die entsprechenden Stoffkreisläufe und es kommt zu einer Akkumulation des nicht umgesetzten Substrates (STROJAN 1978 a, COUGHTREY et al. 1979, SCHÄFER 1986). Ein auffälliges Kennzeichen dieser verminderten Abbauleistung sind die erhöhten Mengen nicht umgesetzten Laubes am stärker belasteten Standort Wiesloch.

Die Cellulose stellt mit einem Anteil von 40 bis 70% (ALEF 1991) in pflanzlichem Material das dominierende Naturstoffpolymer in pflanzlichem Bestandesabfall dar. Der Abbau ist nur einem spezialisierten Kreis von Bakterien sowie verschiedenen Pilzgruppen möglich und zeigt eine enge Beziehung zu dem Stickstoffkreislauf (BECK 1986). Der größte Anteil an Cellulasen im Boden wird offensichtlich von Pilzen und nicht von Bakterien produziert (RHEE et al. 1987). In Anbetracht der (allerdings in einem Fichtenstandort) ermittelten Werte von einem Verhältnis bakterieller zu pilzlicher Biomasse von 1:3 (PARKINSON et al. 1978) gehen wohl auch die Aktivitäten an den Standorten Wiesloch und Nußloch zum großen Teil auf Bodenpilze zurück.

Die in den genannten Probegebieten festgestellten korrespondierenden Daten der Cellulaseaktivität und der Höhe der mikrobiellen Biomasse entsprachen den korrelierenden Werten wie sie auch von HOVLAND (1981) für die Beziehung zwischen Bodenrespiration und Cellulaseaktivität angeführt wurden. Ein abweichendes Reaktionsmuster der beiden Böden im Zusammenhang mit der Schwermetallfracht war somit auch am stärker belasteten Standort Wiesloch nicht gegeben. In Kontaminationsversuchen erwiesen sich erst Werte von 1 000 µg/g Cadmium als supprimierend auf die Cellulase- und auch auf die Xylanaseaktivität (BABICH & STOTZKY 1982), wobei eine Hemmung sowohl der Cellulosedegradation als auch des Xylanabbaues zur massiven Akkumulationen von Bestandesabfall führt. Xylane finden sich in Anteilen von 5 bis 20% in Pflanzenmaterial und stellen somit nach Cellulose das zweitwichtigste Kohlenstoffpolymer in der Natur dar (SCHINNER et al. 1991).

Als ergänzendes Enzym zu Exo- und Endocellulasen spaltet die ß-Glucosidase Cellobiose in Glucose auf und stellt diese damit Konsumenten zur Verfügung. Trotz ihrer weiten Verbreitung in Mikroorganismen, Pflanzen und Tieren (WALLENFELS & WEIL 1972) geht doch der überwiegende Anteil der bodeneigenen ß-Glucosidase (wie auch der von Cellulasen i.e.S., s.o.) auf die Produktion durch Pilze zurück (HAYANO & TUBAKIK 1985). Die in Relation zur mikrobiellen Biomasse im Juni 1992 festgestellten höheren relativen Aktivitätswerte für die ß-Glucosidase am minderbelasteten Standort Nußloch können allerdings kaum mit der höheren Schwermetallbelastung in Wiesloch begründet werden. Abgesehen von den starken saisonalen Schwankungen der Aktivität liegen gerade für ß-Glucosidase Hinweise auf eine nur geringe Sensibilität gegenüber Metallkontaminationen vor. So konnte TYLER (1974) eine gesicherte Korrelation der Aktivitätsminderung der Respiration, der Urease- sowie der sauren Phosphataseaktivität mit steigender Kupfer- und Zinkkonzentration nachweisen, die allerdings für ß-Glucosidase auch bei hohen Konzentrationen nicht nachzuweisen war.

Bei der ebenfalls festzustellenden erhöhten relativen Enzymaktivität von Saccharase am Standort Nußloch spielen zwar wie im Falle von ß-Glucosidase sicher auch jahreszeitliche Einflüsse eine gewisse Rolle bei dem geminderten Aktivitätsniveau in Wiesloch. Allerdings geben die Literaturdaten, die eine hochkorrelative Bindung der Saccharase an die Höhe der mikrobiellen Biomasse belegen (SUTTNER 1987) zu der Vermutung Anlaß, daß bei einem Zusammentreffen negativer exogener Faktoren mit der geogenen Schwermetallbelastung letztere durchaus einen negativen Einfluß auf Saccharase (und möglicherweise auch andere Enzymaktivitäten) ausüben könnte.

Deutlich höhere Werte konnten ganzjährig für die Chitinaseaktivität am Standort Wiesloch nachgewiesen werden. Da diese Aktivität im Boden vor allem auf Aktinomyceten zurückgeht (MITCHELL & ALEXANDER 1962), könnte gerade die Chitinaseaktivität darauf hinweisen, daß die Mikroflora am stärker belasteten Standort (WIE) eine andere Artenzusammensetzung zeigt als am Vergleichsstandort (NU). Da Pilze in ihren Zellwänden Chitin aufweisen, wäre möglicherweise ein höheres Angebot an diesem Substrat (d.h. ein größerer Anteil der Pilze an der mikrobiellen Biomasse in Wiesloch) für diesen Effekt verantwortlich, da gerade auch Pilze große Mengen an Schwermetallen zu tolerieren vermögen. Erst durch die Untersuchung der Enzymaktivitäten der Mikroflora in (WIE) wurde deutlich, daß zwar die Höhe der mikrobiellen Biomasse nicht durch die geogene Schadstofffracht beeinflußt wird, für einzelne Enzyme (ß-Glucosidase, Saccharase) aber durchaus gewisse Einschränkungen konstatiert werden können. Da die Geschwindigkeit von Abbauprozessen durch die Dauer des langsamsten Abbauschrittes limitiert wird, haben auch teilweise Funktionseinschränkungen möglicherweise weitreichende Konsequenzen für die Zersetzung von organischem Bestandesabfall.

Im Gegensatz zu den genannten Ausnahmefällen einer verminderten Korrelation von Enzymaktivitäten mit der mikrobiellen Biomasse bestätigten die Arylsulfataseaktivität sowie die alkalische Phosphataseaktivität - diese ist nach BECK (1973) auf Mikroorganismen und Tiere beschränkt - die von BECK (1973) sowie KING & KLUG (1980) dokumentierten Beziehungen zu der organischen Substanz im Boden und somit auch zur mikrobiellen Biomasse. Die direkten quantitativen Beziehungen im Verhältnis der Biomassen in Wiesloch und Nußloch mit der Arylsulphatase und der Aktivität der alkalischen Phosphatase wurden auch durch saisonale Einflüsse kaum gestört.

Von besonderem Interesse für die Frage, ob die Schwermetallkontamination in Wiesloch einen meßbaren negativen Einfluß auf die Aktivitäten einzelner Enzyme ausübt, war die Ermittlung der Ureaseaktivität. Bei Untersuchungen zur Sensibilität dieses Enzymes gegen steigende Kupfer- und Zinkkonzentrationen (TYLER 1974) oder bei einem Vergleich zwischen einem stark mit Blei und Zink belasteten Minengelände (WILLIAMS et al. 1977) wurde dessen Beeinträchtigung durch die genannten Schwermetalle deutlich, sodaß von einem "Indikator" der biologischen Aktivität im Boden (WILLIAMS et al. 1977) gesprochen wurde.

Bemerkenswerterweise stellt die Ureaseaktivität im Juni einen absoluten Sonderfall dar, indem sowohl die relative als auch absolute Aktivität am minderbelasteten Standort Nußloch jene in Wiesloch deutlich übersteigt. In diesem Verhalten könnte ein weiterer Hinweis auf eine supprimierende Wirkung der Metallbelastung am stärker belasteten Standort (WIE) schon auf der Ebene der mikrobiellen Aktivität zu suchen sein. Allerdings sind diese Mutmaßungen dahingehend zu relativieren, daß Urease keine enge Beziehung zur mikrobiellen Biomasse in verschiedenen Böden zeigt (COCHRAN et al. 1989).

Die Ermittlung des rein mikrobiellen Abbaues von Celluloseproben im Freiland ergänzte die enzymatischen Messungen der Cellulaseaktivität im Boden sowie die Aktivierung durch das Cellulosesubstrat im Sapromat. Die in den Netzbeutelversuchen verwendete Maschenweite von 20 μm war mehr als groß genug, um auch Pilzhyphen die Besiedlung des Substrates zu ermöglichen, da sich der Durchmesser der Feinhyphen lediglich auf 3 bis 4 μm beläuft (HÅGVAR 1988). Die Hindernisse bei der Besiedlung des Substrates sowie die spezifischen mikroklimatischen Parameter innerhalb der Cellulosebeutel lassen allerdings vermuten, daß ebenso wie im Falle von Streubeuteln (SCHÖNBORN & DUMPERT 1986) in diesen Mikrohabitaten eine geringere Biomasse als auf freiexponierten Substraten zu finden ist. Die in Wiesloch und Nußloch ermittelten Abbauwerte dürften daher unter "Freilandbedingungen" etwas höher ausfallen. Anfänglich verminderte Abbauwerte während der Besiedlungsphase von Cellulosebeuteln (UNGER 1968) traten lediglich für Wiesloch abgeschwächt in Erscheinung. Der anfänglich verlangsamte Abbau in (WIE) zeigt allerdings deutlich, daß die Diskrepanz zwischen einer hohen potentiellen cellulolytischen Enzymaktivität und dem im Freiland festgestellten anfänglich verminderten Abbau möglicherweise durch weitere Faktoren, wie die unterschiedliche Aktivität von Bodentieren an den Standorten (siehe KRATZMANN et al. 1993a, Kap. 5) und den damit veränderten Rahmenbedingungen für das Wachstum von Mikroorganismenpopulationen im Zusammenhang steht. Für den Standort Wiesloch mit seiner umfangreichen akkumulierten Laubschicht konnten höhere Bestandszahlen an vorwiegend pilzfressenden Milben aus den Gruppen der Oribatida und Uropodina nachgewiesen werden (Kap. 5). Durch das "grazing" dieser Gruppen sowie weiterer fungiphager Formen wie Collembolen ergeben sich offensichtlich Beeinträchtigungen der aktiven Besiedlung des Cellulosematerials durch einwachsende Pilzhyphen.

Nach erfolgter Besiedlung kommt allerdings der ca. doppelt so hohe Stickstoffgehalt in Wiesloch zum Tragen, der zusammen mit dem Luftangebot den Celluloseabbau zu 60% bestimmt (BEYER et al. 1992). Unter dem erhöhten Angebot an verfügbarem Stickstoff beschleunigte sich der in der Initiationsphase retardierte Celluloseabbau in Wiesloch und erreichte nach ca. 10 Monaten den Abbaugrad des Nußlochmaterials. Flankierende Abbauparameter wie der Feuchtigkeitsgehalt sowie der Temperaturverlauf in der Streuschicht (BEYER et al. 1992) erreichten in keinem Falle eine Höhe, die eine signifikante Beeinflussung des Abbaugeschehens zur Folge gehabt hätte.

Die absoluten Abbauwerte waren allerdings mit ca. 10 mg pro Tag (Zeit von April bis September 1992) nur halb so hoch wie die schon als gering zu wertenden Daten zur Cellulosedegradation in norddeutschen Waldböden (BEYER et al. 1992), wobei die genannten Autoren jedoch keine Angaben zur Maschenweite der Gazebeutel machen und somit ein direkter Einfluß der Bodenfauna auf das Abbaugeschehen nicht auszuschließen ist.

Die Auswirkung von Schwermetallen auf die Populationen von Mikroorganismen an Freilandstandorten stehen im komplexen Zusammenhang mit den Standortfaktoren und den spezifischen Eigenschaften der kennzeichnenden Mikrofloren, so daß sich im Feldversuch oft widersprüchliche Aussagen ergeben (siehe BABICH & STOTZKY 1985). Neben der direkt bakteriziden Wirkung von z.B. Cadmiumionen und der damit verbundenen Hemmung der Synthese von mikrobiellen Enzymen (BISESSAR 1982, COLE 1977) spielt auch die direkte Funktionsbeeinträchtigung von freien Enzymen durch Schwermetallionen (TYLER 1981) eine Rolle bei der Beschränkung der Leistungsfähigkeit der Bodenmikroflora beim Abbau organischen Bestandesabfalles. Die Selektion auf schwermetallresistente Formen an derartig kontaminierten Standorten (BABICH & STOTZKY 1978, DUXBURY & BIGNELL 1983) mit einer Dominanz der besonders toleranten gramnegativen Bakterien (DOELMAN & HAANSTRA 1979 b) vermag (bei gemäßigter Kontamination) die Leistungsfähigkeit der mikrobiellen Komponente beim Dekompositionsprozeß wieder annähernd herzustellen. Die Befunde am Standort Wiesloch lassen keine gesicherte Aussage zur Leistungsbeeinträchtigung der dortigen Mikroflora zu. Es existieren lediglich tendenzielle Hinweise auf eine mögliche Leistungseinschränkung der Bodenmikroorganismen.

Die Untersuchungen zur Ermittlung der Leistungsparameter der Mikroflora des Bodens unter geogener Belastung zeigten, daß allein mit quantitativen Aussagen zur mikrobiellen Biomasse keine befriedigenden Rückschlüsse auf systeminterne Störungen gezogen werden können. Die ergänzenden Messungen verschiedener Bodenenzymaktivitäten erscheinen das weitaus geeignetere Mittel, Unterschiede in der Leistungsfähigkeit von Bodenmikroorganismen unter dem Einfluß von Schwermetallen und auch von Xenobiotika festzustellen. Die Fähigkeit der diversen Mikroflora des Bodens, flexibel und tolerant auf Schwermetallbelastungen zu reagieren (COLE 1977), erklärt auch die nur wenig verminderte Aktivität am belasteten Standort Wiesloch. Die dennoch dort festzustellende sichtbar retardierte Dekomposition von Bestandesabfall steht offensichtlich im Zusammenhang mit der für Gruppen höherer Organismen toxischen Schwermetallfracht des Gebietes und der Einschränkung deren fördernder Wirkung auf die Mikroflora.

7.2.3 Resistenzen von Intestinalbakterien verschiedener Populationen von *Oniscus asellus* und *Porcellio scaber* (Isopoda) gegen Schwermetalle

7.2.3.1 Einleitung

Die Beziehungen zwischen terrestrischen Isopoda und symbiotischen Bakterien erweisen sich im Lichte immer neuer Erkenntnisse als zunehmend komplexer. Neben der Existenz von feminisierenden endosymbiotischen Bakterien ("endocytobiotes") mit bestimmendem Einfluß auf das Geschlechterverhältnis bestimmter Arten von Landasseln und damit auch auf das potentielle Populationswachstum (MARTIN et al. 1989) standen vor allem die außerhalb der Wirtszellen aktiven symbiotischen Bakterien des Intestinaltraktes schon längere Zeit im Mittelpunkt des Interesses.

Deren Funktion bei der Supplementierung der Nahrung bedingt einen innigen Kontakt der Symbionten des Verdauungstraktes mit dem ingestierten Nahrungssubstrat und allen assoziierten Stoffen. Auf diesem Wege erfolgt auch die Kontamination des Tieres und damit seiner Symbionten durch Schadstoffe wie Schwermetalle, die in pflanzliche oder tierische Gewebe eingelagert sein können und/oder das Futtersubstrat als feingranuläres Depositum überziehen. Hierbei sind die Umweltfaktoren, die die Bioverfügbarkeit der Metalle für den Organismus beeinflussen und damit deren Toxizität bestimmen so komplex (BABICH & STOTZKY 1980), daß sich sichere Prognosen nur schwer stellen lassen.

In diesem Zusammenhang kommt offensichtlich auch den Intestinalbakterien eine Rolle im Akkumulations- und Detoxifikationsprozeß von ingestierten Schwermetallen zu. Deren zunehmend resistente Reaktion auf eine Fütterung der Wirtsasseln mit schwermetallbelasteter Nahrung belegt deren adaptives Potential (COUGHTREY et al. 1980) und wirft Fragen nach den Vorteilen, die für Asseln mit resistenten Symbionten entstehen, auf.

Die mutmaßliche Rolle, die Intestinalsymbionten unterschiedlicher systematischer Zugehörigkeit beim kennzeichnenden Resistenz- und Akkumulationsverhalten verschiedener Spezies terrestrischer Isopoda spielen (HOPKIN 1989), sollte in dieser Versuchsreihe näher bearbeitet werden. Weitergehende Kenntnisse der taxonomischen Zugehörigkeit vor allem der Mitteldarmdrüsensymbionten (ULLRICH 1993) bildeten die Basis zur Beurteilung der Resistenzeigenschaften der bakteriellen Symbionten und deren potentielle Rolle als Detoxifikanten ingestierter Schwermetalle.

7.2.3.2 Material und Methoden

7.2.3.2.1 Isolation der Hinterdarm- und Mitteldarmdrüsenbakterien

Die plattierbare Bakterienflora aus den Mitteldarmdrüsen der folgenden Asselpopulationen diente als Ausgangsmaterial zur Selektion der für die DNA-Hybridisierung sowie für die konventionellen API-Testsysteme zu verwendenden Bakterien.

1. *Oniscus asellus* aus Zuchtbeständen = O.a. (Z)
2. *Oniscus asellus* aus Nußloch = O.a. (N)
3. *Oniscus asellus* aus Braubach = O.a. (B)
4. *Porcellio scaber* aus Zuchtbeständen = P.s. (Z)
5. *Porcellio scaber* aus Braubach = P.s. (B)

Die zur Isolation der Mitteldarmdrüsen vorgesehenen einzelnen Tiere der genannten Populationen wurden äußerlich mit 70% igem Ethanol von anhaftenden Keimen so weit als möglich gereinigt und sofort mit sterilem aqua bidest. nachgespült. Die Entnahme der Mitteldarmdrüsen erfolgte mit Hilfe von hitzesterilen Scheren und Pinzetten. Nach Exstirpation der Mitteldarmdrüsen diente autoklaviertes LB-Medium zur Aufnahme des Organmaterials. Jeweils die Mitteldarmdrüsen von 5 Tieren einer Population wurden gemeinsam in einen Ansatz überführt, um ein repräsentatives Spektrum der Mikroflora der verwendeten Arten bzw. Populationen zu erhalten.

Die über Nacht auf einem Schüttler in LB-Medium herangewachsenen Mischkulturen wurden mit Hilfe von flüssigem LB-Medium bis auf eine optische Dichte von 0,30 bei einer Messung im Photometer bei 600 nm herunterverdünnt, was einer Zelldichte von 10^4 Zellen/1 ml Medium entspricht. Die Bakterien wurden in definierten Konzentrationen auf belastete LB-Nährböden aufgetragen.

Nach 4 Tagen Inkubation bei Zimmertemperatur diente die Anzahl der auf den belasteten Nährböden gewachsenen Kolonien im Vergleich zur Kontrolle als Anhaltspunkt für das toxische Potential der eingesetzten Schwermetallkonzentration.

7.2.3.2.1 Belastung der schwermetallhaltigen LB-Nährböden

Zur Überprüfung des Resistenzverhaltens der Isolate aus den Mitteldarmdrüsen und dem Hinterdarm der genannten Asselpopulationen wurden folgende Konzentrationen von Schwermetallen (als $Pb(NO_3)_2$ bzw. $CdCl_2$ eingesetzt (Tab. 7.1).

Tab. 7.1: Belastung der eingesetzten Nährböden mit den Metallen Blei und Cadmium in µg/g.

Intestinalkompartiment	Pb µg/g		Cd µg/g	
Hinterdarm	1 000	10 000	100	1 000
Mitteldarmdrüse	10 000	100 000	100	1 000

Von den Nährböden zur Evaluierung der Resistenzen der Hinterdarmbakterien wurden pro Belastungstufe drei Konzentrationen definiert aufgetragener Bakteriendichte ausgewertet. Bei den Kontrollen sollte die Verwendung zweier Replikas pro Konzentrationsstufe zur Absicherung der Ausgangszellzahl dienen. Die Mitteldarmdrüsenkulturen wurden in jeweils zwei Konzentrationsstufen ausgebracht.

7.2.3.2.3 Systematische Differenzierung der Mitteldarmdrüsenisolate

Die Reinkulturen der bakteriellen Isolate aus den Mitteldarmdrüsen, die als Ausgangskulturen für weitere Untersuchungen dienten (siehe Kapitel 7.2.3), wurden bezüglich folgender Parameter gruppiert:

(a) Anteile der gramnegativen bzw. grampositiven dominierenden Phänotypen in den Mitteldarmdrüsen der untersuchten Landasseln

(b) Zugehörigkeit der Isolate zu systematischen Großgruppen im Vergleich der Mitteldarmdrüsenmikroflora der überprüften Isopoden

Die systematische Großgruppierung bediente sich des Verhaltens bei Gramfärbung, des Oxidasetestes sowie des Wachstums auf MacConkey-Agar.

7.2.3.2.4 Rasterelektronenmikroskopische (REM) Auswertung des Resistenzverhaltens von Bakterien im Intestinaltrakt von Asseln bei Fütterung schwermetallbelasteter Futtersubstrate

Für die Ermittlung des Resistenzverhaltens von Bakterien in vivo dienten Hinterdärme und Mitteldarmdrüsen von *Oniscus asellus* und *Porcellio scaber* (Zucht) aus der Versuchsreihe zur Schwermetallbelastung (Kapitel 6) als Untersuchungsobjekte. Die entnommenen Organe wurden hierbei auf die Anwesenheit von Bakterien, auf deren Dichte und die Besiedlung des belasteten Substrates (Pb, Cd) hin unter dem REM examiniert.

Das frische Hinterdarm- bzw. Mitteldarmdrüsengewebe wurde sofort in gekühltes 2,5% Glutardialdehyd in 0,1 M Cacodylatpuffer überführt und dort bei 4°C für mindestens 2 h belassen. Nach der Fixierung folgte die Entwässerung des Materials über eine aufsteigende Alkoholreihe (70%, 85%, 90%, 100%). Der Vorbereitung zur Critical-Point-Trocknung diente eine stufenweise Infiltration über ein 100% Ethanol-Dimethoxymethangemisch bis in das reine Dimethoxymethan.

Die Kritische-Punkt-Trocknung fand in einem Balzers Union CDP 010 statt. Die getrockneten Proben wurden daraufhin auf Rastertischchen aufgeklebt, mit Gold besputtert und in einem Rasterelektronenmikroskop des Typs Philips SEM 505 begutachtet.

7.2.3.3 Ergebnisse

7.2.3.3.1 Das Wachstum bakterieller Isolate aus den Mitteldarmdrüsen und aus dem Hinterdarm verschiedener Populationen von *Oniscus asellus* und *Porcellio scaber*

In der Abb. 7.20 finden sich die prozentualen Angaben zur Anzahl der im Vergleich zum unbelasteten Kontrollagar (= 100%) auf den verschieden hoch belasteten Nährböden gewachsenen Kolonien.

In allen untersuchten Isopodenpopulationen wurden die darmbewohnenden Bakterien durch 100 μg Cd/g auf den Nährböden gar nicht oder nur leicht gehemmt. Erwartungsgemäß etwas deutlicher fiel der Effekt bei Verwendung von 1 000 μg Cd/g im Substrat aus (Abb. 7.20). Besonders die Tiere aus den Zuchtbeständen (sowohl *Oniscus asellus* als auch *Porcellio scaber*) wiesen einen Rückgang der Koloniezahl im Vergleich zur Kontrolle von fast 20% auf. Eine der Situation bei Verwendung von 100 μg Cd/g vergleichbare Reaktion der Isolate ergab sich bei Belastung der Platten mit 1 000 μg Pb/g. Lediglich die Darmflora von *Porcellio scaber* aus der Zucht zeigte starke Einbrüche bei Verwendung dieser Dosierung (Abb. 7.20). Der Rückgang der Koloniezahl auf weniger als die Hälfte der auf den Kontrollplatten erreichten Werte steht durch die sehr konstanten Zahlen bei allen Konzentrationsstufen (46,78% $\pm$ 1,96) außer Zweifel und wies deutlich auf die hohe Bleisensibilität der Isolate hin. Bei einer Belastung der Nährböden mit 10 000 μg Pb/g kam es zu einem starken Rückgang der Koloniezahlen innerhalb aller Ansätze (Abb. 7.20). Besonders wurde dies an den Extrema deutlich, die einen Anteil von nur noch 7,73% $\pm$ 1,34 bei *Porcellio scaber* aus Braubach im Vergleich zu immerhin noch 63,88% $\pm$ 18,18 bei *Oniscus asellus* ebenfalls aus Braubach belegten. Berechnete man das arithmetische Mittel der prozentualen Anteile resistenter Kolonien aller Belastungstufen für jede einzelne Asselpopulation ergab sich folgende Verteilung (Tab. 7.2).

Die Abfolge der Mittelwerte repräsentierte die Rangfolge der Belastung der Standorte mit den Schwermetallen Blei und Cadmium. Besonders hohe Resistenzzahlen erreichten die Tiere beider Arten aus dem Gebiet Braubach, das bedingt durch frühere Erzförderung und heutiges Batterierecycling, eine hohe Belastung insbesondere an Blei aufweist. Die geringsten Werte traten indessen bei den Zuchttieren von *Porcellio scaber* und *Oniscus asellus* auf, deren Umgebung und Nahrungssubstrat nur geringe Belastungswerte aufwies. Besonders ins Auge fielen jedoch die speziesbedingten Unterschiede zwischen den Anteilen resistenter Bakterien bei *Porcellio scaber* und *Oniscus asellus*. Letztere Art beherbergte eine deutlich resistentere Mikroflora in ihrem Darmtrakt, während *Porcellio scaber* selbst vom belasteten Standort Braubach deutlich niedrigere Resistenzdaten ihrer Darmsymbionten aufwies.

Dieser Trend bestätigte sich auch bei den Zuchttieren von *Porcellio scaber*, die ebenso wie die conspezifischen Tiere der Braubachpopulation im Toleranzverhalten ihrer Darmsymbionten deutlich hinter der Zuchtpopulation von *Oniscus asellus* als auch hinter jener des minderbelasteten Standortes Nußloch zurückstanden.

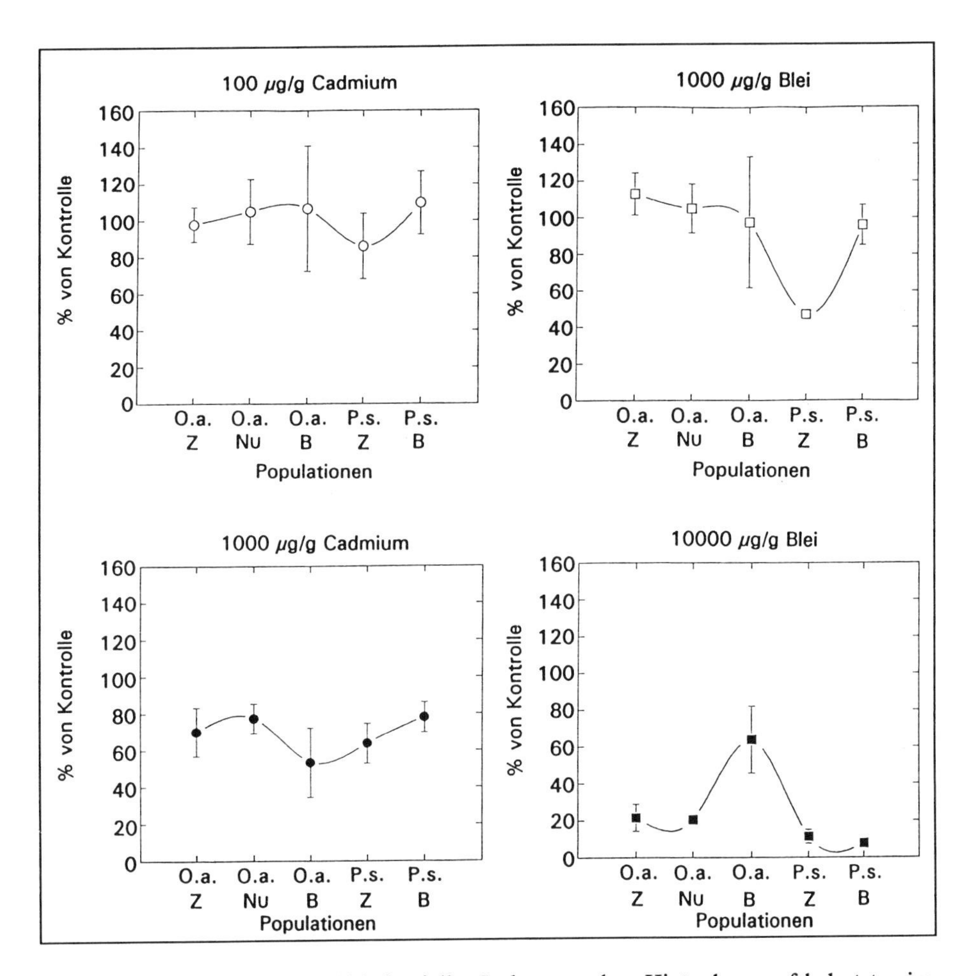

Abb. 7.20: Relative Koloniezahl bakterieller Isolate aus dem Hinterdarm auf belasteten im Vergleich zu unbelasteten Nährböden (= 100%). O.a.= *Oniscus asellus*, P.s.= *Porcellio scaber*, Z (Zucht), NU (Nußloch), B (Braubach).

Tab. 7.2: Durchschnittswerte der resistenten Darmsymbionten aus allen Belastungsstufen innerhalb der untersuchten Isopodenpopulationen.

Kultur	Mittelwert in %
Oniscus asellus (Braubach)	93,40 ± 20,15
Oniscus asellus (Nußloch)	81,57 ± 40,97
Oniscus asellus (Zucht)	78,51 ± 40,00
Porcellio scaber (Braubach)	73,48 ± 44,05
Porcellio scaber (Zucht)	56,64 ± 35,01

In den Untersuchungen zum Toleranzverhalten der Mitteldarmdrüsenbakterien der untersuchten Isopodenpopulationen fanden extreme Dosen an Blei (bis 100000 μg Pb/g) Verwendung, um die Grenzbereiche der Toleranz der bakteriellen Isolate auszuloten und diese Fähigkeiten in einen realen Bezug zur natürlichen Belastung des Nahrungssubstrates setzen zu können. Die Verteilung schwermetalltoleranter Keime auf den verschieden hoch kontaminierten Nährsubstraten bot teilweise ein verwirrendes Bild (Abb. 7.21) und unterschied sich somit von dem relativ einheitlichen Reaktionsmuster der Darmsymbionten, bei denen lediglich graduelle Unterschiede auftraten.Ein direkter Vergleich der Zahlenwerte der Mitteldarmdrüsenisolate mit den Ergebnissen der Toleranz der Darmsymbionten kann lediglich in Form einer gesicherten tendenziellen Aussage erfolgen. Diese beinhaltet die Erkenntnis, daß die Mitteldarmdrüsensymbionten insbesondere gegenüber Blei ein weit höheres Resistenzpotential aufweisen als die Darmsymbionten und selbst bei Extremwerten von 100000 μg Pb/g minimal 32,19% (O.a. Z) und maximal 80,67% (P.s. B) aller Keime der Kontrolle noch zum Wachstum befähigt sind, wobei in diesem Falle nur die gesicherten Daten angeführt werden.

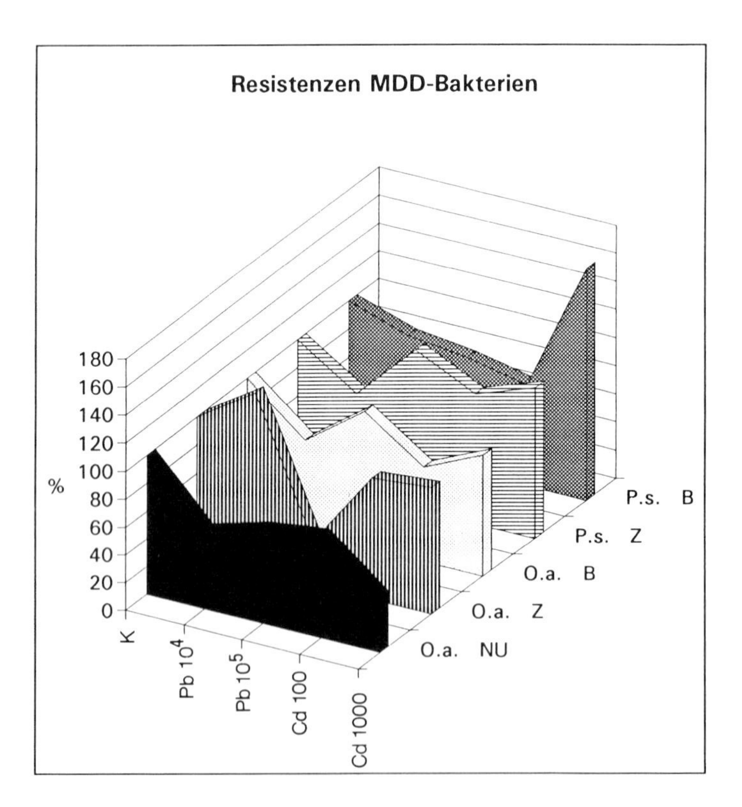

Abb. 7.21: Prozentuale Anteile schwermetalltoleranter Keime in den Mitteldarmdrüsen verschiedener Asselpopulationen. O.a. = *Oniscus asellus*, P.s. = *Porcellio scaber*, Z (Zucht), NU (Nußloch), B (Braubach).

Erschwert wurde die Auswertung der Platten durch die innerhalb der Referenzplatten der Kontrollen bestehenden Unterschiede sowie durch die verminderte Auszählbarkeit sich ein-ander überdeckender Kolonien in Einheit mit dem Einfluß des Schwermetalls auf das Wachstumsverhalten. Der hemmende Einfluß hoher Schwermetalldosen auf die Wachstumsgeschwindigkeit von Kolonien hatte durch die hierbei ebenfalls verminderte Wirkung von suppressiven Stoffen, die auf dem Wege eines Kokurrenzausschlusses ein Wachstum von anderen Keimen in der Nähe schon bestehender Kolonien verhindern, gelegentlich eine Zunahme der Keimzahlen von der niedrigeren zur höheren Schadstoffkonzentration zur Folge. Dies wurde vor allem im Falle von *Porcellio scaber* aus Braubach deutlich, wobei sich eine Steigerung der prozentualen Koloniezahl von 71,62% ± 21,07 bei 100 μg Cd/g zu 164,98% ± 55,08 bei Belastung mit 1 000 μg Cd/g ergab. Eine dem Modus bei den Hinterdarmsymbionten entsprechende Berechnung des arithmetischen Mittelwertes aus den Anteilen aller nachweisbar schwermetalltoleranter Kolonien an Mitteldarmdrüsenisolaten ergab folgendes Bild (Tab. 7.3).

Tab. 7.3: Durchschnittswerte der resistenten Mitteldarmdrüsensymbionten aus allen Belastungsstufen innerhalb der untersuchten Isopodenpopulationen.

Kultur	Mittelwert in %
Oniscus asellus (Braubach)	79,47 ± 15,03
Oniscus asellus (Nußloch)	59,92 ± 15,12
Oniscus asellus (Zucht)	84,50 ± 39,23
Porcellio scaber (Braubach)	100,81 ± 43,19
Porcellio scaber (Zucht)	96,38 ± 18,42

In einem direkten Vergleich der beiden Spezies zeichnete sich für *Porcellio scaber* ein Trend zum Besitz einer gegenüber auch extremen Schwermetallbelastungen resistenteren spezifischen Mitteldarmdrüsenflora ab, die sowohl bei Tieren aus der Zucht als auch vom Standort Braubach zu finden war. Da auch die Exemplare von *Oniscus asellus* aus der Zucht höhere Werte aufwiesen als die Freilandtiere dieser Art aus der Braubachpopulation scheint in der Laborhälterung eine Selektion auf hochtolerante Formen für beide Arten zu bestehen.

7.2.3.3.2 Systematische Unterschiede der Mitteldarmdrüsenmikrofloren der verschiedenen Asselpopulationen

Eine Grobdifferenzierung der dominierenden Isolate aus den Mitteldarmdrüsen wurde mit Hilfe der Gramfärbung vorgenommen. Das Hauptaugenmerk lag hierbei auf dem Zahlenverhältnis zwischen den grampositiven und den gramnegativen Formen. Die prozentualen Anteile der einzelnen Gruppen sind in Abb. 7.22 dargestellt.

Für *Oniscus asellus* zeigte sich die Tendenz, mit zunehmender Schwermetallbelastung der spezifischen Habitate den Anteil an gramnegativen bakteriellen Symbionten in den Mitteldarmdrüsen auf 100% zu erhöhen. Im Gegensatz dazu konnten in allen anderen Populationen beider Arten auch grampositive Keime als Bewohner der Mitteldarmdrüsen festgestellt werden. Ein Unterschied zwischen der Zuchtpopulation und der Braubachpopulation von *Porcellio scaber* existierte hierbei nicht. Offensichtlich weist die Mitteldarmdrüsenmikroflora bei *Oniscus asellus* nicht die stabile Zusammensetzung wie bei *Porcellio scaber* auf, sondern erfährt je nach Umweltverhältnissen gewisse Modifikationen.

Ein entsprechendes Ergebnis der qualitativen Zusammensetzung der symbiotischen Mikroflora in den Mitteldarmdrüsen von *Oniscus asellus* war auch bei einer systematischen Analyse der bakteriellen Isolate zu finden. So konnten in den drei untersuchten Populationen von *Oniscus asellus* voneinander abweichende Anteile der in der Regel (bis auf *Oniscus asellus* aus Nußloch) dominierenden Enterobakterien gefunden werden (Abb. 7.23). Der Nachweis von Pseudomonaden als Mitteldarmdrüsenbewohner beschränkte sich in diesen Untersuchungen auf *Oniscus asellus* aus Nußloch und Braubach, während bei *Porcellio scaber* ausschließlich Enterobakterien sowie verschiedene grampositive Formen in Erscheinung traten (Abb. 7.23). Die Uniformität der bakteriellen Besiedlung der Mitteldarmdrüsen bei *Porcellio scaber* aus der Zucht und aus Braubach stand in auffallender Übereinstimmung mit dem sich größtenteils entsprechenden Reaktionsmuster der mikrobiellen Symbionten gegenüber schwermetallbelasteten Nährböden, während die auch in dem Besiedlungsspektrum sich deutlicher unterscheidenden bakteriellen Populationen von *Oniscus asellus* entsprechend differierende Toleranzen aufwiesen (Abb. 7.23).

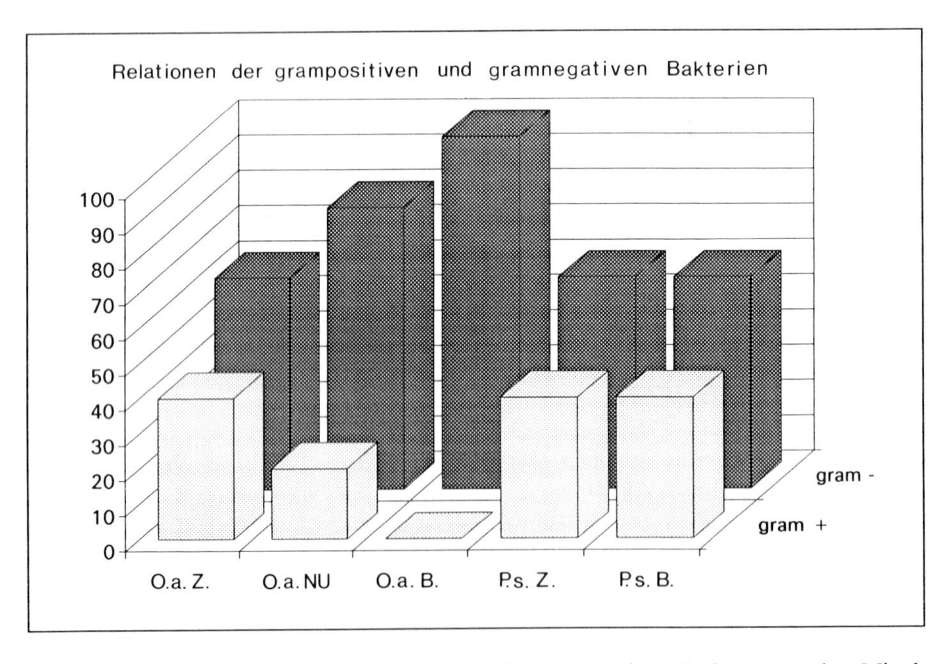

Abb. 7.22: Verhältnisse von grampositiven und gramnegativen Isolaten aus den Mitteldarmdrüsen der folgenden Populationen: O.a. = *Oniscus asellus*, P.s. = *Porcellio scaber*, Z (Zucht), NU (Nußloch), B (Braubach).

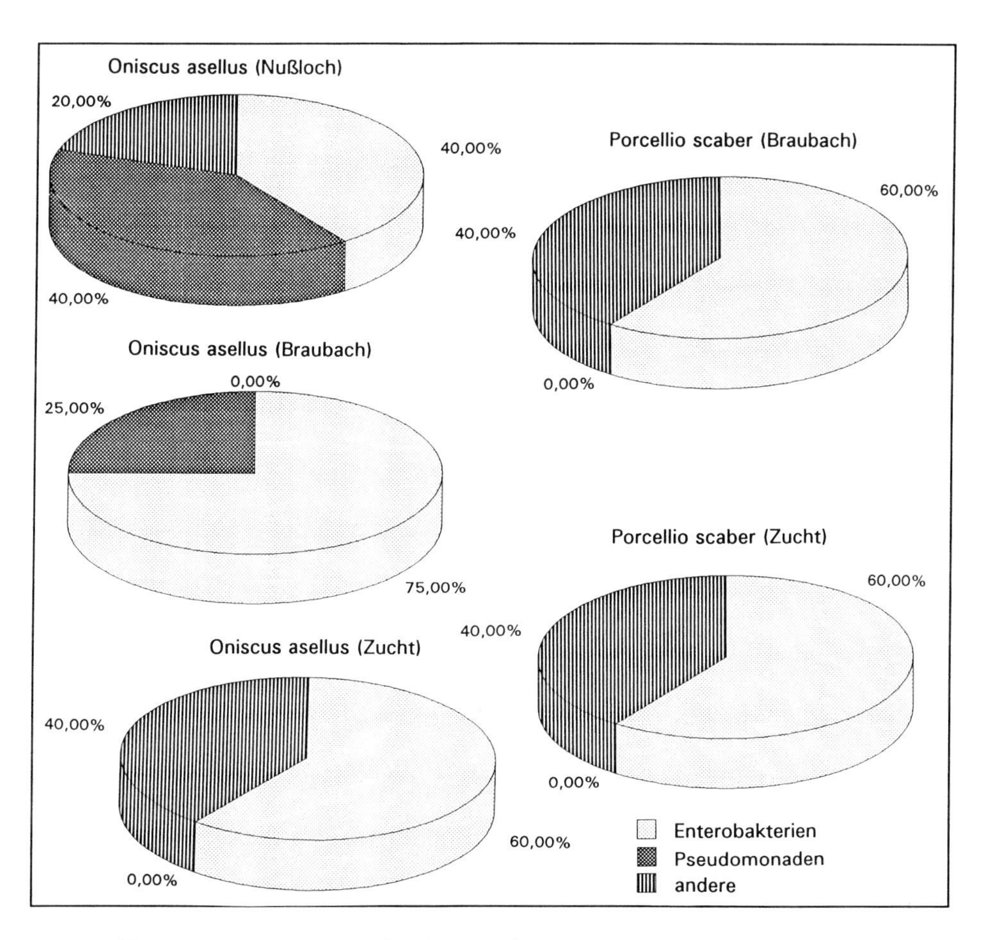

Abb. 7.23: Systematische Zugehörigkeit bakterieller Symbionten aus den Mitteldarmdrüsen verschiedener Asselpopulationen.

7.2.3.3.3 REM-Analyse der Besiedlungsdichte des Intestinaltraktes bei unbelasteter und kontaminierter Nahrung

Mit Hilfe der Rasterelektronenmikroskopie wurden sowohl der Darmtrakt als auch die Mitteldarmdrüsen von Tieren aus nicht mit Schwermetallen belasteter Haltung sowie unter Verabreichung artifiziell kontaminierter Futtersubstrate (siehe Kapitel 6) gehälterter Asseln der Arten *Porcellio scaber* und *Oniscus asellus* untersucht.

a. *Oniscus asellus*/Zucht/Kontrolle (Abb. 7.24)

In den Mitteldarmdrüsen der Kontrolltiere waren keine freien Bakterien im Bereich des Mikrovillisaumes der prominenten B-Zellen zu finden (Abb. 7.24 a). Selbst bei höherer Vergrößerung ließen sich keine Spuren einer symbiotischen Mikroflora bei dem untersuchten Tier nachweisen. Im Gegensatz zu dieser visuellen Sterilität der Mitteldarmdrüsen konnten im Hinterdarm zahlreiche phänotypisch verschiedene symbiotische Bakterien gefunden werden (Abb. 7.24 b), die an manchen Stellen vor allem im Bereich der Typhlosolis hohe Populationsdichten erreichten (Abb. 7.24 c). Gelegentlich fielen symbiotische Hefen als weitere Bewohner des Darmtraktes aufgrund ihrer Größe auf. Bei den kokkoiden Anhangsgebilden der Hefezelle könnte es sich sowohl um Tochterknospen als auch um aufsitzende Bakterienkokken handeln (Abb. 7.24 d).

Von besonderem Interesse war die enge Assoziation verschiedener Bakterientypen (Abb. 7.24 e) mit kutikularen Borstenstrukturen, die eine aktive Anheftung als Schutz gegen die abrasiven Kräfte des Faecessubstrates und somit des Austrages aus dem Darmmilieu entgegensetzt. Bei diesen zur Anheftung befähigten Formen spricht vieles für deren permanente Existenz im Darmtrakt.

b. *Oniscus asellus*/Braubach/Kontrolle (Abb. 7.25)

Bei dem auf die Dichte seiner Bakterienflora untersuchten Exemplar von *Oniscus asellus* fiel der teilweise äußerst dichte Bakterienrasen in manchen Bereichen des Darmes auf, der in dieser Ausprägung bei *Oniscus asellus* aus der Zucht nicht zu finden war (Abb. 7.25 a). Völlig unerwartet waren insbesondere die Myriaden von Hefezellen, die vor allem im Bereich der Typhlosolis die gesamte Kutikulaoberfläche dicht an dicht bedeckten (Abb. 7.25 b, c).

An vielen der in vivo offensichtlich äußerst stoffwechselaktiven Zellen ließen sich Knospungsvorgänge beobachten (Abb. 7.25 d, e). Diese auffällige Massenvermehrung konnte jedoch in anderen untersuchten Exemplaren von *Oniscus asellus* aus Braubach nicht nachgewiesen werden. Offensichtlich bestehen deutliche individuelle Unterschiede in der Besiedlungsdichte und auch im Artenspektrum von symbiotischen Bakterien im Hinterdarm von *Oniscus asellus* aus Braubach.

c. *Porcellio scaber*/Zucht/Kontrolle (Abb. 7.26)

Im Gegensatz zu *Oniscus asellus* aus Zuchtbeständen fanden sich bei *Porcellio scaber* (Abb. 7.26 a) in der Mitteldarmdrüse (Zucht) zahlreiche stäbchenförmige Bakterien auf der mikrovillibesetzten Oberfläche der Mitteldarmdrüsenzellen (Abb. 7.26 b). Gelegentlich ließen sich klumpenförmige Aggregationen aus Bakterien besonders im Bereich der Zellgrenzen nachweisen. Der Hinterdarm von *Porcellio scaber* war besonders in Bereichen starker Oberflächenstrukturierung (Borsten, Falten) von zahlreichen verschiedenen Bakterien besetzt (Abb. 7.26 c). Innerhalb der Mikroorganismenpopulation fielen charakteristisch gestaltete Vertreter wie die keulenförmigen coryneformen Bakterien auf (Abb. 7.26 d).

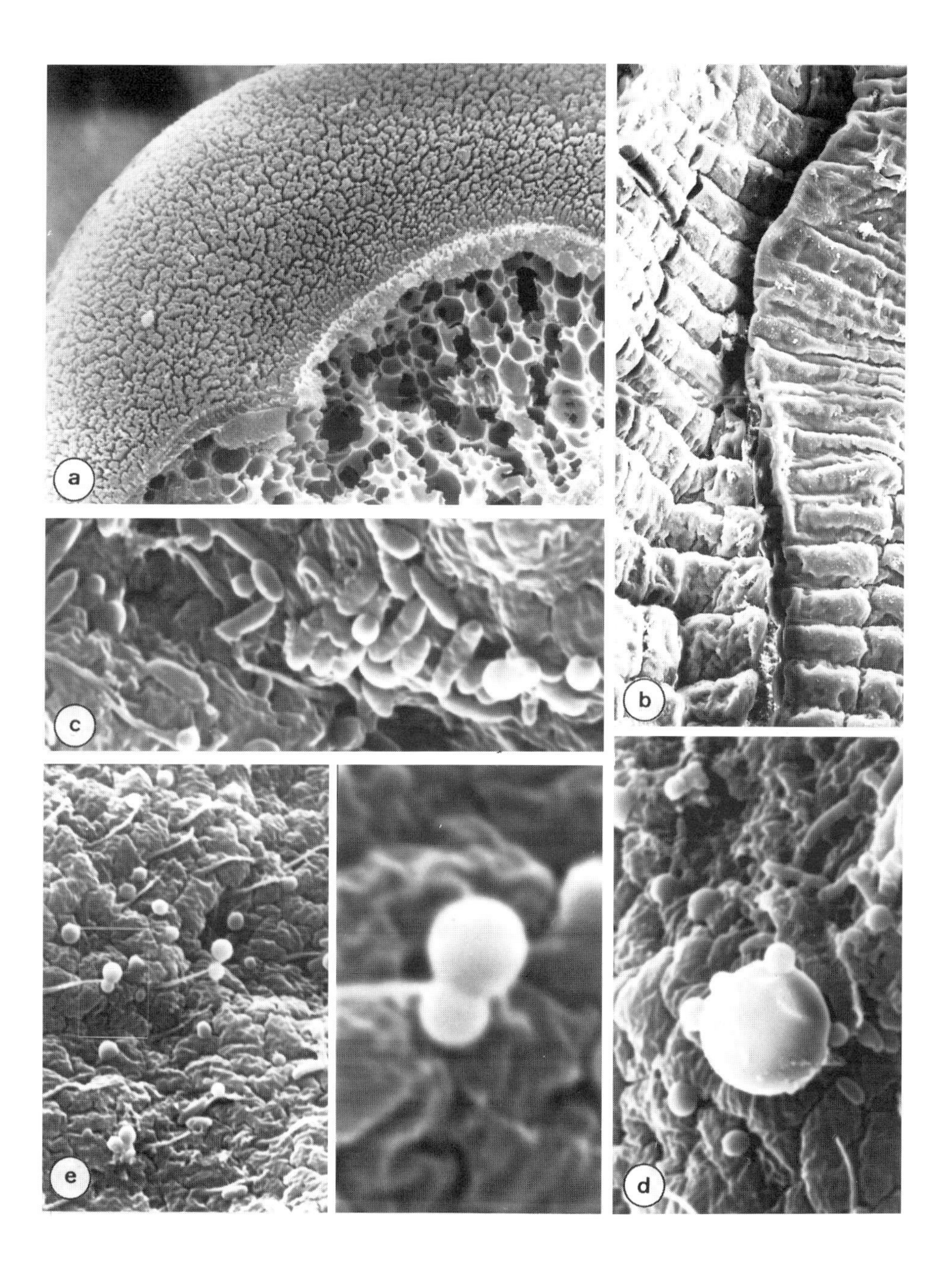

Abb. 7.24: *Oniscus asellus* aus der Zucht (Kontrolle). (a) Mitteldarmdrüsenzelle, 1 650x, (b) Typhlosolisregion des Hinterdarmes, 280x, (c) Darmbakterien, 7 500x, (d) Hefezelle, 6 040x, (e) an Borsten angeheftete Kokken, 375x/17 850x.

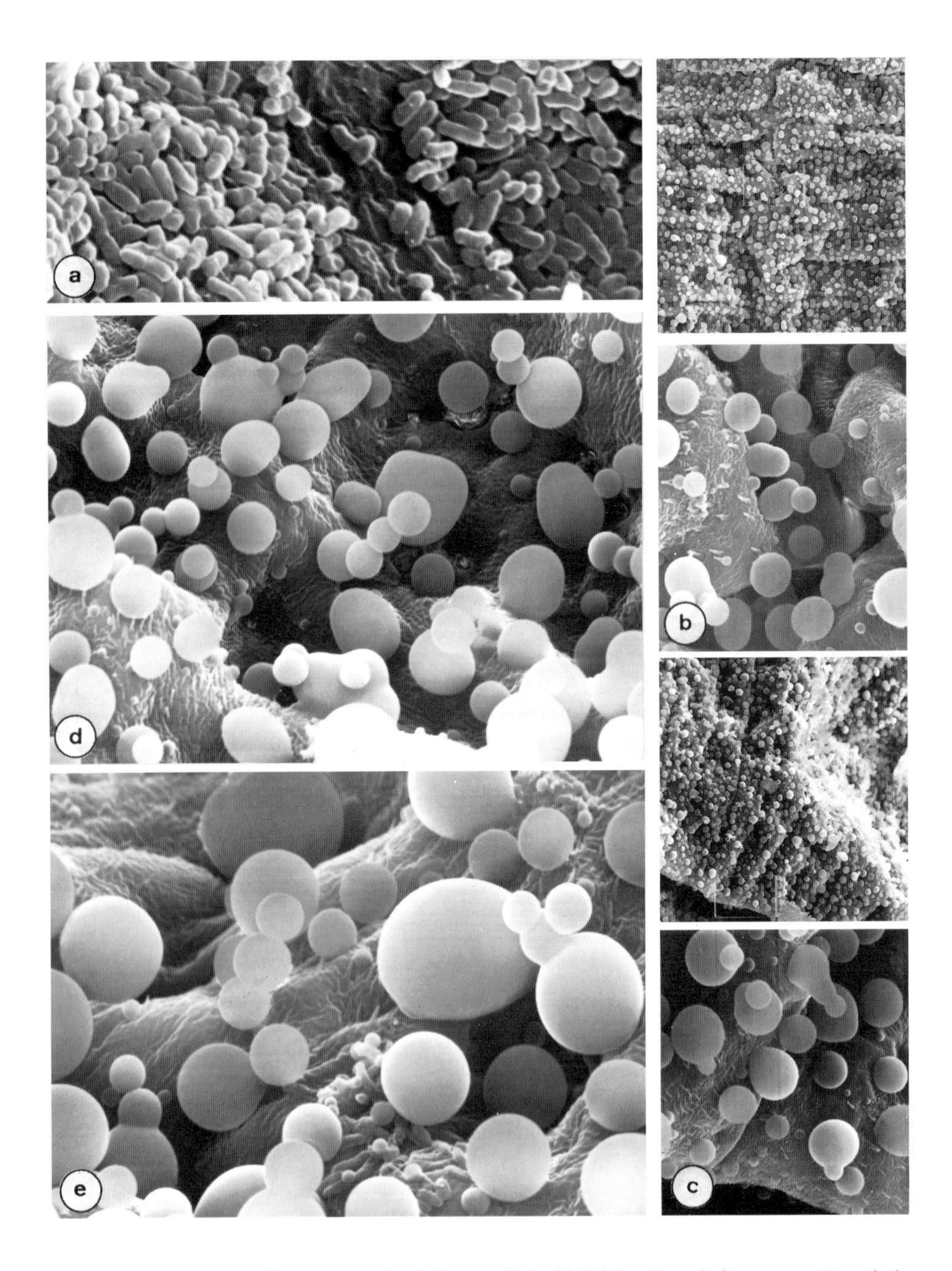

Abb. 7.25: *Oniscus asellus* aus Braubach (Kontrolle). (a) Dichte Populationen von Darmbakterien, 5 300x, (b) Tyhlosolisregion mit Hefen, 230x/1 970x, (c) Lateraler Typhlosolisbereich, 270x/1 970x, (d,e) knospende Hefezellen, 2 660x, 3 750x.

d. *Oniscus asellus*/Zucht/1 000 µg Cd/g (Abb. 7.27)

Wie schon bei den conspezifischen Tieren aus der Kontrolle ließen auch die mit cadmiumbelasteter Nahrung gefütterten Tiere eine sichtbare bakterielle Mikroflora in den Mitteldarmdrüsen vermissen (Abb. 7.27 a), deren ausgebuchtete B-Zellen keine angehefteten Bakterien im Bereich des Mikrovillisaumes erkennen ließen. Im Gegensatz dazu standen die Aggregationen gekrümmter stäbchenförmiger Bakterien bei *Oniscus asellus* mit 5000 µg/g Pb (Abb. 7.27 b). Der Futterbolus im Bereich des Darmes war dahingegen von einer dichten Bakterienflora bedeckt. Die zur Verfügung stehenden Substrate wie nicht durch Cadmium belastete chitinöse Strukturen aus dem Exuvialmaterial (Abb. 7.27 c) und bei der Reinigung der Hälterungsgefäße verlorene Haare aus einem Borstenpinsel (Abb. 7.27 d) wurden ebenso besiedelt wie das kontaminierte pflanzliche Futtersubstrat (Abb. 7.27 e).

e. *Porcellio scaber*/Zucht/1 000 µg Cd/g (Abb. 7.28)

Bei *Porcellio scaber* konnte ebenso wie bei *Oniscus asellus* keine Beeinträchtigung der Besiedlung des cadmiumbelasteten Futtersubstrates festgestellt werden, das in hoher Dichte und Diversität von Bakterien bedeckt wurde (Abb. 7.28 a, b, c). Deutliche Unterschiede mit einem schon pathologisch wirkenden Erscheinungsbild traten jedoch bei einer Begutachtung der Mitteldarmdrüsen von *Porcellio scaber* zu Tage. Das Lumen der Mitteldarmdrüsenschläuche war aufgrund einer Massenvermehrung von Bakterien mit einer kompakten Masse aus bakteriellen Zellen fast vollständig ausgefüllt (Abb. 7.28 d, e). Ein derartiges explosionsartiges Wachstum von Mikroorganismen im Intestinaltrakt konnte in der vorliegenden Versuchsreihe lediglich bei einem Exemplar von *Oniscus asellus* aus Braubach (mit einer schon hohen Vorbelastung an Schwermetallen) in Form einer massiven Hefebesiedlung der Typhlosolis des Hinterdarmes (Abb. 7.25) nachgewiesen werden.

Besonders auffallend war die geringere Toleranz von Darmisolaten der Zuchttiere von *Porcellio scaber* sowohl gegen Cadmium als auch gegenüber schon (relativ) niedrigen Konzentrationen von Blei im Substrat. Dieses Faktum kann als weiterer indirekter Hinweis auf spezifische symbiotische Mikroorganismen auch im Darmtrakt angesehen werden.

Der originäre Zusammenhang zwischen der Kontamination des Wirtsorganismus mit Schwermetallen und der Massenvermehrung von eukaryotischen (Hefen) oder prokaryotischen (Bakterien) Intestinalsymbionten bedarf einer weiteren Aufklärung.

7.2.3.4 Diskussion

Die Resistenzen, die bei der Kontrolle des Wachstums von Darm- sowie Mitteldarmdrüsenisolaten der angeführten Asselpopulationen dokumentiert werden konnten, fielen weit höher aus als die Vergleichswerte von COUGHTREY et al. (1980), die auf den Untersuchungen der Darmflora von *Oniscus asellus* beruhten. Ein Grund dafür mag die Verwendung von Trypton-Soja-Agar gewesen sein, während in den eigenen Versuchen LB-Medium, das neben Trypton noch Hefeexktrakt enthielt, auch bei weit höherer Metallbelastung noch das Wachstum zahlreicher Keime ermöglichte.

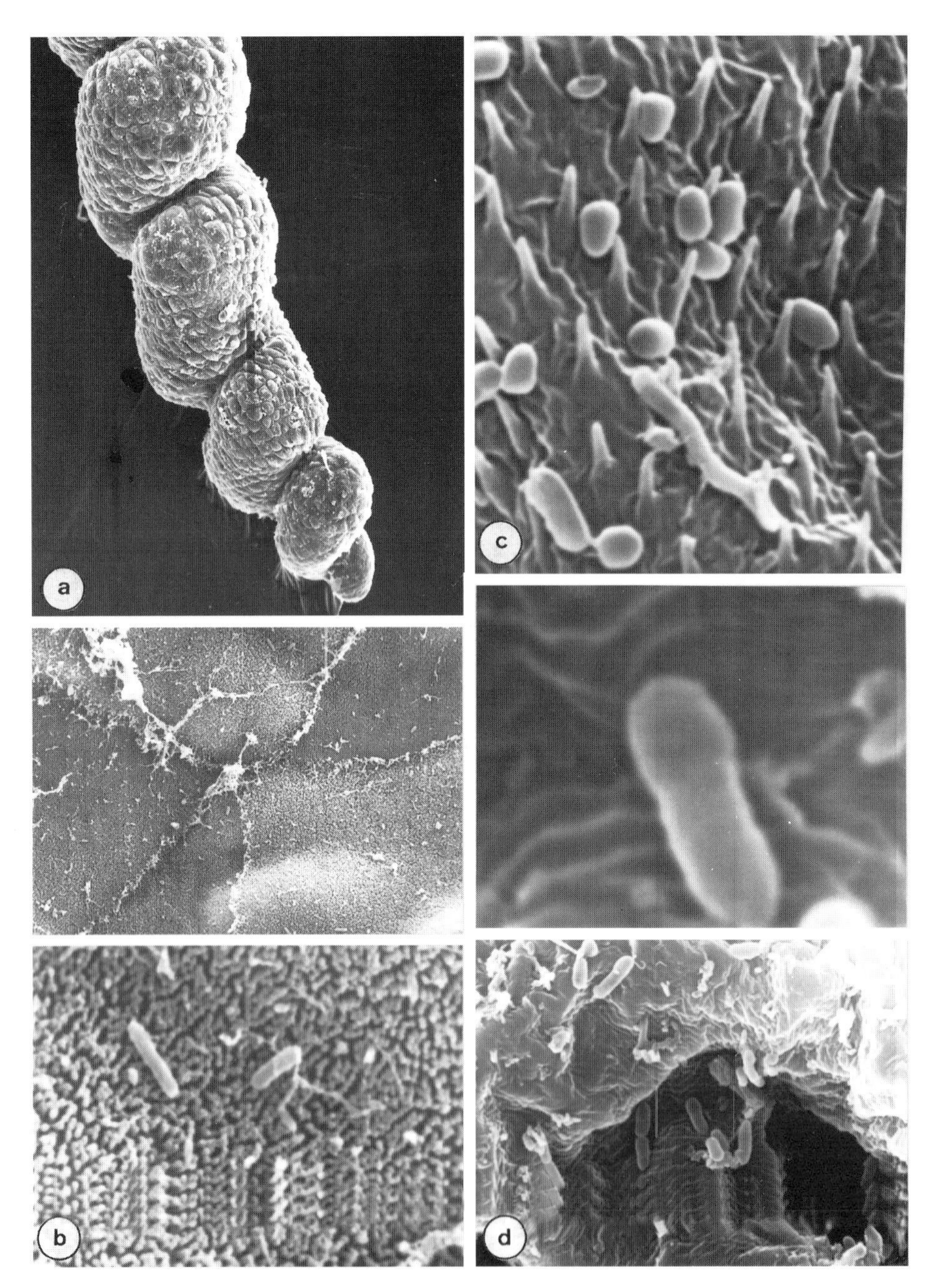

Abb. 7.26: *Porcellio scaber* aus der Zucht (Kontrolle). (a) Mitteldarmdrüsentubulus, 125x, (b) Mitteldarmdrüsenbakterien, 940x/5 800x, (c) Hinterdarmbakterien, 10 600x, (d) Coryneformes Bakterium im Darm, 3 750x/25 200x.

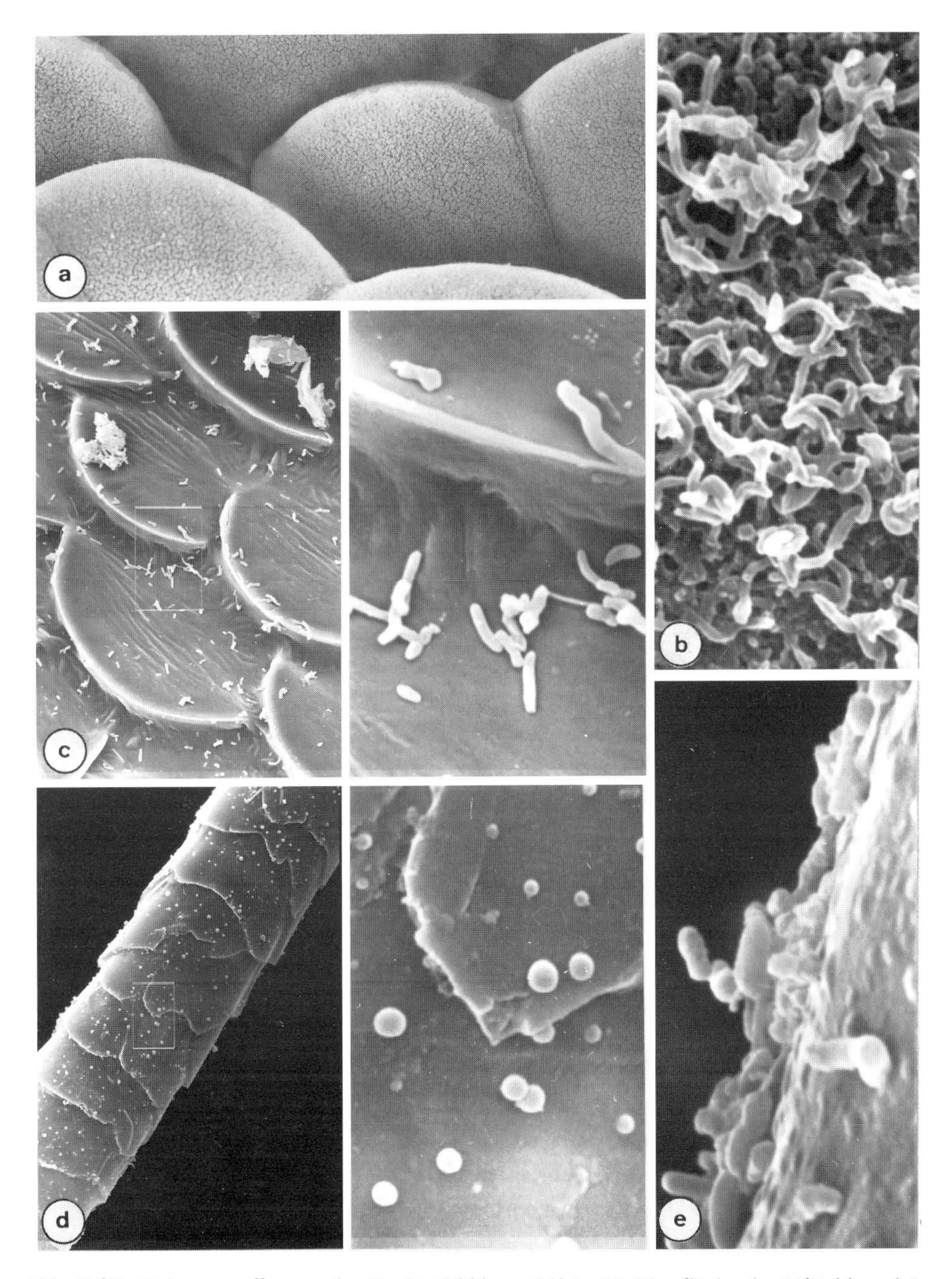

Abb. 7.27: *Oniscus asellus* aus der Zucht (1 000 μg Cd/g). (a) Oberfläche der Mitteldarmdrüsenzellen, 940x, (b) Mitteldarmdrüsenbakterien bei *Oniscus asellus* mit 5 000 μg Cd/g, 1 970x, (c) besiedelte Exuvialsubstanz, 990x/5 040x, (d) Haarborste mit Kokken, 940x/7 800x, (e) besiedeltes Futtersubstrat, 9 300x.

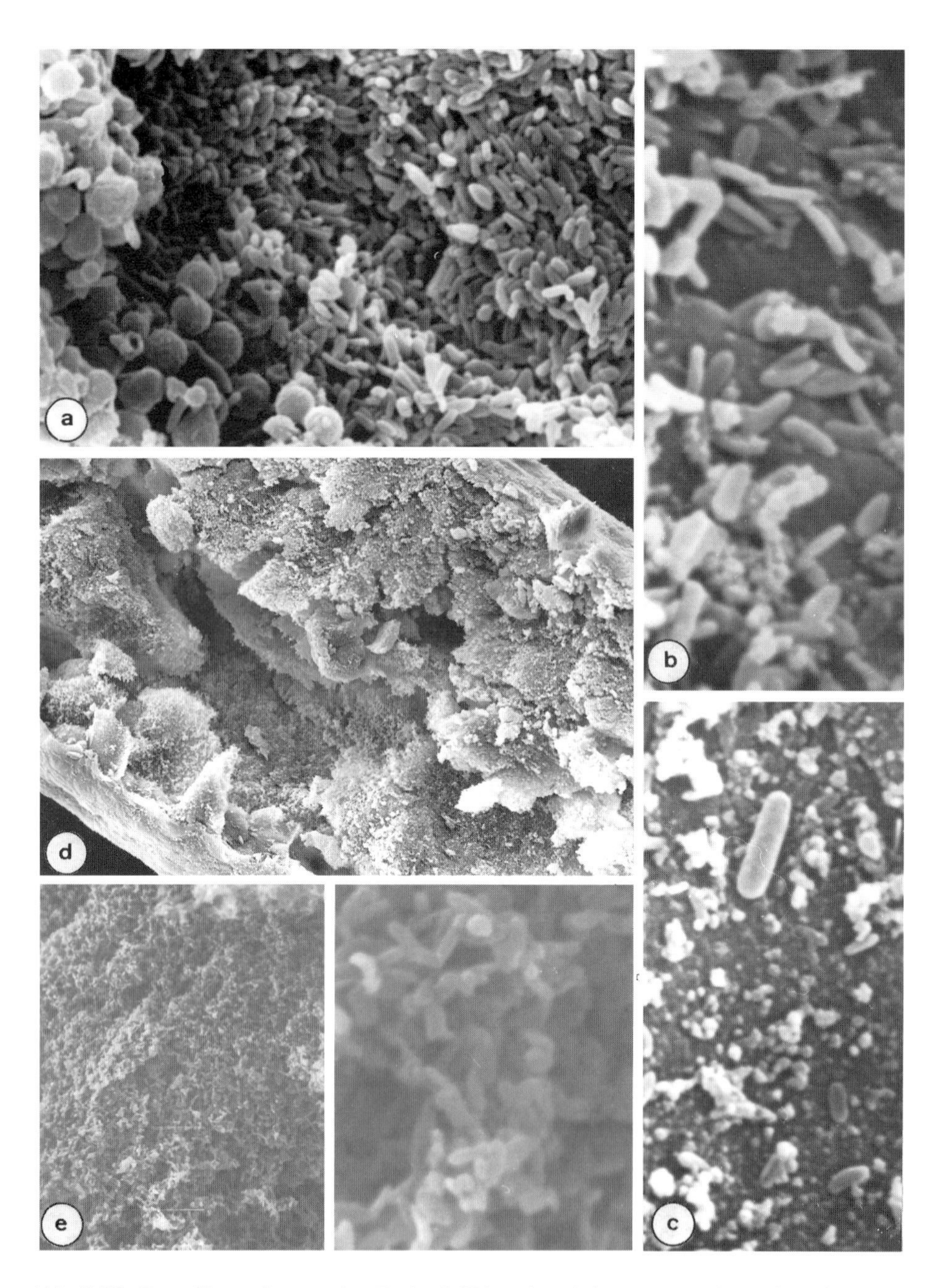

Abb. 7.28: *Porcellio scaber* aus der Zucht (1 000 μg/g). (a,b,c) Futtersubstrat im Hinterdarm mit reichem Bakterienbewuchs, 7 500x/13 700x/9 750x, (d) Mitteldarmdrüse mit Bakterienmassen, 230x, (e) Detailansichten der Bakterien aus den Mitteldarmdrüsen, 1 900x/12 075x.

Neben der guten Nährstoffversorgung der bakteriellen Isolate spielte auch die Fähigkeit von Trypton und Hefeexktrakt, nachgewiesenermaßen die Toxizität von Schwermetallen deutlich zu vermindern (BABICH & STOTZKY 1982), eine Rolle bei den dokumentierten extremen Resistenzen, die nur wenig mit der Situation unter natürlichen Verhältnissen gemein hatten, aber einen direkten Vergleich des Toleranzverhaltens der Darm- und Mitteldarmdrüsenflora (unter nur marginaler Beachtung der absoluten Belastungswerte) ermöglichten.

Fänden im Darmtrakt lediglich Vermehrungszyklen von mit der Nahrung ingestierten Mikroorganismen statt, so sollten sich bei identischer Nahrung der Tiere (z. B. vom Standort Braubach) gleichhohe Anteile an resistenten Keimen ergeben. Die deutlich differierenden Werte sprechen zum einen für artspezifische Unterschiede im Mikroorganismenbesatz des Darmtraktes, zum andern könnten diese Differenzen auch in der gezielten Förderung bzw. Hemmung von ingestierten Umweltkeimen begründet sein. Für *Oniscus asellus* würde sich somit eine gezielte Förderung und damit Anreicherung schwermetalltoleranter Formen im Darmlumen ergeben, die gegenüber schwermetallkontaminierten Futtersubstraten besser gerüstet wären als die von *Porcellio scaber*. In den Mitteldarmdrüsen konnte für *Oniscus asellus* unter zunehmender Schwermetallkontamination des Lebensraumes der Tiere ein Anstieg der von gramnegativen Formen dominierten Isolate festgestellt werden. Die absolute Dominanz von gramnegativen Symbionten in den Mitteldarmdrüsen von *Oniscus asellus* aus Braubach steht in auffälligem Zusammenhang mit den Ergebnissen von BABICH & STOTZKY (1978), die eine erhöhte Resistenz von gramnegativen im Vergleich zu grampositiven Bakterien gegenüber Cadmiumkontaminationen feststellten. Für bodenbewohnende grampositive Bakterien äußerten sich die toxischen Auswirkungen von Blei z.T. in filiformem Wachstum der Zellen (FOULLY 1976). Aber auch innerhalb der grampositiven Bakterien existieren Formen mit gesteigerter Schwermetalltoleranz gegen Elemente wie Nickel, die durch die coryneformen Bakterien repräsentiert werden (DUXBURY & BICKNELL 1983). Das gehäufte Auftreten dieser Gruppe im Darmtrakt von *Oniscus asellus* (ULLRICH et al. 1991) könnte eine Prädisposition für eine gesteigerte Metalltoleranz darstellen. Die Beteiligung der den coryneformen Bakterien nahestehenden Aktinomyceten an der Nutzung des ingestierten Nahrungssubstrates im Darm von *Oniscus asellus* und der damit verbundenen Freisetzung gewebegebundener Schwermetalle und deren Mobilisierung spricht für den zentralen Einfluß dieser Gruppe auf die letztendliche Schwermetallbelastung in *Oniscus asellus* (COUGHTREY et al. 1980). Allerdings belegen andere Untersuchungen eine deutliche Sensibilität von Aktinomyceten gegenüber Belastungen mit relativ geringen Konzentrationen (100 μg/g) von Blei mit signifikant verminderten Toleranzraten im Vergleich zu anderen Bakterien oder Pilzen (WILLIAMS et al. 1977). Insbesondere Pilze besitzen offensichtlich eine hohe Widerstandsfähigkeit gegen Schwermetalle (WILLIAMS et al. 1977), wobei allerdings die Sporulationsfähigkeit bei weit niedrigeren Dosen als das Mycelwachstum gehemmt wird (BABICH & STOTZKY 1978). Dies trifft auch für Hefen zu, die als Bewohner der Mitteldarmdrüsen von *Oniscus asellus* lichtmikroskopisch nachgewiesen werden konnten und als Darmbewohner z.T. Massenvermehrungen bei *Oniscus asellus* aus Braubach zeigten. Hefen sind in der Lage, höhere Konzentrationen von Cadmium als Eubakterien und Aktinomyceten zu tolerieren (BABICH & STOTZKY 1978).

Zur Rolle von symbiotischen Mikroorganismen als Akkumulatoren und Detoxifikanten von Schwermetallen liegen kaum Arbeiten vor. Aktuelle Untersuchungen von JEANTHON & PRIEUR (1990) belegen die Existenz schwermetallresistenter epibiotischer Bakterien bei marinen Polychaeten, deren Lebensraum die Umgebung heißer Quellaustritte darstellt. Allerdings bleiben die Autoren den Nachweis der positiven Auswirkungen der Tätigkeiten dieser Symbionten im Hinblick auf die Schwermetallelimination schuldig. Die im Darmtrakt terrestrischer Isopoda ablaufenden Wachstumsprozesse von Mikroorganismen stellen insbesondere im Falle von gramnegativen Bakterien einen nicht zu unterschätzenden Faktor für die Cadmiumelimination dar. Formen wie *Pseudomonas aeruginosa* (Pseudomonaden fanden sich bei *Oniscus asellus* sowohl im Darm als auch z.T. in der Mitteldarmdrüse) können während der Wachstumsphase bis zu 24,15 μg Cd/mg Protein einlagern, was einer Endbelastung von ca. 50000 μg/g Cd entspricht (GADD 1988), während Hefen geringere Akkumulationsraten aufweisen. Auch cadmiumresistente Stämme von *Klebsiella aerogenes,* die mit der die Mitteldarmdrüsen verschiedener Populationen von *Oniscus asellus* und *Porcellio scaber* bewohnenden *Klebsiella "pneumoniae"* in enger systematischer Beziehung stehen, vermag bis zu 2,40% des Trockengewichtes an Cadmium intrazellulär sulfidisch zu binden (GADD 1988).

Noch weit übertroffen werden diese Werte von einem Vertreter der Gattung *Citrobacter,* der in der Lage ist, die absoluten Spitzenwerte von 34% bis 40% an Blei (AIKIN et al. 1979 in GADD 1988) und 13,50% seines Trockengewichts an Cadmium (MACASKIE & DEAN 1984 in GADD 1988) einzulagern. Aufgrund dieser erstaunlichen Fähigkeiten findet *Citrobacter* zur Fällung und Bindung von Schwermetallen wie Uran, Cadmium, Kupfer und Blei aus Lösungen großtechnisch Verwendung (Literaturzusammenstellung siehe GADD 1988). Die in den eigenen Untersuchungen belegte Existenz von *Citrobacter freundii* als Symbiont von *Oniscus asellus* vom schwermetallbelasteten Standort Braubach, aber nicht bei conspezifischen Tieren aus der Zucht oder Nußloch mag als Fingerzeig in die Richtung einer Nutzung dieses Akkumulations- und Immobilisierungspotentials der Gattungsvertreter von *Citrobacter* gesehen werden. Auch spricht die höhere Resistenz von *Porcellio scaber* aus der Zucht und aus Braubach, die ebenfalls *Citrobacter freundii* als Symbiont in der Mitteldarmdrüse in sich tragen, bei Verfütterung schwermetallbelasteter Nahrung für eine mögliche Schlüsselrolle von *Citrobacter* bei der Dekontamination ingestierter Schwermetallmengen.

In Anbetracht der extremen Resistenz und Akkumulationsfähigkeit dieses Mitteldarmdrüsenisolates und einer Belastung der Nährböden in den eigenen Experimenten bis zu 100000 μg Pb/g könnten die bei diesen abnorm hohen Bleikonzentrationen noch auftretenden Kolonien möglicherweise allein dieser Art zuzuschreiben sein. Die gegenüber den Vergleichs-populationen ohne *Citrobacter* in den Mitteldarmdrüsen existierenden Populationen von *Oniscus asellus* aus der Zucht und Nußloch wiesen gerade bei der höchsten Bleikonzentration die niedrigsten Keimzahlen auf den Nährböden im Vergleich zu *Oniscus asellus* aus Braubach sowie *Porcellio scaber* aus der Zucht sowie Braubach auf. In Kenntnis des hohen akkumulativen Potentials von Symbionten wie *Citrobacter* könnte die hohe Bakteriendichte in den Mitteldarmdrüsen von *Porcellio scaber* bei einer Fütterung mit Blattmaterial der Belastungsstufe 1000 μg Cd/g eine Strategie zur Detoxifikation des Nahrungssubstrates darstellen. Die enormen Massen an Bakterien sind in der Lage, große Mengen des bei dem Verdauungsprozeß freigesetzten Cadmiums zu binden und so eine Einlagerung in das Gewebe der Wirtsasseln zu verhindern. Eine Abstoßung der Bakterienmassen in das Darmlumen, ohne die Bakterien zu verdauen und so eine Rekontamination verhindernd, böte sich mit der Defäkation der hochkontaminierten Bakterien als ein indirekter Weg der Schwermetallexkretion über Symbionten zusätzlich zu körpereigenen Mechanismen an.

Unter Berücksichtigung der hohen Belastungswerte von Faecesmaterial von *Porcellio scaber* aus Braubach (PROSI et al. 1983) erscheint diese These nicht als abwegig. Allerdings kann es bei dem Fall von *Porcellio scaber* unter Schwermetallbelastung auch zu einer pathologischen Massenvermehrung gekommen sein, da normalerweise harmlose saprophytische Bakterien nach Aufnahme in den Intestinaltrakt von unter Stress stehenden Tieren auch massive, bisher nicht zu erklärende pathologische Aktivitäten entwickeln können (MORIARTY 1990). Resistenzen von Bakterien gegen Schwermetalle finden sich auch in Isolaten, bei denen man derartige Eigenschaften nicht vermuten würde. So konnten NAKAHARA et al. (1977) in 99,50% einer Gesamtzahl von 787 klinischen Isolaten von *Pseudomonas aeruginosa* multiple Resistenzen gegen die Schwermetalle Quecksilber, Cadmium und Arsen nachweisen, wobei zudem mehr als die Hälfte der Keime zusätzlich noch Resistenzen gegen verschiedene Antibiotika aufwies.

Die toxische Wirkung der Metalle kann von den resistenten Bakterien auf verschiedene Art und Weise vermindert werden. So finden sich Mechanismen wie die Vitamin B 12-abhängige Methylierung von Blei, der Einsatz von Detoxifikationsproteinen wie Metallothioneinen zur Eliminierung und Immobilisierung von Cadmium sowie die aktive Ausschleusung toxischer Metallionen aus Zellen bei Mikroorganismen verwirklicht (WOOD 1984). In den meisten Fällen sind derartige Resistenzen (wie z.B. gegen Quecksilber) an Resistenzplasmide und Transposons gekoppelt und nicht an Elemente des bakteriellen Chromosoms (siehe WOOD 1984) gebunden. Aufgrund des erleichterten Transfers von extrachromosomalen Elementen wie Resistenzplasmiden innerhalb gramnegativer Bakterien auch über größere systematische Einheiten hinweg besitzen diese offensichtlich einen weiteren Selektionsvorteil gegenüber grampositiven Formen (DUXBURY & BICKNELL 1983). Dieser effektive Transfer der Fähigkeit zur Schwermetallresistenz könnte auch den Schlüssel zum Verständnis der relativ hohen Resistenzen der Intestinalbakterien von Asseln aus offiziell "unbelasteter Zucht" liefern.

Auch bei der Laborhälterung können trotz sorgfältiger Fütterung doch massive Kontaminationsmöglichkeiten mit Schwermetallen wie Blei und Cadmium bestehen. Die größte Gefahr geht hierbei von verendeten Tieren aus, die in kurzer Zeit von den Artgenossen aufgefressen werden. Durch diese kannibalische Verhaltensweise kontaminieren sich die Tiere mit den in der Mitteldarmdrüse gespeicherten Schwermetallen, die eine beträchtliche Konzentration erreichen können. Da durch die Auffüllung der Bestände mit Freilandtieren meist unbekannter Belastung der Pool an importierten Schwermetallen meist ständig zunimmt und durch den Kannibalismus der Tiere nur wenig der kursierenden Schwermetallmengen aus den Gefäßen ausgetragen werden kommt es im Laufe der Zeit fast zwangsläufig zu einer steigenden Kontamination von Laborzuchten und damit verbunden zu einer Selektion schwermetallresistenter Bakterien im Intestinaltrakt, die direkt über die Koprophagie an andere Artgenossen weitergegeben werden und ihre Resistenzplasmide im Intestinaltrakt an deren Symbionten transferieren.

Die im Labor geltenden Grundsätze für die Förderung der Weitergabe von Resistenzgenen spielen offensichtlich auch im Freiland eine Rolle. Gerade Bodentieren, die als Saprophage Nahrungsstoffe mit einem dichten Mikroorganismenbesatz ingestieren und diesen Transienten des Intestinaltraktes oft ideale Wachstums- und Vermehrungsmöglichkeiten bieten, kommt möglicherweise eine entscheidende Rolle bei der Verbreitung von mikrobiellen Resistenzfaktoren und der Bildung schwermetallresistenter Mikroorganismengesellschaften zu (DUXBURY 1985). Die Zunahme resistenter Keime in Darm und Faeces von *Oniscus asellus* nach einer Fütterungsphase mit schwermetallkontaminierter Nahrung mag davon Zeugnis ablegen (COUGHTREY et al. 1980).

7.2.4 Enzymaktivität von Cellulase im Hinterdarm und in den Mitteldarmdrüsen von *Oniscus asellus* (Isopoda) unter Schwermetallbelastung (Pb) nach Reinfektion mit resistenten Bakterienisolaten

7.2.4.1 Einleitung

Die Fähigkeit zur Biokonversion von Cellulose haben (neben einigen Pilzgruppen) im Laufe einer konvergenten Evolution Vertreter fast aller größerer taxonomischer Gruppen innerhalb der Bakterien erworben (IMSHENETZKY 1968). Assoziationen cellulolytischer Keime mit Wirbeltieren gibt es nicht nur bei Wiederkäuern, sondern auch bei Nagetieren wie Meerschweinchen (DEHORITY 1977) und gelegentlich sogar beim Menschen (BETIAN et al. 1977), wobei allerdings der Beitrag zur Nährstoffversorgung des letztgenannten Wirtes nicht ins Gewicht fallen dürfte.

Eine reiche cellulolytische Mikroflora aus Hefen, anderen Pilzen sowie Bakterien existiert innerhalb der Insekten vor allem bei den Käfern, deren Nahrung einen hohen Anteil an Cellulose aufweist, wie z.B. bei xylophagen Klopf-, Bock- und Borkenkäfern (KRIEG & HOLT 1984). Im Gegensatz zu terrestrischen Isopoda, für die bisher keine Nachweise von intrazellulären cellulolytischen Symbionten erbracht wurden, stellen diese das Gros der Symbionten von Kornkäfern (*Sitophilus*, Curculionidae) dar; bemerkenswerterweise können sie allerdings auch in das Darmlumen übertreten und dort als extrazelluläre Symbionten bei der Zersetzung cellulosereicher Futtersubstrate aktiv werden (KRIEG & HOLT 1984). Innerhalb der Termiten setzt sich die cellulolytische Symbiontenflora bei den phylogenetisch tieferstehenden Gruppen aus Bakterien und speziellen Protozoen zusammen, während bei den phylogenetisch höheren Formen mit der alleinigen Beteiligung von Intestinalbakterien an der Degradation der Cellulose wohl eine ähnliche Situation wie bei Landasseln besteht (BREZNAK 1982). Selbst Schaben, die als Allesfresser nicht in dem Maße wie Asseln auf eine intensive Nutzung von Cellulose in der Nahrung angewiesen sind, beherbergen in ihrem Intestinaltrakt eine aktive cellulosezersetzende Mikroflora. Für Landasseln liegen zu diesem Themenkomplex nur wenige und einander z.T. widersprechende Angaben vor (HARTENSTEIN 1964, HASSALL & JENNINGS 1975, HASSALL & RUSHTON 1985, KUKOR & MARTIN 1986).

Die vorliegende Versuchsreihe zum Nachweis der Existenz und der Aktivität von cellulolytischen Formen hatte die Identifikation sowie die Ermittlung der Siedlungsdichte an der Degradation von kristalliner Cellulose (Filterpapier) beteiligter Formen im Darm und auf den Faeces mit und ohne Schwermetallbelastung zum Ziel. Die enzymatischen Untersuchungen konzentrierten sich auf die Umsetzung von Carboxymethylcellulose in den Mitteldarmdrüsen und im Darmtrakt von *Oniscus asellus* mit und ohne Zugabe von Blei über kontaminiertes Futtersubstrat. Die Frage, ob durch einen Transfer resistenter Intestinalbakterien von einer Fremdpopulation von *Oniscus asellus* (Braubach) auf die Zuchttiere der Art eine verbesserte Verwertung der Cellulose einhergeht, bildete das zentrale Anliegen der Untersuchungen.

7.2.4.2 Material und Methoden

7.2.4.2.1 Isolation cellulolytischer Mikroorgansimen aus dem Hinterdarm und den Faeces von *Oniscus asellus*

a. Darmisolate

Insgesamt fünf Tieren der Art *Oniscus asellus* aus der Zucht, die nach vorangegangener reichlicher Laubfütterung einen gefüllten Darmtrakt aufwiesen, wurde dieser unter sterilen Bedingungen entfernt und in 10 ml steriler 0,8% phys. Kochsalzlösung suspendiert. Die Gesamteinwaage belief sich auf ca. 50 mg angedaute Blattmasse sowie 10 mg Hinterdarmgewebe (Frischgewicht). Das gewonnene Material wurde intensiv auf einem Vortex durchmischt. Ausgehend von der Stammlösung wurden drei weitere Verdünnungsstufen ($10^{1/2/3}$) angesetzt. Von jeder dienten jeweils 0,1 ml als Inoculum für je 2 Platten zweier unterschiedlicher Nährböden mit Cellulose als Kohlenstoffquelle:

Filterpapieragar (PUSKINSKAJA 1954)

K_2HPO_4	1,00 g
$(NH_4)_2SO_4$	1,00 g
$MgSO_4 * 7\ H_2O$	0,50 g
NaCl	0,50 g
Agar	15,0 g

ad 1 000 ml aqua dest.

Autoklavierte Filterpapierscheiben

Celluloseagar (DREWS 1968)

K_2HPO_4	1,00 g
$NaNO_3$	0,50 g
NH_4Cl	0,30 g
$MgSO_4 * 7\ H_2O$	0,30 g
$CaCl_2$	0,10 g
$FeCl_2$	0,05 g
Agar	15,0 g
Cellulose (Pulver)	50,0 g

ad 1 000 ml aqua dest.
(pH 7,00)

Nachdem die Oberfläche des Filterpapieragars mit 0,10 ml des Inoculates benetzt worden war, erfolgte die Plazierung der autoklavierten Filterpapierscheibe auf das feuchte Agarsubstrat. Die mit gepulverter Cellulose versehenen Celluloseagarplatten fanden direkt Verwendung. Nach einer Inkubationsdauer von 14 Tagen bei einer Temperatur von 25°C wurden die Platten auf Koloniebewuchs hin untersucht und ausgewertet.

b. Faecesisolate

Die Isolation der faecesbewohnenden cellulolytischen Isolate erfolgte entsprechend den Keimen aus dem Intestinaltrakt. Als Einwaage für die Stammlösung (10 ml phys. NaCl-Lsg.) dienten Faeces aus den Kulturbehältern von *Oniscus asellus* mit einem Frischgewicht von 10,19 mg.

Die weitere Anlage von Reinkulturen der Isolate aus dem Darm und von den Faeces erfolgte ausschließlich auf den Filterpapiernährböden.

7.2.4.2.2 Resistenz- und Akkumulationsverhalten der cellulolytischen Isolate gegen Schwermetalle (Pb, Cd)

a. Filterpapiernährböden
In dieser Versuchsreihe sollte die Fähigkeit von vier cellulosezersetzenden Isolaten aus dem Darmtrakt, die als besonders schnellwüchsig selektiert wurden, zum Wachstum auf schwermetallbelastetem Filterpapiersubstrat untersucht werden. Zu diesem Zwecke wurden Sektoren aus dem Filtermaterial ausgeschnitten und in Lösungen von 1 000 bzw. 5 000 µg Pb/g (als $Pb(NO_3)_2$) sowie 100 bzw. 500 µg Cd/g (als $CdCl_2$) getränkt, getrocknet und anschließend autoklaviert. Die kontaminierten Filterpapierstücke dienten als Wachstumssubstrat für die Isolate. Von deren Stammkulturen wurden kleine Kolonieteile mit einer Impföse aufgenommen und gleichmäßig auf den Filterpapierstücken ausgestrichen. Nach einer Inkubationszeit von 7 Tagen bei 25° C wurde das Wachstum auf den verschieden stark belasteten Substraten ausgewertet.

b. Vollmediumnährböden
Die Versuche zum Wachstum der Cellulosezersetzer sowohl aus dem Darm als auch von den Faeces auf einem komplexen Nährboden (LB-Medium) dienten zur Ergänzung der Dokumentation des Resistenzverhaltens bei anderen Substraten außer Cellulose. Sämtliche 12 Isolate wurden auf LB-Nährböden angeimpft, die Mengen von 10 000 bzw. 100 000 µg Pb/g (als Bleinitrat) sowie 100 bzw. 1 000 µg Cd/g (als Cadmiumchlorid) enthielten. Die Auswertung des Wachstumsverhaltens erfolgte nach einer Inkubation von 5 Tagen bei 25°C.

c. Metallakkumulation
Die Einlagerung von Pb und Cd in die Mikroorganismen auf den belasteten Filterpapiernährböden (a) wurde mit Hilfe der Atomabsorptionsspektrophotometrie (AAS) bestimmt (siehe Kap. 6.1.1). Mit einem scharfen Skalpell wurden hierfür die Kulturen von dem getrockneten Filterpapier abgeschabt und möglichst wenig von dem Substrat mit aufgenommen. Der Blei- bzw. der Cadmiumgehalt der Proben gab Aufschluß über das Akkumulationsvermögen der einzelnen Keime.

7.2.4.2.3 Präkonditionierung von *Oniscus asellus* für die Messung der Cellulaseaktivität in Mitteldarmdrüse und Hinterdarm

Für die Versuche zum Einfluß von Blei auf die Cellulaseaktivität sowie die Masse- und Energieassimilation von *Oniscus asellus* wurden drei Versuchsgruppen mit jeweils 60 adulten Tieren angesetzt. Die Fütterungsversuche für die eigentlichen Enzymmessungen fanden bei individueller Fütterung jeden Tieres in Sixwellplatten, versehen mit einer feuchtigkeitsgesättigten Bodenschicht aus Gips, statt.

a. Kontrollgruppe
Diese Tiere erhielten über die Versuchsdauer von 7 Tagen bis zur Messung der Cellulaseaktivität teilzersetztes Laub vom Bergahorn (*Acer pseudo-platanus*) als Futter. Vor Versuchsbeginn wurden alle Tiere in einer 20 x 20 cm großen Kunststoffbox über die Dauer von ca. 2 Wochen bei einer Fütterung mit Ahornblättern, ergänzt durch kleine Beigaben von kommerziellen Fischfutterflocken (Tetramin) und Kalkpräparaten (Vitakalk), in eine gute körperliche Konstitution gebracht.

b. Bleigruppe
Die Asseln dieses Ansatzes wurden wie die Tiere der Kontrollgruppe präkonditioniert. Im Unterschied zu diesen erhielten sie jedoch während der eigentlichen experimentellen Phase Bergahornlaub, das durch Kontamination in einer Bleilösung von 5 000 µg Pb/g künstlich belastet worden war.

c. Reinfektions-Bleigruppe
Nach einer einleitenden Fütterungsphase mit hochwertiger Nahrung wie in den Gruppen a und b erhielten die Tiere dieses Ansatzes eine antibiotikahaltige Futtermischung, um die Intestinalflora zu vermindern und somit die Vorraussetzungen für eine Rekolonisation des Verdauungskanales mit ausgewählten, besonders

bleiresistenten Hinterdarm- und Mitteldarmdrüsenisolaten von *Oniscus asellus* aus der Braubachpopulation zu schaffen.

Die Verminderung der Intestinalflora durch die Gabe von Antibiotika wurde mit Hilfe einer Trockenfuttermischung in Angriff genommen, die zu gleichen Teilen aus Bergahornlaub, Kartoffelstärke und Fischfutter bestand. Diese Trockenfuttermischung wurde im Verhältnis 1:2 (weight/volume) mit einer Antibiotikalösung versetzt, die 500 µg Streptomycin bzw. Tetracyclin auf 1 ml Lösung enthielt. Nach einer Fütterungsphase von sieben Tagen wurde die Antibiotikamischung abgesetzt und die Reinfektionsphase begonnen.

Als Inoculate für den Intestinaltrakt der mit Antibiotika vorbehandelten Asseln dienten Bakterienisolate aus der Mitteldarmdrüse und dem Hinterdarm von *Oniscus asellus* aus Braubach, die auch auf einem extrem bleibelasteten Nährboden (100 000 µg Pb/g) zum Wachstum befähigt waren. Nach Überimpfen der Kulturen auf unbelastete LB-Nährböden diente eine Mischsuspension des bakteriellen Aufwuchses auf den Platten, die mit einem Spatel abgenommen und mit der oben genannten Trockenfuttermischung intensiv vermengt wurde, als Inoculationsmedium für die Versuchstiere. Nach Abschluß der dreitägigen Reinfektionsphase fanden die Tiere im eigentlichen Versuchsansatz Verwendung, wobei sie wie die Tiere der Gruppe b ebenfalls mit Ahornlaub, getränkt in 5 000 µg Pb/g-Lösung, versorgt wurden.

7.2.4.2.4 Aktivitätsmessung der Cellulasen im Intestinaltrakt von *Oniscus asellus*

Vor Beginn der Fütterungsphase mit bleibelastetem bzw. unbelastetem Bergahornlaub erhielten die Versuchstiere aller drei Gruppen für die Dauer von drei Tagen keine Nahrung. In dieser Zeit hatten die Tiere Gelegenheit, ihren Darmtrakt von noch verbleibenden Futterresten zu entleeren, um die Messungen der Masse- und Energieassimilation auf eine sichere Basis zu stellen. Nach der Wägung der Tiere wurden diese einzeln in die Hälterungskammern der Sixwellplatten überführt und mit einer abgewogenen Menge des Futterlaubes versorgt. Alle zwei bis drei Tage wurden die Faeces für die Messungen der Assimilationsraten abgesammelt und getrocknet. Nach Ende der siebentägigen Fütterungsphase wurden jeweils 10 Tiere in jeder Gruppe für die Messung der Cellulaseaktivität verwendet. Die restlichen 50 Tiere jeder Gruppe wurden für die Gewinnung weiteren Faecesmaterials für die kalorimetrischen Untersuchungen eine weitere Woche im Versuch belassen. Nach Ende der zweiwöchigen Fütterungsphase dienten einige Tage der Hälterung ohne Nahrung zum Absetzen der restlichen Faeces für die energetischen Untersuchungen. Einzelheiten zur Messung von Masse- und Energieassimilation finden sich im Kapitel 4.

Messung der Cellulaseaktivität in Hinterdarm und Mitteldarmdrüsen (modifiziert nach SCHEURIG 1993):

- Entfernen von Darm und Mitteldarmdrüse
- Bestimmung des Feuchtgewichtes
- Aufnehmen in 900 µl phys. NaCl-Lösung in Eppendorfgefäß
- Auffüllen auf 1 000 µl
- Homogenisieren, vortexen
- 100 µl Darmhomogenat zu 200 µl Natriumacetatpuffer (0,1 M/pH 6,00)
- 100µl Carboxymethylcellulose-RBB-Medium (Loewe-Biochemika, Otterfing bei München) hinzugeben (=Vollprobe); Blindprobe ohne RBB-Medium
- Für 24 h bei 37° C inkubieren
- Zur Blindprobe 100 µl RBB-Medium hinzufügen
- Alle Proben mit 100 µl 1 N HCl versetzen
- Für 10 min. auf Eis
- Zentrifugieren bei 15 850 rpm. für 5 min
- Photometrische Messung von 400 µl Probe plus 400 µl aqua bidest bei 600 nm

Nach der Bestimmung der Extinktionswerte für die Voll- und Blindprobe wurde die resultierende Extinktion berechnet, durch das Frischgewicht des eingesetzten Gewebes (Mitteldarmdrüse/Hinterdarm) dividiert und zur besseren Visualisierung mit dem Faktor 1 000 multipliziert. Die resultierenden Zahlenwerte ließen somit einen Vergleich der relativen Cellulaseaktivitäten in den einzelnen Gruppen zu.

Des weiteren wurden noch die korrelierenden Beziehungen zwischen Darm- bzw. Mitteldarmdrüsenfrischgewicht und dem Lebendgewicht der Tiere erfaßt und graphisch dargestellt.

7.2.4.3 Ergebnisse

7.2.4.3.3.1 Isolation cellulolytischer Mikroorganismen aus dem Darmtrakt und den Mitteldarmdrüsen von *Oniscus asellus*

Die Auswertung der Anzahl der Cellulosedestruenten auf den Filterpapierplatten sowie den Platten mit der direkt ins Medium gegebenen Cellulose (Celluloseagarplatten) ließ lediglich die Filterpapierplatten für eine adäquate quantitative Beurteilung der gesuchten Keime als geeignet erscheinen. Im Gegensatz zu den Filterpapierplatten gestaltete sich die Auswertung der diffus auf dem Substrat ineinanderwachsenden Kolonien auf den Celluloseagarplatten als recht unsicher, so daß im weiteren Verlauf der Experimente sowohl die mengenmäßige Verteilung der Cellulosedestruenten als auch die Anlage von Kulturen allein von den Filterpapierplatten ausging. In der folgenden Tab. 7.4 finden sich die Daten zur Besiedlung des Filterpapiersubstrates nach Inoculation mit Darm- bzw. Faecesmaterial.

Tab. 7.4: Anzahl der Isolate aus jeweils 2 Parallelansätzen an Aktinomyceten (Aktino.), Pilzen sowie übrigen Bakterien (Bakt.).

	Substrat					
	Darm			Faeces		
Konz.	Aktino.	Pilze	Bakt.	Aktino.	Pilze	Bakt.
10^0	17	3	0	50	2	0
10^{-1}	5	1	0	5	0	0
10^{-2}	1	0	0	1	0	0
10^{-3}	0	0	0	0	0	0

Eine Kalkulation des prozentualen Anteils der cellulolytischen Aktinomyceten aus dem Darm von *Oniscus asellus* erbrachte eine Zahl von 33 Aktinomyceten pro 1 mg Frischgewicht Darm mit Inhalt. Bei einer Transformation dieser Daten für das Trockengewicht des Darmes von ca. 30% des Frischgewichtes (Erfahrungswert) belief sich somit die Anzahl auf ca. 100 cellulolytische Keime pro 1 mg Darmtrockengewicht.

Bei einer Gesamtkeimzahl von ca. 40000 Keimen pro 1 mg Hinterdarm mit Inhalt (GRIFFITHS & WOOD 1985) betrug somit der Anteil an cellulolytischen Formen lediglich 0,25%. Noch geringer pro Gewichtseinheit fielen die Werte für die Faeces aus. Die Berechnungen des prozentualen Anteils der Cellulosedestruenten an der Gesamtkeimzahl auf den Faeces (ULLRICH 1989) ergab einen Anteil von nur 0,038% und lag damit noch deutlich niedriger als im Darm.

Die als pilzähnliche Kolonien auf dem Cellulosematerial wachsenden mutmaßlichen Aktinomyceten fielen vor allem durch ihre Färbung auf. Das Farbspektrum erstreckte sich über weiß, verschiedene Grautöne bis hin zu grünen, rosafarbenen und roten Kolonien. Bei einem Öffnen der Kulturplatten entströmte ihnen ein charakteristischer, erdiger Geruch.

7.2.4.3.2. Resistenz- und Akkumulationsverhalten der cellulolytischen Isolate gegen Schwermetalle (Pb, Cd)

a. Belastetes Filterpapiersubstrat

Das Wachstumsverhalten der cellulolytischen Isolate auf schwermetallbelastetem Filterpapiermaterial und damit deren Fähigkeit, die Produktion von Cellulase auch unter schwermetallbelasteten Futtersubstraten aufrecht zu erhalten, wurde in diesem Ansatz überprüft. Die Ergebnisse dieses Versuches sind in der folgenden Tab. 7.5 zusammengefaßt.

Die in einem Vorversuch besonders schnellwüchsigen Isolate wurden aufgrund ihrer potentiellen Bedeutung als effektive Produzenten von Cellulasen im Intestinaltrakt von *Oniscus asellus* auf ihre Belastungsfähigkeit hin untersucht.

Tab. 7.5: Wachstumsverhalten cellulolytischer Pilze (Pz 1) sowie von Aktinomyceten (Gr2-Rs1) auf schwermetallbelastetem Filterpapier der angegebenen Konzentrationen. Färbungstypen der Aktinomyceten: Gr (Grau), Gü (Grün), Rs (Rosa). R-Faktor = Resistenzfaktor. Weitere Erläuterungen siehe Text.

Kultur	Pb 1 000	Pb 5 000	Cd 100	Cd 500	R-Faktor
Pz 1	4	4	4	1	Σ 13
Gr 2	4	4	1	0	Σ 9
Gü 1	1	4	2	0	Σ 7
Rs 1	3	3	0	0	Σ 6

Die Bewertung des Wachstumes beruhte auf einer Skala von 0 bis 4, wobei 0 für kein Wachstum und 4 für starkes Wachstum auf dem belasteten Substrat stand. Das ausgeprägteste Resistenzverhalten und damit auch den höchsten Resistenzfaktor wies in diesem Testfeld der Pilz Pz 1 auf, der als einziges Isolat auch zum Wachstum auf mit 500 μg Cd/g kontaminiertem Cellulosematerial befähigt war.

Allerdings war hierbei die Sporulation gegenüber der Kontrolle und den niedrigeren Belastungsstufen deutlich gehemmt (Abb. 7.29). Im Gegensatz dazu stand die Sensibilität der Aktinomycetenkultur Rs 1, die schon durch 100 μg Cd/g im Substrat vollständig am Wachstum gehindert wurde. Wie schon die Versuche zur Schwermetallbelastung von Asseln zeigten (siehe Kapitel 6), wies auch in dieser Versuchsreihe Cadmium die deutlich höhere Toxizität im Vergleich zu Blei auf.

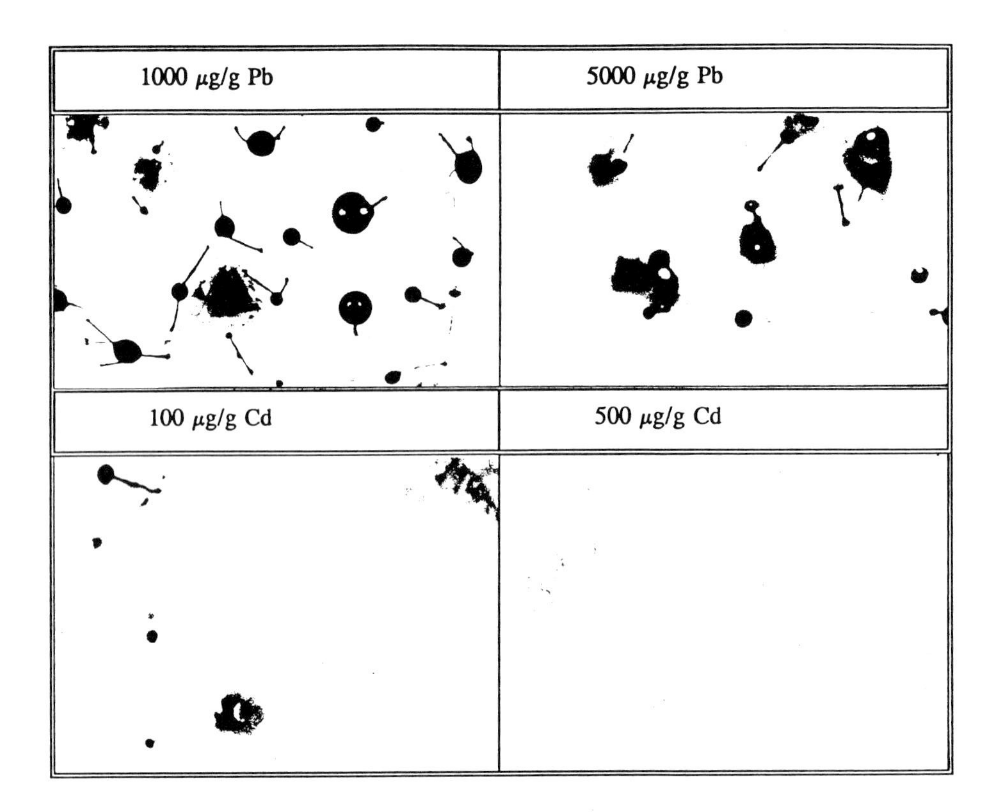

Abb. 7.29: Zunehmende Hemmung der Sporulation des Pilzisolates Pz 1 aus dem Darmtrakt von *Oniscus asellus* bei zunehmender Schwermetallkontamination des Filterpapiersubstrates, 35x.

b. Kontaminierte LB-Nährböden

Die Überprüfung des Wachstumsverhaltens auf LB-Nährböden sollte Aufschluß darüber geben, ob unter optimalen Ernährungsbedingungen, wie sie aufgrund der Freisetzung von Stoffwechselprodukten und leicht assimilierbaren Kohlenstoffverbindungen im Intestinaltrakt von Landasseln existieren, von den Cellulosezersetzern höhere Schwermetallgehalte toleriert werden können als bei der alleinigen Anwesenheit der schwer aufschließbaren Cellulose. Die Angaben zum Resistenzverhalten sowohl der Faeces- als auch der Darmisolate sind in Tab. 7.6 zusammengefaßt. Die Bewertung des Wachstumsverhaltens wurde anhand einer vierteiligen Skala vorgenommen, wobei 0 (kein), 1 (schlechtes), 2 (mittleres) und 3 (Wachstum wie bei der Kontrolle) bedeutet. Der R-(=Resistenz)-Faktor errechnet sich durch Addition der Wertungspunkte unter Belastung und gibt durch seine Höhe die Toleranz der untersuchten Kultur gegen verschiedene Belastungstufen der eingesetzten Schwermetalle an.

Bei der Beurteilung des Resistenzverhaltens ergaben sich insofern Schwierigkeiten, als das phänomenologische Erscheinungsbild der Kulturen in vielen Fällen von der Ausgangskultur auf dem Filterpapieragar abwich. Lediglich bei zwei Kulturen (F Pz4/Gr1) stimmten die LB-Kulturen mit den Ausgangskulturen überein. Bei den auf dem Vollmedium gewachsenen Keimen könnte es sich so womöglich um die assoziierte Begleitflora der Aktinomyceten und Pilze handeln, wenn nicht schon allein durch den Einfluß des Mediums deutliche Farb- und Wuchsformveränderungen induziert wurden. Dennoch war die erwartete hohe Resistenz der Pilzisolate bzw. fungiphilen Keime von den Faeces nachzuweisen, die generell höher als die der Aktinomyceten (oder deren Begleitflora) lag.

Tab. 7.6: Wachstumsverhalten von cellulolytischen Isolaten aus Darm (D) und Faeces (F) von *Oniscus asellus*. Pz (Pilze), Aktinomyceten mit Gr (Grau), Rt (Rot), Rs (Rosa), Gü (Grün), Ws (Weiß), Bg (Beige)-Färbung. Kont. = Kontrolle, Angaben der Metallbelastung in µg/g. R (=Resistenz)-Faktor. Näheres siehe Text.

Kultur	Kontr.	Pb 10^4	Pb 10^5	Cd 10^2	Cd 10^3	R-Faktor
D Gr1	3	3	3	3	3	Σ 12
D Rt1	3	3	2	3	3	Σ 11
D Gr2	3	2	2	3	3	Σ 10
D Rs1	3	2	2	3	3	Σ 10
D Gü1	3	3	2	2	2	Σ 9
D Ws2	3	1	1	3	3	Σ 8
D Pz1	3	2	1	1	1	Σ 5
F Pz2	3	3	3	3	3	Σ 12
F Pz4	3	3	3	3	3	Σ 12
F Pz3	3	3	3	3	3	Σ 12
F Bg1	3	2	2	2	2	Σ 8
F Gr1	3	1	1	2	2	Σ 6

Offensichtlich bestand ein Trend zu einer gesteigerten Resistenz gegen Schwermetalle bei einer optimierten Nährstoffversorgung mit leicht assimilierbaren Stoffen, wobei allerdings die unsichere systematische Zuordnung der Isolate spezifische Aussagen nicht zuließ. Erstaunlich war jedoch insgesamt die hohe Resistenz auch gegenüber extremen Konzentrationen von Blei und Cadmium, die weit über den Werten lagen, wie sie in der Natur zu finden sind. In keinem Fall wurden durch diese massiven Kontaminationen das Wachstum und somit die physiologische Aktivität der Isolate unterbunden. Es ergaben sich lediglich für einzelne Keime gewisse Wachstumsbeeinträchtigungen.

c. Akkumulationsverhalten cellulolytischer Isolate aus dem Darm von *Oniscus asellus* auf kontaminierten Filterpapiernährböden

Die Auswertung der in die unter (a) überprüften Darmisolate eingelagerten Schwermetalle Blei und Cadmium erbrachte spezifische Akkumulationsmuster für jede Kultur. Ein abgestuftes Akkumulationsvermögen definierten Grades führte dazu, daß sich bei den beiden Belastungsstufen der eingesetzten Metalle die Reihenfolge der spezifischen Akkumulation vollständig deckte, während sich zwischen Blei und Cadmium deutliche Unterschiede in der Abfolge von hoch- zu niedrig akkumulierenden Formen zeigten. Dies wurde darin deutlich, daß z.B. die Kultur Gül, die bei einer Belastung von 100 μg/g Cadmium die höchsten Einlagerungswerte zeigte (Abb. 7.30), auch mit einer Substratkonzentration von 500 μg/g Cadmium das Testfeld anführte. Diese Kultur war auch noch dadurch bemerkenswert, daß sie im Gegensatz zur vergleichsweise massiven Cadmiumeinlagerung eine nur geringe Akkumulation von Blei zeigte (Abb. 7.30) und die Konzentrationsfaktoren sich entsprechend deutlich von den übrigen drei Isolaten unterschieden. Für das Pilzisolat Pz 1 konnten keine auffällig hohen Akkumulationswerte nachgewiesen werden. Trotz der Unterschiede in der Inkorporation der Schwermetalle blieben alle Isolate in ihrem Metallgehalt deutlich unter den Werten, die zur Kontamination des Wachstumssubstrates eingesetzt worden waren.

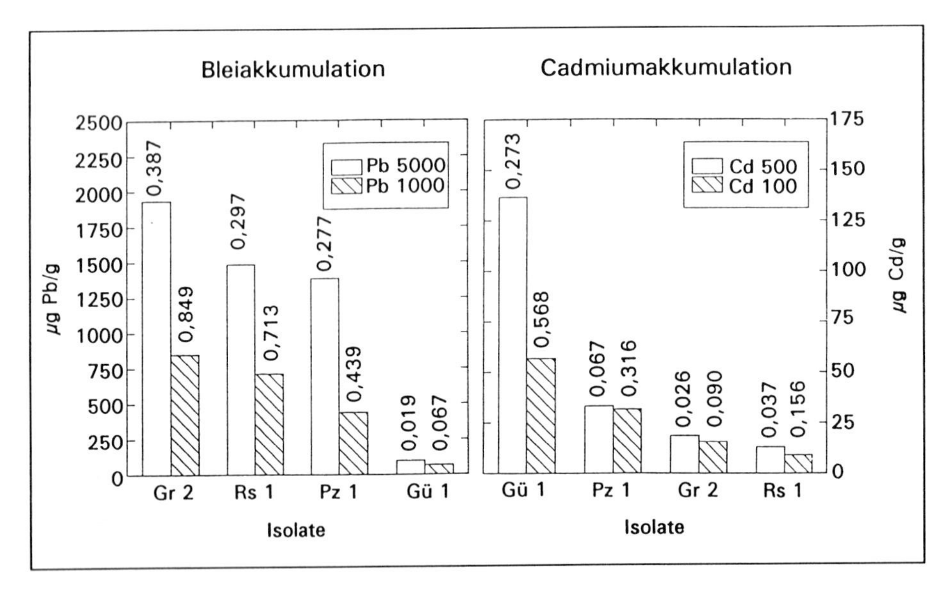

Abb. 7.30: Akkumulierte Metallmengen von cellulolytischen Darmisolaten der Assel *Oniscus asellus* unter Angabe der Konzentrationsfaktoren.

Angesichts der hohen Attraktivität dieser Isolate, die in hier nicht näher erläuterten Präferenzversuchen in abgestufter Intensität von ihrem Wachstumssubstrat durch Testexemplare von *Oniscus asellus* abgeweidet wurden, könnte eine selektive Auswahl von hoch- bzw. niedrig akkumulierenden Formen einen Einfluß auf die interne Kontamination von Asseln und anderen Bodentieren ausüben.

7.2.4.3.3 Aktivitätsmessung der Cellulasen im Intestinaltrakt von *Oniscus asellus*

Um eine gesicherte Beurteilung der Cellulaseaktivität in *Oniscus asellus* aus verschiedenen Gewichtsklassen zu gewährleisten, war es notwendig, die Beziehung zwischen Körpergewicht und Masse des Hinterdarmes sowie der Mitteldarmdrüsen zu evaluieren. Das Auftreten von Proportionsverschiebungen von Körpermasse zu Intestinaltrakt bei gleichbleibender Enzymaktivität hätte sonst für größere Tiere Nachteile ihrer Nährstoffversorgung zur Folge. Die nachfolgende Abb. 7.31 zeigt den Zusammenhang zwischen Körpergewicht und Masse des Hinterdarmes und der Mitteldarmdrüsen.

Wie die Abb. 7.31 zeigt, treten in dem Gewichtsbereich der eingesetzten *Oniscus asellus* keine Proportionsverschiebungen auf. Es besteht vielmehr ein direkter linearer Zusammenhang zwischen dem Gesamtgewicht des Tieres und den angesprochenen Kompartimenten des Intestinaltraktes und somit kein allometrisches Wachstum. Unterschiede in den Enzymaktivitäten zwischen Tieren verschiedener Körpermasse können somit ihren Ursprung nicht in absolut differierenden Massen der beteiligten Organe (Darmtrakt, Mitteldarmdrüsen) haben. Die Auswirkungen des Einflusses der verschiedenen Konditionierung von Tieren der Art *Oniscus asellus* auf die Cellulaseaktivität im Hinterdarm und in den Mitteldarmdrüsen sind in der Abb. 7.32 zusammenfaßt.

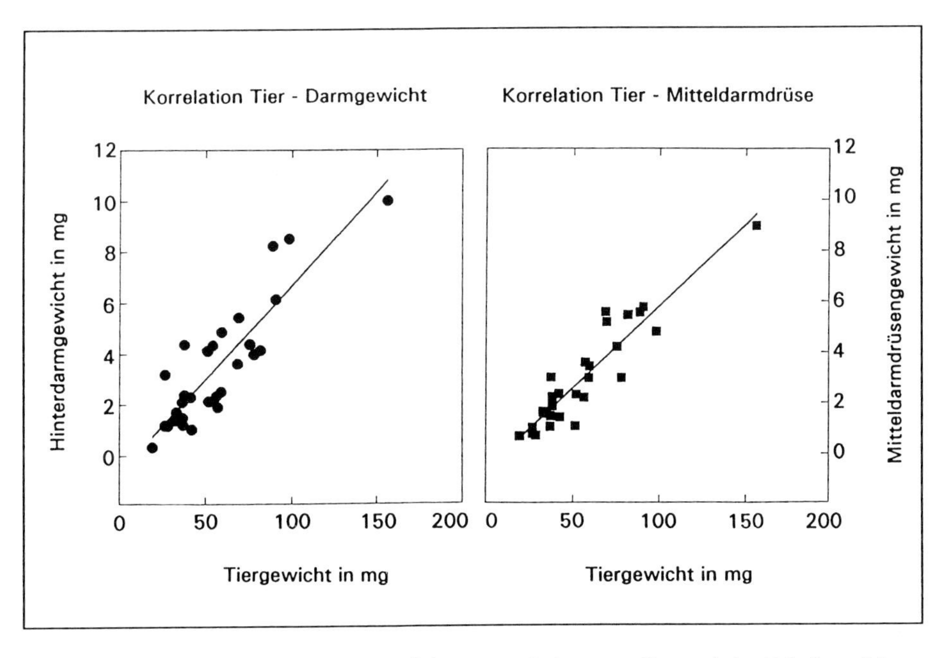

Abb. 7.31: Korrelation des Lebendgewichtes von *Oniscus asellus* und des Frischgewichtes des Hinterdarmes sowie der Mitteldarmdrüsen.

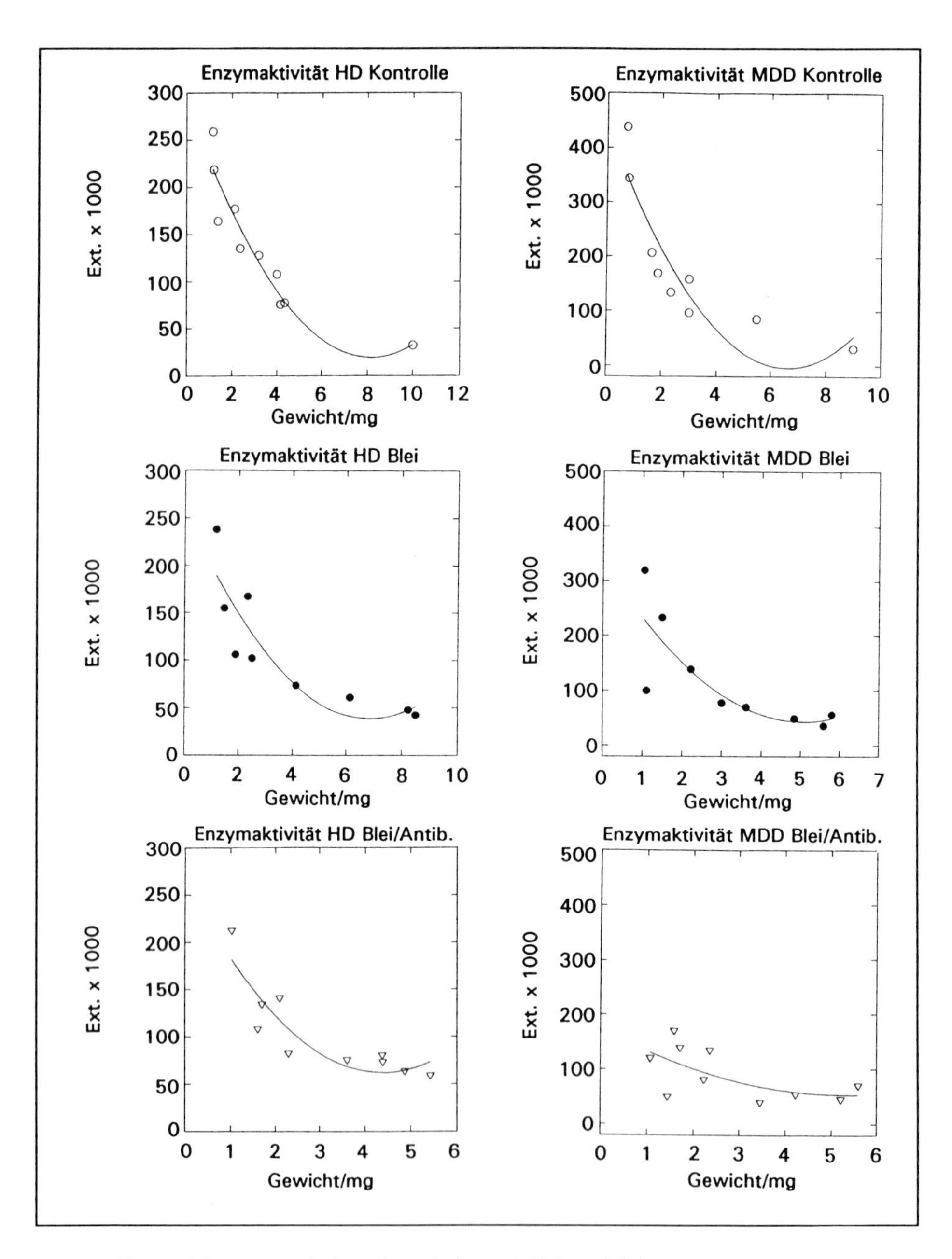

Abb. 7.32: Beziehungen zwischen der relativen Cellulaseaktivität pro mg Hinterdarm (HD) sowie Mitteldarmdrüse (MDD) von *Oniscus asellus* aus der Kontrolle, aus Fütterung mit bleibelastetem Futter (Blei) sowie aus Vorbehandlung mit Antibiotika, Reinfizierung und Fütterung mit bleikontaminiertem Futter (Blei/Antib.).

Sowohl im Hinterdarm als auch in den Mitteldarmdrüsen konnte eine Cellulaseaktivität nachgewiesen werden. Bei der Kontrollgruppe sowie der Bleigruppe ließ sich eine Tendenz zu einer pro Gewichtseinheit leicht erhöhten Cellulaseaktivität im Vergleich zum Hinterdarm feststellen (Abb. 7.32). Übereinstimmend war in allen Versuchsgruppen eine deutlich erhöhte Aktivität pro Gewichtseinheit im Hinterdarm und in den Mitteldarmdrüsen von Tieren mit geringerer Körpermasse und damit linear korrelierter niedrigerer Organmasse festzustellen.

Durch die Ingestion des bleibelasteten Futters (Endkonzentration 8 155,39 μg/g Pb) kam es in der Bleigruppe weder im Hinterdarm noch in den Mitteldarmdrüsen im Vergleich zur Kontrollgruppe (Bleibelastung des Kontrollaubes 6,80 μg Pb/g) zu einer Beeinträchtigung der Cellulaseaktivität.

Ebenfalls unbeeinflußt zeigte sich die cellulolytische Aktivität im Hinterdarm der reinfizierten Tiere. Im Gegensatz dazu war jedoch eine deutliche Verflachung der Aktivitätskurve in den Mitteldarmdrüsen der mit Antibiotika behandelten Tiere (Blei/Antib.) der niedrigeren Gewichtsklassen festzustellen (Abb. 7.32), während Asseln mit höherer Körpermasse diesen Rückgang vermissen ließen. Die Behandlung der Tiere mit Antibiotika führte offensichtlich zu einer Beeinträchtigung der cellulolytischen Mikroflora in den Mitteldarmdrüsen, die auch nach dem Absetzen der Präparate noch Nachwirkungen zeigte. Die erhoffte erhöhte Resistenz und bessere Verwertung des belasteten Futtersubstrates durch die Inoculation der antibiotikabehandelten Tiere mit resistenten Stämmen der Braubachpopulation von *Oniscus asellus* hatte nicht den erhofften Erfolg.

Ein einfacher Transfer von Symbionten und deren sofortige Etablierung im Darmtrakt des neuen Wirtes scheint nach den vorliegenden Erfahrungen also nicht ohne weiteres möglich zu sein.

7.2.4.3.4 Masse- und Energieassimilation der Versuchsgruppen

Im Gegensatz zu den Cellulasemessungen, die den status quo der Aktivität dieser für die Nahrungsverwertung sehr wichtigen Enzymgruppe nach Ablauf einer Woche repräsentierten, gaben die Untersuchungen zum Assimilationsverhalten Aufschluß über die nach einem Zeitraum von zwei Wochen zutage tretenden Veränderungen der Nahrungsverwertung. Innerhalb des Testfeldes wies die Kontrollgruppe die niedrigsten Masseassimilationswerte auf, die lediglich etwa die Hälfte des Wertes der Tiere mit Bleifütterung sowie der reinfizierten Gruppe erreichte (Abb. 7.33 a). Eine entsprechende Tendenz offenbarte sich auch bei der Berechnung der Energieassimilationsraten. Wiederum war es die Kontrollgruppe, die nach den beiden Vergleichsgruppen die geringste Energieassimilationsrate erreichte (Abb. 7.33 b). Allerdings fiel der Abstand zwischen der Kontrollgruppe und den Vergleichsgruppen weniger deutlich aus als bei der Masseassimilation.

Die im Vergleich zu den anderen Ansätzen geringeren Assimilationswerte der Kontrolle wurden jedoch durch die gegenüber der Bleigruppe um das 2,3-fache und im Vergleich zur Reinfektionsgruppe sogar um die fast 3-fach erhöhte absolute Ingestion mehr als kompensiert. Eine abschließende Energiebilanz belegte für die Kontrollgruppe eine durchschnittliche Assimilation pro Tier von 23,53 Joule über den Versuchszeitraum, der die Werte von 14,15 Joule für die Bleigruppe und von 14,76 Joule für die reinfizierten Tiere deutlich übertraf. Die bezüglich der verminderten Cellulaseaktivität in den Mitteldarmdrüsen der Reinfektionsgruppe zu mutmaßende schlechtere Verwertung des Futtersubstrates konnte in dem weiteren Verlauf der Experimente nicht bestätigt werden. Die Tiere der Reinfektionsgruppe ließen somit keine Unterschiede zur Bleigruppe erkennen. Die Reinfektion mit resistenten Keimen konnte, wie schon im Falle der Cellulaseaktivität, auch bezüglich der Assimilationswerte keine positiven Effekte bewirken.

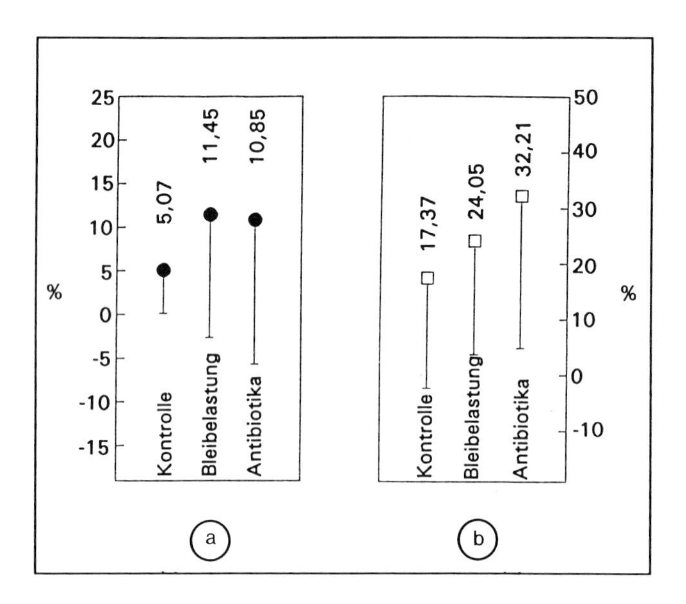

Abb. 7.33: Mittelwerte der Masseassimilationsraten (a) sowie der Energieassimilationswerte (b) der drei Versuchsgruppen von *Oniscus asellus* mit Standardabweichung.

7.2.4.4 Diskussion

Die symbiotischen Beziehungen zwischen Landasseln und deren Intestinalflora sind in ihrer spezifischen Form (commensalistisch, mutualistisch) wohl für unterschiedliche Gruppen von Mikroorganismen verschieden. Im Gegensatz zu dem Collembolen *Folsomia candida*, der eine mutualistische Beziehung mit intestinal- und faecesbewohnenden chitinolytischen Bakterien zeigt (Borkott & Insam 1990), stellen sich die Interaktionen zwischen *Oniscus asellus* und zur Degradation von Cellulose befähigten Mikroorganismen im Intestinaltrakt recht komplex dar. Die als häufigste Cellulosedestruenten im Darm isolierten Aktinomyceten sind nicht die einzigen cellulolytischen Mikroorganismen im Darm. Ihr zahlenmäßig geringes Auftreten sowie der Sachverhalt, daß sie in früheren Untersuchungen (Griffiths & Wood 1985, Ullrich et al. 1991) nicht zweifelsfrei in Erscheinung traten, läßt die Vermutung plausibel erscheinen, daß die auf Agarplatten isolierten Kolonien wohl eher auf auskeimende Sporen als auf aktive Intestinalpopulationen von Aktinomyceten zurückgehen.

Andererseits zeigen die umfangreichen Untersuchungen von SZABÒ et al. (1990), daß bei vielen Bodentieren sogenannte "Entero-Aktinomyceten" einen bedeutenden, bisher aber nur wenig bekannten Teil der Intestinalflora darstellen. Im Lichte dieser neuen Erkenntnisse könnte es sich bei den gewonnenen Isolaten von *Oniscus asellus* durchaus um aktiv am Celluloseabbau im Intestinaltrakt beteiligte Formen handeln. Für diese These sprechen auch die Untersuchungen von COUGHTREY et al. (1980), die einen Anteil der Intestinalaktinomyceten an der Gesamtbakterienzahl von 2,40% bis 9,25% belegten. Im Vergleich mit den eigenen Daten würde dies bedeuten, daß bei einem angenommenen minimalen Anteil von 2,40% der Aktinomycetenpopulation am gesamten Aufkommen lediglich 10% der Aktinomyceten zum Celluloseabbau befähigt waren.

Der Abbau der kristallinen Cellulose stellt allerdings einen komplizierten Prozeß dar, an dem wenigstens drei verschiedene Enzyme beteiligt sind. Die Endo-ß-1,4-glucanasen (= C_X) trennen die ß-1,4-Bindungen innerhalb amorpher Regionen des Makromoleküls auf, woraufhin die Exo-ß-1,4-glucanasen (= C_1) vom nichtreduzierenden freien Ende der dabei entstehenden Ketten das Disaccharid Cellobiose abspalten, das als Substrat für die ß-Glucosidasen (Cellobiasen) dient und von diesen in Glucose aufgespalten wird. Allerdings stellt nach Ansicht von DALL & MORIARTY (1983) der Beitrag der Intestinalflora zum Abbau von Polysacchariden bei Crustaceen einen eher vernachlässigbaren Faktor dar mit der Ausnahme von terrestrischen Isopoda, die einen besonders ausgestalteten Intestinaltrakt aufweisen.

Dieser Ansicht stehen allerdings Fakten wie der Nachweis einer Cellulaseaktivität im Darm von *Mysis stenolepis* unter mutmaßlicher Mithilfe der Intestinalflora entgegen. Eine vergleichbare Situation besteht offensichtlich für terrestrische Isopoda. Diese lassen in ihrer Eigenenzymausstattung Cellulasen vermissen (BECK & FRIEBE 1981, HARTENSTEIN 1964), die sie allerdings in der Assoziation mit Mikroorganismen erlangen können (HASSALL & JENNINGS 1975, HASSALL & RUSHTON 1985). Die bei *Oniscus asellus* in der vorliegenden Versuchsreihe nachgewiesene Cellulaseaktivität in den Mitteldarmdrüsen und im Darm muß allerdings mit der Einschränkung gesehen werden, daß als Substrat Carboxymethylcellulose (CMC) verwendet wurde. Deren Abbau kann nicht mit der Aktivität von Endo- und Exoglucanasen gleichgesetzt werden (DALL & MORIARTY 1983). Allerdings deuten die Ergebnisse der Fütterungsversuche (siehe Kapitel 6.) unter ausschließlicher Gabe von mikrokristalliner Cellulose auf ein internes Reservoir an dem gesamten Cellulaseenzymkomplex hin, da sonst schwerlich die Zunahme- sowie Überlebensraten über einen gewissen Zeitraum zu erklären wären. Wie bei *Oniscus asellus* konnte auch bei der verwandten Art *Tracheoniscus rathkei* eine hohe CMC-Aktivität festgestellt werden, während gegenüber der in dem natürlichen Futtersubstrat dominierenden mikrokristallinen Cellulose kaum Aktivität nachzuweisen war (KUKOR & MARTIN 1986) und so von einer nicht kompletten enzymatischen Ausstattung des Cellulasekomplexes der genannten Art auszugehen ist. Allein die Aufnahme mikrobieller C_X-Cellulasen durch die Landassel *Philoscia muscorum* mit der Nahrung (HASSALL & JENNINGS 1975) reicht nach Ansicht von KUKOR & MARTIN (1986) nicht aus, um daraus einen substantiellen Beitrag dieser Fremdenzyme für die interne Cellulosedegradation bei *Philoscia muscorum* zu postulieren. Eine Supplementierung der Nahrung von *Philoscia muscorum* mit einem Cellulasekomplex aus *Penicillium funiculosum* führte zu deutlich erhöhten Assimilationsraten, wobei die genannten Autoren allerdings die Übertragbarkeit der Ergebnisse auf Freilandverhältnisse stark einschränken und lediglich den potentiellen Beitrag ingestierter Enzyme betonen.

Die Akquisition mikrobieller Enzyme durch Ingestion cellulolytisch aktiven Pilzmaterials findet sich auch bei *Gammarus fossarum* (BÄRLOCHER 1982), Termiten (BREZNAK 1982) sowie bei den Larven von Holzwespen (Siricidae), wovon letztere die fehlenden Teile des Cellulasekomplexes durch die Ingestion des die Bohrgänge besiedelnden symbiotischen Pilzes erhalten (KUKOR & MARTIN 1983). Die Beobachtungen in den Experimenten mit *Oniscus asellus*, die eine eingeschränkte CMC-Cellulaseaktivität lediglich in den Mitteldarmdrüsen jener Tiere nachwiesen, die vorher einer Antibiotikabehandlung unterzogen worden waren, spricht gegen einen Import dieses Enzymes durch die adhaerente Mikroflora auf den Blattstückchen, da sich das Futtersubstrat nicht von dem der zum direkten Vergleich heranzuziehenden Bleigruppe unterschied. Die Tiere zeigten keine Einschränkung der untersuchten Enzymaktivität im Vergleich zur Kontrolle. Dies kann weiterhin als Indiz dafür angesehen werden, daß sowohl die cellulolytische Mikroflora der Phyllosphäre als auch die internen cellulolytischen Intestinalsymbionten durch die im Nahrungssubstrat existierenden Bleiwerte nicht in ihrer Aktivität beeinträchtigt wurden.

Der gewisse Rückgang der CMC-Aktivität in den Mitteldarmdrüsen beruht offensichtlich auf einer Schädigung der dort existierenden spezifischen Mikroflora, wobei die cellulolytischen Leistungsträger dieser Symbiontenpopulation auch nach dem Absetzen der antibiotikahaltigen Futtermischung noch keine vollständige Regeneration zeigten. Die im Gegensatz dazu nicht verminderte Aktivität im Darm hängt offensichtlich mit der dort spezifisch anders strukturierten Mikroflora zusammen, die durch die andauernde Inoculation mit Umweltkeimen ein weit offeneres System als die durch den Sekundärfilter des Magens vor einer Rekolonisation weit effizienter abgesicherten Mitteldarmdrüsen darstellt. Beide Kompartimente des Intestinaltraktes wurden jedoch in ihrer mikrobiellen Besiedlungsdichte durch die eingesetzten Antibiotika zweifelsfrei negativ beeinflußt. Neben dem schon deutlich das Wachstum von Isolaten aus dem Darm hemmenden Streptomycin erwies sich insbesonders Tetracyclin als äußerst geeignet zur Hemmung der plattierbaren Darmmikroflora der terrestrischen Assel *Tracheoniscus rathkei* (REYES & TIEDJE 1976a). Weitere Erfahrungen mit Tetracyclin belegten dessen Wirksamkeit bei der Supprimierung der Darmflora von Termiten (EUTICK et al. 1978) sowie der chitinolytischen Mikroflora im Intestinaltrakt des Collembolen *Folsomia candida* (BORKOTT & INSAM 1990).

In den Versuchen von REYES & TIEDJE (1976b) konnte nur am ersten Tag eine Beeinträchtigung der Freisetzung von $^{14}CO_2$ aus radioaktiv markiertem Futter durch antibiotikabehandelte *Tracheoniscus rathkei* festgestellt werden, während sich schon am zweiten Tag kein Unterschied mehr zwischen der antibiotikabehandelten und der Kontrollgruppe feststellen ließ. Die Befunde stehen teilweise im Einklang mit den eigenen Ergebnissen, die zwar eine Beeinträchtigung der Cellulosezersetzer in den Mitteldarmdrüsen noch nach einem Zeitraum von mehr als einer Woche nach Absetzung der Antibiotikamischung nachwiesen, die aber auf die letztliche Energieassimilation nach einem Zeitraum von zwei Wochen keine Effekte zeitigte.

Im Gegensatz dazu reagierten cellulolytische Symbionten der Schabe *Periplaneta americana* (BREZNAK 1982) sowie von wüstenbewohnenden Diplopoden (TAYLOR 1982) mit einem deutlichen Rückgang ihrer Aktivität auf eine Antibiotikabehandlung, die sich in einer verminderten Freisetzungsrate radioaktiv markierten Kohlendioxids aus [^{14}C]-Cellulose der Wirtstiere äußerte.

Die unterschiedliche Beeinflussung der Aktivität der Cellulosedestruenten in Mitteldarmdrüse und Darm der Reinfektionsgruppe von *Oniscus asellus* wirft die Frage auf, ob die cellulolytischen Symbionten in den stark unterschiedlich strukturierten Mikrohabitaten Mitteldarmdrüse und Darm nicht einfach völlig verschiedenen systematischen Gruppen angehören und sich (bedingt durch eine spezifische Sensibilität) die initiale Verminderung der Cellulaseaktivität in den Mitteldarmdrüsen durch die antibakterielle Präkonditionierung erklären ließe. Während im Darmtrakt nach den vorliegenden Ergebnissen Aktinomyceten eine Bedeutung als Cellulaseproduzenten (aktiv im Darm oder auch durch die Ingestion der von cellulolytischen Aktinomyceten besiedelten Faeces via Coprophagie) zukommen könnte, spielen in den Mitteldarmdrüsen Enterobakterien wie *Klebsiella* spec., *Citrobacter freundii* und *Enterobacter agglomerans* eine zentrale Rolle. Die Koinzidenz der Zusammensetzung dieser Mikroflora mit der bei der Schnecke *Helix aspersa* erhält ihre besondere Bedeutung dadurch, daß die Intestinalbakterien der Schnecke eine hohe Aktivität besonders gegen CMC, aber auch gegen native Cellulose entfalten (LESEL et al. 1990). Die Existenz einer entsprechenden Aktivität der identischen dominierenden Mikroflora bei *Oniscus asellus* ist mehr als wahrscheinlich.

Ein weiterer Aspekt, der im Zusammenhang mit der Nutzung von Cellulose Beachtung verdient, besteht in der Abhängigkeit der Cellulosedegradation von dem Angebot an verfügbarem Stickstoff (BEYER et al. 1992). Dies führt dazu, daß beim Abbau von Cellulose in der Natur Assoziationen zwischen Cellulosezersetzern und zur Stickstoff-Fixierung befähigten Bakterien ausgebildet werden (IMSHENETZKY 1968). Da die dominierenden Vertreter der Mitteldarmdrüsenflora bei *Oniscus asellus* nach den Erkenntnissen bei *Helix aspersa* (LESEL et al. 1990) potentielle Cellulosedestruenten darstellen, andererseits aber auch in verschiedenen Stämmen die Fähigkeit zur Fixierung von Stickstoff besitzen, wäre die Kombination dieser beiden Merkmale in einem Mikroorganismus die ideale Voraussetzung für die Aufgabe als cellulolytischer Symbiont. Bemerkenswerterweise konnte schon im Jahre 1983 ein derartiger prokaryotischer Symbiont bei verschiedenen Arten von holzbewohnenden Schiffsbohrwürmern (Teredinidae, Bivalvia, Mollusca) nachgewiesen werden (WATERBURY et al. 1983). Die Existenz eines Stammes von *Klebsiella oxytoca,* der durchaus der nicht näher determinierbaren *Klebsiella*-Spezies von *Oniscus asellus* entsprechen könnte, als CMC-Verwerter und als stickstoffixierender Symbiont bei Schaben (CRUDEN & MARKOVETZ 1987), bildet das terrestrische Pendant zum marinen Symbionten der Schiffsbohrwürmer. Das komplizierte Netzwerk an Interaktionen beim Celluloseabbau, die auch eine antibiotikainduzierte Schädigung von Stickstoff-Fixierern der Mitteldarmdrüse als eine plausible Erklärung für eine verminderte Cellulasaktivität bei der Reinfektionsgruppe von *Oniscus asellus* erscheinen ließe, deutet auf eine mögliche Beteiligung sowohl von ingestierten Enzymen, von der Assel produzierten Enzymen als Teilkomponenten des Cellulasekomplexes sowie systematisch differierende Gruppen als Produzenten von Cellulasen im Darm und in den Mitteldarmdrüsen hin. Die Differenzierung und Quantifizierung der einzelnen Beiträge zur Gesamtaktivität kann nur auf dem Wege der Isolierung und Charakterisierung spezifischer Enzyme sowie der Nutzung verschiedener Marker erfolgen.

7.2.5 Die Mikrobiologie des Intestinaltrakts von *Allaiulus nitidus* (Diplopoda) und des Habitats

Bei der Zersetzung des Fallaubes besteht eine enge Wechselwirkung zwischen der saprophagen Bodenfauna und Mikroorganismen. Im Darmkanal laufen prinzipiell gleichartige Prozesse wie in der freiliegenden Streu ab, wobei sich allerdings die Geschwindigkeit dieser Prozesse wesentlich unterscheidet (DUNGER 1958). Verschiedene Studien zeigen, daß die Dekompositionsrate von organischen Substraten nach Passage durch einen Invertebraten-Darm zunimmt. Diese Stimulation ist verbunden mit einer Zunahme der Mikroflorapopulationen (DUNGER 1958, PARLE 1962a, b, WENT 1963, WITKAMP 1966). Der Vorteil für die Mikroorganismen besteht demnach darin, daß ihnen die Diplopoden ein Milieu zur Verfügung stellen, das durch eine regulierte Feuchtigkeit, Temperatur, pH und einen konstanten Fluß von Substrat charakterisiert ist (TAYLOR 1982). In diesem Milieu können sie gut wachsen und werden in einer ständigen exponentiellen Phase gehalten. Auch in der Laubstreu wirkt sich das Abweiden, "grazing", der Mikroben durch die Diplopoden stimulierend auf die Stoffwechseltätigkeit der Bakterien und Pilze aus (SCHAEFER 1986, ANDERSON & BIGNELL 1980). Die Anwesenheit von *Glomeris marginata* bewirkt nach SCHAEFER (1986) eine Steigerung der Biomasse der Mikroflora um bis zu 17%. Des weiteren dienen Diplopoden auch der Verbreitung von Mikroorganismen im Boden (SZABÓ et al. 1983).

Die Laubstreu wird durch den Fraß von Diplopoden zerkleinert und so die Oberfläche für eine mikrobielle Besiedlung vergrößert. So nimmt die bakterielle Atmung mit der Abnahme der Partikelgröße zu (HANLON & ANDERSON 1980, HANLON 1981 a, b). Nach GUNNARSSON et al. (1988) ist jedoch die Freisetzung von chemischen Substanzen, wie löslichen Kohlenhydraten, und nicht die Oberfläche der Hauptfaktor für bakterielles Wachstum. Der verbesserte Abbau des zerkleinerten Nahrungslaubes findet nun aktiv im Darm statt; in den Untersuchungen von STRIGANOVA & VALIACHMEDOV (1976) in Pistazienwäldern Mittelasiens wird diese Aktivität im Darmtrakt der Doppelfüßer als extrem hoch bezeichnet. Die Bedeutung der Diplopoden ist also vor allem indirekter Art als "Systempartner" im Boden (SCHAEFER 1986). Pilze, Actinomyceten und Bakterien können die Laubstreu intensiver angreifen wenn sie in zerkleinerter Form und chemisch verändert in Form von Exkrementen vorliegt. Kotballen sind für Zweitzersetzer wie Collembolen attraktiv; neben der mikrobiellen Anreicherung sind sie noch energiereich, da z.B. Eichen- und Buchenlaub nach DUNGER (1958) im Darm nur wenig verändert wird. Des weiteren erfolgt durch die Tätigkeit der Diplopoda eine Neuinfektion von Blättern und eine Durchmischung des Substrates, da die Tiere neben Laub auch Erdpartikel aufnehmen (SCHMIDT 1952). Organisches Material wird in die Erde eingearbeitet und mit anorganischen Teilchen vermischt was intensivere Humifizierungsprozesse nach sich zieht (DUNGER 1958). Diese Prozesse werden unterstützt durch die von SCHAEFER (1986) als Kaskadenmodell der Streuzersetzung bezeichneten wiederholten Darmpassagen.

Der Stoffdurchsatz im Darmtrakt von Diplopoden im Hinblick auf die jährlich anfallende und zu zersetzende Menge an Laubstreu ist groß. Die chemische Zusammensetzung des Fallaubes ändert sich nach DUNGER (1958) beim Passieren des Darmes nur wenig. Nur 23% des Nahrungslaubes werden nach EHLERT (1980) von Juliden assimiliert und gehen in die körpereigenen Energie- und Stoffwechselprozesse ein. Dieser raschen "Aufbereitung" der jährlichen Laubmenge ist ein einfach gegliederter und langgestreckter Verdauungskanal dienlich. Er besteht aus drei Abschnitten, dem ectodermalen Vorderdarm, dem entodermalen Mitteldarm oder Magendarm, der den größten Teil des Körpers durchzieht und der einen nahezu kreisförmigen Querschnitt hat, und dem ectodermalen Enddarm (RANDOW 1924, KÖHLER 1989).

7.2.5.1 Material und Methoden

7.2.5.1.1 Tiere

Als Untersuchungsobjekt diente die Art *Allaiulus nitidus* (VERHOEFF, 1891; s.a. Fototafel III).

7.2.5.1.2 Verwendete Medien

Als Nährböden für die mikrobiologischen Arbeiten wurden folgende Nährmedien verwendet:

Vollmedium

Komplexer Nährboden zur Isolierung von anspruchsvollen Keimen.

Nährlösung nach DREWS (1968):
NH_4Cl 0,3 g, $NaN0_3$ 0,5 g, K_2HPO_4 1,0 g, $MgS0_4$* 7 H_20 0,3 g, $CaCl_2$ 0,1 g, $FeCl_2$ 0,05 g, Hefeextrakt (Difco) 3,0 g, Caso Agar (Merck) 40,0 g; ad 1 l demin. H_20, pH 7,3.

Caso-Agar (Merck Bestell.Nr. 5458):
Zusammensetzung: Pepton aus Casein 15,0 g/l, Pepton aus Sojamehl 5,0 g/l, NaCl 5,0 g/l, Agar-Agar 15,0 g/l.

Medium zur Kultivierung aerober Cellulosezersetzer

Carboxymethyl-Cellulose-Remazol Brilliant Blue R (CMC-RBB), wird als Substrat für Celluloseabbauende Mikroorganismen eingesetzt. Es wird mit einem Minimalmedium von Salzen und Spurenelementen und Agar-Agar angesetzt.

Nährlösung nach DREWS (1968)
NH_4Cl 0,3 g/l, $NaN0_3$ 0,5 g/l, K_2HPO_4 1,0 g/l, $MgS0_4$* 7 H_20 0,3 g/l, $CaCl_2$ 0,1 g/l, $FeCl_2$ 0,05 g/l, Agar-Agar 15,0 g/l.
pH 7,0

Herstellung der Agarmedien:

Komponente 1	Nährlösung nach DREWS (1968)
Komponente 2	CM-Cellulose-Substratlösung: Die Ausgangslösung hat eine Konzentration von 4 mg/ml. Die Endkonzentration im Agar beträgt 0,15 w/v.

Plattenherstellung: Um Ausfällungen zu vermeiden, werden die Komponenten 1 und 2 getrennt autoklaviert, sodann bei etwa 50 °C gemischt und in Standardpetrischalen (20 ml) gegossen.

Medium zur Kultivierung aerober Cellulosezersetzer mit Filterscheiben

Bei diesem Medium wurde zur Minimalnährstofflösung als Kohlenstoffquelle eine Scheibe Filterpapier (Durchmesser 9 cm) aufgelegt [mod. nach DREWS (1968) und PUSKINSKAJA (1954)].

MacConkey Agar
(Merck Bestell Nr. 5465)

Dieser Nährboden dient der Kultivierung und Identifizierung von Enterobacteriaceen und Pseudomonaden.

Sabouraud 40% Maltose Agar
(Merck Bestell Nr. 5439)

Sabouraud Agar dient der Kultivierung von Pilzen.

Die Medien wurden mit demineralisiertem Wasser angesetzt und der pH-Wert eingestellt. Anschließend wurden die Lösungen bei 121 °C und einem Überdruck von 1,2 bar über einen Zeitraum von 20 min autoklaviert. Nach Abkühlen auf etwa 48 °C wurden die Standard-Petrischalen (mit Nocken, Fa. Greiner, Nürtingen) gegossen. Nach einer Trocknungszeit sind die Platten verwendungsfähig.

7.2.5.1.3 Biomasse des Bodens (Sapromat B6)

Die Bestimmung der mikrobiellen Biomasse erfolgte durch respirometrische Messungen im Sapromat B6 der Fa. Voith, Heidenheim, nach der Methode von ANDERSON & DOMSCH (1978), modifiziert nach BECK (1984) (s. Kap. 7.2.2).

7.2.5.1.4 Keimzahlbestimmung

Die Agarplatten- oder Verdünnungsplattenzählung ist das am meisten angewandte Verfahren zur Bestimmung der Zahl von Mikrobenzellen (DUNGER & FIEDLER 1989). Die Methoden für die Keimzahlbestimmungen von Boden, Laub und Intestinaltrakt wurden in Anlehnung an ALEF (1991) modifiziert. Die Bestimmung der Gesamtkeimzahl beruht darauf, daß die im Boden vorhandenen Mikroorganismen durch Verdünnung mit steriler 0,9% NaCl-Lösung getrennt werden. Durch Ausplattieren auf entsprechende Nährmedien und anschließender Bebrütung entwickeln sich aus den einzelnen Keimen makroskopisch sichtbare Kolonien, die ausgezählt werden. Durch Multiplikation der Anzahl der Kolonien mit dem Verdünnungsfaktor wird die Anzahl der Keime für 1 g Trockengewicht ermittelt. Es werden somit z.B. gegenüber mikroskopischen Zählmethoden nur die Lebendzellzahlen erfaßt. Man nimmt an, daß jede Kolonie aus einer einzigen lebenden Zelle hervorging. Es wurden jeweils bei den Versuchsansätzen die Medien Vollmedium (Caso), CMC-RBB, Filterscheibenmedium sowie Sabouraud Agar angeimpft.

a. Boden
1,0 g Bodenprobe in 9 ml 0,9% NaCl geben (Verdünnungsstufe 10^{-1}) und 30 Minuten unter leichtem Schütteln inkubieren. Von der Bodenprobe wurde eine Verdünnungsreihe hergestellt, jeweils 1 ml Probe + 9 ml NaCl-Lösung. Zwischen jedem Arbeitsschritt vortexen. Aus den Verdünnungsstufen wurden je 0,1 ml auf die entsprechenden Agarplatten pipettiert und sofort mit einem sterilen Drigalski - Spatel verteilt. Von jeder Verdünnungsstufe wurden bis zu 4 Replikate ausplattiert. Die umgedrehten Platten anschließend bei 25°C inkubieren. Die Inkubationszeit lag bei Caso-Agar bei 2 bis 3 Tagen, bei CMC-RBB-Platten und Sabouraud Agar bei 5 bis 10 Tagen und bei den Filterscheiben-Platten bei etwa 3 bis 4 Wochen. Zur Zählung wurden die Verdünnungsplatten ausgewählt, bei denen die Zahl der Keime zwischen 20 und 300 lag (DUNGER & FIEDLER 1989). Aus den Replikaten wurde die mittlere Koloniezahl ermittelt. Die Ermittlung des Trockengewichtes erfolgte durch Inkubation bei 60°C und anschließendem Ausgleich bei Zimmertemperatur zum Erreichen einer Wägekonstanz.

b. Laub
1 g teilzersetztes Laub von *Fagus sylvatica* in 49 ml 0,9% NaCl in einen 100 ml Erlenmeyerkolben geben und unter leichtem Schütteln 15 Minuten inkubieren (Verdünnung $10^{-1,7}$). Das Anlegen der Verdünnungsreihen, das Ausplattieren, die Auszählung und Ermittlung des Trockengewichtes erfolgten nach dem gleichen Schema wie bei der Keimzahlbestimmung im Boden.

c. Intestinaltrakt
Die adulten *Allaiulus nitidus* wurden jeweils unmittelbar vor den Versuchsansätzen an den Standorten Mauer und Wiesloch gefangen. Die Tiere wurden für einige Minuten bei -20°C immobilisiert. Nach Abtrennen des

Vorder- und Hinterendes mit einer Rasierklinge im Bereich des ca. 5.-8. bzw. des etwa 4.-8. letzten Segmentes wurde der gesamte Darm entnommen. Es wurden nur Tiere mit gefülltem Darm für die Versuche eingesetzt. Die Gewichtsbestimmung erfolgte mit Hilfe einer Ultra Feinwaage des Typs Mettler ME 30.

Zum Schutz vor Austrocknung wurde der Darm sofort in 9 900 μl 0,9% NaCl gebracht und mit der entsprechenden Menge NaCl auf 10 000 μl aufgefüllt. Dies entspricht der Verdünnungsstufe 10^{-3}. Der Intestinaltrakt wurde unter sterilen Kautelen (Glasstab) homogenisiert und gevortext. Anschließend erfolgten die Verdünnungsreihe, die Ausplattierung und die Ermittlung des Trockengewichts gemäß der Bestimmung der Keimzahl im Boden.

7.2.5.1.5 Anlage von Reinkulturen

Für die morphologische und biochemische Charakterisierung der Mikroorganismen ist es notwendig, daß man aus den als Mischkulturen vorliegenden Nährböden von Boden, Laub und Intestinaltrakt, Reinkulturen herstellt. Unter Reinkultur versteht man die Nachkommenschaft einer einzelnen Zelle (ALEF 1991). Die auf den Nähragarböden herangewachsenen Bakterienkolonien ermöglichen eine Vordifferenzierung. Man kann makroskopisch die Koloniemorphologie, Form, Rand, Farbe, Größe, Oberflächenbeschaffenheit (glatt, rauh), Profil (flach, erhaben) und die Konsistenz (schleimig, zäh), bestimmen. Die gleich aussehenden Kolonien wurden von geeigneten Replikaplatten, in ihrem prozentualen Verhältnis ausgewertet. Von den Kolonien einheitlichen Typs erfolgte eine Überimpfung auf den Typ von Nährbodenplatte, von der sie genommen wurde. Dies geschieht nach der Methode des Verdünnungsausstrichs (3-Ösen-Technik). Hierzu wird mit einer Impföse eine Kolonie entnommen und etwa auf die halbe Platte ausgestrichen. Mit zwei weiteren sterilen Ösen wird auf dem Rest der Platte der Ausstrich verdünnt. Nach zwei- bis dreimaliger Wiederholung dieser Schritte kann man für die weiteren Differenzierungstests davon ausgehen, daß es sich um Reinkulturen handelt.

7.2.5.1.6 Diagnostik der Mikroorganismen

Die Mikroben wurden anhand mikroskopischer Präparate (Gram-Färbung), Katalase-Aktivität, Oxidase-Reaktion, Geruch und Wachstum auf MacConkey Platten, bestimmten Gruppen zugeordnet (DGHM-Verfahrensrichtlinien 1983, BROCK et al. 1984, SCHLEGEL 1985, STANIER et al. 1987). Die weitere Differenzierung erfolgte dann mit dem standardisierten Testsystem API 20.

a. Gram-Färbung

Die Gram-Färbung (GRAM, 1884) stellt ein wichtiges taxonomisches Merkmal zur Differenzierung der Bakterien dar. Man unterscheidet nach dem Zurückhalten des Farbstoffs in der Bakterienzellwand grampositive und gramnegative Formen. Da die Bakterien anders als die höheren Zellen insgesamt sauer reagieren, färbt man sie mit basischen Farbstoffen. Dazu gehören in erster Linie die Anilinfarben (Triphenylmethanfarbstoffe), wie Fuchsin und Gentianaviolett sowie die Acridin-ähnlichen Farbstoffe Methylenblau und Safranin.

Technik der Färbung:

Man bringt einen Tropfen physiologische Kochsalzlösung auf einen Objektträger und verreibt mit kreisenden Bewegungen darin etwas Material von einer Bakterienkolonie mit einer ausgeglühten Öse. Die Bakterienschicht soll dabei dünn sein. Dann läßt man das Präparat an der Luft trocknen. Anschließend fixieren, indem man das Präparat mit einer Pinzette dreimal für 1 Sekunde durch die nichtleuchtende Flamme des Bunsenbrenners zieht, mit der Bakterienschicht nach oben. Nach Abkühlung kann die Färbung vorgenommen werden.

a) 1. Farbstoff. Gentianaviolett

Kristallviolett 5 g Ethanol 96% 50 ml, aqua dest. 450 ml.
Färbedauer: 1 Minute, anschließend kurz mit Wasser abspülen

b) Lugol-Lösung
Jod 1 g, Kaliumjodid 2 g, aqua dest. 300 ml.
Dauer: 1 Minute, anschließend mit Wasser abspülen

c) Abspülen mit Entfärbelösung
Aceton-Ethanol (96%) Gemisch 3:1
Dauer: bis die Lösung farblos vom Objektträger fließt (ca. 8-12 Sekunden)

d) Gründlich mit Wasser abspülen

e) 2. Farbstoff. Safranin
Safranin 3 g, aqua dest. 100 ml
Färbedauer: 1 Minute, anschließend mit Wasser abspülen
Gegenfärbung für gramnegative Formen

f) Trocknen durch Abtupfen mit Papier

Die bakteriologischen Präparate wurden mit dem 100x Ölimmersionsobjektiv betrachtet. Im Idealfall erscheinen grampositive Keime blau und gramnegative sind hellrot gefärbt. Trotz der jeweils mitgefärbten Referenzstämme des grampositiven *Bacillus subtilis* und des gramnegativen *Escherichia coli*, kann die Zuordnung der Färbung schwierig sein. Dies kann von dem physiologischen Zustand und dem Alter der Kulturen abhängen.

b. Katalase-Test
Das Enzym Katalase zerlegt bei aeroben Mikroorganismen das beim Stoffwechsel entstehende toxische Wasserstoffperoxid in Wasser und Sauerstoff. Die Katalase-Aktivität einer Kultur läßt sich prüfen, indem man sie direkt oder nach Übertragung einer kleinen Menge Koloniemasse auf einen Objektträger, mit 3% iger H_2O_2- Lösung übergießt. Aufsteigende Sauerstoffblasen zeigen die Anwesenheit des Enzyms an.

c. Oxidase-Test
Der Test dient zum Nachweis des Enzyms Cytochrom-Oxidase, das in den Elektronentransportmechanismus der Atmungskette eingeschaltet ist. Es überträgt Elektronen auf Sauerstoffmoleküle. Das Enzym wurde mit Hilfe von Teststreifen (Fa. Merck) nachgewiesen. Als Nachweisreagenz dient Tetramethyl - p - Phenylendiamin. Im positiven Fall entwickelt sich nach einigen Sekunden eine dunkelviolette Verfärbung.

d. API 20
Es wurden zur Identifizierung der Bakterienkulturen zwei Testsysteme der Fa. Bio Mérieux SA, Lyon, Frankreich, verwendet (s.a. Fototafel III). API 20 E ist ein miniaturisiertes System zur Identifizierung der Enterobacteriaceae und anderer gramnegativer Stäbchen mit Hilfe von 23 standardisierten biochemischen Reaktionen (SMITH et al. 1972, HOLMES et al. 1978, WECKER & ULLMANN 1978). API 20 NE ist ein standardisiertes System mit 8 konventionellen und 12 Assimilations-Reaktionen zur Identifizierung von gramnegativen Stäbchen, die nicht zur Familie der Enterobacteriaceae gehören, wie *Pseudomonas, Acinetobacter, Flavobacterium, Moraxella, Vibrio, Aeromonas* usw., (LAMPE & VAN DER REIJDEN 1984, GEISS et al. 1985, PELADAN & MONTEIL 1988). Die Teststreifen bestehen aus 20 Mikroröhrchen, in denen sich die verschiedenen Substrate in dehydratisierter Form befinden. Die Röhrchen werden mit der zu untersuchenden Bakteriensuspension beimpft, welche die Substrate löst. Die biochemischen Reaktionen können anhand von Farbumschlägen abgelesen werden, die entweder spontan während der Inkubation oder nach Zugabe der Reagenzien entstehen. Die Röhrchen für die Assimilationsreaktionen werden mit einem Minimalmedium beimpft, wobei die Bakterien nur dann wachsen, wenn sie das entsprechende Substrat verwerten können.

Die Ablesung dieser Reaktionen erfolgt mit Hilfe der Ablesetabelle, die Identifizierung erhält man entweder anhand der Prozenttabelle oder mit Hilfe des Analytischen-Profil-Indexes.

In der Tabelle 7.7 sind die untersuchten Reaktionen und die sie umsetzenden Enzyme dargestellt.

API 20 E		
Tests	**Substrate**	**Reaktionen/Enzyme**
ONPG	Ortho-Nitro-Phenyl-Galactosid	ß-Galactosidase
ADH	Arginin	Arginindihydrolase
LDC	Lysin	Lysindecarboxylase
ODC	Ornithin	Ornithindecarboxylase
CIT	Natriumcitrat	Citratabbau
H_2S	Natriumthiosulfat	H_2S Produktion
URE	Harnstoff	Urease
TDA	Tryptophan	Tryptophandesaminase
IND	Tryptophan	Indolproduktion
VP	Natriumpyruvat	Acetoinproduktion
GEL	Kohngelatine	Gelatinase
GLU	Glucose	Fermentation/Oxidation
MAN	Mannit	"
INO	Inosit	"
SOR	Sorbit	"
RHA	Rhamnose	"
SAC	Saccharose	"
MEL	Melibiose	"
AMY	Amygdalin	"
ARA	Arabinose	"
OX	Filterpapier	Cytochromoxidase
NO_3-NO_2	GLU-Röhrchen	NO_2-Produktion, Reduktion zu NO_2
MOB	Mikroskop	Beweglichkeit
MAC	McConkey-Medium	Wachstum
OF	Glucose	Fermentation: unter Paraffinöl Oxidation: ohne Paraffinöl

API 20 NE		
Tests	**Substrate**	**Reaktionen/Enzyme**
NO_3	KNO_3	Nitratreduktion zu Nitrit Nitratreduktion zu Stickstoff
TRP	Tryptophan	Indolnachweis
GLU	Glucose	Fermentation
ADH	Arginin	Arginindihydrolase
URE	Harnstoff	Urease
ESC	Esculin	Hydrolyse (ß-Glucosidase)
GEL	Gelatine + Tusche	Hydrolyse (Protease)
PNPG	p-Nitro-phenyl-ß-D-Galactopyranosid	ß-Galactosidase
GLU	Glucose	Assimilation
ARA	Arabinose	Assimilation
MNE	Mannose	Assimilation
MAN	Mannit	Assimilation
NAG	N-Acetylglucosamin	Assimilation
MAL	Maltose	Assimilation
GNT	Gluconat	Assimilation
CAP	Caprat	Assimilation
ADI	Adipat	Assimilation
MLT	Malat	Assimilation
CIT	Citrat	Assimilation
PAC	Phenylacetat	Assimilation
OX	Tetramethyl-p-Phenylen-Diamin	Cytochromoxidase

Tabelle 7.7: Biochemische Reaktionen der API 20E und API 20NE Teststreifen.

7.2.5.2 Ergebnisse

7.2.5.2.1 Biomasse des Bodens (Sapromat B6)

In Tabelle 7.8 sind die mikrobielle Biomasse und der Wassergehalt der Bodenprobe in Prozent über den Zeitraum von Frühjahr bis Herbst dargestellt. Der schwermetallbelastete Standort Wiesloch zeigt im Vergleich zu Mauer die höheren Biomassewerte. Hier drückt sich der höhere Humusgehalt am Standort Wiesloch (s.a. Kap. 4) in der Erhöhung der Biomasse aus. Humusgehalt und Parameter wie mikrobielle Biomasse und Enzymaktivitäten zeigen eine enge Korrelation (BECK 1986). Um einen weiteren wichtigen Parameter, der die Aktivität von Mikroorganismen beeinflußt, zu überprüfen, wurden die Feuchtigkeitsverhältnisse der Böden gemessen. So zeigt Wiesloch entsprechend dem höheren Wert an organischer Substanz auch den höheren Wassergehalt.

Tab. 7.8: Mikrobielle Biomasse und Wassergehalt.

Mikrobielle Biomasse mg C/100g Trockensubstanz im Jahresverlauf 1992							
Standort	**März**	**April**	**Mai**	**Juni**	**Juli**	**August**	**September**
Mauer	38,14	41,45	27,51	38,65	82,16	42,91	50,31
Wiesloch	310,63	238,1	169,91	186,86	242,87	119,5	219,89
Wassergehalt in %							
Mauer	27,8	27,9	26,5	23,31	22	19,67	17,56
Wiesloch	50,85	55,04	42,9	44,38	38	32,04	40,15

7.2.5.2.2 Keimzahlbestimmung

Die Erfassung der Keimzahlen von Boden, Laub und Intestinaltrakt erfolgte in verschiedenen, vom Nährmedium abhängigen Gruppen. Die Gesamtkeimzahl wurde auf Vollmediumplatten (Caso-Agar) bestimmt. Celluloseverwerter und cellulolytische Keime wurden auf CM-Cellulose-RBB-Platten ausgewertet. Hierbei stellen Celluloseverwerter die Gruppe dar, die insgesamt gewachsen ist und cellulolytische Keime die Gruppe, die einen farblosen Auflösungshof um die Kolonie auf dem blau gefärbten Agar zeigen. Die Entfärbung geschieht durch enzymatische Abspaltung des blauen Farbstoffs (RBB), von der CM-Cellulose und Diffusion ins umgebende Medium (CM-Cellulose-RBB-Substrat siehe Kap. 7.2.5.1.2). Weiter wurden die Keimzahlen auf Cellulosefilterscheiben-Agar und die Zahl der Pilze auf Sabouraud-Agar bestimmt.

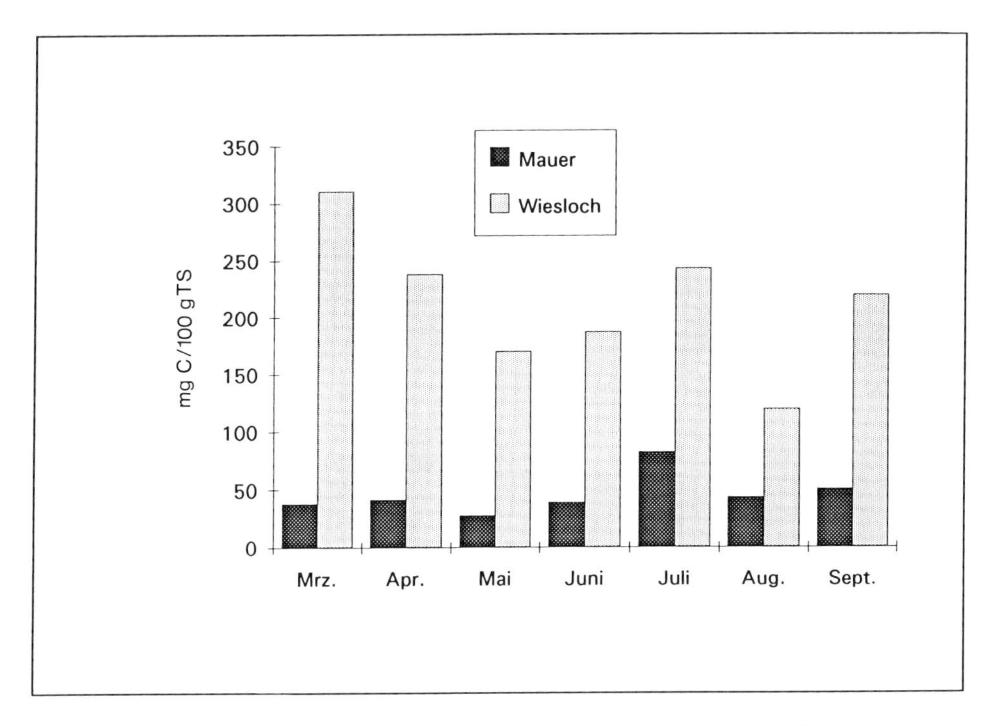

Abb. 7.34: Mikrobielle Biomasse im Boden der Standorte Mauer und Wiesloch.

a. Boden

In Tabelle 7.9 sind die Keimzahlen pro Gramm Trockengewicht von Boden dargestellt.

Die Keimzahlen vom Standort Wiesloch liegen entsprechend den Ergebnissen der Biomasse des Bodens deutlich über den Werten von Mauer. Wie auch dort läßt sich dieser Effekt mit der engen Korrelation zum Humusgehalt erklären.

Tab. 7.9: Koloniebildende Einheiten (KBE) von Boden pro g/Trockengewicht. Die Angabe der Keimzahlen als z.B. 2,612E6 entspricht 2,612 x 10^6.

Boden	Replica-platten	Gesamt-keimzahl	Cellulose-verwerter	Celluloly-tisch	Cellulose-filter	Pilze
Mauer	4	4,177E7	1,707E7	4,268E6	6,915E6	3,171E6
Wiesloch	4	1,958E8	1,025E8	2,333E7	1,550E7	2,612E6

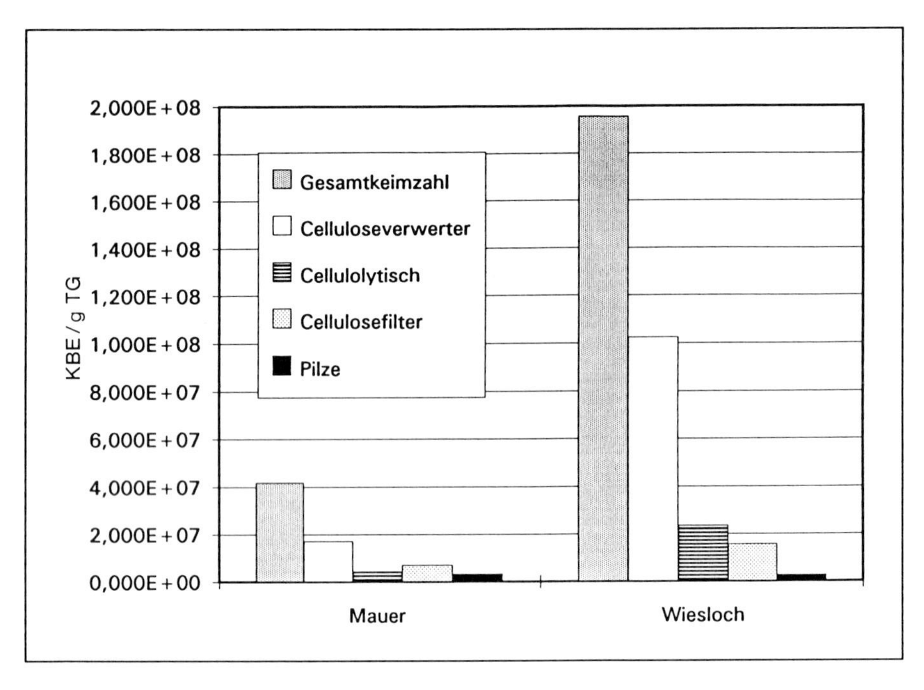

Abb.7.35: Keimzahlen im Boden der Standorte Mauer und Wiesloch (KBE/g Trockengewicht).

b. Laub

In Tabelle 7.10 sind die Keimzahlen von Laub pro Gramm Trockengewicht von den Standorten Mauer und Wiesloch dargestellt.

Tab. 7.10: Koloniebildende Einheiten (KBE) von Laub pro g Trockengewicht (n = Anzahl der Wiederholungen).

Laub (Mittelwerte) n=2	Replica-platten	Gesamt-keimzahl	Cellulose-verwerter	Cellulolytisch	Cellulose-filter
Mauer	3	4,734E8	4,335E8	5,948E7	2,036E7
Wieloch	3	1,04E9	6,725E8	8,924E7	2,115E7

Die Keimzahlen auf Laub liegen ebenso wie die auf Boden am Standort Wiesloch höher als in Mauer. Jedoch sind die Unterschiede zwischen den Standorten auf dem gegenüber dem Boden geringer schwermetallbelasteten Laub entsprechend geringer ausgeprägt.

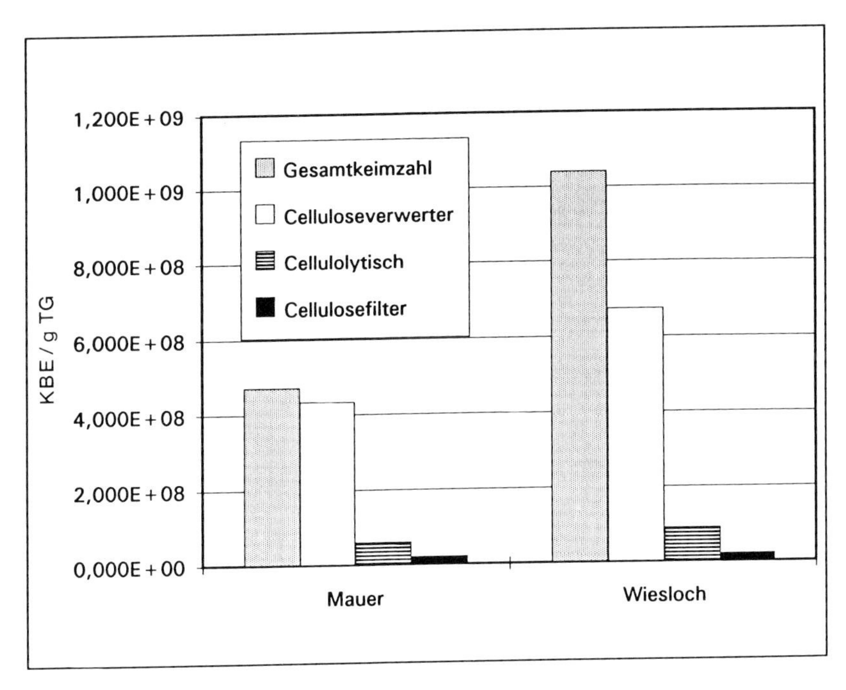

Abb. 7.36: Keimzahlen auf Laub von *Fagus sylvatica* von den Standorten Mauer und Wiesloch. Werte in KBE/g Trockengewicht.

c. Intestinaltrakt

In Tabelle 7.11 sind die Keimzahlen im Intestinaltrakt von *Allaiulus nitidus* dargestellt.

Bei den Keimzahlen im Intestinaltrakt ist ein relativ geringer Unterschied an den beiden Standorten zu erkennen. Die Zahlen der Tiere vom nicht schwermetallkontaminierten Standort liegen sogar noch etwas höher.

Tab. 7.11: Keimzahlen im Intestinaltrakt von *Allaiulus nitidus* Wert in KBE/g Darmtrockengewicht (n = Anzahl der Wiederholungen).

Intestinaltrakt (Mittelwert)	**Replicaplatten**	**Gesamtkeimzahl**	**Celluloseverwerter**	**Cellulolytisch**	**Cellulosefilter**	**Pilze**
Mauer (n=6)	4	2,033E10	2,089E10	2,837E9	1,856E9	5,33E7
SD		1,538E10	2,202E10	2,663E9	9,757E8	1,401E7
Wiesloch (n=7)	4	1,377E10	1,386E10	1,376E9	1,903E9	1,597E8
SD		6,07E9	6,141E9	4,458E8	1,342E9	9,857E7

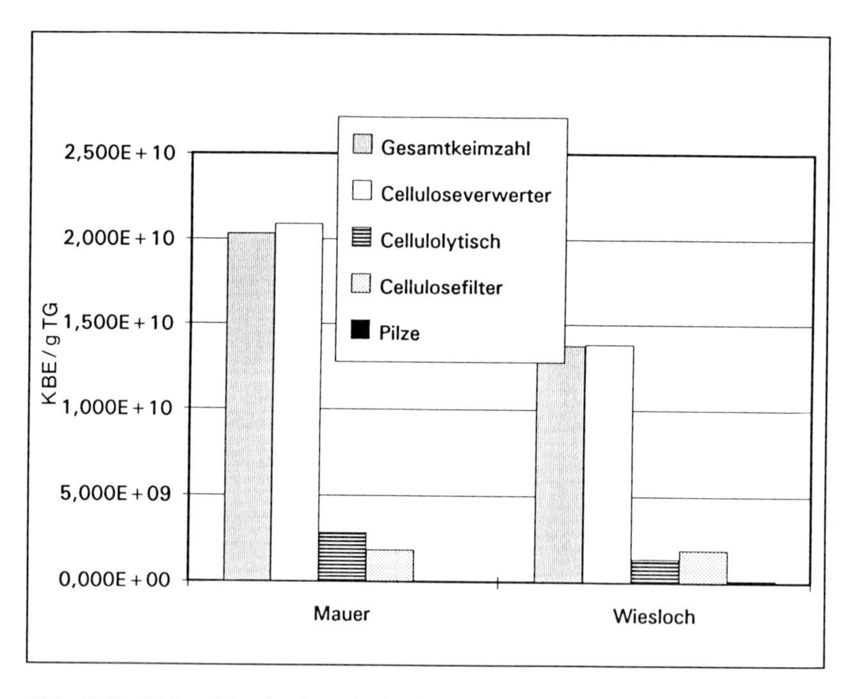

Abb. 7.37: Keimzahlen im Intestinaltrakt von *Allaiulus nitidus* von den Standorten Mauer und Wiesloch. Werte in KBE/g Darmtrockengewicht.

7.2.5.2.3 Diagnostik der Mikroorganismen

a. Speziesdifferenzierung Laub

In Tabelle 7.12 und 7.13 auf den Seiten 327-328, sind die isolierten Stämme und ihre biochemischen Reaktionen von den Standorten Mauer und Wiesloch dargestellt. Die Bakterien wurden auf Vollmedium-Platten (Caso-Agar) gezogen. Die unter Morphologie getroffene Klassifizierung: 2, bezieht sich auf Stäbchen, 2- bedeutet gramnegatives Stäbchen. Die Bezeichnung 2+ bedeutet grampositives Stäbchen.

b. Speziesdifferenzierung Intestinaltrakt

In Tabelle 7.14 und 7.15 auf den Seiten 329-330, sind die aus dem Intestinaltrakt von *Allaiulus nitidus* isolierten Stämme, sowie ihre biochemischen Reaktionen dargestellt. Die Keime wurden von Vollmedium-Platten (Caso-Agar) isoliert. 2- bedeutet gramnegatives Stäbchen, 2+ grampositives Stäbchen.

Tab. 7.12:

API 20 E Biochemische Reaktionen der Laubkeime vom Standort Mauer

Stamm	Morphologie	ONPG	ADH	LDC	ODC	CIT	H_2S	URE	TDA	IND	VP	GEL	GLU	MAN	INO	SOR	RHA	SAC	MEL	AMY	ARA	OX	NO_2	McC	Häufigkeit [%]	Species
LM1	2-	+	-	-	-	-	-	-	-	-	+	+	-	-	-	-	-	-	-	-	-	-	-	+	11,67	*Pseudomonas paucimobilis*
LM3	2-	+	-	+	+	-	-	-	-	-	+	-	+	+	+	+	+	-	+	+	+	-	+	+	1,67	*Enterobacter aerogenes*
LM5	2-	+	-	-	+	-	-	-	-	-	+	-	+	+	-	+	+	-	-	+	+	-	+	+	0,83	*Enterobacter cloacae*
LM6	2-	-	-	-	-	+	-	-	-	-	-	+	-	-	-	-	-	-	-	-	-	-	-	-	1,25	*Xanthomonas maltophilia*
LM7	2-	+	-	+	+	+	-	-	-	-	+	-	+	+	+	+	+	-	+	+	+	-	+	+	12,08	*Enterobacter aerogenes*

API 20 NE

Stamm	Morphologie	NO_3	TRP	GLU	ADH	URE	ESC	GEL	PNPG	GLU	ARA	MNE	MAN	NAG	MAL	GNT	CAP	ADI	MLT	CIT	PAC	OXI			Häufigkeit [%]	Species
LM2	2-	+	-	-	+	-	-	+	-	+	+	+	+	+	-	+	+	-	+	+	+	+			12,92	*Pseudomonas aureofaciens*
LM4	2-	+	-	-	+	-	-	+	-	+	+	+	+	+	-	+	+	-	+	+	+	+			5,83	*Pseudomonas aureofaciens*
LM19	2-	+	-	-	-	-	-	+	-	-	-	-	-	-	-	-	-	-	-	-	-	+			2,08	*Moraxella lacunata*
LM20	2-	+	-	-	-	-	+	+	+	-	-	-	-	-	-	-	-	-	-	-	-	+			6,25	*Pseudomonas vesicularis*
LM8	2+	Coryneform, Häufigkeit 3,33%									LM18	2+	Coryneform, Häufigkeit 6,67%													
LM9	2+	Coryneform, Häufigkeit 2,50%																								
LM10	2+	Coryneform, Häufigkeit 10,42%																								

Tab. 7.13:

API 20 E Biochemische Reaktionen der Laubkeime vom Standort Wiesloch																										
Stamm	Morphologie	ONPG	ADH	LDC	ODC	CIT	H_2S	URE	TDA	IND	VP	GEL	GLU	MAN	INO	SOR	RHA	SAC	MEL	AMY	ARA	OX	NO_2	McC	Häufigkeit [%]	Species
LW5	2-	-	-	+	-	+	-	-	-	-	-	+	-	-	-	-	-	-	-	-	-	-	-	-	0,62	*Xanthomonas maltophilia*
LW8	2-	+	-	-	-	+	-	-	-	-	-	+	+	+	+	+	+	+	+	+	+	-	+	-	8,64	*Serratia ficaria*
LW9	2-	-	-	-	-	-	-	-	-	-	-	+	-	-	-	-	-	-	-	-	-	+	-	+	2,47	*Pseudomonas* spec.
API 20 NE																										
Stamm	Morphologie	NO_3	TRP	GLU	ADH	URE	ESC	GEL	PNPG	GLU	ARA	MNE	MAN	NAG	MAL	GNT	CAP	ADI	MLT	CIT	PAC	OXI			Häufigkeit [%]	Species
LW1	2-	-	-	-	-	-	+	+	+	-	-	-	-	-	+	-	-	-	-	-	-	+			4,32	*Pseudomonas vesicularis*
LW4	2-	+	-	-	-	-	+	+	-	-	-	-	-	-	-	-	-	-	-	-	-	+			3,09	*Aeromonas salmonicida*
LW2	2+	*Bacillus* spec., Häufigkeit 4,94%																								
LW3	2+	Nicht bestimmt, Häufigkeit 9,26%																								
LW6	2+	*Bacillus* spec., Häufigkeit 6,17%																								
LW7	2+	Coryneform, Häufigkeit 9,26%																								
LW10	2+	*Listeria grayi/murrayi*, Häufigkeit 14,81%																								
LW11	2+	Actinomycet, Häufigkeit 11,11%																								
LW12	2+	Coryneform, Häufigkeit 25,31%																								

Tab. 7.14:

API 20 E Biochemische Reaktionen der Intestinalkeime vom Standort Mauer																										
Stamm	Morphologie	ONPG	ADH	LDC	ODC	CIT	H_2S	URE	TDA	IND	VP	GEL	GLU	MAN	INO	SOR	RHA	SAC	MEL	AMY	ARA	OX	NO_2	McC	Häufigkeit [%]	Species
CP6	2-	-	-	-	-	-	-	-	-	-	-	+	-	-	-	-	-	-	-	-	+	+	-	+	0,7	*Pseudomonas* spec.
CP9	2-	+	-	-	-	-	-	-	-	+	+	-	+	+	-	-	+	+	-	+	+	-	+	+	0,35	*Enterobacter agglomerans*

API 20 NE																								
Stamm	Morphologie	NO_3	TRP	GLU	ADH	URE	ESC	GEL	PNPG	GLU	ARA	MNE	MAN	NAG	MAL	GNT	CAP	ADI	MLT	CIT	PAC	OXI	Häufigkeit [%]	Species
CP2	2-	+	-	-	-	-	-	+	-	+	+	-	+	+	-	+	+	-	+	+	-	+	1,4	*Pseudomonas* spec.
CP3	2-	-	-	-	-	-	-	-	-	+	+	+	+	+	-	+	+	-	+	+	+	+	24,56	*Pseudomonas* spec.
CP4	2-	+	-	-	+	-	-	-	-	+	-	+	-	-	-	+	+	-	+	+	+	+	42,11	*Pseudomonas putida*
CP7	2-	-	-	-	-	-	-	-	-	-	-	-	-	-	-	-	-	-	-	-	-	+	1,05	*Moraxella* spec.
CP8	2-	+	-	-	+	-	-	-	-	+	-	+	-	-	-	+	+	-	+	+	+	+	0,35	*Pseudomonas* putida
CP10	2-	+	-	-	+	-	-	-	-	+	+	+	+	+	-	+	+	-	+	+	+	+	1,75	*Pseudomonas* spec.
CP1	2+	*Bacillus* spec., Häufigkeit 0,35%																						
CP5	2+	Coryneform, Häufigkeit 1,05%																						

Tab. 7.15:

API 20 NE Biochemische Reaktionen der Intestinalkeime vom Standort Wiesloch																								
Stamm	Morphologie	NO_3	TRP	GLU	ADH	URE	ESC	GEL	PNPG	GLU	ARA	MNE	MAN	NAG	MAL	GNT	CAP	ADI	MLT	CIT	PAC	OXI	Häufigkeit [%]	Species
WD2	2-	-	-	-	-	-	-	-	-	-	-	-	-	-	-	-	-	-	-	-	-	+	21,54	*Pseudomonas diminuta*
WD4	2-	-	-	-	-	-	+	-	+	+	+	+	+	-	+	+	-	-	-	-	-	+	1,92	*Pseudomonas paucimobilis*
WD6	2-	-	-	-	-	-	-	+	-	-	-	-	-	-	-	-	-	-	-	-	-	+	3,46	*Weeksella virosa*
WD7	2-	+	-	-	+	-	-	-	-	+	+	+	+	-	+	+	+	-	+	+	+	+	3,85	*Pseudomonas* spec.
WD9	2-	+	-	-	+	-	-	-	-	+	+	+	+	-	+	+	+	-	+	+	+	+	19,23	*Pseudomonas* spec.
WD1	2+	*Bacillus* spec., Häufigkeit 0,38%																						
WD3	2+	Nicht bestimmt, Häufigkeit 4,23%																						
WD5	2+	Coryneform, Häufigkeit 4,62%																						
WD10	2+	Actinomycet, Häufigkeit 9,62%																						
WD11	2+	Actinomycet, Häufigkeit 8,08%																						
WD12	2+	Nicht bestimmt, Häufigkeit 7,31%																						
WD8	2-	*Xanthomonas maltophilia*, Häufigkeit 3,85%																						

c. Isolierte Bakterientaxa (Abb. 7.38 und 7. 39)

Pseudomonadaceae

Pseudomonaden kommen ubiquitär in Boden, Wasser, Abwasser und in der Luft vor. Sie waren die in Laub und Intestinaltrakt mit am häufigsten isolierte Gruppe. Sie sind gramnegative, polar begeißelte Stäbchenbakterien, bilden keine Sporen und bauen Zucker ausschließlich oxidativ ab. Ihre Energiegewinnung kann außer durch aerobe Atmung auch durch anaerobe Atmung (Nitrat-Atmung) erfolgen. Zucker werden im allgemeinen über den Entner-Doudoroff-Weg abgebaut. Einige Arten oxidieren die Zucker nur unvollständig und scheiden Metabolite aus (SCHLEGEL 1985). Des weiteren sind die Pseudomonaden katalasepositiv und meist auch oxidasepositiv. Weitere Gattungen neben *Pseudomonas* sind unter den Nonfermentern die pflanzenpathogene Gattung *Xanthomonas* und *Moraxella*. *Pseudomonas* zeigt an beiden Standorten eine deutliche Anreicherung im Intestinalrakt gegenüber dem Laub.

Enterobacteriaceae

Die Enterobacteriaceen umfassen Bakterien, die ihren Standort im Darm von Mensch und Tier haben, jedoch auch weitverbreitet im Freien lebensfähig sind. Es handelt sich um gramnegative Stäbchenbakterien, die folgendermaßen charakterisiert sind: peritrich begeißelt, fakultativ anaerob, oxidasenegativ, Reduktion von Nitraten zu Nitrit. Sie sind ferner durch ihre Gärungsprodukte gekennzeichnet. Unter anaeroben Bedingungen gewinnen sie die zum Wachstum notwendige Energie durch enzymatischen Abbau von Glukose und scheiden mehrere organische Säuren aus. Die isolierten Gattungen *Enterobacter* und *Serratia* kommen ubiquitär im Freien vor. In den Intestinaltraktisolaten waren sie im Gegensatz zu den Laubisolaten so gut wie nicht vertreten.

Coryneforme Bakterien

Dies sind grampositive Stäbchenbakterien, die Farbstoffe ungleichmäßig annehmen. Sie sind sporenlos, unbeweglich, haben keine Kapsel und sind nicht säurefest. Aerobes bis fakultativ anaerobes Wachstum und Katalasepositivität zeichnet sie aus. Die Stäbchenform ist durch mehr oder weniger ausgeprägte Anschwellungen an den Polen gekennzeichnet (Keulen- oder Hantelform), die durch die metachromatischen Polkörnchen (Volutinkörnchen, hochpolymerisierte Metaphosphorsäure) hervorgerufen werden. Sie werden mit dem Energiehaushalt der Zelle in Verbindung gebracht. Neben der Formvariabilität ist auch das Schnappen der Zellen während der Teilung charakteristisch (snapping division), dabei winkeln sich die Zellen infolge verschieden schnellen Aufreißens der Wandverbindung zu beiden Seiten der neuen Zellwand gegeneinander ab (SCHLEGEL 1985). Sie wurden vor allem von Laub häufig isoliert. Im Intestinaltrakt nahm ihre Zahl stark ab.

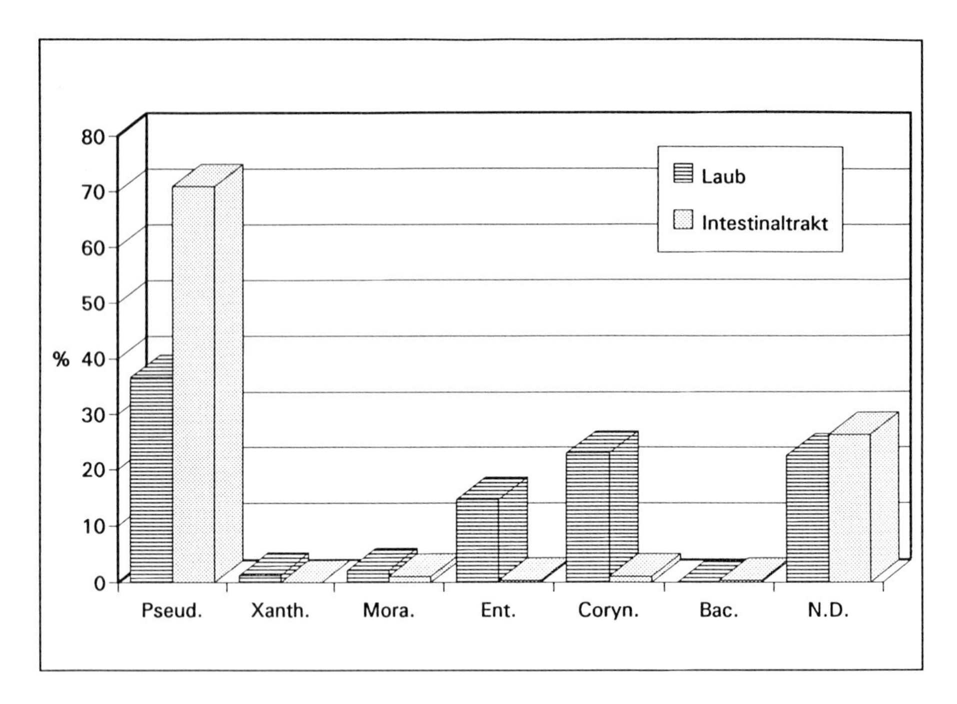

Abb. 7.38: Bakteriengruppen von Laub *(Fagus sylvatica)* und Intestinaltrakt vom Standort Mauer. *Pseudomonas, Xanthomonas, Moraxella, Enterobacter,* Coryneforme, *Bacillus, ND* bedeutet: Nicht bestimmt.

Listeria

Kleine, oft kokkoide grampositive Stäbchenbakterien mit Tendenz zur Kettenbildung. Sie sind sporenlos, ohne Kapsel, beweglich, mit einem aeroben bis fakultativ anaeroben Wachstum bei 4-45°C. Des weiteren sind sie katalasepositiv. Sie kommen ubiquitär vor und waren nur von Laub vom Standort Wiesloch isoliert worden.

Bacillus

Die aeroben Vertreter der Familie Bacillaceae gehören zur Gattung *Bacillus,* die anaeroben zu *Clostridium.* Die aeroben Sporenbildner sind im Boden beheimatet. Sie sind ubiquitär und leben oft saprophytisch als Fäulniserreger mit starker proteolytischer Wirkung. Das wichtigste Merkmal dieser Mikroorganismen ist die Fähigkeit Sporen zu bilden. Sporen sind Dauerformen, die eine hohe Widerstandskraft gegenüber chemischen und physikalischen Einwirkungen besitzen, wodurch sich die große Verbreitung solcher Keime erklärt.

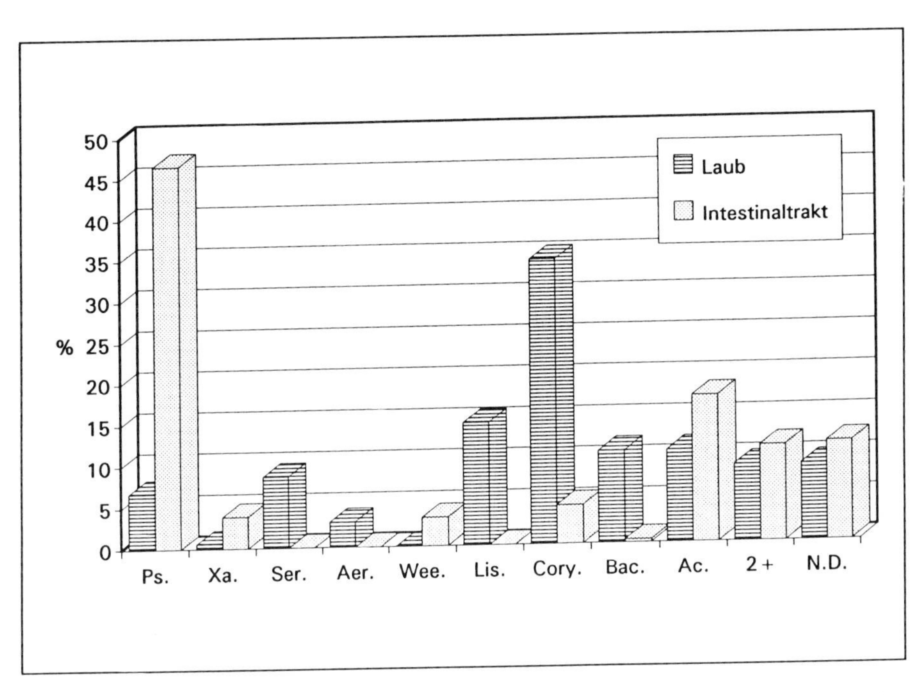

Abb. 7.39: Bakteriengruppen von Laub *(Fagus sylvatica)* und Intestinaltrakt vom Standort Wiesloch. Dargestellt sind *Pseudomonas, Xanthomonas, Serratia, Aeromonas, Weeksella, Listeria grayi/murrayi,* Coryneforme, *Bacillus,* Actinomyceten, grampositive Stäbchen (2+), sowie Nicht bestimmt (ND).

Zu der besonderen Widerstandsfähigkeit kommt noch eine reichhaltige Ausstattung der vegetativen Stadien mit Enzymen hinzu, so daß sie damit eine erstaunliche Vielfalt von biochemischen Leistungen erbringen können. Die aeroben Sporenbildner der Gattung *Bacillus* sind charakterisiert als große, stäbchenförmige, grampositive Keime, deren Zelleib durch die Sporen nicht aufgetrieben wird. Sie waren vor allem von Laub zu isolieren, vom Intestinaltrakt gelang die Isolation nur in sehr geringer Zahl.

Actinomyceten

Zu den Actinomyceten sind Bakterien zu rechnen, die myzelartig wachsen. Sie sind vorwiegend im Boden beheimatet. Sie sind grampositiv und mit den coryneformen Bakterien durch eine Reihe von Übergangsformen verbunden. Sie leben meist aerob. Sie lassen sich auf nährstoffarmen Nährböden kultivieren und an Hand des Wachstums in und auf dem Agar, an der Bildung von Luftmyzel und Substratmyzel und an der Bildung von Sporangien unterscheiden. Viele Arten dieser Gruppe bauen Cellulose und andere schwer zersetzliche Naturstoffe ab (SCHLEGEL 1985). Sie konnten im Intestinaltrakt in einigen Arten auf CM-Cellulose-RBB-Agar isoliert werden und scheinen dort eine etablierte Gruppe darzustellen.

Aeromonas

Dieses gramnegative Stäbchen wird in die Familie Vibrionaceae gestellt. Diese enthält gramnegative, fakultativ aerobe Stäbchen, die einen fermentativen Metabolismus besitzen (BROCK et al. 1984). Von der ihr nahestehenden Familie der Enterobacteriaceen unterscheidet sie sich durch die Katalasepositivität ihrer Vertreter.

7.2.5.2.4 Lichtmikroskopie

Auf den folgenden Fototafeln III - VI sind die wichtigsten Bakterien dargestellt.

7.2.5.3 Diskussion

Die aktive mikrobielle Biomasse eines Bodens dient der biologischen Charakterisierung eines Standortes und läßt Rückschlüsse auf seine Funktionsfähigkeit zu. Eine grundsätzliche Beeinträchtigung der Mikroflora am schwermetallbelasteten Standort Wiesloch konnte nicht festgestellt werden. Die am Standort Wiesloch deutlich höhere Biomasse gegenüber dem Kontrollgebiet in Mauer steht im Zusammenhang mit dem höheren Humusgehalt in Wiesloch. Nach BECK (1986) zeigen ungestörte Böden eine enge Korrelation des Humusgehaltes mit der mikrobiellen Biomasse. In der Literatur lassen sich jedoch Hinweise auf eine Schädigung der Biomasse unter Schwermetallkontamination finden. Der Einfluß von Schwermetallen wirkt sich vermindernd auf die Bodenatmungsrate aus, die als CO_2-Freisetzung gemessen wird (BABICH & STOTZKY 1985, SCHÄFER 1986). In den Untersuchungen von NORDGREN et al. (1983) nehmen Pilz-Biomasse und Bodenatmungsrate (CO_2-Abgabe) entlang eines Schwermetallgradienten bis 75% ab. Hierbei zeigten die industriellen Emissionen, vor allem Kupfer und Zink, sowie Blei und Cadmium signifikante Auswirkungen. Es war insbesondere eine Reduktion der Mycellänge entlang des Gradienten festzustellen. Andere Autoren fanden keine Beeinträchtigung der Atmungsrate nach Zugabe von 7500 μg Pb/g zu einem Torfboden (DOELMAN & HAANSTRA 1979b).

Die Toxizität von Schwermetallen in Beziehung auf die mikrobiell bedingten ökologischen Prozesse hängt von der Konzentration und der Verfügbarkeit der Metallionen ab. Mikrobielle Zellen akkumulieren die freien Ionen besser als die chelatierten Schwermetalle. In dieser Hinsicht spielen die Eigenschaften von Böden eine wichtige Rolle, z.B. pH-Wert, Oxidations-Reduktionspotential, Tonminerale, anorganische Anionen und Kationen, partikuläre und lösliche organische Materie und Temperatur (BABICH & STOTZKY 1985). Die Kationenaustauschkapazität eines Bodens, die bestimmt ist durch den Gehalt an organischer Masse und Tonmineralien, stellt also einen wichtigen Einfluß auf die Toxizität von Schwermetallen gegenüber der Mikroflora dar. Die Metallionen adsorbieren an diese Bodenpartikel und stehen so der Aufnahme durch Mikroorganismen nicht mehr zur Verfügung (BABICH & STOTZKY 1978, 1985). Die Korrelation der Sensitivität einer Bodenlebensgemeinschaft gegenüber Blei mit der Kationenaustauschkapazität des Bodens wird auch in den Untersuchungen von DOELMANN & HAANSTRA (1979b) erwähnt. So verringert eine Blei-Zugabe von 1500 μg/g die Atmung (O_2- Aufnahme) in einem Tonboden um 15%, während in einem Sandboden bereits 375 μg Pb/g für eine 15%ige Reduktion ausreichen.

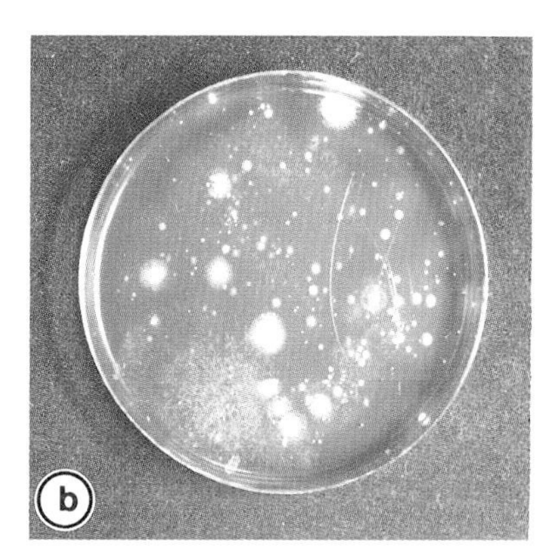

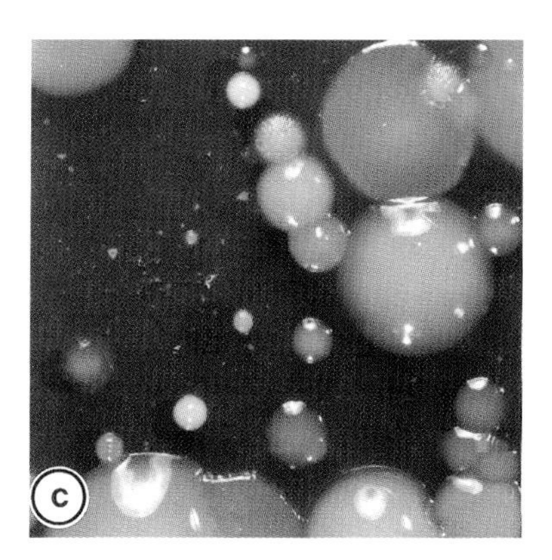

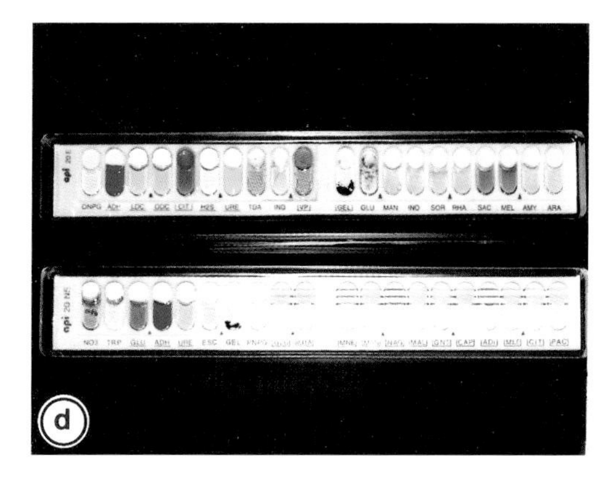

Fototafel III: a) *Allaiulus nitidus* (VERHOEFF, 1891). b) Actinomyceten, Pilze und Bakterien des Intestinaltrakts von *Allaiulus nitidus* auf Carboxymethyl-Cellulose-Remazol Brilliant Blue - Agarplatten. Dieser Agar ist ein Selektivmedium für celluloseverwertende Mikroorganismen. Die kleinen weißen Kolonien im rechten Teil, die durch Diffusion des abgespaltenen Farbstoffs farblose Höfe zeigen, stellen Actinomyceten dar. c) Kolonien verschiedener Intestinalbakterien von *Allaiulus nitidus* vom Standort Wiesloch auf Caso-Agar (Auflichtmikroskopische Aufnahme, ca. 6,5 x). d) API 20 E und API 20 NE (Erläuterungen im Text).

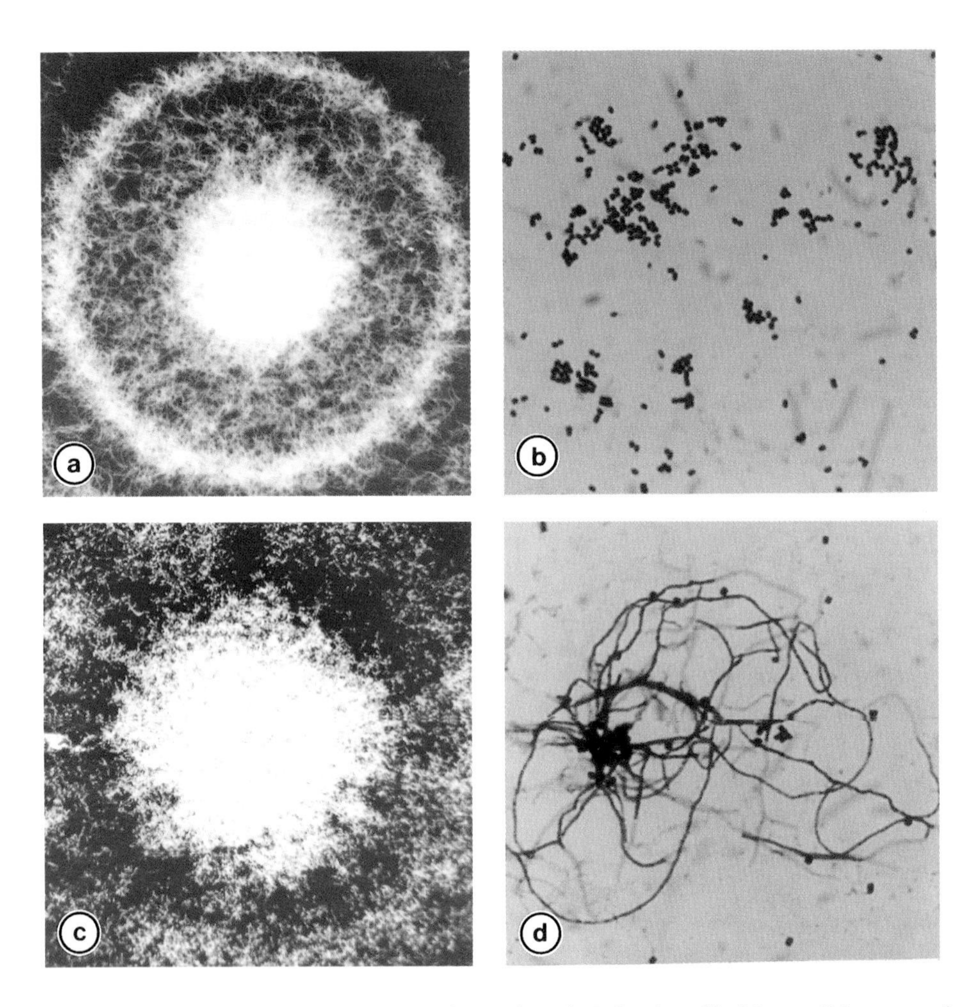

Fototafel IV: Actinomyceten sind mycelartig wachsende Bakterien. Sie können Substrat- und Luftmycelien bilden. Diese können in der alternden Kolonie in kokkoide oder stäbchenförmige Elemente zerfallen, wobei eigentliche Sporen nicht gebildet werden (z.B. Gattung *Nocardia*); das Luftmycel kann Lufthyphen (Sporophoren) enthalten, von denen Konidiosporen (z.B. Gattung *Streptomyces*) oder in Sporangien die Sporangiosporen abgeschnürt werden (z.B. *Streptosporangium*, *Actinoplanes*), die der Verbreitung dienen.
a) Celluloseverwertender Actinomycet aus dem Intestinaltrakt von *Allaiulus nitidus* (MDRBB 1: Häufigkeit 12,5%, (n=6 Tiere), Standort Mauer, auf CMC-RBB-Agar, Auflichtmikroskopische Aufnahme, ca. 37,5 x). b) Celluloseverwertender Actinomycet aus Abb. a) vergrößert (Hellfeldaufnahme, 900 x). c) Celluloseverwertender Actinomycet aus dem Intestinaltrakt von *Allaiulus nitidus* (MDRBB 2: Häufigkeit 3,7%, (n=6 Tiere), Standort Mauer, auf CMC-RBB-Agar, Auflichtmikroskopische Aufnahme, ca. 37,5 x). d) Celluloseverwertender Actinomycet aus Abb. c) vergrößert (Hellfeldaufnahme, 900 x).

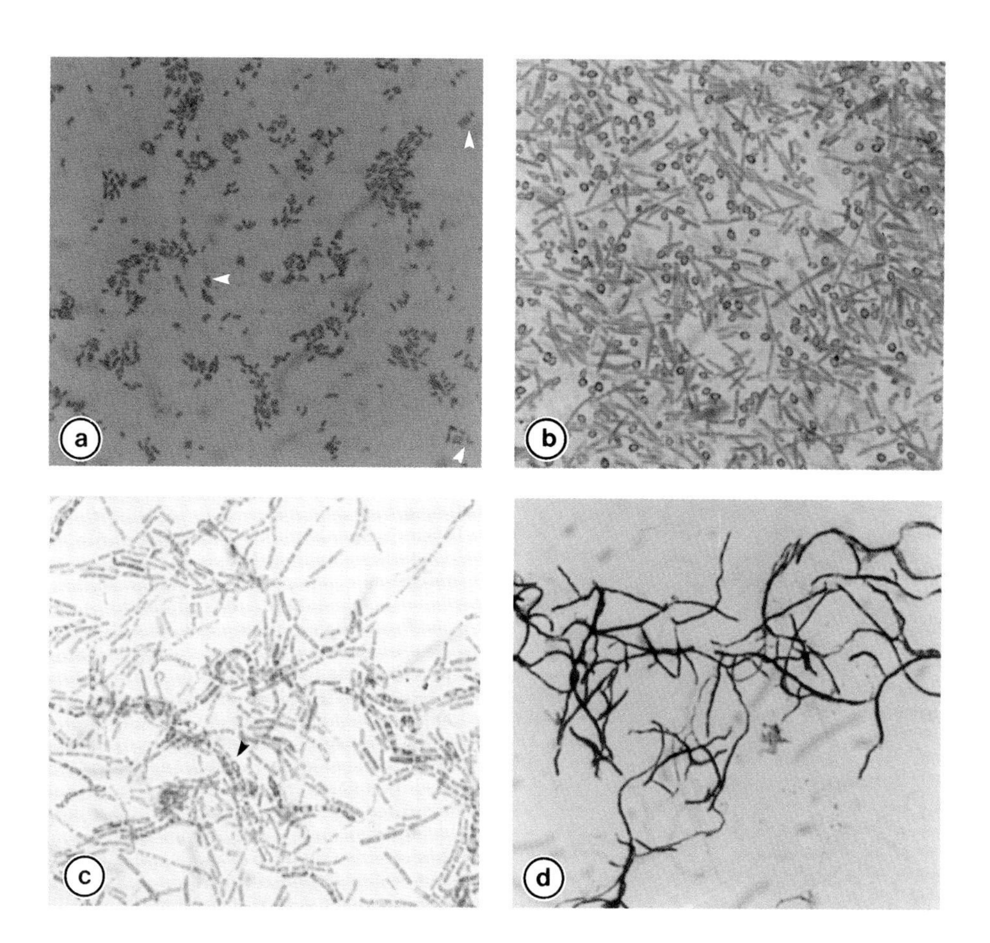

Fototafel V: a) Coryneformes, celluloseabbauendes Bakterium aus dem Intestinaltrakt von *Allaiulus nitidus*. Es läßt sich die für coryneforme Bakterien typische keulenförmige Stäbchenmorphologie (Pfeil) erkennen, die durch die Polkörnchen (siehe Text) hervorgerufen wird (griech. koryne = Keule). Die V-förmige Lagerung (Pfeil) der coryneformen Bakterien ergibt sich durch eine ruckartige Bewegung beim Aufreißen der äußeren Zellwandschicht, die die beiden Tochterzellen bei der Zerteilung zusammenhält (snapping division). Die parallele Lagerungsform (Palisadenform, Pfeil) ist ebenfalls für einige Arten der coryneformen Bakterien typisch (MDRBB 8: Häufigkeit 14,0%, (n=6 Tiere), Standort Mauer, von CMC-RBB-Agarplatten isoliert, Nomarski-Kontrast, 900 x). b) *Bacillus* spec. von Laubstreu isoliert. Das Bild zeigt Zellen und Sporen. Die Gattung *Bacillus* umfaßt zahlreiche aerobe, endosporenbildende Arten (LW 2: Häufigkeit 4,94 %, Standort Wiesloch, Hellfeldaufnahme, 900 x). c) *Bacillus* spec. aus dem Intestinaltrakt von *Allaiulus nitidus*. In den Zellen ist die Sporenbildung (Pfeil) zu erkennen (CP 1: Häufigkeit 0,35%, Standort Mauer, Hellfeldaufnahme, 900 x). d) Actinomycet aus dem Intestinaltrakt von *Allaiulus nitidus* (WD 11: Häufigkeit 8,08%, Standort Wiesloch, Nomarski-Kontrast, 900 x).

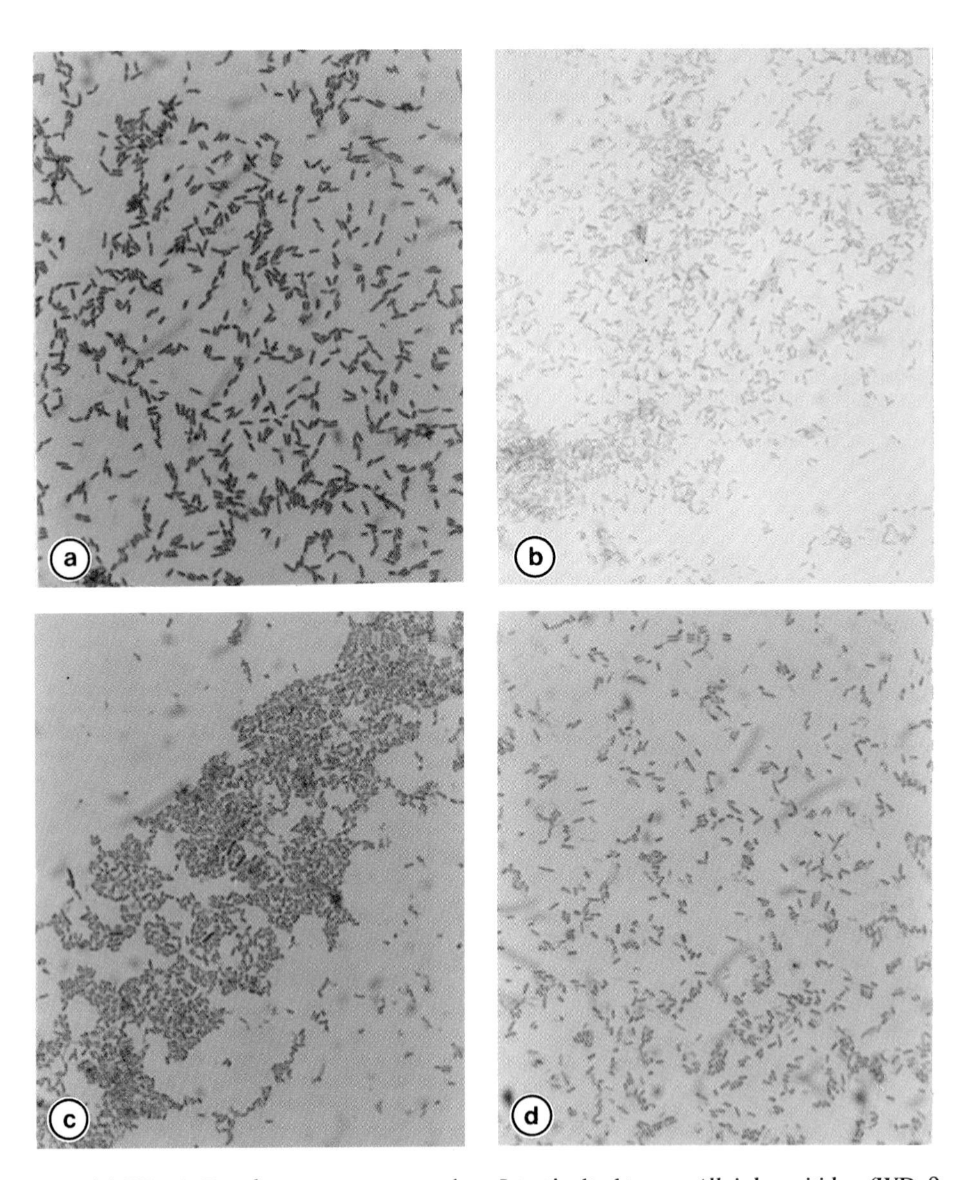

Fototafel VI: a) *Pseudomonas* spec. aus dem Intestinaltrakt von *Allaiulus nitidus* (WD 9: Häufigkeit 19,23% der Gesamtkeime auf den Agarplatten, Standort Wiesloch, Nomarski-Kontrast, 900 x). b) *Pseudomonas putida* aus dem Intestinaltrakt von *Allaiulus nitidus* (CP 4: Häufigkeit 42,46%, Standort Mauer, Hellfeldaufnahme, 900 x). c) *Xanthomonas maltophilia* aus dem Intestinaltrakt von *Allaiulus nitidus* (WD 8: Häufigkeit 3,85%, Standort Wiesloch, Hellfeldaufnahme, 900 x). d) *Enterobacter aerogenes* aus der Laubstreu (LM 3: Häufigkeit 1,67%, Standort Mauer, Hellfeldaufnahme, 900 x).

Der höhere Humusgehalt in Wiesloch wirkt sich also detoxifizierend auf die Mikroflora aus. Bei den in Wiesloch vorliegenden Schwermetallkonzentrationen lassen sich noch keine direkten Einflüsse auf die mikrobielle Biomasse festellen. Es müssen jedoch weiterhin die bei diesen Untersuchungen gewonnenen quantitativen Aussagen auch hinsichtlich der qualitativen Unterschiede der Gebiete berücksichtigt werden. An Orten natürlichen Metallreichtums haben sich die Ökosysteme den herrschenden Bedingungen angepaßt (WIESER 1979). Mikrobielle Populationen in schwermetallkontaminierter Umwelt werden oft als metalltolerant beschrieben (DUXBURY & BICKNELL 1983). Durch Veränderungen in der Artenzusammensetzung zugunsten von resistenten Formen (siehe Kap. 7.2.6.3) ergibt sich quantitativ zuweilen daher kein Unterschied zwischen den Biomassen von belasteten und unbelasteten Standorten. NORDGREN et al. (1983) z.B. beschreiben eine drastische Veränderung im pilzlichen Artenspektrum um einen starken industriellen Emittenten von Schwermetallen. Die Häufigkeit von Gattungen wie *Penicillium* und *Oidiodendron* nimmt von 30 - 20% am Kontrollort bis auf wenige Prozent nahe der Fabrik ab, während z.B. *Geomyces* mit der Häufigkeit von 1% am Kontrollort bis auf 10% in der Nähe des Emittenten steigt. Resistenzbildungen von Bakterien sind meist mit Plasmiden verknüpft (siehe Kap. 7.2.6.3).

Entsprechend der höheren mikrobiellen Biomasse sind auch die Keimzahlen im Boden und im Laub am Standort Wiesloch höher als in Mauer und folgen der dort gegebenen Beziehung zum Humusgehalt. Bei deutlich höheren Schwermetallkontaminationen als in Wiesloch finden sich in der Literatur Hinweise auf eine Abnahme der Zahlen von Bakterien, einschließlich Aktinomyceten und Pilzen. So finden sich in einem Boden in der Nähe einer Schmelzhütte mit einer Belastung von 28 000 μg Pb/g und 151 μg Cd/g geringere Keimzahlen dieser Mikroorganismengruppen als in Kontrollböden mit einem Belastungsgrad von 703 μg Pb/g und 5 μg Cd/g (BISESSAR 1982). WILLIAMS et al. (1977) erwähnen geringere Keimzahlen von Bakterien inklusive Aktinomyceten und Pilzen in mit 21 320 μg Pb/g kontaminierten Böden gegenüber Kontrollböden mit 274 μg Pb/g.

Die Zahlen für Bakterien und Pilze werden von CAMPBELL (1980) für Ackerböden mit 10^8 bei Bakterien und 10^5 pro g Trockenmasse bei Pilzen angegeben. Bei den untersuchten Waldstandorten entspricht Wiesloch demnach mit den Bakterienzahlen im Boden diesen Angaben, die Zahl der Pilze liegt etwas darüber, während Mauer mit den Bakterienzahlen unter diesen Werten liegt, und die Zahl der Pilze vergleichbar mit der vom Standort Wiesloch ist.

Die Keimzahlen auf Laub liegen an beiden Standorten deutlich über denen vom Boden, zum Teil um etwa eine Größenordnung höher. In den Untersuchungen von ANDERSON & BIGNELL (1980) werden die Zahlen auf Laub mit 6,7 x 10^8/g angegeben und liegen damit in einer vergleichbaren Dimension wie die eigenen Werte. Die höhere Besiedlungsdichte des Laubes in Wiesloch läßt sich möglicherweise mit dem zahlenmäßig höheren Reservoir an Mikroorganismen im an organischer Materie reicheren Boden in Wiesloch gegenüber Mauer erklären.

Die Keimzahlen der Intestinalbakterien von *Glomeris marginata* werden bei ANDERSON & BIGNELL (1980) im Mitteldarm mit 7,2 x 10^9/g und im Hinterdarm mit 2,43 x 10^{10}/g angegeben. Sie liegen damit ebenfalls in vergleichbaren Dimensionen wie die eigenen Ergebnisse. Unterschiede in den Keimzahlen des Intestinaltraktes von Tieren der beiden Standorte, wie man sie nach den deutlich höheren Keimzahlen auf dem Laub von Wiesloch gegenüber Mauer möglicherweise hätte vermuten können, sind nicht gegeben. Die Keimzahlen im Darm von Tieren aus Wiesloch liegen eher niedriger als die Werte der Kontrolltiere aus Mauer. Hier könnte eventuell eine Störung der symbiotischen Beziehung zwischen *Allaiulus nitidus* und intestinalen Mikroorganismen gegeben sein. Eine Beeinträchtigung der Tiere durch Schwermetalleinfluß äußert sich unter anderem in einer verminderten Aktivität (siehe Kap. 7). Schwermetalle werden im Tier akkumuliert und beeinflussen Wachstum sowie Überlebensraten und wirken sich negativ auf die Freßrate aus (siehe Kap. 6, 7). Dies bedingt auch eine Verschlechterung der Lebensbedingungen für die Mikroorganismen im Intestinaltrakt.

Bei der Gruppe der Celluloseverwerter ist ein jeweils höherer Anteil im Vergleich mit der Gesamtkeimzahl von Boden über Laub bis hin zum Intestinaltrakt an beiden Standorten festzustellen. Im Darmtrakt liegen die Zahlen von Celluloseverwertern und Gesamtkeimzahl gleich hoch. Dies könnte im Intestinaltrakt von *Allaiulus nitidus* darauf hindeuten, daß eine große Zahl von Mikroorganismen die Fähigkeit besitzt Cellulose zu verwerten (siehe Kap. 7.2.6.3).

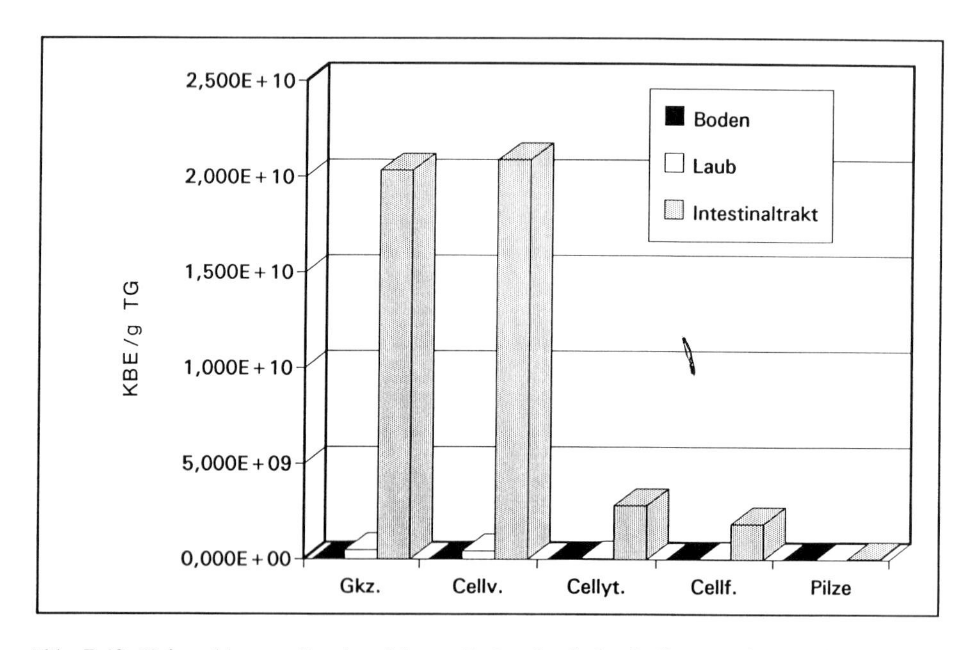

Abb. 7.40: Keimzahlen am Standort Mauer. Es ist eine hohe Aufkonzentrierung der Keimzahlen im Intestinaltrakt gegenüber Laub und Boden zu beobachten. Gkz bedeutet Gesamtkeimzahl, Cellv. Celluloseverwertend, Cellyt. Cellulolytisch, Cellf. Cellulosefilter. Die Werte sind den Tabellen 7.9, 7.10 und 7.11 entnommen. Angaben in KBE/g Trockengewicht.

Wie in den Abbildungen 7.40 und 7.41 zu sehen ist, findet im Intestinaltrakt von *Allaiulus nitidus* eine sehr hohe Aufkonzentrierung der Bakterienzahlen gegenüber Boden und Laub an beiden Standorten statt. Dabei unterscheiden sich die Zahlen von Boden zu Laub und von Laub zu Darmtrakt um jeweils etwa eine Zehnerpotenz. Die Keimzahlen des Intestinaltraktes von *Allaiulus nitidus* vom Standort Mauer unterscheiden sich sogar um etwa 2 Größenordnungen von denen des Laubes. Auch ANDERSON & BIGNELL (1980) erwähnen eine 10 bis 100 fache Zunahme der Bakterienpopulationen nach Passage durch den Darm von *Glomeris margi-*

nata. Die Umwelt des Darmtraktes steigert bakterielles Wachstum und Aktivität. So wird die Generationszeit von ingestierten Bakterien nach Schätzungen bei *Glomeris marginata*, von mehreren Tagen in natürlichen Böden bis auf 4 bis 6 Stunden reduziert (ANDERSON & BIGNELL 1980). Dies unterstützt die Aussage, daß der Darmtrakt von Diplopoden einen sehr aktiven Mikrohabitat hinsichtlich der Dekomposition von organischer Substanz im Boden eines Waldökosystems darstellt. Auch bei der in Laubstreu lebenden Assel *Tracheoniscus rathkei* fanden REYES & TIEDJE (1976a, b) eine Zunahme der Bakterienkonzentration von der Blattnahrung über Darminhalt zu Faeces.

Auf den Faeces von *Glomeris marginata* fanden sich nach NICHOLSON et al. (1966) bis zu 30 mal mehr Bakterien als auf Laub. ULLRICH (1989) fand eine Erhöhung der Bakterienzahlen nach einem Verdauungsvorgang auf den Faeces von *Oniscus asellus* auf das 810 fache gegenüber dem Laub. Der Aminosäuregehalt der Faeces des Diplopoden *Pachyiulus flavipes* wird bei STRIGANOVA & CHERNOBROVKINA (1990) als hoch bezeichnet, was sich mit einer erhöhten mikrobiellen Aktivität in Beziehung setzen läßt.

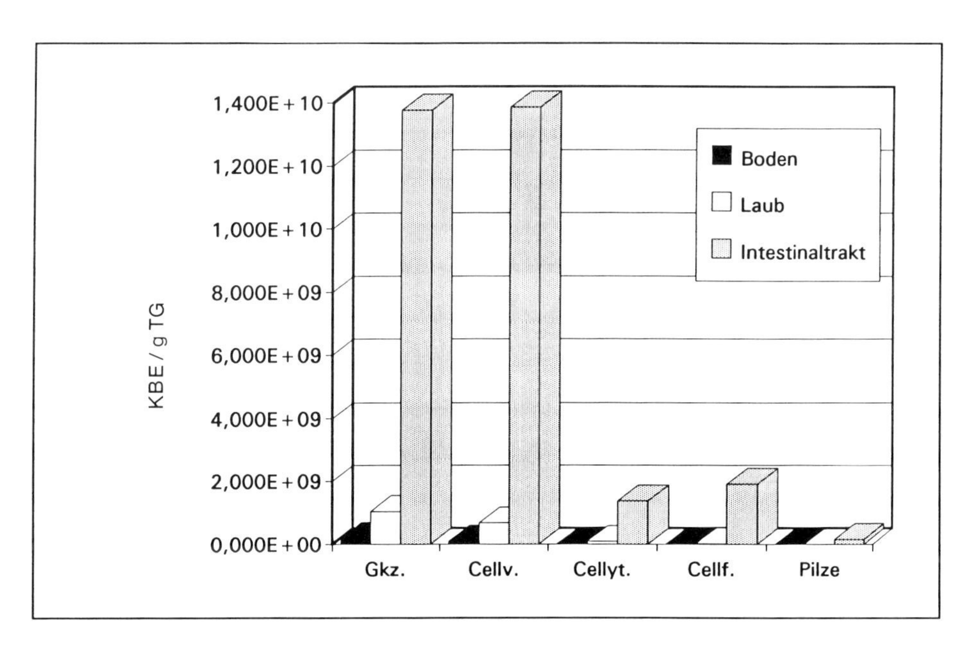

Abb. 7.41: Keimzahlen am Standort Wiesloch, mit deutlicher Aufkonzentrierung im Intestinaltrakt gegenüber Laub und Boden. Gkz bedeutet Gesamtkeimzahl, Cellv. Celluloseverwertend, Cellyt. Cellulolytisch, Cellf. Cellulosefilter. Die Werte sind den Tabellen 7.9, 7.10 und 7.11 entnommen. Angaben in KBE/g Trockengewicht.

Die hohen Bakterienzahlen im Darm von *Glomeris marginata* gegenüber Laub sind nach ANDERSON & BIGNELL (1980) eher auf eine Vermehrung der mit dem Laub aufgenommenen Keime zurückzuführen, als auf spezielle Darmsymbionten. ULLRICH (1989) kommt in seinen

Untersuchungen über bakterielle Symbionten bei terrestrischen Isopoda zu dem Schluß, daß mit dem Laub oder dem Kot aufgenommene Bakterien zeitweise die symbiontische Funktion erfüllen, ohne sich dauerhaft im Intestinaltrakt zu etablieren. Die bakterielle Intestinalflora in *Schizophyllum sabulosum* (Diplopoda) reflektiert nach BALEUX & VIVARES (1974) ihre Umwelt. Hinweise für den Sachverhalt, daß die Intestinalbakterien von *Allaiulus nitidus* die Außenbakterienpopulation von Laub und Boden widerspiegeln, zeigen sich in Abbildung 7.42.

Im Laub und im Darm von *A. nitidus* am Standort Mauer dominieren gramnegative Keime. In Wiesloch dominieren sowohl in Laub als auch im Darmtrakt grampositive Bakterien. In den Untersuchungen von GUNNARSSON & TUNLID (1986) sind jedoch beim Durchgang von Faeces durch den Intestinaltrakt Verschiebungen in dem Verhältnis von grampositiven zu gramnegativen Bakterien aufgetreten. Eine schwache ähnliche Tendenz ist in Abbildung 7.42 zu erkennen.

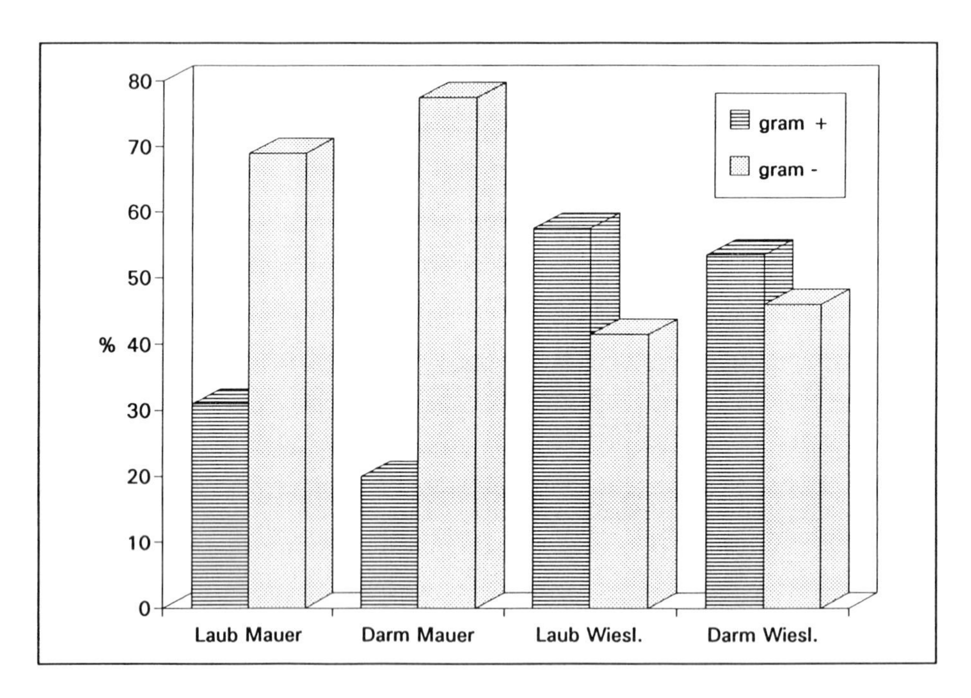

Abb. 7.42: Verhältnis von gram+ zu gram- Keimen an den Standorten Mauer und Wiesloch. Die Anzahl der ausgewerteten Keime beträgt in Mauer: Laub 13, Intestinaltrakt 10; in Wiesloch: Laub 12, Intestinaltrakt 13.

Nach INESON & ANDERSON (1985) sind die dominierende Gruppe der laubbesiedelnden Bakterien aerobe, gramnegative Stäbchen vor allem der Gattung *Pseudomonas,* aber auch *Erwinia* und *Achromobacter* waren in ihren Untersuchungen nachzuweisen. Da *Pseudomonas* auch im Intestinaltrakt von *Allaiulus nitidus* die dominierende Gruppe ist, bestätigt dies den Sachverhalt der Proliferation von Laubkeimen im Intestinaltrakt. Möglicherweise werden im Darmtrakt bestimmte stoffwechselaktive Gruppen der Pseudomonaden gefördert.

Diese Art der Symbiose zwischen Mikroorganismen und Diplopoden steht im Gegensatz zu Symbiosen anderer Arthropoden, wie z.B. Termiten, die in Bereichen des Hinterdarmes eine etablierte Gemeinschaft von bakteriellen Symbionten unter anaeroben Verhältnissen beherbergen. Des weiteren seien die Symbiosen im Pansen von Wiederkäuern genannt.

Nahezu 100% des Bodenvolumens nehmen mineralische und organische Substanz, Luft und Wasser ein (s.a. Abb. 1.3, Kap. 1). Die Bodenmikroorganismen besetzen meist weniger als 1% des Bodenvolumens der obersten 5 bis 10 cm. Dennoch ist deren Zahl und Leistungsvermögen sehr groß (SCHINNER 1986). Unter den Bodenbakterien findet man neben Cyanobakterien und Actinomyceten als häufige Gattungen *Arthrobacter* (5 - 60%), *Bacillus* (7 - 67%), *Pseudomonas* (3 - 15%) *Agrobacterium* (bis 20%), *Alcaligenes* (2 - 12%), *Flavobacterium* (2 - 10%), sowie jeweils unter 5% *Corynebacterium, Micrococcus, Staphylococcus, Xanthomonas, Mycobacterium* und *Sarcina* (ALEXANDER 1977).

Die Darmflora von Diplopoden reflektiert nach BALEUX & VIVARES (1974) die Umwelt und setzt sich bei der von ihnen untersuchten Art *Schizophyllum sabulosum* vor allem aus fünf verschiedenen Gattungen zusammen: *Klebsiella, Corynebacterium, Sarcina, Bacillus* und *Plectridium.* Auch SZABÓ et al. (1983) beschreiben die Zusammensetzung der komplexen internen Mikroflora des Diplopoden *Chromatoiulus* sp. als zum Teil bestehend aus allgemeinen Bodenbakterien, zum Teil aus echten Intestinalbakterien. Diese Autoren isolierten Arten wie *Micrococcus luteus, Bacillus cereus, Enterobacter und Promicromonospora.* MÁRIALIGETI et al. (1985) isolierten aus dem Darmtrakt von *Cylindroiulus*-Arten (Diplopoda) verschiedene Bakterien, wie *Promicromonospora, Micrococcus* sp., *Klebsiella* sp., *Pseudomonas* sp., *Enterobacter* sp., *Bacillus* sp., *Nocardia* sp. Auch die Darmflora von *Allaiulus nitidus* setzt sich aus einem vielfältigen Spektrum dieser Gattungen zusammen. Es muß aber bei Isolationen von Mikroorganismen immer berücksichtigt werden, daß die plattierbaren Formen nur im Zusammenhang mit dem eingesetzten Medium gesehen werden können. Auch ausgewogene Vollmedien lassen nicht alle anspruchsvollen Keime wachsen, oder es kommt z.B. durch schnelleres Wachstum einzelner Arten zu Konkurrenzverhalten. Es ist also kaum möglich, die quantitative und qualitative mikrobielle Besiedlung eines Substrates exakt wiederzugeben.

Bei dem Vergleich der mikrobiellen Artenzusammensetzung auf dem Futterlaub und im Intestinaltrakt von *Allaiulus nitidus* zeigt sich eine deutliche Dominanz der Gattung *Pseudomonas* (siehe Abbildungen 7.38 und 7.39). Sie war die am Standort Mauer sowohl auf Laub als auch intestinal am häufigsten vorkommende Gattung. In Wiesloch war die am häufigsten isolierte Gruppe auf Laub die der Coryneformen, während die Pseudomonaden dort nur relativ schwach vertreten waren. Im Intestinaltrakt jedoch zeigte sich eine deutliche Förderung der Pseudomonaden sowohl in Wiesloch als auch in Mauer. Der Anteil der Pseudomonaden im Darm stieg gegenüber dem Laub in Wiesloch um das 6,9-fache, in Mauer lag ihre Zahl im Darm um das 1,9-fache höher als auf dem Futterlaub.

Möglicherweise läßt sich die stärkere Förderung dieser Gattung im Darmtrakt von *Allaiulus nitidus* am Standort Wiesloch gegenüber Mauer im Hinblick auf die höhere Schwermetallresistenz von gramnegativen Keimen und damit deren höheren Stoffwechselaktivität diskutieren. Die Mehrheit der schwermetalltoleranten Bakterien ist gramnegativ, mit einem dominierenden Anteil von Arten der Gattungen *Pseudomonas und Bacillus* (NAKAHARA et al. 1977, TIMONEY et al. 1978, HOUBA & REMACLE 1980). Unter den gramnegativen Bakterienstämmen eines mit

Blei kontaminierten Bodens fanden DOELMAN & HAANSTRA (1979 a) einen höheren Anteil an toleranten Stämmen als bei coryneformen Bakterien. Sie vermuten, daß die Abnahme von coryneformen Bakterien an solchen Standorten mit ihrer Eigenschaft verknüpft ist, als trocknungsresistente Keime außen auf Bodenaggregaten zu sitzen. Diese Bakterien sind somit für die Wirkung von Schwermetallen besser exponiert als die im Inneren von Bodenaggregaten sitzenden und feuchtigkeitsempfindlichen gramnegativen Mikroben. Auch DUXBURY & BICKNELL (1983) erwähnen, daß im allgemeinen gramnegative Bakterien schwermetallresistenter sind als grampositive. Als Gründe vermuten diese Autoren, daß die Zellwand der gramnegativen Bakterien eine Permeabilitätsbarriere für Metallionen darstellt, die das Eindringen verhindert, ebenso wie der einfache Transfer der Schwermetallresistenz-Plasmide innerhalb großer taxonomischer Gruppen die gramnegativen Organismen begünstigt.

Der Förderung der Pseudomonaden steht eine drastische Abnahme der coryneformen Bakterien gegenüber. In Wiesloch gehen die Zahlen von 49,38% bei Laub auf 4,62% im Darm zurück. Auch in Mauer ist ein starker Rückgang von 22,92% bei Laub auf 1,05% im Darm zu verzeichnen. Bei der Assel *Oniscus asellus* stellt die Gruppe der coryneformen Bakterien mit 57,14% den dominierenden Anteil der Intestinalflora dar, während auf dem Futterlaub Pseudomonaden die mit Abstand größte Gruppe waren (ULLRICH 1989). Das Vorkommen von coryneformen Bakterien als echte Darmbewohner bei Invertebraten wird in der Literatur kontrovers diskutiert (SZABÓ et al. 1983).

Pseudomonaden sind auch von anderen Autoren als häufige Darmbesiedler beschrieben worden. Bei Fliegenlarven (*Bibio marci*) sind sie dominante Kolonisatoren im Hinterdarm (SZABÓ 1974). Nach SZABÓ et al. (1992) ist die Art *Pseudomonas stutzeri* durch ein breites Vorkommen bei verschiedenen Tierarten charakterisiert. In ihren Untersuchungen bei *Glomeris hexasticha* und dem Collembolen *Tomocerus longicornis* beschreiben diese Autoren *Pseudomonas stutzeri* als eine dominierende Art unter den besiedelnden Bakterien des Intestinaltraktes.

Die Bedeutung der Pseudomonaden läßt sich an ihren Stoffwechselleistungen erkennen. Nach SCHLEGEL (1985) und STANIER et al. (1987) wird von ihnen eine große Zahl organischer Substrate sowohl unter aeroben als auch zum Teil unter anaeroben Bedingungen, mit Nitrat als terminalem Elektronenacceptor (Denitrifikation) verwertet. Sie können bis zu 100 verschiedene Substrate nutzen (BROCK et al. 1984), darunter heterozyklische und aromatische Verbindungen die von anderen Bakterien nicht angegriffen werden (SCHLEGEL 1985). Nach STANIER et al. (1987) sind sie in vielen natürlichen Ökosystemen prinzipiell für die aerobe Mineralisation von organischem Material verantwortlich. Die Gattung *Pseudomonas* wird bei SCHINNER et al. (1991) als wichtiger Cellulosezersetzer unter den Eubakterien erwähnt, neben Actinomyceten, Myxobakterien und Pilzen *(Chaetomium, Fusarium)*.

Pseudomonaden werden infolge ihrer umfangreichen Stoffwechselleistungen weiterhin in der Biotechnologie viel eingesetzt (PRÄVE et al. 1987). So finden sie neben Corynebakterien zum Aufbau von Aminosäuren Verwendung. Bei der Herstellung von organischen Säuren setzt man sie zum Teil mit sehr hohen Ausbeuten ein. Fermentationen mit *Pseudomonas*-Arten werden zur Gewinnung von Vitamin B_{12} durchgeführt. Des weiteren werden bei der Synthese von Aminoglykosiden neben den verschiedenen Gattungen der Actinomyceten auch *Pseudomonas*-Arten eingesetzt. Die Biomasse von "Belebtschlammbecken" in Kläranlagen setzt sich überwiegend aus den Gattungen *Achromobacter, Flavobacterium, Alcaligenes* und *Pseudomonas* zusammen, durch die die Eliminierung der Verunreinigungen erfolgt. Durch die Stoffwechseltätigkeit der Pseudomonaden im Intestinaltrakt zieht *Allaiulus nitidus* durch die Bildung von Sekundärmetaboliten einen nicht unerheblichen Nutzen. Die Gruppen von Mikroorganismen, die in der Lage sind in großer Breite ungewöhnliche Substrate zu verwerten, wie Actinomyceten und *Pseudomonas*-Arten, bilden auch viele verschiedene sekundäre Metaboliten. Eine breite Palette von substratabbauenden Enzymen ist mit der Fähigkeit sekundäre Metabolite zu bilden positiv korreliert (PRÄVE et al. 1987).

Die im Intestinaltrakt der Tiere aus Mauer am häufigsten gefundene *Pseudomonas*-Art, *Pseudomonas putida*, gehört in die sehr stoffwechselaktive Untergruppe der Fluoreszenz-Pseudomonaden. Die im Darmtrakt von *Allaiulus nitidus* vom Standort Wiesloch am häufigsten isolierte Art war *Pseudomonas diminuta*. Pseudomonaden der Diminuta-Gruppe unterscheiden sich von anderen Pseudomonaden durch ein eingeschränktes Substratverwertungsspektrum. Sie sind auf die Zuführung von Stoffen wie Pantothenat, Biotin und B_{12} angewiesen (STANIER et al. 1987). Da einige Pseudomonaden nur bis zur Gattungsebene zu identifizieren waren ist eine weitere Beurteilung dieses Sachverhaltes ohne ergänzende Untersuchungen nicht möglich.

Eine weitere Gruppe von Mikroorganismen, die im Darmtrakt von *Allaiulus nitidus* von Wiesloch eine Zunahme gegenüber dem Laubsubstrat erfährt, sind die Aktinomyceten. Sie waren auf den CMC-RBB-Platten sowohl im Intestinaltrakt von Tieren aus Wiesloch als auch in Mauer eine dominierende Gruppe. Das bisher besprochene mikrobielle Spektrum wurde von Caso-Platten (Gesamtkeimzahl) isoliert. Aktinomyceten gelten als anspruchslos und bauen viele schwer zersetzliche Naturstoffe wie Cellulose und Chitin ab (SCHLEGEL 1985). Sie sind bei mehreren Autoren als Besiedler des Intestinaltraktes erwähnt. Nach SZABÓ et al. (1990) stellt *Oerskovia turbata*, ein nocardioformer Aktinomycet, einen häufigen Besiedler im Darm von Diplopoden, Isopoden und Oligochaeten dar. SZABÓ et al. (1992) beschreiben Actinomyceten- und Bakterienpopulationen im Darmtrakt von *Glomeris hexasticha* (Diplopoda). Im Hinterdarm von *Cylindroiulus*-Arten (Diplopoda) nennen MÁRIALIGETI et al. (1985) Assoziationen von *Promicromonospora enterophilia* mit verschiedenen Bakterienarten. Dieser Aktinomycet war in den Untersuchungen der Autoren in Böden nur sehr selten zu isolieren. SZABÓ et al. (1983) vermuten eine enge Coevolution von Doppelfüßern mit *Promicromonospora.*

Pseudomonaden und Aktinomyceten sind im Intestinaltrakt von *Allaiulus nitidus* stark vertretene Gruppen von Mikroorganismen. Dies dürfte u.a. im Zusammenhang mit der Dekomposition von organischem Material zu sehen sein. Andere Gruppen von Bakterien wie die Coryneformen aber auch Enterobacterien und die Gattung *Bacillus,* die im Laubsubstrat relativ häufig isoliert werden konnten, kommen im Darmtrakt kaum mehr vor. Es läßt sich erkennen, daß trotz des hohen Durchflusses von Laubstreu durch den Darm von Diplopoden in ihrer Eigenschaft als saprophage Bodentiere, eine gewisse Verschiebung des mikrobiellen intestinalen Artenspektrums gegenüber der Umwelt gegeben ist.

7.2.6 Enzymatische Untersuchungen des Intestinaltraktes von *Allaiulus nitidus* (Diplopoda) und des Habitats

An den Prozessen der Stoffumsetzung sind in grundlegender Weise spezielle Enzyme beteiligt, die im Boden, auf Laub und im Milieu des Intestinaltrakts anwesend sind. So kommen den Aktivitäten von Cellulasen, Xylanasen, Chitinasen u. a. entscheidende Bedeutung als primäre Agentien bei der Dekomposition des organischen Materials zu, das in Böden durch abgestorbenes Pflanzenmaterial, Tiere und mikrobielles Gewebe aus Zellwandpolymeren und Reservepolysacchariden eingetragen wird (KISS et.al. 1978). Unter Bodenenzymen sind hauptsächlich zellfreie Enzyme zu verstehen, die sowohl mikrobiellen als auch pflanzlichen oder tierischen Ursprung haben. Bodenenzyme umfassen ein breites Spektrum von Hydrolasen, Oxidoreduktasen, Transferasen und Lyasen (BURNS 1978). Sie kommen in der Bodenlösung oder immobilisiert an Humus und Tonkolloide gebunden vor (BURNS 1982, HAYANO 1986). Enzymaktivitätsbestimmungen im Boden werden zur Beurteilung der Einflüsse verschiedener Umweltfaktoren eingesetzt. An den beiden Standorten Mauer und Wiesloch wurden im Boden die folgenden Enzyme untersucht.

Cellulase

Cellulose ist der mengenmäßig wichtigste Naturstoff und kommt in Pflanzen zu 40 - 70% vor (SCHINNER et al. 1991). Cellulose ist ein lineares Polymer der D-Glucose, die ß-1,4-glykosidisch gebunden ist und ein Molekulargewicht zwischen ca. 50000 und 2500000 besitzt, was 300 bis 15000 Glucose-Resten entspricht. Der mikrobielle Abbau der Cellulose geschieht durch wenigstens drei synergistisch wirkende Enzyme. Dabei hängt der Abbau von mehreren Faktoren ab, wie Temperatur, pH-Wert, Wassergehalt, Substratkonzentration und Enzymmenge (HUNT 1977, SCHRÖDER & GEWEHR 1977, SCHRÖDER & URBAN 1985, TATENO 1988). So kann durch Luftrocknung die Aktivität der Cellulasen im Boden bis zu 64% gesenkt werden (SPEIR & ROSS 1981). Bei den durchgeführten Untersuchungen wurde eine wasserlösliche Form, die Carboxymethylcellulose (CMC), verwendet. Native Cellulose ist wasserunlöslich. Es handelt sich hier also um Carboxymethylcellulasen, Endo-ß-1,4-glucanasen, die in den Boden- und Intestinaltraktuntersuchungen erfaßt werden. Die Cellulaseaktivität im Boden wurde zum einen nach der Methode von SCHINNER et al. (1991) mit Carboxymethylcellulose als Substrat untersucht, zum anderen in Boden, Laub und Intestinaltrakt nach WOLF & WIRTH (1990) mit Carboxymethyl-Cellulose-RBB als Substrat (siehe Kap. 7.2.6.1.2).

Xylanase

Xylan ist nach Cellulose das mengenmäßig zweitwichtigste Kohlenstoffpolymer in der Natur. So bestehen z.B. 20-25% von Laubholz aus Xylan. Das Polysaccharid ist aus verschiedenen Pentosen (Xylose, Arabinose), Hexosen (Glucose, Mannose, Galactose) und Uronsäuren aufgebaut. Es ist Stützpolymer und Reservestoff von Pflanzen. Xylanase ist neben der Cellulase das wichtigste Enzym des primären Streuabbaus (SCHINNER et al. 1991).

ß-Glucosidase

Die ß-Glucosidasen hydrolysieren Kohlenhydrate mit ß-D-glycosidischer Bindung, wobei terminale ß-D-Glucose abgespalten wird. Eine wichtige Rolle spielt die ß-Glucosidase beim vollständigen Abbau von Cellulose zu Glucose. Endo- und Exo-ß-1,4-glucanasen hydrolysieren Cellulose bis zur Cellobiose, einem Disaccharid, welches den ß-Glucosidasen als Substrat dient. Durch die hydrolytische Spaltung von Cellobiose (ß-D-Glucopyranosid) durch die ß-Glucosidase, wird also Glucose freigesetzt (LEE & FAN 1980).

Die ß-Glucosidasen sind in Boden, Mikroorganismen, Tieren und Pflanzen weit verbreitet (JERMYN 1958, WALLENFELS & WEIL 1972, SKUJINS 1976).

Dehydrogenase

Dehydrogenasen katalysieren die Oxidation organischer Verbindungen durch Abspaltung von zwei Wasserstoffatomen. Sie werden zu den Oxidoreductasen gerechnet. Viele Dehydrogenasen übertragen dabei den abgespaltenen Wasserstoff auf die Co-Enzyme NAD und NADP. Sie sind ein wesentlicher Bestandteil des Enzymsystems der Mikroorganismen im Boden, z.B. in der Atmungskette und im Citratzyklus und so als Maß für die Intensität mikrobieller Stoffumsetzungen im Boden besonders geeignet (TABATABAI 1982).

Die Untersuchungen der Enzymatik des Intestinaltrakts beschränken sich auf die Cellulaseaktivität (Carboxymethylcellulaseaktivität, Endo-ß-1,4-glucanase), die quantifiziert und in ihrem Verhältnis zu Schwermetallen, sowie zu ihrem möglichen bakteriellen oder pilzlichen Ursprungsort beurteilt werden soll.

7.2.6.1 Material und Methoden

7.2.6.1.1 Bodenenzymatik

Mit einem Bodenstecher (Durchmesser 6,7 cm) wurden je Standort und Probentermin 10 - 15 Proben in einer Tiefe bis zu 10 cm entnommen und zu einer Mischprobe vereinigt. Nach Sieben durch ein Analysesieb (2 mm) wurde der naturfeuchte Boden zur Analyse verwendet.

Zur Messung der Aktivitäten der untersuchten Leitenzyme des Bodens **Cellulase**, **Xylanase** und **ß-Glucosidase** siehe Kap. 7.2.2.2.5.

Dehydrogenase
Bei der Bestimmung der Dehydrogenaseaktivität nach der Methode von VON MERSI & SCHINNER (SCHINNER et al. 1991) werden Bodenproben mit einer 2 (p-iodophenyl)-3-(p-nitrophenyl)-5-phenyl-tetrazoliumchlorid-Lösung (INT) versetzt und 2 Stunden bei 40°C bebrütet. Das reduzierte INT-Formazan wird mit Dimethylformamid und Ethanol extrahiert und photometrisch bei 464 nm gemessen.

7.2.6.1.2 Bestimmung der Cellulaseaktivität mit CM-Cellulose-RBB-Substrat

Zum Nachweis der Cellulaseaktivität in Boden, Laub und Intestinaltrakts wurde eine Methode von WOLF & WIRTH 1990, WIRTH & WOLF 1990 eingesetzt, die auf löslichen, farbstoffmarkierten und durch Säure ausfällbaren Polysaccharid-Derivaten als Enzymsubstrat beruht. Es wurde versucht ein spezifisches, hochsensitives und zuverlässiges kolorimetrisches Testsystem für endo-spaltende Cellulasen (EC 3.2.1.4.) zur Verfügung zu stellen (BIELY et al. 1985, McCLEARY 1988).

Carboxymethyl-substituierte (CM-) und wasserlösliche Polysaccharid-Derivate werden kovalent mit dem blauen Farbstoff Remazol Brilliant Blue R (RBB) markiert. Als Substrat für die Enzymtests dient CM-Cellulose-RBB (WIRTH & WOLF 1992). Diese Substratlösung wurde von Loewe Biochemica GmbH, Nordring 38, 83624 Otterfing b. München bezogen.

In Anlehnung an Standard Testbedingungen (Loewe Biochemica) wurde ein quantitativer photometrischer Test der Enzymaktivität für die eigenen Untersuchungen erarbeitet.

Die Versuchsansätze wurden in 1,5 ml Eppendorf-Reaktionsgefäßen durchgeführt:

0,2 ml Natrium-Acetat-Puffer (0,1 M, pH 6,0)
0,1 ml Enzym-Lösung
0,1 ml Substratlösung (Konzentration 4 mg/ml)

Die Proben wurden für 24 Stunden bei 37°C inkubiert. Es wurden jeweils 6 Vollproben und 3 Leerproben angesetzt. Die Leerproben enthielten während der Inkubationszeit keine Substratlösung, sie wurde am Ende der Inkubation zugesetzt. Nach 24 Stunden wurde die Reaktion mit 0,1 ml 1 N HCl abgestoppt. Anschließend wurden die Reaktionsgefäße für 10 Minuten auf Eis inkubiert. Durch die HCl-Zugabe erfolgt eine Säurefällung des nicht abgebauten und hochpolymerisierten Substrates. Um eine vollständige Ausfällung sicherzustellen, muß der pH-Wert nach HCl-Zugabe unter pH 2 liegen. Das nicht abgebaute präzipitierte Substrat kann dann vom Überstand durch Zentrifugieren (15 850 RZB) abgetrennt werden. Der Überstand ist infolge der Hydrolysierung des Substrates und der Freisetzung der Farbstoffkomponente, je nach Enzymaktivität, mehr oder weniger blau gefärbt. Er wird abgenommen und in 1/2 cm Mikroküvetten 2:1 verdünnt. Die Messung der Extinktion bei 600 nm erfolgte mit einem Photometer Pharmacia LKB, Ultrospec III.

Aus den drei Leerproben und den sechs Vollproben wurde aus den Extinktionswerten ein Mittelwert errechnet und durch Abzug der Leer- von den Vollproben die reale Extinktion ermittelt. Dieser Wert wurde durch Multiplikation mit den Verdünnungsschritten auf die Extinktion pro Gramm Trockengewicht berechnet.

a. Boden
Bei der Bestimmung der Cellulaseaktivität mit CM-Cellulose-RBB-Substrat wurde 1 g naturfeuchter und gesiebter Boden (siehe Kap. 7.2.6.1.1 a) in 9,0 ml steriler 0,9% NaCl - Lösung für 30 Minuten auf dem Schüttler inkubiert. Von dieser 10^{-1} - Verdünnung wurden 100 μl als Enzymlösung für den Testansatz (s.o.) verwendet.

b. Laub
1 g teilzersetztes Laub von *Fagus sylvatica* wurde in 49 ml steriler 0,9% NaCl - Lösung für 30 Minuten auf dem Schüttler unter leichtem Schütteln inkubiert. Von dieser $10^{-1,7}$ - Verdünnung wurde 1 ml Enzymlösung für den Testansatz verwendet. Der Testansatz (s.o.) wurde insoweit modifiziert, als daß hier 1 ml Enzymlösung, 2 ml Pufferlösung und 1 ml Substratlösung eingesetzt wurden. Die weiteren Schritte wurden den Volumenverhältnissen entsprechend (s.o.) fortgesetzt.

c. Intestinaltrakt
Die für den Versuch eingesetzten adulten Tiere von *Allaiulus nitidus* wurden unmittelbar für die Untersuchung mittels Handfang gesammelt. Sie wurden bei -20°C für einige Minuten immobilisiert. Nach Abtrennen des Vorder- und Hinterendes im Bereich von 4 bis 6 Segmenten von vorne bzw. von hinten, wurde der gesamte Darm herauspräpariert. Es wurden nur Tiere mit gefülltem Intestinaltrakt verwendet. Nach Gewichtsbestimmung auf einer Feinwaage, Mettler ME 30, wurde er in 900 μl steriler 0,9% NaCl - Lösung homogenisiert und für 2 Minuten gevortext. Der Ansatz wurde entsprechend dem Volumen des Intestinaltrakts, auf 1000 μl mit 0,9% NaCl aufgefüllt. Hiervon wurde für den Testansatz (s.o.) 100 μl Enzymlösung verwendet.

7.2.6.1.3 Cellulaseaktivität unter Einfluß von Pb und Cd

a. Versuchstiere und Hälterung
Allaiulus nitidus wurde am Standort Mauer mittels Handfang gesammelt. Die adulten Tiere wurden ca 3 Wochen zur Adaptation im Klimaraum bei 15°C in Plastikboxen (15 x 10 x 7 cm) gehalten. Diese Boxen sind mit einer etwa 2 bis 3 cm hohen Schicht aus Gips und fein zermörserter Aktivkohle im Verhältnis 10:1 ausgegossen. Sie wurden mit teilzersetztem Laub vom gleichen Standort gefüllt und die Feuchtigkeit regelmäßig kontrolliert.

b. Behandlung des Futterlaubes
Aus Laub von *Fagus sylvatica* wurden Stücke von 2 x 2 cm ausgeschnitten. Sie wurden für 5 Stunden in definierte Lösungen von Blei und Cadmium gelegt. Die Lösungen 1 000 µg Pb/g und 5 000 µg Pb/g wurden aus Bleinitrat (Pb $(NO_3)_2$ angesetzt die Lösungen 100 µg Cd/g und 500 µg Cd/g aus Cadmiumchlorid ($CdCl_2$). Zur Gewichtsbestimmung des Futterlaubes wurde es bei 60°C getrocknet und zum Rehydrieren bei Raumtemperatur für mehrere Stunden, bis zum Erreichen der Wägekonstanz stehengelassen. Die Schwermetallbelastung des Futterlaubes wurde mit einem Atomabsorptionsspektrophotometer Perkin Elmer 5 000, HGA 500, überprüft.

c. Versuchsansatz
Die Tiere wurden während des Versuchsablaufs in Sixwellplatten (12,3 x 8,5 x 2 cm) gehalten, deren einzelne Kammern (Durchmesser: 3,5 cm) mit Gips ausgegossen waren und die regelmäßig feucht gehalten wurden. Für den Kontrollansatz wurden 4 adulte Tiere, für die Ansätze mit 1 000 µg Pb/g, 5 000 µg Pb/g, 100 µg Cd/g und 500 µg Cd/g jeweils 5 Tiere eingesetzt. Sie wurden einzeln gehalten und vor Versuchsbeginn solange nicht gefüttert, bis sie sich entkotet hatten. Der Versuch lief über einen Zeitraum von 48 Tagen.

d. Versuchsauswertung
Die Cellulaseaktivität des Intestinaltrakts wurde nach der Anleitung in Kap. 7.2.6.1.2 c ausgewertet. Hierzu wurden Tiere in bestimmten Zeitabständen entnommen. Die Angaben der Extinktion zu Versuchsbeginn, 0 Tage, entstammen Tieren vom Standort Mauer die unmittelbar nach dem Fang gemessen wurden (s. Kap.7.2.6.1.2 c).

7.2.6.1.4 Cellulaseaktivität unter Einfluß von Antibiotika und pilzhemmenden Substanzen

a. Versuchstiere und Hälterung
Siehe Kap. 7.2.6.1.3 a

b. Behandlung des Futterlaubs
Laubstücke von *Fagus sylvatica,* 2 x 2 cm, wurden für 24 Stunden in Lösungen von demineralisiertem Wasser (Kontrolltiere), einer Antibiotika-Lösung aus Streptomycin und Tetracyclin und in einer Lösung eines pilzhemmenden Stoffes, Amphotericin B, getränkt. Die Antibiotika-Lösung besaß eine Konzentration von 400 µg/ml, eine Mischlösung von Streptomycin und Tetracyclin im Verhältnis 1:1 (Streptomycin-Sulfat, Sigma, 750 units/mg; Tetracyclin, Fluka, Bestell.Nr. 87 128). Die Konzentration wurde in Vorversuchen ermittelt. Es ist die Minimalmenge an Antibiotika, bei der bei einem Ausstrich eines Gemisches verschiedener Intestinalbakterien von *Allaiulus nitidus* auf Agarplatten gerade kein Wachstum mehr zu beobachten war. Die Konzentration von Amphotericin B (Boehringer Mannheim, Best.Nr. 295 876) wurde mit 2,5 µg/ml gewählt. Amphotericin B inhibiert in dieser Konzentration das Wachstum von Pilzen und Hefen. Die cytotoxische Konzentration, die eine Beeinflussung des Diplopoden bewirken würde liegt bei 30 µg/ml.

c. Versuchsansatz
Es wurden pro Versuchsansatz, Kontrollgruppe, Antibiotika- und Amphotericin B behandeltes Laub, 10 adulte Tiere eingesetzt. Sie wurden in Sixwellplatten (siehe Kap. 7.2.6.1.3 c) gehalten und zum Entkoten für 2 Tage in den leeren Inkubationskammern belassen. Die Faeces wurden vor Versuchsbeginn abgesammelt. Der Versuch lief über einen Zeitraum von 27 Tagen im Klimaraum bei 15°C. Zur Ermittlung der mikrobiellen Abbaurate des Laubes der drei Untersuchungsgruppen wurde unter gleichen Temperatur- und Feuchtigkeitsverhältnissen jeweils Laub für 33 Tage inkubiert und die Abbaurate in % ermittelt.

d. Versuchsauswertung
Die Cellulaseaktivität des Intestinaltrakts wurde nach der Anleitung in Kap. 7.2.6.1.2 c ausgewertet. Hierzu wurden in bestimmten Zeitabständen Tiere entnommen. Die Extinktion nach 0 Tagen entstammt der Auswertung von Kap. 7.2.6.1.2 c, also Tieren vom Standort Mauer, die unmittelbar vor der Messung gesam-

melt wurden. Daneben wurde zur Ermittlung des realen Fraßes noch die mikrobielle Abbaurate des Laubes der drei Untersuchungsgruppen gravimetrisch ermittelt sowie die abgegebene Faecesmenge. Zur Gewichtsbestimmung von Laub und Faeces wurde jeweils bei 60°C getrocknet und zur Rehydrierung bis zur Wägekonstanz über Nacht (24h) bei Zimmertemperatur stehengelassen. Die Gewichtsbestimmungen erfolgten mit einer Ultra-Feinwaage des Typs Mettler ME 30.

7.2.6.2 Ergebnisse

7.2.6.2.1 Bodenenzymatik

In Tabelle 7.16 ist die enzymatische Aktivität im Boden der Standorte Mauer und Wiesloch über einen Zeitraum von März bis September dargestellt.

Bei den gemessenen Bodenenzymen Cellulase, Xylanase, ß-Glucosidase und Dehydrogenase liegen die Werte vom Standort Mauer jeweils deutlich unter denen vom schwermetallbelasteten Standort Wiesloch. Eine Beziehung der Enzymaktivität zum Wassergehalt des Bodens ist nur bei der ß-Glucosidase festzustellen. In den folgenden Abbildungen (Abb. 7.43.-7.47.) sind die Aktivitäten der Enzyme graphisch dargestellt.

Tab. 7.16: Enzymaktivitäten Mauer/Wiesloch.

Enzymatische Aktivität im Boden im Jahresverlauf 1992			
Standort	**März**	**Juni**	**September**
Cellulose in µg Glucose/g Trockensubstanz/24 h			
Mauer	241,58	304,29	27,66
Wiesloch	417,5	751,89	1 136,84
ß-Glucosidase in µg p-Nitrophenol/g Trockensubstanz/h			
Mauer	769,51	325,83	126,67
Wiesloch	10 583,16	7 203,28	1 997,04
Xylanase in µg Glucose/g Trockensubstanz/24 h			
Mauer	1 131,86	3 506,24	2 465,79
Wiesloch	3 498,68	4 901,83	4 358,90
Dehydrogenase in µg INT-Formazan/g Trockensubstanz/1 h			
Mauer	34,23	-	119,42
Wiesloch	360,14	-	412,08
Wassergehalt in %			
Mauer	27,8	23,31	17,56
Wiesloch	50,85	44,38	40,15

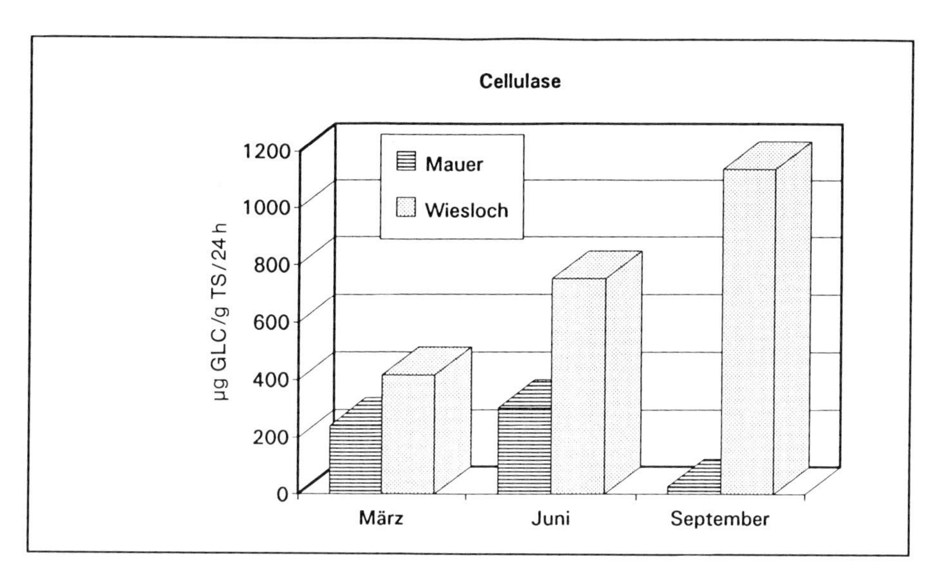

Abb. 7.43: Cellulaseaktivität Boden, Werte in μg Glucose/g Trockensubstanz/24 h.

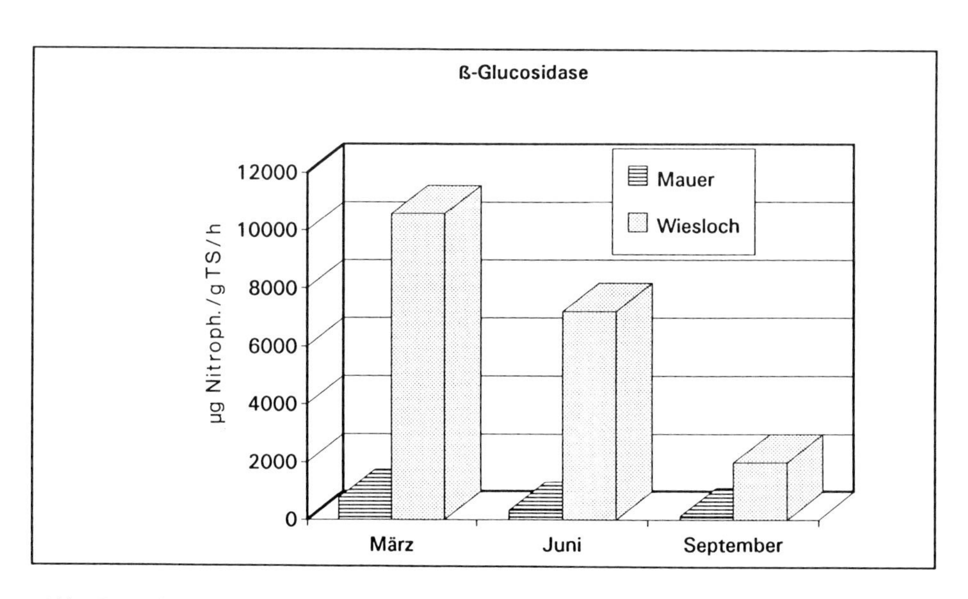

Abb. 7.44: ß-Glucosidaseaktivität Boden, Werte in μg p-Nitrophenol/g Trockensubstanz/h.

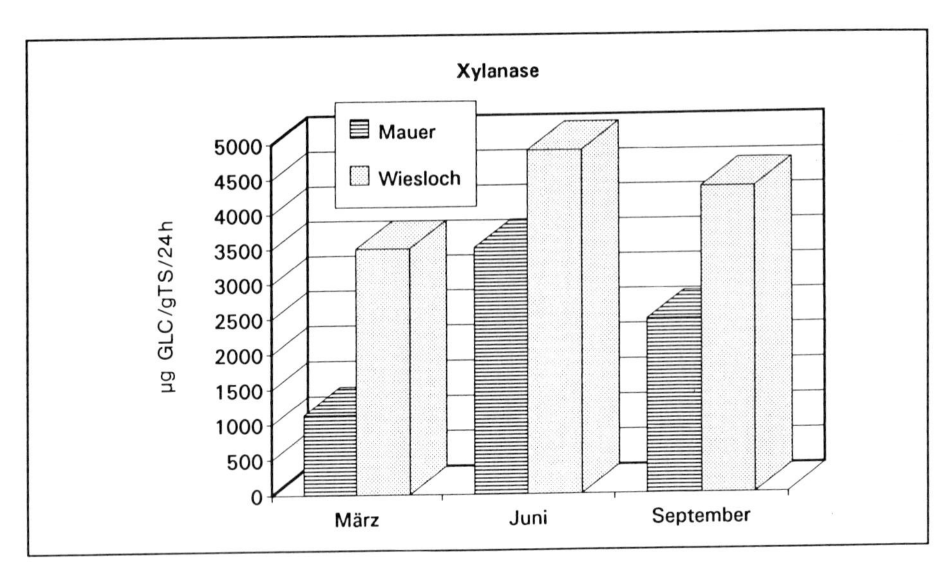

Abb. 7.45: Xylanaseaktivität Boden, Werte in μg Glucose/g Trockensubstanz/24 h.

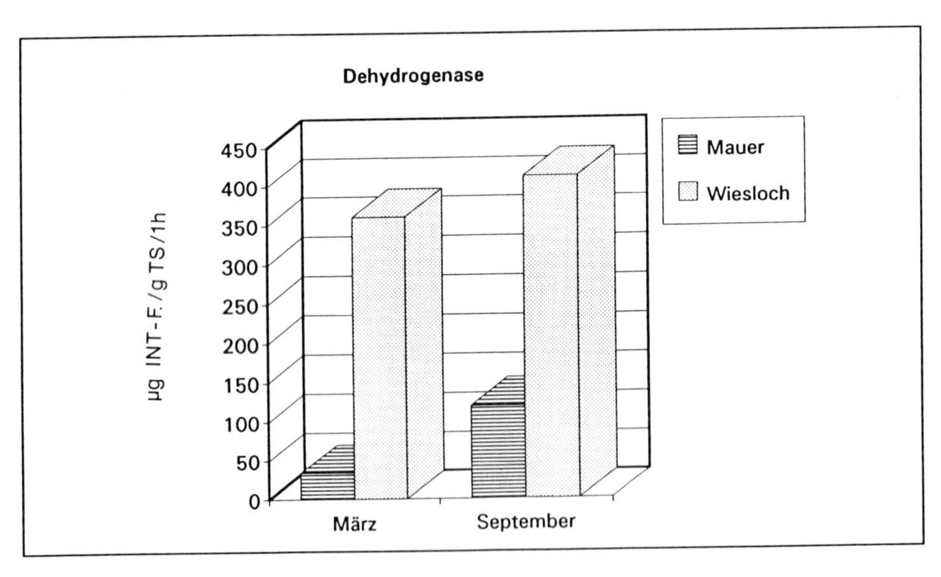

Abb.7.46: Dehydrogenaseaktivität Boden, Werte in μg INT-Formazan/g Trockensubstanz/1h.

7.2.6.2.2 Bestimmung der Cellulaseaktivität mit CM-Cellulose-RBB-Substrat

a. Boden
In Tabelle 7.17 ist die Cellulaseaktivität von Boden der Standorte Mauer und Wiesloch dargestellt.

Tab. 7.17: Cellulaseaktivität mit CMC-RBB-Substrat.

Boden	Extinktion/g Trockengewicht
Mauer	360
Wiesloch	642,42

b. Laub
In Tabelle 7.18 ist die Cellulaseaktivität von *Fagus sylvatica*-Laub der Standorte Mauer und Wiesloch dargestellt.

Tab. 7.18: Cellulaseaktivität mit CMC-RBB-Substrat.

Laub	Extinktion/g Trockengewicht
Mauer	131 212,12
Wiesloch	50 263,16

c. Intestinaltrakt
In Tabelle 7.19 ist die Cellulaseaktivität des Intestinaltraktes von *Allaiulus nitidus* des Standortes Mauer dargestellt. Die Bestimmung des Darmtrockengewichtes aus 5 Tieren ergab 29,295 g (SD 9,36; n = 5). Dieser Wert wurde für alle Untersuchungen des Intestinaltraktes eingesetzt.

Tab. 7.19: Cellulaseaktivität mit CMC-RBB-Substrat, (SD = Standardabweichung).

Allaiulus nitidus Mauer	Darmeinwaage/mg	Extinktion/g Darm Trockengewicht
1	14,72	299 954,02
2	5,54	160 411,12
3	7,818	983 071,26
4	18,128	341 580,60
5	15,177	452 943,33
6	6,337	308 598,22
7	21,414	179 275,33
8	9,321	512 409,85
9	18,297	138 689,71
10	15,292	409 953,25
		$\bar{x}$ = 378 688,65 SD = 246 565,29

In Tabelle 7.20 ist die Cellulaseaktivität des Intestinaltraktes von *Allaiulus nitidus* vom Standort Wiesloch dargestellt.

Tab. 7.20: Cellulaseaktivität mit CMC-RBB-Substrat, (SD Standardabweichung).

Allaiulus nitidus Wiesloch	Darmeinwaage/mg	Extinktion/g Darm Trockengewicht
1	11,869	110 509,58
2	12,174	680 004,61
3	18,107	284 894,87
4	11,790	644 468,18
5	9,903	548 641,13
6	9,259	258 843,06
7	18,967	188 281,01
8	9,397	86 603,05
		$\bar{x}$ = 350 280,65 SD = 239 197,21

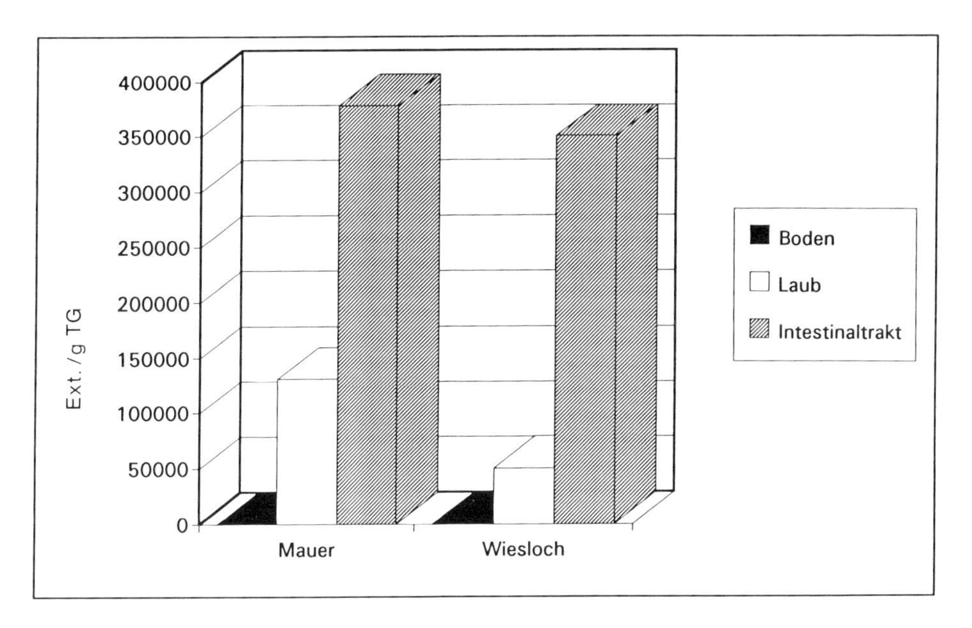

Abb. 7.47: Cellulaseaktivität mit CMC-R-BB-Substrat. Dargestellt sind die Mittelwerte aus Tab. 7.17 bis 7.20 in Extinktion/g Trockengewicht.

Die Cellulaseaktivitätswerte im Boden liegen bei Wiesloch erwartungsgemäß (s. Kap. 7.2.6.2.1) höher als die Werte von Mauer. Bei Laub ist dieses Verhältnis umgekehrt. Die höchsten Enzymwerte sind im Intestinaltrakt festzustellen, wobei sich Tiere vom Standort Mauer nicht von Tieren vom Standort Wiesloch unterscheiden. Die Erhöhung der Enzymaktivität von Boden zu Laub am Standort Mauer liegt beim Faktor 364, von Laub zu Intestinaltrakt beim Faktor ca. 3. Gegenüber dem Boden ist die Aktivität im Intestinaltrakt 1 052-fach höher. Am Standort Wiesloch ist die Erhöhung der Enzymaktivität von Boden zu Laub 78-fach, von Laub zu Intestinaltrakt demnach etwa 7-fach und von Boden gegenüber dem Intestinaltrakt erfolgt demnach eine 546-fache Steigerung.

7.2.6.2.3 Cellulaseaktivität unter Einfluß von Pb und Cd

In den folgenden Tabellen sind die Extinktionswerte nach Tagen der Inkubation aufgeführt sowie die Anzahl der am jeweiligen Tag untersuchten Tiere dargestellt.

Kontrolle

Tab. 7.21: Cellulaseaktivität mit CMC-RBB-Substrat. Kontrollgruppe, Extinktion/g Trockengewicht.

Tage	n	Extinktion (Mittelwert)
0	10	378 688,65 (SD 246 565,29)
15	3	1 551 602,20
21	1	1 697 531,90
42	2	25 003,69
48	1	46 675,63

1000 μg Pb/g

Tab. 7.22: Cellulaseaktivität mit CMC-RBB-Substrat. 1 000 μg Pb/g, Extinktion/g Trockengewicht

Tage	n	Extinktion (Mittelwert)
0	10	378 688,65 (SD 246 565,29)
15	3	1 849 794,90
21	1	554 259,04
27	1	15 112,99
48	1	0

5000μg Pb/g

Tab. 7.23: Cellulaseaktivität mit CMC-RBB-Substrat. 5 000μg Pb/g, Extinktion/g Trockengewicht.

Tage	n	Extinktion (Mittelwert)
0	10	378 688,65 (SD 246 565,29)
15	3	1 357 519,90
21	1	669 207,19
37	1	0
42	2	177 785,26

100 μg Cd/g

Tab. 7.24: Cellulaseaktivität mit CMC-RBB-Substrat. 100 μg Cd/g, Extinktion/g Trockengewicht.

Tage	n	Extinktion (Mittelwert)
0	10	378 688,65 (SD 246 565,29)
5	2	598 035,09
15	3	746 979,76
20	1	79 542,68
48	1	0

500 μg Cd/g

Tab. 7.25: Cellulaseaktivität mit CMC-RBB-Substrat. 500 μg Cd/g, Extinktion/g Trockengewicht.

Tage	n	Extinktion (Mittelwert)
0	10	378 688,65 (SD 246 565,29)
8	2	158 968,57
15	3	352 341,53
21	1	161 830,25
42	1	0
48	1	124 140,51

In Abbildung 7.48. sind die Werte aus den Tabellen 7.21. bis 7.25. dargestellt.

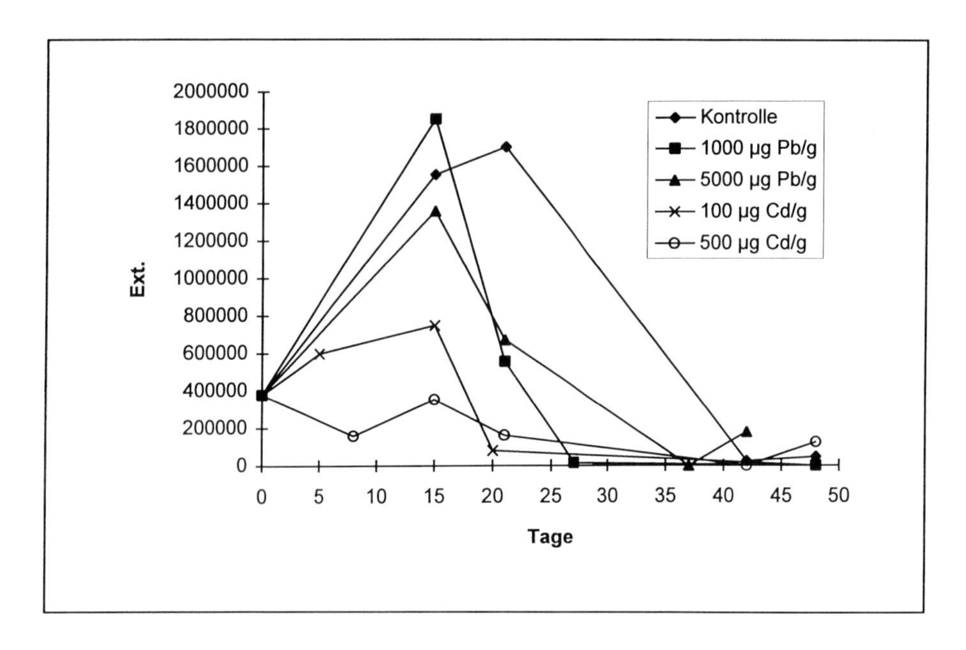

Abb. 7.48: Extinktionswerte der Cellulaseaktivität von *Allaiulus nitidus* unter Verfütterung von mit Blei und Cadmium belastetem Laub von *Fagus sylvatica.*

Die Überprüfung der tatsächlichen Schwermetallbelastung des Futterlaubes ergab folgende Werte.

Tab. 7.26: Belastung des Futterlaubes mit Schwermetallen.

	Pb in µg/g	Cd in µg/g
Kontrolle	51,29	0,13
1 000 µg Pb/g	8 752,21	0,34
5 000 µg Pb/g	9 402,47	0,48
100 µg Cd/g	134,67	11 862,41
500 µg Cd/g	146,32	11 266,97

Aus Tabelle 7.26 ist zu ersehen, daß die Schwermetallbelastung des Futterlaubes wesentlich über den Konzentrationen der Lösung liegt, in der die Laubstücke getränkt wurden. Dies trifft insbesondere für Cadmium zu. Auch ist kein relevanter Unterschied zwischen den eingesetzten Konzentrationen 1 000 µg Pb/g bzw. 5 000 µg Pb/g und 100 µg Cd/g bzw. 500 µg Cd/g vorhanden. Eine Ursache könnte im Auskristallisieren der Lösungen während der 5-stündigen Inkubation auf den Blattstückchen sein, was zu der erhöhten Belastung führen kann.

In Abbildung 7.49 zeigt die Cellulaseaktivität der Tiere, die Cadmium-behandeltes Laub gefressen hatten, schon von Versuchsbeginn an ein erheblich niedrigeres Niveau als die Kontrollgruppe. Die Tiere, die mit Pb kontaminiertem Futter inkubiert waren, zeigen nach 15 Tagen noch mit denen der Kontrollgruppe vergleichbare Werte der Cellulaseaktivität, ab ca. 18 bis 20 Tagen jedoch ein deutlich niedrigeres Niveau. Auch in der Kontrollgruppe ist nach etwa 30 Tagen ein starker Rückgang der Enzymaktivität zu verzeichnen, was eine Ursache in den mehrwöchigen Hälterungsbedingungen der Tiere, wie möglicherweise fehlender Nährstoffversorgung, haben könnte.

Zur Beurteilung der Freßaktivität der Tiere sind in Tabelle 7.27 die Futteraufnahmeaktivitäten in mg pro mg Körpergewicht und die dazugehörigen Extinktionswerte der Cellulaseaktivität von jeweils 3 Tieren nach den ersten 15 Tagen des Versuchs dargestellt. Die Fraßwerte sind nicht mit der mikrobiellen Abbaurate bereinigt und lediglich von tendenziellem Charakter.

Tab. 7.27: Futteraufnahmeaktivität von *Allaiulus nitidus* in den ersten 15 Tagen des Versuchs mit entsprechender Extinktion. Werte pro g Trockengewicht.

	Kontrolle	**1 000 µg Pb/g**	**5 000 µg Pb/g**	**100 µg Cd/g**	**500 µg Cd/g**
gefr. Laub in mg/mg Körpergewicht	0,006	0,013	0,025	0,005	0,011
"	0,181	0,006	0,040	0,007	0,012
"	0,173	0,021	0,030	0	0,031
Mittelwert	0,12	0,013	0,032	0,004	0,018
Extinktion	416 416,43	2 252 491,2	536 224,79	1 841 570,5	0
"	2 316 292,1	1 451 705,6	477 483,88	0	572 013,78
"	1 922 098,2	1 845 188,1	3 058 851,1	399 367,87	485 010,86
Mittelwert	1 551 602,2	1 849 794,9	1 357 519,9	746 979,76	352 341,53

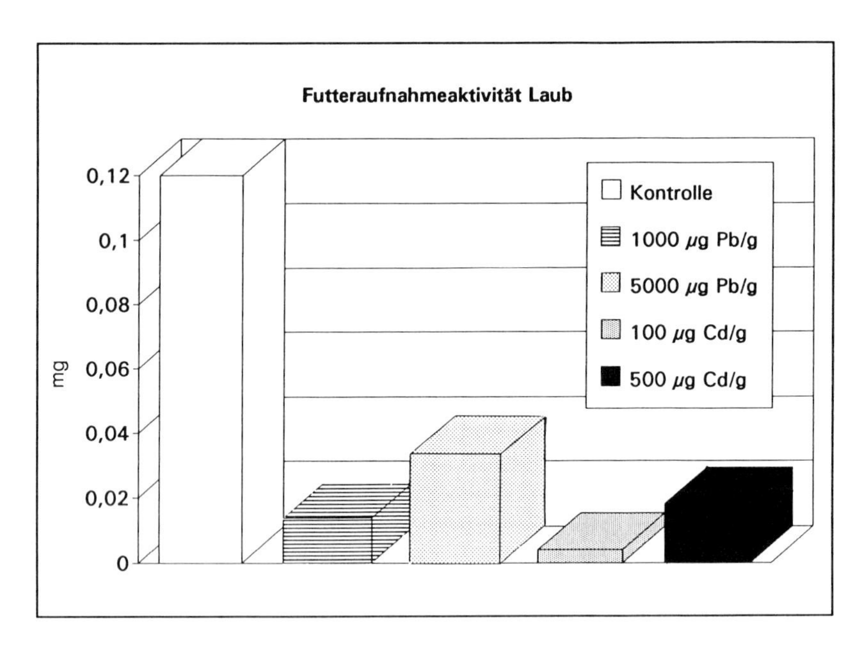

Abb. 7.49: Futteraufnahmeaktivität von *Allaiulus nitidus* in mg gefressenes Laub pro mg Körpergewicht der Tiere. Die dargestellten Mittelwerte wurden aus Tabelle 7.27 entnommen.

7.2.6.2.4 Cellulaseaktivität unter Einfluß von Antibiotika und pilzhemmenden Substanzen

In Tabelle 7.28 sind die Extinktionswerte der Cellulaseaktivität der drei Untersuchungsgruppen an den jeweiligen Tagen dargestellt.

Tab. 7.28: Cellulaseaktivität, Extinktion/g Trockengewicht des Intestinaltrakts.

Tage	Kontrolle	Streptomycin/Tetracyclin	Amphotericin B
11	324 153,89	277 900,84	95 232,70
11	239 742,81	93 174,42	117 531,21
17	137 120,30	108 398,09	70 633,41
17	245 182,33	18 393,36	182 423,31
20	183 892,78	4 964,93	13 342,33
20	24 466,11	61 496,41	45 086,89
24	227 909,36	442 911,5	24 688,04
24	64 103,93	60 899,83	28 013,96
27	528 921,46	552 372,73	74 041,59
27	385 711,84	60 279,21	114 098,86

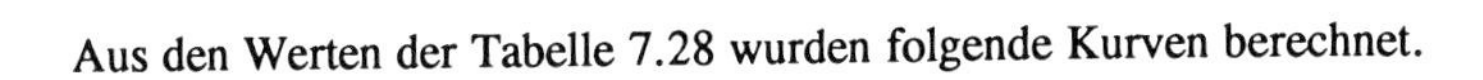

Aus den Werten der Tabelle 7.28 wurden folgende Kurven berechnet.

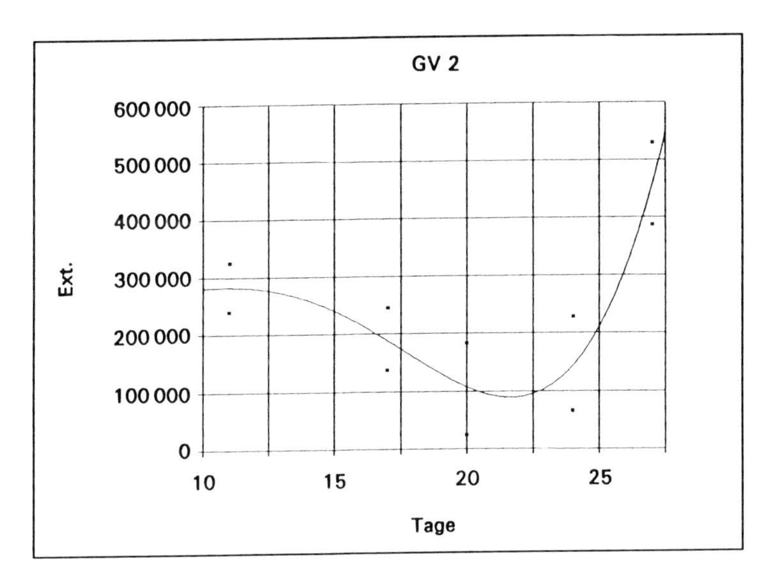

Abb. 7.50: Cellulaseaktivität Kontrollgruppe.

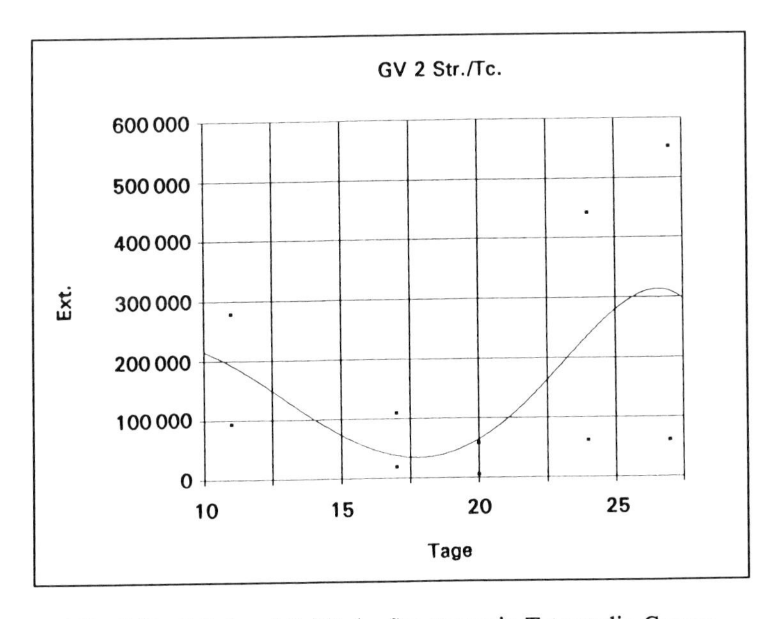

Abb. 7.51: Cellulaseaktivität der Streptomycin-Tetracyclin-Gruppe.

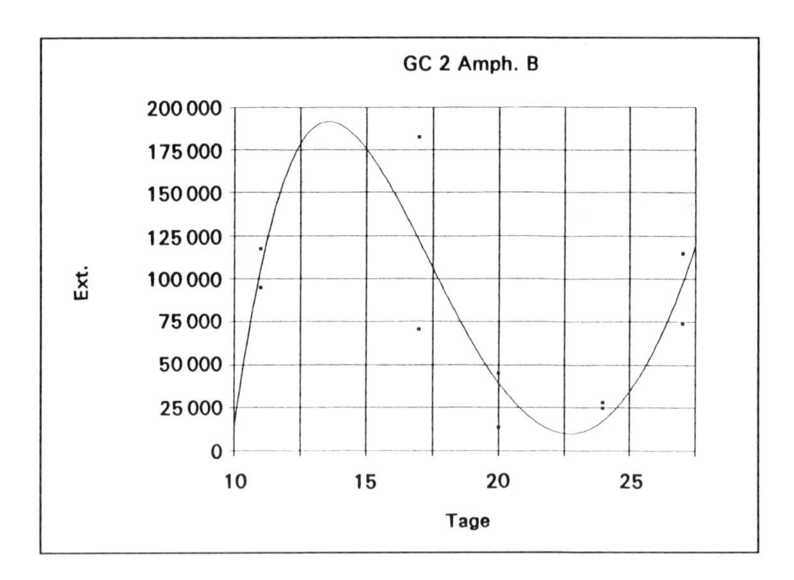

Abb. 7.52: Cellulaseaktivität Amphotericin B-Gruppe.

Tabelle 7.29 gibt die aus den Kurven Abb. 7.50 bis 7.52 abgelesenen mittleren Extinktionswerte an den jeweiligen Tagen an.

Tab. 7.29: Mittlere Extinktionswerte der Cellulaseaktivität.

Tage	Kontrolle	Streptomycin/Tetracyclin	Amphotericin B
11	282 365,32	192 410,46	106 715,58
17	188 532,91	37 557,43	121 546,66
20	107 910,63	64 406,40	39 356,17
24	143 861,26	236 889,08	17 515,74
27	457 932,29	310 186,11	97 412,00

In Abbildung 7.53 sind die Werte aus Tabelle 7.29 graphisch dargestellt.

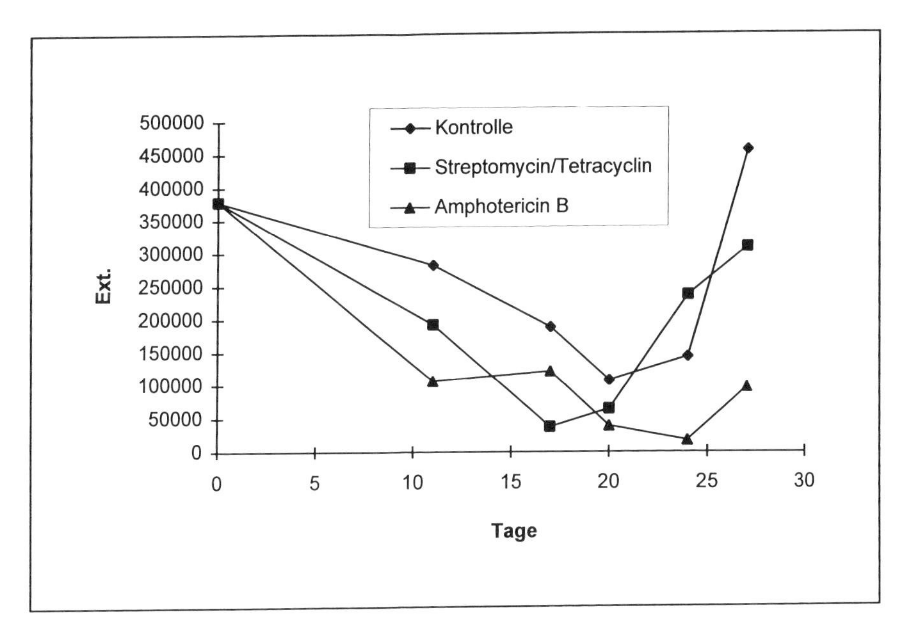

Abb. 7.53: Cellulaseaktivität bei *Allaiulus nitidus* unter Fütterung von mit Antibiotika und pilzhemmenden Substanzen behandeltem Laub. Antibiotika: Streptomycin, Tetracyclin-, Amphotericin B als pilzhemmende Substanz. Werte in Extinktion/g Darmtrockengewicht.

Die Cellulaseaktivität der Streptomycin/Tetracyclin- und Amphotericin B-Gruppen liegt deutlich unter den Werten der Kontrollgruppe. Nach etwa 20 Tagen legt sich die Kurve der Streptomycin/Tetracyclin-Gruppe an die der Kontrolle an. Dies könnte eine Ursache in der Bildung von Resistenzen der Bakterienflora gegenüber den Antibiotika haben. Bei Pilzen ist diese Anpassung im Versuchszeitraum und unter der eingesetzten Konzentration der Substanz nicht gegeben.

In Tabelle 7.30 ist die mikrobielle Abbaurate von Laub von *Fagus sylvatica* über einen Zeitraum von 33 Tagen bzw. pro Tag dargestellt.

Tab. 7.30: Mikrobielle Abbaurate von Laub (33 Tage).

	Abbaurate [%]	**SD (n=4)**	**Abbaurate [%/d]**
Kontrolle	6,47	1,62	0,196
Streptomycin/Tetramycin	1,87	3,4	0,057
Amphotericin	2,43	0,9	0,074

Unter Abzug der Werte aus Tabelle 7.30 von dem Massenverlust des Laubes während des Versuchszeitraums konnte der reale Fraß pro adultes Tier pro Tag ermittelt werden.

Tab. 7.31: Fraßaktivität der Versuchstiere als realer Fraß pro adultes Tier pro Tag.

realer Fraß pro adultes Tier pro Tag in mg	**Kontrolle**	**Streptomycin/ Tetramycin**	**Amphotericin**
Tier 1	0,49	1,11	0,41
Tier 2	1,17	1,40	0,25
Tier 3	0,31	1,00	1,10
Tier 4	0,39	2,74	0,42
Tier 5	0,35	0,51	0,96
Tier 6	0,86	1,45	0,31
Tier 7	0,95	1,69	0,51
Tier 8	1,77	0,43	0,41
Tier 9	1,17	1,15	0,39
Tier 10	0,64	2,95	0,71
Mittelwert	**0,81**	**1,44**	**0,55**
Standardabweichung (SD), n=10	**0,47**	**0,84**	**0,28**

Die Werte aus Tabelle 7.31 sind als realer Fraß in mg Laub pro adultes Tier pro Tag dargestellt.

Zur weiteren Beurteilung sind in Tabelle 7.32 der Mittelwert des Körpergewichts von 31 adulten *Allaiulus nitidus* sowie die Standardabweichung angegeben.

Tab. 7.32: Körpergewicht von *Allaiulus nitidus.*

	Mittelwert	**SD**	**Anzahl der Tiere**
Allaiulus nitidus Körpergewicht in mg	73,01	16,80	31

Abbildung 7.54 stellt den realen Fraß in mg Laub pro adultes Tier pro Tag graphisch dar.

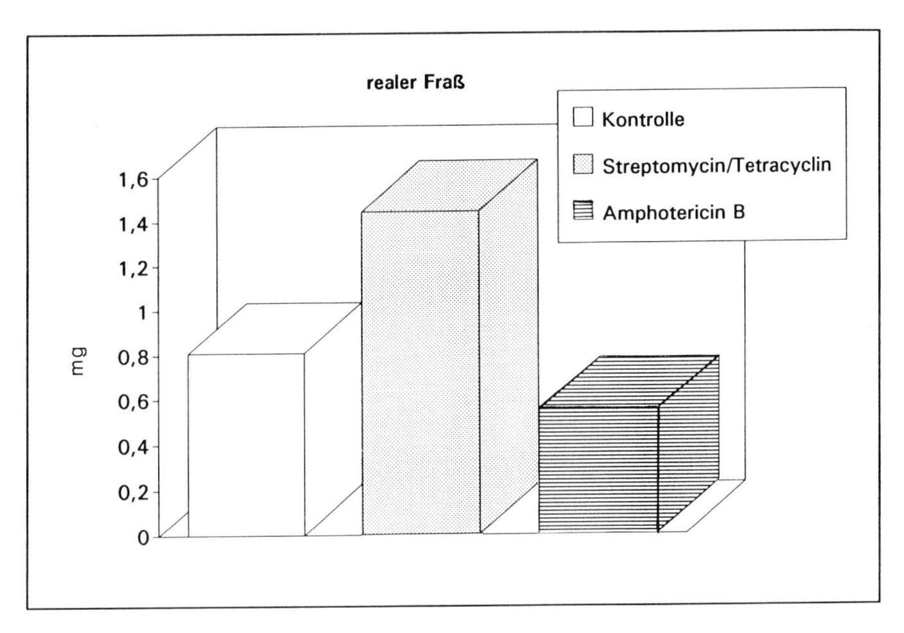

Abb. 7.54: Fraßaktivität von *Allaiulus nitidus* bei Verfütterung von mit Antibiotika und pilzhemmenden Substanzen behandeltem Laub sowie Kontrollaub von *Fagus sylvatica.*

7.2.6.3 Diskussion

Die Aktivitäten der untersuchten Enzyme im Boden (Cellulase, Xylanase, ß-Glucosidase und Dehydrogenase) liegen am Standort Wiesloch deutlich über den Werten von Mauer. Sie zeigen keine erkennbaren Beeinträchtigungen durch die in Wiesloch gegebenen Schwermetallkonzentrationen und entsprechen auch der mit dem Humusgehalt des Bodens nach BECK (1986) korrelierenden, höheren mikrobiellen Biomasse am Standort Wiesloch. Eine hohe Korrelation der Aktivitäten von Cellulase, Xylanase und Chitinase mit dem C-Gehalt von Böden werden bei WIRTH & WOLF (1992) erwähnt. Eine Beziehung zwischen der Enzymaktivität und der mikrobiellen Biomasse im Boden ist darin begründet, daß der überwiegende Teil der Bodenenzyme ja bakteriellen und pilzlichen Ursprungs ist. Ein geringerer Anteil ist auf die Aktivität pflanzlicher Zellen zurückzuführen (BABICH & STOTZKY 1985, SCHINNER et al. 1991).

In der Literatur finden sich einige Hinweise auf Hemmung von Enzymen durch Schwermetalle. Nach TYLER (1981) ist dies auf verschiedene Ursachen zurückzuführen. So können

(1) die katalytisch aktiven Gruppen des Enzymmoleküls durch Schwermetalle maskiert sein,
(2) Hemmungen durch Proteindenaturierung eintreten,
(3) Effekte auf die Enzymkonformation vorliegen und
(4) Kompetitionshemmungen im Zusammenwirken mit aktivierenden Kationen bei der Bildung des Enzym-Substratkomplexes auftreten.

In der Streuschicht von Nadelholzbeständen, die mit Cadmium, Kupfer, Blei und Zink kontaminiert ist, welche den Emissionen einer metallverarbeitenden Industrie entstammen, findet sich eine Abnahme der Dehydrogenase- und Amylaseaktivitäten (RÜHLING & TYLER 1973, EBREGT & BOLDEWIJN 1977). Die Aktivitäten von Cellulase und Dehydrogenase sind in Böden reduziert, die mit 7500 µg Cu/g versetzt wurden, bei 7500 µg Zn/g trat jedoch noch kein Aktivitätsverlust auf (BADURA et al. 1980). DOELMAN & HAANSTRA (1979b) beschreiben eine reduzierte Dehydrogenaseaktivität in einem sandigen Boden bei 1500 µg Pb/g. In einem Boden mit organischem Material und Tonmineralien stellten diese Autoren auch bei 7500 µg Pb/g noch keine Beeinträchtigung der Dehydrogenaseaktivität fest. Die Hemmung der Dehydrogenaseaktivität durch Blei ist nach DOELMAN & HAANSTRA (1979b) mit der Kationenaustauschkapazität von Böden korreliert. In dieser Hinsicht muß man wohl auch die hohen Enzymaktivitäten am Standort Wiesloch sehen. Der hohe Gehalt an organischer Materie im Boden wirkt sich auf die Enzymaktivitäten detoxifizierend aus. Bei der weit unter den von DOELMAN & HAANSTRA (1979b) beschriebenen Kontaminationen von 7500 µg Pb/g sind im Vergleich dazu in Wiesloch bei einer Belastung von 1238 µg Pb/g noch keine Beeinträchtigungen der Bodenenzymaktivitäten zu erkennen.

Schwermetalle können die Abnahme der Syntheserate von Enzymen in Mikroorganismen bewirken. Cadmium, Blei und Zink in Konzentrationen von 50 bis 500 µg/g hemmen die Synthese von Cellulase, Amylase und Urease in Sedimenten von Flüssen, begleitet von einer Abnahme der Zahlen von Substrat-hydrolisierenden Bakterien (WAINWRIGHT & DUDDRIDGE 1982). In den Arbeiten von COLE (1977) nahm die Synthese von Amylase bei Zugabe von 2000 µg Pb/g im Boden um 75% ab.

SPALDING (1979) untersuchte verschiedene Enzyme, die er aus der Laubstreu von Douglasienbeständen *(Pseudotsuga menziesii)* in Abständen von 1 Tag, 2 und 4 Wochen nach künstlicher Schwermetallkontamination extrahierte. Die Cellulaseaktivität war bei Belastung mit 1000 µ g/g von Cadmium und Quecksilber nach 4 Wochen vermindert, während nach 1- tägiger Inkubation keine Beeinträchtigung auftrat. Auch die Xylanaseaktivität war nach einem Zeitraum von 4 Wochen bei 1000 µg Hg/g reduziert. Die enzymatischen Aktivitäten scheinen demnach infolge der verminderten Enzymsyntheserate abzunehmen. SPALDING (1979) vermutet demzufolge weniger eine direkte Hemmung der Enzyme durch Schwermetalle als vielmehr eine verminderte Enzymsynthese durch gehemmtes mikrobielles Wachstum. So wird eine vollständige Wachstumshemmung in Nährlösung bei *Enterobacter aerogenes* und *Bacillus cereus* erst ab 500 µg Cd/g beobachtet (BABICH & STOTZKY 1978). Für *Corynebacterium* spec. geben diese Autoren eine vollständige Inhibition ab 100 µg Cd/g an und verschiedene Pilze wachsen noch auf Agarböden mit 1000 µg Cd/g, allerdings bei gestörter Sporulation. So liegt beispielsweise mit einer Cadmiumkonzentration von 98 µg Cd/g im A_h-Horizont von Wiesloch und der detoxifizierenden Wirkung des Humus die Belastung für die Mikroflora unter den Werten der Untersuchungen von BABICH & STOTZKY (1978).

Die für die Bestimmung der Cellulaseaktivität eingesetzten, mit Farbstoff markierten Polysaccharid-Derivate (Carboxymethyl-Cellulose-RBB), dienen in dem kolorimetrischen Test als Enzymsubstrate für endo-spaltende Cellulasen (WIRTH & WOLF 1992). Um einen Anhaltspunkt für die Eignung der Methode bei der Untersuchung des Intestinaltraktes von *Allaiulus nitidus* zu erhalten, wurden die Extinktionswerte der Cellulaseaktivität (Ext./g Darmtrockengewicht) gegen das jeweilige Gewicht des eingesetzten Teils des Darmes aufgetragen und eine Regressionsgerade durch die Meßpunkte gelegt (Abb. 7.55). Es zeigt sich, daß mit abnehmendem Darmgewicht der Probenstücke die höchsten Extinktionswerte gemessen wurden. Es scheint, daß bei mit Substrat und möglicherweise Bodenpartikeln gefülltem Intestinaltrakt gewissermaßen ein Verdünnungseffekt zum Tragen kommt. In einem weniger gefüllten Darmtrakt ist die Cellulaseaktivität bezogen auf die Gewichtseinheit höher als in einem gut gefüllten Intestinaltrakt, indem das höhere Gewicht des Substrates und der eventuellen Bodenpartikel die pro Gewichtseinheit berechnete Enzymaktivität geringer erscheinen läßt. Eine schwache Korrelation des Darmgewichtes mit der Cellulaseaktivität ist also gegeben. Die eingesetzte Methode bietet sich als ein sensitiver Indikator für die Messung der Cellulaseaktivität an.

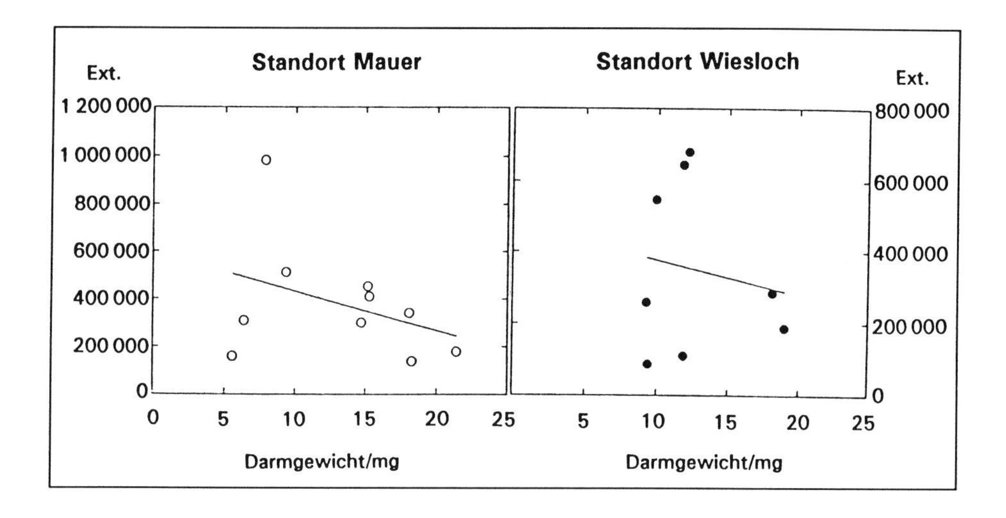

Abb. 7.55: Korrelation von Cellulaseaktivität und Darmgewicht.

Die Cellulaseaktivität im Intestinaltrakt von *Allaiulus nitidus* ist gegenüber der Aktivität auf Laub und im Boden sehr hoch (Abbildung 7.47). Sie ist am Standort Mauer im Darmtrakt etwa dreimal höher als auf der Laubstreu, und gegenüber dem Boden ist sogar eine 1 052-fach höhere Aktivität festzustellen. Tiere vom Vergleichsstandort Wiesloch weisen in ihrem Darmtrakt eine 7-fach erhöhte Cellulaseaktivität gegenüber der Laubstreu auf, während im Vergleich zum Boden eine 546-fache Erhöhung der Enzymaktivität vorliegt. Diese hohe cellulolytische Aktivität im Intestinaltrakt von *Allaiulus nitidus* steht im Zusammenhang mit den stark erhöhten Zahlen der symbiotischen Mikroorganismen im Darm, die in Kap. 7.2.5 dargestellt sind, und unterstreicht den Sachverhalt, daß der Darmtrakt von Diplopoden im Hinblick auf die Dekomposition der Laubstreu ein sehr aktives Mikrohabitat im Wirkungsgefüge des Bodens darstellt.

Celluloseabbauende Aktivitäten im Intestinaltrakt von Diplopoden sind auch aus der Literatur bekannt. Nach STRIGANOVA & CHERNOBROVKINA (1992) findet der Celluloseabbau im Darm von *Pachyiulus flavipes* (Diplopoda) aktiv mit Hilfe von Mikroorganismen statt. Die Tiere konnten bis zu 50% der Cellulose ihres Futterlaubes aufschließen. Bei STRIGANOVA & VALIACHMEDOV (1976) wird Celluloseabbau im Darm mittelasiatischer Juliden erwähnt. Diese

Tiere können infolge eigener Enzyme und der Enzyme ihrer Darmsymbionten bis zu 80% der Cellulose im Fallaub, das ihren Darmtrakt passiert, verdauen. BECK & FRIEBE (1981) lassen offen, ob es sich bei der Cellulaseaktivität im Darmtrakt von *Polydesmus angustus* um körpereigene oder Enzyme von Symbionten handelt. Die Autoren mutmaßen, daß im niedrigen pH-Bereich symbiotische und im höheren körpereigene Enzyme wirksam sind. In dieser Untersuchung wurden Cellulose und Carboxymethylcellulose bei der Verdauungsreaktion von *Polydesmus angustus* gespalten, wenn auch in geringem Umfang. Neben dem Verdau von Cellulose beschreiben diese Autoren vor allem eine Cellobiose-Aktivität bei dieser Diplopodenart. Die enzymatische Spaltung von Cellobiose im Darmtrakt von Bodentieren ist weiter verbreitet. Nach NIELSEN (1962) zeigen die Diplopoden *Cylindroiulus silvarum* und *Glomeris marginata* eine Verdauungstätigkeit für Cellobiose, während sie Cellulose nicht verwerten können und somit auf die Darmsymbionten angewiesen sind.

In den Untersuchungen von TAYLOR (1982) an den in der Wüste lebenden Doppelfüßern *Orthoporus ornatus* und *Comanchelus* spec. wurde im Verdauungstrakt dieser Arten eine große Zahl von Bakterien gefunden, die fähig waren, auf Medien mit Cellulose, Carboxymethylcellulose und Cellobiose als Substrat zu wachsen. Enzymtests bei diesen Arten zeigten, daß der Celluloseabbau im Mitteldarmbereich erfolgte. TAYLOR (1982) vermutet, daß die Hemicellulase und ß-Glucosidase in beiden Arten sowie die C_x-Cellulase in *O. ornatus* mikrobiellen Ursprungs sind. Andererseits erwähnen SZABÓ et al. (1992) bei ihren Untersuchungen an verschiedenen Diplopoden eine sehr geringe Zahl von cellulosezersetzenden Darmbakterien. So fanden sie z.B. im Intestinaltrakt von *Glomeris hexasticha* keine celluloseabbauenden Bakterienstämme.

Während von den meisten bodenbewohnenden Saprophagen Substrate wie Stärke, Maltose, Saccharose und Cellobiose enzymatisch aufgeschlossen werden können, gelingt die Hydrolyse von Cellulose, Carboxymethylcellulose, Xylan und Pektin in größerem Umfang nur wenigen Gruppen wie Schnecken, einigen Dipterenlarven, einigen Diplopoden (z.B. Polydesmiden) und einem Teil der Oribatiden-Arten (BECK & FRIEBE 1981). Der Diplopode *Allaiulus nitidus* läßt sich durch seine Fähigkeit, mit Hilfe von symbiotischen Mikroorganismen Cellulose abzubauen, in diese Gruppe einordnen. Er läßt sich als Primärzersetzer im weiteren Sinne ansehen, wenn man darin auch Tiere einbezieht, die die Fähigkeit von Mikroorganismen zur Spaltung von Strukturpolysacchariden auszunützen verstehen. BECK & FRIEBE (1981) bezeichnen als Primärzersetzer im engeren Sinn solche Organismen, die organische Substanz nicht nur mechanisch zerkleinern, sondern auch ihre Struktur durch körpereigene Enzyme aufschließen können (Schnecken, einige Dipterenlarven sowie einige Oribatiden).

Die enzymatischen Leistungen der Vertreter der Bodenmakrofauna innerhalb der Diplopoden aber vor allem auch im Vergleich verschiedener Arten differieren stark. *Oniscus asellus* z.B. hat eine erheblich niedrigere Cellobiose-Aktivität als *Polydesmus angustus*. Auch ist bei dieser Assel keine Cellulaseaktivität im Darmtrakt nachzuweisen (BECK & FRIEBE 1981). NIELSEN (1962) gibt ebenfalls eine Verdauungsaktivität bei Cellobiose und keinen Verdau von Cellulose bei der Assel *Porcellio scaber* an. HASSALL & JENNINGS (1975) wiederum beschreiben bei anderen Asselarten cellulolytische Aktivitäten im Darmtrakt durch erworbene mikrobielle Enzyme. Die Differenzierung der Enzymausstattung innerhalb der saprophagen Bodenfauna stellt eine Möglichkeit dar, eigene ökologische Nischen aufzutun und den Lebensraum des mitteleuropäischen Buchenwaldes mit einer reichen Artenfülle zu besiedeln.

Die Cellulaseaktivität im Intestinaltrakt von *Allaiulus nitidus* ist sowohl am Standort Mauer als auch in Wiesloch auf vergleichbar hohem Niveau. Es lassen sich in Abb. 7.47 keine erkennbaren Unterschiede an den Standorten feststellen. Die Gründe für die Hemmung der Dekomposition am schwermetallbelasteten Standort Wiesloch sind demzufolge vermutlich eher in einer Schädigung der Tiere durch verminderte Bewegungsaktivitäten und geringeren Fraß gegeben (siehe Kap. 7.3). Bei dem in Wiesloch vorhandenen Belastungsgrad an Schwermetallen - die Laubstreu ist zudem geringer belastet als der Boden - ist, wie bereits in anderen Kapiteln festgestellt, keine erkennbare Auswirkung auf die Mikroorganismen gegeben.

Dabei spielt sicher auch eine Anpassung der Mikroben an die Schwermetalle durch Resistenzbildung eine Rolle. In mit Schwermetallen kontaminierten Böden findet eine Selektion hin zu schwermetallresistenten Populationen von Mikroorganismen statt. DOELMAN & HAANSTRA (1979b) fanden einen höheren Anteil an Blei-toleranten Bakterienstämmen in mit Blei kontaminierten Böden als in Vergleichsböden. Nach BABICH & STOTZKY (1978) führt die Deposition von Cadmium in Ökosystemen zu einem verstärkten Wachstum und einer Etablierung von solchen Mikroben, die tolerant gegen hohe Konzentrationen dieses Schwermetalls sind, und zu einer Eliminierung von sensitiven Arten. In der mit Schwermetallen und insbesondere Quecksilber kontaminierten Bucht von New York fanden TIMONEY et al. (1978) vermehrt resistente Stämme von *Bacillus* in den Sedimenten, im Vergleich zu geringer belasteten Gebieten in größerer Entfernung vor der Küste. Dabei waren Stämme von *Bacillus* mit kombinierter Resistenz gegen Quecksilber und Ampicillin in den kontaminierten Sedimenten bis zu 6 mal häufiger. Die Autoren schließen daraus, daß die Gene für diese beiden Resistenzen gemeinsam selektiert werden und daß eine Kontamination mit Schwermetallen in einem Ökosystem einen Selektionsdruck auch für antibiotikaresistente Bakterien darstellt. Schwermetallresistenzen sind häufig plasmidgebunden (DUXBURY & BICKNELL 1983, SCHLEGEL 1985) und können dort zusammen mit Antibiotika-Resistenzen gekoppelt sein. Zum Beispiel liegen auf dem Penicillinase-Plasmid von *Staphylococcus aureus* neben dem Gen für Penicillin-Resistenz noch weitere Gene für Resistenzen für verschiedene Metallionen wie Cadmium, Blei, Quecksilber und Zink (NOVICK & ROTH 1968).

Die Auswirkungen von Schwermetallen auf die Darmflora von *Allaiulus nitidus* von einem unbelasteten Standort zeigt Abb. 7.48 Die mikrobiellen Symbionten im Intestinaltrakt sind in einem von Schwermetallen unbelasteten Lebensraum infolge fehlender Resistenzbildungen sensitiver gegenüber diesen Streßfaktoren. Durch eine Schädigung der Mikroflora im Darmtrakt ist demnach auch eine verminderte enzymatische Aktivität zu erwarten. Wie Abb. 7.48 zeigt, ist die Cellulaseaktivität im Darmtrakt von *Allaiulus nitidus* vom Standort Mauer unter dem Einfluß von Blei und Cadmium gehemmt. Allerdings waren die Konzentrationen der in den Fütterungsversuchen eingesetzten Schwermetalle sehr hoch. Sie lagen bei Blei und Cadmium im Futterlaub weit über den in der Kontaminationslösung angesetzten 1 000 μg Pb/g bzw. 5 000 μg Pb/g und 100 μg Cd/g bzw. 500 μg Cd/g (siehe Tabelle 7.26). Auch war in der tatsächlichen Belastung des Laubes kein nennenswerter Unterschied in den verschiedenen Konzentrationen mehr zu finden. Möglicherweise liegt eine Ursache im Auskristallisieren der Lösungen während der Inkubation. Der Konzentrationseffekt der Schwermetalle im Laub trifft insbesondere auf Cadmium zu. Auch WEIGMANN et al. (1985) beschreiben eine mehrfache Anreicherung von Cadmium beim Tauchen von Streubeuteln in Cadmiumnitrat gegenüber dem Lösungswasser. Diese Autoren vermuten, daß es an und in der Streu chemisch-physikalisch gebunden, also aktiv, der wässrigen Lösung entzogen wird.

Die Tiere, die mit Blei-kontaminiertem Futter inkubiert waren, zeigten nach etwa 15 Tagen noch vergleichbare Werte der Cellulaseaktivität im Intestinaltrakt mit denen der Kontrollgruppe. Erst ab ca. 18 bis 20 Tagen ist ein gegenüber der Kontrollgruppe niedrigeres Niveau der Enzymaktivität festzustellen. Dies unterstützt die oben bereits erwähnte Annahme, daß weniger die Enzyme direkt durch Schwermetalle gehemmt werden als vielmehr ihre Synthese. Eine negative Beeinflussung der Enzymaktivität bei der gegebenen Konzentration im Bereich von etwa 9 000 μg Pb/g ist also festzustellen.

Bei einer Belastung von 1 238 μg/g Pb im A_h-Horizont von Wiesloch - Diplopoden nehmen auch Bodenpartikel auf - war keine Beeinträchtigung der Cellulaseaktivität im Intestinaltrakt der Tiere festzustellen (siehe Abb. 7.47). Jedoch müssen hierbei wie erwähnt auch Resistenzbildungen berücksichtigt werden. Bei der Zugabe von 7 500 μg Pb/g zu einem unbelasteten und humusreichen Boden fanden DOELMAN & HAANSTRA (1979 b) noch keine Schädigung der Mikroflora durch Beeinträchtigung der Atmung, während in einem Tonboden eine Reduktion der Atmung um 15% bei 1 500 μg Pb/g gegeben war. Die Auswirkungen eines bestimmten Belastungsgrades mit Schwermetallen sind nicht einfach zu beurteilen, sie hängen von verschiedenen Faktoren wie z.B. den Bodeneigenschaften ab, die detoxifizierend wirken können.

Cadmium wirkt sich im Intestinaltrakt von *Allaiulus nitidus* durch eine deutliche Hemmung der Cellulaseaktivität aus. Die Enzymaktivität liegt unter den Werten der Kontrollgruppe und der mit Blei-kontaminiertem Laub gefütterten Gruppe. Das schon zu Beginn des Versuchs zwischen 5 und 15 Tagen Inkubationsdauer der Tiere erheblich niedrigere Niveau der Enzymaktivität läßt einen toxischeren Effekt von Cadmium verglichen mit Blei vermuten. Die Belastung des Futterlaubes lag zwar mit etwa 11 500 μg Cd/g etwas höher als die Kontamination mit Blei bei ca. 9 000 μg/g, der starke Rückgang der Cellulaseaktivität läßt sich damit aber wohl nicht ausschließlich erklären. Eine höhere Toxizität von Cadmium im Vergleich zu Zink beschreiben BEWLEY & STOTZKY (1983 a) in ihren Untersuchungen. Bei Zugabe von 5 000 μg Cd/g bzw. 15 000 μg Zn/g zu Böden stellten sie eine Reduktion der Zahl von Pilzen fest.

Die Enzymaktivitäten im Intestinaltrakt der Kontrollgruppe des Schwermetallversuches (Abb. 7.48) nehmen ebenfalls nach 25 bis 30 Tagen Inkubationsdauer ab. Die Ursache ist möglicherweise in den mehrwöchigen Hälterungsbedingungen der Tiere, die sich z.B. in fehlender Nährstoffversorgung usw. äußern können, zu suchen.

Die Herkunft der celluloseabbauenden Enzyme im Intestinaltrakt von *Allaiulus nitidus* wurde durch Verfütterung von Laub, das mit Antibiotika und pilzhemmenden Substanzen behandelt war, untersucht. Wie die Abb. 7.53 zeigt, ist die Cellulaseaktivität im Darmtrakt bei Hemmung der Bakterien durch Antibiotika gegenüber der Kontrollgruppe deutlich reduziert. Die restliche Cellulaseaktivität ist demnach wohl vor allem auf die Tätigkeit der Pilze im Intestinaltrakt zurückzuführen. Die eingesetzten Antibiotika Streptomycin und Tetracyclin besitzen ein breites Wirkungsspektrum gegen viele grampositive und gramnegative Bakterien (STANIER et al. 1987). BORKOTT & INSAM (1990) haben Tetracyclin z.B. zur Reduzierung der Keimflora bei Collembolen eingesetzt. Streptomycin und Tetracyclin hemmen die Proteinsynthese der Prokaryonten durch Beeinträchtigung der Funktion der 70s-Ribosomen. Streptomycin hemmt den Vorgang der Verknüpfung der Aminosäuren indem es sich an ein Protein der 30s Untereinheit anlagert (SCHLEGEL 1985, STANIER et al. 1987). Tetracyclin hemmt die Anlagerung der Aminoacyl-tRNA an die Ribosomen (SCHLEGEL 1985). Diese Antibiotika wirken sich also auf das Wachstum der Bakterien und auf die fortgesetzte Synthese von Enzymen aus. Durch das Vorhandensein eines gewissen Pools an Cellulasen und einer biologisch vertretbaren Konzentration sowie eines begrenzten Wirkungsspektrums der Antibiotika ist ein zur Cellulaseaktivität der pilzlichen Symbionten hinzukommendes bestimmtes Maß an verbleibender bakterieller Cellulaseaktivität im Darmtrakt deshalb wahrscheinlich.

Die Cellulaseaktivität bei Hemmung der intestinalen Pilzflora durch Amphotericin B liegt ebenfalls deutlich unter den Werten der Kontrollgruppe (Abb. 7.54). Diese Enzymproduktion dürfte wohl überwiegend auf Bakterien, wie z.B. Pseudomonaden und Aktinomyceten, zurückzuführen sein. Bei Amphotericin B wurde eine Konzentration gewählt, die gegen Pilze wirksam ist, jedoch noch nicht als cytotoxisch für das Tier gilt. Vor allem Pilze dürften auch hinsichtlich der Sauerstoffversorgung akzeptable Bedingungen finden. Neben anaeroben sind auch aerobe Bereiche im Darmtrakt wohl nicht selten.

Der Versuch zeigt, daß sich die Cellulaseaktivität im Intestinaltrakt von *Allaiulus nitidus* wohl vor allem (wenn nicht ausschließlich) aus der Stoffwechseltätigkeit von Bakterien und Pilzen zusammensetzt. Deren Enzymausstattung ermöglicht den Abbau des organischen Materials. Der Anteil der mikrobiellen Darmflora an den Zersetzungsprozessen im Darmtrakt wird auch in anderen Arbeiten erwähnt. TAYLOR (1982) berichtet, daß die Produktion von Cellulasen durch Bakterien im Darmtrakt ein wichtiger Faktor sein kann, der es Diplopoden erlaubt Cellulose zu assimilieren. Bei dieser Untersuchung über zwei Doppelfüßerarten eines Wüstenhabitats, *Orthoporus ornatus* und *Comanchelus* spec. wurde die Darmflora durch Antibiotika-Behandlung reduziert. Unter diesem Einfluß war bei dem Abbau von ^{14}C-Cellulose eine Reduktion der $^{14}CO_2$ -Freisetzung zu bemerken. Ebenso war eine verminderte ^{14}C-Assimilation und eine Zunahme der ^{14}C-Exkretion im Vergleich zu den Kontrollen festzustellen. Dies deutet darauf hin, daß die Produkte des mikrobiellen Abbaus ebenso durch die Diplopoden wie auch durch die Bakterien assimiliert werden.

Nach etwa 20 Tagen nähert sich die Kurve der Cellulaseaktivität in Abb. 7.53 der mit Antibiotika gefütterten Gruppe der Kurve der Kontrolltiere an, während die Cellulaseaktivität bei Hemmung der Pilze weiterhin deutlich niedriger bleibt (Abb. 7.54). Dies könnte mit Resistenzbildungen der Bakterienflora in Verbindung stehen. Pseudomonaden z.B., die ja im Darmtrakt von *Allaiulus nitidus* häufig nachzuweisen waren, sind hinsichtlich ihrer umfangreichen Resistenzbildung bekannt. Sie stellen die Problemkeime des Hospitalismus, der durch insbesondere antibiotikaresistente Bakterienstämme hervorgerufenen Infektionen in Krankenhäusern dar.

Von den klinischen Isolaten von *Pseudomonas aeruginosa* waren 99,8% schwermetallresistent, wobei 99,5% gleichzeitig Resistenzen gegen mehrere Schwermetalle - untersucht wurden u.a. Cadmium und Blei - aufwiesen (NAKAHARA et al. 1977). Gleichzeitig schwermetall- und antibiotikaresistent waren in dieser Untersuchung 53% der Isolate. *Pseudomonas* war auch die dominierende Gattung unter den cadmiumresistenten Stämmen bei einer Untersuchung der bakteriellen Lebensgemeinschaft von aquatischen Ökosystemen (HOUBA & REMACLE 1980).

7.3 Auswirkungen auf die Aktivität der Bodentiere

7.3.1 Auswirkungen auf die Laufaktivität von Spinnen:

Die faunistisch-ökologische Untersuchung der Spinnenfauna auf den beiden Vergleichsflächen erbrachte deutliche Unterschiede (Kap. 5.2.3) sowohl im Artenbestand als auch in bezug auf Aktivitäts- und Individuendichte.

Eine niedrigere Individuendichte bedingt bei gleicher Aktivität der Spinnen eine erniedrigte Aktivitätsdichte.

In Wiesloch ist sowohl die Individuendichte als auch die Aktivitätsdichte niedriger als in Nußloch. Im folgenden soll dargelegt werden, ob die Aktivität der Spinnen in Wiesloch gegenüber Nußloch verändert ist.

Hierzu wird die Individuendichte in Nußloch gleich 100% gesetzt, d.h. 100% entspricht der "normalen Aktivität".

Zunächst wird der Prozentsatz ermittelt, den die Individuendichte in Wiesloch im Vergleich zu Nußloch erreicht.

Dazu lag folgende Formel zugrunde:

$$\text{Prozentuale Individuendichte WIE} = \frac{\text{gemessene Individuendichte WIE}}{\text{gemessene Individuendichte NU}} \cdot 100$$

Es ergeben sich folgende Werte für die prozentuale Individuendichte Wiesloch:

Tab. 7.33: Prozentuale Individuendichte Wiesloch.

	1990	1991
Individuen	54%	50%
Männchen	27%	25%
Weibchen	40%	41%
Juvenile	61%	54%

Abb. 7.61 stellt die prozentuale Individuendichte graphisch dar.

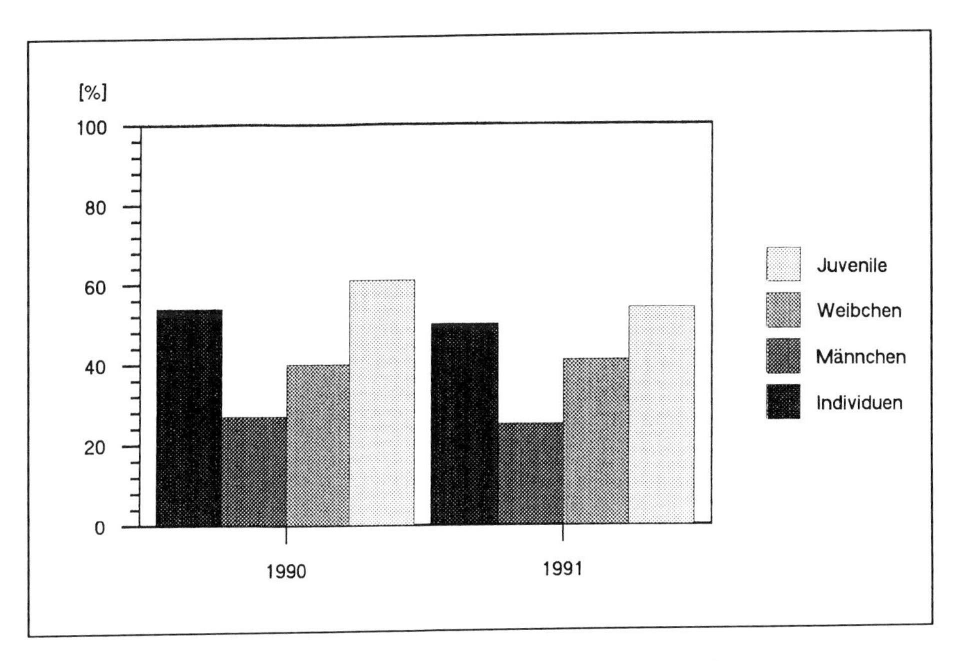

Abb. 7.61: Prozentuale Individuendichte Wiesloch.

Um die Aktivitäten zu vergleichen muß als nächstes die potentielle Aktivitätsdichte für Wiesloch ermittelt werden. Dazu setzt man die Aktivitätsdichte in Nußloch gleich 100%, d.h. es wird für diesen Standort eine normale Aktivität angenommen.

$$\text{Potentielle Aktivitätsdichte } \mathrm{WIE} = \frac{\text{Aktivitätsdichte } \mathrm{NU}}{100} \cdot \text{ prozentuale Individuendichte } \mathrm{WIE}$$

Es ergeben sich folgende Werte für die potentielle Aktivitätsdichte Wiesloch (Tab. 7.37):

	1990	1991
Individuen	400,7	330,0
Männchen	98,6	78,3
Weibchen	85,6	86,9
Juvenile	99,4	72,9

Abb. 7.62 und 7.63 stellen die ermittelte und die potentielle Aktivitätsdichten dar.

Ein Vergleich der potentiellen Aktivitätsdichte (berücksichtigt die gegenüber Nußloch verminderte Individuendichte in Wiesloch) und der in Wiesloch tatsächlich ermittelten Aktivitätsdichte erlaubt eine Aussage, ob sich die Laufaktivität der Spinnen in beiden Gebieten unterscheidet.

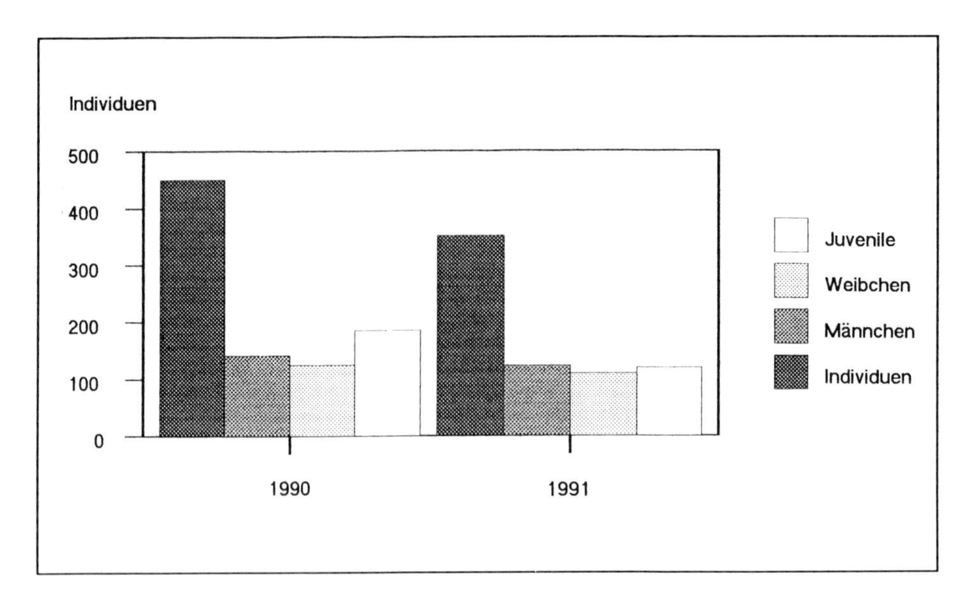

Abb. 7.62: Ermittelte Aktivitätsdichte in Wiesloch.

Abb. 7.63: Potentielle Aktivitätsdichte für Wiesloch.

Die relative Laufaktivität gibt das Verhältnis der Laufaktivität in Wiesloch zu der in Nußloch an (Laufaktivität in Wiesloch wäre erhöht bei Werten über 100% bzw. erniedrigt bei Werten unter 100%).

Dieser Wert ist unabhängig von der Anzahl der zum Vergleich herangezogenen Barberfallen.

$$\text{Relative Laufaktivität} = \frac{\text{Aktivitätsdichte W}_{\text{IE}}}{\text{potentielle Aktivitätsdichte W}_{\text{IE}}} \cdot 100$$

Die relative Laufaktivität Wiesloch in bezug zu Nußloch geben die folgende Tabelle 7.38 sowie Abb. 7.64 wieder.

Tab. 7.38: Relative Laufaktivität in Nußloch.

% von N	**1990**	**1991**
Individuen	112	106
Männchen	141	157
Weibchen	144	125
Juvenile	183	163

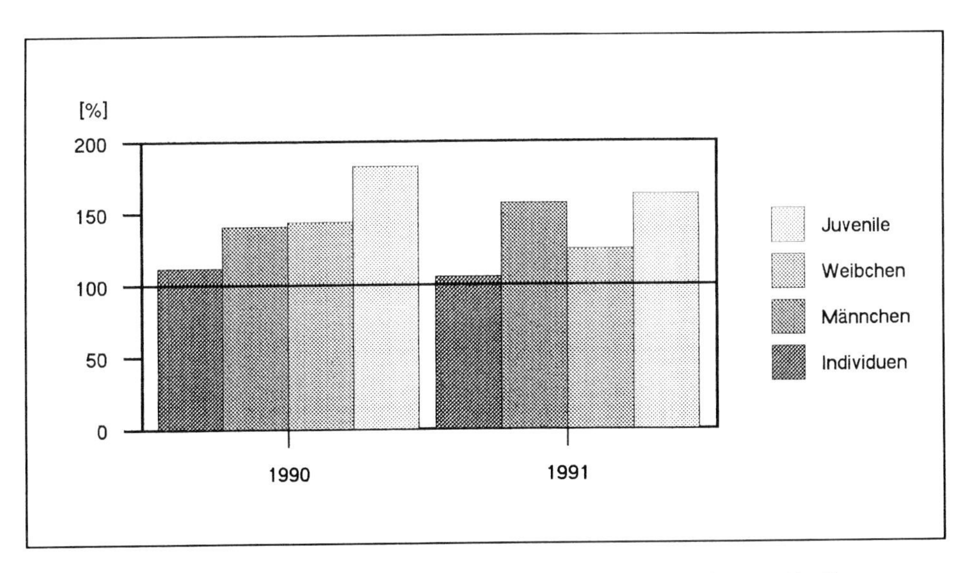

Abb. 7.64: Relative Laufaktivität in Wiesloch (100% entspricht Nußloch).

Die Laufaktivität in Wiesloch insgesamt liegt für 1991 niedriger als 1990. Dies kann auf klimatische Unterschiede zurückzuführen sein (STIPPICH 1986).

Trotz der niedrigeren Aktivitätsdichte ergibt sich aber für alle Gruppen eine erhöhte Laufaktivität im Vergleich zu Nußloch. Für Juvenile ergaben sich die stärksten Erhöhungen der Laufaktivität.

Tab. 7.39: Vergleich der prozentualen Individuendichte mit der relativen Laufaktivität einiger Arten, Daten in Klammern beruhen auf geringer Datenbasis.

Art	proz. Individuendichte	rel. Laufaktivität
Apostenus fuscus		
Individuen	20%	132%
Männchen	(<20%)	(>140%)
Weibchen	25%	74%
Hahnia helveola		
Individuen	17%	(85%)
Männchen	33%	(51%)
Weibchen	13%	(>90%)
Hahnia montana		
Individuen	25%	40%
Männchen	11%	(150%)
Weibchen	30%	(<40%)
Hahnia pusilla		
Individuen	400%	17%
Männchen	(?)	(>17%)
Weibchen	400%	8%
Centromerus serratus		
Individuen	43%	122%
Männchen	40%	143%
Weibchen	44%	114%
Lepthyphantes flavipes		
Individuen	75%	117%
Männchen	100%	92%
Weibchen	67%	126%
Macrargus rufus		
Individuen	(100%)	408%
Männchen	(?)	(<400%)
Weibchen	(100%)	583%
Microneta viaria		
Individuen	44%	34%
Männchen	(?)	(>35%)
Weibchen	44%	28,1%
Wackenaeria corniculans		
Individuen	50%	60%
Männchen	(<50%)	(>60%)
Weibchen	(100%)	(34%)

In Kapitel 5.3 wurde dargestellt, daß es nicht nur zu einer Reduktion, sondern auch zu einer Verschiebung im Artenspektrum in dem belasteten Gebiet im Vergleich zum minderbelasteten kommt. Im folgenden soll geklärt werden, ob diese Verschiebung oder eine Verhaltensänderung für die beschriebene Laufaktivitätszunahme und den veränderten Anteil von Männchen, Weibchen und Juvenilen in der Gesamtpopulation von Wiesloch ausschlaggebend ist.

Es soll für einige Hauptarten die prozentuale Individuendichte und die relative Laufaktivität ermittelt werden (Tab. 7.39).

Die prozentuale Individuendichte verdeutlicht, daß bis auf wenige Ausnahmen die Abundanzen der einzelnen Arten in Wiesloch geringer sind als in Nußloch.

Die prozentual niedrigsten Individuendichten sind für folgende Arten zu verzeichnen: *Hahnia helveola, Hahnia montana, Apostenus fuscus, Centromerus serratus, Microneta viaria.* Einzig *Hahnia pusilla* zeigt deutlich erhöhte Werte.

Nicht so einheitlich verhalten sich die verschiedenen Arten bezüglich der relativen Laufaktivität. Nur relativ wenige Arten haben eine gesteigerte Aktivität. Dies sind bei den Männchen: *Apostenus fuscus, Centromerus serratus* und *Macrargus rufus*. Bei den Weibchen sind es: *Lepthyphantes flavipes, Centromerus serratus*, und *Macrargus rufus.*

Da diese Arten 31% der Männchen und 56% der Weibchen in den Barberfallen aus Wiesloch stellen, wirken sich die Erhöhungen stark auf die Gesamtaktivität aus.

Des weiteren ist zu vermuten, daß auch die großen, laufaktiven Arten eine erhöhte Aktivität aufweisen. Vor allem ist dies *Coelotes terrestris*, aber auch *Dysdera erythrina* und *Trochosa terricola* sind davon betroffen.

Der überwiegende Teil der Barberfallenfänge in Wiesloch besteht aus diesen Arten (64,4%). In Nußloch stellen sie nur einen Anteil von 44,1%

Die Mehrzahl der Arten in Wiesloch ist dagegen in ihrer Aktivität eingeschränkt. Durch dieses Verhalten treten sie in den Barberfallen relativ wenig in Erscheinung. Besonders geringe Aktivität zeigten: *Hahnia pusilla, Microneta viaria, Walckenaeria corniculans, Hahnia montana* und *Hahnia helveola.* Ihr Anteil an den Barberfallenfängen in Wiesloch betrug 9,8%. In Nußloch erreichten sie hingegen einen über doppelt so hohen Anteil (24,4%).

Inwieweit diese Veränderung der Laufaktivität auf den Einfluß bestimmter Schwermetalle zurückzuführen ist, sollten zukünftige Laborversuche klären.

Zusammenfassend läßt sich feststellen:

Um Rückschlüsse auf die wirkliche Aktivitätsänderung der Spinnen in Wiesloch zu ziehen, wurde die potentielle Laufaktivität (zu erwartende Aktivität unter Berücksichtigung der geringeren Individuendichte) mit der tatsächlichen Laufaktivität verglichen. Hieraus ergab sich die relative Laufaktivität. Sie gibt an, wie sich die Aktivität in Wiesloch in Bezug auf Nußloch (100%) verhält. Diese Berechnung zeigt, daß sich hinter der für die Gesamtindividuenzahl relativ geringen Änderung der Laufaktivität (+6%) sehr deutliche Aktivitätsänderungen verbergen (Männchen +57%, Weibchen +25%, Juvenile +63%).

Bei Betrachtung der einzelnen Arten ist in Wiesloch bei fast allen eine Veränderung der Laufaktivität gegenüber Nußloch festzustellen. Relativ wenige Arten - vor allem große und mittelgroße Spinnen - weisen in Wiesloch eine z.T. erhebliche Erhöhung der Laufaktivität auf und werden besonders häufig in den Barberfallen gefangen. Besonders sind das *Apostenus fuscus, Centromerus serratus, Macrargus rufus* und *Lepthyphantes flavipes.*

Die Mehrzahl der Arten ist jedoch in ihrer Aktivität gehemmt. Die einzige Art, die in Wiesloch eine Bestandserhöhung zeigt (*Hahnia pusilla*), ist in ihrer Aktivität stark gehemmt. Möglicherweise wirkt sich diese Verhaltensänderung positiv unter Schwermetallbelastung aus.

7.3.2 Auswirkung auf die Laufaktivität von Diplopoden

Wie für Araneen dargestellt wurde auch für die Diplopoden die relative Laufaktivität der Diplopoden von Wiesloch in bezug zu denen von Nußloch rechnerisch bestimmt (vgl. Kap. 7.3.1 sowie Kap. 5.3.4).

Tabelle 7.40 gibt die Ergebnisse für die Taxa, für die die nötigen Werte (aus beiden Fangmethoden) vorlagen:

Die relative Laufaktivität ist bei den Adulti insgesamt in Wiesloch stark eingeschränkt. Dies ist hauptsächlich auf das häufige Auftreten der wenig mobilen Kleinform *Polyxenus lagurus* zurückzuführen.

Wegen der relativ geringen Datenbasis können nur wenige Arten getrennt berechnet werden. Hierbei ergibt sich ein durchaus differenziertes Bild. Es zeigt sich, daß vor allem *T. niger* in seiner Aktivität stark eingeschränkt ist, während andere Arten (*A. nitidus, J. scandinavius*) sowie die Juvenilen stark in ihrer Aktivität gefördert sind.

Eine Interpretation ist vor diesem heterogenen Bild nicht ganz einfach. So kann die Aktivität direkt durch die Schwermetallbelastung eingeschränkt werden oder eine indirekte Folge sein, da, durch das Ansammeln des sich nur langsam zersetzenden Laubes bedingt, ein Anreiz für Lokomotion (Hunger) wegfällt (MÜLLER 1984). Dies steht aber im Widerspruch zu der erhöhten Laufaktivität anderer Arten. So scheint die große und sehr bewegliche Art *T. niger* möglicherweise doch stärker von der direkten Einwirkung betroffen zu sein als andere (s. Kap. 6.1.10, 7.3.3).

7.3.3 Semi-Freiland-Versuch mit Biotopausschnittskulturen

7.3.3.1 Einleitung

Die Zersetzung von Laubmaterial wird einerseits direkt durch Fraß, Assimilation und Veratmung bestimmter Bestandteile des Laubes durch saprophage Bodentiere, andererseits jedoch auch durch eine von diesen Tieren verursachte Stimulation der mikrobiellen Aktivität im Boden gefördert. Der von den Bodentieren ausgehende positive Effekt auf die Bodenmikroflora resultiert u.a. aus einer Neuinfektion bestimmter Teile des Substrates durch Faecesabsatz, einer Erhöhung der Bakterienzahl auf diesen Faeces, einer Durchmischung des Substrates, der Zerkleinerung des Laubmaterials durch den Fraß oder aus dem Halten von Bakterienpopulationen in der logarithmischen Teilungsphase durch fortschreitende Beweidung usw. (z.B. AUSMUS 1977, WEBB 1977, GUNNARSSON & TUNLID 1986, ANDERSON 1988, HÅGVAR 1988).

Tab.7.40: Relative Laufaktivität der Diplopoden (zur Systematik s.a. Tab. A10 im Anhang).

Art	prozentuale Individuendichte	relative Laufaktivität
Polyxenidae: (adult)	-	-
Polyxenidae juv.	-	-
P. lagurus	1 160	-
total	-	-
Glomeridae: (adult)	-	-
Glomeridae juv.	6	-
G. conspersa	-	-
G. undulata	-	-
total	-	409,8
Chordeumidae: (adult)	1 000	43
Chordeumidae juv.	132	-
C. silvestre	-	-
M. voigti	900	-
M. germanica	-	-
total	-	428
Craspedosomidae: (adult)	-	-
Craspedosomidae juv.	-	-
C. rawlinsii	-	-
total	-	-
Polydesmidae: (adult)	-	-
Polydesmidae juv.	2 900	-
P. denticulatus	-	-
P. testaceus	-	-
total	-	87,9
Julidae: (adult)	71	82
Julidae juv.	32	326
A. nitidus	87	750
C. caeruleocinctus	-	-
J. scandinavius	25	375
T. niger	100	26
U. foetidus	-	-
total	-	180,7
Adulti gesamt	**328**	**22**
Adulti o. Polyxenus	76	96
Juvenile	**86**	**168**
Juvenile o. Polyxenus	68,5	201
total Diplopoda	**111,3**	**72,8**
total Diplopoda o. Polyxenus	68,1	113,0

Da diese Parameter von der Aktivität -und insbesondere der Fraßaktivität- der Bodenfauna abhängen, liegt der Verdacht nahe, daß Schwermetalle nicht nur, wie bereits in den vorangegangen Kapiteln beschrieben, auf physiologische und zelluläre Vorgänge in Bodenorganismen Einfluß nehmen, sondern auch die Aktivität der Bodentiere und somit den gesamten Prozeß der Dekomposition beeinträchtigen können. Mit Hilfe der Kultivierung und ständigen Beprobung von Bodenausschnitten aus den Vergleichsgebieten Wiesloch und Nußloch, die unter konstanten Laborbedingungen gehalten wurden, sollte im vorliegenden Kapitel untersucht werden, ob schwermetallbedingte Unterschiede im Dekompositionsverlauf auftreten, ob diese durch verminderte Assimilationsraten von Diplopoden nach Schwermetallbelastung erklärbar sind (siehe Kap. 6.1.11), und inwiefern ein Einfluß von Schwermetallen auf die durch die Aktivität der Bodenfauna bedingte indirekte Förderung der Mikroflora vorhanden ist.

7.3.3.2 Material und Methodik

Zur Simulation möglichst natürlicher Verhältnisse im Labor wurden je 5 Bodenausschnitte aus den Gebieten Wiesloch und Nußloch unter Laborbedingungen über 180 d bei 15°C im Tag/Nacht-Rhythmus von 12h/12h kultiviert und alle 30 d beprobt. Die Proben wurden in 70 x 40 cm großen Plastiktonnen überführt, in denen die Bodenstruktur (der einzelnen Horizonte) möglichst naturgetreu nachgebildet wurde. Das Bodenmaterial entstammte den beiden erwähnten Gebieten. Die Laubstreu wurde ebenfalls den jeweiligen Flächen entnommen und stellte einen Querschnitt der vorhandenen Blattarten unterschiedlichen Dekompositionsgrades dar. Nach Trocknung bei Zimmertemperatur über mehrere Tage wurde die Laubstreu in definierten Portionen in große Netzbeutel verpackt, deren Maschenweite (1 cm) ein ungehindertes Passieren aller eingesetzten Tiere ermöglichen sollte. Die gefüllten Netzbeutel wurden befeuchtet (in den zu kontaminierenden Ansätzen (mit Wiesloch-Boden) mit einer wässrigen Lösung von 1 000 mg Pb^{2+}/kg (als $Pb(NO_3)_2$), in den Kontrollen (mit Nußloch-Boden) mit Leitungswasser) und über die gesamte Kulturzeit regelmäßig jede Woche in allen Fällen mit Leitungswasser besprüht.

In jede dieser Tonnen wurde eine definierte Anzahl adulter Diplopoden folgender Arten eingesetzt (wobei jedoch nicht jede Art in allen Tonnen vertreten war): *Glomeris marginata*, *Glomeris conspersa*, *Polydesmus angustus*, *Polydesmus denticulatus*, *Julus scandinavius*, *Allaiulus nitidus* und *Tachypodoiulus niger* (zur Systematik s. Anhang, Tab. A10).

Pro Beprobungstermin wurden jeder Kultur zwei Netzbeutel entnommen, diese entleert und darin enthaltene adulte Diplopoden der Kultur wieder zugeführt. Ebenso wurden auftretende Jungtiere entnommen; um jedoch eine unkontrollierte Erhöhung der Diplopodenzahl in den Kulturen zu verhindern, wurden juvenile Tiere nicht in die Kulturen zurückgesetzt. Das entnommene Laub wurde bei 60°C getrocknet, gewogen, ein Teil für die Mikrokalorimetrie verwendet und der Rest (zur Vermeidung unnatürlich hohen Substratverlustes) in Netzbeutel verpackt der Kultur wieder zugeführt. Protokolliert wurde das Auftreten adulter und juveniler Tiere in den Netzbeuteln sowie der Substanzverlust des Laubes.

Nach 180 d wurde eine Partikelgrößenverteilung in je zwei Netzbeuteln pro Kultur durch Sieben des Laub-/Faecesmaterials durch einen Siebsatz mit den Maschenweiten 2,5 mm/1 mm/0,6 mm durchgeführt.

Je fünf Parallelansätze von Biotopausschnittskulturen aus dem stark schwermetallbelasteten Gebiet Wiesloch und der Vergleichsfläche Nußloch wurden so über 180 d unter konstanten Bedingungen gehalten und alle 30 d beprobt. Jedem Ansatz wurde eine definierte Anzahl adulter Diplopoden (als einzige Vertreter der Makrofauna) zugeführt, wobei darauf geachtet wurde, daß die einzelnen Diplopodenfamilien in allen Ansätzen in ähnlichen Quantitäten vertreten waren. Die unbelasteten Kulturen enthielten je 18-20, die belasteten Kulturen je 24-26 Diplopoden unterschiedlicher Species. Da keine Glomeriden aus Wiesloch vorhanden waren, wurden in die schwermetallbelasteten Kulturen primär unbelastete Individuen von *G. conspersa* eingesetzt. Dies wurde jedoch bei den späteren Berechnungen berücksichtigt.

Folgende Parameter wurden gemessen bzw. berechnet:

(1) Der Substanzverlust von Laub (und diesem anhaftende Faeces) in den Netzbeuteln,
(2) der relative Energiegehalt der Blätter als Maß für den Dekompositionsgrad (s. Kap. 7.1) und
(3) der Energieverlust in den Netzbeuteln. Dieser Parameter konnte nur näherungsweise bestimmt werden, da er sich zwar aus (1) und (2) berechnet, sich aber bei der für die Messung des relativen Energiegehaltes erforderlichen Trocknung des Laubmaterials die anhaftenden Faecespellets lösen und somit nicht erfaßt werden. Faeces von Diplopoden weisen jedoch einen ähnlichen Energiegehalt wie das konsumierte Laub auf, was Mikrokosmosexperimente, die parallel zum vorliegenden Projekt durchgeführt wurden, zeigten.

Um die indirekte Förderung der Mikroflora durch die Tiere beurteilen zu können, wurden die Regressionskurven für den Masseverlust (1) und den approximierten Energieverlust (3) des Laubmaterials in den Netzbeuteln mit den jeweiligen Regressionsfunktionen für
(a) den rein mikrobiell bedingten Laubabbau ohne Zutritt der Fauna (Werte aus Kap. 7.3.1) und
(b) die Summe aus rein mikrobiell bedingtem und durch Assimilation von Nährstoffen durch die eingesetzten Diplopoden verursachten Laubabbau (Werte aus Kap. 4 und 6.4.2) verglichen. Weiterhin wurden
(4) die Anzahl lebender adulter Diplopoden in den Netzbeuteln und
(5) die Anzahl juveniler Diplopoden in den Netzbeuteln bei jeder Probennahme sowie
(6) die Verteilung der Partikelgröße von Laub und Faeces in den Netzbeuteln nach 180 Tagen Kultur protokolliert.

7.3.3.3 Resultate

7.3.3.3.1 Substanzverlust und Energetik

Die unbelasteten Kulturen aus Nußloch zeigen trotz eines geringeren Besatzes mit Diplopoden einen weitaus höheren Masseverlust (36,38% nach 180 d) als die Kulturen unter Schwermetalleinfluß (22,64% nach 180 d). Beide Meßwerte liegen jedoch deutlich höher als die für die beiden Probengebiete berechneten Masseverlustwerte des ausschließlich mikrobiellen Abbaues (11,84% bzw. 11,64% nach 180 d, Abb. 7.65). Der durch die Assimilationsleistungen der Diplopoden bedingte Verlust an Laubmasse ist in beiden Fällen sehr gering.

Der relative Energiegehalt großer Blattstücke (ohne Faeces) differiert zwischen den unbelasteten und schwermetallbelasteten Ansätzen nicht. Zu Beginn des Versuches enthält das Laubmaterial im Durchschnitt 15,59 J/mg (Nußloch) bzw. 15,61 J/mg (Wiesloch). Nach 180 Tagen Kulturzeit sinkt dieser Wert auf 10,35 J/mg (Nußloch) bzw. 10,66 J/mg (Wiesloch) (Abb. 7.66). Trotz dieser Ähnlichkeit der beiden Vergleichsansätze im relativen Energiegehalt großer Blattstücke weisen wohl die unbelasteten Kulturen -wegen des hohen Substanzverlustes- einen höheren absoluten Verlust an Energie auf. Die Zunahme des Energieverlustes in beiden Ansätzen ist näherungsweise in Abb. 7.67 dargestellt.

7.3.3.3.2 Aktivität der Diplopoden

Bei jeder Probennahme wurden in den Netzbeuteln der nicht kontaminierten Kulturbehälter mehr lebende adulte Diplopoden gefunden als in den schwermetallbelasteten Behältern, wobei keine bestimmte Art bevorzugt gefangen wurde. Auch juvenile Tiere (vor allem Polydesmiden) traten bevorzugt in den Netzbeuteln der unbelasteten Kulturen auf (Abb. 7.68).

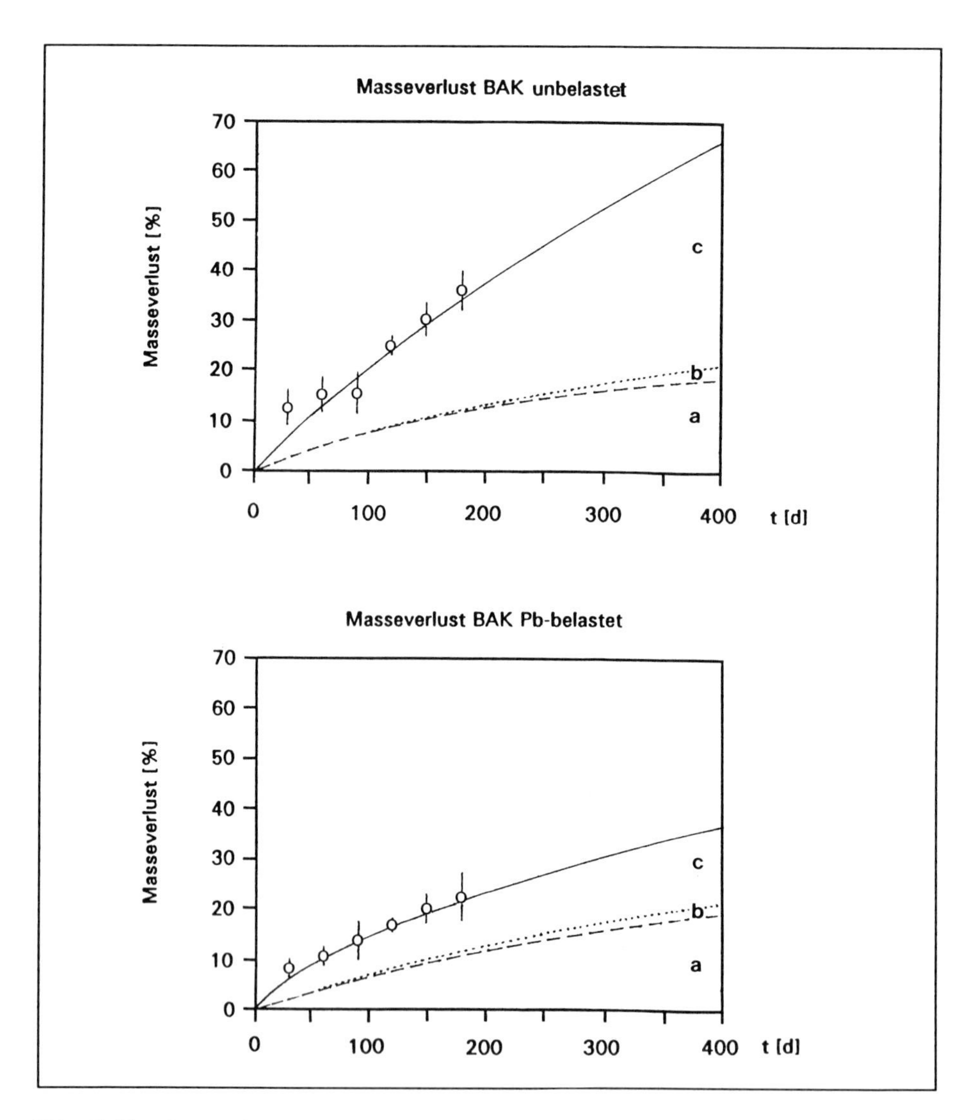

Abb. 7.65: Masseverlust des Laubmaterials in der Biotopausschnittskultur (durchgezogene Linie) unter minderbelasteten Bedingungen (oben) und unter Schwermetallbelastung (unten). Vergleich mit der Funktion für den simulierten rein mikrobiell bedingten Masseverlust (gestrichelte Linie, vgl. Kap. 7.3.1) und mit der Funktion der Summe aus (1) simuliertem rein mikrobiell bedingtem und (2) von den Diplopoden durch Nahrungsassimilation verursachtem Masseverlust (gepunktete Linie).

a: Anteil der rein mikrobiell bedingten Zersetzung ohne Beteiligung der Fauna am gesamten Abbau; b: Anteil des direkten Beitrages der Diplopoden (Assimilation von Laubmaterial) zur Dekomposition; c: Anteil des durch die Aktivität der Diplopoden verursachten zusätzlichen mikrobiellen Laubabbaus an der gesamten Dekomposition.

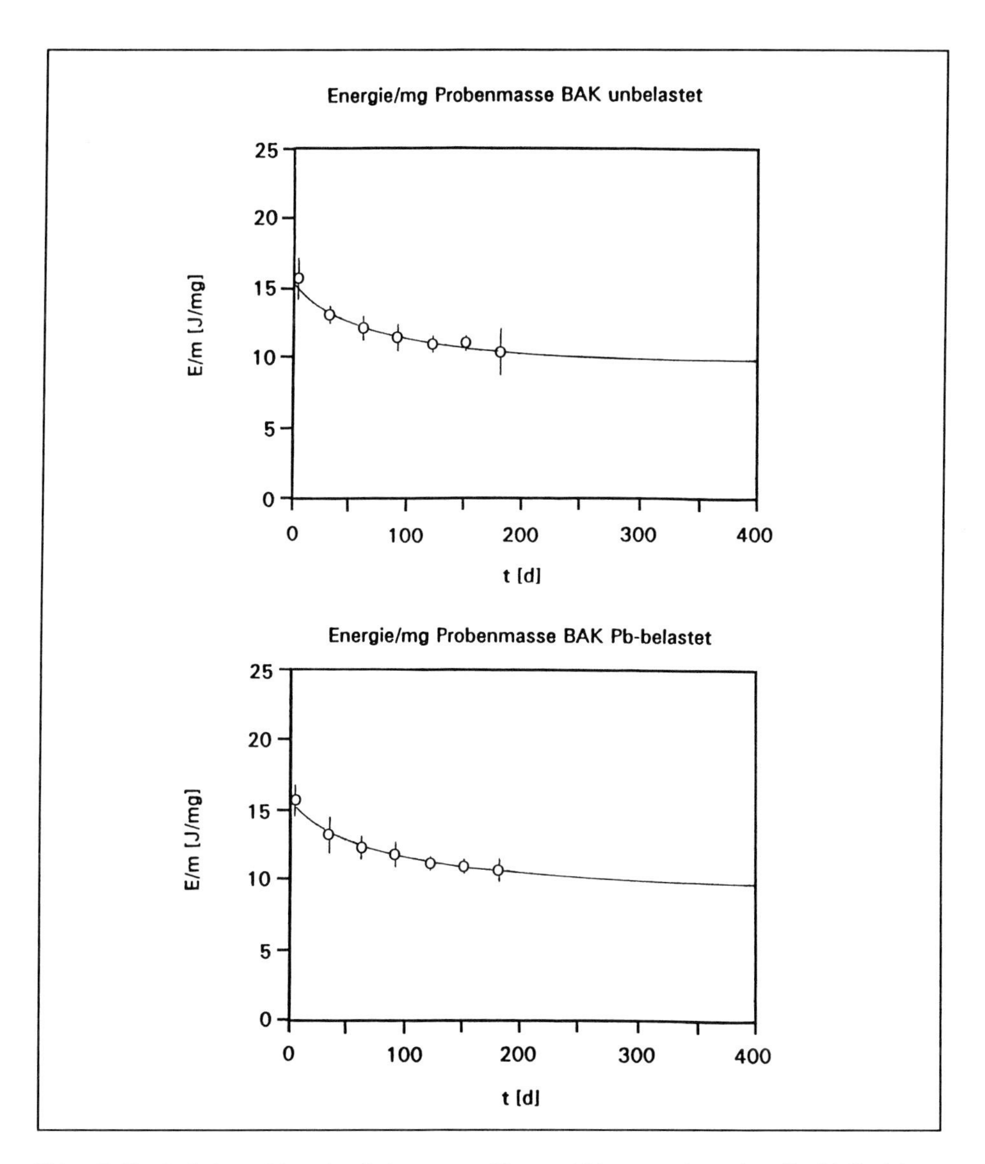

Abb. 7.66: Relativer Energiegehalt von größeren (d.h. vorwiegend mikrobiell dekompostierten) Blattstücken in der Biotopausschnittskultur unter minderbelasteten Bedingungen (oben) und unter Schwermetallbelastung (unten).

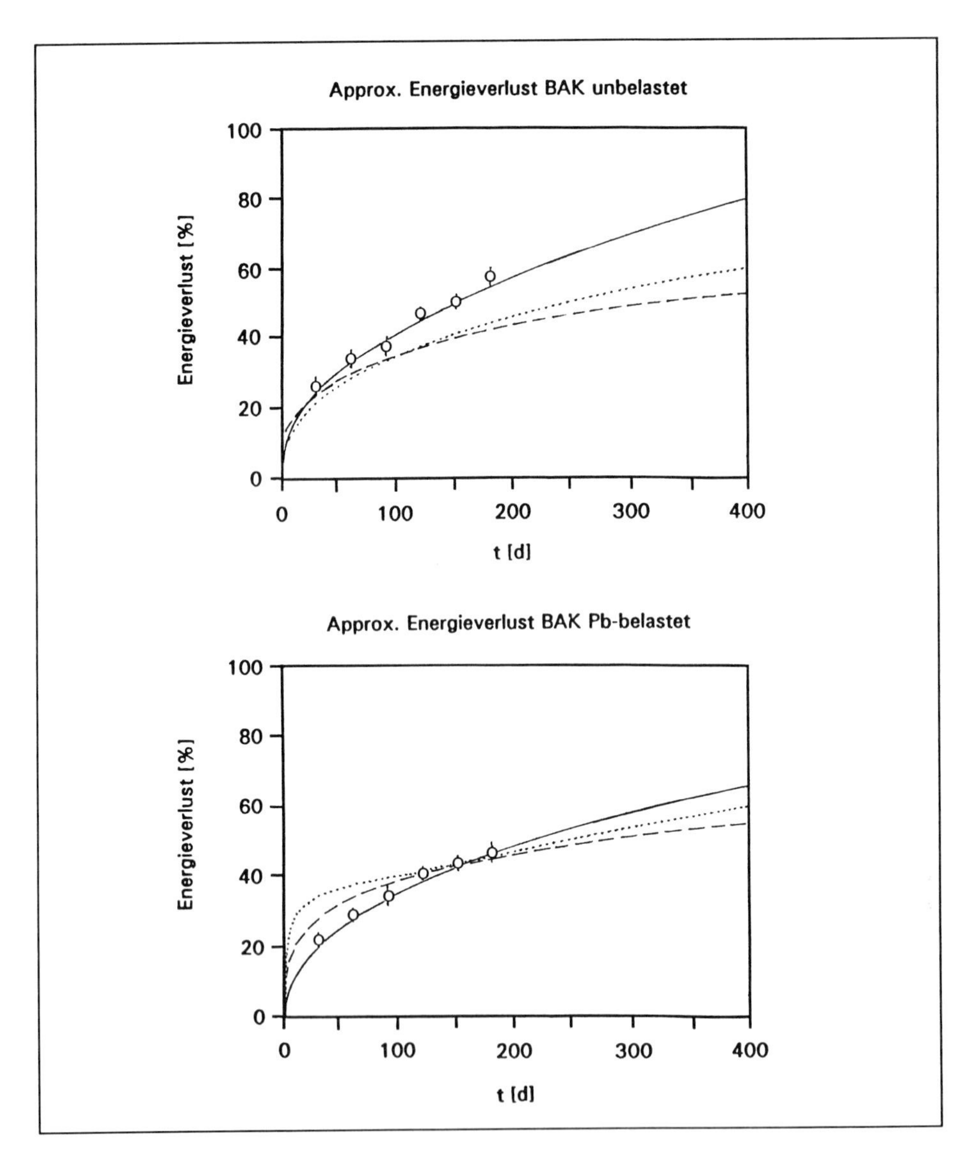

Abb. 7.67: Approximierter Energieverlust des Laubmaterials in der Biotopausschnittskultur (durchgezogene Linie) unter minderbelasteten Bedingungen (oben) und unter Schwermetallbelastung (unten). Vergleich mit der Funktion für den simulierten rein mikrobiell bedingten Energieverlust (gestrichelte Linie, vgl. Kap. 7.3.1) und mit der Funktion der Summe aus (1) simuliertem rein mikrobiell bedingtem und (2) von den Diplopoden durch Nahrungsassimilation verursachtem Energieverlust (gepunktete Linie).

Trotz der geringeren Anzahl eingesetzter Diplopoden ist die Laubsubstanz nach 180 d Kultur unter nicht kontaminierten Bedingungen effektiver zerkleinert als unter Schwermetalleinfluß (vgl. KÖHLER et al. 1995 b).

Vor allem Partikel unter 1 mm Durchmesser (hauptsächlich Faeces) besitzen in den Netzbeuteln der unbelasteten Kulturen einen weitaus größeren Anteil am Trockengewicht der gesamten organischen Substanz (ca. 16%) als in den kontaminierten Behältern (ca. 1%) (Abb. 7.69).

7.3.3.4 Diskussion

Die vorliegenden Daten zeigen, daß unter Laborbedingungen ohne Schwermetallbelastung der Abbau von Laubmaterial durch die Aktivität von Diplopoden im Vergleich zu einer rein mikrobiellen Zersetzung ohne Faunaeinfluß auf ca. das Dreifache gesteigert werden kann. Auch unter dem Einfluß von Schwermetallen ist noch eine Steigerung des Masseverlustes um ca. 100% möglich. Diese Befunde bestätigen die Annahme von INESON & ANDERSON (1985), daß Bodentiere auch unter Umweltbelastungen die bakterielle Aktivität in Böden maßgeblich steigern können. Die Steigerung der Dekomposition durch saprophage Tiere ist jedoch nur zu einem geringen Teil auf deren Assimilationsleistungen, vielmehr weitgehend auf die indirekte Förderung der mikrobiellen Aktivität zurückzuführen (AUSMUS 1977, HANLON & ANDERSON 1980, HASSALL et al. 1987, ANDERSON 1988, HÅGVAR 1988). So wird der direkte Beitrag der Fauna zum gesamten Bodenmetabolismus -sowohl bezüglich Masse als auch Energie- auf höchstens 10% geschätzt (BERTHET 1967, SATCHELL 1971, RÜHLING & TYLER 1973, REICHLE 1977, PERSSON et al. 1980, PETERSEN & LUXTON 1982, SEASTEDT 1984). Im vorliegenden Fall beträgt der Anteil der von den Diplopoden assimilierten Laubmasse am gesamten Masseverlust lediglich ca. 4-7%.

Da der direkte Beitrag der Bodentiere zur Dekomposition auf diesen geringen Prozentsatz beschränkt ist, ist es nicht möglich, die beträchtlich größeren Unterschiede in der Dekomposition von unbelastetem bzw. schwermetallkontaminiertem Laubmaterial allein durch verminderte Assimilationsraten der Diplopoden unter Schwermetalleinfluß (siehe Kap. 6.1.11) zu erklären, zumal die Berechnungen zeigen, daß der Anteil assimilierten Laubes zwischen beiden Vergleichsansätzen (belastet/unbelastet) nicht wesentlich differiert. Deshalb ist anzunehmen, daß ein verminderter Abbau von schwermetallbelastetem Laub zum größten Teil auf eine Einschränkung der mikrobiellen Aktivitätsförderung zurückzuführen ist.

Aufgrund der beobachteten geringeren Aufenthaltswahrscheinlichkeit der belasteten Diplopoden in den Netzbeuteln, der niedrigeren Reproduktionsrate und der verminderten Faecesproduktion in den kontaminierten Ansätzen ist zu vermuten, daß die Aktivität der Versuchstiere, von der die indirekte Förderung der Mikroflora abhängt, durch die hohe Konzentration an Schwermetallen beeinträchtigt wird (KÖHLER et al. 1995 b). Eine Einschränkung der Aktivität von Bodentieren unter Schwermetallbelastung wurde bereits von GRUTTKE et al. (1987) sowie SCHÄFER (1987) beschrieben. Ebenso wurde bereits eine sinkende Zahl von Bodenarthropoden in mit Cadmium kontaminierten Netzbeuteln beschrieben (KRATZ et al. 1983, WEIGMANN et al. 1985).

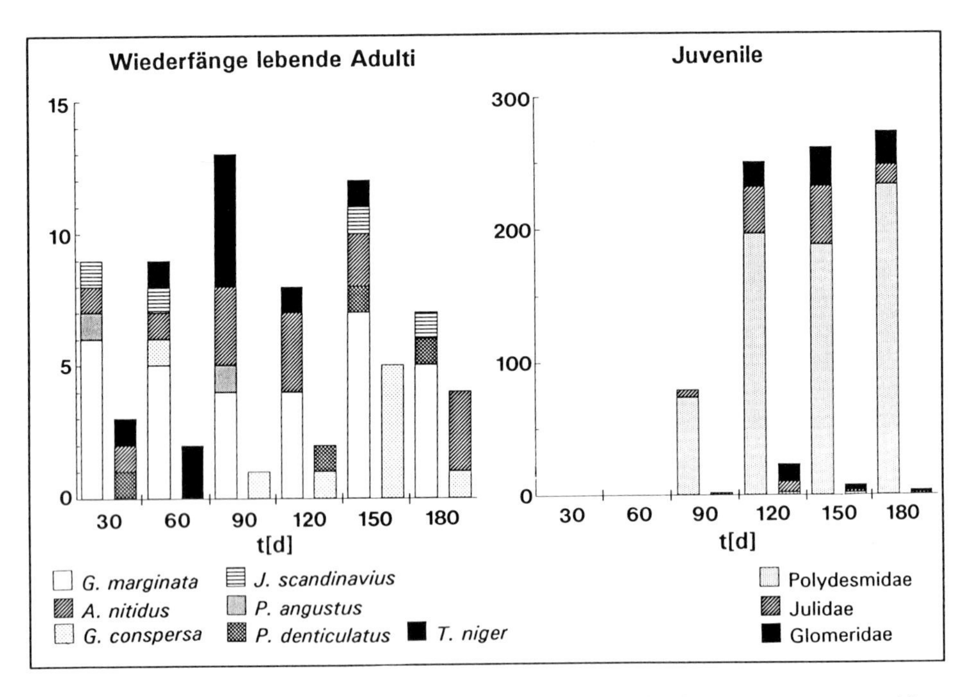

Abb. 7.68: Anzahl der zu jedem Zeitpunkt der Probennahme sich in den entnommenen Netzbeuteln aufhaltenden adulten (links) und juvenilen (rechts) Diplopoden. Die Anzahl der juvenilen Tiere kann lediglich auf Familienniveau angegeben werden. Pb: Biotopausschnittskulturen aus Wiesloch unter zusätzlicher Bleikontamination des Laubmaterials.

Die Förderung der mikrobiellen Aktivität durch die Bodenfauna dürfte wohl in Laubmaterial, welches nach der Darmpassage wieder in den Faeces erscheint, bzw. welches nach Absatz der Faeces mit diesen vermischt wird, am größten sein. Bei den vorliegenden Energiemessungen wurden jedoch ausschließlich große Blattstücke, nicht aber Faeces und andere kleine Laubpartikel erfaßt. Ein Einfluß der Schwermetalle auf die mikrobielle Dekomposition dieser großen Blattstücke (früher Dekompositionsstadien) konnte nicht festgestellt werden. Vermutlich wird durch Schwermetalle vorwiegend der Abbau von Laub- und Faecesmaterial späterer Dekompositionsstadien beeinflußt, welches in erster Linie das Substrat für Diplopoden (und andere Saprophagen) darstellt. Einflüsse von Aktivitätsverminderungen von Bodentieren werden sich wahrscheinlich am deutlichsten dort zeigen.

Mathematische Simulationen einzelner Parameter (wie im vorliegenden Fall) zur Beurteilung ökophysiologischer Vorgänge im Boden sind bereits früher vorgenommen worden und bieten ein gutes Modell zur Abschätzung längerfristiger Effekte (KOWAL & CROSSLEY 1971, DIXON et al. 1978a, b, LUXMOORE et al. 1978, LUXMOORE & BEGOVICH 1979, LUXMOORE 1980, PANIKOV et al. 1985, WISE 1989).

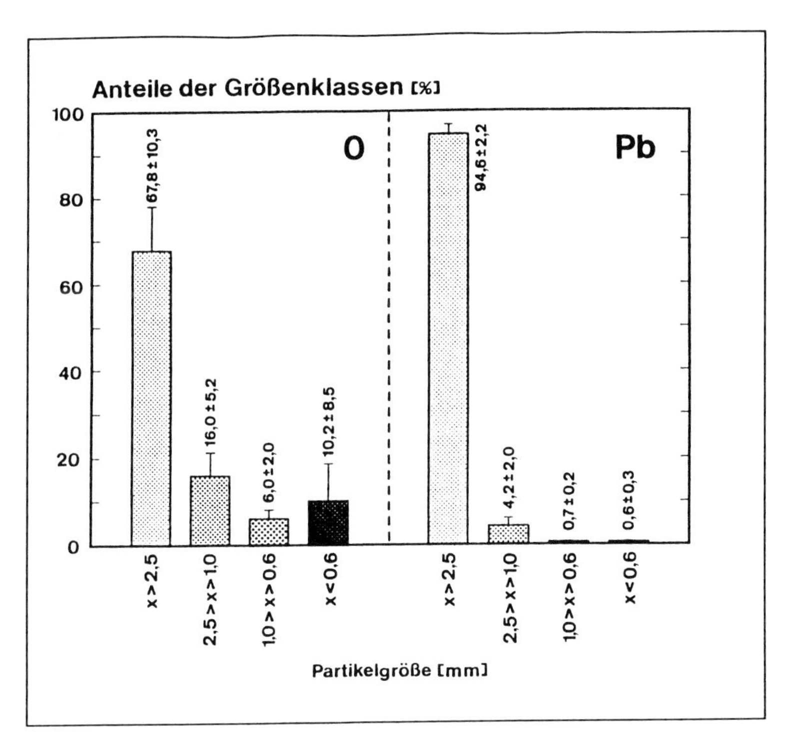

Abb. 7.62: Prozentuale Anteile von Laub-/Faecesmaterial verschiedener Partikelgrößen an der Gesamtmasse der nach 180 d in den Netzbeuteln der Biotopausschnittskultur verbliebenen organischen Substanz. 0: Minder belastete Kultur (Nußloch), Pb: Stark schwermetallbelastete Kultur (Wiesloch).

Allerdings ist die Abschätzung einzelner Parameter sehr schwierig (LUXMOORE & BEGOVICH 1979) und so entspricht das simulierte Modell nicht immer den Verhältnissen im Freiland. Dennoch soll im Kap. 7.3.5 versucht werden, die auf Laborexperimenten basierenden Daten auf Freilandbedingungen zu übertragen und mit Meßwerten zur Dekomposition frischen Fallaubes in den Probegebieten zu vergleichen.

7.3.4 Der Bait-Lamina-Test

Der Miniköderlamellen-Test dient der Schätzung von Fraßaktivitäten bodenlebender Tiere (VON TÖRNE 1989, 1990a, b). Die Einwirkung der Bodenfauna auf die Umsetzung der organischen Substanz im Boden (Dekomposition) wird mit angebotenen Fraßködern, in denen Einzelsubstanzen aus der organischen Masse enthalten sind, beurteilt. Zwischen dem zoogenen und dem mikrobiellen "Fraß" kann im Freilandversuch nicht unterschieden werden (VON TÖRNE 1990a, b).

Obwohl Methoden zur Beurteilung der Dekomposition und der Freßaktivitäten von Bodeninvertebraten vorliegen (HEATH et al. 1964, 1966, HARRISON et al. 1988, DUNGER & FIEDLER 1989), gibt der Bait-Lamina-Test in relativ kurzer Zeit und statistisch auswertbaren Daten mit experimentell abschätzbaren Fehlerquoten ein Bild der räumlichen und zeitlichen Struktur von biogenen Prozessen. Der Miniköderlamellen-Test wird beim Erfassen der undefinierten Fraßaktivitäten von Bodentieren im Rahmen von Schwermetallbeeinflussung der Bodenbiozönose, Chemikalienprüfung, Wirkungen von Klärschlammausbringung, Fruchtfolge und Düngungsmaßnahmen in Agrarbereichen, Waldmanagement (Kalkung), Auswirkungen der Verteilung der Pflanzendecke auf die bodenbiologische Aktivität u.a. eingesetzt (VON TÖRNE 1990a, b; LARINK 1991).

7.3.4.1 Material und Methoden

7.3.4.1.1 Prinzip des Bait-Lamina-Tests

Mit Hilfe von perforierten Trägerplatten aus Kunststoff werden Miniköderlamellen, die aus organischen Naturstoffen bestehen, in verschiedenen Bodenschichten gleichzeitig dem mikrobiellen Abbau und der Fraßtätigkeit von Bodentieren ausgesetzt. Nach einer Inkubationszeit von mehreren Stunden bis zu 2 Wochen, die neben der Intensität des tierischen Fraßes auch abhängig ist von der Bodentemperatur und der Feuchtigkeit, werden die Anzahl der sichtbar durchgefressenen Köder sowie ihre Position erfaßt. Diese Werte liefern die Daten zur Schätzung der tierischen Fraßaktivität in den obersten Bodenschichten bzw. im Laubhorizont. Der Bezug der Miniköderlamellen-Streifen und des Auswerteprogrammes Profat erfolgte durch die Fa. Terra Protecta.

Trägerstreifen
Die aus Kunststoff (PVC) bestehenden Streifen sind 14 cm lang, 6 mm breit und etwa 1 mm dick. Sie sind mit 16 Löchern in einem Abstand von 3 mm versehen. Der Durchmesser der Löcher beträgt 2 mm, wobei sie beiderseits konisch erweitert sind und so ein Durchmesserprofil von 2, unter 2,2 mm aufweisen. Diese beiderseitig erweiterten Löcher können nach Schrumpfung des Ködermaterials nicht von Licht durchstrahlt werden.

Ködermaterial
Die Miniköderlamellen bestehen aus einem Gemisch aus Cellulose und Agar-Agar (75:25; m/m) als Füllmaterial. Es wird in Form einer wässrigen Paste verfüllt. Die Befüllung der Streifen geschieht maschinell mit Hilfe von elastischen Druckrollen. Anschließend werden die Streifen luftgetrocknet und bei eventuell auftretenden Schrumpfprozessen der Ködersubstanz wiederholt befüllt.

Exposition der Träger im Freiland
Die Träger-Streifen wurden in mit einem Messer vorgestochene Spalten senkrecht in den Boden gesteckt, so daß der oberste Köder knapp unter die Bodenoberfläche gelangte, bei dichter Bodenvegetation also bis in den Bereich der Sproßbasisschicht. Die Verteilung der Streifen im Freiland erfolgte in Basisgruppen von 16 Stück mit einer Distanz zwischen den Streifen von 15 cm in einem Quadrat in 4 x 4 Reihen. Es wurden 4 solcher Gruppen mit einem Abstand von etwa 10 m, also insgesamt 64 Träger-Streifen, pro Untersuchung eingesetzt. Dabei wurde bei der Auswahl der Flächen für die 4 Gruppen auf einen einheitlich strukturierten Charakter geachtet.

Auswertung der Befunde
Die Trägerstreifen wurden nach dem Versuch in Gruppen entnommen. Bei Bedarf wurden verschmutzte Träger mit Leitungswasser gespült. Bei der Beurteilung der Miniköderlamellen werden als einzige Kriterien "durchgefressen" oder "nicht durchgefressen" bewertet. Es werden keine unterschiedlichen Grade von Fraß-

intensität in die Auswertung mit einbezogen. Alle im durchfallenden Licht erkennbaren Perforationen der Köder wurden als durchgefressen gewertet und in der Eingabematrix des Auswerteprogrammes Profat mit 1 bezeichnet. Köder, die nicht von Licht durchstrahlt werden konnten, wurden mit 0 bewertet. Die binären Primärdaten der Basisgruppen wurden als Sätze im Programm gespeichert.

Das Auswerteprogramm Profat enthält ein spezielles Matrix-Programm zur Aufzeichnung binärer Primärdaten und für die Ableitung dekadischer Sekundärdaten zur Schätzung von mittleren Freß-Aktivitäts-Raten (MFAR), sowie für die statistische Analyse von Freß-Aktivitäts-Profilen (MFAP). Zur statistischen Auswertung der Daten steht der non-parametrische U-TEST von MANN & WHITNEY (1947) zur Verfügung. In diesem Test werden zwei Stichproben auf Gleichheit ihrer Verteilungen getestet. Ihm wurde der Vorzug gegeben, weil eine normale Verteilung der durch Stichproben erhobenen stark streuenden Werte meistens nicht vorausgesetzt werden kann. Anhand eines berechneten Signifikanzniveaus alpha kann man beurteilen, ob die Stichproben die gleiche Verteilung besitzen oder nicht. Bei einem kleinen alpha-Wert von 0,05 bis 0 unterscheiden sich die Stichproben signifikant, bei größerem alpha-Wert ist der Unterschied zwischen ihnen nicht signifikant.

Binäre Sequenzen ergeben keine statistisch verwertbare Streuung. Deshalb werden dekadische Summen der perforierten Köder pro Streifen (Träger-Mengen; S_x) und pro Position auf dem Streifen (Schicht-Mengen; S_y) als gesonderte Ereignisreihen von diskreten Zufallsgrößen registriert. Es wird also unterschieden zwischen der Fraßaktivitätsanalyse (X-Test), bei der mit der Anzahl gefressener Köder pro Träger-Streifen als Datenmaterial gearbeitet wird und der biometrischen Schichtenanalyse (Y-Test), bei der mit der Anzahl gefressener Köder pro Schicht als Datenwerk operiert wird. Des weiteren erstellt Profat noch das Freßaktivitätsprofil. Um die Vergleichbarkeit der Sätze zu gewährleisten werden die Daten als Prozentwerte (Anzahl durchlochter Köder pro 100 Köder auf dem Träger) berechnet. Da sowohl Versuchsdauer und exponierte Köder-Mengen als auch die Träger- und Schicht-Mengen in der Praxis nicht konsequent normiert werden können, werden die dekadischen Ereignisreihen mit Bezug auf Standard-Fristen der Versuchsdauer und Standard-Mengen von Ködern prozentisch transformiert.

7.3.4.1.2 Standorte und Versuchsbedingungen

Standorte

Ergänzend zu dem Untersuchungsstandort Wiesloch und dem Vergleichsstandort Nußloch wurde ein weiterer Vergleichsstandort, der im Hinblick auf Schwermetallkontamination als unbelastet gilt, gewählt. Diese Untersuchungsfläche in Mauer, einer Ortschaft in der Nähe Heidelbergs, stellt einen mit Wiesloch und Nußloch vergleichbaren Waldmeister-Buchenwald des Unterverbandes Eu-Fagion (=Asperulo-Fagion) mit leichter Hangneigung dar. Die Schwermetallbelastung der drei Standorte ist in Tabelle 7.41 dargestellt. Sie wurde mit dem Atomabsorptionsspektrophotometer Perkin Elmer 5000, HGA 500 bestimmt.

Tab. 7.41: Schwermetallbelastungen an den Untersuchungsstandorten, berechnet auf Trockensubstanz. Werte Wiesloch und Nußloch nach KRATZMANN et al. (1992 a).

Standort	Material	Pb	Cd
Mauer	Laub	51 µg/g	0,1µg/g
	A_h-Horizont	78 µg/g	0,1µg/g
Nußloch	Laub	25 µg/g	4 µg/g
	A_h-Horizont	364 µg/g	25 µg/g
Wiesloch	Laub	50 µg/g	4 µg/g
	A_h-Horizont	1 238 µg/g	98 µg/g

Nach den von SCHEFFER & SCHACHTSCHABEL (1989) für unbelastete Böden angegebenen Werten (Pb: 2-60 µg/g, selten >100 µg/g; Cd: 0,5 µg/g, selten >3 µg/g) gilt der Standort Mauer sowohl im Boden als auch für Laub in Hinsicht auf Blei und Cadmium als unbelastet. Der Untersuchungsstandort Nußloch gilt demnach im Boden als minderbelastet im Vergleich zum Standort Wiesloch. Im Hinblick auf die Bleibelastung des Laubes gelten alle drei Standorte als unbelastet. Auffallend ist hier der geringste Gehalt an Blei im Laub in Nußloch. Bei der Cadmiumbelastung des Laubes von Nußloch und Wiesloch sind die Werte als gering belastet zu interpretieren. Die hohen Schwermetallkonzentrationen im Boden lassen sich an den Standorten Wiesloch und Nußloch vor allem auf das Vorkommen von Blei- und Zinkerzen in dieser Gegend zurückführen (AMTLICHE KREISBESCHREIBUNGEN 1968, vgl. Kap. 4).

Versuchsbedingungen
In Tabelle 7.42 sind verschiedene Daten, die die Versuchsbedingungen während der Exposition der Bait-Lamina-Teststreifen betreffen, dargestellt.

Vor dem Ausbringen der Bait-Lamina-Teststreifen im Mai war etwa 1 Woche lang regnerisches, kühles Wetter. Während der Exposition der Träger herrschte sonniges, warmes Wetter ohne Regen. Das Wetter vor Ausbringen der Träger im Oktober war trocken, sonnig und kühl nach einem insgesamt trockenen Sommer. In der Mitte des Versuchs war ein Tag regnerisch bei sonst sonnig bis bewölkter, kühler Witterung.

Tab. 7.42: Daten zur Exposition der Bait-Lamina-Teststreifen. Die Bodentemperatur ist als Mittelwert aus der Messung zu Beginn und Ende des Versuches dargestellt.

	Datum der Exposition	Expositionsdauer in Stunden	Bodentemperatur in 4 cm Tiefe
Mauer			
Versuch 1	13.05.92 - 21.05.92	186	11,3°C
Versuch 2	13.10.92 - 21.10.92	192	8,8°C
Nußloch			
Versuch 1	13.05.92 - 21.05.92	189	11,7°C
Versuch 2	12.10.92 - 20.10.92	192,5	10,3°C
Wiesloch			
Versuch 1	13.05.92 - 21.05.92	191	11,6°C
Versuch 2	12.10.92 - 20.10.92	193	10°C

Die günstigste Expositionsdauer wurde im Parallelversuch ermittelt. Mehrere Köderstreifen wurden neben den für den Versuch bestimmten Teststreifen ausgebracht und regelmäßig begutachtet. Die Expositionsdauer wurde so gewählt, daß am Versuchsende nicht mehr als 30 - 40 % der exponierten Miniköder perforiert waren.

7.3.4.2 Ergebnisse

a. Freßaktivitätsanalyse (X-Test)
In diesem Test wird die Intensität der Prozesse in den Untersuchungsflächen geschätzt anhand der Anzahl gefressener Köder pro Träger.

In den folgenden Tabellen werden die Standorte miteinander verglichen.

Tab. 7.43: Mittlere Freßaktivitätsrate (MFAR), X-Test.

	Mauer				Nußloch	
	Mai	Okt.	Mai	Okt.	Mai	Okt.
Anzahl Werte	64	64			64	64
Mittelwerte %	35,06	22,56			37,99	28,52
Differenz Mittelwerte			2,93	5,96		
Standard-abw.(SD)	3,16	3,16			3,29	2,73
u-Statistik	1915,00	1580,00			2181,00	2516,00
alpha			0,52620	0,02573		

Tab. 7.44: Mittlere Freßaktivitätsrate (MFAR), X-Test.

	Mauer				Wiesloch	
	Mai	Okt.	Mai	Okt.	Mai	Okt.
Anzahl Werte	64	64			64	64
Mittelwerte %	35,06	22,56			33,59	11,72
Differenz Mittelwerte			1,47	10,84		
Standard-abw.(SD)	3,16	3,16			2,61	1,21
u-Statistik	2073,00	2378,50			2023,00	1717,50
alpha			0,90516	0,11525		

Die Freßaktivität der Bodenfauna ist bei der Untersuchung im Mai an allen Standorten deutlich größer im Vergleich zu den Werten im Oktober. Die alpha-Werte der Mai-Untersuchung zeigen keine signifikanten Unterschiede in der Fraßaktivität zwischen den Standorten.

Bei der niedrigen Freßaktivität im Oktober gibt es auch signifikante Unterschiede zwischen den Standorten Mauer/Nußloch und Nußloch/Wiesloch. Der alpha-Wert des Standortvergleichs Mauer/Wiesloch liegt mit 0,11525 zwar nicht innerhalb der geforderten Irrtumswahrscheinlichkeit von 0,05 und ist somit nicht als signifikant zu werten, er liegt aber dennoch wesentlich näher an diesem Wert als die alpha-Werte der Untersuchung im Mai.

Tab. 7.45: Mittlere Freßaktivitätsrate (MFAR), X-Test.

	Nußloch				Wiesloch	
	Mai	Okt.	Mai	Okt.	Mai	Okt.
Anzahl Werte	64	64			64	64
Mittelwerte %	37,99	28,52			33,59	11,72
Differenz Mittelwerte			4,4	16,80		
Standard-abw.(SD)	3,29	2,73			2,61	1,21
u-Statistik	2238,00	3073,50			1858,00	1022,50
alpha			0,36522	0,00000		

Die Fraßleistung der Bodenfauna ist am Standort Wiesloch am geringsten, sowohl im Mai als auch vor allem bei der Messung im Oktober. An den Standorten Mauer und Nußloch liegen die Aktivitätswerte der Bodenfauna enger zusammen. Hierbei ist dennoch festzustellen, daß der minderbelastete Standort Nußloch sowohl erwartungsgemäß gegenüber dem belasteten Standort Wiesloch als auch gegenüber dem unbelasteten Standort Mauer die höchsten Werte aufweist. Dies zeigt sich tendenziell bei den Werten im Mai, ausgeprägter jedoch und signifikant bei den Untersuchungen im Oktober.

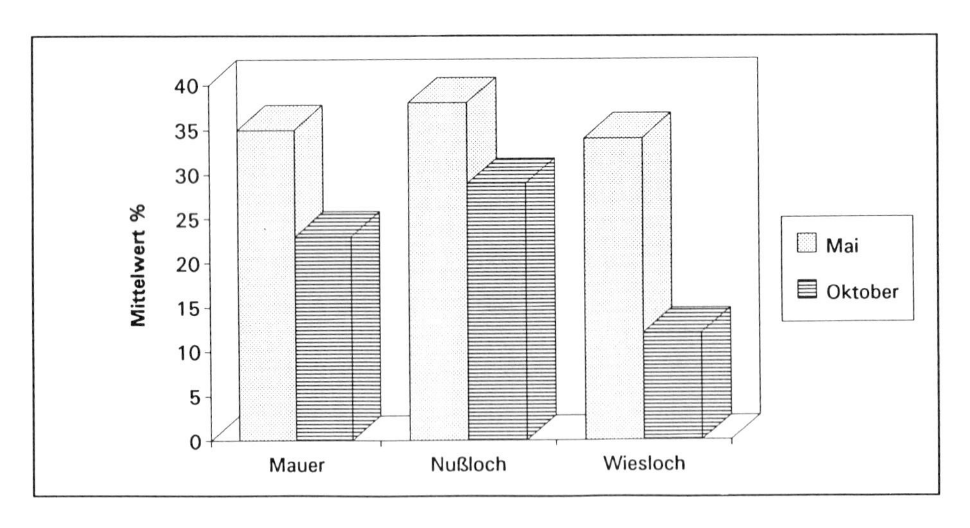

Abb. 7.70: Mittlere Freßaktivitätsrate (MFAR), X-Test.

b. Die biometrische Schichtenanalyse (Y-Test)

In diesem Test wird die Intensität der Prozesse in den verschiedenen Bodenschichten an den jeweiligen Untersuchungsflächen anhand der Anzahl der durchgefressenen Köder pro Schicht geschätzt.

In den folgenden Tabellen werden die Bodenschichten von 1 bis 4 cm und 4 bis 8 cm an den jeweiligen Standorten miteinander verglichen.

Tab. 7.46: Mittlere Freßaktivitätsrate (MFAR), Y-Test.

	Mauer 1-4 cm				Mauer 4-8 cm	
	Mai	Okt.	Mai	Okt.	Mai	Okt.
Anzahl Werte	32	32			32	32
Mittelwerte %	45,70	33,20			24,41	11,91
Differenz Mittelwerte			21,29	21,29		
Standard-abw.(SD)	2,84	3,40			2,46	2,06
u-Statistik	868,00	853,00			156,00	171,00
alpha			0,00000	0,00001		

Tab. 7.47: Mittlere Freßaktivitätsrate (MFAR), Y-Test.

	Nußloch 1-4cm				Nußloch 4-8cm	
	Mai	Okt.	Mai	Okt.	Mai	Okt.
Anzahl Werte	32	32			32	32
Mittelwerte %	57,81	48,24			18,16	8,79
Differenz Mittelwerte			39,65	39,45		
Standard-abw.(SD)	3,21	5,24			2,66	2,47
u-Statistik	972,50	927,00			51,50	97,00
alpha			0,00000	0,00000		

Der Vergleich der Bodenschichten von 1-4 cm und 4-8 cm zeigt bei allen untersuchten Standorten und beiden Untersuchungsterminen, daß in der obersten Bodenschicht die größte Freßaktivität zu finden ist. Diese Unterschiede sind signifikant.

Tab. 7.48: Mittlere Freßaktivität (MFAR), Y-Test.

	Wiesloch 1-4cm				Wiesloch 4-8cm	
	Mai	Okt.	Mai	Okt.	Mai	Okt.
Anzahl Werte	32	32			32	32
Mittelwerte %	47,85	20,90			19,34	2,54
Differenz Mittelwerte			28,51	18,36		
Standard-abw.(SD)	2,65	4,57			2,2	0,85
u-Statistik	958,00	763,50			66,00	260,50
alpha			0,00000	0,00074		

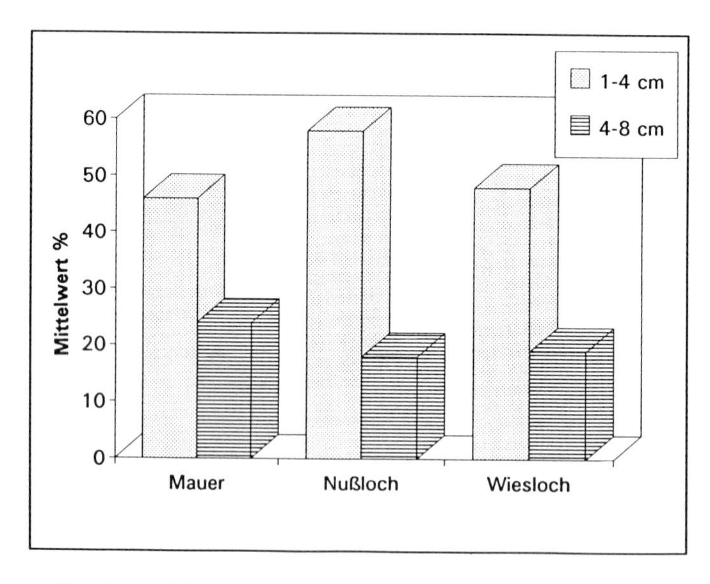

Abb. 7.71: Mittlere Freßaktivitätsrate (MFAR), Y-Test. Vergleich der Bodenschichten bei der Untersuchung im Mai.

Der minderbelastete Standort Nußloch tendiert hierbei zur größten Differenz der Mittelwerte zwischen der oberen und der unteren Bodenschicht sowohl bei der Untersuchung im Mai als auch im Oktober. Dagegen zeigt der unbelastete Standort Mauer zwischen der Fraßaktivität der Bodenfauna der oberen und der unteren Bodenschicht (Mai und Oktober) eine ausgeglichenere Tendenz. Dies gilt jedoch auch für den belasteten Standort Wiesloch bei der Untersuchung im Mai (siehe Freßprofile).

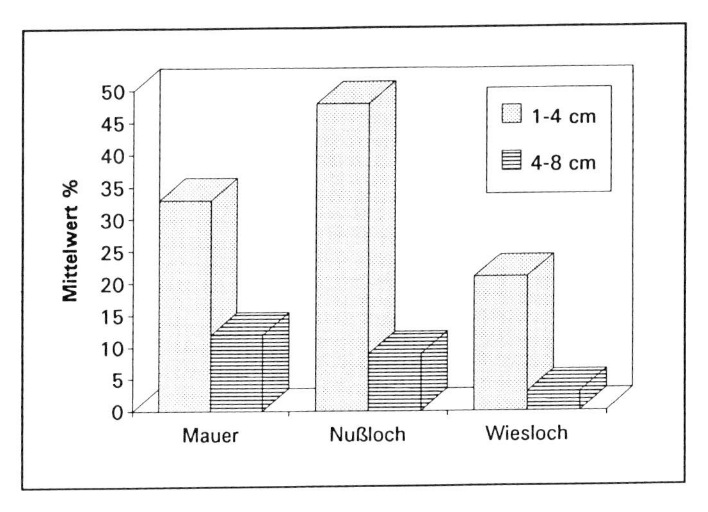

Abb. 7.72: Mittlere Freßaktivitätsrate (MFAR), Y-Test. Vergleich der Bodenschichten bei der Untersuchung im Oktober.

c. Freßaktivitätsprofil (MFAP)

Das Freßaktivitätsprofil stellt die Fraßaktivität in den einzelnen Bodenschichten dar. Die Nummern 16 bis 9 stellen die Bodenschicht von 1-4 cm dar, die Nummern 8 bis 1 die Bodenschicht von 4-8 cm. Die Nummern entsprechen den Ködern auf dem Bait-Lamina-Teststreifen.

Das Freßaktivitätsprofil vom minderbelasteten Standort Nußloch zeigt die bereits angesprochene Tendenz zum verstärkten Fraß der Bodenfauna in den oberen Bodenschichten (Mai und Oktober) im Vergleich zu dem Standort Mauer. Dieser Standort zeigt ein verstärkt einheitlicheres Bild der Fraßaktivität in der oberen und der unteren Schicht beider Untersuchungen im Mai und Oktober. Dennoch sind aber die Schichtunterschiede in Mauer signifikant. Das Freßprofil von Wiesloch weist bei der Untersuchung im Mai ein ausgeglicheneres Bild der Fraßaktivität in den Bodenschichten auf als im Oktober. Bei der Untersuchung im Herbst zeigt es aber deutlich die Tendenz des Profils Nußloch mit dem weitaus größten Teil des Fraßes in der oberen Bodenschicht.

Im folgenden sind die Freßaktivitätsprofile der einzelnen Standorte dargestellt.

Horizonte
Nr.: 16 46.9% *
Nr.: 15 53.1% *
Nr.: 14 48.4% *
Nr.: 13 50.0% *
Nr.: 12 50.0% *
Nr.: 11 46.9% *
Nr.: 10 35.9% *
Nr.: 9 34.4% *
Nr.: 8 43.8% >
Nr.: 7 31.3% >
Nr.: 6 26.6% >
Nr.: 5 20.3% >
Nr.: 4 20.3% >
Nr.: 3 18.8% >
Nr.: 2 18.8% >
Nr.: 1 15.6% >

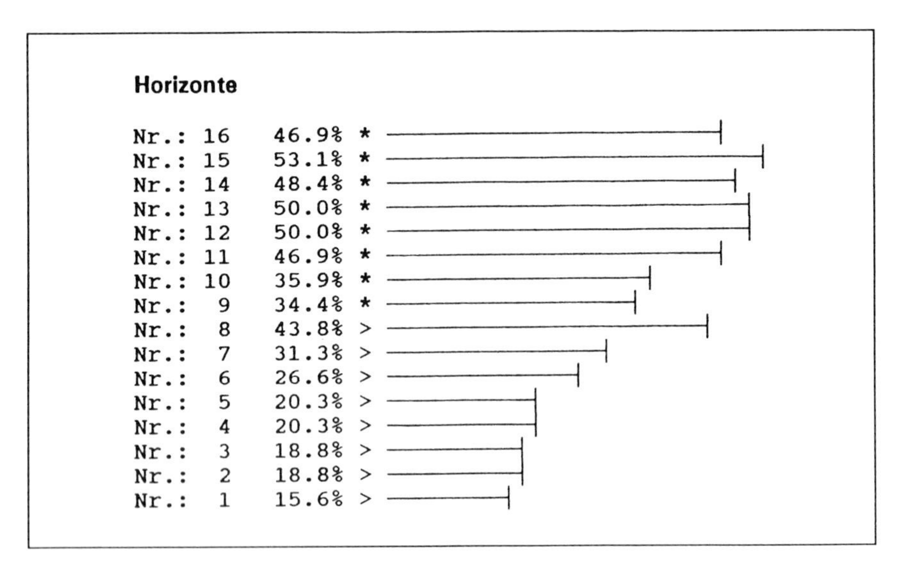

Abb. 7.73: Freßaktivitätsprofil Mauer, Untersuchung Mai.

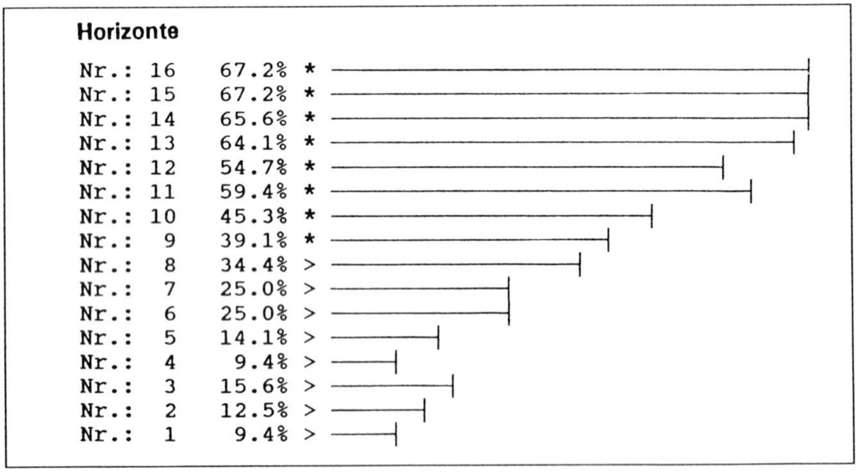

Horizonte
Nr.: 16 67.2% *
Nr.: 15 67.2% *
Nr.: 14 65.6% *
Nr.: 13 64.1% *
Nr.: 12 54.7% *
Nr.: 11 59.4% *
Nr.: 10 45.3% *
Nr.: 9 39.1% *
Nr.: 8 34.4% >
Nr.: 7 25.0% >
Nr.: 6 25.0% >
Nr.: 5 14.1% >
Nr.: 4 9.4% >
Nr.: 3 15.6% >
Nr.: 2 12.5% >
Nr.: 1 9.4% >

Abb. 7.74: Freßaktivitätsprofil Nußloch, Untersuchung Mai.

Horizonte
Nr.: 16 59.4% *
Nr.: 15 54.7% *
Nr.: 14 48.4% *
Nr.: 13 50.0% *
Nr.: 12 46.9% *
Nr.: 11 48.4% *
Nr.: 10 42.2% *
Nr.: 9 32.8% *
Nr.: 8 25.0% >
Nr.: 7 23.4% >
Nr.: 6 21.9% >
Nr.: 5 20.3% >
Nr.: 4 12.5% >
Nr.: 3 12.5% >
Nr.: 2 10.9% >
Nr.: 1 28.1% >

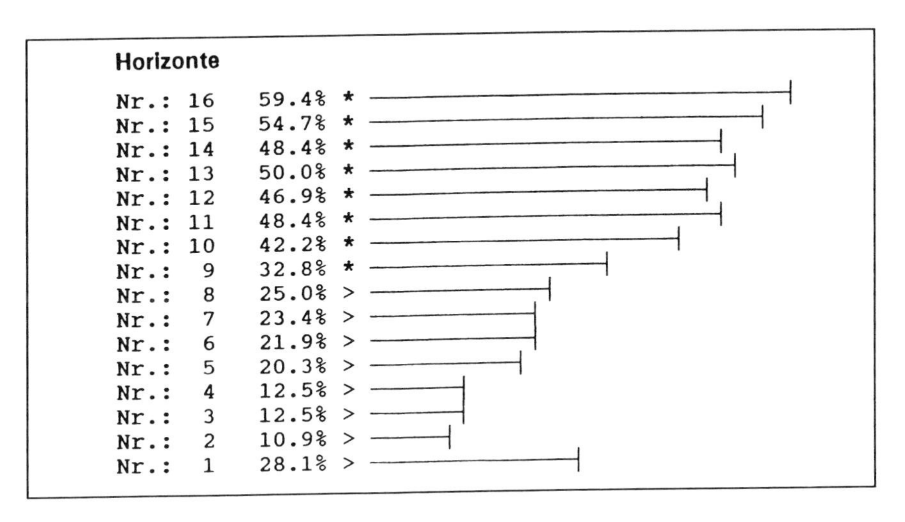

Abb. 7.75: Freßaktivitätsprofil Wiesloch, Untersuchung Mai.

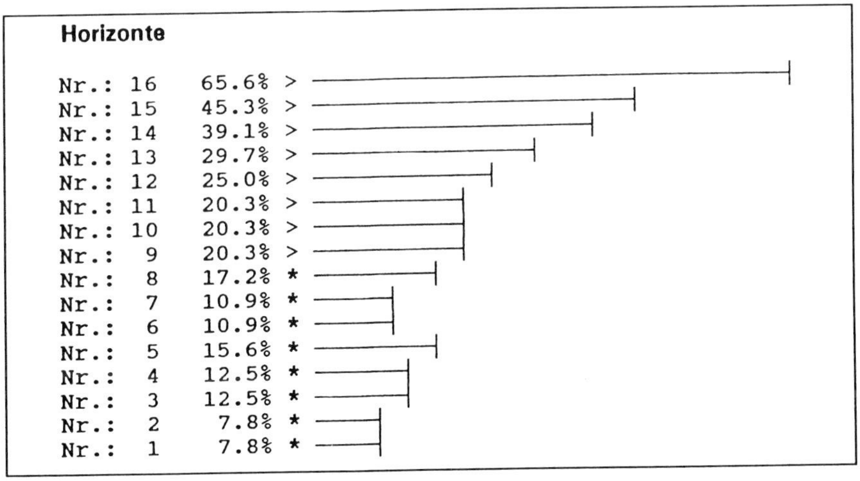

Horizonte
Nr.: 16 65.6% >
Nr.: 15 45.3% >
Nr.: 14 39.1% >
Nr.: 13 29.7% >
Nr.: 12 25.0% >
Nr.: 11 20.3% >
Nr.: 10 20.3% >
Nr.: 9 20.3% >
Nr.: 8 17.2% *
Nr.: 7 10.9% *
Nr.: 6 10.9% *
Nr.: 5 15.6% *
Nr.: 4 12.5% *
Nr.: 3 12.5% *
Nr.: 2 7.8% *
Nr.: 1 7.8% *

Abb. 7.76: Freßaktivitätsprofil Mauer, Untersuchung Oktober.

Horizonte
Nr.: 16 82.8%
Nr.: 15 71.9%
Nr.: 14 62.5%
Nr.: 13 50.0%
Nr.: 12 42.2%
Nr.: 11 32.8%
Nr.: 10 23.4%
Nr.: 9 20.3%
Nr.: 8 15.6%
Nr.: 7 10.9%
Nr.: 6 7.8%
Nr.: 5 9.4%
Nr.: 4 7.8%
Nr.: 3 9.4%
Nr.: 2 1.6%
Nr.: 1 7.8%

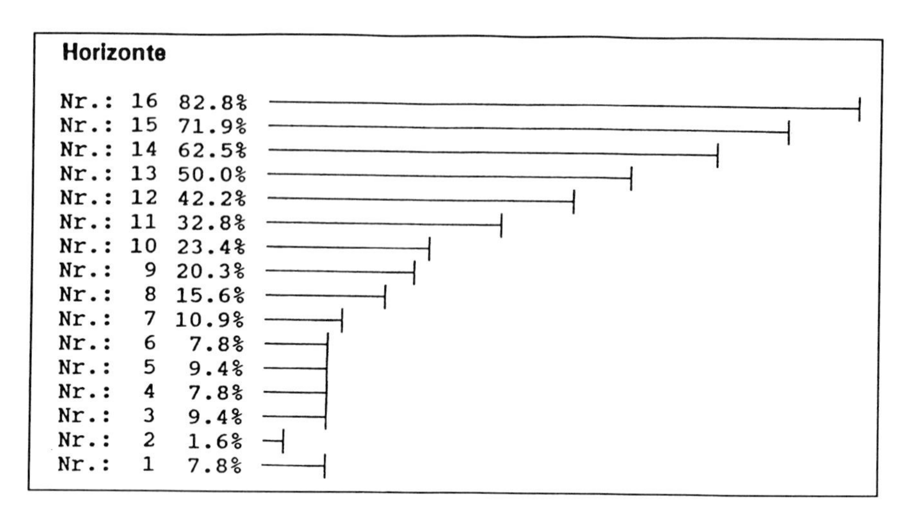

Abb. 7.77: Freßaktivitätsprofil Nußloch, Untersuchung Oktober.

Horizonte
Nr.: 16 73.4% *
Nr.: 15 40.6% *
Nr.: 14 25.0% *
Nr.: 13 12.5% *
Nr.: 12 9.4% *
Nr.: 11 3.1% *
Nr.: 10 3.1% *
Nr.: 9 0.0% *
Nr.: 8 0.0% >
Nr.: 7 1.6% >
Nr.: 6 1.6% >
Nr.: 5 1.6% >
Nr.: 4 3.1% >
Nr.: 3 3.1% >
Nr.: 2 4.7% >
Nr.: 1 4.7% >

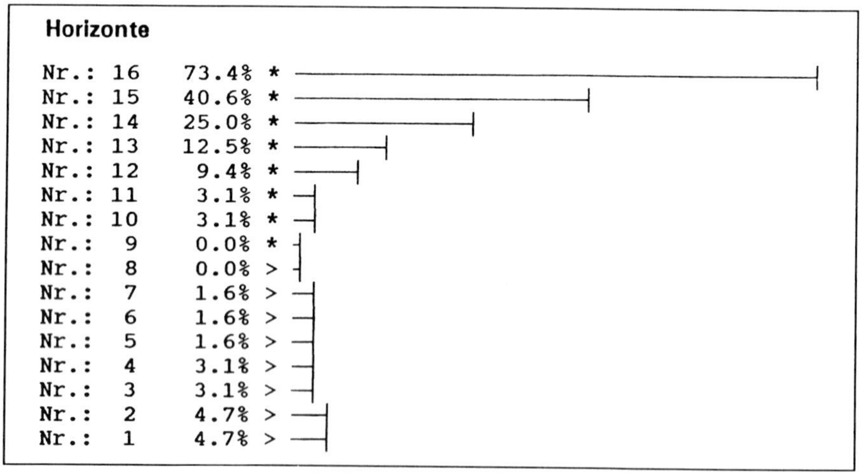

Abb. 7.78: Freßaktivitätsprofil Wiesloch, Untersuchung Oktober.

Außer diesen tendenziellen Unterschieden in der Fraßaktivität zwischen den Bodenschichten der einzelnen Standorte, läßt sich noch ein jahreszeitlicher Einfluß erkennen. An allen Standorten hat sich im Oktober die Fraßaktivität von den unteren und mittleren Bereichen der Freßprofile zugunsten der unmittelbar obersten Bodenschicht verlagert.

7.3.2.3 Diskussion

Während Untersuchungen des Streuabbaus zur quantitativen Bestimmung des bodenbiologischen Metabolismus im allgemeinen sehr langdauernd und arbeitsaufwendig sind, ermöglicht der Bait-Lamina-Test schon nach wenigen Stunden oder Tagen die Gewinnung einer größeren und statistisch auswertbaren Menge an Daten. Seine Vorteile liegen in der einfachen und schnellen Exposition von großen Köderserien in verschiedenen Schichten und in der vereinfachten Beschränkung der Befunde auf das visuell bewertete Kriterium durchgefressen bzw. nicht durchgefressen sowie sich den daraus ergebenden günstigen Bedingungen für eine elektronische Datenverarbeitung (VON TÖRNE 1990a, b).

Andere Punkte sind nach VON TÖRNE (1990b) kritisch zu betrachten. So kommt es durch die vereinfachte Art der Begutachtung der Köderträger zu Informationsverlusten. Der ausschließlich mikrobielle Abbau der Köder kann nicht erfaßt werden, ebenso läßt sich schwächere tierische Fraßtätigkeit nur bedingt nachweisen. Durch den geringen Abstand der einzelnen Köder auf dem Träger kann es durch den Fraß von Großverbrauchern, wie z.B. Schnecken, zu nicht kalkulierbaren Einflüssen kommen. Des weiteren ist es wichtig, die funktionellen Zusammenhänge zwischen der Mosaikstruktur der Vegetationsdecke und edaphischen Prozessen zu berücksichtigen. Ein Teil dieses Wirkungsgefüges besteht in dem Einfluß der Pflanzendecke auf das hygrothermische Regime im Wurzelbereich. Dies wirkt sich in sogenannten Herdstrukturen des Tierbestandes aus (VON TÖRNE 1990b). Es wurde bei den Untersuchungen deshalb darauf geachtet, innerhalb eines Standortes und im Vergleich der Standorte nur vergleichbare Flächen mit dem gleichen Deckungsgrad der Vegetation auszuwählen. Ebenso wurden bei den Versuchen im Frühjahr und Herbst immer dieselben Stellen beprobt. Die Schwankungen der edaphischen Prozesse werden nach VON TÖRNE (1990b) auch durch die sich verändernde kleinräumige Verteilung von Licht und Schatten verursacht. So sind vergleichende Untersuchungen z.B. auch vom wechselnden Sonnenstand während des Jahresverlaufs abhängig.

Die anhand der Freßaktivität der Bodenfauna erkennbaren edaphischen Prozesse beim Streuabbau waren im Mai intensiver als bei der Untersuchung im Oktober. So war der Fraß in Mauer im Oktober um 36% geringer als im Mai. In Nußloch waren es 25% und in Wiesloch sogar 65%. Diese erhöhte Aktivität im Frühjahr steht wohl in Bezug mit dem Beenden der Ruhepause und den eingeschränkten Stoffabbauprozessen während der Wintermonate. Hierbei ist der verstärkte Fraß auch mit der Fortpflanzungsperiode im Frühjahr zu sehen. Bei diesem Regenerationsfraß im Frühjahr sind keine signifikanten Unterschiede zwischen den Standorten gegeben. Alle drei Untersuchungsflächen zeigen eine vergleichbar hohe Intensität der Fraßprozesse.

Nach einer Nivellierung dieser Prozesse während des Sommers zeigen sich im Oktober signifikante Unterschiede zwischen den verschieden belasteten Standorten. Am unbelasteten Standort Mauer und auf der minderbelasteten Fläche Nußloch liegen die Freßaktivitätswerte deutlich über denen vom Standort Wiesloch. Diese verminderte Freßaktivität auf schwermetallbelasteten Böden läßt sich gut mit Untersuchungen in Beziehung bringen, die die verminderte Bewegungsaktivität von Bodentieren auf solchen Böden betreffen. So wurden von KRATZMANN et al. (1992b, s. Kap. 7.3.1, 7.3.2) auf den Standorten Nußloch und Wiesloch die Aktivitätsdichte und die tatsächliche Laufaktivität von ausgewählten Bodentiergruppen untersucht. Als Aktivitätsdichte wird dort die Anzahl der Tiere bei den Barberfallenfängen gewertet. Die Aktivitätsdichte von Spinnen liegt am belasteten Standort Wiesloch bei 53% der Werte vom Vergleichsstandort Nußloch. Bei Diplopoden ist in Wiesloch 81% der Aktivitätsdichte von Nußloch zu finden. Die Individuendichte bei Diplopoden am Belastungsstandort Wiesloch liegt dabei sogar noch höher (= 415 Ind./m^2) als in Nußloch (= 383 Ind./m^2). Bei den Spinnen allerdings entspricht auch der höheren Aktivitätsdichte am Vergleichsstandort Nußloch die höhere Individuendichte gegenüber dem Belastungsstandort Wiesloch. Bei einer weiteren wichtigen Gruppe von Bodentieren, die für den Fraß an den Bait-Lamina-Teststreifen in Betracht kommen, den Oribatiden, ist die Abundanz in Wiesloch deutlich größer als in Nußloch. Dies spricht bei geringeren Fraßwerten am schwermetallbelasteten Standort Wiesloch für eine verminderte Aktivität.

Die in dieser Untersuchung ermittelte tatsächliche Laufaktivität stellt die Aktivitätsdichte bezogen auf die Individuendichte dar. Danach ist die tatsächliche Laufaktivität, wie auch die Aktivitätsdichte von Diplopoden, in Wiesloch eingeschränkt. Sie erreicht 73% des Wertes vom Vergleichsstandort Nußloch. Die einzelnen Arten reagieren dabei aber recht unterschiedlich. Sehr deutlich reduziert ist die Laufaktivität von *Tachypodoiulus niger*. Sie beträgt in Wiesloch 26% vom Vergleichsstandort Nußloch.

Ähnliche Beobachtungen zur verminderten Aktivität unter Schwermetalleinfluß bei Diplopoden machen KÖHLER et al. (1992) bei Netzbeutelversuchen mit Laubstreu. In den Netzbeuteln von unbelasteten Kulturen wurden bei jeder Probennahme wesentlich mehr Diplopoden angetroffen als in den schwermetallbelasteten Netzbeuteln. Der Masseverlust des Laubes in den Netzbeuteln lag in den belasteten Kulturen wesentlich niedriger als in den unbelasteten Kontrollen (s. Kap. 7.3.2).

Im Hinblick auf diesen Sachverhalt liegt die Freßaktivitätsrate von Mauer wider Erwarten unter dem Wert vom minderbelasteten Standort Nußloch. Möglicherweise sind die Schwermetallkonzentrationen am Standort Nußloch für die Bodenfauna noch insoweit tolerabel, daß keine Beeinträchtigung der Aktivität auftritt und die Daten von Mauer und Nußloch als auf gleichem Niveau gewertet werden können. Des weiteren kann die Ursache in Unterschieden in der Faunenzusammensetzung liegen, wie auch unterschiedliche Abundanzen der Arten eine Rolle spielen können.

Für Abbauprozesse von Laubstreu wie für Verrottungsprozesse im allgemeinen gilt, daß die Attraktivität der Substrate für Konsumenten von der mikrobiellen Besiedlung abhängt. Köder, die zu Zeiten geringer edaphischer Aktivität in den Boden gebracht werden, können im Vergleich zu unter günstigeren Bedingungen ausgebrachten Ködern verzögert angenommen werden (VON TÖRNE 1990b). So muß man bei der Interpretation der Befunde auch in Betracht ziehen, daß unter den günstigeren hygrothermischen Bedingungen im Mai gegenüber den nach einem trockenen Sommer ungünstigeren Bedingungen im Oktober die mikrobiogene Modifizierung der Köder und damit deren Attraktivität größer sein kann.

Die Freßaktivitätsanalyse der verschiedenen Bodenschichten zeigt wie auch andere Untersuchungen (VON TÖRNE 1990a) eine Abnahme der zootischen Aktivitäten mit zunehmender Tiefe. Die Schicht 1-4 cm war an allen Standorten und bei beiden Untersuchungsterminen signifikant verschieden gegenüber der Bodentiefe 4-8 cm. Die Freßaktivitätsprofile lassen auf eine dynamischere Besiedlung und einen verstärkten Fraß der Bodenfauna in der gesamten Bodenschicht von 1-8 cm an dem unbelasteten Standort Mauer schließen.

Bei den Standorten Nußloch und Wiesloch könnten die Profile im Hinblick auf das Vorkommen der Schwermetalle in den unteren Bodenschichten gedeutet werden. Um diese zu vermeiden, findet die überwiegende Fraßaktivität der Bodenfauna in der obersten Bodenschicht und der Sproßbasis- sowie der Laubschicht statt. Allerdings sind Vergleiche auch hinsichtlich der in Wiesloch gegenüber den Standorten Mauer und Nußloch stark erhöhten Werte des Humusgehaltes erschwert. Die Position und Dicke von funktionellen Schichten variiert auch von Mikrostandort zu Mikrostandort innerhalb eines Standortes und im Laufe der Jahreszeiten (VON TÖRNE 1990 a).

Die aus den Freßaktivitätsprofilen erkennbare Tendenz zu abnehmender Fraßaktivität in den unteren und mittleren Bodenschichten während des Jahresverlaufs von der Untersuchung im Mai bis zu der im Oktober, läßt sich im Hinblick auf die jeweils herrschenden hygrothermischen Bedingungen und deren mutmaßlichen Einfluß auf die metabolischen Prozesse sehen (VON TÖRNE 1990 a). In trockenen Böden ist die Dynamik der Bodenfauna in tieferen Schichten schon aus mechanischen Gründen erschwert. Des weiteren kann auch eine fortschreitende Alterung des Blattmaterials der obersten Laubschicht im Jahresverlauf dessen Attraktivität als Nahrung für die Bodenfauna infolge mikrobieller Besiedlung und der teilweisen Zersetzung steigern und so zu einem verstärkten Fraß in den oberen Bodenschichten führen.

7.3.5 Dekomposition frischen Fallaubes im Freiland

7.3.5.1 Einleitung

In den letzten Jahrzehnten wurden vielerorts verminderte Dekompositionsraten, die durch überhöhte Schwermetallpräsenz im Boden bedingt waren, nachgewiesen (RÜHLING & TYLER 1973, INMAN & PARKER 1976, WILLIAMS et al. 1977, STROJAN 1978 a, COUGHTREY et al. 1979, KRATZ et al. 1983, MCNEILLY et al. 1984, WEIGMANN et al. 1985). Auch auf der für die vorliegende Untersuchung ausgewählten, mit Schwermetallen belasteten Fläche bei Wiesloch wurde, wie bereits geschildert, eine Akkumulation der Laubstreu festgestellt. Im Vergleich zu den beiden anderen Untersuchungsgebieten in Nußloch und am Speyerer Hof weist die Fläche Wiesloch trotz ähnlicher Mengen Fallaubes pro Jahr eine im Durchschnitt 2-3 mal so hohe Masse an mehr oder weniger zersetztem, dem Waldboden aufliegenden Laubmaterial auf.

Nachdem in den bisherigen Kapiteln die schwermetallinduzierten Reaktionen diverser an der Dekomposition beteiligter Prozesse ausführlich beschrieben wurden, soll abschließend nun untersucht werden, ob und inwieweit die für die einzelnen Gebiete erstellten Regressionskurven für den mikrobiell bedingten Laubabbau (s. Kap. 7.2.1) sowie die im Labor anhand von kultivierten Ausschnitten erhobenen Daten (s. Kap. 7.3.3) den Verhältnissen im Freiland entsprechen.

7.3.5.2 Material und Methodik

Auf den drei Untersuchungsflächen Wiesloch, Nußloch und Speyerer Hof wurde das Fallaub von je sieben 1 m^2 großen Flächen im Herbst 1989 auf ausgelegten Netzen aufgefangen und in Netzbeutel mit einer Maschenweite von 1,0 x 0,5 cm verteilt. Diese Beutel blieben ein Jahr lang in den jeweiligen Versuchsgebieten liegen. Der Verlust an Laubmasse in den Netzbeuteln wurde ermittelt und die energetische Untersuchung

des Dekompositionsprozesses (relativer Energiegehalt, Energieverlust in Näherung) wurde an in ca. sechswöchigem Abstand genommenen Aliquots mikrokalorimetrisch durchgeführt. Weiterhin wurde einmalig im Februar der relative Energiegehalt von dekompostiertem Laubmaterial der vorhergehenden Vegetationsperiode (d.h. Fallaub vom letzten Herbst) in den drei Gebieten bestimmt.
Die Regressionskurven für die Werte von Masse- und Energieverlust im Freiland wurden mit
(1) den Funktionen des für die drei Gebiete simulierten rein mikrobiellen Streuabbaues ohne Förderung durch die Fauna (s. Kap. 7.2.1) und
(2) den Regressionskurven des gesamten Masse- und Energieverlustes in den Streubeuteln der Biotopausschnittskulturen unter Faunaeinfluß (s. Kap. 7.3.3) verglichen.

7.4.5.2 Resultate und Diskussion

Wie Abb. 7.79 zeigt, steigt in allen drei Fällen die Kurve des Masseverlustes unter Freilandbedingungen ab ca. Anfang März stark an. Die Zersetzung des Laubes schreitet zum Jahresende hin kontinuierlich fort und erreicht Ende Oktober Masseverlustwerte von 15,6% bis 19,1%. Wie durch die Regressionsfunktionen dargestellt, ist in allen drei Gebieten nach einem Jahr Dekomposition mit einem Verlust von ca. 20% der Masse des ursprünglich vorhandenen Fallaubes zu rechnen. Der Verlauf der Dekomposition im ersten Sommer nach dem Laubfall ähnelt eher der Kurve einer -für die jeweiligen Gebiete simulierten- rein mikrobiellen Zersetzung als einem Abbau des Laubes unter Beteiligung der saprophagen Makrofauna.

Diese Ergebnisse bestätigend sinkt der relative Energiegehalt des Laubmaterials, der als Maß für die Beurteilung des Dekompositionszustandes angesehen werden kann (s. Kap. 7.2.1), in allen drei Gebieten ebenfalls ab Anfang März stetig ab (Abb. 7.73). Analog zu der beobachteten Abnahme der Laubmasse zeigt sich eine stetige Abnahme des relativen Energiegehaltes im Sommer, der Ende Oktober Werte um 10 J/mg erreicht. Dieser Energiegehalt entspricht ziemlich genau den Meßwerten, die für einjähriges Laub der vorhergehenden Vegetationsperiode auf den jeweiligen Flächen ermittelt wurde. Erst am Jahresende ist ein allerdings sehr geringer Unterschied im Energiegehalt ("Dekompositionsgrad") des Laubes zwischen den minder belasteten Gebieten (Nußloch, Speyerer Hof) einerseits sowie der schwermetallbelasteten Fläche Wiesloch andererseits festzustellen.

Im ersten Sommer nach dem Blattfall verlaufen die Kurven in allen drei Gebieten gleich. Somit ist im ersten Jahr der Dekomposition frischen Fallaubes auf den drei Flächen kein Einfluß der Schwermetalle erkennbar (Abb. 7.80). Aufgrund der bereits im Kapitel 7.3.3 angesprochenen Probleme bei der Ermittlung des Energieverlustes unter Freiland- oder freilandähnlichen Bedingungen kann auch hier nur eine Näherung des Energieverlustes angegeben werden. Für alle drei Gebiete ist ein Ansteigen der Kurve Ende Februar bis Anfang März zu beobachten. Über Ähnlichkeiten der Energieverlustkurve mit den Funktionen des rein mikrobiell bedingten Energieverlustes bzw. dem (ebenfalls approximierten) Energieverlust in der Biotopausschnittskultur können aufgrund der methodisch bedingten Ungenauigkeiten ausschließlich näherungsweise Aussagen gemacht werden. Nach einem Jahr der Dekomposition sind dem Laubmaterial 50-60% der Energie entzogen (Abb. 7.81).

In der vorliegenden Untersuchung konnte gezeigt werden, daß im Verlauf der Dekomposition frischen Fallaubes in den betrachteten Gebieten unabhängig von der Schwermetallkonzentration im Boden zumindest im ersten Jahr auffällige Parallelen zu erkennen sind. Auf allen drei Flächen verliert das frische Fallaub (vorwiegend von *F. sylvatica*, am Speyerer Hof größtenteils eine Mischung von *F. sylvatica* und *Q. petraea*) nach einem Jahr Dekomposition ca. 20% an Masse. GOTTSCHALK & SHURE (1979) wiesen im ersten Jahr der Dekomposition bei Laub von *Quercus alba* einen Masseverlust von 35% (unter den klimatischen Bedingungen von Georgia) nach, KRATZ & BIELITZ (1989) fanden nach 19 Monaten ca. 37% des Fallaubes von *Quercus robur* (in einem Wald bei Berlin) dekompostiert.

Die vorliegenden Ergebnisse stehen im Einklang mit Untersuchungen von STROJAN (1978 a), wonach sich die Dekompositionsraten zwischen einem schwermetallbelasteten Gebiet und einer Kontrollfläche erst nach einem halben Jahr unterscheiden. Dies kann darauf zurückzuführen sein, daß (1) die Dekomposition in ihren ersten Stadien größtenteils rein mikrobiell verläuft (JENSEN 1974, HASSALL et al. 1987; siehe auch die Ähnlichkeiten des Masseverlustes im Freiland mit der Kurve der mikrobiellen Zersetzung in Abb. 7.79). Der ausschließlich mikrobiell bedingte Laubabbau frischen Fallaubes verläuft, wie in Laborversuchen gezeigt wurde (s. Kap. 7.2.1.2), im vorliegenden Fall von einer Schwermetallbelastung quantitativ unbeeinflußt. Weiterhin ist anzunehmen, daß (2) die Schwermetallbelastung in der Laubschicht im Vergleich zu tieferen Bodenhorizonten (zumindest in Wiesloch) sehr gering ist (KRATZMANN et al. 1992) und eine Anreicherung von Schwermetallen erst bei fortschreitender Dekomposition erfolgt (CISTERNAS & MIGNOLET 1982, KRATZ & BIELITZ 1989).

Für spätere Dekompositionsstadien wurde jedoch eine schwermetallbedingte Verlangsamung des Dekompositionsprozesses beschrieben (COUGHTREY et al. 1979). Somit ist anzunehmen, daß der negative Einfluß von Schwermetallen entweder erst nach längerer Dekompositionszeit (STROJAN 1978 a) oder bei der Zersetzung leicht abbaubaren Laubmaterials wie z.B. der Blätter von *Filipendula ulmaria* (BALSBERG 1982) oder *Solidago gigantea* (WEIGMANN et al. 1985) auftritt. Auch bezüglich der Dekomposition auf der Probenfläche Wiesloch ist davon auszugehen, daß eine nachweisbare Beeinträchtigung der Zersetzung organischen Materials durch die vorhandenen Schwermetalle frühestens nach einem Jahr erfolgt. So kann auch in diesem Gebiet eine Anreicherung unvollständig dekompostierten Laubmaterials als Resultat des eingeschränkten Abbaues beobachtet werden.

Wie bereits im Kapitel 7.3.3 angesprochen wurde, ist zu vermuten, daß verminderte Dekompositionsraten durch Schadstoffe auch unter Freilandbedingungen auf eine Beeinträchtigung der Bodentiere und damit auch der faunistisch-mikrobiellen Interaktionen zurückzuführen sind. Somit führen nicht allein Schwermetalle, sondern auch andere Toxine, wie z.B. saure Minenausflüsse (CARPENTER et al. 1983) und Insektizide (WEARY & MERRIAM 1978) zu einem verminderten Streuabbau. Die oftmals reduzierte Anzahl von Bodentieren -oder deren eingeschränkte Aktivität- soll einen Hauptgrund für die Beeinträchtigung der Dekompositionsvorgänge in kontaminierten Gebieten darstellen (KILLHAM & WAINWRIGHT 1981). Diese Interpretation könnte erklären, warum durch Schwermetalle vorwiegend der Abbau stärker zersetzter Laubsubstanz, die das bevorzugte Substrat für saprophage Bodentiere darstellt, und nicht die Dekomposition frisch gefallener oder noch weitgehend intakter Blätter, die von der Saprofauna nicht angenommen werden, negativ beeinflußt wird (COUGHTREY et al. 1979).

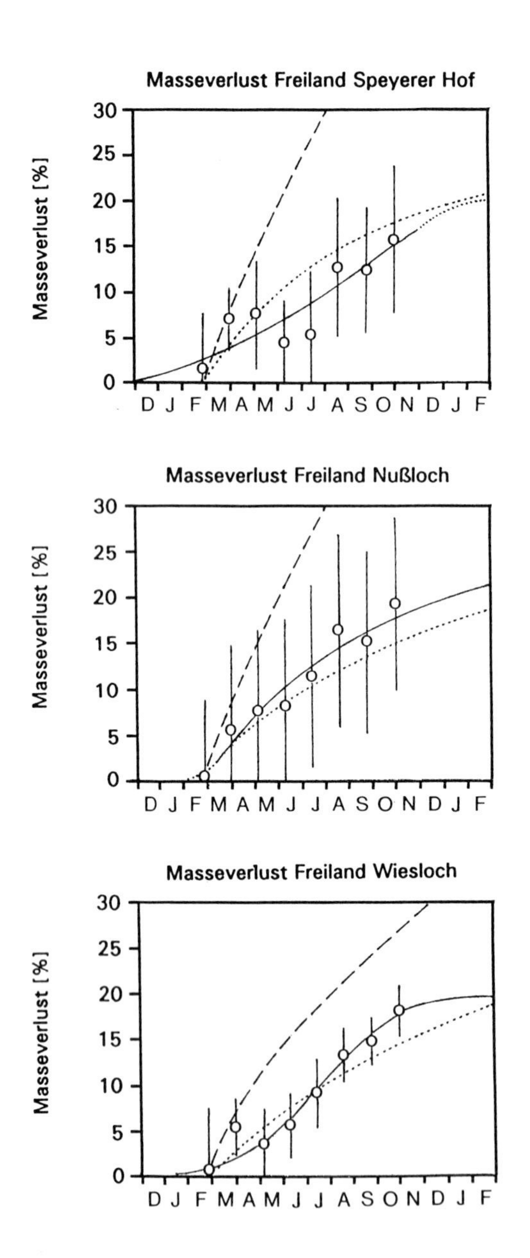

Abb. 7.79: Masseverlust des frischen Fallaubes auf den Freilandflächen Speyerer Hof, Nußloch und Wiesloch (durchgezogene Linie). Vergleich mit der Funktion des simulierten rein mikrobiellen Masseverlustes für die drei Probengebiete (fein gestrichelte Linie) und der Funktion des gesamten Masseverlustes in der Biotopausschnittskultur (grob gestrichelte Linie).

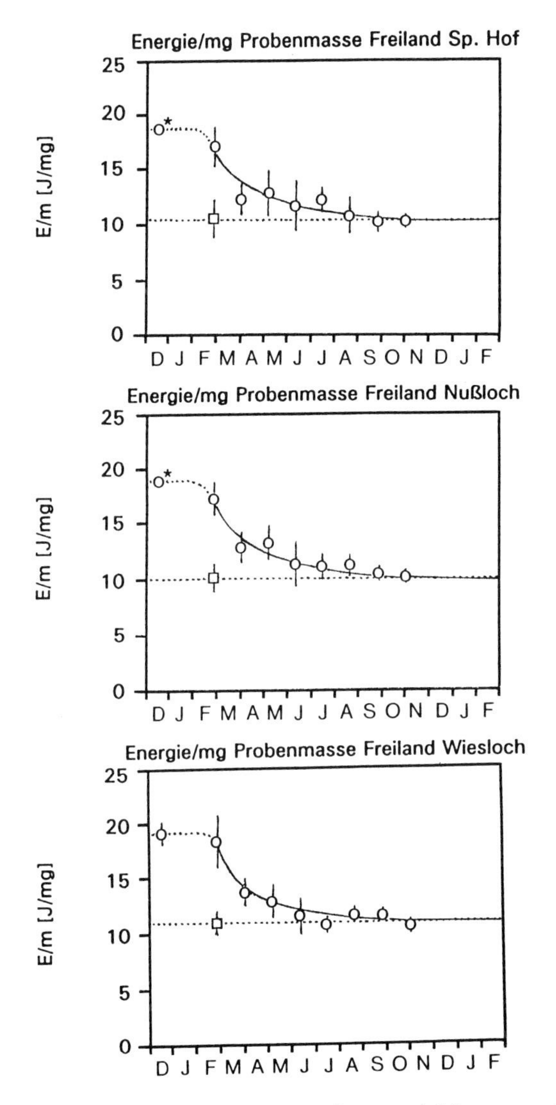

Abb. 7.80: Relativer Energiegehalt von frischem Blattmaterial im ersten Jahr der Dekomposition nach dem Laubfall auf den Freilandflächen Speyerer Hof, Nußloch und Wiesloch (durchgezogene Linie). Der relative Energiegehalt des frischen Fallaubes verringert sich während des Winters nur wenig (gestrichelter Anfangsteil der Kurve). Am Ende des Jahres sinken die Kurven auf Energiewerte ab, die denen von einjährigem Laub der vorhergehenden Vegetationsperiode entsprechen (untere gestrichelte Linie). Die Dezembermeßwerte der Gebiete Speyerer Hof und Nußloch müssen ohne Standardabweichung angegeben werden, da sie aus den für die verschiedenen Blattarten einzeln ermittelten arithmetischen Mittelwerten unter Berücksichtigung der Verteilung der jeweiligen Blattarten in den Gebieten berechnet wurden (*).

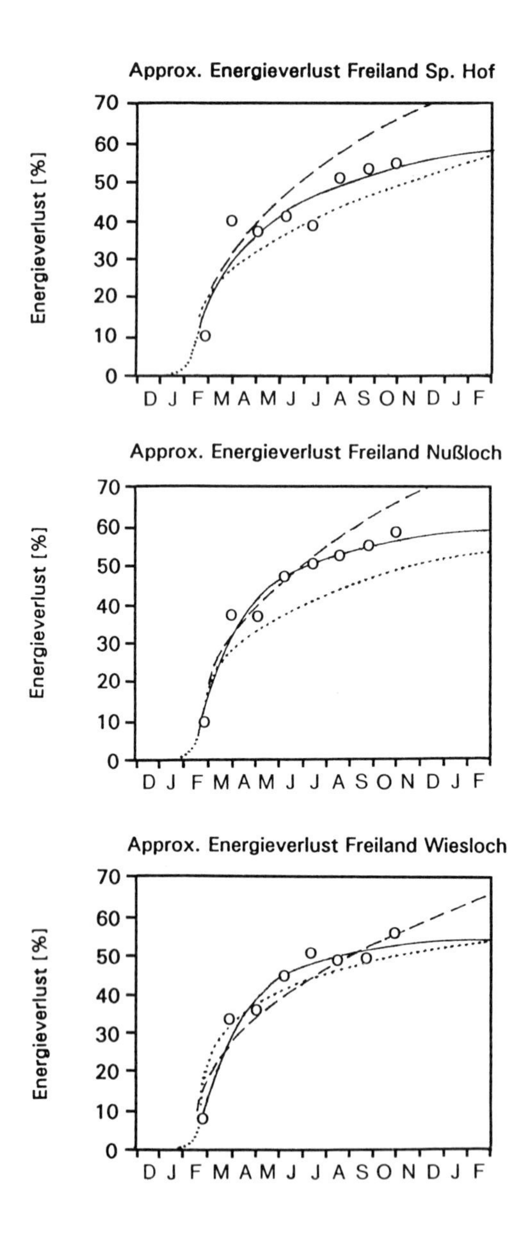

Abb. 7.81: Approximierter Energieverlust des frischen Fallaubes auf den Freilandflächen Speyerer Hof, Nußloch und Wiesloch (durchgezogene Linie). Vergleich mit der Funktion des simulierten rein mikrobiellen Energieverlustes für die drei Probengebiete (fein gestrichelte Linie) und der Funktion des approximierten Energieverlustes in der Biotopausschnittskultur (grob gestrichelte Linie).

8. Zusammenfassung und Ausblick

Die Dekomposition in terrestrischen Ökosystemen ist ein extrem komplexes und fein abgestimmtes Gefüge von Interaktionen einzelner Systemkomponenten, die, wie in den vorangegangenen Kapiteln dargestellt wurde, durch Schwermetallbelastung mitunter maßgeblich beeinflußt wird.

- Zentrales Problem ist die Verminderung der Dekompositionsgeschwindigkeit durch Schwermetalle, worauf nicht nur wiederholt in der Literatur hingewiesen wird, sondern das auch als relevant für metallbelastete Flächen im Raum Heidelberg erkannt wurde. Etwa ein Jahr nach erfolgtem Laubfall beginnt sich der Effekt der verminderten Dekomposition und nachfolgend der Anhäufung von teilweise dekompostiertem Laub auf dem Boden zu zeigen. Im vorliegenden Fall war die Mikroflora des Bodens, auf deren Aktivität die ersten Stadien der biotischen Zersetzung frisch gefallenen Laubmaterials beruhen, offenbar plastisch genug, um auf die Belastung durch Selektion metalltoleranter Stämme zu reagieren. Insofern läuft in den untersuchten Gebieten die rein mikrobielle Dekomposition durch Schwermetalle weitgehend ungestört ab. Da die erste Phase der biotischen Zersetzung der Streu von der Bodenmikroflora allein geleistet wird, tritt der dekompositionsverzögernde Effekt erst ein, wenn das organische Material nach dem genannten Zeitraum für die saprophagen Tiere des Bodens zugänglich wird. Auch die Untersuchung von Bodenleitenzymen der Dekomposition belegt, daß die Bodenmikroflora - isoliert betrachtet - durch die auftretende Schwermetallbelastung in ihrer Leistungsfähigkeit nicht wesentlich beeinträchtigt wird.

- Für eine umfassende Einschätzung der Problematik ist jedoch vor allem die Betrachtung der gegenseitigen Abhängigkeiten von Destruenten und Saprophagen unerläßlich. So beherbergen nachweislich Asseln, Diplopoden (und sicherlich auch andere Saprophagen wie z.B. Oribatiden) eine spezifische, symbiotische Intestinalflora. Gegenüber dem nicht konsumierten Laubmaterial erfolgt im Intestinaltrakt saprophager Bodenarthropoden (z.B. Diplopoden) eine bis zu 100-fache Anreicherung der Mikroorganismen. Der Darm dieser Tiere ist also ein für die Mikroflora hochaktiver Reaktions- und Reproduktionsraum. Auch wird in ihm die Aktivität laubabbauender Enzyme im Vergleich zum Außenmedium drastisch erhöht. In schwermetallkontaminierten Lebensräumen ist die mikrobielle Intestinalflora gegenüber Schwermetallen resistenter als diejenige von Tieren aus unkontaminierten Gebieten, was für die Bereitstellung von Nährstoffen als förderlich anzusehen ist.

- Ein bedeutender Weg der Kontamination von Bodentieren mit Schwermetallen verläuft über die Aufnahme von schwermetallanreichernden Pilzhyphen. Dieser Weg könnte auch in nicht auffallend belasteten Gebieten ökologisch wirksam werden. In hohen Konzentrationen verursachen Schwermetalle Schädigungen am nährstoffresorbierenden Epithel des Darmtraktes (so z.B. bei Diplopoden) und werden zu einem gewissen, für verschiedene Metalle charakteristischen Anteil vom Organismus resorbiert. Dieser Anteil ist jedoch nicht nur von der Art des jeweiligen Metalles, sondern auch vom äußeren Milieu abhängig. So konnte für Asseln gezeigt werden, daß Schwermetalle mit einer Absenkung des pH-Wertes (simulierter saurer Regen) stärker in den Tierkörper aufgenommen und eingelagert werden als ohne diesen zusätzlichen Streßfaktor.

- Bodentiere haben verschiedene Möglichkeiten, bereits resorbierte Schwermetalle in physiologisch unschädlicher Form zu speichern oder aus dem Körper auszuschleusen. Wie in den vorangegangenen Kapiteln geschildert, wurden einige Formen der Detoxifikation auf zellulärer und physiologischer Ebene studiert, so z.B. die Formation von metallhaltigen, intrazellulären Kongregationen (Sphäriten) oder die Exkretion von Metallen über die Abgabe von Faeces. Oribatiden, die mit einer Reihe von Arten am stark belasteten Standort sehr individuenreich vertreten waren, besitzen offenbar besonders effektive Entgiftungsorgane in Form der proventrikulären Drüsen. Diese sind bei einigen Arten am lebenden Tier der Beobachtung zugänglich und können zukünftig als besonders günstige Indikatorstrukturen genutzt werden.

- Trotz der Möglichkeit zur teilweisen Entgiftung von Schadstoffen sind nicht alle Bodeninvertebraten in der Lage, auf langzeitkontaminierten Standorten dauerhaft Populationen aufrechtzuerhalten. So war in mehreren der untersuchten Tiergruppen (z.B. Oribatiden und Spinnen) das Artenspektrum der Invertebratenfauna auf der stark kontaminierten Fläche erheblich verringert. Andererseits fiel auf, daß, bedingt durch die erwähnte Anhäufung von unvollständig dekompostiertem Laub auf der belasteten Fläche (was wiederum zu einer Erweiterung des Lebensraumes für die Bodenmesofauna führte), die Individuendichte von Bodenmilben in dem durch Schwermetalle dominierten Gebiet stark erhöht war. Innerhalb dieser Tiergruppe traten einige Arten mit besonders hohen Abundanzen auf der stark belasteten Fläche auf, andere waren offensichtlich unterrepräsentiert. Derartige Arten können als Indikatorarten gewertet werden, eine Auswahl ist in Tab. 8.1 aufgeführt.

Tab. 8.1: Mögliche Indikatorarten für Schwermetallbelastung (Bodenmilben).

	geförderte Arten	**unterrepräsentierte oder fehlende Arten**
Gamasida	*Discourella cordieri*	*Uropoda erlangensis*
	Pergamasus suecicus	
Oribatida	*Quadroppia paolii*	*Oppiella ornata*
	Oppiella nova	*Minunthozetes semirufus*
	Suctobelba-Arten	*Chamobates cuspidatus*

- Obwohl der Ausfall von Arten auf der stark belasteten Fläche, eine gesteigerte Mortalität von Diplopoden und Asseln sowie eine verminderte Reproduktionsrate bei Diplopoden unter Schwermetalleinfluß nachgewiesen wurden, ist die beobachtete Verminderung der Dekompositionsleistung nicht ausschließlich auf für Individuen oder Populationen letale Schwermetallwirkung zurückzuführen. So führt die Präsenz hoher Metallkonzentrationen in der Nahrung über Schädigungen am resorptiven Epithel im Darmtrakt zu verminderten Assimilationsraten, was in einer mangelhaften Nährstoffzufuhr und einer verminderten energetischen Versorgung der Tiere resultiert. Nicht nur die Assimilationsleistung, sondern auch die Nahrungsaufnahme von Asseln und Diplopoden wird massiv beeinflußt.

Diese Befunde resultieren nicht nur aus Laborversuchen und Mikrokosmosstudien, sondern wurden durch verminderte Fraßleistungen der Bodenfauna auf der stark kontaminierten Fläche (Bait-Lamina-Tests) bestätigt.

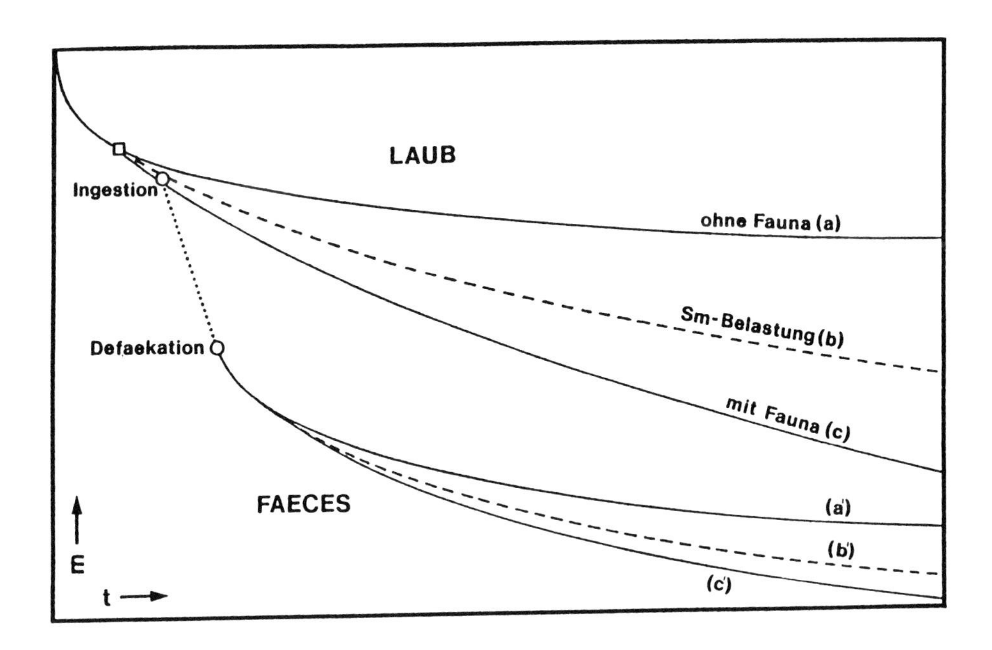

Abb. 8.1: Schematische Darstellung des Dekompositionsprozesses von Laubmaterial und Faeces anhand einer Betrachtung der vorhandenen Laub-/Faecesmasse (m) in Abhängigkeit von der Dekompositionszeit (t). Die Grafik stellt lediglich den prinzipiellen Verlauf der Zersetzungsvorgänge, nicht aber deren quantitative Verhältnisse zueinander dar.

Die Dekomposition frischen Fallaubes verläuft zunächst weitgehend rein mikrobiell. Erst ab einem bestimmten, von verschiedenen Faktoren abhängigen Zeitpunkt gerät das Laubmaterial unter den Einfluß der saprophagen Fauna (Quadrat). Durch den direkten (Nährstoffassimilation) und indirekten (Aktivitätssteigerung der Mikroflora) positiven Einfluß der Bodentiere auf die Dekompostion verläuft der weitere Abbau der Laubstreu wesentlich effektiver (c) als er ohne faunistische Beteiligung ablaufen würde (a). Unter Belastung mit Schwermetallen sind verminderte Dekompositionsraten von Laubmaterial feststellbar (b).

Wird Laubsubstanz von Saprophagen ingestiert (Kreis), so erleidet sie innerhalb der sehr kurzen Zeit der Darmpassage abhängig vom Konsumenten einen mehr oder weniger starken Verlust an Masse. Nach der Defaekation (Kreis) wird die weitere Zersetzung des organischen Materials in ähnlicher Weise beeinflußt wie die Dekomposition des Fallaubes. Auch hier vermag die Aktivität der Fauna (c') den Abbau des Faecesmaterials gegenüber einer ausschließlich mikrobiell geleisteten Zersetzung (a') zu steigern. Dieser positive Effekt scheint ebenfalls durch Schwermetalle beeinträchtigt zu werden (b').

- Obwohl nachgewiesen wurde, daß der rein mikrobielle Abbau von Fallaub hinter Dekompositionsleistungen unter dem Einfluß der saprophagen Fauna (auch unter schwermetallbelasteten Bedingungen) erheblich zurückbleibt (Abb. 8.1), ist die direkte Einwirkung der Tiere auf das Dekompositionsgeschehen durch die erfolgte Assimilation von Nährstoffen als untergeordnet zu betrachten. Wie Mesokosmosexperimente zeigten, ist der Hauptanteil des dekompositionsfördernden Effekts der Bodenfauna auf die generelle Aktivität dieser Tiere im Substrat zurückzuführen, wodurch z.B. eine Neuinfektion von Substrat durch Beweidung und Faecesabsatz sowie nachfolgend die bakterielle Besiedlung von Blattmaterial, eine generelle Durchmischung des Substrates usw. gewährleistet werden. Auch im Freiland ergaben sich Hinweise auf eine Aktivitätsverminderung bestimmter Tiergruppen auf der belasteten Fläche, so z.B. bei Diplopoden (*Tachypodoiulus niger*) oder Spinnen (*Walckenaeria corniculans*). Bei bodenlebenden Spinnen war vor allem die verminderte Aktivität (Präsenz in Barberfallenfängen) von männlichen Tieren im belasteten Gebiet augenfällig. Einige Arten reagierten jedoch auf Schwermetallbelastung mit einer Aktivitätssteigerung (*Macrargus rufus*).

- Aufgrund ernährungsphysiologischer Untersuchungen ergaben sich Hinweise, daß eine Langzeitbelastung mit Schwermetallen die Selektion toleranter oder resistenter Populationen von Bodeninvertebraten begünstigen. Diese Resistenzen scheinen die Voraussetzungen für eine ausreichende Energieversorgung und damit für ein Überleben der Tiere in belasteten Gebieten zu sein, können jedoch (zumindest im vorliegenden Fall) die massiven Schädigungen des gesamten Dekompositionsprozesses nicht verhindern.

Vor dem Hintergrund der durch die vorliegenden Untersuchungen belegten Beeinträchtigung der Bodenorganismen, insbesondere der Bodenfauna, durch Schwermetallkontaminationen (selbst wenn diese primär natürlichen Ursprungs sind), sollten weitere Anstrengungen unternommen werden, um die ökophysiologischen/ökotoxikologischen und letztlich ökosystemaren Konsequenzen besser zu verstehen. Dies sollte um so mehr geschehen, als davon ausgegangen werden kann, daß die Gefährdung der Böden ein langandauerndes und noch zunehmendes Problem bleiben wird vgl. BLUME 1990, UMWELTMINISTERIUM B.-W. 1992, LANDESANSTALT FÜR UMWELTSCHUTZ B.-W. 1993, UMWELTMINISTERIUM BADEN-WÜRTTEMBERG 1993).

Aus den vorliegenden Untersuchungen ergeben sich speziell folgende Ansätze für weiterführende Studien:

- Der bodenkundliche Aspekt sollte weiter vertieft werden. Es sollte versucht werden, mit Hilfe relativ einfacher Techniken eine Abschätzung des Humifizierungsgeschehens unter Belastung vorzunehmen.

- Im Rahmen faunistisch-ökologischer Arbeiten sollten einerseits weitere Bodentiergruppen ausgewertet werden. Andererseits sollte versucht werden, den Einfluß der Belastung auf Teile der Fauna höherer Strata abzuschätzen. Dies ist von großer Bedeutung, weil ein bedeutender Teil der Fauna den Boden nur in bestimmten Lebensphasen besiedelt und dabei einer Belastung ausgesetzt ist, die sie u.U. in höhere Strata transferiert. Dieser Transfer kann direkter (Weitergabe im Nahrungsnetz) oder indirekter Art sein (Ausfall oder Förderung von bestimmten Organismen, die z.B. als Nahrungstiere bedeutsam sind oder direkt an der Dekomposition i.w.S. beteiligt sind, z.B. als Blattfresser [Weidekette]).

- Weiterhin sollte eine Isolierung sowie die weitere Charakterisierung und Kultivierung resistenter intestinalsymbiotischer Bakterien von Bodentieren erfolgen, um die Leistungseinschränkungen für die Träger der Symbionten nach Einwirken von Schadstoffen durch Veränderungen in demjenigen Enzymbereich, der durch die Symbionten bereitgestellt wird, zu ermitteln.

- Die Verhaltensänderungen der Bodentiere (Laufaktivität, Freßaktivität und Reproduktion) sollten unter Belastung vergleichend für unterschiedliche Populationen (mit bzw. ohne Vorbelastung durch kontaminierte Standorte) dokumentiert werden.

- Parallel zur Analyse von Elementflüssen (Pb, Zn, Cd als Belastungsfaktoren sowie C, N, P, S, Na, Ca, Mg, K als Makronährelemente) im Boden sollten diese Elemente in den Tieren dokumentiert werden (EM, EELS, ESI), um Einfüsse der Belastung auf unterschiedlichen trophischen Ebenen zu erkennen.

- Der Befund von unterschiedlicher Toleranz oder Resistenz verschiedener Arten bzw. Populationen sollte näher untersucht werden. Von besonderem Interesse sind hierbei die Mechanismen, die hinter den unterschiedlichen Reaktionsmustern (Formen der Resistenzen; molekulare, zelluläre Mechanismen; Präferenz- bzw. Vermeidungsstrategien; Resistenz von Symbionten; zeitliche Dimension von Resistenzentwicklungen) stehen, die Frage nach genetisch fixierten Resistenzunterschieden zwischen den verschiedenen Populationen und die Bedeutung dieser Phänomene für die Beurteilung der Freilandsituation im Sinne einer Risikoabschätzung.

- Letztlich sollte auch auf biochemisch-molekularbiologischem Wege eine Analyse des Entgiftungsgeschehens bei den verschiedenen Organismengruppen erfolgen, um diese Mechanismen im Hinblick auf die Entwicklung eines Testsystems als "Schnelltest ökotoxikologischer Belastung" in Zukunft nutzbar machen zu können.

9. Literaturverzeichnis

ABRAHAMSEN, G., HOVLAND, J., HÅGVAR, S. (1980): Effects of artificial acid rain and liming on soil organisms and the decomposition of organic matter. In: HUTCHINSON, T.C. & HAVAS, M. (eds.): Effects of Acid Precipitation on Terrestrial Ecosystems, Plenum Press New York and London, 341-362.

ADIS, J. (1987): Extraction of arthropods from neotropic soils with a modified Kempson apparatus. J. Trop. Ecology 3: 131-138.

AIKING, H., GOVERS, H., VAN'T RIET, J. (1985): Bacterial detoxification of heavy metals: essential versus non-essential elements. In: LEKKAS T.D. (ed.): Heavy metals in the environment. CEP Consultants; Edinburgh, 54-56.

ALBERT, R. (1976): Zusammensetzung und Vertikalverteilung der Spinnenfauna in Buchenwäldern des Solling. Faun.-ökol. Mitt. 5: 65-80.

ALBERT, R. (1982): Untersuchungen zur Struktur und Dynamik von Spinnengesellschaften verschiedener Vegetationstypen im Hoch-Solling. Hochschulsammlung Naturwissenschaft Biologie 16, Hochschul - Verlag, Freiburg.

ALBERTI, G., KRATZMANN, M., BŁASZAK, C., SZEPTYCKI, A. (1989): Reaktion von Mikroarthropoden auf Waldkalkungen. Mitt. Dtsch. Ges. allgem. angew. Entomol. 7: 119-122.

ALBERTI, G., KRATZMANN, M., BŁASZAK, C., STREIT, H., BLUMRÖDER, U. (1991): Soil mites and acidification: a comparative study of four forest stands near Heidelberg. In: SCHUSTER, R. & MURPHY, P.W. (eds.): The Acari. Reproduction, development and life-history strategies (1st. Symp. European Assoc. Acarol., Graz Austria 1988). Chapman & Hall, London, 491-493.

ALBERTI, G., BŁASZAK, C., KRATZMANN, M., LUDWIG, M. (1992): Bodenversauerung und Mikroarthropoden. "Symposium Mensch-Umwelt". Erfurt 1991. Acta Academ, Sci. 1/Ann. Univ. Sarav. Med. Suppl. (1. Symp. "Mensch und Umwelt" Erfurt 1991)11: 34-37.

ALEF, K. (1991): Methodenhandbuch Bodenmikrobiologie. Ecomed Verlagsgesellschaft, Landsberg.

ALEXANDER, M. (1977): Introduction to soil microbiology. John Wiley & Sons.

ALEXANDER, M. (1980): Effects of acidity on microorganisms and microbial processes in soil. In: HUTCHINSON, T.C. & HAVAS, M. (eds.): Effects of Acid Precipitation on Terrestrial Ecosystems, Plenum Press New York and London, 363-374.

AMIN, M.F. & AL-HAQUE, M.A. (1989) Effect of zinc on leaf litter decomposition and on bacterial and fungal populations in soil. J. Biol. Sc. Res. 20: 65-77.

AMTLICHE KREISBESCHREIBUNG (1968): Die Stadt- und Landkreise Heidelberg und Mannheim, Bd. 2. In: Die Stadt- und Landkreise in Baden-Württemberg. Staatliche Archivverwaltung Baden-Württemberg in Verbindung mit den Städten und den Landkreisen Heidelberg und Mannheim (ed.).

ANDERSON, J.M. (1973): The breakdown and decomposition of sweet chestnut (*Castanea sativa* MILL.) and beech (*Fagus sylvatica* L.) leaf litter in two deciduous woodland soils. Oecologia 12: 275-288.

ANDERSON, J.M. (1988): Spatiotemporal effects of invertebrates on soil processes. Biol. Fertil. Soils 6: 216-227.

ANDERSON, J.M. & BIGNELL, D.E. (1980): Bacteria in the food, gut contents and faeces of the litter-feeding millipede *Glomeris marginata* (VILLERS). Soil Biol. Biochem. 12: 251-254.

ANDERSON, J.M. & BIGNELL, D.E. (1982): Assimilation of ^{14}C-labelled leaf fibre by the millipede *Glomeris marginata* (Diplopoda, Glomeridae). Pedobiologia 23: 120-125.

ANDERSON, J.P.E. & DOMSCH, K.H. (1978): A physiological method for the quantitative measurement of microbial biomass in soils. Soil Biol.Biochem. 10: 215-221.

ANDERSON, M. (1979): Mn^{2+} ions pass through Ca^{2+} channels in myoepithelial cells. J.Exp. Biol. 82: 227-238.

ARBEITSGRUPPE BODENKUNDE der geologischen Landesämter und der Bundesanstalt für Geowissenschaften und Rohstoffe in der Bundesrepublik Deutschland (1982): Bodenkundliche Kartierungsanleitung, 3. Auflage, E. Schweizerbart'sche Verlagsbuchhandlung Stuttgart.

AUSMUS, B.S. (1977): Regulation of wood decomposition rates by arthropod and annelid populations. Soil Organisms as Components of Ecosystems Ecol. Bull. 25: 180-192.

AUSMUS, B.S., DODSON, G.J., JACKSON, D.R. (1978): Behavior of heavy metals in forest microcosms. III. Effects on litter-soil carbon metabolism. Water Air Soil Pollut. 10: 19-26.

BABICH, H. & STOTZKY, G. (1977): Sensitivity of various bacteria, including actinomycetes, and fungi to cadmium and the influence of pH on sensitivity. Appl. Environ. Microbiol. 33: 681-695.

BABICH, H. & STOTZKY, G. (1978): Effect of cadmium on microbes in vitro and in vivo. In: LOUTIT, M.W. & MILES, J.A.R. (eds.): Microbial ecology. Springer, Heidelberg, Berlin, New York, 412-415.

BABICH, H. & STOTZKY, G. (1980): Environmental factors that influence the toxicity of heavy metals and gaseous pollutants to microorganisms. Critical Reviews in Microbiology 8: 99-145.

BABICH, H. & STOTZKY, G. (1982): Gaseous and heavy metal air pollutants. In: BURNS, R.G., SLATER, J.H. (eds.): Experimental microbial ecology. Blackwell Scientific; Oxford, London, Edinburgh, Boston, Melbourne, 31-670.

BABICH, H. & STOTZKY, G. (1985): Heavy metal toxicity to microbe-mediated ecologic processes: a review and potential application to regulatory policies. Environ. Res. 36: 111-137.

BADURA, L., PACHA, J., SLIWA, U. (1980): Wplyw cynku i miedzi na aktywnose enzymatyczna gleby. Acta Biol. (Katowice) 9: 128-142.

BAEHR, B. (1983): Vergleichende Untersuchungen zur Struktur der Spinnengemeinschaften (Araneae) im Bereich stehender Kleingewässer und der angrenzenden Waldhabitate im Schönbuch bei Tübingen. Diss. Univ. Tübingen.

BAEHR, B. (1986): Untersuchungen zur Habitatbindung von Spinnen (Araneae) im Schönbuch bei Tübingen. Sonderdruck aus DFG Forschungsbericht, G. EINSELE (ed.).

BAEHR, B. (1988): Die Bedeutung der Araneae für die Naturschutzpraxis, dargestellt am Beispiel von Erhebungen im Landkreis Weißenburg-Gunzenhausen (Mittelfranken). Schriftenreihe Bayer. Landesamt f. Umweltschutz 83: 43-59.

Literaturverzeichnis

BÄRLOCHER, F. (1982): The contribution of fungal enzymes to the digestion of leaves by *Gammarus fossarum* KOCH (Amphipoda). Oecologia 52: 1-4.

BALEUX, B. & VIVARES, C.P. (1974): Étude Préliminaire de la Flore Bactérienne Intestinale de *Schizophyllum sabulosum* var. *rubripes* (Myriapoda, Diplopoda). Bulletin de la Société Zoologique de France 99: 771-779.

BALOGH, J. (1958): Lebensgemeinschaften der Landtiere. Akademie-Verlag, Budapest, Berlin.

BALOGH, J. (1972): The oribatid genera of the world. Akademiai Kiado, Budapest.

BALOGH, J. & MAHUNKA, S. (1983): Primitive oribatids of the palaearctic region. Elsevier, Amsterdam, Oxford, New York.

BALSBERG, A.-M. (1982): Plant biomass, primary production and litter disappearance in a *Filipendula ulmaria* meadow ecosystem, and the effects of cadmium. Oikos 38: 72-90.

BARBER, H. S. (1931): Traps for cave-inhabiting insects. J. Mitchell Soc. 46: 259-265.

BASARABA, J. & STARKEY, R.L. (1966): Effect of plant tannins on decomposition of organic substances. Soil Sci. 101: 17-23.

BECK, L. (1983): Zur Bodenbiologie des Laubwaldes. Verh. Dtsch. Zool. Ges. 76: 37-54.

BECK, L. (1987): Begründung der ausgewählten Forschungsansätze und Forschungsbedarf. In: Themenfeld A. Ökosystemare Funktion charakteristischer Böden. Statusseminar Bodenbelastung und Wasserhaushalt 1986. Bonn.

BECK, L. (1993): Zur Bedeutung der Bodentiere für den Stoffkreislauf in Wäldern. Biologie in unserer Zeit 23: 286-294.

BECK, L. & BRESTOWSKI, E. (1980): Auswahl und Verwertung verschiedener Fallaubarten durch *Oniscus asellus* (Isopoda). Pedobiologia 20: 428-441.

BECK, L. & FRIEBE, B. (1981): Verwertung von Kohlehydraten bei *Oniscus asellus* (Isopoda) und *Polydesmus angustus* (Diplopoda). Pedobiologia 21: 19-29.

BECK, L. & WOAS, S. (1991): Die Oribatiden-Arten (Acari) eines südwestdeutschen Buchenwaldes I. Carolinea 49: 37-82.

BECK, T.H. (1973): Über die Eignung von Modellversuchen bei der Messung der biologischen Aktivität. Bayer. Landwirtsch. Jb. 50: 270-288.

BECK, T.H. (1984): Mikrobiologische und biochemische Charakterisierung landwirtschaftlich genutzter Böden. Z. Pflanzenern. Bodenkunde 147: 456-475.

BECK, T.H. (1986): Aussagekraft und Bedeutung enzymatischer und mikrobiologischer Methoden bei der Charakterisierung des Bodenlebens von landwirtschaftlichen Böden. Veröff. Landw. chem. Bundesanst. Linz/Donau 18: 75-100.

BEEBY, A. (1980): Lead assimilation and brood-size in the woodlouse *Porcellio scaber* (Crustacea, Iosopoda) following oviposition. Pedobiologia 20: 360-365.

BENGTSSON, G. (1986): The optimal use of life strategies in transitional zones or the optimal use of transition zones to describe life strategies. In: VELTHUIS, H.H.W. (ed.): Proceedings of the Third European Congress of Entomology. Nederlandse Entomologische Vereiniging, Amsterdam, 93-207.

BENGTSSON, G. & RUNDGREN, S. (1982): Population density and species number of enchytraeids in coniferous forest soils polluted by a brass mill. Pedobiologia 24: 211-218.

BENGTSSON, G. & RUNDGREN, S. (1984): Ground-living invertebrates in metal-polluted forest soils. Ambio 13: 29-33.

BENGTSSON, G. & RUNDGREN, S. (1988): The Gusum case. A brass mill and the distribution of soil collembola. Can. J. Zool. 66: 1518-1527.

BENGTSSON, G., GUNNARSSON, T., RUNDGREN, S. (1983 a): Growth changes caused by metal uptake in a population of *Onychiurus armatus* (Collembola) feeding on metal polluted fungi. Oikos 40: 216-225.

BENGTSSON, G., NORDSTRÖM, S., RUNDGREN, S. (1983 b): Population density and tissue metall concentration of lumbricids in forest soils near a brass mill. Environ. Pollut. (Series A) 30: 87-108.

BENGTSSON, G., GUNNARSSON, T., RUNDGREN, S. (1985): Influence of metals on reproduction, mortality and population growth in *Onychiurus armatus* (Collembola). Journal of Appl. Ecology 22: 967-978.

BENGTSSON, G., GUNNARSSON, T., RUNDGREN, S. (1986): Effects of metal pollution on the earthworm *Dendrobaena rubida* (SAV.) in acidified soils. Water, Air and Soil Pollution 28: 361-383.

BENOIT, R.E. & STARKEY, R.L. (1968): Inhibition of decomposition of cellulose and some other carbohydrates by tannin. Soil Sci. 105: 291-296.

BERG, B. & STAAF, H. (1981): Leaching, accumulation and release of nitrogen in decomposing forest litter. In: CLARK, F.E., ROSSWALL, T. (eds.): Terrestrial Nitrogen Cycles. Ecol. Bull. (Stockholm) 33: 163-178.

BERGER, B. & DALLINGER, R. (1989): Accumulation of cadmium and copper by the terrestrial snail *Arianta arbustorum* L.: kinetics and budget. Oecologia 79: 60-65.

BERNHARD, M., BRINCKMANN, F.E., SADLER, P.J. (eds.) (1986): The Importance of Chemical "Speciation" in Environmental Processes. Dahlem Konferenzen, Springer Verlag, Berlin, Heidelberg, New York, Tokyo.

BERNINI, F. (1984): Notulae Oribatologicae XXXII. Some new galumnid mites (Acarida, Oribatida) from North Africa exhibiting sexual dimorphism with some observations on racemiform organs. Animalia 11: 103-126.

BERTHET, P. (1967): The metabolic activity of oribatid mites (Acarina) in different forest floors. In: PETRUSEWICZ (ed.): Secondary productivity of terrestrial ecosystems. Pol. Acad. Sci., Krakau, 709-725.

BERTHET, P. (1971): Mites. In: PHILLIPSON, J (ed.): Methods of study in quantitative soil ecology: population, production, and energy flow. Oxford, Edinburgh, 186-208.

BETIAN, H.G., LINEHAN, B.A., BRYANT, M.P., HOLDEMAN, L.V. (1977): Isolation of a cellulolytic *Bacteroides* sp. from human feces. Applied and Enviromental Microbiology 33 (4): 1009-1010.

Literaturverzeichnis

BEWLEY, R.J.F. (1980): Effects of heavy metal pollution on oak leaf microorganisms. Appl. Environ. Microbiol. 40: 1053-1059.

BEWLEY, R.J.F. (1981): Effects of heavy metal pollution on the microflora of pine needles. Holarctic Ecol. 4: 215-220.

BEWLEY, R.J.F. & STOTZKY, G. (1983 a): Effects of cadmium and zinc on microbial activity in soil: influence of clay minerals. Part I: metals added individually. Sci. Total Environ. 31: 41-55.

BEWLEY, R.J.F. & STOTZKY, G. (1983 b): Effects of combinations of simulated acid rain and cadmium or zinc on microbial activity in soil. Environmental Research 31: 332-339.

BEYER, L., BLUME, H.-P., FRIEDRICH, F., VOGT, J. (1992): Der durchschnittliche, langfristige Abbau vergrabener Zellulose in typischen Acker- und Waldböden der Norddeutschen Tiefebene. Pedobiologia 36: 11-20.

BEYER, W.N., MILLER, G.W., CROMARTIE, E.J. (1984): Contamination of the O2 soil horizon by zink smelting and its effect of woodlouse survival. J. Environ. Qual. 13 (2): 245-251.

BEYER, W.N., PATTEE, O.H., SILEO, L., HOFFMAN, D.J., MULHERN, B.M. (1985): Metal contamination in wildlife living near two zinc smelters. Environ. Pollut. (Series A) 38: 63-86.

BEYER, W. N., HENSLER, G., MOORE, J. (1987): Relation to pH and other soil variables to concentrations of Pb, Cu, Zn, Cd, Se in earthworms. Pedobiologia 30: 167-172.

BHATTACHARYYA, S. K. (1962): Laboratory studies on the feeding habits and life cycles of soil-inhabiting mites. Pedobiologia 1: 291-298.

BICK, H. (1982): Bioindikatoren und Umweltschutz. In: Bioindikatoren. Ergebnisse des Symposiums: Tiere als Indikatoren für Umweltbelastungen. Decheniana - Beihefte (Bonn) 26: 2-5.

BIELY, P. MISLOVICOVÁ, D., TOMAN, R. (1985): Soluble chromogenic substrates for the assay of endo-1,4-ß-xylanases and endo-1,4-ß-glucanases. Analytical Biochemistry 144: 142-146.

BIESSMANN, H., FALKNER, F.-G., SAUMWEBER, H., WALTER, M.F. (1982): Disruption of the vimentin cytoskeleton may play a role in heat shock response. In: SCHLESINGER M. J., ASHBURNER M., TISSIÈRES, A. (eds.): Heat shock. From bacteria to man. Cold Spring Harbor Lab.; Cold Spring Harbor, 275-281.

BISESSAR, S. (1982): Effect of heavy metals on microorganisms in soils near a secondary lead smelter. Water, Air, and Soil Pollution 17: 305-308.

BLESZ, D.G. & KERN, C. (1991): Floristische Erhebung im Nußlocher Gemeindewald Hirschberg, Buchwald, Wilhelmsberg. Gutachten, erstellt im Auftrag der Bezirksstelle für Naturschutz und Landschaftspflege (BNL) Karlsruhe.

BLUME, H.-P. (1990): Handbuch des Bodenschutzes. Ecomed Verlagsgesellschaft, Landsberg/Lech.

BORDONS, A. (1985): Accumulation of nickel by resistant bacteria isolated from activated sludge. In: LEKKAS, T.D. (ed.): Heavy metals in the environment, Vol I. CEP Consultants; Edinburgh, 69-71.

BORKOTT, H. & INSAM, H. (1990): Symbiosis with bacteria enhances the use of chitin by the springtail *Folsomia candida* (Collembola). Biol. Fertil. Soils 9: 126-129.

BRAUN, D. (1992): Aspekte der Vertikalverteilung von Spinnen (Araneae) an Kieferstämmen. Arachnol. Mitt. 4: 1 - 20.

BRAUN, R. (1955): Zur Spinnenfauna von Mainz und Umgebung, mit besonderer Berücksichtigung des Gonsenheimer Waldes und Sandes. - Jber. Nass. Ver. Naturk. 92: 50-79.

BRAUN, R. (1957): Die Spinnen des Rhein-Main-Gebietes und der Rhein-Pfalz. Jber. Nass. Ver. Naturk. 93: 21-95.

BRAUNS, A. (1968): Praktische Bodenbiologie. G. Fischer, Stuttgart.

BRAY, J.R. & CURTIS, T. (1957): An ordination of the upland forest communities of Southern Wisconsin. Ecol. Mon. 27: 325-349.

BRECHTEL, H.M. (1988): Gefährdung des Bodens und der Gewässer durch Eintrag von Luftschadstoffen. Forst und Holz 43: 298-302.

BREGETOVA, N.G. (1956): Gamazovje klesci (Gamasoidse). Verl. Akad. Wiss. UdSSR, Moskau, Leningrad.

BREZNAK, J.A. (1982): Intestinal microbiota of termites and other xylophagous insects. Ann. Rev. Microbiol. 36: 323-343.

BROCK, T.D., SMITH, D.W., MADIGAN, M.T. (1984): Biology of Microorganisms. Prentice-Hall Inc., Englewood Cliffs, New Jersey, 4th Edition.

BROOKES, P.C. & MCGRATH, S.P. (1984): Effects of metal toxicity on the size of the soil microbial biomass. Journal of Soil Science 35: 341-346.

BROWN, B.E. (1976): Observations on the tolerance of the isopod *Asellus meridianus* RAC. to copper and lead. Water Res. 10: 555-559.

BRÜMMER, G.W. (1987): Begründung der ausgewählten Forschungsansätze und Forschungsbedarf. In: Themenfeld B: Quantifizierung der stofflichen Belastung von Böden. Statusseminar "Bodenbelastung und Wasserhaushalt", Bonn.

BUBEL, A. (1976): Histological and electron microscopical observations on the effect of different salinities and heavy metal ions, on the gills of *Jaeria nordmanni* (RATHKE)(Crustacea, Isopoda). Cell Tiss. Res. 167: 65-95.

BUNDESMINISTER DES INNEREN (1985): Bodenschutzkonzeption der Bundesregierung. Verl. W. Kohlhammer, Stuttgart, Berlin, Köln, Mainz.

BUNDESMINISTER FÜR UMWELT, NATURSCHUTZ U. REAKTORSICHERHEIT (1987 a): Maßnahmen zum Bodenschutz. Beschluß des Bundeskabinetts vom 08. Dezember 1987.

BUNDESMINISTER FÜR UMWELT, NATURSCHUTZ U. REAKTORSICHERHEIT (1987 b): Naturschutzprogramm des Bundesministeriums f. Umwelt, Naturschutz und Reaktorsicherheit (Entwurf, Stand: September 1987).

BUNDESMINISTERIUM FÜR ERNÄHRUNG, LANDWIRTSCHAFT U. FORSTEN (1993 a): Waldzustandsbericht der Bundesregierung. Ergebnisse der Waldschadenserhebung.

Literaturverzeichnis

BUNDESMINISTERIUM FÜR ERNÄHRUNG, LANDWIRTSCHAFT U. FORSTEN (1993 b): Agrarbericht der Bundesregierung 1993.

BURDON, R.H. & CUTMORE, C.M.M. (1982): Human heat shock gene expression and the modulation of plasma membrane sodium-potassium ATPase activity. FEBS Letters 140: 45-48.

BURNS, R.G. (1978): Soil enzymes. Academic Press. New York, London.

BURNS, R.G. (1982): Enzyme activity in soil: location and possible role in microbial ecology. Soil Biol. Biochem. 14: 423-427.

BUZAS, M.A. & GIBSON, T.G. (1969): Species diversity: benthonic Foraminifera in western North Atlantic. Science 163: 72-75.

CAMERON, G.N. & LAPOINT, T.W. (1978): Effects of tannins on the decomposition of Chinese tallow leaves by terrestrial and aquatic invertebrates. Oecologia 32: 349-366.

CAMPBELL, R. (1980): Mikrobielle Ökologie. Verlag Chemie, Weinheim.

CAPONE, D.G., REESE, D.D., KIENE, R.P. (1983): Effects of metals on methanogenesis, sulfate reduction, carbon dioxide evolution and microbial biomass in anoxic salt marsh sediments. Appl. Environ Micobiol. 45: 1586-1591.

CARASSO, N. & FARVARD, P. (1966): Mise en evidence du calcium dans les myonèmes pédonculaires de cilies peritriches. J. Microscopie 5: 759-770.

CARPENTER, J., ODUM, W.E., MILLS, A. (1983): Leaf litter decomposition in a reservoir affected by acid mine drainage. Oikos 41: 165-172.

CISTERNAS, R. & MIGNOLET, R. (1982): Accumulation of lead in decomposing litter. Oikos 38: 361-364.

CLAUSEN, I.H.S. (1984): Lead (Pb) in Spiders: A Possible Measure of Atmospheric Pb Pollution. Environ. Pollut. (Series B) 8: 217-230.

CLAUSEN, I.H.S. (1986): The use of spiders (Araneae) as ecological indicators. Bull. Br. arachnol. Soc. 7: 83-86.

CLAUSEN, I.H.S. (1988): A Budget for Cd and Pb in *Steatoda bipunctata* (Araneae: Theridiidae). 11. Europäisches Arachnologisches Kolloquium vom 28.08.-2.09.1988, TU Berlin, HAUPT, J. (ed.): TUB Dokumentation, Kongresse, Tagungen 38: 207.

COCHRAN, V.L., ELLIOT, L.F., LEWIS, C.E. (1989): Soil microbial biomass enzyme activity in subarctic agricultural and forest soils. Biol. Fertil. Soils 7: 283-288.

COLE, M.A. (1977): Lead inhibition of enzyme synthesis in soil. Appl. Environ. Microbiol. 33 (2): 262-268.

COLEMAN, D.C., INGHAM, E.R., HUNT, H.W., ELLIOTT, E.T., REID, C.P.P., MOORE, J.C. (1990): Seasonal and faunal effects on decomposition in semiarid prairie, meadow and lodgepole pine forest. Pedobiologia 34: 207-219.

COUGHTREY, P.J., MARTIN, M.H., YOUNG, E.W. (1977): The woodlouse, *Oniscus asellus*, as a monitor of environmental cadmium levels. Chemosphere 12: 827-832.

COUGHTREY, P.J., JONES, C.H., MARTIN, M.H., SHALES, S.W. (1979): Litter accumulation in woodlands contaminated by Pb, Zn, Cd, and Cu. Oecologia 39: 51-60.

COUGHTREY, P.J., MARTIN, M.H., CHARD, J., SHALES, S.W. (1980): Microorganisms and metal retention in the woodlouse *Oniscus asellus*. Soil Biol. Biochem. 12: 23-27.

COURGEON, A.M., ROLLET, E., BECKER, J., MAISONHAUTE, C., BEST-BELPOMME, M. (1988): Hydrogen peroxide (H_2O_2) induces actin and some heat-shock proteins in *Drosophila* cells. Eur. J. Biochem. 171: 163-170.

CRICHTON, R.R. (1982): Ferritin - the structure and function of an iron storage protein. In: DUNFORD, H.B., DOLPHIN, D., RAYMOND, K.N., SIEKER, L. (eds.): The biological chemistry of iron. Reidel; New York, 45-61.

CRIST, T.O., WILLIAMS, N.R., AMTHOR, J.S., SICCAMA, T.G. (1985): The lack of an effect of lead and acidity on leaf decomposition in laboratory microcosms. Environ. Pollut. (Series A) 38: 295-303.

CROWTHER, C. & RUSTON, H.G. (1911): The nature, distribution and effects upon vegetation of atmospheric impurities in and near an industrial town. J. Agric. Sci. 4: 25-55.

CRUDEN, D.L. & MARKOVETZ, A.J. (1987): Microbial ecology of the cockroach gut. Ann. Rev. Microbiol. 41: 617-643.

DALL, W. & MORIARTY, D.J.W. (1983): Functional aspects of nutrition and digestion. In: BLISS, D.E. (ed.): The Biology of Crustacea, Vol. 5. Academic Press Inc., 215-251.

DALLINGER, R. & PROSI, F. (1988): Heavy metals in the terrestrial isopod *Porcellio scaber* LATREILLE. II. Subcellular fractionation of metal-accumulating lysosomes from hepatopancreas. Cell Biology and Toxicology 4 (1): 97-109.

DALLINGER, R. & WIESER, W. (1977): The flow of copper through a terrestrial food chain. Oecologia 30: 253-264.

DA NICOLA GIUDICI, M. & GUARINO, S.M. (1989): Effects of chronic exposure to cadmium or copper on *Idothea baltica* (Crustacea, Isopoda). Marine Pollution Bulletin 20 (2): 69-73.

DARWIN, C. (1840): On the formation of mould. Trans. geol. Soc. London (2) 5: 505-509.

DARWIN, C. (1881): The formation of vegetable mould through the action of worms, with observations on their habits. J. Murray, London.

DAVID, J.-F. (1986): Influence de la durée du séjour dans la litière des feuilles mortes de chêne (*Quercus petraea*, LIEBL.) sur leur consommation par le diplopode *Cylindroiulus nitidus* (VERHOEFF, 1891). C. R. Acad. Sc. Paris 302, 3 (10): 379-381.

DEHORITY, B.A. (1977): Cellulolytic cocci isolated from the cecum of Guinea Pigs (*Cavia porcellus*). Appl. Environ. Microbiol. 33 (6): 1278-1283.

DENNEMAN, C.A.J. & VAN STRAALEN, N.M. (1991): The toxicity of lead and copper in reproduction tests using the oribatid mite *Platynothrus peltifer*. Pedobiologia 35: 305-311.

DGHM-VERFAHRENSRICHTLINIEN (1983): Lieferung 2, Gustav Fischer Verlag, Stuttgart.

Literaturverzeichnis

DICKMANN, M. (1968): Some indices of diversity. Ecology 49: 1191- 1193.

DINDAL, D.L. (ed.) (1980): Soil Biology as Related to Land Use Practices. Proc. VII Int. Soil Zool. Wash.

DIXON, K.R., LUXMOORE, R.J., BEGOVICH, C.L. (1978 a): CERES - a model of forest stand biomass dynamics for predicting trace contaminant, nutrient, and water effects. I. Model description. Ecol. Modelling 5: 17-38.

DIXON, K.R., LUXMOORE, R.J., BEGOVICH, C.L. (1978 b): CERES - a model of forest stand biomass dynamics for predicting trace contaminant, nutrient, and water effects. II. Model application. Ecol. Modelling 5: 93-114.

DOELMAN, P. & HAANSTRA, L. (1979 a): Effects of lead on the decomposition of organic matter. Soil Biol. Biochem. 11: 481-485.

DOELMAN, P. & HAANSTRA, L. (1979 b): Effects of lead on the soil bacterial microflora. Soil Biol. Biochem. 11: 487-491.

DOELMAN, P. & HAANSTRA, L. (1979 c): Effect of lead on soil respiration and dehydrogenase activity. Soil Biol. Biochem. 11: 475-479.

DOMSCH, K.H. (1972): Interactions of soil microbes and pesticides. Symp. Biol. Hung. 11: 337-347.

DOWDY, W.W. (1975): Energetics of the diplopod, *Auturus evides*. Am. Midl. Nat. 93: 459-463.

DREWS, G. (1968): Mikrobiologisches Praktikum für Naturwissenschaftler. Springer Verlag, Berlin-Heidelberg-New York.

DUFFEY, E. (1966): Spider ecology and habitat structure (Arach., Araneae). Senck. biol. 47, 1: 45-49.

DUMPERT, K. & PLATEN, R. (1985): Zur Biologie des Buchenwaldbodens; 4. Die Spinnenfauna. Carolinea 42: 75-106.

DUNGER, W. (1958): Über die Veränderung des Fallaubes im Darm von Bodentieren. Zeitschrift für Pflanzenernährung und Bodenkunde 82.

DUNGER, W. (1976): Strukturelle Untersuchungen an Collembolengemeinschaften des Hruby Jesenik-Gebirges (Altvatergebirge, CSSR). Abh. Ber. Naturk. Mus. Görlitz 50 (6): 1-43.

DUNGER, W. (1982): Die Tiere des Bodens als Leitformen für anthropogene Umweltveränderungen. In: BICK, H. & NEUMANN, D. (eds.) Bioindikatoren. Decheniana-Beihefte 26: 151-157.

DUNGER, W. (1983): Tiere im Boden. Die Neue Brehm-Bücherei Ziemsen-Verlag, 3. Aufl., Wittenberg, Lutherstadt (jetzt: Westarp Wissenschaften, Magdeburg).

DUNGER, W. & FIEDLER, H.J. (1989): Methoden der Bodenbiologie. G. Fischer Verlag, Stuttgart, New York.

DUXBURY, T. (1985): Ecological aspects of heavy metal responses in microorganisms. In: MARSHALL K.C. (ed.): Advances in microbial ecology, Vol. 8. Plenum Press; New York, London, 185-235.

DUXBURY, T. & BICKNELL, B. (1983): Metaltolerant bacterial populations from natural and metal-polluted soils. Soil Biol. Biochem. 15: 243-250.

EBREGT, A. & BOLDEWIJN, J.M.A.M. (1977): Influence of heavy metals in spruce forest soil on amylase activity, CO_2 evolution from starch and soil respiration. Plant Soil 47: 137-148.

EDWARDS, C.A. & FLETCHER, K.E. (1971): A comparison of extraction methods for terrestrial arthropods. In: PHILLIPSON, J. (ed.): Methods of study in quantitative soil ecology: Population, production and energy flow. IBP Handbook 18, Blackwell Sci. Publ., Oxford, Edinburgh, 150-185.

EHLERT, B. (1980): Untersuchungen in einem Hartholz-Auenwald (Fraxino-Ulmetum) zur Laubstreuzersetzung durch einige ausgewählte Destruenten des Makroedaphons. Verh. Ges. Ökol. 8: 423-434.

EHRNSBERGER, R. (1993) (ed.): Bodenmesofauna und Naturschutz. Informationen zu Naturschutz und Landschaftspflege in Nordwestdeutschland, Bd. 6. Verl. G. Runge, Cloppenburg.

EISENBEIS, G. (1993): Zersetzung im Boden. In: EHRNSBERGER, R. (ed.): Bodenmesofauna und Naturschutz. Informationen zu Naturschutz und Landschaftspflege in Nordwestdeutschland, Bd. 6. Verl. G. Runge, Cloppenburg, 53-76.

EIVAZI, F. & TABATABAI, M.A. (1988): Glucosidases and galactosidases in soils. Soil Biol. Biochem. 20: 601-606.

ELLIOT, E.T., ANDERSON, R.V., COLEMAN, D.C., COLE, C.V. (1980): Habitable pore space and microbial trophic interactions. Oikos 35: 327-335.

ENGELMANN, H.D. (1978): Zur Dominanzklassifizierung von Bodenarthropoden. Pedobiologia 18: 378-380.

ERNST, W.H.O. & JOOSSE-VAN DAMME, E.N.G. (1983): Umweltbelastung durch Mineralstoffe - Biologische Effekte. G. Fischer Verlag, Stuttgart.

EVANS, G.O. (1992): Principles of Acarology. C.A.B. International. Wallingford.

EVANS, G.O. & TILL, W.M. (1979): Mesostigmatic mites of Britain and Ireland (Chelicerata: Acari Parasitiformes). An introduction to their external morphology and classification. Trans. zool. Soc. Lond. 35: 139-270.

EUTICK, M.L., O`BRIEN, R.W., SLAYTOR, R.M. (1978): Microbial flora in Australian termites and their significance. In: LOUTIT, M.W. & MILES, J.A.R. (eds.): Microbial Ecology. Springer Verlag Berlin, Heidelberg, New York.

FAASCH, H. (1967): Beiträge zur Biologie der einheimischen Uropodiden *Uroobovella marginata* (C.L. KOCH, 1839) und *Uropoda orbicularis* (O.F. MÜLLER, 1776) und experimentelle Analyse ihres Phoresieverhaltens. Zool. Jb. Syst. 94: 521-608.

FAGER, R.A. (1972): Diversity: a sampling study. Am. Natur. 106: 293-310.

FALKNER, F.G., SAUMWEBER, H., BIESSMANN, H. (1981): Two *Drosophila melanogaster* proteins related to intermediate filament proteins of vertebrate cells. J. Cell Biol. 91: 175-183.

FINDLEY, R.C. & PEDERSON, T. (1981): Regulated transcription of the genes for actin and heat-shock proteins in cultured *Drosophila* cells. J. Cell Biol. 88: 323-328.

FOULLY, B. (1976): Influence du plombe sur la microflore du sol. CRS Soc. Biol. (Paris) 170: 389-394.

Literaturverzeichnis

FRANCIS, A.J. (1982): Effects of acid precipitation and acidity on soil microbial processes. Water, Air and Soil Pollution 18: 375-394.

FRANKE, W.W., SCHMID, E., GRUND, C., GEIGER, B. (1982): Intermediate filament proteins in nonfilamentous structures: transient disintegration and inclusion of subunit proteins in granular aggregates. Cell 30: 103-113.

FRANKE, U., FRIEBE, B., BECK, L. (1988): Methodisches zur Ermittlung der Siedlungsdichte von Bodentieren aus Quadratproben und Barberfallen. Pedobiologia 32: 253-264.

FRASER, J. (1980): Acclimation to lead in the freshwater isopod *Asellus aquaticus*. Oecologia 45: 419-420.

FREEDMAN, B. & HUTCHINSON, T.C. (1980): Smelter pollution near Sudbury, Ontario, Canada, and effects on forest litter decomposition. NATO Conf. Ser., Ser. 1 (Ecology) 4: 395-434.

FRANCIS, A.J. (1982): Effects of acid precipitation and acidity on soil microbial processes. Water, Air and Soil Pollution 18: 375-394.

FRIEBE, B. (1988): Netzbeutelversuche in landwirtschaftlich genutzten Flächen - methodische und praktische Probleme. Tagungsprotokoll des 5. Plenums Bodenmesofauna, Bonn, Oktober 1988.

FUNKE, W. (1971): Food and Energy Turnover of Leaf-eating Insects and their Influence on Primary Production. Ecological Studies: analysis and synthesis 2: 81-93.

FUNKE, W. (1976): Das zoologische Forschungsprogramm im Sollingprojekt. Verh. Ges. Ökol. 5: 49 - 57.

FUNKE, W. (1986): Tiergesellschaften im Ökosystem "Fichtenforst" (Protozoa, Metazoa - Invertebrata) - Indikatoren von Veränderungen in Waldökosystemen. Kernforschungszentrum Karlsruhe, PEF-Ber. 9.

GADD, G.M. (1988): Accumulation of metals by microorganisms and algae. In: REHM, H.-J. & REED, G. (eds.): Biotechnology. VCH-Verlagsgesellschaft Weinheim, 401-433.

GAS, N. & NOAILLAC-DEPEYRE, J. (1976): Studies on intestinal epithelium involution during prolonged fasting. J. Ultrastruct. Res. 56: 137-151.

GEISS, H.K., PIOTROWSKI, H.K., HINGST, V. (1985): Evaluation of API 20 NE in Routine Diagnostics of Nonfermenting Gram-Negative Rod-Shaped Bacteria. Zbl. Bakt. Mikrobiol. Hyg. A-Med. 259 (1): 35-42.

GEORGESCU, A. (1984): Fauna de Gamaside (Acarieni) din Soluri poluate din Zona industriala Zlatna. Stud. Cerc. Biol. Ser. Biol. Anim. 36: 33-39.

GERE, G. (1956): The examination of the feeding biology and the humificative function of Diplopoda and Isopoda. Acta Biol. Acad. Sci. Hung. 6: 257-271.

GHILAROV, M.S. (1978): Bodenwirbellose als Indikatoren des Bodenhaushaltes und von bodenbildenenden Prozessen. Pedobiologia 18: 300-309.

GHILAROV, M.S. (1980): Bodenwirbellose als Indikatoren des Bodenhaushaltes und seine Änderungen unter anthropogenen Einflüssen. In: MÜHLENBERG, H. (ed.): Bioindikation. 4. Kongr. Tag Univ. Halle Wittenberg, 3-9.

GINGELL, S.M., CAMPBELL, R., MARTIN, M.H. (1976): The effect of zinc, lead and cadmium pollution on the leaf surface microflora. Environ. Pollut. 11: 25-37.

GISI, U. (1990): Bodenbiologie. Thieme, Stuttgart.

GLASS, N.R., GLASS, G.E. RENNIE, P.J. (1979): Effects of acid precipitation. Environmental Science and Technology 13 (11): 1350-1355.

GLATZEL, G. & KAZDA, M. (1985): Wachstum und Mineralstoffernährung von Buche *(Fagus sylvatica)* und Spitzahorn *(Acer platanoides)* auf versauertem und schwermetallbelastetem Bodenmaterial aus dem Einsickerungsbereich von Stammablaufwasser in Buchenwäldern. Z. Pflanzenernähr. Bodenkd. 148: 429-438.

GLOCKEMANN, B. & LARINK, O. (1989): Einfluß von Klärschlammdüngung und Schwermetallbelastung auf Milben, speziell Gamasiden, in einem Ackerboden. Pedobiologia 33: 237-246.

GOTTSCHALK, M.R. & SHURE, D.J. (1979): Herbicide effects on leaf litter decomposition processes in an oak-hickory forest. Ecology 60: 143-151.

GOURANTON, J. (1968): Composition, structure et mode de formation des concretions minérales dans l'intestine moyen des homoptères cercopides. J. Cell. Biol. 37: 316-328.

GOYER, R.A. & RHYNEM B.C. (1975): Toxic changes in mitochondrial membranes and mitochondrial function. In: TRUMP B.F., ARSTILA, A.U. (eds.): Pathology of all membranes, Vol. 1. Academic Press; New York, 383-428.

GRAFF, O. (1953): Die Regenwürmer Deutschlands. Verl. M. u. H. Schaper, Hannover.

GRANDJEAN, F. (1962): Nouvelles observations sur les oribates. (2e sér.). Acarologia 4: 396-422.

GRANDJEAN, F. (1965): Nouvelles observations sur les oribates. (4e sér.). Acarologia 7: 91-112.

GRANDJEAN, F. (1966): *Erogalumna zeucta* n.gen., n.sp. (Oribate). Acarologia 8: 475-498.

GRIFFITHS, B.S. & WOOD, S. (1985): Microorganisms associated with the hindgut of *Oniscus asellus* (Crustacea, Isopoda). Pedobiologia 28: 377-381.

GRIMM, R., FUNKE, W., SCHAUERMANN, J. (1974): Minimalprogramm zur Ökosystemanalyse: Untersuchungen an Tierpopulationen in Wald-Ökosystemen. Verh. Ges. Ökol. 132: 77-87.

GRÜN, M., MACHELETT, B. KRONEMANN, H., MARTIN, M.-L., SCHNEIDER, J., PODLESACK, W. (1993): Schwermetalle in der Nahrungskette unter besonderer Berücksichtigung des Transfers vom Boden zur Pflanze. In: ZWILLING, R. & FRITSCH, W. (eds.): Ökologie und Umwelt. Heidelberger Verlagsanstalt, 129-142.

GRUTTKE, H., KRATZ, W., WEIGMANN, G. (1987): Zur Wirkung von Cadmiumnitrat auf die Makrofauna eines Ruderalökosystems. Verh. Ges. Ökol. 16: 431-435.

GUNNARSSON, T. (1987): Selective feeding on a maple leaf by *Oniscus asellus* L. (Isopoda). Pedobiologia 30: 161-165.

GUNNARSSON, T. & TUNLID, A. (1986): Recycling of faecal pellets in isopods: microorganisms and nitrogen compounds as potential food for *Oniscus asellus* L. Soil Biol. Biochem. 18: 595-600.

GUNNARSSON, T., SUNDIN, P., TUNLID, A. (1988): Importance of leaflitter fragmentation for bacterial growth. Oikos 52: 303-308.

Literaturverzeichnis

HÄNGGI, A. (1987): Die Spinnenfauna der Feuchtgebiete des Großen Mooses, Kt. Bern. II. Beurteilung des Naturschutzwertes naturnaher Standorte anhand der Spinnenfauna. Mitt. Naturf. Ges. Bern, N.F. 44: 157-185.

HÄNGGI, A. (1989): Erfolgskontrollen in Naturschutzgebieten. Gedanken zur Notwendigkeit der Erfolgskontrolle und Vorschlag einer Methode der Erfolgskontrolle anhand der Spinnenfauna. Natur und Landschaft 64: 143-146.

HÅGVAR, S. (1984 a): Six common mite species (Acari) in Norwegian coniferous forest soils: Relations to vegetation types and soil characteristics. Pedobiologia 27: 355-364.

HÅGVAR, S. (1984 b): Effects of liming and artificial acid rain on Collembola and Protura in coniferous forest. Pedobiologia 27: 341-354.

HÅGVAR, S. (1988): Decomposition studies in an easily-constructed microcosm: effects of microarthropods and varying soil pH. Pedobiologia 31: 293-303.

HÅGVAR, S. & ABRAHAMSEN, G. (1984): Collembola in Norwegian forest soils III. Relations to soil chemistry. Pedobiologia 27: 331-339.

HÅGVAR, S. & ABRAHAMSEN, G. (1990): Microarthropoda and Enchytraeidae (Oligochaeta) in naturally lead-contaminated soil: A gradient study. Env. Ent. 19 (5): 1263-1277.

HÅGVAR, S. & AMUNDSEN, T. (1981): Effects of liming and artificial acid rain on the mite (Acari) fauna in coniferous forest. Oikos 37: 7-20.

HÅGVAR, S. & KJØNDAL, B.R. (1981): Effects of artificial acid rain on the microarthropod fauna in decomposing birch leaves. Pedobiologia 22: 409-422.

HAIRSTON, N.G. (1959): Species abundance and community organization. Ecology 40: 404-416.

HALLBÄCKEN, L. & TAMM, C.O. (1986): Changes in soil acidity from 1927 to 1982-1984 in a forest area of south-west Sweden. Scand. J. For. Res. 1: 219-232.

HAMES, C.A.C. (1989): The digestive system and metals in terrestrial isopods. PhD Thesis, Reading.

HAMES, C.A.C. & HOPKIN, S.P. (1991): Assimilation and loss of ^{109}Cd and ^{65}Zn by the terrestrial isopods *Oniscus asellus* and *Porcellio scaber*. Bull. Environ. Cont. Toxicol. 47: 440-447.

HANLON, R.D.G. (1981 a): Some factors influencing microbial growth on soil animal faeces. I. Bacterial and fungal growth on particulate oak leaf litter. Pedobiologia 21: 257-263.

HANLON, R.D.G. (1981 b): Some factors influencing microbial growth on soil animal faeces. II. Bacterial and fungal growth on soil animal faeces. Pedobiologia 21: 264-270.

HANLON, R.D.G. & ANDERSON, J.M. (1980): Influence of macroarthropod feeding activities on microflora in decomposing oak leaves. Soil Biol. Biochem. 12: 255-261.

HARRISON, A.F., LATTER, P.M., WALTON, D.W.H. (1988): Cotton strip assay: an index of decomposition in soils (ITE symposium no. 24). Institute of Terrestrial Ecology. Merlewood Research Station Grange-over-Sands, Cumbria, U.K., 176.

HARRISON, P.M. (1977): Ferritin: an iron storage molecule. Sem. Haematol. 14: 55-70.

HARRISON, R.M. & CHIRGAWI, M. (1985): Source apportionment of air and soil as contributors to the concentrations of trace metals in crop plants. In: LEKKAS, T.D. (ed.): Heavy Metals in the Environment, Vol. II. CEP Consultants Ltd., Edingburgh, 400-402.

HARTENSTEIN, R. (1961): On the distribution of forest soil microarthropods and their fit to contagious distribution functions. Ecology 42: 190-194.

HARTENSTEIN, R. (1964): Feeding, digestion, glycogen and the environmental conditions of the digestive system in *Oniscus asellus*. J. Ins. Physiol. 10: 611-621.

HASSALL, M. & JENNINGS, J.B. (1975): Adaptive features of the gut structure and digestive physiology in the terrestrial isopod *Philoscia muscorum* (SCOPOLI) 1763. Biol. Bull. 149: 348-364.

HASSALL, M. & RUSHTON, S.P. (1985): The adaptive significance of coprophagous behaviour in the terrestrial isopod *Porcellio saber*. Pedobiologia 28: 169-175.

HASSALL, M., TURNER, J.G., RANDS, M.R.W. (1987): Effects of terrestrial isopods on the decomposition of woodland leaf litter. Oecologia 72: 597-604.

HAYANO, K. (1986): Cellulase complex in a tomato field soil: induction, localization and some properties. Soil Biol. Biochem. 18: 215-219.

HAYANO, K. & TUBAKIK, G. (1985): Origin and properties of ß-Glucosidase activity of tomatofield soil. Soil Biol. Biochem. 17: 553-557.

HEATH, G.W.; EDWARDS, C.A. & ARNOLD, M.K. (1964): Some methods for assessing the activity of soil animals in breakdown of leaves. Pedobiologia 6: 80-87.

HEATH, G.W.; ARNOLD, M.K. & EDWARDS, C.A. (1966): Studies in leaf litter breakdown. I. Breakdown rates of leaves of different species. Pedobiologia 6: 1-12.

HECK, M., NÜSS, D., RURKOWSKI, E., WEIGMANN, G. (1989): Kleinringelwürmer (Enchytraeidae), Hornmilben (Oribatei) und bodenkundliche Parameter an einem Forstsaum an der Autobahn Avus in Berlin (West). Verh. Ges. Ökol. 18: 397-401.

HEGGENESS, M.H., SIMON, M., SINGER, S.J. (1978): Association of mitochondria with microtubules in cultured cells. Proc. Natl. Acad. Sci. USA 75: 3863-3866.

HEIMER, S. & NENTWIG, W. (1991): Spinnen Mitteleuropas. Paul Parey, Berlin, Hamburg.

HENDREY, G.R., BAALSRUD, K., TRAAEN, T.S., LAAKE, M., RADDUM, G. (1976): Acid precipitation: Some Hydrobiological Changes. Ambio 5 (5-6): 224-227.

HEYDEMANN, B. (1956): Über die Bedeutung der Formalinfallen für die zoologische Landesforschung. Faun. Mitt. Norddtschld 6: 19- 24.

HEUBLEIN, D. (1983): Räumliche Verteilung, Biotoppräferenzen und kleinräumige Wanderungen der epigäischen Spinnenfauna eines Wald-Wiesen-Ökotons; ein Beitrag zum Thema "Randeffekt". Zool. Jb. Syst. 110: 473-519.

HILL, M.O. (1973): Diversity and evenness: a unifying notation and its consequences. Ecology 54: 427-432.

Literaturverzeichnis

HINDERBERGER, E.J., KAISER, M.L., KOIRTYOHANN, S.R. (1981): Furnace atomic absorption analysis of biological samples using the L'vov platform and matrix modification. Atom. Spectrosc. 2: 1-7.

HIROMI, Y., OKAMOTO, H., GEHRING, W.J., HOTTA, Y. (1986): Germline transformation with *Drosophila* mutant actin genes induces constitutuive expression of heat shock genes. Cell 44: 293-301.

HÖLLER, G. (1959): Die Wirkung der Klärschlammrotte auf die Bodenmilben. Z. angew. Entom. 44: 405-424.

HOFFMANN, G. (1968): Eine photometrische Methode zur Bestimmung der Phosphatase-Aktivität in Böden. Z. Pflanzenernähr. Düng. Bodenk. 118: 161-172.

HOLMES, B., WILLCOX, W.R., LAPAGE, S.P. (1978): Identification of Enterobacteriaceae by the API 20 E system. J. Clin. Pathol. 31: 22-30.

HOPKIN, S.P. (1986): Ecophysiological strategies of terrestrial arthropods for surviving heavy metal pollution. In: VELTHUIS, H.H.W. (ed.): Proceedings of the Third European Congress of Entomology. Nederlandse Entomologische Vereniging, Amsterdam, 263-266.

HOPKIN, S.P. (1989): Ecophysiology of metals in terrestrial invertebrates. Elsevier, London, New York.

HOPKIN, S.P. (1990): Critical concentrations, pathways of detoxification and cellular ecotoxicology of metals in terrestrial arthropods. Funct. Ecol. 4: 321-327.

HOPKIN, S.P. & MARTIN, M.H. (1982 a): The distribution of zinc, cadmium, lead and copper within the hepatopancreas of a woodlouse. Tissue and Cell 14: 703-715.

HOPKIN, S.P. & MARTIN, M.H. (1982 b): Distribution of zinc, cadmium, lead, and copper within the woodlouse *Oniscus asellus* (Crustacea, Isopoda). Oecologia 54: 227-231.

HOPKIN, S.P. & MARTIN, M.H. (1983): Heavy metals in the centipede *Lithobius variegatus* (Chilopoda). Environ. Pollut. (Series B) 6: 309-318.

HOPKIN, S.P. & MARTIN, M.H. (1984): Heavy metals in woodlice. Symp. zool. Soc. Lond. 53: 143-166.

HOPKIN, S.P. & MARTIN, M.H. (1985): Transfer of heavy metals from leaf litter to terrestrial invertebrates. J. Sci. Food Agric. 36: 538-539.

HOPKIN, S.P., WATSON, K., MARTIN, M.H., MOULD, M.L. (1985): The assimilation of heavy metals by *Lithobius variegatus* and *Glomeris marginata* (Chilopoda; Diplopoda). Bijdragen tot de Dierkunde 55: 88-94.

HOPKIN, S.P., HARDISTY, G.N., MARTIN, M.H. (1986): The woodlouse *Porcellio scaber* as a "Biological Indicator" of zinc, cadmium, lead and copper pollution. Envinronmental Pollution (Series B) 11: 271-290.

HOPKIN, S.P., HAMES, C.A.C., DRAY, A. (1989): X-ray microanalytical mapping of the intracellular distribution of pollutant metals. Microscopy and Analysis 14: 23-27.

HORN, H. (1966): Measurement of "overlap" in comparative ecological studies. Am. Nat. 100: 419-424.

HORNUNG, E.H. (1981): Investigations on the productivity of the macrodecomposer isopod, *Trachelipus nodulosus* C.L. KOCH. Acta Biologica Szeged. 27 (1-4): 203-208.

HOVLAND, J. (1981): The effect of artificial acid rain on respiration and cellulase activity in Norway spruce needle litter. Soil Biol. Biochem. 13: 23-26.

HOUBA, C. & REMACLE, J. (1980): Composition of the Saprophytic Bacterial Communities in Freshwater Systems Contaminated by Heavy Metals. Microb. Ecol. 6: 55-70.

HUANG, P. (1985): Belastung und Belastbarkeit streuzersetzender Tiere durch Deposition von Luftverunreinigungen in Waldökosystemen (Labortests). IMA-Querschnittsseminar zur Waldschädenforschung "Bioindikation", Umweltbundesamt 1985, 101-111.

HUBERT, M. (1978): Données histophysiologique complementaires sur les bioaccumulations minérales et puriques chez *Cylindroiulus londinensis* (LEACH, 1814) (Diplopode, Iuloidea). Arch. Zool. Exp. Gen. 119: 669-683.

HUBERT, M. (1979): Localization and identification of mineral elements and nitrogenous waste in Diplopoda. In: CAMATINI, M. (ed.): Myriapod biology. Academic Press, London, 127-133.

HUGHES, E.N. & AUGUST, J.T. (1982): Coprecipitation of heat shock proteins with a cell surface glycoprotein. Proc. Natl. Acad. Sci. USA 79: 2305-2309.

HUISH, S., LEONARD, M.A., ANDERSON, J.M. (1985): Wetting and drying effects on animal/microbial mediated nitrogen mineralization and mineral element losses from deciduous forest litter and raw humus. Pedobiologia 28: 177-183.

HUMBERT, W. (1977): The mineral concretions in the midgut of *Tomocerus minor* (Collembola): Microprobe analysis and physioecological significance. Rev. Écol. Biol. Sol 14: 71-80.

HUNT, H. (1977): A simulation model for decomposition in grasslands. Ecology 58: 469-484.

HUNTER, B.A. & JOHNSON,M.S. (1982): Food chain relationship of copper and cadmium in contaminated grassland ecosystems. Oikos 38: 108-117.

HUNTER, B.A., JOHNSON, M.S., THOMPSON, D.J. (1987): Ecotoxicology of copper and cadmium in a contaminated grassland ecosystem. I. Soil and vegetation contamination. J. Appl. Ecol 24: 573-586.

HUNZIGER, P.E. & KÄGI, J.H.R. (1985): Metallothionein. In: HARRISON, P.M. (ed.): Metalloproteins. Part 2, Metal proteins with non-redox roles. Macmillan Press, Basingstoke, 149-181.

HUTCHINSON, T.C. & HAVAS, M. (1980): Effects of acid precipitation on terrestrial ecosystems. Plenum Press, New York, London.

HUTU, M. (1982): Strukturelle Eigenschaften von Uropodiden - Zönosen in der Streuschicht verschiedener Waldtypen längs eines Höhengradienten. Pedobiologia 23: 68 - 89.

IMSHENETZKY, A.A. (1968): Decomposition of cellulose in the soil. In: GRAY, T.R.G. & PARKINSON, D. (eds.), The Ecology of Soil Bacteria. Liverpool University Press, 256-269.

INESON, P. & ANDERSON, J.M. (1985): Aerobically isolated bacteria associated with the gut and faeces of the litter feeding macroarthropods *Oniscus asellus* and *Glomeris marginata*. Soil Biol. Biochem. 17: 843-849.

INMAN, J.C. & PARKER, G.R. (1976): The effects of heavy metal contamination on litter decomposition in northwestern Indiana. Proc. Indiana Acad. Sci. 86: 173-174.

IRELAND, M.P. (1988): Heavy metal sources, uptake and distribution in terrestrial macroinvertebrates. In: ITURRONDOBEITIA, J.C. (ed.): Biologia Ambiental, Vol. 1. Univers. Pais Vasco, 167-178.

IVARSON, K.C. (1977): Changes in the decomposition rate, microbial population and carbohydrate content of an acid peat bog after liming and reclaimation. Can. J. Soil Sci. 57: 129-138.

JAENICKE, M., SIMONIS, U.E., WEIGMANN, G. (eds.) (1985): Wissen für die Umwelt: 17 Wissenschaftler bilanzieren. De Gruyter, Berlin.

JANSSEN, H.H. (1989): Heavy metal analysis in earthworms from an abandoned mining area. Zool. Anz. 222: 306-321.

JANSSEN, M.P.M., JOOSSE, E.N.G., VAN STRAALEN, N.M. (1990): Seasonal variation in concentration of cadmium in litter arthropods from a metal contaminated site. Pedobiologia 34: 257-267.

JANSSEN, M.P.M., BRUINS, A., DE VRIES, T.H., VAN STRAALEN, N.M. (1991): Comparison of cadmium kinetics in four soil arthropod species. Arch. Environ. Contam. Toxicol. 20: 305-312.

JEANTHON, C. & PRIEUR, D. (1990): Heavy metal resistance of heterotrophic epibacteria isolated from two hydrothermal vent polychaetes, *Alvinella pompejana* and *Alvinella caudata*. In: LESEL, R. (ed.): Microbiology in Poecilotherms. Elsevier Amsterdam, New York, Oxford, 157-162.

JENSEN, V. (1974): Decomposition of angiosperm tree leaf litter. In: DICKINSON, C.H., PUGH, G.J.F. (eds.): Biology of plant litter decomposition, Vol.I. London, New York, 69-103.

JENSEN, V. (1977): Effects of lead on biodegradation of hydrocarbons in soil. Oikos 28: 220-224.

JERMYN, M.A. (1958): Fungal cellulases. Aust. J. Biol. Sci. 11: 114-126.

JOOSSE, E.N.G. & BUKER, J.B. (1979): Uptake and excretion of lead by litter-dwelling Collembola. Environ. Pollut. 18: 235-240.

JOOSSE, E.N.G. & VERHOEF, S.C. (1983): Lead tolerance in Collembola. Pedobiologia 25: 11-18.

JOOSSE, E.N.G. & VERHOEF, H.A. (1987): Developments in ecophysiological research on soil invertebrates. Adv. Eco. Res. 16: 175-248.

JORDAN, M.J. & LECHEVALIER, M.P. (1975): Effect of zinc-smelter emissions on forest soil microflora. Can. J. Microbiol. 21: 1855-1865.

KÄGI, J.H.R. (1987): Metallothioneins II. Birkhäuser; Basel.

KAESTNER, A. (1965): Lehrbuch der Speziellen Zoologie, Teil 1: Wirbellose, 5. Lieferung, G. Fischer Verlag, Stuttgart.

KANDELER, E. & GERBER, H. (1988): Short-term assay of soil urease activity using colorimetric determination of ammonium. Biol. Fertil. Soils 6: 68-72.

KARG, W. (1961 a): Zur Systematik der Rhodacaridae OUDEMANS, 1902. Zool. Anz. 166: 127-135.

KARG, W. (1961 b): Ökologische Untersuchungen von edaphischen Gamasiden (Acarina, Parasitiformes). Pedobiologia 1: 77-98.

KARG, W. (1962): Räuberische Milben im Boden. Die Neue Brehm-Bücherei. Ziemsen Verlag. Wittenberg Lutherstadt (heute: Westarp Wissenschaften, Magdeburg), 1-64.

KARG, W. (1968): Bodenbiologische Untersuchung über die Eignung von Milben, insbesondere von parasitiformen Raubmilben, als Indikatoren. Pedobiologia 8: 30-39.

KARG, W. (1978): Milben als Indikatoren zur Optimierung von Pflanzenschutzmaßnahmen in Apfelintensivanlagen. Pedobiologia 18: 415-425.

KARG, W. (1982 a): Diagnostik und Systematik der Raubmilben aus der Familie Phytoseiidae BERLESE in Obstanlagen. Zool. Jb. Syst. 109: 188-210.

KARG, W. (1982 b): Untersuchungen über Habitatsansprüche, geographische Verbreitung und Entstehung von Raubmilbengattungen der Cohors Gamasina für ihre Nutzung als Bioindikatoren. Pedobiologia 24: 241-247.

KARG, W. (1982 c): Zur Kenntnis der Raubmilbengattung *Hypoaspis* CANESTRINI, 1884 (Acarina, Parasitiformes). Mitt. Zool. Mus. Berlin 58 (2): 233-256.

KARG, W. (1983 a): Verbreitung und Bedeutung von Raubmilben der Cohors Gamasina als Antagonisten von Nematoden. Pedobiologia 25: 419-432.

KARG, W. (1983 b): Systematische Untersuchung der Gattungen und Untergattungen der Raubmilbenfamilie Phytoseiidae BERLESE, 1916, mit der Beschreibung von acht neuen Arten. Mitt. Zool. Mus. Berlin 59 (2): 293-328.

KARG, W. (1986 a): Systematische Untersuchungen der mitteleuropäischen Uropodina KRAMER, 1881 (Acarina, Parasitiformes). Zool. Jb. Syst. 113: 79-96.

KARG, W. (1986 b): Vorkommen und Ernährung der Milbencohors Uropodina sowie ihre Eignung als Indikatoren in Agroökosystemen. Pedobiologia 29: 285-295.

KARG, W. (1989 a): Acari (Acarina), Milben, Unterordnung Parasitiformes (Anactinochaeta) Uropodina KRAMER, Schildkrötenmilben. In: Die Tierwelt Deutschlands. 67. Teil. G. Fischer Verlag, Jena.

KARG, W. (1989 b): Die Bedeutung der Beute- und Wirtsbeziehungen parasitiformer Milben für bodenbiologische Standortanalysen. Pedobiologia 33: 1-15.

KARG, W. (1989 c): Zur Kenntnis der Raubmilbengattung *Amblyseius* BERLESE, 1904 (Acarina, Parasitiformes, Phytoseiidae). Dtsch. ent. Z. 36: 113-119.

KARG, W. (1993): Acari (Acarina), Milben, Parasitiformes (Anactinochaeta), Cohors Gamasina LEACH, Raubmilben, 2. Aufl., G. Fischer Verlag, Jena, Stuttgart, New York.

KARNOVSKY, M.J. (1971): Use of ferricyanide-reduced osmium tetroxide in electron microscopy. J. Cell biol. 51, Abstr. 284.

KAUFMANN, D.D., STILL, G.G., PAULSON, G.D., BANDAL, S.K. (eds.) (1976): Bound and conjugated pesticide residues. ACS Symp. Ser. 29.

KAYED, A.N. (1978): Consumption and assimilation of food by *Ophyiulus pilosus* (NEWPORT). Abh. Verh. Naturwiss. Ver. Hamburg (NF) 21/22: 115-120.

KEMPSON, D., LLOYD, M., GHELARDI, R. (1963): A new extractor for woodland litter. Pedobiologia 3: 1-21.

KHAN, S.U. (1982): Bound pesticide in soil and plants. Residue Rev. 84: 1-25.

KHEIRALLAH, A.M. (1979): Behavioural preference of *Julus scandinavius* (Myriapoda) to different species of leaf litter. Oikos 33: 466-471.

KIECHLE, J. (1992): Die Bearbeitung landschaftsökologischer Fragestellungen anhand von Spinnen. In: TRAUTNER, J. (ed.): Arten- und Biotopschutz in der Planung: Methodische Standards zur Erfassung von Tierartengruppen. Ökol. Forsch. Anwendg. 5: 119-134.

KILLHAM, K. & WAINWRIGHT, M. (1981): Deciduous leaf litter and cellulose decomposition in soil exposed to heavy atmospheric pollution. Environ. Pollut. (Series A) 26: 79-85.

KING, G.M. & KLUG, M.J. (1980): Sulfohydrolase activity in sediment of Wistergreen Lake, Kalamazoo Country, Michigan. Appl. Environ. Microbiol. 39: 950-956.

KINNEAR, A. (1991): Acarine communities of semi-arid soils from the Eastern Goldfields region of Western Australia. Pedobiologia 35: 273-283.

KISS, S., DRAGAN-BULARDA, M., RADULESCU, D. (1978): Soil polysaccharidases: activity and agricultural importance. In: BURNS, R.G. (ed.): Soil Enzymes. Academic Press, London, 117-147.

KLEIN, R.M. (1984): Ecosystem approach to the acid rain problem. In: KLEIN, R.M. & LINTHURST, R.A. (eds.): Ecosystems approach to the acid rain problem, 1-11.

KLEINIG, H. & SITTE, P. (1984): Zellbiologie. G. Fischer Verlag; Stuttgart, New York.

KLOKE, A. (1986): Grundlage für tolerierbare Gehalte an Schwermetallen in Böden. In: MINISTERIUM F. ERNÄHRUNG, LANDWIRTSCHAFT, UMWELT UND FORSTEN BADEN-WÜRTTEMBERG (ed.): Forum Bodenschutz, Stuttgart, 116-137.

KOEHLER, H. (1984): Methodische, ökologische und experimentelle Untersuchungen zur Sukzession der Mesofauna der Abdeckschicht einer Bauschuttdeponie unter besonderer Berücksichtigung der Gamasina (Acari, Parasitiformes). Diss. Univ. Bremen.

KOEHLER, H. (1993): Extraktionsmethoden für Bodenmesofauna. In: EHRNSBERGER, R. (ed.): Bodenmesofauna und Naturschutz. Informationen zu Naturschutz und Landschaftspflege in Nordwestdeutschland, Bd. 6. Verl. G. Runge, Cloppenburg, 42-52.

KÖHLER, H.-R. (1989): Der Intestinaltrakt der Diplopoda: Ultrastruktur, Massen- und Energiefluß sowie Bedeutung für die Dekomposition. Diplomarbeit Univ. Heidelberg.

KÖHLER, H.-R. (1992): Die Dekomposition der Laubstreu durch ausgewählte Saprophagen unter Schwermetallbelastung. Diss. Univ. Heidelberg.

KÖHLER, H.-R. (1993): Der Einfluß von Schwermetallen auf den Dekompositionsprozeß in mitteleuropäischen Laubwäldern am Beispiel der Interaktion von Mikroflora und Diplopoden. In: EHRNSBERGER, R. (ed.): Bodenmesofauna und Naturschutz. Informationen zu Naturschutz und Landschaftspflege in Nordwestdeutschland, Bd. 6. Verlag G. Runge, Cloppenburg, 125-143.

KÖHLER, H.-R. & ALBERTI, G. (1990): Morphology of the mandibles in the millipedes (Diplopoda, Arthropoda). Zoologica Scripta 19: 195-202.

KÖHLER, H.-R. & ALBERTI, G. (1992): The effect of heavy metal stress on the intestine of diplopods. In: MEYER, E., THALER, K. & SCHEDL, W. (eds.): Advances in Myriapodology (8th Int. Congr. Myriapodol. Innsbruck 1990). Ber. nat.-med. Ver. Innsbruck Suppl. 10: 257-267.

KÖHLER, H.-R., ULLRICH, B., STORCH, V., SCHAIRER, H.U., ALBERTI, G. (1989): Massen- und Energiefluß bei Diplopoden und Isopoden. Mitt. dtsch. Ges. allg. angew. Ent. 7: 263-268.

KÖHLER, H.-R., ALBERTI, G., STORCH, V. (1991): The influence of the mandibles of Diplopoda on the food - a dependence of fine structure and assimilation efficiency. Pedobiologia 35: 108-116.

KÖHLER, H. R., ULLRICH, B., STORCH, V., ALBERTI, G. (1992): Beeinflussung des natürlichen Streuabbaues (Dekomposition) im Wald durch Schwermetallbelastung. Teil 1: Quantifikation von Einzelparametern und deren Abhängigkeit von der Schwermetallkontamination. PWAB Statuskolloquium, Karlsruhe.

KÖHLER, H.-R., STORCH, V., ALBERTI, G. (1992a): The impact of lead on the assimilation efficiency of laboratory-held Diplopoda (Arthropoda) preconditioned in different environmental situations. Oecologia 90: 113-119.

KÖHLER, H.-R., TRIEBSKORN, R., STÖCKER, W., KLOETZEL, P.-M., ALBERTI, G. (1992b): The 70 kD heat shock protein (hsp 70) in soil invertebrates: a possible tool for monitoring environmental toxicants. Arch. Environ. Contam. Toxicol. 22: 334-338.

KÖHLER, H.-R., KÖRTJE K.-H., ALBERTI, G. (1995a): Content, absorption quantities, and intracellular storage sites of heavy metals in Diplopoda (Arthropoda). BioMetals 8: 37-46.

KÖHLER, H.-R., WEIN, C., REIß, S., STORCH, V., ALBERTI, G. (1995b): Impact of heavy metals on mass and energy flux within the decomposition process in deciduous forests. Ecotoxicology 4: 114-137.

KÖNIG, N., BACCINI, P., ULRICH, B. (1985): Der Einfluß der natürlichen organischen Substanzen auf die Metallverteilung zwischen Boden und Bodenlösung in einem sauren Waldboden. Z. Pflanzenern. Bodenk. 149: 68-82.

KONDEVA, É.A.(1980): Feeding activity of the millipede *Pachyiulus flavipes* (C.L. KOCH, 1847) (Diplopoda, Pachyjulidae) and its role in the decomposition of leaf litter. Dok. Akad. Nauk SSSR 254: 1511-1513 (original), Proc. Acad. Sci. USSR (Biol. Sci.) 254: 445-447 (transl.).

KONONOVA, M.M. (1975): Humus of Virgin and Cultivated Soils. In: GIESEKING, J.E. (ed.): Soil Components, Vol.1: Organic Components. Springer Verlag Berlin, Heidelberg, New York, 475-526.

KOPESZKI, H. (1992): Veränderungen der Mesofauna eines Buchenwaldes bei Säurebelastung. Pedobiologia 36: 295-305.

KOWAL, N.E. & CROSSLEY, D.A. (1971): The ingestion rates of microarthropods in pine mor, estimated with radioactive calcium. Ecology 52: 444-452.

KOYASU, S., NISHIDA, E., KADOWAKI, T., MATSUZAKI, F., IIDA, K., HARADA, F., KASUYA, M., SAKAI, H., YAHARA, I. (1986): Two mammalian heat shock proteins HSP 90 and HSP 100 are actin-binding proteins. Proc. Natl. Acad. Sci. USA 83: 8054-8058.

KRANTZ, G.W. (1978): A Manual of Acarology. Oregon State Univers. Book Stores Inc., Corvallis, 2nd ed.

KRANTZ, G. & AINSCOUGH, B.O. (1990): In DINDAL, D.D. (ed.): Soil Biology Guide. John Wiley & Sons, New York, 583-665.

KRATZ, W. (1991): Dekompositionsprozesse in ballungsraumnahen Waldökosystemen unter Berücksichtigung der Elementflüsse in der Streuschicht. Verh. Ges. Ökol. 19: 363-373.

KRATZ, W. & BIELITZ, K. (1989): Streuabbau und Schwermetalldynamik (Pb, Cd) in Blatt- und Nadelstreu in ballungsraumnahen Waldökosystemen. Verh. Ges. Ökol. 17: 473-478.

KRATZ, W., GRUTTKE, H., PAPENHAUSEN, U., WEIGMANN, G. (1983): The influence of cadmium on the litter decomposition of *Solidago gigantea* AIT. in a ruderal ecosystem. Heavy Metals in the Environment 4th Int. Conf. 2: 814-817.

KRATZMANN, M. (1988): Einflüsse von Waldkalkungsmaßnahmen auf die Oribatidenfauna (Acari, Arachnida) des Bodens im direkten Stammbereich von Fichten. Diplomarbeit Univ. Heidelberg.

KRATZMANN, M. (1993). Oribatidengesellschaften ausgesuchter Standorte Baden-Württembergs unter Berücksichtigung verschiedener Belastungs- und Umweltfaktoren. Diss. Univ. Heidelberg.

KRATZMANN, M., LUDWIG, M., BŁASZAK, C., ALBERTI, G. (1993 a): Mikroarthropoden: Reaktionen auf Bodenversauerung, Kompensationskalkungen und Schwermetalle. In: EHRNSBERGER, R. (ed.): Bodenmesofauna und Naturschutz. Informationen zu Naturschutz und Landschaftspflege in Nordwestdeutschland, Bd. 6. Verlag G. Runge, Cloppenburg, 94-110.

KRATZMANN, M., RUSSELL, D., LUDWIG, M., PETERSEN, U., WEIN, C., STORCH, V., ALBERTI, G., (1993 b): Untersuchungen zur Bodenarthropodenfauna zweier Buchenwaldstandorte im Einflußbereich geogener Schwermetalle. Verh. Ges. Ökol. 22: 413-417.

KREBS, C.J. (1989): Ecological methodology. Harper & Row, Publishers. New York.

KRIEG, N.R. & HOLT, J.G. (1984): Bergey`s Manual of Systematic Bacteriology (Volume 1). Williams & Wilkins, Baltimore, London.

KUKOR, J.J. & MARTIN, M.M. (1983): Acquisition of digestive enzymes by siricid woodwasps from their fungal symbiont. Science 220 (10): 1161-1163.

KUKOR, J.J. & MARTIN, M.M. (1986): The effect of acquired microbial enzymes on assimilation efficiency in the common woodlouse *Tracheoniscus rathkei*. Oecologia 69: 360-366.

KUMADA, K. (1987): Chemistry of Soil Organic Matter. Scientific Societies Press, Elsevier.

KYTÖVIITA, M.-M., FRITZE, H., NEUVONEN, S. (1990): The effects of acidic irrigation on soil microorganisms at Kevo, Northern Finland. Environ. Pollut. 66: 21-31.

LAMPE, A. & VAN DER REIJDEN, T.J.K. (1984): Evaluation of Commercial Test Systems for the Identification of Nonfermenters. Eur. J. Clin. Microbiol. 3: 301-305.

LANDESANSTALT FÜR UMWELTSCHUTZ BADEN-WÜRTTEMBERG (1993 a): Ökologisches Wirkungskataster Baden-Württemberg. Jahresbericht 1990/91, Bd. 1. Verl. G. Braun, Karlsruhe.

LANDESANSTALT FÜR UMWELTSCHUTZ BADEN-WÜRTTEMBERG (1993 b): Bodendauerbeobachtung in Baden-Württemberg. Schwermetalle, Arsen, Organochlorverbindungen, Frühjahr 1993.

LARINK, O. (1991): Bait-Lamina as a Tool in Testing Activity of Soil Animals. SETAC-Europe, Founding Conference. Sheffield, 8-10 April 1991.

LAZARIDES, E. (1980): Intermediate filaments as mechanical integrators of cellular space. Nature 283: 249-256.

LEE, Y.H. & FAN, L.T. (1980). Properties and mode of action of cellulase. Adv. Biochem. Eng. 17: 101-129.

LEICHT, B.G., BIESSMANN, H., PALTER, K.B., BONNER, J.J. (1986): Small heat shock proteins of *Drosophila* associate with the cytoskeleton. Proc. Natl. Acad. Sci. USA 83: 90-94.

LESEL, M., CHARRIER, M., LESEL, R. (1990): Some characteristics of the bacterial flora of the brown garden snail *Helix aspersa* (Gastropoda Pulmonata). Preliminary results. In: LESEL, R. (ed.): Microbiology in Poecilotherms. Elsevier Amsterdam, New York, Oxford, 149-152.

LIGHTHART, B. (1980): Effects of certain cadmium species on pure and litter populations of microorganisms. Antonie van Leeuwenhoek 46: 161-167.

LOCKET, G.H. & MILLIDGE, A.F. (1951): British Spiders, Vol. 1, Ray Society - Brit. Mus. (Nat. Hist.).

LOCKET, G.H. & MILLIDGE, A.F. (1953): British Spiders, Vol. 2, Ray Society - Brit. Mus. (Nat. Hist.).

LOCKET, G.H., MILLIDGE, A.F., MERRETT, P. (1974): British Spiders, Vol. 3, Ray Society - Brit. Mus. (Nat. Hist.).

LOCKWOOD, J.L. (1968): The fungal environment of soil bacteria. In: GRAY, T.R.G., PARKINSON, D. (eds.): The ecology of soil bacteria. Liverpool, 44-65.

LUDWIG, M. (1990 a): Der Mitteldarm der Arachniden. Aufbau, Funktion und Reaktion auf Umwelteinflüsse. Diss. Univ. Heidelberg.

LUDWIG, M. (1990 b): Heavy metals in two agelenid spiders. Zool. Beitr. N. F. 33: 295-310.

LUDWIG, M. & ALBERTI, G. (1988): Mineral congregations, "spherites" in the midgut gland of *Coelotes terrestris* (Araneae): Structure, composition and function. Protoplasma 143: 43-50.

LUDWIG, M. & ALBERTI, G. (1990): Peculiarities of arachnid midgut glands. Acta Zool. Fennica 190: 255-259.

LUDWIG, M., KRATZMANN, M., ALBERTI, G. (1991): Accumulation of heavy metals in two oribatid mites. In: DUSBÁBEK, F. & BUKVA, V. (eds.): Modern Acarology, Vol. 1 (Proc. 8th Intern. Congr. Acarology, Ceské Budejovice Czechoslovakia, 1990). SPB Publ., The Hague, 431-437.

LUDWIG, M., KRATZMANN, M., ALBERTI, G. (1992): Some observations on the proventricular glands ("organes racémiformes") of the oribatid mite *Chamobates borealis* (Oribatida, Acari): an organ of general interest for studies on adaptation of animals to acid soils. Experim. & Appl. Acarology 15: 49-57.

LUDWIG, M., KRATZMANN, M., ALBERTI, G. (1993): The influence of some heavy metals on *Steganacarus magnus* (Acari, Oribatida). Zeitschr. angew. Zool. 79: 455-467.

LUXMOORE, R.J. (1980): Modelling pollutant uptake and effects on the soil-plant-litter system. Proc. Symp. on Effects of Air Pollutants on Mediterranean and Temperate Forest Ecosystems (Riverside, CA): 174-180.

LUXMOORE, R.J. & BEGOVIC, C.L. (1979): Simulated heavy metal fluxes in tree microcosms and a deciduous forest - a review. ISEM J. 1: 48-60.

LUXMOORE, R.J., BEGOVICH, C.L., DIXON, K.R. (1978): Modelling solute uptake and incorporation into vegetation and litter. Ecol. Modelling 5: 137-171.

LUXTON, M. (1972): Studies on the oribatid mites of a Danish beech wood soil. I. Nutritional biology. Pedobiologia 12: 434-463.

LUXTON, M. (1981): Studies on the oribatid mites of a Danish beech wood soil. V. Vertical distribution. Pedobiologia 21: 365-386.

LUXTON, M. (1982 a): The ecology of some soil mites from coal shale tips. Journal of Appl. Ecology 19: 427-442.

LUXTON, M. (1982 b): The biology of mites from beech woodland soil. Pedobiologia 23: 1-8.

LYNGBY, J.E. & BRIX, H. (1985): The fate of the heavy metals zinc and lead during the decomposition of eelgrass. In: LEKKAS, T.D. (ed.): Heavy Metals in the Environment, Vol. II. CEP Consultants Ltd., Edingburgh, 310-313.

MACFADYEN, A. (1953): Notes on methods for the extraction of small soil arthropods. Journ. Anim. Ecol. 22: 65-77.

MACFADYEN, A. (1961): Improved funnel-type extractors for soil arthropods. Journ. Anim. Ecol. 30: 171-184.

MALTBY, L., SNART, J.O.H., CALOW, P. (1987): Acute toxicity test on the freshwater isopod, *Asellus aquaticus* using $FeSO_4$ x 7 H_2O, with special reference to techniques and the possibility of intraspecific variation. Environ. Pollut. 43: 271-279.

MANN, H.B. & WHITNEY, D.R. (1947): On a test whether one of two random variables is stochastically larger than the other. Ann. Math. Statist. 18: 1-50.

MAREN, T.H. (1967): Carbonic anhydrase: chemistry, physiology and inhibition. Physiol. Rev. 47: 595-781.

MÁRIALIGETI, K., CONTRERAS, E., BARABÁS, G.Y., HEYDRICH, M., SZABÓ, I.M. (1985): True Intestinal Actinomycetes of Millipedes (Diplopoda). Journal of Invertebrate Pathology 45: 120-121.

MARO, B. & BORNENS, M. (1982): Reorganization of HeLa cell cytoskeleton induced by an uncoupler of oxidative phosphorylation. Nature 295: 334-336.

MARQUES, A.M., CONGREGADO, F., SIMON-PUJOL, D.M. (1979): Anitibiotic and heavy metal resistance of *Pseudomonas aeruginosa* isolated from soils. J. Appl. Bacteriol. 47: 347-350.

MARTIN, G., JUCHAULT, P., MOCQUARD, J.P., RAIMOND, R., RIGAUD, T., SOUTY-GROSSET (1989): Feminizing endocellular bacteria in the terrestrial isopod *Armadillidium vulgare* LATR. (Crustacea, Oniscidea). Endocytobiology 4: 403-408.

MARTIN, M.H. & COUGHTREY, P.J.(1975): Prelimary observations on the levels of cadmium in a contaminated environment. Chemosphere 4: 155-160.

MARTIN, M.H. & COUGHTREY, P.J. (1976): Comparisons between the levels of lead, zinc, and cadmium within a contaminated environment. Chemosphere 5: 15-20.

MARTIN, M.H., COUGHTREY, P.J., YOUNG, E.W. (1976): Observations on the availability of lead, cadmium, and copper in woodland litter, and the uptake of lead, zinc and cadmium by the woodlouse *Oniscus asellus*. Chemosphere 5: 313-318.

MASON, A.Z. & SIMKISS, K. (1982): Sites of mineral deposition in metal-accumulating cells. Exp. Cell Res. 139: 383-391.

MAURER, R. & HÄNGGI, A. (1990): Katalog der Schweizerischen Spinnen. Schweizerischer Bund für Naturschutz, Documenta Faunistica Helvetiae 12.

MCCARVIL, J. & MACHAM, L.P. (1985): Metal resistance and metal accumulation in bacterial populations from activated sludges. In: LEKKAS, T.D. (ed.): Heavy metals in the environment. CEP Consultants; Edinburgh, 66-68.

MCCLEARY, B.V. (1988): Soluble, dye-labeled polysaccharides for the assay of endohydrolases. In: WOOD, W.A. & KELLOGG, S.T. (eds.): Methods in Enzymology, Vol. 160. Academic Press, San Diego, 74-86.

MCINTOSH, R.P. (1967): An index of diversity and the relation of certain concepts to diversity. Ecology 48: 392-404.

MCNEILLY, T., WILLIAMS, S.T., CHRISTIAN, P.J. (1984): Lead and zinc in a contaminated pasture at Minera, North Wales, and their impact on productivity and organic matter breakdown. Sci. Total Environ. 38: 183-198.

MERIAN, E. (ed.) (1984): Metalle in der Umwelt. Verteilung, Analytik und biologische Relevanz. Verlag Chemie, Weinheim, Deerfield Beach, Basel.

MICHAEL, A.D. (1884): British Oribatidae. London, Ray Society, 1: 1-336.

MIKKELSEN, J.P. (1974): Indvirkning af bly pa jordbundens mikrobiologiske aktivitet. Tidsskrift for Planteavl 78: 509-516.

MINDERMAN, G. & DANIELS, L. (1967): Colonization of newly fallen leaves by microorganisms. In: GRAFF, O., SATCHELL, J.E. (eds.): Progress in soil biology, Braunschweig, 3-9.

MINISTERIUM F. ERNÄHRUNG, LANDWIRTSCHAFT, UMWELT UND FORSTEN (1986): Entwurf Bodenschutzprogramm '86 Baden-Württemberg.

MITCHELL, R. & ALEXANDER, M. (1962): Microbiological processes associated with the use of chitin for biological control. Soil Soc. Am. Proc. 26: 556-558.

MITTMANN, H.-W. (1980): Zum Abbau der Laubstreu und zur Rolle der Oribatiden (Acari) in einem Buchenwaldboden. Diss. Univ. Karlsruhe (TH).

MITTMANN, H.-W. (1989): Lebensraum Buchenwaldboden. 11. Die Milben. Verh. Ges. Ökol. 17: 109-115.

MORGAN, J.E. (1985): The interaction of exogenous and endogenous factors on the uptake of heavy metals by the earthworm *Lumbricus rubellus*. In: LEKKAS, T.D. (ed.): Heavy Metals in the Environment, Vol. I. CEP Consultants Ltd., Edingburgh, 736-738.

MORGAN, A.J., MORRIS, B. , JAMES, N., MORGAN, J.E., LEYSHON, K. (1986): Heavy metals in terrestrial macroinvertebrates: species differences within and between trophic levels. Chemistry in Ecology 2: 319-334.

MORIARTY, D.J.W. (1990): Interactions of microorganisms and aquatic animals, particularly the nutritional role of the gut flora. In: LESEL, R. (ed.): Microbiology in Poecilotherms. Elsevier Amsterdam, New York, Oxford, 217-222.

MORISITA, M. (1962): Id - index, a measure of dispersion of individuals. Res. Popul. Ecol. 4: 1-7.

MÜCKENHAUSEN, E. (1985): Die Bodenkunde und ihre geologischen, geomorphologischen, mineralogischen und petrologischen Grundlagen. 3. Aufl. DLG-Verlag, Frankfurt/Main.

MÜHLENBERG, M. (1993): Freilandökologie. Quelle & Meyer, 3. Aufl., Heidelberg-Wiesbaden, UTB für Wissenschaft.

MÜLLER, G., HAAMANN, L., KUBAT, R., NOE, K. (1987): Schwermetalle und Nährstoffe in den Böden des Rhein-Neckar-Raums: Ergebnisse flächendeckender Untersuchungen. Heidelberger Geowiss. Abh. 13: 1-346.

MÜLLER, J.K. (1984): Die Bedeutung der Fallenfang-Methode für die Lösung ökologischer Fragestellungen. Zool. Jb. Syst. 111: 281-305.

MUSKETT, C.J. & JONES, M.P. (1980): The dispersal of lead, cadmium and nickel from motor vehicles and effects on roadside invertebrate macrofauna. Environ. Pollut. (Series A) 23: 231-242.

NÄHRIG, L.D. (1987): Spinnenfauna der oberen Strauchschicht von Hecken in Flurbereinigungsgebieten. Diss. Univ. Heidelberg, 1987.

NAKAHARA, H., ISHIKAWA, T., SARAI, Y., KONDO, I., KOZUKUE, H., SILVER, S. (1977): Linkage of mercury, cadmium, and arsenate and drug resistance in clinical isolates of *Pseudomonas aeruginosa*. Appl. Environ. Microbiol. 33: 975-976.

NAPOLITANO, E.W., PACHTER, J.S., LIEM, R.K.H. (1987): Intracellular distribution of mammalian stress proteins. Effects of cytoskeletal-specific agents. J. Biol. Chem. 262: 1493-1504.

NEITE, H. (1987): Veränderungen des Kationenaustauschersystems in den Böden der Stammfußbereiche von Buchen. Verh. Ges. Ökol. 16: 291-295.

NEUMANN, W. (1985): Veränderungen am Mitteldarm von *Oxidus gracilis* (C.L. KOCH, 1847) während einer Häutung (Diplopoda). Bijdr. Dierk. 55: 149-158.

NEUVONEN, S., SUOMELA, J., HAUKIOJA, E., LINDGREN, M., RUOHOMÄKI, K. (1990): Ecological effects of simulated acid rain in a subarctic area with low ambient sulphur deposition. In: KAUPPI et al. (eds.): Acidification in Finland, Springer Verlag Berlin Heidelberg, 477-493.

NICHOLSON, P.B., BOCOCK, K.L., HEAL, O.W. (1966): Studies on the decomposition of the faecal pellets of a millipede (*Glomeris marginata* VILLERS). J. Ecol. 54: 755-766.

NIELSEN, C.O. (1962): Carbohydrases in Soil and Litter Invertebrates. Oikos 13: 200-215.

NORDGREN, A., BÅÅTH, E., SÖDERSTRÖM, B. (1983): Microfungi and microbial activity along a heavy metal gradient. Appl. Environ. Microbiol. 45: 1829-1837.

NORTON, R.A. & BEHAN-PELLETIER, V.M. (1991 a): Epicuticular calcification in *Phyllozetes* (Acari, Oribatida). In: DUSBÁBEK, F. & BUKVA, V. (eds.): Modern Acarology 2 (Proc. 8th Intern. Congr. Acarology, Ceské Budejovice Czechoslovakia, 1990). SPB Publ., The Hague, 323-324.

NORTON, R.A. & BEHAN-PELLETIER, V.M. (1991 b): Calcium carbonate and calcuim oxalate as cuticular hardening agents in oribatid mites (Acari: Oribatida). Can. J. Zool. 69: 1504-1511.

NOVER, L. (1984): Heat shock response of eucaryotic cells. Springer; Berlin, Heidelberg, New York.

NOVICK, R.P. & ROTH, C. (1968): Plasmid-linked resistance to inorganic salts in *Staphylococcus aureus*. J. Bacteriol. 95: 1335-1342.

NUÑEZ, F.S. (1975): The digestive tract and digestive enzymes of the desert millipede *Orthoporus ornatus* (GIRARD) (Diplopoda: Spirostreptidae). Diss. Abstr. Int. (B) 36: 1033.

NUÑEZ, F.S. & CRAWFORD, C.S. (1977): Anatomy and histology of the alimentary tract of the desert millipede *Orthoporus ornatus* (GIRARD) (Diplopoda: Spirostreptidae) J. Morphol. 151: 121-130.

ODUM, E.P. (1983): Grundlagen der Ökologie. Georg Thieme Verlag. Stuttgart, New York.

OHTSUKA, K., TANABE, K., NAKAMURA, H., SATO, C. (1986): Possible cytoskeletal association of 69,000- and 68,000-Dalton heat shock proteins and structural relations among heat shock proteins in murine mastocytoma cells. Radiation Res. 108: 34-42.

O'NEILL, R.V. (1968): Population energetics of the millipede *Narceus americanus* (BEAUVOIS). Ecology 49: 803-809.

OSBORN, M. & WEBER, K. (1982): Intermediate filaments: cell-type-specific markers in differentiation and pathology. Cell 31: 303-306.

OSCHMAN, J.L., WALL, B.J., GUPTA, B.L. (1974): Cellular basis of water transport. Symp. Soc. Exp. Biol. 28: 305-350.

PANDE, Y.D. & BERTHET, P. (1975): Observations on the vertical distribution of soil Oribatei in a woodland soil. Trans. R. ent. Soc. Lond. 127: 259-275.

PANIKOV, N.S., GORBENKO, A.Y., ZVYAGINTSEV, D.G. (1985): Quantitative estimate of the influence of mesofauna on the rate of decomposition of litterfall. Moscow Univ. (Soil Sci.) Bull. 40: 37-46.

PARKINSON, D., DOMSCH, K.H., ANDERSON, J.P.E. (1978): Die Entwicklung mikrobieller Biomassen im organischen Horizont eines Fichtenstandortes. Ecol. Plant. 355-366.

PARLE, J.N. (1962 a): Microorganisms in the intestines of earthworms. J. Gen. Microbiol. 31: 1-11.

PARLE, J.N. (1962 b): A microbial study of earthworm casts. J. Gen. Microbiol. 31: 13-22.

PAUL, E.A. & CLARK, E. (1989): Soil microbiology and Biochemistry. Acad. Press, San Diego.

Literaturverzeichnis

PEARSE, A.G.E. (1961): Histochemistry. 2nd ed. J. & A. Churchill Ltd., London.

PEET, R.K. (1974): The measurement of species diversity. Ann. Rev. Ecol. Syst. 5: 285-307.

PELADAN, F. & MONTEIL, H. (1988): Identification of *Pseudomonas*, *Flavobacterium*, and *Alcaligenes* with API 20 NE System. Path. Biol. 36: 187-192.

PERSSON, T., BÅÅTH, E., CLARHOLM, M., LUNDKVIST, H., SÖDERSTRÖM, B.E., SOHLENIUS, B. (1980): Trophic structure, biomass dynamics and carbon metabolism of soil organisms in a scots pine forest. In: PERSSON, T. (ed.): Structure and function of northern coniferous forests - an ecosystem study. Ecol. Bull. Stockholm 32: 419-459.

PETERS, R.A. (1966): A study of the toxic action of copper. In: PREISACH, J., AISEN, P., BLUMBERG, W.E. (eds.): The biochemistry of copper. Proceedings of the Symposium on Copper in Biological Systems. Academic Press, New York, London.

PETERSEN, H. & LUXTON, M. (1982): A comparative analysis of soil fauna populations and their role in decomposition processes. Oikos 39: 287-388.

PETERSEN, U. (1991): Faunistisch-ökologische Untersuchungen an Araneen in Buchenwäldern unterschiedlicher Schwermetallbelastung. Diplomarbeit Univ. Heidelberg.

PIELOU, E.C. (1984): The interpretation of ecological data. John Wiley & Sons, New York.

PLATNICK, N.I. (1989) Advances in Spider Taxonomy 1981-1987. Manchester Univers. Press, Manchester, New York.

POKARZHEVSKII, A.D. (1981): The feeding of diplopod millipedes on dead roots in steppe meadows. Dok. Akad. Nauk SSSR 256: 1510-1511 (original), Proc. Acad. Sci. USSR (Biol. Sci.) 256: 12-13 (transl.).

PRÄVE, P., FAUST, U., SITTIG, W., SUKATSCH, D.A. (1987): Handbuch der Biotechnologie. 3. Auflage. R. Oldenburg Verlag München, Wien.

PRICE, P.W., RATHCKE, B.J., GENTRY, D.A. (1974): Lead in terrestrial arthropods: evidence for biological concentration. Environ. Entomol. 3: 370-372.

PRITCHARD, P.H. & BOURQUIN, A.W. (1984): The use of microcosms for evaluation of interactions between pollutants and microorganisms. In: MARSHALL, K.C. (ed.): Advances in microbial ecology, Vol 7. Plenum Press, New York, London, 133-215.

PROSI, F. & DALLINGER, R. (1988): Heavy metals in the terrestrial isopod *Porcellio scaber* LATR. I. Histochemical and ultrastructural characterization of metal-containing lysosomes. Cell Biol. Toxicol. 4: 81-86.

PROSI, F., STORCH, V., JANSSEN, H.H. (1983): Small cells in the midgut glands of terrestrial Isopoda: Sites of heavy metal accumulation. Zoomorphology 102: 53-64.

PUSKINSKAJA, O.I. (1954): Zur Methodik der zahlenmäßigen Bestimmung von zellulosezersetzenden Mikroorganismen. Mikrobiologija 23: 34-36.

RANDOW, E. (1924): Zur Morphologie und Physiologie des Darmkanals der Juliden. Z. wiss. Zool. 122: 534-582.

READ, H.J. & MARTIN, M.H. (1988): A study of myriapod communities in woodlands contaminated with heavy metals. Proc. 7th Int. Congr. Myriapodology, Vittorio-Veneto 1987: 289-298.

READ, H.J., WHEATER, C.P., MARTIN, M.H. (1987): Aspects of the ecology of Carabidae (Coleoptera) from woodlands polluted by heavy metals. Env. Poll. 48: 61-76.

REDMOND, T., SANCHEZ, E.R., BRESNICK, E.H., SCHLESINGER, M.J., TOFT, D.O., PRATT, W.B., WELSH, M.J. (1989): Immunofluorescence colocalization of the 90-kDa heat-shock protein and microtubules in interphase and mitotic mammalian cells. Eur. J. Cell Biol. 50: 66-75.

REHFUESS, K.E. (1981): Waldböden. Entwicklung, Eigenschaften und Nutzung. Pareys Studientexte 29.

REICHLE, D.E. (1977): The role of soil invertebrates in nutrient cycling. In: LOHM, U., PERSSON, T. (eds.): Soil organisms as components of ecosystems. Ecol. Bull. Stockholm 25: 145-156.

REITTER, E. (1908): Fauna Germanica. Käfer. K.G. Lutz Verl., Stuttgart, Bd. 1.

REMMERT, H. (1990): Naturschutz. Springer Verlag, Berlin, Heidelberg, New York, Tokyo, 2. Aufl.

REMMERT, H. (1992): Ökologie. Springer Verlag, Berlin, Heidelberg, New York, Tokyo, 5. Aufl.

REYES, V.G. & TIEDJE, J.M. (1976 a): Ecology of the gut microbiota of *Tracheoniscus rathkei* (Crustacea, Isopoda). Pedobiologia 16: 67-74.

REYES, V.G. & TIEDJE, J.M. (1976 b): Metabolism of ^{14}C-labeled plant materials by woodlice (*Tracheoniscus rathkei* BRANDT) and soil microorganisms. Soil Biol. Biochem. 8: 103-108.

RÉZ, G. (1986): Electron microscopic approaches to environmental toxicity. Acta Biol. Hung. 37: 31-45.

RHEE, Y.H., HAH, Y.C., HONG, S.W. (1987): Relative contributions of fungi and bacteria to soil carboxymethylcellulose activity. Soil Biol. Biochem. 6: 303-306.

RICKLEFS, R.E. (1990): Ecology. 3 rd. ed., W. H. Freeman and Company, New York.

RIEHM, H. & ULRICH, B. (1954): Quantitative kalorimetrische Bestimmung der organischen Substanz im Boden. Landw. Forsch. 6: 173-176.

ROBERTS, M.J. (1985 a) The Spiders of Great Britain and Ireland, Vol. 1. Atypidae to Theridiosomatidae. Harley Books, Colchester.

ROBERTS, M.J. (1985 b) The Spiders of Great Britain and Ireland, Vol. 2. Linyphiidae. Harley Books, Colchester.

ROBERTS, M.J. (1985 c) the Spiders of Great Britain and Ireland, Vol. 3. Colour plates. Harley Books, Colchester.

ROBERTS, R.D. & JOHNSON, M.S. (1978): Dispersal of heavy metals from abandoned mine workings and their transference through terrestrial food chains. Environ. Pollut. 16: 293-311.

ROTHER, J.A., MILLBANK, J.W., THORNTON, I. (1982): Seasonal fluctuations in nitrogen fixation (acetylene reduction) by free-living bacteria in soils contaminated with cadmium, lead and zinc. J. Soil Sci. 33: 101-113.

Literaturverzeichnis

RÜHLING, A. & TYLER, G. (1973): Heavy metal pollution and decomposition of spruce needle litter. Oikos 24: 402-416.

RUSSELL, L.K., DEHAVEN, J.I., BOTTS, R.P. (1981): Toxic effects of cadmium on the garden snail *Helix aspera*. Bull. Environ. Contam. Toxicol. 26: 634-640.

SANDERS, H.L. (1968): Marine benthic diversity: a comparitive study. Am. Nat. 102: 24382.

SATCHELL, J.E. (1971): Soil fauna studies. Bull. Ecol. Res. Comm. (Stockholm) 14: 158-160.

SCHÄFER, H. (1986): Streuabbauverzögerung durch Akkumulation von Schadstoffen in Buchenwäldern. Verh. Ges. Ökol. 14: 309-318.

SCHÄFER, H. (1987): Auswirkungen der Bodenversauerung und Schwermetallakkumulation in Wäldern auf die CO_2-Produktion und Dekomposition der Streu. Verh. Ges. Ökol. 16: 279-290.

SCHAEFER, M. (1985): Waldschäden und die Tierwelt des Bodens. Allgemeine Forstzeitschrift 27: 676-679.

SCHAEFER, M. (1986): Ökosystemforschung in Wäldern: Zur Funktion der Tiere. Forschungsberichte. In: Georgia Augusta (Göttingen) 44: 29-38.

SCHAEFER, M. & SCHAUERMANN, J. (1990): The soil fauna of beech forests: comparison between a mull and a moder soil. Pedobiologia 34: 299-314.

SCHAEFER, M. & TISCHLER, W. (1983) Wörterbücher der Biologie - Ökologie. UTB, G. Fischer Verl., Stuttgart, 2. Aufl.

SCHEFFER, F. & SCHACHTSCHABEL, P. (1989): Lehrbuch der Bodenkunde. Stuttgart, 12. Auflage.

SCHEFFER, F. & ULRICH, B. (1960): Lehrbuch der Agrikulturchemie und Bodenkunde. III. Teil: Humus und Humusdüngung. Band I. Ferdinand Enke Verlag, Stuttgart.

SCHEURIG, M. (1993): Zur Rolle symbiotischer Mikroorganismen beim Celluloseabbau durch *Allaiulus nitidus* (Diplopoda) und Auswirkungen durch Schwermetalleinfluß. Diplomarbeit Univ. Heidelberg.

SCHICK, H. (1990): Collembolen als Bioindikatoren zur Beurteilung von Immissionseinwirkungen auf Waldökosysteme. Diss. Univ. Heidelberg.

SCHINNER, F. (1986): Die Bedeutung der Mikroorganismen und Enzyme im Boden. Veröff. Landwirtsch. chem. Bundesanst. Linz/Donau 18: 15-39.

SCHINNER, F., ÖHLINGER, R., KANDELER, E. (1991): Bodenbiologische Arbeitsmethoden. Springer Verlag, Berlin, Heidelberg, New York.

SCHINNER, F. & VON MERSI, W. (1990): Xylanase, CM-Cellulase- and invertase activity in soil: an improved method. Soil Biol. Biochem. 22: 511-515.

SCHLEGEL, H.G. (1985): Allgemeine Mikrobiologie. 6. Auflage. Thieme Verlag, Stuttgart, New York.

SCHLESINGER, M.J., ALIPERTI, G., KELLEY, P.M. (1982 a): The response of cells to heat shock. TIBS 7: 222-225.

SCHLESINGER, M.J., ASHBURNER, M., TISSIÈRES, A. (1982 b): Heat shock - From bacteria to man. Cold Spring Harbor Lab; Cold Spring Harbor.

SCHLICHTING, E. & BLUME, H.-P. (1966): Bodenkundliches Praktikum. 2. Aufl. Verlag Paul Parey, Hamburg und Berlin.

SCHLIESSKE, J. (1981): Über die Technik der Massenanzucht von Raubmilben (Acari, Phytoseiidae) unter kontrollierten Bedingungen. Med. Fac. Landbouww. Rijksuniv. Gent. 46 (2): 511-517.

SCHLÜTER, U. (1979 a): Spezialisierte Epithelzellen im Bereich des Proctodaeums von *Polydesmus* sp. (Myriapoda: Diplopoda). Verh. Dtsch. Zool. Ges. 72: 300.

SCHLÜTER, U. (1979 b): The ultrastructure of an exocrine gland complex in the hind-gut of *Scaphiostreptus* sp. (Diplopoda: Spirostreptidae). In: CAMATINI M. (ed.): Myriapod Biology. London, 143-155.

SCHLÜTER, U. (1980 a): Die Feinstruktur der Pylorusdrüsen von *Polydesmus angustus* LATZEL und *Glomeris marginata* VILLERS (Diplopoda). Zoomorphologie 94: 307-319.

SCHLÜTER, U. (1980 b): Plasmalemma-mitochondrial complexes involved in water transport in the hindgut of a milliped, *Scaphiostreptus* sp., Cell Tissue Res. 205: 333-336.

SCHLÜTER, U. (1980 c): Ultrastruktur der Pyloruszähnchen zweier Tausendfüßler *(Tachypodoiulus niger, Polydesmus angustus).* Acta Zool. 61: 171-178.

SCHLÜTER, U. & SEIFERT, G. (1985): Functional morphology of the hindgut-malpighian tubule-complex in *Polyxenus lagurus* (Diplopoda; Penicillata). Bijdr. Dierk. 55: 209-218.

SCHMIDT, H. (1952): Nahrungswahl und Nahrungsverarbeitung bei Diplopoden (Tausendfüßlern). Mitt. naturwiss. Ver. Steiermark 81/82: 42-66.

SCHNEIDER, P. & TSCHAKAROFF-SCHUSTER, J. (1978): Beitrag zur Orientierung und Ernährungsbiologie einheimischer Asseln (Crustacea, Isopoda). Mitt. dtsch. Ges. allg. angew. Ent. 1: 47-57.

SCHÖNBORN, W. & DUMPERT, K. (1986): Zur Biologie eines Buchenwaldbodens. 8. Die Mikroflora. Carolinea 44: 129-138.

SCHRÖDER, D. & GEWEHR, H. (1977): Stroh- und Zelluloseabbau in verschiedenen Bodentypen. Z. Pflanzenernähr. Bodenkd. 140: 273-284.

SCHRÖDER, D. & URBAN, B. (1985): Bodenatmung, Celluloseabbau und Dehydrogenaseaktivität in verschiedenen Böden und ihre Beziehungen zur organischen Substanz sowie Bodeneigenschaften. Landwirtsch. Forschung 38: 166-172.

SCHULTZ, R., SCHMIDT, M., GODT, J., MAYER, R. (1987): Schwermetallflüsse und deren Bilanzierung in Waldökosystemen. Verh. Ges. Ökol. 16: 297-303.

SCHUSTER, R. (1956 a): Ergänzender Beitrag zur steirischen Bodenmilben-Fauna. (Oribatei). Mitt. Naturwiss. Ver. Steierm. 86: 96-101.

SCHUSTER, R. (1956 b): Der Anteil der Oribatiden an den Zersetzungsvorgängen im Boden. Zeitschr. Morph. u. Ökol. Tiere 45: 1-33.

SCHWEIZER, V. & KRAATZ, R. (1982): Kraichgau und südlicher Odenwald. Sammlung geologischer Führer, Bd. 72. Verlag Gebrüder Borntraeger; Berlin, Stuttgart.

SCHWERDTFEGER, F. (1975): Ökologie der Tiere. Bd. 3: Synökologie. Verl. Paul Parey; Hamburg, Berlin.

SEASTEDT, T.R. (1984): The role of microarthropods in decomposition and mineralization processes. Ann. Rev. Entomol. 29: 25-46.

SEIFERT, G. & ROSENBERG, J. (1977): Feinstruktur der Leberzellen von *Oxidus gracilis* (C.L. KOCH, 1847)(Diplopoda, Paradoxosomatidae). Zoomorphologie 88: 149-162.

SELLNICK, M. (1929): Formenkreis: Hornmilben, Oribatei. In: BROHMER, P., EHRMANN, P., ULMER, G. (eds.): Die Tierwelt Mitteleuropas. 3. Bd. Quelle & Meyer, Leipzig, 1-42.

SELLNICK, M. (1960): Formenkreis: Hornmilben, Oribatei. In: BROHMER, P., EHRMANN, P., ULMER, G. (eds.): Die Tierwelt Mitteleuropas. 3. Bd. (Ergänzung). Quelle & Meyer, Leipzig, 45-134.

SHAW, G.G. (1970): Energy budget of the adult millipede *Narceus annularis*. Pedobiologia 10: 389-400.

SHEALS, J.G. (1957): The Collembola and Acarina of uncultivated soils. J. Animal. Ecol. 26: 125-134.

SHELDON, A.L. (1969): Equitability indices: dependence on the species count. Ecology 50: 466-467.

SHUKLA, G.S. & SHUKLA, S.C. (1981): Effect of starvation on free amino acids, pH and glycogen contents of gut in millipede *Trigoniulus lumbricinus* (GERSTACKER). Comp. Physiol. Ecol. 6: 159-162.

SIMKISS, K. (1983): Lipid solubility of heavy metals in saline solutions. J. Mar. Biol. Ass. U.K. 63: 1-7.

SIMKISS, K. & MASON, A.Z. (1984): Cellular responses of molluscan tissues to environmental metals. Mar. Environ. Res. 14: 103-118.

SIMPSON, E.H. (1949): Measurement of diversity. Nature 163: 688.

SINGER, G. & KRANTZ, G.W. (1967): The use of nematodes and oligochaets for rearing predatory mites. Acarologia 9: 485-488.

SINGH, P. & RODRIGUEZ, J.G. (1966): Food for Macrochelid mites (Acarina) by an improved method for mass rearing of a nematode, *Rhabditella leptura*. Acarologia 8: 549-551.

SKIBA, U. & CRESSER, M.S. (1986): Effects of precipitation acidity on the chemistry and microbiology of Sitka Spruce needle litter leachate. Environ. Pollut. (Series A) 42: 65-78.

SKINNER, H.A. (1962): Experimental thermochemistry. Vol. II. Interscience Publ., John Wiley & Sons, New York.

SKUJINS, J. (1976): Extracellular enzymes in soil. CRC Crit. Rev. Microbiol. 4: 383-421.

SMITH, P.B. TOMFOHRDE, K.M., RHODEN, D.L., BALOWS, A. (1972): API System: a multitube micromethod for identification of Enterobacteriaceae. Appl. Microbiol. 24: 449-452.

SMITH, R.L. (1966): Ecology and field biology. Harper & Row. New York, London.

SNIDER, R.M. (1979): The effects of azinphosmethyl (Guthion) on a population of *Trachelipus rathkei* (Isopoda) in a Michigan orchard. Pedobiologia 19: 99-105.

SOKAL, R.R. & ROHLF, F.J. (1981): Biometry. The principles and practice of statistics in biological research. W.H. Freeman & Company, New York.

SOMA, K. & SAITO, T. (1983): Ecological studies of soil organisms with references to the decomposition of pine needles. II. Litter feeding and breakdown by the woodlouse, *Porcellio scaber*. Plant and Soil 75: 139-151.

SOMASUNDARAM, P. & CHOCKALINGAM, S. (1981): Influence of food quality and its utilization in milliped, *Spirostreptus asthenes*. Geobios 8: 49-51.

SPALDING, B.P. (1979): Effects of divalent metal chlorides on respiration and extractable enzymatic activities of Douglas-fir needle litter. J. Environ. Qual. 8: 105-109.

SPEIR, T. & ROSS, D.J. (1981): A comparison of the effects of air drying and aceton dehydration on soil enzyme activities. Soil Biol. Biochem. 13: 225-229.

SPILLNER, C.J., DE BAUM, J.R., MENN, J.J. (1979): Degradation of Fenitrothion in forest soil and effects on forest soil microbes. J. Agricult. Food. Chem. 27: 1054-1060.

SPRINGER, U. (1948): Möglichkeiten zur schnellen Humusbestimmung im Boden. Ztschr. f. Pflanzenern., Düngg. u. Bodenkd. 40: 166-169.

SPURR, A.R. (1961): A low viscosity embedding medium for electron microscopy. J. Ultrastruct. Res. 26: 31-43.

STAMMER, H.J. (1948): Die Bedeutung der Aethylenglycolfallen für tierökologische und -phänologische Untersuchungen. Verh. Dtsch. Zool. Ges. 42: 387-391.

STANIER, R.Y., INGRAHAM, J.L., WHEELIS, M.L., PAINTER, P.R. (1987): General Microbiology, 5th Edition, Prentice-Hall, Englewood Cliffs, New Jersey.

STIPPICH, G. (1986): Die Spinnenfauna (Arachnida: Araneida) eines Kalkbuchenwaldes: Bedeutung von Habitatstruktur und Nahrung. Diss. Univ. Göttingen.

STÖCKLI, H. (1990): Das Unterscheidungsvermögen von *Porcellio scaber* (Crustacea, Isopoda) zwischen Blättern einer Baumart, unter Berücksichtigung der makroskopisch sichtbaren Verpilzung. Pedobiologia 34: 191-205.

STORCH, V. (1988): Cell and environment: a link between morphology and ecology. In: ITURRONDOBEITIA, J.C. (ed.): Biologia Ambiental, Vol. 1. Univers. Pais Vasco, Bilbao, 179-190.

STORCH, V. (1993) Zelle und Umwelt: Die Wirkung von Umweltgiften auf Zellen von Tieren. In: ZWILLING, R. & FRITSCHE, W. (eds.): Ökologie und Umwelt. Heidelberger Verlagsanstalt, 143-157.

STREIT, B. (1984): Effects of high copper concentrations on soil invertebrates (earthworms and oribatid mites): Experimental results and a model. Oecologia 64: 381-388.

STRESEMANN, E. (1961): Exkursionsfauna. Wirbellose I. Volk u. Wissen, Volkseigener Verl. Berlin.

Literaturverzeichnis

STRIGANOVA, B.R. (1972): Effect of temperature on the feeding activity of *Sarmatiulus kessleri* (Diplopoda). Oikos 23: 197-199.

STRIGANOVA, B.R. & CHERNOBROVKINA, N.P. (1992): The Effect of Diplopoda on the Dynamics of Amno Acids in the Soil. Ber. nat.-med. Verein Innsbruck, Suppl. 10: 297-303.

STRIGANOVA, B.R. & RACHMANOV, R.R. (1972): Comparative study of the feeding activity of diplopods in Lenkoran province of Azerbaijan. Pedobiologia 12: 430-433.

STRIGANOVA, B.R. & VALIACHMEDOV, B.V. (1976): Beteiligung bodenbewohnender Saprophagen an der Zersetzung der Laubstreu in Pistazienwäldern. Pedobiologia 16: 219-227.

STROJAN, C.L. (1978 a): Forest leaf litter decomposition in the vicinity of a zinc smelter. Oecologia 32: 202-212.

STROJAN, C.L. (1978 b): The impact of zinc smelter emissions on forest litter arthropods. Oikos 31: 41-46.

SUTTNER, T. (1987): Mikrobielle Aktivität unterschiedlich genutzter Böden Bayerns. Mitteilgn. Dtsch. Bodenkundl. Gesellsch. 55: 523-527.

SWIFT, M.J., HEAL, O.W., ANDERSON, J.M. (1979): Decomposition in terrestrial ecosystems. Blackwell Scientific, Oxford.

SZABÓ, I.M. (1974): Microbial communities in a forest-rendzina ecosystem. Acad. Publisher, Budapest, 1-415.

SZABÓ, I.M., JÁGER, K., CONTRERAS, E., MÁRIALIGETI, K., DZINGOV, A., BARABÁS, G.Y., POBOZSNY, M. (1983): Composition and properties of the external and internal microflora of millipedes (Diplopoda). New Trends in Soil Biology. Proceedings of the VIII. Int. Colloquium of Soil Zoology, Louvain-la-Neuve (Belgium), 1982. LEBRUN, P., ANDRÉ, H.M., DEMEDTS, A., GRÉGOIRE-WIBO, C., WAUTHY, G. (eds.), Imprimeur Dieu-Brichart, Ottignies-Louvain-la-Neuve.

SZABÓ, I.M., PRAUSER, H., BODNAR, G., LOC C.T., RAVASZ, K., HOSSEIN, E.A., MARIALIGETI, K. (1990): The indigenous intestinal bacteria of soil arthropods and worms. In: LÉSEL, R. (ed.): Microbiology in Poecilotherms. Elsevier Amsterdam, New York, Oxford, 109-118.

SZABÓ, I.M., NASSER, E.G.A., STRIGANOVA, B., RAKHMO, Y.R., JÁGER, K., HEYDRICH, M. (1992): Interactions among Millipeds (Diplopoda) and their Intestinal Bacteria. Ber. nat.-med. Verein Innsbruck. Suppl. 10: 289-296.

TABATABAI, M.A. (1982).: Soil enzymes. In: PAGE, A.L., MILLER, R.H., KEENEY, D.R. (eds.): Methods of Soil Analysis, Part 2. Am. Soc. Agron. Inc., Soil Sci. Soc. Am. Inc., Madison, Wisconsin, U.S.A.

TABATABAI, M.A. & BREMNER, J.M. (1970): Arylsulfatase activity of soils. Soil Sci. Soc. Am. Proc. 34: 225-229.

TATE, R.L. (1987): Soil Organic Matter. Biological and Ecological Effects. John Wiley & Sons, New York, Chichester, Brisbane.

TATENO, M. (1988): Limitation of available substrates for the expression of cellulase and protease activities in soil. Soil Biol. Biochem. 20: 117-118.

TATSUYAMA, K., EGAWA, H., SENMARU, H., YAMAMOTO, H., ISHIOKA, S., TAMATSUKURI, T., SAITO, K. (1975): *Penicillium lilacinum*: its tolerance to cadmium. Experientia 31: 1037.

TAYLOR, E.C. (1982): Role of Aerobic Microbial Populations in Cellulose Digestion by Desert Millipedes. Appl. Environ. Microbiol. 44 (2): 281-291.

TAYLOR, M.G. & SIMKISS, K. (1984): Inorganic deposits in invertebrate tissues. Environ. Chem. 3: 102-138.

THIELEMANN, U. (1984): Die Methodik des elektrischen Regenwurmfanges und Untersuchungen zur Regenwurmfauna des Kraichgaus. Diplomarbeit Univ. Heidelberg.

THIELEMANN, U. (1986 a): Elektrischer Regenwurmfang mit der Oktett-Methode. Pedobiologia 29: 296-302.

THIELEMANN, U. (1986 b): Glasröhrchenmethode zur Lebendbestimmung von Regenwürmern. Pedobiologia 29: 341-343.

TIMM, F. (1958): Zur Histochemie der Schwermetalle. Das Silbersulfidverfahren. Dt. Z. gerichtl. Med. 46: 706-711.

TIMONEY, J.F., PORT, J., GILES, J., SPANIER, J. (1978): Heavy-metal and antibiotic resistance in the bacterial flora of sediments of New York bight. Appl. Environ. Microbiology 36: 465-472.

TISCHLER, W. (1984): Einführung in die Ökologie. G. Fischer Verlag, Stuttgart, New York, 3. Aufl.

TISCHLER, W. (1990): Ökologie der Lebensräume. UTB, G. Fischer Verlag, Stuttgart.

TOMASOVIC, S.P., SIMONETTE, R.A., WOLF, D.A., KELLEY, K.L., UPDYKE, T.V. (1989): Co-isolation of heat stress and cytoskeletal proteins with plasma membrane proteins. Int. J. Hyperthermia 5: 173-190.

TOPP, W. (1981): Biologie der Bodenorganismen. UTB Quelle & Meyer, Heidelberg.

TRANVIK, L. & EIJSACKERS, H. (1989): On the advantage of *Folsomia fimetarioides* over *Isotomiella minor* (Collembola) in a metal polluted soil. Oecologia 80: 195-200.

TRETZEL, E. (1952): Zur Ökologie der Spinnen (Araneae): Autökologie der Arten im Raum von Erlangen.- Sitzungsberichte der Physikalisch-medizinischen Sozietät zu Erlangen 75: 36-131.

TRETZEL, E. (1955): Technik und Bedeutung des Fallenfanges für ökologische Untersuchungen. Zool. Anz. 155: 276-287.

TRIEBSKORN, R. (1989): Ultrastructural changes in the digestive tract of *Deroceras reticulatum* (MÜLLER) induced by a carbamate molluscicide and by metaldehyde. Malacologia 31: 141-156.

TRIEBSKORN, R., KÖHLER, H.-R., ZAHN, T., VOGT, G., LUDWIG, M., RUMPF, S., KRATZMANN, M., ALBERTI, G., STORCH, V. (1991): Invertebrate cells as targets for hazardous substances. Zeitschr. angew. Zool. 3: 277-287.

TYLER, G. (1974): Heavy metal pollution and soil enzymatic activity. Plant and Soil 41: 303-311.

TYLER, G. (1981): Heavy metals in soil biology and biochemistry. In: PAUL. E.A. & LADD, J.N. (eds.): Soil Biochemistry. Marcel Dekker, New York and Basel, 371-414.

TYLER, G., BENGTSSON, G., FOLKESON, L., GUNNARSSON, T., RUNDGREN, S., RUEHLING, A., SÖDERSTRÖM, B. (1984): Metal pollution in forest soil-biological effects. Report PM 1910. The National Swedish Environment Protection Board (SNV). Stockholm, Schweden (in schwedisch mit engl. Zusammenfassung).

UCHIDA, Y., SAITO, A., KAZIWARA, H., ENOMOTO, N. (1973): Studies on cadmium-resistant microorganisms. Part I. Isolation of cadmium-resistant bacteria and the uptake of cadmium by the organisms. Bull. of the Faculty of Agriculture/Saga University 35: 15-24.

UETZ, G.W. (1979): The influence of variation in litter habitats on spider communities. Oecologia 40: 29-42.

ULLRICH, B. (1989): Mikrobiologische und mikrokalorimetrische Untersuchungen an terrestrischen Isopoda. Diplomarbeit Univ. Heidelberg.

ULLRICH, B. (1993): Der Einfluß von Umweltschadstoffen auf Landasseln und den Stoffumsatz im Boden. Diss. Univ. Heidelberg.

ULLRICH, B. & STORCH, V. (1993): Umweltschadstoffe und das Reaktionspotential terrestrischer Isopoda und funktioneller Gruppen der Bodenmikroflora: Überleben durch Anpassung? In: EHRNSBERGER, R. (ed.): Bodenmesofauna und Naturschutz. Informationen zu Naturschutz und Landschaftspflege in Nordwestdeutschland, Bd. 6. Verlag G. Runge, Cloppenburg, 340-354.

ULLRICH, B., STORCH, V., SCHAIRER, H.U. (1991): Bacteria on the food, in the intestine and on the faeces of the woodlouse *Oniscus asellus* (Crustacea, Isopoda). Pedobiologia 35: 41-51.

ULLRICH, B., KÖHLER, H-R., STORCH, V., ALBERTI, G. (1992): Beeinflussung des natürlichen Streuabbaues (Dekomposition) im Wald durch Schwermetallbelastung. Teil 2: Reaktionsmuster der mikrobiellen Biomasse und terrestrischer Isopoda auf Schwermetallkontamination. Kernforschungszentrum Karlsruhe. 3. Staatskolloquium (PWAB): 171-178.

ULLRICH, B., STORCH, V., REISS, S., ZANGER, M., LUDWIG, M., ALBERTI, G. (1993): Die Auswirkungen von Umweltbelastungen auf die Energetik von Landasseln. Verh. Ges. Ökol. 22: 443-450.

ULRICH, B. (1984) Langzeitwirkungen von Luftverunreinigungen auf Waldökosysteme. Düsseldorfer Geobot. Kolloquium 1: 11-2.

ULRICH, B., MAYER, R., KHANNA, P.K. (1981): Deposition von Luftverunreinigungen und ihre Auswirkungen in Waldökosystemen im Solling. Schr. Forstl. Fak. Univ. Göttingen, 58.

UMWELTMINISTERIUM BADEN-WÜRTTEMBERG (1992): Umweltdaten 91/92. Kraft Druck u. Verl. GmbH, Karlsruhe.

UMWELTMINISTERIUM BADEN-WÜRTTEMBERG (1993): Umweltschutz in Baden-Württemberg - Böden. 3. erweiterte Auflage (mit Bodenschutzgesetz - BodSchG, Stand 24.06.1991).

UNGER, H. (1968): Über den Aussagewert der mit dem Gazebeuteltest erzielten Zelluloseabbauergebnisse. Deutsche Akademie der Landwirtschaftswissenschaften (Berlin Ost), Tagungsberichte 1968, 19-33.

USHER, M.B. (1969): Some properties of the aggregations of soil arthropods: Collembola. J. Anim. Ecol. 38: 607-622.

USHER, M.B. (1971): Seasonal and vertical distribution of a population of soil arthropods: Mesostigmata. Pedobiologia 11: 27-39.

USHER, M.B. (1975): Seasonal and vertical distribution of a population of soil arthropods: Cryptostigmata. Pedobiologia 15: 364-374.

VAN CAPELLEVEEN, H.E. (1983): Effects of iron and manganese on isopods. Heavy Metals in the Environment, 4th Int. Conf. 1: 666-669.

VAN CAPELLEVEEN, H.E. (1985): The ecotoxicity of zinc and cadmium for terrestrial isopods. In: LEKKAS, T.D. (ed.): Heavy metals in the environment, Vol. II. CEP Consultants Ltd., Edinburgh, 245-247.

VAN CAPELLEVEEN, H.E., VAN STRAALEN, N.M., RUNDGREN, S., KRATZ, W., DALLINGER, R., HOPKIN, S.P. (1986): Effects of soil pollution on soil invertebrate fauna. Proc. 3rd Europ. Congr. Entomol. 3: 533-541.

VAN DER HAMMEN, L. (1972): Spinachtigen - Arachnidea. IV. Mijten - Acarida. Algemene inleiding in de acarologie. Wetenschappelijke Mededelingen Konink. Nederl. Natuurh. Vereniging 91: 1-71.

VANEK, J. (1973): The coenosis of oribatid mites as an aid in bio-indication (Acarina, Oribatoidea). In: DANIEL, M. & ROSICKY, B. (eds.): Proc. 3rd Intern. Congr. Acarol. Prague 1971, 125-128.

VAN STRAALEN, N.M. & VAN MEERENDONK, J.H. (1987): Biological half-lifes of lead in *Orchesella cincta* (L.), Collembola. Bull. Environ. Contam. Toxicol. 38: 213-219.

VAN STRAALEN, N.M., SCHOBBEN, J.H.M., DE GOEDE, R.G.M. (1989): Population consequences of cadmium toxicity in soil microarthropods. Ecotoxicol. Environm. Safety 17: 190-204.

VASILIU, N. & MIHAILESCU, A. (1989): Oribatids (Acarina Oribatida) as indicatives of forestry soils pollution with heavy metals, sulphur dioxide, and carbon black. Anal. Inst. Cerc. Pedol. Agrochim. 50: 287-301.

VERHOEFF, K.W. (1928): Bronn's Klassen und Ordnungen des Tier-Reichs, 5, II: Gliederfüssler: Arthropoda, Klasse Diplopoda, 1. Teil. Akademische Verlagsgesellschaft, Leipzig.

VERHOEFF, K.W. (1932): Bronn's Klassen und Ordnungen des Tier-Reichs, 5, II: Gliederfüssler: Arthropoda, Klasse Diplopoda, 2. Teil. Akademische Verlagsgesellschaft, Leipzig.

VETTER, H., MÄHLHOP, R., FÜRCHTENICHT, K. (1973): Immissionsstoffbelastung im Raum Nordenham. Bericht über großräumige Immissionsmessungen im Auftrag des Nieders. Sozialministeriums.

VON TÖRNE, E. (1989): Schätzung von Freßaktivitäten. In: DUNGER, W. & FIEDLER, H.J. (eds.): Methoden der Bodenbiologie. VEB G. Fischer Verlag, Jena, 1. Aufl., 255-260.

VON TÖRNE, E. (1990 a): Assessing feeding activities of soil-living animals. I. Bait-lamina-tests. Pedobiologia 34: 89 - 101.

VON TÖRNE, E. (1990 b): Schätzungen von Freßaktivitäten bodenlebender Tiere. II. Mini-Köder-Tests. Pedobiologia 34: 269 - 279.

WÄCHTLER, W. (1937): Ordnung: Isopoda, Asseln. In: BROHMER, P., EHRMANN, P., ULMER, G. (eds.): Die Tierwelt Mitteleuropas. 2. Bd. Quelle & Meyer, Leipzig, 225-317.

WADE, K.J., FLANAGAN, J.T., CURRIE, A., CURTIS, D.J. (1980): Roadside Gradients of Lead and Zinc Concentrations in Surface-dwelling Invertebrates. Environ. Pollut. (Series B) 1: 87-93.

WAINWRIGHT, M. & DUDDRIDGE, J.E. (1982): Effects of heavy metals on enzyme synthesis in substrate-amended river sediments. Eur. J. Appl. Microbiol. Biotechnol. 15: 241-245.

WALLENFELS, K. & WEIL, R. (1972): ß-Galactosidase. In: BOYER, P.D. (ed.): The Enzymes. 3rd ed., Vol. 7. Academic Press, New York, 617-663.

WALLWORK, J.A. (1976): The distribution and diversity of soil fauna. Academic Press., London, New York, San Francisco.

WALLWORK, J.A. (1983): Oribatids in forest ecosystems. Ann. Rev. Entomol. 28: 109-130.

WALLWORK, J.A. (1988): The soil fauna as bioindicators. In: ITURRONDOBEITIA, J.C. (ed.): Biologia Ambiental, Vol. 1. Univers. Pais Vasco, 203-215.

WALTER, D.E., HUNT, H.W., ELLIOT, E.T. (1987): The influence of prey type on the development and reproduction of some predatory soil mites. Pedobiologia 30: 419-424.

WALTON, K.C. (1987): Factors determining amounts of fluoride in woodlice *Oniscus asellus* and *Porcellio scaber,* litter and soil near an aluminium reduction plant. Environ. Pollut. 46: 1-9.

WATERBURY, J.B., BRADFORD CALLOWAY, C., TURNER, R.D. (1983): A celluloytic nitrogen-fixing bacterium cultured from the gland of Deshayes in shipworms (Bivalvia: Teredinidae). Science 221: 1401-1403.

WEARY, G.C. & MERRIAM, H.G. (1978): Litter decomposition in a red maple woodlot under natural conditions and under insecticide treatment. Ecology 59: 180-184.

WEBB, D.P. (1977): Regulation of deciduous forest litter decomposition by soil arthropod feces. In: MATTSON, W.J. (ed.): The role of arthropods in forest ecosystems. Springer Verlag, Berlin, Heidelberg, New York, 57-69.

WECKER, H. & ULLMANN, U. (1978): Die Identifizierung von *Pseudomonas*-Arten mit konventionellen Methoden und dem API 20 E System. Ärztl. Lab. 24: 274-281.

WEIGMANN, G. (1973): Zur Ökologie der Collembolen und Oribatiden im Grenzbereich Land - Meer (Collembola, Insecta - Oribatei, Acari). Zeitschr. wiss. Zool. 186: 295-391.

WEIGMANN, G. (1991): Heavy metal levels in earthworms of a forest ecosystem influenced by traffic and air pollution. Water, Air, and Soil Pollution 57-58: 655-663.

WEIGMANN, G. & KRATZ, W. (1987): Oribatid mites in urban zones of West Berlin. Biology and Fertility of soils 3: 81-84.

WEIGMANN, G., GRUTTKE, H., KRATZ, W., PAPENHAUSEN, U., RICHTARSKI, G. (1985): Zur Wirkung von Umweltchemikalien auf den Abbau von *Solidago gigantea*-Streu. Verh. Ges. Ökol. 13: 631-636.

WEIN, C. (1991): Untersuchungen zur Diplopodenfauna und zum Verlauf der Dekomposition in Buchenwäldern unterschiedlicher Schwermetallbelastung. Diplomarbeit Univ. Heidelberg.

WEISS, B. & LARINK, O. (1991): Influence of sewage sludge and heavy metals on nematodes in an arable soil. Biology and Fertility of Soils 12: 5-9.

WELTE, E. (1955). Neuere Ergebnisse der Humusforschung. Angew. Chem. 67 (5): 153-155.

WENT, J.C. (1963): Influence of earthworms on the number of bacteria in the soil. In: DOEKSEN, J. & VAN DER DRIFT, J. (eds:): Soil organisms. North Holland Publ., Amsterdam, 260-265.

WHITE, J.J. (1983): Woodlice exposed to pollutant gases. Bull. Environm. Contam. Toxicol. 30: 245-251.

WHITTAKER, R.H. (1965): Dominance and diversity in land plant communities. Science 147: 250-260.

WIEGANT, F.A.C., VAN BERGEN EN HENEGOUWEN, P.M.P., VAN DONGEN, G., LINNEMANS, W.A.M. (1987): Stress-induced thermotolerance of the cytoskeleton of mouse neuroblastoma N2A cells and rat Reuber H35 hepatoma cells. Cancer Res. 47: 1674-1680.

WIESER, W. (1979): Schwermetalle im Blickpunkt ökologischer Forschung. Biologie in unserer Zeit 9: 80-89.

WIESER, W., BUSCH, G., BÜCHEL, L. (1976): Isopods as indicators of the copper content of soil and litter. Oecologia 23: 107-114.

WILLIAMS, S.T., MCNEILLY, T., WELLINGTON, E.M.H. (1977): The decomposition of vegetation growing on metal mine waste. Soil Biol. Biochem. 9: 271-275.

WILLIAMSON, P. (1979): Comparison of metal levels in invertebrate detritivores and their natural diets: concentration factors reassessed. Oecologia 44: 75-79.

WILLIAMSON, P. (1980): Variables affecting body burdens of lead, zinc and cadmium in a roadside population of the snail *Cepaea hortensis* MÜLLER. Oecologia 44: 213-220.

WILLIAMSON, P. & EVANS, P.R. (1973): A preliminary study of the effects of high levels of inorganic lead on soil fauna. Pedobiologia 13: 16-21.

WILLMANN, C. (1931): Moosmilben oder Oribatiden (Oribatei). In: DAHL, F. (ed.): Die Tierwelt Deutschlands. 22. Teil. G. Fischer Verlag, Jena, 79-200.

WISE, D.H. (1989): Modelling of energy flow in forest decomposer communities. Verh. Ges. Ökol. 17: 327-340.

WITKAMP, M. (1966): Decomposition of leaf litter in relation to environment, microflora, and microbial respiration. Ecology 47: 194-201.

WIRTH, S.J. & WOLF, G.A. (1990): Dye-labelled substrates for the assay and detection of chitinase and lysozyme activity. Journal of Microbiological Methods 12: 197-205.

WIRTH, S.J. & WOLF, G.A. (1992): Micro-plate colourimetric assay for endo-acting cellulase, xylanase, chitinase, 1,3-ß-glucanase and amylase extracted from forest soil horizons. Soil Biol. Biochem. 24 (6): 511-519.

WOAS, S. (1986): Beitrag zur Revision der Oppioidea sensu BALOGH, 1972 (Acari, Oribatei). Andrias 5: 21-224.

Literaturverzeichnis

WOAS, S., WUNDERLE, I., BECK, L. (1989): Lebensraum Buchenwaldboden. 12. Die Oribatiden. Verh. Ges. Ökol. 17: 117-123.

WOLDA, H. (1981): Similarity indices, sampling size and diversity. Oecologia 50: 296-302.

WOLF, A. (1993): Spinnentiere der Missen im Oberreichenbach (Landkreis Calw, Nordschwarzwald). Beih. Veröff. Natursch. Landsch.pflege B.-W. 73: 359-398.

WOLF, G.A. & WIRTH, S.J. (1990): Application of soluble chromogenic substrates for assays of polysaccharide endo-hydrolase activity. In: KLEMENT, Z., RUDOLPH, K., SANDS, D.C. (eds.): Methods in Phytobacteriology. Akadémiai Kiadó, Budapest, 409-413.

WOLF, J.E. (1993). Vergleich der Gamasidenfauna zweier Buchenwaldstandorte im Einflußbereich geogener Schwermetalle. Diplomarbeit Univ. Heidelberg.

WOLTERS, V. (1991): Biological processes in two beech forest soils treated with simulated acid rain - a laboratory experiment with *Isotoma tigrina* (Insecta, Collembola). Soil Biol. Biochem. 23 (4): 381-390.

WOOD, J.M. (1984): Microbiological strategies in resistance to metal ion toxicity. In: SIGEL, H. (ed.): Circulation of Metals in the Environment. Marcel Dekker, New York, 333-351.

WOOTEN, R.C. (1974): Physiological energetics of the desert millipede *Orthoporus ornatus*. Diss. Abstr. Int. (B) 34: 5261.

WOOTEN, R.C. & CRAWFORD, C.S. (1975): Food, ingestion rates, and assimilation in the desert millipede *Orthoporus ornatus* (GIRARD) (Diplopoda). Oecologia 20: 231-236.

WUNDERLE, I. (1992): Die Oribatiden-Gemeinschaften (Acari) der verschiedenen Habitate eines Buchenwaldes. Carolinea 50: 79-144.

YAHARA, I., IIDA, H., KOYASU, S. (1986): A heat shock-resistant variant of Chinese hamster cell line constitutively expressing heat shock protein of M_r 90,000 at high level. Cell Struct. Funct. 11: 65-73.

ZHULIDOV, A.V. & DUBOVA, N.A. (1988): Mercury and cadmium accumulation by *Rossiulus kessleri* (Diplopoda) at various levels of metals in food. Ekologiya (Sverdlovsk) 19: 86-88.

10. Anhang

Legende zu den Tabellen A1 und A2 des Anhangs:

Vegetationsaufnahme nach BRAUN-BLANQUET

Die Ergebnisse der Vegetationsaufnahme beinhalten neben den Arten auch die Schätungen der Artenmächtigkeit und des Deckungsgrades. Diese Werte werden vor dem Artnamen angegeben. Dahinter befindet sich die absolute Artenanzahl, falls diese im zählbaren Bereich lag. In die Tabelle mit eingegangen sind die Zeigerwerte nach ELLENBERG (1979).

geschätzte Artenmächtigkeit nach BRAUN-BLANQUET aus MÜHLENBERG (1993):

a = außerhalb
r = selten (meist nur ein Exemplar)
+ = 2 - 5 Individuen, Deckung unter 5 %
1 = 6 - 50 Individuen, Deckung unter 5 %
2 = über 50 Individuen, und/oder Deckung 5 - 25 %
3 = Individuenzahl beliebig, Deckung 25 - 50 %
4 = Individuenzahl beliebig, Deckung 50 - 75 %
5 = Individuenzahl beliebig, Deckung 75 - 100 %.

Um die Spanne des Bereiches 2 noch besser zu differenzieren, wurden weitere Unterteilungen definiert mit:

2m = über 50 Individuen, Deckung unter 5 %
2a = Individuenzahl beliebig, Deckung 5 - 15 %
2b = Individuenzahl beliebig, Deckung 15 - 25 %.

Durch einen Punkt von der vorderen Zahl getrennt, steht eine weitere Angabe, die die Art der Verteilung auf der Probefläche bezeichnet. Die Skala lautet:

1 = einzeln wachsend
2 = gruppen- oder horstweise
3 = truppweise (kleine Polster oder Flecken)
4 = in kleinen Kolonien oder größere Flecken bzw. Teppiche bildend
5 = in großen Herden

Hinter den einzelnen Arten stehen in Klammern die absoluten Häufigkeiten, sofern diese zählbar waren.

Tab. A1: Vegetationsaufnahme nach BRAUN-BLANQUET mit Zeigerwerten (ELLENBERG 1979), Standort Nußloch, 1992.

geschätzte Artenmächtigkeit	Zeigerwerte						
	L	T	K	F	R	N	soziol. Verhalten
Baumschicht							
2a.1 *Acer campestre* (4)	5	7	4	5	7	6	8.4
2b.1 *Acer pseudoplatanus* (8)	4	X	4	6	X	7	8.43
1.1 *Carpinus betulus* (2)	4	6	4	X	X	X	8.432
1.1 *Crataegus laevigata* (1)	6	5	4	5	7	X	8.4
5.1 *Fagus sylvatica* (14)	3	5	2	5	X	X	8.431
2a.1 *Quercus petraea* (3)	6	6	2	5	X	X	8
Strauchschicht							
1.1 *Acer campestre* (11)	5	7	4	5	7	6	8.4
1.1 *Acer pseudoplatanus* (6)	4	X	4	6	X	7	8.43
1.2 *Carpinus betulus* (5)	4	6	4	X	X	X	8.432
2a.2 *Cornus mas* (-)	6	7	4	X	8	4	8.42
1.1 *Corylus avellana* (8)	6	5	3	X	X	X	8.4
2b.1 *Crataegus sp.* (-)							
r.1 *Euonymus europaeus* (1)	6	5	3	5	8	5	8.41
2a.2 *Ligustrum vulgare* (-)	7	6	3	X	8	X	8.412
1.1 *Rosa canina* (9)	8	5	3	4	X	X	8.41
1.2 *Rubus fruticosus* ssp. (-)							
1.1 *Sambucus nigra* (2)	7	5	3	5	X	9	6.213
Krautschicht							
1.2 *Acer campestre* (-)	5	7	4	5	7	6	8.4
1.2 *Acer pseudoplatanus* (-)	4	X	4	6	X	7	8.43
2a.2 *Convallaria majalis* (-)	5	X	3	4	X	4	X
1.1 *Cornus mas* (-)	6	7	4	X	8	4	8.42
1.1 *Crataegus sp.* (-)							
1.2 *Epilobium sp.* (-)							
2a.1 *Fagus sylvatica* (-)	3	5	2	5	X	X	8.431
1.1 *Fragaria vesca* (-)	7	X	5	5	X	6	6.21
2b.4 *Galium odoratum* (-)	2	5	2	5	X	5	8.43
5.5 *Hedera helix* (-)	4	5	2	5	X	X	X
1.1 *Ligustrum vulgare* (-)	7	6	3	X	8	X	8.412
1.1 *Melica uniflora* (-)	3	5	2	5	6	X	8.43
1.2 *Mycelis muralis* (-)	4	5	2	5	X	6	3.522
1.1 *Origanum sp.* (-)							
1.1 *Poa nemoralis* (-)	5	X	5	5	5	3	8
1.1 *Quercus petraea* (-)	6	6	2	5	X	X	8
2a.2 *Rosa canina* (-)	8	5	3	4	X	X	8.41
1.2 *Rubus fruticosus* ssp. (-)							
1.2 *Sanicula europaea* (-)	4	5	3	5	8	7	8.43
+.1 *Viola sp.* (-)							
Summe	154	136	97	115	87	92	
Anzahl der bewerteten Arten	30	24	30	23	12	16	
Mittelwert	5,1	5,6	3,2	5	7,3	5,8	

Tab. A2: Vegetationaufnahme nach BRAUN-BLANQUET mit Zeigerwerten (ELLENBERG 1979), Standort Wiesloch 1992.

geschätzte Artenmächtigkeit	Zeigerwerte						
	L	T	K	F	R	N	soziol. Verhalten
Baumschicht							
4.1 *Fagus sylvatica* (15)	3	5	2	5	X	X	8.431
Strauchschicht							
+.1 *Acer campestre* (2)	5	7	4	5	7	6	8.4
2m.2 *Cornus mas* (-)	6	7	4	X	8	4	8.42
1.1 *Corylus avellana* L. (15)	6	5	3	X	X	X	8.4
1.1 *Fagus sylvatica* (16)	3	5	2	5	X	X	8.431
1.1 *Fraxinus excelsior* (-)	4	5	3	X	7	7	8.43
+.1 *Rosa canina* (-)	8	5	3	4	X	X	8.41
2m.4 *Rubus fruticosus* ssp. (-)							
+.1 *Sambucus nigra* (4)	7	5	3	5	X	9	6.213
Krautschicht							
+.1 *Acer campestre* (4)	5	7	4	5	7	6	8.4
1.1 *Achillea millefolium* (-)	8	X	X	4	X	5	5.42
1.2 *Calamintha clinopodium* (-)	7	5	3	4	7	3	6.11
1.1 *Circaea lutetiana* (-)	4	5	3	6	7	7	8.43
3.4 *Convallaria majalis* (-)	5	X	3	4	X	4	X
1.2 *Cornus mas* (-)	6	7	4	X	8	4	8.42
+.1 *Corylus avellana* (-)	6	5	3	X	X	X	8.4
+.1 *Crataegus sp.* (2)							
2m.1 *Fagus sylvatica* (-)	3	5	2	5	X	X	8.431
1.2 *Fragaria vesca* (-)	7	X	5	5	X	6	6.21
1.1 *Fraxinus excelsior* (-)	4	5	3	X	7	7	8.43
2m.4 *Galium odoratum* (-)	2	5	2	5	X	5	8.43
2m.3 *Geranium robertianum* (-)	4	X	3	X	X	7	8.4
2a.4 *Hedera helix* (-)	4	5	2	5	X	X	X
2m.1 *Mycelis muralis* (-)	4	5	2	5	X	6	3.522
1.2 *Polygonatum multiflorum* (28)	2	5	5	5	6	4	8.43
1.2 *Rubus fruticosus* (-) ssp.							
2a.2 *Sanicula europaea* (-)	4	5	3	5	8	7	8.43
1.1 *Scrophularia nodosa* (-)	4	5	3	6	6	7	8.43
a *Silene dioica* (-)	X	X	4	6	7	8	X
1.2 *Teucrium scorodonia* (-)	6	5	2	4	2	3	8.311
2m.2 *Urtica dioica* (-)	X	X	5	6	6	8	3.5
1.2 *Vicia sp.* (-)							
1.1 *Vincetoxicum hirundinaria* (-)	6	5	5	3	7	3	X
Summe	133	123	90	107	100	126	
Anzahl der bewerteten Arten	27	23	28	22	15	22	
Mittelwert	4,9	5,3	3,2	4,9	6,7	5,7	

Mit diesen Werten kann eine Beurteilung eines Habitats anhand der vorkommenden Pflanzen vorgenommen werden, wobei die "Zeiger" bedeuten:

L Lichtzahl, bewertet wird das Vorkommen von Arten zur relativen Beleuchtungsstärke von 1 (= Tiefschattenpflanze) bis 9 (= Vollichtpflanze, selten bei weniger als 50% r.B.).

T Temperaturzahl, bewertet wird das Vorkommen von der mediterranen bis zur arktischen Zone und vom Tiefland bis in die hochmontane Zone von 1 (Kältezeiger) bis 9 (extremer Wärmeanzeiger).

K Kontinentalitätszahl (von ozeanisch mit der Bewertung 1 über intermediär (5) bis eukontinental mit der Bewertung 9 reichend). Die Stufen 3 und 4 finden sich dabei zum Großteil in Mitteleuropa.

F Feuchtezahl, bewertet das Vorkommen im Gefälle der Bodenfeuchtigkeit vom flachgründig-trockenen Felshang (1) bis zur Unterwasserpflanze (12) mit "w" für Wechselfeuchtezeiger und "ü" für Überschwemmungszeiger.

R Reaktionszahl, bezieht sich auf die Bodenacidität und den Kalkgehalt von 1 (= Starksäurezeiger) bis 9 (Basen- und Kalkzeiger).

N Stickstoffzahl, das Gefälle der Mineralstoff - Stickstoffversorgung während der Vegetationszeit wird beurteilt von 1 (zeigt stickstoffärmste Standorte an) bis 9 (übermäßig stickstoffreiche Standorte, "Verschmutzungszeiger").

Soziologisches Verhalten
Hiermit wird eine komplexe Dezimalzahl bezeichnet, die sich aus den Ziffern der verschiedenen Taxa zusammensetzt. Diese Zahl gibt darüber Auskunft, in welchen Gesellschafts-Einheiten eine Art als deren Charakterart gelten kann. Zum Beispiel tragen Laubwälder und verwandte Gesellschaften die Ziffer 8, die Klasse Querco-Fagetea die Erweiterung 8.4, Buchenwälder (Fagetalia) die Fortführung in 8.43 und die Fagion-Verbände schließlich die Erweiterung 8.431. Ein Galio (odorati)-Fagion hat die Kennzahl 8.431.2.

Für die Auswertung wird der Mittelwert für jeden Zeigerwert berechnet und damit eine Beurteilung des Habitats vorgenommen.

Tab. A3: Schwermetallmessungen des L-, O- und A_h-Horizontes, sowie frischen Laubes von *Fagus sylvatica* in Nußloch und Wiesloch.

Nußloch				Wiesloch			
Mesofauna-Gebiet				Mesofauna-Gebiet			
	Cadmium	Blei	Zink		Cadmium	Blei	Zink
L-Horizont	1,6 -	19,2 -	103,3 -	L-Horizont	2,0 -	18,6 -	127,3 -
O-Horizont	10,7 ***	257,4 ***	511,5 ***	O-Horizont	51,5 ***	1022,0 ***	1733,2 ***
A_h-Horizont	16,0 ***	331,8 ***	1002,6 ***	A_h-Horizont	113,8 ***	1742,8 ***	3862,6 ***
µg/g Trockengewicht				µg/g Trockengewicht			

Nußloch				Wiesloch			
Barberfallen-Gebiet				Barberfallen-Gebiet			
	Cadmium	Blei	Zink		Cadmium	Blei	Zink
L-Horizont	3,1 -	15,0 ***	109,6 ***	L-Horizont	2,7 -	30,4 ***	203,4 ***
O-Horizont	8,6 ***	117,2 **	377,3 ***	O-Horizont	27,5 ***	320,1 **	829,2 ***
A_h-Horizont	24,8 ***	363,7 ***	1206,6 ***	A_h-Horizont	98,2 ***	1237,8 ***	5037,3 ***
µg/g Trockengewicht				µg/g Trockengewicht			

Nußloch				Wiesloch			
Fagus sylvatica (frisch)				*Fagus sylvatica* (frisch)			
	Cadmium	Blei	Zink		Cadmium	Blei	Zink
Blätter	0,03 *	0,73 -	8,8 -	Blätter	0,05 *	0,92 -	11,3 -
Holz	0,06 **	3,06 -	17,0 **	Holz	0,12 **	2,60 -	13,9 **
µg/g Trockengewicht				µg/g Trockengewicht			

Es bedeuten:
- : nicht signifikant, * : schwach signifikant, ** : signifikant, *** : hoch signifikant.

Normalwerte bzw. Obergrenzen:
Cd: 0,5 - 1 µg/g
Pb: 20 - 200 µg/g
Zn: 50 - 300 µg/g.

Tab. A4: Nach systematischen Gesichtspunkten geordnete Artenlisten der im Projekt bearbeiteten Oribatida und Gamasida (Gamasida nach KARG 1993 in Gamasina und Uropodina getrennt),

ORIBATIDA

Enarthronota
- **Hypochthoniidae**
  - *Hypochthonius luteus* OUDEMANS, 1913
  - *Hypochthonius rufulus* C.L. KOCH, 1836
- **Eniochthoniidae**
  - *Eniochthonius minutissimus* (BERLESE, 1904)
- **Brachychthoniidae** (div. spp.)

Parhyposomata
- **Parhypochthoniidae**
  - *Parhypochthonius aphidinus* BERLESE, 1904

Mixonomata
- **Eulohmanniidae**
  - *Eulohmannia ribagai* BERLESE, 1910
- **Epilohmanniidae**
  - *Epilohmannia cylindrica minima* SCHUSTER, 1960
- **Phthiracaridae**
  - *Phthiracarus* (div. spp.)
  - *Tropacarus carinatus* (C.L. KOCH, 1841)
  - *Steganacarus magnus* (NICOLET, 1855)
- **Euphthiracaridae**
  - *Rhysotritia ardua* (C.L. KOCH, 1841)
- **Oribotritiidae**
  - *Paratritia baloghi* MORITZ, 1966

Desmonomata
- **Camisiidae**
  - *Heminothrus targionii* (BERLESE, 1885)
- **Nanhermanniidae**
  - *Nanhermannia nanus* (NICOLET, 1855)
- **Hermanniidae**
  - *Hermannia gibba* (C.L. KOCH, 1840)

Brachypylina
- **Hermanniellidae**
  - *Hermanniella punctulata* BERLESE, 1908
- **Gymnodamaeidae**
  - *Gymnodamaeus bicostatus* (C.L. KOCH, 1836)
- **Licnodamaeidae**
  - *Licnodamaeus pulcherrimus* (PAOLI, 1908)
- **Damaeidae**
  - *Damaeus onustus* C.L. KOCH, 1844
  - *Paradamaeus clavipes* (HERMANN, 1804)
- **Belbidae**
  - *Metabelba pulverosa* STRENZKE, 1953

Cepheidae

Tritegeus bifidatus (NICOLET, 1855)

Microzetidae

Nellacarus septentrionalis KUNST, 1963

Damaeolidae

Fosseremus quadripertitus GRANDJEAN, 1965

Ctenobelbidae

Ctenobelba pectinigera (BERLESE, 1908)

Ameridae

Amerus polonicus KULCZYNSKI, 1902

Gustaviidae

Gustavia fusifer (C.L. KOCH, 1841)

Liacaridae

Liacarus cf. *köszegiensis* BALOGH, 1943
Liacarus nitens (GERVAIS, 1844)
Liacarus xylariae (SCHRANK, 1803)
Xenillus tegeocranus (HERMANN, 1804)
Xenillus clypeator ROBINEAU-DESVOIDY, 1839

Astegistidae

Cultroribula bicultrata (BERLESE, 1904)

Carabodidae

Carabodes coriaceus C.L. KOCH, 1836

Tectocepheidae

Tectocepheus minor BERLESE, 1903
Tectocepheus sarekensis TRÄGARDH, 1910
Tectocepheus velatus (MICHAEL, 1880)

Banksinomidae

Pantelozetes paolii (OUDEMANS, 1913)

Oppiidae

Quadroppia paolii (PAOLI, 1908) WOAS, 1986
Suctobelba (div. spp.)
Oppia insculpta (PAOLI, 1908)
Oppiella confinis (PAOLI, 1908)
Oppiella falcata (PAOLI, 1908)
Oppiella minutissima (SELLNICK, 1951)
Oppiella nova (OUDEMANS, 1902)
Oppiella obsoleta (PAOLI, 1908)
Oppiella ornata (OUDEMANS, 1900)
Oppiella subpectinata (OUDEMANS, 1900)

Die Gattung *Machuella* wird von WOAS (1986), ohne sie jedoch einer anderen Familie zuzuordnen, ausdrücklich aus der Familie Oppiidae herausgenommen.

Machuella sp.

Autognetidae

Autogneta longilamellata (MICHAEL, 1885)

Cymbaeremaeidae

Cymbaeremaeus cymba NICOLET, 1855

Micreremidae

Micreremus brevipes (MICHAEL, 1888)

Oribatulidae

Oribatula tibialis (NICOLET, 1855)

Scheloribatidae

Scheloribates quintus WUNDERLE, BECK & WOAS, 1990

Haplozetidae

Protoribates capucinus BERLESE, 1908

Protoribates cf. *lagenulus* (BERLESE, 1904)

Ceratozetidae

Ceratozetes mediocris BERLESE, 1908

Ceratozetes peritus GRANDJEAN, 1951

Mycobatidae

Minunthozetes semirufus (C.L. KOCH, 1841)

Punctoribates punctum (C.L. KOCH, 1849)

Chamobatidae

Chamobates cuspidatus (MICHAEL, 1884)

Chamobates pusillus (BERLESE, 1895)

Oribatellidae

Oribatella quadricornuta (MICHAEL, 1880)

Achipteriidae

Achipteria coleoptrata (LINNÉ, 1758)

Galumnidae

Pilogalumna tenuiclava (BERLESE, 1915)

GAMASIDA

Gamasina

Eviphidoidea

Macrochelidae

Macrochelinae

Geholaspis mandibularis (BERLESE, 1904)

Pachyseius humeralis BERLESE, 1910

Pachylaelapidae

Pachylaelaps longisetis HALBERT, 1915

P. ineptus HIRSCHMANN & KRAUSS, 1965

Dermanyssoidea

Hypoaspididae

Hypoaspis aculeifer (CANESTRINI, 1883)

Pseudolaelapidae

Pseudolaelaps doderoi BERLESE, 1910

Phytoseioidea

Phytoseiidae

Amblyseius okanagensis (CHANT, 1957)

A. stramenti KARG, 1965

A. proresinae KARG, 1970

A. filixis KARG, 1970

Ameroseiidae

Epicriopsis rivus KARG, 1971
Proctolaelaps jüradeus (SCHWEIZER, 1949)

Podocinidae

Lasioseius frondeus KARG, 1965

Epicriidae

Berlesiana denticulata EVANS, 1955

Ascoidea

Ascidae

Leioseius bicolor (BERLESE, 1948)

Zerconidae

Prozercon fimbriatus (C. L. KOCH, 1839)
P. trägardhi (HALBERT, 1923)

Eugamasoidea

Rhodacaridae

cf. *Rhodacarellus apophyseus* (n.sp.?)
Rhodacarus agrestis KARG, 1971

Eugamasidae

Parasitidae

Pergamasus suecicus TRÄGARDH, 1936
P. crassipes LINNÉ, 1758
P. germanicus BERLESE, 1906
P. mirabilis WILLMANN, 1951
P. homopodoides ATHIAS-HENRIOT, 1967
P. cornutus SCHWEIZER, 1961
P. lapponicus TRÄGARDH, 1910
P. vagabundus KARG, 1968

Veigaiaidae

Veigaia nemorensis (C. L. KOCH 1839)
V. exigua BERLESE, 1917
V. cerva (KRAMER, 1876)

Uropodina

Polyaspidoidea

Trachytidae

Trachytes aegrota (C. L. KOCH, 1841)

Uropodoidea

Trematuridae

Trichouropoda ovalis (C. L. KOCH, 1839)

Urodinychidae

Urodiaspis tecta (KRAMER, 1876)
Uroobovella jerzyi BÜHLMANN, 1980

Uropodidae

Discourella cordieri (BERLESE, 1916)
Uropoda minima KRAMER, 1882
U. cassidea (HERMANN, 1804)
U. erlangensis HIRSCHMANN et Z.-NICOL 1969

Tab. A5: Hornmilben (Oribatida): Individuendichten/m² der Oribatidenarten an den Standorten Nußloch und Wiesloch.

	NU	WIE
Parhypochthonius aphidinus	0	37
Hypochthonius luteus	146	639
Hypochthonius rufulus	37	402
Eniochthonius minutissimus	128	2010
Brachychthoniidae (div. spp.)	566	1425
Eulohmannia ribagai	128	164
Epilohmannia cyl. minima	183	0
Phthiracarus (div. spp.)	639	822
Steganacarus magnus	986	621
Tropacarus carinatus	110	0
Rhysotritia ardua	146	219
Paratritia baloghi	37	18
Heminothrus targionii	0	73
Nanhermannia nanus	0	37
Hermannia gibba	37	146
Hermanniella punctulata	731	566
Gymnodamaeus bicostatus	0	658
Licnodamaeus pulcherrimus	0	292
Damaeus onustus	18	0
Paradamaeus clavipes	18	0
Metabelba pulverosa	420	731
Tritegeus bifidatus	37	0
Nellacarus septentrionalis	219	91
Fosseremus quadripertitus	0	457
Ctenobelba pectinigera	0	73
Amerus polonicus	91	146
Gustavia fusifer	73	0
Liacarus nitens	18	0
Liacarus xylariae	110	37
Liacarus cf. köszegiensis	37	0
Xenillus clypeator	37	0
Xenillus tegeocranus	402	329
Cultroribula bicultrata	146	219
Carabodes coriaceus	91	0
Tectocepheus minor	639	438
Tectocepheus sarekensis	18	1388
Tectocepheus velatus	0	18
Pantelozetes paolii	329	110
Machuella sp.	0	329
Suctobelba (div. spp.)	3252	9043
Quadroppia paolii	658	4878
Oppia insculpta	1151	0
Oppiella confinis	201	183
Oppiella falcata	4293	2430
Oppiella minutissima	347	1096
Oppiella nova	402	5444
Oppiella obsoleta	110	219
Oppiella ornata	3471	18
Oppiella subpectinata	5280	3270
Autogneta longilamellata	18	0
Micreremus brevipes	0	18

	NU	WIE
Cymbaeremaeus cymba	18	37
Oribatula tibialis	2101	932
Scheloribates quintus	18	0
Protoribates capucinus	274	0
Protoribates cf. lagenulus	37	0
Ceratozetes peritus	110	73
Ceratozetes mediocris	18	0
Minunthozetes semirufus	1790	0
Punctoribates punctum	0	219
Chamobates cuspidatus	1023	0
Chamobates pusillus	37	0
Oribatella quadricornuta	566	73
Achipteria coleoptrata	292	621
Pilogalumna tenuiclava	91	0
Adulte Oribatida	**32134**	**41049**
Juvenile Oribatida	8038	**16971**
Oribatida gesamt	**40172**	**58021**

Tab. A6: Raubmilben (Gamasida): Arten- und Individuendichten der Gamasiden aus Nußloch.

Arten/ Probetermin	24.05.1991		14.08.1991		21.11.1991		21.02.1992		Gesamtwerte	
RHODACARIDAE										
cf Rhodacarellus apophyseus	4	3,42	12	8,63	6	5,13	6	7,79	**28**	**6,22**
Rhodacarus agrestis	1	0,85	7	5,04	0	0,00	0	0,00	**8**	**1,78**
PARASITINAE										
Pergamasus cornutus	0	0,00	0	0,00	2	1,71	0	0,00	**2**	**0,44**
P. crassipes	6	5,13	6	4,32	16	13,68	5	6,49	**33**	**7,33**
P. germanicus	4	3,42	0	0,00	2	1,71	0	0,00	**6**	**1,33**
P. homopodoides	7	5,98	20	14,39	5	4,27	3	3,90	**35**	**7,78**
P. lapponicus	11	9,40	5	3,60	6	5,13	15	19,48	**37**	**8,22**
P. mirabilis	0	0,00	0	0,00	0	0,00	0	0,00	**0**	**0,00**
P. suecicus	7	5,98	4	2,88	5	4,27	2	2,60	**18**	**4,00**
P. vagabundus	0	0,00	0	0,00	3	2,56	3	3,90	**6**	**1,33**
VEIGAIAINAE										
Veigaia cerva	0	0,00	0	0,00	0	0,00	0	0,00	**0**	**0,00**
V. exigua	3	2,56	5	3,60	2	1,71	2	2,60	**12**	**2,67**
V. nemorensis	26	22,22	22	15,83	8	6,84	9	11,69	**65**	**14,44**
LAELAPINAE										
Pseudolaelaps doderoi	3	2,56	7	5,04	0	0,00	1	1,30	**11**	**2,44**
MACROCHELINAE										
Geholaspis mandibularis	1	0,85	1	0,72	0	0,00	0	0,00	**2**	**0,44**
Pachyseius humeralis	1	0,85	0	0,00	0	0,00	0	0,00	**1**	**0,22**
PACHYLAELAPINAE										
Pachylaelaps longisetis	0	0,00	0	0,00	0	0,00	0	0,00	**0**	**0,00**
Pachylaelaps ineptus	0	0,00	0	0,00	0	0,00	0	0,00	**0**	**0,00**
HYPOASPIDINAE										
Hypoaspis aculeifer	0	0,00	0	0,00	1	0,85	0	0,00	**1**	**0,22**
PHYTOSEIINAE										
Amblyseius filixis	0	0,00	1	0,72	1	0,85	0	0,00	**2**	**0,44**
A. okanagensis	0	0,00	0	0,00	0	0,00	0	0,00	**0**	**0,00**
A. proresinae	0	0,00	0	0,00	0	0,00	0	0,00	**0**	**0,00**
A. stramenti	0	0,00	0	0,00	0	0,00	0	0,00	**0**	**0,00**
PODOCINIDAE										
Lasioseius frondeus	0	0,00	0	0,00	2	1,71	0	0,00	**2**	**0,44**
ASCIDAE										
Leioseius bicolor	0	0,00	0	0,00	0	0,00	1	1,30	**1**	**0,22**
EPICRIIDAE										
Berlesiana denticulata	1	0,85	0	0,00	0	0,00	0	0,00	**1**	**0,22**
AMEROSEIIDAE										
Proctolaelaps jüradeus	0	0,00	0	0,00	1	0,85	1	1,30	**2**	**0,44**
Epicriopsis rivus	0	0,00	1	0,72	0	0,00	0	0,00	**1**	**0,22**
ZERCONIDAE										
Prozercon fimbriatus	2	1,71	0	0,00	0	0,00	0	0,00	**2**	**0,44**
P. trägardhi	2	1,71	1	0,72	0	0,00	4	5,19	**7**	**1,56**
UROPODIDAE										
Discourella cordieri	2	1,71	0	0,00	0	0,00	0	0,00	**2**	**0,44**
Uropoda cassidea	0	0,00	1	0,72	0	0,00	1	1,30	**2**	**0,44**
U. erlangensis	29	24,79	35	25,18	55	47,01	22	28,57	**141**	**31,33**
U. minima	0	0,00	0	0,00	0	0,00	0	0,00	**0**	**0,00**
URODINYCHIDAE										
Urodiaspis tecta	0	0,00	3	2,16	0	0,00	0	0,00	**3**	**0,67**
Uroobovella jerzyi	0	0,00	0	0,00	1	0,85	0	0,00	**1**	**0,22**
TRACHYTIDAE										
Trachytes aegrota	7	5,98	8	5,76	1	0,85	1	1,30	**17**	**3,78**
TREMATURIDAE										
Trichouropoda ovalis	0	0,00	0	0,00	0	0,00	1	1,30	**1**	**0,22**
Anzahl der Individuen	**117**	**100**	**139**	**100**	**117**	**100**	**76**	**100**	449	100
Anzahl der Arten	**18**		**17**		**17**		**16**		30	

Tab. A6: Raubmilben (Gamasida): Arten- und Individuendichten der Gamasiden aus Wiesloch.

Arten/ Probetermin	24.05.1991		14.08.1991		21.11.1991		21.02.1992		Gesamtwerte	
RHODACARIDAE										
cf Rhodacarellus apophyseus	6	2,90	38	16,45	30	13,70	7	5,07	**81**	**10,19**
Rhodacarus agrestis	0	0,00	0	0,00	0	0,00	0	0,00	**0**	**0,00**
PARASITINAE										
Pergamasus cornutus	0	0,00	0	0,00	0	0,00	0	0,00	**0**	**0,00**
P. crassipes	0	0,00	15	6,49	10	4,57	0	0,00	**25**	**3,14**
P. germanicus	0	0,00	0	0,00	0	0,00	0	0,00	**0**	**0,00**
P. homopodoides	5	2,42	10	4,33	5	2,28	3	2,17	**23**	**2,89**
P. lapponicus	5	2,42	9	3,90	1	0,46	3	2,17	**18**	**2,26**
P. mirabilis	2	0,97	0	0,00	1	0,46	1	0,72	**4**	**0,50**
P. suecicus	47	22,71	25	10,82	54	24,66	32	23,19	**158**	**19,87**
P. vagabundus	0	0,00	0	0,00	2	0,91	1	0,72	**3**	**0,38**
VEIGAIAINAE										
Veigaia cerva	1	0,48	0	0,00	1	0,46	2	1,45	**4**	**0,50**
V. exigua	1	0,48	9	3,90	1	0,46	2	1,45	**13**	**1,64**
V. nemorensis	31	14,98	25	10,82	28	12,79	15	10,87	**99**	**12,45**
LAELAPINAE										
Pseudolaelaps doderoi	0	0,00	0	0,00	0	0,00	0	0,00	**0**	**0,00**
MACROCHELINAE										
Geholaspis mandibularis	4	1,93	0	0,00	2	0,91	1	0,72	**7**	**0,88**
Pachyseius humeralis	3	1,45	2	0,87	1	0,46	0	0,00	**6**	**0,75**
PACHYLAELAPINAE										
Pachylaelaps longisetis	1	0,48	1	0,43	1	0,46	2	1,45	**5**	**0,63**
Pachylaelaps ineptus	1	0,48	0	0,00	1	0,46	1	0,72	**3**	**0,38**
HYPOASPIDINAE										
Hypoaspis aculeifer	1	0,48	5	2,16	5	2,28	8	5,80	**19**	**2,39**
PHYTOSEIINAE										
Amblyseius filixis	0	0,00	0	0,00	1	0,46	0	0,00	**1**	**0,13**
A. okanagensis	0	0,00	0	0,00	1	0,46	0	0,00	**1**	**0,13**
A. proresinae	0	0,00	0	0,00	1	0,46	2	1,45	**3**	**0,38**
A. stramenti	0	0,00	6	2,60	0	0,00	0	0,00	**6**	**0,75**
PODOCINIDAE										
Lasioseius frondeus	0	0,00	3	1,30	1	0,46	4	2,90	**8**	**1,01**
ASCIDAE										
Leioseius bicolor	0	0,00	0	0,00	0	0,00	0	0,00	**0**	**0,00**
EPICRIIDAE										
Berlesiana denticulata	1	0,48	0	0,00	0	0,00	0	0,00	**1**	**0,13**
AMEROSEIIDAE										
Proctolaelaps jüradeus	0	0,00	0	0,00	0	0,00	0	0,00	**0**	**0,00**
Epicriopsis rivus	0	0,00	0	0,00	0	0,00	0	0,00	**0**	**0,00**
ZERCONIDAE										
Prozercon fimbriatus	1	0,48	0	0,00	0	0,00	0	0,00	**1**	**0,13**
P. trägardhi	1	0,48	1	0,43	0	0,00	2	1,45	**4**	**0,50**
UROPODIDAE										
Discourella cordieri	59	28,50	29	12,55	48	21,92	37	26,81	**173**	**21,76**
Uropoda cassidea	6	2,90	3	1,30	4	1,83	3	2,17	**16**	**2,01**
U. erlangensis	21	10,14	31	13,42	9	4,11	11	7,97	**72**	**9,06**
U. minima	7	3,38	1	0,43	4	1,83	0	0,00	**12**	**1,51**
URODINYCHIDAE										
Urodiaspis tecta	1	0,48	1	0,43	1	0,46	0	0,00	**3**	**0,38**
Uroobovella jerzyi	1	0,48	3	1,30	2	0,91	1	0,72	**7**	**0,88**
TRACHYTIDAE										
Trachytes aegrota	1	0,48	14	6,06	4	1,83	0	0,00	**19**	**2,39**
TREMATURIDAE										
Trichouropoda ovalis	0	0,00	0	0,00	0	0,00	0	0,00	**0**	**0,00**
Anzahl der Individuen	**207**	**100**	**231**	**100**	**219**	**100**	**138**	**100**	**795**	**100**
Anzahl der Arten	**23**		**20**		**23**		**20**		**30**	

Tab. A7: Statistische Daten zur SHANNON-WEAVER Funktion.

Shannon-Weaver	24.05.91	14.08.91	21.11.91	21.02.92	Gesamtwert
H' Wie	2,18	2,53	2,30	2,23	2,48
Varianz H'	0,00676	0,00286	0,00645	0,00909	165
H' Nu	2,35	2,33	1,96	2,24	2,42
Varianz H'	0,00878	0,00605	0,01476	0,01331	0,00327
t - Wert	1,395	2,064	2,342	0,656	0,803
Freiheitsgrad df	274,54	265,75	219,23	173,05	890,38
Irrtumswahrscheinlichkeit	0,2	0,05	0,02	0,5	0,5

Tab. A8a: Spinnen (Araneae): Auflistung der Fangdaten 1991.

Barberfallen 1991, Spinnen (Araneae):

	13.3.	27.3.	10.4.	25.4.	10.5.	23.5.	6.6.	20.6.	4.7.	18.7.
Wiesloch	30	12	28	26	20	11	17	15	12	29
Nußloch	15	30	66	68	30	41	56	15	38	54

	1.8.	15.8.	29.8.	12.9.	26.9.	10.10.	24.10.	6.11.	21.11.	5.12.
Wiesloch	18	26	33	24	11	11	15	22	7	0
Nußloch	25	29	35	24	33	33	25	32	27	13

Individuendichte aus Kempsonproben 1991: (Individuen/m²)

	24.5.	15.7.	11.9.	28.10.	Durchschnitt
Wiesloch	146,4	138,8	252,5	166,6	176,1
Nußloch	315,5	315,5	350,9	426,6	352,1

Tab. A8b: Spinnen (Araneae): Gesamtartenliste der in Wiesloch und Nußloch 1991 und 1992 gefundenen Tiere.

Gesamtartenliste der Spinnen 1991 und 1992	
PHOLCIDAE	*Eperigone trilobata* (Emerton, 1882)
Pholcus phalangoides (Fuesslin, 1775)	*Erigone atra* (Blackwall, 1833)
SEGESTRIIDAE	*Erigone dentipalpis* (Wider, 1834)
Segestria bavarica C.L. Koch, 1843	*Erigonella hiemalis* (Blackwall, 1841)
Segestria senoculata (Linnaeus, 1758)	*Gonatium hilare* (Thorell, 1875)
DYSDERIDAE	*Gonatium rubellum* (Blackwall, 1841)
Dysdera erythrina (Walckenaer, 1802)	*Lepthyphantes angulipalpis* (Westring, 1851)
Harpactea hombergii (Scopoli, 1763)	*Lepthyphantes cristatus* (Menge, 1866)
TETRAGNATHIDAE	*Lepthyphantes flavipes* (Blackwall, 1854)
Meta mengei (Blackwall, 1869)	*Lepthyphantes leprosus* (Ohlert, 1865)
Meta segmentata (Clerck, 1757)	*Lepthyphantes minutus* (Blackwall, 1833)
THERIDIIDAE	*Lepthyphantes obscurus* (Blackwall, 1841)
Achaearanea lunata (Clerck, 1757)	*Lepthyphantes pallidus* (O.P.-Cambridge, 1871)
Achaearanea tepidariorum (C.L. Koch, 1841)	*Lepthyphantes* cf. *tenebricola* (Wider, 1834)
Anelosinus vittatus (C.L. Koch, 1836)	*Lepthyphantes tenuis* (Blackwall, 1852)
Dipoena cf. *erythropus* (Simon, 1881)	*Lepthyphantes zimmermanni* Bertkau, 1890
Dipoena melanogaster (C.L. Koch, 1841)	*Linyphia hortensis* Sundevall, 1830
Enoplognatha lineata (= E. ovata) (Clerck, 1757)	*Linyphia triangularis* (Clerck, 1757)
Enoplognatha thoracica (Hahn, 1833)	*Macrargus rufus* (Wider, 1834)
Episinus truncatus Latreille, 1809	*Maso sundevalli* (Westring, 1851)
Euryopis flavomaculata (C.L. Koch, 1836)	*Meioneta innotabilis* (O.P.-Cambridge, 1863)
Paidiscura pallens (= Theridion p.) Blackwall, 1834	*Meioneta rurestris* (C.L. Koch, 1836)
Robertus scoticus Jackson, 1914	*Meioneta saxatilis* (Blackwall, 1844)
Theridion bimaculatum (Linnaeus, 1767)	*Micrargus herbigradus* (Blackwall, 1854)
Theridion mystaceum L. Koch, 1870	*Microlinyphia impigra* (O.P.- Cambridge, 1871)
Theridion pinastri L. Koch, 1872	*Microlinyphia pusilla* (Sundevall, 1829)
Theridion tinctum (Walckenaer, 1802)	*Microneta viaria* (Blackwall, 1841)
Theridion varians Hahn, 1833	*Mioxena blanda* (Simon, 1884)
ANAPIDAE	*Nerine peltata* (Wider, 1834)
Comaroma simoni Bertkau, 1889	*Oedothorax apicatus* (Blackwall, 1850)
LINYPHIIDAE	*Panamomops affinis* Miller & Kratochvil, 1939
Agyneta conigera (O.P.-Cambridge, 1863)	*Panamomops mengei* (Simon, 1879)
Asthenargus paganus (Simon, 1884)	*Pelecopsis parallela* (Wider, 1834)
Bathyphantes gracilis (Blackwall, 1841)	*Poeciloneta globosa* (Wider, 1834)
Centromerus aequalis (Westring, 1851)	*Porrhomma microphthalmum* (O.P.-Cambridge, 1871)
Centromerus capucinus (Simon, 1884)	*Saaristoa abnormis* (Blackwall, 1841)
Centromerus dilutus (O. P.-Cambridge, 1875)	*Tapinocyba insecta* (L. Koch, 1869)
Centromerus leruthi Fage, 1933	*Tiso vagans* (Blackwall, 1834)
Centromerus pabulator (O.P.-Cambridge, 1875)	*Walckenaeria atrotibialis* O.P.-Cambridge, 1878
Centromerus serratus (O.P.-Cambridge, 1875)	*Walckenaeria corniculans* (O.P.-Cambridge, 1875)
Centromerus sylvaticus (Blackwall, 1841)	*Walckenaeria cucullata* (C.L. Koch, 1836)
Ceratinella scabrosa (O.P.-Cambridge, 1871)	*Walckenaeria dysderoides* (Wider, 1834)
Diplocephalus picinus (Blackwall, 1841)	*Walckenaeria furcillata* (Menge, 1869)
Diplostyla concolor (Wider, 1834)	*Walckenaeria mitrata* (Menge, 1869)
Drapetisca socialis (Sundevall, 1832)	*Walckenaeria unicornis* O.P.-Cambridge, 1861
Entelecara acuminata (Wider, 1834)	*Walckenaeria vigilax* (Blackwall, 1853)
Entelecara congenera (O.P.-Cambridge, 1879)	(Forts. s. nächste Seite.)

Gesamtartenliste der Spinnen - Fortsetzung
ARANEIDAE
Araneus diadematus Clerck, 1757
Araneus marmoreus Clerck, 1757
Atea sturmi (Hahn, 1831)
Araniella cucurbitina (Clerck, 1757)
Gibbaranea gibbosa (Walckenaer, 1802)
Mangora acalypha (Walckenaer, 1802)
Nuctenea umbratica (Clerck, 1757)
MIMETIDAE
Ero furcata (Villers, 1789)
LYCOSIDAE
Pardosa lugubris (Walckenaer, 1802)
Trochosa robusta (Simon, 1876)
Trochosa terricola Thorell, 1856
AGELENIDAE
Histopona torpida (C.L. Koch, 1834)
Tegenaria atrica C.L. Koch, 1843
HAHNIIDAE
Hahnia helveola Simon, 1875
Hahnia montana (Blackwall, 1841)
Hahnia pusilla C.L. Koch, 1841
DICTYNIDAE
Argenna subnigra (O.P.-Cambridge, 1861)
Cicurina cicur (Fabricius, 1793)
Nigma flavescens (Walckenaer, 1825)
AMAUROBIIDAE
Amaurobius fenestralis (Stroem, 1768)
Coelotes inermis (L. Koch, 1855)
Coelotes terrestris (Wider, 1834)
ANYPHAENIDAE
Anyphaena accentuata (Walckenaer, 1802)
LIOCRANIDAE
Agraecina striata (Kulczynski, 1882)
Agroeca brunnea (Blackwall, 1833)
Apostenus fuscus Westring, 1851
Liocranum rupicola (Walckenaer, 1825)
Scotina celans (Blackwall, 1841)
CLUBIONIDAE
Cheiracanthium elegans Thorell, 1875
Cheiracanthium mildei L. Koch, 1864
Clubiona brevipes Blackwall, 1841
Clubiona comta (= C. compta) C.L. Koch, 1839
Clubiona corticalis (Walckenaer, 1802)
Clubiona pallidula (Clerck, 1757)
Clubiona terrestris Westring, 1851
CORINNIDAE
Ceto laticeps (Canestrini, 1868)
GNAPHOSIDAE
Drassodes lapidosus (Walckenaer, 1802)
Drassylus lutetianus (L. Koch, 1866)
Drassylus villiscus (Thorell, 1875)
Gnaphosa lucifuga (Walckenaer, 1802)
Haplodrassus silvestris (Blackwall, 1833)
Trachyzelotes pedestris (C.L. Koch, 1837)
Zelotes apricorum (L. Koch, 1876)
Zelotes praeficus (L. Koch, 1866)
Zelotes clivicola (L. Koch, 1870)
Zelotes erebeus (Thorell, 1870)
Zelotes subterraneus (C.L. Koch, 1833)
ZORIDAE
Zora nemoralis (Blackwall, 1861)
Zora spinimana (Sundevall, 1833)
PHILODROMIDAE
Philodromus albidus Kulczynski, 1911
Philodromus aureolus (Clerck, 1757)
Philodromus cespitum (Walckenaer, 1802)
Philodromus collinus C.L. Koch, 1835
Philodromus dispar Walckenaer, 1825
Philodromus praedatus O.P.-Cambridge, 1871
Philodromus rufus Walckenaer, 1825
THOMISIDAE
Diaea dorsata (Fabricius, 1777)
Oxyptila praticola (C.L. Koch, 1837)
Xysticus lanio C.L. Koch, 1835
ZODARIIDAE
Zodarion rubidum
SALTICIDAE
Ballus chalybeius(=B. depressus)(Walckenaer, 1802)
Neon reticulatus (Blackwall, 1853)
Salticus cingulatus (Panzer, 1797)
Salticus zebraneus (C.L. Koch, 1837)

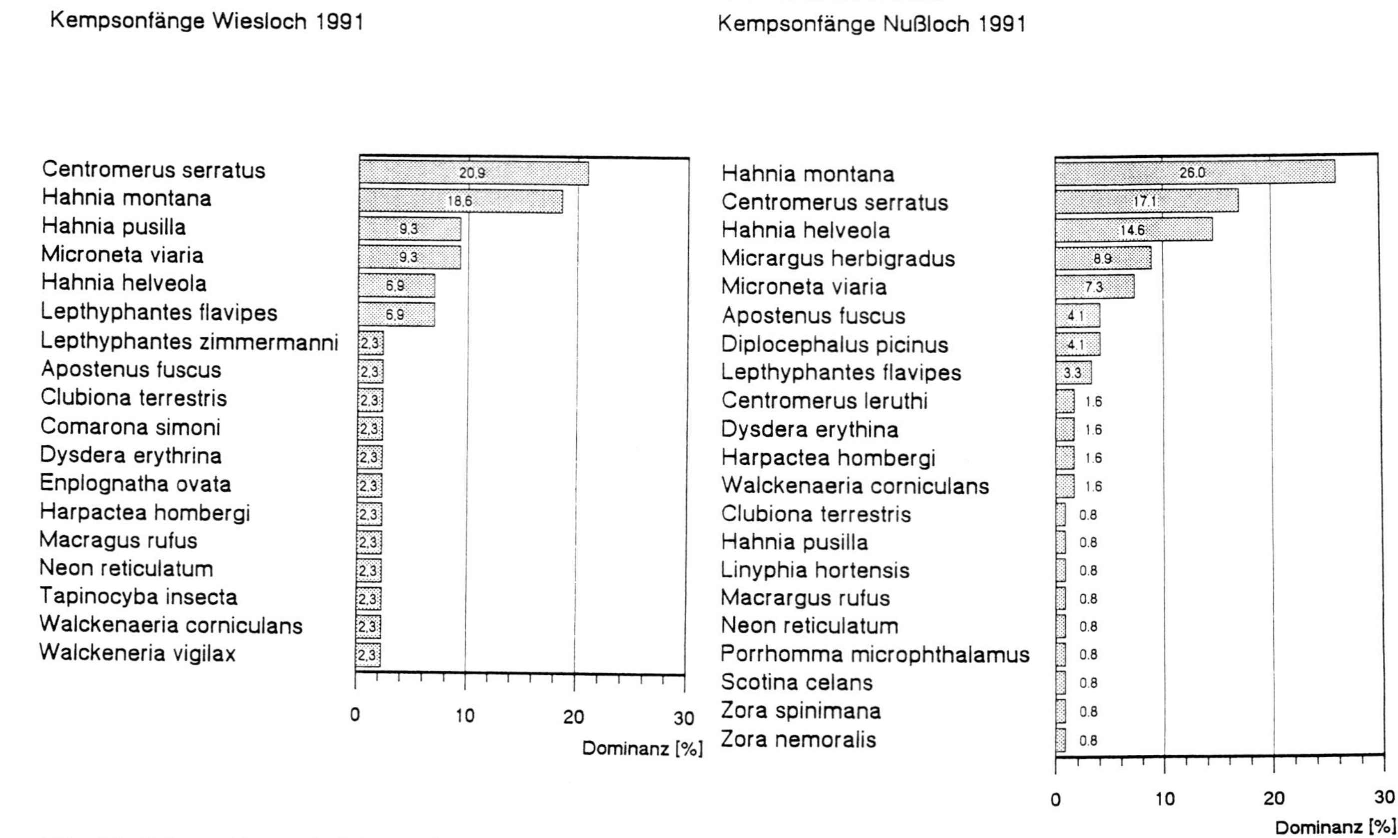

Abb. A1: Spinnen (Araneae): Die Dominanzstruktur der Kempsonfänge in Nußloch und Wiesloch.

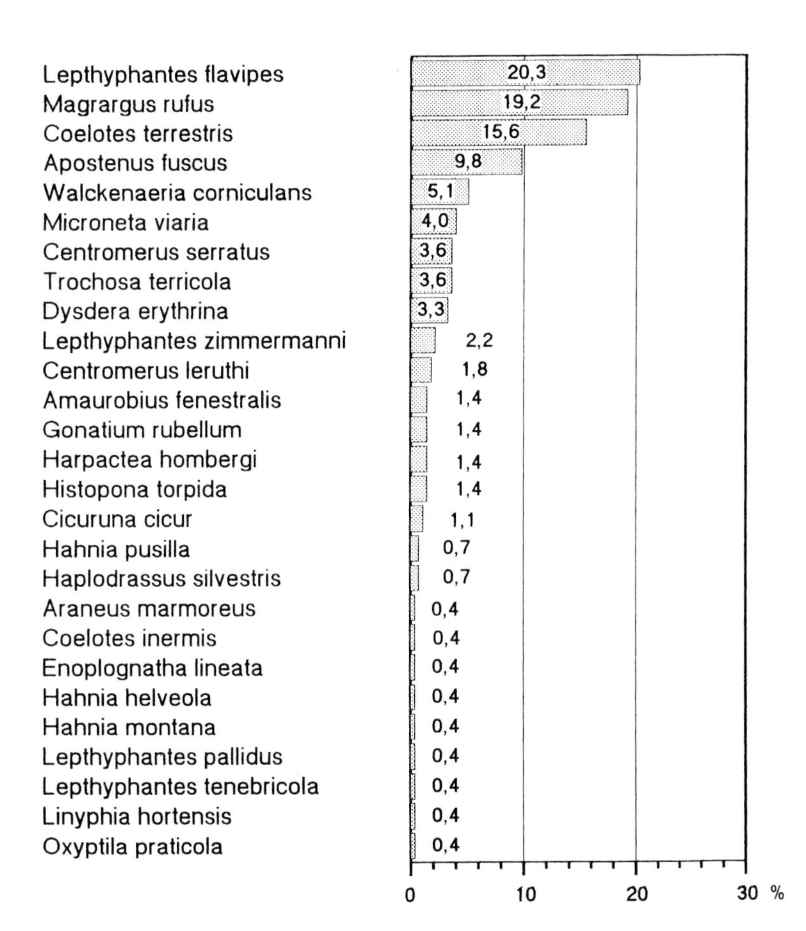

Abb. A2: Spinnen (Araneae): Die Dominanzstruktur der Barberfallenfänge in Nußloch und Wiesloch. (Dominanzstruktur Nußloch s. n. Seite).

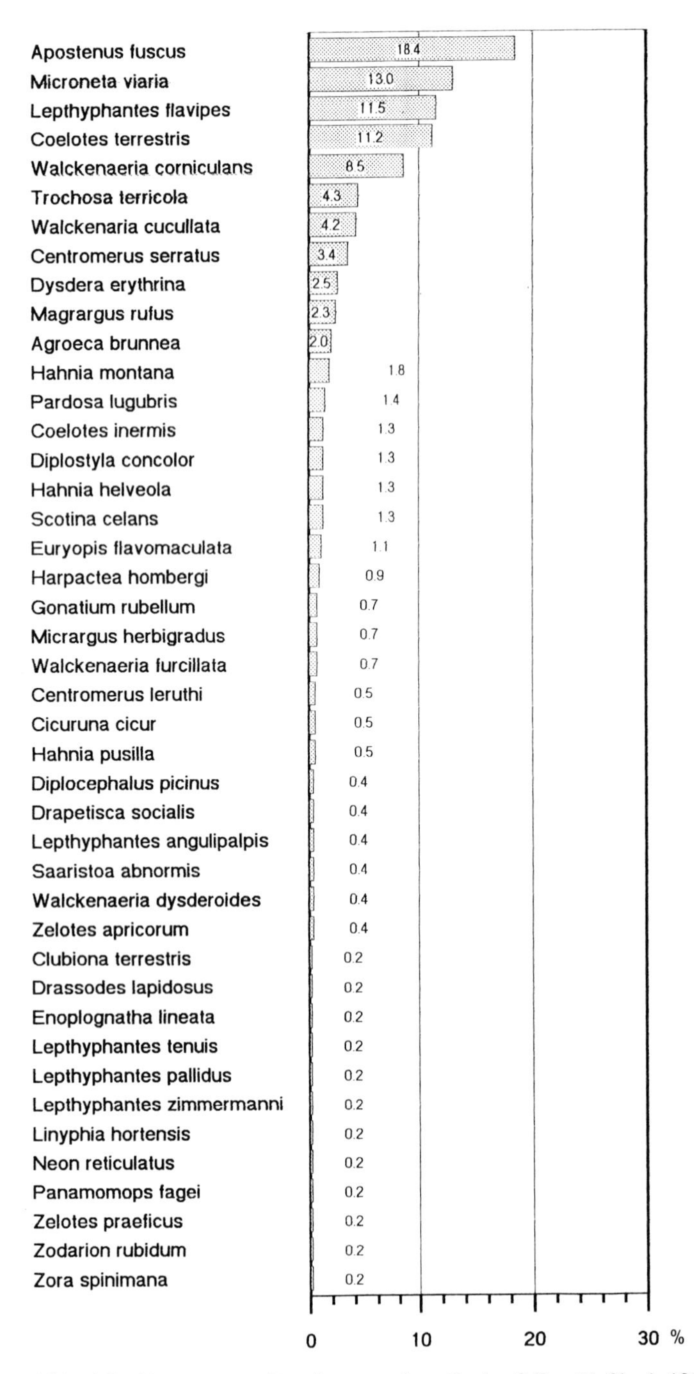

Abb. A2 - Fortsetzung: Dominanzstruktur Barberfallen Nußloch 1991.

Tab. A9a: Spinnen (Araneae): Arten nur aus Wiesloch, 1991.

Arten nur aus Wiesloch	Barberfallen				Kempsonextraktion			
1991	m	w	Summe	Dom.	m	w	Summe	Dom.
Amaurobius fenestralis	3	1	4	1,45				
Araneus marmoreus		1	1	0,36				
Comaroma simoni					0	1	1	2,22
Haplodrassus silvestris	2		2	0,72				
Histopona torpida	1	3	4	1,45				
Lepthyphantes tenebricola	1		1	0,36				
Oxyptila praticola	1		1	0,36				
Tapinocyba insecta					0	1	1	2,22
Walckenaeria vigilax					0	1	1	2,22

Tab. A9b: Spinnen (Araneae): Arten nur aus Nußloch 1991.

Arten nur aus Nußloch	Barberfallen				Kempsonextraktion			
1991	m	w	Summe	Dom.	m	w	Summe	Dom.
Agroeca brunnea	5	6	11	1,99				
Diplocephalus picinus	2		2	0,36	3	2	5	4,07
Diplostyla concolor	7		7	1,26				
Drapetisca socialis	1	1	2	0,36				
Drassodes lapidosus		1	1	0,18				
Euryopis flavomaculata	4	2	6	1,08				
Lepthyphantes tenuis		1	1	0,18				
Micrargus herbigradus	3	1	4	0,72	6	5	11	8,94
Panamomops fagei	1		1	0,18				
Pardosa lugubris	2	6	8	1,44				
Porrhomma microphthalmus					0	1	1	0,81
Saaristoa abnormis	1	1	2	0,36				
Scotina celans	5	2	7	1,26	0	1	1	0,81
Walckenaeria dysderoides	2		2	0,36				
Walckenaeria furcillata		4	4	0,72				
Walckenaeria cucullata	19	4	23	4,15				
Zelotes apricorum	1	1	2	0,36				
Zelotes praeficus	1		1	0,18				
Zodarion rubidum		1	1	0,18				
Zora nemoralis					0	1	1	0,81
Zora spinimana		1	1	0,18	0	1	1	0,81

Tab. A10: Doppelfüßer (Diplopoda): Systematik der für die Untersuchung herangezogenen Tiere.

Diplopoda

Polyxenidae:
Polyxenus lagurus (LINNÉ, 1758)
Glomeridae:
Glomeris conspersa KOCH, 1847
Glomeris undulata KOCH, 1844
Glomeris marginata (VILLERS, 1789)
Chordeumatidae:
Chordeuma silvestre KOCH, 1847
Melogona voigti COOK, 1895
Mycogona germanica (VERHOEFF, 1892)
Craspedosomatidae:
Craspedosoma rawlinsii LEACH, 1815
Craspedosoma alemannicum VERHOEFF, 1910
Polydesmidae:
Polydesmus angustus LATZEL, 1884
Polydesmus denticulatus KOCH, 1847
Polydesmus testaceus KOCH, 1847
Julidae:
Allaiulus nitidus (VERHOEFF, 1891)
Cylindroiulus caeruleocinctus (WOOD, 1864)
Cylindroiulus sivarum (MEINERT, 1868)
Julus scandinavius LATZEL, 1884
Tachypodoiulus niger (LEACH, 1815)
Unciger foetidus (KOCH, 1838)
Leptoiulus belgicus (LATZEL, 1884)

Tab. A11: Doppelfüßer (Diplopoda): Barberfallenfänge (adulte Tiere) in Wiesloch, 1991.

Datum	29. 01.	27. 02.	13. 03.	27. 03.	10. 04.	25. 04.	10. 05.	23. 05.	06. 06.	20. 06.	04. 07.	18. 07.	01. 08.	15. 08.	29. 08.	12. 09.	26. 09.	10. 10.	24. 10.	06. 11.	21. 11.	05. 12.	Summe	
Art	m/w	m/w	m/w	m/w	m/w	m/w	m/w	m/w	m/w	m/w	m/w	m/w	m/w	m/w	m/w	m/w	m/w	m/w	m/w	m/w	m/w	m/w	m	w
Polyxenidae																								
P.lagurus					-/1				-/1						-/1								0	3
Summe					-/1				-/1						-/1								0	3
Glomeridae																								
G. conspersa											1/-	1/-											2	0
G. undulata							-/1	1/-		1/-	1/-												3	1
Summe							-/1	1/-		1/-	2/-	1/-											5	1
Chordeumatidae																								
C. silvestre				1/-							1/-												2	0
M. voigti	-/2			-/1		-/1																	0	4
M. germanica					1/-	2/-	2/-				2/-												7	0
Summe	-/2			1/1	1/-	2/1	2/-				3/-												9	4
Craspedosomatidae																								
C. rawlinsii																								
Summe																								
Polydesmidae																								
P. angustus																								
P. denticulatus					-/1		1/-	1/-	1/2	3/-	2/2	4/1	5/3	2/1	1/4	-/2	-/1	-/1					20	18
P. testaceus							1/-	1/-											1/-		1/-		4	0
Summe					-/1		2/-	2/-	1/2	3/-	2/2	4/1	5/3	2/1	1/4	-/2	-/1	-/1	1/-		1/-		24	18
Julidae																								
A. nitidus				-/1	-/2			2/-										2/1	-/3		1/1		5	8
C. caeruleocinctus																								
J. scandinavicus	1/-	2/2	14/2	4/3	3/4	6/7	8/3	1/-	4/2	-/1	2/1		1/-							1/2		1/-	48	27
T. niger			4/1	3/2	1/1	1/-	4/-	4/1		2/1	1/-		-/1	-/1			-/1		-/1	1/1			21	11
J. foetidus																								
Summe	1/-	2/2	18/3	7/6	4/7	7/7	12/3	7/1	4/2	2/2	3/1		1/1	-/1			-/1	2/1	-/4	2/3	1/1	1/-	74	46
Gesamt	1/2	2/2	18/3	8/7	5/9	9/8	16/4	10/1	5/5	6/2	10/3	5/1	6/4	2/2	1/5	-/2	-/2	2/2	1/4	2/3	2/1	1/-	112	72

Tab. A12: Doppelfüßer (Diplopoda): Barberfallenfänge (juvenile Tiere) in Wiesloch, 1991.

Datum	29. 01.	27. 02.	13. 03.	27. 03.	10 04.	25. 04.	10. 05.	23. 05.	06. 06.	20. 06.	04. 07.	18. 07.	01. 08.	15. 08.	29. 08.	12. 09.	26. 09.	10. 10.	24. 10.	06. 11.	21. 11.	05. 12.	Summe
Familie																							
Polyxenidae													2										2
Glomeridae																							
Chordeumatidae											1	1	2				1						5
Craspedosomatidae																							
Polydesmidae							1		2	1		1			1				1	2			9
Julidae	2	1							2	1	2	1	3			1	1	1	1	5	4	1	26
Gesamt	2	1					1		4	2	3	3	7		1	1	2	1	2	7	4	1	42

Tab. A13: Doppelfüßer (Diplopoda): Barberfallenfänge (adulte Tiere) in Nußloch, 1991.

Datum	29. 01.	27. 02.	13. 03.	27. 03.	10. 04.	25. 04.	10. 05.	23. 05.	06. 06.	20. 06.	04. 07.	18. 07.	01. 08.	15. 08.	10. 10.	24. 10.	06. 11.	21. 11.	05. 12.	Summe	
Art	m/w	m/w	m/w	m/w	m/w	m/w	m/w	m/w	m/w	m/w	m/w	m/w	m/w	m/w	m/w	m/w	m/w	m/w	m/w	m	w
Polyxenidae																					
P.lagurus																					
Summe																					
Glomeridae																					
G. conspersa					1/-						1/1									2	1
G. undulata			-/1		5/-		1/-	1/1	2/1	2/2	6/2	4/2	2/-	1/-	-/1				1/-	25	10
Summe			-/1		6/-		1/-	1/1	2/1	2/2	7/3	4/2	2/-	1/-	-/1				1/-	27	11
Chordeu-matidae																					
C. silvestre																					
M. voigti																					
M. germanica	-/1			1/-				-/1												1	2
Summe	-/1			1/-				-/1												1	2
Craspedo-somatidae																					
C. rawlinsii					-/1															0	1
Summe					-/1															0	1
Polydesmi-dae																					
P. angustus																					
P. denticu-latus																					
P. testaceus								1/-			1/-									2	0
Summe								1/-			1/-									2	0
Julidae																					
A. nitidus			1/-														-/1			1	1
C. caeruleo-cinctus							1/-													1	0
J. scandina-vicus	2/-	2/1	4/3	4/3	7/5	10/3	2/2	4/2	7/4	3/-	4/1	1/2		-/1			2/1			52	28
T. niger	2/-	2/-	23/2	9/2	3/1	-/2	10/1	23/3	10/2	9/4	3/-	-/1				1/1	1/1	2/4		98	24
J. foetidus				1/-																1	0
Summe	4/-	4/1	28/5	14/5	10/6	10/5	13/3	27/5	17/6	12/4	7/1	1/3		-/1		1/1	3/3	2/4		153	53
Gesamt	4/1	4/1	28/6	15/5	16/7	10/5	14/3	29/7	19/7	14/6	15/4	5/5	2/-	1/1	-/1	1/1	3/3	2/4	1/-	183	67

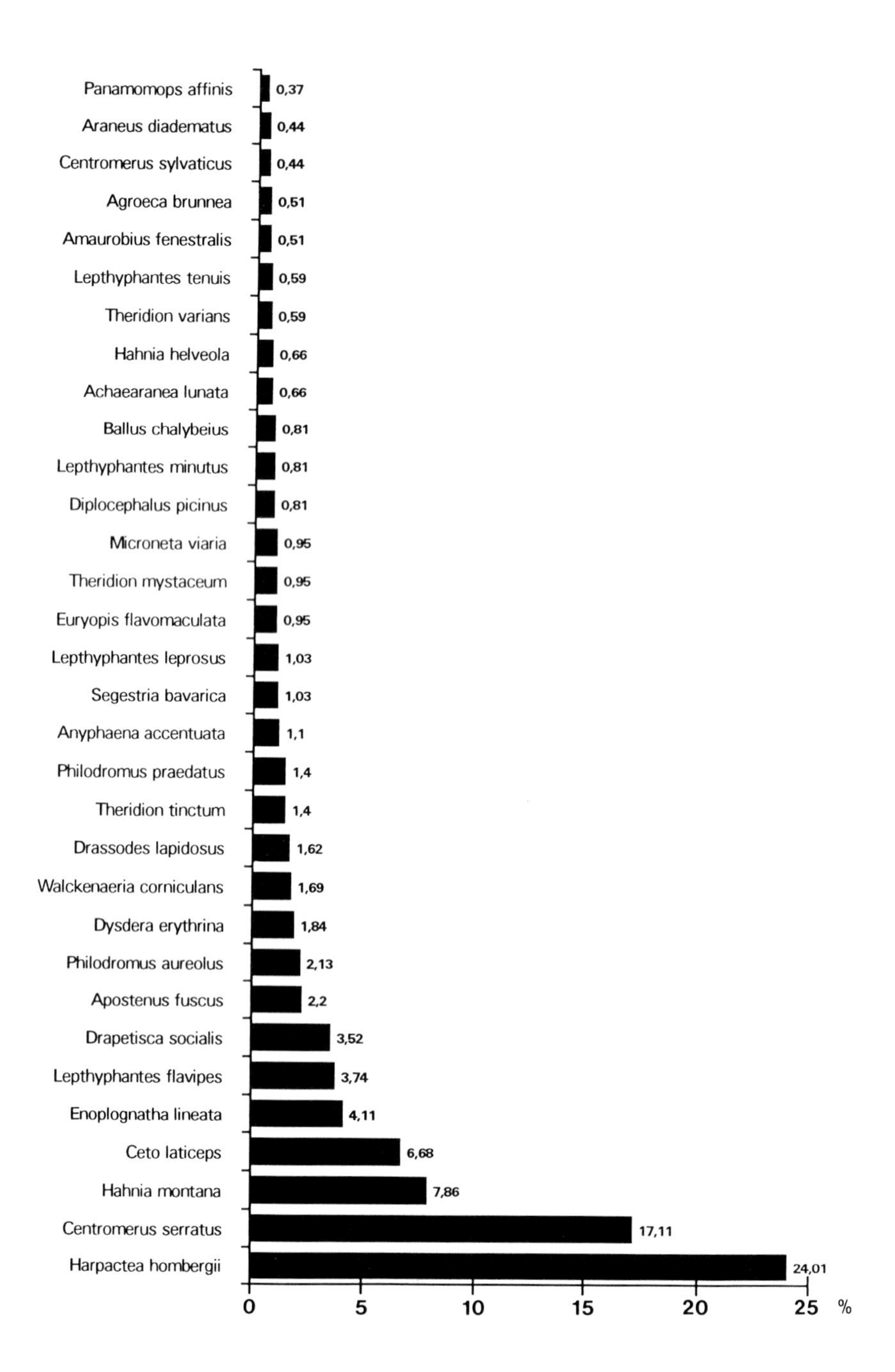

Abb. A3: Spinnen (Araneae): Dominanzstruktur der 1992 insgesamt (alle Fallentypen) am Standort Nußloch gefundenen Tiere.

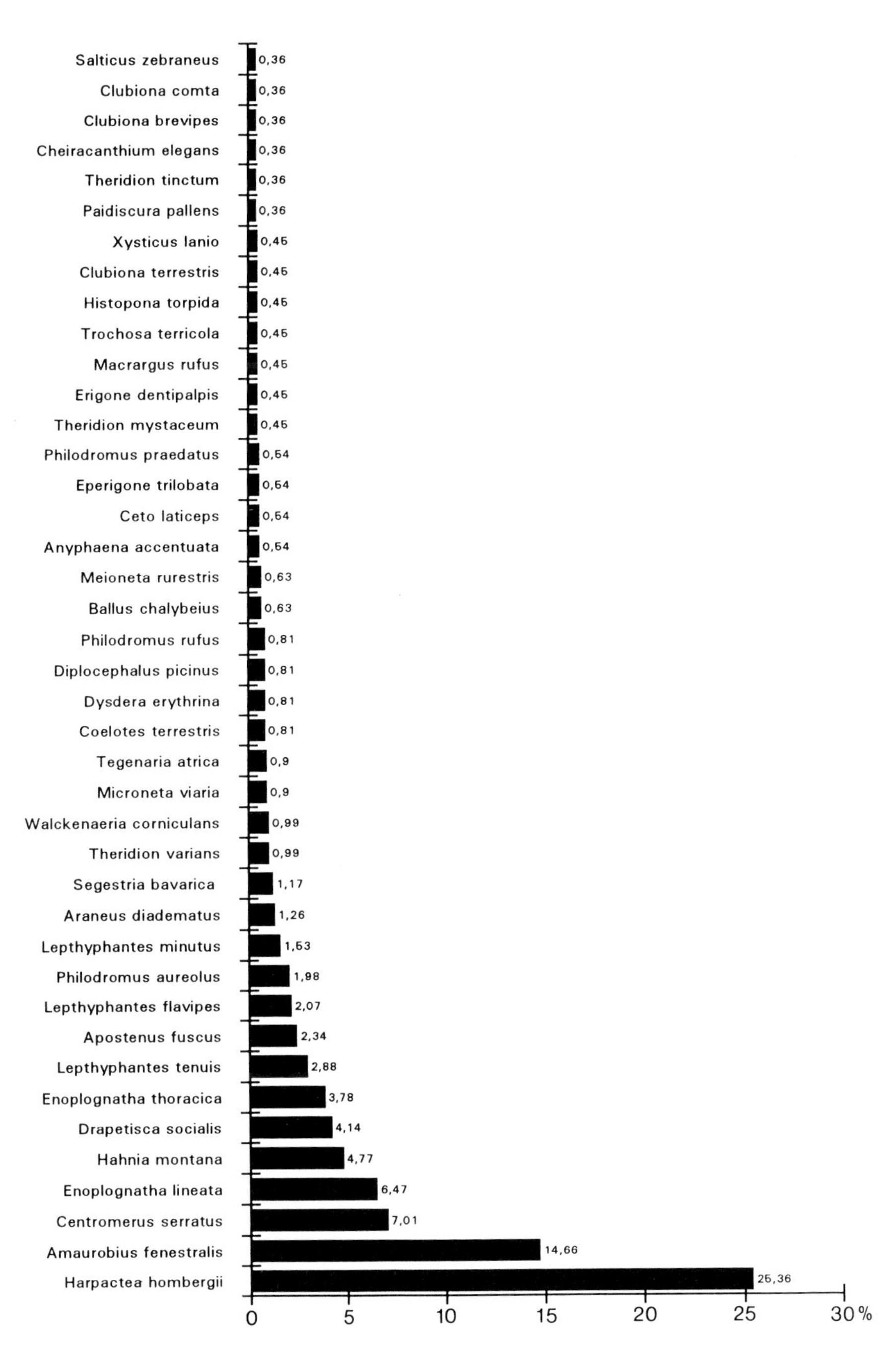

Abb. A4: Spinnen (Araneae): Dominanzstruktur der 1992 insgesamt (alle Fallentypen) in Wiesloch gefundenen Tiere.

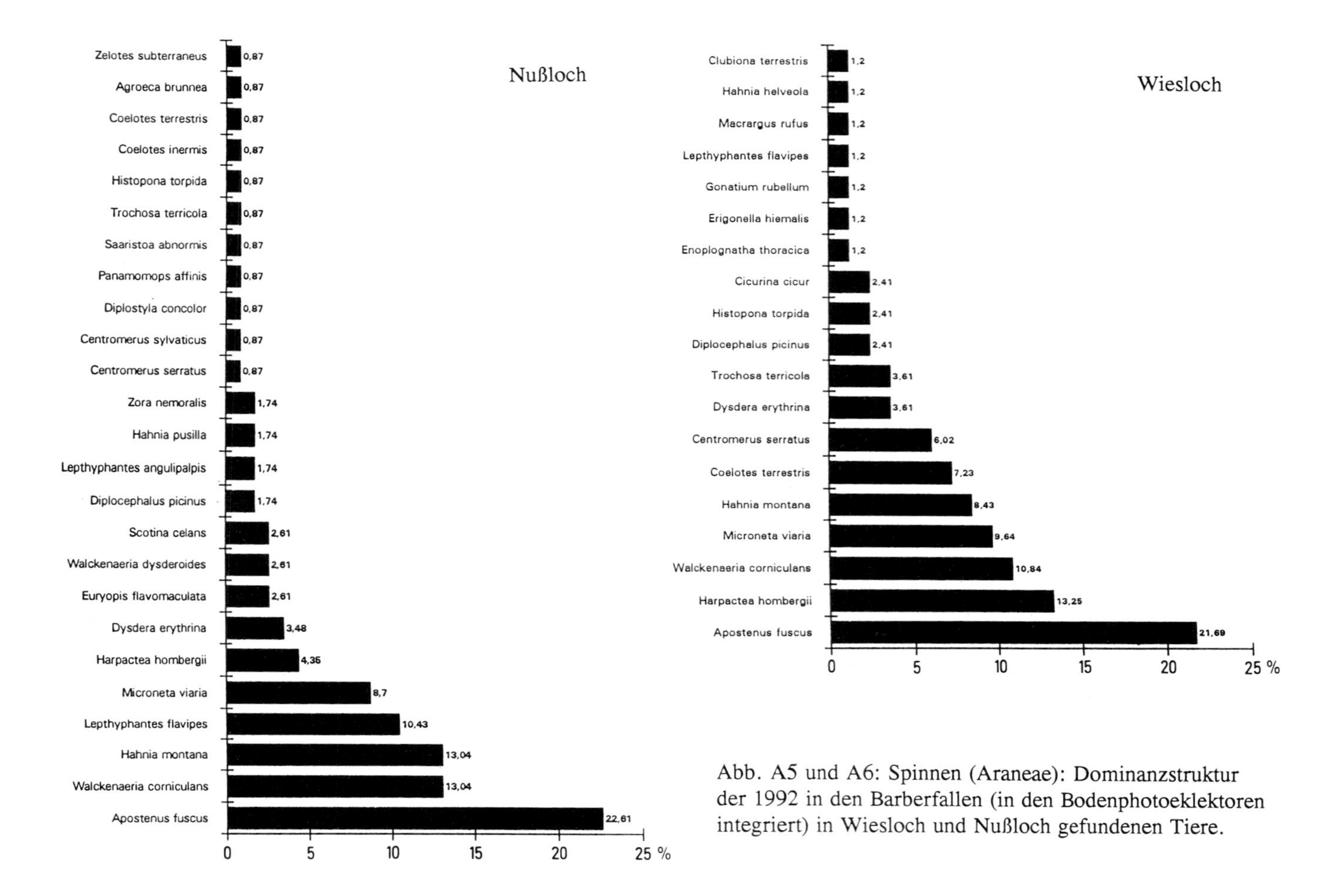

Abb. A5 und A6: Spinnen (Araneae): Dominanzstruktur der 1992 in den Barberfallen (in den Bodenphotoeklektoren integriert) in Wiesloch und Nußloch gefundenen Tiere.

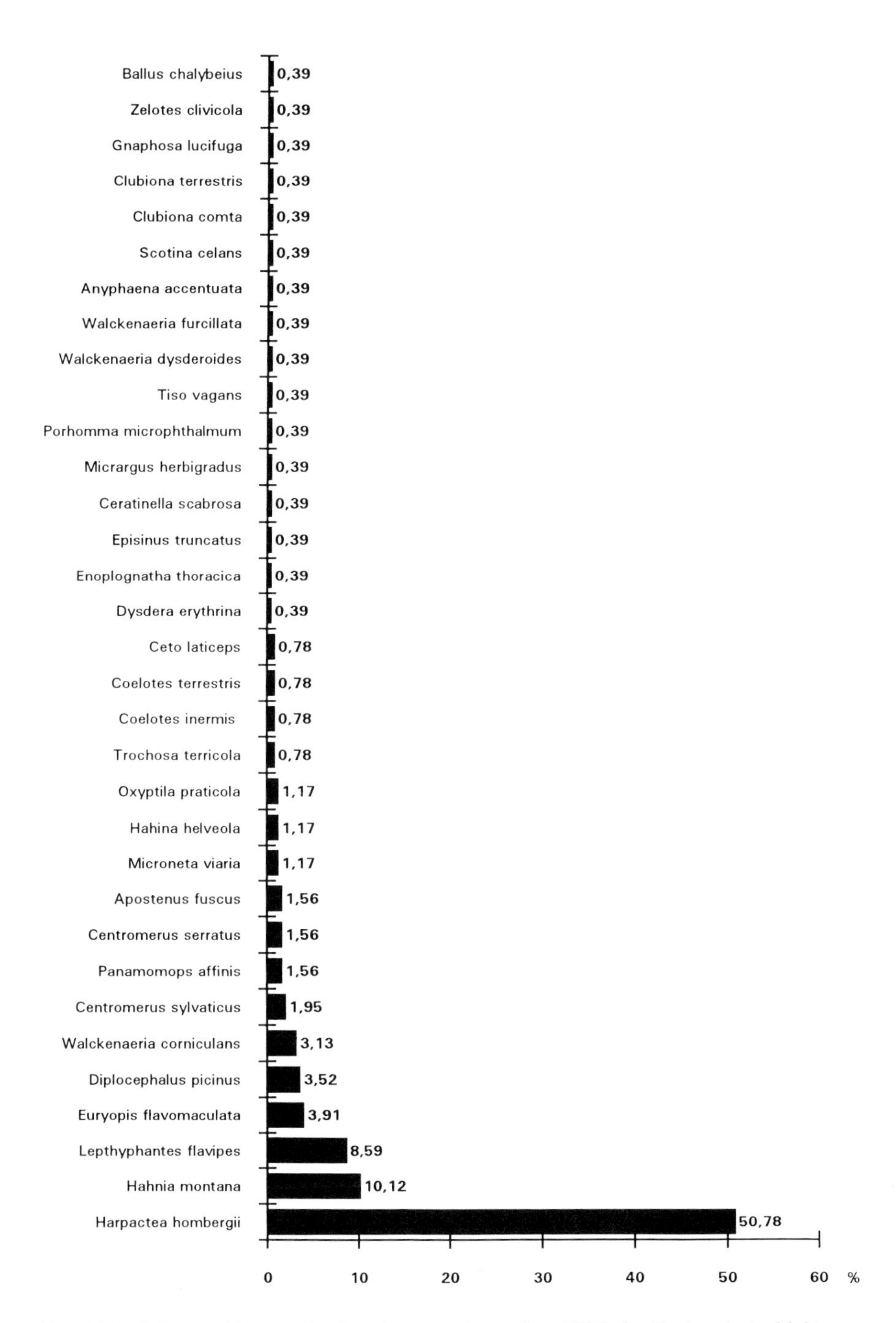

Abb. A7: Spinnen (Araneae): Dominanzstruktur der 1992 in Bodenphotoeklektoren am Standort Nußloch gefundenen Tiere.

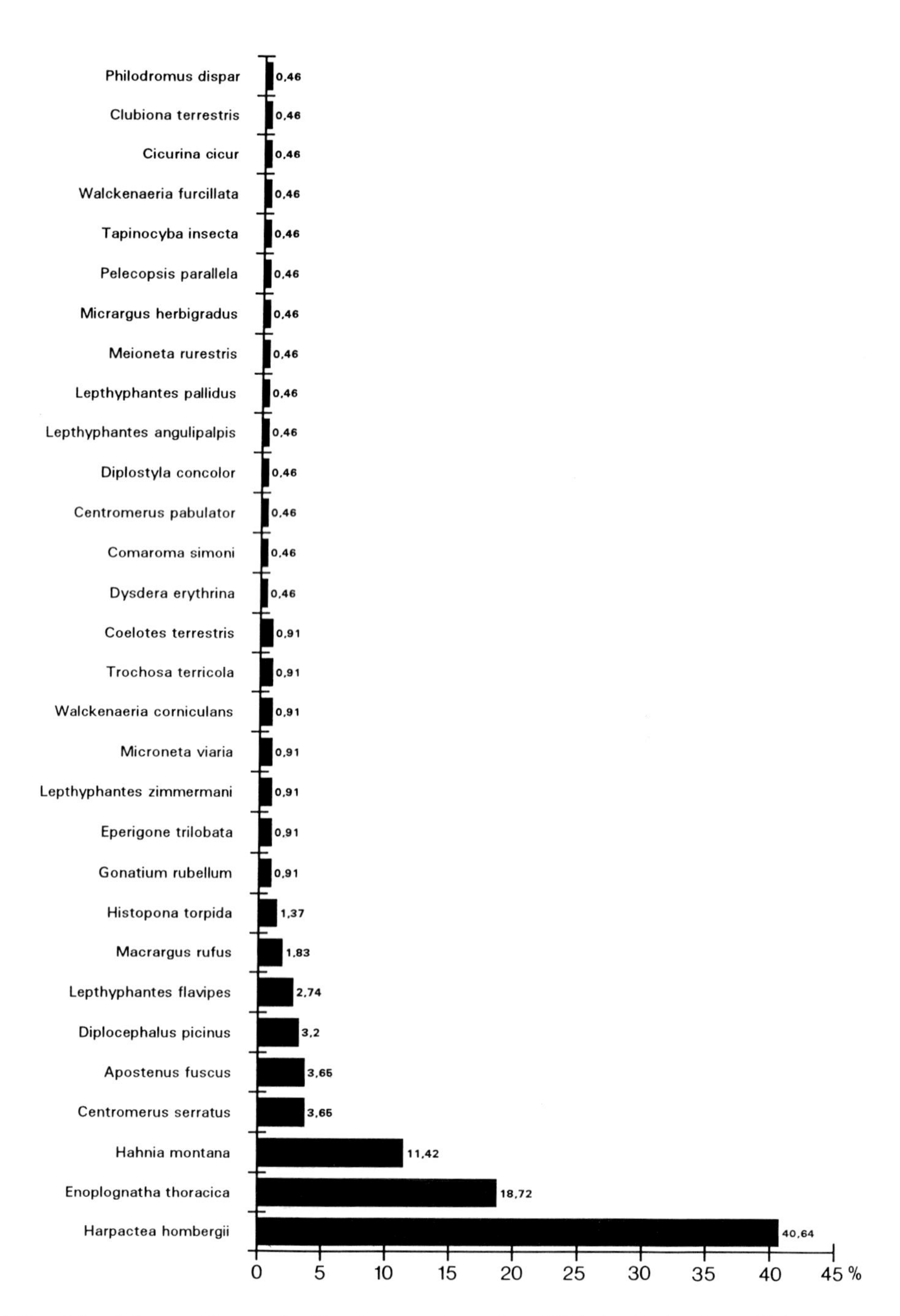

Abb. A8: Spinnen (Araneae): Dominanzstruktur der 1992 in Bodenphotoeklektoren am Standort Wiesloch gefundenen Tiere.

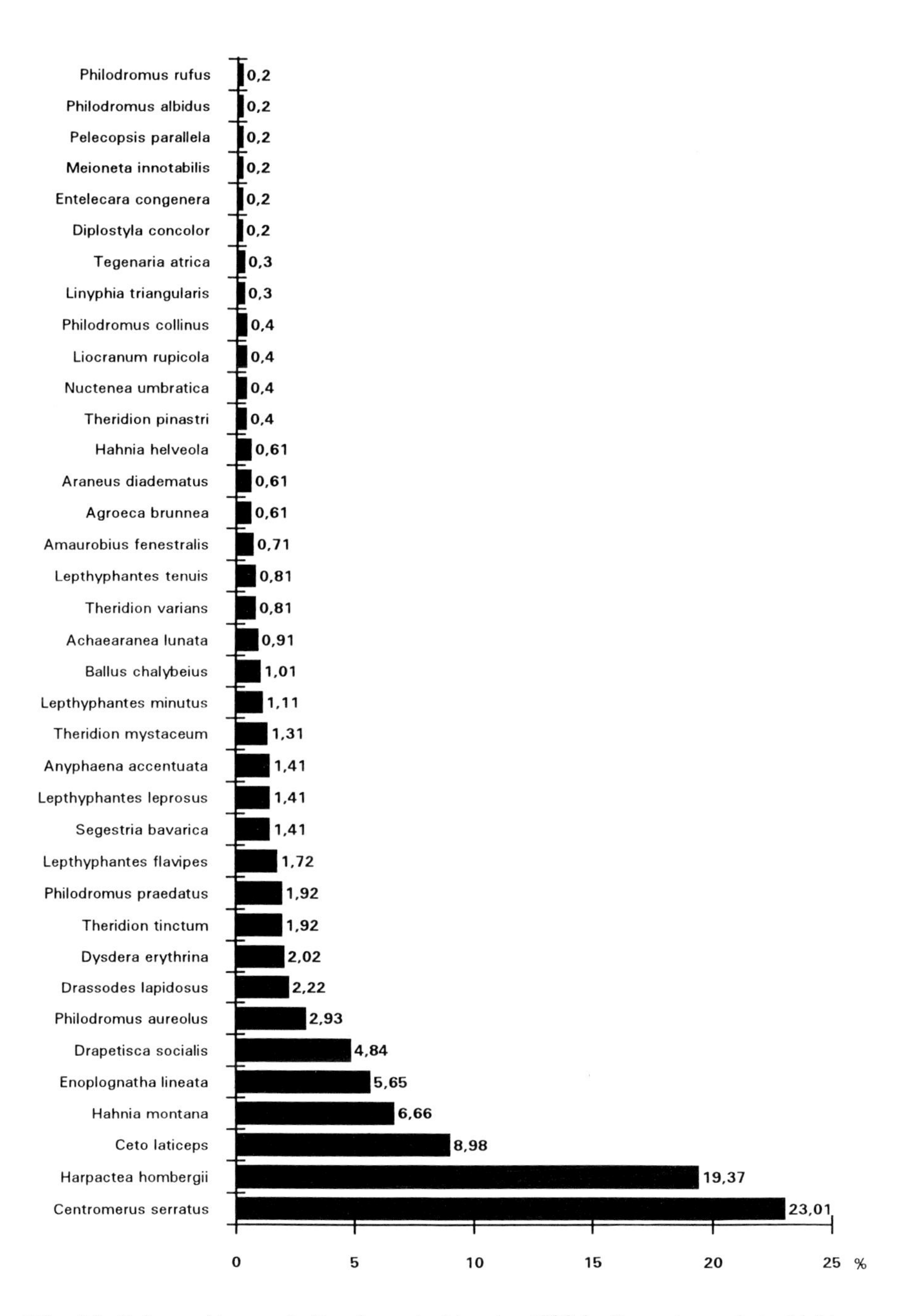

Abb. A9: Spinnen (Araneae): Dominanzstruktur der 1992 in Baumstammphotoeklektoren am Standort Nußloch gefundenen Tiere.

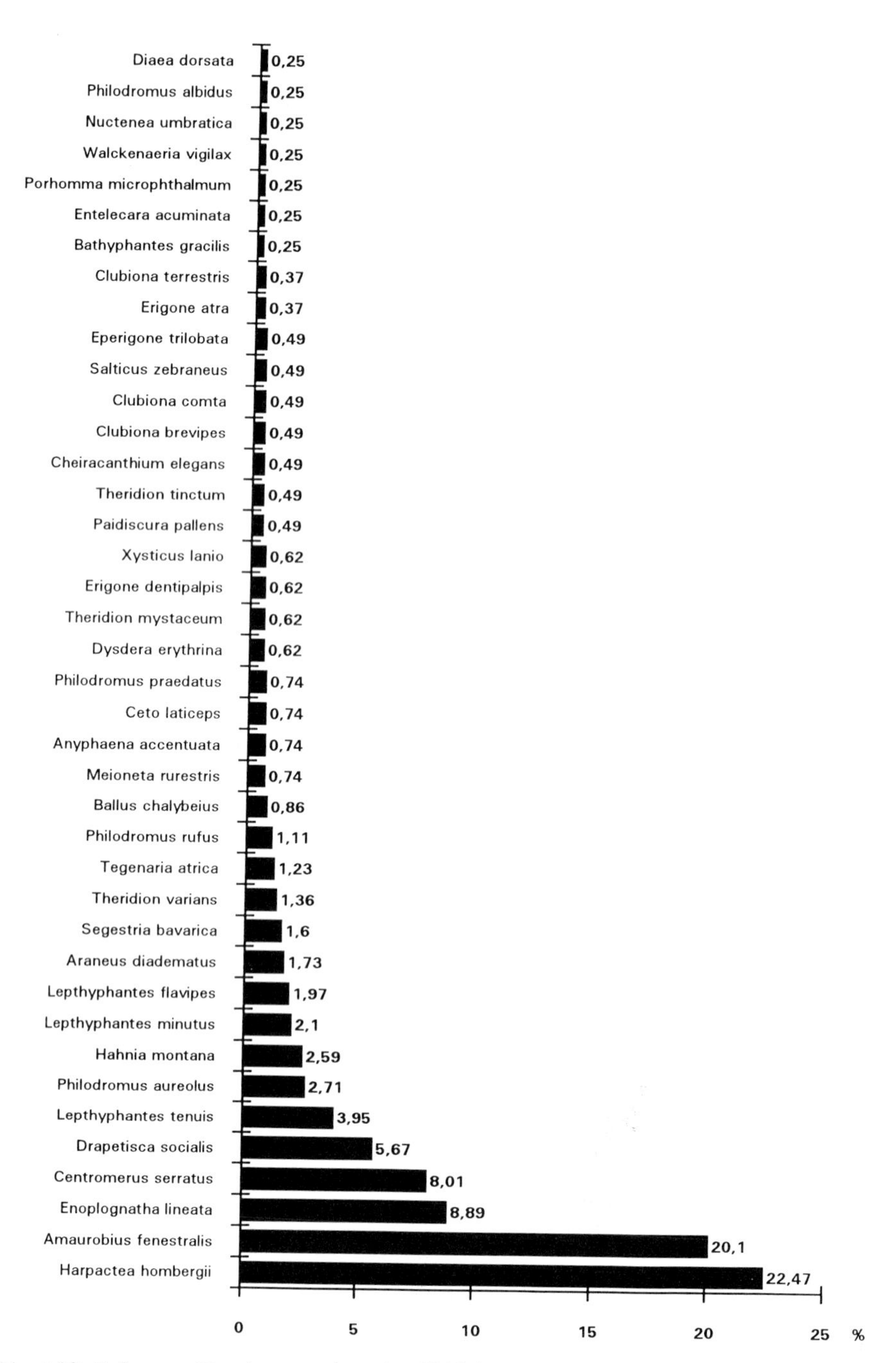

Abb. A10: Spinnen: Dominanzstruktur der 1992 in Baumstammphotoeklektoren am Standort Wiesloch gefundenen Tiere.

Tab. A 14: Beobachtungsprotokoll 1: Regenwürmer (Lumbricidae): Verhalten unter Schwermetallbelastung; Hälterung in Wannen. Die Zahl in Klammern entspricht der Anzahl der bewerteten Tiere. k.W. = keine Würmer zu sehen.

Wanne	Kontamination mit $Pb(NO_3)_2$														
	K	K	K	100	100	100	1000	1000	1000	5000	5000	5000	10000	10000	10000
Datum															
8.11.	1	1	1	1	1	1	1	1	1	6(2)o; 1(12)a	5(20) ow;2 w	5(28) ow; 2w	5/6 (29)o; 4(10); 0(1)	5/6 (31)o; 4(8); 0(1)	5/6(35) ovw; 4(2); 0(2)
9.11.	1	1	1	1	1	1	2	2	2	6(1)o; 4(2); 3(3)	5/6(4) o;4(3)	5/6 (8)o; 4(4)			
10.11.	1	1	1	1	1	1	2	2	2	5(1)o; 3a	5(4)o; 6(1);4	6(3)o ;5(1)			
11.11.	1	1	1	1	1	1	2	2	2	3(4)a; 5(1)o; 5(2); 4(2)	5(9); 0(2)	0(0)			
12.11.	1	1	1	1	1	1	2	2	2	4					
13.11.	1	1	1	1	1	1	2	2	2	5(3)o					
14.11.	1	1	1	6(1);1	1	1	2	2	2	5(2)o; 5(2)					
16.11.	1	1	1	1	1	1	6(1);2	2	2	5(2)o; 3/4					
17.11.	1	1	1	1	1	1	2+	2+	2+	6(1)o; 4(3)o; 4(2); 3(3)ka u					
18.11.	1	1	1	1	1	1	2	1/2	2+	5/6(2) o 5/6(2); 4(4); 3(1)					
19.11.	1	1	1	1	1	1	1/2	1/2	6(1)l; 1/2	6(2)l; 6(2)o; 6(2); 4(4); 3(1)					
20.11.	1	1	1	1	1	1	1	1	1	5(2)o; 5(1)					
21.11.	1	1	1	1	1	1	1	1	6(1)o 1	6(2); 5(1); 4(1), 3(1)					
22.11.	1	1	1	1	1	1	1	1	1	5(1)					
23.11.	1	1	1	1	1	1	1	1	1	k. W.					
25.11.	1	1	1	1	1	1	1	1	1	k. W.					
27.11.	1	1	1	1	1	1	1	1	1	k.W.					
28.11.	1	1	1(1)z	1	1	1	1	1	1	4(1)					
30.11.	1	1	1	1	1	1	1	1	1	5(1)					
2.12.	1	1	1	1	1	1	1	1	1	k.W.					
3.12.	1	1	6(1)l	1	1	1	1	1	1	0(5)					
5.12.	1	1	1	1	1	1	1	1	1						
7.12.	1	1	1	1	1	1	2(1)z	2	2						
9.12.	1	1	1	1	1	1	2	2	2						
12.12.	1	1	1	1	1	1	1	1	1						
Wieder -funde	(38)	(40)	(32)	(36)	(34)	(33)	(33)	(32)	(34)						
Verlust	0(2)	0(0)	0(6)	0(3)	0(6)	0(7)	2(3); 0(2)	2(3);6 (1); 0(3)	2(1); 0(3)						

Tab. A 15: Beobachtungsprotokoll 2 : Regenwürmer (Lumbricidae): Verhalten unter Schwermetallbelastung; Hälterung in Tonnen. Die Zahl in Klammern entspricht der Anzahl der bewerteten Tiere. e = für AAS-Messungen (s. Kap. 6.1.2) vorzeitig entnommene Tiere.

Tonnen	**Kontolle**	**Wiesloch**	**Nußloch**	**5000Pb**	**1000Cd**
Datum					
08.11.	1	1	1	4(15)oa;4(8)a	5(9)o;5(6)
09.11.	1(15)	1(15)	1(20)	3(15)a	4(1)
10.11.	1	1	1	3(19)a;3(13)a	5(1)o; keine weiteren Tiere
11.11.	1	1	1	4(2);3(?)a; am Rand	6(1)
12.11.	1	1	1	5(5)o	keine Tiere
13.11.	1	1	1	5(5)o	keine Tiere
14.11.	1;1(7)e	1;1(7)e	1;1(7)e	4(6)o;4(12) davon (7)e	4(6)e;0(22)l
16.11.	1	6(1)o;1	1	5/6(7)o;4(?)a	
17.11.	1	1	1	5/6(6);4(6) am Rand nicht sehr tief	
18.11.	1	1	1 viel Kot	5/6(2)o;5/6(2);4(2)o	
19.11.	1	?	1	6(2)o	
20.11.	1	?	1	?	
21.11.	1;1(7)e	1;1(7)e	1;1(7)e	6(1);0(8)	
22.11.	1	1	1		
23.11.	1	1	1		
25.11.	1	1	1		
27.11.	1	?	1		
28.11.	1(1)z;1(7)e	1;6(1)l;1(7)e	1;1(7)e		
05.12.	1;1(7)e	1;1(7)e	1;1(7)e		
12.12.	1(15)e;0(1)	1(15)e;0(0)	1(14)e;1(2)z; 0(1)		

Umweltforschung in Baden-Württemberg

Die Reihe Umweltforschung in Baden-Württemberg besteht aus Forschungsberichten über vom Ministerium für Umwelt und Verkehr Baden-Württemberg geförderte Projekte. Die Reihe wird von der Landesanstalt für Umweltschutz Baden-Württemberg in Karlsruhe betreut. Die Schriftenreihe wird in unregelmäßiger Folge mit aktuellen Forschungsberichten aus den Bereichen Abfallwirtschaft, Umwelt und Gesundheit, Ökotoxikologie, Luftreinhaltung, Bodenschutz, Ökobilanzen, Naturschutz und Landschaftsökologie sowie Gewässerschutz ergänzt.

Titelübersicht (Stand: Juni 1996):

Böhmer, Rahmann
Gewässerversauerung
Limnologische Untersuchungen zur Versauerung stehender Gewässer im Nordschwarzwald unter besonderer Berücksichtigung der Amphibienfauna
254 Seiten, Dezember 1992
ISBN 3-609-65870-3 DM 98,- / öS 765,- / sFr 98,-

Burgbacher, Hermann
HKW-freie Reinigungsverfahren
Leitfaden zur Substitution halogenierter Kohlenwasserstoffe in der industriellen Teilereinigung
184 Seiten, Juli 1993
ISBN 3-609-65400-0 DM 48,- / öS 375,- / sFr 48,-

Forschungsgruppe Fließgewässer
Fließgewässertypologie
Ergebnisse interdisziplinärer Studien an Fließgewässern und Auen in Baden-Württemberg mit Schwerpunkt Buntsandstein-Odenwald und Oberrheinebene
224 Seiten, mit farbiger Faltkarte, November 1993
ISBN 3-609-65860-6 DM 98,- / öS 765,- / sFr 98,-

Andrä, Schneider, Wickbold
Baustoff-Recycling
Arten, Mengen und Qualitäten der im Hochbau eingesetzten Baustoffe · Lösungsansätze für einen Stoffkreislauf
160 Seiten, Oktober 1994 (2. Auflage)
ISBN 3-609-65410-4 DM 48,- / öS 375,- / sFr 48,-

Rentz, Ruch, Nicolai, Spengler, Schultmann
Selektiver Rückbau und Recycling von Gebäuden
dargestellt am Beispiel des Hotels Post in Dobel, Landkreis Calw
146 Seiten, Oktober 1994 (2. Auflage)
ISBN 3-609-65440-0 DM 48,- / öS 375,- / sFr 48,-

Weller, Durwen
Standort und Landschaftsplanung
Ökologische Standortkarten als Grundlage der Landschaftsplanung
170 Seiten, mit farbiger Faltkarte, April 1994
ISBN 3-609-65430-9 DM 98,- / öS 765,- / sFr 98,-

Seiffert, Schwineköper, Konold
Analyse und Entwicklung von Kulturlandschaften
Das Beispiel Westallgäuer Hügelland
460 Seiten, mit Faltkarten, November 1994
ISBN 3-609-65460-0 DM 98,- / öS 765,- / sFr 98,-

Umweltministerium Baden-Württemberg (Hrsg.)
Saurer Regen
Probleme für Wasser, Boden und Organismen
300 Seiten, mit farbigen Faltkarten, November 1994,
ISBN 3-609-69480-7 DM 98,- / öS 765,- / sFr 98,-

Eltschka, Kühr, Schultz
Luftverunreinigungen und Atemwegserkrankungen
Lufthygienische Messungen und epidemiologische Untersuchungen im Raum Freiburg
408 Seiten, November 1994
ISBN 3-609-65420-1 DM 98,- / öS 765,- / sFr 98,-

Hartmann, Schuldes, Kübler, Konold
Neophyten
Biologie, Verbreitung und Kontrolle ausgewählter Arten
310 Seiten, November 1994
ISBN 3-609-65450-3 DM 98,- / öS 765,- / sFr 98,-

Obermeier, Friedrich, John, Seier, Vogel, Fiedler, Vogel
Photosmog
Möglichkeiten und Strategien zur Verminderung des bodennahen Ozons
190 Seiten, März 1995
ISBN 3-609-65320-5 DM 48,- / öS 375,- / sFr 48,-

Andrä, Schneider, Henning, Forster
Einsparung von Ressourcen im Hochbau
Reduzierung des Material- und Energieverbrauchs Planungs- und Entscheidungsgrundlagen
140 Seiten, September 1995
ISBN 3-609-69450-5 DM 48,- / öS 375,- / sFr 48,-

Fortsetzung auf der nächsten Seite →

Ellwein, Buck
Wasserversorgung - Abwasserbeseitigung
Öffentliche und private Organisation
250 Seiten, November 1995
ISBN 3-609-69460-2 DM 48,- / öS 375,- / sFr 48,-

Bittlingmaier, Reinhardt, Siefermann-Harms (Hrsg.)
Waldschäden im Schwarzwald
Ergebnisse einer interdisziplinären Freilandstudie zur montanen Vergilbung am Standort Schöllkopf/Freudenstadt
450 Seiten, November 1995
ISBN 3-609-69470-X DM 98,- / öS 765,- / sFr 98,-

Böcker, Gebhardt, Konold, Schmidt-Fischer (Hrsg.)
Gebietsfremde Pflanzenarten
Auswirkungen auf einheimische Arten, Lebensgemeinschaften und Biotope
Kontrollmöglichkeiten und Management
224 Seiten, Dezember 1995
ISBN 3-609-69410-6 DM 68,- / öS 531,- / sFr 66,-

Hohmann, Konold
Renaturierung von Fließgewässern
Untersuchungen zur Vegetationsentwicklung an der Enz in Pforzheim
164 Seiten, Dezember 1995
ISBN 3-609-69400-9 DM 68,- / öS 531,- / sFr 66,-

Alberti, Hauk, Köhler, Storch (Hrsg.)
Dekomposition
Qualitative und quantitative Aspekte und deren Beeinflussung durch geogene und anthropogene Belastungsfaktoren
504 Seiten, Juni 1996
ISBN 3-609-69440-8 DM 98,- / öS 765,- / sFr 98,-